쉽게 배우는

제5판

소방전기 설비 및 설계

송영주 저

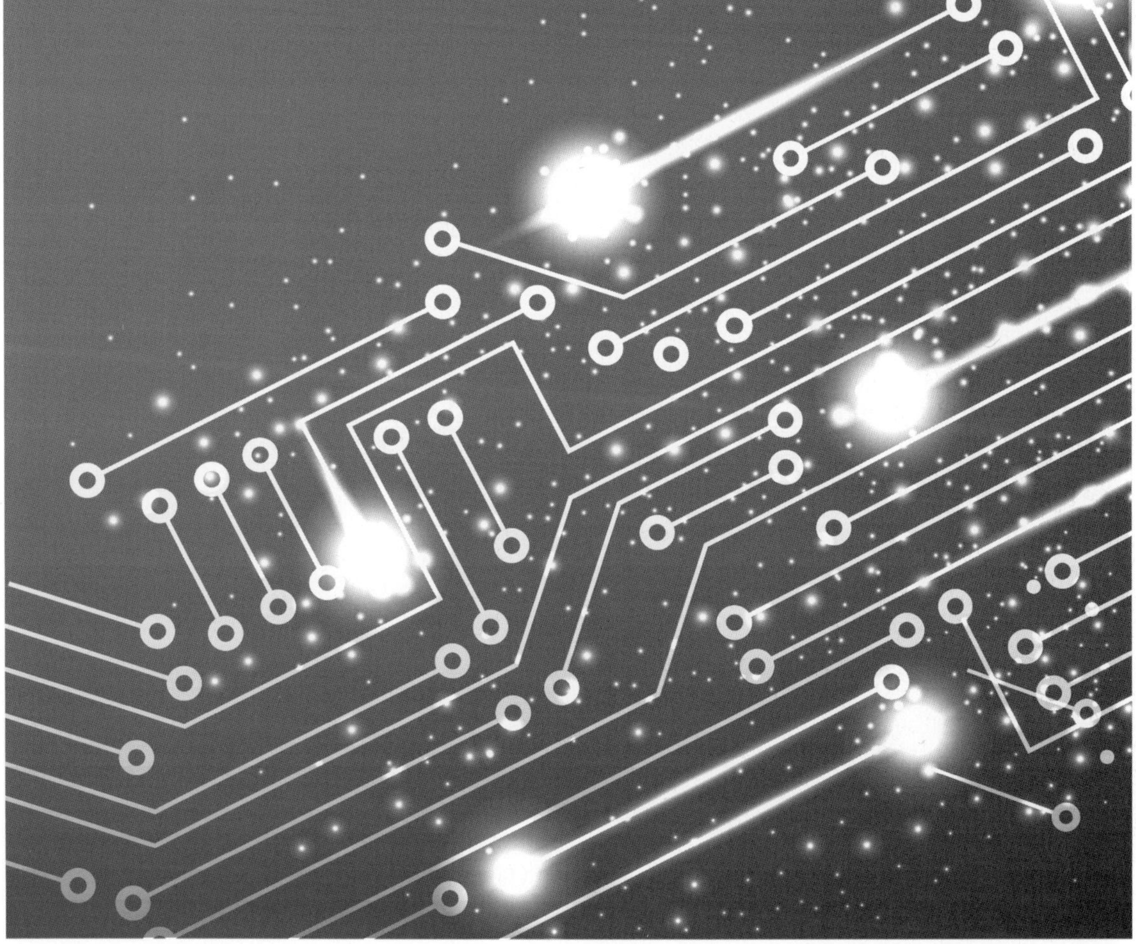

도서출판 동화기술

머리말

오늘날 인간의 삶의 질 향상과 다양한 욕구를 충족시키기 위해 건축물과 시설물 등은 대형화, 고층화, 심도화되는 추세이며 이에 따른 화재의 발생빈도 및 잠재적 위험요소가 증가되고 있고 화재양상도 복잡해지고 있습니다. 이를 반영(反映)이라도 하듯이 최근 화재안전에 대한 관심이 집중 조명되고 있고 이를 만족시킬 수 있는 소방설비의 역할이 더욱더 중요하게 대두되고 있습니다.

소방설비는 화재로 인한 인명안전 및 재산피해를 최소화 시킬 수 있는 설비로 기기의 종류에 따라 소방전기설비와 소방기계설비로 분류할 수 있는데 경보설비, 유도등 및 유도표지, 피난유도선의 피난설비, 비상콘센트설비와 무선통신보조설비의 소화활동설비가 소방전기설비에 해당됩니다.

소방전기설비를 이해하기 위해서는 단편적인 지식습득이 아닌 숲을 먼저 보고 나무를 살필 수 있는 대관소찰(大觀小察)하는 자세가 필요한데 본 서(書)에서는 소방전기설비를 법규에서 정한 경보설비, 피난설비, 소화활동설비와 산업현장에서 실무적으로 적용하는데 필요한 비상전원설비, 전기설비의 기초와 배선, 도면, 시퀀스 등으로 분류하여 소방전기설비에 대한 전체적인 개념을 형성한 후 각 분야별 중요사항들을 체계적으로 기술하려고 노력하였습니다. 이것을 나타내면 다음과 같습니다.

1. Part I에서는 소방전기설비에 대한 간단한 가이드라인(Guide line)을 제공하고 있습니다.
2. Part II에서는 소방전기설비 및 설계를 7개 분야로 분류하여 전체적인 개념을 형성하였습니다.
3. Part II의 각 장마다 분야별 중요사항들을 체계적으로 기술하고 있습니다.
4. Part II의 각 장마다 과년도 문제(1996~2020년)를 분석하고 분야별 중요사항을 일목요연하게 정리하여 공부의 접근방향성을 높이도록 하였습니다.
5. Part II의 각 장 끝부분에 연습문제를 수록하여 공부의 완성도를 높이도록 하였습니다.

6. 독자들이 글을 읽는데 도움이 될 수 있도록 난해한 내용을 함축성 있게 핵심요약하고 표와 그림을 사용하여 이해력을 높일 수 있도록 하였습니다.

7. 독자들이 궁금한 것을 쉽게 찾아 볼 수 있도록 본문의 중요한 항목이나 용어 등을 책 뒤편의 색인으로 편집하였습니다.

따라서 본서는 소방전기설비를 체계적으로 배울 수 있는 대학원, 대학교의 교재로서 사용할 수 있고 기술사, 관리사 및 기사·산업기사 등의 국가기술자격증 취득을 위한 수험서로도 활용할 수 있으며, 산업현장에서 실무자가 쉽게 적용할 수 있는 실용도서로도 활용할 수 있습니다.

최선을 다해 집필하였지만 뜻하지 않은 곳에서의 잘못이나 미흡한 점이 있을지 모르겠습니다. 이 점에 대해서는 독자 여러분의 넓은 이해와 양해를 바라며 올바른 제언(提言)도 함께 부탁드립니다. 잘못된 부분이나 미흡한 점은 추후 개정판에 보완할 것을 약속드리며 독자 여러분들과 저자가 함께 수정하고 보완하여 누구에게나 사랑받고, 디딤돌이 될 수 있는 도서가 되기를 간절히 소망합니다.

끝으로, 본서는 부와 명예를 축적하기 위해 만든 것이 아닌 소방발전을 위한 소명의식과 함께 독자 여러분들의 조금 더 빠른 소방전기 기술의 습득과 이해를 위해서 만들어졌음을 알려드리며 집필에 참고자료가 되었던 국내·외 여러 도서의 저자들과 출판하기까지 많은 도움과 격려를 해주신 교수님들, 교정을 도와준 김희수 조교, 김민성·고한솔 학생 그리고 출판을 위해 많은 정성을 기울여주신 도서출판 동화기술 관계자 여러분들께 진심으로 감사의 마음을 전합니다.

저 자

목차

Chapter 2 피난설비 211

Chapter 3 소화활동설비 251

Chapter 4 비상전원설비 275

Part I

소방전기설비의 지침(Guide Line)

Part 1은 소방전기설비에 대한 이론과 전문적인 학문을 공부하기 전에 소방학문을 처음 접하는 학생들이나 독자 여러분들에게 공부하는데 가이드라인(Guide line)을 제공하기 위해 마련된 부분이다. 즉, 소방에 대한 정의와 소방법의 변천과정에 따른 소방전기시설을 분류하고 산업현장에서 바로 적용할 수 있는 소방전기설비가 될 수 있도록 다루어야 할 범위를 간단하게 설명하고 있다.

소방이란 협의의 소방과 광의의 소방으로 분류할 수 있는데 협의의 소방이란 소방기관에서 **일상적으로 하는 업무**로 **화재를 예방·경계하거나 진압**하고, **재난·재해 그 밖의 위급한 상황에서의 구조·구급활동** 등을 통하여 **국민의 생명·신체 및 재산을 보호하는 등**의 **소화활동**을 말하며 광의의 소방이란 사회의 기본조직 및 정상기능을 와해시키고 정상적인 능력으로는 처리할 수 없는 생명과 재산, 사회간접시설, 생활수단의 피해를 일으키는 단일 또는 일련의 사건을 해결하는 기능까지 포함하는 것이다. 이러한 협의의 소방과 광의의 소방을 실현하기 위해 필요한 것이 법 관련제도와 소방시설이다.

국내 법체계에서는 1958년에 소방법이 제정된 후 2003년에 「**소방기본법**」, 「**소방시설 설치유지및 안전관리에 관한 법률**」, 「**소방시설 공사업법**」, 「**위험물 안전관리법**」의 **4분법**으로 분류 개정되어 각 소방시설에 대한 기준 등이 제정되고 있었다. 이러한 소방시설에 대한 설치기준은 소방대상물의 규모, 용도, 높이, 위험물질의 종류, 화재 진압상의 취약성 등 소방 안전에 대한 종합적인 화재 위험성을 고려하여 적응 소방시설을 선정하여 설치하도록 되어 있다. 특히, 일정 규모 이상의 소방대상물이나 방호공간의 용도, 화재하중 및 시설의 규모에 따라 적응 소화설비를 선정하여 설치할 수 있도록 2010년부터는 성능위주를 하여야 하는 특정소방대상물의 범위가 제정되어 시행되고 있다. 이러한 법체계는 2021년에 이르러 「**소방의 화재조사에 관한 법률**」(**약칭 : 화재조사법**)이 신설되고, 「화재예방, 소방시설 설치유지 및 안전관리에 관한 법률」이 「**화재의 예방 및 안전관리에 관한 법률**」(**약칭 : 화재예방법**)과 「**소방시설 설치 및 관리에 관한 법률**」(**약칭 : 소방시설법**)」로 세분화 되면서 **6분법**의 형태로 분류 개정되는 등 급변하는 소방 환경변화에 발맞춰 관련 법 체계도 변화하고 있는 추세이다.

특히, 소방시설의 설치유지, 안전관리에 관한 기준이었던 기존의 **화재안전기준**(NFSC, National Fire Safety Codes)은 「화재예방, 소방시설 설치유지 및 안전관리에 관한 법률」 시행령 [별표 5]에서 규정하고 있는 소방시설에 대한 설치 방법 및 기술적 기준 등을 명시하였으나, 기술적 사항이 고시로 운영되는 제도적 경직성으로 인해 기준의 제·개정 절차가 복잡하고 장시간이 소요되어 새로운 기술의 반영에 어려움이 있었다. 이에 기존의 화재안전기준은 **화재안전성능기준**(NFPC, National Fire Performance Codes)과 **화재안전기술기준**(NFTC, National Fire Technical Codes)으로 **이원화**하고, 화재안전기술기준은 소방청장의 최종 승인을 받으면 시행되는 공고로 운영함으로써 기준의 제·개정 시간을 단축하고, 전문가 협의체와 자체 연구를 통해 새로운 기술을 상시 검증하고 평가하는 체계를 갖추어 소방시설의 신뢰성과 안전성을 제고하는 방향으로 변화하고 있다.

소방기본법 제2조에서 '소방대상물'이란 건축물, 차량, 선박(「선박법」 제1조의2제1항에 따른 선박으로서 항구에 매어둔 선박만 해당한다), 선박 건조 구조물, 산림, 그 밖의 인공 구조물 또는 물건이라고 광범위하게 정의하고 있다. 이러한 소방대상물 내에서 화재나 기타 재해와 같은 비상시에 발생하는 위험으로부터 가장 적극적으로 대응하여 안전을 확보할 수 있는 것이 소방시설이다.

'**소방시설**'은 소방시설 설치 및 관리에 관한 법률 제2조에서 **소화설비, 경보설비, 피난구조설비, 소화용수설비, 그 밖에 소화활동설비로서 대통령령으로 정하는 것**으로 정의되어 있으며 상세 설명은 소방시설 설치 및 관리에 관한 법률 시행령 별표 1에 나타내고 있다. 소방대상물의 규모, 용도 등 여러 조건에 따라 설치하는 소방시설은 화재를 진압 제어하는 설비, 화재발생시 화재를 감지하는 설비, 거주자의 피난을 위하여 설치하는 설비, 이 외에 소화활동이나 구조 활동을 지원하기 위해 설치하는 모든 안전설비를 총칭하는 것으로 이것을 간단하게 나타내면 다음과 같다.

1. 4분법 → 6분법 개정 (2021. 11. 30 제정, 2022. 12. 1 시행)

1) 소방기본법[**국회심의**]/시행령[**대통령령**]/시행규칙[**총리령, 행안부령**]
2) 화재예방, 소방시설 설치유지 및 안전관리에 관한 법률/시행령/시행규칙
   → 2) 화재의 예방 및 안전관리에 관한 법률(약칭 : 화재예방법)
   → 3) 소방시설 설치 및 관리에 관한 법률(약칭 : 소방시설법)
4) 소방시설 공사업법/시행령/시행규칙
5) 위험물 안전관리법/시행령/시행규칙
6) 소방의 화재조사에 관한 법률(약칭 : 화재조사법)(2021. 6. 8 제정)

소방관계 법령의 개편

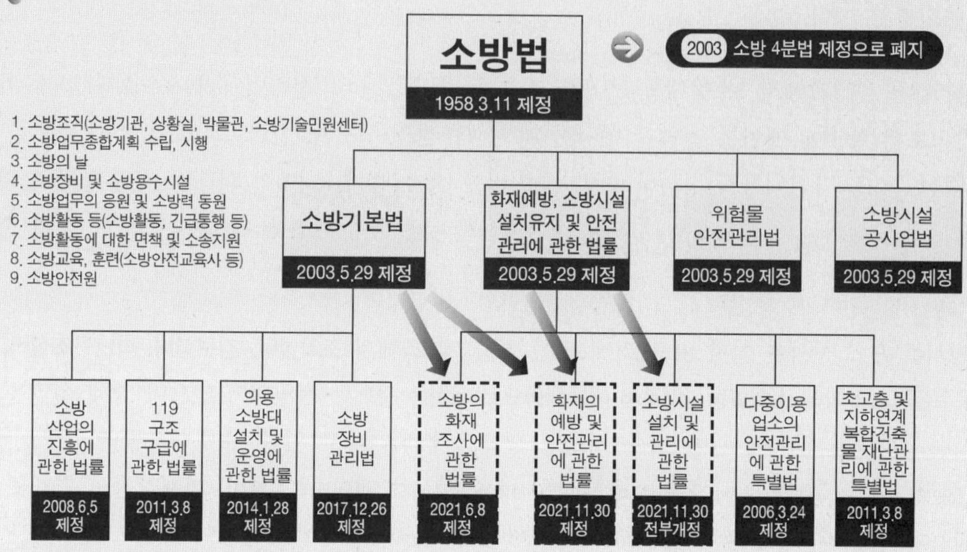

2. 소방시설의 분류 - 소방시설법 시행령 별표 1(2023.12.01. 시행)[소. 경. 피. 활. 용]

1) **소화설비** : 물 또는 그 밖의 소화약제를 사용하여 **소화**하는 기계, 기구 또는 설비

(1) 소화기구

① 소화기

② 간이소화용구(에어로졸식, 투척용 소화용구, 소공간용 소화용구 및 소화약제 이외의 것을 이용한 간이소화용구)

③ 자동확산소화기

(2) 자동소화장치

① 주거용 주방 자동소화장치　　② 상업용 주방 자동소화장치

③ 캐비넷형 자동소화장치　　④ 가스 자동소화장치

④ 분말 자동소화장치　　⑥ 고체에어로졸 자동소화장치

(3) 옥내소화전설비[호스릴(hose reel) 옥내소화전설비 포함]

(4) 스프링클러설비, 간이스프링클러설비(캐비넷형 포함), 화재조기진압용 스프링클러설비(ESFR)

(5) 물분무등소화설비(물분부, 미분무, 포, CO_2, 할론, 할로겐화합물 및 불활성기체, 분말, 강화액, 고체에어로졸 소화설비)

(6) 옥외소화전설비

2) **경보설비** : 화재발생 사실을 **통보**하는 기계, 기구 또는 설비[자.비.누.가.다(단).통.알]
(2022.04.28. 공포)

(1) **자**동화재탐지설비 및 시각경보기
(2) **자**동화재속보설비
(3) **비**상방송설비
(4) **비**상경보설비(비상벨설비 및 자동식사이렌설비)
(5) **누**전경보기
(6) **가**스누설경보기
(7) **단**독경보형 감지기
(8) **통**합감시시설
(9) 화재**알**림설비

3) **피난구조설비** : 화재가 발생한 경우 **피난**하기 위하여 사용하는 기구 또는 설비

(1) 피난기구 - 피난사다리, 구조대, 완강기, **간이완강기,** 그 밖에 화재안전기준으로 정한 것
(2) 인명구조기구 - 방열복, 방화복(안전모, 보호장갑, 안전화 포함), 공기호흡기, 인공소생기
(3) 유도등 – 유도등(피난구, 통로, 객석), 유도표지, 피난유도선
(4) 비상조명등 및 휴대용 비상조명등

4) **소화활동설비** : 화재를 **진압**하거나 **인명구조활동**을 위하여 사용하는 설비

(1) 제연설비
(2) 연결송수관설비
(3) 연결살수설비
(4) 비상콘센트설비
(5) 무선통신보조설비
(6) 연소방지설비

5) **소화용수설비** : 화재를 진압하는데 필요한 **물**을 **공급**하거나 **저장**하는 설비

(1) 상수도 소화용수설비
(2) 소화수조, 저수조 그 밖의 소화용수설비

이러한 소방시설은 기기 종류에 따라 소방전기시설과 소방기계시설로 분류할 수 있는데 **경보설비 전체,** 피난기구와 인명구조기구를 제외한 **유도등(피난구, 통로, 객석) 및 유도표지, 피난유도선, 비상조명등 및 휴대용 비상조명등**의 피난설비, **비상콘센트설비와 무선통신보조설비**의 소화활동설비가 **소방전기시설**에 해당한다.

따라서, 소방전기설비에서는 소방전기시설의 개요, 설치대상, 설치기준, 작동원리, 시험방법 등에 관한 사항을 체계적으로 정리할 수 있어야 하며, 이 외에 산업현장에서 쉽게 적용할 수 있도록 비상전원설비, 전기설비의 기초이론과 배선, 도면, 시퀀스 등을 함께 습득할 필요가 있다. Part 2에서 이것을 보다 상세하고 체계적으로 설명하고 있다.

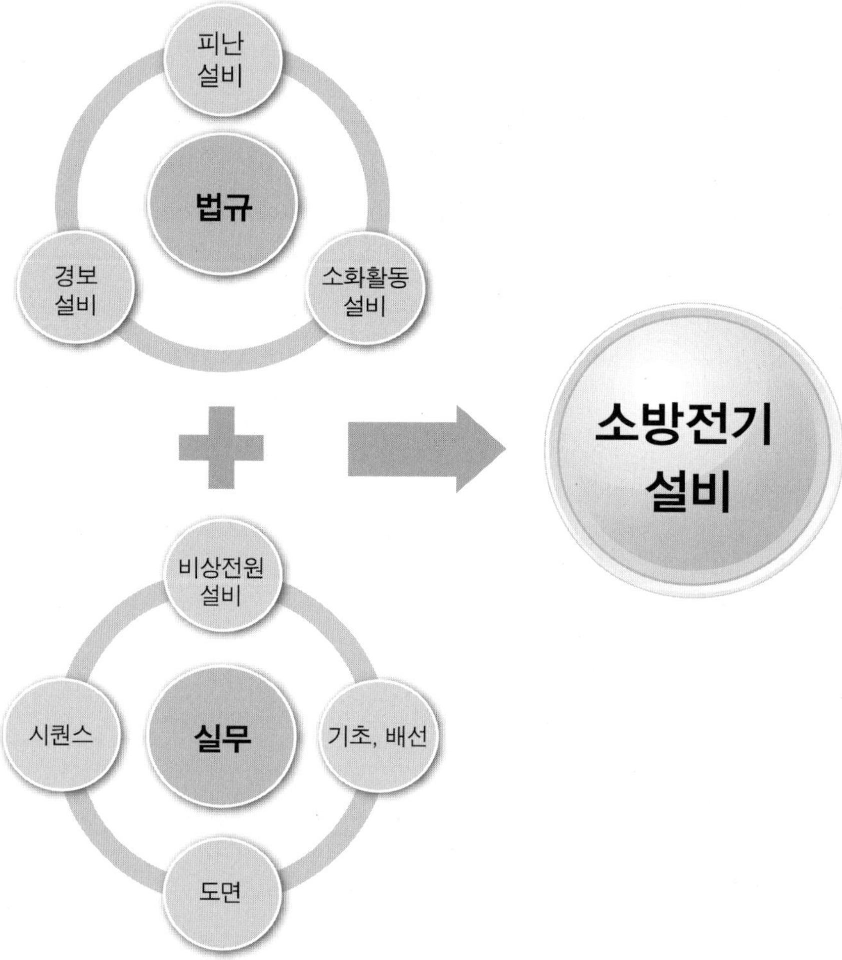

▲ 소방전기설비 분류에 대한 개념도

Part II

소방전기설비 및 설계

CHAPTER

1 경보설비

1 자동화재탐지설비(NFPC 203, NFTC 203)

1. 개요

1) 자동화재탐지설비는 화재발생시 초기단계에서 발생하는 **열, 연기, 불꽃** 등을 **자동적으로 검출하여 건물 내의 관계자에게 발화장소를 표시**하는 동시에 **경보를 발하는 설비**이다.
2) 자동화재탐지설비는 열, 연기, 불꽃 등의 연소생성물을 감지하는 **감지기**, 수동으로 신호를 발신하는 **발신기**, 감지기와 발신기에서 보내온 신호를 수신기에 전송하는 **중계기(R형시스템)**, 화재신호, 가스신호를 직접 수신하거나 중계기를 통하여 수신하여 소방대상물의 관계자에게 경보를 발하거나 소방관서에 통보해주는 **수신기**, 화재발생을 경보하는 **음향장치**, 발화장소를 표시하는 **표시등** 그리고 **배선**과 **전원**으로 구성된다.

2. 설치대상(소방시설 설치 및 관리에 관한 법률 시행령 별표 4)

중요장소 또는 **재해취약 지구**일수록 적용기준(연면적 등)을 적게 하여 설치를 강화시킨다.

적용기준	특정 소방대상물
전체	① 층수가 **6층** 이상인 건축물의 층 / **공**동주택 중 **아**파트 · **기**숙사 및 **숙**박시설의 층 ② **지**하구[주1)], **노**유자 생활시설, 판매시설 중 **전**통시장
연면적[1)] $600m^2$ 이상	③ **근**린생활시설(목욕장 제외), **의**료시설, **위**락시설, **장**례시설 및 **복**합건축물
연면적 $1,000m^2$ 이상	④ **방**송통신시설, **목**욕장, **지하가**[2)](터널 제외), **운수**시설, **업무**시설, **문화** · 집회시설, **종**교시설, **운**동시설, **판**매시설, **공**장, **창**고시설, **항**공기 및 자동차 관련 시설, **국**방 · 군사시설, **발**전시설, **관**광 휴게시설, **위**험물 저장 및 처리 시설
연면적 $2,000m^2$ 이상	⑤ **교**정 및 군사시설, **교**육연구 및 수련시설(시설 내 기숙사 · 합숙소 포함, 숙박시설이 있는 수련시설 제외), **동**식물 · **자**원순환 · **묘**지 관련시설
길이 1,000m 이상	⑥ 터널
지정수량 500배 이상	⑦ ④에 해당되지 않는 공장 및 창고시설로서 **특수가연물**을 저장·취급하는 장소
수용인원 100인 이상	⑧ ②에 해당되지 않는 **연**면적 $400m^2$ 이상인 **노**유자시설 및 **숙**박시설이 있는 **수**련시설

주 1) 지하구 : 소방시설 설치 및 관리에 관한 법률 시행령 별표 2의 28항
전력·통신용의 전선이나 **가스·냉난방용의 배관** 또는 **이와 비슷한 것**을 **집합 수용하기 위해 설치**한 것으로서 **사람이 점검** 또는 **보수**하기 위하여 **출입이 가능한 것** 중 **폭 1.8m 이상, 높이 2m 이상, 길이가 50m 이상(전력 또는 통신 사업용은 500m 이상)**인 것

---

1) 건물 각 층의 바닥면적을 합한 전체면적. '총면적'으로 순화 ≒ 연건축면적, 건축면적 : 건축물의 대지상 점유면적

3. 구성요소(8요소)[감.발.중.수.음.표.배.전]

구성요소	검출요소	작동원리	이용방식	용도별	감도종별	감응부 예
감 지 기	열	차동식	Spot형	공기식	1, 2종	다이어프램
				열기전력식		열전대(제벡효과)
				열반도체식		서미스터 등
			분포형	공기관식	1, 2, 3종	공기관
				열전대식		열전대(제벡효과)
				열반도체식		열반도체
		정온식	Spot형		특, 1, 2종	바이메탈, 금속선팽창
			감지선형			바이메탈, 가용절연물
		보상식	Spot형		1, 2종	다이어프램, 금속선팽창
	연기	이온화식	Spot형	비축적형	1, 2, 3종	Am241
				측적형		
		광전식	Spot형	비축적형		적외선 발광다이오드
				축적형		
			분리형	비축적형	1, 2종	적외선 발광다이오드
				축적형		
			공기흡입형	Clould쳄버형		응결액
				초기감지형		
	복합	열복합	Spot형			
		연기복합	Spot형			
		열연기복합	Spot형			
	불꽃	자외선(UV)				
		적외선(IR)				
		UV/IR				

구성요소	종 류
발 신 기	P형(1, 2급), T형, M형
중 계 기	집합형, 분산형
수 신 기	P형, R형, M형, GP형, GR형, 간이형, 무선식
음향장치	벨, 사이렌, 단독경보형감지기
표 시 등	함의 상부, 15° 이상 10m 이내 식별할 수 있는 적색등
배 선	전원회로 : 내화배선, 기타 : 내화 또는 내열배선
전 원	상용전원 : 축전지, 전기저장장치, 교류전압옥내간선, 비상전원 : 축전지, 전기저장장치

2) 지하의 공작물 안에 설치되어 있는 **점포, 사무실 그 밖에 이와 비슷한 시설로서 연속하여 지하도에 면하여 설치된 것**과 그 지하도를 합한 것으로 대표적인 것이 **지하상가**와 **터널**이다.

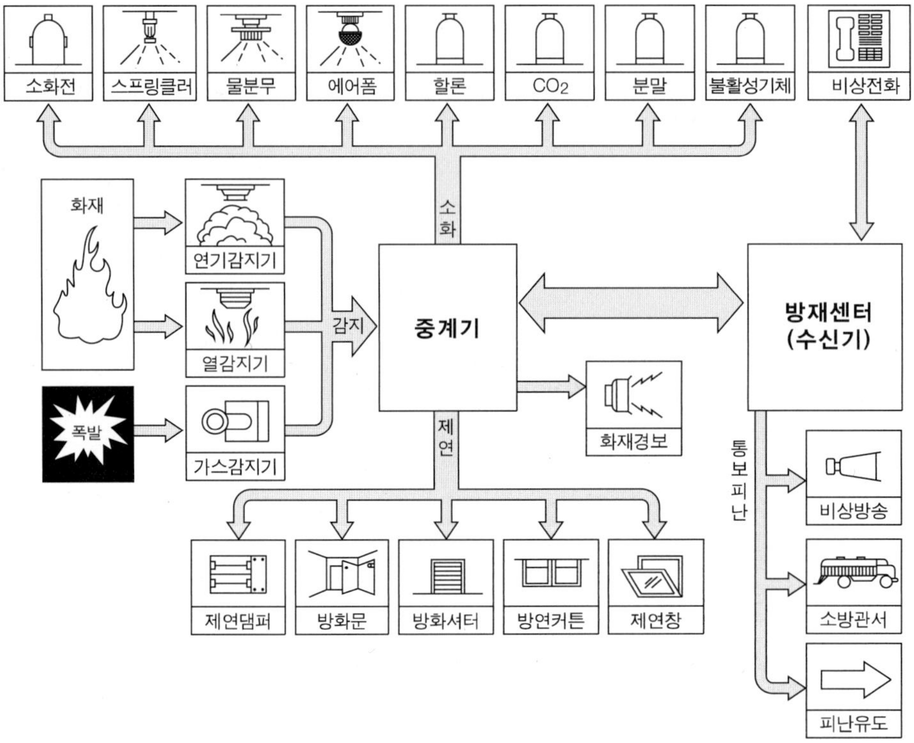

그림 1.1 • 자동화재탐지설비 구성도(예)

4. 경계구역

1) 개요

(1) 자동화재탐지설비는 화재를 발견하고 제어하기 위한 일련의 수단을 자동으로 수행하는 설비로서, 화재를 **발견, 경보, 초기소화 확립, 소방서 통보** 등 기타 설비와 연동되어 그 기능을 수행하는 방재설비를 말한다.

(2) 경계구역이란 **자동화재탐지설비 1회선이 유효하게 화재의 발생을 탐지할 수 있는 구역**으로 소방대상물을 일정한 면적과 크기로 제한시켜 설정한 감지구역을 말한다.

2) 경계구역 설정시 주의사항

(1) 경계구역의 경계선

① 실내의 중앙을 피하고 복도, 통로, 방화구획 등을 경계선으로 한다.

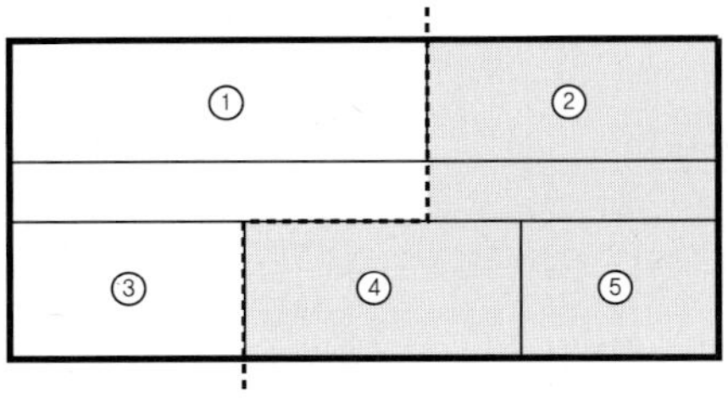

(a) 올바른 예

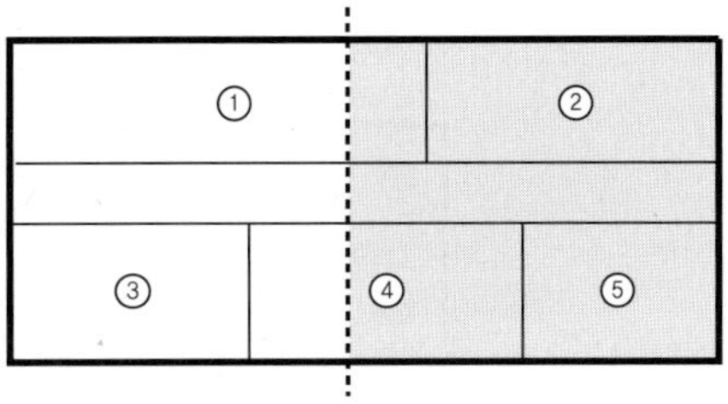

(b) 잘못된 예

② 복도, 통로, 방화구획 등으로 설정한 경계구역 마다 경계선 및 번호 부여
③ 번호는 아래층에서 위층으로, 수신기가 가까운 장소에서 먼 장소로 부여
④ 대형건물은 각 층별, 각 동별로 경계선 및 번호 부여

(2) 경계구역의 면적

① **용**도상 연관이 있는 장소는 동일한 경계구역 면적에 포함(주방, 식당)
② **감**지기 설치제외장소도 경계구역 면적에 포함(목욕실, 욕조나 샤워시설이 있는 화장실 등)
③ **개**방된 경계부분 및 별개의 경계구역 설정장소는 면적에서 제외(계단, 경사로 등)
④ **경**계구역은 가능한 동일한 방화구획 내에 있도록 선정
⑤ **바닥**면적에 산입되지 않는 장소는 면적에서 제외(ex, 베란다, 개방된 복도 등)
cf. 공동주택에서 확장된 거실의 발코니는 경계구역 면적에 포함

3) 경계구역의 설정 기준

건물 내의 공간은 일반적으로 거실과 같은 수평적 공간과 계단 및 파이프덕트 등과 같은 수직적인 공간이 있으므로 경계구역은 **수평적 개념**과 **수직적 개념**으로 구분하며 여기에 **설비적 개념**이 추가된다.

(1) 수평적 경계구역

① 하나의 경계구역은 2개 이상의 건축물에 미치지 않도록 할 것
② 하나의 경계구역은 2개 이상의 층에 미치지 않도록 할 것
단, 500m^2 이하의 범위 안에서는 2개 층 가능
③ 하나의 경계구역은 **600m^2 이하**로 하고 **한 변의 길이는 50m 이하**로 할 것. 단, 당해 소방대상물의 주된 출입구에서 그 내부 전체가 보이는 것(학교 강당, 체육관)에 있어서는 한 변의 길이가 50m의 범위 내에서 1,000m^2 이하로 할 수 있다.

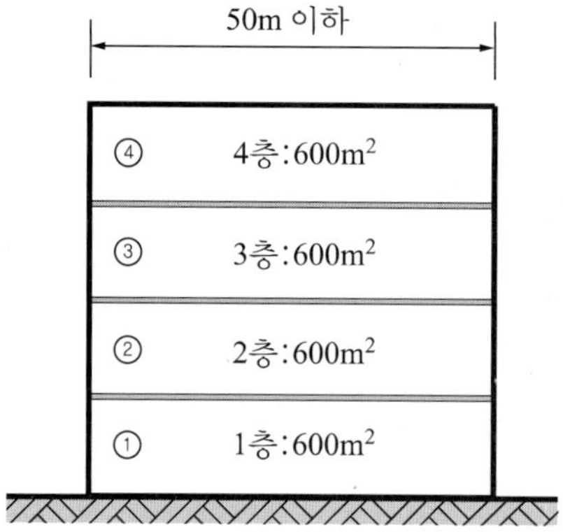

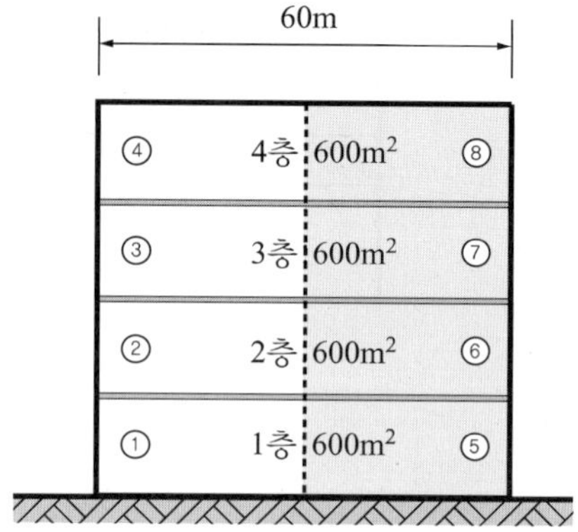

④ 특고압 케이블이 포설된 송·배전 전용의 지하구 경계구역의 길이는 700m 이하로 할 것(도로터널 : 100m 이하)[3]

구 분	원 칙	예 외
층 별	층 마다	2개 층이 $500m^2$ 이하일 때는 하나의 경계구역 가능
면 적	$600m^2$ 이하	주된 출입구에서 건물내부 전체가 보일 때는 $1,000m^2$ 이하
한 변의 길이	50m 이하	특고압 케이블 포설전용 지하구의 경우에는 700m 이하(도로터널 : 100m 이하)

(2) 수직적 경계구역

① 계단, 경사로(에스컬레이터 경사로 포함), E/L승강로(권상기실이 있는 경우에는 권상기실)[4], 린넨슈트, 파이프피트 및 덕트 등은 별도로 경계구역을 설정

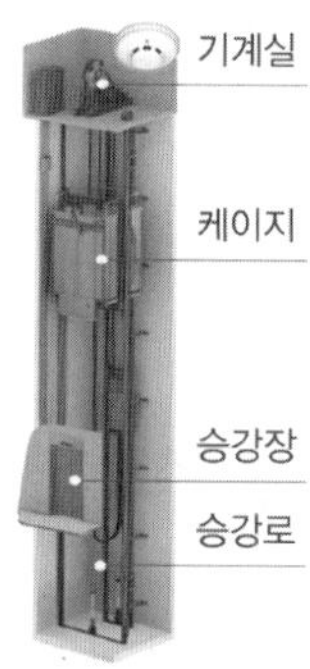

(a) E/L 승강로

(b) 린넨슈트

(c) 파이프 피트

3) 「연소방지설비의 화재안전기준(NFCS 506)」을 폐지하고 「지하구의 화재안전기준(NFSC 605)」으로 전부 개정됨에 따라 지하구와 관련된 「자동화재탐지설비 및 시각경보장치의 화재안전기준(NFSC 203)」 제4조제1항제4호의 '지하구의 경우 하나의 경계구역의 길이는 700m 이하로 할 것'은 삭제되었으나 NFPC 605 제13조제1항에 '특고압케이블이 포설된 송·배전 전용의 지하구(공동구 제외)에는 온도 확인 기능 없이 최대 700m의 경계구역을 설정하여 발화지점(1m 단위)을 확인할 수 있는 감지기를 설치할 수 있다'로 제정됨(2021.1.15. 제정)(2022.12.1. 재개정).

4) 경계구역의 기준 및 감지기의 설치장소를 명확히 하기 위하여 'E/L권상기실'을 'E/L승강로(권상기실이 있는 경우에는 권상기실)'로 개정함(2015.1.23 개정).

② 하나의 경계구역은 **높이 45m 이하**(계단 및 경사로)

③ 지하층의 계단 및 경사로는 별도의 하나의 경계구역으로 한다(지하 1층 제외).

구 분	계단, 경사로	E/L승강로(권상기실), 린넨슈트, 파이프 피트 · 덕트
높 이	45m 이하	제한 없음
지하층 구분	지상층, 지하층구분 (단, 지하 1층만 있을 경우 제외)	제한 없음

(3) 설비적 경계구역

① S/P설비·물분무등 소화설비 또는 제연설비의 화재감지장치로서 화재감지기를 설치한 경우의 경계구역은 당해 소화설비의 방사구역 또는 제연구역과 동일하게 설정할 수 있다.

② 특수감지기의 경계구역은 감지기별 성능인정기준으로 설정할 수 있다.

소화설비		방호구역	설정기준
S/P 설비	폐쇄형	바닥면적 기준	3,000m^2 미만
		층별 기준	1개 층이 하나의 방호구역
			1개 층 헤드가 10개 이하－3개 층 이내를 하나의 방호구역
	개방형	층별 기준	1개 층이 하나의 방수구역
		헤드 기준	50개 이하
물분무 등 소화설비		방호대상 구역	방사구역 마다 설정
특수 감지기		광전식 분리형	100m마다 설정

(4) 고려 사항

① 옥상 – 층수에 해당되지 않으나 경계구역 면적에 포함(600m^2 당 1회로)

② 반자 – 층수에 해당되지 않으나 경계구역 면적에 포함(600m^2 당 1회로)

③ 계단 – 2개 층 이상에 미치지 않는다는 조항은 수직적 경계구역에는 맞지 않음

④ 2개 층이 500m^2 이하인 경우에도 발신기는 층별 설치

⑤ 외기에 면하여 상시 개방된 차고, 주차장, 창고–외기에 면하는 각 부분으로부터 5m 미만의 부분은 경계구역 면적에 산입하지 않는다.

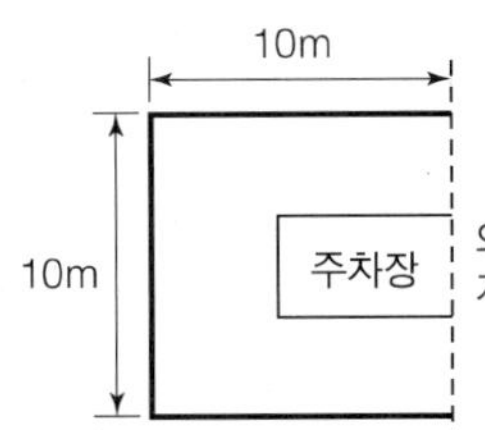

경계구역 면적
$(10-5)\times 10 = 50m^2$

4) 경계구역의 설정 사례

(1) 길이와 면적에 의한 경계구역 설정

① 1경계구역

② 2경계구역

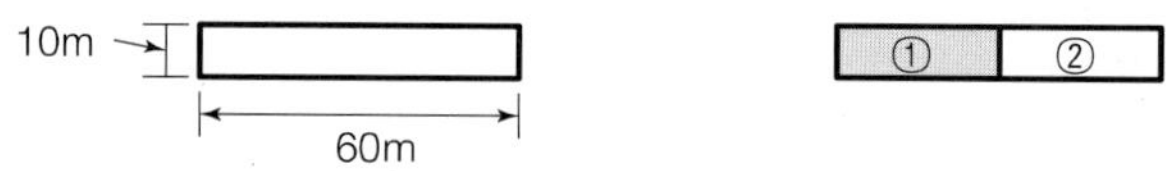

③ 3경계구역

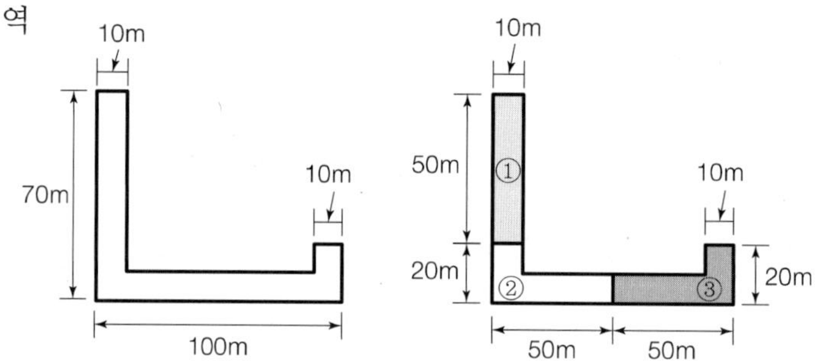

④ 4경계구역

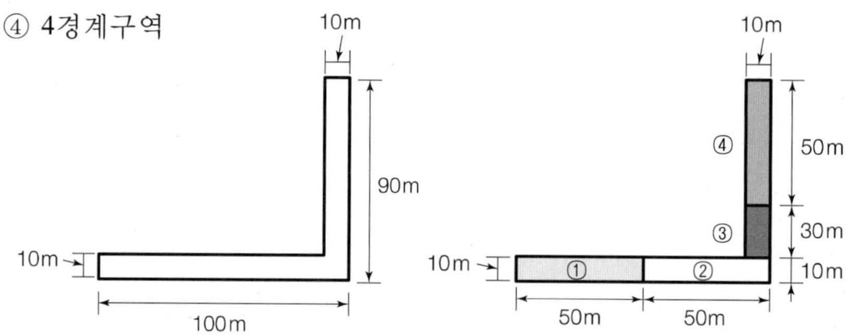

② & ③을 같이 묶을 수 없는 이유?

→ 면적이 $800m^2$로 $600m^2$를 초과하기 때문

(2) 층수와 면적에 의한 경계구역 설정

특정소방 대상물	경계구역 설정
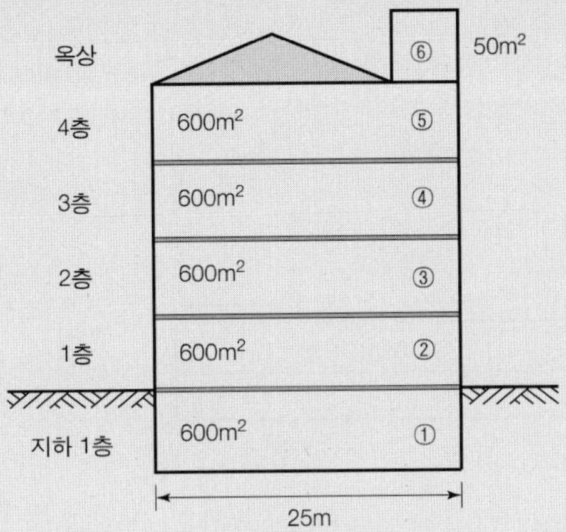	지하1층과 지상1층~4층까지 경계구역으로 하고 옥상은 층수에 포함되지는 않지만 경계구역 면적에는 포함되므로(면적이 $50m^2$로 $600m^2$ 이하이므로) 별도의 1경계구역으로 설정한다.
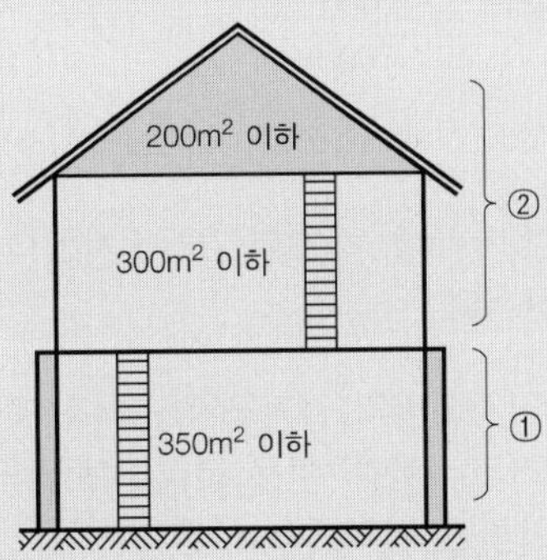	1층과 2층의 면적 합계가 $500m^2$가 넘으므로 1층과 2층은 별도의 경계구역으로 설정해야하며, 2층과 반자의 합계가 $600m^2$ 이하이므로 동일경계구역으로 설정해야한다. 즉, 1층은 별도의 1경계구역으로 설정하고 2층과 반자를 묶어서 1경계구역으로 설정한다.
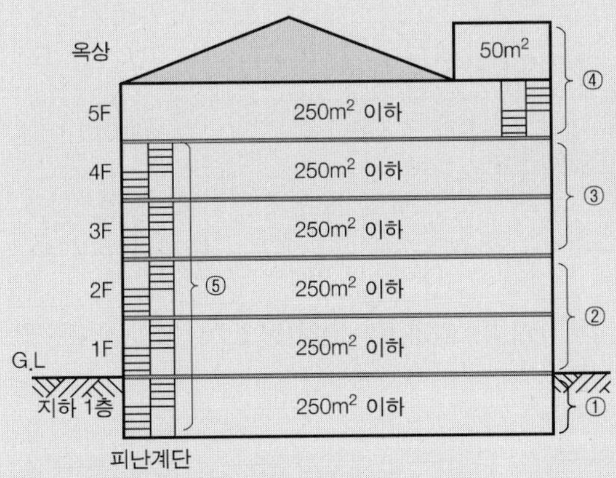	한 층의 면적이 $250m^2$ 이하로 2개 층의 면적 합계는 $500m^2$ 이하가 되므로 동일경계구역으로 설정할 수 있다. 또한, 계단과 지하층은 별도의 경계구역으로 설정해야 한다. 따라서 1~2층, 3~4층, 5층과 옥상을 각각 1경계구역으로 하고 지하층과 계단은 별도의 1경계구역으로 설정한다(그러나, 이럴 경우 화재가 발생한 층을 수신기에서는 확인할 수 없고, 발신기는 층마다 설치해야 하므로 실무적으로는 이렇게 적용하는 경우는 거의 없다. 2개 층을 동일 경계구역으로 설정하는 경우는 발신기가 설치되지 않는 최상부 옥탑 부분의 감지기를 바로 아래층에 설치된 발신기와 연결하여 동일 회로로 구성하는 경우에 한하여 적용하는 것이 일반적이다. 따라서, 실무에서는 일반적으로 1~4층, 5층과 옥상, 지하층, 계단의 7경계구역으로 설정하는 것이 좀 더 현실적이라고 할 수 있다).

Exercise

특고압 케이블이 포설된 송·배전 전용 지하구의 길이가 다음과 같을 때 최소경계구역을 몇 개로 구분해야 하는지 계산하시오.

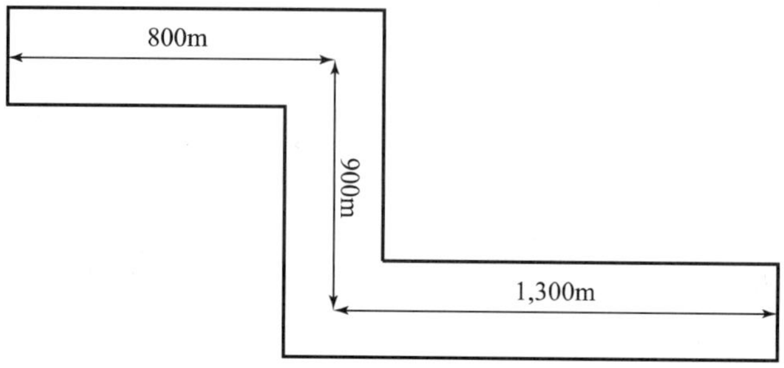

Solution

· 지하구 경계구역 $= \dfrac{\text{지하구 길이}}{700} = \dfrac{(800+900+1,300)}{700} = \dfrac{3,000}{700} = 4.2 ≒ 5$개

Exercise

다음 그림은 지하 2층에서 지상 5층까지 각 층의 높이가 4m인 소방대상물에 자동화재탐지설비의 경계구역을 설정한 경우이다. 다음 물음에 답하시오.

1) 층별 바닥면적이 다음 그림과 같을 경우 자동화재탐지설비의 경계구역은 최소 몇 개로 구분하여야 하는지 산출식과 경계구역 수를 구하시오(단, 경계구역은 면적 기준만을 적용하며 계단, 경사로 및 피트 등의 수직 경계구역의 면적은 제외한다).

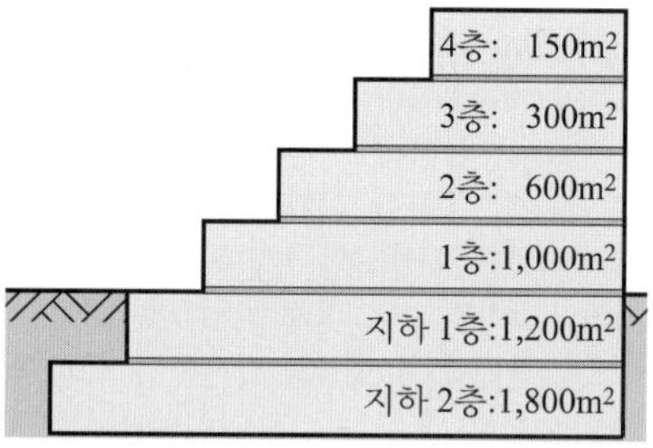

층	산출식	경계구역 수
4층		
3층		
2층		
1층		
지하 1층		
지하 2층		
경계구역의 합계		

2) 본 소방대상물에 계단과 엘리베이터가 각각 1개씩 설치되어 있다면 전체 경계구역은 몇 개인지 구하시오.

Solution

1)

층	산출식	경계구역 수
4층 3층	$\frac{(150+300)}{500}=0.9 \fallingdotseq 1$	1 경계구역
2층	$\frac{600}{600}=1$	1 경계구역
1층	$\frac{1,000}{600}=1.67 \fallingdotseq 2$	2 경계구역
지하 1층	$\frac{1,200}{600}=2$	2 경계구역
지하 2층	$\frac{1,800}{600}=3$	3 경계구역
경계구역의 합계		9 경계구역

2) 전체 경계구역 수

① 수평 경계구역 : 9개

② 수직 경계구역 :

엘리베이터 1개 + 계단 $\left[\text{지상층}\left(\frac{4\text{m}\times 4\text{개층}}{45}=1.35 \fallingdotseq 1\text{개}\right)+\text{지하층}\left(\frac{8}{45}=0.17 \fallingdotseq 1\text{개}\right)\right]$

③ 총 경계구역 수 : 9+3=12 경계구역

Caution!

· 수평적 경계구역에서 하나의 경계구역은 600m^2 이하로 하고 한 변의 길이는 50m 이하로 하여야 하지만 문제에서 면적 기준만을 적용한다고 하였으므로 면적 600m^2 이하로 경계구역을 산정하면 된다.

· 2개 층의 면적 합계가 500m^2 이하이면 하나의 경계구역으로 산정할 수 있으므로 3층과 4층을 합하여 하나의 경계구역으로 산정하는 것에 주의해야 한다. 다만 2개 층이 500m^2 이하라도 발신기는 층별로 설치해주는 것이 바람직하다.

· 경계구역 산정 시 소수점이 발생하면 반드시 절상해준다.

Exercise

지하 3층, 지상 14층이고 각 층 높이가 3.5m인 다음과 같은 소방대상물에 수직경계구역을 설정할 경우 다음 각 물음에 답하시오.

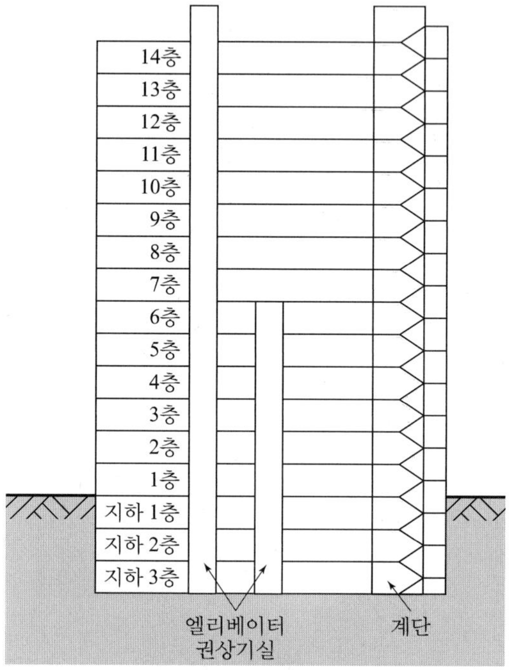

1) 본 소방대상물에 자동화재탐지설비의 수직경계구역은 총 몇 개의 회로로 구분해야 하는지 쓰시오.
2) 연기감지기 2종을 설치해야 하는 위치를 도면에 그려 넣으시오.

Solution

1) 수직경계구역 수
 ① 엘리베이터 : 2회로
 ② 계단 : 지상층$\left(\dfrac{3.5\text{m}\times 14\text{층}}{45}=1.09 \fallingdotseq 2\text{회로}\right)$ + 지하층$\left(\dfrac{3.5\text{m}\times 3\text{층}}{45}=0.233 \fallingdotseq 1\text{회로}\right)$
 ③ 총 회로 수 : 2+2+1=5회로
2) 연기감지기 개수
 ① 엘리베이터 : 2개
 ② 계단 : 지상층$\left(\dfrac{3.5\text{m}\times 14\text{층}}{15}=3.27 \fallingdotseq 4\text{개}\right)$ + 지하층$\left(\dfrac{3.5\text{m}\times 3\text{층}}{15}=0.7 \fallingdotseq 1\text{개}\right)$
 ③ 총 개수 : 2+4+1=7개

Solution

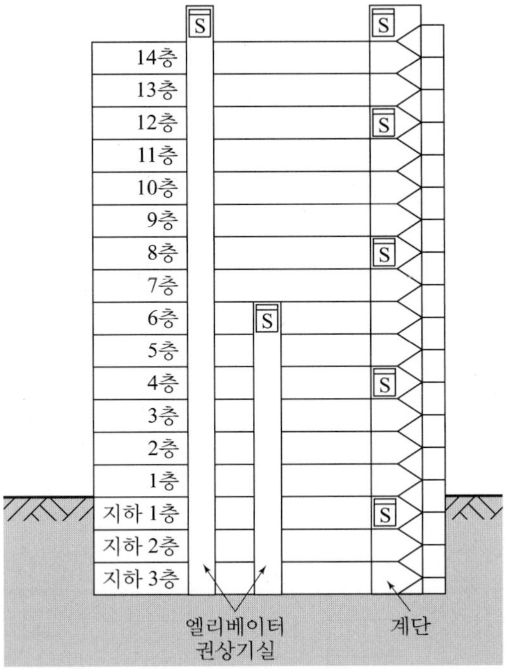

Exercise

다음 그림은 지하 1층에서 지상 5층까지 각 층의 평면이 동일하고, 각 층의 높이가 4m인 사무실 건물에 자동화재탐지설비를 설치한 경우이다. 다음 물음에 답하시오.

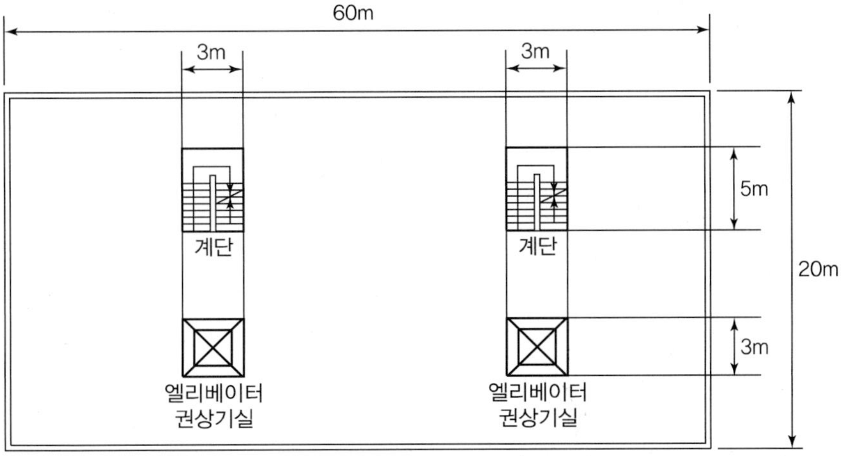

Exercise

1) 하나의 층에 대한 자동화재탐지설비의 수평 경계구역 수를 구하시오.
2) 사무실 건물에 대한 자동화재탐지설비의 수직 및 수평 경계구역 수를 구하시오.
3) 계단에 설치되는 감지기는 각각 몇 층에 설치해야 하는지 쓰시오.
4) 엘리베이터 권상기실 상부에 설치해야 하는 감지기의 종류를 쓰시오.

Solution

1) 한 층의 수평 경계구역 수 : $\frac{(60\times20-3\times5\times2-3\times3\times2)}{600}=1.98 \fallingdotseq 2$

2) ① 수평 경계구역 : 2개 × 6개층 = 12개

② 수직 경계구역 : 엘리베이터 2개소 + 계단($=\frac{4\times6}{45}=0.53 \fallingdotseq 1$개) 2개소, 총 4개

3) 계단 설치 연기감지기 : $\frac{4\text{m}\times6\text{개층}}{15}=1.6 \fallingdotseq 2$개, 지상 5층, 지상 2층

4) 연기감지기 2종(특별한 조건이 없는 경우 연기감지기는 2종을 적용한다.)

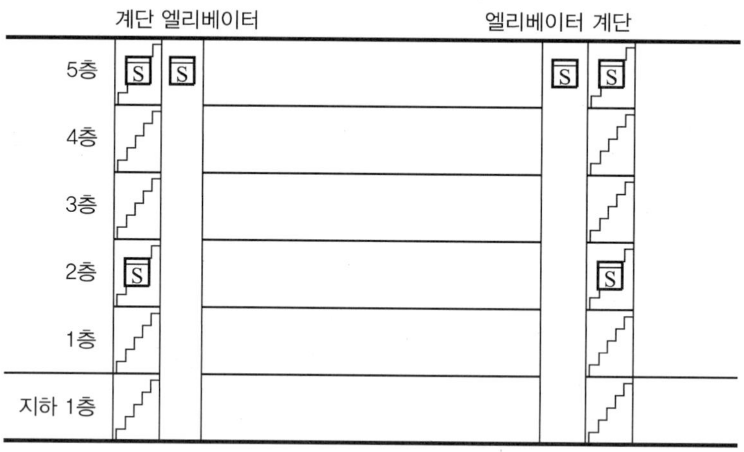

Caution!

계단, 엘리베이터는 수직 경계구역 산정 시 사용되는 것이므로 수평 경계구역 산정 시 필요한 면적에는 포함시키지 않는 것에 주의해야 한다.

2 감지기의 개요 및 분류

1. 개요

1) 감지기는 자동화재탐지설비 중 화재 초기단계에서 발생되는 **열, 연기, 불꽃** 등의 연소생성물을 **검출하여 수신기에 통보하고 소방대상물의 관계자에게 경보를 발함**으로서 **피난을 신속하게 하고 초기소화 및 화재확대를 방지하기 위한 설비**이다.

2) 열감지기는 신뢰성은 좋으나 시간이 지연되는 문제가 있고 연기감지기는 시간이 지연되는 문제는 없으나 신뢰성이 떨어지므로 이것들을 개선한 특수감지기들이 개발되고 있다.

2. 부착높이에 따른 감지기의 분류[열/차.정.보, 연/이.광-광.스.분.공, 복, 불]

감지기 종 류	설치높이(m)				
	4 미만	4~8 미만	8~15 미만	15~20 미만	20 이상
차동식 스포트형	●	●			
차동식 분포형	●	●	●		
정온식 스포트형	●	특/1종			
정온식 감지선형[5)]	●	특/1종			
보상식 스포트형	●	●			
이온화식	●	1/2종	1/2종	1종	
광전식 스포트형	●	1/2종	1/2종	1종	
광전식 분리형[주 1)]	●	1/2종	1/2종	1종	아날로그방식
공기흡입형	●	1/2종	1/2종	1종	아날로그방식
열복합형	●	●			
연기복합형	●	●	●	●	
열연기복합형	●	●			
불꽃 감지기	●	●	●	●	●

주 1) 광전식 분리형 연기감지기는 아날로그 제품이 생산되지 않으므로 실제로 20m 이상 장소에 설치할 수 있는 감지기는 공기흡입형과 불꽃 감지기이다.

5) 정온식 분포형 감지기를 특별히 정온식 감지선형 감지기라 부른다.

3. 설치장소에 따른 감지기의 분류

설치 장소	감지기의 종류
지하층, 무창층으로 환기가 잘되지 않는 장소 실내면적이 40[m^2] 미만인 장소 감지기의 부착면과 실내바닥과의 거리가 2.3[m] 이하	축적방식, 복합형 감지기 아날로그방식, 다신호방식 감지기 광전식분리형, 분포형 감지기 정온식감지선형, 불꽃 감지기
계단·경사로 및 에스컬레이터 경사로~~(15[m] 미만 제외)~~[6] 복도(30[m] 미만 제외) E/L승강로(권상기실), 린넨슈트, 파이프피트 및 덕트, 기타 유사한 장소 천장 또는 반자의 높이가 15[m] 이상 20[m] 미만인 장소 **취침·숙박·입원 등 이와 유사한 용도로 사용하는 거실(공동주택, 오피스텔 등)**[7]	연기 감지기
계단, 경사로에 연기가 멀리 이동해서 감지기에 도달하는 장소	광전식 스포트형(아날로그 포함)[8] 광전식 분리형(아날로그 포함)
부식성 가스가 발생할 우려가 있는 장소 **먼**지 또는 미분 등이 다량으로 체류하는 장소 **배**기가스가 다량으로 체류하는 장소 **연**기가 다량으로 유입될 우려가 있는 장소 **물**방울이 발생하는 장소	연기감지기를 설치할 수 없는 경우 – 차동식 분포형 감지기 1, 2종[9]
화학공장, 격납고, 제련소	광전식분리형, 불꽃 감지기
전산실, 반도체 공장	공기흡입형 감지기(ASD)
주방, 보일러실 등 다량의 화기를 단속 취급하는 장소	정온식 감지기

4. 작동표시장치를 설치하지 않아도 되는 감지기[10]

1) 확인이 곤란한 구조이거나 곤란한 장소에는 설치하지 않을 수 있다.

2) 종류

(1) 방폭구조인 감지기

(2) 차동식분포형 감지기

(3) 정온식감지선형 감지기

(4) 수신기에 작동한 내용이 표시되는 감지기(무선식 감지기 제외)

---

6) 계단·경사로에 연기감지기 설치시 15m 미만은 제외하던 것을 화재감지의 사각지대를 해소하기 위해 15m 미만도 설치하도록 함(2015.1.23. 개정).

7) 최근 공동주택 및 노유자시설 등 화재발생으로 다수의 인명피해가 발생함에 따라 인명피해의 저감을 위해 '공동주택, 오피스텔 등의 특정소방대상물의 취침·숙박·입원 등 이와 유사한 용도로 사용되는 거실'에 연기감지기를 설치하도록 함(2015.1.23. 신설).

8) 광전식 스포트형(아날로그 포함) 감지기를 설치하는 경우에는 당해 감지기회로에 축적기능을 갖지 않는 것으로 할 것.

9) NFTC 203 2.4.6 설치장소별 감지기 적응성(연기감지기를 설치할 수 없는 경우 적용)(2022.12.1 재개정).

10) 감지기의 형식승인 및 제품검사의 기술기준 제5조 제19항(2017.12.6. 개정).

3 감지기의 형식(Type)

1. 축적형 감지기

1) 개요

(1) **비화재보를 방지**하기 위해 **감지기에 지연회로 또는 축적회로를 설치하여 일정이상의 온도, 연기가 계속될 때 수신기에 화재신호를 발하는 장치**

(2) 감지기 주위의 온도, 연기가 작동상태에 이르면 곧바로 동작하지 않고 공칭축적시간동안 기다렸다가 수신기에 화재신호를 발하는 장치

2) 작동원리

흐름도	내용
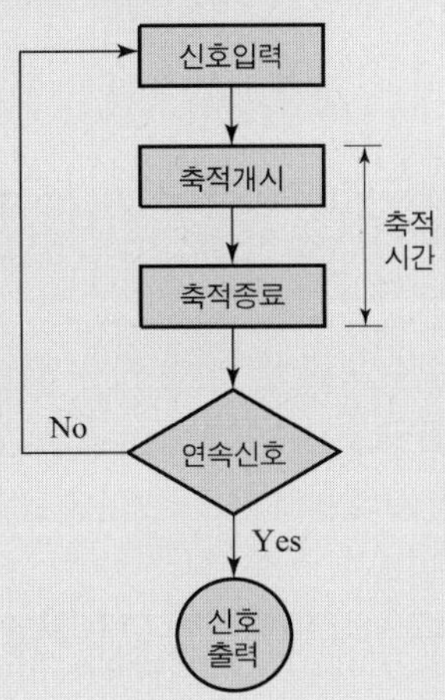	① 축적시간 : 감지 후 화재신호를 발할 때까지의 시간 (5～60초 이내) ② 축적시간은 중계기, 수신기 축적시간의 유무에 따라 조절 필요 ③ 공칭축적시간－10초 이상 60초 이내에서 10초 간격으로 표시

3) 설치장소 및 설치제외장소

설치장소	설치제외장소(비축적형 설치장소)
• 지하층, 무창층으로 환기가 잘되지 않는 장소 • 실내면적이 $40m^2$ 미만인 장소 • 감지기 부착면까지의 높이가 2.3m 이하인 장소	• 교차회로용 감지기가 설치된 장소 • 급속한 연소확대가 우려되는 장소(유류취급소등) • 축적형 수신기를 설치한 장소

4) 비화재보 적응성 감지기(=교차회로 방식을 적용하지 않는 감지기, 지하구 설치 감지기[11])
[축.복.이(아).다.광.분.정.불꽃]

(1) **축**적방식 감지기
(2) **복**합형 감지기
(3) **아**날로그방식 감지기
(4) **다**신호방식 감지기
(5) **광**전식 분리형 감지기
(6) **분**포형 감지기
(7) **정**온식 감지선형 감지기
(8) **불꽃** 감지기

2. 다신호방식 감지기

1) 개요

(1) **감지원리는 동일하나 성능, 종별, 공칭작동온도, 공칭축적시간이 다른 감지소자의 조합**
(2) 다신호식 감지기로부터 신호를 받기위해 다신호 수신기 사용
(3) 넓은 의미로는 복합형 감지기도 다신호식 감지기의 일종(복합형 OR회로)
(4) 비화재보 방지가 주목적

2) 종류

종 류	구성요소
종별이 다른 것 조합	정온식 Spot형 특종 + 정온식 Spot형 1종
공칭작동온도 조합	정온식 Spot형 특종(60℃) + 정온식 Spot형 특종(70℃)
공칭축적시간 조합	이온화식 Spot형(축적형) + 이온화식 Spot형(비축적형)

3) 비교

분 류	회로구성	논리개념	신호출력	목적
다신호방식	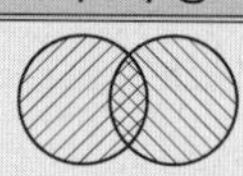	OR (각 기능이 작동)	다신호	비화재보 방지
복합형	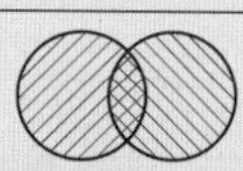	OR (각 기능이 작동)	다신호	상동
	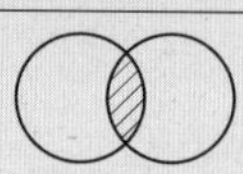	AND (두 기능이 모두 작동할 때 작동)	단신호	상동
보상식	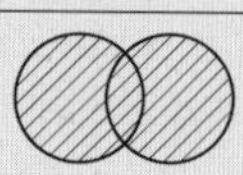	OR (둘 중 하나만 작동해도 작동)	단신호	실보 방지

11) 지하구 설치 감지기[지하구의 화재안전성능기준(NFPC 605) 제6조제1항, 화재안전기술기준(NFTC 605) 2.2.1]
지하구에 설치하는 감지기는 **먼지 · 습기** 등의 영향을 받지 아니하고 **발화지점**(1m단위)과 **온도**를 확인할 수 있는 감지기를 설치하여야 한다.

3. 아날로그방식 감지기

1) 개요

(1) 기존감지기는 열, 연기, 불꽃을 검출하는 검출기능과 화재인지를 판단하는 판단기능, 화재신호를 수신기로 송출하는 발신기능을 하나의 감지기 속에 내장하고 있음

(2) 아날로그방식 감지기는 **검출, 발신기능은 감지기가 판단기능은 수신기가 담당**

2) 작동원리

(1) 아날로그방식 감지기는 **주위온도 또는 연기의 농도변화에 따라 각각 다른 전류 또는 전압을 출력하는 방식**으로 실시간으로 검출된 온도 또는 연기농도에 대한 정보만을 수신기에 송출한다.

(2) 화재인지는 수신기가 판단한다.

(3) 개별정보의 송출을 위해 감지기마다 Address라는 고유의 주소기능을 가진 회로를 가지고 있다.

(4) 대용량의 정보를 처리하기 위해 **다중통신 방식**을 적용하고 있다.

(5) 아날로그 수신기를 설치하여 온도 또는 연기의 농도변화에 따라 예비경보, 화재경보, 설비연동 등을 수행한다.

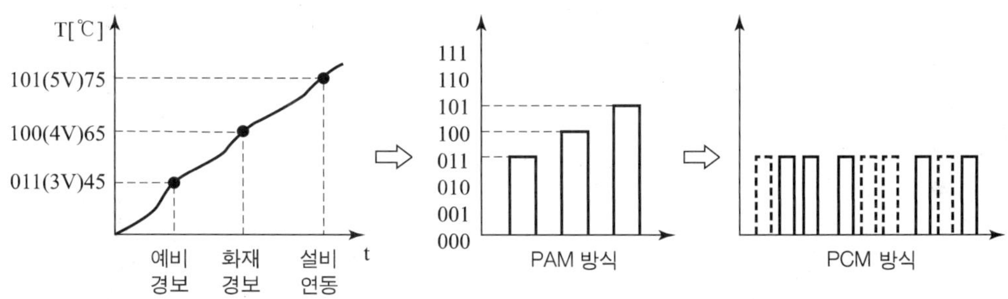

3) 기능 및 특징

기 능[주.감.자.자.보.단]	특 징[전.아.중.배.신.감]
주소설정－감지기마다 고유번호 설정	**전**선수를 줄일 수 있음
감도조정－설치장소에 맞는 온도, 농도 조절	**아**날로그 수신기 사용
자체진단－고장, 단락, 이상 고장시 자동검출	**중**계기를 통하지 않고 수신기와 연결
자체보상－먼지누적으로부터 기능유지	**배**선은 Shield Cable 사용
보수유지경고[12)]－한계 이상의 먼지 누적 경고	**신**호전송속도가 빠름
단계별 출력－예비경보, 화재경보, 설비연동	**감**지기마다 경계구역 설정

12) 보수유지경고 : 화재경보를 발하지 않고도 감지기 이상 유무 상태를 알 수 있어 감지기를 교체하기 쉽다.

4) 일반형 감지기와의 비교[동.회.식.비.가.수(신).종.신]

구 분	일반형	아날로그
동작특성	정해진 온도, 농도 도달시 수신기에 즉시 송출, 즉시 설비연동	온도, 농도를 연속적으로 수신기에 송출, 수신기가 판단하여 순차적으로 설비연동
수신반 **회**로수	경계구역별 1회로, 회로수 적음	감지기별 1회로, 대용량 수신반 필요
시공방법	$600m^2$마다 1회로 구성 경계구역별 화재감시 동작 감지기 알 수 없음	2가닥 병렬접속 감지기별 화재감시 동작 감지기 알 수 있음
비화재보	발생율 높음	발생율 낮음
가 격	저가	고가
신 뢰 성	낮음	높음
종 류	열(차동, 정온식) 연기(이온, 광전식)	좌동 - Analog Type
신 호[13]	On/Off 접점 신호	아날로그 신호

4. 무선식 감지기

1) 개요

(1) **전파에 의해 신호를 송수신하는 방식의 것**

(2) 「신고하지 아니하고 개설할 수 있는 무선국용 무선설비의 기술기준」 제7조(특정소출력무선국용 무선설비)제3항의 「**도난, 화재경보장치 등의 안전시스템용 주파수**」를 적용하여야 하며 「전파법」 제58조의2(**방송통신기자재 등의 적합성평가**)에 적합하여야 한다.

2) 무선식 감지기의 기능

(1) 작동한 감지기는 화재신호를 수신기 or 중계기에 **60초 이내 주기마다 발신**

(2) 작동한 감지기가 **수동복구스위치에 의해 복귀신호를 수신하는 경우** 감지기는 정상상태로 **복귀**

(3) **무선통신점검신호를 수신하는 경우 무선식 수신기 or 중계기, 간이형수신기의 무선식 수신부 or 중계부**에 자동으로 **확인신호 발생**

(4) 건전지를 주전원으로 사용하는 감지기는 건전지가 **리튬전지 or 동등이상 성능** 일 것

(5) 건전지 교체가 필요한 경우 무선식 수신기 or 간이형수신기의 무선식 수신부에 자동으로 신호를 발신하고 표시등에 의해 **72시간 표시**

13) On/Off 접점신호 : 화재인지 아닌지 판단하여 수신기에 전송한다.
아날로그신호 : 1℃, 1% 단위의 온도, 연기를 전송하고 화재인지 아닌지는 아날로그 수신기가 판단한다.

4 복합형 감지기

1. 개요

1) **감지원리가 다른 2개의 감지소자를 조합한 감지기**로 두 가지 성능이 동시에 작동될 때(AND회로) 신호를 발하거나 두개의 성능이 각각 작동될 때(OR회로) 신호를 발하는 감지기

2) **AND회로**일 경우 **단신호**이나 **OR회로**일 경우 **다신호** 감지기가 된다.

3) **비화재보 방지가 주목적**이다.

2. 복합형 감지기의 종류

종 류	구성요소	신호 송출	
열복합형 감지기	차동식+정온식	단신호 (AND)	다신호 (OR)
연기복합형 감지기	이온화식+광전식		
열연복합형 감지기	차동식+이온화식, 차동식+광전식 정온식+이온화식, 정온식+광전식		

3. 보상식 감지기와의 비교

1) 열복합형 감지기의 경우 차동요소와 정온요소가 결합되어 있는 형식으로 보상식 감지기와 구성요소는 같지만 감지원리의 차이가 발생한다.

2) 비교

구 분	열복합형		보상식
	AND회로	OR회로[14]	
동작방식	차동식 × 정온식	차동식 + 정온식	차동식 + 정온식
신호출력	단신호	다신호	단신호
회로구성	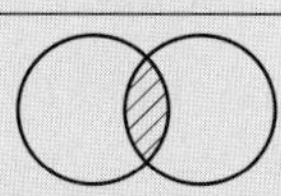	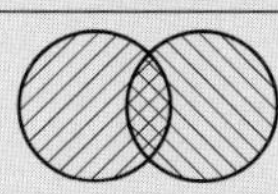	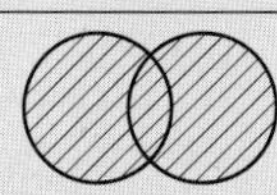
회로설명	차동요소와 정온요소 둘 다 동작할 때 출력	해당되는 요소만 출력되고 이후 또 다른 요소가 동작되면 두 번째 출력	차동요소와 정온요소 중 하나만 동작해도 출력
목 적	비화재보 방지		실보 방지
적응장소	축적형감지기 설치장소		심부성화재, 연기 多 장소

14) 1단계 경보, 2단계 화재신호 출력

5 감지기의 감지원리

1. 차동식 감지기

1) 작동원리 – 주위온도가 **일정온도 상승률 이상일 때 작동**

2) 종류

(1) 차동식 스포트형[공.기.반] – **일국소**에서의 열효과에 의해 작동

구 분	공기식	열기전력식	반도체식	
			서미스터[15]	감열식사이리스터
작동원리	다이어프램 상승	제벡효과[16]	휘스톤브리지	P-N 반도체소자

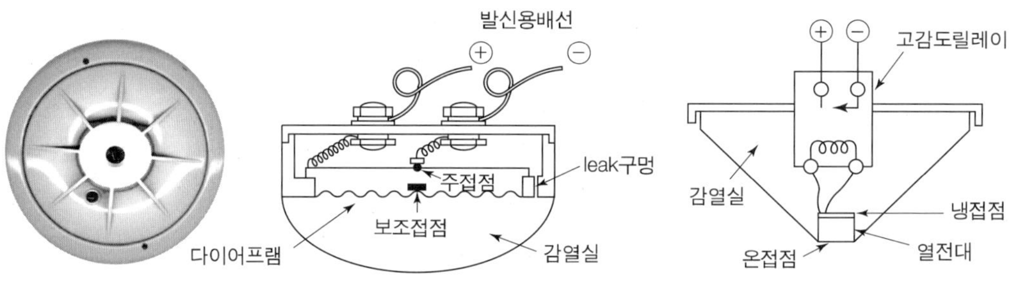

(a) 외형 (b) 공기식 (c) 열기전력식

그림 1.2 ◦ 차동식 스포트형 감지기의 외형 및 구조도

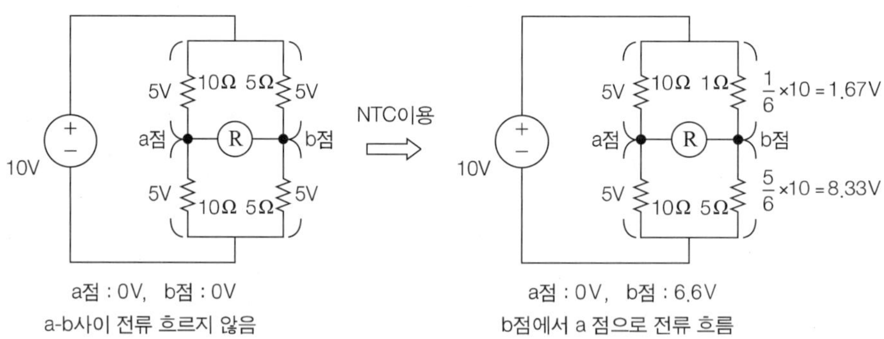

그림 1.3 ◦ 서미스터 작동원리

15) 서미스터 : 온도가 상승할 때 저항변화율이 큰 소자로 미소온도 변화를 측정하는 소자이다. 온도가 상승하면 저항이 증가하는 PTC, 온도가 상승하면 저항이 감소하는 NTC, 특정온도에서 저항이 감소하는 CTR이 있으며 감지기 내·외부에 각각 설치하여 열이 두 개의 서미스터에 전달되는 시간차에 따른 온도변화율을 검출한다.

16) 제벡효과 : 두 종류의 금속을 접합하여 하나의 폐회로를 만들고 두 접합점의 온도를 다르게 하면 열기전력이 발생되는 현상으로 이러한 두 종류의 금속(한 쌍의 금속)을 열전대라고 한다. 열전대 효과가 가장 큰 것은 Constantan(Cu 55% + Ni 45%)이다.

(2) 차동식 분포형[공.전.반] – **넓은 범위**에서의 열효과에 의해 작동

구 분	공기관식	열전대식	열반도체식
작동원리	주위온도 급격상승 ↓ 공기관 내 공기 팽창 ↓ 다이어프램 상승 ↓ 접점 폐로 ↓ 화재신호 발생	주위온도 급격상승 ↓ 열기전력 발생 (이종금속 온도차) ↓ 코일에 전류 발생 ↓ 접점 폐로 ↓ 화재신호 발생	주위온도 급격상승 ↓ 열기전력 발생 (열반도체소자) ↓ 미터 Relay 작동 ↓ 접점 폐로 ↓ 화재신호 발생

주) 열전대식이나 열반도체식이나 열에 의해 기전력이 발생하는 것은 같으나 열전대는 이종금속, 열반도체식은 열반도체소자를 사용하는 차이가 있다.

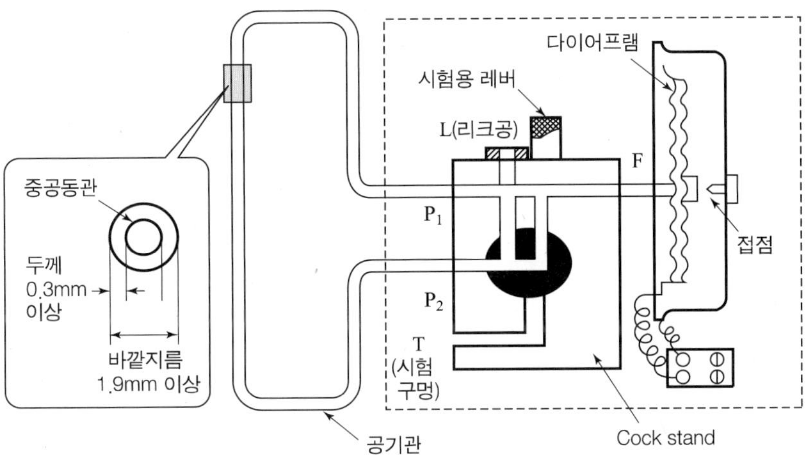

그림 1.4 ◦ 공기관식 차동식 분포형 감지기 구조도

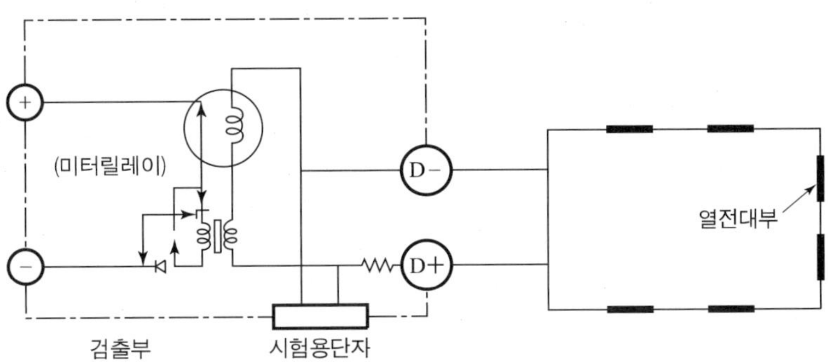

그림 1.5 ◦ 열전대식 차동식 분포형 감지기 구조도

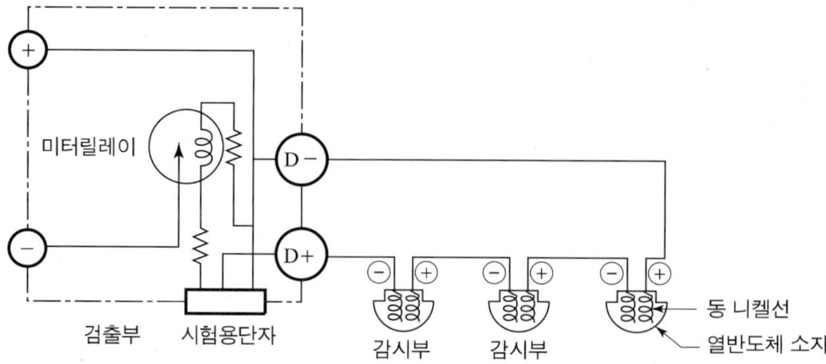

그림 1.6 • 열반도체식 차동식 분포형 감지기 구조도

2. 정온식 감지기

1) 작동원리 – 주위온도가 **일정온도 이상일 때 작동**

2) 종류

(1) 정온식 스포트형

바이메탈 활곡, 바이메탈 반전, 금속의 선팽창 계수, 금속팽창, 액체의 팽창 등

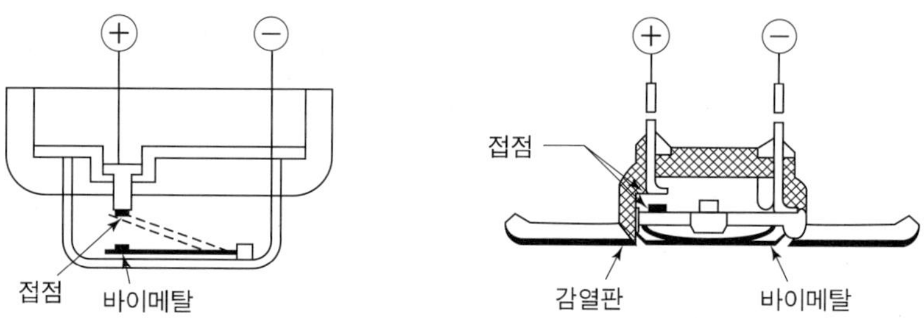

(a) 바이메탈 활곡 (b) 바이메탈 반전

그림 1.7 • 바이메탈을 이용한 정온식 스포트형 감지기

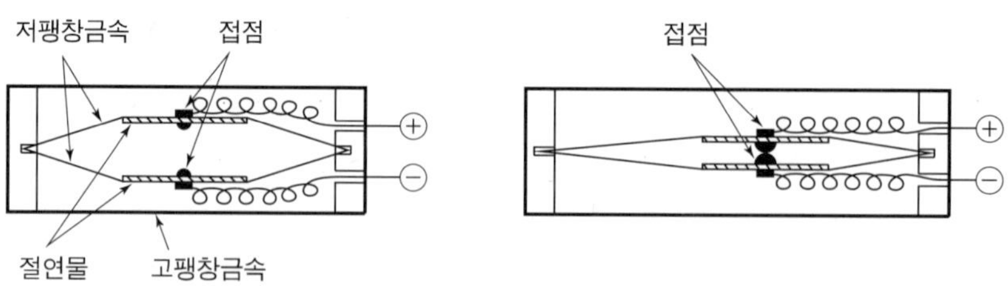

(a) 미작동 상태 (b) 작동한 상태

그림 1.8 • 금속의 선팽창계수를 이용한 정온식 스포트형 감지기

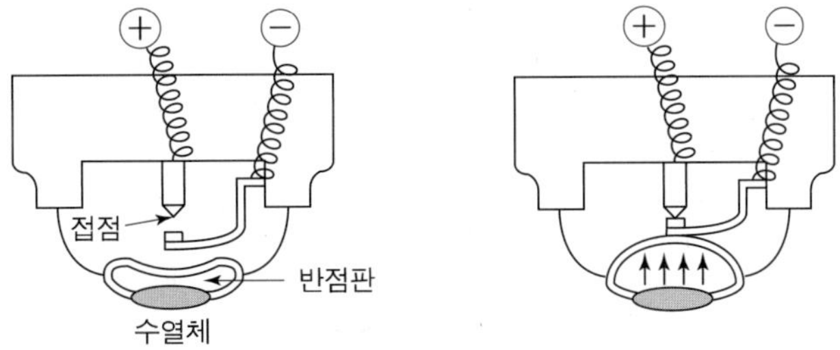

그림 1.9 • 액체의 팽창을 이용한 정온식 스포트형 감지기

(2) 정온식 감지선형

① 트위스트형

– 비틀린 감지선이 원래 모습으로 되돌아가고자 하는 힘을 이용

– **전선 전체가 감열부분**

② 전선형

– 전선의 저항값이 온도상승에 따라 변하는 것을 이용

– **전선 일부가 감열부분(감열부가 띄엄띄엄 배치)**

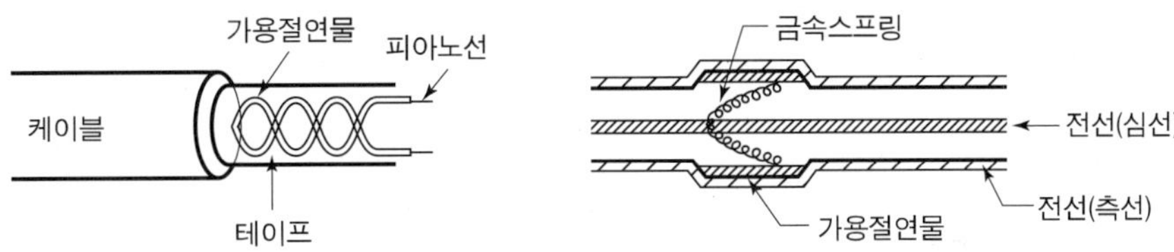

(a) 트위스트형 (b) 전선형

그림 1.10 • 정온식 감지선형 감지기

3. 보상식 감지기

1) 작동원리

(1) **차동식의 훈소화재 비적응성**과 **정온식의 시간지연 보상**

(2) **급격한 온도상승**은 **차동식의 다이어프램 상승**에 의해서 검출하고 **완만한 온도상승**은 **정온식의 금속 선팽창계수**를 이용하여 검출한다.

2) 특징

(1) 차동식과 정온식 중 어느 하나라도 동작되면 신호발생

(2) 열감지기 중 동작특성이 제일 빠름

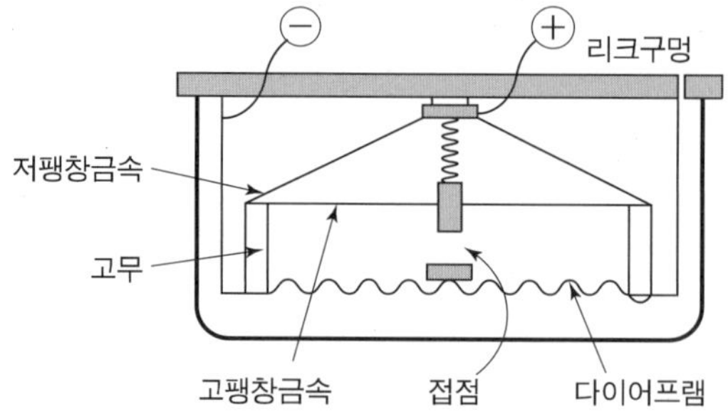

그림 1.11 • 보상식 스포트형 감지기 구조도

4. 열감지기(스포트형)의 비교[작.동.훈.시.비.적]

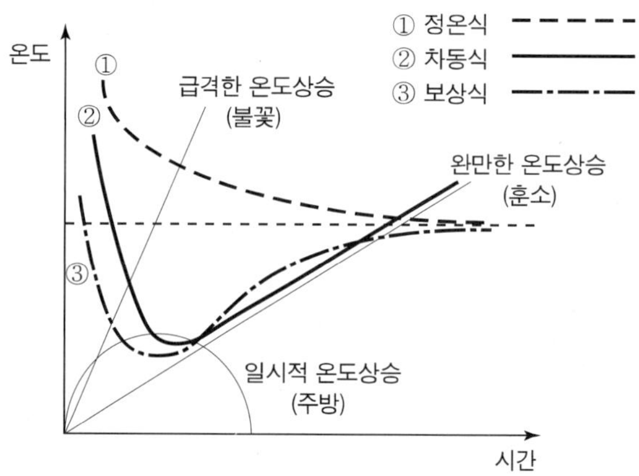

그림 1.12 • 스포트형 열감지기의 비교

구 분	차동식	정온식	보상식
작동원리	주위온도가 일정온도 상승률 이상일 때 작동	주위온도가 일정(설정)온도 이상일 때 작동	차동식 훈소화재 비적응성과 정온식 시간지연 보상
동작빠르기	2	3	1
훈소화재	×(비적응성)	○	○
시간지연	×	○(발생)	×
비화재보	○(발생)	×	○
적 응 성	불꽃	불꽃, 훈소, 주방	불꽃, 훈소

1) 동작빠르기는 시간－온도 곡선에서 시간의 좌측에 있을수록 빨리 동작하기 때문에 보상식＞차동식＞정온식의 순서로 동작한다.
2) 훈소화재는 완만한 온도상승으로 나타낼 수 있는데 이 곡선과 만나면 적응성이 있는 것이고 만나지 않으면 비적응성이 된다. 따라서 차동식은 비적응성이 된다.

3) 비화재보는 일시적인 온도상승으로 나타낼 수 있는데 이 곡선과 만나면 비화재보가 발생하는 것이고 만나지 않으면 비화재보가 발생하지 않는다. 따라서 정온식은 비화재보가 발생하지 않는다.
4) 적응성은 어느 화재에 적응성이 있는지를 나타내는 것으로 급격한 온도상승(불꽃화재)과 완만한 온도상승(훈소화재)은 만나야 적응성이 있는 것이고, 일시적인 온도상승(주방)은 만나지 말아야 적응성이 있는 것이다. 따라서 차동식은 불꽃화재, 보상식은 불꽃, 훈소화재에 적응성이 있고 정온식은 불꽃, 훈소, 주방에 모두 적응성이 있다. 대신 시간이 지연되는 문제점이 있다.

5. 광센서 감지선형 감지기

1) 개요

(1) 지하공동구, 터널과 같이 환경조건이 좋지 않는 장소에는 정온식 감지선형 감지기를 사용해 왔으나 **전압강하와 조기에 화재를 감지할 수 없는 문제점**이 있으므로 이를 극복할 감지기 필요

(2) 광센서 감지선형 감지기는 광센서의 온도특성을 이용하여 통신이 아닌 **화재감지용으로 사용**한 것으로 조기에 화재를 감지하여 화재확대를 막아 인명 및 설비를 보호할 수 있는 보다 진보된 시스템

(3) 광센서 감지선형 감지기는 **난연성을 가진 광섬유 케이블**을 기본으로 사용

2) 작동원리

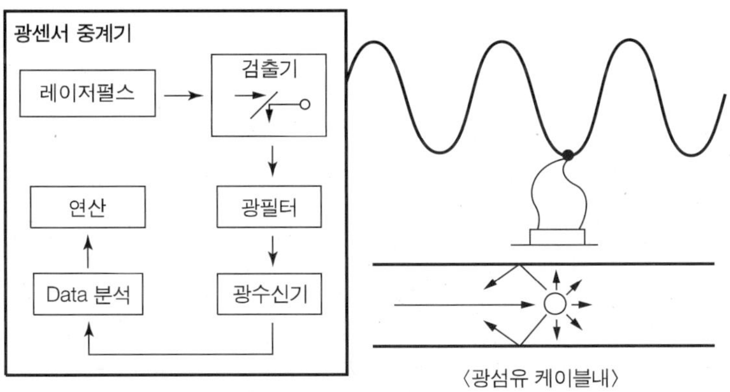

그림 1.13 ◦ 광센서 감지선형 감지기 작동원리

(1) 광센서 중계기 내부의 광원으로부터 광센서 감지선으로 레이저펄스 송출

(2) 주위의 온도, 밀도의 영향으로 레이저펄스의 분산, 산란현상 발생

(3) 산란된 레이저펄스의 일부가 광원축으로 복귀

(4) 광센서 중계기의 검출부에서 복귀한 펄스를 수신

(5) 복귀한 펄스를 분석하여 각 위치별 온도값 추출
　① 광섬유내 Stokes광과 Anti-stokes광 비를 측정하여 위치 및 온도 측정
　② $X=(V\times t)/2$

(6) 방제센터에서 화재의 경보 및 위치 표시

3) 구성

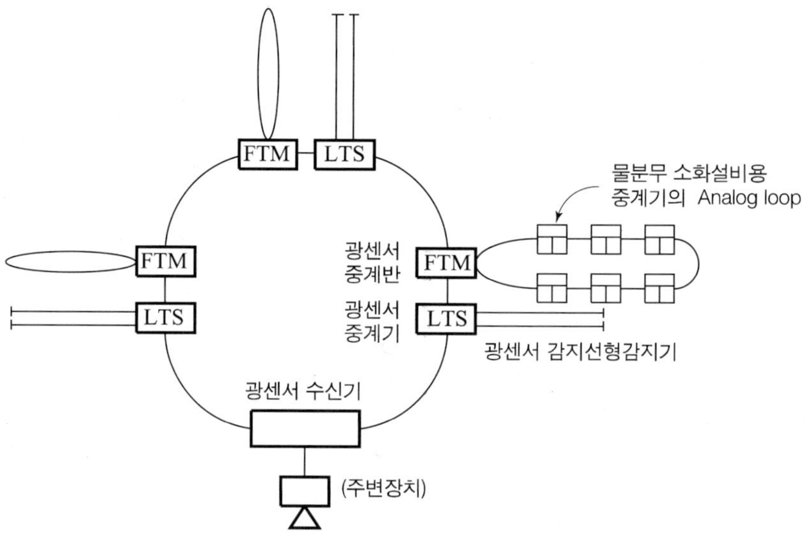

그림 1.14 • 광센서 감지선형 감지기 구성도

6. 이온화식 연기 감지기

1) 작동원리

(1) 이온실에 있는 소량의 방사선원(Am241[17])에 의한 α선 조사로 이온전류가 형성되고 연기에 의한 이온전류의 변화로 감지(**이온전류 감소**)

(2) 평상시 - 내부 이온실 전압 = 외부 이온실 전압

(3) 화재시 - 내부 이온실 전압 ≠ 외부 이온실 전압

(4) 연기 침입시 → 저항증가(R → R') → 전류감소(I_1 → I_2) → 전압증가(V_1 → V_2) → 감도전압(△V) 규정치 이상시 동작

17) Am241 : 공기를 이온화시키기 위해서는 고압이나 방사선을 이용해야 하는데, Am241은 원자번호 95번의 초우라늄 원소이다.

2) 동작특성

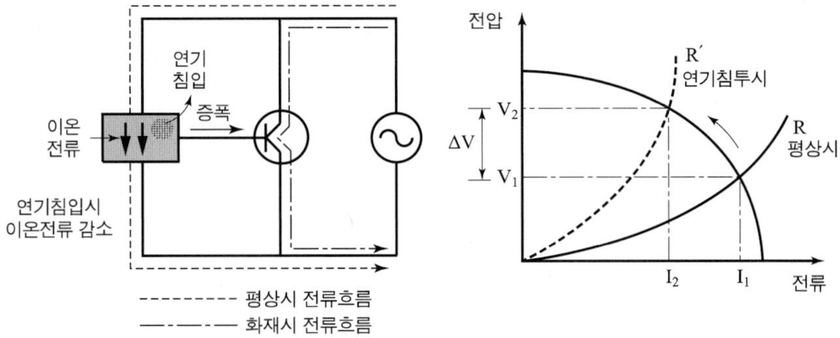

그림 1.15 ◦ 이온화식 연기감지기 구성도 및 작동 메커니즘

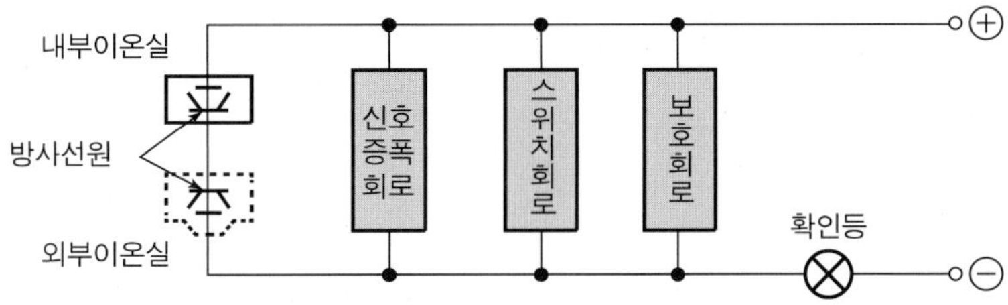

그림 1.16 ◦ 이온화식 연기감지기 상세 구조도

7. 광전식 스포트형 감지기

1) 작동원리

(1) 연기챔버에 발광부와 수광부를 설치하고 연기 침입시 수광부에 유입되는 광량의 변화를 검출한다.

(2) 발광부에서 연기입자에 가까운 적외선 발광다이오드 0.95μm 빛을 조사하여 연기 침입시 수광부의 **광량이 증가**되는 것을 검출(**산란광식**－연기입자에 의해 **난반사**된 빛이 수광부 내로 들어오는 것을 감지)

2) 개념도

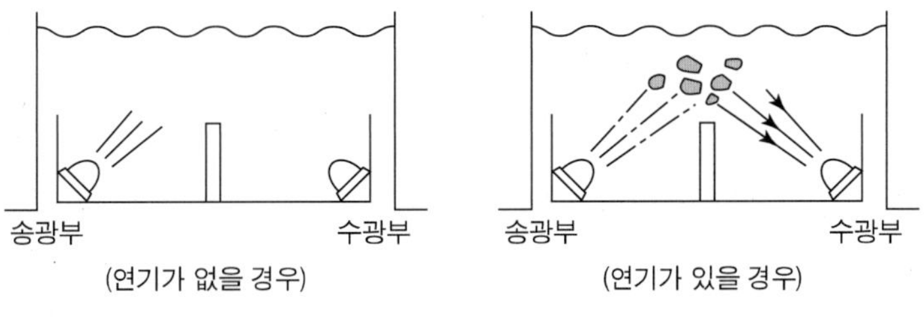

그림 1.17 ◦ 광전식 스포트형 감지기 개념도

참고사항

▶ 이온화식 스포트형과 광전식 스포트형의 비교

분류	이온화식 스포트형	광전식 스포트형
연기입자	0.01～0.3μm 비가시적 입자	0.3～1.0μm 가시적 입자
적응화재	표면화재, 불꽃화재	훈소화재
연기색상	연기색상 무관	옅은 회색연기에 유리

▶ 입자크기와 파장크기와의 관계

- 입자 크기 = 파장 크기 → 감도 최대
- 입자 크기 > 파장 크기 → 파장 흡수
- 입자 크기 < 파장 크기 → 파장 통과

8. 광전식 분리형 감지기

1) 작동원리

(1) 발광부와 수광부를 분리하여 설치하고 연기가 광축에 유입시 수광부의 **광량이 감소**되는 것을 증폭하여 신호 발생 (**감광식**)

2) 개념도

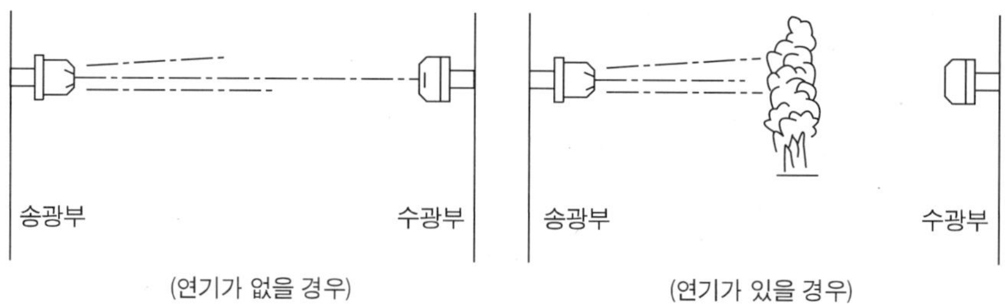

그림 1.18 • 광전식 분리형 감지기 개념도

9. 공기흡입형 감지기(ASD)

1) 개요

(1) 연소 초기단계에서 열분해시 생성된 초미립자를 감지구역내에 설치된 흡입배관을 통해 흡입시켜 미립자를 분석하여 화재신호를 발하는 장치

(2) **재래식 연기감지기(이온화식, 광전식)보다 빠른 응답 특성을 가지고 있는 조기화재감지장치**로 화재의 확산을 방지하여 인명과 생명을 보호할 수 있는 보다 진보된 시스템

2) 필요성

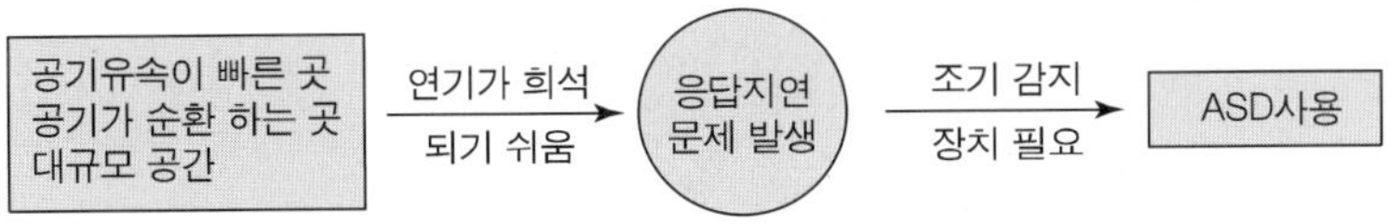

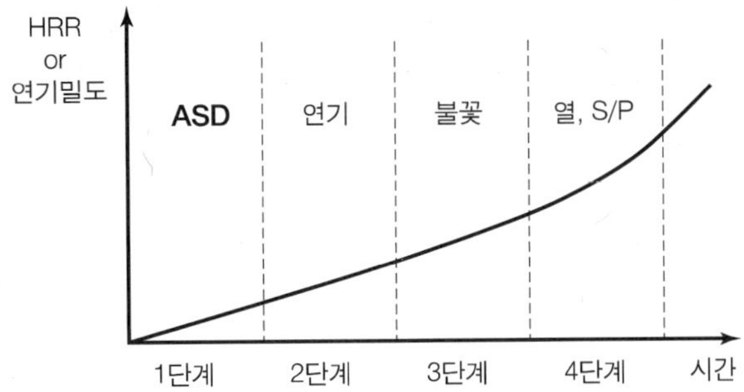

그림 1.19 ◦ 공기흡입형 감지기의 필요성

3) 종류

(1) Cloud 첌버형 – MIE 분산법칙 중 연기입자를 크게 해줌(20μm)

(2) 초기감지형 – MIE 분산법칙 중 빛의 파장을 짧게 해줌(Xe, 레이저 이용)

10. 불꽃감지기

1) 개요

(1) 화재시 연소반응에 의해 열, 연기, 화염, 연소가스 등 연소생성물이 생성되고, 열복사로 빛이 방출되는데 그 빛은 화염의 온도에 따라 각각 다른 파장을 가지며 자외선, 가시광선, 적외선 등 파장의 영역으로 대별된다.

(2) 이러한 특성을 이용하여 센서로 광원을 인식, 식별해 내는 감지기가 불꽃감지기이며 가시광선 영역(380～760nm)이외의 파장의 빛을 감지하는 것으로 종류에는 UV 불꽃감지기, IR 불꽃감지기, UV/IR 불꽃감지기, IR/IR 불꽃감지기, Spark/Ember 감지기가 있다.

2) 불꽃감지기 원리

(1) 화재가 발생하면 발열반응 → 온도상승 → 분자간 운동활발 → 에너지 증가 → 파장이 짧아지면서 가시광선 영역에 들어오면 눈으로 빛을 확인할 수 있다.

(2) 즉, 불꽃감지기는 **특정파장의 복사에너지를 전기에너지로 변환하여 이를 검출**

① UV – 에너지밀도가 높고 파장이 짧은 **활성화 에너지(OH^+, H^+) 검출**

② IR－에너지밀도가 낮고 파장이 긴 **연소생성물(CO_2, H_2O) 검출**

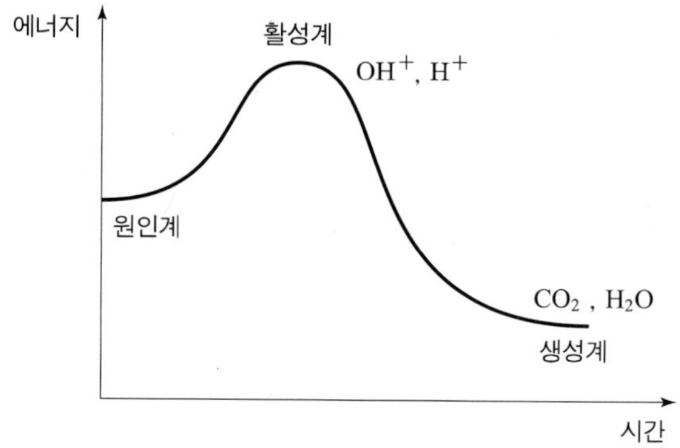

그림 1.20 ◦ 연소메커니즘

3) 불꽃감지기 종류

(1) UV(자외선) 불꽃감지기(Ultra Violet Detector)

① 불꽃에서 방사되는 자외선의 변화량이 일정량 이상일 때 작동

② 0.18~0.26μm 파장 검출

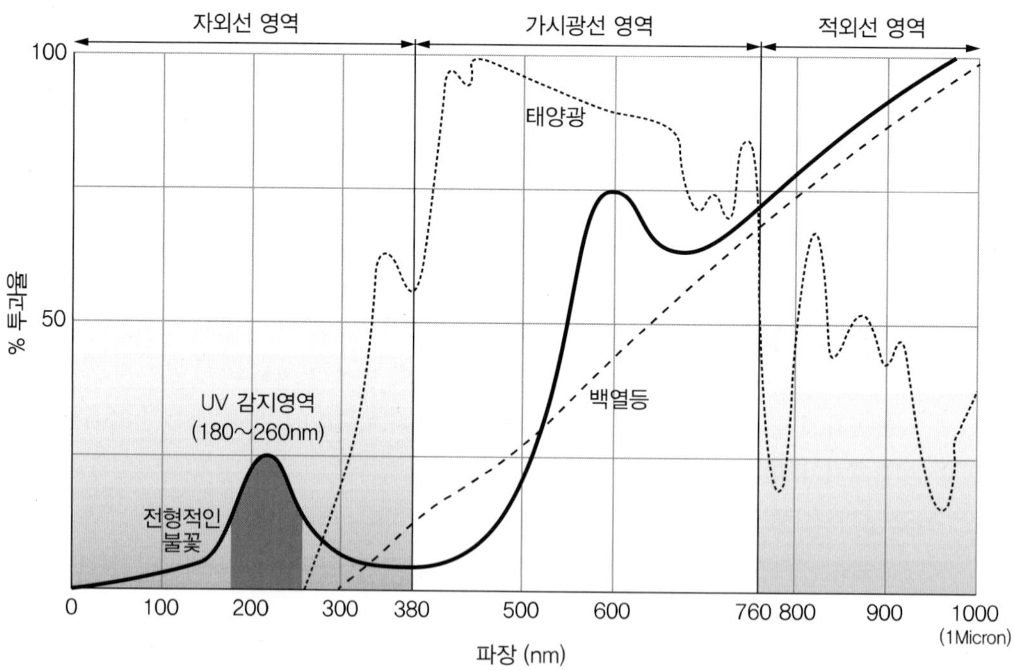

③ 감지원리

구 분	감지원리	검출소자
광전효과	물체에 빛이 조사될 때 광전자 방출을 검출	UV Tron
광도전효과	반도체에 빛이 조사될 때 전기저항 변화 검출	PbS, PbSe
광기전력 효과	반도체에 빛이 조사될 때 기전력 발생 검출	SPD[18]

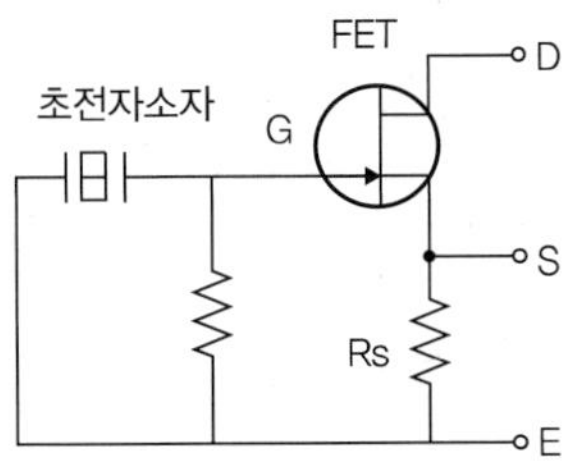

그림 1.21 ● 광기전력효과형 불꽃감지기 기본회로

④ 특징

㉠ 파장이 짧아 연기 등에 자외선이 흡수되어 감도에 대한 신뢰성이 떨어진다.

㉡ 투과창이 더러워지고 아크용접 불빛 등의 Noise에 약해 오보가 많다.

(2) IR(적외선) 불꽃감지기(Infra Red Detector)

① 불꽃에서 방사되는 적외선의 변화량이 일정량 이상일 때 작동

② 4.35 or 4.4μm 파장 검출

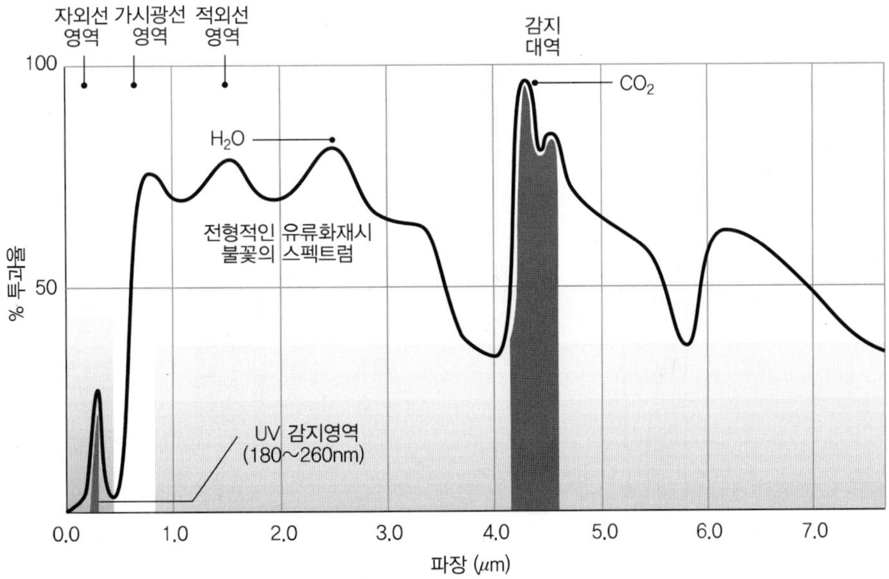

18) SPD(Silicon Photo Diode)

③ 감지원리

구 분	감지원리
CO_2 공명방사	원자가 빛을 흡수했다가 되돌아갈 때 4.4μm CO_2 파장 검출
다파장	적외선 영역의 2부분 이상 파장 성분 검출
정방사	0.72μm 이하는 적외선 필터에 의해 차단시키고 이 이외의 파장 검출
Flicker 검출	화염의 경우 정방사의 6.5% Flicker성분, 1～10Hz

④ 특징

㉠ 파장이 길어 연기 등에 영향을 받지 않아 감도에 대한 신뢰성이 좋다.

㉡ 연기의 영향을 적게 받으므로 IR은 옥내용, UV는 옥외용에 적합

(3) UV/IR 불꽃감지기

① 오보를 줄이기 위해 UV와 IR이 동시에 존재할 때 불꽃으로 판단하는 감지기

② UV 단점인 연기에 영향을 받으며 창의 더러워짐은 아직도 존재

(4) IR/IR 불꽃감지기(IR2, IR3)

① IR2 : 3.8μm과 4.3μm 파장의 크기차이 검출
(불꽃 : 차이 발생, 태양광·난로－차이 없음)

② IR3 : 4.2～5.2μm 범위 내에서 3파장을 검출하거나 CO, CO_2, SO_2를 검출

③ 성능 가장 우수, 검지소자 제작 곤란, 고가

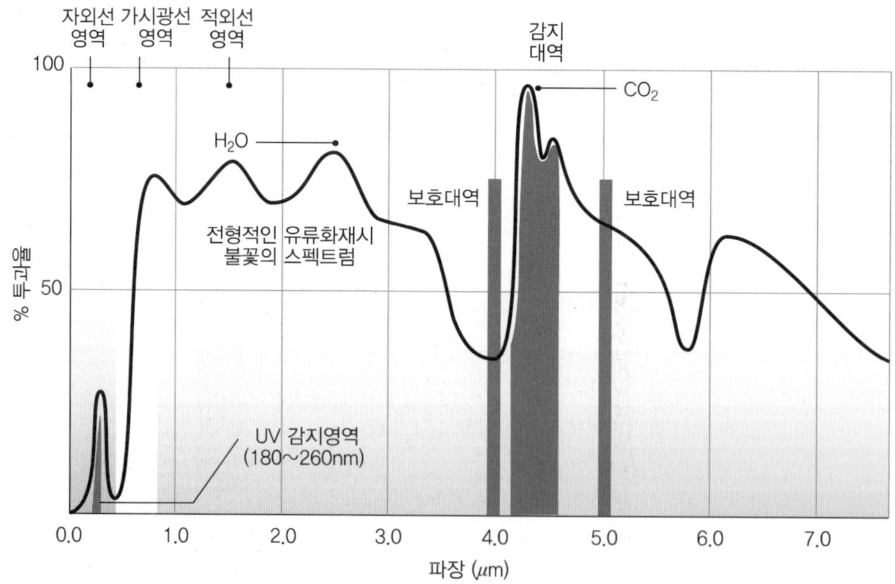

(5) Spark/Ember 감지기

① Spark/Ember의 적외선 복사에너지를 감지하는 것으로 공정 중 이송기구 내의 폭발방지, 밀폐된 실내 소화설비 연동 시스템에서 사용된다.

② Ember란 고온물체 입자의 표면연소과정에서 고체물체의 고온에 의해 복사에너지를 방출하는 것이고 유동장을 갖는 Ember를 Spark라 한다.

6 감지기의 설치기준

1. 차동식 스포트형 감지기[공.천.감]

1) **공**기유입구로부터 1.5m 이상 떨어진 곳에 설치
2) **천**장 또는 반자의 옥내에 면하는 부분에 설치
3) **감**지기는 45°[19] 이상 경사되지 말 것

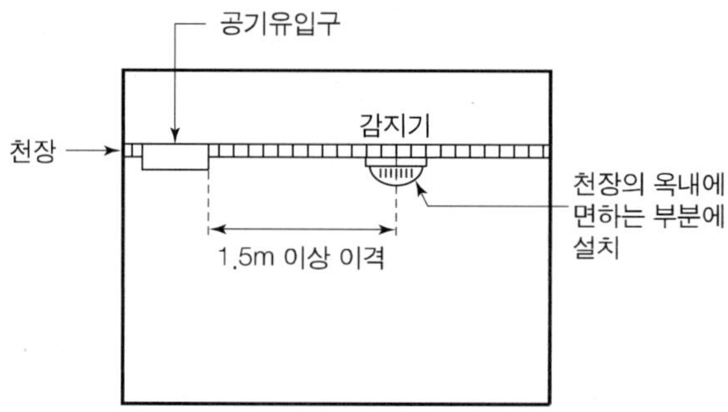

그림 1.22 ● 공기유입구와 감지기와의 거리(차동식 스포트형)

2. 차동식 분포형 감지기

1) 공기관식[길.거리.검.문(분)]

(1) **길**이 : 20～100m[20] 이하
(2) 수평**거리** : 공기관과 각변 1.5m 이하, 공기관 상호간 6m(내화 9m) 이하
(3) **검**출부 : 5° 이상 경사되지 말 것, 바닥으로부터 0.8～1.5m 이하
(4) 공기관은 도중에서 **분**기하지 말 것

19) 스포트형 감지기는 천장에 설치하므로 열 또는 연기가 감지기 내에 일정시간 머물 수 있도록 45° 이상 기울어지면 안 된다.

20) 공기관의 길이를 20m 이상 확보하는 이유는 공기관내 일정량 이상의 공기가 확보되어야 열에 의해 팽창하는 압력이 발생할 수 있어 접점이 형성되고, 100m 이하로 하는 이유는 공기관내 공기량이 너무 많으면 미소온도 변화에도 공기량이 팽창하여 접점을 형성할 수 있기 때문이다. 만약 공기관의 길이가 20m가 안 된다면 2중감기 또는 코일감기를 실시한다.

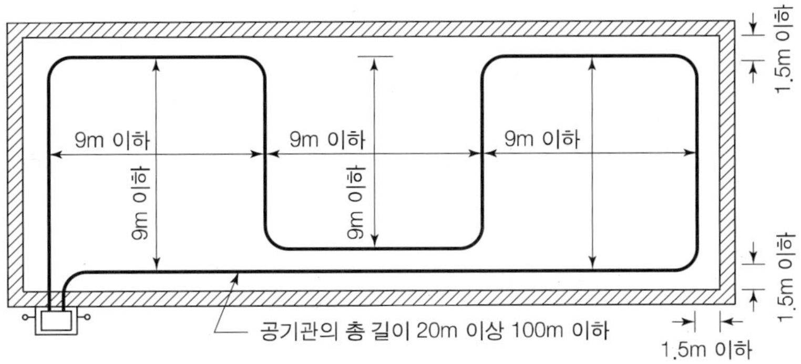

그림 1.23 ◦ 공기관식 차동식 분포형 감지기 설치기준(내화기준)

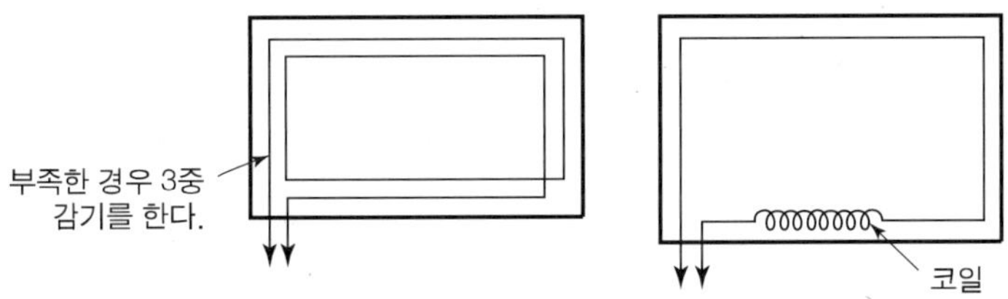

그림 1.24 ◦ 공기관의 길이가 20m가 안 될 경우의 설치방법

2) 열전대식[열. 면]

(1) **열**전대부 : 하나의 검출부에 4~20개 이하. 단, 주소형은 성능인정범위내의 수량

(2) 바닥**면**적 : 18m²(내화 22m²)마다 1개 이상, 72m²(내화 88m²) 이하는 4개 이상

3) 열반도체식[감. 면]

(1) **감**지부 : 하나의 검출부에 2~15개 이하. 단, 주소형은 성능인정범위 내의 수량

(2) 바닥**면**적 : NFPC 203 제7조 제3항 제9호, NFTC 203 2.4.3.9.1(2022.12.1. 재개정)

(m²)

부착높이 및 소방대상물의 구분		감지기의 종류	
		1종	2종
8m 미만	주요구조부가 내화구조로 된 소방대상물 또는 그 부분	65	36
	기타 구조의 소방대상물 또는 그 부분	40	23
8~15m 미만	주요구조부가 내화구조로 된 소방대상물 또는 그 부분	50	36
	기타 구조의 소방대상물 또는 그 부분	30	23

3. 보상식 스포트형 감지기

1) 정온점 ≥ 최고주위온도 + 20℃

4. 정온식 스포트형 감지기

1) 공칭작동온도 ≥ 최고주위온도 + 20℃
2) **주방, 보일러실** 등 다량의 화기를 취급하는 장소에 설치

5. 정온식 감지선형 감지기[단.굴.보.수.케이.창.분.기.공]

1) **단**자부와 마감 고정금구사이의 설치간격 : 10cm 이내(늘어지지 않도록)

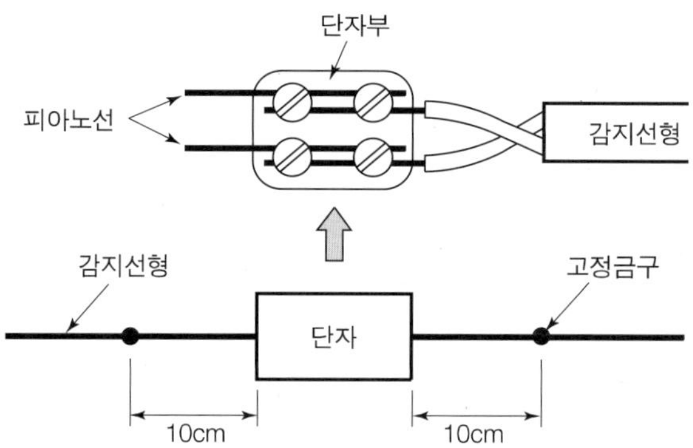

그림 1.25 • 단자부와 마감고정금구 설치기준

2) **굴**곡반경 : 5cm 이상

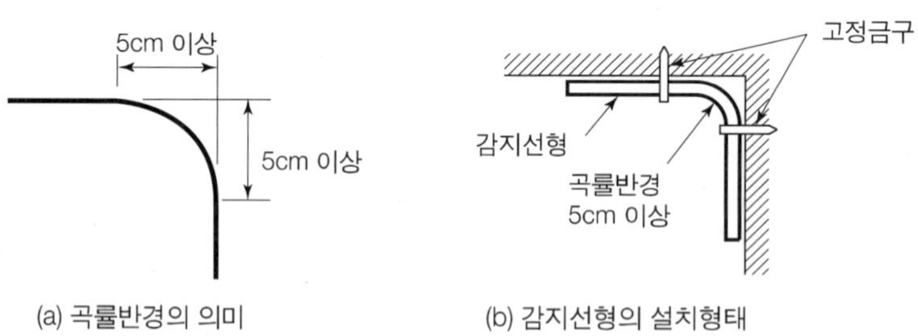

그림 1.26 • 굴곡(곡률)반경

3) **보**조선이나 고정금구를 사용하여 늘어지지 않도록 설치

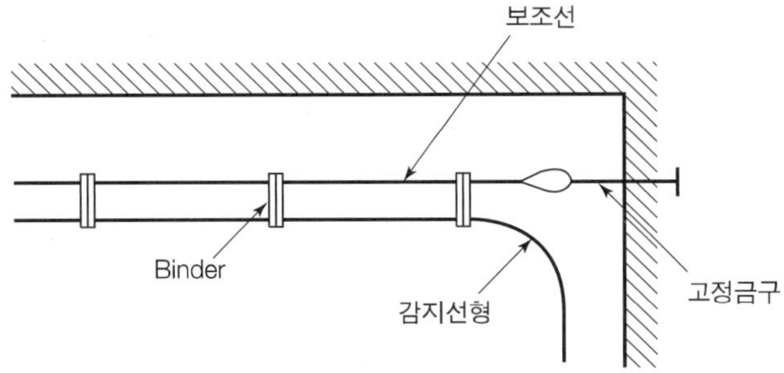

그림 1.27 ◦ 지지물이 적당하지 않은 곳에 보조선 설치

4) **수**평거리

구 분	1종	2종
내화 구조	4.5m 이하	3.0m 이하
기타 구조	3.0m 이하	1.0m 이하

5) **케이**블 트레이 : 케이블 트레이 받침대에 마감금구를 사용하여 설치

6) ~~지하구[21]나~~ **창**고 천장 : 보조선을 설치하고 그 보조선에 설치

7) **분**전반 내부 : 접착제를 이용하여 돌기를 바닥에 고정하고 그 곳에 설치

8) **기**타 : 형식승인에 따르며 형식승인이 아닌 것은 제조사의 시방에 따라 설치

9) **공**칭작동온도의 색상 표기[감지기의 형식승인 및 제품검사의 기술기준]

공칭작동온도(65~150℃)	외피색상	온도간격
80℃ 이하	백색	5℃
80~120℃ 이하	청색	10℃
120℃ 이상	적색	10℃

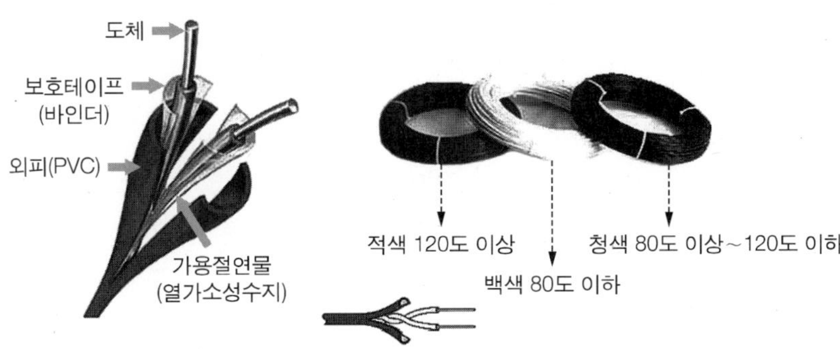

21) 「연소방지설비의 화재안전기준(NFSC 506)」을 폐지하고 「지하구의 화재안전기준(NFSC 605)」으로 전면 개정됨에 따라 지하구와 관련된 「자동화재탐지설비 및 시각경보장치의 화재안전기준(NFSC 203)」 제7조제3항제12호로 바목 '지하구나 창고의 천장 등에 지지물이 적당하지 않는 장소에는 보조선을 설치하고 그 보조선에 설치할 것'에서 "지하구나"를 삭제하였음(2021.1.15. 개정). 즉, 지하구에는 먼지, 습기 등의 영향을 받지 않고 발화지점과 온도를 확인할 수 있는 감지기를 설치할 것(NFSC 605 제5조제1항제1호 개정)(NFTC 605 2.2.1.1 재개정).

6. 연기 감지기(이온화식, 광전식 스포트형 감지기)[복.부.낮은.배.0.6]

1) **복**도 및 계단

구 분	1, 2종	3종
복도 및 통로	보행거리 30m 마다	보행거리 20m 마다
계단 및 경사로	수직거리 15m 마다	수직거리 10m 마다

2) **부**착높이 – 감지기 1개의 최대바닥면적 [11. 2 참조]
3) 천장 또는 반자가 **낮은** 또는 좁은 실내 – 출입구의 가까운 부분 설치
4) 천장 또는 반자부근에 **배**기구가 있는 경우 – 그 부근에 설치
5) 벽 또는 보로부터 **0.6**m 이상 떨어진 곳에 설치

연기는 배기구로 모이게 되므로 연기감지기는 배기구 근처에 설치하는 것이 화재감지에 유리하며, 벽 또는 보는 연기의 흐름을 방해하므로 0.6m 이상 이격시켜 설치도록 하는 것임

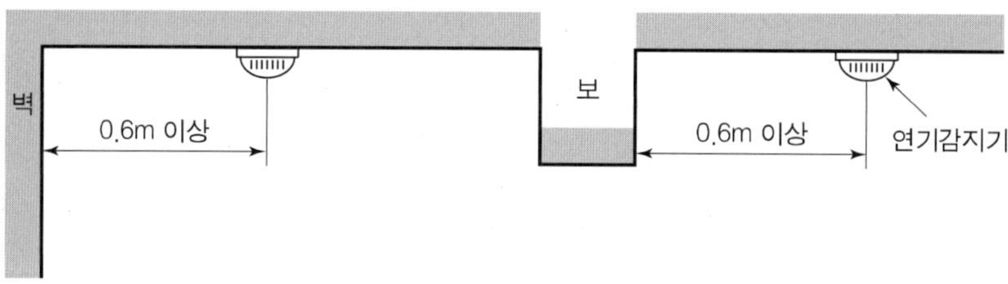

그림 1.28 ◦ 벽 또는 보로부터의 연기감지기 이격거리

7. 광전식 분리형 감지기[노.가리.수.송.광.기]

1) 광축**높**이 – 천장 등 높이의 80% 이상
2) 광축**길**이 – 공칭감시거리 범위 이내(5～100m)
3) **수**광면 – 햇빛을 직접 받지 않도록 설치
4) **송**광부과 수광부 – 뒷벽으로부터 1m 이내
5) **광**축 – 나란한 벽으로부터 0.6m 이상 이격
6) **기**타 – 형식승인에 따르며 형식승인이 아닌 것은 제조사의 시방에 따라 설치

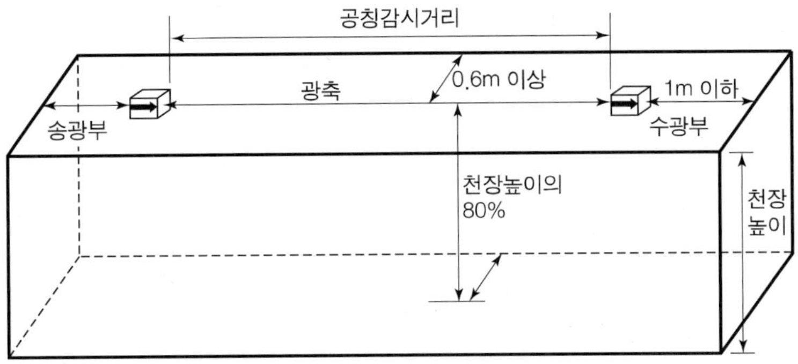

그림 1.29 ◦ 광전식 분리형 감지기 설치기준

8. 불꽃감지기[공.감.모.천.수.기]

1) **공**칭감시거리[22] 및 공칭시야각[23]은 형식승인을 따를 것

조 건	공칭감시거리	공칭시야각
20m 미만 장소	1m 간격	5° 간격 도로형 180° 이상
20m 이상 장소	5m 간격	

2) **감**시구역이 모두 포용될 수 있도록 설치할 것
3) **모**서리 or 벽 등에 설치할 것
4) **천**장 등에 설치시 바닥을 향할 것
5) **수**분이 많은(예상) 지역은 방수형을 설치할 것
6) **기**타 – 형식승인에 따르며 형식승인이 아닌 것은 제조사의 시방에 따라 설치

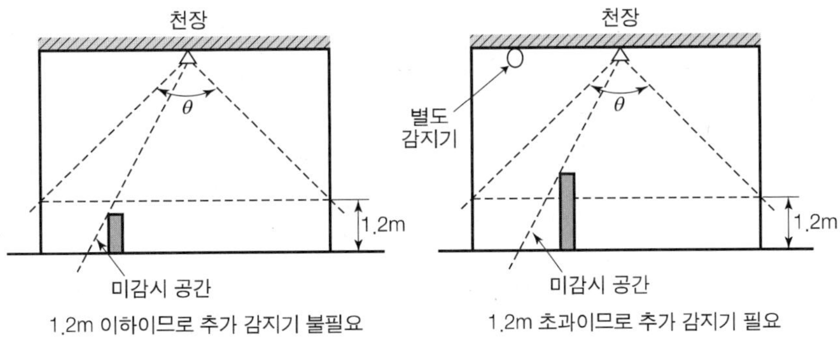

그림 1.30.1 ◦ 불꽃감지기 설치 방법 1

22) 공칭감시거리 : 불꽃감지기가 감지할 수 있는 최대거리
23) 공칭시야각 : 불꽃감지기가 감지할 수 있는 원추형의 감시각도

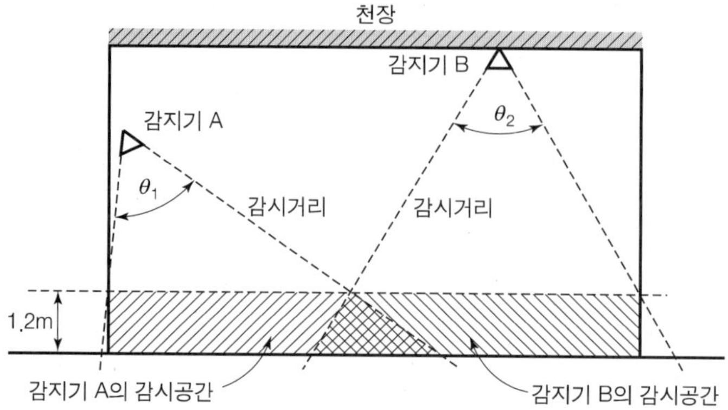

그림 1.30.2 • 불꽃감지기 설치 방법 2

9. 아날로그방식 감지기[공.하.기.30층]

1) **공**칭감지온도범위 및 공칭감지농도범위에 적합한 장소에 설치
2) 20m 이상에 설치되는 것은 공칭감지농도 **하**한값이 감광율 5%/m 미만일 것
3) **기**타 – 형식승인에 따르며 형식승인이 아닌 것은 제조사의 시방에 따라 설치
4) **30층** 이상이거나 120m 이상인 고층건축물에 아날로그 방식의 감지기 설치. 다만, 공동주택의 경우에는 감지기별로 작동 및 설치지점을 수신기에서 확인할 수 있는 경우 아날로그방식 외의 감지기(주소형 감지기)로 설치할 수 있다.[24]

10. 다신호방식 감지기[감.기]

1) 화재신호를 발신하는 **감**도에 적합한 장소에 설치
2) **기**타 – 형식승인에 따르며 형식승인이 아닌 것은 제조사의 시방에 따라 설치

24) 자동화재탐지설비 및 시각경보장치의 화재안전기준(NFSC 203) 제7조 제8항에 2012.2.15. 의무설치하도록 되었으나 고층건축물의 화재안전성을 강화하기 위해 NFSC 203에서는 삭제되고 고층건축물의 화재안전기술기준(NFTC 604) 2.4.1로 제정됨(2013.6.11. 제정)(2022.12.1 재개정).
▶ 실제 적용사례
① 공동주택으로서 30층 이상인 동과 30층 이하인 동이 지하주차장으로 상호 연결된 구조인 경우 하나의 건축물로서 30층 이하인 동에도 아날로그감지기를 적용하여야 한다.
② 30층 이상의 복합건축물로서 주민공동시설 및 보육시설 등의 부속시설이 하나의 건축물에 해당하는 경우에는 아날로그감지기를 설치하여야 한다.
③ 30층 이상인 특정소방대상물의 지하주차장에도 아날로그감지기를 설치하여야 한다. 이때 지하주차장의 준비작동식 스프링클러설비의 감지기 회로로 아날로그감지기를 설치하는 경우에는 교차회로로 구성하지 않아도 된다(단, 재래식감지기를 설치하는 경우에는 교차회로를 구성하여야 한다).

11. 감지기 1개의 최대바닥면적

1) 열감지기

(m^2)

부착높이(m)		차동식, 보상식 스포트형		정온식 스포트형		
		1종	2종	특종	1종	2종
4m 미만	내화 구조	90	70	70	60	20
	기타 구조	50	40	40	30	15
4～8m 미만	내화 구조	45	35	35	30	–
	기타 구조	30	25	25	15	–

2) 연기감지기(스포트형 감지기)

(m^2)

부착높이(m)	1종, 2종	3종
4m 미만	150	50
4m～20m 미만	75	–

12. 감지기 설치제외장소(NFPC 203 제7조 제5항, NFTC 203 2.4.5)

1) **비화재보 우려장소, 적응성이 없는 장소** or **화재가혹도가 낮거나 거의 없는 장소**는 설치제외 가능하다.

2) 감지기 설치제외장소[부.모.목욕.헛(헌).천.실.고.파.주]

(1) 비화재보 우려장소

① **부**식성 가스가 체류하고 있는 장소[25)]

② **먼**지, 가루 또는 수증기가 다량으로 체류하는 장소 or 주방 등 평상시에 연기가 발생하는 장소(연기감지기에 한함)

(2) 적응성이 없는 장소

① **목욕**실, 화장실(욕조나 샤워시설이 있는) 기타 이와 유사한 장소

② **헛**간 등 외부와 기류가 통하는 장소로 화재발생을 유효하게 감지할 수 없는 장소[26)]

---

25) 돼지 돈사에는 암모니아 가스 체류로 인해 감지기 설치 제외가 가능하다. 하지만, 돼지 돈사와 같이 부식성 가스가 발생하는 장소에 감지기를 설치하려고 한다면 자동화재탐지설비 및 시각경보장치의 화재안전기술기준(NFTC 203) 2.4.6에 정한 적응성이 있는 감지기 선정 시 설치 가능하다.

26) 캐노피, 필로티 등에는 외부의 기류가 통하는 장소로 감지기 설치를 제외하는 것이 합리적이다. 또한, 편복도형 APT 복도인 경우 외기에 개방되어 있어 준공 당시 감지기 설치를 제외할 수 있지만 준공 후 새시(=창틀) 등으로 구획을 하는 경우 감지기를 설치해야 한다.

③ **천**장 또는 반자의 높이가 20m 이상인 장소
단, 비화재보 적응성 감지기로서 부착높이에 따라 적응성이 있는 장소 제외
④ **고**온도 및 저온도[27]로서 감지기의 기능이 정지되기 쉽거나 유지관리가 어려운 장소

(3) 화재가혹도가 낮거나 거의 없는 장소
① **파**이프덕트 등 그 밖의 이와 비슷한 것으로서 2개층마다 방화구획된 것이나 수평단면적이 $5m^2$ 이하인 것
② 프레스, **주**조 공장 등 화재발생의 위험이 적은 장소로서 유지관리가 어려운 장소

3) 고려 사항

(1) 화장실에 욕조나 샤워시설이 없는 일반 사무실, 공공시설용 화장실은 흡연으로 인한 화재발생 빈도가 높으므로 감지기를 설치해주는 것이 바람직할 것이다.
(2) 물탱크실 내부에는 보수, 점검을 위한 여유 공간을 마련하는 경우가 있는데 이와 같은 공간은 창고 등의 용도로 활용되어 가연물을 쌓아놓는 경우가 많이 있으므로 이럴 경우 화재의 위험성이 존재하므로 감지기를 설치하는 것이 바람직할 것이다.
(3) 실내 용적이 $20m^3$ 이하이면 감지기 설치 제외가 가능하였으나, 화재감지의 사각지대를 해소하기 위해 최근 감지기 설치제외장소에서 삭제되었다. 따라서 영업매장, 교습학원 등 내에 별도의 구획된 $20m^3$ 이하의 실에도 감지기를 설치해야 한다. 다만, 구획된 실의 1면 이상이 개방(상부가 1면의 1/2 이상 개방된 경우 포함)되어 상시 기류가 통하거나, 공동주택 등의 붙박이장처럼 가구류에 속하는 부분에는 감지기를 설치하지 않을 수 있다(2015.1.23. 개정).

27) 고온도 및 저온도의 기준은 감지기의 형식승인 및 제품검사의 기술기준에 의한 (50 ± 2)℃ 또는 (−10 ± 2)℃를 기준으로 한다.

7 비화재보의 원인과 대책

1. 개요

1) 비화재보(Unwanted Alarm)란 실제 화재시 발생되는 열, 연기, 불꽃 등의 연소생성물이 아닌 다른 요인에 의해서 자동화재탐지설비가 작동되어 경보되는 현상으로, **자동화재탐지설비가 정상 작동 되었다고 하더라도 실제 화재가 아닌 경우**를 말한다.
2) 감지기의 경우 열 감지기는 비화재보는 좋으나 시간이 지연되는 문제가 있으므로 이를 개선한 것이 연기감지기 인데 연기감지기는 시간이 지연되지는 않지만 비화재보가 발생되는 문제가 있으므로 **적재적소에 적합한 특수 감지기**를 설치하는 것이 바람직할 것이다.

2. 비화재보의 실태

1) 비화재보(설비자체의 결함이나 오동작) – 자동화재탐지설비가 정상 작동되었더라도 실제 화재가 아닌 경우
   (1) False Alarm : 사람의 관점에서는 화재가 아닌 상황이 기기의 관점에서는 화재라고 판단되어 동작하는 경우, 설비자체의 기능상 결함, 설비의 유지관리 불량
   (2) Nuisance Alarm(일과성 비화재보) : 주의상황이 순간적으로 화재와 같은 상태가 되었다가 정상상태로 복귀하는 경우
2) 실보
   (1) 화재가 발생하였는데 경보하지 않는 경우
   (2) 수신기의 전원차단, 감지기 고장, 설치장소 부적절

3. 비화재보의 발생원인[인.기.환.유.설]

구 분	발생원인	비고
인위적 원인	조리에 의한 열, 연기, 흡연, 자동차 배기가스	60%
	공사중에 발생하는 분진, 전선의 합선, 단선, 감지기 소손	
기능상 원인	모래 등의 먼지, 수증기, 결로, 벌레 or 쥐 등의 침입	6.0%
	자동화재탐지설비의 부품·회로불량, 경년열화에 의한 감도변화	
환경상 원인	풍압, 압력, 온도 등의 이상변화	1.0%
	빛, 연기, 먼지, 분진, 습기 등의 이상변화	
유지관리상 원인	건축물의 갈라진 틈에 의한 누수	0.4%
	주기적인 청소 등의 관리불량	
설치상 원인	시공부적합 – 감지기 선정오류, 배선접속 불량, 부착 불량	0.6%
	환경불량 – 감지기 설치 후 환경변화	

예. 감지기와 수신기의 기능상 문제로 인한 비화재보
(1) 먼지, 분진 등에 의한 감지기 오동작
(2) 전자파 등에 의한 감지기 오동작
(3) 수신기 릴레이 오동작

참고사항

트래킹(Tracking) 정의	트래킹(Tracking) 진행과정
전기제품 등에서 **충전전극 간**의 절연물 표면에 어떤 원인(경년변화, 먼지, 습기, 기타 오염물질 부착)으로 **탄화 도전로**가 **형성**되어 결국은 지락, 단락으로 발전하여 발화하는 현상	① 표면의 오염에 의한 **도전로** 형성 ② 미소발광 **방전** 발생 ③ 방전에 의한 표면의 **탄화개시** 및 Track 형성 ④ 단락 또는 지락으로 진행

4. 비화재보의 방지대책[적.일.구.유.환.자.기]

1) 적재적소의 대책
   (1) 적합한 장소에 적합한 감지기를 기술적 측면에서 설치(비화재보 70% 정도 감소)
   (2) 소방법규에 의한 감지기 적용 외에도 경험, 사례연구를 보고한 자료 참조

2) 일과성 비화재보 대책(신뢰성이 높은 기기 채택)
   (1) 비화재보 적응성 감지기 설치
      ① 축적방식 감지기
      ② 복합형 감지기
      ③ 아날로그방식 감지기
      ④ 다신호방식 감지기
      ⑤ 광전식 분리형 감지기
      ⑥ 분포형 감지기
      ⑦ 정온식 감지선형 감지기
      ⑧ 불꽃 감지기
   (2) 기타설비(비화재보 적응성 감지기 설치시 제외)
      ① 축적형 수신기
      ② 아날로그, 다신호식 수신기
      ③ 기존 자동화재탐지설비에 축적부가장치 설치

3) 구조에 대한 대책(신뢰성이 높은 기기 채택)

(1) 감지기 구조에 대한 시험강화 – 습도, 분진, 유도전압, 충격전압 시험 등

(2) 구조의 개선 – 연기감지기에 1mm 이하의 그물망 설치

4) 유지보수의 대책

(1) 감지기 자체의 결함보다는 주위환경적인 요인이 더 많음

(2) 감지기, 중계기, 수신기 등의 점검과 보수, 정기적인 청소 시행

5) 환경변화 예측

(1) 환경여건에 적절한 감지기 교환으로 비화재보 70% 정도 감소

(2) 감지기의 수를 줄이고 감시범위가 넓은 감지기 사용

6) 자동화재탐지설비의 신뢰성 향상 대책

(1) 능등적 감지기 설치(DVSD, ASD 등)

(2) 방수형 감지기 온·냉수에 의한 방수시험 첨가

7) 기타

(1) 소방설비의 교육 및 홍보

(2) 소방법규에 의한 정밀 시공 및 규격, 승인제품 사용

5. 감지기별 비화재보 잦은 장소

광전식 연기감지기	차동식 열감지기	정온식 열감지기
• 음식조리, 흡연장소 인근 • 드레스룸(샤워실 인근) • 에어컨 인근(밀접 배치) • 먼지 유발 장소	• 발코니, 실외기실 • 에어컨 인근(에어컨 작동중 현관문 또는 창문 개방)	• 실외기실(여름철)

6. 장소별 적응성 감지기 및 해결방안

장소	발생원인, 해결방안, 권장 적응성 감지기
음식조리 (Cooking)	• 발생원인 – (연기감지기) 음식조리로 인해 발생되는 연기, 증기 등 • 해결방안 – 연기감지기와 조리기구간 이격 설치, 조리 시 후드 환기팬 작동 • 권장 적응성 감지기 – **열감지기(정온식)**
흡연 (Smoking)	• 발생원인 – (연기감지기) 지정된 흡연장소 인근에 작동사례 발생 • 해결방안 – 지정된 흡연구역 내 이격 설치 및 적절한 환기 필요 • 권장 적응성 감지기 – **열감지기(정온식)**
드레스룸 (샤워실 인근)	• 발생원인 – (연기감지기) 욕실 샤워 후 문 앞에 설치된 감지기 작동사례 발생 • 해결방안 – 샤워실 출입문과 일정거리 이격 설치, 열감지기로 교체 • 권장 적응성 감지기 – **열감지기(정온식)**
에어컨 인근	• 발생원인 – (연기감지기) 에어컨 제습 시 습한 공기의 감지기 내실 유입 응축 (차동식 열감지기) 여름철 냉방 시 현관문 또는 창문 개방시 작동 • 해결방안 – (연기감지기) 에어컨의 기류방향을 받은 장소인 경우 이격 설치 (차동식 열감지기) 에어컨과 일정거리 이격하여 배치
가전제품증기 (Steam)	• 발생원인 – (연기감지기) 수직분무 가습기, 스탠드형 스팀다리미, 압력밥솥 등에서 발생하는 증기로 인해 작동 • 해결방안 – 가습기, 스팀다리미는 광전식감지기를 향하여 사용 자제 압력밥솥, 커피포트 등 연기감지기 아래 사용 배제 및 재배치
건설현장 **청소작업** 구역	• 발생원인 – (연기감지기) 인테리어 작업, 준공, 청소 등으로 발생되는 먼지 인테리어 작업 시 발생되는 분진, 가스(매연) 등으로 경보 활성화 청소 시 발생하는 먼지, 특정 세척용액은 감지기의 활성화 유발 소방·건축 준공시점 차이로 연기감지기 먼지 축적 • 해결방안 – 시공 중 챔버에 먼지가 쌓이지 않도록 감지기 **먼지커버** 장착 청소 시 진공청소기를 사용하여 먼지를 제거 도장진행구역 먼지커버 장착, 페인트 노출·도색된 감지기 교체
발코니, **실외기실**	• 발생원인 – (광전식감지기) 외부공기 유입 먼지, 습한 공기, 차량 배기가스 (차동식감지기) 온도변화가 심한 베란다, 실외기실 작동사례 발생 • 해결방안 – 정온식 열감지기로 변경, 출입문과 일정거리 이격 • 권장 적응성 감지기 – **열감지기(정온식)** : 주위온도 고려 공칭작동온도 선정
천장 누수 우려 장소	• 발생원인 – (감지기) 건축물 누수로 인해 감지기 작동(침수로 인한 회로단락) • 해결방안 – 방수형 감지기로 변경, 감지기 설치 인근에 방수 처리

7. 비화재보 시 대처방법

단계	관련 내용
	상황 : 건축물에 경종과 사이렌이 울린다.
1단계 수신기 확인	• 화재표시등, 지구표시등 확인 
2단계 실제 화재 여부 확인	• 해당구역(지구표시등 점등구역)으로 이동하여 실제 화재여부를 확인하고 비화재보인 경우
3단계 음향장치 정지	• 음향장치(주경종, 지구경종, 비상방송, 사이렌 등) 정지 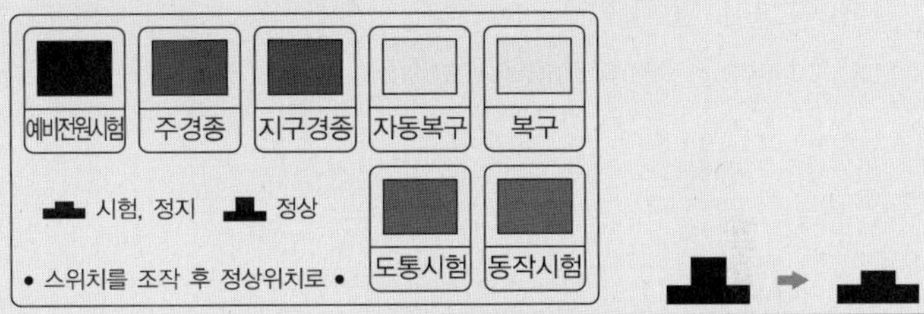
4단계 비화재보 원인 제거	• 감지기 동작표시등 확인 → 감지기 교체 등 • 발신기표시등 점등 확인 → 해당구역의 발신기 누름스위치 복구
5단계 수신기 복구	• 복구스위치를 눌러 수신기 정상으로 전환 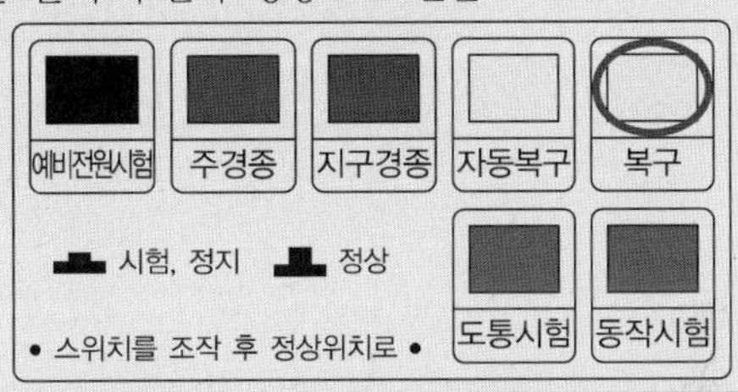
6단계 음향장치 복구	• 음향장치(주경종, 지구경종, 비상방송, 사이렌 등)를 정상 또는 연동으로 전환 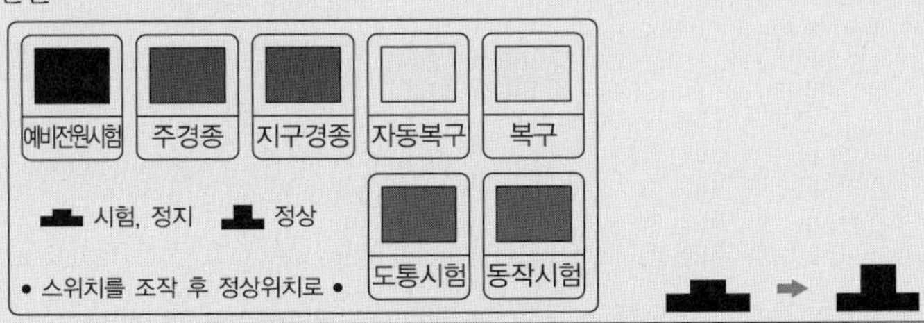
7단계 스위치주의등 확인	• 스위치주의등 소등 확인 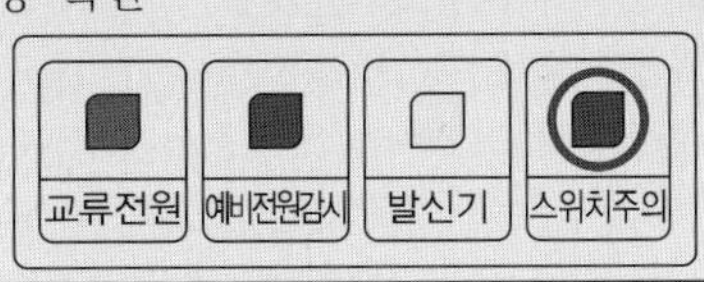

※ 자료출처 : 한국소방안전원 소방안전관리자 실무교재

8. 비화재보와 실보 방지 개념을 가진 설비의 비교

1) 비화재보 방지

(1) 감지성능 중 2가지가 각각 또는 모두 작동시 작동

(2) 감지기－복합형, 다신호식

(3) System－Double Interlock

2) 실보 방지

(1) 감지성능 중 둘 중 하나라도 작동시 작동

(2) 감지기－보상식

(3) System－None Interlock

8 디지털비디오 연기감지방식(DVSD : Digital Video Smoke Detection)

1. 개요

1) 대(大)공간을 갖는 다양한 건물이 증가함에 따라 기존 감지기의 한계를 극복할 수 있는 감시장치가 요구
2) 디지털비디오 연기감지방식은 **CCTV로 알려져 있는 폐쇄회로 비디오카메라**와 연기를 감지하기 위한 **동작감응 소프트웨어**가 결합되어 개발된 감지방식이다.
3) CCTV **카메라**가 연기를 인지하고, 인식된 이미지를 컴퓨터로 정보처리하여 경보를 발하는 방식
4) 기존 감지기는 수동적인 감지방식인 반면 DVSD는 **능동적인 감지방식**이다.

2. 기본원리

DVSD의 기본적 개념은 인간이 눈으로 연기를 감지하는 것과 동일한 방식이다.

1) **CCTV 카메라로 연기를 인식하면 인식된 이미지를 전자신호로 변환**
2) **디지털카메라**는 이 전자신호를 **직접** 중앙연산처리장치(CPU)로 **전송**
   아날로그카메라는 신호를 **A/D Converter를 거쳐** CPU로 전송
3) CPU로 전송된 신호와 고온의 연기 유동과 일치하는 특정한 **전자신호 검색**
4) 신호가 일치하면 전기적 접점에 의해 **경보 발생**

3. DVSD의 구성

1) 디지털카메라
2) 아날로그/디지털 신호변환기
3) 중앙연산처리장치(CPU)
4) 주변장치(키보드, 데이터 입출력장치)
5) 화재경보패널

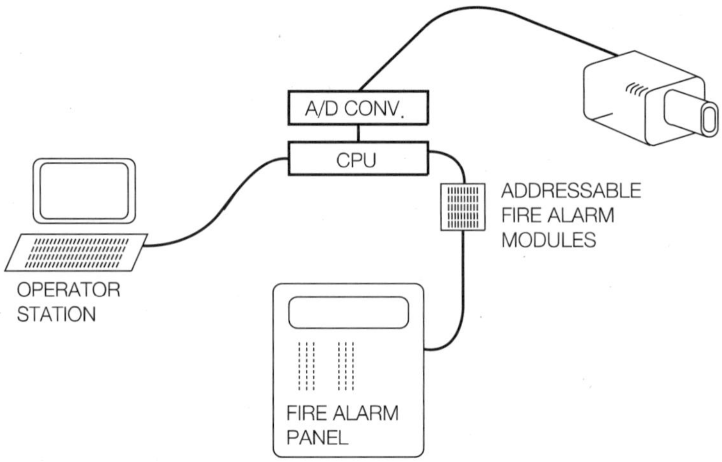

그림 1.31 • DVSD 구성도

4. DVSD의 장·단점

장 점	단 점
• 비화재보 방지 • S/W가 연기입자가 없는 장소에서 운영 • 감지시간의 지연이나 경로의 장애 없음 • 다양한 카메라 사용 가능(저광도 등) • 발화전후의 기록이 가능하여 화재원인 파악용이	• 노출화원으로 감시제한 → 개선중(CFMS시스템) • 시간지연 문제 발생 • 화재성장시 연기에 의한 간섭 발생 • 가격이 고가

5. 적용장소

1) 대공간을 감시할 수 있는 장소(창고)
2) 항공기 화물실
3) 연기감시가 필요한 장소
4) 분진이 다량 발생하는 장소(석탄분쇄 공정지역)

9 다중-센서 감지기(다중-기준 감지기)

1. 개요

1) 감지기의 경우 열 감지기는 비화재보는 좋으나 시간이 지연되는 문제가 있으므로 이를 개선한 것이 연기감지기 인데 연기감지기는 시간이 지연되지는 않지만 비화재보가 발생되는 문제가 있으므로 **적재적소에 적합한 특수 감지기**를 설치하거나 다중센서와 지능형 측정값 처리기능을 갖춘 **지능형 다중처리 감지기(다중-기준 감지기)**를 설치하는 것이 바람직 할 것이다.
2) 여기에서는 단일 기준 감지기의 적응성 및 문제점을 나타내고 이를 극복할 수 있는 다중-기준 감지기에 대해서 설명한다.

2. 기준(센서)에 따른 감지기의 분류

1) 단일 기준 감지기(재래식 감지기)
   (1) 열, 연기 등의 한계 값을 감시하는 재래식 감지기
   (2) 한계값 초과시 수신기 또는 방재센터에 경보신호 전송

2) 다중 기준 감지기
   (1) 다중센서와 측정값에 대해 지능형 처리기능을 갖춤
   (2) 프로세스 기반으로 측정값을 처리하며 다중처리 프로토콜(protocol)을 통해 수신기 또는 방재센터로 측정값 or 상태를 전송

3. 단일 기준 감지기의 적응성 및 문제점

구 분	적응성	문제점
정온식 스포트형	불꽃, 훈소, 주방 모두 적응성	시간지연
차동식 스포트형	불꽃	훈소화재에 적응성 없음
보상식 스포트형	불꽃, 훈소	국내 생산 안됨
정온식 감지선형	지하구, 터널	Tension유지가 어려워 비화재보 우려
이온화식 감지기	눈에 보이지 않는 연기를 검출 (흑색, 회색연기 모두 식별), 불꽃	기류에 의존, 방사성 물질 필요
광전식 스포트형	눈에 보이는 연기(회색연기에 민감) 훈소화재	회색의 분진, 증기에 의해 비화재보 우려

4. 다중 기준 감지기

1) 개발 배경

(1) 마이크로 프로세서(초소형 연산장치)의 급속한 발전

(2) 표면실장소자(SMD)기술의 도입으로 실현가능

2) 종류

(1) O^2T **감지기**(2개의 광전식 스포트형 연기감지기 + 1개의 열감지기)

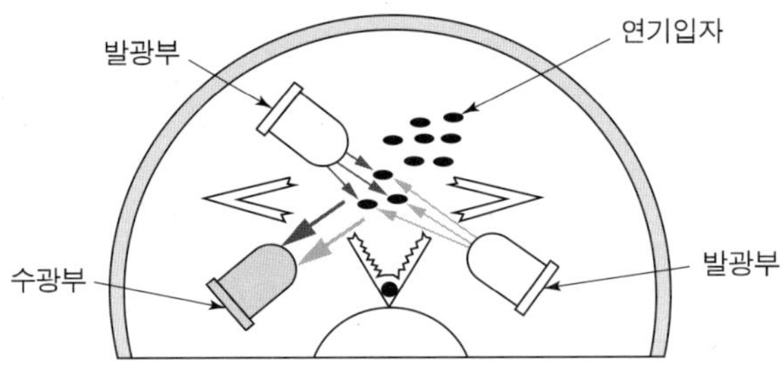

그림 1.32 ◦ O^2T 감지기 구성도

① 이중각도 기술을 적용함(순방향 산란 + 역방향 산란)

② 순방향 산란은 90~180° 사이에서 산란하는 것으로 훈소화재와 같은 회색연기에 적응성이 있다(재래식 광전식 스포트형 연기감지기와 동일). → 스팀, 증기, 분진, 담배연기, 공정용 에어로졸 등과 같은 회색 에어로졸은 비화재보를 야기 시킬 수 있음

③ 역방향 산란은 0~90° 사이에서 산란하는 것으로 불꽃화재와 같은 흑색연기에 적응성이 있다. → 분진, 염분결정체는 상당한 역방향 산란신호를 발생시켜 비화재보를 야기 시킬 수 있음

④ 따라서 다중 신호를 적용하여 감지기의 민감도를 낮추어 비화재보를 개선함

⑤ 적용 장소

가. 스팀 or 분진, 운전 공정 중에서 발생되는 증기와 연기를 명확히 구분하는 장소

나. 천장이 높고, 지게차 등을 이용하는 동안 분진 또는 에어로졸을 형성하는 공장

다. 무대장치로 연무기 및 연기 등이 사용되는 대규모 행사장

라. 스팀과 조리용 증기를 이용하는 산업용 주방 등

(2) **OTblue 감지기**(1개의 광전식 스포트형 연기감지기+1개의 열감지기)

① 적외선 광원 대신 청색 다이오드를 사용한다.

② 청색 다이오드의 짧은 파장으로 인간의 눈에 보이지 않는 더욱 작은 입자를 감지한다.

③ 이온화식 감지기에 비해 기류에 잘 견디며 방사성원소가 필요치 않다.

④ 이온화식 감지기 대체용으로 적용이 가능하다.

(3) **OTG 감지기**

① 광전식 스포트형 연기감지기+열감지기+CO감지기

② 연소가스가 눈에 보이기 전에 감지하여 피해를 줄임

(4) **OTI 감지기**

① 광전식 스포트형 연기감지기+열감지기+이온화식감지기

(5) 기타

① 비단벌레(Black Fire Beetle)

② 전자 코(Electronic Nose)

10 공기관식 차동식분포형 감지기의 시험방법

1. 개요

1) 차동식 스포트형 감지기의 경우 가열 또는 가연시험기로 시험이 가능하나, 공기관식 차동식분포형 감지기의 경우 감지부분이 실 전체에 분포되어 있으므로 이러한 시험기로는 시험을 할 수 없다.

2) 따라서, 인위적으로 **공기관에 공기를 주입하여 검출부를 작동시켜 시험**을 실시한다.

2. 공기관식 차동식분포형 감지기의 구성

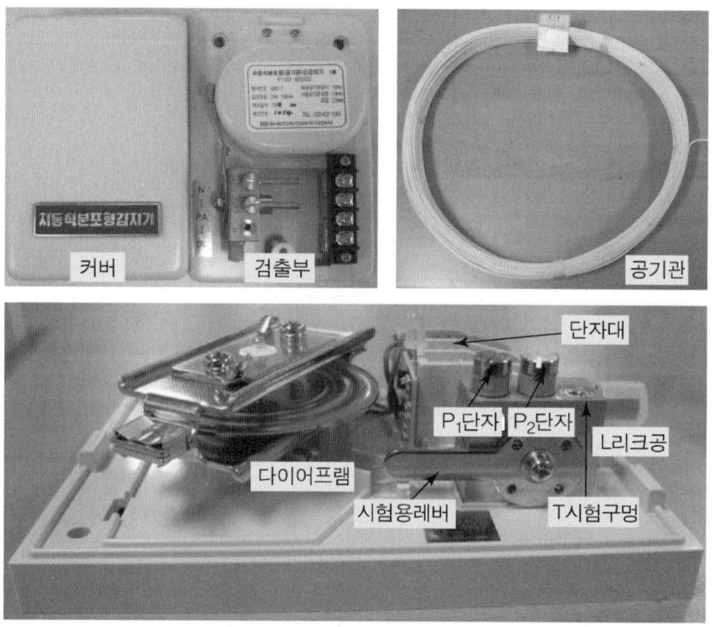

그림 1.33 • 공기관식 차동식분포형 감지기의 구성 및 명칭

구성 명칭	기 능
P_1, P_2 단자	짧은 동관이 나사로 고정부착 되어 있고 공기관을 접속하는 부분
L(리크공)	오동작을 방지하기 위한 공기가 누설되는 구멍
T(시험구멍)	공기관시험 시 공기를 주입하는 구멍
시험용 레버	조작핸들(N위치 : 평상시, P, A위치 : 세움, D, L : 앞으로 당김)
다이어프램	검출부의 접점부분
단자대	감지기 전선결선용 단자대

3. 공기관식 차동식분포형 감지기의 시험방법

1) 화재작동시험

시험 목적

감지기의 작동 및 작동시간의 정상여부 확인

시험 방법

① 주경종 ON, 지구경종 OFF
② 자동복구 스위치 시험위치(누른다.)
③ 시험코크(시험레버) 시험위치(레버를 P, A 위치로 돌린다.)
④ Test pump 공기주입(공기주입시험기를 시험구멍(T)에 접속 후 공기 주입)
⑤ 초시계 측정(접점형성 시까지)

계 통 도

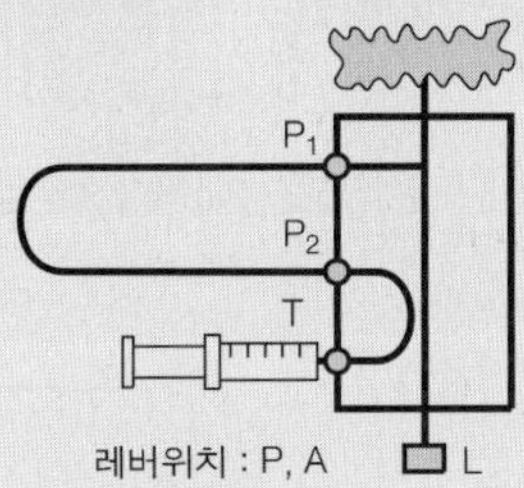

판정 기준

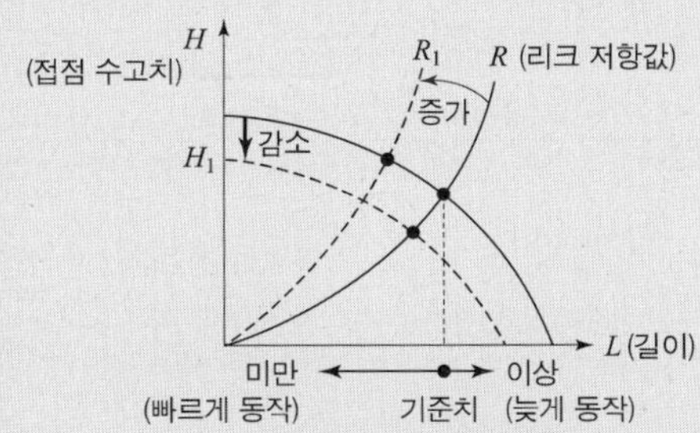

기준치 미만인 경우

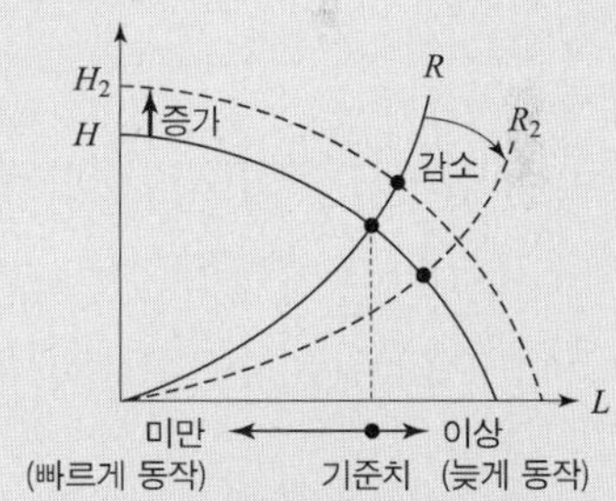

기준치 이상인 경우

구 분	기준치 미만 (R^{+}, H^{-})	기준치 이상 (R^{-}, H^{+})
리크 저항값(R)	규정치 보다 크다	규정치 보다 작다
접점 수고치(H)	규정치 보다 낮다	규정치 보다 높다
공기관의 길이(L)	주입량에 비해 짧다	주입량에 비해 길다

주의 사항

① 공기주입은 서서히 하며 규정값 이상을 가하지 않도록 한다(다이어프램 손상방지).
② 공기관이 구부러지거나 꺾어지지 않도록 한다.

2) 작동계속시험

시험 목적

감지기의 접점이 형성된 후 지속시간의 정상여부 확인

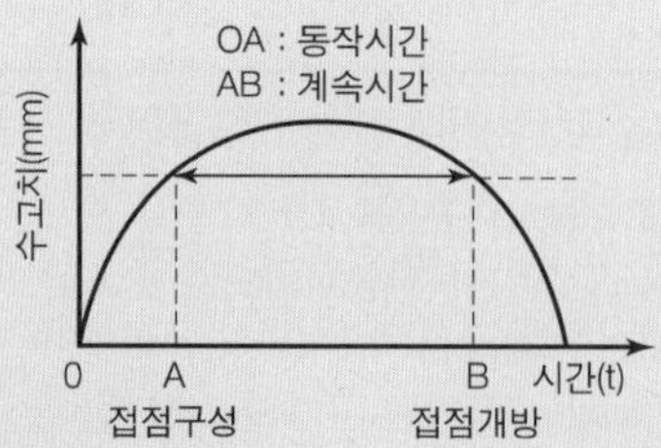

시험 방법

① 주경종 ON, 지구경종 OFF
② 자동복구 스위치 시험위치(누른다.)
③ 시험코크(시험레버) 시험위치(레버를 P, A 위치로 돌린다.)
④ Test pump 공기주입(공기주입시험기를 시험구멍(T)에 접속 후 공기 주입)
⑤ 초시계 측정(접점형성 시까지)
② 화재작동시험 후 작동정지까지의 시간 측정(계속시간)

계 통 도

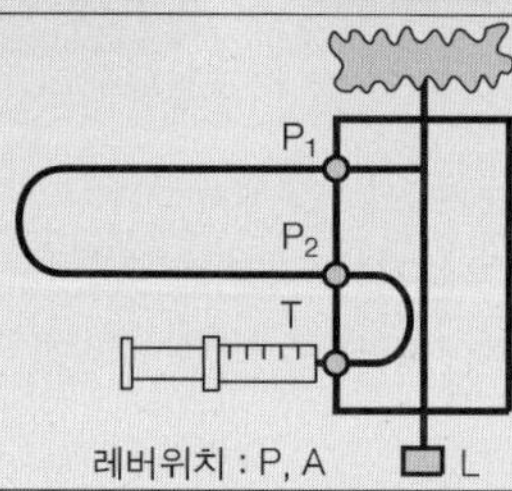

판정 기준

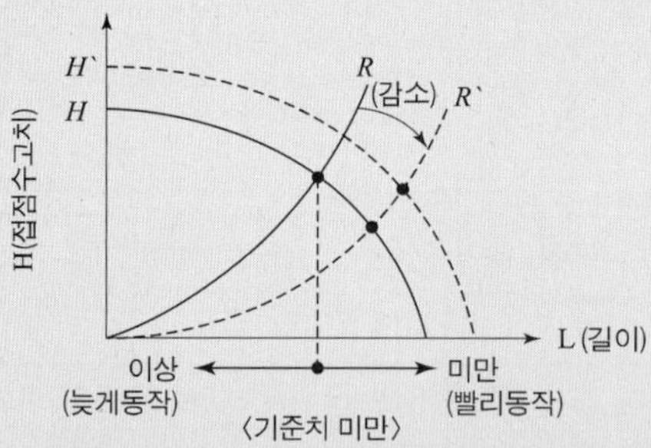

① 리크 저항값이 작으면 리크구멍이 커서 공기의 누설량이 많아 빨리 떨어진다.
② 접점 수고치가 규정치보다 높으면 접점이 멀리 떨어져 있어 빨리 떨어진다.
③ 공기관 길이가 주입량에 비해 긴 경우는 공기관이 누설되는 경우로 빨리 떨어진다.

구 분	기준치 이상 (R^+, H^-)	기준치 미만 (R^-, H^+)
리크 저항값(R)	규정치 보다 크다	규정치 보다 작다
접점 수고치(H)	규정치 보다 낮다	규정치 보다 높다
공기관의 길이(L)	주입량에 비해 짧다	주입량에 비해 길다

주의 사항

① 공기주입은 서서히 하며 규정값 이상을 가하지 않도록 한다(다이어프램 손상방지).
② 공기관이 구부러지거나 꺾어지지 않도록 한다.

3) 유통시험

시험 목적	공기관의 유통상태(폐쇄, 누설) 및 길이 적정성 확인
시험 방법	① 공기관의 첫 번째 단자(P_1)를 제거한 후 P_2의 공기관에 마노미터 접속 ② 시험코크(시험레버) 시험위치(레버를 P, A 위치로 돌린다.) ③ Test pump 공기주입 (공기주입시험기를 시험구멍(T)에 접속 후 공기 주입 – 수위 100mm 유지) ④ 공기주입시험기를 시험구멍(T)에서 분리하여 공기관 내부 공기를 배출시킴 [시험코크(시험 레버)를 D, L 위치로 돌린다. 이럴 경우 P_1단자에서 50mm될 때까지 측정] ⑤ 초시계 측정(수위가 50mm될 때까지)   
계 통 도	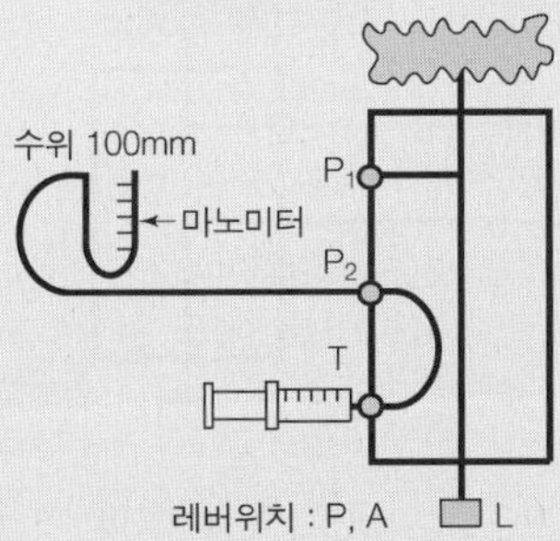 시험레버 P, A상태에서 공기주입 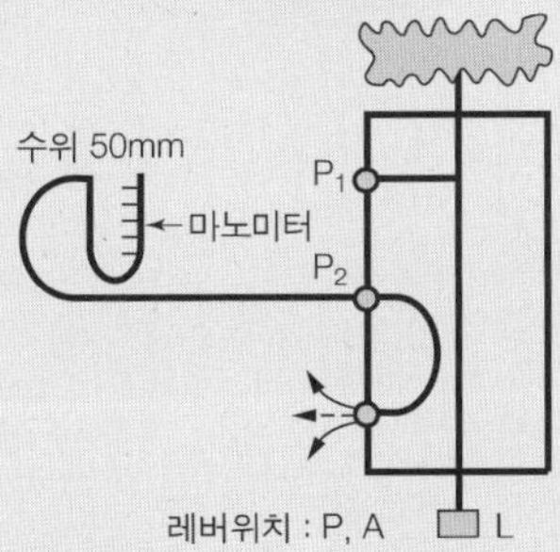 시험공으로 공기를 빼는 모습
판정 기준	① 공기관의 유통상태 확인 · 마노미터의 수위가 올라가지 않는 경우 : 공기관의 변형 또는 막힘 · 마노미터의 수위가 정지되지 않는 경우 : 공기관의 누설 ② 공기관 길이의 적정여부 확인 · 유통시간에 의해 공기관의 길이를 산출한다. · 공기관의 길이가 유통곡선의 허용범위(상한~하한) 내에 있어야 한다. 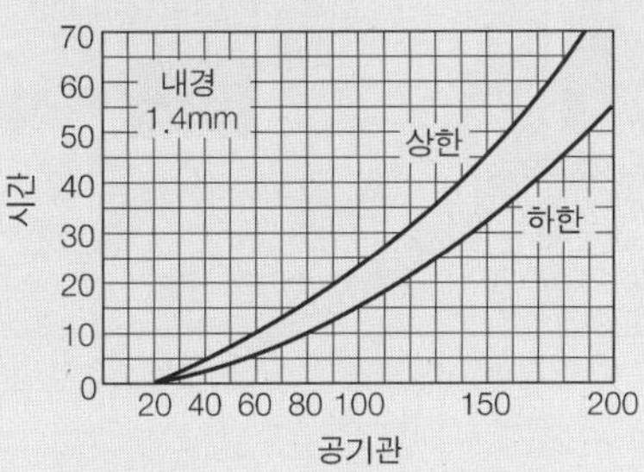 (a) 공기관 내경이 1.4mm인 경우 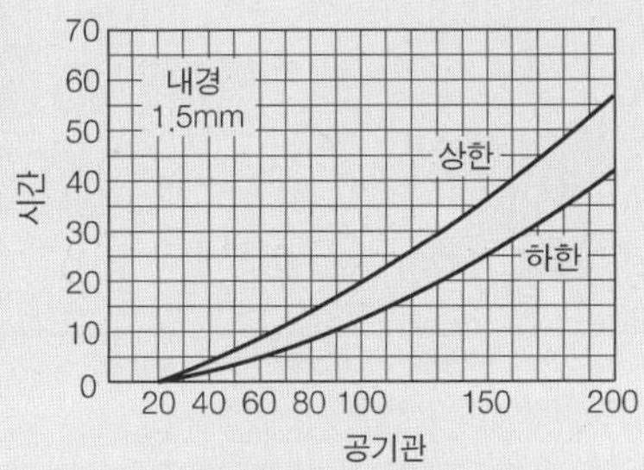 (b) 공기관 내경이 1.5mm인 경우
주의 사항	접점수고시험의 주의사항과 동일함

4) 접점수고시험

시험 목적	비화재보 및 실보의 원인을 파악하는 것으로 적정한 수고치를 유지하고 있는지 판단
시험 방법	① 공기관의 첫 번째 단자(P_1)를 제거 한 후 마노미터 접속 ② 시험코크(시험레버) 시험위치(레버를 D, L 위치로 돌린다.) ③ Test pump 공기주입(공기주입시험기를 첫 번째 단자(P_1)에 접속 후 공기 주입) ④ 접점수고치 측정(감지기 접점이 붙는 순간 마노미터 수위를 읽음)  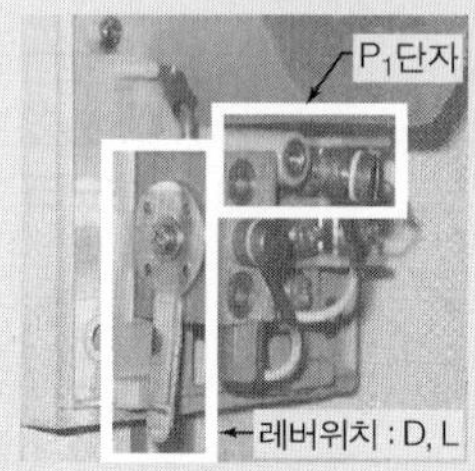
계 통 도	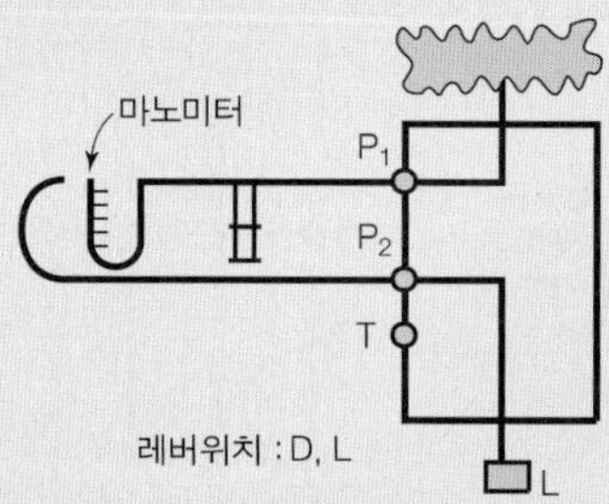
판정 기준	① 접점 수고치가 낮으면 접점간격이 가까워 감도가 예민하여 비화재보 우려 ② 접점 수고치가 높으면 접점간격이 멀어 감도가 둔감하여 실보 우려 ③ 접점 수고치는 ±15% 이내이면 양호한 것으로 판단한다.
주의 사항	시험 시 작동하지 않거나 전회 점검 시의 측정치와 큰 폭으로 차이가 있는 경우에는 공기관과 검출부의 단자(P_1, P_2)가 확실히 조여져 있는지 확인 후 실시 할 것   검출부 단자(P_1, P_2) 조임여부 확인

유통시험

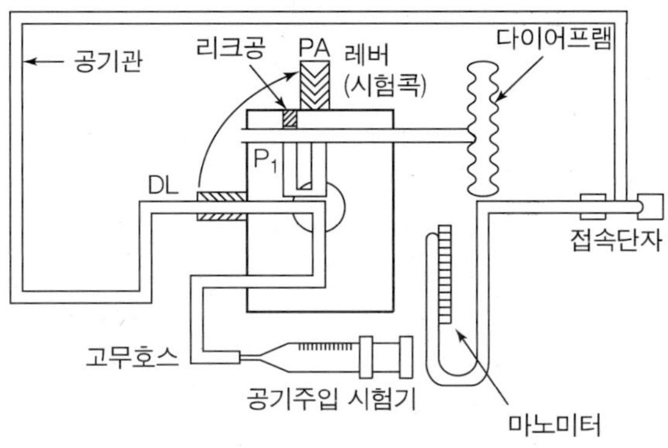
공기관
리크공
PA
레버
(시험콕)
다이어프램
P1
DL
접속단자
고무호스
공기주입 시험기
마노미터

접점수고시험

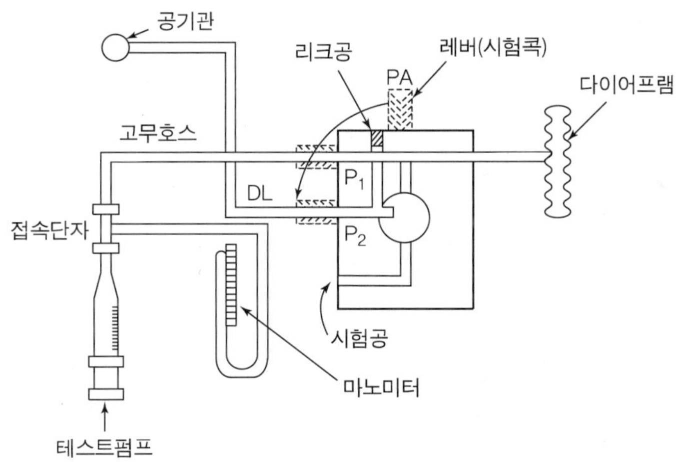
공기관
리크공
레버(시험콕)
PA
다이어프램
고무호스
P1
DL
접속단자
P2
시험공
마노미터
테스트펌프

5) 리크시험

시험 목적	리크공의 저항이 적정한지 여부 확인
시험 방법	① 공기관의 두 번째 단자(P_2)를 풀어 공기관을 분리 ② **시**험코크(시험레버) 시험위치(레버를 D, L 위치로 돌린다.) ③ Test pump 공기주입(공기주입시험기를 두 번째 단자(P_2)에 접속 후 공기 주입) ④ 공기누설여부를 점검한다. 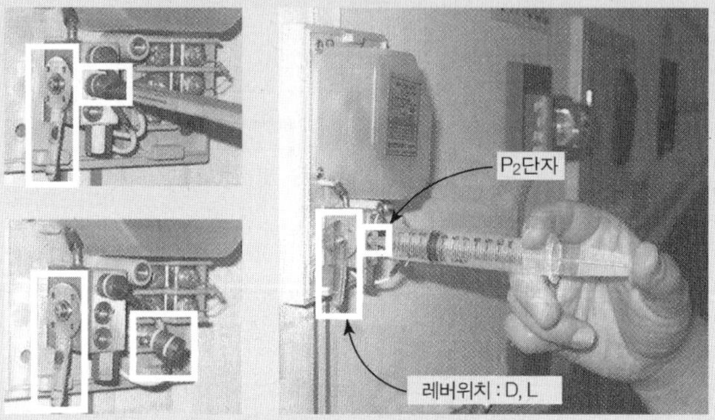
계 통 도	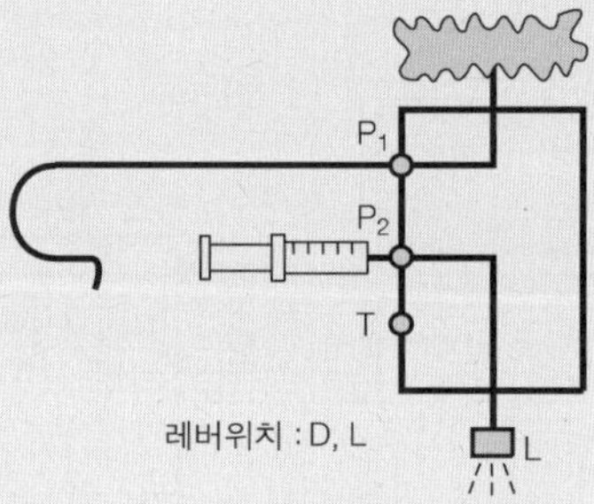
판정 기준	① 리크구멍이 크면 리크저항이 작아 공기가 쉽게 누설되어 둔감하여 실보 우려 ② 리크구멍이 작으면 리크저항이 커져 공기가 누설되지 않아 예민하여 비화재보 우려

4. 공기관식 차동식분포형 감지기의 계통도(시험용 레버 위치에 따른)

레버 위치	시험용 레버조작 사진	계통도
정상위치[N] • 평상시 상태(Normal)		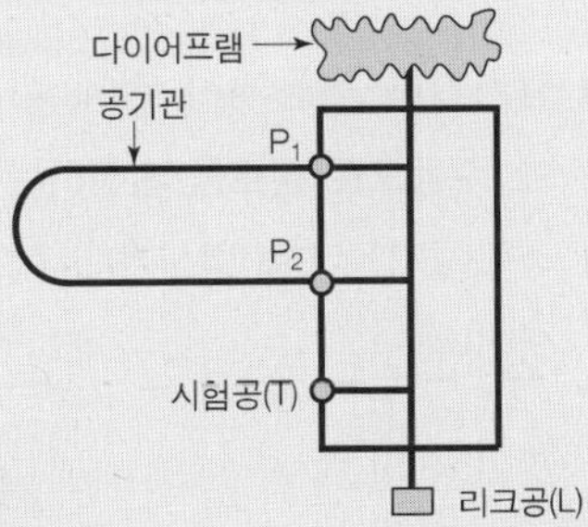
세움[P,A] • 유통시험(Pipe) • 화재작동시험(Active) • 작동계속시험		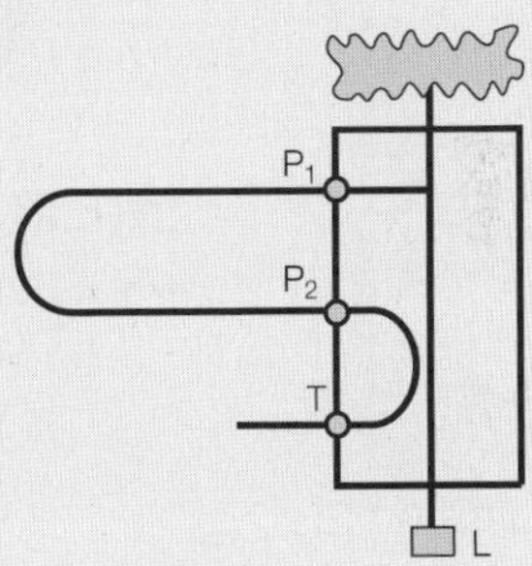
앞으로 당김[D,L] • 접점수고시험(Diaphragm) • 리크시험(Leak)		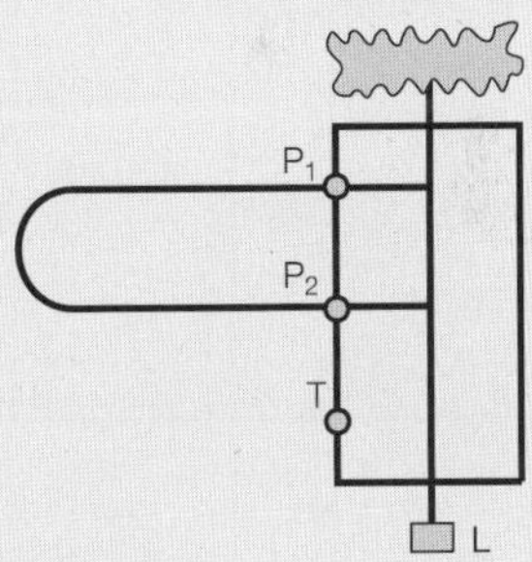

11 발신기

1. 개요

1) 감지기가 작동되기 전에 화재를 발견한 **사람**이 **누름버튼을** 조작하여 수신기 또는 중계기에 **수동으로 신호를 발신하는 장치**
2) 국내에서는 **P형 발신기**가 사용되고 있으며 **경종, 표시등**과 함께 **벽에 취부**되고 외부색은 적색이다.

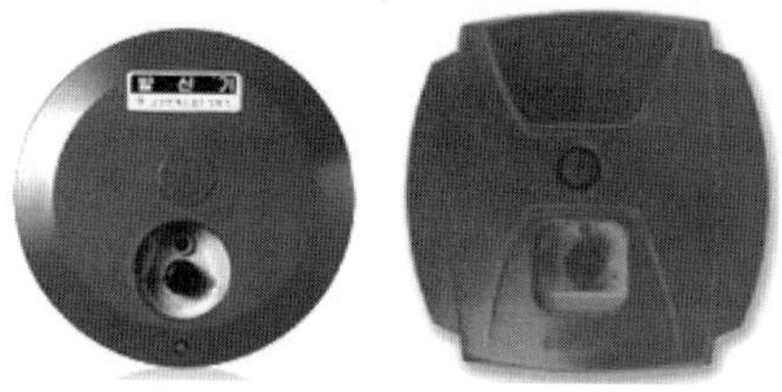

그림 1.34 ◦ P형 1급 발신기의 외형(우측 : 표시등겸용)

2. 종류

1) P형 – 1급, 2급

비 교	P형 1급	P형 2급
구 조	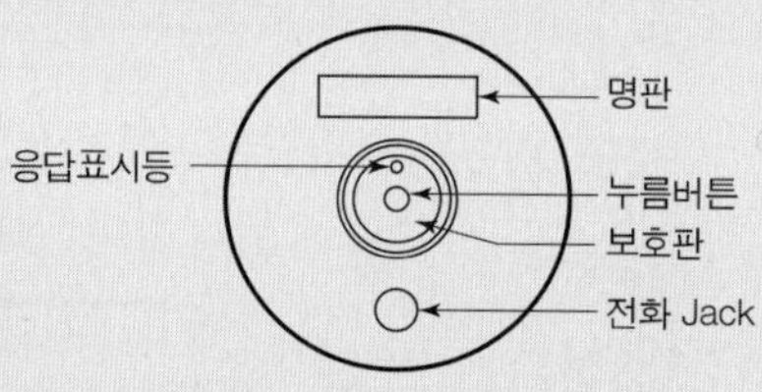	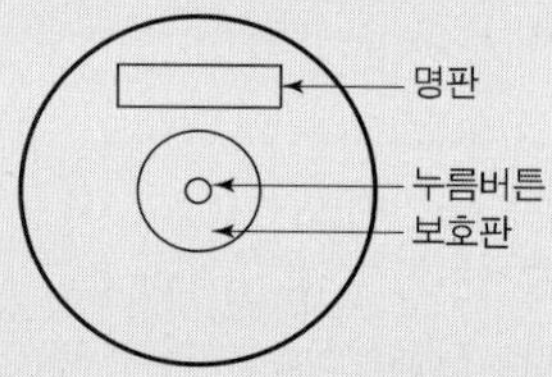
전화 Jack	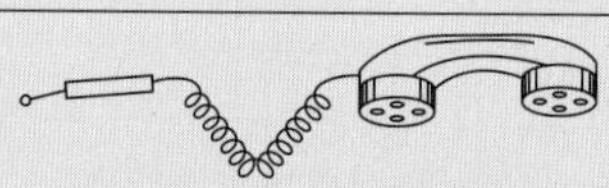	×
응답표시등	○ (LED)	×
접속 수신기	P형 1급, R형 수신기	P형 2급 수신기
명칭설명	• 명판 : 발신기를 표시해줌 • 누름버튼 : 수동으로 조작하여 화재 신호를 수신기에 발신하는 장치 • 보호판 : 누름버튼 보호 • 전화 Jack : 수신기와 발신기간 서로 통화할 수 있도록 전화기를 사용하는 잭 • 응답표시등 : 발신기의 신호가 수신기에 전달되었는지 확인해 주는 표시등	

2) T형 – 송수화기용[28)]

3) M형 – 소방관서의 M형 수신기와 연결

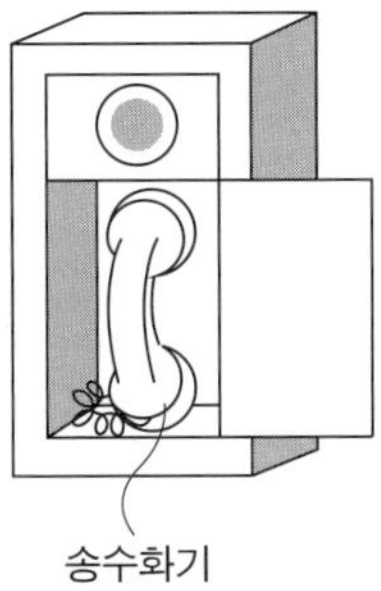

그림 1.35 • T형 발신기

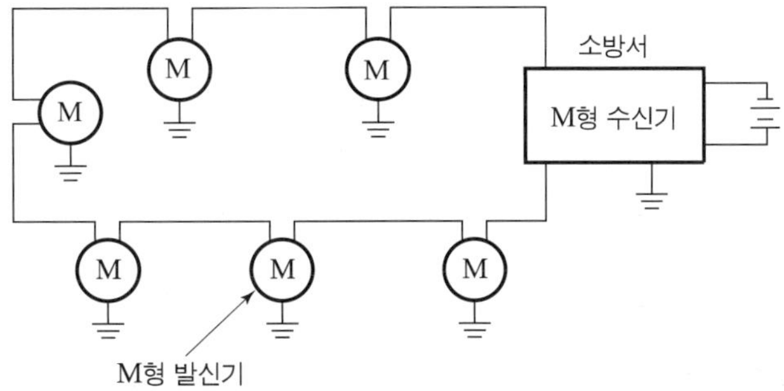

그림 1.36 • M형 발신기와 수신기

3. 설치기준(NFPC 203 제9조, NFTC 203 2.6)

1) **조작이 쉬운 장소**에 설치하고, **스위치**는 바닥으로부터 0.8m 이상 1.5m 이하 높이에 설치
2) **소방대상물의 층**마다 설치하되, 발신기까지의 **수평거리는** 25m 이하. 다만 복도 또는 별도 구획된 실로서 보행거리가 40m 이상일 경우 추가 설치
3) 2)기준을 초과하는 기둥 또는 벽이 설치되지 아니한 대형공간의 경우 설치대상장소의 가장 가까운 장소의 벽 또는 기둥 등에 설치(2007.4.12. 제정)
4) **표시등**은 **함의 상부**에 설치하되, 그 **불빛**은 부착면으로부터 15° **이상**의 범위 안에서 10m **이내**의 어느 곳에서도 쉽게 식별할 수 있는 **적색등**일 것

※ **지하구**의 경우 발신기를 설치하지 않을 수 있다.[29)]

28) 발신기의 형식승인 및 제품검사의 기술기준 개정
개정된 수신기의 형식승인 및 제품검사의 기술기준과 연계하여 현재까지 생산 실적이 전혀 없는 M형 발신기, T형 발신기를 기술기준에서 삭제함(2016.4.1. 개정).

29) 「자동화재탐지설비 및 시각경보장치의 화재안전기준(NFSC 203)」 제9조 제1항 단서조항으로 NFSC 203에서는 삭제되었으나 「지하구의 화재안전기준(NFSC 605)」의 제5조 제2항 '발신기, 지구음향장치 및 시각경보기는 설치하지 않을 수 있다'로 제정됨(2021.1.15. 제정) NFPC 605 제6조, NFTC 605 2.2.2로 재개정(2022.12.1. 제정).

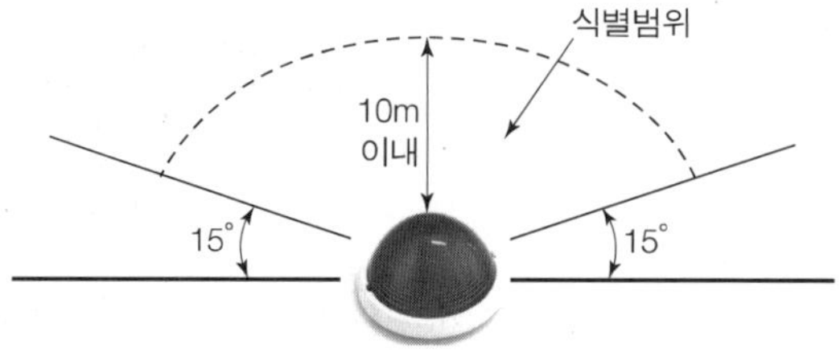

그림 1.37 • 발신기 표시등의 식별범위

4. 배선

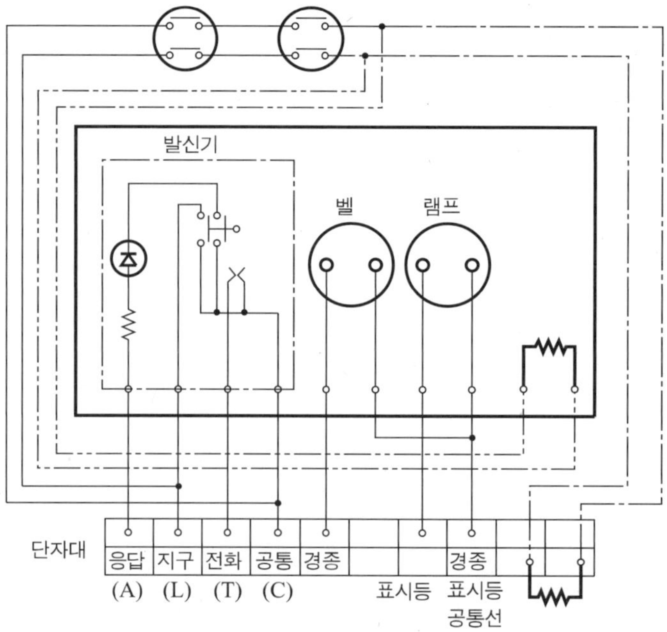

그림 1.38 • 발신기 세트 결선도

1) 일점 쇄선 – 종단저항이 **감지기 옆** 또는 **단자대**에 있음.
발신기 ↔ 감지기 가닥수 : **2가닥**

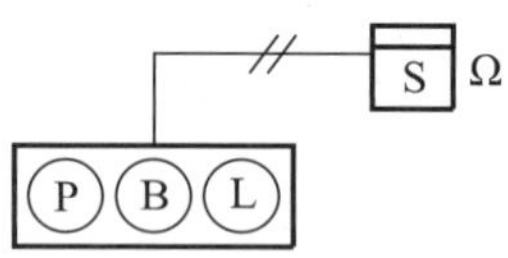

2) 이점 쇄선 – 종단저항이 **발신기세트 함내** 있음.
발신기 ↔ 감지기 가닥수 : **4가닥**

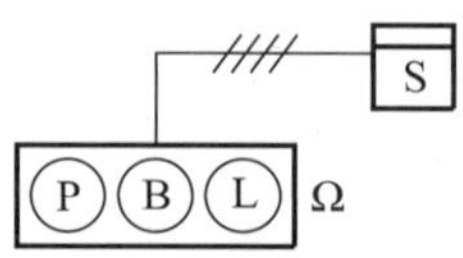

5. 도시 기호

발신기 세트 단독형	발신기 세트 옥내소화전 내장형
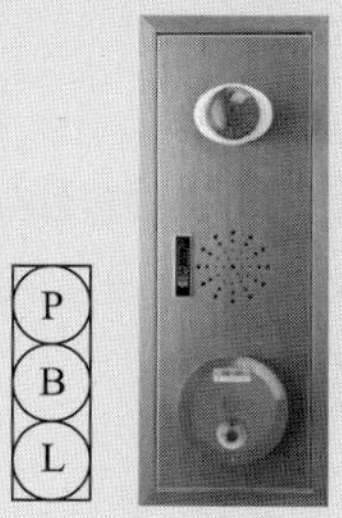	

12 중계기

1. 개요

1) **감지기·발신기 등 Local 기기 장치와 수신기 사이에 설치**하는 **신호전송장치**
2) 화재신호를 수신기에 통보하고 이에 대응하는 출력신호를 Local 기기장치에 송출하는 **중계 역할을 하는 장치**로 간선수를 극소화하기 위하여 사용한다.

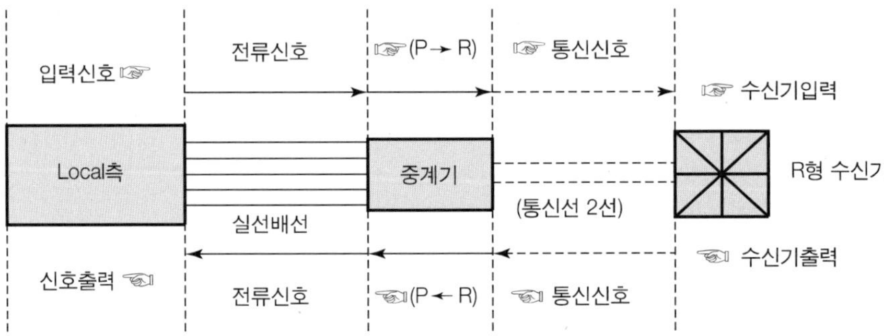

그림 1.39 ◦ 중계기의 신호체계

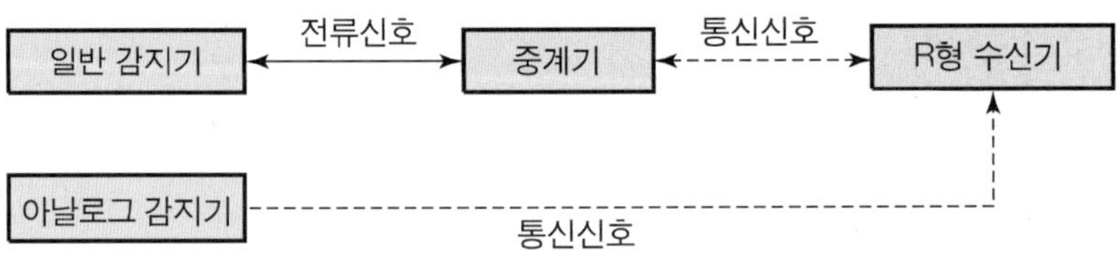

그림 1.40 ◦ 중계기의 신호연결 방법

2. 종류

전원장치의 내장유무 및 사용회로에 따라 **집합형**과 **분산형**으로 구분한다.

1) 집합형
   (1) **외부전원(AC 110/220V)**을 이용하여 직접 중계기에 전원을 공급하는 방식
   (2) **전원장치를 내장(정류기 및 축전지)**하여 전원공급계통 사고 시에도 정상적인 동작을 수행한다. 즉, 수신기와 중계기간의 선로에 문제가 있어도 중계기가 독립제어 기능에 의해 자동절환 되어 정상적인 업무를 수행한다.
   (3) 보통 전기 Pit실 등에 대용량(30～40회로)의 회로를 수용하며, 하나의 중계기당 1～3개 층을 담당한다.

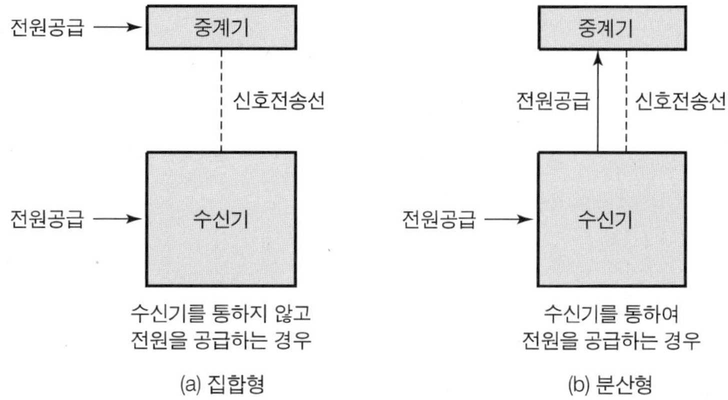

그림 1.41 ∘ 중계기의 전원공급 방식

2) 분산형

(1) **수신기 전원**을 이용하여 중계기에 전원을 공급하는 방식

(2) 전원장치를 내장하지 않고 **수신기 전원**(DC 24V)을 이용하므로 전원공급계통 사고 시에는 정상적인 동작을 수행하지 못한다. 즉, 수신기와 중계기간의 선로에 문제가 있으면 정상적인 동작을 수행하지 못한다.

(3) 보통 발신기함 등에 소용량(5회로 미만)의 회로를 수용하며, Local 기기별로 중계기를 설치한다.

(4) 분산형 중계기는 자동화재탐지설비, 전실댐퍼, 알람밸브, 방화셔터 등의 각 계열별로 연결되며 설비의 수만큼 중계기가 필요하다.

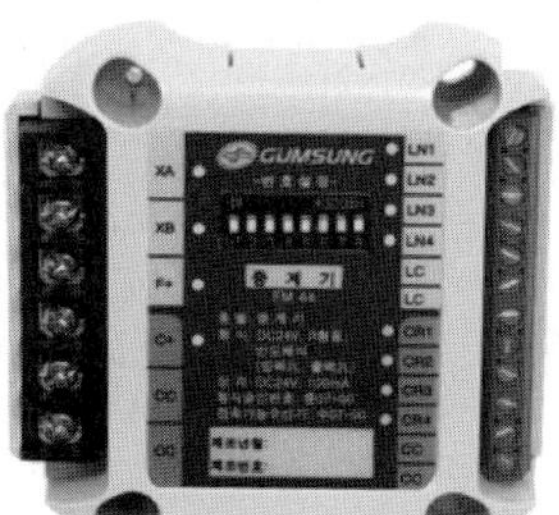

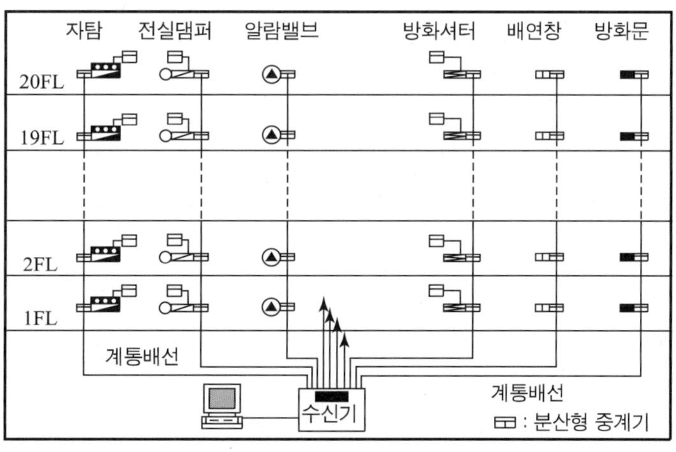

그림 1.42 ∘ 중계기와 분산형 중계기 계통도의 예

3) 집합형과 분산형의 비교

구 분	집합형	분산형
형 태	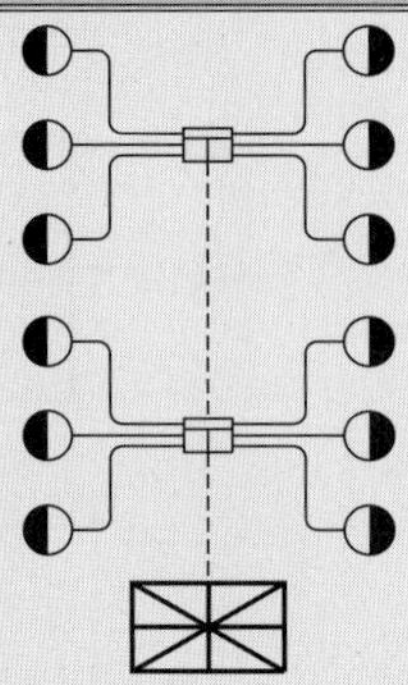	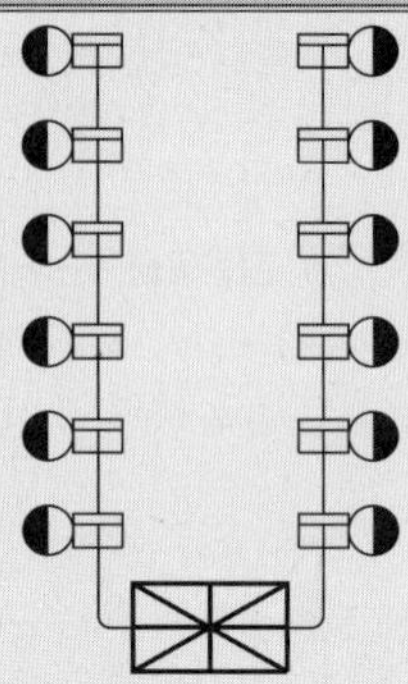
입력전원	AC 110/220V(외부전원)	DC 24V(수신기 전원)
전원공급	외부전원 이용, 예비전원 내장 정류기를 설치	전원 및 비상전원은 수신기 전원 별도의 정류장치는 없음
수용능력	대용량(30～40회로) (예 : 입력32/출력32)	소용량(5회로 미만) (예 : 입력1/출력1, 입력4/출력4 등)
외형크기	대형	소형
설치방식	전압강하 우려장소 수신기와 거리가 먼 초고층 건축물 1~3개 층당 1개 설치	전기피트가 좁은 건축물 아날로그 감지기를 실별로 설치 각 Local 기기별 1개씩 설치
설치장소	전기 Pit실(EPS 실) 등에 설치	발신기함 또는 개별 격납함에 설치 [소.스(S).댐.방.할] • **소**화전함 및 단독 발신기세트 내부 • **S**/P 접속박스 및 SVP 내부 • **댐**퍼 수동조작함 및 조작스위치함 내부 • **방**화셔터, 배연창 연동제어기 내부 • **방**화문 근접댐퍼 수동조작함 내부 • **할**론 Package 및 Panel 내부
전원공급사고	내장된 예비전원에 의해 정상적인 동작을 수행	중계기 전원 선로의 사고시 해당계통 전체 시스템 마비
유지관리	편리	불편(중계기 고장시 교체)

4) 다른 기기로부터 전력을 공급받지 않는 중계기 중 주전원이 건전지인 무선식 중계기[30)]

(1) 중계기로부터 외부부하에 직접 전력을 공급하는 회로에는 **퓨즈** 또는 **브레이커** 등을 설치하여 퓨즈의 끊어짐, 브레이커의 차단 등에 대한 신호를 보낼 수 있어야 한다.

(2) 중계기는 최대부하에 연속하여 견딜 수 있는 용량을 가져야 한다.

(3) 화재신호에 영향을 미칠 염려가 있는 조작부를 설치하지 아니하여야 한다.

3. 설치기준[조.수.상.전]

1) 설치장소 : **조작 및 점검이 용이**하고, 화재 및 침수 등의 우려가 없는 장소
2) 설치위치 : **수신기와 감지기 사이**
3) **상용전원 및 예비전원 시험 장치**를 갖출 것
4) 별도 전원 공급시(집합형) **전원입력 측 배선**에 **과전류 차단기** 설치할 것

4. 배선

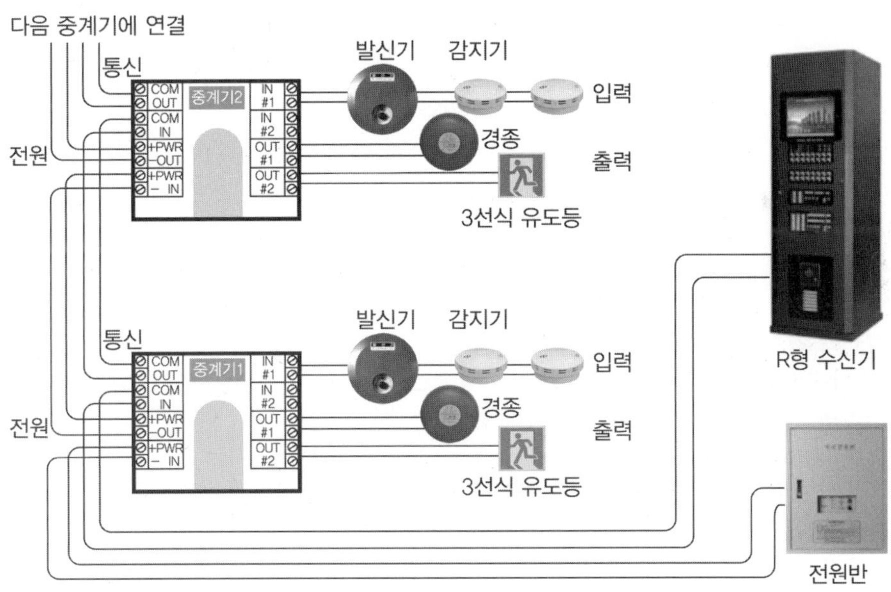

그림 1.43 ◦ 중계기와 수신기 사이의 결선 예

30) 중계기의 형식승인 및 제품검사의 기술기준 신설(2017.12.6.).

13 수신기

1. 개요

1) 수신기는 **감지기나 발신기에서 발하는 화재신호** 또는 **탐지부에서 발하는 가스누설신호**를 **직접 수신**하거나 **중계기를 통해서 수신**하는 것으로서 소방대상물의 관계자에게 경보를 발하거나 소방관서에 통보해주는 장치이다.
2) 또한 소화펌프 기동장치, 부수신기, 비상경보장치, 방화댐퍼, 방화셔터, 제연설비 등과 같이 화재와 관련된 **소화, 감시** 및 **경보 기능**과도 **연동**하여 사용된다.

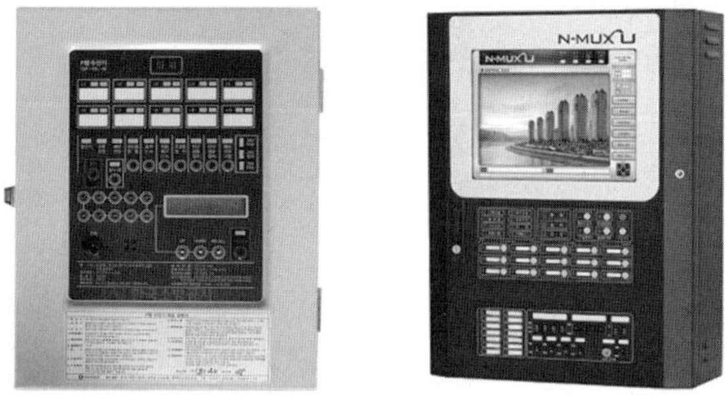

그림 1.44 ◦ P형 수신기와 R형 수신기(벽부형)

2. 종류

1) P형(Proprietary type) 수신기
   (1) 감지기, 발신기 등 Local 기기와 수신기를 **직접 전선으로 연결(모두 실선배선)**
   (2) **각 경계구역별 개별신호선에 의한 공통신호방식**
   (3) 1급은 회로 수에 제한이 없으나[31] 2급은 4층 미만이고 5회로 이하에 적용
   (4) 중·소형 건축물 사용

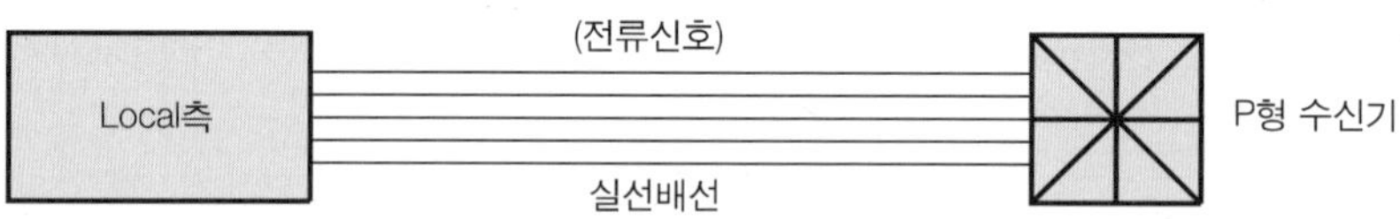

[P형 System]

31) 1급은 회로 수에 제한이 없으나 일반적으로 현장에서는 다음과 같은 기준으로 사용된다.
① P형 2급 – 4층 미만, 5회로 이하
② P형 1급 – 4층 이상, 5회로 초과 40회로 이하
③ R형 – 4층 이상, 40회로 초과(중계기가 사용되는 대형 건축물)

2) R형(Record type) 수신기

(1) 화재발생 신호는 중계기를 통하여 수신(Local기기 – 중계기 사이만 실선배선)

(2) 중계기와 수신기간은 **통신선로**를 이용

(3) **각 회로별 고유신호선에 의한 다중통신방식**

(4) 대형 건축물, 회선수가 많은 경우 사용

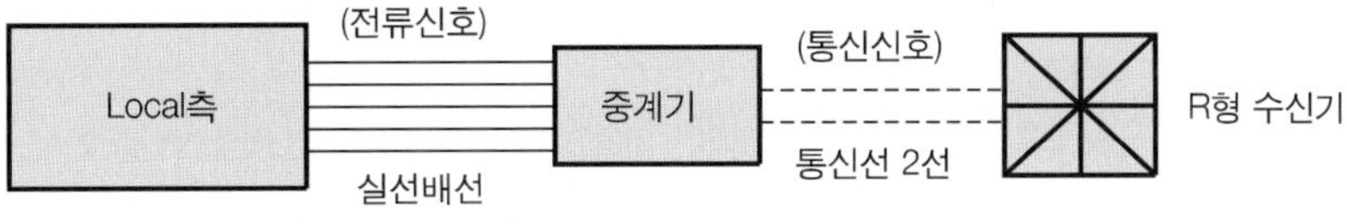

[R형 System]

3) M형(Municipal type) 수신기[32)]

(1) 도로에 설치된 M형 발신기를 이용하여 소방관서의 수신기에 통보

(2) 화재발생을 소방기관이 감지하는 수신기(일본)

4) GP형 수신기

(1) **P형 수신기**의 기능과 **가스누설경보기**의 수신부 기능을 겸한 수신기

5) GR형 수신기

(1) **R형 수신기**의 기능과 **가스누설경보기**의 수신부 기능을 겸한 수신기

6) 간이형 수신기[33)]

(1) 수신기 및 가스누설경보기의 기능을 각각 또는 함께 가지고 있는 제품으로 수신기 및 가스누설경보기의 형식승인기준에서 규정한 **수신기 또는 가스누설경보기의 구조 및 기능을 단순화**시킴.

(2) "**수신부·감지부**", "**수신부·탐지부**", "**수신부·감지부·탐지부**" 등으로 각각 구성되거나 여기에 중계부가 함께 구성되어 화재발생 또는 가연성가스가 누설되는 것을 자동적으로 탐지하여 관계자 등에게 경보하여 주는 기능 또는 도난경보, 원격제어기능 등이 복합적으로 구성된 제품

7) 무선식 수신기[34)]

(1) **전파에 의해 신호를 송·수신하는 방식**의 것

(2) 무선식 수신기는 중계기(감지기와 배선으로 연결되는 무선식 중계기만 해당)의 배선회로 마다 도통상태를 확인할 수 있는 장치를 설치하여야 함

(3) 무선식 수신기 중 전파를 직접 발신하는 수신기

① 전파에 의한 감지기·발신기·중계기·수신기간의 화재신호 또는 화재정보신호는

32) 수신기의 형식승인 및 제품검사의 기술기준에서 삭제됨(2016.1.11.).
33) 수신기의 형식승인 및 제품검사의 기술기준개정(2017.12.6.).
34) 수신기의 형식승인 및 제품검사의 기술기준개정(2017.12.6.).

「신고하지 아니하고 개설할 수 있는 무선국용 무선설비의 기술기준」 제7조(특정소출력무선국용 무선설비)제3항의 「도난, 화재경보장치 등의 안전시스템용 주파수」를 적용하여야 한다.

② 「전파법」 제58조의2(방송통신기자재등의 적합성평가)에 적합하여야 한다.

(4) 무선식 감지기·무선식 중계기·무선식 발신기와 접속되는 수신기는 **통신점검시험**을 할 수 있는 장치

① 수동으로 통신점검 신호를 발신하는 장치가 있어야 한다.

② 자동으로 **168시간** 이내 주기마다 통신점검 신호를 발신할 수 있는 장치가 있어야 한다.

③ ①, ②의 장치를 시험하는 중에도 다른 회선으로부터 화재신호를 수신하는 경우 화재표시가 되어야 한다.

(5) 무선식 감지기·무선식 중계기·무선식 발신기와 접속되는 수신기의 **수신성능시험**

① 10개의 화재신호 또는 화재정보신호를 동시에 발신하게 하는 경우 **5초 이내**에 최초의 화재표시가 되어야 하며, **100초 이내**에 모든 화재표시가 되어야 한다.

② 다만, 최대 접속가능 회선수가 3개 이상 10개 이하인 경우에는 최대접속가능 회선수로 시험한다.

8) 수신기 종류 특징 비교

수신기 종류	신호 전달방식	신호의 종류	수신 소요시간	비 고
P형	개별 신호선 방식	전회로 공통신호	5초	축적형은 60초 이내
R형	다중 통신선 방식	회로별 고유신호	5초	
M형	공통 신호선 방식	발신기별 고유신호	20초	-

3. 형식

1) 일반 수신기

(1) 감지기나 발신기의 화재신호 개시로부터 수신 완료까지 5초 이내 동작

(2) 수신완료 직후 화재표시등, 주경종, 지구표시장치, 지구경종이 동작

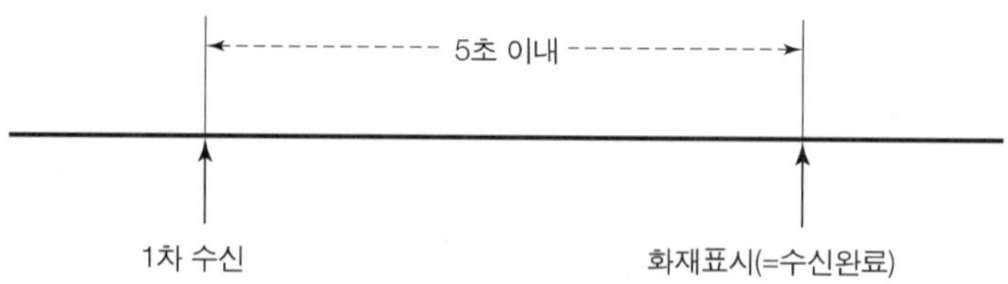

그림 1.45 • 일반 수신기 동작원리

2) 축적형 수신기

(1) **화재신호 수신 후 바로 동작하지 않고 축적시간 내에 화재신호가 재수신될 때 동작**

(2) 축적시간은 5초 이상 60초 이내이며, 공칭축적시간[35]은 10초 이상 60초 이내 10초 간격이다.

(3) 1차 수신시 예비표시신호인 지구표시장치 및 주경종을 작동시키며, 축적시간 종료 시점에도 화재신호가 계속 입력될 경우 즉, 2차 수신시 화재표시등 및 지구경종을 작동시킨다.

(4) 축적형 수신기에는 축적방식 감지기를 설치하지 않는 것이 원칙이다.

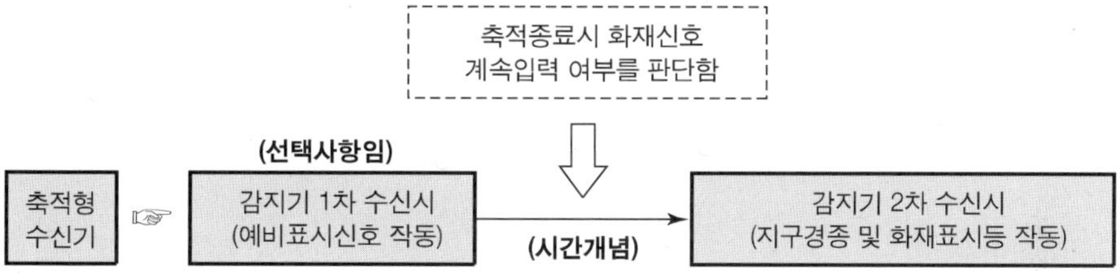

그림 1.46 ◦ 축적형 수신기 동작원리

3) 다신호식 수신기

(1) **화재신호 수신 후 바로 동작하지 않고 동일구역 내의 화재신호가 재수신 될 때 동작**

(2) 1차 수신시 예비표시신호인 지구표시장치 및 주경종을 작동시키며, 같은 경계구역의 감지기로부터 2차 수신시 화재표시등 및 지구경종을 작동시킨다.

(3) 같은 경계구역의 감지기란 같은 경계구역 내 설치된 다른 감지기 이거나 또는 동일한 다신호식 감지기의 두 번째 신호를 의미한다.

(4) 축적형 수신기와의 비교

① 차이점 – 축적형 수신기의 1차 수신시 작동상황은 선택사항이나 다신호식 수신기는 의무사항이며, 축적형 수신기의 2차 신호는 시간적 개념이나 다신호식 수신기는 공간적 개념이다.

② 공통점 – 축적형 수신기나 다신호식 수신기의 경우는 발신기 신호입력 시 축적기능이나 다신호 기능이 자동적으로 해제되고 즉시 화재표시등과 지구경종이 작동되어야 한다.

35) 공칭축적시간이란 축적시간을 10초 단위로 반올림한 것(ex, 33초는 공칭축적시간 30초이며, 36초는 40초가 된다.)

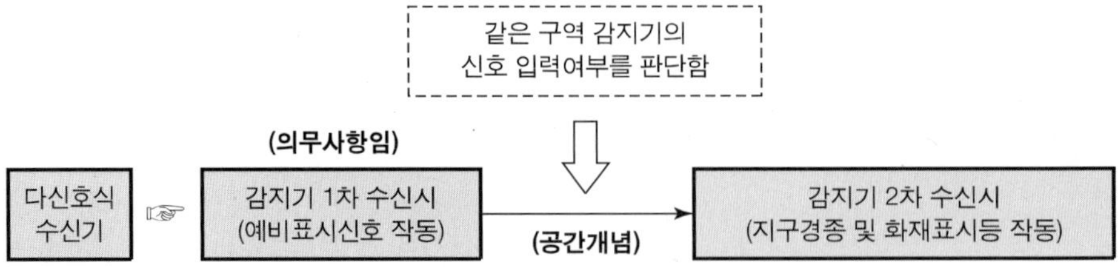

그림 1.47 • 다신호식 수신기 동작원리

4) 아날로그 수신기

(1) 감지기로부터 단순한 On/Off를 수신하는 것이 아니라 **지속적인 온도나 연기농도를 수신하여 입력신호량에 따라 단계별로 출력하는 수신기**

(2) 입력신호량에 따라 예비신호, 화재신호, 설비연동을 실행한다.

5) 복합형 수신기

(1) **일반수신기+제어기능**이 있는 수신기

(2) 일반수신기의 경보설비 기능 이외에 수신기의 입력신호와 연동하여 소화설비, 제연설비 등과 관련된 설비를 제어할 수 있는 제어기능이 있는 수신기

(3) 예를 들어, 스프링클러설비인 경우 다음의 회로에 제어기능이 있어야 한다.
[일.급.수.기.유]

① **일**제개방밸브를 사용하는 설비의 화재감지기 회로

② **급**수배관 개폐밸브의 폐쇄상태 확인 회로

③ **수**조 및 물올림탱크의 저수위 감시 회로

④ **기**동용 수압개폐장치의 압력스위치 회로

⑤ **유**수검지장치 또는 일제개방밸브의 압력스위치 회로

6) 인텔리전트 수신기

(1) **일반수신기+Network 기능**이 있는 수신기

(2) 다중전송에 의한 Addressing방식을 사용한 수신기

(3) 각각의 중계기, 감지기 등을 호출하여 데이터의 송수신을 반복한다.

4. 기능

1) P형 1급 수신기[주.예.수.발.화]

(1) **주**/예비전원 정전 및 복구시 자동절환 기능

(2) **예**비전원 양부시험[36] 기능

(3) **수**신기와 감지기와의 외부회로 도통시험 기능

(4) **발**신기와 전화연락장치 등을 가질 것

(5) **화**재표시등이나 각종 경종 작동시험 기능

2) P형 2급 수신기

P형 2급 발신기와 연결되어 응답램프와 전화연락장치가 없으므로 P형 1급 수신기의 기능 중에서 (3), (4) 기능이 삭제된다.

3) R형 수신기[주.예.수.고.화]

(1) **주**/예비전원 정전 및 복구시 자동절환 기능

(2) **예**비전원 양부시험 기능

(3) **수**신기와 감지기와의 외부회로 도통시험 기능

(4) 광전식 감지기의 광원 차단, 전력공급회로의 퓨즈 용단 시 **고**장신호장치가 있을 것

(5) **화**재표시등이나 각종 경종 작동시험 기능

5. R형 수신기의 특성

1) R형 수신기의 특징[수.길.이.신.화]

(1) 선로**수**가 적게 들어 경제적

(2) 선로**길**이를 길게 할 수 있음

(3) **이**설 및 증설이 비교적 용이함

(4) **신**호전달이 정확함

(5) **화**재발생지구를 문자 or 숫자로 선명하게 표시

36) 양부시험 기능－양호한지 부적합한지 판단하는 시험 기능

2) P형 수신기와 R형 수신기의 비교

구 분	P형	R형
시스템 구성		
신호전송방식	1:1접점방식	다중전송방식
신호전류	공통신호(전류신호, 접점신호)	고유신호(통신신호)
자기진단기능	×	○
선로수	多	小
유지관리	곤란	쉬움
화재표시	경계구역 표시	화재발생 위치 표시

3) R형 시스템의 통신방법

(1) 다중통신의 개념

① **P형**은 Local기기에서 수신기까지 **모두 실선 배선**

② **R형**은 **Local기기에서 중계기까지 실선 배선, 중계기에서 수신기까지는 2선의 신호선**을 사용하여 수많은 입출력 신호를 주고받게 된다.

③ 이와 같이 **2선의 신호선만을 사용하여 양방향 통신으로 수많은 입출력 신호를 고유신호로 변환하여 전송하는 방식을 다중통신**(Multiplexing communication)이라 한다.

④ 구성 방법

통신신호를 발신하는 주소형, 아날로그 감지기의 경우에는 R형 수신기와 직접 연결하며, 일반형 감지기와 발신기의 경우에는 공통신호(전류신호)를 고유신호(통신신호)로 변환시켜 줄 수 있는 신호변환장치인 중계기를 사용한다.

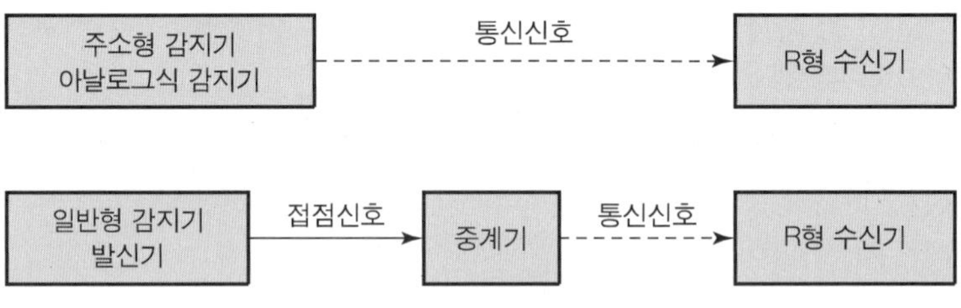

그림 1.48 • 다중통신의 구성방법

(2) 다중통신 방법

① 변조방식[37)]

가) **펄스코드변조 방식**(PCM; Pulse Code Modulation)

---

37) Local 기기에서 동작한 전류신호(접점신호)를 디지털 data인 통신신호로 신호를 바꾸어 주는 방식

㉠ 전류신호를 Pulse로 변조하여 전송하는데 **Pulse를 부호로 변조하는 방식**

㉡ 모든 Data(동작위치, 동작구역, 동작설비 등)를 '0'과 '1'의 **디지털 Data로 변환하여 8bit의 Pulse로 변환시켜 통신선로를 이용하는 송수신방식**

㉢ R형 시스템은 일반적으로 Noise를 최소화하고 경제성을 위해 이 방식을 적용한다.

나) 펄스진폭변조 방식(PAM; Pulse Amplitude Modulation)

㉠ 전류신호를 Pulse로 변조하여 전송하는데 **Pulse를 진폭으로 변조하는 방식**

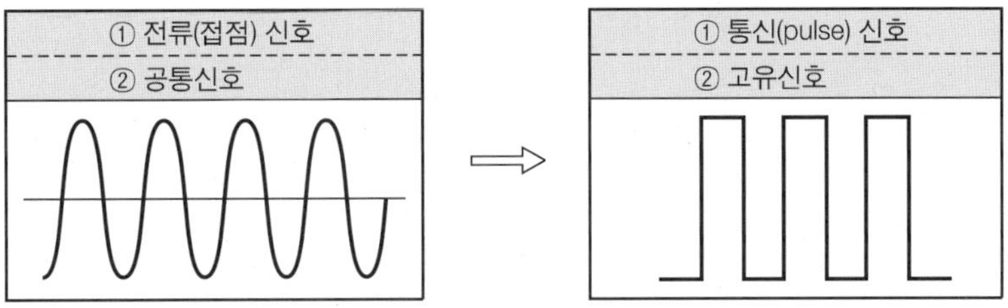

그림 1.49 ● 다중통신의 변조방식

② 전송방식[38]

가) **시분할 방식**(TDM; Time Division Multiplexing)

좁은 시간간격으로 Pulse를 분할하고 순서대로 시간차를 두어 중계기에 송수신하는 방식으로 PCM으로 변조한 경우에 일반적으로 많이 적용하는 전송방식이다. 다중신호는 Pulse 모양으로 끊어지게 나타나지만 Pulse의 1bit 시간이 짧아 시스템에서는 시간지연을 느낄 수 없어 실용상 문제가 없다.

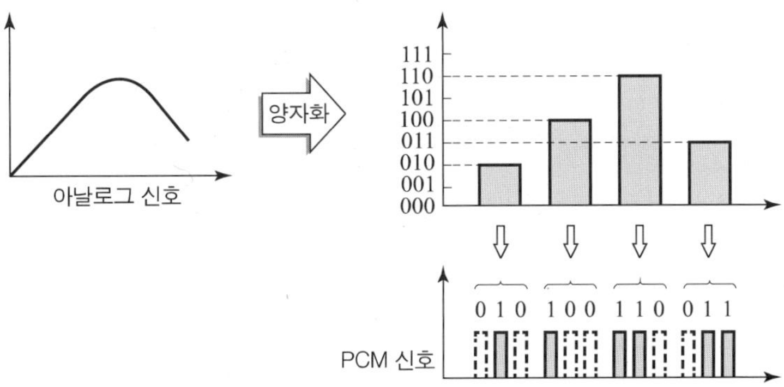

그림 1.50 ● 아날로그 신호에서 PCM 신호까지 변환과정

38) 수신기 1대가 여러 대의 중계기를 상대로 Data를 송수신할 때 신호가 중복되지 않고 시간지연 없이 송수신 하는 방법

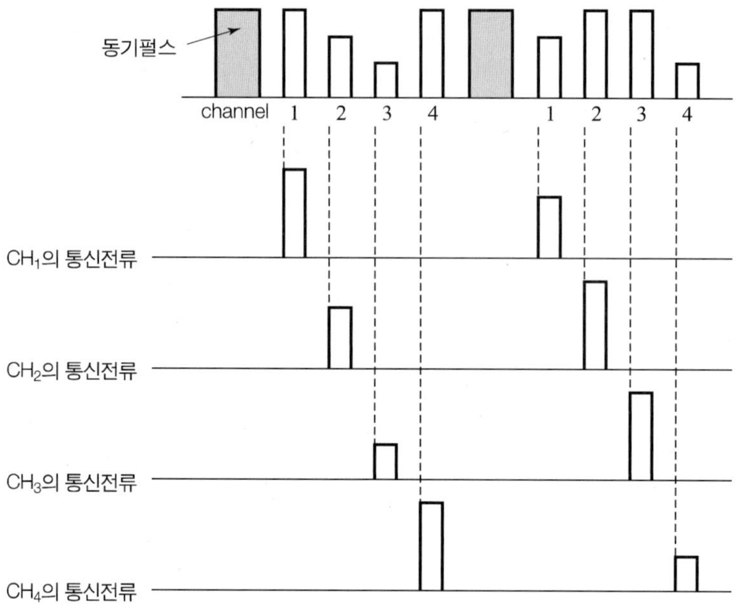

그림 1.51 ◦ 시분할 다중방식의 원리

나) 주파수분할 방식(FDM; Frequency Division Multiplexing)

여러 개의 서로 다른 신호를 각기 다른 주파수의 신호로 변환해서 하나의 전송로로 송신한 후 수신측에서 각기 필요한 주파수 대역만을 선별 수신하는 전송방식이다.

③ 신호처리 방식 – Polling Addressing 방식

가) Polling이란 수신기에서 특정한 중계기를 지정하여 수신기에서 정보를 송신하는 절차

나) 수신기에서 각 중계기를 Scanning하면서 전송할 data의 유무를 묻고 전송할 data가 있으면 전송을 허용하고, 없으면 다음 중계기로 넘어가는 방식

다) Polling이 가능하기 위해서는 중계기마다 고유한 주소를 가져야 하는데 이것이 Addressing이며 Addressing이란 번지를 지정한다는 의미이다.

라) 즉, Polling Addressing방식이란 '**번지를 지정하면서 Polling**'한다는 의미이다.

④ 신호선

가) Shield Cable(**정전유도방지**)–**내열성, 난연성 케이블 : 편단접지**

나) Twist Pair Cable(**전자유도방지**)

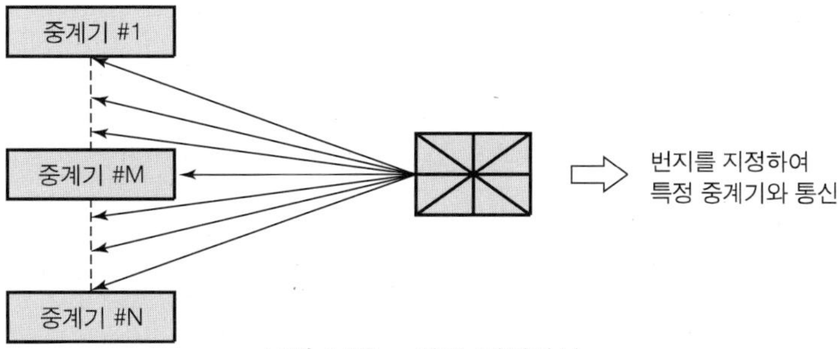

그림 1.52 • 번지 지정방식

6. 수신기 설치기준[조.수.설.음.경.종.하나.2.지]

1) **조**작 S/W는 바닥으로부터 0.8∼1.5m 이하인 장소에 설치할 것
2) **수**위실 등 사람이 상주하는 장소에 설치할 것. 만약, 상시 사람이 근무하는 장소가 없으면 관계인이 쉽게 접근할 수 있고 관리가 용이한 장소에 설치할 것
3) **설**치장소에는 경계구역 일람표를 비치할 것
4) **음**향 기구는 타 기기의 음향 등과 구분될 것
5) 감지기, 중계기, 발신기가 작동하는 **경**계구역을 표시할 수 있을 것
6) **종**합방재반 설치 시 수신기와 연계하여 경계구역을 표시할 수 있을 것
7) **하나**의 경계구역은 하나의 표시등 또는 문자로 표시되도록 할 것
8) 하나의 소방대상물에 **2** 이상의 수신기 설치 시 각 수신기마다 화재발생 상황을 확인 가능할 것[ex. 하나의 건축물에 다중이용업소 중 영상음향차단장치가 설치된 영업장(PC방, 노래연습장, 단란주점, 유흥주점, 게임제공업 등)이 입점하는 경우에는 해당 영업소에 자동화재탐지설비용 수신기를 별도로 설치[39]]
9) 하나의 층에 **지**구음향장치 배선 단락시 다른 층의 화재통보에 지장이 없도록 할 것 <2022.5.9. 신설>

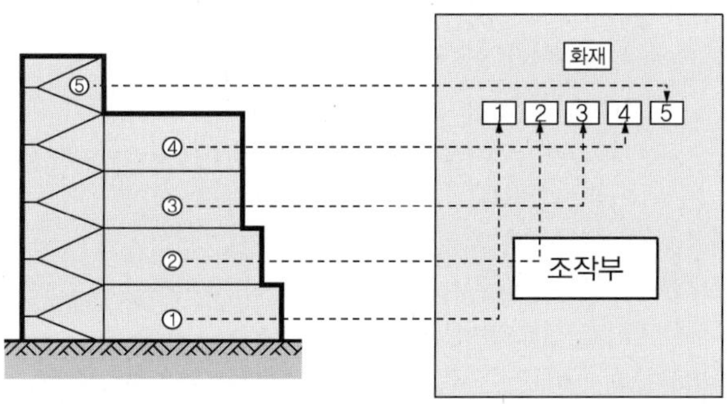

그림 1.53 • 수신기의 경계구역 일람도 예

39) 「다중이용업소의 안전관리에 관한 특별법 시행규칙」 별표 2. 안전시설등의 설치·유지기준(2015.1.7. 개정)

7. 구조 및 작동상태

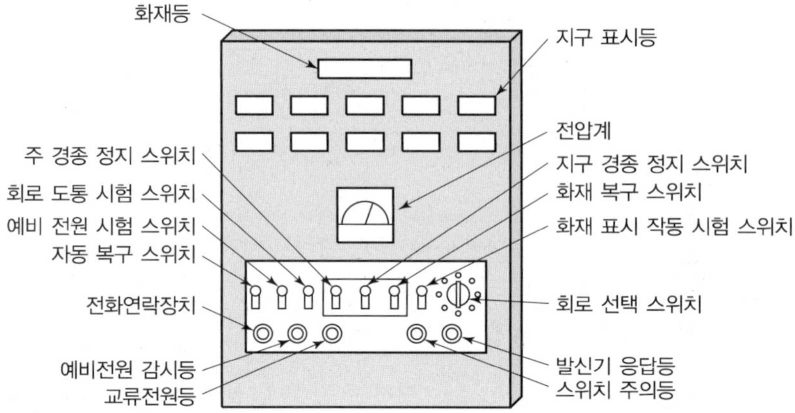

그림 1.54 ◦ P형 1급 수신기(10회로용)

1) 수신기의 구조

구조 및 부품	기능 설명
화재등	수신기의 전면 상단에 설치된 것으로 화재가 발생 되었을 경우, 적색으로 표시되며 경계구역 구분 없이 지구표시등과 함께 점등된다.
지구표시등	화재 신호가 발생된 각 경계구역을 나타내는 표시등으로서, 창구식과 지도판식이 있다.
전압계	수신기의 공급전압(정류전원)을 표시한다(전압계가 있는 경우임).
발신기 응답등	수신기에 수신된 화재신호가 발신기의 조작에 의한 신호인지, 감지기의 작동에 의한 신호인지의 여부를 식별해 주는 표시장치로서, 이 표시등이 점등되면 해당구역의 발신기의 누름버튼이 눌려진 상태이다.
스위치 주의등	각 조작스위치가 정상위치에 있지 않을 시 점멸·점등을 반복한다. 즉, 시험 중 시험을 종료한 후 또는 평상시 스위치를 정상위치에 놓지 않았을 시 스위치 주의등이 깜박거려서 스위치가 정상위치에 있지 않음을 알려준다.
교류 전원등	수신기에 전원이 정상적으로 공급되고 있음을 나타내며 상시 점등상태가 유지되어야 한다.
예비전원 감시등	예비전원을 감지하는 표시장치로서, 수신기 내부에는 정전시에도 수신기의 기능을 정상적으로 유지할 수 있도록 예비전원이 설치되어있는데 적색등이 점등되어있으면 예비전원이 충전되지 않았거나 단선된 상태이다.
도통 시험등	수신기와 발신기, 감지기간의 선로 도통상태를 검사하는 도통시험에서 해당회로의 불량(적색등 점등)과 정상(녹색등 점등)여부를 쉽게 판별할 수 있는 표시등이다(전압계가 없는 경우임).
주경종 정지스위치	수신기 옆 또는 내부에 있는 주경종의 명동을 정지할 때 사용한다.
지구경종 정지스위치	지구경종은 자동화재탐지설비의 건물내 곳곳에 설치되는 음향장치로 화재 발생시 자동적으로 울려 화재발생을 건물내의 거주자에게 알려주는 역할을

구조 및 부품	기능 설명
	한다. 화재발생시 또는 동작시험시 지구경종정지 스위치를 누르면 현장에는 경종이 울리지 않는다. 즉 지구경종의 명동을 정지할 때 사용하는 스위치이다.
회로도통 시험스위치	회로도통 시험스위치를 누르고 회로 선택스위치를 회전시켜, 선택된 회로의 결선상태를 확인할 때 사용한다.
예비전원 시험스위치	예비전원의 배터리 충전상태 점검시 사용한다.
자동복구스위치	스위치가 시험위치에 놓여 있을 때 감지기의 복구에 따라 수신기의 동작상태가 자동복구 되어진다.
전화연락장치	발신기의 상단에 부착된 전화잭에 송수화기 플러그를 삽입하면 수신기 내부의 부저가 명동하고, 이때 수신기에 부착된 전화잭에 송수화기 플러그를 삽입하면 수신기의 부저는 정지하고, 발신자와 통화가 가능하다(화재시와 무관하게 통화 가능함).
화재복구스위치	수신기의 동작상태를 정상으로 복구할 때 사용된다. 지구회로의 단락 또는 감지기, 발신기가 계속 동작중일 경우는 복구되지 않는다.
동작시험스위치	수신기에 화재신호를 수동으로 입력하여 수신기가 정상적으로 동작되는지를 점검하는 시험스위치로서, 동작시험시에는 1회선마다 복구하면서 모든 회선을 시험한다.
회로선택스위치	스위치 주위에 회로번호가 표시되어 있으며, 동작시험이나 회로도통시험을 실시할 때 필요한 회로를 선택하기 위하여 사용하는 스위치이다.

2) 수신기의 상태

(1) 평상시

① 동작 – 교류전원등, 전압계(DC 24V 가리킴)

② 부동작 – 화재표시등, 지구표시등, 발신기 응답등, 스위치 주의등, 직류전원등

(2) 화재시

① 화재표시등 점등, 지구표시등 점등, 주경종 명동, 지구경종 명동 등

② 발신기 응답등이 점등된 경우에는 감지기 작동이 아닌 현장의 발신기를 수동으로 동작시킨 경우임

(3) 스위치 주의등 점멸 원인[40)]

① 주경종 정지 스위치 ON시

② 지구경종 정지 스위치 ON시

③ 도통시험 스위치 ON시

④ 자동복구 스위치 ON시

---

40) 예비전원 시험 스위치, 시험복구 스위치 작동시에는 스위치 주의등이 점멸하지 않는다.

8. 수신기 시험 방법[도.화.지.에(그려보자).공.동.회.비.절.전(방안)]

1) 수신기 시험(점검) 시 주의사항

(1) 수신기 시험 사전 조치사항

① 주경종, 지구경종, 사이렌, 비상방송 등 정지
(주경종은 단자대에서 배선을 빼서 절연 테이프로 절연시키고 지구경종, 사이렌, 비상방송은 스위치를 눌러 정지시킴)

② 유도등, 방화셔터, 자동소화설비(S/P. 가스계), 제연설비 등 연동설비를 정지

③ 빠른 진행을 위해 축적기능 또는 오동작 방지기를 비축적 상태로 전환
(축적/비축적 스위치를 누름)

(2) 수신기 시험 사후 조치사항

① 모든 스위치는 조작 후 정상상태로 복귀시킴
(스위치의 LED가 점멸 시에는 정지 또는 시험위치 상태임)

2) 수신기 시험 방법

종 류	목 적	시험방법	판정기준
회로**도**통시험	감지기회로의 단선유무 및 기기 등의 접속상황 확인	① 회로도통시험 S/W 누름 (시험위치에 놓음) ② 회로선택 S/W를 1회로씩 차례로 회전시킴 • 전압계의 지시사항 또는 LED의 점등상태 확인 • 종단저항 등의 접속상황 확인 ③ 회로도통시험이 끝나면 회로선택 S/W를 원상태(정상위치 또는 0의 위치)로 복구 ④ 회로도통시험 S/W를 다시 한 번 더 눌러 정상상태로 복구시킴	① 전압계의 지시사항 • 전압계 지시가 **녹색**이면 **정상(2~6V)** • 전압계 지시가 **적색**이면 **단락** • 전압계 지시가 '**0**'이면 **단선** ② LED의 점등상태 정상 또는 단선의 점등상태 확인
동작(**화**재표시작동)시험	감지기 또는 발신기 작동 시 수신기의 당해 지구표시등 점등 및 화재 표시등의 점등, 그리고 주경종, 지구경종의 음향장치 명동 확인	① 동작(화재표시작동)시험 S/W 누름 ② 자동복구 S/W 누름 ③ 회로선택 S/W를 1회로씩 차례로 회전시킴 ④ 동작시험이 끝나면 회로선택 S/W를 원상태로 복구	① 각 경계구역별 지구표시등 및 화재표시등 점등 ② 지구경종, 주경종의 명동 확인 ③ 계전기의 자기유지 기능의 정상일 것

종 류	목 적	시험방법	판정기준
		⑤ 자동복구 S/W, 동작시험 S/W를 다시 한 번 더 눌러 정상상태로 복구시킴	
지구음향장치 작동시험	임의 감지기와 연동하여 당해 지구음향장치의 정상작동 여부 확인	임의의 감지기 or 발신기를 작동시킴	당해 지구음향장치가 정상 작동될 것 음향장치 중심에서 1m 떨어진 위치에서 90dB 이상일 것
예비전원시험	상용, 비상전원 정전 시 예비전원으로 자동절환되고 정전복구 시 상용전원으로의 자동절환 여부 확인	① 교류전원등이 점등상태인지, 예비전원 감시등이 소등상태인지 확인 (만약, 예비전원 감시등이 점등되어 있다면 현재 충전이 안 되고 있다는 것을 의미) ② 예비전원 감시등이 점멸되고 있지 않다면 예비전원 시험 S/W를 눌러 교류전원을 차단하고(교류전원등 소등) DC 24V가 공급되는지 확인(DC 24V 정상 LED 점등) ③ 자동절환 릴레이의 작동상황 확인	① DC 24V 정상 LED가 점등되면 정상 ② DC 20V 낮음 LED가 점등되면 예비전원 수명이 다 되었거나 충전장치에 이상이 있음 ③ 자동절환 및 복구 작동이 정상일 것
공통선시험[1] (경계구역 7회로 이상)	공통선이 담당하고 있는 경계구역수의 적정여부 확인	① 수신기 내의 접속단자 공통선을 1선 제거한다. ② 회로선택스위치를 차례로 회전시킴 ③ 시험용 계기(전압계 또는 LED)의 지시등이 '단선'을 지시한 경계구역의 회선수 조사	하나의 공통선이 담당하고 있는 경계구역의 수가 7 이하 일 것
동시작동시험[2] (경계구역 2회로 이상)	감지기 수회선 동시 작동 시 수신기의 기능 이상 유무 확인	① 화재표시작동시험스위치를 시험 위치에 놓음 ② 5회선(5회선 미만은 전회선)을 동시에 작동시킴 ③ 주음향장치 및 지구음향장치를 명동시킴	수신기, 부수신기, 표시장치, 음향장치 등의 기능이 정상일 것
회로저항시험	감지기 1회선의 선로 저항값을 확인	① 저항계를 사용하여 공통선과 표시선 사이의 전로저항 측정 ② 개로식인 경우 회로의 말단을 도통 상태로 하여 측정	감지기 1회선의 합성저항치가 50Ω 이하일 것

<table>
<tr><th>종 류</th><th>목 적</th><th>시험방법</th><th>판정기준</th></tr>
<tr><td>비상전원시험</td><td>상용전원 정전시 비상전원으로 자동절환 되고
정전복구 시 상용전원으로 자동절환 여부 확인</td><td>① 축전지설비에 한하여 시행
② 충전용 전원을 개로하고 전압계 지시 값의 적정여부 확인
③ 화재표시작동시험에 준하여 실행</td><td>정격전압의 80% 이상 일 것
절환상황 및 복구 작동이 정상일 것</td></tr>
<tr><td>절연저항시험</td><td>선로의 절연상태 확인</td><td>① DC 250V Megger 사용하여 측정
② 기기부착 전 – 배선 상호간, 기기부착 후 – 배선과 대지 사이</td><td><table><tr><th>대지전압(V)</th><th>150 이하</th><th>300 이하</th><th>400 미만</th><th>400 이상</th></tr><tr><td>절연저항(MΩ)</td><td>0.1 이상</td><td>0.2 이상</td><td>0.3 이상</td><td>0.4 이상</td></tr></table></td></tr>
<tr><td>저전압시험</td><td>저전압 상태에서 정상동작 여부 확인</td><td>① 교류전원 전압을 정격 전압의 80% 이하로 할 것
② 축전지설비는 축전지 단자를 절환하여 80% 이하로 할 것
③ 화재표시작동시험에 준하여 실행</td><td>화재신호를 정상적으로 수신할 수 있을 것</td></tr>
</table>

주 1) 공통선시험은 7회선 이하는 제외한다.
2) 동시작동시험은 1회선의 것은 제외한다.

9. 수신기 기록장치

1) 기록장치는 **999개 이상의 데이터**를 **저장**할 수 있어야 하며, 용량이 초과할 경우 가장 **오래된 데이터부터 자동**으로 **삭제**된다.
2) 수신기는 **임의로 데이터의 수정이나 삭제를 방지할 수 있는 기능**이 있어야 한다.
3) 저장된 데이터는 수신기에서 확인할 수 있어야 하며, **복사 및 출력도 가능**하여야 한다.
4) 수신기의 **기록장치에 저장하여야 하는 데이터**는 다음과 같으며 이 경우 데이터의 발생시각이 표시되어야 한다.
   (1) **주전원과 예비전원의 On/Off 상태**
   (2) 경계구역의 감지기, 중계기 및 발신기 등의 **화재신호**와 소화설비, 소화활동설비, 소화용수설비의 **작동신호**
   (3) 수신기와 **외부배선**(지구음향장치용, 전화장치용, 확인장치용 배선 제외)**과의 단선 상태**
   (4) 수신기에서 **제어하는 설비로의 출력신호**와 수신기에 설비의 **작동 확인표시가 있는 경우 확인신호**
   (5) 수신기의 주경종스위치, 지구경종스위치, 복구스위치 등 수신기의 제어기능을 조작하기 위한 **스위치의 정지 상태**
   (6) **가스누설신호**(단, 가스누설신호표시가 있는 경우에 한함)
   (7) **무선식 감지기, 무선식 발신기, 무선식 중계기에서 발신 개시**되어 200초 이내에 표시등 및 음향으로 경보하는 신호(신설 2017.12.6.)
   (8) 무선식 감지기, 무선식 발신기, 무선식 중계기에서 통신점검시험 시(확인신호를 수신하는 시간은 200초 이내이어야 하며, 초과 시 표시등 및 음향으로 경보해야 함) **확인신호를 수신하지 못한 내역**(신설 2017.12.6.)

10. 다이오드 매트릭스를 사용한 수신기의 경계구역 표시방법

세그먼트 구성 1

숫자	0	1	2	3	4	5	6	7	8	9
세그먼트	0	1	2	3	4	5	6	7	8	9

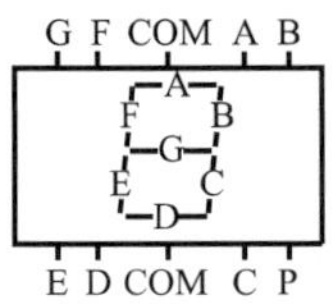

▌디스플레이▌

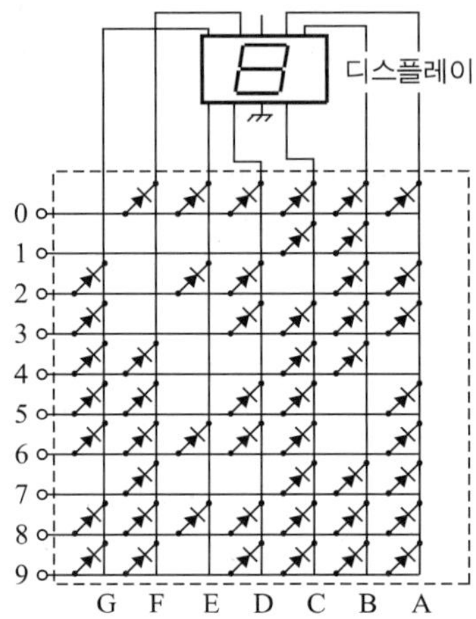

▌세그먼트 구성 1▌

세그먼트 구성 2

숫자	0	1	2	3	4	5	6	7	8	9
세그먼트	0	1	2	3	4	5	6	7	8	9

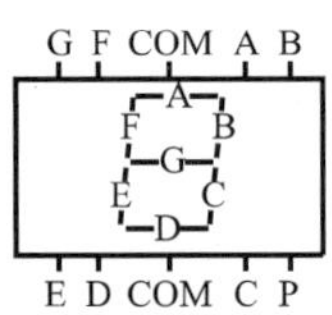

▌디스플레이▌

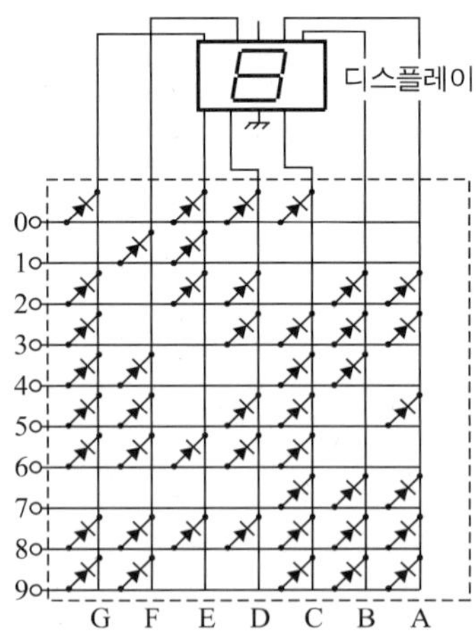

▌세그먼트 구성 2▌

11. 인텔리전트(Intelligent)형 수신기

1) 개요

1) 인텔리전트 수신기는 각각의 중계기 및 아날로그 감지기를 차례로 호출하여 데이터의 송수신을 반복하는 **다중전송에 의한 Addressing 방식을 채용한 수신기**를 말한다.
2) 공통회선에 여러 개의 센서를 접속하고 그 센서들을 개별적으로 호출하여 검출한 데이터를 수신기가 수집하여 수신기에 내장된 컴퓨터의 연산기능에 의해서 화재여부를 판단
3) Noise 영향을 받지 않으므로 신뢰도가 향상되고 비화재보를 획기적으로 줄임
4) 타 시스템과의 연계를 위해 사용(Network 기능이 포함됨)

2) 특징

1) **Microprocess와 Multiplexing방식**을 응용한 수신기
2) **다중전송에 의한 Addressing방식**을 사용한 수신기
3) **2연속 조합방식**-2회 연속 송신되었을 때 수신 처리
4) **Polling Addressing 방식**
5) 검출기능은 감지기가 판단기능은 수신기가 담당(아날로그형과 동일)

3) 인텔리전트 수신기의 기능[감.자.집.단.축.방.정.화.P.N]

1) **감**도조정 기능
2) **자**체진단 기능-단선, 단락, 고장, 이상시 자동검출
3) **집**중감시 기능-모든 상태를 한눈에 볼 수 있는 기능
4) **단**계별 출력 기능-예비경보, 화재경보, 설비연동 기능
5) **축**적부가 기능-비화재보 방지
6) **방**재설비의 감시 및 제어, 효율적인 운영관리
7) **정**보처리의 고속화 및 일원화
8) **화**재발생구역의 상호 기록 기능
9) Peer to Peer, Stand Alone 기능
10) Network 기능-Local 수신기를 설치하고 방재센터의 수신기와 Network로 연결하여 화재 감시제어

4) Peer to Peer와 Stand Alone 기능

(1) 개요

① Intelligent System은 통신선을 통한 **Network 기능**으로 인하여 시스템의 확장이 가능한 장점이 있어 대단위 공장·빌딩 등에서 사용하는데, Network로 연결된 수신기의 통신이 두절된 경우에도 독립적으로 작동하여야만 신뢰도가 높아진다.

② Network로 연결된 수신기는 독립형이면서 Isolate 기능을 가지고 있어, 동시에 통신망을 이용 다른 시스템과 상호 연결하여 사용함으로써 정보를 공유하고 있는데 이를 '**수신기 상호간 Peer to Peer의 관계를 가지면서 Stand Alone 기능이 있다.**'라고 한다.

(2) Peer to Peer 기능

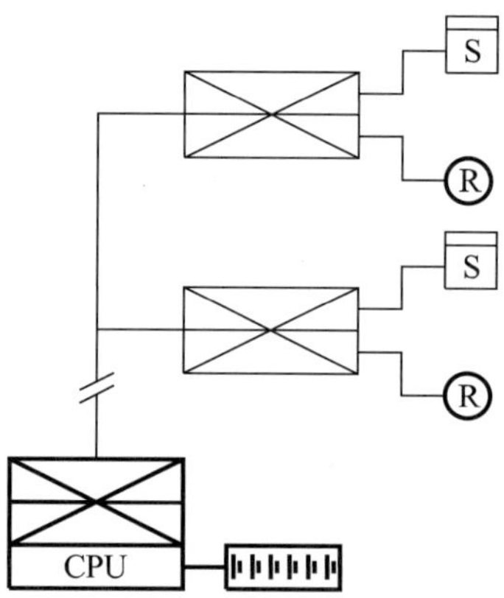

그림 1.55 • Master-Slave

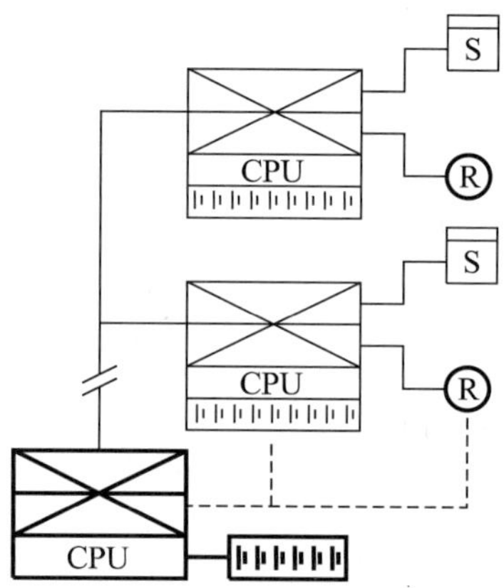

그림 1.56 • Peer to Peer

① Network로 연결된 수신기의 통신은 **Master Slave 형**과 **Peer to Peer 형**이 있다.

② Master Slave 관계란 Master와 Slave로 구성된 시스템에서 Master 수신기가 Slave 수신기의 입력 및 출력을 통제하는 시스템이다. 따라서 Network로 연결된 Master 수신기가 고장 나면 전체 시스템이 다운된다.

③ Peer to Peer 관계란 **Network로 연결된 수신기가 상호 대등한 관계**로 각각의 수신기에서 입출력을 제어하는 시스템이다. 각각의 수신기는 Stand Alone 기능을 가지고 있어 방재센터의 Main 수신기에서 고장이 발생해도 지역 수신기의 기능에 영향이 없는 Network 구성이 된다.

④ 일반적으로 Intelligent System은 모든 수신기가 독립적인 상태에서 모든 신호를 상호적으로 주고받을 수 있기 때문에 Master Slave의 개념보다 Peer to Peer 기능을 가지고 있다.

(3) Stand Alone 기능

① Intelligent System은 Master의 도움 없이 대부분 독립형이면서 동시에 여러 통신망을 이용하여 다른 시스템과 상호 연결하여 사용함으로써 정보도 공유하는데 Isolate 기능을 가지고 있어 가능하다.

② Network로 연결된 수신기의 통신이 두절된 경우에도 수신기 자체가 CPU와 전원공급 장치를 갖고 있어 독립적으로 관할 지역의 감시제어를 계속 수행할 수 있는 기능을 Stand Alone 기능이라 한다.

③ **Intelligent System은 Stand Alone 기능을 가지면서 모든 신호를 상호적으로 주고받는 Peer to Peer 기능을 가지고 있다.**

14 자동화재탐지설비의 음향장치

1. 개요

1) 화재발생을 경보하는 방법으로 **경종(벨)** 또는 **사이렌** 등이 있으며 주로 경종이 많이 사용된다.
2) 자동화재탐지설비의 음향장치에는 수신기 내부 또는 그 직근에 설치하는 **주음향장치**와 소방대상물의 각 구역에 설치하는 **지구음향장치** 등의 2 종류가 있다.

2. 설치기준(NFPC 203 제8조 제1항, NFTC 203 2.5.1)[주.지.우.정.감.음]

1) **주**음향장치는 **수신기 내부 또는 그 직근**에 설치할 것
2) **지**구음향장치는 **소방대상물의 층**마다 설치하되, 음향장치까지의 **수평거리는 25m 이하**. 다만 비상방송설비를 자동화재탐지설비의 감지기와 연동할 때에는 지구음향장치 생략 가능

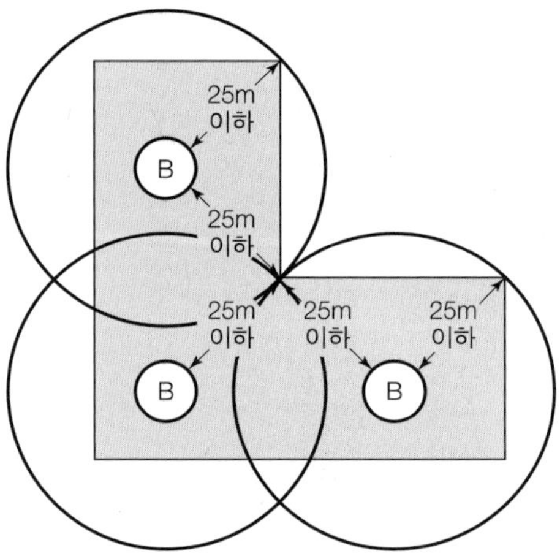

그림 1.57 • 음향장치 수평거리

3) **우**선경보방식

① 5층 이상 & 연면적 3,000 m^2 초과 → **11층(공동주택 16층) 이상** 특정소방대상물 <2022.5.9. 개정, 2023.2.10. 시행>

발화층	경보층(개정 전)	경보층(개정 후)
2층 이상	발화층, 직상층	발화층, 직상 4개층
1층	발화층, 직상층, 지하층	발화층, 직상 4개층, 지하층
지하층	발화층, 직상층, 기타 지하층	발화층, 직상층, 기타 지하층

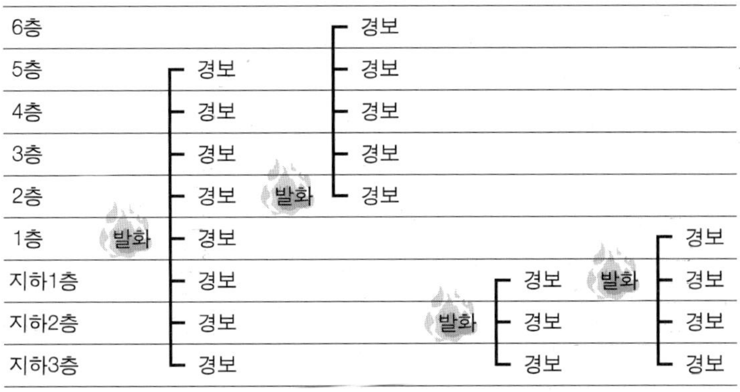

② 고층건축물(30층 이상이거나 높이 120m 이상인 건축물)[41]

발화층	경보층
2층 이상	발화층, 직상 4개층
1층	발화층, 직상 4개층, 지하층
지하층	발화층, 직상층, 기타 지하층

4) **정**격전압의 **80% 전압**에서 음향을 발할 수 있을 것. 다만, 건전지를 주전원으로 사용하는 음향장치는 그러하지 아니하다.[42]

5) **감**지기 및 발신기의 작동과 연동하여 작동할 수 있을 것

6) **음**량은 음향장치의 중심으로부터 1m 떨어진 위치에서 90dB[43] **이상**일 것

3. 경종의 형식승인 및 제품검사의 기술기준

1) 정격전압을 인가한 경우 **음압**은 무향실 내에서 부착된 경종의 중심으로부터 1m 떨어진 위치에서 90dB 이상일 것

2) 정격전압을 인가한 경우 **소비전류**는 50mA 이하이어야 한다.

3) 정격전압의 **±20% 범위**에서 음향을 정상 발하여야 한다.

4) 절연저항은 절연단자간, 단자와 외함간 DC 500V의 Megger로 측정 시 20MΩ **이상**이어야 한다.

5) 단자와 외함간의 절연내력은 **실효전압** 500V의 교류전압을 가하는 시험에서 **1분**간 견디어야 한다.

---

41) 자동화재탐지설비 및 시각경보장치의 화재안전기준(NFSC 203) 제8조 제1항 제2의2호에 2012.2.15 설치하도록 개정되었으나 고층건축물의 화재안전성을 강화하기 위해 NFSC 203에서는 삭제되고 고층건축물의 화재안전기술기준(NFTC 604) 2.4.2로 제정됨(2013.6.11. 제정)(2022.12.1. 재개정).

42) 무선식 음향장치는 '정격전압의 80% 전압에서 음향을 발할 수 있는 것'에서 제외(2019.5.24. 제정).

43) 데시벨(dB)은 음의 강도로 음압을 나타내고 폰(Phone)은 소음의 강도로 음량을 나타낸다. 따라서 음량은 음압으로 수정필요

15 자동화재탐지설비의 배선

1. 설치기준(NFPC 203 제11조, NFTC 203 2.8)

1) **전원회로의 배선**은 **내화배선**에 의하고 **그 밖의 배선**은 **내화배선 또는 내열배선**에 따라 설치할 것

2) **감지기 상호간** 또는 **감지기로부터 수신기에 이르는 감지기 회로배선**은 다음 각 항목의 기준에 따라 설치할 것

(1) 아날로그방식, 다신호방식 감지기나 R형 수신기용으로 사용되는 것은 실드선 등을 사용하여야 하며, 광케이블의 경우에는 전자파 방해를 받지 아니하고 내열성능이 있는 경우 사용할 수 있다. 다만, 전자파 방해를 받지 아니하는 방식의 경우에는 그러하지 않다(2015.1.23 개정).

(2) (1)항을 제외한 경우에는 내화배선 또는 내열배선으로 사용할 것

구 분		배선[44] 종류	비 고
전원 회로		내화배선	
감지기 회로	아날로그방식, 다신호방식 감지기, R형 수신기용	차폐배선(실드선) 내열성능이 있는 광케이블[45]	전자파 방해를 받지 않는 제품은 사용 가능[46]
	감지기 상호간	내화배선 또는 내열배선	IV전선 사용하지 못함[47]
	기타	내화배선 또는 내열배선	
그 밖의 회로		내화배선 또는 내열배선	

3) 감지기회로의 도통시험을 위한 **종단저항**은 다음 기준을 따를 것[48]

(1) **점검 및 관리가 쉬운 장소**에 설치할 것

(2) 전용함에 설치하는 경우 그 설치높이는 바닥으로부터 1.5m 이내일 것

(3) 감지기 회로의 **끝**부분에 설치할 것. 종단 감지기에 설치할 경우에는 구별이 쉽도록 해당 감지기 기판 및 감지기 외부에 별도의 표시를 할 것 (2013.6.10 개정)

4) 감지기 사이의 회로배선은 **송배전식**[49]으로 할 것

---

44) 배선 – 전력을 쓰기 위하여, 전선을 끌어 장치하거나 여러 가지 전기장치를 전선(전류를 흘릴 수 있는 도체로 쓰는 선)으로 연결하는 일

45) 배선에 내열성능을 확보하도록 하고 최신 IT기술이 발전함에 따라 광케이블을 사용할 수 있도록 함.

46) 실드선, 내열성능이 있는 광케이블을 제외한 제품 중 전자파 방해를 받지 않는 전선이나 케이블은 사용 가능하다는 의미임.

47) 감지기와 감지기 사이의 배선으로 사용할 수 있었던 600V 비닐절연전선(IV)은 제품의 생산여부가 불명확하고 소방시설의 안전성 확보를 위해 더 이상 사용할 수 없다(2015.1.23 개정).

48) 도통시험을 위한 종단저항은 감지기 회로의 끝부분인 발신기함 내에 일반적으로는 설치한다. 만약 발신기함 내에 설치되지 않는 경우에는 전용함을 설치하여야 한다. 또한, 아날로그방식 감지기, 주소형 감지기, 도통시험 기능이 내장된 수신기의 같이 기능상 필요하지 않을 경우에는 도통시험을 위한 종단저항을 설치하지 않을 수 있다.

49) 보내기 방식으로 송배전이 아닌 송배선 방식이 맞는 표기이다.

5) 전원회로의 전로와 대지사이 및 배선상호간의 절연저항은 전기설비기술기준에 따르며 감지기회로 및 부속회로의 전로와 대지사이 및 배선상호간의 절연저항은 1경계구역마다 **DC 250V Megger로 측정시 0.1MΩ 이상** 되도록 할 것

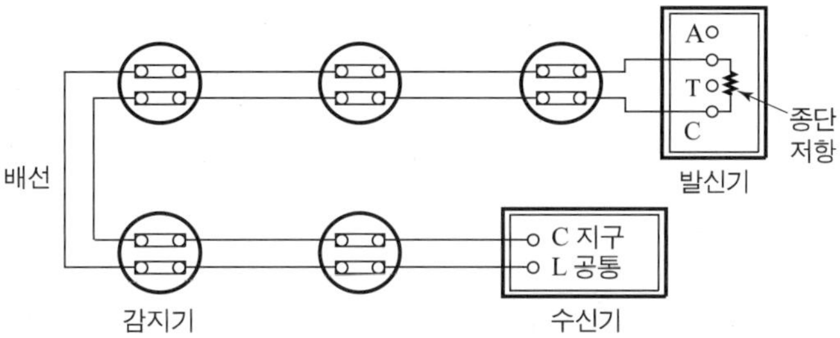

그림 1.58 • 종단저항 설치위치

6) 자동화재탐지설비의 배선은 다른 전선과 별도의 관, 덕트, 몰드 또는 풀박스에 설치할 것

7) P형, GP형 수신기 사용 시 하나의 공통선에 접속할 수 있는 **경계구역은 7개 이하**로 할 것

8) 감지기 회로의 **전로저항**은 **50Ω 이하**이어야 한다.

> **참고사항**
>
> ▶ 50층 이상 건축물 통신 · 신호 배선(NFTC 604 2.4.3)
> - 통신 · 신호 배선은 **이중배선**으로 설치
> - **단선**시에도 **고장표시**가 되며 **정상작동** 될 것
> - 수신기와 수신기 사이의 통신배선
> - 수신기와 중계기 사이의 신호배선
> - 수신기와 감지기 사이의 신호배선

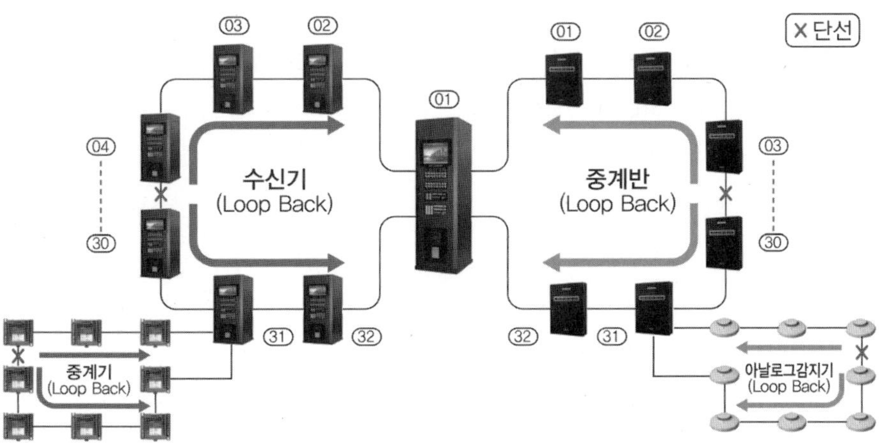

그림 1.59 • 수신기와 수신기, 수신기와 중계기 사이의 이중화

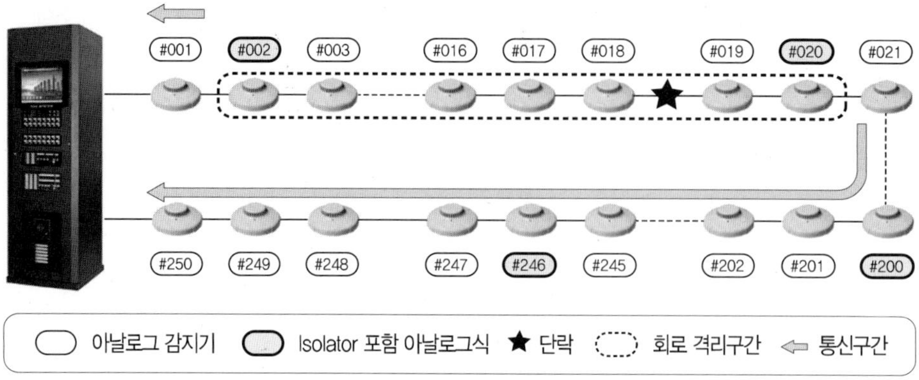

그림 1.60 • 수신기와 감지기 사이의 이중화

2. 감지기의 배선방식

1) 개요

(1) 감지기 배선방식은 국가 화재안전성능,기술기준(**NFPC 203 제11조 제4항**, NFTC 203 2.8.1.4)에 감지기 사이의 회로의 배선은 **송배전(선)식**으로 할 것으로 명명되어 있다.

(2) 또한, **교차회로방식**은 소화설비의 기동용 장치에 이용되는 **자동화재탐지설비의 오동작**을 **방지**하기 위한 방식으로 사용한다.

2) 국내의 감지기 배선

(1) 송배선방식

① 자동화재 탐지설비 화재안전기준 제11조 4항–감지기 사이의 회로의 배선은 송배전식으로 할 것

② 수신기에서 2차측 외부배선의 **도통시험을 용이하게 하기 위해 배선의 도중에서 분기하지 않도록 하는 배선방식**(Loop–2회선, Tree–4회선)

③ 일명 **보내기방식**이라 한다.

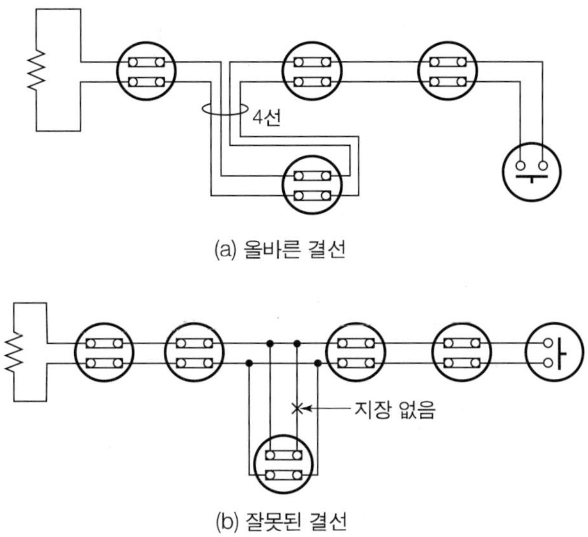

그림 1.61 ◦ 송배선방식

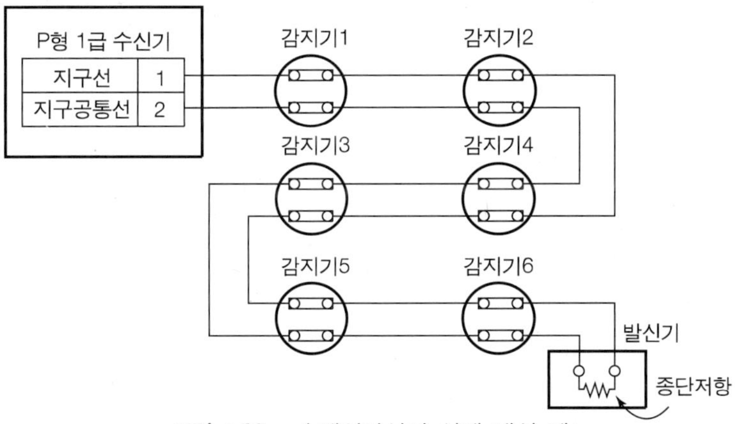

그림 1.62 ◦ 송배선방식의 실제 배선 예

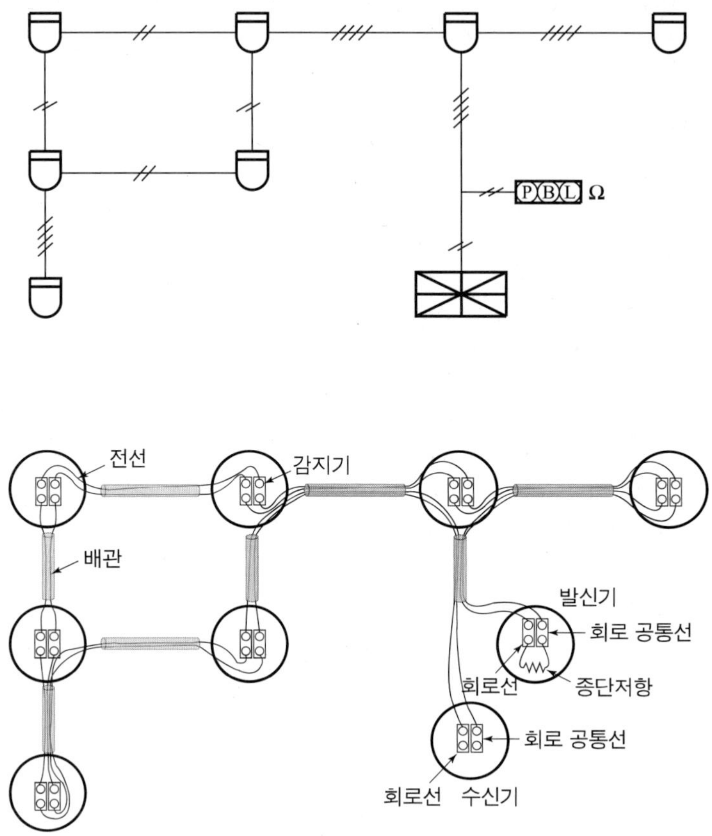

그림 1.63 • 송배선방식 평면도와 실제 배선도 1

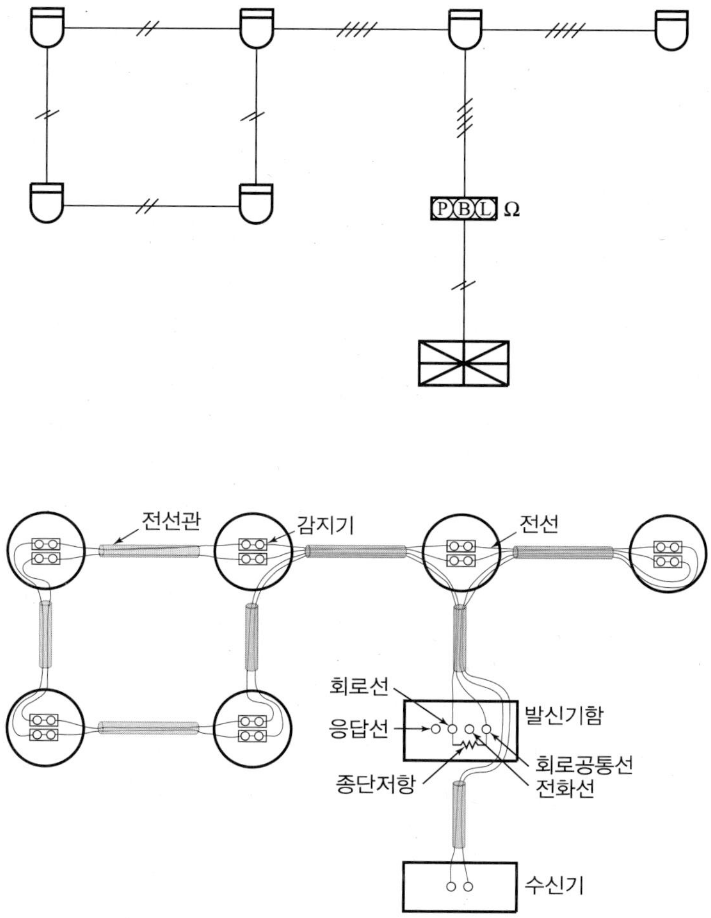

그림 1.64 ∘ 송배선방식 평면도와 실제 배선도 2

(2) 교차회로방식

① 교차회로방식은 소화설비의 기동용 장치에 이용되는 자동화재탐지설비의 오동작을 방지하도록 설치하기 때문에 일명 **X배선방식(가위배선 방식)**이라고도 한다.

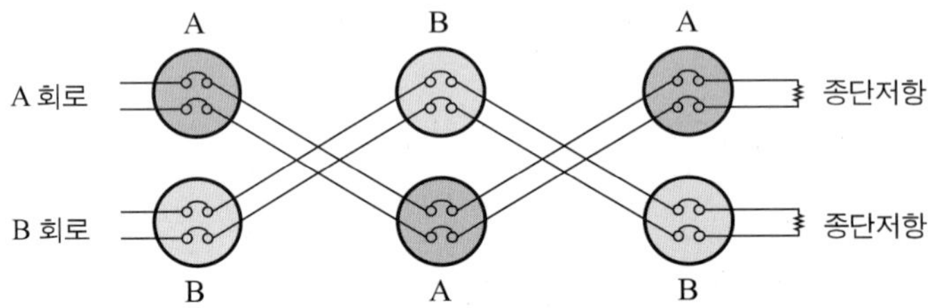

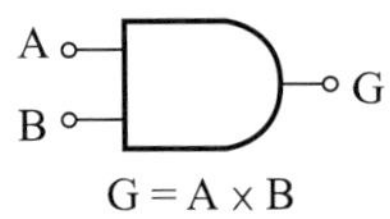

A회로	B회로	화재출력
0	0	0
0	1	0
1	0	0
1	1	1

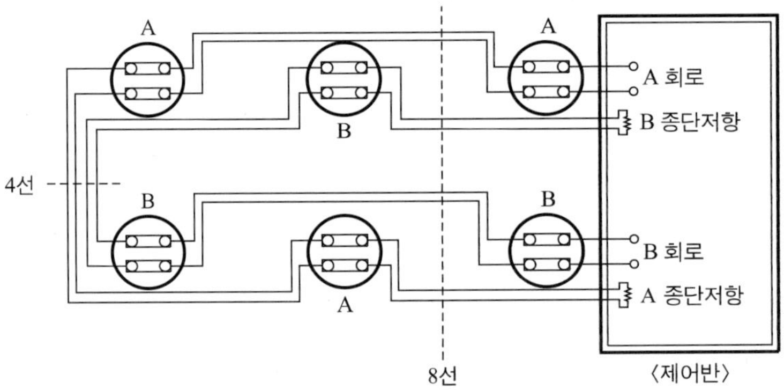

그림 1.65 ◦ 교차회로방식의 실제 배선 예

② 감지기가 화재를 감지하는 것은 송배선방식의 자동화재탐지설비와 기능이 같으나 **1개 회로의 감지기가 작동하였을 때**는 그와 연동되는 소화설비가 작동되지 않고, **사이렌 등의 경보설비만 작동**

③ 2개회로 즉, 감지기가 회로별로 1개씩 인접한 **2 이상의 감지기가 작동되어야 수신반에서 소화설비를 작동시키는 기동출력을 내보내게 됨**으로 1개회로만의 감지에 의한 방식(송배선식)보다 오동작의 확률을 훨씬 감소시킬 수 있는 방식이다.

④ 교차회로방식으로 구성되는 화재감지기의 수량은 **송배선방식의 감지기수량**에 비해 **2배**가 되어야 한다.

⑤ 교차회로방식을 적용하는 소화설비
스프링클러설비(준비작동식, 일제살수식), 이산화탄소, 할론, 분말, 할로겐화합물 및 불활성기체 소화설비

3) 감지기 회로의 감시전류와 동작전류

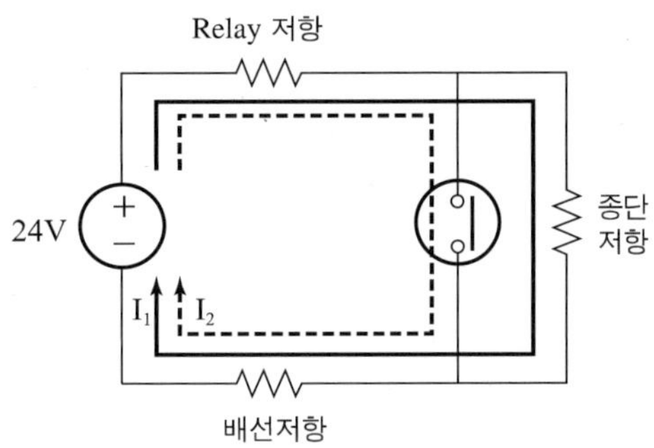

(1) 감시전류(I_1) = $\dfrac{\text{회로전압(24V)}}{\text{릴레이저항} + \text{배선저항} + \text{종단저항}}$

(2) 동작전류(I_2) = $\dfrac{\text{회로전압(24V)}}{\text{릴레이저항} + \text{배선저항}}$

Exercise 1

P형 수신기와 감지기와의 배선회로에서 종단저항은 10kΩ, 릴레이 저항은 850Ω, 배선회로의 저항은 50Ω이며 회로전압이 DC 24V일 때 다음 물음에 답하시오.

1) 평상 시 감시전류는 몇 mA인가?

2) 감지기가 동작할 때의 전류는 몇 mA인가?

Solution

1) 감시전류

$$I=\frac{\text{회로전압}(24\text{V})}{\text{릴레이저항}+\text{배선저항}+\text{종단저항}}=\frac{24}{850+50+10\times10^3}=2.2[\text{mA}]$$

2) 동작전류

$$I=\frac{\text{회로전압}(24\text{V})}{\text{릴레이저항}+\text{배선저항}}=\frac{24}{850+50}\fallingdotseq 26.67[\text{mA}]$$

Caution!

만약, 2) 문제에서 배선저항을 무시한다는 조건이 있으면

동작전류 $I=\frac{\text{회로전압}(24\text{V})}{\text{릴레이저항}}=\frac{24}{850}\fallingdotseq 28.24[\text{mA}]$가 된다.

Exercise 2

P형 수신기와 감지기와의 배선회로에서 종단저항은 10kΩ, 릴레이 저항은 1,000Ω, 감시전류는 2.2mA, 회로전압이 DC 24V일 때 감지기가 동작할 때의 전류는 몇 mA인가?

Solution

1) 감시전류

$$I=\frac{\text{회로전압}(24\text{V})}{\text{릴레이저항}+\text{배선저항}+\text{종단저항}}=2.2[\text{mA}]$$

$$\text{배선저항}=\frac{\text{회로전압}(24\text{V})}{\text{감시전류}}-\text{종단저항}-\text{릴레이저항}$$

$$=\frac{24}{2.2\times10^{-3}}-(10\times10^3)-1{,}000=-90.909\fallingdotseq -90.91\,\Omega$$

2) 동작전류

$$I=\frac{\text{회로전압}(24\text{V})}{\text{릴레이저항}}=\frac{24}{1{,}000}\fallingdotseq 24[\text{mA}]$$

Caution!

저항 값이 "−"이면 저항 값을 무시하고 계산한다. 따라서 동작전류 계산 시 배선저항은 무시하고 계산한다.

16 NFPA 72 자동화재탐지설비 구분

1. 개요

1) NFPA 72에서는 자동화재 탐지설비의 분류를 국내와 같이 설비의 구성 부품에 따라 구분하지 않고 **신호의 감시방식, 통보방식, 관리방식, 시설의 운영주체에 따라 구분**한다.
2) 이를 Fire Protection Handbook(9th edition 2003) 9절 1장에서 상세히 설명하고 있다.

2. NFPA 72의 Fire Alarm System

<table>
<tr><th colspan="2">구 분</th><th>종 류</th></tr>
<tr><td colspan="2">주거용</td><td>House Hold Fire Alarm System(주거용 화재경보설비)</td></tr>
<tr><td colspan="2">구내용</td><td>Local Fire Alarm System(지역 화재경보설비)</td></tr>
<tr><td rowspan="2">구외용</td><td>중앙감시실 있음</td><td>• Central Station Fire Alarm System(중앙감시실 화재경보설비)
• Proprietary Supervising Fire Alarm System(사설 화재경보설비)
• Remote Supervising Fire Alarm System(원격감시 화재경보설비)</td></tr>
<tr><td>중앙감시실 없음</td><td>• Public Fire Alarm Reporting System(공용 화재경보설비)
• Auxiliary Fire Alarm System(보조 화재경보설비)</td></tr>
</table>

1) House Hold Fire Alarm System (주거용 화재경보설비)
   (1) **주택내에 거주자**를 위한 경보설비
   (2) 주거시설에 연기감지기를 설치하여 인명안전 및 피난이 주목적

2) Local Fire Alarm System (지역 화재경보설비) – 구내용 화재경보설비
   (1) **건물내 근무자**를 위한 구내 경보설비
   (2) 방호대상물내 재실자의 피난을 위한 경보가 주목적(국내 P형과 유사)
   (3) 종류
      ① **건물** 화재경보설비 – **자동화재탐지설비**위주의 설비
      ② **기능부여** 화재경보설비 – **화재안전기능**이 부여된 시설이 있는 설비
      ③ **기동용** 화재경보설비 – **소화설비와 연동**되는 경보설비

3) Central Station Fire Alarm System (중앙감시실 화재경보설비)
  (1) 인접대지의 서로 다른 방호대상물을 **전문업체가 24시간 상주하며 공동감시**
  (2) **화재경보 시 소방서에 자동 통보**하는 방식, **유지관리 책임 있음**

4) Proprietary Supervising Fire Alarm System (사설 화재경보설비)
  (1) **개인 소유**의 여러 방호대상물을 통합하여 감시 운영하는 경보설비
  (2) 24시간 상주감시하며 **화재경보 시 담당자가 소방서로 신고**하는 방식

5) Remote Supervising Fire Alarm System (원격감시 화재경보설비)
  (1) 다수의 방호대상물을 별도의 **원격감시실에서 통신선로를 이용하여 통보**하는 방식
  (2) **단순히 원격감시 통보 업무**만 수행

6) Public Fire Alarm Reporting System (공용 화재경보설비)
  (1) **소방서에 화재발생지역의 화재신호를 전송**하기 위해 사용하는 수신장치, 접속회로, 경보입력장치로 구성된 설비

7) Auxiliary Fire Alarm System (보조 화재경보설비)
  (1) 구내용 화재경보설비의 화재경보를 수동이나 자동으로 시 경보시스템을 이용하여 소방서에 통보하는 설비
  (2) 공용 화재경보설비와 연결하여야만 사용될 수 있다.

17 NFPA 72 구내 자동화재탐지설비(2007 edition)

1. 개요

1) NFPA 72에서는 자동화재 탐지설비의 분류를 국내와 같이 설비의 구성 부품에 따라 적용하지 않고 구내 자동화재 탐지설비를 기준으로 할 경우 **입력장치회로(IDC)**, **통보장치회로(NAC)**, **신호선로회로(SLC)의 3가지 기본적인 회로**를 적용한다.
2) NFPA 72의 주된 특징은 감지기, 수신기, 배선에서 신뢰도를 향상시키는 방향으로 개선되고 있음을 알 수 있다.

2. 구성

1) 입력장치회로(Initiating Device Circuits : IDC)

(1) 수신기나 중계기에 화재신호를 통보하는 장치

(2) 신호 종류

종 류	내 용
경보신호(Alarm signal)	비상상태를 알리거나 조치가 필요한 신호
화재경보신호(Fire alarm signal)	감지기, 발신기, 유수검지장치 등이 동작된 화재 신호
보안신호(Delinquency signal)	설비담당자에게 조치가 필요하다고 지시하는 신호
피난신호(Evacuation signal)	피난이 요구되는 재실자가 알아볼 수 있는 별도 신호
경비순찰신호 (Guard's tour supervisory signal)	경비순찰 실시를 확인할 수 있는 감시 신호
감시신호(Supervisory signal)	소방시설, 경비순찰과 연관되어 조치가 필요한 신호
고장신호(Trouble signal)	단선, 단락, 지락을 나타내는 고장 신호

(3) 입력장치 종류

① 수동발신기

② 주소기능이 없는 일반감지기

③ 감시용 스위치(Pressure S/W 등)

④ 각종 감시용 접점(Tamper S/W, 탱크 저수위 S/W 등)

2) 통보장치회로(Notification Appliance Circuits : NAC)

(1) 화재 발생을 통보하고 피난과 소화활동에 필요한 신호를 발생시키는 장치

(2) 종류

종 류	내 용
청각용 통보장치	벨(Bell), 스피커(Speaker), 혼(Horn), 버저(Buzzer), 사이렌(Siren) 문자형 청각 통보장치 – 음성멘트 표시(Speaker에서 안내방송 실시) 피난표시 청각 통보장치 – 피난구 등을 알려주는 음성유도장치
시각용 통보장치	Strobe light, 모니터, 프린터, 전광판, 문자형 시각 통보장치(문자 표시)
촉각용 통보장치	진동이나 접촉에 의한 출력 장치(터치 스크린) – 주로 장애인용으로 사용

3) 신호선로회로(Signaling Line Circuits : SLC)

(1) 입력장치와 수신기, 수신기와 중계기, 수신기와 수신기간 다중통신회로

(2) 종류

① 주소(Address) 기능이 있는 감지기

② 중계기

③ R형 수신기

3. 배선

1) 개요

(1) 국내 자동화재탐지설비 배선은 일반적으로 입력장치와 출력장치로 구분하나 NFPA에서는 **입력장치회로, 통보장치회로, 신호선로회로로 구성**되어 있으며, 하나 이상의 고장상태에서 경보를 출력할 수 있는 성능에 따라 Style이 결정된다.

(2) 신호선로회로는 신호를 서로 주고받을 수 있는 통신회로에 사용되며 Style은 0.5, 1, 2, 3, 3.5, 4, 4.5, 5, 6, 7로 종류가 다양하나 일반적으로 Style 4, 6, 7을 많이 사용하고 있다.

(3) Class는 **배선방식**을 뜻하며, Style은 **비상상태에서의 성능**, 즉 출력신호의 발생가능 여부를 말한다.

2) Class(=배선 방식)

(1) IDC, NAC, SLC가 단선이나 지락의 **동시고장이 아닌 상태**에서 해당 회로의 고장표시 및 고장 중 경보능력을 송신하는 기능으로 성능에 따라 Class A와 Class B로 구분

(2) Class A

① 단선 or 지락 시에도 IDC나 SLC는 경보나 감시신호를 전송하며, NAC는 모든

출력장치에 접속이 가능한 것. 즉 **단선 or 지락 시에도 경보할 수 있는 회로**

② **Loop 배선방식**이라고 하며 SLC은 반드시 Class A를 적용한다. 그러나 단락인 경우에는 정상작동 되지 않는다.

(3) Class B

① 단선 시에 IDC나 SLC는 경보나 감시신호를 전송하지 못하며, NAC는 모든 출력장치에 접속이 불가능한 것. 즉 **단선 시에 경보할 수 없는 회로**

② **일반배선 방식**이라고 하며, 단락인 경우는 Class A와 동일하게 정상작동 되지 않는다.

Class	고장전류 구 분	IDC, NAC 성능		NAC 성능
		단선	지락	단락
A (Loop)	고장표시	○	○	○
	고장 중 경보능력	R[50]	R	–
B (일반)	고장표시	○	○	○
	고장 중 경보능력	–	R	–

3) Style(=비상상태에서의 성능)

IDC, NAC, SLC가 **하나 이상의 고장상태(6가지 경우)에서 고장표시 및 고장 중 경보능력을 송신하는 기능**

(1) Style 4(Class B)

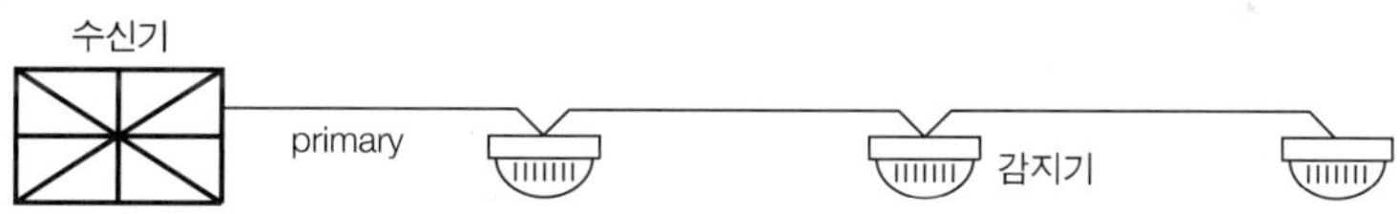

① 수신기와 기기간 통신이 **단방향**이며, 단선시나 단락시는 **통신이 불가능**하다. 단락시 통신이 불가능한 이유는 모든 통신선은 저전압, 저전류로 통신을 하는데 단락시 상대적으로 고전류가 흘러 시스템이 다운되기 때문이다.

② 배선계통이나 수신기 사이의 Network에서 고장이 발생하면 고장기기 이후의 기기는 통신이 불가능하게 되는 **일반 배선방식**으로 **지락**일 경우만 **경보**가 가능

(2) Style 6(Class A)

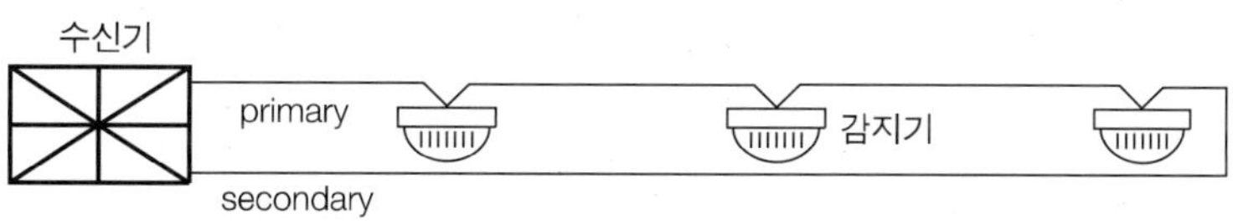

50) R : Required capacity(요구되는 능력)를 말한다.

① 수신기와 기기간 통신이 **양방향**으로 **단선**시는 **통신**이 가능하나 **단락**시는 **통신**이 **불가능**하다.

② 한쪽방향의 선로에서 고장이 발생한 경우 다른 쪽 선로의 통신으로 시스템이 정상적으로 될 수 있는 Loop **배선방식**으로 **단선**, **지락**, **단선과 지락**일 경우만 **경보**가 가능하다.

(3) Style 7(**네트워크 배선방식**, Class A)

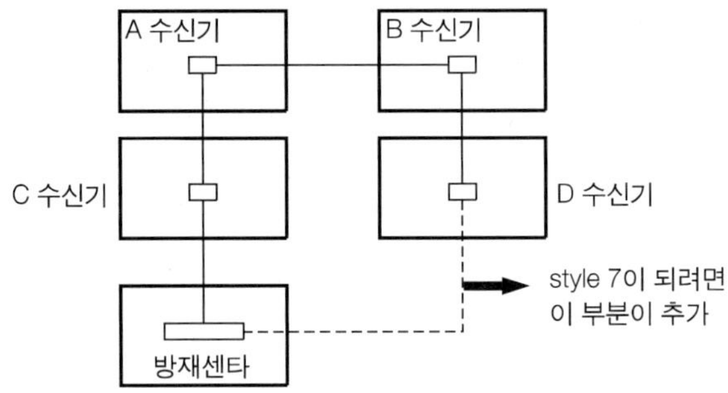

① 수신기와 수신기간 통신이 **양방향**으로 **단선**, **지락**, **단락**, **단선과 지락**일 경우만 **경보**가 **가능**하다.

② **단락시 경보가 가능한 것은 Local 수신기 자체에 Isolate 기능이 있어 고장회로 분리 후 통신이 가능**하기 때문이다.

③ Network로 연결된 각 수신기는 주종관계(Master－Slave)가 아닌 독립적(Stand alone)인 대등한 관계(Peer to Peer)로서 각각 감시 및 제어신호를 송수신하게 된다.

④ 주로 대단위 공장이나 대형 건물의 경우 사용하며 Local 수신기는 각각 독립적(Stand alone)으로 운영되고 각 수신기는 Network로 연결되어 방재센터에서 통합관리하는 시스템으로 구성된다.

Class	Style	구분	단일고장			동시고장		
			단선	지락	단락	단선&단락	지락&단락	단선&지락
B	4	고장표시	○	○	○	○	○	○
		고장중경보능력	－	R	－	－	－	－
A	6	고장표시	○	○	○	○	○	○
		고장중경보능력	R	R	－	－	－	R
	7	고장표시	○	○	○	○	○	○
		고장중경보능력	R	R	R	－	－	R

4. NFPA 72 구내 자동화재탐지설비(2010 edition)

1) 개요

(1) 기존 NFPA 72(2007 edition)에서는 배선방식을 Class와 Style의 2가지로 구분하였으나 NFPA 72(2010 edition)에서는 Style을 삭제하고 Class만으로 규정하였다.

(2) 이것은 전기배선을 기준으로 하여 IDC, NAC, SLC의 성능을 규정하였으나 LAN, 인터넷, 광섬유, 무선설비 등 새로운 통신기술과 연계된 다양한 종류의 자동화재탐지설비가 개발되었기에 어떠한 종류의 자동화재탐지설비에도 적용할 수 있는 기준을 제정하고자 Style을 삭제하고 Class를 개정한 것이다.

2) Class의 종류

(1) Class A(2007 edition의 Style 6)

① Loop 배선방식

② 단선이나 지락 시에도 정상작동을 요구하므로 Class B보다 신뢰성이 높으며 SLC와 같은 주요 선로의 경우에는 반드시 Class A를 적용해야 한다.

(2) Class B(2007 edition의 Style 4)

① 일반 배선방식

② 경로에서 단선된 지점부터는 IDC나 SLC는 경보나 감시신호를 전송하지 못하여, NAC는 해당 출력장치에 접속이 불가능하다.

(3) Class C

LAN, WAN, 인터넷, 무선통신망 등을 사용하는 경보설비를 위한 양단간 통신의 경로에 해당하는 배선방식이다.

(4) Class D

경로에 대한 고장상태가 통보되지는 않지만 Fail-safe작동 기준이 있어 회로 고장이 발생할 경우 사전에 지정된 기능을 대신 수행할 수 있는 배선방식이다.

(5) Class E

선로에 대한 이상유무 감시기능이 해당되지 않는 경로의 배선방식이다.

(6) Class X(2007 edition의 Style 7)

SLC에 있어서 2007 edition의 Style 7인 배선방식이다.

18 방재전선 및 방재배선

1. 방재전선

1) 방재전선의 성능

(1) 내화전선

① **750±5℃로 3시간 가열 후 12시간 경과 뒤 3A Fuse를 접속**하고 **내화시험전압**을 가할 때 **Fuse가 단선되지 않을 것**

② 소방청장이 고시한 내화전선 성능시험기준에 적합할 것

(2) 내열전선

① **816±10℃로 20분간 가열 후 불꽃 제거시 10초 이내에 자연소화 되고 연소길이가 180mm 이하일 것**

② **KSF 2257-1**의 내화시험방법으로 **380℃ 15분간 가열**시 **연소길이**가 가열로 벽으로부터 **150mm 이하**일 것

③ 소방청장이 고시한 내열전선 성능시험기준에 적합할 것

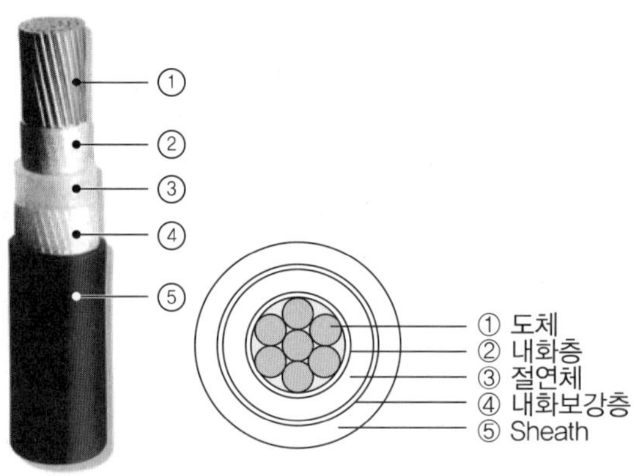

내화전선

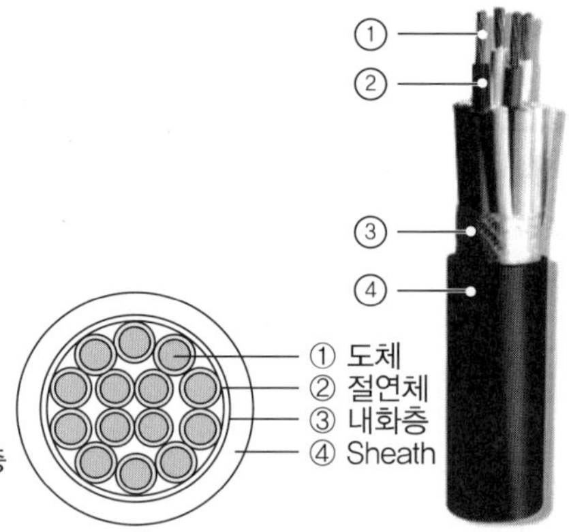

내열전선

2) 배선에 사용되는 전선의 종류[2013.06.10]

(1) 450/750V 저독성 난연 가교 폴리올레핀 절연 전선(HFIX)

(2) 0.6/1kV 가교 폴리에틸렌 절연 저독성 난연 폴리올레핀 시스 전력용 케이블

(3) 6/10kV 가교 폴리에틸렌 절연 저독성 난연 폴리올레핀 시스 전력용 케이블

(4) 가교 폴리에틸렌 절연 비닐시스 트레이용 난연 전력 케이블

(5) 0.6/1kV EP 고무절연 클로로프렌 시스 케이블

(6) 300/500V 내열성 실리콘 고무 절연전선(180℃)

(7) 내열성 에틸렌-비닐 아세테이트 고무 절연 케이블

(8) 버스덕트(Bus Duct)

(9) 기타 전기용품안전관리법 및 전기설비기술기준에 따라 동등 이상의 내열성능이 있다고 주무부장관이 인정하는 것

2. 방재배선

1) 내화배선

(1) 내화전선(FR-8), MI 케이블-케이블 공사방법에 따름(**노출공사 가능**)

(2) 기타 방재전선

사용 전선관	금속관, 제2종[51] 금속제 가요전선관, 합성수지관에 수납	
공사방법	매설(○)	매설(×) - 노출공사
	• 내화구조로 된 **벽** or **바닥 등에 25mm 이상** 매설	• 배선을 내화성능을 갖는 배선전용실 or 배선용 Shaft, Pit, Duct에 설치(**이중절연**-즉, 배선에 사용되는 전선을 금속관 등에 넣고 배선전용실에 넣음) • 타 설비의 배선이 있는 경우-15cm 이상 이격 or 최대직경의 1.5배 이상 불연성 격벽 설치

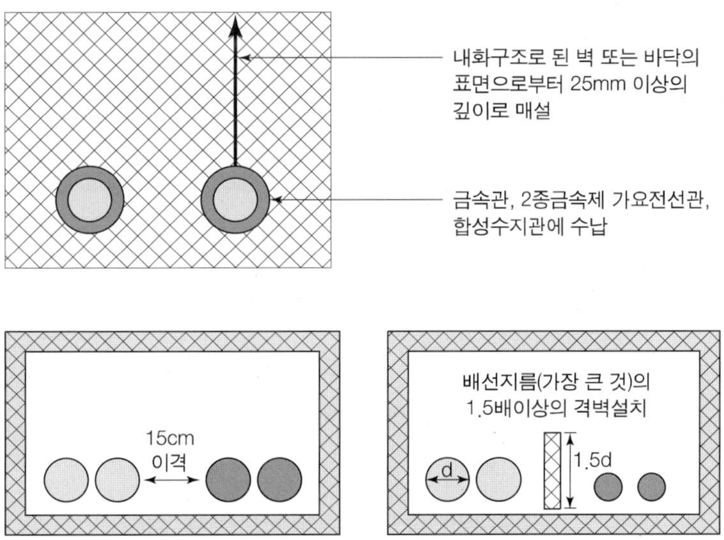

그림 1.66 ● 내화배선 공사방법

51) 제2종 : 내부에 구부릴 수 있는 금속이 있음. 반면 제1종은 내부에 금속이 없음.

2) 내열배선

(1) 내화전선(FR－8), 내열전선(FR－3), MI 케이블－케이블 공사방법에 따름

(2) 기타 방재전선

전선관 공사	노출 공사
• 금속관, 금속제가요전선관, 금속덕트 공사 • Cable공사(불연성덕트내의 설치에 한함)	• 배선을 내화성능을 갖는 배선전용실 or 배선용 Shaft, Pit, Duct에 설치(단일절연－즉, 배선에 사용되는 전선을 Cable 트레이에 실어 배선전용실에 넣음) • 타 설비의 배선이 있는 경우－내화배선과 동일

Cable공사 시공사례

금속관공사 시공사례

금속제가요전선관 시공사례

금속덕트공사 시공사례

3) 차폐배선

(1) 비닐절연 비닐시스 난연성 케이블(FR－CVV－SB), 비닐절연 비닐시스 내열성 제어용 케이블(H－CVV－SB)은 케이블 공사방법에 따름

(2) 제어용 가교폴리에틸렌 절연 비닐외장 케이블(CVV－SB), 소방신호 제어용 비닐절연 비닐시스 차폐케이블(STP)은 내화배선, 내열배선의 규정에 따름

(3) 적용

① 아날로그방식, 다신호방식 감지기 배선

② R형 설비의 통신배선
③ 경보설비 전화회로 배선(외부 영향으로 잡음 발생시)
④ 무선통신보조설비(동축케이블, 누설동축케이블)

(4) 주의 사항
① 차폐선은 끊어짐 없이 연결되어 수신기의 접지단자에 연결되어야 한다.
② 차폐선은 외함, 전선관 등 금속체와 접속하지 말 것

3. 방재배선 Block Diagram

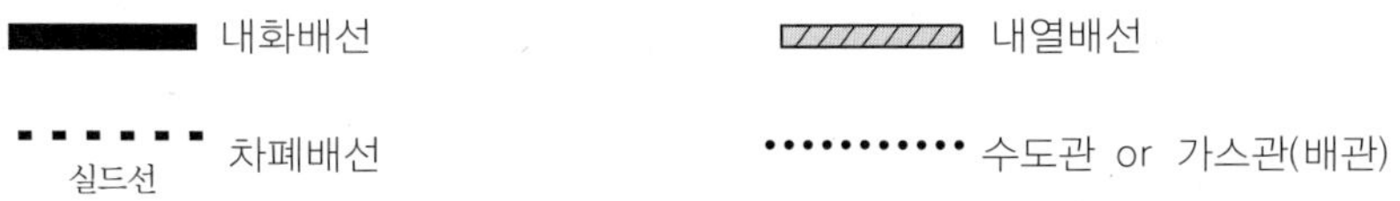

1) 옥내소화전 설비

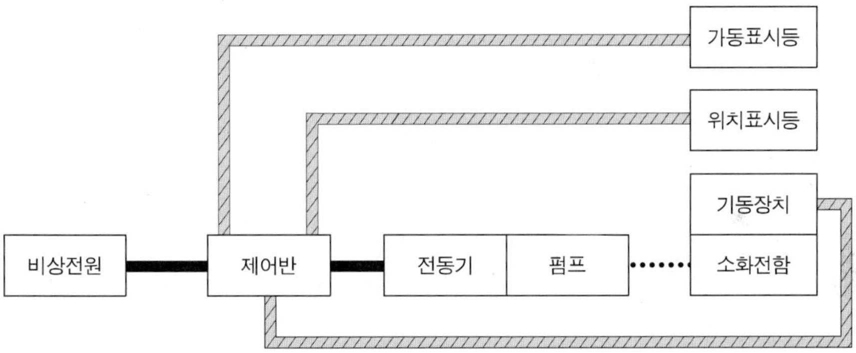

2) 옥외소화전 설비

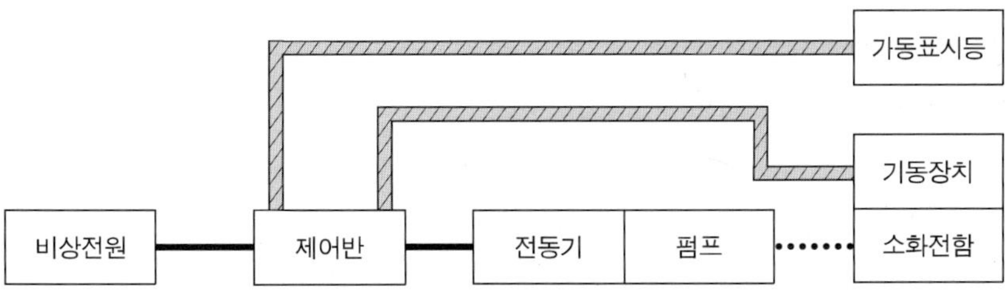

3) 자동화재탐지설비

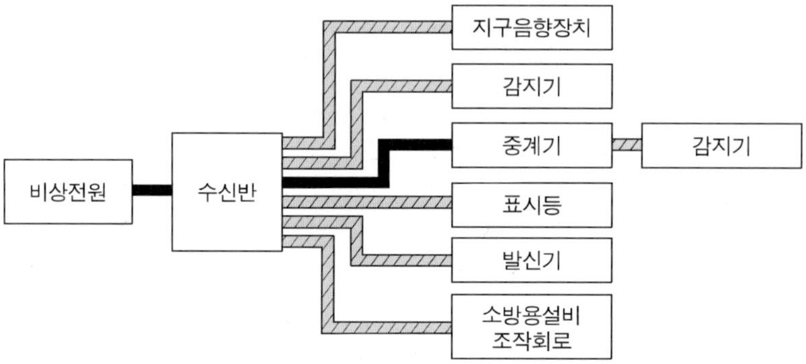

4) 물분무 등 소화설비

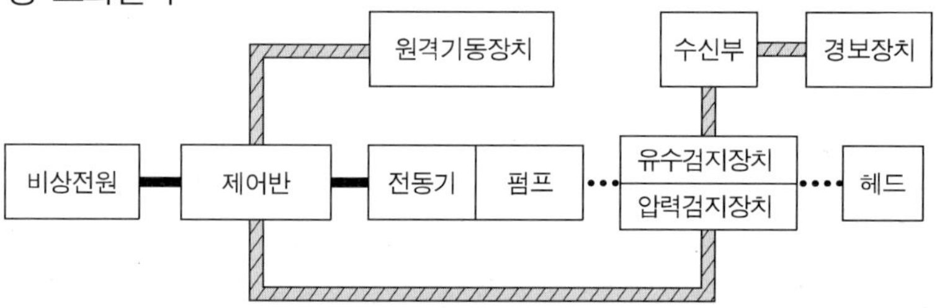

5) 비수계 소화설비(CO_2, 분말, 할론소화설비)

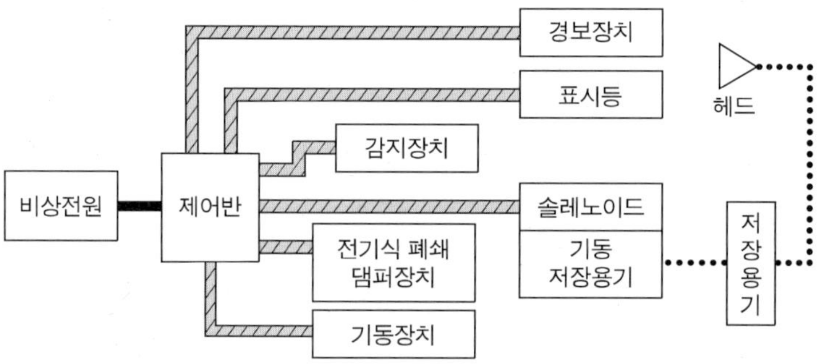

6) 방송설비

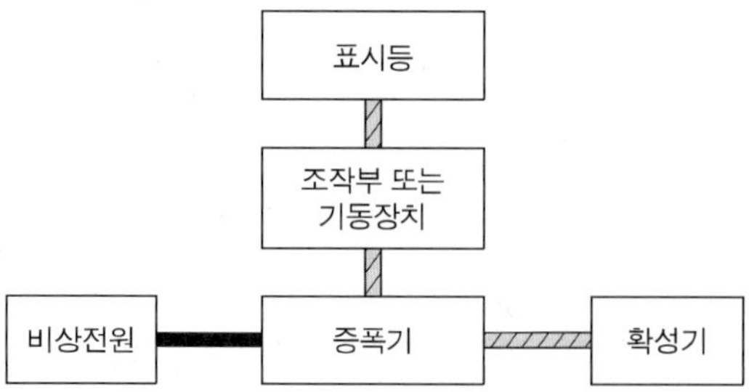

7) 제연설비

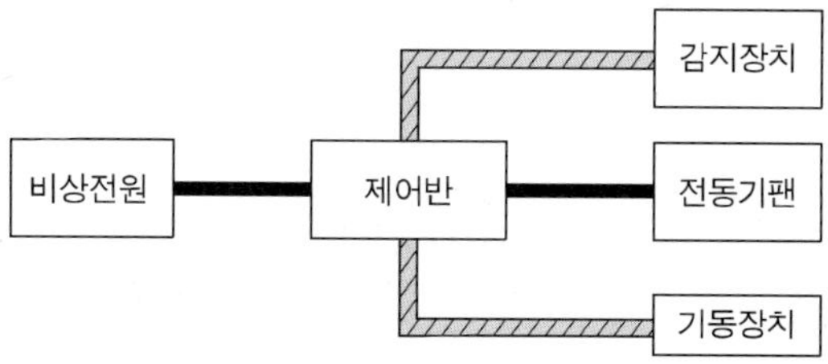

8) 유도등

9) 비상콘센트설비

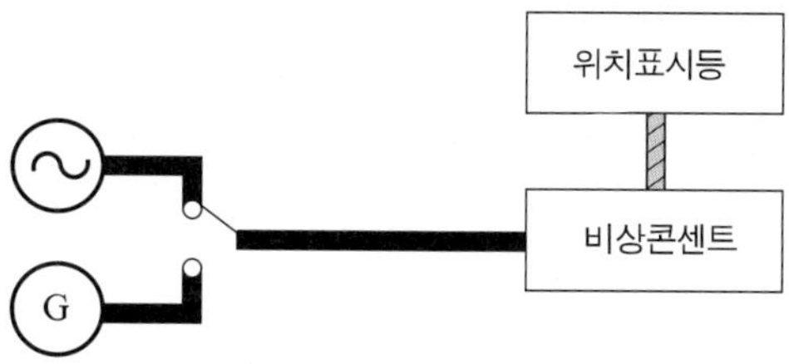

10) 옥내소화전설비(자동화재탐지설비 포함)

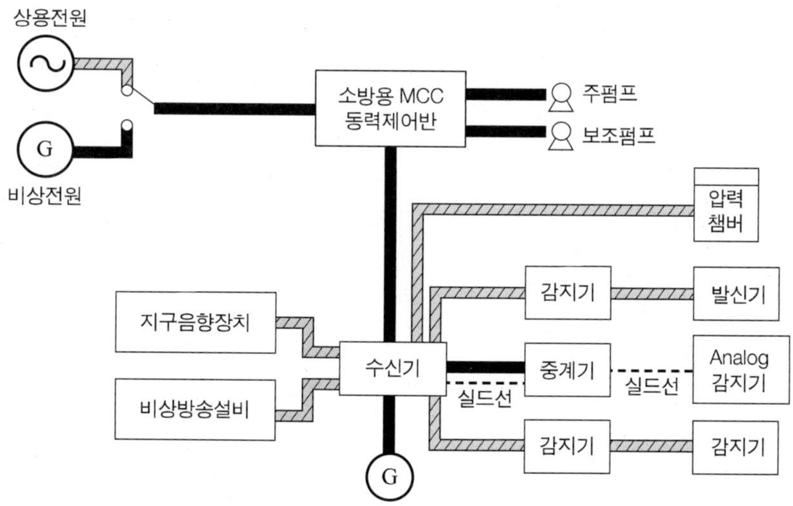

19 자동화재탐지설비의 전원

1. 설치기준(NFPC 203 제10조, NFTC 203 2.7)

1) 상용전원

(1) 전원은 전기가 정상적으로 공급되는 **축전지, 전기저장장치**[52] 또는 **교류전압의 옥내간선**으로 하고 전원까지의 **배선**은 **전용**으로 할 것

(2) **개폐기**에는 "자동화재탐지설비용" 이라고 표시한 **표지**를 할 것

2) 비상전원

(1) 자동화재탐지설비에는 그 설비에 대한 **감시상태를 60분간 지속한 후** 유효하게 **10분 이상, 층수가 30층 이상인 경우 30분 이상** 경보할 수 있는 **축전지설비**(수신기에 내장한 경우 포함) 또는 **전기저장장치**를 설치하여야 한다.[53]

(2) 다만, **상용전원이 축전지설비**인 경우 또는 건전지를 주전원으로 사용하는 무선식 설비인 경우[54]에는 비상전원을 **생략**할 수 있다.

2. 전원의 분류

전원은 **상용전원, 비상전원, 예비전원** 3종류가 있다.

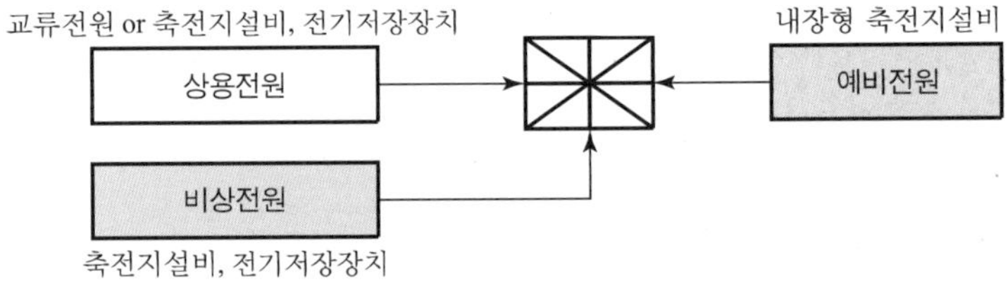

그림 1.67 • 전원의 분류

52) 정전 시에도 자동화재탐지설비의 정상 작동을 위한 비상전원으로 신기술 제품인 전기저장장치(외부 전기에너지를 저장해두었다가 필요할 때 전기를 공급하는 장치)를 설치할 수 있도록 개정됨(2016.7.13.).

53) 자동화재탐지설비 및 시각경보장치의 화재안전기준(NFSC 203) 제10조 제2항에 2012.2.15. 설치하도록 개정되었으나, 고층건축물(30층 이상이거나 높이 120m 이상)의 화재안전성을 강화하기 위해 NFSC 203에서는 삭제되고 고층건축물의 화재안전성능기준(NFPC 604) 제8조 제4항으로 제정됨(2013.6.11. 제정) NFTC 604 2.4.4 (2022.12.1. 재개정).

54) 건전지를 주전원으로 하는 무선식 설비는 비상전원 설치 제외(2019.5.24. 제정).

1) 상용전원

(1) 평상시 **전기사업자로부터 공급받는 전원**으로 **주전원으로 사용**한다.

(2) 국내는 통상 **한전의 전원**을 말하나 자동화재탐지설비에서는 축전지설비와 전기저장장치도 포함된다.

2) 비상전원

(1) **상용전원의 정전사고 시 대체 전원**

(2) 시스템 외부에 있는 별도의 전원설비로서 **주전원으로 사용**할 수 있다.

(3) 국내에서는 비상전원수전설비, 자가발전설비, 축전지설비, 전기저장장치 등이 있으나 자동화재탐지설비에서는 축전지설비와 전기저장장치만 인정하고 있다.

(4) 비상전원의 생략조건

① **상용전원이 축전지설비**인 경우에는 비상전원을 생략할 수 있다.

② **예비전원의 용량이 당해 설비를 유효하게 작동**시킬 수 있는 경우에는 비상전원을 생략할 수 있다.

3) 예비전원

(1) **입력전원의 공급중단, 용량 부족 시 그 기능을 유지하기 위한 장치전원**

(2) **주전원으로 사용할 수 없다.**

3. 비상전원과 예비전원에 대한 국제적인 동향

1) 현재 비상전원설비의 정의에 대해 국외의 IEC, NEC 규격, 일본 소방법과 국내의 KS C IEC 60364－1 부속서 B의 규정에서는 비상전원설비와 예비전원설비를 다르게 정의하고 있음에도 불구하고 국내의 소방법에서는 비상전원설비, 건축법에서는 예비전원설비, 전기사업법에서는 비상용예비전원설비라는 용어로 혼용되고 있으며 정전 시 최소한의 설비운용을 위한 보안적인 측면에서의 예비전원설비와 공용화되는 추세를 보인다.

2) 국내·외 비상전원설비와 예비전원설비에 대한 정의는 표 4.1을 참조한다.

20 시각경보장치

1. 개요

1) “시각경보장치”란 자동화재탐지설비에서 발하는 화재신호를 시각경보기에 전달하여 **청각장애인에게 점멸형태의 시각경보를 하는 것**을 말한다.

2) 시각경보장치는 청각장애인을 위한 설비이기도 하지만, 공장 등 소음이 많이 발생하여 지구음향장치의 경보를 청취하기 어려운 장소에 설치하여도 효과적이다.

3) 시각경보장치는 램프형태에 따라 **LED 방식, 크세논램프** 방식이 있으며 LED 방식은 소비전류가 적고 내구성, 수명 및 유지보수가 우수한 특징이 있다.

LED 방식　　　　크세논램프 방식

그림 1.68 ◦ 시각경보장치 외형

2. 설치기준(NFPC 203 제8조 제2항, NFTC 203 2.5.2)

1) **복도 · 통로 · 청각장애인용 객실 및 공용으로 사용하는 거실**[55](로비, 회의실, 강의실, 식당, 휴게실, 오락실, 대기실, 체력단련실, 접객실, 안내실, 전시실, 기타 이와 유사한 장소를 말한다)에 설치하며, 각 부분으로부터 유효하게 경보를 발할 수 있는 위치에 설치할 것

2) **공연장 · 집회장 · 관람장** 또는 이와 유사한 장소에 설치하는 경우에는 시선이 집중되는 **무대부 부분** 등에 설치할 것

3) 설치높이는 바닥으로부터 **2m 이상 2.5m 이하**의 장소에 설치할 것 다만, 천장의 높이가 **2m 이하인 경우**에는 천장으로부터 **0.15m 이내**의 장소에 설치하여야 한다.

---

55) 설치장소를 현행 복도 · 통로 · 청각장애인용 객실 및 공용으로 사용하는 거실(로비, 회의실, 강의실, 식당, 휴게실 등)에서 공용으로 사용하는 거실의 해석을 돕고 청각장애인의 안전성을 향상시키기 위해서 기존 장소에 오락실, 대기실, 체력단련실, 접객실, 안내실, 전시실, 기타 이와 유사한 장소 등을 추가 설치하도록 개정됨 (2013.6.10 개정).

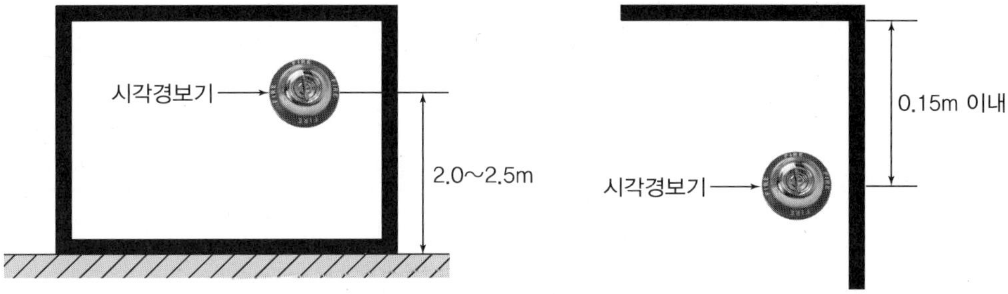

그림 1.69 • 시각경보장치 설치 예

4) 시각경보장치의 광원은 **전용의 축전지설비 또는 전기저장장치**(외부 전기에너지를 저장해 두었다가 필요한 때 전기를 공급하는 장치)에 의하여 점등되도록 할 것.56) 다만, 시각경보기에 작동전원을 공급할 수 있도록 형식승인을 얻은 수신기를 설치한 경우에는 그러하지 아니하다.

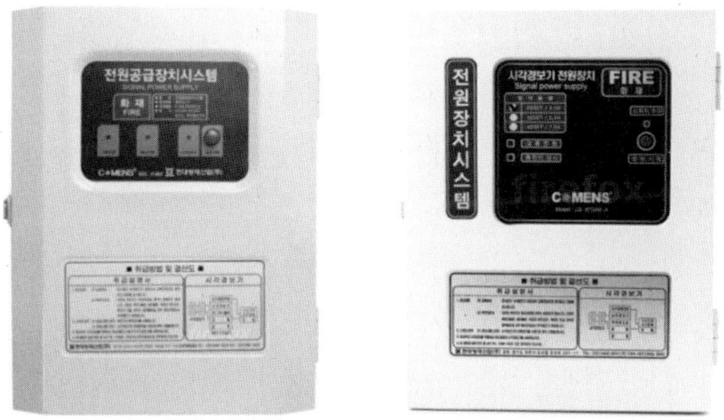

그림 1.70 • 시각경보장치의 전원공급장치

3. 시각경보장치의 기능

1) 시각경보장치의 점멸주기는 매 초당 1회 이상 3회 이내이어야 한다.
2) 광도측정 위치(광원으로부터 수평거리 6m)에서 조도를 측정하는 경우 측정위치에 따른 유효광도(cd)는 아래 표의 광도기준에 적합하여야 한다.

56) 시각경보장치는 섬광이 발할 때마다 순간적으로 많은 전류가 소비되므로 자동화재탐지설비용으로 설계되어 수신기 내부에 설치된 전원부만으로 시각경보장치를 작동시키기에는 전류가 부족하다.

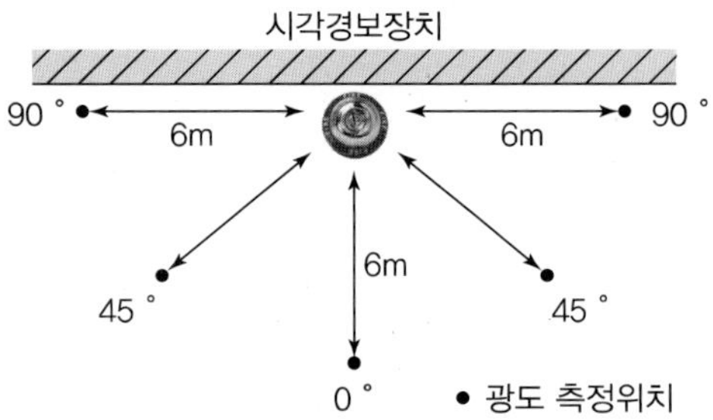

광도 측정위치	광도 기준
0°(전면)	15cd 이상
45°	11.25cd 이상
90°(측면)	3.75cd 이상

3) 광원은 투명 또는 흰색으로 최대 1,000cd를 초과하지 않아야 한다.
4) 동작신호를 받은 시각경보장치는 3초 이내 경보, 정지신호를 받았을 경우에는 3초 이내 정지되어야 한다.
5) 도로터널에 설치하는 시각경보기는 주행차로 한쪽 측벽에 50m 이내의 간격으로 비상경보설비 상부 직근에 설치하고, 전체 시각경보기는 피난자의 혼란을 방지하기 위하여 동기방식에 의해 작동될 수 있도록 설치한다.

21 자동화재속보설비(NFPC 204, NFTC 204)

1. 개요

1) 소방대상물에 화재 발생 시 **자동 또는 수동으로 화재의 발생을 소방관서에 통보하기 위한 설비**이다.

2) 감지기에서 감지된 화재신호를 수신기에서 수신하여 **20초 이내에 오보 또는 화재인지를 판별한 후 소방대상물의 위치를 3회 이상 소방관서에 자동적으로 통보**하는 설비이다.

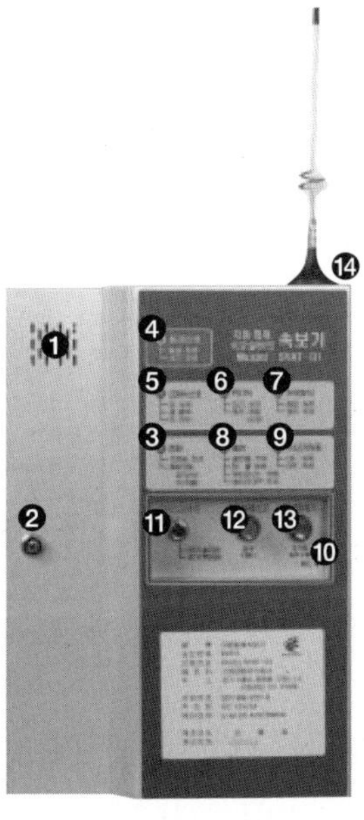

번호	기능	번호	기능
1	스피커(동작음/전화수신기)	8	충전램프(충전중 – 적색, 충전완료 – 녹색)
2	열쇠/잠금	9	수신기 작동램프(ON – 녹색, OFF – 적색)
3	전원램프(주전원 – 적색, 예비전원 – 녹색, 주황색)	10	마이크(전화송화기)
4	화재신호램프(화재 – 적색)	11	긴급전화통화 스위치(걸기 – ▲위로)
5	CDMA신호램프(강 – 녹색, 중 – 황색, 약 – 적색)	12	수동화재 신고 버튼(길게 누름)
6	유선 작동램프(작동 : 녹색점멸)	13	경보음정지 버튼(정지 – 3초간 누름)
7	속보방식 작동램프(음성 – 녹색, 패킷 – 적색)	14	CDMA 안테나

그림 1.71 ◦ 자동화재속보설비의 외형

2. 종류

자동화재속보설비는 속보기능에 따라 **A형**과 **B형** 속보기가 있다.

1) A형 화재 속보기
   (1) P형, R형, GP형, GR형 수신기 또는 복합형 수신기로부터 발하는 화재신호를 수신하여 20초 이내에 소방대상물의 위치를 3회 이상 소방관서에 자동적으로 통보
   (2) 지구등이 없음

2) B형 화재 속보기
   (1) **P형, R형 수신기와 A형 화재속보기의 기능을 통합한 것**
   (2) 감지기, 발신기, 중계기를 통하여 송신된 화재신호를 수신하여 **소방대상물의 관계자에게 경보를 발하고, 20초 이내에 소방대상물의 위치를 3회 이상 소방관서에 자동적으로 통보**
   (3) 지구등, 단락 및 단선 시험장치가 존재

3. 설치기준(NFPC 204 제4조, NFTC 204 2.1)

1) 자동화재탐지설비와 연동으로 작동하여 자동적으로 화재발생 상황을 소방관서에 전달되는 것으로 할 것. 이 경우 부가적으로 특정소방대상물의 관계인에게 전달되도록 할 수 있다(2015.1.23. 개정).
2) **조작스위치는 바닥으로부터 0.8m 이상 1.5m 이하의 높이에** 설치할 것
3) 속보기는 소방관서에 **통신망**[57]으로 통보하도록 하며, **데이터 또는 코드전송방식을 부가적으**로 설치할 수 있다. 단, 데이터 또는 코드전송방식의 기준은 소방청장이 정한다.
4) **문화재**에 설치하는 자동화재속보설비는 제1호의 기준에도 불구하고 **속보기에 감지기를 직접연결하는 방식**(자동화재탐지설비 1개의 경계구역에 한함)으로 할 수 있다.
5) 속보기는 소방청장이 정하여 고시한 「자동화재속보설비의 속보기의 성능인증 및 제품검사의 기술기준」에 적합한 것으로 설치하여야 한다.
6) 관계인이 24시간 상시 근무하고 있는 경우에는 자동화재속보설비를 설치하지 않을 수 있다. 다만, 노유자 생활시설과 층수가 30층 이상(공동주택 제외) 특정소방대상물에 있어서는 그러하지 아니하다. [개정 2012.2.3.]
   - 설치제외기준 6)항목을 NFSC 204에서는 삭제하고, 소방시설법 시행령 별표5 제2호 마목에서 설치제외사항을 포함시키는 내용으로 개정되었다. [개정 2015.1.23.]

57) '통신망'이란 유선이나 무선 또는 유무선 겸용방식을 구성하여 음성 또는 데이터 등을 겸용할 수 있는 집합체 (2015.1.23. 개정).

4. 자동화재속보설비의 속보기의 성능인증 및 제품검사의 기술기준

1) 작동신호를 수신하거나 수동으로 동작시키는 경우 20초 이내에 소방관서에 자동적으로 신호를 발하여 통보하되, 3회 이상 속보할 수 있어야 한다. [개정 2010.7.26.]
2) 주전원이 정지한 경우에는 자동적으로 예비전원으로 전환되고, 주전원이 정상상태로 복귀한 경우에는 자동적으로 예비전원에서 주전원으로 전환되어야 한다.
3) 예비전원은 자동적으로 충전되어야 하며 자동과충전방지장치가 있어야 한다.
4) 화재신호를 수신하거나 속보기를 수동으로 동작시키는 경우 자동적으로 적색 화재표시등이 점등되고 음향장치로 화재를 경보하여야 하며 화재표시 및 경보는 수동으로 복구 및 정지시키지 않는 한 지속되어야 한다. [개정 2010.7.26.]
5) 연동 또는 수동으로 소방관서에 화재발생 음성정보를 속보중인 경우에도 송수화장치를 이용한 통화가 우선적으로 가능하여야 한다.
6) 예비전원을 병렬로 접속하는 경우에는 역충전 방지 등의 조치를 하여야 한다.
7) 예비전원은 감시상태를 60분간 지속한 후 10분 이상 동작(화재속보 후 화재표시 및 경보를 10분간 유지하는 것을 말한다)이 지속될 수 있는 용량이어야 한다.
8) 속보기는 연동 또는 수동 작동에 의한 다이얼링 후 소방관서와 전화접속이 이루어지지 않는 경우에는 최초 다이얼링을 포함하여 10회 이상 반복적으로 접속을 위한 다이얼링이 이루어져야 한다. 이 경우 매회 다이얼링 완료 후 호출은 30초 이상 지속되어야 한다.
9) 속보기의 송수화장치가 정상위치가 아닌 경우에도 연동 또는 수동으로 속보가 가능하여야 한다.
10) 음성으로 통보되는 속보내용을 통하여 당해 소방대상물의 위치, 화재발생 및 속보기에 의한 신고임을 확인할 수 있어야 한다.
11) 속보기는 음성속보방식 외에 데이터 또는 코드전송방식 등을 이용한 속보기능을 부가로 설치할 수 있다. 이 경우 데이터 및 코드전송방식은 별표1에 따른다. [개정 2010.7.26.]
12) [별표1]에 따라 소방관서 등에 구축된 접수시스템 또는 별도의 시험용 시스템을 이용하여 시험한다. [신설 2010.7.26.]

22 비상방송설비(NFPC 202, NFTC 202)

1. 개요

1) 자동화재탐지설비 등에 의해서 감지된 화재를 신속하게 소방대상물 내부에 있는 사람에게 **방송으로 화재를 알려 피난 또는 초기 소화활동을 용이하게 하기 위한 설비**이다.
2) 비상방송설비는 기동장치, 증폭기(Amplifier), 조작부(Operation panel), 확성기(Speaker), 음량조정기(Attenuator) 등으로 구성된다.

그림 1.72 ◦ 비상방송설비 외형

2. 설치대상 및 설치면제

1) 연면적 3,500m^2 이상인 것
2) 지하층을 제외한 층수가 11층 이상인 것
3) 지하층의 층수가 3개 층 이상인 것. 다만, 가스시설·지하구 및 지하가 중 터널은 제외
4) 설치면제

   비상방송설비를 설치하여야 할 특정소방대상물에 자동화재탐지설비 또는 비상경보설비와 동등 이상의 음향을 발하는 장치를 부설한 방송설비를 화재안전기준에 적합하게 설치한 경우 면제된다.

3. 구성요소

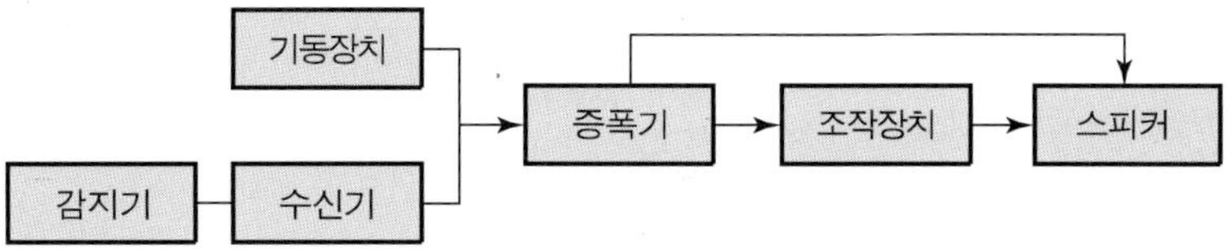

그림 1.73 • 비상방송설비 구성요소

1) 기동장치

(1) 방송을 기동시켜주는 장치로 자동화재탐지설비와 연동하는 자동기동방식과 수동으로 조작되는 수동기동방식이 있다.

(2) 수동식 기동장치 - 비상전화와 연동, 발신기와 연동, 누름스위치와 연동

2) 증폭기

종 류		특 징
이동형	휴대형	소화활동시 안내방송에 사용, 5～15W
		마이크, 증폭기, 확성기를 일체화하여 소형경량
	탁상형	소규모 방송설비에 사용, 10～60W
		입력장치－마이크, 라디오, 사이렌, 카세트 테이프
고정형	Desk형	책상식의 형태, 30～180W
		입력장치－Rack형과 유사
	Rack형	Unit화 되어 교체, 철거, 신설용이, 용량 무제한
		용량 : 200W 이상

3) 조작부

(1) 비상방송설비를 제어하고 조작하기 위한 각종 장치가 있는 Panel

(2) 일반적으로 방재센터 내에 증폭기와 조작부가 일체형으로 설치

4) 확성기

(1) 화재 시 음향을 발하는 부분으로, **Flaming의 왼손법칙**에 따라 **전기에너지가 운동에너지로 변환**

(2) 콘(Cone)형 - 사무실 등의 천장 매입형으로 설치, 옥내용, 3W

(3) 혼(Horn)형 - 지하 주차장 등의 벽이나 기둥에 설치, 옥외형, 5W

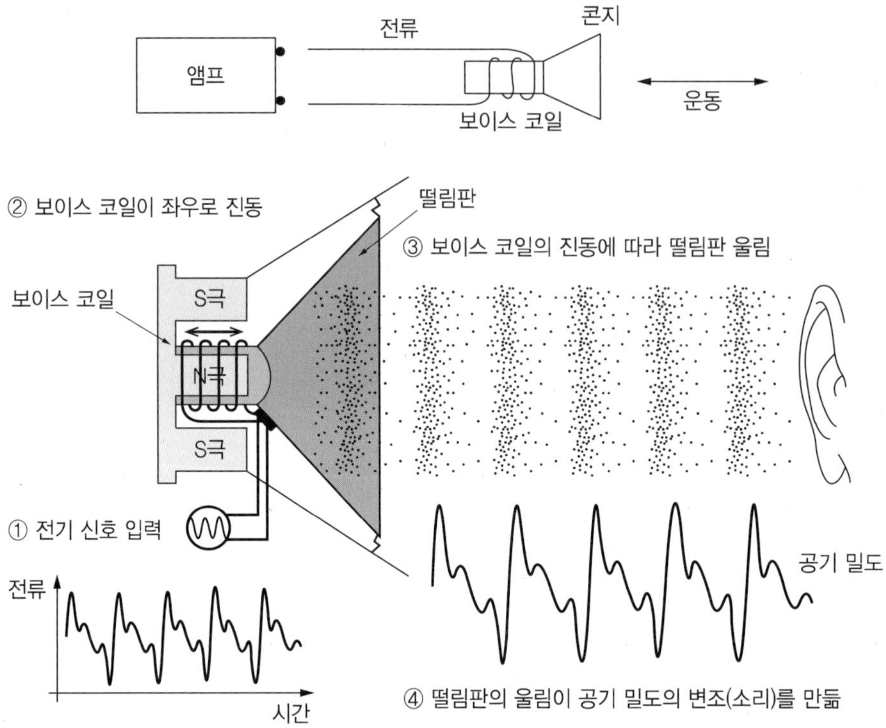

그림 1.74 • 확성기의 동작원리[58)]

5) 음량조정기(ATT)

(1) 가변저항을 이용하여 전류를 변화시켜 음량을 조절하는 장치

(2) 음량조정기는 반드시 **3선식[59)] 배선방식[비상선(긴급용) – 공통선 – 일반선(업무용)]**으로 적용

58) 확성기는 파워앰프에서 증폭된 전기신호를 역변환하여 사람들이 들을 수 있는 음원의 진동에너지로 변환하는 장치로 증폭기로부터 확성기로 전류가 전달되면 확성기에 설치된 보이스 코일에 전류가 입력되고 플레밍의 왼손법칙에 따라서 확성기의 콘지가 움직이면서 사람의 귀로 듣게 된다.

59) 일반방송일 경우에는 음량을 조절해서 방송을 청취할 수 있도록 음량조정기를 사용하는 데(숙직실 – 음량조정기를 '0'으로 Setting해 놓음) 이 때 화재 등의 비상사태가 발생되면 그곳에도 비상방송을 내보내야만 하기 때문에 이 방식을 채용한다.

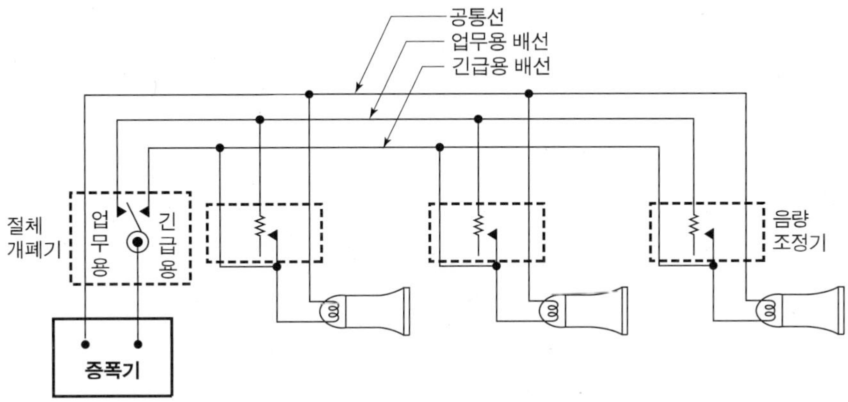

그림 1.75 ● 음량조정기의 3선식 배선

4. 설치기준

1) 음향장치

(1) 우선경보방식 적용

① 11층(공동주택 16층) 이상 특정소방대상물 <2023.2.10. 개정시행>

발화층	경보층
2층 이상	발화층, 직상 4개층
1층	발화층, 직상 4개층, 지하층
지하층	발화층, 직상층, 기타 지하층

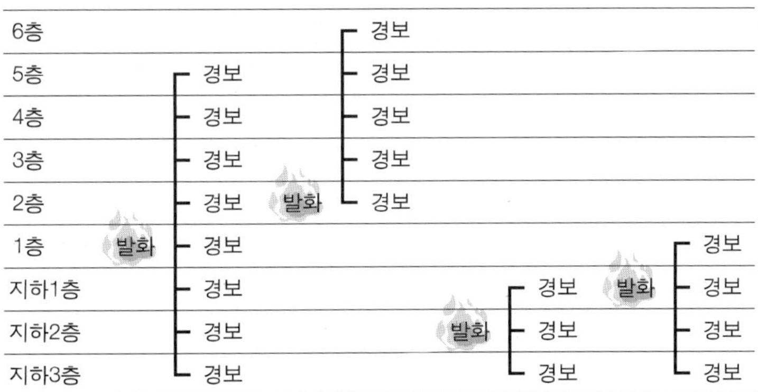

② 고층건축물(30층 이상이거나 높이 120m 이상인 건축물)[60]

발화층	경보층
2층 이상	발화층, 직상 4개층
1층	발화층, 직상 4개층, 지하층
지하층	발화층, 직상층, 기타 지하층

(2) 확성기의 음성입력은 **3W(실내 1W)** 이상일 것

(3) 확성기는 각 **층**마다 설치하고 **수평거리 25m** 이하일 것

(4) **음량조정기의 배선**은 **3선식**으로 할 것

(5) 조작부 조작S/W는 **0.8~1.5m 이하**에 설치할 것

(6) 조작부 기동장치는 **작동한 층 및 구역을 표시**할 수 있는 것으로 할 것

(7) 조작부가 2개 이상일 때 상호 동시통화 가능할 것

(8) 조작부 및 증폭기는 **수위실 등 상시 사람이 근무하는 장소**에 설치

(9) 화재수신 후 비상 방송개시시간은 **10초 이하**일 것

(10) 비상경보방송 외의 방송을 차단할 수 있을 것

(11) 다른 전기회로에 의해 **유도장애**가 발생하지 않을 것

(12) 음향장치는 자동화재탐지설비와 연동작동하고 **정격전압의 80%에서 동작**가능 할 것

2) 배선

(1) 1개 층의 확성기 또는 배선의 단락, 단선으로 다른 층의 경보에 지장이 없도록 할 것[61]

(2) **전원회로 배선 - 내화배선**, 그 밖의 배선 - 내화 or 내열배선

(3) 전로와 대지사이 및 배선상호간의 절연저항은 1경계구역 마다 **DC 250V Megger로 0.1MΩ 이상**이 되도록 할 것

(4) 비상방송설비의 배선은 다른 전선과 별도의 관·덕트·몰드·박스 등에 설치할 것

60) 비상방송설비의 화재안전기준(NFSC 202) 제7의2조에 2012.2.15. 설치하도록 개정되었으나 고층건축물의 화재안전성을 강화하기 위해 NFSC 202에서는 삭제되고 고층건축물의 화재안전기준(NFSC 604) 제7조 제1항으로 제정됨(2013.6.11. 제정) NFTC 604 2.3.1(2022.12.1. 재개정).

61) 비상방송설비 배선 단락(합선) ⇨ 과도한 전류 발생 ⇨ 증폭기(앰프) 손상방지를 위해 보호차단기 작동 ⇨ 증폭기 음성출력이 차단되어 방송이 불가능하다. 따라서 이를 개선하기 위해서는 각 회선마다 퓨즈설치, 각 층마다 증폭기(앰프) 또는 다채널 앰프 적용, 특허제품(단락신호 검출장치, 폴리스위치를 이용한 시스템, RX방식 리시버, 이상부하컨트롤러) 등의 사용을 검토하여야 한다. 또한, 직상층 발화층 우선경보방식에 의해 지하층은 일제경보방식을 적용하여 1개의 회로선 만을 배선하다 보니 단락발생 시 지하 전 층이 방송이 되지 않는 문제가 있으므로 지하층에 대해서 일제경보방식을 적용하면서 각 층의 회로를 구분할 것인지에 대한 검토가 필요하다.

3) 전원

(1) 상용전원 – 축전지, 전기저장장치 or 교류전압 옥내간선, 전원까지의 배선은 전용으로 할 것

(2) 비상전원 – **60분 감시 후 10분 이상, 30층 이상**인 경우 **30분 이상**[62] 경보할 수 있는 **축전지 설비** or **전기저장장치**

(3) 개폐기 – "비상방송설비용" 표지할 것

5. 도면

1) 2선식 배선–가닥수 : 층당 2선씩 증가

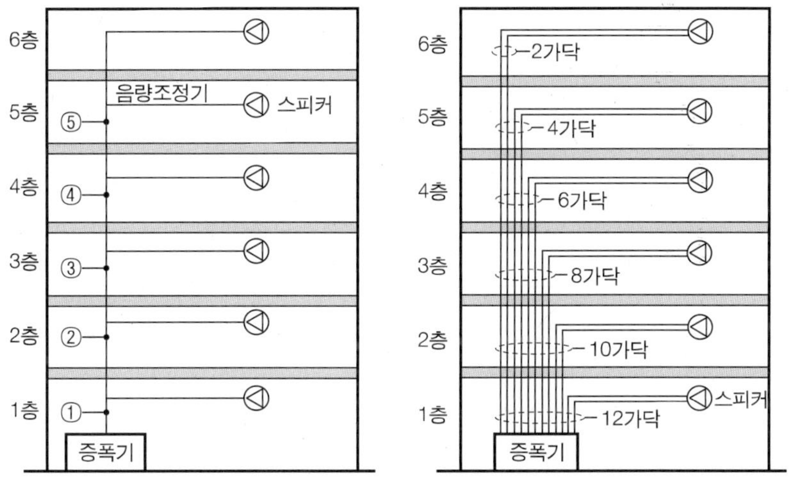

그림 1.76 ◦ 비상방송설비 2선식 배선 계통도

62) 비상방송설비의 화재안전기준(NFSC 202) 제6조 제2항에 2012.2.15. 설치하도록 개정되었으나 고층건축물의 화재안전성을 강화하기 위해 NFSC 202에서는 삭제되고 고층건축물의 화재안전기준(NFSC 604) 제7조 제2항으로 제정됨(2013.6.11. 제정) NFTC 604 2.3.2(2022.12.1. 재개정).

2) 3선식 배선－가닥수 : 층당 2선씩 증가(긴급용1, 공통선1)

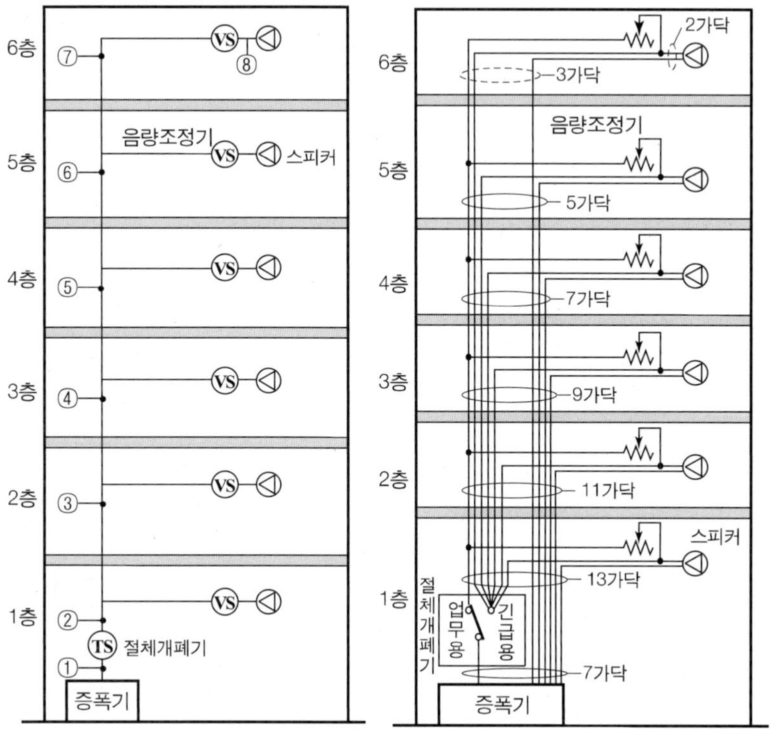

그림 1.77 ∘ 비상방송설비 3선식 배선 계통도

번 호	가닥수	배선내역
①	7	증폭기 1, 공통선 6
②	13	업무용(일반선) 1, 긴급용(비상선) 6, 공통선 6
③	11	업무용(일반선) 1, 긴급용(비상선) 5, 공통선 5
④	9	업무용(일반선) 1, 긴급용(비상선) 4, 공통선 4
⑤	7	업무용(일반선) 1, 긴급용(비상선) 3, 공통선 3
⑥	5	업무용(일반선) 1, 긴급용(비상선) 2, 공통선 2
⑦	3	업무용(일반선) 1, 긴급용(비상선) 1, 공통선 1
⑧	2	스피커 2

23 비상경보설비 및 단독경보형감지기(NFPC 201, NFTC 201)

1. 개요

1) 비상경보설비는 감지기에 의해 화재를 탐지하는 자동화재탐지설비가 적용되지 않는 소규모 소방대상물에서 화재가 발생했을 경우 **수동으로 발신기를 작동**시켜 통보장치인 **경종** 또는 **사이렌**으로 거주자에게 경보하여 **피난 및 초기 소화활동 등을 원활하게 하기 위한 설비**로서 종류에는 **비상벨**, **자동식사이렌**이 있다.

2) 단독경보형감지기는 자동화재탐지설비가 적용되지 않는 소규모 소방대상물에서 화재가 발생했을 경우 화재발생 상황을 **단독**으로 **감지**하여 **자체에 내장된 음향장치로 경보**하는 감지기를 말한다.

그림 1.78 • 단독경보형감지기

2. 설치대상 및 설치면제

1) 설치대상

설비종류	설치대상
비상경보설비	• 연면적 400m^2 이상인 것(터널 제외) • 지하층 또는 무창층 바닥면적이 150m^2(공연장 100m^2) 이상인 것 • 지하가 중 터널길이가 500m 이상인 것 • 50인 이상의 근로자가 작업하는 옥내 작업장
단독경보형감지기	• 연면적 2,000m^2 미만인 교육연구시설, 수련시설의 합숙소 또는 기숙사 • 연면적 1,000m^2 미만인 아파트, 기숙사 • 연면적 600m^2 미만인 숙박시설 • 연면적 400m^2 미만인 유치원 • 숙박시설이 있는 수련시설로서 수용인원 100명 미만 • 단독주택 및 공동주택(아파트 및 기숙사 제외)63)

2) 설치면제

면제 대상설비	면제 조건
비상경보설비, 단독경보형감지기	• 자동화재탐지설비 설치시
비상경보설비	• 단독경보형감지기 2개 이상 연동시

63) 「화재예방, 소방시설 설치유지 및 안전관리에 관한 법률」 제8조(주택에 설치하는 소방시설) (2015.7.20. 개정).

3. 구성요소

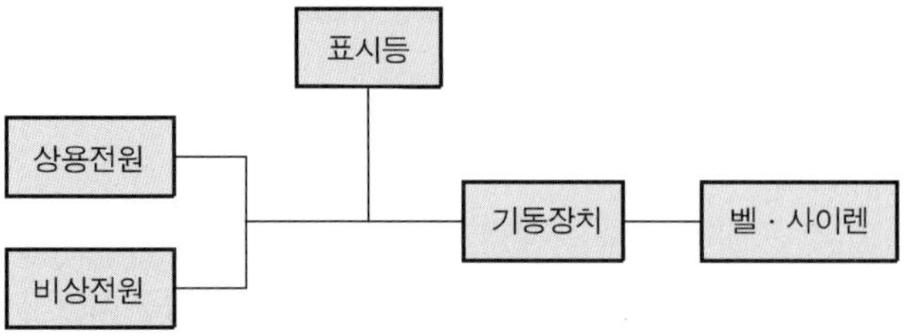

그림 1.79 ◦ 비상경보설비 구성요소

<table>
<tr><th colspan="2">설비종류</th><th>구성요소</th></tr>
<tr><td rowspan="2">비상경보설비</td><td>비상벨</td><td>• 기동장치, 음향장치, 표시등, 비상전원, 배선으로 구성
• 일반적으로 발신기세트(경종, 표시등, 발신기)를 사용함
• 기동장치는 발신기세트의 누름스위치를 사용
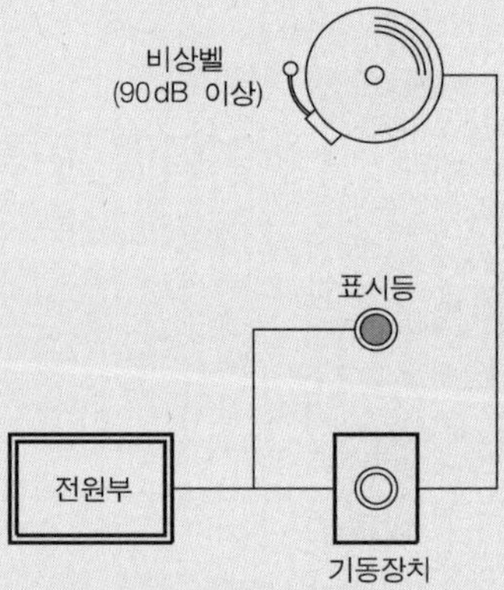
</td></tr>
<tr><td>자동식
사이렌</td><td>• 발신기세트의 경종대신 사이렌이 사용됨
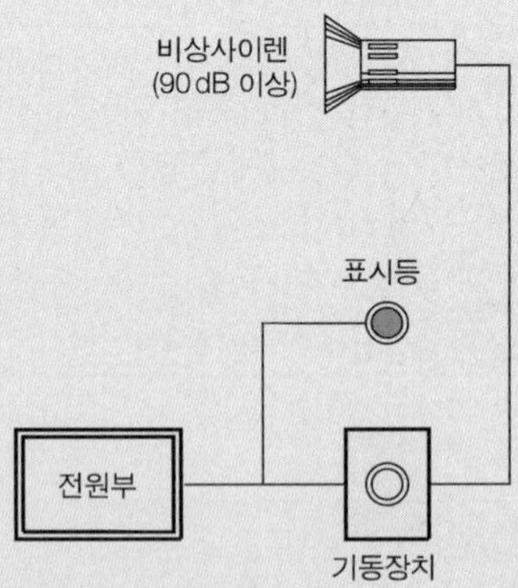
</td></tr>
<tr><td colspan="2">단독경보형감지기</td><td>• 자동복귀형 스위치, 작동표시등, 전원표시등, 내장형 건전지로 구성
• 자동복귀형 스위치 – 수동으로 작동시험을 할 수 있는 스위치</td></tr>
</table>

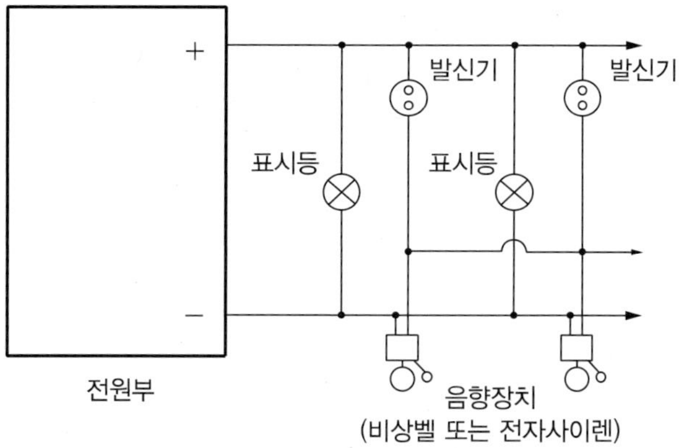

그림 1.80 ◦ 전원공급반을 사용하는 비상경보설비의 결선도

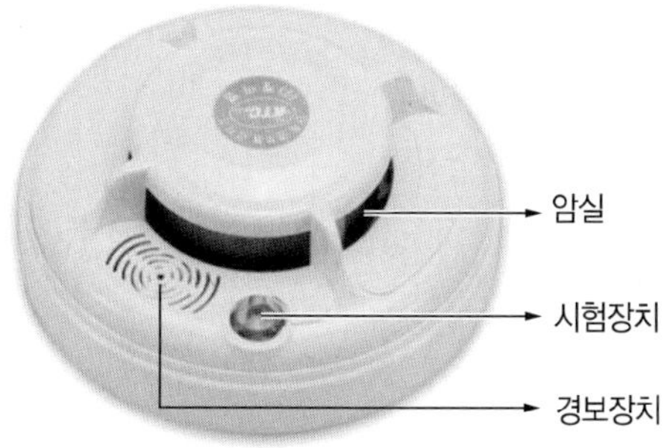

그림 1.81 ◦ 연기식 단독경보형감지기의 구성

4. 설치기준

1) 비상벨 또는 자동식 사이렌

(1) 부식성 가스 또는 습기 등으로 인하여 **부식의 우려가 없는 장소에 설치**할 것

(2) 지구음향장치는 소방대상물의 **층**마다 설치하되, 음향장치까지의 **수평거리는 25 m 이하**. 다만, 비상방송설비를 비상벨설비 또는 자동식사이렌설비와 연동할 때에는 지구음향장치 생략 가능

(3) 음향장치는 정격전압의 **80% 전압**에서 음향을 발할 수 있을 것. 다만, 건전지를 주전원으로 사용하는 음향장치는 그러하지 아니하다.[64)]

(4) 음향장치의 음량은 음향장치의 중심으로부터 1m 떨어진 위치에서 90dB 이상일 것

(5) 발신기는 **조작이 쉬운 장소**에 설치하고, 조작스위치는 바닥으로부터 **0.8m 이상 1.5m 이하** 높이에 설치

64) 무선식 음향장치는 '정격전압의 80% 전압에서 음향을 발할 수 있는 것'에서 제외(2019.5.24. 제정).

(6) 발신기[65]는 소방대상물의 **층**마다 설치하되, 발신기까지의 **수평거리는 25m 이하**. 다만, 보행거리가 40m 이상일 경우 추가 설치

(7) 발신기의 표시등은 **함의 상부**에 설치하되, 그 불빛은 부착면으로부터 **15° 이상**의 범위 안에서 **10m 이내**의 어느 곳에서도 쉽게 식별할 수 있는 적색등 일 것

(8) 상용전원 – **축전지, 전기저장장치 or 교류전압 옥내간선**, 전원까지의 배선은 **전용**으로 할 것

(9) 비상전원 – **60분 감시 후 10분 이상 경보**할 수 있는 **축전지 설비 or 전기저장장치**를 설치할 것. 다만, 상용전원이 축전지설비인 경우 또는 건전지를 주전원으로 사용하는 무선식 설비인 경우에는 비상전원을 생략할 수 있다.[66]

(10) 개폐기 – "비상벨설비 또는 자동식사이렌설비용" 표지 할 것

(11) **전원회로 배선 – 내화배선**, 그 밖의 배선 – 내화 or 내열배선

(12) 배선은 다른 전선과 별도의 관·덕트·몰드·박스 등에 설치할 것

2) 단독경보형감지기

(1) 소방대상물의 각 실[67]마다 설치하되, 바닥면적이 **150m²**를 초과하는 경우 150m² 마다 1개 이상 설치할 것

(2) **최상층의 계단실 천장**에 설치할 것

(3) 건전지를 주전원으로 사용 시 정상작동 될 수 있도록 **교환**할 것

(4) 상용전원을 주전원으로 사용 시 2차전지는 **법 제39조 규정에 의한 제품**을 사용할 것

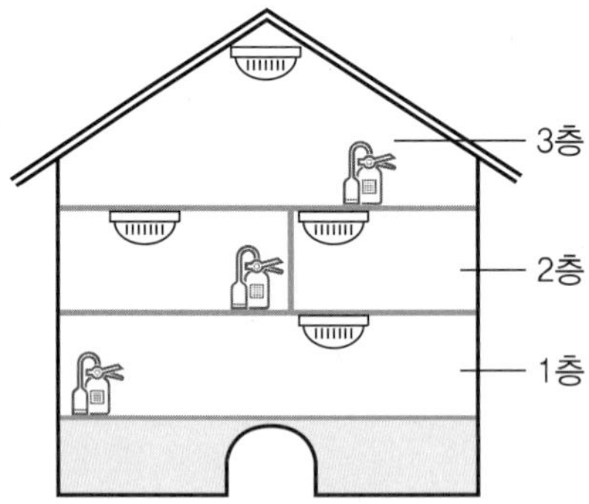

그림 1.82 • 단독경보형감지기의 설치사례

65) 「비상경보설비 및 단독경보형감지기의 화재안전기준(NFSC 201)」 제4조제5항 발신기의 설치기준은 「자동화재탐지설비 및 시각경보장치의 화재안전기준(NFSC 203)」 제9조 발신기의 설치기준과 유사하다.

66) 건전지를 주전원으로 하는 무선식 설비는 비상전원 설치 제외(2019.5.24. 제정).

67) 이웃하는 실내의 바닥면적이 각각 30m² 미만이고, 벽체의 상부의 전부 또는 일부가 개방되어 이웃하는 실내와 공기가 상호 유통되는 경우에는 이를 1개의 실로 본다.

참고사항

▶ 연동식 감지기의 정의

단독경보형감지기가 작동할 때 화재를 경보하며 유·무선으로 주위의 다른 감지기에 신호를 발신하고 신호를 수신한 감지기도 화재를 경보하며 다른 감지기에 신호를 발신하는 방식의 것

▶ 단독경보형감지기 중 연동식 감지기의 무선기능

1) 작동한 단독경보형감지기는 화재경보가 정지하기 전까지 **60초 이내 주기마다 화재신호를 발신**하며 화재신호를 수신한 단독경보형감지기는 **10초 이내에 경보**를 발함
2) 화재신호의 발신을 쉽게 확인할 수 있는 장치를 설치하여야 하고 화재신호를 수신하면 내장된 음향장치에 의해 화재경보
3) 무선통신 점검은 **168시간 이내**에 자동으로 실시하고, 통신 이상 시 **200초 이내**에 표시 및 경보하며 단독경보형감지기가 서로 **송수신하는 방식**으로 한다.

▶ 비상경보장치의 성능 및 설치기준(NFPC 606 제7조, NFTC 606 2.3.1) (2022.12.1. 제정)

1. 성능위주설계를 하여야 할 특정소방대상물에 해당하는 작업을 하는 경우 **작업종료시**까지 **작업지점으로부터 5m 이내** 설치 또는 배치하여 상시 사용가능할 것
2. 해당 작업장의 모든 사람이 알 수 있을 정도의 **음량**을 확보할 것

▶ 성능위주설계를 하여야 할 특정소방대상물의 범위(소방시설법 시행령 제9조) (2022.11.29. 개정)

1. 연면적 **20만m^2** 이상인 특정소방대상물. 다만, 공동주택 등 주택으로 쓰이는 층수가 **5층** 이상인 주택(이하 아파트 등) 제외
2. **50층** 이상(지하층 제외)이거나 지상으로부터 높이가 **200m** 이상인 아파트 등
3. **30층** 이상(지하층 포함)이거나 지상으로부터 높이가 **120m** 이상인 특정소방대상(아파트 제외)
4. 연면적 **3만m^2** 이상인 철도·도시철도시설, 공항시설
5. 연면적 **10만m^2** 이상이거나 지하층의 층수가 **2개층** 이상이고 지하층의 바닥면적합계가 **3만m^2** 이상인 창고시설
6. 하나의 건축물에 영화상영관이 **10개** 이상인 특정소방대상물
7. 터널 중 **수저**터널 또는 길이가 **5,000m** 이상

24 누전경보기(NFPC 205, NFTC 205)

1. 개요

1) **누전경보기는 600V 이하의 저압전로에서 누설전류 또는 지락전류**를 **검출**하여 당해 소방대상물의 관계자에게 **경보를 발하는 설비**로서 **인체에 대한 감전방지, 누전에 의한 화재 및 폭발방지, 아크에 의한 전로 및 기계기구의 손상방지**가 주목적이다.
2) 누설 또는 지락전류를 검출하는 **영상변류기**(ZCT), 그 전류를 증폭하는 **수신부**, 경보를 발하는 **음향장치**로 구성된다.

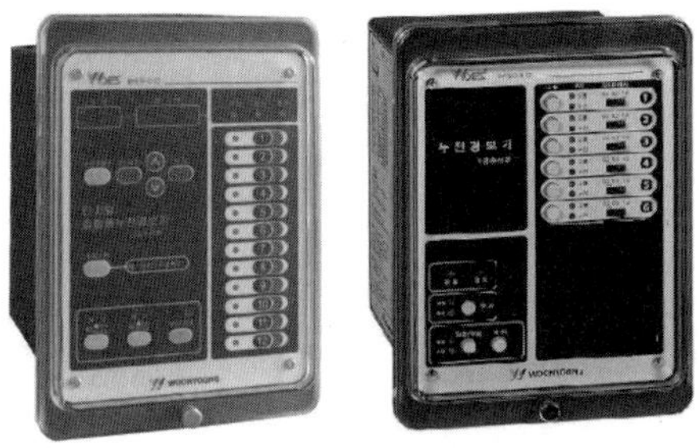

그림 1.83 • 누전경보기 외형

2. 설치대상

계약전류용량이 100A를 **초과**하는 특정소방대상물
(동일 건축물에 계약종별이 다른 전기가 공급되는 경우에는 그 중 **최대계약전류용량**)

3. 구성

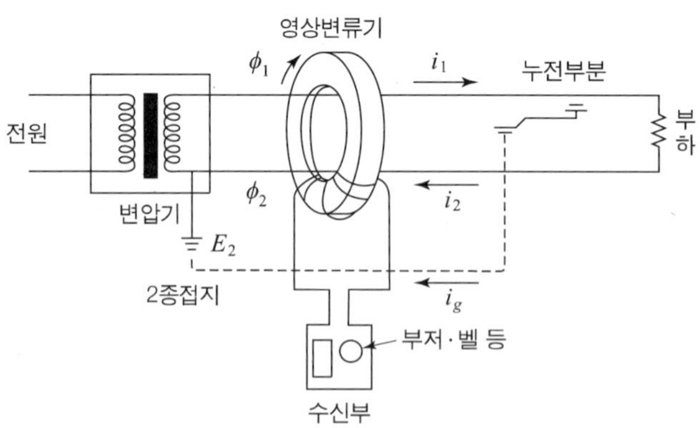

그림 1.84 • 누전경보기의 구성

구 성	기 능
ZCT	누설전류를 검출하여 수신기에 신호를 송출하는 장치
	누설전류 – 200[68]/1.5mA, 종류 – 옥외형, 옥내형(관통형, 분할형)
수신부	ZCT로부터 검출된 누설전류를 수신하여 경보하는 장치
	감도 조정기능[69], 누전량 측정기능, 자체회로 시험기능
음향장치[70]	사용전압의 80%에서 정상적으로 발보 가능할 것
	음량 및 음색은 다른 기기의 소음 등과 명확히 구별될 것
차단릴레이	누설전류가 흐를 때 전원을 자동 차단

1) 수신기 내부 구조 블록도

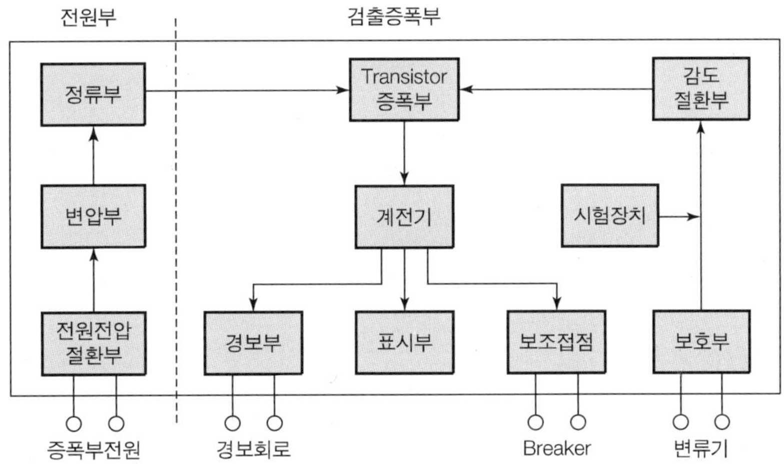

그림 1.85 • 누전경보기 수신기 내부구조 블록도

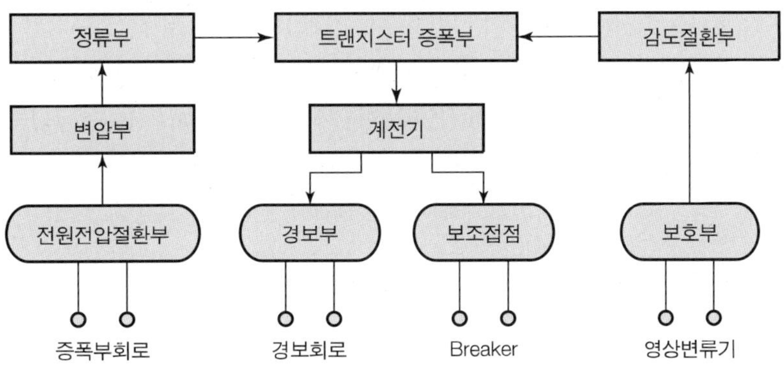

그림 1.86 • 누전경보기 수신기 내부구조 간략도

68) 공칭작동전류 : 200[mA]
69) 감도조정장치 : 1,000[mA] (1[A])
70) 음향장치의 음량은 1m 떨어진 곳에서 70dB 이상(고장표시장치 : 60dB 이상)

(1) 수신기 증폭 방식

① 매칭 트랜스 or 트랜지스터를 조합하여 계전기를 동작

② 트랜지스터 or IC로 증폭하여 계전기를 동작

③ 트랜지스터 or IC와 미터릴레이를 조합 증폭하여 계전기를 동작

2) 전원부 회로

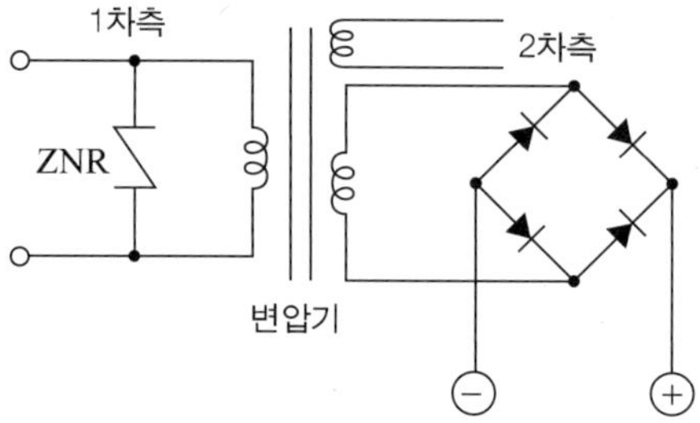

그림 1.87 ◦ 누전경보기 전원부 회로

(1) ZNR : 낙뢰 발생 시 충격파로부터 수신기 보호

4. 작동원리

1) 단상 2선식 교류회로

(1) 단상 교류회로에 부하를 연결하여 전류를 흘릴 경우 그림 1.88에서 **정상상태**인 경우 I_1과 I_2의 크기는 같다. 하지만 전류의 방향은 서로 반대가 되므로 그로 인해 발생되는 자속 ϕ_1과 ϕ_2는 상쇄되어 영상변류기에 나타나는 **합성자속은 "0"** 이 된다.

(2) 그러나 **누전발생** 시에는 누설전류량만큼 선로에 나타나는 합성자계는 편차를 이루게 되어 그 편차만큼 영상변류기에 나타나게 된다. 즉 $\phi_1 - (\phi_1 - \phi_g) = \phi_g$가 작용하여 영상변류기(ZCT)의 2차측에 기전력이 유기되며 이때의 전압은 실효값으로 다음 식과 같고 이 전압을 수신기에서 수신하여 경보를 울리도록 되어 있다.

$$E = 4.44 f N_2 \phi_g \times 10^{-8} \text{ (V)}$$

여기서, E : 유기전압

f : 주파수

N_2 : 변류기 2차 권선수

ϕ_g : 누설전류에 의한 자속

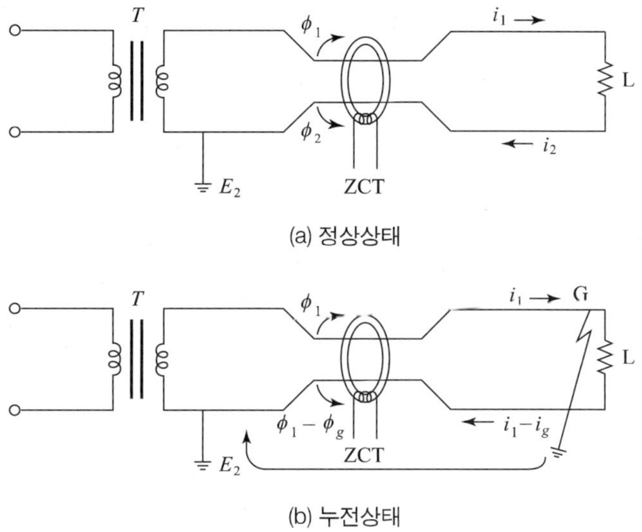

그림 1.88 • 단상 2선식 회로에서의 누설전류 검출

2) 3상 교류회로에서의 누설전류

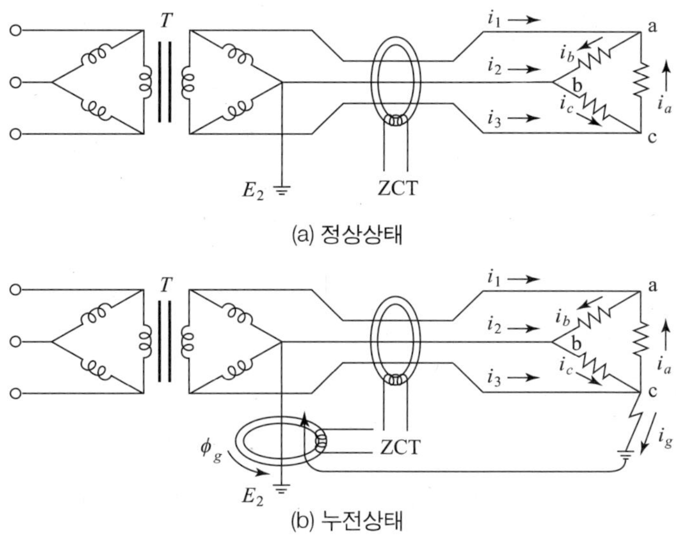

그림 1.89 • 3상 3선식 회로에서의 누설전류 검출

(1) 그림 1.89(a)는 정상상태의 3상 3선식 교류회로로 부하 a, b, c점에 대해 키르히호프의 법칙을 적용하면 다음 수식과 같다. 즉, 이들 각 선전류의 벡터합은 '0'이 되어 ZCT 2차측 출력은 '0' 상태가 유지된다.

a점 : $I_1 = I_b - I_a$

b점 : $I_2 = I_c - I_b$

c점 : $I_3 = I_a - I_c$ $\qquad \therefore I_1 + I_2 + I_3 = 0$

(2) 그러나 그림 1.89(b)와 같이 c점에서 누전이 발생하여 누설전류가 흐른다면 부하 a, b, c점에서의 합은 '0'이 되지 못하고 ZCT에는 누설전류 I_g가 나타나게 된다.

a점 : $I_1 = I_b - I_a$

b점 : $I_2 = I_c - I_b$

c점 : $I_3 = I_a - I_c + I_g$ $\qquad \therefore I_1 + I_2 + I_3 = I_g$

(3) 단상의 경우와 마찬가지로 누설전류 I_g는 ϕ_g라는 자속을 발생시키고 ZCT 2차측에 유기전압을 발생시키며 이 전압을 증폭하여 수신기에 신호를 보내 경보를 발한다.

5. 설치기준

1) 경계전로의 정격전류

정격전류	60A 초과	60A 이하
경보기의 종류	1급	1급, 2급

2) 변류기

(1) 변류기는 **옥외 인입선의 제1지점의 부하측** 또는 **제2종 접지선측의 점검 쉬운 곳**에 설치

(2) 변류기는 옥외 설치시 옥외형 사용

책임분계점(재산분계점) 옥외 ⇦	⇨ 옥내(인입선의 제1지점)
① 고압 : 전봇대의 수용가 주상 변압기 1차측(고압)까지	주상 변압기 2차측(저압)에서 Main 차단기
② 저압 : 수용가 전력량계(WH) 1차측까지	수용가 전력량계 2차측에서 Main 차단기

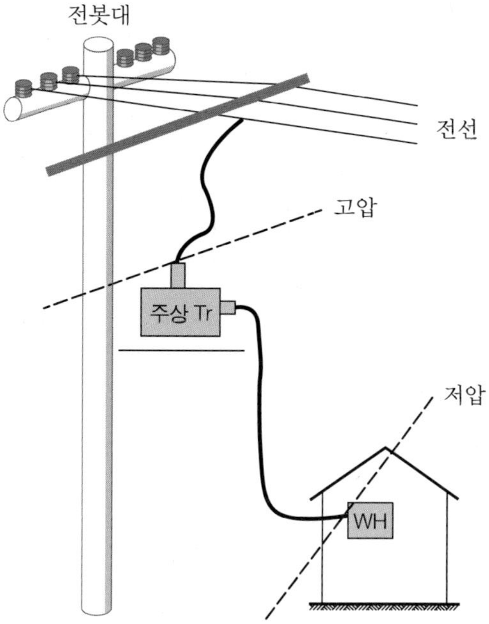

3) 수신부

(1) 옥내의 점검이 편리한 장소에 설치하되, 가연성의 증기나 먼지 등이 체류할 우려가 있는 장소에는 차단기구를 가진 수신부를 설치

(2) 음향장치는 수위실 등 상시 사람이 상주하는 곳에 설치

(3) 설치 제외장소[가.화.습.온.대]

폭발이 발생될 우려가 있거나 부식 등 제품의 손상 위험이 있거나 오동작 우려가 있는 곳

① **가**연성 가스 · 증기 · 먼지 등이나 부식성 가스 등이 다량 체류하는 장소

② **화**약류를 제조하거나 저장, 취급하는 장소(화약류에 의한 분말)

③ **습**도가 높은 곳

④ **온**도변화가 급격한 장소

⑤ **대**전류 회로, 고주파 발생 회로 등에 의한 영향을 받을 우려가 있는 장소

4) 전원

(1) 전원은 분전반으로부터 **전용**으로 한다.

(2) 각 극을 개폐할 수 있는 **개폐기 및 15A 이하의 과전류 차단기(20A 이하의 MCCB)** 설치

(3) 전원을 분기할 때에는 다른 차단기에 의해 전원이 차단되지 않도록 할 것

6. 누전경보기의 시험

시험	시험 방법
동작 시험	스위치를 시험위치에 두고 회로시험 스위치로 각 구역을 선택하여 누전 시와 같은 작동이 행하여지는지를 확인한다.
도통 시험	스위치를 시험위치에 두고 회로시험 스위치로 각 구역을 선택하여 변류기와의 접속이상 유무를 점검한다. 이상 시에는 도통감시등이 점등된다.
누설전류 측정시험	스위치를 누르고 회로시험 스위치 해당구역을 선택하면 누전되고 있는 전류량이 누설전류 표시부에 숫자로 나타난다. 평상시 누전량의 점검시 사용

7. 회로 결선 방법

1) 전선의 변류기 관통 유무 – 변류기에 전선의 3가닥이 모두 관통되어야 한다.

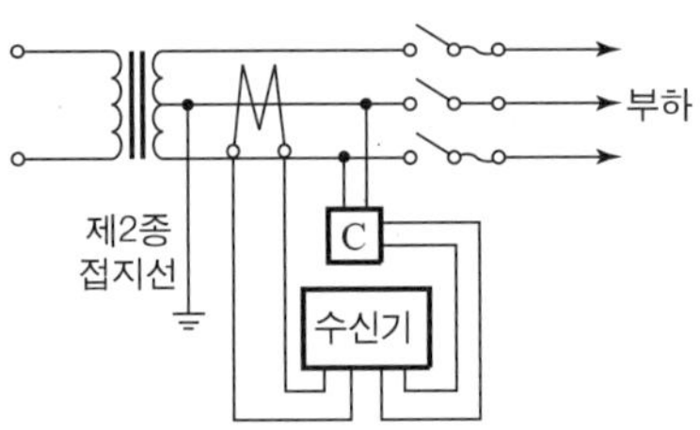

(a) 오결선

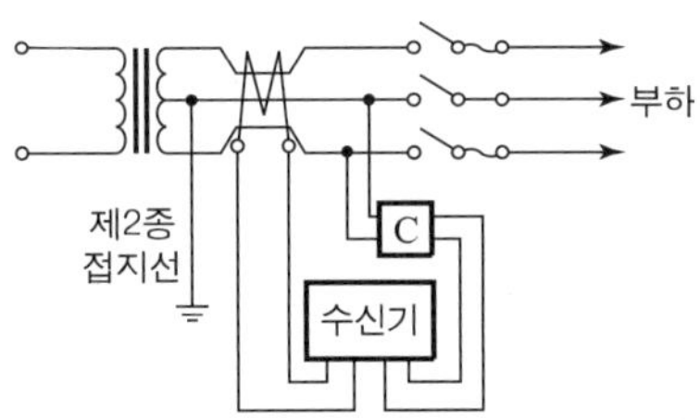

(b) 바른결선

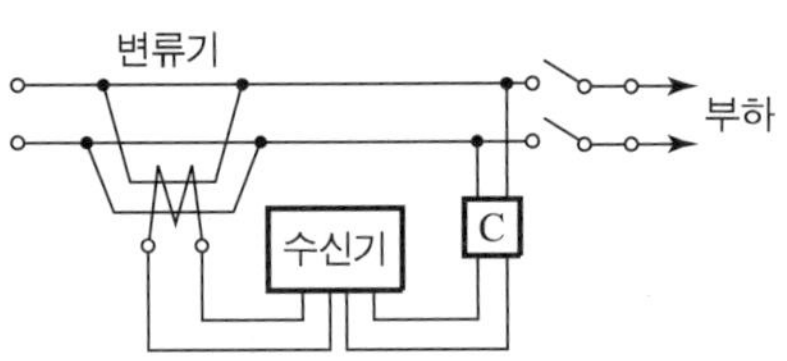

(a) 오결선(분기X)

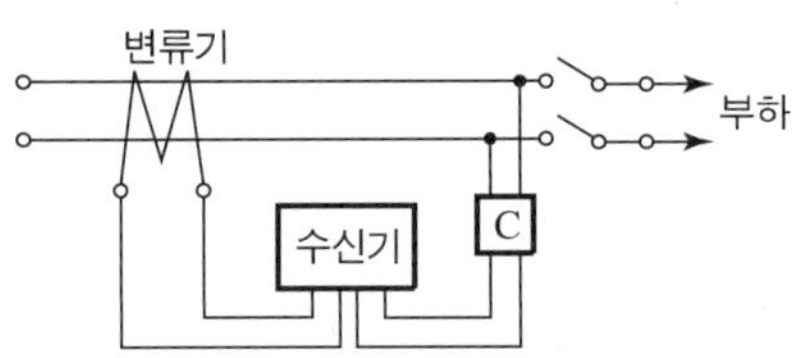

(b) 바른결선

2) 접지선 위치의 적정 유무 – 전원측인 변류기 앞에 접지하여야 한다.

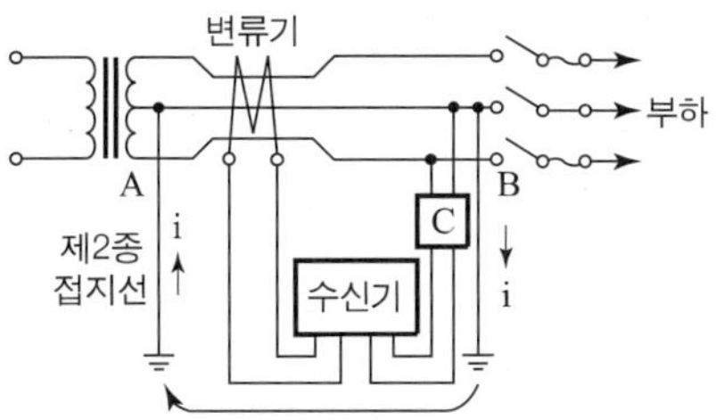

(a) 오결선

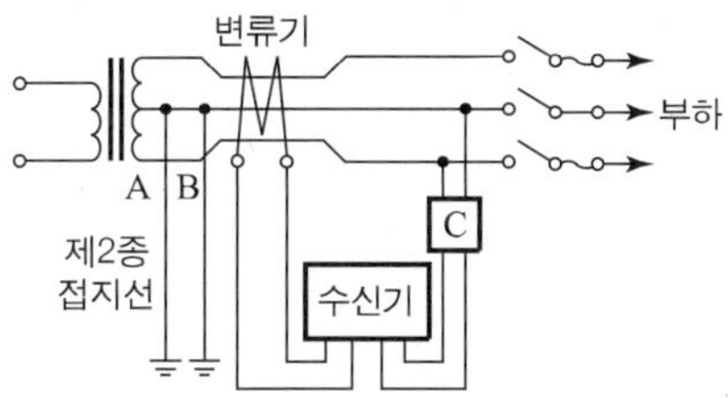

(b) 바른결선

3) 접지선에 변류기를 설치하는 경우 – 중성선 하나의 접지선에만 변류기를 설치한다.

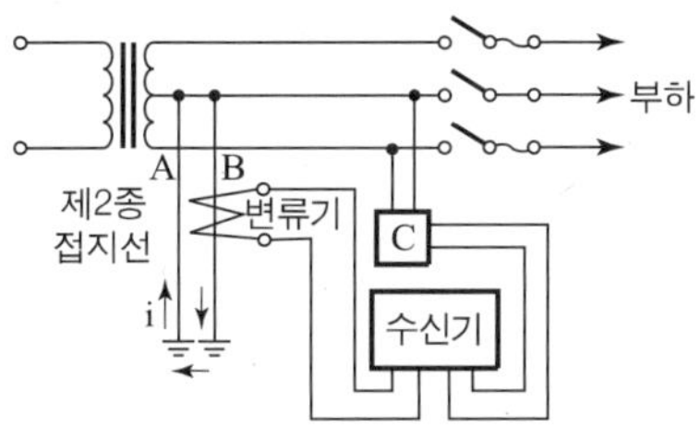

(a) 오결선 (평상시에도 동작)

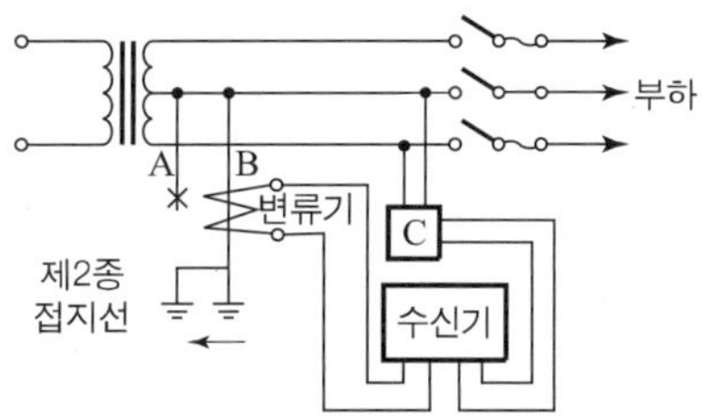

(b) 바른결선

4) 외함 접지선에 변류기를 설치하는 경우 – 외함접지를 변류기 설치점이 아닌 접지측에 접속한다.

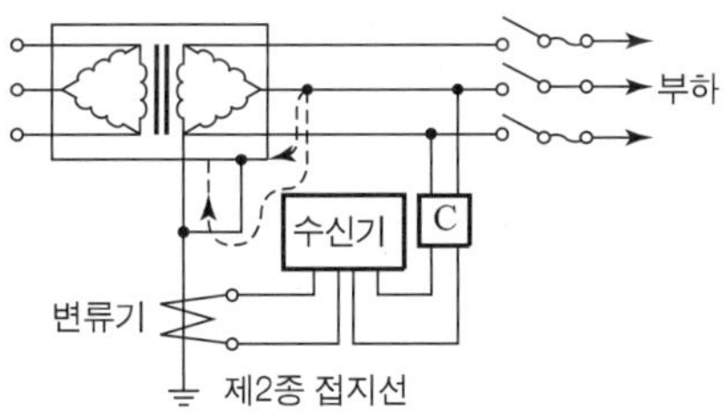

(a) 오결선

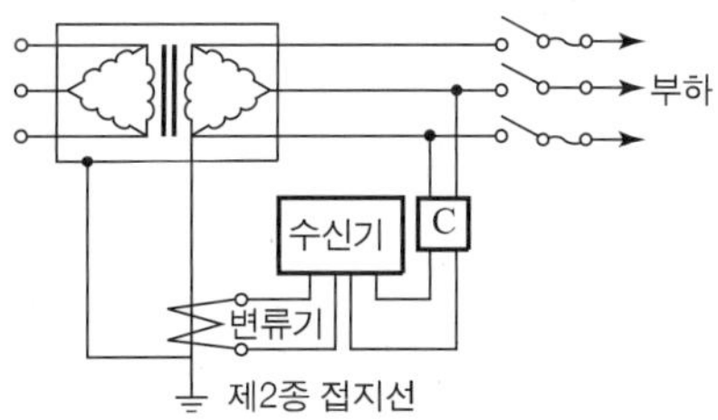

(b) 바른결선

5) 접지종류가 다른 경우 – 제2종 접지선과 제3종 접지선을 분리시킨다.

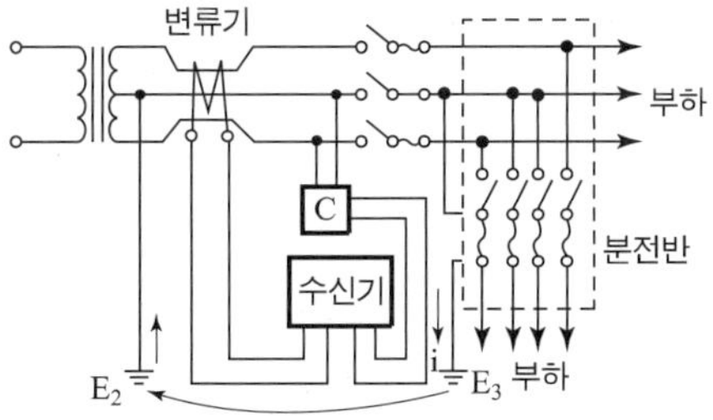

(a) 오결선

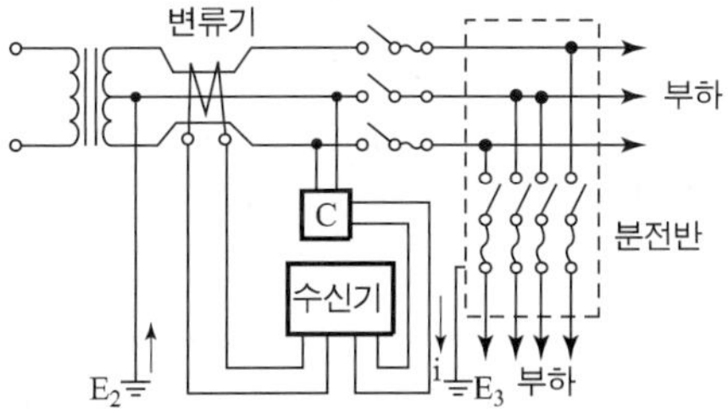

(b) 바른결선

25 가스누설경보기(NFPC 206, NFTC 206)

1. 개요

1) 가스누설경보기란 가스시설이 설치된 장소에서 **액화석유가스(LPG)**, **액화천연가스(LNG)**, **일산화탄소(CO)** 또는 기타 가스(이소부탄, 메탄, 수소)를 **탐지**하여 **경보**하는 것을 말한다. 다만, 탐지소자 외의 방법에 의해 가스가 새는 것을 탐지하는 것, 점검용으로 만들어진 휴대용 검지기 또는 연동기기에 의하여 경보를 발하는 것은 제외한다.
2) 즉 LPG, LNG, CO 등 가연성가스의 누설, 체류를 탐지하여 소방대상물의 관계자에게 경보를 발함으로써 **가스폭발**이나 **화재**를 방지하고 또는 유독가스로 인한 **중독 사고**를 미연에 **방지**하기 위한 장치이다.

그림 1.90 • 가스누설경보기의 외형

2. 설치대상

1) 소방기본법 시행령 별표 1 - 보일러가 설치된 장소[71]
2) 소방시설법 시행령 별표 4 [72]
   가스시설의 설치된 특정소방대상물 중
   (1) 판매시설, 운수시설, 노유자시설, 숙박시설, 창고시설 중 물류터미널
   (2) 문화 및 집회시설, 종교시설, 의료시설, 수련시설, 운동시설, 장례시설

71) 소방기본법 시행령 별표 1에 따라 설치되는 가스누설경보기는 모든 보일러실에 설치되어야 하나 일산화탄소 경보기 설치 의무대상에는 해당되지 않는다.
72) 소방시설법 시행령 별표 4에 따라 설치되는 가스누설경보기(가연성가스 경보기와 일산화탄소 경보기 모두)는 화재안전성능,기술기준에 따라 설치하여야 한다.

3. 가스누설경보기의 용어

용 어	설 명
가연성가스 경보기	보일러 등 가스연소기에서 액화석유가스(LPG), 액화천연가스(LNG) 등의 **가연성가스**가 새는 것을 **탐지**하여 관계자나 이용자에게 **경보**하여 주는 것
일산화탄소 경보기	**일산화탄소**가 새는 것을 **탐지**하여 관계자나 이용자에게 **경보**하여 주는 것
탐지부	가스누설경보기 중 **가스누설**을 **탐지**하여 **중계기** 또는 **수신부**에 가스누설의 **신호**를 **발신**하는 부분 또는 가스누설을 탐지하여 이를 **음향**으로 **경보**하고 동시에 중계기 또는 수신부에 가스누설의 신호를 발신하는 부분
수신부	가스누설경보기 중 탐지부에서 발하여진 가스누설 신호를 **직접** 또는 **중계기**를 통하여 **수신**하고 이를 관계자에게 **음향**으로서 **경보**하여 주는 것
분리형	탐지부와 수신부가 **분리**되어 있는 형태의 경보기
단독형	탐지부와 수신부가 **일체**로 되어있는 형태의 경보기
가스연소기	가스레인지 또는 가스보일러 등 가연성가스를 이용하여 **불꽃**을 **발생**하는 장치
지구경보부	가스누설경보기의 수신부로부터 발하여진 신호를 받아 **경보음**을 발하는 것으로서 **경보기**에 **추가**로 **부착**하여 사용되는 부분
부속장치	가스누설경보기에 연결하여 사용되는 **환풍기** 또는 **지구경보부** 등에 **작동신호원**을 **공급**시켜 주기 위하여 경보기에 부수적으로 설치되어진 장치

4. 가스누설경보기의 분류

분 류	설 명
구조 기준	• **단독형**(탐지부와 수신부 일체) • **분리형**(탐지부와 수신부 분리) – **영업용**(1회로), **공업용**(1회로 이상)
경보 방식	• **즉시 경보형** – 가스농도가 설정 값에 이르면 즉시 경보 • **경보 지연형** – 가스농도가 설정 값에 도달한 후 20~60초 지속되는 경우 경보 • **반즉시 경보형** – 가스농도가 높을수록 경보지연시간을 짧게 한 것

표 1.1 • 가스누설경보기의 구조기준에 따른 분류

비 교	단독형	분리형
개념도	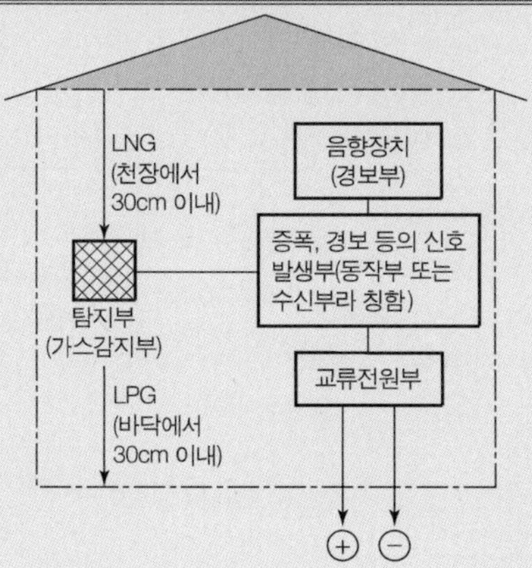	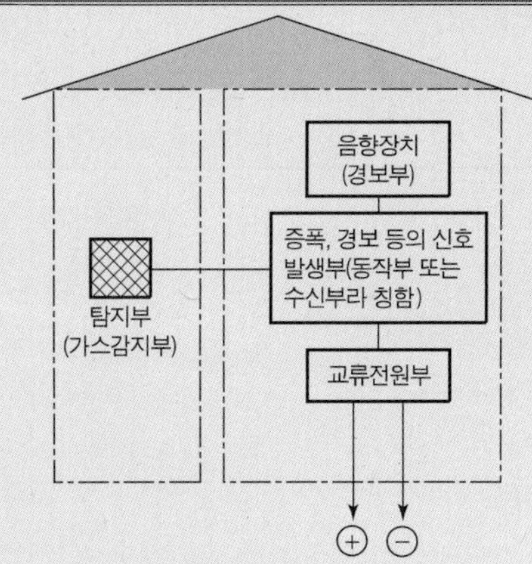

비 교	단독형	분리형
차이점	탐지부와 수신부 일체형으로 가장 간단하게 설치할 수 있는 형태	탐지부는 GAS저장실에 수신부는 수위실 등 사람이 상주하는 장소에 배선하여 원거리 감지가 가능한 형태
공통점	수신부는 필요시 외부신호 송출(송풍기, 배출기 및 기타 소화설비 등에 기동신호 송출) 전원부에는 교류 이외에 예비전원으로 건전지 또는 축전지 및 충전장치 사용	

표 1.2 • 분리형 가스누설 경보기의 구조기준에 따른 분류

구 조	개념도	설 명
공업용	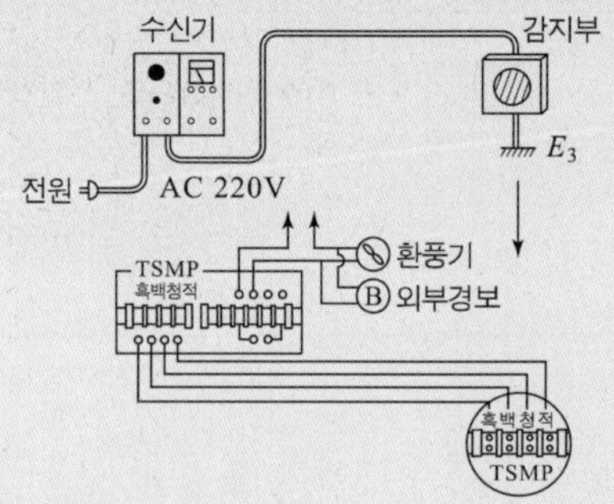	• 가스 감지부에서 누설된 가스를 감지하여 경보음과 동시에 환풍기를 작동시킨다. • 가스 감지부는 방폭형이다.
영업용	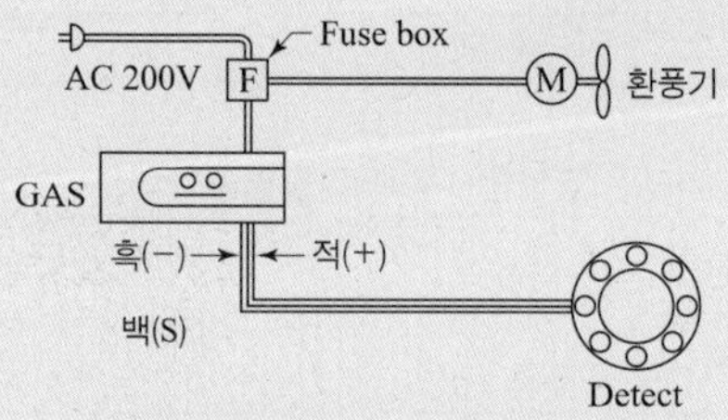	• 소규모 저장실이나 음식점 또는 주방 등에 설치한다. • 가스 감지부는 방폭형이다.
휴대용	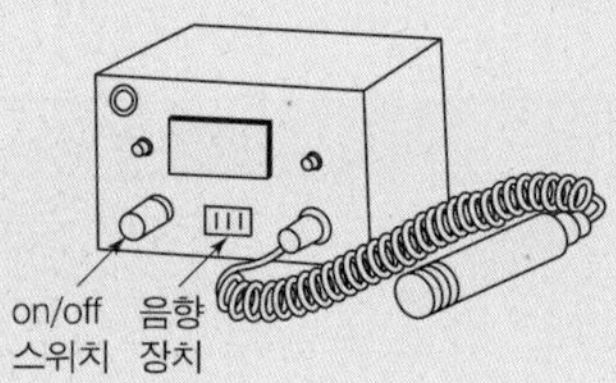	• 가장 간편하게 사용할 수 있는 장치 • 누설 우려가 있는 부분에 검지소자를 접촉시키고 누설이 되면 지시바늘이 오른쪽으로 움직이면서 누설농도를 나타낸다. • 동시에 적색등이 켜지면서 경보를 발한다. • 전원은 DC 9V를 사용한다.

5. 가스누설경보기의 설치기준(가스누설경보기의 화재안전기준[NFPC 206])

1) 가연성가스 경보기

분 류	설 명
분리형 수신부	① 가스연소기 주위의 **경보기**의 **상태 확인** 및 **유지 관리**에 **용이한 위치**에 설치 ② 가스누설 **음향**의 음량과 음색이 다른 기기의 **소음** 등과 명확히 **구별**될 것 ③ 가스누설 음향은 수신부로부터 1m 떨어진 위치에서 **음압**이 70dB 이상일 것 ④ 수신부의 **조작 스위치**는 바닥으로부터 0.8m 이상 1.5m 이하인 장소에 설치 ⑤ 수신부가 설치된 장소에는 **비상연락 번호를 기재한 표**를 **비치**할 것
분리형 탐지부	① 탐지부는 가스연소기의 중심으로부터 **직선거리** 8m(공기보다 무거운 가스 - 4m) **이내에 1개** 이상 설치 ② 탐지부는 천장으로부터 탐지부 하단까지의 거리가 0.3m 이하가 되도록 설치한다. 다만, 공기보다 무거운 가스는 바닥면으로부터 탐지부 상단까지의 거리는 0.3m 이하로 한다.
단독형	분리형 수신부의 ④를 제외하고 모두 적용, 단, 탐지부는 경보기로 수정 적용

2) 일산화탄소 경보기

분 류	설 명
분리형 수신부	① 가스누설 **음향**의 음량과 음색이 다른 기기의 **소음** 등과 명확히 **구별**될 것 ② 가스누설 음향은 수신부로부터 1m 떨어진 위치에서 **음압**이 70dB 이상일 것 ③ 수신부의 **조작 스위치**는 바닥으로부터 0.8m 이상 1.5m 이하인 장소에 설치 ④ 수신부가 설치된 장소에는 **비상연락 번호를 기재한 표**를 **비치**할 것
분리형 탐지부	① 탐지부는 천장으로부터 탐지부 하단까지의 거리가 0.3m 이하가 되도록 설치
단독형	분리형 수신부의 ③를 제외하고 모두 적용, 단, 탐지부는 경보기로 수정 적용

6. 가스누설경보기의 설치기준(가스누설경보기의 형식승인 및 제품검사의 기술기준)

<table>
<tr><th>분 류</th><th colspan="3">설 명</th></tr>
<tr><td>가스누설</td><td colspan="3">• 수신 개시로부터 가스누설 표시까지의 소요 시간 - 60초 이내
• 가스누설 표시등 - 황색</td></tr>
<tr><td>예비전원</td><td colspan="3">• 종류 - 알칼리계 2차 축전지, 리튬계 2차 축전지, 무보수밀폐형 연축전지
• 용량 - 1회선용(단독형 포함) : 20분 감시 후 10분 경보
- 2회선 이상 : 10분 감시 후 2회선을 작동시키고 10분 경보</td></tr>
<tr><td rowspan="4">절연저항</td><td>절연저항계</td><td>절연저항</td><td>대상</td></tr>
<tr><td rowspan="3">DC 500V</td><td>5MΩ 이상</td><td>절연된 충전부와 외함 사이</td></tr>
<tr><td>20MΩ 이상</td><td>교류입력측과 외함 사이, 절연된 선로 사이</td></tr>
<tr><td>50MΩ 이상</td><td>10회로 이상</td></tr>
</table>

7. 가스누설경보기의 설치 금지 장소[출. 연. 환(한). 가. 수]

분리형 경보기의 탐지부 및 단독형 경보기는 다음 장소 이외의 장소에 설치한다.

1) **출**입구 부근 등으로서 **외부의 기류가 통하는 곳**
2) **연**소기의 **폐가스에 접촉하기 쉬운 곳**
3) **환**기구 등 공기가 들어오는 곳으로부터 **1.5m 이내**인 곳
4) **가**구·보·설비 등에 가려져 **누설가스의 유통이 원활하지 못한 곳**
5) **수**증기, 기름 섞인 연기 등이 **직접 접촉될 우려가 있는 곳**

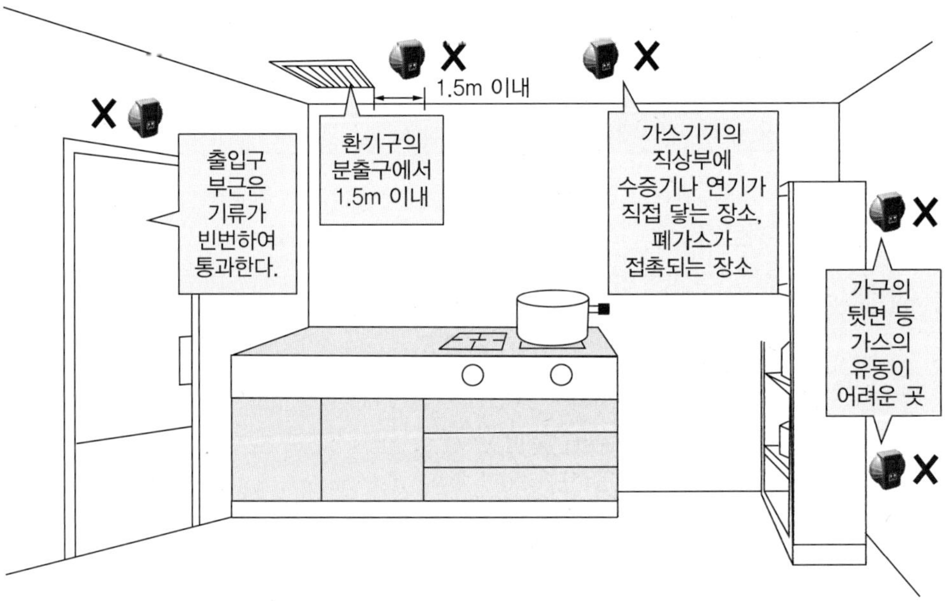

그림 1.91 • 가스누설경보기의 설치금지장소

8. 가스누설경보기의 전원

경보기는 **건전지** 또는 **교류전압의 옥내간선**을 사용하여 상시 전원이 공급되도록 하여야 한다.

9. 탐지부의 감지방식

탐지부의 감지방식은 반도체식, 접촉 연소식, 기체 열전도식으로 분류된다.

1) 반도체식 검지기

(1) **산화주석(SnO_2)**이나 **산화철(FeO)의 반도체**를 히터로 **350℃ 정도 가열**하여 두고 여기에

가연성가스가 접촉하면 가스가 반도체의 표면에 흡착되어 **반도체의 저항치가 감소하는 특성**을 이용하여 가스를 검출하는 것이다.

(2) 산소기의 흡착량과 탈착량은 센서의 감도를 좌우하게 되는데 산소의 흡착량을 많게 하기 위하여 비표면적을 키우고 산소기체 흡착이 최대가 되는 온도로 높여주어야 한다.

(3) 보통 흡탈착은 100℃ 이상이 아니면 충분한 흡탈착이 어려워 소자를 적당한 온도로 유지하기 위하여 소자를 가열할 필요가 있다.

(4) 출력은 40～80V 정도의 고출력을 얻을 수 있으므로 그대로 소형 벨을 울릴 수 있다.

2) 접촉 연소식 검지기

(1) 반도체 센서가 기체와 고체간의 흡탈착으로 인한 전기전도도의 변화를 이용하는 것과는 달리 **가연성가스와 산소와의 연소열을 전기신호로 변환하는 방식**으로 수증기나 온도, 습도의 영향이 적어 가장 많이 사용된다.

(2) 코일상태로 감은 **백금선의 주위에 알루미나를 소결시켜 만든 산화촉매를 부착시키고 약 500℃ 정도로 가열**하여 가연성가스가 표면에 접촉하면 그 표면에서 연소반응이 발생하여 **백금선의 온도가 상승하고 전기저항이 커져** 브리지 회로의 평형이 붕괴, 출력이 생기는 특성을 이용하여 가스를 검출한다.

(3) 출력이 약하므로 경보기를 울리기 위해서는 증폭기를 사용해야 한다.

3) 기체 열전도식 검지기

(1) **기체의 열전도율 차이를 검지하는 방식**으로, 응답속도를 어느 정도 빠르게 하기 위해서, 150～200℃에 소자를 가열해 사용하고 접촉 연소식과 유사하지만, 이 소자는 표면에서 연소 능력이 없는 점이 다르다.

(2) **백금선 코일에 산화주석(SnO_2) 등의 반도체를 도포**하고 이를 가열해 두고 공기와 가연성가스의 열전도도가 다르기 때문에 가연성가스가 검지소자에 접촉하면 **백금선의 온도가 변화하고 이에 따라 전기저항도 변화하는 특성을 이용**한다.

(3) 기체 열전도식 검지기도 접촉 연소식 검지기와 같이 모든 가연성 가스를 검지하고 그 농도도 지시할 수 있는데 검출회로의 출력이 약하므로 경보장치를 구동시키려면 증폭기가 필요하다.

표 1.3 ● 탐지부의 감지방식의 비교

비교	반도체식	접촉 연소식	기체 열전도식
작동원리 및 재질	① 반도체에 가스가 접촉하면 그 전기 저항이 감소하는 성질을 이용 ② 공기 중의 산소가 반도체 표면에 흡착되어 전위 장벽을 형성하여 전기전도도가 낮아지고 가연성가스가 접촉되면, 반도체 표면에 흡착 되었던 산소가 이 가스와 결합하여 전기전도도가 높아지게 된다. ③ 전기전도도를 측정하면 해당 가스의 농도를 알 수 있다. ④ 히터, 전극 : 인듐·팔라듐 합금 반도체 : SnO_2(산화주석)	① 가연성 가스가 백금 상에 촉매와 작용하여 연소하고 온도 상승을 발생하여 백금선의 전기 저항이 증가하는 것을 측정 ② 검지부에 가연성 가스가 접촉하면 접촉연소 반응이 일어나고 반응열에 의하여 검지소자의 온도가 상승하며 전기저항이 증대된다. ③ 이 전기저항 변화를 휘스톤 브리지의 불평형 전압으로서 전류변화를 측정한다. ④ 검출소자, 보상소자 : 백금선	① 코일상으로 감겨진 백금선이 칠해진 반도체 가스에 대한 열전도도의 차이를 응용한 것으로, 접촉연소와는 반대로 변화한다. ② 가열한 백금선 → 기체의 열전도→ 백금선의 온도변화 →저항값 변화 → 브리지회로 전압 불평등 → 가스농도 검출 ③ 검출소자, 보상소자 : 백금선 반도체 : SnO_2(산화주석)
센서구조	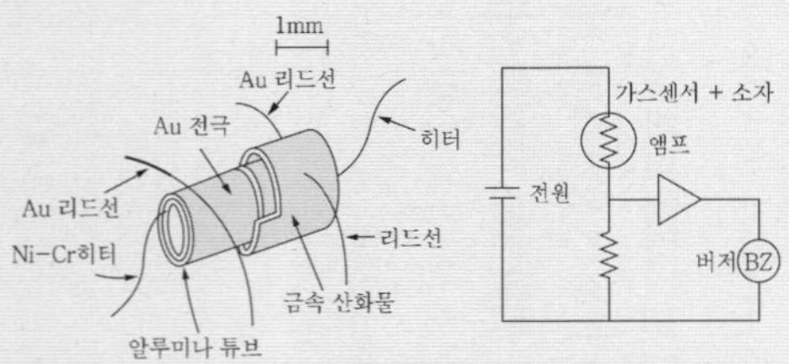	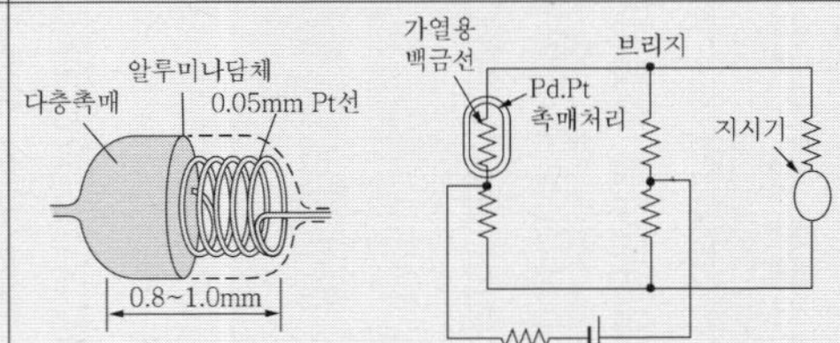 검지소자의 구조 접촉 연소식 가스센서	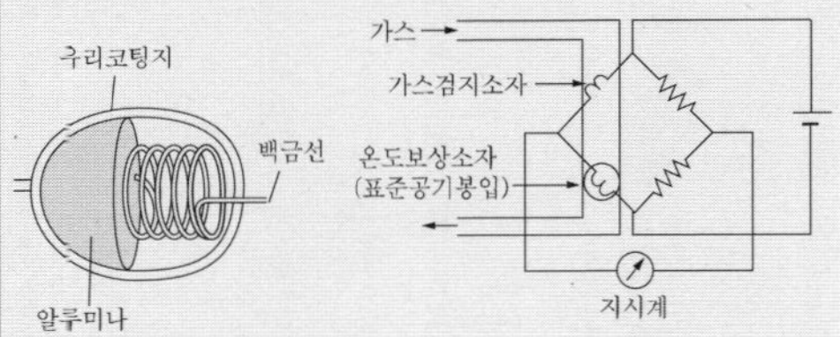 구조도 기본회로
특징	① 각종 가스에 대한 감도 특성 및 장기 안정성이 매우 우수 ② 소형화 및 대량생산의 장점 등으로 폭 넓게 응용 ③ SnO_2 경우는 장기 안정성 및 감도에서 탁월한 특성을 가지고 있으나, 외부환경(온, 습도)에 매우 민감	① 가스농도에 비례하여 출력전압이 직선적으로 증가 ② 습도의 영향을 받고 고농도인 가스는 검출할 수 없다(연소 상한계 이상). ③ 백금선의 저항을 이용하여 충격에 약하다. ④ 장시간 사용시 촉매열화로 감도가 저하	① 100Vol%의 가스농도까지 출력은 직선성이며 고농도 가스검지에 적합 ② 열전도 특징인 촉매의 노화, 독성의 피해가 없어 경제적으로 안정 ③ 산소 없이도 측정 가능
동작시간	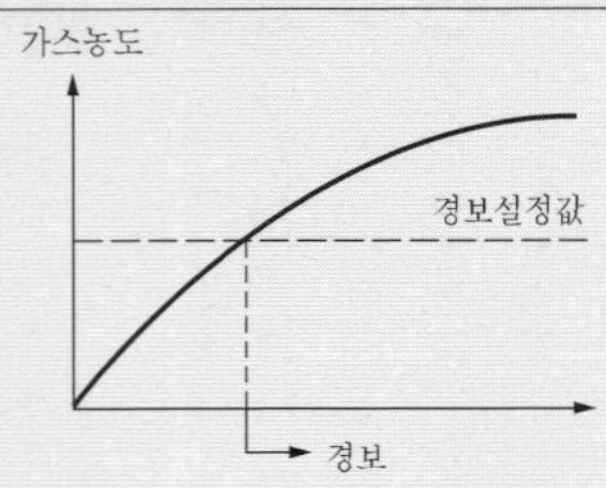 즉시경보형	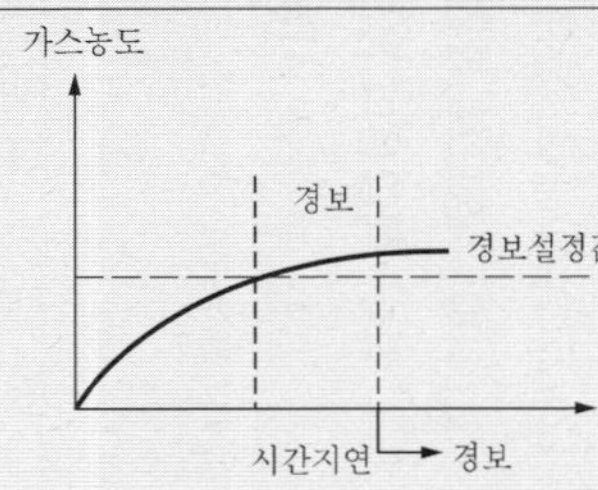 경보지연형	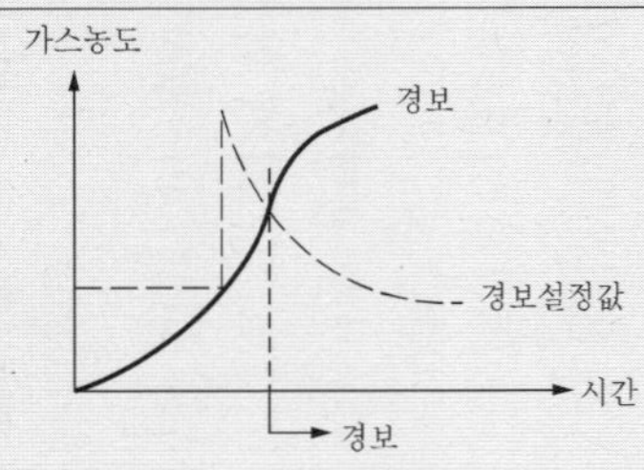 경보지연형

■1 자동화재탐지설비(NFPC 203, NFTC 203) 설치기준

1. 수신기(NFPC 203 제5조 제3항, NFTC 203 2.2.3)[조.수.설.음.경.종.하나.2.지]

1) **조**작 S/W는 바닥으로부터 0.8～1.5m 이하
2) **수**위실 등 사람이 상주하는 장소. 상주 장소 없으면 쉽게 접근·관리 용이한 장소
3) **설**치장소에는 경계구역 일람도 비치할 것
4) **음**향기구는 타기기의 음향과 구별 될 것
5) 감지기, 중계기, 발신기가 작동하는 **경**계구역 표시
6) **종**합방재반 설치 시 수신기 작동과 연계하여 경계구역 표시
7) **하나**의 경계구역은 하나의 표시등 or 문자로 표시 될 것
8) 하나의 소방대상물에 2 이상의 수신기 설치 시 각 수신기 마다 화재상황 확인 가능할 것
9) 하나의 층에 **지**구음향장치 배선 단락시 다른 층의 화재통보에 지장이 없도록 할 것

2. 발신기(NFPC 203 제9조, NFTC 203 2.6.1)[조작.층.수.표시등]

1) **조작이 쉬운 장소**에 설치
2) **조작스위치**는 바닥으로부터 **0.8m 이상 1.5m 이하** 높이에 설치
3) **소방대상물의 층**마다 설치
4) **수평거리는 25m 이하**. 다만 보행거리가 40m 이상일 경우 추가 설치
5) **표시등**은 **함의 상부**에 설치하되, 그 **불빛**은 부착면으로부터 **15° 이상**의 범위 안에서 **10m 이내**의 어느 곳에서도 쉽게 식별할 수 있는 **적색등**일 것

3. 중계기(NFPC 203 제6조, NFTC 203 2.3.1)[조.수.상.전]

1) **조**작 및 점검이 용이하고, 화재 및 침수 등의 재해 우려가 없는 장소
2) **수**신기와 감지기 사이에 설치
3) **상**용/예비전원 시험장치 갖출 것
4) 별도 전원 공급시(집합형) **전**원 입력 측 배선에 과전류차단기 설치

4. 음향장치(NFPC 203 제8조 제1항, NFTC 203 2.5.1)[주.지.우.정.감.음]

1) **주**음향장치는 **수신기 내부 또는 그 직근**에 설치할 것
2) **지**구음향장치는 **소방대상물의 층**마다 설치하되, 음향장치까지의 **수평거리는 25m 이하**. 다만 비상방송설비를 자동화재탐지설비의 감지기와 연동 할 때에는 생략 가능
3) 11층(공동주택 16층) 이상 대상물에는 **우선경보방식** 적용

발화층	경보층
2층 이상	발화층, 직상 4개층
1층	발화층, 직상 4개층, 지하층
지하층	발화층, 직상층, 기타 지하층

4) **정**격전압의 **80% 전압**에서 음향을 발할 수 있을 것
5) **감**지기 및 발신기의 작동과 연동하여 작동할 수 있을 것
6) **음**량은 음향장치의 중심으로부터 1m 떨어진 위치에서 **90dB 이상**일 것

5. 청각장애인 시각경보장치(NFPC 203 제8조 제2항, NFTC 203 2.5.2)[바닥.복도.공연장.광원]

1) **바닥**으로부터 2~2.5m 이하(단, 2m 이하인 천장은 0.15m 이내 설치)
2) **복도**, 통로, 청각장애인용 객실 및 공용 사용 거실에 설치
3) **공연장**, 집회장, 관람장은 **무대부 부분** 설치
4) **광원**은 전용의 축전지설비 or 전기저장장치에 의해 점등

2 비상벨 or 자동식사이렌 설비의 설치기준(NFPC 201 제4조, NFTC 201 2.1)

1) **부**식성 가스 또는 습기 등으로 인하여 부식의 우려가 없는 장소에 설치할 것
2) **지구음향장치**는 소방대상물의 **층**마다 설치하되, 음향장치까지의 **수평거리**는 **25m 이하**. 다만, 비상방송설비와 연동할 때에는 지구음향장치 생략 가능
3) 음향장치는 **정**격전압의 **80%** 전압에서 음향을 발할 수 있을 것
4) 음향장치의 **음**량은 음향장치의 중심으로부터 **1m** 떨어진 위치에서 **90dB 이상**일 것
5) 발신기는 **조작이 쉬운 장소**에 설치, 조작스위치는 **0.8m 이상 1.5m 이하 높이**에 설치
6) 발신기는 소방대상물의 **층**마다 설치, 발신기까지의 **수평거리는 25m 이하**. 다만, 보행거리가 40m 이상일 경우 추가 설치
7) 발신기의 **표시등**은 **함의 상부**에 설치하되, 그 불빛은 부착면으로부터 **15°** **이상**의 범위 안에서 **10m 이내**의 어느 곳에서도 쉽게 식별할 수 있는 **적색등** 일 것
8) 상용전원 – **축전지, 전기저장장치 or 교류전압 옥내간선**, 전원까지의 배선은 **전용**으로 할 것
9) 비상전원 – **60분 감시 후 10분 경보**할 수 있는 **축전지 설비 or 전기저장장치**
10) 개폐기 – "비상벨설비 또는 자동식사이렌설비용" 표지 할 것
11) 전원회로 배선 – **내화**배선, 그 밖의 배선 – 내화 or 내열배선
12) 배선은 다른 전선과 별도의 관·덕트·몰드·박스 등에 설치할 것

3 비상방송설비 음향장치 설치기준(NFPC 202 제4조, NFTC 202 2.1)

[우선.화.음.조작.증폭.비.유.음향]

1) **우선** 경보방식 적용
2) **확**성기의 음성입력은 실내 1W, 실외 3W 이상일 것
3) 확성기는 각 층마다 설치하되, 수평거리는 25m 이하일 것
4) **음**량조정기는 3선식 배선일 것
5) **조작** S/W는 바닥으로부터 0.8~1.5m 이하
6) 조작부 기동장치는 작동한 층, 구역표시 가능할 것
7) 조작부 2개 이상일 때 상호 동시통화 가능할 것
8) **증폭**기 및 조작부는 수위실 등 상시 사람이 근무하는 장소에 설치할 것
9) **비**상방송 개시시간은 10초 이하 일 것
10) 비상경보방송외의 방송을 차단할 수 있을 것
11) 다른 전기회로에 의해 **유**도장애가 생기지 않을 것
12) **음향**장치는 정격전압의 80%에서 음향을 발할 수 있을 것

과년도 문제 분석

경보설비 분류

1. 상세분류

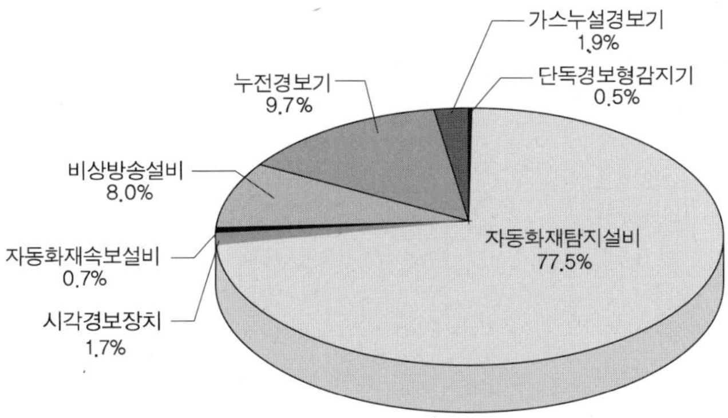

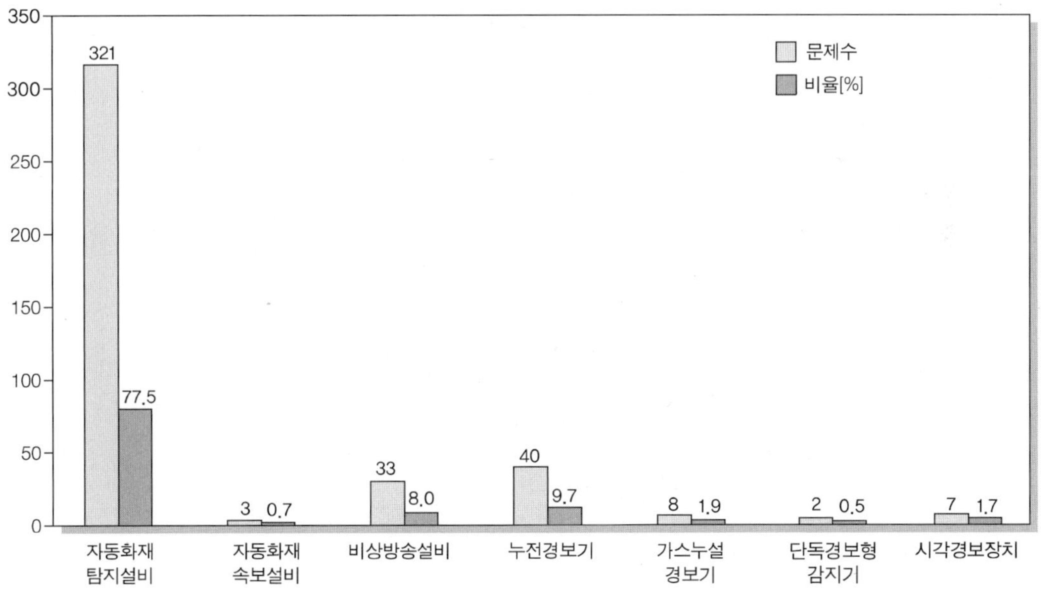

2. 문제유형

경보설비 과년도 문제 분석(1996~2020년)

번호	출제년도	문항	시설분류	상세분류(대)	상세분류(중)	문제유형	회수	출제비율
1	2020.11.29	10	경보설비	가스누설경보기	설치기준	가스누설표시등, 구조용도구분, 탐지부	8	1.9%
2	2017.06.25	1	경보설비	가스누설경보기	설치기준	가스누설표시등, 축전지종류, 예비전원용량 등		
3	2013.04.21	9	경보설비	가스누설경보기	설치기준	가스누설표시등, 구조용도구분, 탐지부		
4	2010.04.17	13	경보설비	가스누설경보기	설치기준	가스누설표시등, 축전지종류, 예비전원용량 등		
5	2008.11.02	9	경보설비	가스누설경보기	설치기준	가스누설표시등, 예비전원용량, 절연저항		
6	2008.07.06	7	경보설비	가스누설경보기	설치기준	가스누설표시등, 경보기구		
7	2003.07.13	13	경보설비	가스누설경보기	설치기준	가스누설표시등, 예비전원용량, 절연저항		
8	2001.07.15	10	경보설비	가스누설경보기	설치기준	가스누설표시등, 축전지종류, 절연저항		
9	2020.05.24	5	경보설비	누전경보기	구성	구성요소와 기능	40	9.7%
10	2019.04.14	2	경보설비	누전경보기	구성	구성요소와 기능		
11	2014.11.01	1	경보설비	누전경보기	구성	구성요소와 기능		
12	2009.10.18	11	경보설비	누전경보기	구성	수신부(전원회로, ZNR 목적)		
13	2008.07.06	2	경보설비	누전경보기	구성	수신부(전원회로, ZNR 목적)		
14	2005.07.10	10	경보설비	누전경보기	구성	수신기 구조의 계통도		
15	2005.05.01	1	경보설비	누전경보기	구성	수신부 증폭방식 3가지		
16	2004.04.25	12	경보설비	누전경보기	구성	각 부 명칭		
17	2002.07.07	5	경보설비	누전경보기	구성	수신기 구조의 계통도		
18	2011.11.13	3	경보설비	누전경보기	기타	CT 100/5, 50VA 역할, 명칭		
19	2006.07.09	9	경보설비	누전경보기	기타	CT 100/5, 50VA 명칭, 역할		
20	2001.04.22	10	경보설비	누전경보기	기타	점검기구		
21	1999.09.19	13	경보설비	누전경보기	기타	누전경보기 설치위치		
22	1997.11.16	4	경보설비	누전경보기	기타	누전경보기 설치위치		
23	2018.11.10	13	경보설비	누전경보기	설치기준	설치기준(경계전로전류, 개폐기 ZCT 명칭, 기능)		
24	2017.11.11	7	경보설비	누전경보기	설치기준	설치기준(틀린 부분, 접지, 경계전로전류 등)		
25	2011.05.01	8	경보설비	누전경보기	설치기준	설치기준(틀린 부분, 접지, 경계전로전류 등)		
26	2010.10.30	17	경보설비	누전경보기	설치기준	설치기준(명칭, 경계전로전류, 공칭작동전류 등)		
27	2006.11.05	1	경보설비	누전경보기	설치기준	설치기준(경계전로전류, 몇종접지)		
28	2006.04.23	1	경보설비	누전경보기	설치기준	설치기준, 잘못된 회로 수정		
29	2005.10.23	5	경보설비	누전경보기	설치기준	설치기준, 잘못된 회로 수정		
30	2004.07.04	6	경보설비	누전경보기	설치기준	경계전로 등		
31	2002.10.27	4	경보설비	누전경보기	설치기준	설치기준, 잘못된 회로 수정		
32	2002.04.21	2	경보설비	누전경보기	설치기준	설치기준(명칭, 경계전로전류, 공칭작동전류 등)		
33	2000.11.12	9	경보설비	누전경보기	설치기준	설치기준, 잘못된 회로 수정		
34	2000.04.23	4	경보설비	누전경보기	설치기준	설치기준(경계전로전류, 몇종접지)		
35	1999.11.21	4	경보설비	누전경보기	설치기준	설치기준, 잘못된 회로 수정		
36	1998.08.30	9	경보설비	누전경보기	설치기준	설치기준(명칭, 경계전로전류, 공칭작동전류 등)		
37	1998.02.30	9	경보설비	누전경보기	설치기준	설치기준(틀린 곳, 접지, 경계전류, 공칭작동전류)		
38	1996.09.01	5	경보설비	누전경보기	설치기준	설치기준(명칭, 경계전로전류, 공칭작동전류 등)		
39	1996.05.19	7	경보설비	누전경보기	설치기준	설치기준(틀린 곳, 접지, 동선직결이유)		
40	2000.02.20	8	경보설비	누전경보기	수신부	시험종류		

번호	출제년도	문항	시설분류	상세분류(대)	상세분류(중)	문제유형	회수	출제비율
41	1997.08.24	6	경보설비	누전경보기	수신부	측정개소, 절연저항 사용기기, 판정기준	40	9.7%
42	1997.05.11	12	경보설비	누전경보기	수신부	수신부(전원회로, ZNR 목적)		
43	1996.09.01	6	경보설비	누전경보기	수신부	시험종류		
44	2020.10.17	18	경보설비	누전경보기	작동원리	감지원리 설명		
45	2016.11.12	8	경보설비	누전경보기	작동원리	감지원리 설명		
46	2009.04.19	4	경보설비	누전경보기	작동원리	감지원리 설명		
47	1998.08.30	12	경보설비	누전경보기	작동원리	감지원리 설명		
48	2009.07.05	4	경보설비	누전경보기	작동원리	작동순서 표기		
49	2016.04.17	3	경보설비	단독경보형	설치기준	설치기준	2	0.5%
50	2014.11.01	6	경보설비	단독경보형	설치기준	설치기준		
51	2015.04.19	16	경보설비	비상방송설비	기타	AMP와 스피커 간 임피던스 매칭순서	33	8.0%
52	2017.06.25	6	경보설비	비상방송설비	계통도	배선가닥수, 배선내역		
53	2012.07.08	16	경보설비	비상방송설비	계통도	배선가닥수, 배선내역		
54	2009.07.05	14	경보설비	비상방송설비	계통도	배선가닥수, 배선내역		
55	2020.11.29	1	경보설비	비상방송설비	설치기준	설치기준(확성기, 음량조정기, 조작스위치, 증폭기)		
56	2019.06.29	10	경보설비	비상방송설비	설치기준	설치기준(확성기, 우선경보방식, 방송개시시간)		
57	2018.11.10	3	경보설비	비상방송설비	설치기준	설치기준(확성기, 음량조정기, 조작스위치)		
58	2018.11.10	12	경보설비	비상방송설비	설치기준	설치기준(우선경보방식)		
59	2014.11.01	7	경보설비	비상방송설비	설치기준	설치기준(확성기, 방송개시시간, 우선경보방식)		
60	2014.04.20	9	경보설비	비상방송설비	설치기준	설치기준(확성기, 음량조정기, 방송개시시간 등)		
61	2013.07.14	15	경보설비	비상방송설비	설치기준	설치기준(확성기, 음량조정기, 방송개시시간 등)		
62	2012.11.03	6	경보설비	비상방송설비	설치기준	설치기준(경보방식, 확성기, 조작스위치)		
63	2011.05.01	6	경보설비	비상방송설비	설치기준	설치기준(음량조정기, 조작스위치, 방송개시시간)		
64	2006.11.05	4	경보설비	비상방송설비	설치기준	설치기준(확성기, 음량조정기, 스위치높이 등)		
65	2006.07.09	1	경보설비	비상방송설비	설치기준	설치기준(우선경보방식, 확성기, 스위치높이 등)		
66	2005.10.23	2	경보설비	비상방송설비	설치기준	설치기준(계통도, 음량조정기, 확성기)		
67	2005.07.10	13	경보설비	비상방송설비	설치기준	설치기준(확성기, 음량조정기, 방송개시시간 등)		
68	2004.07.04	10	경보설비	비상방송설비	설치기준	확성기 음성입력, 방송개시시간, 우선경보방식		
69	2003.04.20	13	경보설비	비상방송설비	설치기준	설치기준(계통도, 음량조정기, 확성기)		
70	2002.10.27	2	경보설비	비상방송설비	설치기준	설치기준(확성기, 음량조정기)		
71	2002.07.07	4	경보설비	비상방송설비	설치기준	설치기준(음량조정기, 우선경보방식, 발신기)		
72	2002.04.21	9	경보설비	비상방송설비	설치기준	설치기준(확성기, 음량조정기, 방송개시시간 등)		
73	2000.02.20	12	경보설비	비상방송설비	설치기준	설치기준(확성기, 음량조정기, 방송개시시간 등)		
74	1999.09.19	3	경보설비	비상방송설비	설치기준	설치기준(음량조정기, 조작스위치높이, 확성기 등)		
75	1998.08.30	3	경보설비	비상방송설비	설치기준	설치기준(우선경보방식, 확성기, 스위치높이 등)		
76	1998.02.29	8	경보설비	비상방송설비	설치기준	설치기준(조작스위치, 음량조정기, 우선경보방식)		
77	1997.08.24	3	경보설비	비상방송설비	설치기준	설치기준(방송개시시간, 우선경보방식, 확성기)		
78	1996.09.01	9	경보설비	비상방송설비	설치기준	설치기준(확성기, 음량조정기, 방송개시시간 등)		
79	2019.04.14	14	경보설비	비상방송설비	음량조정기	결선도		
80	2012.11.03	11	경보설비	비상방송설비	음량조정기	결선도		
81	2010.07.04	18	경보설비	비상방송설비	음량조정기	결선도		
82	2004.04.25	9	경보설비	비상방송설비	음량조정기	결선도		
83	1997.11.16	11	경보설비	비상방송설비	음량조정기	결선도		

번호	출제년도	문항	시설분류	상세분류(대)	상세분류(중)	문제유형	회수	출제비율
84	2020.11.15	8	경보설비	시각경보장치	설치기준	설치기준		
85	2020.05.24	10	경보설비	시각경보장치	설치기준	설치기준		
86	2019.04.14	16	경보설비	시각경보장치	설치기준	설치기준		
87	2017.06.25	4	경보설비	시각경보장치	설치기준	설치기준	7	1.7%
88	2016.06.26	13	경보설비	시각경보장치	설치기준	설치기준		
89	2015.07.12	8	경보설비	시각경보장치	설치기준	설치기준		
90	2017.11.11	5	경보설비	시각경보장치	설치기준	시각경보기를 설치해야 할 특정소방대상물		
91	2020.07.25	17	경보설비	자속설비	설치기준	설치기준(절연저항)		
92	2012.07.08	14	경보설비	자속설비	설치기준	설치기준(속보기)	3	0.7%
93	1998.08.30	7	경보설비	자속설비	설치기준	설치기준(속보기)		
94	2015.04.19	13	경보설비	자탐설비	감지기	1개의 경계구역		
95	2013.07.14	2	경보설비	자탐설비	감지기	1개의 경계구역		
96	2011.05.01	3	경보설비	자탐설비	감지기	1개의 경계구역		
97	2010.07.04	8	경보설비	자탐설비	감지기	1개의 경계구역		
98	2010.04.17	18	경보설비	자탐설비	감지기	1개의 경계구역		
99	2009.07.05	16	경보설비	자탐설비	감지기	1개의 경계구역		
100	2007.11.04	8	경보설비	자탐설비	감지기	1개의 경계구역		
101	2007.04.22	12	경보설비	자탐설비	감지기	1개의 경계구역		
102	2006.07.09	3	경보설비	자탐설비	감지기	1개의 경계구역		
103	2005.07.10	8	경보설비	자탐설비	감지기	1개의 경계구역		
104	2004.10.31	11	경보설비	자탐설비	감지기	1개의 경계구역		
105	2004.04.25	10	경보설비	자탐설비	감지기	1개의 경계구역		
106	2003.04.27	6	경보설비	자탐설비	감지기	1개의 경계구역		
107	2002.07.07	12	경보설비	자탐설비	감지기	1개의 경계구역		
108	2002.04.21	4	경보설비	자탐설비	감지기	1개의 경계구역		
109	2001.04.22	1	경보설비	자탐설비	감지기	1개의 경계구역		
110	1999.05.30	12	경보설비	자탐설비	감지기	1개의 경계구역	321	77.5%
111	1998.11.15	1	경보설비	자탐설비	감지기	1개의 경계구역		
112	1998.08.30	6	경보설비	자탐설비	감지기	1개의 경계구역		
113	1998.05.10	9	경보설비	자탐설비	감지기	1개의 경계구역		
114	1997.11.16	5	경보설비	자탐설비	감지기	1개의 경계구역		
115	1996.11.17	6	경보설비	자탐설비	감지기	1개의 경계구역		
116	1996.09.01	11	경보설비	자탐설비	감지기	1개의 경계구역		
117	1996.05.19	2	경보설비	자탐설비	감지기	1개의 경계구역		
118	2020.11.29	7	경보설비	자탐설비	감지기	1개의 경계구역(1개의 최대바닥면적)		
119	2020.05.24	11	경보설비	자탐설비	감지기	1개의 경계구역(1개의 최대바닥면적)		
120	2019.11.09	10	경보설비	자탐설비	감지기	1개의 경계구역(1개의 최대바닥면적)		
121	2019.06.29	4	경보설비	자탐설비	감지기	1개의 경계구역(1개의 최대바닥면적)		
122	2017.06.25	12	경보설비	자탐설비	감지기	1개의 경계구역(1개의 최대바닥면적)		
123	2015.07.12	2	경보설비	자탐설비	감지기	1개의 경계구역, 감지기 배치		
124	2017.11.11	12	경보설비	자탐설비	감지기	1개의 경계구역, 건물 경계구역		
125	2013.11.09	3	경보설비	자탐설비	감지기	1개의 경계구역, 건물 경계구역		
126	2013.04.21	4	경보설비	자탐설비	감지기	1개의 경계구역, 건물 경계구역		
127	2016.06.26	15	경보설비	자탐설비	감지기	1개의 최대바닥면적		

번호	출제년도	문항	시설분류	상세분류(대)	상세분류(중)	문제유형	회수	출제비율
128	2020.10.17	2	경보설비	자탐설비	감지기	1개의 최대바닥면적(차동식 스포트형 2종)	321	77.5%
129	2016.06.26	5	경보설비	자탐설비	감지기	1개의 최대바닥면적, 가닥수 표시		
130	2009.10.18	17	경보설비	자탐설비	감지기	감지기의 명칭		
131	2015.11.07	12	경보설비	자탐설비	감지기	감지기의 분류(부착높이)		
132	2006.07.09	14	경보설비	자탐설비	감지기	감지기의 종류, 감지원리 등		
133	2012.07.08	10	경보설비	자탐설비	감지기	경계구역 계산, 감지기개수 계산		
134	2012.04.22	4	경보설비	자탐설비	감지기	경계구역 계산, 감지기개수 계산		
135	2011.11.13	16	경보설비	자탐설비	감지기	경계구역 계산, 감지기개수 계산		
136	1997.01.26	9	경보설비	자탐설비	감지기	공기관식 차동식 분포형 감지기		
137	2020.11.15	9	경보설비	자탐설비	감지기	공기관식 차동식 분포형 감지기 설치기준		
138	2020.07.25	9	경보설비	자탐설비	감지기	공기관식 차동식 분포형 감지기 설치기준		
139	2020.05.24	6	경보설비	자탐설비	감지기	공기관식 차동식 분포형 감지기 설치기준		
140	2019.11.09	5	경보설비	자탐설비	감지기	공기관식 차동식 분포형 감지기 설치기준		
141	2014.11.01	9	경보설비	자탐설비	감지기	공기관식 차동식 분포형 감지기 설치기준		
142	2011.05.01	14	경보설비	자탐설비	감지기	공기관식 차동식 분포형 감지기 설치기준		
143	2004.10.31	9	경보설비	자탐설비	감지기	공기관식 차동식 분포형 감지기 설치기준		
144	2003.07.13	12	경보설비	자탐설비	감지기	공기관식 차동식 분포형 감지기 설치기준		
145	1997.08.24	14	경보설비	자탐설비	감지기	공기관식 차동식 분포형 감지기 설치기준		
146	1997.05.11	4	경보설비	자탐설비	감지기	공기관식 차동식 분포형 감지기 설치기준		
147	2020.10.17	9	경보설비	자탐설비	감지기	공기관식 차동식 분포형 감지기의 시험방법		
148	2013.11.09	15	경보설비	자탐설비	감지기	공기관식 차동식 분포형 감지기의 시험방법		
149	2013.07.14	14	경보설비	자탐설비	감지기	공기관식 차동식 분포형 감지기의 시험방법		
150	2016.11.12	15	경보설비	자탐설비	감지기	공기관식 차동식 분포형 감지기 유통시험		
151	2016.11.12	11	경보설비	자탐설비	감지기	공기관식 차동식 분포형 감지기 접점수고시험		
152	2006.04.23	11	경보설비	자탐설비	감지기	공기관식 차동식 분포형 수열부, 검출부 구성요소		
153	2019.11.09	17	경보설비	자탐설비	감지기	공기흡입형 감지기		
154	2007.04.22	10	경보설비	자탐설비	감지기	공기흡입형 감지기		
155	2020.11.29	12	경보설비	자탐설비	감지기	광전식 스포트형, 분리형 감지원리		
156	2013.11.09	16	경보설비	자탐설비	감지기	광전식 스포트형, 분리형 감지원리		
157	2020.11.15	11	경보설비	자탐설비	감지기	광전식분리형 감지기 설치기준		
158	2019.06.29	6	경보설비	자탐설비	감지기	광전식분리형 감지기 설치기준		
159	2018.11.10	15	경보설비	자탐설비	감지기	광전식분리형 감지기 설치기준		
160	2018.06.30	1	경보설비	자탐설비	감지기	광전식분리형 감지기 설치기준		
161	2016.06.26	3	경보설비	자탐설비	감지기	광전식분리형 감지기 설치기준		
162	2007.11.04	9	경보설비	자탐설비	감지기	광전식분리형 감지기 설치기준		
163	2007.07.08	2	경보설비	자탐설비	감지기	교차회로방식 배선도		
164	2014.07.06	11	경보설비	자탐설비	감지기	교차회로방식 적용설비		
165	2012.11.03	7	경보설비	자탐설비	감지기	교차회로방식 적용설비, 교차회로방식제외감지기		
166	2015.07.12	16	경보설비	자탐설비	감지기	교차회로방식 적용이 필요없는 감지기		
167	2015.04.19	6	결보설비	자탐설비	감지기	교차회로방식 적용이 필요없는 감지기		
168	2014.07.06	6	경보설비	자탐설비	감지기	교차회로방식 제외 감지기		
169	2012.04.22	6	경보설비	자탐설비	감지기	교차회로방식 제외 감지기		
170	2009.10.18	3	경보설비	자탐설비	감지기	교차회로방식 제외 감지기		
171	2008.07.06	12	경보설비	자탐설비	감지기	교차회로방식 제외 감지기		

번호	출제년도	문항	시설분류	상세분류(대)	상세분류(중)	문제유형	회수	출제비율
172	2020.10.17	5	경보설비	자탐설비	감지기	높이 20m 이상 설치할 수 있는 감지기	321	77.5%
173	2007.11.04	5	경보설비	자탐설비	감지기	다신호식, 아날로그 감지기		
174	2007.07.08	5	경보설비	자탐설비	감지기	다신호식, 아날로그 감지기		
175	2015.07.12	13	경보설비	자탐설비	감지기	반전바이메탈식 감지기 명칭		
176	2015.07.12	3	경보설비	자탐설비	감지기	배선(교차회로방식)		
177	2011.05.01	9	경보설비	자탐설비	감지기	배선(교차회로방식)		
178	2010.07.04	6	경보설비	자탐설비	감지기	배선(교차회로방식)		
179	2006.07.09	4	경보설비	자탐설비	감지기	배선(교차회로방식)		
180	2002.07.07	13	경보설비	자탐설비	감지기	배선(교차회로방식)		
181	2001.07.15	7	경보설비	자탐설비	감지기	배선(교차회로방식)		
182	1996.01.21	5	경보설비	자탐설비	감지기	배선(교차회로방식)		
183	2020.11.29	16	경보설비	자탐설비	감지기	배선(교차회로방식, 목적, 동작원리)		
184	2005.07.10	12	경보설비	자탐설비	감지기	배선(송배선방식)		
185	2005.05.01	9	경보설비	자탐설비	감지기	배선(송배선방식)		
186	2000.11.12	14	경보설비	자탐설비	감지기	배선(송배선방식)		
187	1998.11.15	9	경보설비	자탐설비	감지기	배선(송배선방식)		
188	1997.11.16	14	경보설비	자탐설비	감지기	배선(송배선방식)		
189	1996.01.21	12	경보설비	자탐설비	감지기	배선(송배선방식)		
190	2011.11.13	4	경보설비	자탐설비	감지기	배선(송배선방식), 종단저항		
191	2015.11.07	7	경보설비	자탐설비	감지기	배선(송배선방식, 교차회로방식)		
192	2012.11.03	17	경보설비	자탐설비	감지기	배선(종단저항, 감시전류)		
193	2020.10.17	10	경보설비	자탐설비	감지기	배선방식(감시, 동작전류)		
194	2018.11.10	5	경보설비	자탐설비	감지기	배선방식(감시, 동작전류)		
195	2016.04.17	9	경보설비	자탐설비	감지기	배선방식(감시, 동작전류)		
196	2015.07.12	10	경보설비	자탐설비	감지기	배선방식(감시, 동작전류)		
197	2014.04.20	10	경보설비	자탐설비	감지기	배선방식(감시, 동작전류)		
198	2013.04.21	2	경보설비	자탐설비	감지기	배선방식(감시, 동작전류)		
199	2012.04.22	18	경보설비	자탐설비	감지기	배선방식(감시, 동작전류)		
200	2010.04.17	7	경보설비	자탐설비	감지기	배선방식(감시, 동작전류)		
201	2009.07.05	6	경보설비	자탐설비	감지기	배선방식(감시, 동작전류)		
202	2007.07.08	14	경보설비	자탐설비	감지기	배선방식(감시, 동작전류)		
203	2007.04.22	5	경보설비	자탐설비	감지기	배선방식(감시, 동작전류)		
204	2006.04.23	15	경보설비	자탐설비	감지기	배선방식(감시, 동작전류)		
205	1996.01.21	1	경보설비	자탐설비	감지기	배선방식(감시, 동작전류)		
206	2008.04.20	10	경보설비	자탐설비	감지기	배선방식(감시, 동작전류), 종단저항		
207	2020.05.24	18	경보설비	자탐설비	감지기	배선방식(동작전류)		
208	1997.01.26	13	경보설비	자탐설비	감지기	부착높이		
209	2019.06.29	12	경보설비	자탐설비	감지기	불꽃감지기 설치기준		
210	2017.04.16	8	경보설비	자탐설비	감지기	불꽃감지기 종류(광기전력효과형), 설치기준		
211	2007.04.22	15	경보설비	자탐설비	감지기	불꽃감지기 종류, 설치기준		
212	2020.11.15	12	경보설비	자탐설비	감지기	비화재보 적응성 감지기		
213	2000.04.23	6	경보설비	자탐설비	감지기	설치기준		
214	2014.07.06	14	경보설비	자탐설비	감지기	설치기준(연기감지기, 스포트형, 차동식 분포형)		

번호	출제년도	문항	시설분류	상세분류(대)	상세분류(중)	문제유형	회수	출제비율
215	2018.06.30	5	경보설비	자탐설비	감지기	설치기준(종단저항)	321	77.5%
216	2000.02.20	7	경보설비	자탐설비	감지기	설치기준(종단저항)		
217	2020.11.29	8	경보설비	자탐설비	감지기	설치제외장소		
218	2016.04.17	16	경보설비	자탐설비	감지기	설치제외장소		
219	2014.04.20	13	경보설비	자탐설비	감지기	설치제외장소		
220	2013.04.21	3	경보설비	자탐설비	감지기	설치제외장소		
221	2012.11.03	14	경보설비	자탐설비	감지기	설치제외장소		
222	2010.04.17	5	경보설비	자탐설비	감지기	설치제외장소		
223	2002.04.21	1	경보설비	자탐설비	감지기	설치제외장소		
224	2019.11.09	11	경보설비	자탐설비	감지기	송배선방식, 교차회로방식		
225	2016.04.17	11	경보설비	자탐설비	감지기	송배선방식, 교차회로방식		
226	2017.04.16	9	경보설비	자탐설비	감지기	실제배선도		
227	2014.07.06	5	경보설비	자탐설비	감지기	실제배선도		
228	2013.04.21	5	경보설비	자탐설비	감지기	실제배선도		
229	2001.07.15	8	경보설비	자탐설비	감지기	연기감지기		
230	1997.05.11	10	경보설비	자탐설비	감지기	연기감지기 설치개수, 단면도 작성		
231	2012.11.03	9	경보설비	자탐설비	감지기	연기감지기 설치개수, 평면도 작성		
232	2018.11.10	2	경보설비	자탐설비	감지기	연기감지기 설치기준		
233	2011.05.01	16	경보설비	자탐설비	감지기	연기감지기 설치기준		
234	1999.01.31	12	경보설비	자탐설비	감지기	연기감지기 설치기준		
235	2016.11.12	4	경보설비	자탐설비	감지기	연기감지기 위치, 경계구역수, 연기감지기종류		
236	1996.09.01	12	경보설비	자탐설비	감지기	연기감지기, 열스포트형 감지기 등		
237	2007.04.22	11	경보설비	자탐설비	감지기	열감지기 비교		
238	2019.04.14	3	경보설비	자탐설비	감지기	열감지기 설치기준(정온식 감지기)		
239	2005.10.23	12	경보설비	자탐설비	감지기	열전대식 차동식 분포형 감지기		
240	2005.05.01	11	경보설비	자탐설비	감지기	열전대식 차동식 분포형 감지기		
241	2000.02.20	5	경보설비	자탐설비	감지기	이온화식 연기감지기		
242	1997.01.26	2	경보설비	자탐설비	감지기	이온화식 연기감지기		
243	2013.04.21	11	경보설비	자탐설비	감지기	이온화식 연기감지기 구조, 설치기준		
244	2011.07.24	13	경보설비	자탐설비	감지기	이온화식 연기감지기 구조, 설치기준		
245	2017.11.11	3	경보설비	자탐설비	감지기	작동표시장치를 설치하지 않아도 되는 감지기		
246	2009.10.18	15	경보설비	자탐설비	감지기	작동표시장치를 설치하지 않아도 되는 감지기		
247	2002.10.27	1	경보설비	자탐설비	감지기	전로저항, 배선방식, 전압강하계산		
248	2014.07.06	13	경보설비	자탐설비	감지기	정온식 감지선형 감지기 설치기준		
249	2012.07.08	11	경보설비	자탐설비	감지기	정온식 감지선형 감지기 설치기준		
250	2020.11.29	17	경보설비	자탐설비	감지기	정온식, 차동식 스포트형 감지기 작동원리		
251	2016.04.17	12	경보설비	자탐설비	감지기	정온식 감지선형 감지기 색상별 공칭작동온도		
252	2009.04.19	3	경보설비	자탐설비	감지기	정온식 감지선형 감지기 외피색상표시		
253	2015.04.19	9	경보설비	자탐설비	감지기	제어백효과(열전대식 감지기 작동원리)		
254	1996.01.21	8	경보설비	자탐설비	감지기	종단저항		
255	1996.05.19	11	경보설비	자탐설비	감지기	종단저항설치이유		
256	2001.04.22	12	경보설비	자탐설비	감지기	종단저항설치이유, 송배선방식		
257	2013.07.14	6	경보설비	자탐설비	감지기	지하공동구 설치 감지기종류, 설치기준, 경계구역		
258	2007.04.22	9	경보설비	자탐설비	감지기	지하공동구 설치가능한 감지기		

번호	출제년도	문항	시설분류	상세분류(대)	상세분류(중)	문제유형	회수	출제비율
259	2016.11.12	16	경보설비	자탐설비	감지기	차동식분포형감지기 1, 2종 적응성있는 환경상태		
260	2012.04.22	12	경보설비	자탐설비	감지기	차동식분포형감지기 검출부 수량		
261	2007.07.08	9	경보설비	자탐설비	감지기	차동식분포형감지기 검출부 수량		
262	2016.11.12	6	경보설비	자탐설비	감지기	차동식분포형감지기 설치기준		
263	2008.04.20	8	경보설비	자탐설비	감지기	차동식분포형감지기 설치기준		
264	2009.04.19	6	경보설비	자탐설비	감지기	차동식분포형감지기 시험방법		
265	2002.07.07	10	경보설비	자탐설비	감지기	차동식분포형감지기 재질, 송배선방식		
266	2020.05.24	7	경보설비	자탐설비	감지기	차동식분포형감지기 종류		
267	1998.11.15	10	경보설비	자탐설비	감지기	차동식스포트형 감지기		
268	2005.07.10	9	경보설비	자탐설비	감지기	차동식스포트형 감지기 구조		
269	2019.11.09	2	경보설비	자탐설비	감지기	차동식스포트형 감지기 구조 명칭, 기능설명		
270	2017.06.25	8	경보설비	자탐설비	감지기	차동식스포트형 감지기 구조 명칭, 기능설명		
271	2015.11.07	16	경보설비	자탐설비	감지기	차동식스포트형 감지기 구조 명칭, 기능설명		
272	2014.04.20	7	경보설비	자탐설비	감지기	차동식스포트형 감지기 구조, 역할		
273	2020.07.25	13	경보설비	자탐설비	감지기	차동식스포트형 감지기 동작특성		
274	2015.11.07	9	경보설비	자탐설비	감지기	축적기능이 없는 감지기 설치장소		
275	2014.11.01	2	경보설비	자탐설비	감지기	축적형 감지기		
276	2013.04.21	17	경보설비	자탐설비	감지기	축적형 감지기		
277	2012.07.08	17	경보설비	자탐설비	감지기	축적형 감지기		
278	2011.11.13	10	경보설비	자탐설비	감지기	축적형 감지기		
279	2010.07.04	11	경보설비	자탐설비	감지기	축적형 감지기		
280	2007.11.04	1	경보설비	자탐설비	감지기	축적형 감지기	321	77.5%
281	2010.07.04	1	경보설비	자탐설비	감지기	형식		
282	2010.04.17	8	경보설비	자탐설비	감지기	형식		
283	2008.04.20	12	경보설비	자탐설비	감지기	형식		
284	2016.11.12	14	경보설비	자탐설비	감지기	형식(보상식과 열복합형 비교)		
285	2016.04.17	4	경보설비	자탐설비	경계구역	경계구역 계산		
286	2011.11.13	11	경보설비	자탐설비	경계구역	경계구역 계산		
287	2010.10.30	16	경보설비	자탐설비	경계구역	경계구역 계산		
288	2009.10.18	13	경보설비	자탐설비	경계구역	경계구역 계산		
289	1996.11.17	9	경보설비	자탐설비	경계구역	경계구역 계산		
290	2016.06.26	9	경보설비	자탐설비	경계구역	경계구역계산, 수신기형별, 연기감지기설치, 종류		
291	2012.11.03	12	경보설비	자탐설비	경계구역	경계구역 계산, 수신기설치장소, 연기감지기 설치		
292	2020.07.25	11	경보설비	자탐설비	경계구역	설정기준		
293	2013.07.14	1	경보설비	자탐설비	경계구역	외기에 면하여 상시 구분되는 부분		
294	2007.11.04	10	경보설비	자탐설비	기타	검토사항		
295	2016.06.26	1	경보설비	자탐설비	기타	근거리통신망		
296	2008.04.20	2	경보설비	자탐설비	기타	근거리통신망		
297	2006.11.05	10	경보설비	자탐설비	기타	근거리통신망		
298	1997.01.26	4	경보설비	자탐설비	기타	자탐설비 유지관리 사항		
299	2014.07.06	1	경보설비	자탐설비	발신기	P형 1, 2급 발신기 비교		
300	1997.05.11	7	경보설비	자탐설비	발신기	P형 1, 2급 발신기 비교		
301	1999.05.30	9	경보설비	자탐설비	발신기	P형 1급 발신기 구조		

번호	출제년도	문항	시설분류	상세분류(대)	상세분류(중)	문제유형	회수	출제비율
302	2020.07.25	16	경보설비	자탐설비	발신기	결선도	321	77.5%
303	2020.05.24	4	경보설비	자탐설비	발신기	결선도		
304	2020.05.24	12	경보설비	자탐설비	발신기	결선도		
305	2018.04.14	13	경보설비	자탐설비	발신기	결선도		
306	2012.07.08	15	경보설비	자탐설비	발신기	결선도		
307	2001.04.22	3	경보설비	자탐설비	발신기	결선도		
308	2020.11.15	10	경보설비	자탐설비	발신기	결선도, 설치기준		
309	2012.07.08	5	경보설비	자탐설비	발신기	발신기 경종이 계속 울리는 이유?		
310	2009.07.05	15	경보설비	자탐설비	발신기	발신기 경종이 계속 울리는 이유?		
311	2008.07.06	4	경보설비	자탐설비	발신기	발신기와 감지기 배선		
312	2007.04.22	3	경보설비	자탐설비	발신기	발신기와 감지기 배선		
313	2015.07.12	9	경보설비	자탐설비	발신기	배선도		
314	2011.11.13	5	경보설비	자탐설비	발신기	배선도		
315	2010.10.30	5	경보설비	자탐설비	발신기	배선도		
316	2006.07.09	7	경보설비	자탐설비	발신기	배선도		
317	1998.08.30	1	경보설비	자탐설비	발신기	일제경보방식		
318	2016.04.17	2	경보설비	자탐설비	발신기	일제경보방식 결선		
319	2011.07.24	5	경보설비	자탐설비	배선	방재배선		
320	2010.10.30	4	경보설비	자탐설비	배선	방재배선		
321	2009.07.05	3	경보설비	자탐설비	배선	방재배선		
322	2009.07.05	9	경보설비	자탐설비	배선	방재배선		
323	2000.08.13	14	경보설비	자탐설비	배선	방재배선		
324	1997.11.16	12	경보설비	자탐설비	배선	방재배선		
325	2017.06.25	7	경보설비	자탐설비	배선	방재배선(간격, 불연성격벽)		
326	2017.04.16	11	경보설비	자탐설비	배선	방재배선(간격, 불연성격벽)		
327	2015.07.12	7	경보설비	자탐설비	배선	방재배선(내화배선 공사방법)		
328	2013.04.21	18	경보설비	자탐설비	배선	방재배선(내화배선, 내열배선 배관구조 차이)		
329	2016.06.26	16	경보설비	자탐설비	배선	방재배선(배선, 전선관종류, 관련기준 3가지)		
330	2013.07.14	18	경보설비	자탐설비	배선	방재배선(보호관, 사용전선, 색깔, 모터기동방식)		
331	2018.04.14	10	경보설비	자탐설비	배선	방재배선(분말소화설비)		
332	2017.11.11	1	경보설비	자탐설비	배선	방재배선(분말소화설비)		
333	2019.11.09	6	경보설비	자탐설비	배선	방재배선(옥내소화전설비)		
334	2016.11.12	13	경보설비	자탐설비	배선	방재배선(옥내소화전설비)		
335	2016.04.17	10	경보설비	자탐설비	배선	방재배선(스프링클러설비)		
336	2008.11.02	5	경보설비	자탐설비	배선	배선의 기능시험		
337	2007.07.08	11	경보설비	자탐설비	배선	설치기준		
338	1998.02.34	13	경보설비	자탐설비	배선	설치기준		
339	2020.10.17	8	경보설비	자탐설비	배선	설치기준(절연저항, 경계구역, 종단저항)		
340	2006.11.05	12	경보설비	자탐설비	배선	설치기준, 전압강하		
341	2019.06.29	17	경보설비	자탐설비	비화재보	트래킹(Tracking) 현상		
342	2018.11.10	9	경보설비	자탐설비	비화재보	Nuisance Alarm 방지대책		
343	2013.04.21	7	경보설비	자탐설비	비화재보	감지기, 수신기 기능상 비화재보 원인		
344	2009.07.05	8	경보설비	자탐설비	비화재보	비화재보의 종류, 대책		
345	2007.07.08	15	경보설비	자탐설비	비화재보	비화재보의 종류, 대책		

번호	출제년도	문항	시설분류	상세분류(대)	상세분류(중)	문제유형	회수	출제비율
346	2011.07.24	17	경보설비	자탐설비	비화재보	비화재의 원인, 대책		
347	2020.11.15	2	경보설비	자탐설비	수신기	P,R형 수신기 비교		
348	2019.11.09	15	경보설비	자탐설비	수신기	P,R형 수신기 비교		
349	2012.04.22	14	경보설비	자탐설비	수신기	P,R형 수신기 비교		
350	2005.05.01	5	경보설비	자탐설비	수신기	P,R형 수신기 비교		
351	2004.10.31	2	경보설비	자탐설비	수신기	P,R형 수신기 비교		
352	2001.07.15	5	경보설비	자탐설비	수신기	P,R형 수신기 비교		
353	2000.11.12	6	경보설비	자탐설비	수신기	P,R형 수신기 비교		
354	1998.05.10	7	경보설비	자탐설비	수신기	P,R형 수신기 비교		
355	2006.11.05	2	경보설비	자탐설비	수신기	P,R형 수신기 신호전달방식		
356	1998.11.15	2	경보설비	자탐설비	수신기	P,R형 수신기 신호전달방식		
357	2009.04.19	1	경보설비	자탐설비	수신기	배선, PCM변조방식		
358	2008.11.02	10	경보설비	자탐설비	수신기	배선, PCM변조방식		
359	2014.11.01	17	경보설비	자탐설비	수신기	설치기준		
360	1997.01.26	3	경보설비	자탐설비	수신기	설치기준		
361	2010.04.17	15	경보설비	자탐설비	수신기	수신기 시험방법		
362	2009.10.18	1	경보설비	자탐설비	수신기	수신기 시험방법		
363	2004.04.25	6	경보설비	자탐설비	수신기	수신기 시험방법		
364	2011.05.01	10	경보설비	자탐설비	수신기	수신기 시험방법(공통선시험)		
365	2008.04.20	4	경보설비	자탐설비	수신기	수신기 시험방법(공통선시험)		
366	2006.07.09	12	경보설비	자탐설비	수신기	수신기 시험방법(공통선시험)	321	77.5%
367	2004.07.04	7	경보설비	자탐설비	수신기	수신기 시험방법(공통선시험)		
368	2001.04.22	13	경보설비	자탐설비	수신기	수신기 시험방법(공통선시험)		
369	1998.11.15	8	경보설비	자탐설비	수신기	수신기 시험방법(공통선시험)		
370	2015.11.07	15	경보설비	자탐설비	수신기	수신기 시험방법(공통선,회로저항시험등 판정기준)		
371	2019.11.09	18	경보설비	자탐설비	수신기	수신기 시험방법(공통선시험 목적, 시험방법)		
372	2018.04.14	3	경보설비	자탐설비	수신기	수신기 시험방법(공통선시험 목적, 시험방법)		
373	2017.11.11	8	경보설비	자탐설비	수신기	수신기 시험방법(공통선시험 목적, 시험방법)		
374	2019.11.09	14	경보설비	자탐설비	수신기	수신기 시험방법(동시작동시험 목적)		
375	1998.08.30	4	경보설비	자탐설비	수신기	수신기 시험방법(예비전원시험)		
376	1998.02.35	14	경보설비	자탐설비	수신기	수신기 시험방법(예비전원시험)		
377	2018.04.14	2	경보설비	자탐설비	수신기	수신기 시험방법(예비전원시험, 판정기준)		
378	2011.07.24	14	경보설비	자탐설비	수신기	수신기 시험방법(예비전원시험, 판정기준)		
379	2001.11.04	7	경보설비	자탐설비	수신기	수신기 시험방법(예비전원시험, 판정기준)		
380	2001.07.15	2	경보설비	자탐설비	수신기	수신기 시험방법(예비전원시험, 판정기준)		
381	2017.11.11	15	경보설비	자탐설비	수신기	수신기 시험방법(화재표시등 복구되지 않은 경우)		
382	2015.11.07	14	경보설비	자탐설비	수신기	수신기 시험방법(화재표시작동시험, 판정기준)		
383	2019.04.14	6	경보설비	자탐설비	수신기	수신기의 종류		
384	2009.10.18	16	경보설비	자탐설비	수신기	수신기의 종류		
385	2008.07.06	13	경보설비	자탐설비	수신기	수신기의 종류		
386	2011.11.13	12	경보설비	자탐설비	수신기	수신기의 종류, R형 수신기의 특징		

번호	출제년도	문항	시설분류	상세분류(대)	상세분류(중)	문제유형	회수	출제비율
387	2019.04.14	8	경보설비	자탐설비	수신기	스위치 주의등	321	77.5%
388	2017.04.16	5	경보설비	자탐설비	수신기	스위치 주의등 점멸원인		
389	2007.07.08	6	경보설비	자탐설비	수신기	스위치 주의등 점멸원인		
390	2016.06.26	4	경보설비	자탐설비	수신기	신호선 쉴드선 사용이유, 접지이유		
391	2018.06.30	10	경보설비	자탐설비	수신기	전로저항, 공통선 담당구역, 지구음향장치 시험		
392	2013.11.09	10	경보설비	자탐설비	수신기	지구표시등회로 표시		
393	2008.04.20	17	경보설비	자탐설비	수신기	지구표시등회로 표시		
394	2020.11.15	17	경보설비	자탐설비	음향장치	설치기준		
395	2019.06.29	8	경보설비	자탐설비	음향장치	설치기준		
396	2011.07.24	7	경보설비	자탐설비	음향장치	설치기준		
397	1999.05.30	4	경보설비	자탐설비	음향장치	설치기준		
398	2020.10.17	15	경보설비	자탐설비	음향장치	우선경보방식		
399	2018.04.14	14	경보설비	자탐설비	음향장치	우선경보방식		
400	2016.04.17	14	경보설비	자탐설비	음향장치	우선경보방식		
401	2010.10.30	15	경보설비	자탐설비	음향장치	우선경보방식		
402	2008.07.06	15	경보설비	자탐설비	음향장치	우선경보방식		
403	2000.11.12	13	경보설비	자탐설비	음향장치	우선경보방식		
404	2011.07.24	6	경보설비	자탐설비	중계기	분산형중계기 설치장소		
405	2007.04.22	8	경보설비	자탐설비	중계기	분산형중계기 설치장소		
406	2020.07.25	1	경보설비	자탐설비	중계기	설치기준		
407	2014.04.20	3	경보설비	자탐설비	중계기	설치기준		
408	2011.11.13	2	경보설비	자탐설비	중계기	설치기준		
409	2004.10.31	7	경보설비	자탐설비	중계기	설치기준		
410	2003.07.13	2	경보설비	자탐설비	중계기	설치기준		
411	2000.04.23	13	경보설비	자탐설비	중계기	설치기준		
412	1997.11.16	8	경보설비	자탐설비	중계기	설치기준		
413	2019.06.29	3	경보설비	자탐설비	중계기	집합형과 분산형 비교		
414	2002.07.07	7	경보설비	자탐설비	표시등	기타		

연습문제

01

4분법과 소방시설의 분류, 경보설비의 종류에 대해서 간단하게 설명하시오.

02

다음은 부착높이 및 소방대상물의 구분에 따른 스포트형 열감지기와 연기감지기의 바닥면적을 나타낸 것이다. 빈칸을 모두 채우시오.

1) 스포트형 열감지기의 바닥면적

(단위 : m^2)

부착높이 및 소방대상물의 구분		차동식, 보상식 스포트형		정온식 스포트형		
		1종	2종	특종	1종	2종
4m 미만	내화 구조					
	기타 구조					
4~8m 미만	내화 구조					
	기타 구조					

2) 연기감지기의 바닥면적

(단위 : m^2)

부착높이(m)	1종, 2종	3종
4m 미만		
4~20m 미만		

03

그림과 같이 구획된 내화구조 건축물에 차동식 스포트형 2종 감지기를 설치하고자 한다. 감지기의 설치높이가 3.5m 일 때 다음 물음에 답하시오.

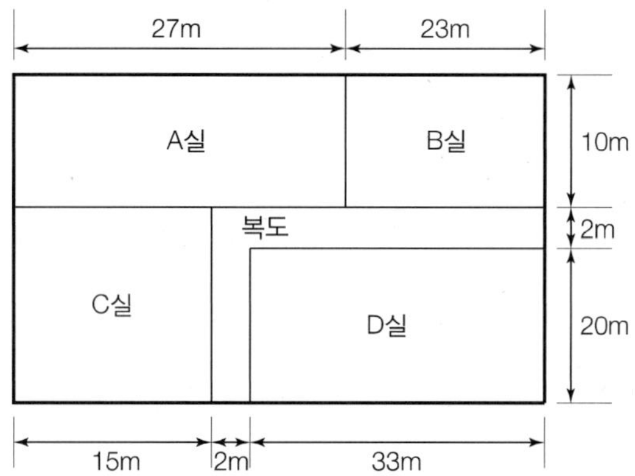

1) 다음 표를 완성하시오.

구 분	계산과정	감지기 수량(개)
A실		
B실		
C실		
D실		

2) 복도에 설치하는 감지기의 종류와 개수를 구하시오.

04

그림과 같이 구획된 철골철근콘크리트 건물에 자동화재탐지설비의 감지기를 설치하고자 한다. 다음 물음에 답하시오.

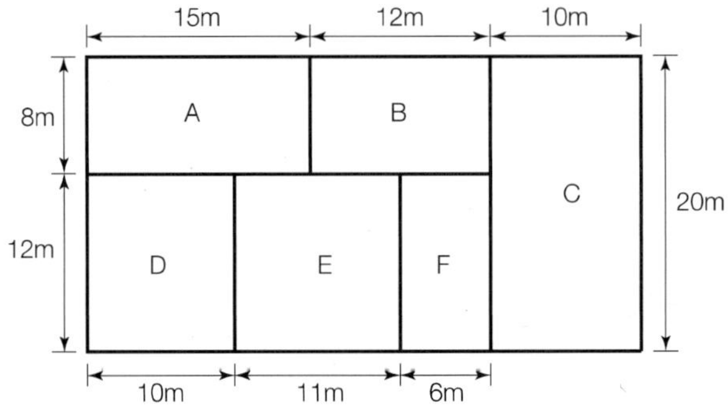

1) 다음 표를 완성하고 감지기 개수를 산정하시오.

구역	설치높이m	감지기 종류	계산내용	감지기 개수
A	3.5	연기감지기 2종		
B	4.5	연기감지기 1종		
C	3.5	연기감지기 2종		
D	3.9	정온식 스포트형 1종		
E	4.1	차동식 스포트형 2종		
F	3.5	차동식 스포트형 1종		

2) 해당구역에 감지기를 배치하시오.

3) 경계구역 수를 산정하시오.

05

정온식 스포트형 1종 감지기를 바닥면적 350m^{2}인 내화구조인 소방대상물에 설치하려한다. 감지기의 부착높이가 4m라면 몇 개 이상 설치하여야 하는가?

06

그림과 같은 소방대상물에 각종 감지기를 설치한다고 할 때 최소 몇 개의 감지기가 필요한가? (단, 주요구조부는 콘크리트 라멘조로 되어 있으며, 감지기의 부착높이는 3.5m이다.)

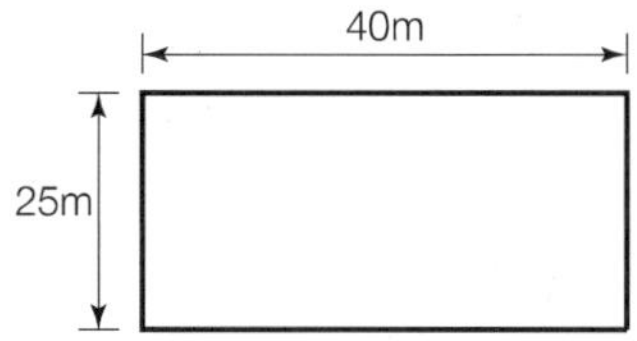

1) 차동식 스포트형 감지기 1종
2) 정온식 스포트형 감지기 1종
3) 광전식 스포트형 감지기 2종

07

내화구조로 된 바닥면적이 1,200m^2 소방대상물에 정온식 스포트형 특종감지기를 설치할 경우 최소 몇 개의 감지기가 필요한가? (단, 감지기의 부착높이는 6m이다.)

08

외기에 면하여 상시 개방된 부분이 있는 장소로 외기에 면하는 각 부분으로부터 5m 미만의 부분은 경계구역 면적에 산입하지 않는 장소를 쓰시오.

09

특고압케이블이 포설된 송·배전 전용 지하구의 길이가 다음과 같을 때 최소경계구역을 몇 개로 구분해야 하는지 계산하시오.

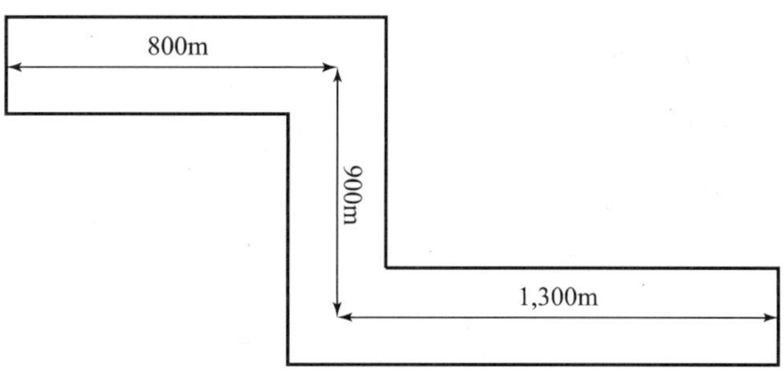

10

다음 그림은 지하 2층에서 지상 5층까지 각 층의 높이가 4m인 소방대상물에 자동화재탐지설비의 경계구역을 설정한 경우이다. 다음 물음에 답하시오.

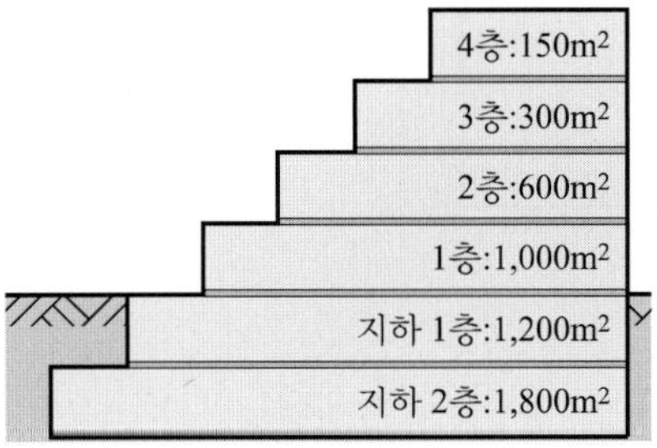

층	산출식	경계구역 수
4층		
3층		
2층		
1층		
지하 1층		
지하 2층		
경계구역의 합계		

1) 층별 바닥면적이 다음 그림과 같을 경우 자동화재탐지설비의 경계구역은 최소 몇 개로 구분하여야 하는지 산출식과 경계구역 수를 구하시오(단, 경계구역은 면적 기준만을 적용하며 계단, 경사로 및 피트 등의 수직 경계구역의 면적은 제외한다).

2) 본 소방대상물에 계단과 엘리베이터가 각각 1개씩 설치되어 있다면 전체 경계구역은 몇 개 인지 구하시오.

11

다음과 같은 철근콘크리트 건축물에 자동화재탐지설비를 설치하려고 한다. 조건을 참고하여 다음 물음에 답하시오.

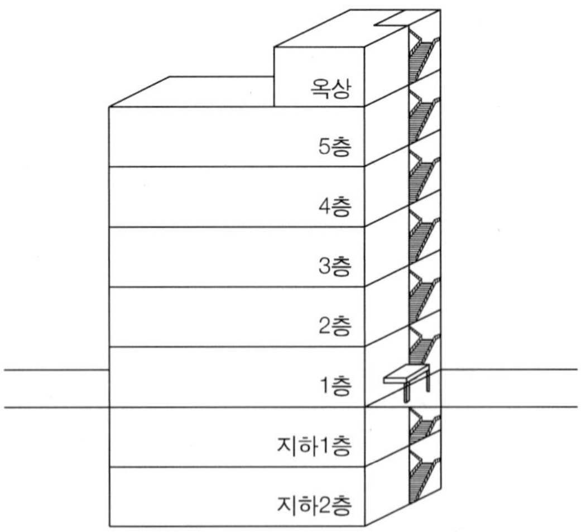

12

[조건]

- · 지하 2층에서 옥상까지 직통계단이 1개소이다.
- · 각 층의 반자는 고려하지 않으며, 각 층의 복도는 없다.
- · 각 층은 차동식 스포트형 2종 감지기를 설치한다.
- · 지하층, 1층의 층고는 4.3m이고, 기타 층은 3.8m이다.
- · 옥상의 바닥면적은 150m^2, 나머지 층은 650m^{2}이다.
- · 각 층에는 샤워시설이 있는 화장실이 50m^{2}의 면적을 갖는다. 단, 옥상은 제외한다.

1) 도면 전체의 경계구역수를 구하시오.

2) 차동식 감지기의 설치시 설치개수는 총 몇 개인지 구하시오.

3) 계단에 이온화식 연기감지기 2종을 설치할 경우 설치 개수와 설치장소를 표시하시오.

13

다음은 설치장소에 따른 감지기의 분류를 나타낸 것이다. 빈칸을 모두 채우시오.

설치 장소	감지기의 종류
지하층, 무창층으로 환기가 잘되지 않는 장소 실내면적이 40m^2 미만인 장소 감지기의 부착면과 실내바닥과의 거리가 2.3m 이하	
	연기 감지기
계단, 경사로에 연기가 멀리 이동해서 감지기에 도달하는 장소	
	연기감지기를 설치할 수 없는 경우 －차동식 분포형 감지기 1, 2종
화학공장, 격납고, 제련소	
전산실, 반도체 공장	
	정온식 감지기

14

다음은 부착높이에 따른 감지기의 분류를 나타낸 것이다. 각 감지기의 설치가능 높이와 종별을 나타내시오(단, 모든 종별이 가능한 경우에는 ●를 사용한다).

감지기 종 류	설치높이(m)				
	4 미만	4~8 미만	8~15 미만	15~20 미만	20 이상
차동식 스포트형					
차동식 분포형					
정온식 스포트형					
정온식 감지선형					
보상식 스포트형					
이온화식					
광전식 스포트형					
광전식 분리형					
공기흡입형					
열복합형					
연기복합형					
열연기복합형					
불꽃 감지기					

15

다음 감지기의 최대 부착높이에 대하여 쓰시오.

차동식 스포트형 감지기, 차동식 분포형 감지기 정온식 스포트형 감지기(2종), 불꽃 감지기, 연기복합형 감지기

16

지하 공동구에 자동화재탐지설비를 설치하는 경우 다음 물음에 답하시오.

1) 지하 공동구에 설치 가능한 감지기를 5가지 쓰시오.
2) ( ) 안에 알맞은 내용을 쓰시오.
   지하구에 설치하는 감지기는 (①), (②)등의 영향을 받지 아니하고 (③)을 확인할 수 있는 감지기를 설치해야 한다.

17

작동표시를 하지 않아도 되는 감지기를 모두 쓰시오.

18

다음 설명하는 감지기는 어떤 것인지 답하시오.

1) 주위온도 또는 연기의 농도변화에 따라 각각 다른 전류 또는 전압을 출력하는 방식으로 실시간으로 검출된 온도 또는 연기농도에 대한 정보만을 수신기에 송출하는 감지기
2) 감지원리는 동일하나 1개의 감지기 내에 서로 다른 성능, 종별, 공칭작동온도, 공칭축적시간 등의 기능을 갖춘 것으로서 일정시간 간격을 두고 각각 다른 2개 이상의 화재 신호를 발하는 감지기
3) 감지원리가 다른 2개의 감지소자를 조합한 감지기로 두 가지 성능이 동시에 작동될 때(AND회로) 신호를 발하거나 두개의 성능이 각각 작동될 때(OR회로) 신호를 발하는 감지기
4) 비화재보를 방지하기 위해 감지기에 지연회로 또는 축적회로를 설치하여 일정 이상의 온도, 연기가 계속될 때 수신기에 화재신호를 발하는 감지기

19

축적형 감지기의 설치장소와 설치제외장소를 설명하시오.

20

다신호식, 복합형, 보상식 감지기를 비교 설명한 것이다. 빈칸을 모두 채우시오.

분 류	회로구성	논리개념	신호출력	목적
다신호식	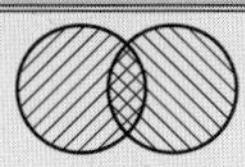		다신호	
복합형		OR (각기능이 작동할 때 작동)		
		AND (두기능이 모두 작동할 때 작동)		
보상식				

21

다음은 감지기의 감지원리에 대한 설명이다. 다음에 해당하는 감지기를 답하시오.

1) 주위온도가 일국소에서 일정온도 상승률 이상일 때 작동하는 감지기
2) 주위온도가 넓은 범위에서 일정온도 상승률 이상일 때 작동하는 감지기
3) 일국소의 주위온도가 일정온도 이상일 때 작동하는 감지기
4) 급격한 온도상승은 다이어프램 상승에 의해서 검출하고 완만한 온도상승은 금속의 선팽창계수를 이용하여 검출하는 감지기
5) 이온실에 있는 소량의 방사선원(Am241)에 의한 α선 조사로 이온전류가 형성되고 연기에 의한 이온전류의 감소를 감지하는 감지기
6) 연기챔버에 발광부와 수광부를 설치하고 연기 침입시 수광부에 유입되는 광량의 증가를 검출하는 감지기
7) 발광부와 수광부를 분리하여 설치하고 연기가 광축에 유입시 수광부의 광량이 감소되는 것을 검출하는 감지기
8) 연소 초기단계에서 열분해시 생성된 초미립자를 감지구역내에 설치된 흡입배관을 통해 흡입시켜 미립자를 분석하여 화재신호를 발하는 감지기
9) 특정파장의 복사에너지를 전기에너지로 변환하여 이를 검출하는 감지기

22

제벡 효과를 설명하고 제벡 효과를 이용한 감지기의 종류를 쓰시오.

23

다음 조건에서 설명하는 감지기의 명칭 및 종별을 쓰시오.

[조건]

㉠ 공칭작동온도 : 75℃
㉡ 작동방식 : 반전 바이메탈식, 60V, 0.1A
㉢ 부착높이 : 8m

24

그림은 어떤 감지기의 구조를 나타낸 것이다. 다음 물음에 답하시오.

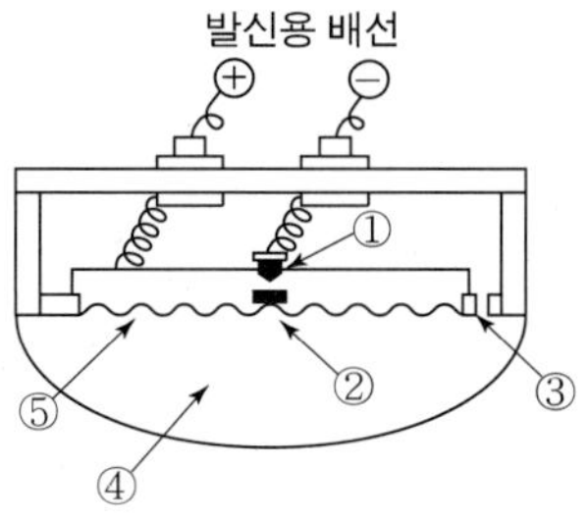

1) 이 감지기의 명칭은 무엇인가?

2) ①~⑤의 명칭을 쓰시오

3) ③의 역할은 무엇인가?

4) 감지기의 동작원리를 쓰시오.

25

다음은 차동식, 보상식, 정온식 감지기의 동작특성 그래프이다. ①, ②, ③이 뜻하는 감지기를 쓰시오.

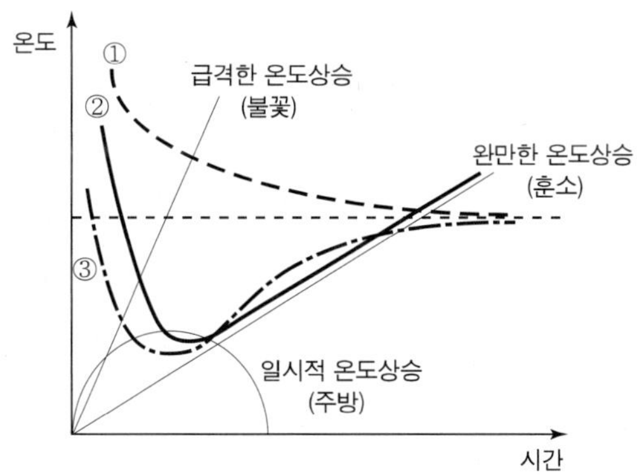

26

차동식, 정온식, 보상식 스포트형 열 감지기를 비교 설명한 그림이다. 그림을 참조하여 다음 빈칸을 모두 채우시오(단, 동작빠르기는 빠른 순서대로 숫자로 표기하고 적응성을 제외한 부분은 ○, ×로 표기하며, 적응성은 적응성이 있는 화재를 표시하시오).

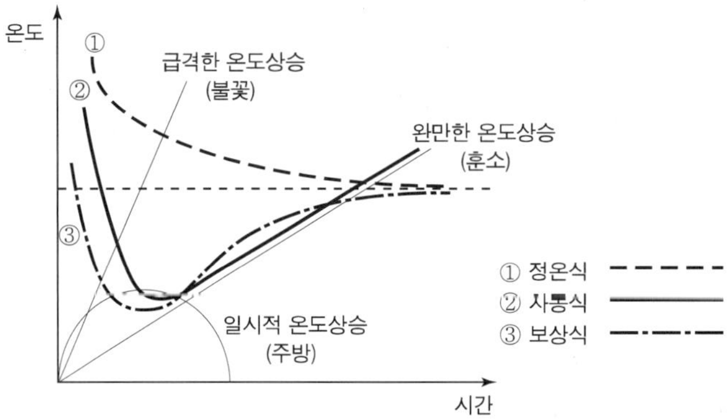

구 분	차동식	정온식	보상식
작동원리	주위온도가 일정 온도 상승률 이상일 때 작동	주위온도가 일정(설정) 온도 이상일 때 작동	차동식 훈소화재 비적응성과 정온식 시간지연 보상
동작빠르기			
훈소화재	×(비적응성)		
시간지연			
비화재보	○(발생)		
적응성			

27

다음 그림은 공기관식 차동식 분포형 감지기의 설치도면이다. 다음의 물음에 답하시오 (단, 본 건물은 내화구조이고, 하나의 공기관의 총 길이는 65m이며, 도면의 전체가 하나의 1경계구역이다).

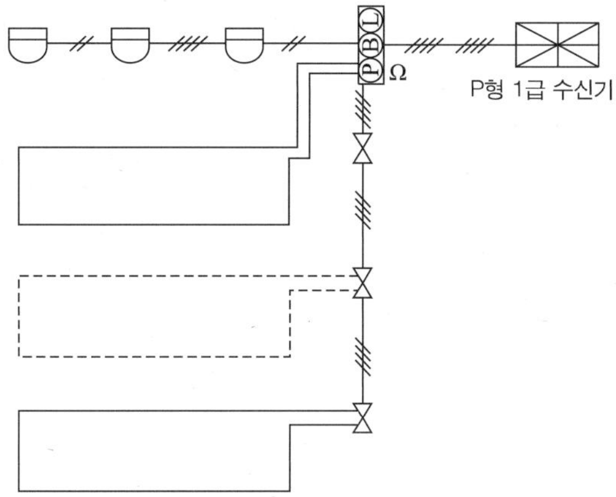

1) 도면중 배선의 가닥수와 공기관이 잘못 설치된 부분이 있다. 잘못된 부분을 찾아 올바른 도면으로 완성하시오.
2) 점선으로 표시된 공기관은 어떤 경우를 나타내는지 설명하시오.
3) 도면중 ⧖는 무엇을 나타내는지 설명하시오.
4) 공기관식 차동식 분포형 감지기의 설치기준에 대해 다음 물음에 답하시오.

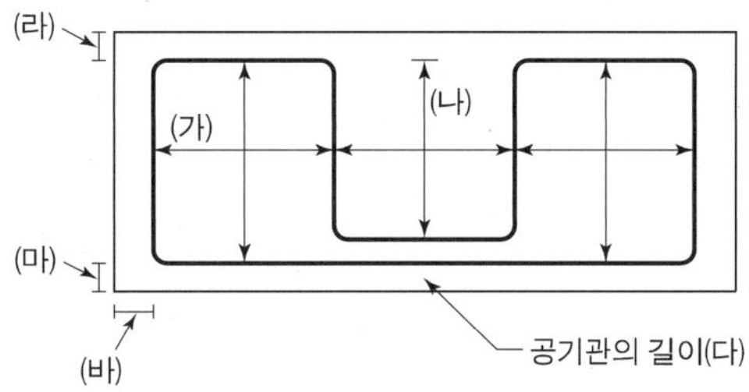

① 위의 그림에서 (가)~(바) 안에 알맞은 답을 쓰시오(내화구조와 일반구조를 구분하여 답하시오).
② 감지구역마다 공기관의 노출부분은 얼마 이상이 되도록 하여야 하는가?
③ ( )는 ( )° 이상 경사되지 아니하도록 하며 바닥으로부터 ( )m 이하로 설치하여야 하는가?
④ 공기관의 재질은 무엇으로 하여야 하는가?

5) 공기관식 차동식 분포형 감지기의 수열부과 검출부의 구성요소를 쓰시오.
6) 공기관식 차동식 분포형 감지기를 설치하고 공기의 유출여부를 시험하고자 한다. 이것을 시험하기위한 시험 장치는 무엇인가?
7) 공기관식 차동식 분포형 감지기의 검출부 내부의 다이어프램이 부식되었다면 어떠한 현상이 발생되는가?
8) 공기관식 차동식 분포형 감지기의 리크홀에 이물질 등에 의해 막히게 되었다면 어떠한 현상이 발생되는가?
9) 공기관식 차동식 분포형 감지기의 공기관 길이가 350m이다. 검출부의 수량을 구하시오 (단, 하나의 검출부에 접속하는 공기관의 길이는 최대길이로 한다).

28

다음은 열전대식 차동식 분포형 감지기에 대한 도면이다. 다음 물음에 답하시오.

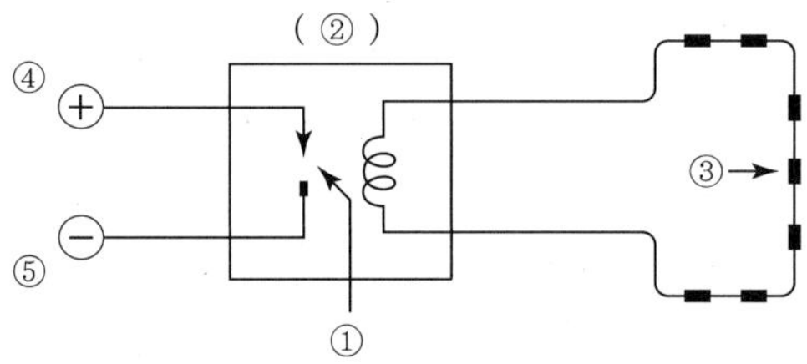

1) ①, ②, ③의 명칭을 쓰시오.
2) ④, ⑤는 수신기의 어떤 선에 연결되는가?
3) 하나의 검출부에 접속하는 열전대는 몇 개 이하로 하여야 하는가?
4) 열전대는 감지구역의 바닥면적이 몇 m^2마다 1개 이상 설치하여야 하는가?

29

다음은 정온식 감지선형 감지기에 관한 사항이다. 다음 물음에 답하시오.

1) 감지기의 단자부와 마감고정금구와의 설치간격 기준은?
2) 감지기의 굴곡반경 기준은?
3) 감지기가 늘어지지 않도록 하기 위하여 어떤 장치를 사용하여 시공하는지 2가지를 쓰시오.
4) 내화구조 건축물에 1종 감지기를 설치할 때 감지구역의 각 부분과 수평거리는 최대 몇 m인가?
5) 케이블트레이에 감지기를 설치하는 경우에는 어디에 무엇을 사용하여 설치하여야 하는가?
6) 보조선을 설치하고 그 보조선에 설치하여야 할 장소는?
7) 분전반 내부에는 무엇을 이용하여 돌기를 바닥에 고정시키는가?
8) 감지기의 공칭작동온도 외피의 색상과 공칭작동온도를 쓰시오
9) 그림에서 'R'은 무엇을 의미하는가?

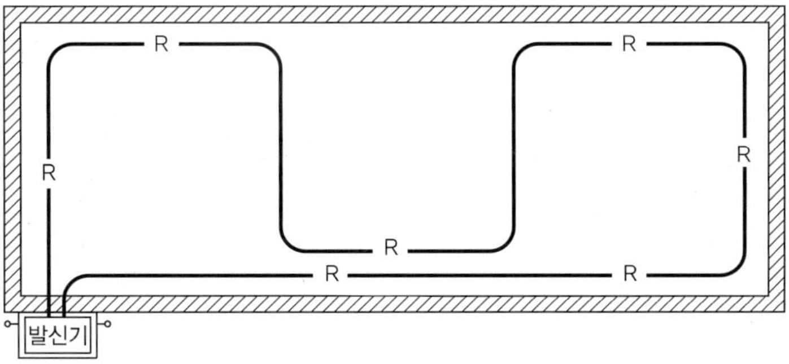

10) 발신기와 감지기의 단자 사이에는 몇 가닥의 전선을 연결하여야 하는가?

30

연기감지기에 대한 다음 물음에 답하시오.

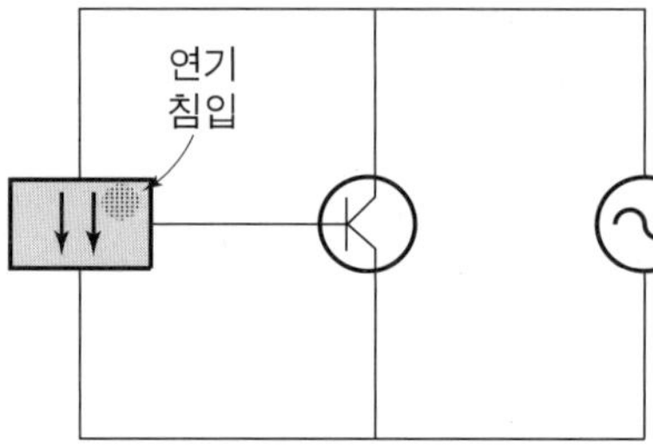

1) 평상시의 전류흐름과 화재시의 전류흐름을 나타내시오.
2) 이 감지기에서 방출하는 방사선은 방사선 α이다. 방사선원은 무엇인가?
3) 이 감지기는 보 또는 벽면으로부터 최소 몇 m 이상 이격시켜야 하는가?
4) 이 감지기는 공기 유입구로부터 몇 m 이상 이격시켜야 하는가?
5) 감지기의 부착높이 및 소방대상물에 따라 다음 표에 의한 바닥면적마다 1개 이상 설치하여야 한다. ①~③에 해당하는 알맞은 면적은 쓰시오.

(단위 : m^2)

부착높이(m)	1종, 2종	3종
4m 미만	①	③
4~20m 미만	②	

6) 연기감지기의 설치기준 3가지만 쓰시오.
7) 그림은 이온화식 연기감지기의 상세 구조도이다. 빈칸을 채우시오.

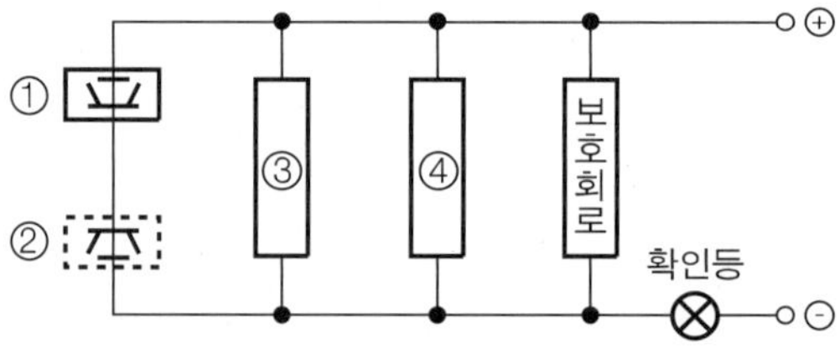

번 호	①	②	③	④
구 조				

31

자동화재탐지설비의 어떤 감지기의 설치개략도이다. 다음 물음에 답하시오.

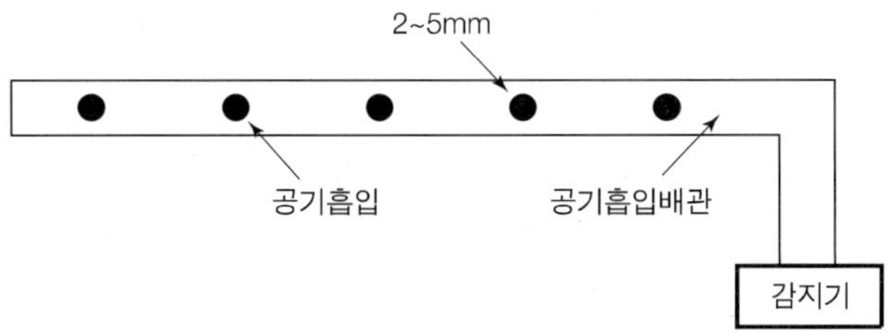

1) 감지기의 명칭은 무엇인가?
2) 이 감지기의 설치장소는 어디인가?
3) 이 감지기에서 공기흡입배관에 설치된 말단 공기흡입구에서 수신기까지 얼마 이내에 연기를 이송할 수 있어야 하는가?

32

다음은 광전식 스포트형 감지기와 광전식 분리형 감지기의 원리에 대한 설명이다. ( ) 안에 알맞은 내용을 쓰시오.

- 광전식 스포트형 감지기는 화재발생 시 연기입자에 의해 (①)된 빛이 수광부 내로 들어오는 것을 감지하는 것으로 이러한 검출방식을 (②)식이라 한다.
- 광전식 분리형 감지기는 화재발생 시 연기입자에 의해 수광부의 수광량이 (③)하므로 이를 검출하여 화재신호를 발하는 것으로 이러한 검출방식을 (④)식이라 한다.

33

광전식 분리형 감지기의 설치기준이다. 다음 물음에 답하시오.

1) 광축의 높이는 천장 등 높이의 (　　)% 이상일 것
2) 감지기의 광축길이는 (　　) 이내일 것
3) (　　)은 햇빛에 노출되지 않도록 설치할 것
4) 송광부와 수광부는 뒷벽으로부터 (　　)m 이내일 것
5) 광축은 나란한 벽으로부터 (　　)m 이상 이격할 것

34

다음은 감지기의 개략적인 회로도이다. 이 회로도를 참고하여 다음 물음에 답하시오.

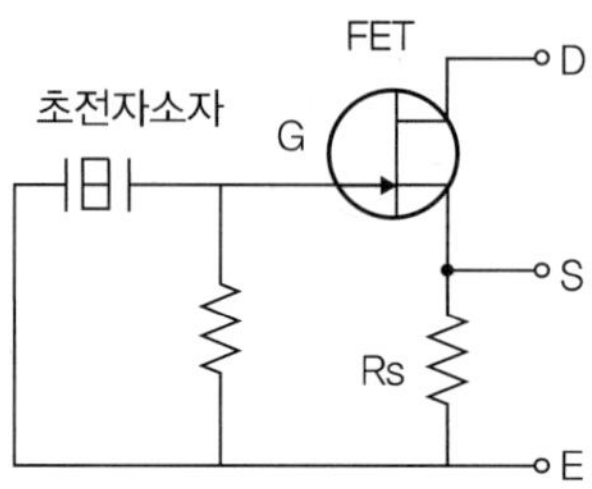

1) 상기 그림과 같은 회로를 갖는 감지기의 명칭을 구체적으로 쓰시오.

2) 초전자(반도체) 소자에서 발생 되는 광기전력 효과에 대해서 쓰시오.

3) 상기 회로의 감지기는 어떤 화재 성상에 적응성이 있는지 쓰시오.

4) 상기 회로를 가지는 감지기의 설치기준에 대해서 다음 ( ) 안을 채우시오.
   - 감지기는 (①)과 (②)를 기준으로 감시구역이 모두 포용될 수 있도록 설치할 것
   - 감지기는 화재감지를 유효하게 감지할 수 있는 (③) 또는 (④) 등에 설치할 것
   - 감지기를 (⑤)에 설치하는 경우에는 바닥을 향하여 설치할 것
   - 수분이 많은(예상) 지역은 (⑥)을 설치할 것

35

그림과 같은 복도에 연기감지기를 설치하고자 한다. 각각의 도면에 연기감지기 2종과 연기감지기 3종을 배치하고 감지기 간 및 감지기와 복도 간 거리를 각각 기재하시오.

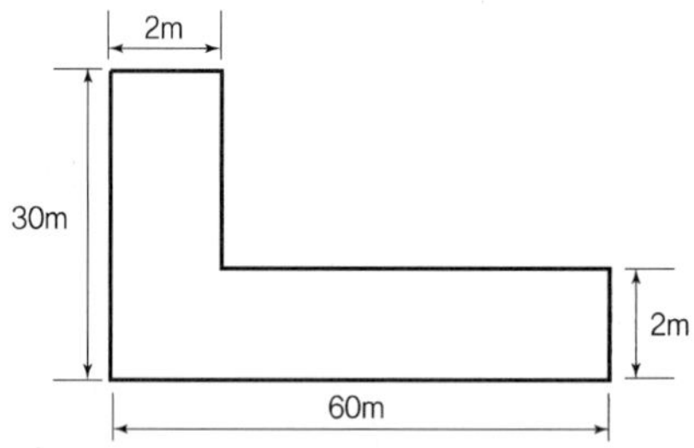

[연기감지기 2종]

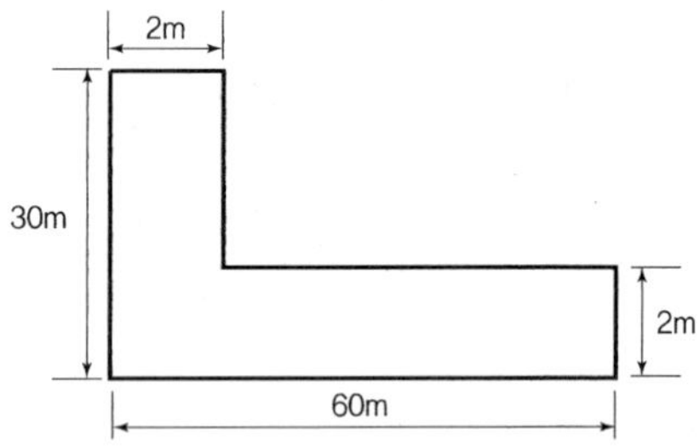

[연기감지기 3종]

36

감지기의 설치제외장소 중 5가지를 쓰시오.

37

자동화재탐지설비가 정상 작동 되었다고 하더라도 실제 화재가 아닌 경우를 비화재보라 하는데 비화재보를 방지할 수 있는 대책 5가지를 쓰시오.

38

감지기와 수신기의 기능상 문제로 인한 비화재보의 발생원인 3가지 쓰시오.

39

공기관식 차동식 분포형 감지기의 시험방법과 판정기준에는 여러 가지가 있다. 다음 물음에 답하시오.

1) 공기관식 차동식 분포형 감지기의 시험 종류에 대해서 쓰시오.
2) 화재작동시험의 시험방법에 대해서 설명하시오.
3) 화재작동시험의 판정기준에 대해서 설명하시오.

40

P형 1급 발신기와 P형 2급 발신기에 대하여 다음 문제에 답하시오.

1) P형 1급 발신기와 P형 2급 발신기에 대하여 비교하시오.
2) P형 1급 발신기와 P형 2급 발신기의 구조를 간단히 그리고, 명칭을 쓰시오.
3) 각 명칭에 대하여 간략히 설명하시오.

41

다음은 P형 1급 수동발신기의 내부 결선도이다. 미완성인 내부결선도를 완성하고, A, B, C 의 명칭을 쓰시오.

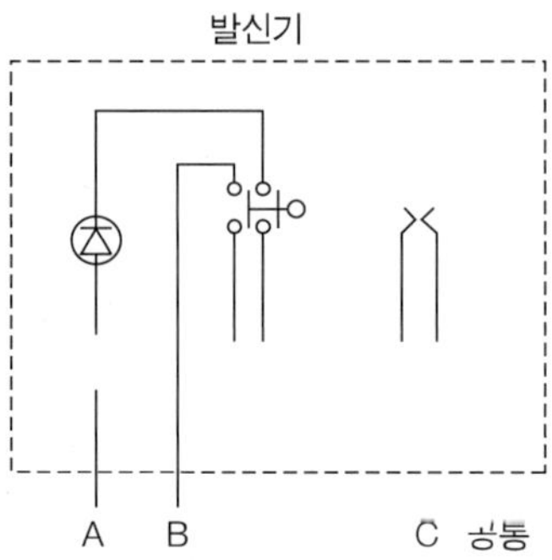

42

다음 주어진 부분 및 단자를 사용하여 P형 1급 발신기의 내부회로를 완성하고 ①~④단자의 용도를 설명하시오.

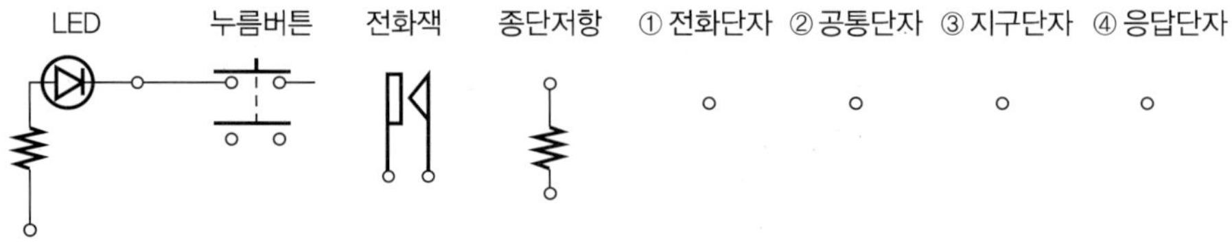

43

자동화재 탐지설비의 발신기의 누름버튼을 눌러 화재신호를 발신한 후 수신기에서 복구 시켰는데도 경종이 계속 울렸다. 그 이유와 해결방안을 쓰시오.

44

다음은 발신기와 감지기, 수신기로 이어지는 회로도이다. 잘못된 곳을 찾아 올바르게 고치시오 (단, 종단저항은 발신기함에 내장하시오).

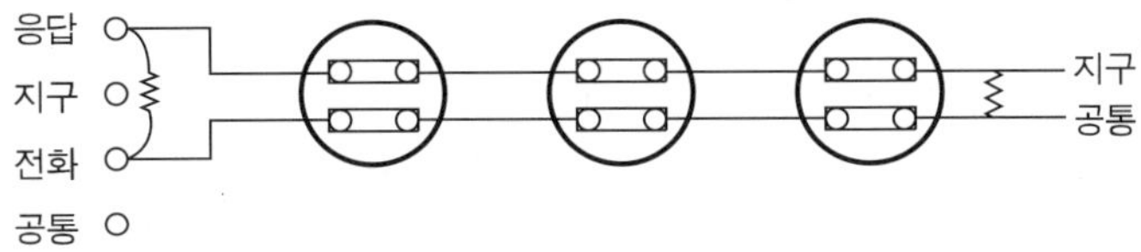

45

자동화재탐지설비의 P형 수신기에 연결되는 발신기와 감지기의 미완성 결선도를 다음 조건을 참조하여 완성하시오.

[조건]

㉠ 발신기에 설치된 단자의 명칭은 왼쪽부터 응답, 지구 전화, 공통이다.

㉡ 종단저항은 감지기 내장형으로 설치한다.

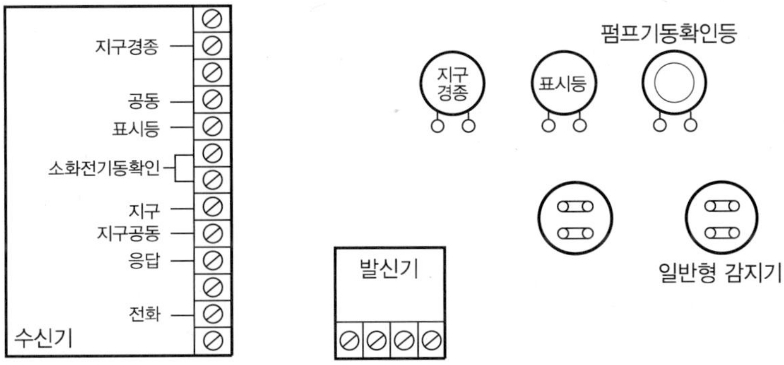

46

자동화재탐지설비의 중계기의 설치기준 4가지를 쓰시오.

47

분산형 중계기의 설치장소 4가지를 쓰시오.

48

다음은 수신기의 종류와 형식에 대한 설명이다. 다음에 해당하는 수신기를 답하시오.

1) 각 경계구역별 개별신호선에 의한 공통신호방식인 수신기
2) 각 회로별 고유신호선에 의한 다중통신방식인 수신기
3) M형 발신기를 이용하여 소방관서의 수신기에 통보하는 수신기
4) 화재신호 수신 후 바로 동작하지 않고 축적시간 내에 화재신호가 재수신될 때 동작하는 수신기
5) 화재신호 수신 후 바로 동작하지 않고 동일구역 내의 화재신호가 재수신될 때 동작하는 수신기
6) 감지기로부터 단순한 On/Off를 수신하는 것이 아니라 지속적인 온도나 연기농도를 수신하여 입력신호량에 따라 단계별로 출력하는 수신기
7) 일반수신기의 기능과 함께 제어기능이 포함되어 있는 수신기
8) 일반수신기의 기능과 함께 Network 기능이 포함되어 있는 수신기
9) P형 1급 수신기의 기능과 함께 G형 가스화재 탐지설비 기능이 포함되어 있는 수신기
10) R형 수신기의 기능과 함께 G형 가스화재 탐지설비 기능이 포함되어 있는 수신기

49

P형 수신기와 R형 수신기에 관한 다음 물음에 답하시오.

1) P형 수신기와 R형 수신기의 특성을 비교하여 5가지 쓰시오.
2) P형 수신기와 R형 수신기의 신호전달 방식의 차이점을 설명하시오.
3) 공장이나 초대형 건물에서 P형 수신기보다 R형 수신기를 많이 선호하는 이유 5가지를 쓰시오.

50

자동화재탐지설비의 R형 수신기에 대한 다음 물음에 답하시오.

1) 다중통신방법에 대해 설명하시오.
2) 신호선 종류 2가지를 쓰시오.
3) 신호선 중 Shield cable을 사용하는 이유는 무엇인가?
4) 신호선 중 Twist pair cable을 사용하는 이유는 무엇인가?
5) R형 수신기의 통신방식 중 PCM변조방식에 대해서 쓰시오.

51

초고층 빌딩 등에 사용되는 R형 수신기용 신호선으로 사용되는 실드선에 대하여 다음 물음에 답하시오.

1) 신호선을 실드선을 사용하는 이유를 쓰시오.
2) 신호선을 서로 꼬아서 사용하는 이유를 쓰시오.
3) 실드선을 접지하는 이유를 쓰시오.

52

자동화재탐지설비의 수신기 설치기준 5가지를 쓰시오.

53

자동화재탐지설비의 수신기 구조에서 스위치 주의등 점멸시의 원인을 쓰시오.

54

수신기의 시험방법을 5가지 쓰시오.

55

P형 1급 수신기에서 회로도통시험에 관한 다음 물음에 답하시오(단, 수신기의 자체고장은 없다).

1) 회로도통시험의 목적을 쓰시오.
2) 회로도통시험의 시험방법을 쓰시오.
3) 회로도통시험의 판정기준을 쓰시오.
4) 회로도통시험시 정상신호가 나타나지 않았을 경우 그 이유가 무엇인지 5가지 쓰시오.

56

수신기에서 예비전원시험에 관한 다음 물음에 답하시오.

1) 예비전원시험의 목적을 쓰시오.
2) 예비전원시험의 시험방법을 쓰시오.
3) 예비전원시험의 판정기준을 쓰시오.

57
수신기의 공통선 시험의 목적과 방법 그리고 판정기준을 쓰시오.

58
수신기의 동시작동시험에 관한 다음 물음에 답하시오.
1) 동시작동시험의 목적을 쓰시오.
2) 동시작동시험의 시험방법을 쓰시오.
3) 동시작동시험의 판정기준을 쓰시오.

59
수신기의 화재표시 작동시험에 대한 다음 물음에 답하시오.
1) 수신기의 화재표시 작동시험을 실시할 때 확인사항 3가지를 쓰시오.
2) 수신기의 화재표시 작동시험 후 화재가 발생하지 않았는데 화재표시등과 지구표시등이 점등되어 복구스위치를 눌렀으나 복구되지 않는 경우 3가지를 쓰시오(단, 복구스위치는 정상이다.)

60
다음은 다이오드 매트릭스 회로를 사용하여 수신기의 경계구역을 표시한 그림의 일부분이다. 다이오드를 추가하여 회로를 완성하시오(단, 그림의 1~8은 1~8 경계구역을 의미한다).

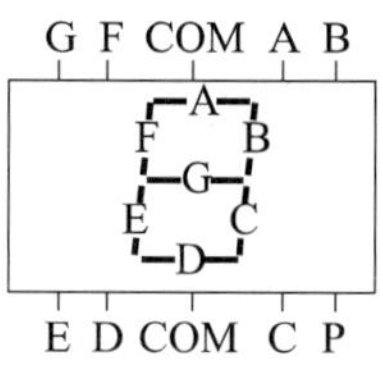

▌디스플레이▌

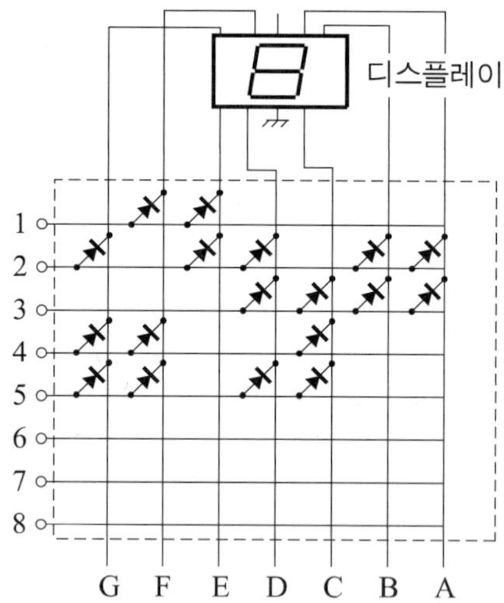

61
자동화재탐지설비에서 우선경보방식의 적용대상 및 적용기준에 대해서 설명하시오.

62

자동화재탐지설비의 음향장치 설치기준을 6가지 쓰시오.

63

자동화재탐지설비의 배선에 관한 다음 물음에 답하시오.

1) 감지기 선로 말단에 종단저항을 설치하는 이유
2) 감지기 배선을 송배선 방식으로 하는 이유
3) 종단저항 설치기준 3가지

64

감지기 회로에 관한 다음 물음에 답하시오.

1) 감지기회로 사이의 배선방식은 무엇인가?
2) 감지기 회로의 전로저항은 몇 Ω 이하로 하여야 하는가?
3) 수신기에서 150m 떨어진 경종 5개가 모두 작동하였다. 이 선로의 전압 강하는 얼마인가? (단, 경종 1 개의 작동 전류는 50mA이고, 전선의 굵기는 2.5mm^{2}이다.)

65

다음은 청정소화약제 설비 기동용 연기감지기 회로에 관한 결선도이다. 다음 물음에 답하시오 (단, 종단저항은 제어반 내에 설치한다).

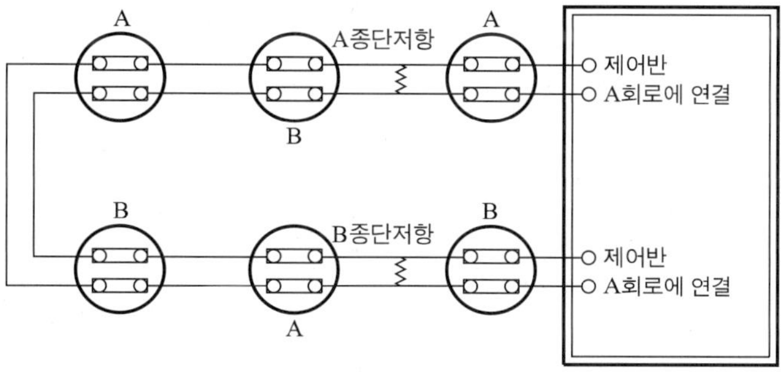

〈제어반〉

1) 결선도에서 잘못된 곳을 찾아 올바르게 그리시오.
2) 잘못 결선한 이유를 설명하시오.
3) 감지기회로의 배선을 교차회로로 배선으로 해야 하는 소화설비에 교차회로방식을 적용하지 않는 감지기를 5가지 쓰시오.

66

수신기, 감지기, 발신기가 다음과 같이 배치되어 있을 때 송배선방식이 될 수 있도록 배선도를 완성하시오.

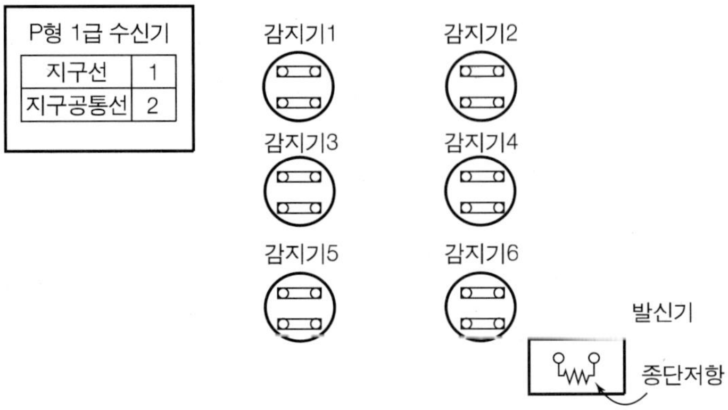

67

자동화재탐지설비의 평면도가 다음과 같을 때 실제 배선도를 완성하시오.

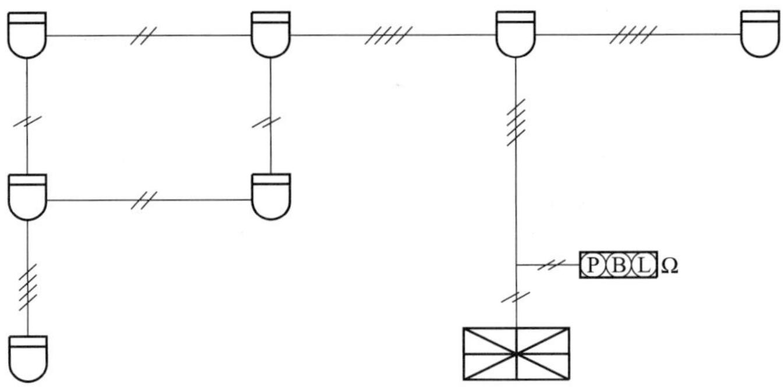

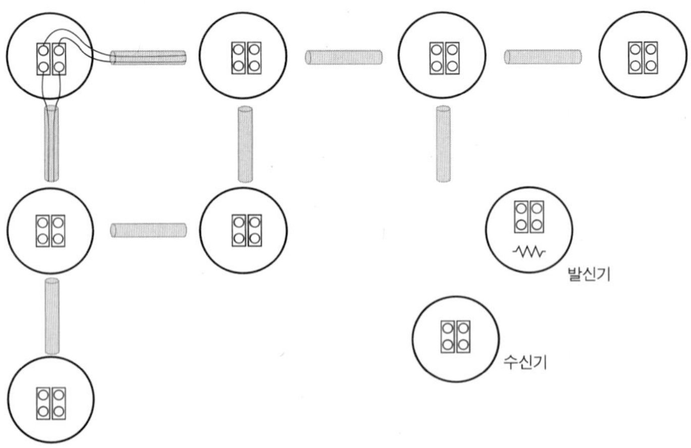

68

자동화재탐지설비 감지기회로의 등가회로를 나타낸 것이다. 선로저항은 0.1kΩ, 감시전류는 5mA, 릴레이 저항은 950Ω, 회로의 전압이 DC 24V일 때 다음 물음에 답하시오.

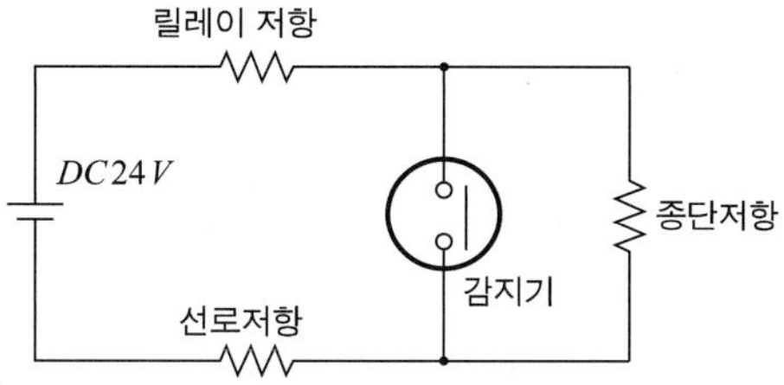

1) 종단저항은 몇 kΩ인가?
2) 감지기의 동작전류는 몇 mA인가?
3) 감지기의 감시전류는 몇 mA인가?

69

P형 수신기와 감지기와의 배선회로에서 종단저항은 10kΩ, 릴레이 저항은 850Ω, 배선회로의 저항은 50Ω이며 회로전압이 DC 24V일 때 다음 물음에 답하시오.

1) 평상 시 감시전류는 몇 mA인가?
2) 감지기가 동작할 때의 전류는 몇 mA인가?

70

P형 수신기와 감지기와의 배선회로에서 종단저항은 10kΩ, 릴레이 저항은 1,000Ω, 감시전류는 2.2mA, 회로전압이 DC 24V일 때 감지기가 동작할 때의 전류는 몇 mA인가?

71

방재배선 배관공사 방법 중 내화배선과 내열배선의 배관 종류를 쓰시오.

72

1층 수위실에 있는 수신기를 지하 1층의 방제센터로 이설하고자 할 때, 수신기의 전원선은 배선전용실인 EPS실을 이용하여 시공하고자 한다. 이 때 다음 물음에 답하시오.

1) 수신기의 전원을 수납하는 배선의 종류와 전선관의 종류에 대해서 쓰시오.
2) 배선전용실을 이용하여 전원선을 시공하고자 할 경우 관련된 기준을 3가지 쓰시오.

73

다음은 내화배선 공사법에 관한 내용이다. (가), (나), (다)에 들어갈 알맞은 답을 쓰시오.

1) 매설을 할 경우 – 내화구조로 된 벽 또는 바닥 등에 (가) 이상의 깊이로 매설할 것
2) 매설을 하지 않을 경우(노출공사)
   - 배선을 내화성능을 갖는 배선전용실 또는 배선용 샤프트, 피트, 덕트에 설치할 것
   - 타 설비의 배선이 있는 경우 (나) 이상 이격하거나 배선 최대직경의 (다)배 이상의 불연성 격벽을 설치할 것

74

다음은 CO_2 소화설비의 방재배선 Block Diagram을 나타낸 것이다. 방재배선 Block Diagram을 완성하시오(단, ▬▬ : 내화배선, ▨▨ : 내열배선, ── : 일반배선, ----- : 배관).

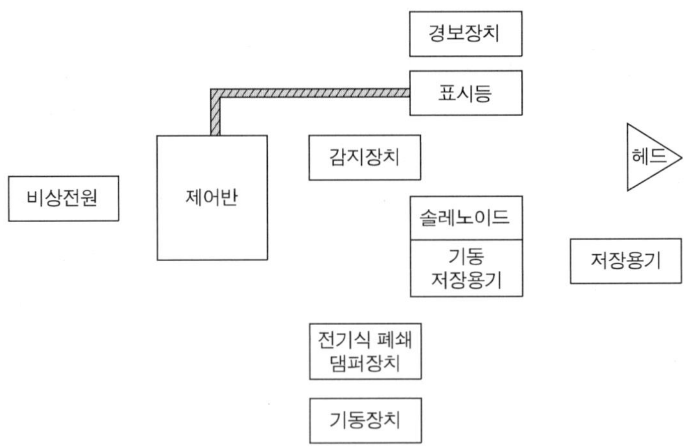

75

비상방송설비에 관한 다음 물음에 답하시오.

1) 비상방송설비 구성요소를 완성시키시오.

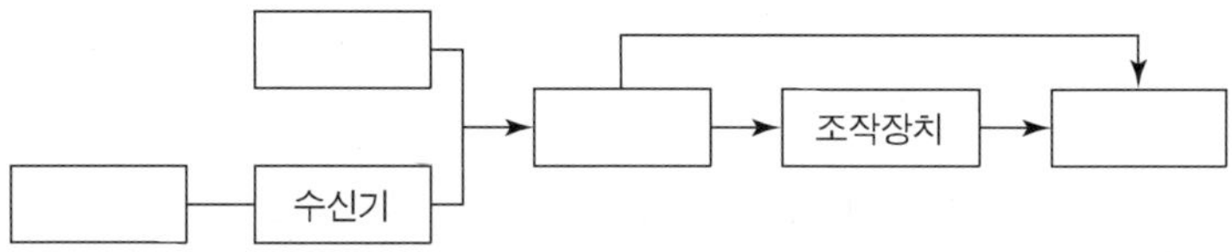

2) 비상방송설비의 경보방식은 어떤 방식인가?
3) 확성기의 음성입력은 실내·외 몇 W인가?
4) 확성기의 설치위치 및 수평거리는 몇 m인가?
5) 음량조정기의 배선방식은 무엇인가?
6) 조작부 조작 S/W는 몇 m인가?
7) 조작부 및 증폭기의 설치장소는 어디인가?
8) 화재수신 후 비상방송개시시간은 몇 초 이하인가?
9) 음향장치는 정격전압의 몇 %에서 동작 가능해야 하는가?
10) 전로와 대지사이의 절연저항을 측정하는 기기와 판정기준은 무엇인가?

76

비상방송설비의 음량조정기는 반드시 3선식 배선 방식을 적용해야 한다. 다음 결선도를 완성하시오.

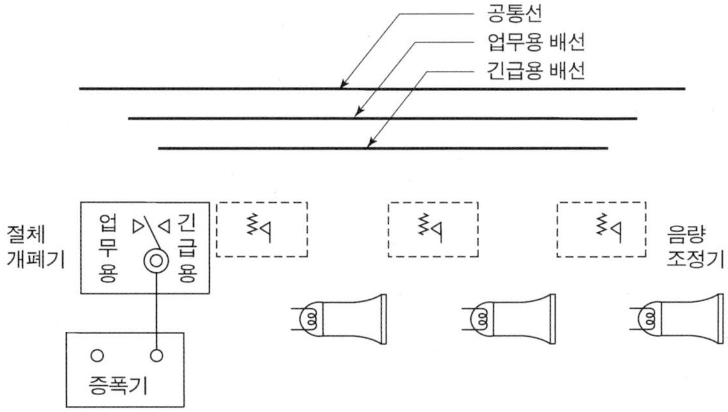

77

다음은 6층 건물의 비상방송설비에 대한 3선식 배선방식 단선결선도이다. 실제배선도를 완성하고 배선의 가닥수와 배선내역을 쓰시오.

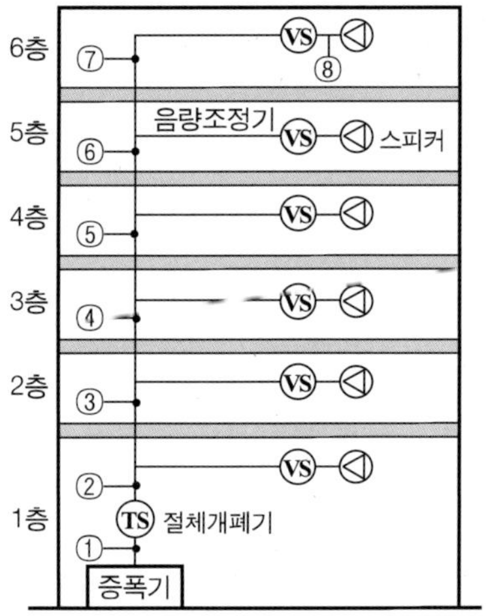

78

비상방송설비에서 AMP(앰프)와 스피커 간 임피던스 매칭을 하기 위한 순서를 쓰시오.

79

다음은 3상 3선식의 누전경보기 작동원리를 나타낸 것이다. 정상 시와 누전 시의 전류값을 구하시오.

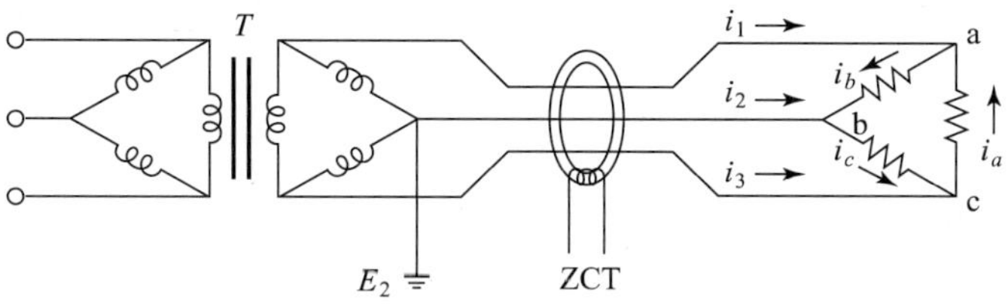

(a) 정상 시

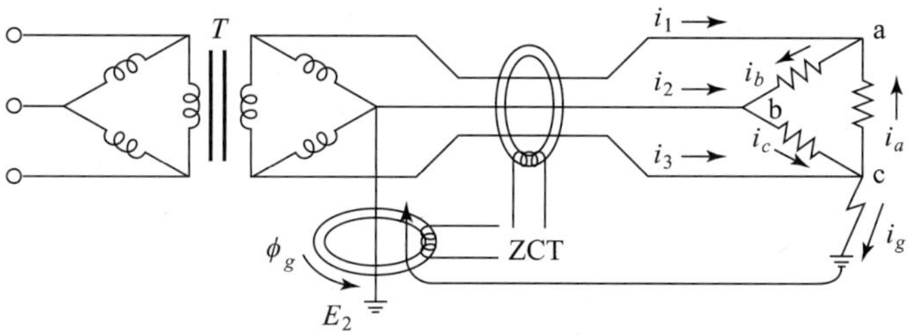

(b) 누설 시

1) 정상 시의 전류값
2) 누전 시의 전류값

80

다음의 조건을 참고하여 누전경보기의 작동순서를 기호로 나열하시오.

[조건]

㉠ 관계인에게 경보, 누전표시 및 회로 차단
㉡ 변류기에 유도전압 유기
㉢ 계전기(릴레이) 작동
㉣ 수신기 전압 증폭
㉤ 누전점 발생
㉥ 누설전류에 의한 자속 발생

81

누전경보기에 관한 다음 물음에 답하시오.

1) 누전경보기의 수신기 내부 구조 블록도이다. 빈 곳을 완성하시오.

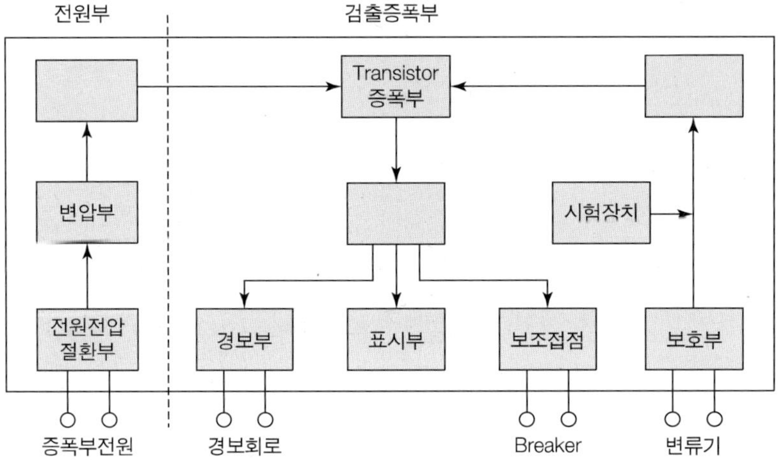

2) 누전경보기의 수신기 증폭방식을 쓰시오.

3) 누전경보기의 수신기 전원부의 회로구성을 완성하시오.

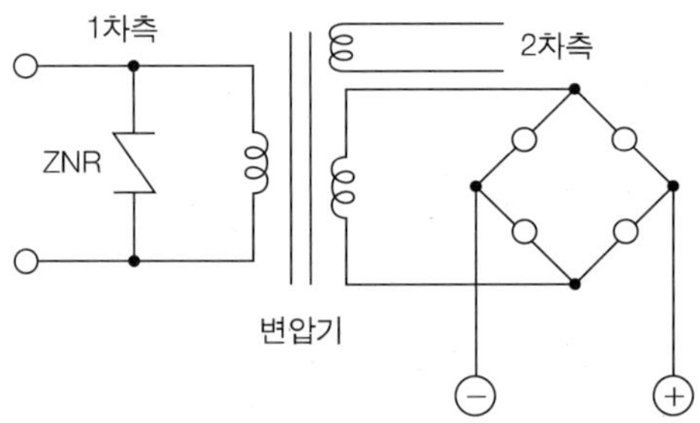

4) 누전경보기의 수신기 전원부 1차측 설치된 ZNR의 목적은 무엇인가?

82

누전경보기에 관한 다음 물음에 답하시오.

1) 1급 누전경보기를 설치해야 할 경계전로의 정격전류는 얼마인가?
2) (　　)을 완성하시오.
변류기는 옥외 인입선의(①) 또는 (②)의 점검 쉬운 곳에 설치하며 옥외 설치시 (③) 사용
3) 음향장치를 설치하는 곳은 어디인가?
4) 누전경보기의 수신부 설치제외장소는 어디인가?
5) 회로를 차단할 수 있는 차단기의 종류와 용량은 각각 얼마인가?
6) 누전경보기를 시험할 수 있는 시험 종류에 대해서 쓰시오.
7) ZCT의 명칭과 기능을 쓰시오.
8) CT 100/5, 50VA의 의미를 설명하시오.
9) 다음은 누전경보기 점검사항이다. 이들 시험에 필요한 시험기 또는 측정기를 쓰시오.
① 누설전류 검출시험
② 배선 및 충전부와 대지 간의 절연상태의 측정
③ 경보부저(Buzzer)의 음압시험
④ 수신기에 의한 외부배선, Fuse, 표시등 등의 도통시험

83

다음의 그림은 누전경보기의 설치 회로도이다. 이 회로도를 보고 다음 각 물음에 답하시오(단, 회로도의 잘못된 부분은 모두 정상으로 수정한 것으로 가정하고 답할 것).

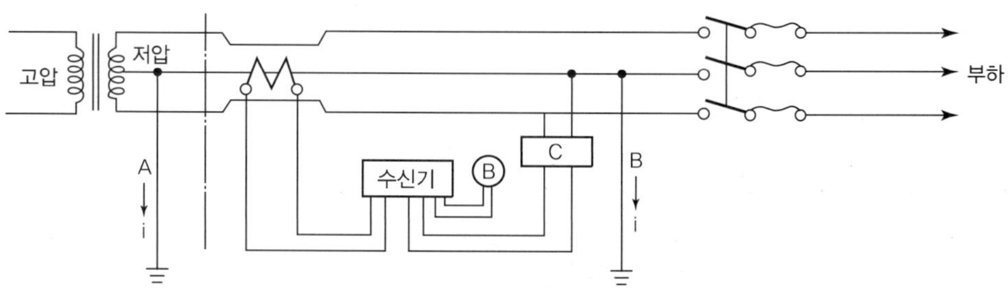

수신기 : 1급, C : 과전류차단기, B : 음향장치

1) 회로에서 잘못된 부분을 3가지 지적하여 올바르게 수정하시오.
2) A의 접지선에 접지하여야 할 접지의 종류를 쓰시오.
3) 회로에서 과전류차단기 용량은 몇 A 이하이어야 하는가?
4) 회로의 음향장치는 정격전압의 몇 % 전압에서 음향을 발할 수 있어야 하는가?
5) 누전경보기의 공칭동작전류치는 몇 mA 이하이어야 하는가?
6) 회로에서 변류기의 절연저항을 측정하였을 경우 절연저항값은 몇 MΩ 이상이어야 하는가?

84

가스누설경보기에 관한 다음 물음에 답하시오.

1) 가스누설경보기를 구조기준과 경보방식에 따라 분류하시오.
2) 수신개시로부터 가스누설표시까지의 소요시간은?
3) 가스누설표시등은 점등시 어떤 색으로 표시되는가?
4) 가스누설표시등에 사용되는 예비전원의 종류는 무엇이며, 1회선용의 용량은?
5) 가스누설표시등의 절연저항 측정기기는 무엇이며, 절연된 충전부와 외함 사이는 얼마 이상이어야 하는가?

85

단독경보형 감지기의 설치기준이다. 다음 ( )안에 들어갈 알맞은 내용을 채우시오.

1) 각 실 마다 설치하되, 바닥면적 (①)를 초과하는 경우에는 (①)마다 1개 이상을 설치하여야 한다.
2) 각 실(이웃하는 실내의 바닥면적이 각각 (②) 미만이고 벽체 상부의 전부 또는 일부가 개방되어 이웃하는 실내와 공기가 상호유통되는 경우에는 이를 (③)의 실로 본다.
3) (④)를 주전원으로 사용하는 단독경보형 감지기는 정상적인 작동상태를 유지할 수 있도록 (④)를 교환할 것
4) 상용전원을 주전원으로 사용하는 단독경보형 감지기의 (⑤)는 제품검사에 합격한 것을 사용하는 것

86

시각경보장치에 관한 다음 물음에 답하시오.

1) 시각경보장치를 설치하여야 하는 특정소방대상물을 5가지 쓰시오.
2) 시각경보장치의 설치기준에 대한 다음 ( )안을 완성하시오.
   (1) 복도·통로·청각장애인용 객실 및 공용으로 사용하는 (①)에 설치하며, 각 부분에 유효하게 경보를 발할 수 있는 위치에 설치할 것
   (2) 공연장·집회장·관람장 또는 이와 유사한 장소에 설치하는 경우에는 시선이 집중되는 (②)부분 등에 설치할 것
   (3) 바닥으로부터 (③) 이상 (④) 이하의 높이에 설치할 것. 다만, 천장높이가 2m 이하는 (⑤)에서 (⑥) 이내의 장소에 설치하여야 한다.

CHAPTER

2 피난설비

1 유도등 및 유도표지(NFPC 303, NFTC 303)

1. 개요

1) **유도등**은 화재 시 **건물 내의 거주자가 안전하게 피난할 수 있도록 피난구 또는 피난방향을 안내하는 장치**
2) 유도등은 상용전원이 정전되면 비상전원으로 자동절환되어 점등되어야 한다.
3) 사용 장소에 따라 **피난구유도등, 통로유도등, 객석유도등**으로 분류한다.

- 유도등
  - 피난구 유도등 — 대형, 중형, 소형
  - 통로 유도등
    - 거실 통로 유도등
    - 복도 통로 유도등
    - 계단 통로 유도등
  - 객석 유도등
- 유도 표지

4) 유도등은 항상 점등상태를 유지해야 하므로 신뢰성 확보를 위해 **2선식 배선이 원칙**이나 에너지 절감이나 등기구 수명의 연장 및 효율화를 위해 특정 장소에 3선식 배선도 사용 가능하다.
5) 피난유도선은 햇빛이나 전등불에 따라 축광(이하 '**축광방식**'이라 함)하거나 전류에 따라 빛을 발하는(이하 '**광원점등방식**'이라 함) 유도체로서 어두운 상태에서 피난을 유도할 수 있는 띠 형태로 설치되는 피난유도시설을 말한다.

2. 설치대상

1) 피난구, 통로 유도등 및 유도표지는 모든 소방대상물에 설치(지하가 중 터널 제외)
2) 객석유도등은 유흥음식점과 문화집회 및 운동시설에 설치

설치 장소	종 류
① 공연장, 집회장, 관람장, 운동시설, 유흥주점영업시설	• 대형 피난구유도등 • 통로유도등, 객석유도등
② 위락시설, 판매시설 및 영업시설, 관광숙박시설, 의료시설, 통신촬영시설, 전시장, 지하상가, 지하철역사	• 대형 피난구유도등 • 통로유도등
③ 일반 숙박시설, 오피스텔 또는 ① 및 ② 외의 지하층, 무창층 및 11층 이상의 부분	• 중형 피난구유도등 • 통로유도등
④ 근린생활시설(주택용도 제외), 노유자시설, 업무시설, 종교집회장, 교육연구시설, 공장, 창고시설, 교정시설, 기숙사, 자동차정비공장, 자동차운전학원 및 정비학원, ① 또는 ③ 외의 다중이용업소	• 소형 피난구유도등 • 통로유도등
⑤ 그 밖의 것	• 피난구유도표지 • 통로유도표지

비고 : 소방서장은 소방대상물의 위치·구조 및 설비의 상황을 판단하여 대형 피난구유도등을 설치하여야 할 장소에 중형 피난구유도등 또는 소형 피난구유도등을, 중형 피난구유도등을 설치하여야 할 장소에 소형 피난구도유도등을 설치하게 할 수 있다.

3. 규격 및 형태

1) 피난구유도등

정의	피난구 또는 피난경로로 사용되는 출입구의 위치를 표시하는 녹색의 등화			
규격	피난구유도등	정사각형 : 한변(mm)	직사각형	
			짧은변(mm)	최소면적(m^2)
	대형	250 이상	200 이상	0.1
	중형	200 이상	140 이상	0.07
	소형	100 이상	110 이상	0.036
형태			• **녹색바탕**에 **백색문자** • 비상문·비상탈출구·EXIT·FIRE EXIT 또는 화살표 등을 함께 표시	
구성	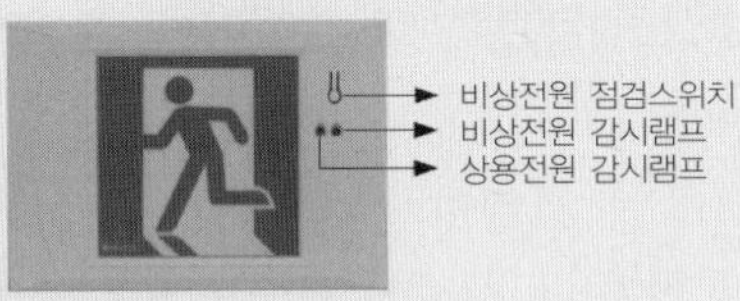		• **비상전원 점검 스위치** 누르거나 당겨서 **비상전원 이상유무 확인** • **비상전원 감시램프** 축전지 등의 **비상전원 불량 또는 이상 적색 LED 점등** • **상용전원 감시램프** 상용전원 정상시 **녹색 LED 점등**	

복합표시형 피난구유도등 – 피난구유도등의 표시면과 안내표시면이 구분되어 설치된 유도등

2) 통로유도등

정의	피난통로를 안내하기 위해 유도하는 등을 말하며 종류에는 복도 통로유도등, 거실 통로유도등, 계단 통로유도등이 있다.			
규격	통로 유도등	정사각형 : 한변(mm)	직사각형	
			짧은변(mm)	최소면적(m^2)
	대형	400 이상	200 이상	0.16
	중형	200 이상	110 이상	0.036
	소형	130 이상	85 이상	0.022
형태	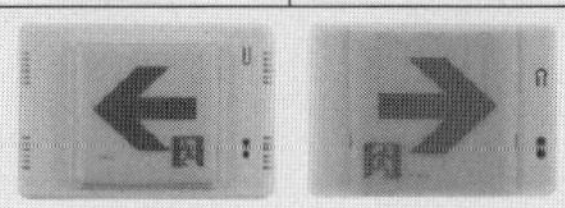		• **백색바탕**에 **녹색문자** • 그림문자와 함께 피난방향을 지시하는 화살표를 표시	

3) 객석유도등

기준	화재안전성능,기술기준(NFPC, NFTC)	형식승인 및 제품검사의 기술기준
정의	객석의 통로, 바닥 또는 벽에 설치하는 유도등	객석용 의자 등에 견고하게 부착할 것
형태	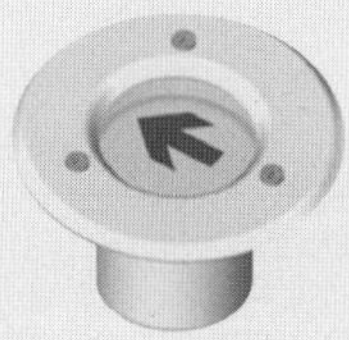	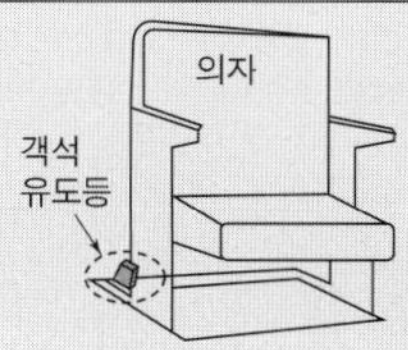

4) 유도표지

정의	전원에 의한 조명시설이 없이 축광성 야광도료를 이용하는 것으로 어두운 곳에서도 도안·문자 등이 쉽게 식별될 수 있도록 된 것			
규격	규격	피난구유도표지	통로유도표지	규격
	긴변	360mm 이상	250mm 이상	모든 변의 길이 50mm 이상
	짧은변	120mm 이상	85mm 이상	
종류	피난구유도표지		피난구 또는 피난 경로로 사용되는 출입구를 표시하여 피난을 유도하는 표지	
	통로유도표지		피난통로가 되는 복도, 계단 등에 설치하는 것으로서 피난구의 방향을 표시하는 유도표지	
	보조표지		피난방향 또는 피난설비 등의 위치를 알려주는 보조역할을 하는 표지	

5) 피난유도선

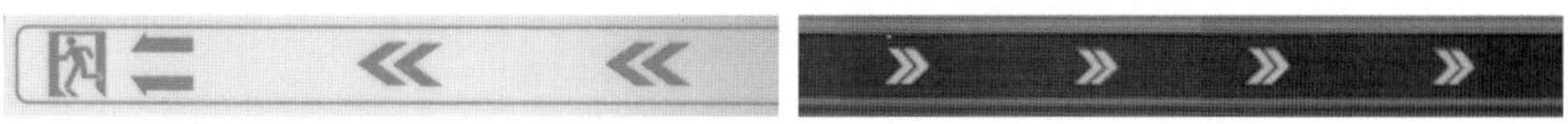

참고사항

▶ 유도등 표시면의 형태

- '단일표시형'이란 한 가지 형상의 표시만으로 피난유도표시를 구현하는 방식을 말한다.
- '동영상표시형'이란 동영상 형태로 피난유도표시를 구현하는 방식을 말한다.
- '단일·동영상 연계표시형'이란 단일표시형과 동영상표시형의 두 가지 방식을 연계하여 피난유도표시를 구현하는 방식을 말한다.
- '투광식'이란 광원의 빛이 통과하는 투과면에 피난유도표시 형상을 인쇄하는 방식을 말한다.
- '패널식'이란 영상표시소자(LED, LCD 및 PDP 등)를 이용하여 피난유도표시 형상을 영상으로 구현하는 방식을 말한다.

4. 설치기준

종 류	피난구 유도등	통로 유도등(피난통로를 안내하기 위한 유도등)			객석 유도등	유도표지	
		거실통로유도등	복도통로유도등	계단통로유도등		피난구 유도표지	통로 유도표지
정 의	피난구 또는 피난경로로 사용되는 출입구를 표시하여 피난을 유도하는 유도등	거주 등의 목적으로 거실, 주차장 등 개방된 통로에 설치하는 유도등으로 피난방향을 명시	피난통로가 되는 복도에 설치하는 유도등	피난통로가 되는 계단, 경사로에 설치하는 유도등	객석의 통로, 바닥, 벽 등에 설치하는 유도등	피난구 또는 피난경로로 사용되는 출입구를 표시하여 피난을 유도하는 표지	피난통로가 되는 복도, 계단등에 설치하여 피난구의 방향을 표시하는 표지
설치대상	모든 소방대상물	모든 소방대상물	모든 소방대상물	모든 소방대상물	공연장, 집회장, 관람장, 운동시설	모든 소방대상물	모든 소방대상물
설치기준	① 설치장소 (뒷페이지 참조)	• 거실의 통로에 설치 • 보행거리 20m • 1.5m 이상 설치 • **기둥－1.5m 이하**	• 복도에 설치 • 보행거리 20m • 1m 이하 설치 • 바닥설치 시 하중에 견딜 것	• 경사로참, 계단참마다 설치 • 1m 이하 설치	• 객석의 바닥, 통로, 벽에 설치 • 0.2 lx 이상	• 출입구 상단에 설치	• 1m 이하 설치
		• 통행에 지장이 없도록 설치할 것 • 주위에 유사한 등화광고물 설치 금지				• 보행거리 15m 이하인 곳 • 구부러진 모퉁이 벽 • 주위에 유사한 등화광고물 설치 금지 • 부착판 등을 사용 떨어지지 않게 설치 • 축광방식은 상시조명이 제공되도록 설치	
설치높이	1.5m 이상	1.5m 이상	1m 이하	1m 이하			1m 이하
설치거리		보행거리 20m	보행거리 20m	경사로참, 계단참마다			
조 명 도		1 lx 이상			0.2 lx 이상		
색 깔	녹색바탕에 백색문자	백색바탕에 녹색문자					
설치개수		보행거리/20m−1			직선길이/4m−1	보행거리/15m−1	
예 시	 **출입구** (상부설치)	 **주차장, 도서관** (상부설치)	 **일반 복도** (하부설치)	 **일반 계단** (하부설치)	 **공연장, 극장** (하부설치)	 **출입구** (상부설치)	 **복도, 계단** (하부설치)

1) 피난구유도등

(1) 설치장소

옥내로부터 직접 지상으로 통하는 출입구 및 그 부속실의 출입구	 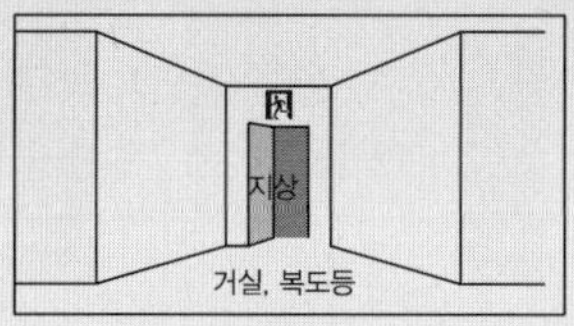 부속실 無	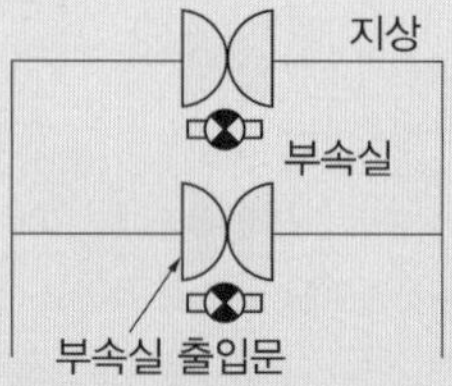 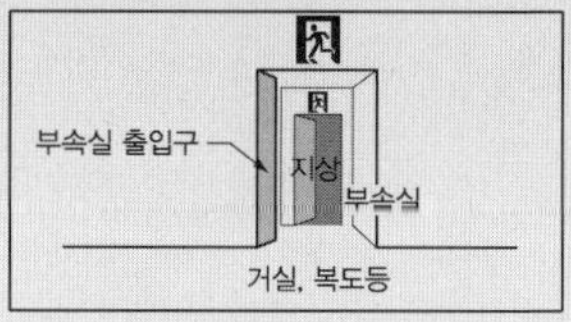 부속실 有
직통계단, 직통계단 계단실 및 그 부속실의 출입구	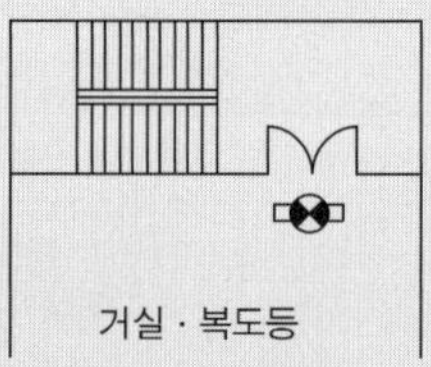 부속실 無	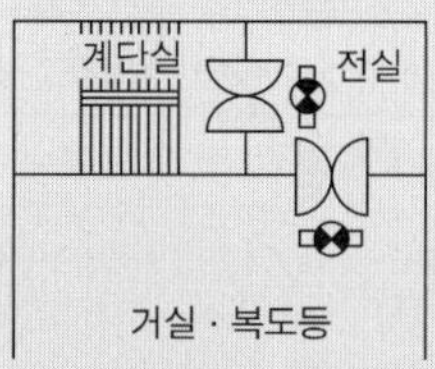 부속실 有
출입구에 이르는 복도 또는 통로로 통하는 출입구	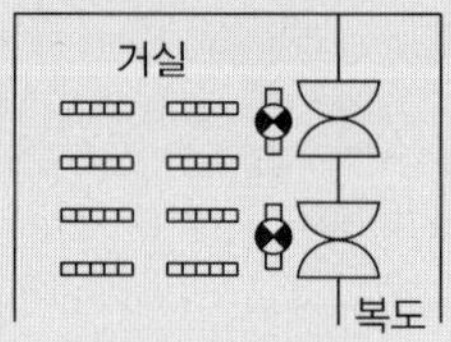 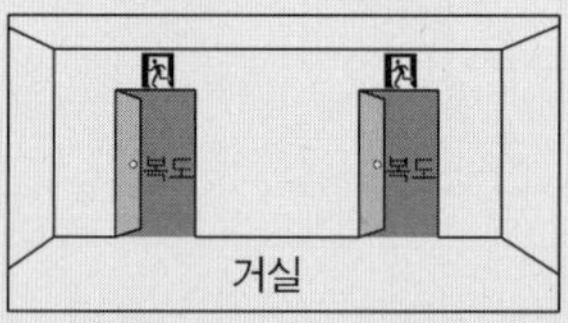 거실에서 복도로 연결된 경우	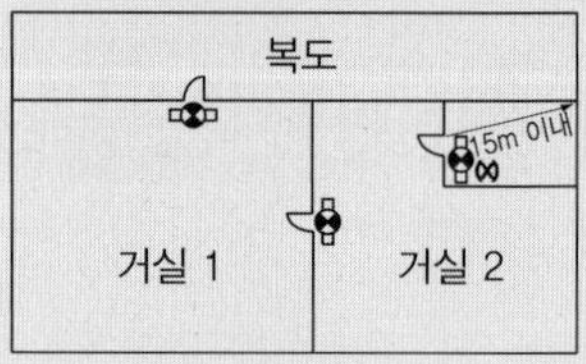 경유 거실인 경우 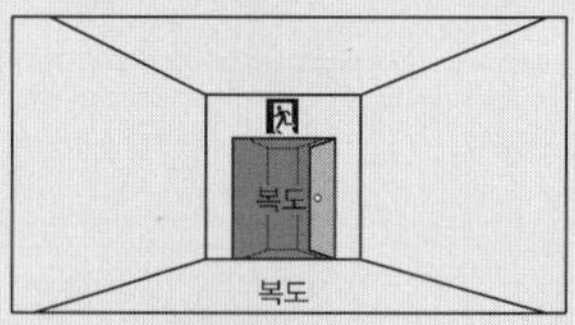 복도에 방화문이 있는 경우
안전구획된 거실로 통하는 출입구	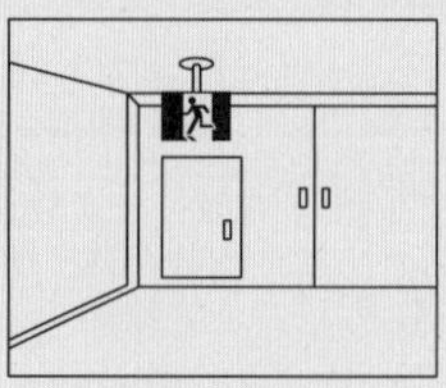 안전구획 : 입면도	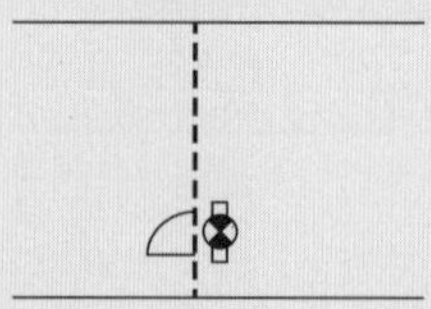 안전구획 : 평면도

(2) 피난구유도등은 피난구의 바닥으로부터 높이 **1.5m 이상**으로서 **출입구**에 **인접**하도록 설치(2014.8.18. 개정).

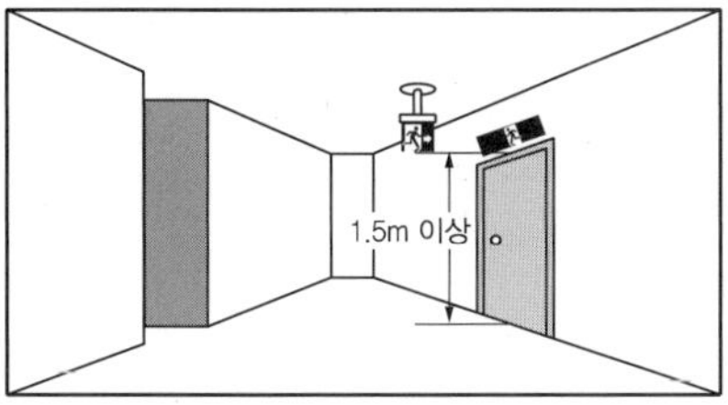

그림 2.1 ◦ 피난구유도등의 위치, 높이

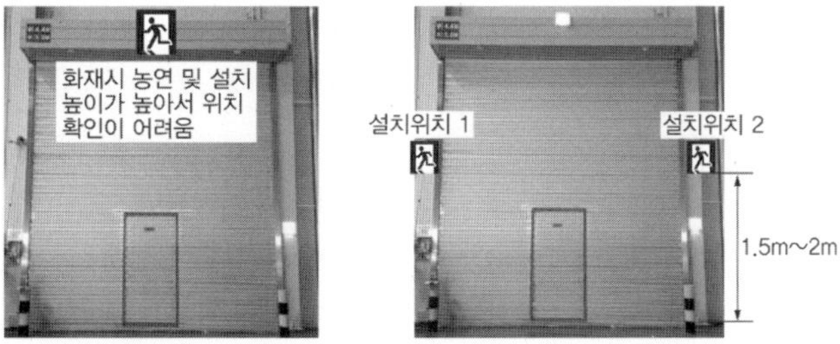

그림 2.2 ◦ 피난구유도등의 출입구 인접설치 예

(3) 피난층으로 향하는 피난구의 위치를 안내할 수 있도록 출입구 인근 천장에 설치된 피난구유도등의 면과 **수직**이 되도록 피난구유도등을 **추가(수직형) 설치**하거나 **입체형**[1)] 피난구유도등을 설치(2021.7.8. 신설).

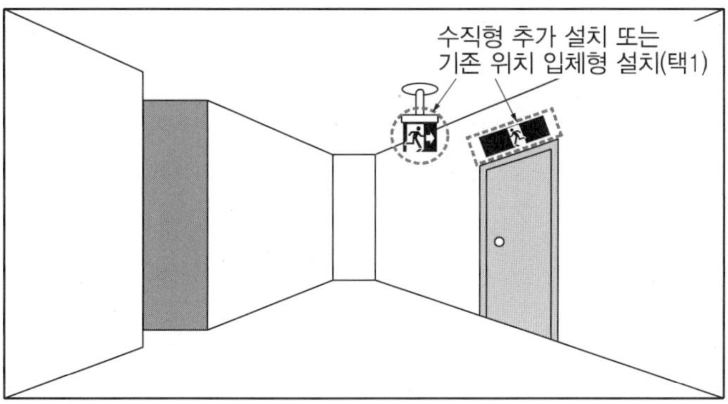

그림 2.3 ◦ 피난구유도등의 수직형 또는 입체형 설치 예

1) '입체형'이란 유도등 표시면을 2면 이상으로 하고 각 면마다 피난유도표시가 있는 것을 말한다.

참고사항

▶ 미국 NFPA 101(인명안전코드)

미국 NFPA 101 부록에서는 일자형 및 T자형 복도에 설치하는 피난구유도등의 설치방법을 다음과 같이 예시하고 있다.

일자 형태의 복도

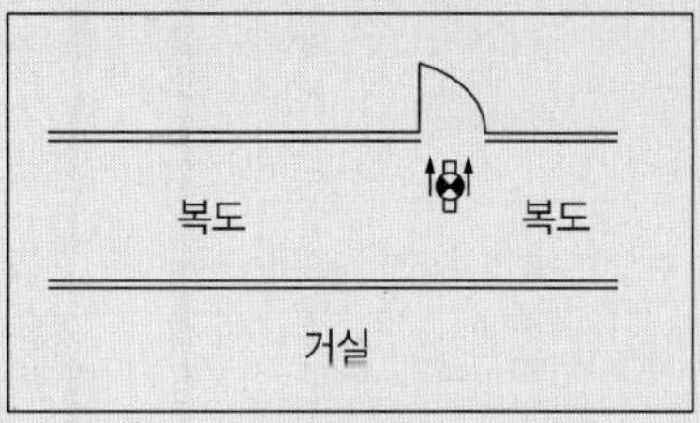

(단면도)

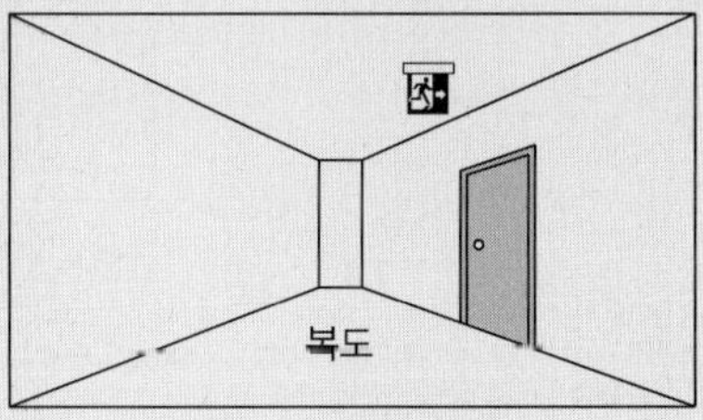

(입체도)

T자 형태의 복도

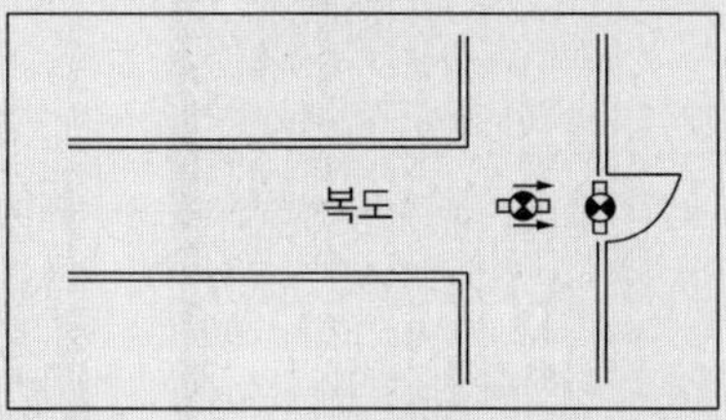

(단면도)

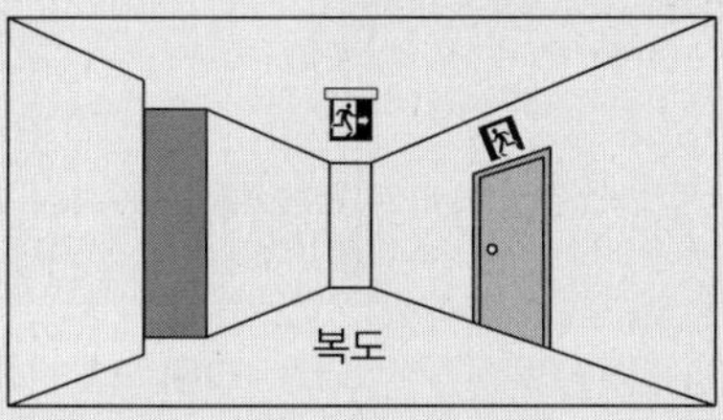

(입체도)

2) 통로유도등

(1) 복도 통로유도등

① **복도**에 설치하되 **피난구유도등**이 설치된 출입구의 **맞은편 복도**에는 **입체형**으로 설치하거나, **바닥**에 설치(2021.7.8. 개정).

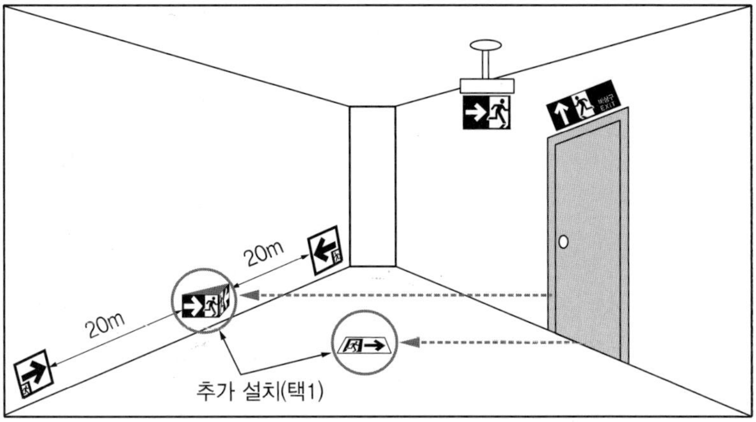

그림 2.4 ◦ 피난구유도등이 설치된 출입구 맞은편 복도의 설치 예

② **구부러진 모퉁이**('ㄱ'자, 'T'자 형태) 및 ①항에 따라 설치된 통로유도등을 기점으로 **보행거리 20m**마다 설치(2021.7.8. 개정).

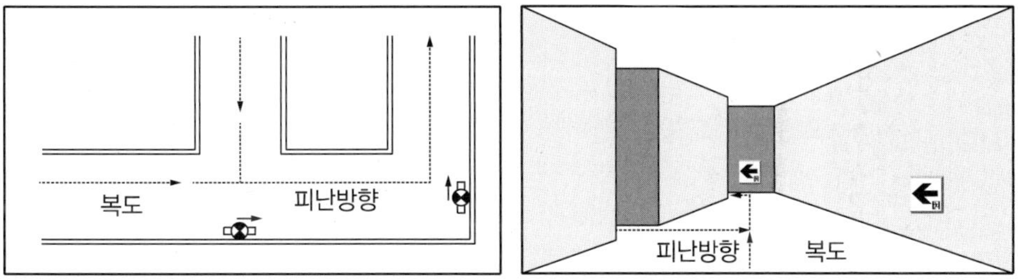

그림 2.5 ◦ 구부러진 모퉁이의 설치 예

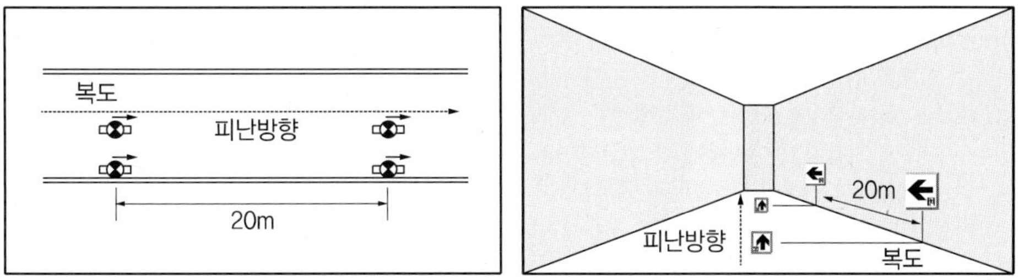

그림 2.6 ◦ 복도 및 바닥 매립 유도등의 설치 예

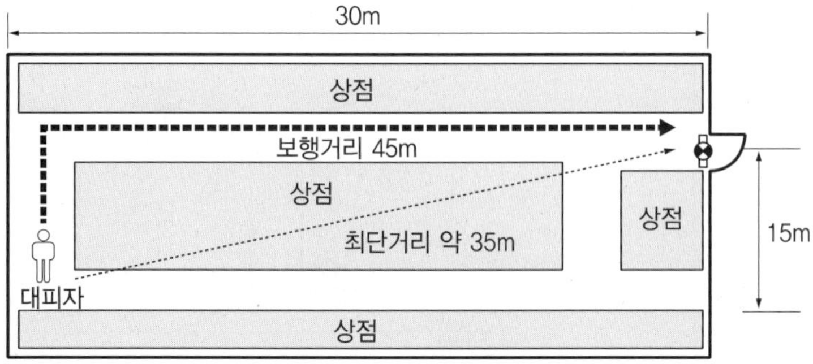

그림 2.7 • 보행거리 개념

③ 바닥으로부터 높이 **1m 이하**[2]의 위치에 설치할 것. 다만, 지하층 또는 무창층의 용도가 도·소매시장·여객자동차터미널·지하역사 또는 지하상가인 경우에는 복도·통로 **중앙부분의 바닥**[3]에 설치하여야 한다.

④ 바닥에 설치하는 통로유도등은 **하중**에 따라 파괴되지 아니하는 강도의 것으로 할 것.

(2) 거실 통로유도등

① **거실**의 통로에 설치할 것. 다만, 거실의 통로가 벽체 등으로 구획된 경우에는 복도 통로유도등을 설치[4]

2) 복도 통로유도등을 바닥으로부터 1m 이하의 위치에 설치하도록 한 것은 화재 시 발생되는 연기 등이 천장에서부터 축적되어 아래로 내려오므로 바닥 가까운 위치에 유도등을 설치하여 좀 더 긴 시간 동안 피난을 유도할 수 있도록 한 것이다.

3) 지하층 또는 무창층의 용도가 도매시장·소매시장·여객자동차터미널·지하역사 또는 지하상가인 경우에는 불특정 다수의 보행자가 이용하는 장소로 벽면의 설치 어려움을 해소하고 연기로부터 피난을 유도할 수 있는 시간을 최대한으로 확보할 수 있도록 복도·통로 중앙부분의 바닥에 설치한 것이다.

4) 거실의 통로가 벽체 등으로 구획된 경우에 한하여 1m 이하의 높이에 복도 통로유도등의 설치가 가능하나, 구획된 벽체가 아닌 거실 통로상의 기둥에 유도등을 설치하는 경우에는 1.5m 이하의 위치에 거실 통로유도등을 설치하여야 한다. 이는 화재 시 연기(농연)는 부력 등에 의해서 천장에서부터 바닥으로 내려오게 되고, 이로 인해 피난 시 몸은 바닥을 향해 숙이면서 이동하게 되므로 피난구의 방향을 명시하는 통로유도등은 천장보다는 바닥에 설치하는 것이 합리적이므로 거실 통로유도등보다 복도 통로유도등이 화재 시 더 유효하게 피난을 유도할 수 있기에 벽체 등이 있으면 복도 통로유도등을, 개방된 공간에 기둥이 있는 곳에서는 기둥에, 기둥마저 없는 경우에 천장에 설치하도록 한 것이다. 다만, 복도 통로유도등은 바닥으로 1m 이하의 위치에 설치하므로 주차장은 차량으로 인해서, 공장은 생산장비 및 생산품 등에 의해서 복도 통로유도등이 가려질 경우에는 거실 통로유도등을 천장면에 설치해서 피난을 유도하도록 한 것이다.

그림 2.8 ◦ 공장의 거실 통로유도등 설치 예

② **구부러진 모퉁이**[5] 및 **보행거리 20m**마다 설치할 것

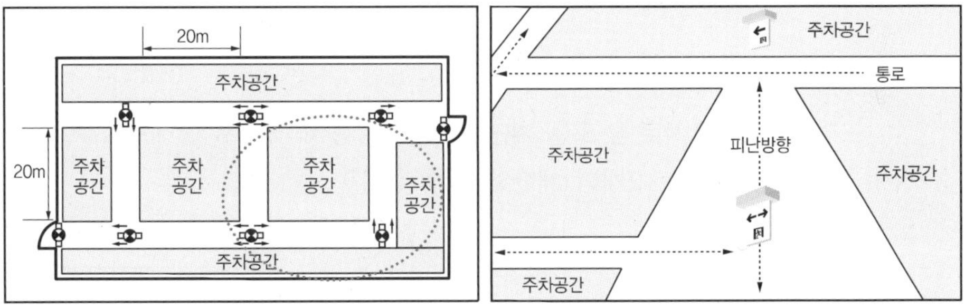

그림 2.9 ◦ 주차장의 거실 통로유도등 설치 예

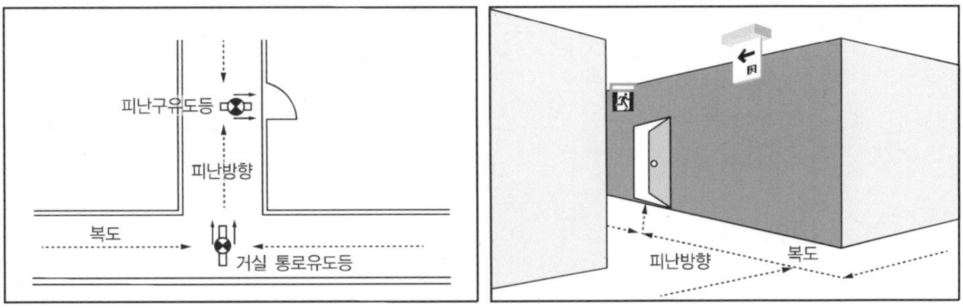

그림 2.10 ◦ 복도 통로상의 거실 통로유도등 설치 예[6]

---

5) 거실, 주차장 등 개방된 장소의 통로가 구부러진 모퉁이 등을 형성하고 있는 경우에는 보행거리가 20m 이하일 경우에도 피난방향을 명확히 하기 위해서 기둥 부분보다는 거실통로 상부에 유도등을 설치하여 피난을 유도하도록 한 것이다.

6) 거실통로유도등은 개방된 장소뿐만 아니라 복도 통로상에서 피난방향을 명확히 유도하기 어려운 장소에 설치하여 피난을 유도할 수도 있다.

③ 바닥으로부터 높이 **1.5m 이상**의 위치에 설치할 것. 다만, 거실 통로에 **기둥**이 **설치**된 경우에는 기둥부분의 바닥으로부터 높이 **1.5m 이하**의 위치에 설치

그림 2.11 • 거실 통로유도등의 기둥 설치 예

(3) 계단 통로유도등

① 각층의 **경사로 참** 또는 **계단참**마다(1개 층에 경사로 참 또는 계단참이 2 이상 있는 경우에는 2개의 계단참마다) 설치[7)]

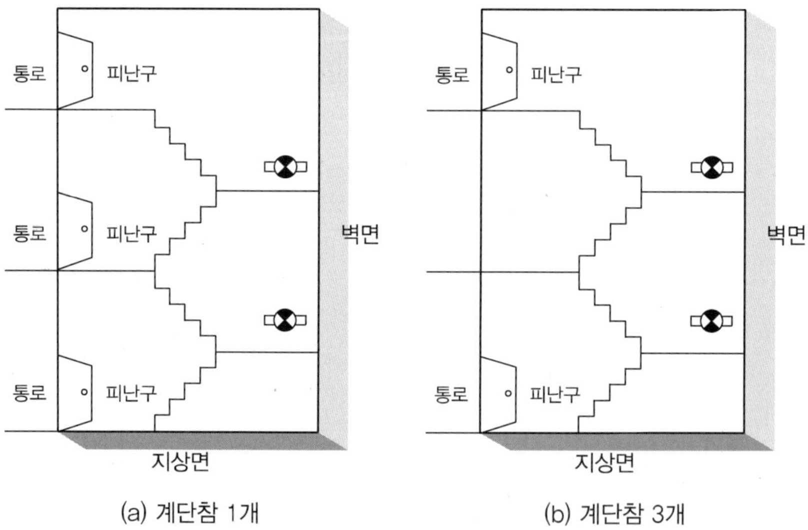

그림 2.12 • 계단 통로유도등의 계단참 설치 예

7) 계단 통로유도등은 피난통로가 되는 계단참이나 경사로 참에 설치하여 피난상 필요한 바닥면 조도의 확보를 주목적으로 하는 전등이다. 계단참의 중앙에 설치하여 피난방향이 되는 1개의 층에 2개 이상의 계단참이 있는 경우 2개의 계단참마다 계단 통로유도등을 설치하여야 한다.

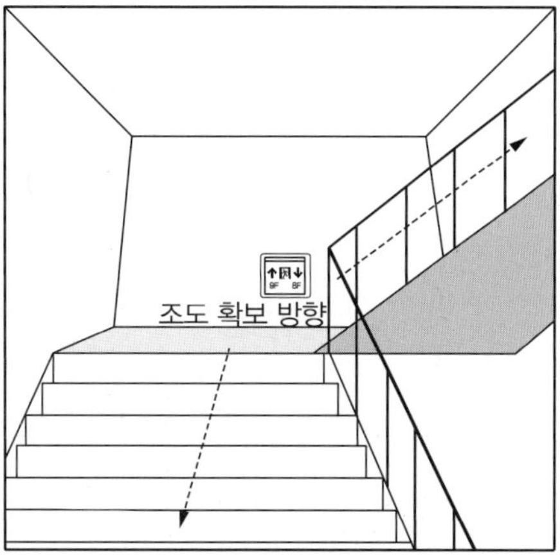

그림 2.13 • 계단 통로유도등의 계단 설치 예

② 바닥으로부터 높이 **1m 이하**의 위치에 설치할 것

(4) 통행에 지장이 없도록 설치할 것[8)]

(5) 주위에 이와 유사한 등화 광고물·게시물 등을 설치하지 아니할 것[9)]

그림 2.14 • 유도등을 용이하게 식별할 수 없는 예

3) 객석유도등

(1) 객석유도등은 객석의 **통로**, **바닥** 또는 **벽**에 설치

(2) 객석 내의 통로가 경사로 또는 수평로로 되어 있는 부분은 다음의 식에 따라 산출한 수(소수점 이하의 수는 1로 본다)의 유도등을 설치

8) 유도등의 설치 높이 및 돌출상태 등을 제한한 것으로, 유도등이 설치된 상태에서 이동 및 통행에 제한을 주지 않도록 하기 위한 것이다.

9) 유도등의 시인성(표시내용의 인지)을 확보하는 관점에서 유도등 주위에는 유도등을 가로막는 등화(燈火) 광고물, 게시물 등을 설치하지 않아야 한다. 특히, 소방대상물의 사용 개시 후 이런 물품이 설치될 가능성이 높기 때문에 평상시의 유지관리가 중요하다.

$$\text{설치개수} = \frac{\text{객석 통로의 직선부분의 길이(m)}}{4} - 1$$

Exercise

그림과 같은 건축물의 평면도에 객석유도등을 설치하고자 할 때 객석유도등의 수량을 산출하고 객석유도등을 설치하시오.

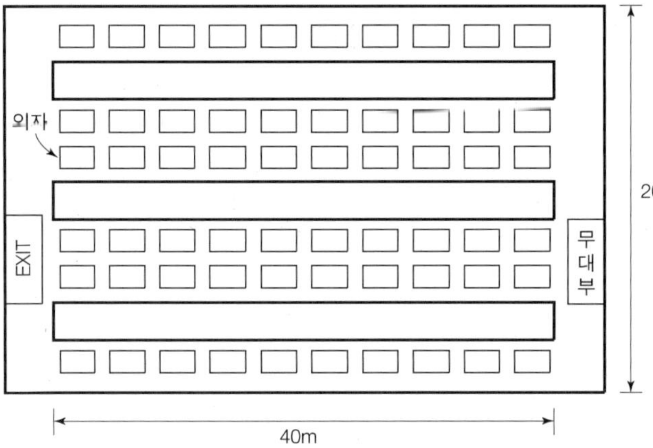

Solution

$$\text{설치개수} = \frac{\text{객석통로의 직선부분의 길이[m]}}{4} - 1 = \frac{40}{4} - 1 = 9\text{개}$$

∴ 9개 × 통로 3개 = 27개

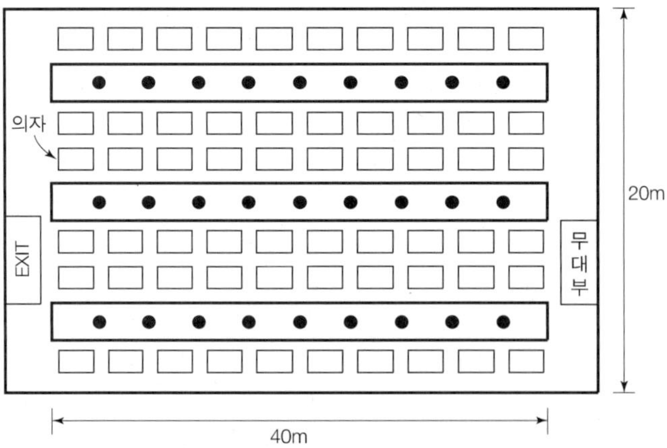

(3) 객석 내의 통로가 옥외 또는 이와 유사한 부분에 있는 경우에는 해당 통로 전체에 미칠 수 있는 수의 유도등을 설치하여야 한다.[10)]

4) 유도표지

(1) 계단에 설치하는 것을 제외하고는 각 층마다 복도 및 통로의 각 부분으로부터 하나의 유도표지까지의 보행거리가 15m 이하가 되는 곳과 구부러진 모퉁이의 벽에 설치할 것

(2) 피난구 유도표지는 출입구 상단에 설치하고, 통로 유도표지는 바닥으로부터 높이 1m 이하의 위치에 설치할 것

(3) 주위에는 이와 유사한 등화·광고물·게시물 등을 설치하지 아니할 것

(4) 유도표지는 부착판 등을 사용하여 쉽게 떨어지지 아니하도록 설치할 것

(5) 축광방식의 유도표지는 외광 또는 조명장치에 의하여 상시 조명이 제공되거나 비상조명등에 의한 조명이 제공되도록 설치할 것

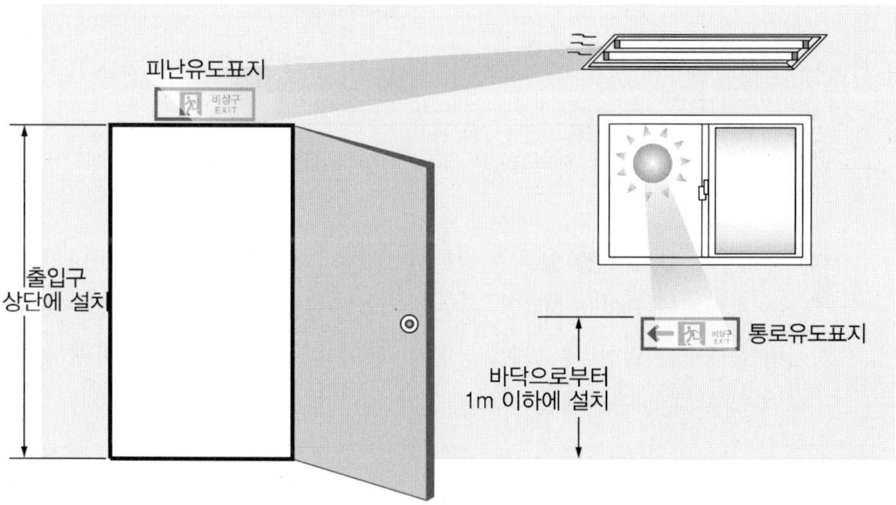

그림 2.15 • 유도표지의 설치 예

10) 객석 내의 통로가 옥외 또는 이와 유사한 부분에 있는 경우에도 객석 유도등을 설치하여야 하며 설치된 통로 전체를 유효하게 비출 수 있도록 객석 유도등을 설치하여야 한다. 현재 국가화재안전기준에는 객석 통로유도등의 설치 높이에 대한 규정이 없다. 다만, 「유도등의 형식승인 및 제품검사의 기술기준」 제23조의 조도시험 기준에 의하면 바닥면에서 0.5m 높이에서 조도가 0.2lx 이상을 요구하고 있으므로 이를 준용하여 0.5m 높이에 설치하는 것이 바람직하다.

5. 설치제외장소

1) 피난구유도등

(1) 바닥면적이 **1,000m² 미만**인 층으로서 옥내로부터 직접 지상으로 통하는 출입구(외부의 식별이 용이한 경우에 한함)[11)]

(2) 대각선 길이가 **15m 이내**인 구획된 실의 출입구[12)]

(3) 거실 각 부분으로부터 하나의 출입구에 이르는 보행거리가 **20m 이하**이고 **비상조명등**과 **유도표지**가 설치된 거실의 출입구

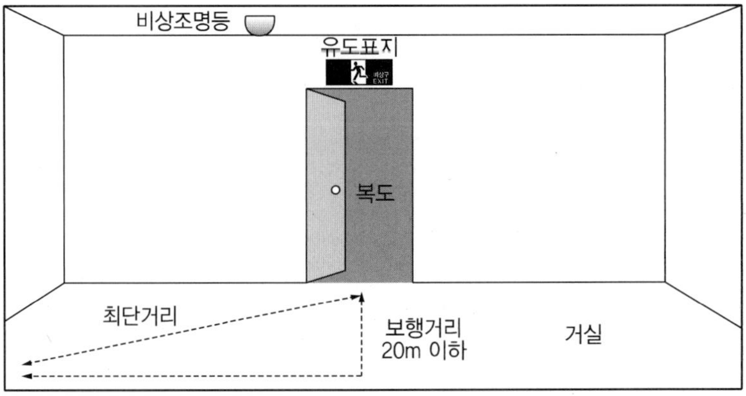

그림 2.16 • 보행거리 20m 이하의 출입구 피난구유도등 설치제외 예

(4) 출입구가 **3개소 이상** 있는 거실로서 그 거실 각 부분으로부터 하나의 출입구에 이르는 보행거리가 **30m 이하**인 경우에는 **주된 출입구 2개소 외의 출입구**(유도표지가 부착된 출입구를 말한다). 다만, 공연장·집회장·관람장·전시장·판매시설 및 영업시설·숙박시설·노유자시설·의료시설의 경우에는 그러하지 아니하다.

---

11) 바닥면적이 1,000m² 미만이면서 외부의 식별이 용이한 경우 이 2가지 조건이 모두 만족하는 경우에 제외가 가능하고, 바닥면적이 1,000m² 이상이거나 외부의 식별이 용이하지 않은 경우는 피난구유도등을 설치해야 한다.

12) 기존에는 '거실 각 부분으로부터 쉽게 도달할 수 있는 출입구'를 피난구유도등 설치대상에서 제외했으나 '대각선 길이가 15m 이내인 거실'로 변경해 민원 소지를 없애고 기준을 명확히 했다(2021.7.8. 개정).

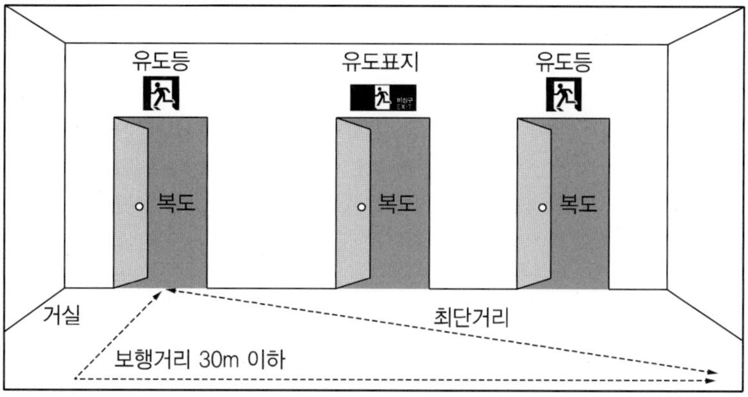

그림 2.17 ◦ 3개 이상의 출입구에 피난구 유도등 설치제외 예

2) 통로유도등

(1) **구부러지지 아니한** 복도 또는 통로로서 길이가 **30m 미만**인 복도 또는 통로[13)]

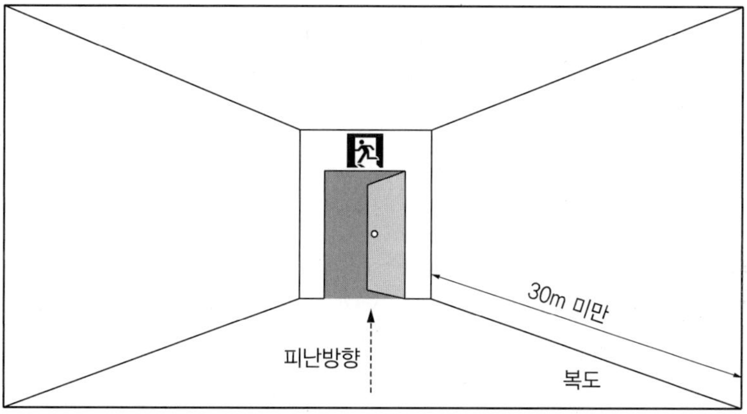

그림 2.18 ◦ 구부러지지 아니한 복도의 설치 예

(2) (1)에 해당하지 아니하는 복도 또는 통로로서 보행거리가 **20m 미만**이고 그 복도 또는 통로와 연결된 출입구 또는 그 부속실의 **출입구에 피난구유도등이 설치**된 복도 또는 통로

13) '구부러지지 아니한 복도 또는 통로로서 길이가 30m 미만인 복도 또는 통로'란 주요한 출입구에 피난구 유도등이 설치되어 있고 직선 형태의 복도 또는 통로 길이가 30m 미만인 경우는 피난경로가 단순하고 피난구의 위치를 쉽게 식별할 수 있으므로 통로유도등을 면제할 수 있도록 한 것이다.

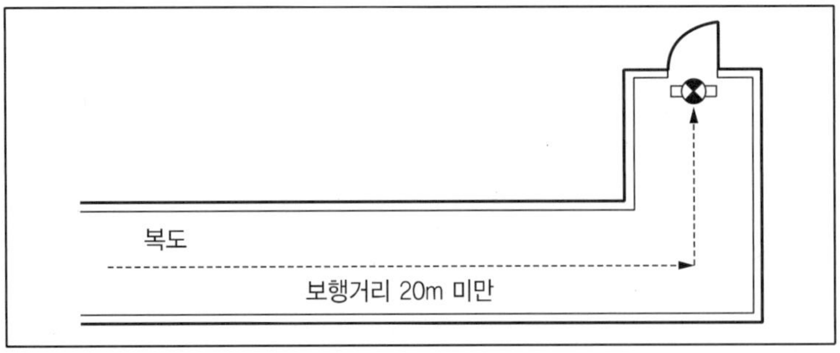

그림 2.19 • 보행거리 20m 미만의 복도 설치 예

3) 객석유도등

(1) **주간**에만 사용하는 장소로서 **채광**이 충분한 객석

(2) 거실 등의 각 부분으로부터 하나의 거실출입구에 이르는 보행거리가 **20m 이하**인 **객석**의 통로로서 그 통로에 **통로유도등**이 **설치**된 객석

4) 유도표지

(1) 유도등이 피난구, 통로유도등의 규정에 적합하게 설치된 출입구·복도·계단 및 통로

(2) 5. 1) (1)·(2) 및 5. 2) 규정에 해당하는 출입구·복도·계단 및 통로

6. 유도등의 전원

1) 전원

- 축전지, 전기저장장치 or 교류전압옥내간선, 전원까지의 배선은 전용으로 시공[14)]

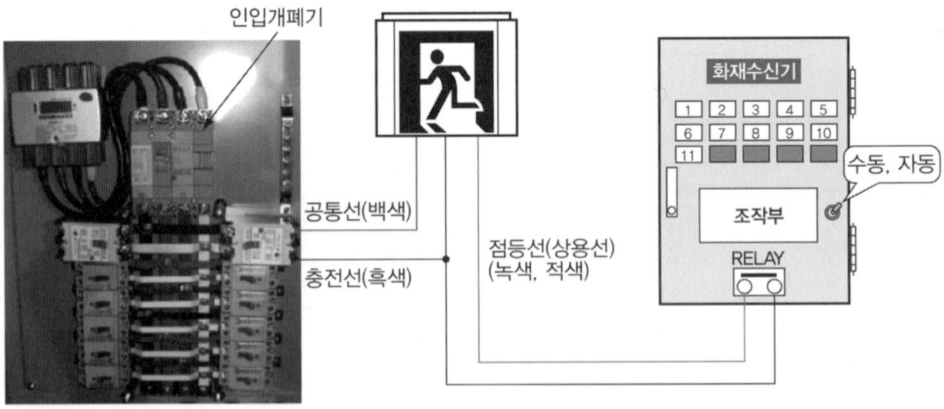

그림 2.20 • 유도등의 전원 분기 사례

14) 교류전압의 경우 인입개폐기의 직후에서 분기하여 전용배선으로 하여야 한다.

2) 비상전원

(1) 축전지(60분 이상 작동)

① 지하층을 제외한 11층 이상의 소방대상물

② 지하층 or 무창층으로 도소매시장, 여객자동차터미널, 지하상가, 지하역사

(2) 축전지(20분 이상 작동) - 그 외 소방대상물

3) 예비전원[15]

(1) 유도등의 주전원으로 사용하여서는 안 된다.

(2) 인출선을 사용하는 경우에는 적당한 색깔에 의하여 쉽게 구분할 수 있을 것

(3) 먼지, 수분 등에 의하여 성능에 지장이 생길 우려가 있는 부분은 적당한 **보호커버**를 설치할 것

(4) 유도등의 예비전원은 **알칼리계, 리튬계 2차 축전지** 또는 **콘덴서** 일 것

(5) 전기적 기구에 의한 **자동충전장치** 및 **자동과충전방지장치**를 설치할 것

(6) 예비전원을 **병렬**로 **접속**하는 경우는 **역충전 방지** 등의 조치를 강구할 것

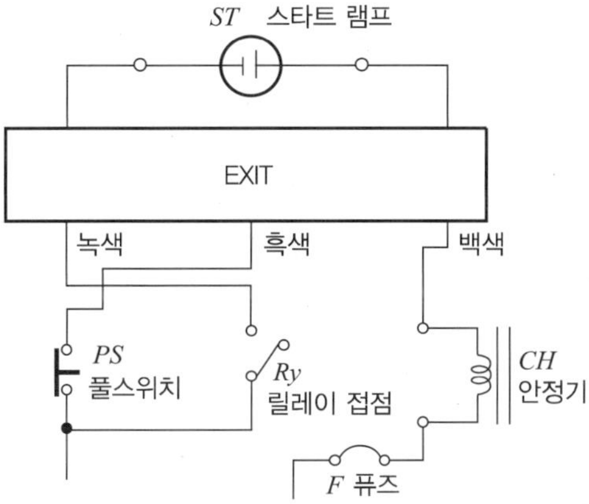

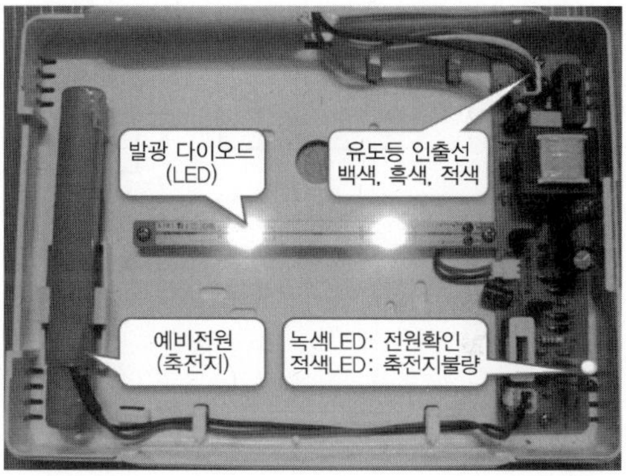

그림 2.21 • 유도등의 회로도와 내부구성

7. 유도등의 배선

1) 유도등의 인입선과 옥내배선은 직접 연결

2) 점멸기를 설치하지 아니하고 항상 점등상태 유지할 것(**2선식 배선 원칙**).
단, 상시 충전되는 것은 점멸기 설치 가능(3선식 배선)

15) 유도등의 형식승인 및 제품검사의 기술기준 신설(2018.3.12.).

3) 3선식 배선은 「옥내소화전설비의 화재안전기술기준(NFTC 102)」 2.7.2에 따른 **내화배선** 또는 **내열배선**으로 사용할 것(2021.7.8. 신설)(2022.12.1. 재개정).

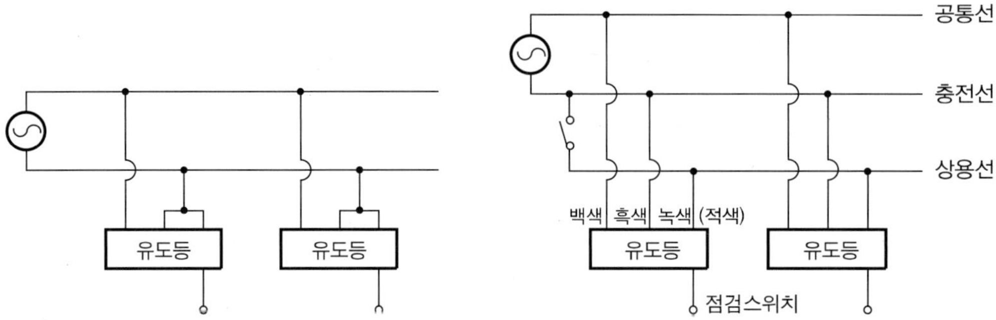

그림 2.22 • 2선식과 3선식 배선방법

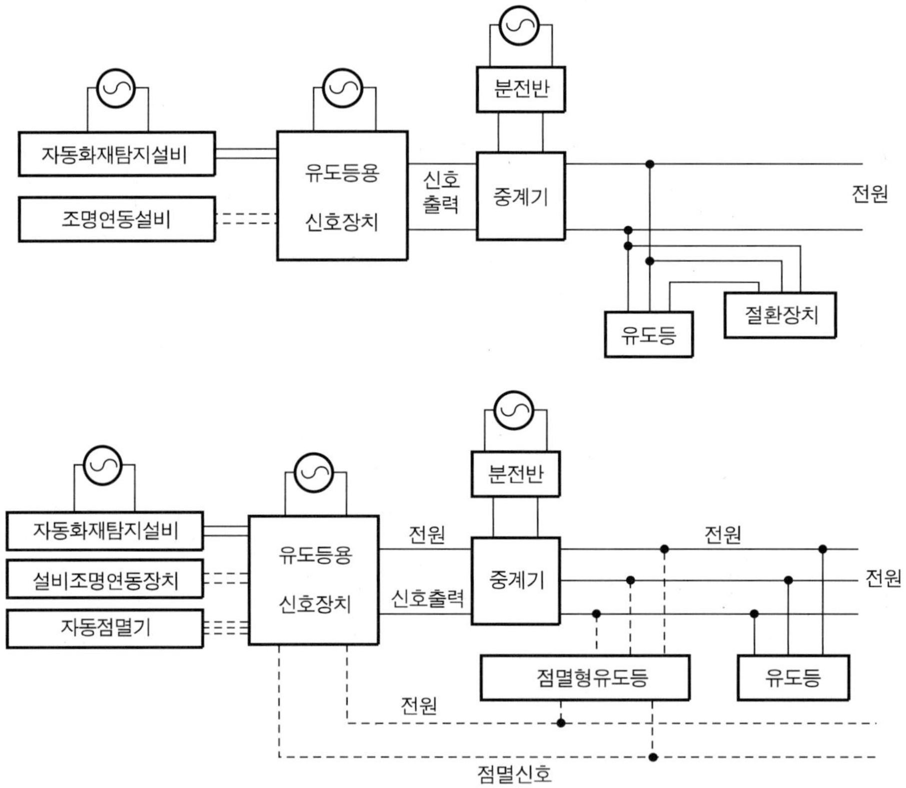

그림 2.23 • 2선식과 3선식 구성도

표 2.1 ◦ 2선식 배선과 3선식 배선의 비교

2선식 배선	3선식 배선
• 점멸기에 의해 소등하게 되면 자동적으로 예비전원으로 절환되고 20분 이상 지속된 후 소등된다. • 소등되면 예비전원에 자동충전 되지 않으므로 유도등으로서의 기능이 상실된다.	• 점멸기에 의해 소등하게 되면 유도등은 소등되나 예비전원에 충전은 계속되고 있는 상태이다. • 정전 또는 단선 시 자동적으로 예비전원에 의해 20분 이상 점등이 된다.

4) 3선식 배선[외.관.공.사/자.비.자.상.방]

설치가능 장소	· **외**부광에 따라 피난구 또는 피난방향을 쉽게 식별할 수 있는 장소 · 특정소방대상물의 **관**계인 또는 종사원이 주로 사용하는 장소(전기실 등) · **공**연장, 암실 등 어두워야 할 필요가 있는 장소 · 특정소방대상물 또는 그 부분에 **사**람이 없는 경우(무인 변전실 등)
자동점등조건	· **자**동화재탐지설비의 감지기 또는 발신기가 작동되는 때 · **비**상경보설비의 발신기가 작동되는 때 · **자**동소화설비가 작동되는 때 · **상**용전원이 정전되거나 전원선이 단선되는 때 · **방**재센터에서 수동으로 점등하는 때
장·단점	· 평상시 소등 가능하여 등기구 수명 연장 가능하며 에너지 절약 가능 · 외관상태로는 고장상태 식별곤란 → 유지관리 미흡 시 인명피해가 가중됨

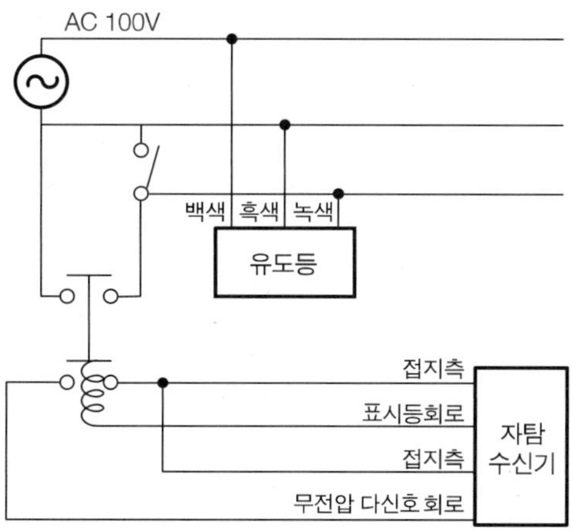

그림 2.24 ◦ 자동화재탐지설비와 연동

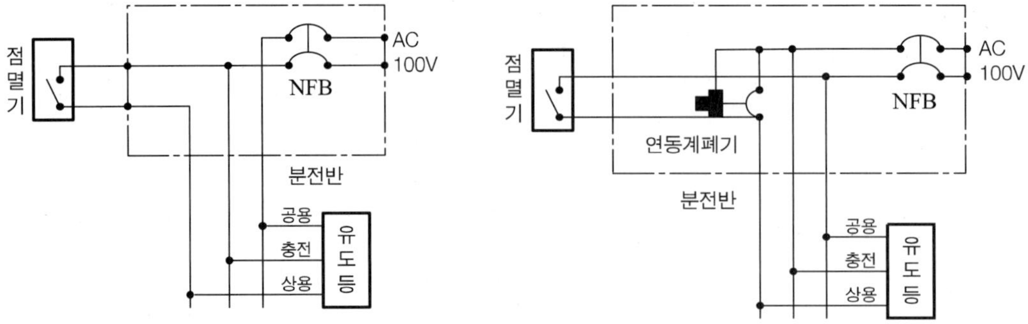

그림 2.25 • 수동점멸기로 유도등 원격점멸

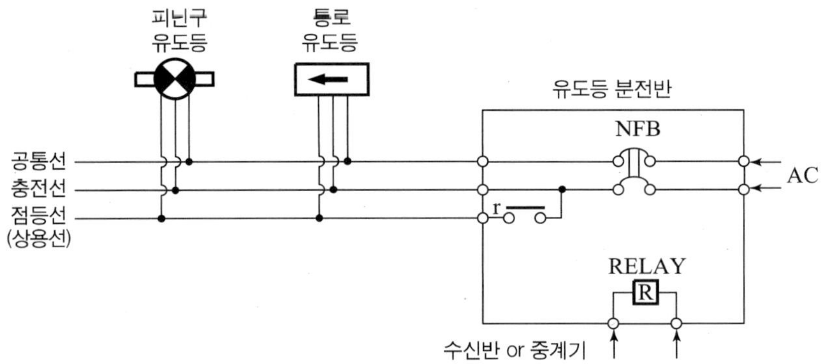

그림 2.26 • 3선식 배선 결선도

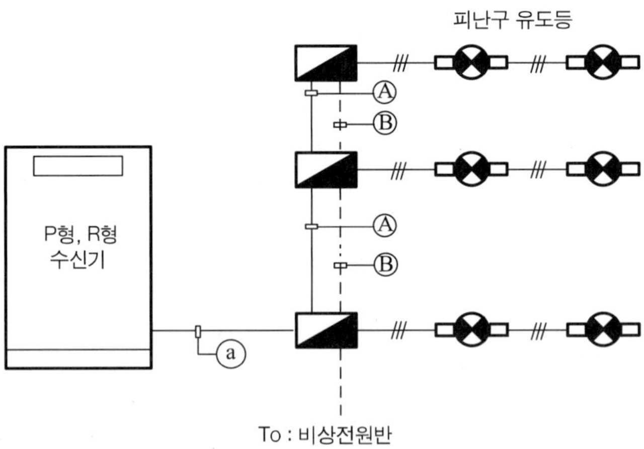

그림 2.27 • 3선식 배선 계통도

8. 고휘도 유도등

1) 개요

(1) 조도는 단위면적당 얼마만큼의 빛이 도달하고 있는가를 표시하는데 비해 휘도(Brightness)는 어느 방향으로부터 보았을 때 얼마만큼 밝게 보이는가를 나타내는 것이다. 즉, 휘도란 눈부심의 밝기로 광원에서 발생하는 빛에 의한 눈부심의 크기를 나타내는 것으로 유도등을 식별하는 식별도에 대한 중요한 기준이 된다.

(2) 국내에서 검증을 득한 제품은 CCFL, LED, T5 등이 있으며 모두 고효율, 장수명, 초슬림, 저전력 소모의 특징을 가진다.

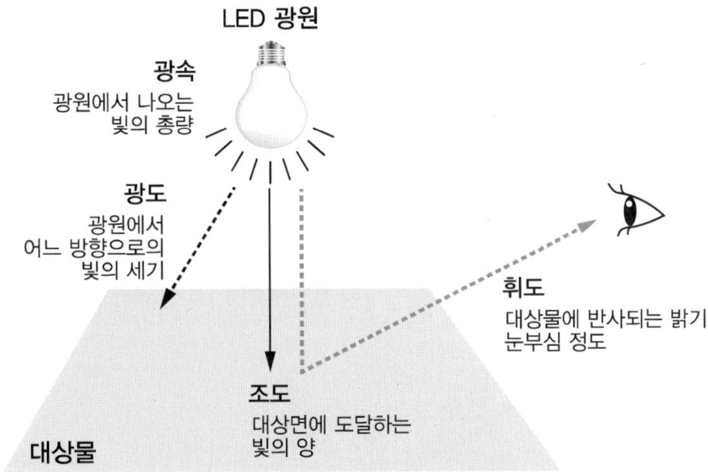

그림 2.28 • 휘도의 개념도

2) 종류

(1) CCFL(Cold Cathode Fluorescent Lamp : 냉음극형광램프)

① 가스방전의 발광 방식으로서 램프 내부에 도포되어 있는 형광물질을 자극함으로써 빛을 발산시키는 원리이다.

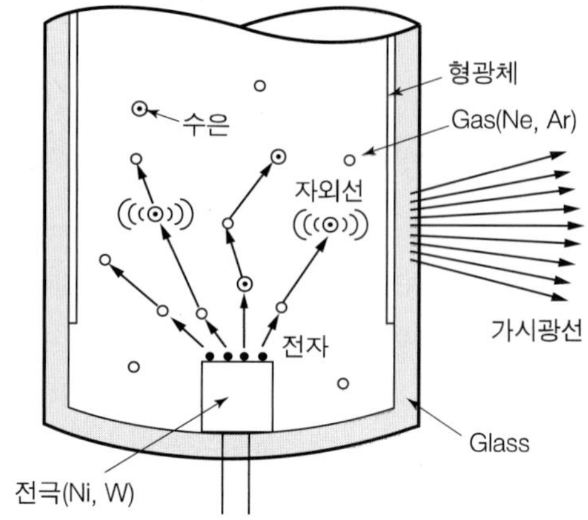

그림 2.29 ◦ CCFL 점등원리

② Lamp 사이에 고전압 인가 ➡ 1차 전자 방출 ➡ Gas(Ne, Ar) 충돌 ➡ 2차 전자 방출 ➡ 수은과 충돌 ➡ 자외선 방출 ➡ 형광체를 통해 가시광선 파장영역까지 증폭시켜 가시광선을 방출

③ 일반 형광등에 비해 장수명, 초슬림화, 경량화, 유지보수 유리

④ 확산 불특정 → 외부전극형광램프(EEFL)로 대체되는 추세

(2) LED

① 발광다이오드를 이용

② 형광램프에 비해 광도는 낮으나 소비전력이 적음

③ 램프의 교체가 필요하지 않음

(3) T5

① 20～60kHz의 고주파를 이용하여 전자식 안정기로만 점등

② 관경이 16mm으로 세관화하여 에너지 절감

9. 특수 유도등

1) 스트로브(점멸유도등)

(1) 개요

① 고압의 스파크가 방전관안의 제논가스를 밝게 타오르게 하여 빛을 만들어낸다.

② **기존 유도등의 경우 짙은 연기 속에서는 조도 개선이 불가능**하므로 **강한 빛으로 위치를 파악하기 위해 개발**

(2) 특징

① 제논(크세논)램프는 순간적이지만 밝기는 형광등의 수백~수천 배

② 유도등에 제논램프를 첨가하여 피난구유도등 주변에 부착

③ 화재 신호시 매초 2회 간격으로 섬광

2) 음향장치 부착 유도등

(1) 개요

① 기존 유도등의 대형화, 표시면의 고조도화, 제논램프 유도등으로 조명도를 높여도 **농연에서는 한계**가 있다.

② 화재조사에 의하면 **피난구 주변에서 사망사고가 많으므로 기존 유도등을 보완**하여 피난안전도를 높일 필요가 있다.

(2) 특징

① 피난구유도등 주변에 **점멸식 유도등과 같이 speaker를 부착**하여 화재시 「삐－뽕 삐－뽕 비상구는 여기 있습니다」라는 경보음과 음성을 통보

② 큰 음향시 반향음에 의해 음의 방향을 분별하지 못하는 단점은 있지만 피난구 주변에 설치하므로 음량을 조정하여 반향음을 최소화할 수 있다.

3) 광점멸 주행에 의한 피난유도 시스템

(1) 개요

① 심도 깊은 지하공간이나 대규모 건축물, 지하상가 등에는 화재발생시 **동적인 빛과 음향을 사용한 강력한 피난유도 System 필요**

(2) 특징

① 광원의 간격 : 간격이 좁을수록 유리, 간격이 1m 이상시 유도효과 저하

② 광원의 휘도 : 2,000cd/m^2

③ 광원의 크기 : 5cm × 5cm

④ 광원의 점멸주행속도 : 2～3m/sec일 때 가장 효과적

⑤ 조명기구 : 기구축의 10° 전후의 배광곡선을 가질 것

4) 허스효과에 의한 음성 피난유도 System

(1) 같은 음량을 가진 두 가지 음이 있는 경우 먼저 귀에 닿는 쪽 소리를 우선적으로 듣고자 하는 허스효과를 이용 **비상구를 기점으로 천장에 여러 speaker 부착**, 인접한 스피커 사이에 전기적 시간차를 두어 음성을 발하므로, 음성이 비상구로부터 들려오는 것 같이 한 것

(2) 설치간격 : 10m 이내, 설치방향 : 통로의 긴 방향

5) 지능형 피난유도 System

(1) 화재시 유도등은 수신기, 감지기와의 통신을 통해서 하재가 발생한 장소와 반대방향으로 피난하도록 화살표를 지시하여 준다.

10. 유도등의 색상(국내에서 유도등이 녹색인 이유)

1) 개요

(1) 빛은 380～780nm의 파장을 가진 전자파를 말하며 가시광선(Visible light)이라 부른다. 가시광선은 무지개 색깔로 빨강색의 빛은 파장이 780nm이고, 보라색은 380nm 정도로 빨강색에서 보라색으로 갈수록 파장이 짧아진다.

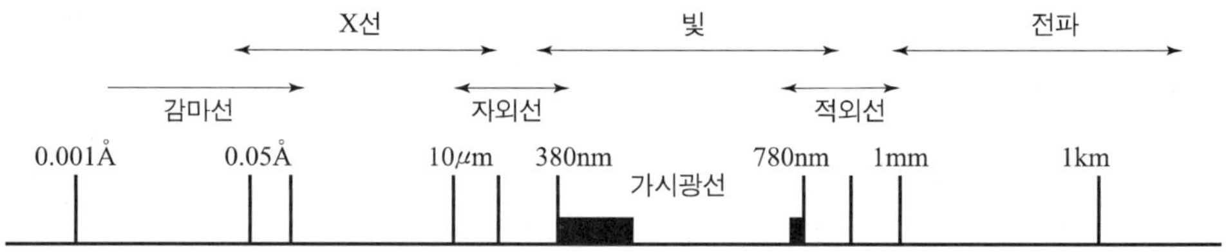

그림 2.30 • 빛과 파장과의 관계

(2) 빛은 파장이 길면 산란이나 회절이 잘되고 감쇄가 적어서 멀리까지 잘 전파된다. 즉, 가시광선 중 빨간색은 가장 파장이 길기 때문에 뚜렷한 윤곽을 나타내는 데 사용되기 보다는 멀리서도 잘 보이는 용도로 사용된다. 반면 파란색은 파장이 짧아서 멀리는 가지 못하지만 회절이나 산란을 하지 않아 윤곽선이 뚜렷하여 글씨나 그림에 파란색을 사용할 경우 가장 선명하게 눈에 보인다.

(3) 어두울 때는 물체의 색을 인식하기에는 추상체가 그 기능을 거의 하지 못하고 물체의 윤곽만을 인식하는 간상체가 활발히 활동하게 되는데, 이 세포가 가장 민감한 색이 녹색이다. 이것이 국내에서 유도등이 녹색인 이유이다.

2) Purkinje 현상

(1) 색의 식별은 명순응과 암순응으로 나누어지고 우리 눈의 망막에는 추상체와 간상체라는 두 종류의 시신경이 있는데 **추상체는 색채를 느끼고, 간상체는 명암을 느낀다.** 따라서 밝은 곳에서는 추상체가 반응하고, 어두운 곳에서는 간상체가 반응한다.

(2) 퍼킨제 현상은 빛이 약할 경우에 눈은 장파장(長波長)보다 단파장의 빛에 대해 민감해지는 현상을 말하는 것으로 밝은 곳에서는 노랑 어두운 곳에서는 청록색을 가장 밝게 느낀다.

(3) 명순응된 눈의 최대비시감도는 555nm이고 암순응된 눈의 최대 비시감도는 510nm로서 짧은 파장으로 이동한다. 따라서 어두워지면 반응이 추상체에서 간상체로 이동하게 되며 600nm 이상의 긴 파장은 볼 수가 없게 된다.

(4) 파장에 따른 비시감도

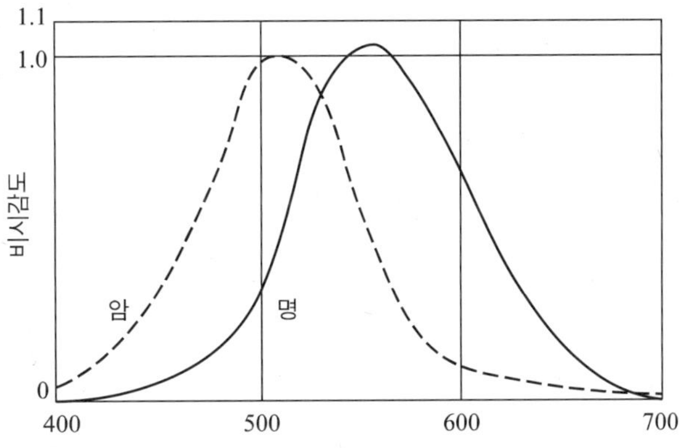

그림 2.31 ◦ 비시감도 곡선

(5) 국내에서는 퍼킨제 현상을 이용하여 **통로유도등**에 **백색 바탕에 녹색문자**를 사용 피난구까지의 방향을 유도하고, **피난구유도등**에 **녹색 바탕에 백색문자**를 사용하여 피난구 위치를 표시한다.

(6) 외국의 경우 피난구유도등을 적색으로 사용하는 경우가 있는데 이것은 피난행동 초기에는 빛이 존재하여 빛의 감쇄가 적고 멀리서도 잘 보이는 적색으로 피난구를 사용한 것으로 보인다.

11. 피난유도선의 설치기준

구분	설치기준
축광방식	• 바닥으로부터 높이 50cm 이하의 **위치** 또는 바닥 면에 설치 • 피난유도 **표시부**는 50cm 이내의 간격으로 연속되도록 설치 • 외광 또는 조명장치, 비상조명등에 의하여 **상시 조명**이 제공되도록 설치 • **부착대**에 의하여 견고하게 설치할 것
광원점등방식	• 바닥으로부터 높이 1m 이하의 위치 또는 바닥 면에 설치할 것 • 피난유도 표시부는 50cm 이내의 간격으로 연속되도록 설치하되 실내장식물 등으로 설치가 곤란 시 1m 이내로 설치할 것 • 피난유도 **제어부**는 바닥으로부터 0.8～1.5m 이하 설치 • 수신기로부터의 **화재신호 및 수동조작**에 의하여 광원이 점등되도록 설치 • 비상전원이 상시 충전상태를 유지하도록 설치 • 바닥에 설치되는 피난유도 표시부는 매립하는 방식을 사용
공 통	• 구획된 각 실로부터 주출입구 또는 비상구까지 설치할 것

참고사항

▶ 간이피난유도선의 성능 및 설치기준(NFPC 606 제8조, NFTC 606 2.4.1) (2015.1.8. 제정)(2022.12.1. 재개정)

- **광원점등방식**으로 **공사장의 출입구**까지 설치
- 공사의 작업 중에는 **상시 점등** 될 것
- 바닥으로부터 높이 **1m 이하**에 설치
- 작업장의 어느 위치에서도 출입구로의 피난방향을 알 수 있는 **표시** 할 것

2 비상조명등설비 – 비상조명등 및 휴대용 비상조명등(NFPC, NFTC 304)

1. 개요

1) 비상조명등설비의 종류에는 비상조명등과 휴대용 비상조명등이 있다.
2) 비상조명등은 화재발생 등에 따른 **정전시**에 안전하고 원활한 피난활동을 할 수 있도록 거실 및 피난통로 등에 설치되어 **자동 점등되는 조명등**을 말한다.
3) **유도등은 평상시 점등**되어 있으나 **비상조명등은 소등**되어 있고 **유도등**은 비상전원으로 **축전지**만을, **비상조명등**은 **자가발전설비와 축전지설비 or 전기저장장치**를 인정하는 것이 차이이다.

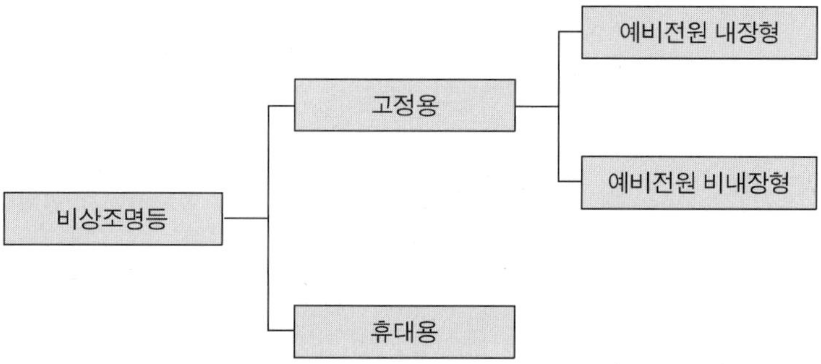

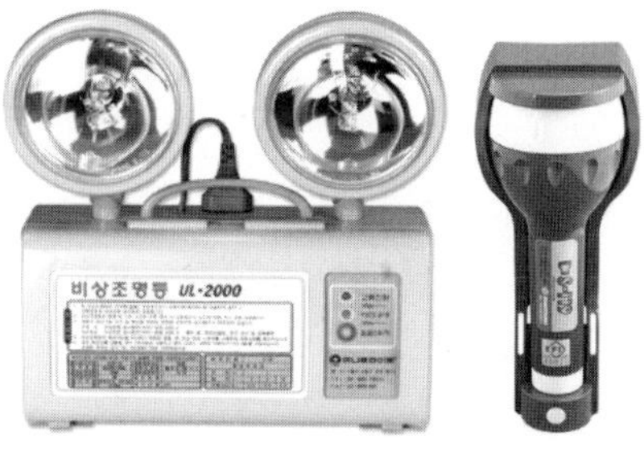

그림 2.32 • 비상조명설비의 외형

2. 설치대상 및 제외대상

1) 설치대상[16]

설비종류	설치대상
비상조명등	• **지하층을 포함하는 층수가 5층 이상인 건축물로서 연면적 3,000m^2 이상** • 위항 이외의 **지하층 또는 무창층의 바닥면적이 450m^2 이상** • **지하가 중 터널길이가 500m 이상**인 것
휴대용 비상조명등	• 숙박시설 • 수용인원 100인 이상의 영화상영관, 판매시설 중 대규모점포, 철도 및 도시철도 시설 중 지하역사, 지하가 중 지하상가 • 영업장 안의 구획된 실마다 설치[17]

2) 제외대상

제외대상		제외 조건
설치면제[18]		• 피난구유도등 또는 통로유도등을 화재안전기준에 적합하게 설치한 경우에는 그 유도등의 유효범위[19] 안의 부분에는 비상조명등 설치가 면제된다.
설치제외	비상조명등	• 거실의 각 부분으로부터 하나의 출입구까지의 보행거리가 15m 이내인 부분 • 의원·경기장·공동주택·의료시설·학교의 거실
	휴대용 비상조명등	• 1층 또는 피난층으로서 복도, 통로, 창문 등의 개구부를 통하여 피난이 용이 • 숙박시설로서 복도에 비상조명등을 설치한 경우

16) 소방시설 설치 및 관리에 관한 법률 시행령 별표 4
17) 다중이용업소의 안전관리에 관한 특별법 시행규칙 별표 2
18) 소방시설 설치 및 관리에 관한 법률 시행령 별표 5 제15호
19) 유효범위란 유도등의 조도가 바닥에서 1 lx 이상이 되는 부분을 말한다.

3. 비상조명등

3.1 설치기준

1) 설치장소 - **거실**과 그로부터 지상에 이르는 **복도·계단** 및 그 밖의 **통로**

2) 조도 - 비상조명등이 설치된 각 부분의 **바닥에서 1 lx 이상**일 것. 단, 터널 안의 차도 및 보도의 바닥면의 조도는 **10 lx 이상**일 것.[20] 또한, 고층건축물 피난안전구역에서는 각 부분의 **바닥에서 10 lx 이상**일 것.[21]

3) 비상전원

(1) 예비전원 내장형

① 평상시 점등여부를 확인할 수 있는 **점검스위치**를 설치할 것

② 당해 조명등을 유효하게 작동시킬 수 있는 용량의 **축전지와 충전장치를 내장**할 것

(2) 예비전원 비내장형(=비상전원)

① **자가발전설비** 또는 **축전지설비, 전기저장장치**를 설치할 것

② **기**능 - 상용전원 정전 시 비상전원으로 자동절환 될 것

③ **장**소 - 점검이 편리하고 화재 침수의 우려가 없는 곳에 설치할 것

④ **조**명 - 비상전원을 실내 설치 시 그 실내에 비상조명등을 설치할 것

⑤ **구**획 - 다른 장소와 방화구획 할 것

(3) 비상전원 용량

비상전원 용량	특정소방대상물
60분 이상	• 지하층을 제외한 11층 이상의 소방대상물 • 지하층 또는 무창층으로 도·소매시장, 여객자동차터미널, 지하상가 또는 지하역사 등 • 도로터널(NFPC 603 제10조)[20]
20분 이상	• 그 밖의 소방대상물

20) 「도로터널의 화재안전성능기준(NFPC 603)」 제10조

21) 「고층건축물의 화재안전성능기준(NFPC 604)」 제10조

3.2 비상조명등 종류

1) 전용형

(1) 상용전원 광원과 비상전원 광원이 분리되어 있는 구조

(2) 상용 형광등내 비상전원용 백열등[22]을 설치하는 경우

2) 겸용형

(1) 상용전원 광원과 비상전원 광원을 겸용하는 구조

(2) 동일한 형광등을 상용전원과 비상전원(발전기)으로 겸용하는 구조

3.3 비상조명등의 스위치 및 표시등

1) 교류전원 표시등 – 교류전원의 공급 상태를 표시하는 등으로서 공급시 점등

2) 예비전원 감시등 – 예비전원의 상태를 표시하는 등으로 예비전원 이상시 점등

3) 자동복귀형 점멸기 – 상용전원에서 예비전원으로 전환되는지를 확인하는 스위치로서 끈을 잡아당기면 교류전원 표시등이 소등되고 조명등이 점등되어야 한다. 그리고 끈을 놓으면 원상태로 복귀하여야 한다.

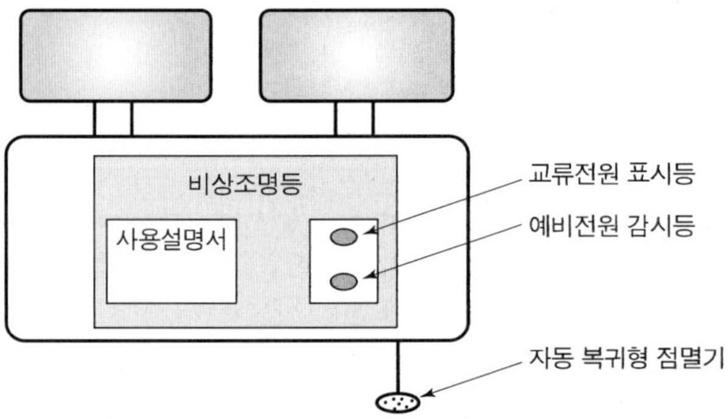

그림 2.33 • 비상조명등의 스위치 및 표시등

3.4 성능기준

1) 광학적 기능 – 비상시 20분 or 60분 이상 점등 가능하고 조도 1 lx 이상일 것

2) 내열성능 – 배선은 KS C IEC 기준을 사용하고 등기구는 불연성재료를 사용할 것

3) 즉시 점등성 – 정전시 비상전원에 의해 즉시 점등되는 구조일 것

(1) 백열등 or Rapid start type의 형광등 사용

22) 광원용 램프를 백열전구로 하는 경우에는 2중 코일전구이어야 한다. 다만, 2개 이상의 백열전구를 병렬로 설치하여 점등하는 경우에는 단일코일전구로 할 수 있다.

(2) 형광등의 비상전원으로 축전지 사용시 인버터 회로 필요

4) 전원의 자동절환기능 - 주/예비전원 정전 or 복구시 자동절환 가능할 것

3.5 축전지 공칭용량, 충전전류 용량 등의 시험(비상조명등 검정기술기준 12)(2005.12.30. 삭제)

1) 공칭용량은 **10시간율 전류**(축전지에 지정된 공칭용량치를 10으로 나누어 얻은 수치에 상당한 암페어수)로 10시간을 방전한 후 10시간율 전류로서 공칭용량의 150%에 상당하는 충전을 하고 다시 5시간을 전류로 **방전종지전압**(전지당 공칭전압의 80%)까지 방전하는 경우 **1시간** 이상 연속 방전되어야 한다.

2) 충전전류 용량은 당해 비상조명등의 공칭용량의 **150%**의 충전을 한 것을 **12시간** 비상점등(방전)한 후 정격전압으로 **48시간** 충전을 하는 경우 당해 비상조명등을 **20분** 이상 비상점등 할 수 있는 용량이어야 한다.

4. 휴대용 비상조명등

4.1 설치기준[어.설.(큰).사.외(회).건.용]

1) **어**둠 속에서도 확인할 수 있도록 할 것
2) **설**치높이는 **바닥**으로부터 **0.8m 이상 1.5m 이하**의 높이에 설치할 것
3) **사**용시 **자동으로 점등**되는 구조일 것
4) **외**함은 **난연성능**이 있을 것
5) **건**전지는 **방전방지조치**를 하여야 하고, **충전식 배터리**의 경우 상시 **충전**될 것
6) 건전지 및 충전식 배터리의 **용**량은 **20분 이상 유효**하게 사용할 수 있을 것

4.2 배치기준

1) 숙박시설, 다중이용업소 - 객실 또는 영업장 안의 구획된 실마다 1개 이상 설치
2) 대규모 점포[23](ex 백화점, 대형점, 쇼핑센터) 및 영화상영관 - 보행거리 50m 이내마다 3개 이상 설치
3) 지하상가 및 지하역사 - 보행거리 25m 이내마다 3개 이상 설치

23) 대규모 점포 - 유통산업발전법 제2조 제3항

과년도 문제 분석

피난설비 분류

1. 상세분류

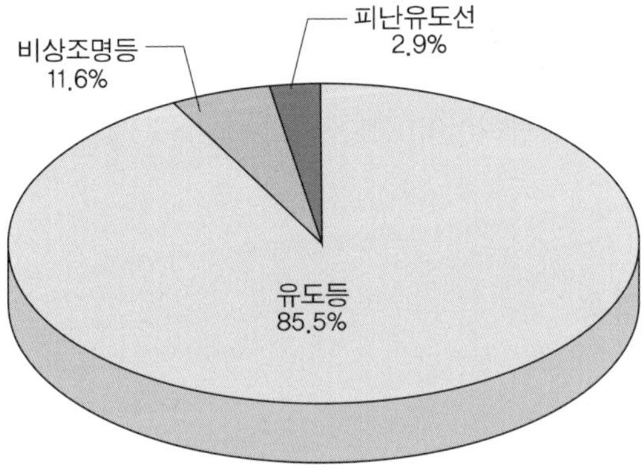

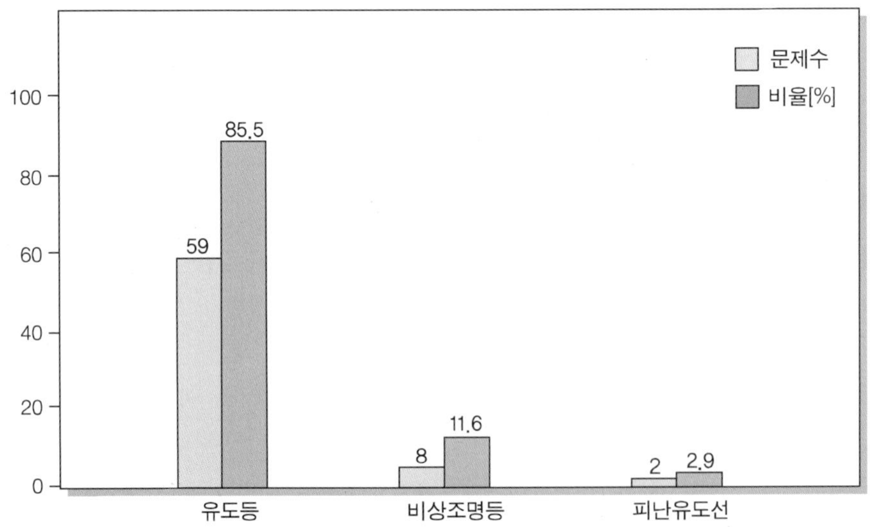

2. 문제유형

피난설비 과년도 문제 분석(1996~2020년)

번호	출제년도	문항	시설분류	상세분류(대)	상세분류(중)	문제유형	회수	출제비율
1	2019.11.09	16	피난설비	비상조명등	설치기준	비상조명등 설치기준	8	11.6%
2	2019.06.29	19	피난설비	비상조명등	설치기준	비상조명등 설치기준		
3	2002.07.07	8	피난설비	비상조명등	설치기준	설치기준(축전지 공칭용량)		
4	2000.11.12	5	피난설비	비상조명등	설치기준	설치기준(축전지 공칭용량)		
5	2015.07.12	14	피난설비	비상조명등	설치기준	휴대용비상조명등 설치기준, 배치기준		
6	2011.07.24	9	피난설비	비상조명등	설치기준	휴대용비상조명등 설치기준		
7	2020.10.17	7	피난설비	비상조명등	설치기준	휴대용비상조명등 설치대상		
8	2018.04.14	4	피난설비	비상조명등	설치기준	휴대용비상조명등 설치대상		
9	2017.11.11	4	피난설비	유도등	객석유도등	객석유도등 설치제외장소	59	85.5%
10	2014.07.06	9	피난설비	유도등	객석유도등	객석유도등 설치제외장소		
11	2020.11.15	6	피난설비	유도등	객석유도등	객석유도등 수량		
12	2020.07.25	8	피난설비	유도등	객석유도등	객석유도등 수량		
13	2018.11.10	14	피난설비	유도등	객석유도등	객석유도등 수량		
14	2018.04.14	12	피난설비	유도등	객석유도등	객석유도등 수량		
15	2015.04.19	12	피난설비	유도등	객석유도등	객석유도등 수량		
16	2011.07.24	1	피난설비	유도등	객석유도등	객석유도등 수량		
17	2005.05.01	6	피난설비	유도등	객석유도등	객석유도등 수량		
18	1996.09.01	3	피난설비	유도등	객석유도등	객석유도등 수량		
19	2019.06.29	1	피난설비	유도등	배선	결선도, 배선방식 차이점		
20	2015.11.07	11	피난설비	유도등	배선	결선도, 배선방식 차이점		
21	2011.05.01	12	피난설비	유도등	배선	2선식, 3선식 비교		
22	2008.07.06	5	피난설비	유도등	배선	2선식, 3선식 비교		
23	2006.11.05	11	피난설비	유도등	배선	2선식, 3선식 비교		
24	2018.11.10	11	피난설비	유도등	배선	3선식 배선(자동점등조건)		
25	2014.04.20	4	피난설비	유도등	배선	3선식 배선(자동점등조건)		
26	2013.07.14	9	피난설비	유도등	배선	3선식 배선(자동점등조건)		
27	2011.11.13	7	피난설비	유도등	배선	3선식 배선(자동점등조건)		
28	2010.04.17	12	피난설비	유도등	배선	3선식 배선(자동점등조건)		
29	2009.07.05	13	피난설비	유도등	배선	3선식 배선(자동점등조건)		
30	2007.11.04	13	피난설비	유도등	배선	3선식 배선(자동점등조건)		
31	2004.07.04	3	피난설비	유도등	배선	3선식 배선(자동점등조건)		
32	2001.11.04	9	피난설비	유도등	배선	3선식 배선(자동점등조건)		
33	2001.04.22	5	피난설비	유도등	배선	3선식 배선(자동점등조건)		
34	1996.11.17	12	피난설비	유도등	배선	3선식 배선(자동점등조건)		
35	2012.11.03	13	피난설비	유도등	배선	가닥수, 배선용도		
36	2000.04.23	11	피난설비	유도등	배선	유도등의 회로도		
37	1997.01.26	1	피난설비	유도등	배선	유도등의 회로도		
38	2020.10.17	11	피난설비	유도등	설치기준	유도표지 최소 설치개수		
39	2008.04.20	13	피난설비	유도등	설치기준	설치기준		
40	2007.11.04	15	피난설비	유도등	설치기준	객석유도등 수량, 설치		

번호	출제년도	문항	시설분류	상세분류(대)	상세분류(중)	문제유형	회수	출제비율
41	2007.07.08	8	피난설비	유도등	설치기준	용어정의	59	85.5%
42	2004.07.04	2	피난설비	유도등	설치기준	전원, 비상전원		
43	2003.07.13	11	피난설비	유도등	설치기준	전원, 비상전원		
44	2001.11.04	10	피난설비	유도등	설치기준	전원, 비상전원		
45	1999.01.31	10	피난설비	유도등	설치기준	전원, 비상전원, 3선식배선 자동점등조건		
46	1996.05.19	8	피난설비	유도등	설치기준	설치기준(전원, 비상전원, 용량)		
47	2020.10.17	12	피난설비	유도등	통로유도등	복도통로유도등 설치기준		
48	2020.07.25	7	피난설비	유도등	통로유도등	통로유도등 설치제외장소		
49	2018.11.10	8	피난설비	유도등	통로유도등	설치기준		
50	2018.06.30	7	피난설비	유도등	통로유도등	통로유도등 수량, 설치		
51	2017.06.25	9	피난설비	유도등	통로유도등	설치기준, 조도 측정방법, 바탕색		
52	2012.07.08	13	피난설비	유도등	통로유도등	통로유도등 수량, 설치		
53	2012.07.08	2	피난설비	유도등	피난구유도등	설치기준		
54	2009.10.18	4	피난설비	유도등	피난구유도등	설치기준		
55	1999.11.21	13	피난설비	유도등	피난구유도등	설치기준		
56	1999.09.19	1	피난설비	유도등	피난구유도등	설치기준		
57	1998.05.10	14	피난설비	유도등	피난구유도등	설치기준		
58	1997.08.24	4	피난설비	유도등	피난구유도등	설치기준		
59	2020.11.29	18	피난설비	유도등	피난구유도등	설치장소		
60	2018.06.30	4	피난설비	유도등	피난구유도등	설치제외장소		
61	2014.11.01	16	피난설비	유도등	피난구유도등	적색 LED 점등 의미		
62	2014.07.06	12	피난설비	유도등	피난구유도등	설치높이, 표시면 색상		
63	2013.11.09	8	피난설비	유도등	피난구유도등	설치장소, 설치높이, 바탕색, 문자표		
64	2013.07.14	3	피난설비	유도등	피난구유도등	설치장소		
65	2010.04.17	3	피난설비	유도등	피난구유도등	종류, 형식		
66	2005.07.10	3	피난설비	유도등	피난구유도등	설치제외장소		
67	2002.10.27	14	피난설비	유도등	피난구유도등	종류, 피난구유도등 설치장소		
68	2012.04.22	11	피난설비	피난유도선	축광점등방식	설치기준	2	2.9%
69	2010.07.04	15	피난설비	피난유도선	광원점등방식	기능		

연습문제

01

유도등에 관한 다음 물음에 답하시오.

1) 다음 빈칸을 완성하시오.

종류	피난구유도등	통로유도등(피난통로를 안내하기 위한 유도등)			객석유도등
		거실 통로유도등	복도 통로유도등	계단 통로유도등	
정의	①	②	피난통로가 되는 복도에 설치하는 유도등	피난통로가 되는 계단, 경사로에 설치하는 유도등	③
설치높이	④	1.5m 이상	⑤	1m 이하	
설치거리		⑥	보행거리 20m	⑦	
조명도		⑧			0.2 lx 이상
색깔	⑨	백색바탕에 녹색문자			
설치개수		보행거리/20m − 1			⑩

2) 유도등의 전원으로 사용되는 것은 무엇인가?

3) 유도등의 비상전원으로 사용되는 것은 무엇이며, 용량은 얼마 이상 되어야 하는가?

02

피난구유도등의 설치장소와 설치제외장소를 쓰시오.

03

피난구유도등에는 적색 LED와 녹색 LED가 설치되어 있다. 평상시 적색 LED가 점등되었다면 이는 무엇을 의미하는 것인가?

04

통로유도등에 관한 다음 물음에 답하시오.

1) 복도 통로유도등의 설치기준을 쓰시오.
2) 그림과 같은 사무실의 평면도에 복도 통로유도등을 설치하고자 할 때 복도 통로유도등의 수량을 산출하고 설치하시오.

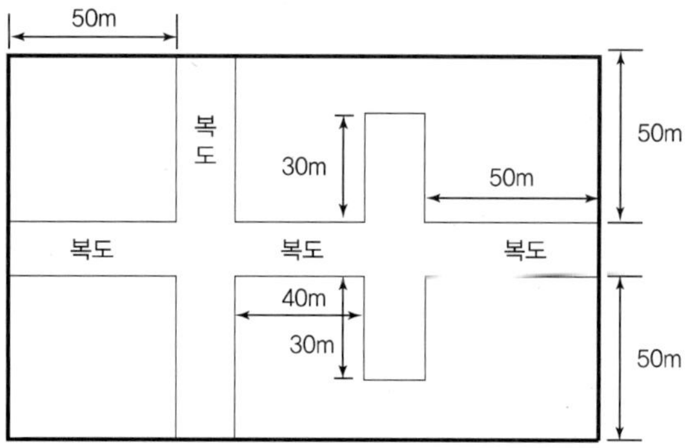

3) 벽면에 설치하는 통로유도등과 바닥에 설치하는 통로유도등의 조도 측정방법과 조도기준에 대해서 쓰시오.
4) 통로유도등 표시면의 바탕색은 무엇인지 쓰시오.

05

객석유도등에 관한 다음 물음에 답하시오.

1) 그림과 같은 건축물의 평면도에 객석유도등을 설치하고자 할 때 객석유도등의 수량을 산출하고 객석유도등을 설치하시오.

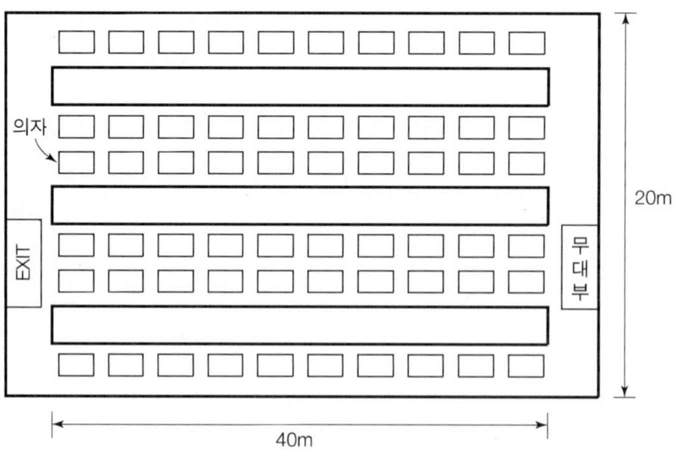

2) 객석유도등을 설치하지 않아도 되는 경우를 쓰시오.

06

피난구유도등에 관한 다음 물음에 답하시오.

1) 피난구유도등의 2선식 배선방식과 3선식 배선방식의 미완성 결선도를 완성하시오.

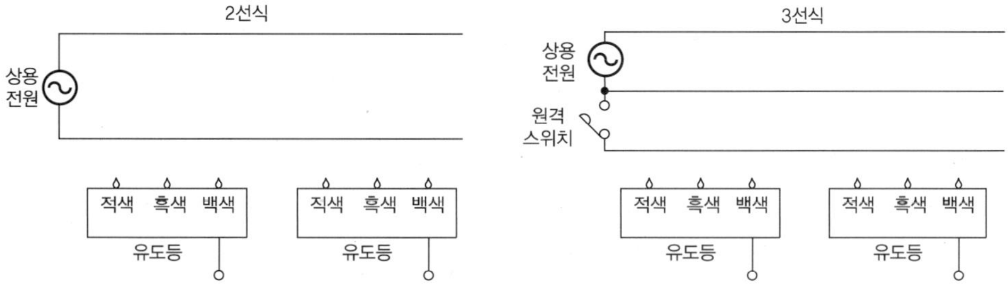

2) 피난구유도등의 2선식 배선방식과 3선식 배선방식의 차이점을 설명하시오.

구 분	2선식	3선식
점등상태		
충전상태		

07

다음의 그림은 자동화재탐지설비의 수신기와 유도등의 3선식 배선 결선도이다. 기호 A, B의 가닥수와 배선의 용도를 구하시오.

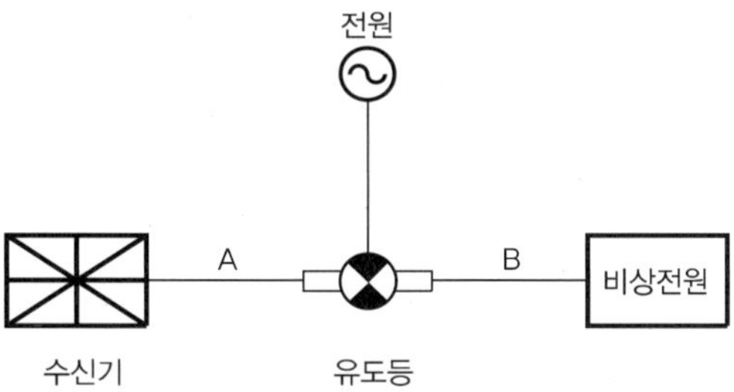

08

유도등은 항상 점등상태를 유지할 수 있는 2선식 배선이 원칙이나 상시 충전되는 구조에는 3선식 배선을 할 수 있다. 3선식 배선의 설치가능 장소와 자동점등조건에 대해서 설명하시오.

09

피난유도선의 종류 중 축광방식의 기능과 설치기준을 쓰시오.

10

비상조명등설비에 관한 다음 물음에 답하시오.

1) 다음 빈칸을 완성하시오.

> · 유도등은 평상시 (①)되어 있으나 비상조명등은 (②)되어 있고 비상전원으로 유도등은 (③)를, 비싱조명등은 (④)를 인징한다.
> · 충전전류 용량은 당해 비상조명등의 공칭용량의 (⑤)의 충전을 한 것을 (⑥) 비상점등(방전)한 후 정격전압으로 (⑦) 충전을 하는 경우 당해 비상조명등을 (⑧) 비상점등 할 수 있는 용량이어야 한다.

2) 비상조명등의 조도는 바닥에서 몇 lx 이상이어야 하는가?

3) 비상조명등의 비상전원 용량은 얼마 이상 되어야 하는가?

4) 휴대용 비상조명등의 설치기준을 4가지 쓰시오.

5) 휴대용 비상조명등의 배치기준을 쓰시오(단, 지하상가인 경우).

CHAPTER

3 소화활동설비

1 비상콘센트설비(NFPC 504, NFTC 504)

1. 개요

1) 고층건물 화재시 전원 개폐장치의 단락 등으로 11층 이상이나 지하 3층 이상은 소화활동에 어려움이 발생한다.

2) 따라서 화재시 소방대가 활동하기 위한 조명설비나 소화활동설비의 장비에 전원을 공급하기 위한 설비를 말한다.

그림 3.1 • 비상콘센트설비 외형

2. 설치대상

1) 층수가 **11층 이상**인 소방대상물의 **11층 이상의 층**

2) **지하 3층 이상**이고 지하층의 바닥면적의 합계가 $1,000m^2$ **이상**인 **지하층의 전층**

3) 지하가 중 **터널**로서 길이가 **500m 이상**인 것

3. 비상콘센트설비의 전원

상용전원		비상전원(자가발전설비, 비상전원수전설비 or 전기저장장치)
저압수전	고압, 특별고압 수전	
• 인입개폐기 직후에서 분기하여 전용배선으로 할 것 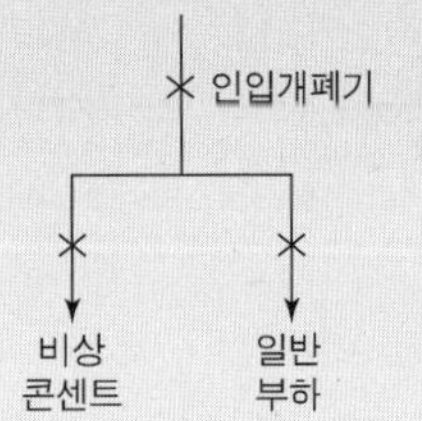	• 전력용 변압기 2차측의 주차단기 1차측 또는 2차측에서 분기하여 전용배선으로 할 것 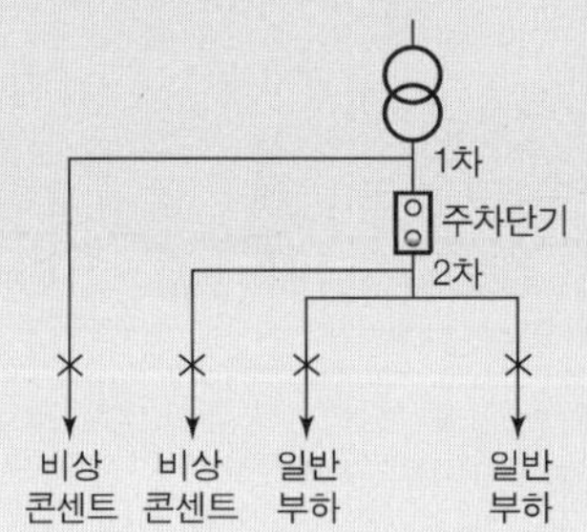	• 지상 7층 이상으로 연면적 2,000m^2 이상 • 지하층 바닥면적 합계 3,000m^2 이상 • 비상전원 면제 ① 2 이상의 변전소에서 전력을 동시에 공급 받을 수 있는 경우 ② 하나의 변전소로부터 전력의 공급이 중단되었을 때에는 자동으로 다른 변전소로부터 전력을 공급받을 수 있도록 상용전원을 설치한 경우

4. 비상콘센트설비의 전원회로

1) 공급용량

(1) **단상** 교류 220V인 것 : 공급용량은 **1.5kVA 이상**

2) 전원회로

(1) 전원회로는 **각 층에 있어서 2 이상이 되도록 설치**할 것

(2) 전원회로는 주배전반에서 **전용회로**로 할 것

3) 배선용 차단기

(1) 전원으로부터 각 층의 비상콘센트에 분기되는 경우에는 **분기배선용 차단기**를 **보호함 안에 설치**할 것

(2) 콘센트마다 배선용 차단기(KS C 8321)를 설치하여야 하며, 충전부가 노출되지 않도록 할 것

4) 개폐기에는 "비상콘센트"라고 표시한 표지를 할 것

5) 비상콘센트용의 **풀박스 등은 방청도장을 한 것**으로서, 두께 1.6mm 이상의 철판

6) 하나의 전용회로에 설치하는 비상콘센트는 **10개 이하**로 할 것. 이때 전선의 용량은 각 비상콘센트(3개 이상인 경우 **3개**)의 공급용량을 합한 용량 이상 일 것

5. 비상콘센트설비의 플러그접속기

1) 단상 교류 220V의 것 : **접지형 2극** 플러그접속기(KS C 8305)
2) 비상콘센트의 플러그접속기의 칼받이의 접지극에는 **제3종 접지공사**를 한다.

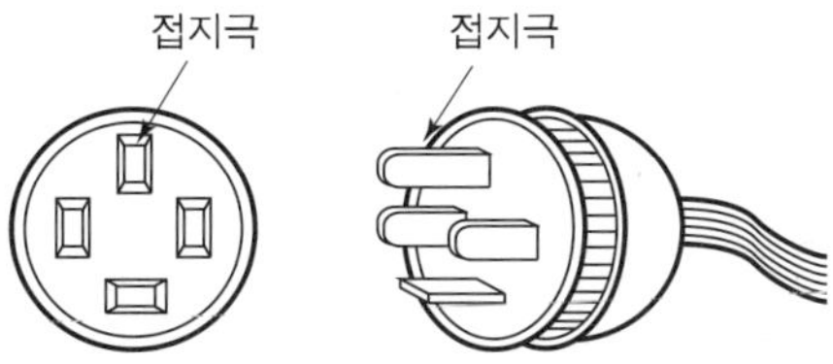

(a) 접지형 3극 콘센트　　(b) 접지형 3극 플러그

그림 3.2 • 3상 교류[1)]

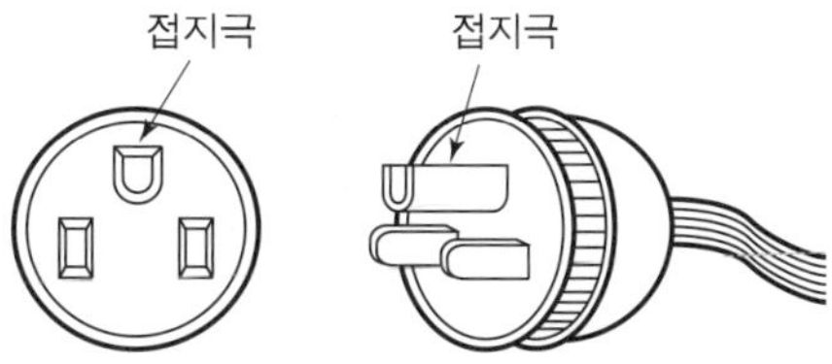

(a) 접지형 2극 콘센트　　(b) 접지형 2극 플러그

그림 3.3 • 단상 교류

6. 비상콘센트설비의 설치기준

1) **위치 :** 바닥으로부터 **0.8m 이상 1.5m 이하**의 위치에 설치할 것

2) 배치
   (1) 아파트 또는 바닥면적이 1,000m^2 미만인 층
      − 계단의 출입구로부터 **5m 이내**에 설치
   (2) 바닥면적 1,000m^2 이상인 층(아파트 제외)
      − 계단의 출입구 또는 계단부속실의 출입구로부터 5m 이내에 설치

3) 수평거리
   (1) **지하상가 or 지하층의 바닥면적의 합계가 3,000m^2 이상**인 것은 **25m 이내** 마다 설치
   (2) (1)에 해당하지 아니하는 것은 50m 이내 마다 설치
   (3) **도로터널**의 경우 주행차로의 우측측벽에 **50m 이내**의 간격으로 설치[2)]

7. 비상콘센트설비의 배선

1) 전원회로 − 내화 배선

---

1) '삼상 교류 380V인 것 : 공급용량은 3 KVA 이상'이 삭제되면서 접지형 3극에 대한 내용도 화재안전기준(NFSC 504)에서 삭제되었다(2013.9.3).
2) 「도로터널의 화재안전성능기준(NFPC 603)」 제14조 제4항(2022.12.1. 재개정).

2) 기타회로 – 내화 or 내열 배선

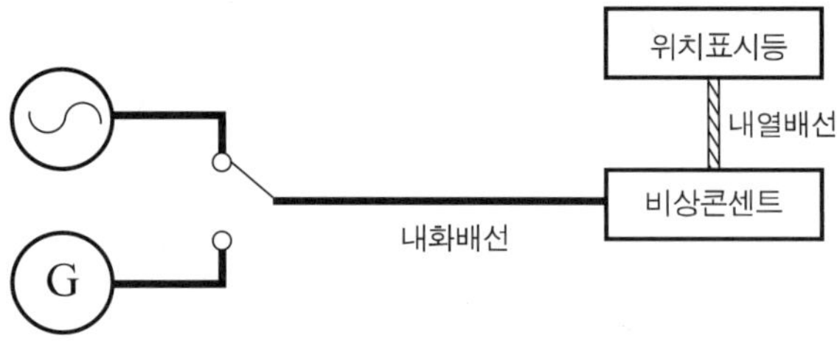

그림 3.4 • 비상콘센트설비의 배선

8. 비상콘센트설비의 절연저항 및 절연내력의 기준

구 분	기 준
절연저항	• 전원부와 외함 사이는 500V 절연저항계로 측정 시 20MΩ 이상일 것
절연내력	• 정격전압 150V 이하 : 1,000V 실효전압을 1분 이상 견딜 수 있을 것 • 정격전압 150V 초과 : (정격전압 × 2) + 1,000V 실효전압을 1분 이상 견딜 것

9. 비상콘센트설비의 보호함 설치기준

1) 쉽게 개폐할 수 있는 **문**을 설치할 것
2) 표면에 "비상콘센트"라고 표시한 **표지**를 할 것
3) **상부**에 **적색 표시등**을 설치할 것(단, 비상콘센트의 보호함을 옥내소화전함 등과 접속하여 설치하는 경우에는 옥내소화전함 등의 표시등과 겸용 가능)

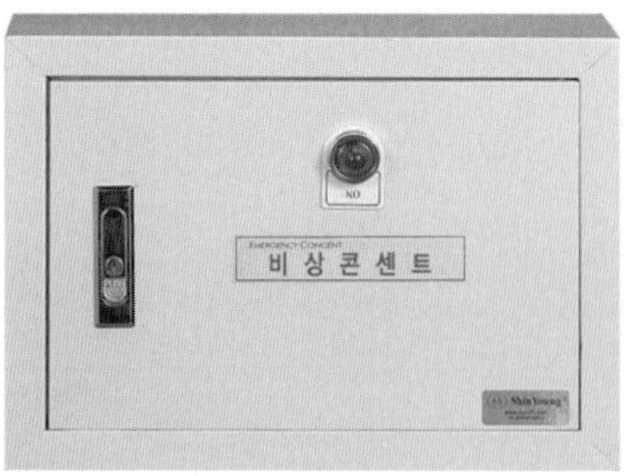

그림 3.5 • 비상콘센트설비 보호함

10. 비상콘센트설비 계통도

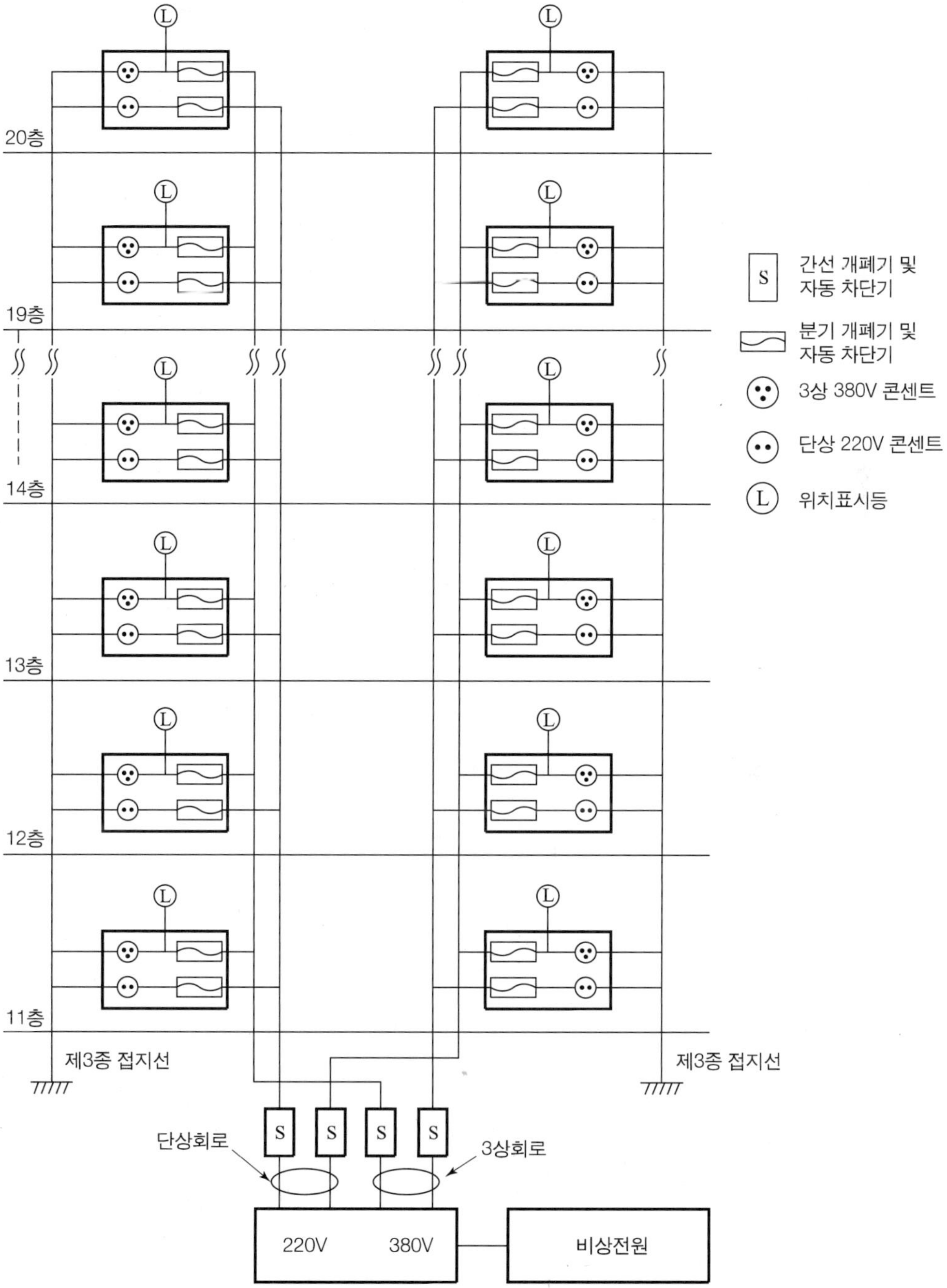

그림 3.6(a) ◦ 비상콘센트설비의 계통도(2013.09.03 개정 전)

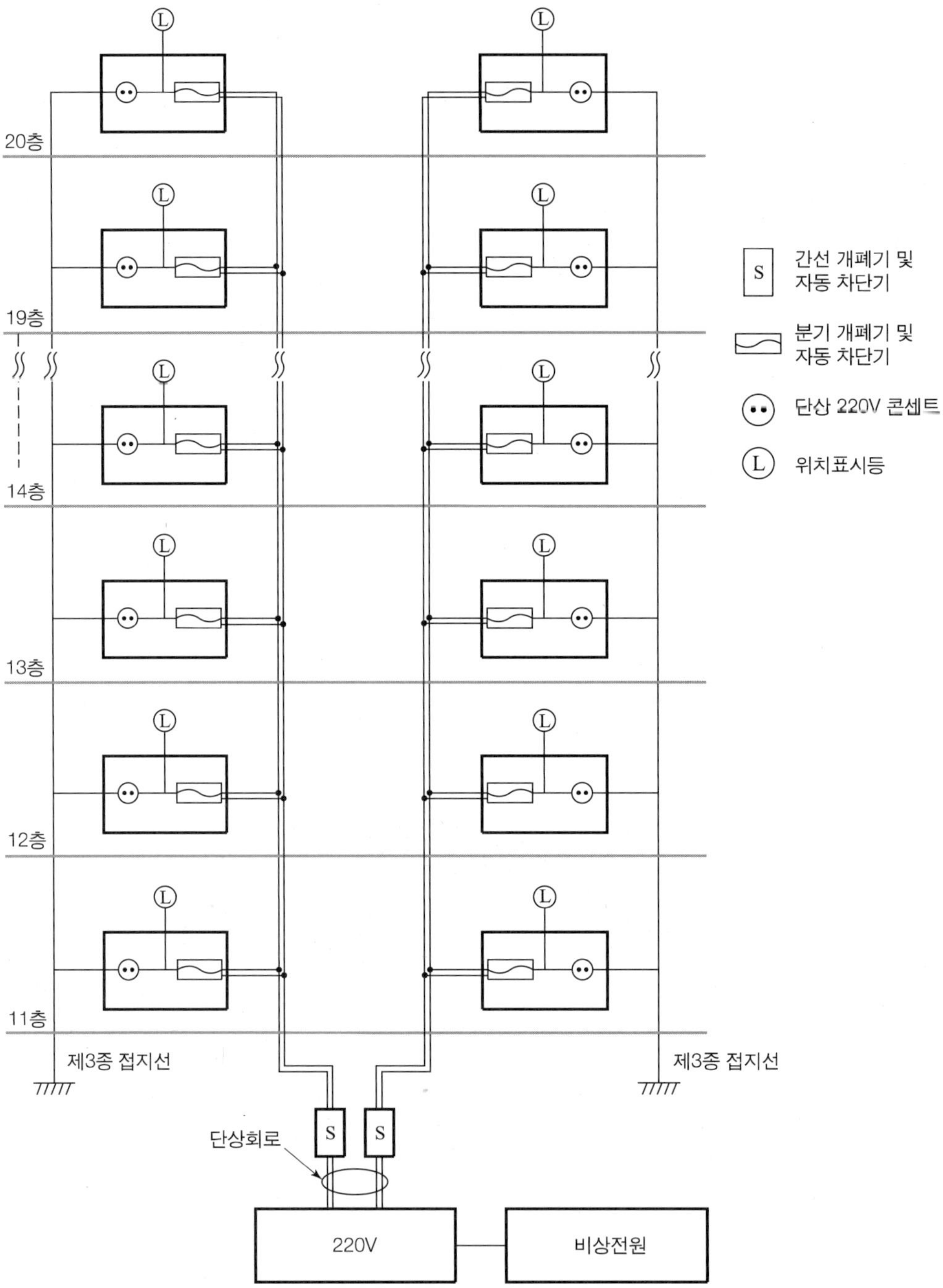

그림 3.6(b) • 비상콘센트설비의 계통도(2013.09.03 개정 후)

11. 예제

Exercise

비상콘센트가 그림과 같이 설치된 건물이 있다. 1상 220V 금속관 공사로 시공할 때 A부분의 1상 콘센트 간선의 정격전류와 허용전류를 구하시오.

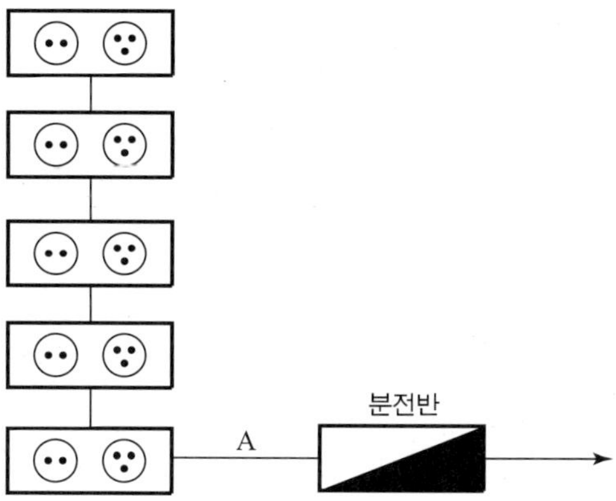

Solution

1) A부분의 1상 콘센트

① 간선의 정격전류(I_1)

$$P = VI,\ I_1 = \frac{P}{V} = \frac{1.5 \times 10^3 \times 3개}{220} = 20.45\,A$$

② 간선의 허용전류(I_2)

전동기의 정격전류	전선의 허용전류
전동기의 전류합계 50A 이하	1.25배×전동기 전류합계
전동기의 전류합계 50A 초과	1.1배 ×전동기 전류합계

$I_2 = 1.25 \times 20.45 = 25.563A$

2 무선통신보조설비(NFPC 505, NFTC 505)

1. 개요

1) **지하층이나 지하상가**의 화재현장에서 활동하는 소방대와 지상의 소방대원 사이의 연락은 **무선교신이 가장 효과적**이나 **지하층이나 지하상가**는 그 구조상 전파의 **반송특성이 나빠서 무선교신이 용이하지 않다.**
2) 이와 같이 지하층 또는 지하상가에 무선전파가 도착하기 어려운 것을 보충하기 위해서 **누설동축케이블이나 안테나를 설치하여 원활하게 무선교신**을 할 수 있도록 하는 것이 무선통신보조설비이다.

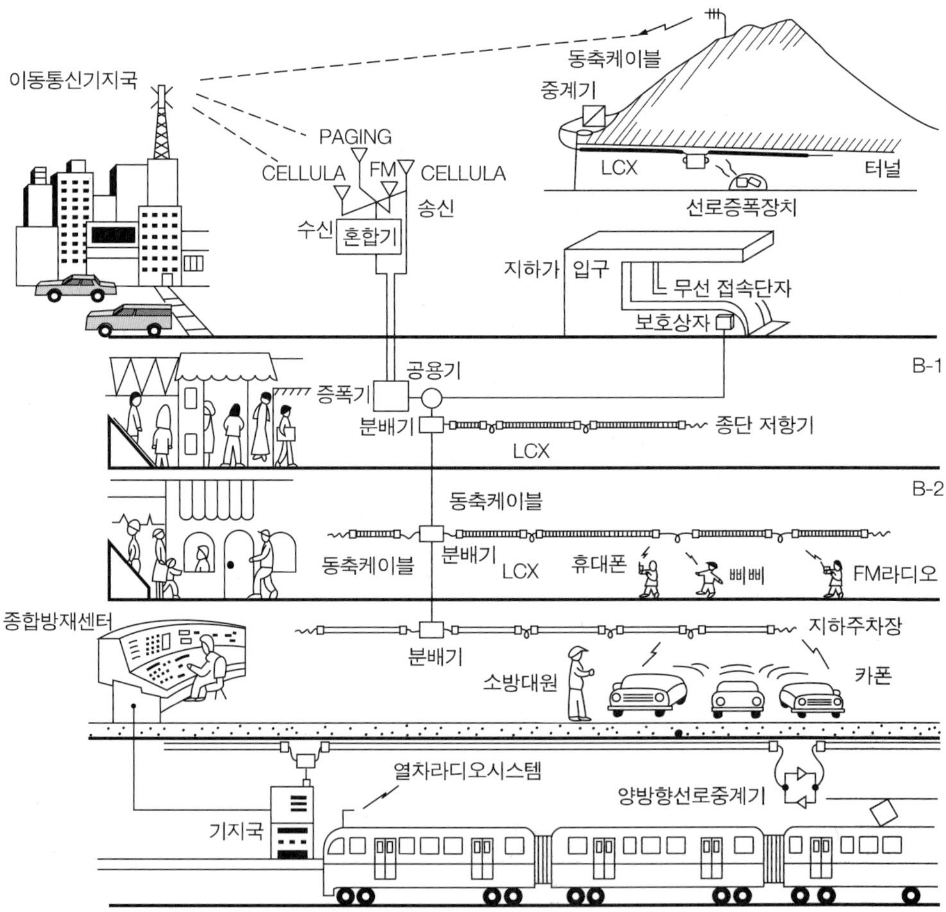

그림 3.7 • 무선통신보조설비의 개념도

2. 설치대상 및 제외대상

1) 설치대상[2)]

(1) 지하가(터널 제외)로서 연면적 1,000m^2 이상인 것

(2) 지하가 중 터널로서 길이 500m 이상인 것

(3) 지하구로서 공동구[3)]

(4) 지하층 바닥면적의 합계 3,000m^2 이상 또는 지하 3층 이상으로 지하층 바닥면적의 합계가 1,000m^2 이상인 것의 지하층의 전층

(5) 층수가 30층 이상인 것으로서 16층 이상 부분의 모든 층

2) 제외대상

제외대상	제외 조건
설치면제[4)]	• 이동통신 구내 중계기 선로설비 또는 무선 이동중계기 등을 화재안전기준의 무선통신보조설비 기준에 적합하게 설치한 경우 설치가 면제된다.
설치제외	• 지하층으로서 소방대상물의 2면 이상의 바닥면적이 지표면과 동일하거나 지표면으로부터 깊이가 1m 이하인 경우 해당층에 한하여 설치하지 않을 수 있다.

3. 작동원리

1) 마이크로폰에 의해 음파를 전기신호로 바꾼다.
2) 바꾼 전기신호를 저주파[5)] 신호로 만든다.
3) 고주파[5)] 반송파[6)]에 실어 공중으로 방사한다.
4) 방사한 전파를 검파하여 저주파 전류를 재생시킨다.
5) 스피커를 통해 음파 재생한다.

---

2) 소방시설 설치 및 관리에 관한 법률 시행령 별표 4
3) 국토의 계획 및 이용에 관한 법률 제2조 제9호
4) 소방시설 설치 및 관리에 관한 법률 시행령 별표 5 제20호
5) 저주파 : 3kHz 이하, 고주파 : 300kHz 이상
6) 반송파(Carrier wave) : 정보가 포함되어 있는 높은 주파수의 파형

4. 구성 및 기능

구성	기능	그림
누설동축케이블 (LCX)	• 동축케이블의 외부도체에 Slot을 만들어 전파가 외부로 새어 나가도록 함 • 특성 임피던스 – 50Ω	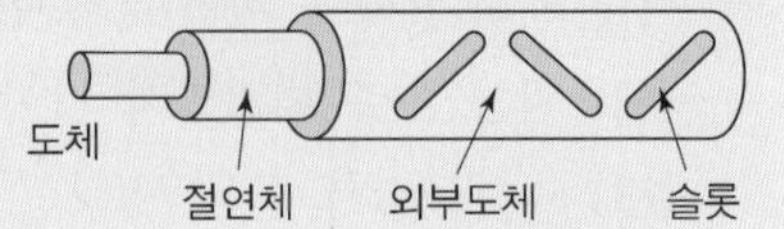
분배기 (Allotter)	• 신호의 전송로가 분기되는 장소에 설치하는 것으로 Impedance Matching과 신호의 균등 분배	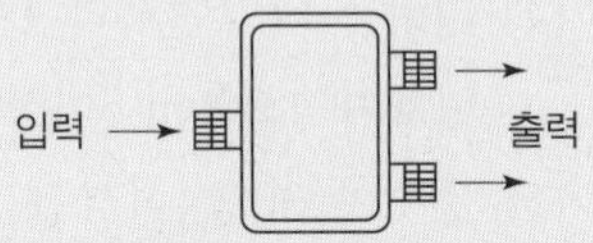
혼합기 (Mixer)	• 2개 이상의 입력신호를 원하는 비율로 비례적으로 조합하여 출력	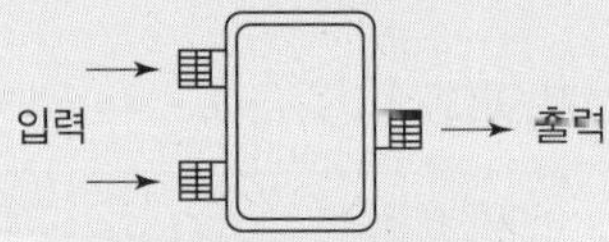
분파기 (Branching filter)	• 서로 다른 주파수의 합성된 신호를 주파수에 따라서 분리	
증폭기 (Amplifier)	• 전기신호를 증폭시키기 위한 장치 • 전자관, 트랜지스터, 자기 증폭기 등	
무반사 종단저항	• 반사파를 "0"으로 하기 위해 케이블 끝에 연결하는 저항	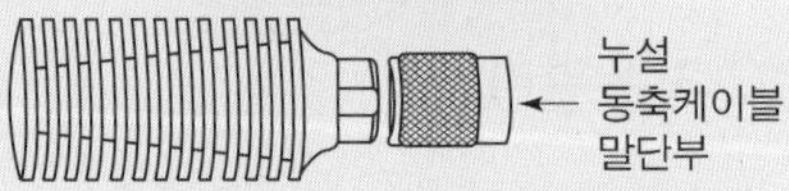
접속단자 (Cable connector)	• 상호간에 교신을 위하여 무전기를 접속하는 단자 • 접속용 케이블을 사용하여 상호접속	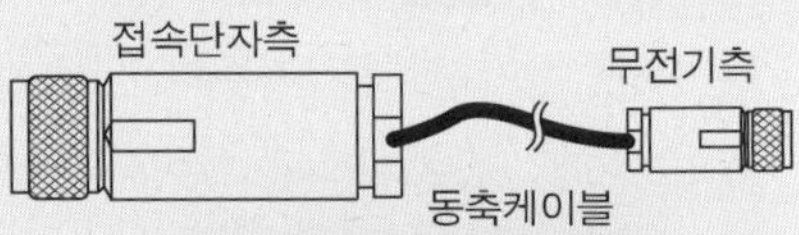
무선중계기	• 안테나를 통하여 수신된 무전기 신호를 증폭한 후 음영지역에 재방사하여 무전기 상호 간 송수신이 가능하도록 하는 장치	
옥외안테나	• 감시제어반 등에 설치된 무선중계기의 입력과 출력포트에 연결되어 송수신 신호를 원활하게 방사·수신하기 위해 옥외에 설치하는 장치	

표 3.1 • 동축케이블의 비교

구성	구조도 및 형태도
동축케이블 (Coaxial Cable)	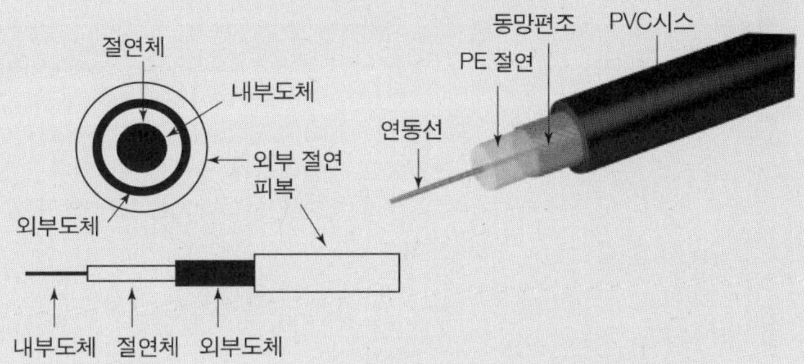
누설동축케이블(LCX)7)	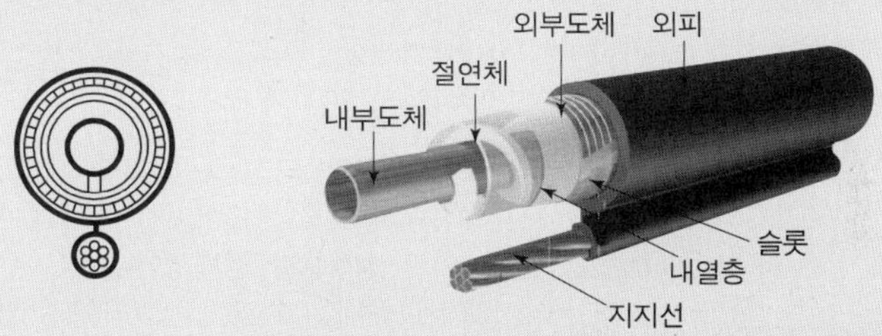
방사형 누설동축케이블(RCX)8)	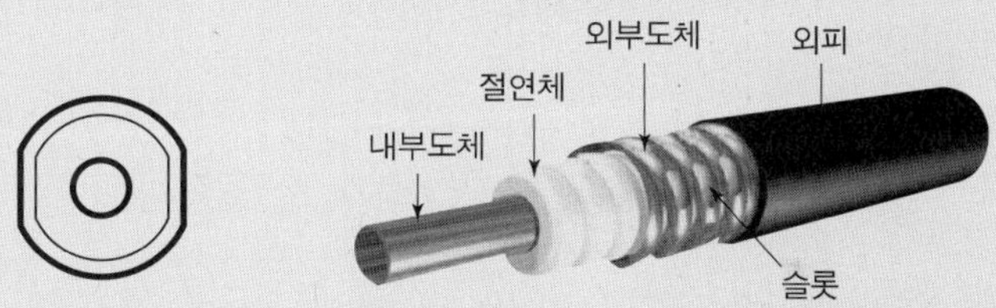
급전선(HFX)	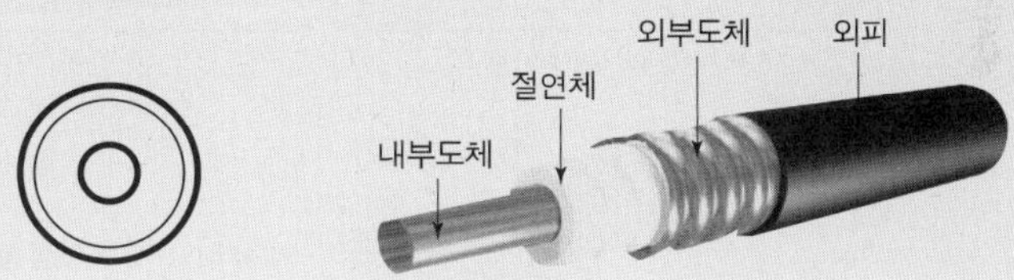

7) LCX : 특정주파수(150 MHz 등) 대역에서만 사용 가능
8) RCX : 광대역 주파수(광범위한 주파수) 대역에서 사용가능[소방무선통신, 라디오 재방송, DMB(디지털 미디어 방송)]

5. 종류

1) 종류

<table>
<tr><th>종 류</th><th>구성 및 특징</th></tr>
<tr><td>누설동축케이블</td><td>

• 동축케이블 + 누설동축케이블
• **터널, 지하철역** 등 폭이 좁고 긴 지하가나 건축물 내부에 적합
• **전파를 균일하고 광범위하게 방사**할 수 있다.
• 케이블이 외부에 노출되므로 **유지보수가 용이**하다.

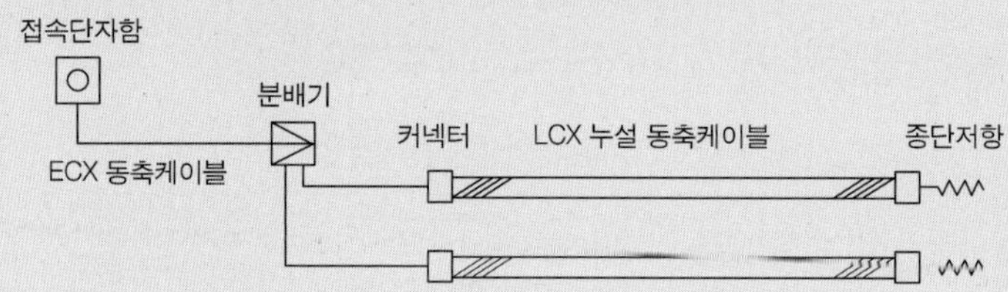

</td></tr>
<tr><td>안테나</td><td>

• 동축케이블 + 안테나
• 장애물이 적은 **대강당, 극장** 등에 적합
• 말단에서는 전파의 강도가 떨어져서 통화의 어려움이 있다.
• 누설 동축케이블 방식보다 **경제적**이다.
• 케이블을 반자내 은폐할 수 있으므로 화재시 영향이 적고 미관을 해치지 않는다.

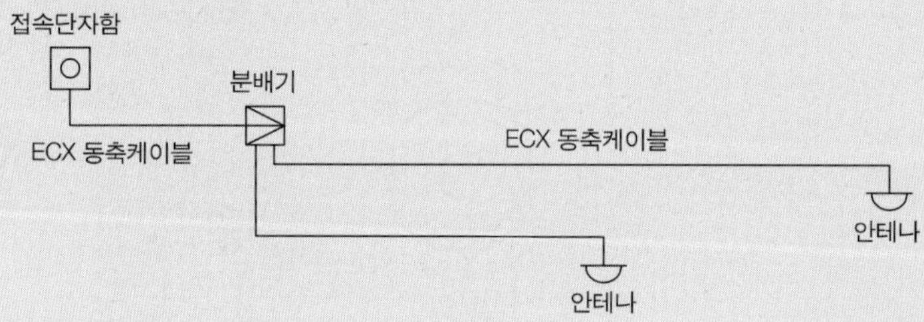

</td></tr>
<tr><td>누설동축케이블
및 안테나</td><td>

• 누설동축케이블의 장점과 안테나의 장점을 이용

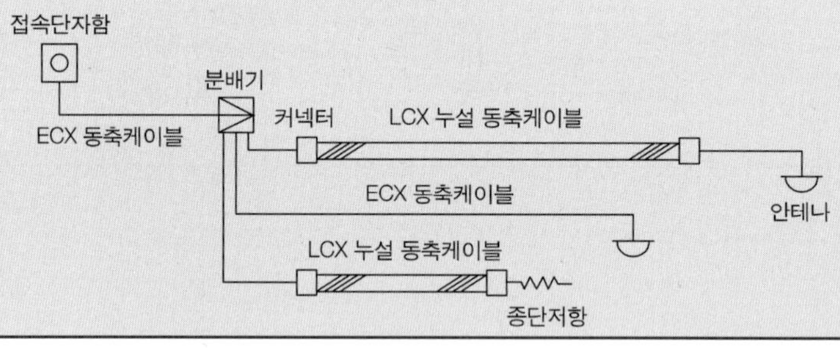

</td></tr>
</table>

2) 비교

종 류	외 관	설치비	통화범위	설치장소
안테나	양호	저가	안테나 설치위치	대강당 등
LCX	노출 多	고가	넓다	터널, 지하철
혼합방식	LCX와 안테나 방식의 장점만을 이용하는 방법			

6. 설치기준

1) 무선통신보조설비[9)]

(1) 누설동축케이블 또는 동축케이블과 이에 접속하는 **안테나**가 **설치된 층**은 모든 부분(**계단실, 승강기, 별도 구획된 실** 포함)에서 **유효하게 통신**이 **가능**할 것

(2) **옥외 안테나와 연결된 무전기와 건축물 내부에 존재하는 무전기 간**의 상호통신, **건축물 내부에 존재하는 무전기 간**의 상호통신, **옥외 안테나와 연결된 무전기와 방재실** 또는 **건축물 내부에 존재하는 무전기와 방재실 간**의 상호통신이 가능할 것

2) 누설동축케이블 등[소.누.불.화.전.노.고.단.임]

(1) **소**방전용 주파수에서 전파의 전송, 복사가 적합한 것으로 **소방전용**일 것

(2) **누**설동축케이블 또는 동축케이블과 이에 접속하는 안테나로 구성할 것

(3) **불**연, 난연의 것으로 습기에 의해 전기적 특성이 변질되지 않을 것

(4) **화**재열에 영향이 없도록 부설할 것(4m 이내마다 **금속구** or **자기제** 등으로 고정). 단, **불연재료로 구획된 반자 안**에 설치 시 제외

(5) **전**파의 복사 또는 특성이 현저하게 저하되지 않은 곳에 설치

(6) **노**출 설치시 피난 및 통행에 영향이 없도록 부설할 것

(7) **고**압전로로부터 1.5m 이상 이격. 단, **정전기차폐장치**를 유효하게 설치한 경우 제외

(8) 말**단**에 무반사 종단저항 설치

(9) 누설동축케이블 또는 동축케이블의 **임**피던스는 50Ω

3) 옥외안테나[10)][출.통.표.위]

(1) **건축물, 지하가, 터널 또는 공동구의 출입구** 및 **출입구 인근**에서 통신이 가능한 장소에 설치 할 것

(2) 다른 용도로 사용되는 안테나로 인한 **통신장애가 발생하지 않도록** 설치할 것

(3) 옥외안테나는 견고하게 설치하며 파손의 우려가 없는 곳에 설치하고 그 가까운 곳의 보기 쉬운 곳에 '**무선통신보조설비 안테나**'라는 표시와 함께 **통신 가능거리**를 표시한 **표지**를 설치할 것

(4) 수신기가 설치된 장소 등 **사람이 상시 근무하는 장소**에는 옥외 안테나의 위치가 모두 표시된 **옥외안테나 위치표시도**를 **비치**할 것

---

9) 소방대 상호간(층간) 무선통신이 가능하도록 하고 통신장애가 발생하지 않도록 기준을 명확히 함(2021.3.25. 개정).

10) 소방대의 원활한 현장활동을 위하여 무선기기 접속단자 대신에 유선연결이 필요 없는 옥외안테나를 설치하여 통신환경을 개선함(2021.3.25. 개정).

4) 분배기등[부.임.점]

(1) 먼지, 습기, **부**식 등에 의해 기능 이상하지 아니할 것

(2) **임**피던스 50Ω으로 할 것

(3) **점**검 편리하고 화재로부터 피해가 없는 장소에 설치할 것

5) 증폭기[전.표.비.무.디]

(1) **전**원은 축전지, 전기저장장치 or 교류전압 옥내간선으로 하고 전용배선 사용

(2) 증폭기 **전면**에 주회로 전원의 정상유무를 알 수 있는 **표시등**, **전압계**를 설치

(3) **비**상전원용량은 **30분** 이상 작동시킬 수 있을 것

(4) **무**선이동중계기를 설치하는 경우에는 전파법 제58조의2에 따른 적합성 평가를 받은 제품으로 설치할 것(2015.1.23. 개정)

(5) **디**지털 방식의 무전기를 사용하는데 지장이 없도록 설치할 것(2021.3.25. 신설)[11]

7. 무반사 종단저항

1) 개요

(1) 누설 동축케이블의 종단부에 전송된 전파는 케이블 종단에서 반사되어 교신을 방해하게 되고 송신효율이 떨어진다.

(2) 따라서 **송신부로 되돌아오는 반사파를 방지**하기 위하여 **무반사 종단저항을 누설 동축케이블의 끝부분에 설치**한다.

2) 무반사 종단저항의 원리

(1) 전압 또는 전류가 케이블을 따라서 전파되어 가다가 임피던스가 다른 지점에 도달하면 일부는 투과하고 일부가 그 점에서 반사한다.

(2) 전송되는 전파가 동축케이블의 종단부에 도달하면 갑자기 임피던스가 무한대로 되므로 그 점에서 반사하여 전송점으로 되돌아온다.

(3) 반사가 일어나면 동축케이블에는 정방향 진행파와 반사파의 합성파가 형성되어 전송된 신호를 왜곡시켜 잡음을 발생한다.

(4) 그림 3.8과 같이 특성임피던스가 Z_1인 케이블에 전압의 입사파 V_i가 진행하다가 임피던스가 Z_2인 점에 도달하면 반사파 V_r는 다음 식으로 계산된다.

---

11) 소방무전 통신방식이 디지털로 전환됨에 따라 디지털방식 무전기를 사용하는데 지장이 없도록 기준을 정함

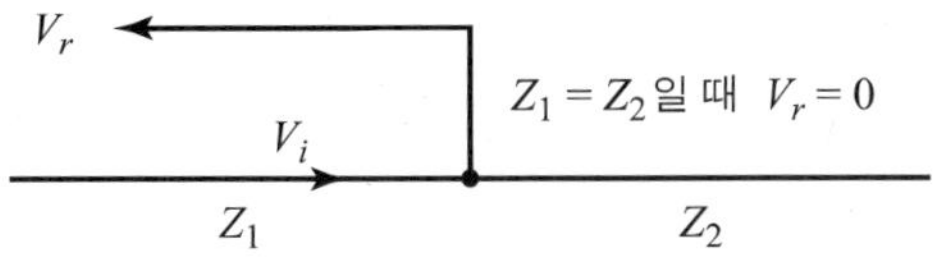

그림 3.8 • 무반사 종단저항 개념도

$$V_r = \frac{Z_2 - Z_1}{Z_2 + Z_1} V_i$$

이 식에서 $Z_1 = Z_2$이면 반사파의 크기는 0이 되는데, 이와 같이 **반사파를 0으로 하기 위해서 케이블의 끝에 연결하는 저항**을 **무반사 종단저항**이라고 한다.

8. 그레이딩(Grading)과 정합(Impedance Matching)

1) 동축케이블의 그레이딩(Grading)

(1) **신호레벨**은 케이블을 따라 전파되어 가면서 점점 감쇄되어 약해지게 된다.

(2) 이를 어느 정도 평준화시키기 위해서 신호레벨이 높은 곳에는 결합손실이 큰 케이블을 사용하고 신호레벨이 낮은 곳에는 결합손실이 작은 케이블을 사용하여 그림과 같이 **계단처럼 평준화시켜 주는 것**을 **그레이딩(Grading)**이라고 한다.

(3) 그림 3.9에서 L_A, L_B, L_C는 각각 케이블 C_A, C_B, C_C의 결합손실이다.

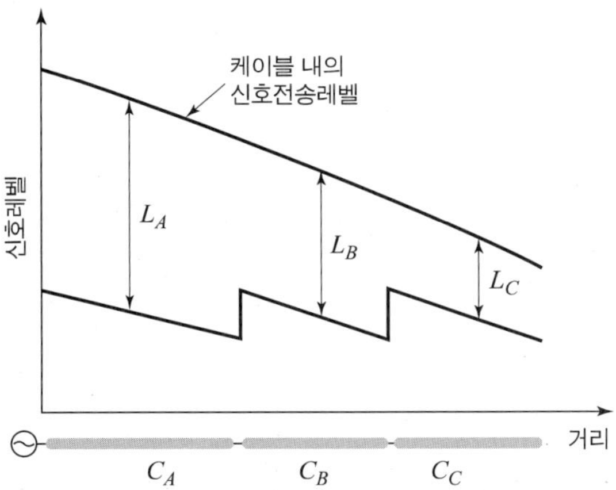

그림 3.9 • 동축케이블의 그레이딩

2) Impedance Matching(정합)

(1) 무선통신의 수신회로에서는 수신안테나의 유기된 **신호전력이 매우 미약**하여 그 상태로는 음성송출이 안되기 때문에 안테나에서 수신된 신호를 증폭하여야 하며 이때 안테나에 유기된 신호전력을 최대한 수신부쪽으로 보내주어야 한다.

(2) 그림 3.10과 같이 내부 임피던스(Impedance) Z_S인 **전원**과 임피던스 Z_L인 **부하**가 있는 회로에서 전력이 최대로 부하에 전달되기 위해서는 $Z_S = Z_L$이 되어야 하며 이러한 상태로 조정하는 것은 Impedance Matching(**정합**)이라고 한다.

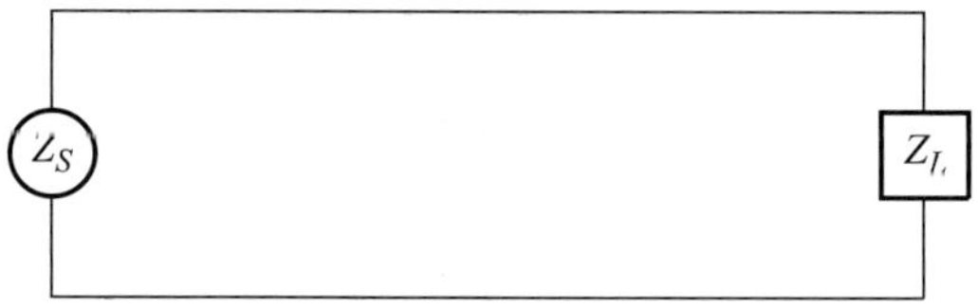

그림 3.10 ◦ 임피던스 매칭(정합)

9. 무선통신보조설비 계통도

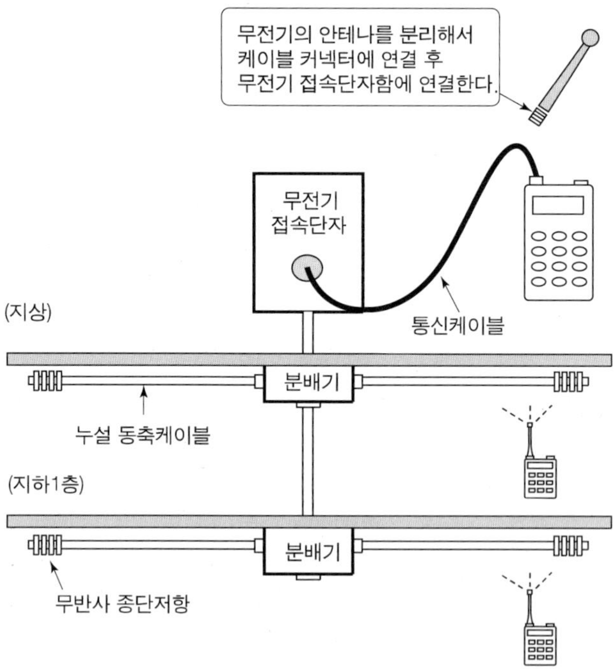

그림 3.11 ◦ 무선통신보조설비 계통도

10. 옥내배선기호

누설동축케이블	———	• 천장에 은폐하는 경우 : — — —
안테나		• 내열형 :  H
혼합기		
분배기	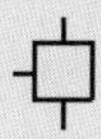	
분파기(필터포함)		
무선기기 접속단자		• 소방용 :  F • 경찰용 :  P • 자위용 :  G

11. 누설동축케이블 기호 표시

LCX - FR - SS - 20 D - 14 6

- 6 : 결합손실 표시
- 14 : 사용주파수
  - 1 : 150MHz 대전용
  - 4 : 400MHz 대전용
  - 14 : 150400MHz 대전용
  - 48 : 400800MHz 대전용
- D : 특성임피던스
  - C : 50Ω
  - D : 75Ω
- 20 : 절연체 외경(20mm)
- SS : 자기지지(Self Suporting)
- FR : 난연성(내열성)(Flame Resistance)
- LCX : 누설동축케이블 (Leaky Coaxial Cable)

과년도 문제 분석

소화활동설비 분류

1. 상세분류

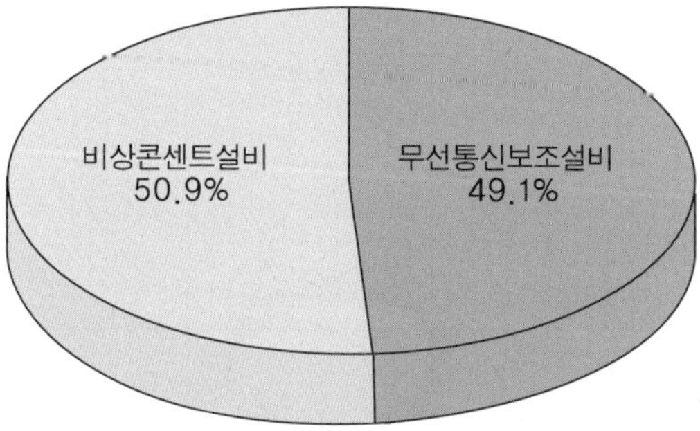

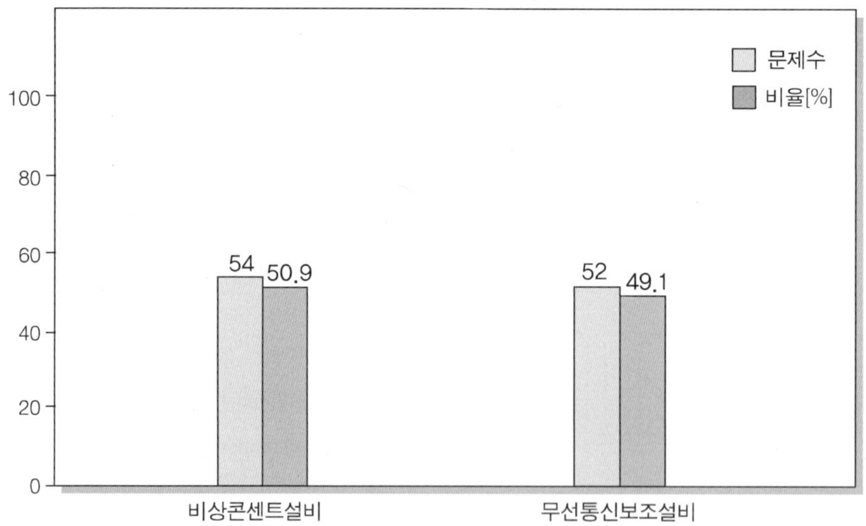

2. 문제유형

소화활동설비 과년도 문제 분석(1996~2020년)

번호	출제년도	문항	시설분류	상세분류(대)	상세분류(중)	문제유형	회수	출제비율
1	2020.05.24	16	소화활동설비	무선통신설비	누설동축케이블	누설동축케이블의 기호	52	49.1%
2	2008.11.02	11	소화활동설비	무선통신설비	누설동축케이블	누설동축케이블의 기호		
3	2014.11.01	10	소화활동설비	무선통신설비	누설동축케이블	설치기준		
4	2013.07.14	12	소화활동설비	무선통신설비	누설동축케이블	설치기준		
5	2012.07.08	3	소화활동설비	무선통신설비	누설동축케이블	설치기준		
6	2003.04.27	9	소화활동설비	무선통신설비	배선기호	옥내배선용 그림기호(무통심벌)		
7	2002.10.27	5	소화활동설비	무선통신설비	배선기호	옥내배선용 그림기호(무통심벌)		
8	2000.04.23	9	소화활동설비	무선통신설비	배선기호	옥내배선용 그림기호(무통심벌)		
9	1999.11.21	11	소화활동설비	무선통신설비	배선기호	옥내배선용 그림기호(무통심벌)		
10	1999.09.19	8	소화활동설비	무선통신설비	배선기호	옥내배선용 그림기호(무통심벌)		
11	1998.02.27	6	소화활동설비	무선통신설비	배선기호	옥내배선용 그림기호(무통심벌)		
12	1997.08.24	11	소화활동설비	무선통신설비	배선기호	옥내배선용 그림기호(무통심벌)		
13	1997.01.26	8	소화활동설비	무선통신설비	배선기호	옥내배선용 그림기호(무통심벌)		
14	1996.05.19	10	소화활동설비	무선통신설비	배선기호	옥내배선용 그림기호(무통심벌)		
15	2013.07.14	10	소화활동설비	무선통신설비	설치기준	무반사종단저항 설치목적		
16	2015.04.19	11	소화활동설비	무선통신설비	배선기호	설치기준		
17	2013.11.09	7	소화활동설비	무선통신설비	설치기준	설치기준		
18	2005.05.01	14	소화활동설비	무선통신설비	설치기준	설치기준(LCX)		
19	1996.11.17	8	소화활동설비	무선통신설비	설치기준	설치기준(LCX,무반사종단저항,이격거리,임피던스)		
20	2010.10.30	2	소화활동설비	무선통신설비	설치기준	설치기준(무반사종단저항)		
21	2002.07.07	11	소화활동설비	무선통신설비	설치기준	설치기준(무반사종단저항)		
22	2005.10.23	13	소화활동설비	무선통신설비	설치기준	설치기준(무반사종단저항)		
23	1997.11.16	10	소화활동설비	무선통신설비	설치기준	설치기준(무반사종단저항, 전원용량, 증폭기)		
24	2020.11.29	4	소화활동설비	무선통신설비	설치기준	설치기준(무반사종단저항,증폭기,무선기기접속단자)		
25	2004.04.25	11	소화활동설비	무선통신설비	설치기준	설치기준(무반사종단저항, 비상전원용량 등)		
26	2011.11.13	13	소화활동설비	무선통신설비	설치기준	설치기준(무선기기 접속단자), 임피던스 매칭		
27	2019.06.29	2	소화활동설비	무선통신설비	설치기준	설치기준(무선기기 접속단자)		
28	2014.04.20	15	소화활동설비	무선통신설비	설치기준	설치기준(무선기기 접속단자)		
29	2004.10.31	1	소화활동설비	무선통신설비	설치기준	설치기준(무선기기 접속단자)		
30	2011.05.01	13	소화활동설비	무선통신설비	설치기준	설치기준(무선통신설비의 종류)		
31	2018.11.10	7	소화활동설비	무선통신설비	설치기준	설치기준(분배기)		
32	2006.04.23	6	소화활동설비	무선통신설비	설치기준	설치기준(분배기)		
33	2019.11.09	4	소화활동설비	무선통신설비	설치기준	설치기준(분배기, 분파기, 혼합기 용어설명)		
34	2012.04.22	7	소화활동설비	무선통신설비	설치기준	설치기준(분배기, 분파기, 혼합기 용어설명)		
35	2004.07.04	9	소화활동설비	무선통신설비	설치기준	설치기준(분배기, 분파기, 혼합기 용어설명)		
36	1998.11.15	14	소화활동설비	무선통신설비	설치기준	설치기준(이격거리, 접속단자, 케이블지지방법)		
37	2008.07.06	10	소화활동설비	무선통신설비	설치기준	설치기준(종합)		
38	1999.11.21	1	소화활동설비	무선통신설비	설치기준	설치기준(중계기)		
39	2006.11.05	5	소화활동설비	무선통신설비	설치기준	설치기준(증폭기)		
40	2006.07.09	5	소화활동설비	무선통신설비	설치기준	설치기준(증폭기)		

번호	출제년도	문항	시설분류	상세분류(대)	상세분류(중)	문제유형	회수	출제비율
41	2003.07.13	9	소화활동설비	무선통신설비	설치기준	설치기준(증폭기)	52	49.1%
42	2001.11.04	2	소화활동설비	무선통신설비	설치기준	설치기준(증폭기)		
43	2000.11.12	1	소화활동설비	무선통신설비	설치기준	설치기준(증폭기)		
44	2000.08.13	2	소화활동설비	무선통신설비	설치기준	설치기준(증폭기)		
45	2000.02.20	6	소화활동설비	무선통신설비	설치기준	설치기준(증폭기)		
46	1996.01.21	4	소화활동설비	무선통신설비	설치기준	설치기준(증폭기)		
47	1997.05.11	2	소화활동설비	무선통신설비	설치기준	설치기준(증폭기)		
48	1998.05.10	10	소화활동설비	무선통신설비	설치기준	설치기준(증폭기)		
49	2003.10.26	1	소화활동설비	무선통신설비	설치기준	설치기준(증폭기, 무선기 접속단자)		
50	2003.10.26	2	소화활동설비	무선통신설비	설치기준	설치기준(증폭기, 무선기 접속단자)		
51	2011.07.24	3	소화활동설비	무선통신설비	설치기준	설치기준(증폭기, 임피던스 등)		
52	1999.05.30	5	소화활동설비	무선통신설비	설치기준	설치기준, 옥내배선용 그림기호		
53	2011.05.01	1	소화활동설비	비상콘센트	계산	전류, 전력용콘덴서, 접지공사 종류	54	50.9%
54	2006.11.05	13	소화활동설비	비상콘센트	계산	허용전류 계산		
55	2013.07.14	4	소화활동설비	비상콘센트	계산	허용전류 계산, 비상콘센트함 개수		
56	2020.11.29	14	소화활동설비	비상콘센트	계산	회로수 계산		
57	2012.04.22	9	소화활동설비	비상콘센트	계산	회로수 계산		
58	2004.04.25	4	소화활동설비	비상콘센트	계산	회로수 계산		
59	2012.11.03	5	소화활동설비	비상콘센트	계통도	계통도작성		
60	2016.04.17	1	소화활동설비	비상콘센트	비상전원	비상전원설치제외기준		
61	2019.04.14	13	소화활동설비	비상콘센트	설치기준	비상콘센트 보호함의 설치기준		
62	2013.11.09	14	소화활동설비	비상콘센트	설치기준	비상콘센트 보호함의 설치기준		
63	2013.07.14	11	소화활동설비	비상콘센트	설치기준	비상콘센트 보호함의 설치기준		
64	2012.11.03	2	소화활동설비	비상콘센트	설치기준	설치기준		
65	1999.01.31	7	소화활동설비	비상콘센트	설치기준	설치기준(LCX, 무선기 접속단자, 증폭기)		
66	2020.11.15	1	소화활동설비	비상콘센트	설치기준	설치기준(공급용량, 절연저항)		
67	2007.07.08	13	소화활동설비	비상콘센트	설치기준	설치기준(목적, 배선, 접지공사, 회로수)		
68	2019.04.14	15	소화활동설비	비상콘센트	설치기준	설치기준(목적, 접지공사, 가닥수, 전류계산)		
69	2010.07.04	7	소화활동설비	비상콘센트	설치기준	설치기준(목적, 접지공사, 가닥수, 전류계산)		
70	2001.11.04	14	소화활동설비	비상콘센트	설치기준	설치기준(목적, 접지저항, 가닥수)		
71	1996.11.17	2	소화활동설비	비상콘센트	설치기준	설치기준(배선, 분기차단기)		
72	1997.11.16	13	소화활동설비	비상콘센트	설치기준	설치기준(배선, 절연저항, 개수, 그림기호)		
73	2001.04.22	14	소화활동설비	비상콘센트	설치기준	설치기준(보호함)		
74	1999.05.30	14	소화활동설비	비상콘센트	설치기준	설치기준(보호함)		
75	2014.07.06	4	소화활동설비	비상콘센트	설치기준	설치기준(비상전원,절연저항 측정방법)		
76	1999.01.31	7	소화활동설비	비상콘센트	설치기준	설치기준(LCX, 무선기 접속단자, 증폭기)		
77	2011.07.24	12	소화활동설비	비상콘센트	설치기준	설치기준(상용전원회로의 배선 분기)		
78	2018.04.14	1	소화활동설비	비상콘센트	설치기준	설치기준(설치대상)		
79	2003.10.26	3	소화활동설비	비상콘센트	설치기준	설치기준(설치대상, 절연저항)		
80	2000.04.23	5	소화활동설비	비상콘센트	설치기준	설치기준(설치대상, 절연저항)		
81	1997.05.11	11	소화활동설비	비상콘센트	설치기준	설치기준(설치대상, 절연저항, 검상시험방법)		
82	1997.01.26	10	소화활동설비	비상콘센트	설치기준	설치기준(용량)		
83	2012.07.08	4	소화활동설비	비상콘센트	설치기준	설치기준(용량, 그림기호(심벌), 절연저항)		
84	1998.11.15	5	소화활동설비	비상콘센트	설치기준	설치기준(용량, 절연저항, 심벌)		

번호	출제년도	문항	시설분류	상세분류(대)	상세분류(중)	문제유형	회수	출제비율
85	2000.11.12	12	소화활동설비	비상콘센트	설치기준	설치기준(전압, 용량)	54	50.9%
86	1996.09.01	2	소화활동설비	비상콘센트	설치기준	설치기준(전압, 용량)		
87	1996.05.19	5	소화활동설비	비상콘센트	설치기준	설치기준(전압, 용량, 개수, 그림기호(심벌))		
88	2010.04.17	10	소화활동설비	비상콘센트	설치기준	설치기준(전용배선의 분기점)		
89	1999.11.21	8	소화활동설비	비상콘센트	설치기준	설치기준(전용배선의 분기점)		
90	1997.08.24	2	소화활동설비	비상콘센트	설치기준	설치기준(전용배선의 분기점)		
91	2014.04.20	8	소화활동설비	비상콘센트	설치기준	설치기준(전원, 배선용차단기 등)		
92	2011.05.01	4	소화활동설비	비상콘센트	설치기준	설치기준(전원, 절연저항, 심벌)		
93	2005.10.23	3	소화활동설비	비상콘센트	설치기준	설치기준(전원, 절연저항, 심벌)		
94	2003.07.13	1	소화활동설비	비상콘센트	설치기준	설치기준(전원, 절연저항, 심벌)		
95	2008.04.20	6	소화활동설비	비상콘센트	설치기준	설치기준(전원회로)		
96	2019.04.14	1	소화활동설비	비상콘센트	설치기준	설치기준(전원회로, 공급용량)		
97	2018.06.30	8	소화활동설비	비상콘센트	설치기준	설치기준(전원회로, 전용회로 등)		
98	2017.11.11	11	소화활동설비	비상콘센트	설치기준	설치기준(전원회로, 절연저항값, 절연내력방법)		
99	2020.10.17	3	소화활동설비	비상콘센트	설치기준	설치기준(접지공사, 접지저항)		
100	2004.07.04	5	소화활동설비	비상콘센트	설치기준	설치기준(접지공사, 접지저항)		
101	2001.07.15	9	소화활동설비	비상콘센트	설치기준	설치기준(접지공사, 접지저항)		
102	2008.11.02	12	소화활동설비	비상콘센트	설치기준	설치기준(접지극 몇종 공사, 접지저항)		
103	2003.04.27	11	소화활동설비	비상콘센트	설치기준	설치기준(종합)		
104	2013.04.21	16	소화활동설비	비상콘센트	설치기준	설치기준(플러스접속기, 개수, 절연저항)		
105	1998.08.30	8	소화활동설비	비상콘센트	설치기준	설치기준(플러그접속기, 개수, 절연저항)		
106	2020.07.25	10	소화활동설비	비상콘센트	설치기준	설치대상, 설치개수		

연습문제

01

비상콘센트설비에 관한 다음 물음에 답하시오.

1) 다음 빈칸을 완성하시오.

> 비상콘센트설비는 화재시 소방대가 활동하기 위한 (①)나 (②)의 장비에 (③)을 공급하기 위한 설비를 말한다.

2) 비상콘센트를 설치하여야 할 특정소방대상물 3가지를 쓰시오.
3) 저압, 고압 수전인 경우 상용전원회로의 배선은 어느 곳에서 분기해서 전용으로 배선해야 하는가?
4) 비상콘센트설비의 그림기호를 쓰시오.
5) 단상 전원회로 공급용량은 얼마 이상인가?
6) 전원으로부터 각 층의 비상콘센트에 분기되는 경우에 보호함 안에 설치해야 하는 설비는 무엇인가?
7) 하나의 전용회로에 사용되는 전선용량은 어떻게 구하는지 쓰시오.
8) 플러그접속기는 구체적으로 어떤 형(종류)을 사용하는지 쓰시오.
9) 플러그접속기의 칼받이 접지극에 대한 접지공사 종류 및 접지저항을 쓰시오.
10) 아파트 또는 바닥면적이 1,000m^2 미만인 층의 비상콘센트의 배치는 계단의 출입구로부터 몇 m 이내이어야 하는가?
11) 전원회로의 배선과 그 밖의 회로의 배선종류에 대해서 쓰시오.
12) 비상콘센트설비의 절연저항 측정기기 및 판정기준에 대해서 쓰시오.
13) 비상콘센트설비의 절연내력 방법 및 판정기준에 대해서 쓰시오.
14) 지상 20층인 건물에 비상콘센트를 설치하여야 할 층에 2개씩 설치한다면 비상콘센트는 몇 개가 필요한지 직접 계통도에 그려 넣으시오. 이 때, 몇 회로 몇 가닥이 필요한가?

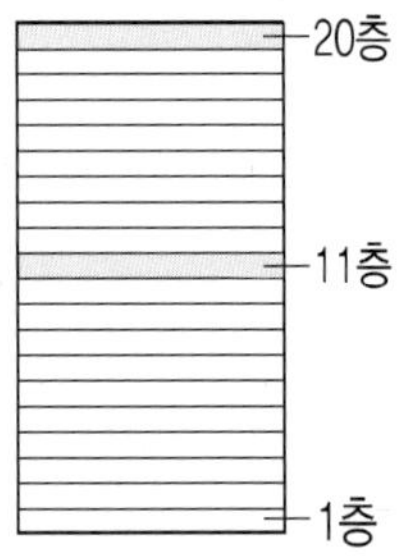

문제 14)번 그림

15) 단상 교류에 5kW 펌프를 연결하여 운전하면 몇 A의 전류가 흐르는가? (단, 역률은 65%이다.)
16) 비상콘센트설비의 비상전원에 대해서 쓰시오.
17) 비상콘센트설비의 비상전원 제외기준에 대해서 쓰시오.
18) 비상콘센트설비의 보호함 설치기준에 대해서 쓰시오.

02

15층 건축물에 비상콘센트를 설치하여야 할 층에 1개씩 설치하였다. 다음 각 물음에 답하시오.

1) 간선의 허용전류를 구하시오(단, 역률은 0.7이며, 안전율은 1.25배를 적용한다).
2) 이 건축물에 설치하여야 할 비상콘센트 함의 개수는 몇 개인가?

03

무선통신보조설비의 종류 3가지를 쓰고 간단히 설명하시오.

04

무선통신보조설비의 누설동축케이블 기호가 뜻하는 것이 무엇인지 쓰시오.

L C X	–	F R	–	S S	–	32	C	–	14	6
①		②		③		④	⑤		⑥	⑦

05

무선통신보조설비에 관한 다음 각 물음에 답하시오.

1) 다음 각 기호의 명칭을 쓰시오.

① 

② 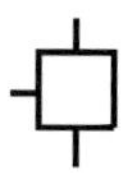
③ 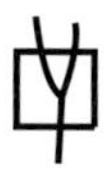
④ 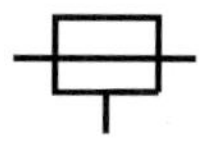

2) 안테나의 기호를 그리시오(내열형도 같이 그릴 것).
3) 누설동축케이블을 천장에 은폐하는 경우의 그림기호를 그리시오.

06

다음은 누설동축케이블 등의 설치기준에 관한 물음에 답하시오.

1) 누설동축케이블의 끝부분에는 어떤 종류의 저항을 설치하여야 하고, 그 이유를 쓰시오.
2) 누설동축케이블 또는 동축케이블, 분배기, 분파기, 혼합기 등의 임피던스는 몇 Ω으로 해야 하는가?
3) 누설동축케이블은 몇 m 이내 마다 금속제 또는 자기제 등의 지지금구로 벽·천장·기둥 등에 견고하게 고정시켜야 하고, 다만 어떤 경우에는 그러지 않아도 되는가?
4) 누설동축케이블은 고압전로로부터 얼마이상 이격하여야 하는가? 다만 어떤 경우에는 그러지 않아도 되는가?
5) 증폭기의 비상전원은 몇 분 이상 유효하게 작동시킬 수 있어야 하는가?
6) 무선기 접속단자는 바닥으로부터 얼마의 위치에 설치해야 하는가?
7) 증폭기 전면에는 주회로 전원의 정상여부를 확인할 수 있는 무엇을 설치하여야 하는가?
8) 무선통신보조설비용 무선기기 접속단자의 설치기준을 5가지 쓰시오.
9) 무선통신보조설비의 분배기, 혼합기, 분파기 등의 설치기준을 3가지 쓰시오.

07

무선통신보조설비의 분배기, 혼합기, 분파기, 증폭기에 대하여 간단히 설명하시오.

08

무선통신보조설비의 증폭기의 설치기준을 4가지 쓰시오.

CHAPTER

4 비상전원설비

1 비상전원설비

1. 개요

1) **비상전원**(Emergency Power)이란 정전이나 단선·단락 등의 전기적 사고 등으로 인하여 **상용전원의 공급이 중단되었을 경우 소방대상물에서 소방시설을 일정시간 사용**하기 위한 별도의 전원공급 장치이다.

2) 현재 비상전원설비의 정의에 대해 국외의 IEC, NEC 규격, 일본 소방법과 국내의 KS C IEC 60364-1 부속서 B의 규정에서는 비상전원설비와 예비전원설비를 다르게 정의하고 있음에도 불구하고 국내의 소방법에서는 비상전원설비, 건축법에서는 예비전원설비, 전기사업법에서는 비상용예비전원설비라는 용어로 혼용되고 있으며 정전 시 최소한의 설비운용을 위한 보안적인 측면에서의 예비전원설비와 공용화되는 추세를 보인다. 국내·외 비상전원설비와 예비전원설비에 대한 정의를 나타내면 표 4.1과 같다.

3) 그러나 IEC, ANSI/IEEE, NEC, KS C IEC 60364-1 규격에서는 **비상전원설비**가 **인명의 안전 및 재산보호의 방재 개념**인 것에 비해 **예비전원설비**는 인명과는 직접 관련되지 않는 **주거 및 활동상의 쾌적성, 생산 작업상의 장애나 손실 등의 보안 개념**으로 비상전원설비에 비해 예비전원설비의 중요성이 한 등급 아래로 표현된다. 특히 NEC Article 700에서는 비상전원설비와 법적으로 요구되는 예비전원설비에 대해 다음과 같은 차이점을 분명히 나타내고 있다.

4) NEC Article 700
   (1) 비상전원설비는 10초 이내, 예비전원설비는 60초 이내에 전원공급이 요구된다.
   (2) 비상전원설비의 배선은 일반배선과 완전히 분리하여야 하나 법적으로 요구되는 예비전원설비의 배선은 일반배선과 함께 배선할 수 있다.

표 4.1 • 비상전원설비 정의에 대한 국내·외 규격 비교

국내·외 규격	비상전원설비	예비전원설비
IEC 60050－826	electric supply system for safety service 인명의 안전과 건강을 위하고, 다른 환경이나 장비에 중대한 손실을 피하기 위해 법령에 의해 요구되는 필수적인 설비들과 장비의 운전을 유지하기 위한 공급설비	standby electric supply system 전원의 정상공급이 방해된 경우에 안전(safety) 이외의 이유 때문에 설비나 설비 일부분의 기능을 유지하기 위한 공급설비
ANSI/IEEE Std. 1000	emergency power system 상용전원이 정전되거나 고장이 발생하였을 때, 인명의 안전과 건강 또는 재산상의 손실방지에 중대한 역할을 하고 있는 장치와 장비에 규정된 시간이내에 신뢰도가 높은 전력을 자동적으로 공급할 수 있는 독립적으로 비축된 전기에너지원	standby power system 상용전원이 정전되거나 고장이 발생하였을 때, 사용자의 설비들이 만족스러운 운전이 될 수 있도록 받아들일 수 있는 품질의 전력으로 공급할 수 있는 독립적으로 비축된 전기에너시원
NEC Article 700	emergency system 상용전원이 정전될 때 필수적인 장비에 전력을 공급하거나 규정된 정도의 조명을 유지하기 위해 설계되거나 설치된다. 예를 들어, 필수적인 장비는 소방펌프 또는 병원에서의 생명유지 장비와 수술실 일 것이다.	legally required standby system 법적으로 요구되는 예비전원설비는 화재진압, 구조작업, 건강위험의 조절 그리고 이와 유사한 작업을 하기위하여 전원을 공급하는 것을 목적으로 한다.
KS C IEC 60364－1 부속서 B	safety service 비상전원은 공공에게 개방된 구내, 초고층 건축물 및 일정조건의 산업용 시설에서 종종 법령의 영향을 받은 요구사항이다.	standby supply system 예비전원은 연속제조공정 또는 정보처리중단 등을 방지하기 위해 필요하다
일본 소방법	일반 부하전원이 사고 등으로 정전될 경우를 대비하여 비상 시 확보할 전원으로 고정식설비	정전 시 자동으로 예비전원으로 절체되고 정전복구 시 예비전원에서 상용전원으로 전환되는 전원으로 장비 내 수납된 형식의 것

2. 비상전원설비의 구비조건[용.기.이.장.조.구.배]

1) **용량** － 소방시설에 따라 10～60분 이상 전원공급 가능할 것
2) **기능** － 상용전원 정전시 비상전원으로 자동절환 될 것
3) **이격** － 축전지, 전기저장장치 설비 설치시 벽과 약 1.0m 이상 이격할 것 (JECA 1056, NFPA 855 기준)
4) **장소** － 점검이 편리하고 화재 침수의 우려가 없을 것
5) **조명** － 점검 및 조작을 위한 조명과 표지 부착할 것
6) **구획** － 타 구획과 방화구획 할 것
7) **배선** － 내화 배선

3. 비상전원 설치대상

설비 종류		비상전원 설치대상	발전[1]	축전[2]	저장[3]	수전[4]	용량
소화설비	옥내소화전	• 7층 이상 연면적 2,000m^2 이상 • 지하층 바닥면적 합계 3,000m^2 이상	○	○	○		1~29층 : 20분 30~49층 : 40분 50층이상 : 60분
	S/P	• 차고, 주차장으로 S/P설치 바닥면적합계 1,000m^2 미만	○	○	○	○	
		• 기타 대상	○	○	○		
	포소화설비	• 폼헤드, 고정포방출설비설치 바닥면적합계 1,000m^2 미만 • 호스릴포 or 포소화전만 설치한 차고, 주차장	○	○	○	○	20분
		• 기타 대상	○	○	○		
	물분무등	• 대상건물 전체	○	○	○		
	간이 S/P	• 대상건물 전체(단, 전원이 필요한 경우)	○	○	○	○	10분 (근생 20분)
	ESFR S/P	• 대상건물 전체	○	○	○		20분
경보설비	자탐, 비경, 비방[5]	• 대상건물 전체		○	○		60분 감시 10분 경보[6]
피난설비	유도등	• 11층 이상의 층 • 지하층, 무창층 용도(도·소매시장, 지하역사, 상가)		○			60분
		• 기타 대상		○			20분
	비상조명등	• 11층 이상의 층 • 지하층, 무창층 용도(도·소매시장, 지하역사, 상가)	○	○	○		60분
		• 기타 대상	○	○	○		20분
소화활동설비	제연설비	• 대상건물 전체	○	○	○		20분
	연결송수관설비	• 높이 70m 이상 건물(중간펌프)	○	○	○		20분
	비상콘센트설비	• 7층 이상 연면적 2,000m^2 이상 • 지하층 바닥면적 합계 3,000m^2 이상	○		○	○	20분
	무통[5]	• 증폭기를 설치한 경우		○	○		30분

주 1) 발전 : 자가발전설비, 2) 축전 : 축전지설비, 3) 저장 : 전기저장장치, 4) 수전 : 비상전원수전설비

5) 자탐 : 자동화재탐지설비, 비경 : 비상경보설비, 비방 : 비상방송설비, 무통 : 무선통신보조설비

6) 30층 이상인 경우의 자탐, 비방설비는 60분 감시, 30분 이상 경보(NFPC 604)(2013.6.11.)(2022.12.1.)

7) 전기저장장치 : 정전 시에도 소방시설의 정상작동을 위한 비상전원으로 신기술 제품인 전기저장장치(외부 전기에너지를 저장해두었다가 필요한 때 전기를 공급하는 장치)를 설치할 수 있도록 개정됨(2016.7.13.).

4. 비상전원의 종류

4.1_자가발전설비

1) 개요

(1) 건물내 자가용 발전기를 설치하는 것

(2) 경유나 LPG를 연료로 하여 정전시 소방설비에 전원을 공급하는 것으로 주로 **소화설비 및 소화활동설비의 펌프나 송풍기에 적용**한다. 내연기관에 의해 펌프를 운전하는 엔진펌프를 설치할 수도 있다.

(3) 정전시 비상전원으로 자동절환 및 급전시 상용전원으로 복구되어야 한다. 비상발전기의 비상부하 접속점에 ATS(Auto Transfer Switch)를 설치하고, 상용회로와 비상발전회로의 개폐기는 **상호** Interlock이 되어 있다.

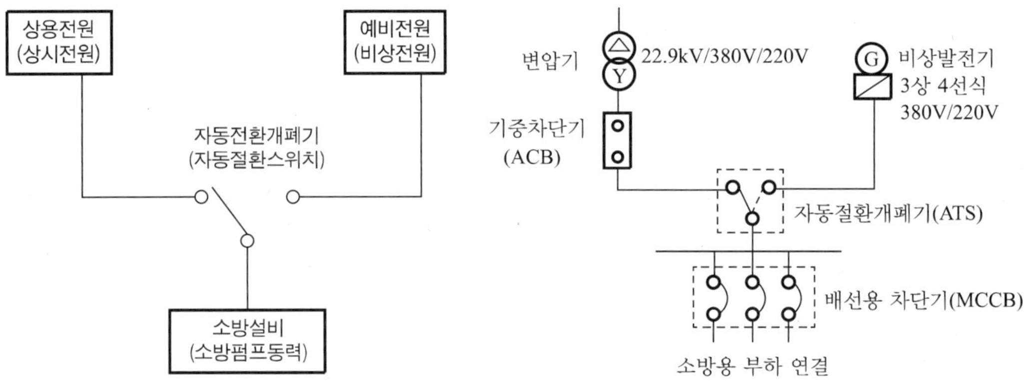

그림 4.1 ◦ 자동절환개폐기 구성도

2) 종류(내연기관에 의한 분류)

구 분	디젤기관	가스터빈기관
부 피	크다	작다
소 음	크다	작다
출력특성	주위 온도에 영향을 받지 않음	주위 온도에 영향을 받음
연 료	경유, A중유	등유, 천연가스, LNG
적합성	중규모-가장 많이 사용	대용량
가 격	-	디젤보다 고가(약 1.5~4배)

3) 장·단점

장 점	단 점
• 신뢰성이 높다(동작 확실). • 자동운전이 용이하다(ATS 설치). • 시동이 빠르고 효율이 높다. • 대용량 부하에 적응성이 높다. • 취급, 유지보수가 비교적 용이하다.	• 설비비, 공사비가 많이 소요 • 전문기술자가 필요 • 운전시 소음 및 유해가스 발생

4) 발전기 용량 산출 방식

(1) 일반 부하인 경우

구 분	계산식
① 단순부하	발전기 용량(kVA) = 부하설비의 합계 × 수용률 × 여유율 여기서, 수용률 : 동력 – 최대용량 전동기 1대 100%, 기타 – 80% 조명 – 전등은 접속되는 전부하에 100% 적용
② 기동용량이 큰 부하	$P_n \geq \left(\frac{1}{\Delta v} - 1\right) \times X_d' \times P$ (kVA) 여기서, P_n : 발전기의 정격용량(kVA) Δv : 허용전압강하(0.2~0.25) X_d' : 발전기 직축 과도리액턴스(불분명한 경우 0.25~0.3) P : 기동용량(kVA) $= \frac{\sqrt{3} \times 정격전압 \times 기동전류}{1,000}$ 기동용량은 2대 이상의 전동기가 동시에 시동할 때에는 2대의 기동용량을 합한 값과 1대의 기동용량을 비교하여 큰 값을 적용한다.
③ ①+② 혼합부하	①, ②에 의해서 계산한 합계를 발전기 출력으로 한다.

(2) 소방 부하인 경우

① PG방식 (PG_1~PG_3 중 최대 용량을 선정)

구분	개 념	계산식
PG_1	전 소방부하의 정상운전	$PG_1 = \frac{\sum P_L}{\eta_L \times \cos\theta} \times \alpha$ (kVA)
PG_2	최대용량 전동기 기동시 허용전압강하 고려	$PG_2 = P_m \times \beta \times C \times X_d' \times \frac{100 - \Delta V}{\Delta V}$ (kVA)

PG_3	최대용량의 전동기를 마지막에 기동할 경우	$PG_3 = \left\{ \dfrac{\sum P_L - P_m}{\eta_L} + (P_m \times \beta \times C \times \cos\theta_s) \right\} \times \dfrac{1}{\cos\phi}$ (kVA)
PG_4	고조파 성분을 고려	$PG_4 = P_c \times (2 \sim 2.5) + PG_1$ (kVA)

여기서, P_L : 비상부하(kW), P_c : 고조파성분 부하(kW)
P_m : 최대기동전류를 갖는 전동기 또는 전동기군의 출력(kW)
α : 부하의 종합수용률
η_L : 부하의 종합효율(불분명시 0.85 적용)
$\cos\theta$: 부하의 종합역률(불분명시 0.8 적용)
β : 1kW 용량 발생시 필요한 전환용량(kVA)(불분명시 7.2 적용)
C : 기동방식에 따른 계수(직입 : 1.0, $Y-\Delta$: 0.67, 콘돌퍼 : 0.42, 리액터 : 0.65)
X_d' : 발전기 직축 과도리액턴스(0.25~0.3)
ΔV : 발전기 허용전압 강하율(승강기 : 0.2, 기타 : 0.25)
$\cos\theta_s$: 최대기동전류를 갖는 전동기 기동시 역률(불분명시 0.4 적용)
$\cos\phi$: 부하의 종합역률(불분명시 0.8 적용)

② RG방식(발전기 출력계수를 이용한 방식－NEGA C 201[1])

가. 적용 사유

국내에서는 PG법을 적용하여 발전기 용량을 산출하였으나 다음과 같은 문제로 RG계수법을 권장하고자 한다.

가) 최근 UPS, 인버터 장치 사용급증에 따른 고조파 부하 고려 미흡

나) 단상부하 등 불평형 부하에 대한 고려 미흡

다) 유도전동기 기동계급이 현실과 맞지 않음(유도전동기 기동계급 폐지 : 일본)

나. 발전기 출력

$$G = RG \times K \ \ (kVA)$$

여기서, RG : 발전기 출력계수($1.47D \le RG \le 2.2$)
K : 부하출력합계($K = \sum_{i=1}^{n} M_i$)
M : 각 부하기기의 출력
i : 부하기기의 대수

1) 일본에서는 JIS C 4204(유도전동기의 기동계급)가 1983년에 폐지됨에 따라 이 규격의 값을 적용한 PG방식을 폐지하고 새로운 기동방식(사이리스터, VVVF)과 고조파 발생부하까지 고려한 일본내열력설비협회규정(NEGA C 201)의 RG계수에 의한 발전기 용량 산정방식을 채택하고 있다.

다. RG계수 조정

가) 실용상 바람직한 RG값 범위 $-1.47D \leq RG \leq 2.2$

나) RG_2, RG_3에 의해 RG 과대시 − 기동방식 변경

다) RG_4에 의해 RG 과대시 − 특수발전기 선정

라) 승강기에 의해 RG 과대시 − 제어방식 변경

라. RG계수 산출

구분	개 념	계산식
RG_1	정상부하 출력계수	$RG_1 = 1.47D \times S_f$
RG_2	허용전압강하에 의한 출력계수	$RG_2 = \frac{1-\Delta V}{\Delta V} \times X_d{}' \times \frac{k_S}{Z'_m} \times \frac{M_2}{K}$
RG_3	단시간 과전류 내력에 의한 출력계수	$RG_3 = 0.98d + \left(\frac{1}{1.5} \times \frac{k_s}{Z'_m} - 0.98d\right)\frac{M_3}{K}$
RG_4	허용 역상전류에 의한 출력계수	$RG_4 = \frac{1}{KG_4}\sqrt{\left(\frac{0.43R}{K}\right)^2 + \left(\frac{1.25\triangle P}{K}\right)^2 \times (1-3u-3u^2)}$

여기서, D : 부하의 수용률(표 4.2 참조)

S_f : 불평형 부하에 의한 선전류 증가계수 $S_f = 1 + 0.6\frac{\Delta P}{K}$

ΔP : 단상 불평형 부분 합계 출력 값(kW)(A≥B≥C인 경우 $\Delta P = A + B - 2C$)

K : 부하출력 합계(kW)

ΔV : 발전기 허용전압강하(표 4.4 참조)

$X_d{}'$: 발전기 직축 과도리액턴스

k_s : 부하 기동방식에 의한 계수(표 4.3, 표 4.5 참조)

Z'_m : 부하 기동시 임피던스(표 4.3, 표 4.5 참조)

M_2 : 기동시 전압강하가 최대로 되는 부하기기 출력(kW)

d : 베이스 부하의 수용률(표 4.2 참조)

M_3 : 단시간 과전류가 최대인 부하의 출력(kW)

즉, 기동시 입력(kVA) − 정격입력(kVA)이 최대인 부하의 출력(kW)

$\left(\frac{k_s}{Z'_m} - \frac{d}{\eta_b \times \cos\theta_2}\right) m_i$를 계산하여 최대값이 되는 m_i를 M_3로 함

η_b : 베이스 부하 효율(표 4.4 참조)

KG_4 : 발전기 허용역상 전류계수(표 4.4 참조)

R : 고조파 발생부하 출력합계(kW)

u : 단상 불평형 계수(A ≥ B ≥ C인 경우 $u = \frac{A-C}{\Delta P}$)

표 4.2 • 수용률

기 호	내 용		값	비 고
D	부하 수용률	소방설비	1.0	
		일반설비	0.4～1.0	실제값 적용
d	베이스 부하 수용률	소방설비	1.0	
		일반설비	0.4～1.0	실제값 적용

표 4.3 • 고압전동기 특성

부하	기 동 방 식		k_s	Z'_m	$\frac{k_s}{Z'_m}$	$\cos\theta_2$	$\frac{k_s}{Z'_m}\cos\theta_2$
유도전동기	직입기동		1.0	0.18	5.55	0.4	2.22
	Y－Δ기동		0.67	0.18	3.66	0.4	1.46
	리액터기동		0.7	0.19	3.88	0.4	1.55
	콘돌퍼기동		0.49	0.18	2.72	0.4	1.09
	특수콘돌퍼 기동	RG_2	0.25	0.18	1.39	0.5	0.69
		RG_3, RE_2, RE_3	0.49	0.18	2.72	0.4	1.09
	인버터	RG_2, RE_2	0	－	0	－	0
		RE_3, RE_3	1.0	0.68	1.47	0.85	1.25

표 4.4 • 발전기 출력계산 데이터

기 호	내 용	값	비 고
η_g, η_b	정상시 부하효율	0.9	규약효율
η_g'	단시간 과부하시 효율	0.86	규약효율의 95%
$\triangle V$	허용전압 강하(승강기 포함하지 않음)	0.25	0.2 ～0.3
	허용전압 강하(승강기 포함)	0.2	
X_d'	발전기 정수	0.25	0.15～0.43
$\cos\theta_g$	발전기 정격 역률	0.8	
KG_3	발전기 단시간(15초) 과전류 내력	1.5	
KG_4	발전기 허용 역상전류 계수	0.15	0.15～0.3
fv	회전수 감소 및 전압강하에 따른 부하 감소계수	0.9	

표 4.5 • 전압전동기 특성

부하	기동방식		k_s	Z'_m	$\frac{k_s}{Z'_m}$	$\cos\theta_2$	$\frac{k_s}{Z'_m}\cos\theta_2$
유도전동기	직입기동		1.0	0.14	7.14	ⓐ 0.7	5.00
						ⓑ 0.6	4.28
						ⓒ 0.5	3.57
						ⓓ 0.4	2.86
	Y-Δ 기동		0.67	0.14	4.76	ⓐ 0.7	3.33
						ⓑ 0.6	2.86
						ⓒ 0.5	2.38
						ⓓ 0.4	1.90
유도전동기	리액터기동		0.7	0.14	5.00	ⓐ 0.7	3.50
						ⓑ 0.6	2.00
						ⓒ 0.5	2.50
						ⓓ 0.4	2.00
	콘돌퍼기동		0.49	0.14	3.50	ⓐ 0.7	2.45
						ⓑ 0.6	2.10
						ⓒ 0.5	1.75
						ⓓ 0.5	1.75
	특수콘돌퍼 기동	RG_2	0.25	0.14	1.80	0.5	0.90
		RG_3 RE_2 RE_3	0.49	0.14	3.50	ⓐ 0.7	2.45
						ⓑ 0.6	2.10
						ⓒ 0.5	1.75
						ⓓ 0.5	1.75
	인버터방식	RG_2, RE_2	0	-	0	-	0
		RE_3, RE_3	1.0	0.68	1.47	0.85	1.25
승강기	직류사이리스터 레오나드	RG_2, RE_2	0	-	0	-	0
		RE_3, RE_3	1.0	0.34	2.94	0.8	2.40
	직류MG 방식	RG_2, RG_3, RE_2	1.0	0.27	3.77	0.5	1.89
		RE_3	1.0	0.40	2.52	0.85	2.14
	교류귀환 제어방식	RG_2, RG_3, RE_2, RE_3	1.0	0.20	4.90	0.8	3.92
	교류 인버터방식	RG_2, RE_2	0	—	0	—	0
		RG_3, RE_3	1.0	0.34	2.94	0.8	2.40
전등, 콘센트용 부하			1.0	1.00	1.0	1.0	1.0
UPS			1.0	0.90	1.11	0.9	1.0

주) 1) 승강기 환산값은 전부하 상승시 출력기준임

2) UPS : 무정전전원공급장치

3) $\cos\theta_2$ 항의 숫자변화는 대응되는 전동기 출력에 의한 것으로 다음을 참조

ⓐ 5.5kW 미만　　ⓑ 5.5kW 이상 11kW 미만

ⓒ 11kW 이상 30kW 미만　　ⓓ 30kW 이상

5) 소방시설에 요구되는 자가발전설비

(1) 자가발전설비 부하 구분

소방시설에 요구되는 자가발전설비는 상용전원 공급 중단 시 자동으로 공급되는 비상전원설비로서 소방부하와 비상부하 두 가지로 구분된다.

① 소방부하

가. **정의**

소방부하는 "소방시설설치유지 및 안전관리에 관한 법률 관련 법령"에 의한 소방시설의 부하 및 건축법령 등에 의한 배연설비, 방화셔터, 비상용승강기, 항공장애등 등의 방재시설을 말한다.

나. **근거**

가) "옥내소화전설비의 화재안전성능기준, NFPC 102 제8조 제2항, 제3항"
나) "건축물의 피난·방화구조 등의 기준에 관한 규칙 제8조, 제9조, 제14조"
다) "건축물의 설비기준 등에 관한 규칙 : 제14조2항 배연설비의 예비전원" 등

② 비상부하

가. **정의**

비상부하는 소방시설 이외의 비상용 전력부하이며, 상용전원 정전 시 전원공급이 요구되는 생명유지 장치, 항온항습설비, 무정전 전원설비, 냉동냉장설비, 배수설비 및 기타 건축물의 최소한의 기능 유지를 위해 승용승강기, 조명등, 전열, 환기, 위생, 냉난방 설비 등의 일부에 요구되는 비상용 전력부하이다. 산업현장에서는 일반적인 상용전원 정전 시에 사용되는 부하라는 뜻에서 "정전 시 부하"라고 표현하기도 한다.

나. **근거**

가) 전기설비기술기준 제72조

(2) 자가발전설비의 종류

자가발전설비에는 소방부하전용으로 사용하는 **"소방전용 발전기"**, 소방부하 및 비상부하를 겸용으로 사용하는 겸용 발전기가 있으며, 겸용 발전기는 다시 소방부하와 비상부하의 용량을 모두 합산한 **"소방 및 비상 겸용 발전기"**, 소방부하 및 비상부하 중 더 큰 입력용량을 기준으로 산정하는 **"소방 우선용 발전기"**로 구분되는데, 이 세 가지 중 하나를 선택 적용할 수 있다.

① 소방부하 전용 발전기

소방부하 이외의 비상부하용 발전기와 별도로 각각 설치하는 방법이다. 소방부하와 비상부하 각각에 대해 출력용량 확보의 장점을 가질 수 있는 반면, 설치 대수 증가에 따른 투자비 증가와 건축 공간 확보 등의 단점을 지니게 된다.

② 소방부하 및 비상부하 겸용 발전기(합산부하 비상전원용량 발전기)

소방부하와 비상부하의 입력용량을 모두 합산한 출력용량으로 설치하는 방식이다. 소방부하와 비상부하를 동시에 운전할 수 있는 장점을 가질 수 있는 반면, 정격출력용량 증대로 인한 투자비 증가의 단점이 따른다.

③ 소방부하 우선용 발전기(소방전원 보존형 발전기)

소방부하 우선용 발전기는 소방부하와 비상부하의 용량과 기동특성을 비교하여 큰 쪽의 부하를 기준으로 용량을 적용한 발전기로 소방부하를 우선하는 방식이다.

발전기의 구비조건은 상용전원 정전 및 화재 시에는 소방부하 및 일반부하에 비상전원이 자동 공급되고, 소방부하가 증가되어 발전기가 과부하에 도달되면 과부하량에 해당되는 만큼의 일반부하를 일괄 또는 순차제어(차단)하여 소방시설에 비상전원을 연속 공급하는 발전기이다. 소방부하와 일반부하의 동시 전원 공급에 따른 안전성은 물론 투자비 절감에 따른 경제성이 제공된다. 따라서 출력용량 부족의 문제점을 해소하며 발전기의 과부하에 따른 소방시설 미작동의 피해를 예방하는 특징을 지닌다.

(3) 자가발전설비의 설치 방법

① 소방부하 전용 발전기

가. 소방부하를 만족하는 전원용량의 소방전용 발전기로 설치

나. 비상부하를 만족하는 전원용량의 비상전용 발전기는 별도 설치

다. 설치 대수와 면적 증가에 따른 충분한 공간 확보

라. 병렬 운전의 경우도 동일한 조건으로 별도 설치

마. 소방전용 발전기는 "소방부하 전용 발전기"라는 표시를 쉽게 보이도록 발전기에 설치

바. 고려 사항

가) CB_F 또는 CB_N이 생략된 채 구성될 수도 있음

나) ATS는 소방부하용 및 비상부하용 선로에 각각 별도 설치될 수 있음

다) ATS는 선택적으로 인터록 구성된 두 대의 차단기로서 대체 설치할 수 있음

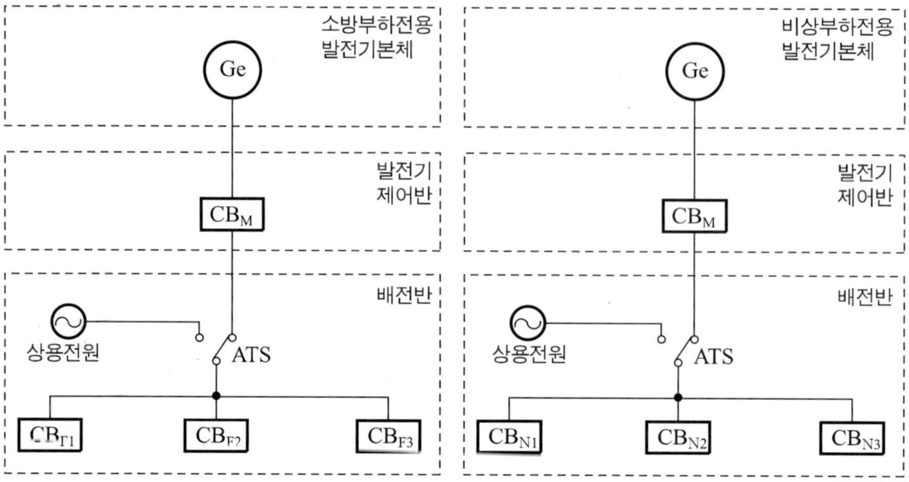

Ge : 발전기본체 CB_M : 주차단기 ATS : 자동절환스위치
CB_{F1}, CB_{F2}, CB_{F3}, ⋯ : 소방용 분기차단기(복수의 개수)
CB_{N1}, CB_{N2}, CB_{N3}, ⋯ : 정전부하용 분기차단기(복수의 개수)

그림 4.2 ◦ 소방부하 전용 발전기 설치방법

② 소방부하 및 비상부하 겸용 발전기(합산부하 비상전원용량 발전기)

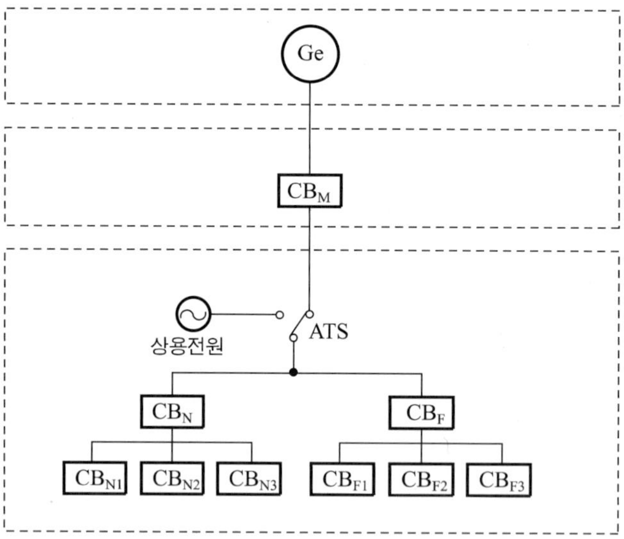

Ge : 발전기본체 CB_M : 주차단기 ATS : 자동절환스위치
CB_F : 소방용 차단기 CB_N : 비상용 차단기
CB_{F1}, CB_{F2}, CB_{F3}, ⋯ : 소방용 분기차단기(복수의 개수)
CB_{N1}, CB_{N2}, CB_{N3}, ⋯ : 정전부하용 분기차단기(복수의 개수)

그림 4.3 ◦ 소방부하 및 비상부하 겸용 발전기 설치방법

가. 모든 부하를 만족하는 부하 용량의 소방 및 비상부하 겸용 발전기로 설치
나. 발전기 크기의 증대에 따른 충분한 설치 공간 확보
다. 병렬 운전의 경우도 동일한 조건으로 설치
라. "소방부하 및 비상부하 겸용 발전기"라는 표시를 쉽게 보이도록 발전기에 설치
마. 고려 사항
  가) CB_F 또는 CB_N이 생략된 채 구성될 수도 있음
  나) ATS는 소방부하용 및 비상부하용 선로에 각각별도 설치될 수 있음
  다) ATS는 선택적으로 인터록 구성된 두 대의 차단기로서 대체 설치할 수 있음

③ 소방부하 우선용 발전기(소방전원 보존형 발전기)
가. 소방부하를 우선하는 소방 및 비상 겸용 발전기로 설치
나. 주전원선로의 전류 값이 발전기 비상출력 이하에서 설정된 값에 출력 전압을 제공하는 단자("소방전원 보존용 단자"라고 표시되어야 하며, 복수의 개수인 경우 순차별 번호표기가 필요함)를 가진 컨트롤러(제어기기)를 설치하고, 제작소에서 내부결선 또는 현장에서 외부 연결로 비상용 차단기와 결선으로 완성한다.
다. 병렬 운전의 경우도 동일한 조건으로 설치
라. "소방부하 우선용(또는 소방전원 보존형) 발전기"라는 표시를 쉽게 보이도록 발전기에 설치
마. 제어방식의 종류
  가) 별치형 일괄제어방식
  나) 탑재형 일괄제어방식
  다) 별치형 순차제어방식
  라) 탑재형 순차제어방식

바. **순차제어 우선순위**

중, 대형 이상 규모의 건물에서 비상부하의 효율적 사용을 위해 순차제어를 적용할 수 있으며, 이 경우 복수개의 컨트롤러의 제어전원 출력을 단자대에 쉽게 식별되도록 "소방부하 우선용 단자"라고 표시된 출력단자에 단자별 번호 부여로 제공하여, 최종으로는 비상용차단기, 그 다음으로는 그 하단의 비상용 분기차단기들의 Trip단자에 그 우선순위에 따라 차례대로 현장 결선한다.

우선순위는 소방부하 및 병원의 경우 소방부하와 생명유지 장치 부하를 기본으로 보존하고, 비상부하 중 일례로서 ① 보안 및 통신 설비, ② 비상조명등 및 항공장애등, ③ 냉동냉장 설비, ④ 배수설비, ⑤ 승용승강기, ⑥ 환기설비, ⑦ 비상급수설비 및 위생설비, ⑧ 전열설비 및 냉난방 설비 순위로 제어되도록 구성한다.

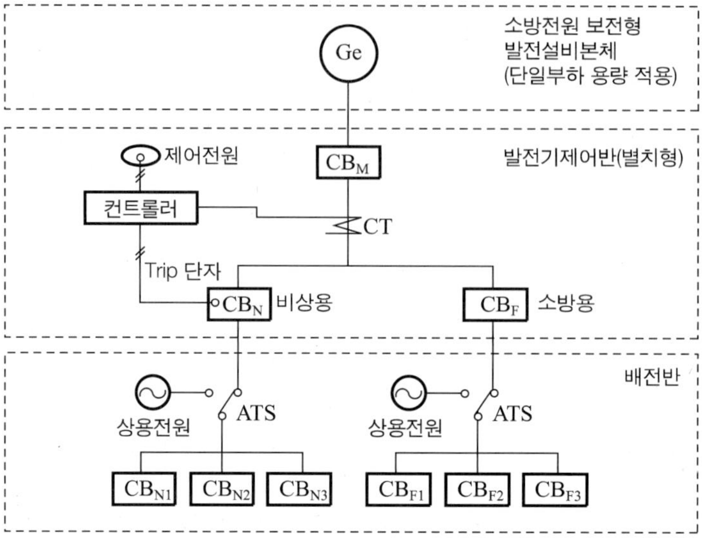

Ge : 발전기본체 CB_M : 주차단기 ATS : 자동절환스위치
CB_F : 소방용 차단기 CB_N : 비상용 차단기
CB_{F1}, CB_{F2}, CB_{F3}, ⋯ : 소방용 분기차단기(복수의 개수)
CB_{N1}, CB_{N2}, CB_{N3}, ⋯ : 정전부하용 분기차단기(복수의 개수)

그림 4.4 • 소방부하 우선용 발전기 설치방법(별치형 일괄제어방식)

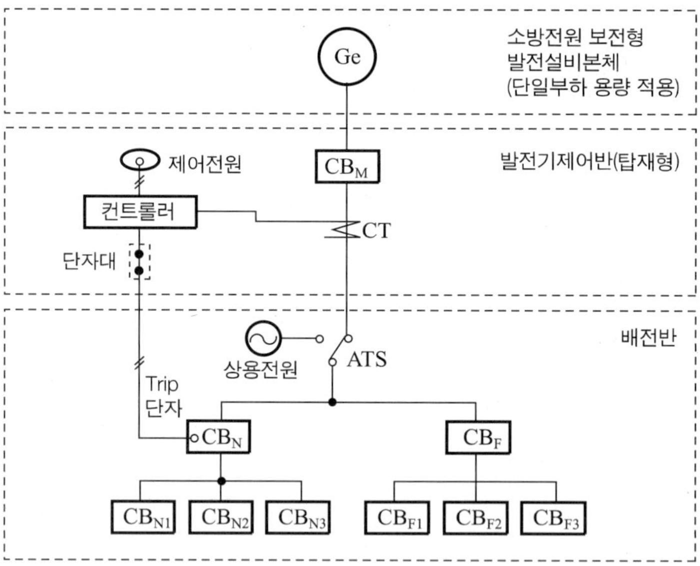

Ge : 발전기본체 CB_M : 주차단기 ATS : 자동절환스위치
CB_F : 소방용 차단기 CB_N : 비상용 차단기
CB_{F1}, CB_{F2}, CB_{F3}, ⋯ : 소방용 분기차단기(복수의 개수)
CB_{N1}, CB_{N2}, CB_{N3}, ⋯ : 정전부하용 분기차단기(복수의 개수)

그림 4.5 • 소방부하 우선용 발전기 설치방법(탑재형 일괄제어방식)

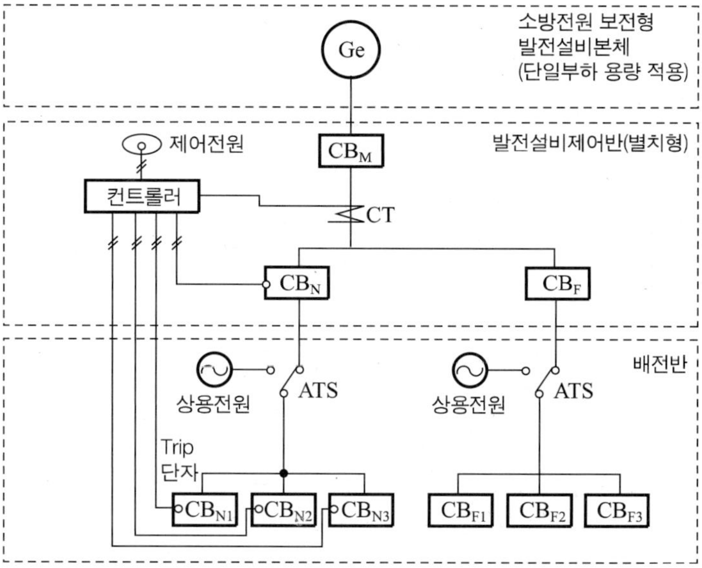

Ge : 발전기본체　CB$_M$: 주차단기　ATS : 자동절환스위치
CB$_F$: 소방용 차단기　CB$_N$: 비상용 차단기
CB$_{F1}$, CB$_{F2}$, CB$_{F3}$, ⋯ : 소방용 분기차단기(복수의 개수)
CB$_{N1}$, CB$_{N2}$, CB$_{N3}$, ⋯ : 정전부하용 분기차단기(복수의 개수)

그림 4.6 • 소방부하 우선용 발전기 설치방법(별치형 순차제어방식)

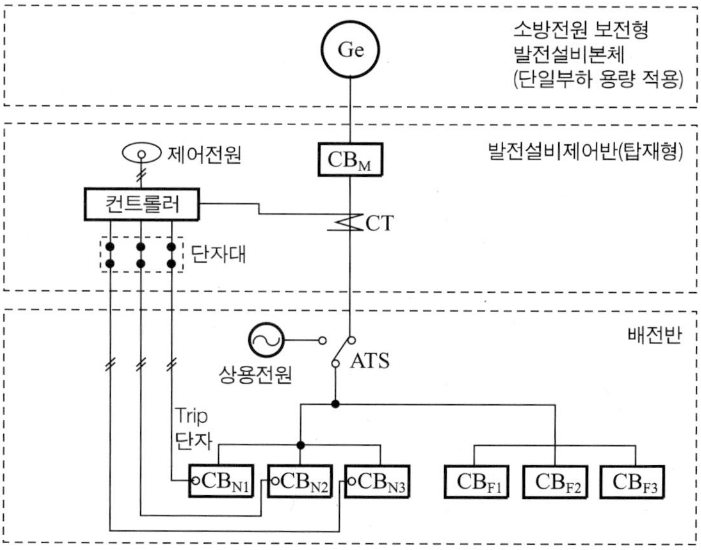

Ge : 발전기본체　CB$_M$: 주차단기　ATS : 자동절환스위치
CB$_F$: 소방용 차단기　CB$_N$: 비상용 차단기
CB$_{F1}$, CB$_{F2}$, CB$_{F3}$, ⋯ : 소방용 분기차단기(복수의 개수)
CB$_{N1}$, CB$_{N2}$, CB$_{N3}$, ⋯ : 정전부하용 분기차단기(복수의 개수)

그림 4.7 • 소방부하 우선용 발전기 설치방법(탑재형 순차제어방식)

제어전원 출력 단계는 발전기 정격출력 100%를 기준하여 그 전후에서 비상부하(정격부하의 110%)를 넘지 않는 범위에서 일정률의 차이를 두어 단계를 설정한다. 예를 들어 5단계로 설정할 경우 발전기 정격출력의 ① 110%, ② 105%, ③ 100%, ④ 95%, ⑤ 90% 등으로 적용할 수 있다.

6) 발전기용 차단기의 용량 산출

$$P_s \geq \frac{P_n}{X_d{}'} \times 1.25 \text{ (여유율)}$$

여기서, P_s : 발전기용 차단기의 용량(kVA)

$X_d{}'$: 발전기 직축 과도 리액턴스

P_n : 발전기 정격용량(kVA)

7) 예제

Exercise

기동용량이 500kVA인 유도전동기 부하에 사용할 자가용 발전설비의 용량과 발전기용 차단기의 용량을 구하시오. 이때 발생되는 전압강하는 20%, 발전기 직축 과도리액턴스는 25%이며, 차단용량의 여유율은 25%이다.

Solution

(1) 자가용 발전설비의 용량

$$P_n \geq \left(\frac{1}{\Delta v} - 1\right) \times X_d{}' \times P \text{ (kVA)}$$

$$\geq \left(\frac{1}{0.2} - 1\right) \times 0.25 \times 500 = 500\text{kVA}$$

(2) 발전기용 차단기의 용량

$$P_s \geq \frac{P_n}{X_d{}'} \times 1.25 \text{(여유율)}$$

$$\geq \frac{500}{0.25} \times 1.25 = 2{,}500\text{kVA}$$

8) 예비전원설비 설계기준(KDS 31 60 20)의 발전기 용량 계산식

예비전원설비 설계기준(KDS 31 60 20)의 발전기 용량 계산식에는 **부하의 입력용량 환산방법, 전동기의 입력용량 환산계수, 전동기의 기동용량 환산계수**를 정하였으며, **동력부하 중 가장 큰 전동기의 기동용량, 고조파 발생 부하 가중치, 발전기 허용 전압강하** 등을 계산식에 반영하였다.

$$GP \geq [\Sigma P + (\Sigma Pm - PL) \times \alpha + (PL \times \alpha \times c)] \times k$$

여기서, GP : 발전기용량(kVA)

ΣP : 전동기 이외 부하의 입력용량 합계(kVA)

일반부하 (고조파발생부하 제외)		$P = \dfrac{\text{부하용량(kW)}}{\text{부하효율} \times \text{역률}}$
고조파 발생 부하 (UPS, LED 조명, 전자기기)	UPS	$P = \left(\dfrac{\text{UPS 출력(kVA)}}{\text{UPS 효율}} \times \lambda\right) + \text{축전지 충전용량}$
	LED 조명등	$P = \left(\dfrac{\text{부하용량(kW)}}{\text{효율} \times \text{역률}}\right) \times \lambda$
	계수 설명	λ(THD 가중치) - KS C IEC 61000-3-6 표 6 참조 - 고조파 저감장치로 THD 10% 이하 : 1.25 축전지 충전용량 - UPS 용량의 6~10% 적용

ΣPm : 전동기 부하용량 합계(kW)

PL : 전동기 부하 중 기동용량이 가장 큰 전동기 부하용량(kW)
다만, 동시에 기동될 경우에는 이들을 더한 용량으로 한다.

α : 전동기의 kW당 입력용량 계수

고효율 전동기	표준형 전동기
1.38	1.45

c : 전동기의 기동계수

직입기동	Y-Δ 기동	VVVF(인버터)기동	리액터기동		
6~7	2~3	1~1.5	50%	65%	80%
			3	3.9	4.8

k : 발전기 허용전압강하 계수 - 불분명할 경우 1.07~1.13

구분		발전기 정수 X_d''(%)					
		20	21	22	23	24	25
발전기 허용 전압 강하율 (%)	15	1.13	1.19	1.25	1.30	1.36	1.42
	16	1.05	1.10	1.16	1.21	1.26	1.31
	17	0.98	1.03	1.07	1.12	1.17	1.22
	18	0.91	0.96	1.00	1.05	1.09	1.14
	19	0.85	0.90	0.94	0.98	1.02	1.07
	20	0.80	0.84	0.88	0.92	0.96	1.00

9) 예비선원설비 실계기준(KDS 31 60 20)의 발전기 용량 계산사례

(1) 발전기 부하의 용어 정의

① **소방부하** - 국가화재안전기준에서 예비전원 공급을 정하고 있는 부하

② **비상부하** - 소방부하 이외의 부하로서 관련 타 법령에서 예비전원 공급을 정하고 있는 부하

③ **정전 시 운전이 필요한 부하** - 소방부하 및 비상부하를 제외하고 해당 건축물에서 정전 시에도 전기를 공급해야 하는 부하

(2) 발전기용량 산정 방법

① 발전기에 연결되는 전체 부하를 부담할 수 있는 발전기 용량을 선정하는 방법

② 소방 및 비상부하와 그 밖의 정전 시 운전이 필요한 부하를 구분하여 큰 값으로 발전기용량을 선정하는 방법이다. 이 경우 소방부하와 비상부하 그리고 그 밖의 정전 시 운전이 필요한 부하를 구분하여 회로를 구성하고, 화재 시에는 그 밖의 정전 시 운전이 필요한 부하를 차단되도록 하여야 한다.

(3) 부하 목록

부하명	용량 (kW)	대수	부하 합계 (kW)		소방 및 비상부하 (kW)		정전시 부하 (kW)	
			전동기	전동기외	전동기	전동기외	전동기	전동기외
옥내 소화전	15	1	15	-	15	-	-	-
옥내 소화전 보조 펌프	3.7	1	3.7	-	3.7	-	-	-
스프링클러 주 펌프	55	3	165	-	165	-	-	-
스프링클러 보조 펌프	3.7	1	3.7	-	3.7	-	-	-
거실제연 급기 팬	30	1	30	-	30	-	-	-
거실제연 배기 팬	30	1	30	-	30	-	-	-

부하명	용량 (kW)	대수	부하 합계 (kW)		소방 및 비상부하 (kW)		정전시 부하 (kW)	
			전동기	전동기외	전동기	전동기외	전동기	전동기외
전실급기 제연 팬	10	1	10	-	10	-	-	-
전실배기 제연 팬	10	1	10	-	10	-	-	-
비상용 승강기	20	2	40	-	40	-	40	-
비상조명(LED)	300	-	-	300	-	300	-	300
급수 가압펌프	7.5	3	22.5	-	-	-	22.5	-
영구 배수펌프	15	12	180	-	-	-	180	-
배수 펌프	3.7	5	18.5	-	-	-	18.5	-
승강기 피트 배수펌프	1.5	2	3	-	-	-	3	-
승객용 승강기	15	4	60	-	-	-	60	-
UPS	100	1	-	100	-	-	-	100
합계			591.4	400	307.4	300	324	400
			991.4		607.4		724	

(4) 발전기용량의 계산 방법

① 부하특성 검토

- 조명용 분전반에 고조파 저감장치 설치(λ : 1.25 적용)
- 조명은 LED 램프 사용, 효율 85%, 역률 90%
- UPS(IGBT 소자 사용)의 THD는 10% 이하(λ : 1.25 적용), 효율 95%

② 발전기 연결 전체 부하를 부담할 수 있는 발전기용량 산정

$$GP \geq [\Sigma P + (\Sigma Pm - PL) \times \alpha + (PL \times \alpha \times c)] \times k$$

ΣP : 전동기 이외 부하의 입력용량 합계(kVA)

일반부하		없음
고조파 발생 부하	UPS	$P = \left(\dfrac{\text{UPS 출력(kVA)}}{\text{UPS 효율}} \times \lambda\right) + \text{축전지 충전용량}$ $= \left(\dfrac{100}{0.95} \times 1.25\right) + (100 \times 0.1) = 141.6\,\text{kVA}$
	LED 조명등	$P = \left(\dfrac{\text{부하용량(kW)}}{\text{효율} \times \text{역률}}\right) \times \lambda$ $= \left(\dfrac{300}{0.9 \times 0.85}\right) \times 1.25 \fallingdotseq 490.17\,\text{kVA}$
	합계	$P = 141.6 + 490.17 = 631.77\,\text{kVA}$
	계수 설명	λ(THD 가중치) - 1.25 축전지 충전용량 - UPS 용량의 6~10% 적용

ΣPm : 전동기 부하용량 합계(kW) - 591.4kW
PL : 스프링클러 펌프 55kW 3대 동시 기동 - 165kW
α : 고효율 전동기 - 1.38
c : 스프링클러 펌프 $Y-\Delta$ 기동 - 2
k : 1.13

- 발전기용량 산정

$$GP \geq [\Sigma P + (\Sigma Pm - PL) \times \alpha + (PL \times \alpha \times c)] \times k$$
$$\geq [631.77 + (591.4 - 165) \times 1.38 + (165 \times 1.38 \times 2)] \times 1.13$$
$$\geq 1{,}893.43\,\text{kVA}$$

③ 소방 및 비상부하에 따른 발전기용량 산정

$$\mathbf{GP \geq [\Sigma P + (\Sigma Pm - PL) \times \alpha + (PL \times \alpha \times c)] \times k}$$

ΣP : 전동기 이외 부하의 입력용량 합계(kVA)

고조파 발생 부하	LED 조명등	$P = \left(\frac{부하용량(kW)}{효율 \times 역률}\right) \times \lambda = \left(\frac{300}{0.9 \times 0.85}\right) \times 1.25 \fallingdotseq 490.17\,\text{kVA}$

ΣPm : 전동기 부하용량 합계(kW) - 307.4kW

- 발전기용량 산정

$$GP \geq [\Sigma P + (\Sigma Pm - PL) \times \alpha + (PL \times \alpha \times c)] \times k$$
$$\geq [490.17 + (307.4 - 165) \times 1.38 + (165 \times 1.38 \times 2)] \times 1.13$$
$$\geq 1{,}290.553\,\text{kVA}$$

④ 그 밖의 정전 시 운전이 필요한 부하에 따른 발전기용량 산정

$$\mathbf{GP \geq [\Sigma P + (\Sigma Pm - PL) \times \alpha + (PL \times \alpha \times c)] \times k}$$

ΣP : 전동기 이외 부하의 입력용량 합계(kVA)

고조파 발생 부하	UPS	$P = \left(\dfrac{\text{UPS 출력(kVA)}}{\text{UPS 효율}} \times \lambda\right) + \text{축전지 충전용량}$ $= \left(\dfrac{100}{0.95} \times 1.25\right) + (100 \times 0.1) = 141.6\text{kVA}$
	LED 조명등	$P = \left(\dfrac{\text{부하용량(kW)}}{\text{효율} \times \text{역률}}\right) \times \lambda$ $= \left(\dfrac{300}{0.9 \times 0.85}\right) \times 1.25 \fallingdotseq 490.17\text{kVA}$
	합계	$P = 141.6 + 490.17 = 631.77\text{kVA}$

ΣPm : 전동기 부하용량 합계(kW) - 324kW

PL : 비상용 승강기 - 20kW

α : 고효율 전동기 - 1.38

c : 비상용 승강기 VVVF 기동 - 1.5

k : 1.13

- 발전기용량 산정

$$GP \geq [\Sigma P + (\Sigma Pm - PL) \times \alpha + (PL \times \alpha \times c)] \times k$$
$$\geq [631.77 + (324 - 20) \times 1.38 + (20 \times 1.38 \times 1.5)] \times 1.13$$
$$\geq 1{,}234.74\text{kVA}$$

⑤ 발전기용량 산정

- 발전기 연결 전체 부하를 기준으로 결정할 때는 1,893.43kVA와 같거나 큰 용량을 선정하여야 한다.
- 그러나 설계자가 발주자 및 감리원 측과 협의하여 국가화재안전기준에 적합하고 타 법령에서 정하고 있는 부하에 예비전원을 공급하는 데 지장이 없으며, 경제성 등을 고려할 때는 소방 및 비상 부하용량 합계로 산정한 발전기용량 값이 그 밖의 정전 시 운전이 필요한 부하용량 합계로 산정한 값보다 크므로 발전기용량은 1,290.553kVA와 같거나 큰 것을 선정할 수도 있다.

4.2_축전지설비

1) 개요

(1) **전기에너지를 화학에너지로 축적시켜놓고 필요시 화학에너지를 전기에너지로 바꾸어 쓰는 설비**로 축전지, 충전장치, 보안장치, 제어장치 등으로 구성된다.

(2) 축전지설비는 상용전원이 정전되었을 때 자가용 발전설비가 시동하여 정격전압을 확보할 때까지의 중간전원으로 사용되는 경우가 많으며, 소방시설 중 경보설비의 비상전원은 축전지설비 만을 인정하고 있다.

(3) 축전지설비는 **독립된 전원으로 순수한 직류전원이고 경제적이며 유지보수가 용이한 특징**이 있다.

2) 전지의 종류

화학변화에 의해서 생기는 에너지, 열, 빛 등의 물리적인 에너지를 전기에너지로 변환하는 장치를 전지라고 하며 1차전지와 2차전지가 있다.

(1) 1차전지 : 한번 방전하면 재차 사용할 수 없는 전지(ex. 건전지)

(2) 2차전지 : 방전방향과 반대방향으로 충전하여 재사용할 수 있는 전지
(ex. 연축전지, 알칼리 축전지)

표 4.6 · 2차전지의 종류

2차전지의 종류			방전형태	적용대상
연 축전지	CS형		완방전형	
	HS형		급방전형	단시간 대전류 부하(CVCF, 엔진시동, E/L비상조작)
알칼리 축전지	포켓식	AL형	완방전형	
		AM형	표준형	장시간 소전류 부하(전철제어용, 열차조명, 선박)
		AMH형	급방전형	장시간+단시간 대전류 부하 혼합용
		AH－P형	초급방전형	비상조명, 발전기 차단기 조작용
	소결식	AH－S형	초급방전형	단시간 대전류 부하(인버터, 발전기 차단기 조작용)
		AHH형	초초급방전형	단시간 대전류 부하

표 4.7 • 2차전지의 특징

구 분	납(연)축전지	알칼리 축전지
공칭전압(V)	2V	1.2V
공칭용량(Q)	10Ah	5Ah
충전시간(T)	길다	짧다
수 명(S)	짧다(5～15년)	길다
종 류	클래드식(CS형), 페이스트식(HS형)	소결식, 포켓식
기 전 력	2.05～2.08V	1.32V
특 징	• 경제적 : 단가 낮다. • 축전지 필요 셀 수 적어도 됨 • 충방전 전압 차이가 적다. • 전해액 비중으로 충방전 상태 추정 가능	• 과방전, 과전류에 강하다. • 부식성 가스 발생 無 • 보존이 용이 • 극판의 기계적 강도가 강하다.
화학반응식	$PbO_2 + 2H_2SO_4 + Pb \leftrightarrow$ $PbSO_2 + 2H_2O + PbSO_4$	$2NiOOH + 2H_2O + Cd \leftrightarrow$ $2Ni(OH)_2 + Cd(OH)_2$

3) 축전지 용량 산출

(1) 축전지 용량 산출 조건(축전지 용량 설계 순서)

① 축전지 부하**대상**의 결정 – 동시 소비 가능한 최대치를 필요 부하용량으로 산정

가) 순시부하 – 차단기 조작전원, 소방 설비용 부하, 기타 필요부하

나) 상시부하 – 배전반 및 제어감시반의 표시등, 비상조명등

② 방전**전**류의 산출

가) 방전전류는 방전개시부터 종료시까지 부하전류의 크기가 명확해야함

나) 방전전류(A) = 부하용량(VA) ÷ 정격전압(V)

③ 방전**시**간의 결정

가) 예상되는 최대부하시간을 사용(소방법 30분, 발전기 설치시 10분)

나) 순시부하 : 통상 1분을 기준, 상시부하 : 통상 30분을 기준

④ 축전지 **부**하특성곡선 작성

가) 방전의 종기에 큰 방전전류가 오도록 그래프를 작성(증가부하 고려)

나) 이것은 최악의 조건에서도 대처할 수 있도록 하기 위함

⑤ **축전지 셀 수의 결정**

가) 축전지 셀 수(cell) = 부하정격전압(V) ÷ 1셀의 공칭전압(V)

⑥ **보수율**

가) 용량변화를 보상하는 것으로 일반적으로 $L=0.8$을 적용

⑦ **최저전지온도**

가) 설치장소의 온도조건을 추정하고 전지온도의 최저값을 정한다.

나) 실내 설치 : +5℃, 한랭지 : −5℃, 옥외큐비클 : 5∼10℃

⑧ **허용최저전압의 결정**

가) 부하의 허용최저전압과 축전지와 부하간의 전압강하의 합을 직렬로 접속된 셀 수로 나눈 값이다.

나) 허용최저전압

$$V = \frac{V_a + V_c}{N} \text{ (V/cell)}$$

여기서, V : 허용최저전압(V/cell)

V_a : 부하의 허용최저전압(V)

V_c : 축전지와 부하간 접속선의 총전압강하(V)

N : 직렬 접속된 셀 수

다) 축전지 1셀당 공칭전압 $= \dfrac{\text{허용최저전압}}{\text{셀수}}$ (V/cell)

⑨ **용량환산계수(K)의 결정**

가) 지금까지 결정된 요소(축전지 종류, 방전시간, 셀당 허용최저전압 등)에 최저 축전지온도(보통 5℃ 기준)를 고려하여 용량환산시간을 구한다.

⑩ **2차 출력 및 2차 전류**

가) 2차 출력 = 표준 전압 × 2차 전류 [kVA]

나) 2차 전류 $= \dfrac{\text{축전지의 정격용량}}{\text{축전지의 공칭용량}} + \dfrac{\text{상시부하}}{\text{표준전압}}$ [A]

(2) 축전지 용량 계산식

① 정전류부하(일정 부하)

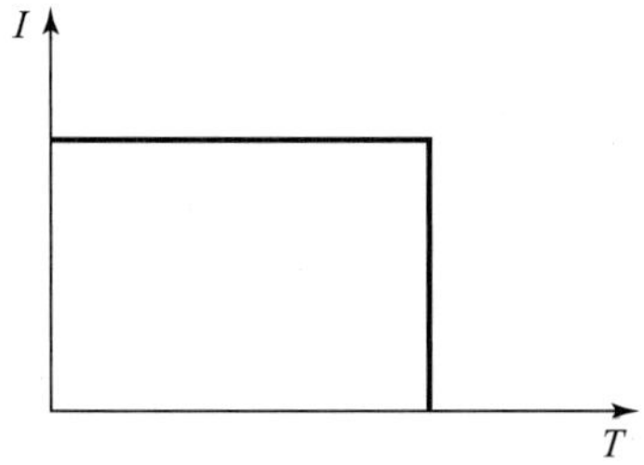

$$C = \frac{1}{L} KI \ (\mathrm{Ah})$$

여기서, C : 필요 축전지 용량(Ah)

L : 보수율(일반적으로 0.8)

K : 용량환산시간(h)

I : 부하특성별 방전전류(A)

② 증가부하

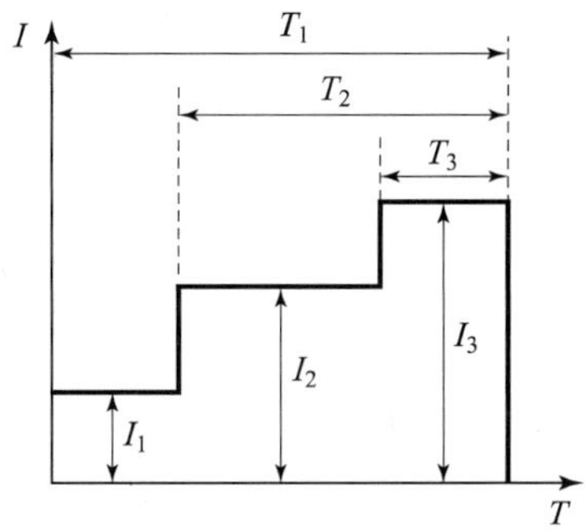

$$C = \frac{1}{L}\left[K_1 I_1 + K_2 (I_2 - I_1) + K_3 (I_3 - I_2)\right]$$

cf) 만약, 증가부하에서 시간이 다음과 같이 주어진다면

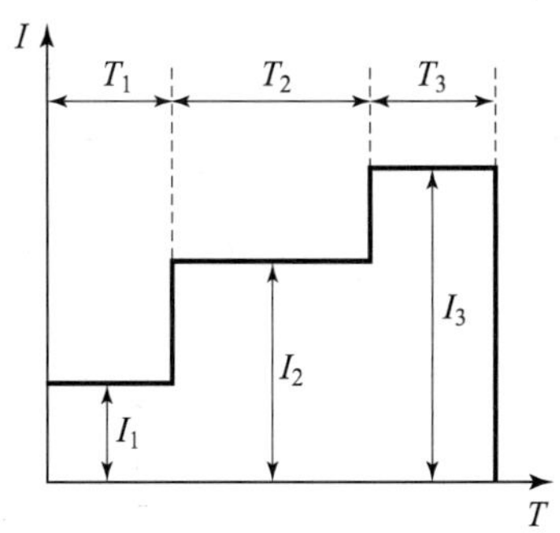

$$C = \frac{1}{L}\left[K_1 I_1 + K_2 I_2 + K_3 I_3\right]$$

③ 감소부하 − (a), (b), (c) 중 가장 큰 용량을 선정

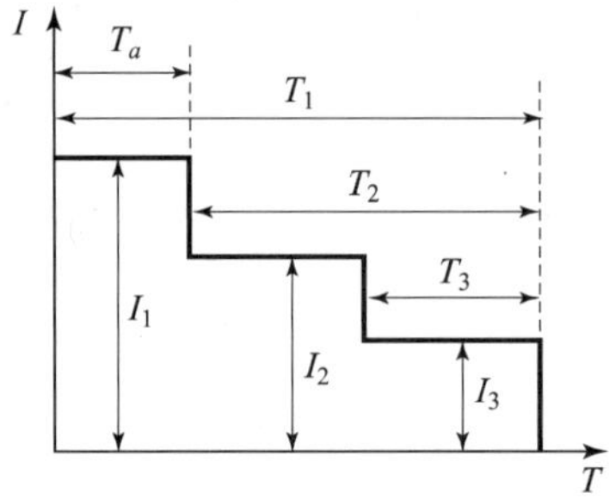

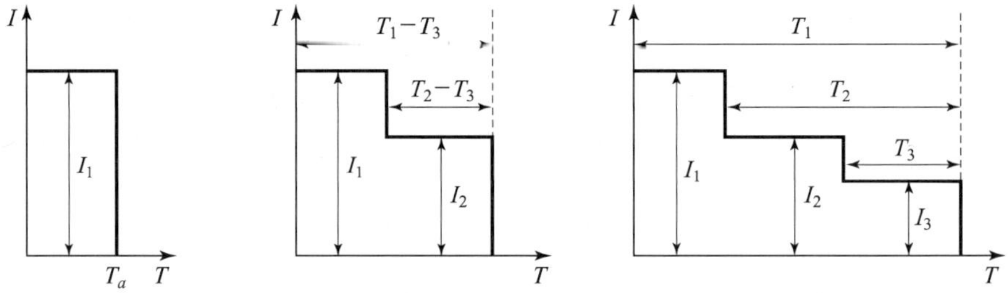

(a) (b) (c)

(a) $C_a = \dfrac{1}{L} K_1 I_1$

(b) $C_b = \dfrac{1}{L} \left[K_1 I_1 + K_2 (I_2 - I_1) \right]$

(c) $C_c = \dfrac{1}{L} \left[K_1 I_1 + K_2 (I_2 - I_1) + K_3 (I_3 - I_2) \right]$

cf) 만약, 감소부하에서 시간이 다음과 같이 주어진다면

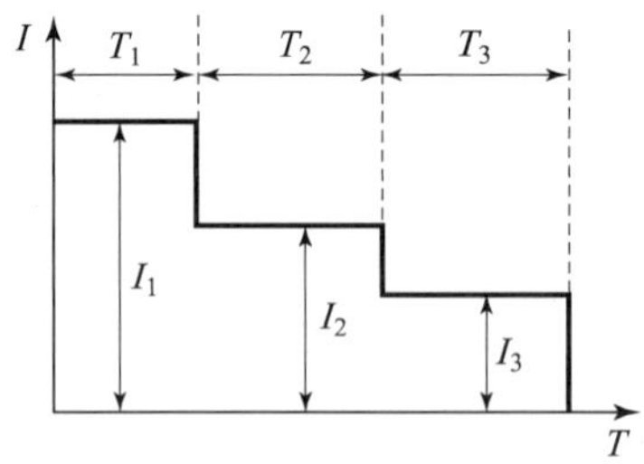

$$C = \frac{1}{L} [K_1 I_1 + K_2 I_2 + K_3 I_3]$$

Exercise

방전전류가 시간과 함께 감소하는 다음과 같은 패턴곡선의 축전지 용량을 구하시오. 이 때 용량환산시간은 아래와 같고 보수율은 0.8로 한다.

시간(min)	10분	20분	30분	60분	100분	110분	120분	170분	180분	200분
용량환산시간(K)	1.30	1.45	1.75	2.55	3.45	3.65	3.85	4.85	5.05	5.30

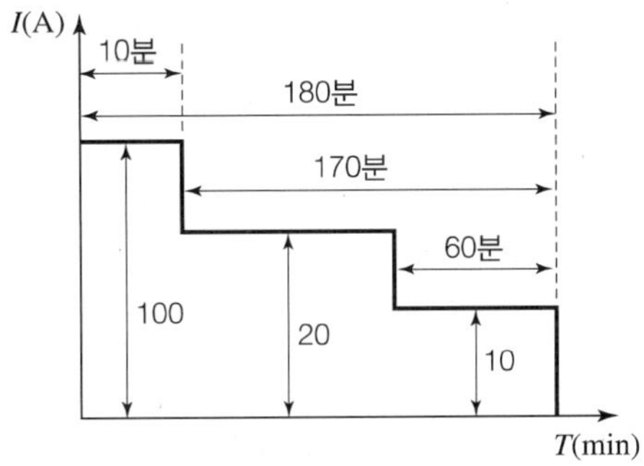

Solution

1) C_a 용량

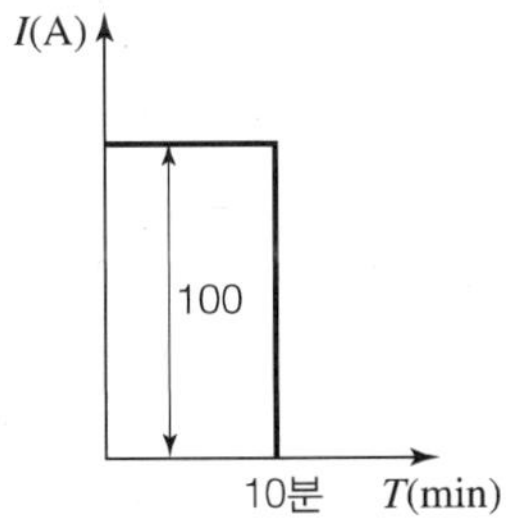

$$C_a = \frac{1}{L} K_1 I_1$$

$$= \frac{1}{0.8} \times 1.30 \times 100 = 162.5\,\text{Ah}$$

2) C_b 용량

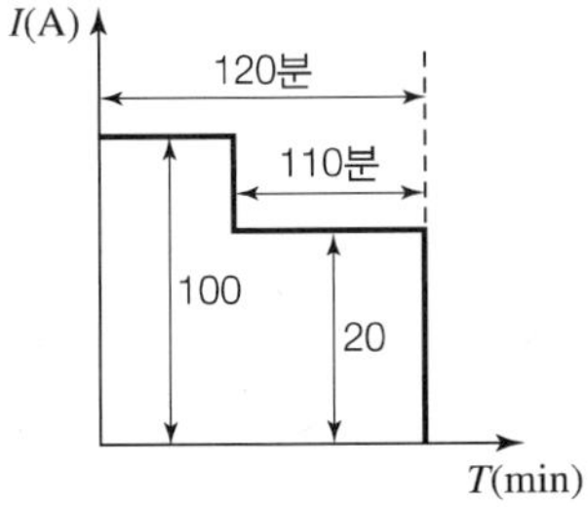

$$C_b = \frac{1}{L}\left[K_1 I_1 + K_2 (I_2 - I_1)\right]$$

$$= \frac{1}{0.8}\left[3.85 \times 100 + 3.65 \times (20 - 100)\right]$$

$$= 116.25\,\text{Ah}$$

3) C_c 용량

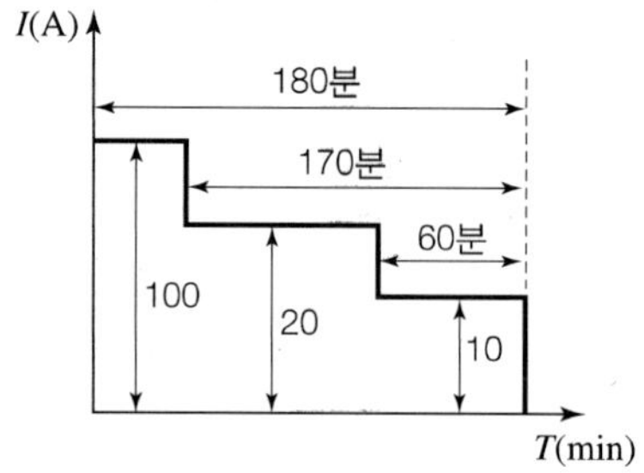

$$C_c = \frac{1}{L}\left[K_1 I_1 + K_2(I_2 - I_1) + K_3(I_3 - I_2)\right]$$
$$= \frac{1}{0.8}[5.05 \times 100 + 4.85 \times (20 - 100) + 2.55 \times (10 - 20)]$$
$$= 114.375\,\text{Ah}$$

4) C_a, C_b, C_c 중의 최대값인 162.5Ah 이상의 축전지를 선정한다.

4) 충전방식

(1) 초기충전

축전지에 아직 전해액을 넣지 않은 미충전 상태의 축전지에 전해액을 주입하여 처음으로 행하는 충전

(2) 사용중 충전[보.급.부.균.세.회.전]

① **보**통 충전 - 필요할 때마다 표준시간율로 충전

② **급**속 충전 - 단시간에 2~3배의 전류로 충전

③ **부**동 충전 - 자기방전보충 및 일시적인 대전류는 축전지로 부담, 가장 많이 사용

④ **균**등 충전 - 1~3개월마다 10~12시간 충전하여 전해조용량 균일화시킴

⑤ **세**류 충전(트리클 충전) - 자기방전량만을 항상 충전(부동충전의 일종)

⑥ **회**복 충전 - 과방전 및 설페이션(sulphation)현상 등이 생겼을 때 기능회복을 위하여 실시하는 충전방식

⑦ **전**자동 충전 - 자동전류제한장치를 부착하여 충전, 충전이 끝나면 자동으로 균등충전으로 변환

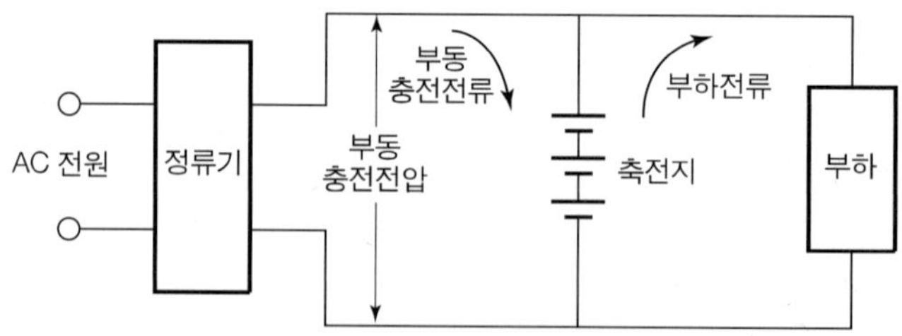

그림 4.8 • 부동 충전 회로

(3) 충전방법

① 정전류 충전 - 일정전류로 충전하는 방식, 고장조사나 용량시험 이전의 충전에 이용

② 단계별 충전 - 정전류 충전을 2～3번의 단계별로 변화시켜 충전, 충전시간 단축

③ 정전압 충전 - 일정전압을 인가해서 충전, 초기에 전류가 커서 충전장치가 대용량

④ 전자동 충전 - 정전압충전의 결점을 보완하여 자동전류제한장치를 부착하여 충전

⑤ 준정전압 충전 - 정격용량의 약 1/4의 전류로 충전하는 방식, 일정시간 후 자동충전

⑥ 정전류 정전압 충전 - 전지전압이 일정값으로 상승할 때까지 정전류로 충전하고 그 이후는 정전압으로 충전

5) 계산 예 1

Exercise

비상용 조명부하가 50W 100등, 60W 50등이 있다. 방전시간은 30분이며 연축전지 HS형 54셀, 허용최저전압 90V, 최저 축전지온도 5℃일 때 축전지 용량을 구하시오(단, 전압은 100V이며 연축전지의 용량환산시간 K는 표와 같으며, 보수율은 0.8이라고 한다).

연축전지의 용량환산시간 K

형식	온도℃	10분			30분		
		1.6V	1.7V	1.8V	1.6V	1.7V	1.8V
CS	25	0.9 0.8	1.15 1.06	1.6 1.42	1.41 1.34	1.6 1.55	2.0 1.88
	5	1.15 1.1	1.35 1.25	2.0 1.8	1.75 1.75	1.85 1.8	2.45 2.35
	−5	1.35 1.25	1.6 1.5	2.65 2.25	2.05 2.05	2.2 2.2	3.1 3.0
HS	25	0.58	0.7	0.93	1.03	1.14	1.38
	5	0.62	0.74	1.05	1.11	1.22	1.54
	−5	0.68	0.82	1.15	1.2	1.35	1.68

Solution

· 계산과정 : $\frac{90}{54} = 1.666 = 1.7(\text{V/셀})$, $K = 1.22$

$$P = VI,\ I = \frac{50 \times 100 + 60 \times 50}{100} = 80\text{A}$$

$$C = \frac{1}{L}KI = \frac{1}{0.8} \times 1.22 \times 80 = 122\text{Ah}$$

· 답 : 122Ah

6) 계산 예 2

Exercise

자동화재탐지설비의 비상전원으로 사용되는 축전지설비의 용량을 산출하고자 한다. 주어진 조건을 이용하여 다음 각 물음에 답하시오.

[조건]
① 보수율은 0.8이다.
② 감시전류는 0.1A이다.
③ 2회선 작동전류 및 다른 회선 감시시의 전류는 0.7A이다.
④ 감시시간에 대한 용량환산계수는 1.8이다.
⑤ 동작시간에 대한 용량환산계수는 0.5이다.

1) 1분간 2회선 작동함과 동시에 다른 회선을 감시하는 경우와 10분간 2회선 작동함과 동시에 다른 회선을 감시하는 경우의 축전지 용량[Ah]을 구하시오.
2) 60분간 감시 후 2회선이 10분간 작동하는 경우의 축전지 용량[Ah]을 구하시오.

Solution

1) 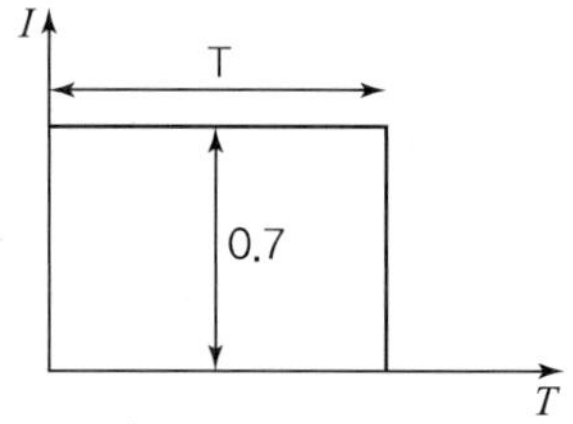

$$C = \frac{1}{L}KI$$
$$= \frac{1}{0.8} \times 0.5 \times 0.7 = 0.44\,[Ah]$$

2) 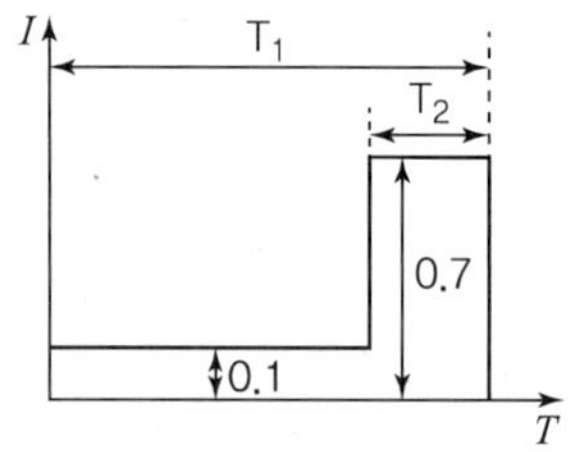

$$C = \frac{1}{L}\left[K_1 I_1 + K_2 (I_2 - I_1)\right]$$
$$= \frac{1}{0.8}\left[1.8 \times 0.1 + 0.5(0.7 - 0.1)\right] = 0.6\,[Ah]$$

4.3_비상전원수전설비(NFPC 602, NFTC 602)

1) 개요

(1) 소규모 소방대상물(차고, 주차장 등)이 S/P, 간이 S/P, 포소화설비, 비상콘센트설비 등의 설치대상일 때 고가의 자가용 발전설비를 면제하여 국민의 부담을 덜어주기 위한 설비로서 전력회사가 공급하는 상용전원을 이용하는 방식이다.

(2) 즉, **정전시에는 비상전원수전설비는 단전되므로 비상전원으로서의 기능을 수행할 수 없으나 화재초기에는 정전이 없다고 가정하고 초기화재시 사용상 지장이 없도록 한 제한적인 기능의 비상전원**이다.

2) 특징

(1) 정전시 비상전원으로서의 기능이 상실된다.

(2) S/P, 간이 S/P, 포소화설비, 비상콘센트설비 등 제한된 소방대상물에만 적용할 수 있는 비상전원설비이다.

(3) 상용전원이 공급되는 시점까지만 비상전원으로서 적용이 가능하다.

3) 수전전압별 종류

(1) 특별고압 또는 고압으로 수전 − 방화구획형, 옥외개방형, 큐비클형

① 전용의 방화구획 내에 설치할 것

② 소방회로배선은 일반회로배선과 불연성 벽으로 구획할 것. 단, 15cm 이상 이격시 제외

③ 일반회로에서 사고시(과부하, 지락, 단락) 소방회로에 영향을 미치지 않을 것

④ 소방회로용 개폐기 및 과전류차단기에는 "소방시설용"이라고 표시할 것

⑤ 전기회로는 표 4.8과 같이 결선할 것

표 4.8 • 특별고압 또는 고압으로 수전

<table>
<tr><th>전용 변압기 전원공급</th><th>공용 변압기 전원공급</th></tr>
<tr><td>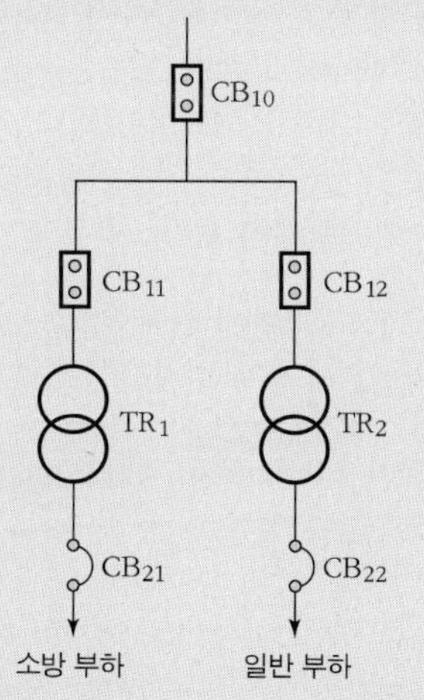
</td><td>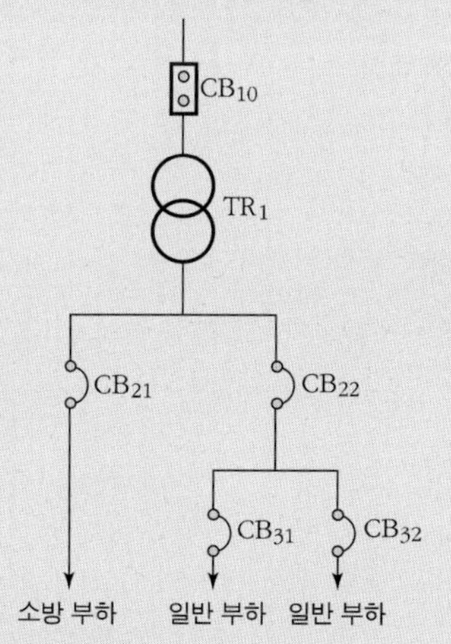
</td></tr>
<tr><td>• 일반회로의 과부하 또는 단락사고 시에 CB_{10}이 CB_{12} 및 CB_{22}보다 먼저 차단되어서는 아니 된다.
• CB_{11}은 CB_{12}와 동등 이상의 차단용량일 것</td><td>• 일반회로의 과부하 또는 단락사고 시에 CB_{10}이 CB_{22} 및 CB_{31}, CB_{32}보다 먼저 차단되어서는 아니 된다.
• CB_{21}은 CB_{22}와 동등 이상의 차단용량일 것</td></tr>
</table>

(2) 저압 수전 – 전용배전반(1 · 2종), 전용분전반(1 · 2종) 또는 공용분전반(1 · 2종)

① 일반회로에서 사고시(과부하, 지락, 단락) 소방회로에 영향을 미치지 않을 것

② 소방회로용 개폐기 및 과전류차단기에는 "소방시설용"이라고 표시할 것

③ 전기회로는 표 4.9와 같이 결선할 것

표 4.9 · 저압 수전

저압 수전	주의 사항
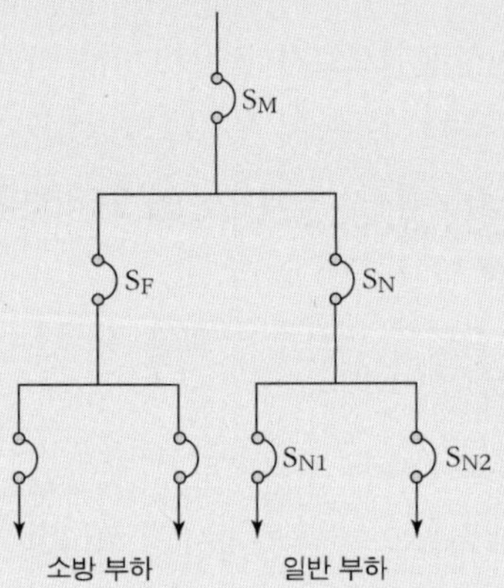	• 일반회로의 과부하 또는 단락사고시 S_M이 S_N, S_{N1} 및 S_{N2}보다 먼저 차단되어서는 아니 된다. • S_F는 S_N과 동등 이상의 차단용량일 것

④ 배전반 및 분전반의 기준

구 분		기 준
제1종	외함	• 외함 두께는 1.6mm(전면은 2.3mm)의 강판 • 외함 내부는 내열성 및 단열성 재료로 단열처리 • 외함 노출 설치 가능한 것 표시등(불연성 또는 난연성 재료로 덮개 설치), 전선의 인입구 및 인출구
	배선	• 외함은 금속관 또는 금속제 가요전선관에 쉽게 접속, 접속부분 단열처리 • 공용의 경우 소방회로와 일반회로의 배선 및 배선용기기는 불연재로 구획
제2종	외함	• 외함 두께는 1mm(전면 면적이 2,000cm^2 초과시 1.6mm)의 강판 • 단열을 위해 배선용 불연 전용실에 설치할 것 • 외함 노출 설치 가능한 것 표시등(불연성 또는 난연성 재료로 덮개 설치), 전선의 인입구 및 인출구 120℃의 온도를 가했을 때 이상이 없는 전압계 및 전류계
	배선	• 제1종과 동일

4.4_무정전 전원공급 장치(UPS : Uninterruptible Power Supply)

1) 개요

(1) 최근 건축물의 대형화, 고층화, 인텔리전트화 됨에 따라 정전대비는 물론 양질의 전원공급이 상용, 비상용에 관계없이 요구되고 있다.

(2) 무정전 전원공급 장치는 전원에서 발생되는 각종 장애로부터 기기를 보호하고 양질의 전원으로 바꾸어 중요부하에 정전 없이 방전시간동안 연속적으로 공급해주는 전원장치 이다.

(3) 즉, **상용전원 정전시 비상전원으로 무순단 자동 절환 되어 무정전으로 부하에 전원을 공급하기위한 장치**로서 'UPS'라고 부른다.

2) 회로도

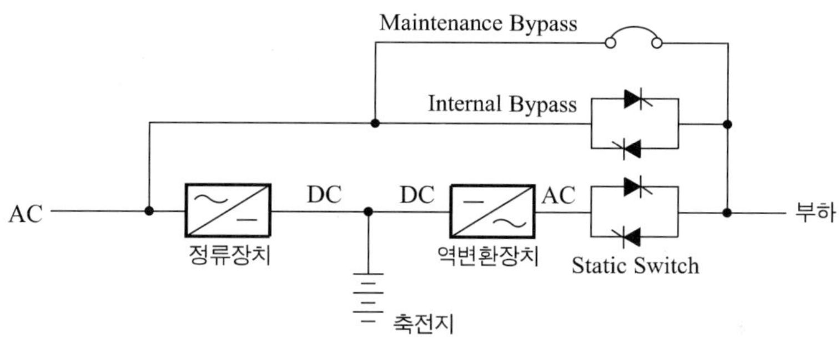

그림 4.9 ◦ UPS 회로도(구성도)

3) UPS의 구성요소

구 성	설 명
정류장치(컨버터)	교류를 직류로 변환(AC → DC)
역변환장치(인버터)	직류를 교류로 변환(DC → AC)
축전지	상용전원 정전시 전원을 공급하기 위한 장치
동기절환부(Static Switch)	인버터 이상시 Internal Bypass회로를 통해 상용전원을 부하에 공급
Maintenance Bypass	컨버터, 인버터 고장 또는 기기의 수리 시 상용전원을 부하에 공급
정전압정주파수 장치	CVCF(Constant Voltage Constant Frequency), 컨버터+인버터

과년도 문제 분석

비상전원설비 분류

1. 상세분류

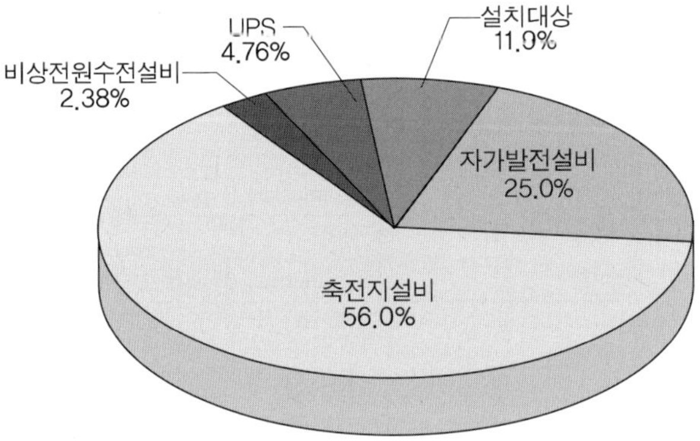

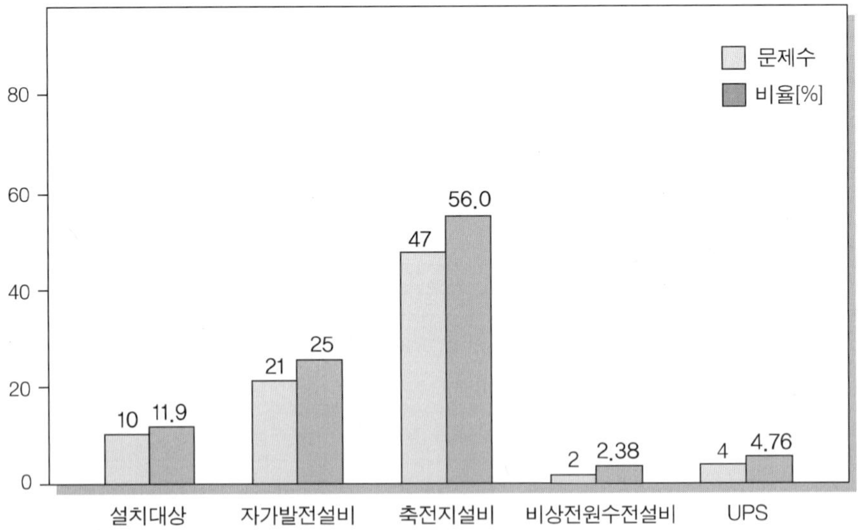

2. 문제유형

비상전원설비 과년도 문제 분석(1996~2020년)

번호	출제년도	문항	시설분류	상세분류(대)	상세분류(중)	문제유형	회수	출제비율
1	2005.10.23	1	비상전원설비	UPS		명칭, bypass회로	4	4.8%
2	2008.04.20	2	비상전원설비	UPS		명칭, 구성부품		
3	2006.04.23	3	비상전원설비	UPS		명칭, 구성부품		
4	2004.07.04	4	비상전원설비	UPS		명칭, 구성부품		
5	2017.06.25	11	비상전원설비	비상전원수전설비	수전방식	수전방식	2	2.4%
6	2010.07.04	5	비상전원설비	비상전원수전설비	수전방식	수전방식		
7	2020.11.15	5	비상전원설비	설치대상	비상조명등	비상전원 종류, 용량	10	11.9%
8	2019.04.14	9	비상전원설비	설치대상		비상전원 종류		
9	2018.11.10	6	비상전원설비	설치대상		비상전원 종류		
10	2017.11.11	9	비상전원설비	설치대상		비상전원 종류		
11	2015.07.12	4	비상전원설비	설치대상		비상전원 종류		
12	2014.11.01	13	비상전원설비	설치대상		발전기-부하간 설치기기		
13	2013.07.14	16	비상전원설비	설치대상		비상전원설치기준		
14	2010.10.30	12	비상전원설비	설치대상		비상전원종류, 용량		
15	2008.11.02	1	비상전원설비	설치대상		옥내소화전설비 종류, 설치기준		
16	1996.11.17	7	비상전원설비	설치대상		비상전원 종류		
17	2017.04.16	13	비상전원설비	자가발전설비	계산	발전기용량, 발전기 차단용량	21	25.0%
18	2016.06.26	11	비상전원설비	자가발전설비	계산	발전기용량, 발전기 차단용량		
19	2014.07.06	10	비상전원설비	자가발전설비	계산	발전기용량, 발전기 차단용량		
20	2010.04.17	11	비상전원설비	자가발전설비	계산	발전기용량, 발전기 차단용량		
21	2009.07.05	7	비상전원설비	자가발전설비	계산	발전기용량, 발전기 차단용량		
22	2006.11.05	6	비상전원설비	자가발전설비	계산	발전기용량, 발전기 차단용량		
23	1999.11.21	2	비상전원설비	자가발전설비	계산	발전기용량, 발전기 차단용량		
24	1996.05.19	1	비상전원설비	자가발전설비	계산	발전기용량, 발전기 차단용량		
25	2020.07.25	5	비상전원설비	자가발전설비	구비조건	옥내소화전설비 비상전원 설치대상, 설치기준		
26	2019.04.14	7	비상전원설비	자가발전설비	구비조건	구비조건		
27	2017.06.25	5	비상전원설비	자가발전설비	구비조건	구비조건		
28	2009.10.18	2	비상전원설비	자가발전설비	구비조건	구비조건		
29	2005.05.01	8	비상전원설비	자가발전설비	종합	ATS, 발전기용량계산, 축전지 충전방식		
30	1998.08.30	13	비상전원설비	자가발전설비	종합	ATS, 발전기용량계산, 축전지 충전방식		
31	2005.07.10	14	비상전원설비	자가발전설비	종합	병렬운전조건, 발전기용량 계산		
32	2015.11.07	8	비상전원설비	자가발전설비	종합	부품명칭		
33	2009.04.19	8	비상전원설비	자가발전설비	종합	부품명칭		
34	2019.06.29	15	비상전원설비	자가발전설비	종합	부품명칭(ATS)		
35	1999.01.31	14	비상전원설비	자가발전설비	종합	여자방식, 보호장치, 자동절환개폐기		
36	2014.04.20	12	비상전원설비	자가발전설비	종합	절연내력 시험전압과 시험방법		
37	2011.07.24	10	비상전원설비	자가발전설비	종합	절연내력 시험전압과 시험방법		
38	2010.04.17	9	비상전원설비	축전지	계산	2차출력 계산	47	56.0%
39	2001.04.22	11	비상전원설비	축전지	계산	2차출력 계산		
40	2015.07.12	6	비상전원설비	축전지	계산	2차충전전류		

번호	출제년도	문항	시설분류	상세분류(대)	상세분류(중)	문제유형	회수	출제비율
41	2011.05.01	7	비상전원설비	축전지	계산	공칭전압, 축전지용량 계산	47	56.0%
42	1997.01.26	11	비상전원설비	축전지	계산	셀수 계산		
43	2018.04.14	5	비상전원설비	축전지	계산	축전지용량 계산		
44	2016.06.26	7	비상전원설비	축전지	계산	축전지용량 계산		
45	2014.11.01	8	비상전원설비	축전지	계산	축전지용량 계산		
46	2011.05.01	2	비상전원설비	축전지	계산	축전지용량 계산		
47	2004.10.31	10	비상전원설비	축전지	계산	축전지용량 계산		
48	2002.04.21	10	비상전원설비	축전지	계산	축전지용량 계산		
49	2000.08.13	10	비상전원설비	축전지	계산	축전지용량 계산		
50	1999.09.19	5	비상전원설비	축전지	계산	축전지용량 계산		
51	1998.02.24	3	비상전원설비	축전지	계산	축전지용량 계산		
52	2016.11.12	7	비상전원설비	축전지	계산	축전지용량 계산, CS, HS형 방전상태		
53	2016.04.17	15	비상전원설비	축전지	계산	축전지용량, 충전방식, 공칭전압		
54	2009.10.18	6	비상전원설비	축전지	계산	축전지용량, 1셀당 공칭전압		
55	2010.10.30	6	비상전원설비	축전지	계산	축전지용량, 충전방식 등		
56	2010.07.04	12	비상전원설비	축전지	계산	축전지용량, 충전방식 등		
57	2008.11.02	8	비상전원설비	축전지	계산	축전지용량, 충전방식 등		
58	2017.04.16	4	비상전원설비	축전지	점검기구	기능점검 점검기구 4가지		
59	2009.07.05	12	비상전원설비	축전지	점검기구	기능점검 점검기구 4가지		
60	2008.07.06	8	비상전원설비	축전지	종합	고장원인, 용어설명, 충전방식		
61	2002.10.27	12	비상전원설비	축전지	종합	고장원인, 용어설명, 충전방식		
62	1999.05.30	8	비상전원설비	축전지	종합	고장원인, 용어설명, 충전방식		
63	2015.04.19	14	비상전원설비	축전지	종합	보수율, 셀수표현, 충전방식		
64	2000.08.13	4	비상전원설비	축전지	종합	보수율, 셀수계산, 충전방식		
65	1998.11.15	11	비상전원설비	축전지	종합	보수율, 용량환산계수, 축전지용량 계산		
66	2020.10.17	14	비상전원설비	축전지	종합	보수율, 축전지용량 계산, 공칭전압		
67	2012.07.08	6	비상전원설비	축전지	종합	부동충전방식,회복충전방식,2차충전전류계산		
68	1997.08.24	1	비상전원설비	축전지	종합	부동충전방식, 회복충전방식, 2차충전전류		
69	1998.05.10	4	비상전원설비	축전지	종합	불량원인, 2차충전전류, 보수율, 충전방식		
70	2002.07.07	9	비상전원설비	축전지	종합	셀계산, 충전시 발생가스, 설페이션현상		
71	1997.05.11	9	비상전원설비	축전지	종합	축전지 비교, 공칭전압, 용량, 충전방식		
72	2020.05.24	17	비상전원설비	축전지	종합	연축전지 셀계산, 충전시 발생가스, 설페이션현상		
73	1996.11.17	13	비상전원설비	축전지	종합	정격전압, 방전종지전압, 충전방식 등		
74	1999.09.19	10	비상전원설비	축전지	종합	축전지비교, 축전지용량		
75	1999.11.21	12	비상전원설비	축전지	종합	축전지용량, 충전방식 등		
76	2019.04.14	11	비상전원설비	축전지	종합	축전지용량계산, 보수율, 충전방식		
77	2018.06.30	12	비상전원설비	축전지	종합	축전지용량계산, 충전방식, 공칭전압		
78	2011.11.13	8	비상전원설비	축전지	종합	축전지용량계산, 충전방식, 공칭전압		
79	2012.11.03	3	비상전원설비	축전지	종합	충전방식, 회복충전방식, 2차충전전류계산		
80	2007.11.04	2	비상전원설비	축전지	종합	충전방식, 2차충전전류 계산		
81	2003.04.27	4	비상전원설비	축전지	종합	충전방식, 2차충전전류 계산		
82	2002.10.27	13	비상전원설비	축전지	종합	충전방식, 2차충전전류 계산, ATS		
83	2020.07.25	6	비상전원설비	축전지	종합	충전방식, 축전지용량 계산		
84	1997.11.16	6	비상전원설비	축전지	종합	충전방식, 축전지용량 계산, 공칭전압		

연습문제

01

소방관련법상 사용하는 비상전원 종류 3가지를 쓰시오.

02

비상전원에 대한 다음 물음에 답하시오.

1) 다음 표에 각 설비에 해당하는 비상전원을 고르시오.

구 분	자가발전설비	축전지설비	전기저장장치	비상전원수전설비
옥내소화전	○	○	○	
물분무등				
유도등				
비상조명등				
제연설비				
비상콘센트설비				

2) 옥내소화전설비가 설치되어 있는 건축물의 비상전원 설치기준 5가지를 쓰시오.

03

다음 그림에서 (　　) 안에 들어갈 스위치는 무엇인지 쓰시오.

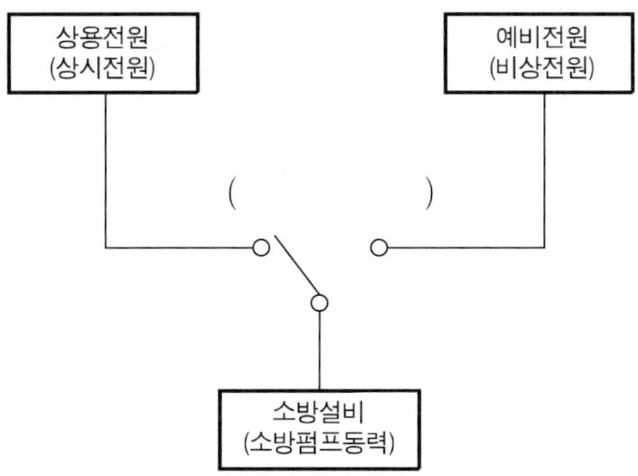

04

기동용량이 750kVA인 유도전동기 부하에 사용할 비상용 자가발전설비에 관한 다음 물음에 답하시오.

1) 발전기용량을 구하시오(단, 이때 발생되는 전압강하는 20%, 발전기 직축 과도리액턴스는 25%, 차단용량의 여유율은 25%이다).
2) 위의 조건을 보고 발전기용 차단기의 차단용량은 몇 MVA인지 구하시오.
3) 정격전압이 220V인 비상용 발전기의 절연내력시험을 할 경우 시험전압과 시험방법을 쓰시오.

05

축전지설비에 관한 다음 물음에 답하시오.

1) 알칼리 축전지를 연축전지와 비교하여 장점 2가지와 단점 2가지를 쓰시오.
2) 알칼리 축전지와 연축전지의 셀당 전압은 몇 V인가?
3) 저압회로의 표준전압이 200V일 때 연축전지와 알칼리 축전지는 몇 셀 정도가 있어야 비상시에 사용이 가능한가?
4) 알칼리 축전지의 정격용량이 50Ah, 표준전압 120V, 상시부하 3kW인 부동충전방식의 충전기 2차 출력은 몇 kVA인가?
5) 다음 회로의 충전방식을 무엇이라 하는가?

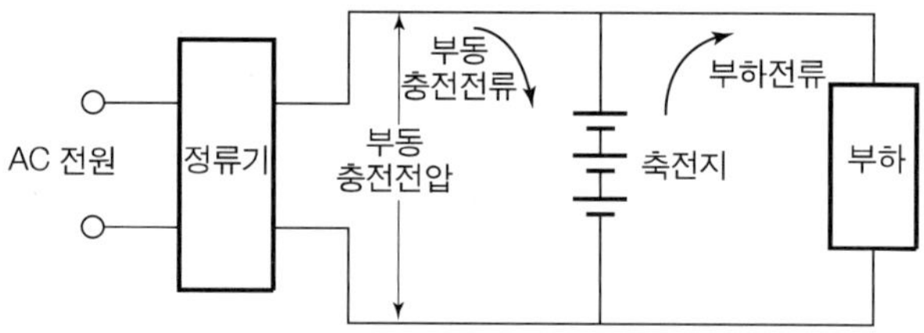

6) 과방전 및 설페이션(sulphation) 현상 등이 생겼을 때 기능회복을 위하여 실시하는 충전방식을 무엇이라 하는가?
7) 자기방전량만을 항상 충전하는 충전방식을 무엇이라 하는가?

06

비상용 조명부하가 50W 100등, 60W 50등이 있다. 방전시간은 30분이며 연축전지 HS형 54셀, 허용최저전압 90V, 최저 축전지온도 5℃일 때 축전지 용량을 구하시오(단, 전압은 100V이며 연축전지의 용량환산시간 K는 표와 같으며, 보수율은 0.8이라고 한다).

연축전지의 용량환산시간 K

형식	온도℃	10분			30분		
		1.6V	1.7V	1.8V	1.6V	1.7V	1.8V
CS	25	0.9 0.8	1.15 1.06	1.6 1.42	1.41 1.34	1.6 1.55	2.0 1.88
	5	1.15 1.1	1.35 1.25	2.0 1.8	1.75 1.75	1.85 1.8	2.45 2.35
	−5	1.35 1.25	1.6 1.5	2.65 2.25	2.05 2.05	2.2 2.2	3.1 3.0
HS	25	0.58	0.7	0.93	1.03	1.14	1.38
	5	0.62	0.74	1.05	1.11	1.22	1.54
	−5	0.68	0.82	1.15	1.2	1.35	1.68

07

방전전류가 시간과 함께 감소하는 다음과 같은 패턴곡선의 축전지 용량을 구하시오. 이 때 용량환산시간은 아래와 같고 보수율은 0.8로 한다.

시간(min)	10분	20분	30분	60분	100분	110분	120분	170분	180분	200분
용량환산시간(K)	1.30	1.45	1.75	2.55	3.45	3.65	3.85	4.85	5.05	5.30

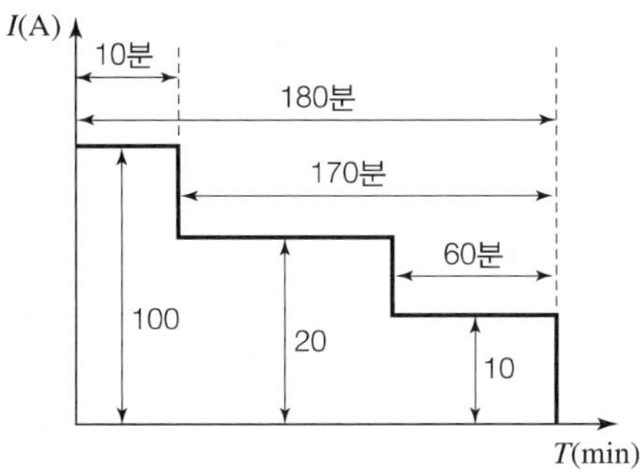

08

자동화재탐지설비의 비상전원으로 사용되는 축전지설비의 용량을 산출하고자 한다. 주어진 조건을 이용하여 다음 각 물음에 답하시오.

[조건]

① 보수율은 0.8이다.
② 감시전류는 0.1A이다.
③ 2회선 작동전류 및 다른 회선 감시시의 전류는 0.7A이다.
④ 감시시간에 대한 용량환산계수는 1.8이다.
⑤ 동작시간에 대한 용량환산계수는 0.5이다.

1) 1분간 2회선 작동함과 동시에 다른 회선을 감시하는 경우와 10분간 2회선 작동함과 동시에 다른 회선을 감시하는 경우의 축전지 용량[Ah]을 구하시오.
2) 60분간 감시 후 2회선이 10분간 작동하는 경우의 축전지 용량[Ah]을 구하시오.

09

다음 조건을 참고하여 자동화재탐지설비의 비상전원으로 사용되는 축전지 용량을 구하시오.

[조건]

㉠ 수신기는 1대이며, 감시전류는 300mA, 경보전류는 500mA이다.
㉡ 감지기는 100개이며, 감지기 각각의 감시전류는 10mA, 경보전류는 30mA이다.
㉢ 발신기는 50개이며, 발신기 각각의 감시전류는 20mA, 경보전류는 40mA이다.
㉣ 경종은 20개이며, 경종의 각각의 경보전류는 50mA이다.

10

축전지 용량에 관한 다음 물음에 답하시오.

1) 사용전압이 110V인 유도등 20kVA와 비상조명설비 30kVA가 있을 때 축전지 용량(Ah)는 얼마인가? (단, 보수율은 0.8, 용량환산시간은 0.6이다.)
2) 비상용 조명부하가 40W 80등, 60W 70등이 있다. 방전시간은 30분이고 납축전지 HS형 51셀, 허용최저전압이 90V, 최저 축전지 온도가 5℃일 때 축전지의 용량을 구하시오. (단, 단자전압은 100V이고, 납축전지의 용량환산시간 K는 다음 표와 같으며 보수율은 0.8이다.)

납축전지의 용량환산시간 K

형식	온도(℃)	10분			30분		
		1.6V	1.7V	1.8V	1.6V	1.7V	1.8V
CS	25	0.8	1.2	1.6	1.42	1.63	2.0
	5	1.2	1.35	2.0	1.7	1.85	2.5
	−5	1.35	1.6	2.65	2.05	2.2	3.2
HS	25	0.56	0.7	0.94	1.01	1.16	1.38
	5	0.62	0.74	1.04	1.12	1.23	1.55
	−5	0.69	0.83	1.14	1.21	1.36	1.71

3) 다음 그림은 사용부하의 방전전류-시간 특선곡선이다. 다음 물음에 답하시오.
(단, 축전지의 개수는 85개이며, 최저 허용 전압은 1.06V이고, L=0.8, 축전지 형식은 AH 형으로 한다.)

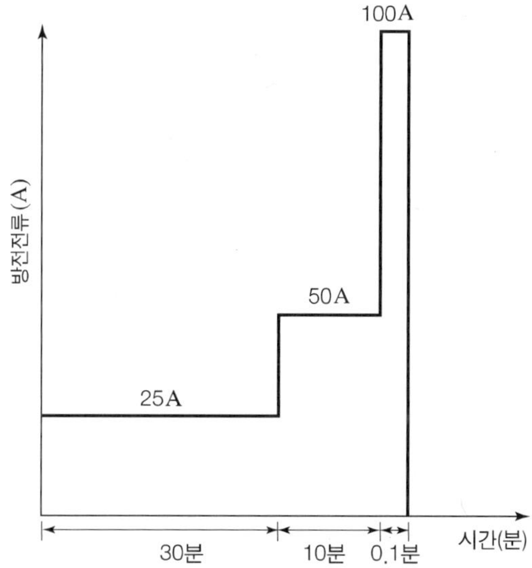

용량환산시간계수 K(5℃에서)

형식	최저허용전압(V/셀)	0.1분	1분	5분	10분	20분	30분	60분	120분
AH	1.10	0.31	0.48	0.56	0.67	0.88	1.04	1.58	2.60
	1.06	0.22	0.39	0.44	0.54	0.71	0.86	1.40	2.45
	1.00	0.18	0.28	0.38	0.46	0.64	0.74	1.32	2.30

① 축전지의 용량산정 시 용량저하를 고려하여 여유를 주는 계수인 L을 무엇이라 하는가?
② 용량환산계수 K_1, K_2, K_3를 구하시오.
③ 축전지 용량을 구하시오.

4) 축전지의 기능점검시 필요한 점검기구 4가지를 쓰시오.

11

다음은 연축전지의 고장과 불량에 관한 현상들이다. 이러한 현상의 원인을 쓰시오.

① 전압계가 역전, 단전지 전압의 비중저하
② 전해액의 감소가 빠름
③ 전해액이 변색되고, 충전하지 않은 정지 중에도 많은 가스의 발생
④ 전셀의 전압 불균형이 크고 비중이 낮음

12

다음은 소방시설용 비상전원수전설비로서 고압 또는 특고압으로 수전하는 도면이다. 다음 각 물음에 답하시오.

1) 일반회로의 과부하 또는 단락사고 시에 CB_{10}이 어떤 기기보다 먼저 차단되어서는 안되는지 쓰시오.
2) CB_{11}은 어느 것과 동등 이상의 차단용량이어야 하는지 쓰시오.

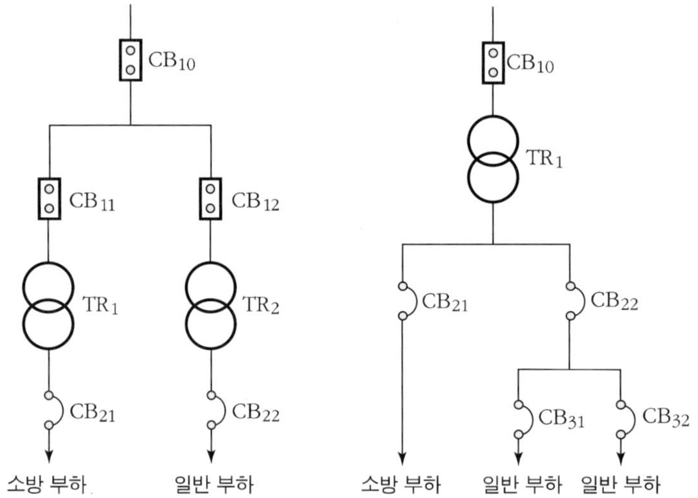

[전용 변압기] [공용 변압기]

13

다음은 UPS의 구성도이다. 다음 물음에 답하시오.

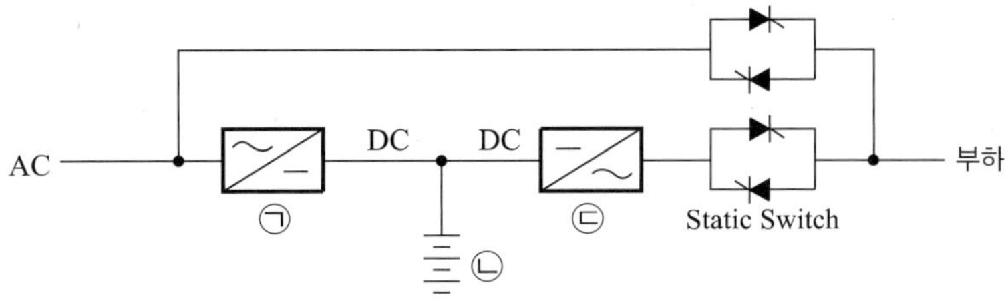

1) UPS의 우리말 명칭을 쓰시오.
2) UPS의 구성도에 Maintenance Bypass 회로를 추가하려고 한다. 바르게 그려 넣으시오.
3) Maintenance Bypass 회로의 용도는 무엇인지 설명하시오.
4) 위 구성도에서 ㉠, ㉡, ㉢의 명칭 및 기능을 설명하시오.
5) UPS장치의 구성요소 중 CVCF는 무엇이며, 그 기능을 쓰시오.

CHAPTER 5

전기설비 기초 및 배선

1 전력

1. 개요

1) **전력은 전류에 의해 단위시간당 할 수 있는 일의 양**
2) 즉, 전기에너지가 다른 형태의 에너지로 변환될 때의 일률(매초 당 에너지)
3) 전력은 전압과 전류의 곱으로 표현($P = V \times I$ – 직류, 교류단상[1])인 경우)
4) 전기에너지는 전력량이라고 하고 (kWh) 등의 단위를 사용
5) 시간에 따른 변화의 유무에 따라 변화가 없으면 직류전력, 변화가 있으면 교류전력이라 한다.

2. 교류전력

1) 형태

(1) 유효전력

① 전원에서 공급되어 부하에서 유효하게 사용되는 전력

② 실제 사용전력

(2) 무효전력

① 부하에서 유효하지 않게 사용되는 전력

② 즉, 전원에서 부하로 전달되지 않는 전력

(3) 피상전력

① 교류회로에서 전압의 실효값과 전류의 실효값의 곱으로 표현되는 전력

② 유효전력과 무효전력의 벡터합

1) 교류단상일 때 전력은 $P = VI\cos\theta$로 표현되는데, 역률 $\cos\theta = 1$이면 수식은 $P = VI$가 된다.

2) 계산식

구 분	단 상	삼 상
유효전력	$P_a = VI\cos\theta\,(\mathrm{W})$ $= I^2R\,(\mathrm{W})$	$P_a = 3V_pI_p\cos\theta = \sqrt{3}\,V_lI_l\cos\theta\,(\mathrm{W})$ $= 3I_p^{\,2}R\,(\mathrm{W})$
무효전력	$P_r = VI\sin\theta\,(\mathrm{Var})$ $= I^2X\,(\mathrm{Var})$	$P_r = 3V_pI_p\sin\theta = \sqrt{3}\,V_lI_l\sin\theta\,(\mathrm{Var})$ $= 3I_p^{\,2}X\,(\mathrm{Var})$
피상전력	$P = VI = \sqrt{P_a^{\,2}+P_r^{\,2}}\,(\mathrm{VA})$ $= I^2Z(\mathrm{VA})$	P $= 3V_pI_p = \sqrt{3}\,V_lI_l = \sqrt{P_a^{\,2}+P_r^{\,2}}\,(\mathrm{VA})$ $= 3I_p^{\,2}Z(\mathrm{VA})$

여기서, P_a : 유효전력(W) P_r : 무효전력(Var)
P : 피상전력(VA)
V_p : 상전압(V) I_p : 상전류(A)
V_l : 선간전압(V) I_l : 선전류(A)
V : 전압(V) I : 전류(A)
θ : 이루는 각(rad) R : 저항(Ω)
X : 리액턴스(Ω) Z : 임피던스(Ω)

3) 벡터도

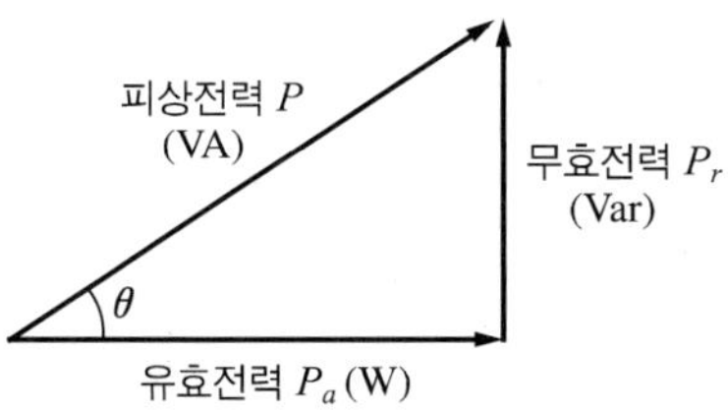

$$P = \sqrt{P_a^2 + P_r^2}$$

$$\cos\theta = \frac{P_a}{P}$$

3. 3상전력 측정방법

명 칭	2전력계법	3전력계법
정 의	단상전력계 **2개**로 3상전력 측정 (중성선과 무관하게 단상전력계 2개를 각 상에 연결하여 각 전력계의 지시값을 더한다.)	단상전력계 **3개**로 3상전력 측정 (단상전력계 3대를 각 상과 중성선에 연결하여 각 전력계의 지시값을 더한다.)
구성도	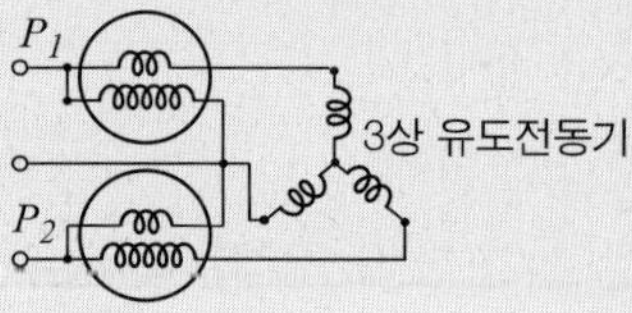 여기서, P_1, P_2 : 전력계 지시값[W]	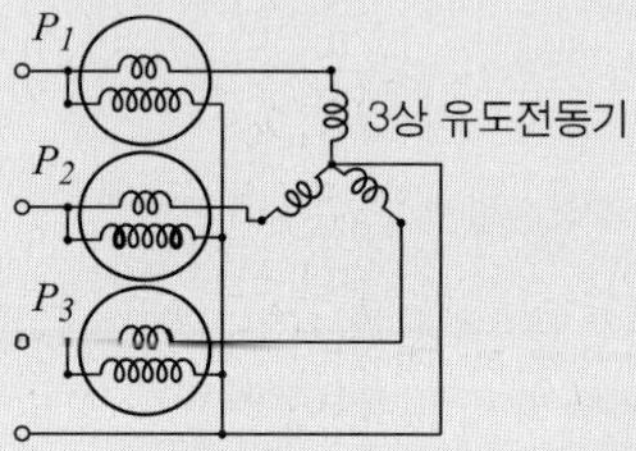 여기서, P_1, P_2, P_3 : 전력계 지시값[W]
유효전력	$P_a = P_1 + P_2$ [W]	$P_a = P_1 + P_2 + P_3$ [W]
무효전력	$P_r = \sqrt{3}(P_1 - P_2)$ [Var]	$P_r = P_a \tan\theta = P_a \tan\cos^{-1}\cos\theta$ [Var] $= P_a\left(\sqrt{\frac{1}{\cos^2\theta} - 1}\right)$ [Var]
역률	$\cos\theta = \frac{P_1 + P_2}{2\sqrt{P_1^2 + P_2^2 - P_1P_2}}$	$\cos\theta = \frac{P_a}{\sqrt{P_a^2 + P_r^2}}$

2전력계법을 사용하면 단상전력계 2개만으로도 3상전력을 측정할 수 있으므로 일반적으로 3전력계법은 잘 사용하지 않는다.

Exercise

2전력계법을 사용하여 3상전력을 측정하였더니 각 전력계가 지시하는 값은 800[W], 600[W]이다. 이때 부하에 공급되는 유효전력, 무효전력, 역률을 구하시오.

Solution

· 유효전력 $P_a = P_1 + P_2 = 800 + 600 = 1,400$ [W]

· 무효전력 $P_r = \sqrt{3}(P_1 - P_2) = \sqrt{3}(800 - 600) = 200\sqrt{3} = 346.41$ [Var]

· 역률 $\cos\theta = \frac{P_1 + P_2}{2\sqrt{P_1^2 + P_2^2 - P_1P_2}} = \frac{800 + 600}{2\sqrt{800^2 + 600^2 - 800 \times 600}} = 0.97$

2 저항

1. 전기 저항

구분	저항(R)
원 리	• 전류는 도선을 통해 흐를 때 기계적 반발력과 유사한 저항력을 받는데 이것은 전자가 원자 사이를 이동하면서 원자와 상호충돌에 의한 것으로 전기에너지가 열에너지로 변환 된다. 즉, 전원으로부터 공급받은 에너지를 축적하지 않고 모두 열로 소비하는 소자
개 념	• 이와 같이 **전류의 흐름을 방해하는 요소를 저항**이라 한다.
단 위	• 옴(Ohm : Ω) • 1Ω이란 1V의 전압을 가하였을 때 1A의 전류가 회로에 흐를 때의 저항 값
기 호	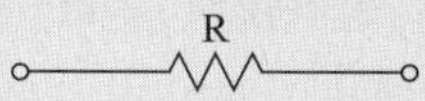
구 조	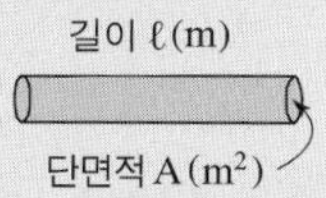 $R=\rho\frac{L}{A}=\frac{L}{\sigma A}=\frac{L}{kA}(\Omega)$ 여기서, $\rho(\Omega\cdot m)$: 고유저항, 저항률 $\sigma=k(\mho/m)$: 도전율
특 성	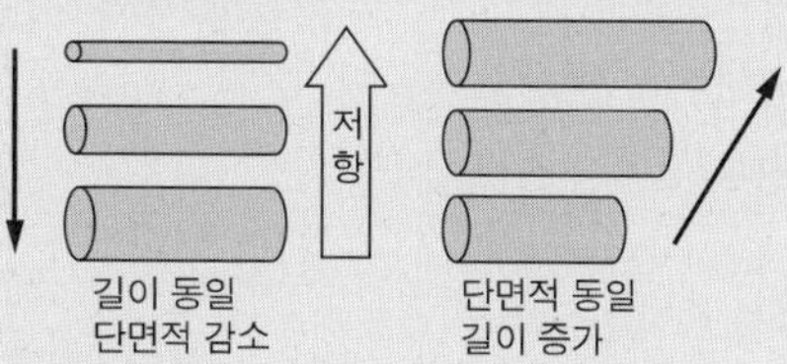 길이에 비례하고 단면적에 반비례한다.
고유저항 (저항률)	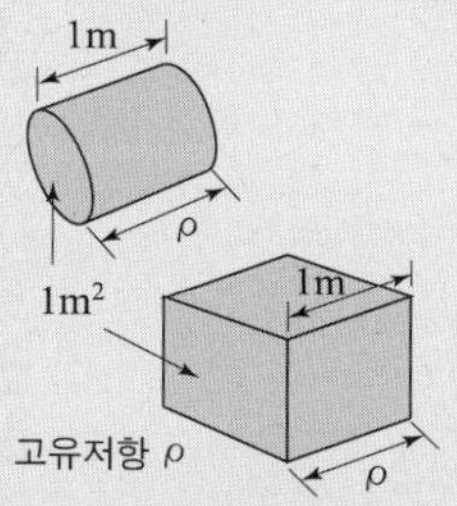 어떤 물질의 가로 세로 높이가 1m에 저항을 물질의 고유저항(저항률)이라고 한다.
금속의 저항률	온도 20℃, 고유저항 $\rho(10^{-8}\Omega\cdot m)$

금 속	고유저항(ρ)	%도전율	온도계수(α)
순 동	1.7241	100	0.00393
경동선	1.7774	97	0.00381
아연도금철선	13.262	13	–
순알루미늄	2.7330	63.3	0.00420
순니켈	7.500	23.1	0.00540
은	1.585	109	0.00405
니크롬1	109.0	1.57	0.00019
니크롬2	112.0	1.54	0.000172

옴의 법칙	• 도선의 두 점 사이의 전압을 V(V), 전류를 I(A), 저항을 R(Ω)이라 할 때 저항 R(Ω)에 흐르는 **전류 I(A)는 전압에 비례하고 저항에 반비례 하는 법칙.** 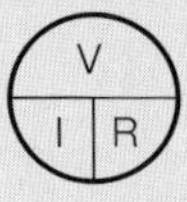 $V=I\times R,\ I=\frac{V}{R},\ R=\frac{V}{I}$ (Ω)

2. 온도 변화에 의한 도체의 저항 계산

1) 일반적으로 상온에서 금속의 저항은 온도가 상승함에 따라 증가하지만, 전해액, 절연물, 반도체 등의 저항은 감소한다.
2) 온도변화에 의한 저항의 변화를 비율로 나타낸 것을 저항의 온도계수(temperature coefficient)라 하며, 기호로 α, 단위는 (1/℃)이다.
3) 온도 변화에 의한 도체의 저항 계산 수식

$$R_2 = R_1[1+\alpha_1(t_2-t_1)]\ (\Omega)$$

여기서, R_1 : t_1(℃)에서의 도체의 저항(Ω)
R_2 : t_2(℃)에서의 도체의 저항(Ω)
t_1 : 상승 전의 온도(℃)
t_2 : 상승 후의 온도(℃)
α_1 : t_1(℃)에서의 저항온도계수

3. 절연저항

1) 개념

(1) 절연체에 전압을 가했을 때 절연체가 나타내는 전기 저항
(2) 절연된 송전선, 전기 기계의 권선 등에 대해 이것과 지표와의 사이에 존재하는 전기 저항
(3) 절연저항이 저하되면 감전이나 과열에 의한 화재 및 감전사고가 발생된다.
(4) 충전부분에 물기가 있으면 보통보다 매우 낮은 저항이 되며 누전되는 전류가 많아지게 된다.

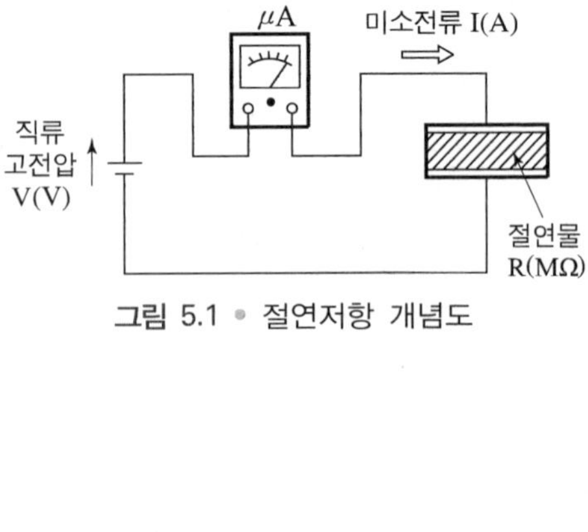

그림 5.1 • 절연저항 개념도

2) 절연저항 시험대상

절연저항계	절연저항	대 상
직류 250V	0.1MΩ 이상	• 1 경계구역의 절연저항
직류 500V	5MΩ 이상	• 자동화재속보설비 • 비상경보설비 • 누전경보기 • 가스누설경보기 • 수신기 • 비상조명등, 유도등(교류입력측과 외함간)
	20MΩ 이상	• 발신기 • 중계기 • 경종 • 비상콘센트 • 기기의 절연된 선로간 • 기기의 충전부와 비충전부간 • 기기의 교류입력측과 외함간(비상조명등, 유도등 제외)
	50MΩ 이상	• 감지기(정온식 감지선형 감지기 제외) • 10회로 이상인 수신기, 가스누설경보기
	1,000MΩ 이상	• 정온식 감지선형 감지기

3) 절연저항 시험방법

(1) 절연저항계(Megger) 외형

외형	설명 및 판정기준
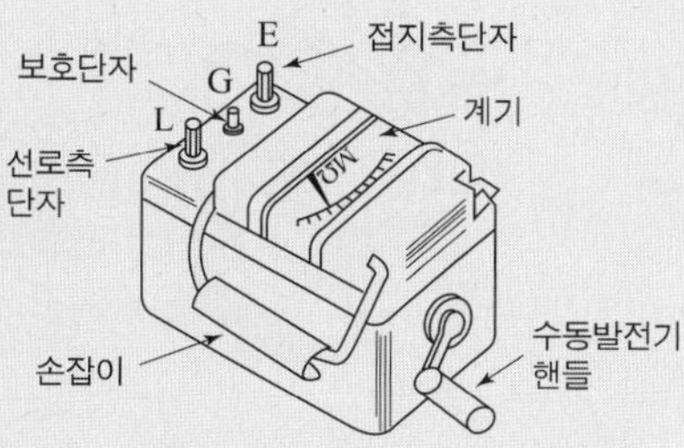	• 선로측단자 : 배선(선로)의 2차측 연결 단자 • 접지측단자 : 배선(선로) or 접지선의 2차측 연결 단자 • 수동발전기핸들 : 고전압 발생 장치 • 판정기준

대지전압(V)	절연저항(MΩ)
150 이하	0.1 이상
150 초과 300 이하	0.2 이상
300 초과 400 미만	0.3 이상
400 이상	0.4 이상

(2) 배선상호간 시험

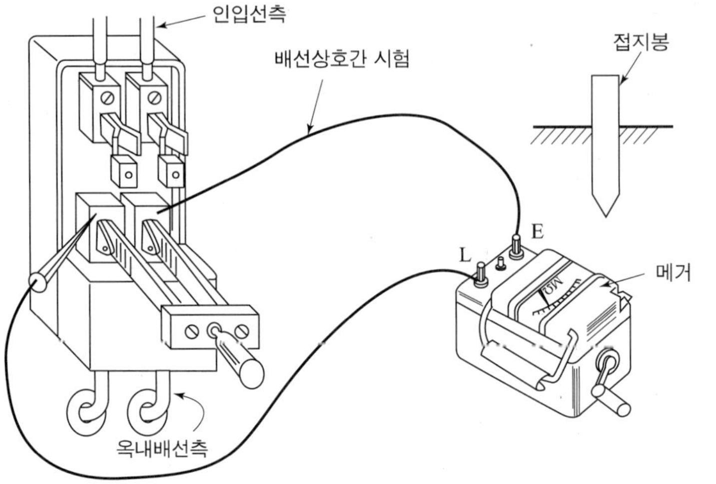

그림 5.2 ◦ 배선상호간 절연저항 시험방법

(3) 배선과 대지사이 시험

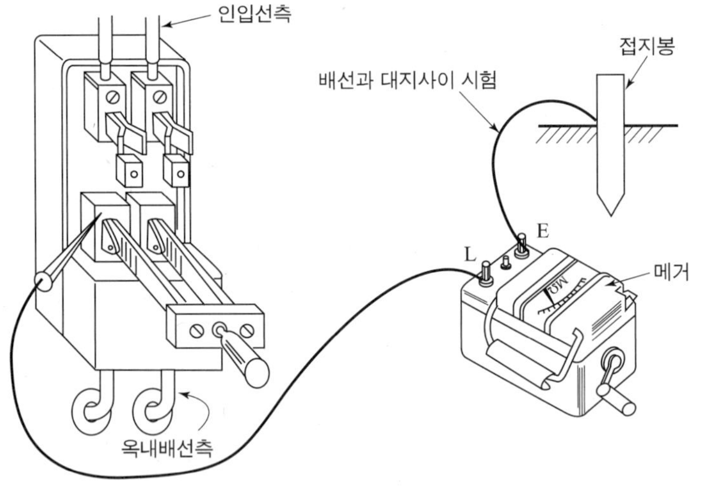

그림 5.3 ◦ 배선과 대지사이 절연저항 시험방법

3 전압

1. 전압의 종류

1) 전압은 전송방식에 따라 교류(AC)와 직류(DC)로 구분하며 공급하는 전압의 크기에 따라 저압, 고압, 특별고압으로 분류된다.

2) 전압의 종류

전압 구분	전기설비기술기준의 판단기준	한국전기설비규정(KEC)[2]
저압	교류 : 600V 이하	교류 : 1,000V 이하
	직류 : 750V 이하	직류 : 1,500V 이하
고압	교류 및 직류 : 7,000V 이하	좌동
특별고압	상한 없음	좌동

3) 전선식별법 국제표준화[3]

전선 구분	전기설비기술기준의 판단기준	KEC 식별색상
상선(L1)	-	갈색
상선(L2)	-	흑색
상선(L3)	-	회색
중성선(N)	-	청색
접지/보호도체(PE)	녹색 또는 녹황교차	녹황교차

2. 전압강하

1) 개요

(1) **전압강하**는 **송전단 전압과 수전단 전압의 차**이다.

(2) 즉, 선로를 통해 전기를 공급하면 임피던스, 어드미턴스, 부하의 크기 및 역률, 선로에 흐르는 전류 등에 따라 송전단 전압에 비해 수전단 전압이 낮아지는데 이를 전압강하라 한다.

2) 저압범위 확대(KEC 111.1) – 국제표준에 부합한 저압범위 설정을 통한 관련 보호방식의 직접적용과 관련 기기의 인증/확인 중복 절차 단순화 및 재생에너지산업 활성화에 기여하기위해 개정됨(21.1.1. 개정).

3) 전선식별법 국제표준화(KEC 121.2) – 국내 규정별 상이한 식별색상의 일원화를 위해 개정됨(21.1.1. 개정).

2) 전압강하 계산식

개념도	벡터도	정의
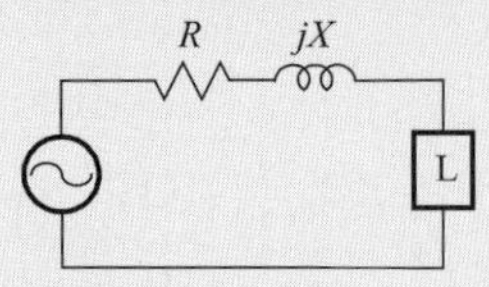 	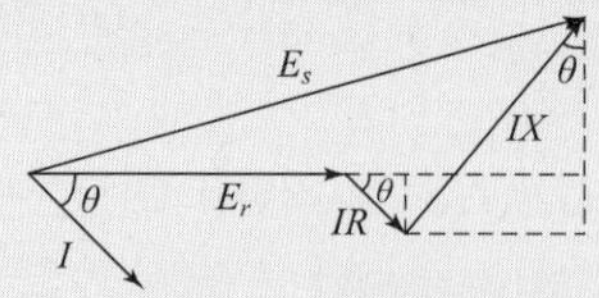 	E_s : 송전단 전압 E_r : 수전단 전압 I : 부하전류 θ : 부하의 역률각 $R+jX$: 선로의 임피던스

수식유도

$$E_s = E_r + IZ = E_r + I(\cos\theta - j\sin\theta)(R + jX)$$
$$= E_r + IR\cos\theta + IX\sin\theta + j(IX\cos\theta - IR\sin\theta)$$
$$= \sqrt{(E_r + IR\cos\theta + IX\sin\theta)^2 + (IX\cos\theta - IR\sin\theta)^2}$$
$$E_s \simeq E_r + IR\cos\theta + IX\sin\theta = E_r + I(R\cos\theta + X\sin\theta)$$
$$E_s - E_r = I(R\cos\theta + X\sin\theta)$$
$$\therefore \boldsymbol{e = K_w \cdot I(R\cos\theta + X\sin\theta) \cdot L}$$

3) 전압강하 및 전선의 단면적 계산

[조건]	
· 교류의 경우 역률 $\cos\theta = 1$, 연동선 $\rho = 1/58$ · 각상 부하 평형 · 전선의 도전율은 97%	$e_1 = IR = I \times \rho\frac{L}{A} = I \times \frac{1}{58} \times \frac{100}{C} \times \frac{L}{A}$ $= I \times \frac{1}{58} \times \frac{100}{97} \times \frac{L}{A} = 0.0178 \times \frac{L}{A} I$ $= \frac{17.8LI}{1000A}$

전기방식	전압강하(정식)	전압강하(간이식)		전선 단면적
		①	②	
단상 3선식 직류 3선식 3상 4선식	$e_1 = IR$ $e = E_s - E_r = I(R\cos\theta + X\sin\theta)$	$e_1 = \frac{17.8LI}{1000A}$	$e_1 = IR$	$A = \frac{17.8LI}{1000e_1}$
단상 2선식 직류 2선식	$e_2 = 2IR = 2e_1$ $e = E_s - E_r = 2I(R\cos\theta + X\sin\theta)$	$e_2 = \frac{35.6LI}{1000A}$	$e_2 = 2IR$	$A = \frac{35.6LI}{1000e_2}$
3상 3선식	$e_3 = \sqrt{3}\,IR = \sqrt{3}\,e_1$ $e = E_s - E_r = \sqrt{3}\,I(R\cos\theta + X\sin\theta)$	$e_3 = \frac{30.8LI}{1000A}$	$e_3 = \sqrt{3}\,IR$	$A = \frac{30.8LI}{1000e_3}$

① 전압변동에 의한 부하전류의 변동을 고려한 경우
② 전압변동에 의한 부하전류의 변동을 무시한 경우

A : 전선의 단면적, L : 전선 1본의 길이(m)
C : 전선의 도전율(97%), ρ : 고유저항[4]
e_1 : 외측선 또는 각상의 1선과 중성선 사이의 전압 강하(V)
e_2, e_3 : 각 선간의 전압 강하(V)

4) 고유저항 : 연동선(1/58), 경동선(1/55), 알루미늄선(1/35)

3. 전압강하율

1) 개요

(1) **전압강하율**은 **전압강하의 수전단 전압에 대한 백분율**이다.

(2) 전압강하는 송전단 전압과 수전단 전압의 차로 표시되며 이 값은 교류 송전선로에 있어서는 선로의 임피던스, 어드미턴스, 부하의 크기 및 역률에 따라서 변한다.

2) 수식

$$\epsilon = \frac{E_s - E_r}{E_r} \times 100\,(\%) = \frac{e}{E_r} \times 100\,(\%)$$

여기서, E_s : 송전단 전압, E_r : 수전단 전압, e : 전압강하

3) 대책

(1) 선로의 길이를 짧게 한다.

(2) 부하의 역률을 개선하여 부하전류의 크기를 적게 한다.

(3) 전선의 굵기(단면적)를 크게 하여 선로의 임피던스를 적게 한다.

4. 전압변동률

1) 개요

(1) **전압변동률**은 **부하가 갑자기 변하였을 때 그 단자전압의 변화**를 나타내는 것이다.

(2) 임의의 주어진 시간내에 부하의 변동(경부하, 중부하)에 따라 전압의 변동폭이 어떻게 되는지를 나타내는 **변동의 범위**를 말한다.

2) 수식

$$\delta = \frac{V_{0r} - V_r}{V_r} \times 100\,(\%)$$

여기서, V_{0r} : 무부하시 수전단 전압, V_r : 전부하시 수전단 전압

3) 대책

(1) 전원측의 임피던스를 작게 한다.

(2) 전압조정장치를 설치한다.

(3) 무효전력을 보상한다.

5. 계산 예

Exercise 1

수신기로부터 0.5km 떨어진 장소에 감지기가 접속되어 있다. 감지기 회로에서 소비되는 전류가 500mA이고 전선이 2.5mm^{2}일 때 전압강하는 몇 V인가?

Solution

단상 2선식의 전압강하 간이식 적용

$$e=\frac{35.6LI}{1000A}=\frac{35.6\times500\times500\times10^{-3}}{1,000\times2.5}=3.56\,\mathrm{V}$$

Exercise 2

수신기로부터 배선거리 100m의 위치에 경종이 접속되어 있다. 경종이 명동될 때의 경종의 단자전압을 구하시오(단, 사이렌이 정격전력은 48W이며 전선은 2.5mm^2 HFIX 전선이고, 2.5mm^2 HFIX 전선의 km당 전기저항은 8.75Ω이다. 또한, 전압변동에 의한 부하전류의 변동은 무시한다).

Solution

전류 $I=\frac{P}{V}=\frac{48}{24}=2\,\mathrm{A}$, 배선저항은 $R=\left(\frac{100}{1,000}\times8.75\right)=0.875\,\Omega$

단상 2선식의 전압강하 간이식 ② 적용 $e=2IR=2\times2\times0.875=3.5\,\mathrm{V}$

경종의 단자전압 $V_r=V_s-e=24-3.5=20.5\,\mathrm{V}$

if, **'전압변동에 의한 부하전류의 변동은 무시한다.'라는 조건이 없는 경우는**

전압변동에 따른 부하전류의 변동을 고려한 경우로 단상 2선식의 전압강하 간이식 ①인 $e=\frac{35.6LI}{1000A}$ 수식을 적용해서 구해야 하지만 문제에서 전압 변동에 따른 부하전류 I가 결정되어 있지 않기 때문에 전압강하 간이식 ① 수식을 바로 적용할 수 없다. 이런 경우에는 다음과 같이 등가회로를 이용한 전압분배법칙을 적용해서 구해야 한다.

경종저항 $R=\frac{V^2}{P}=\frac{24^2}{48}=12\,\Omega$ $\left(\because P=VI=\frac{V^2}{R}=I^2R\right)$

배선저항은 $R=\left(\frac{100}{1,000}\times8.75\right)=0.875\,\Omega$

등가회로

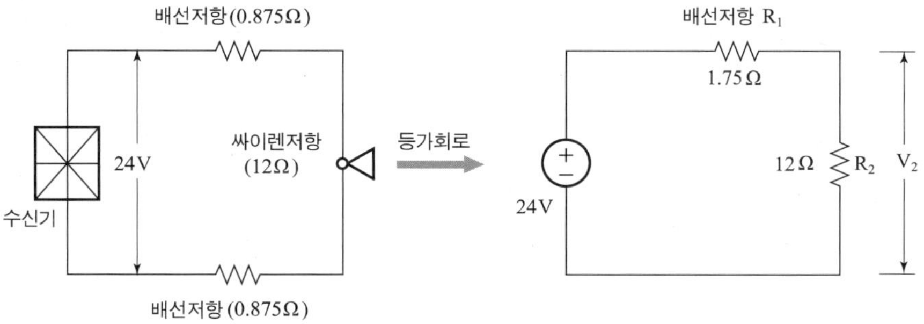

경종의 단자전압 $V_2 = \dfrac{R_2}{R_1 + R_2} V = \dfrac{12}{1.75+12} \times 24 = 20.95\,\mathrm{V}$

Exercise 3

경비실에서 500m 떨어진 공장(지상 6층, 지하 1층)에 각 층별 발신기세트를 2회로씩 사용(총 14회로)하며, 전선을 HFIX 2.5mm^{2}할 때 직상층 우선경보방식에서의 전압강하를 구하여라(단, 발신기의 경종은 50mA, 표시등은 30mA의 전류가 소모된다).

Solution

표시등의 소비전류 = 표시등은 7개 × 2회로 × 30mA = 0.42A

우선경보방식이므로 경종은 최대 3개층 × 2회로 = 경종 6개 × 50mA = 0.3A

따라서, 소비전류는 0.72A이다. 단상 2선식의 전압강하 간이식 적용하면,

$$e = \frac{35.6LI}{1000A} = \frac{35.6 \times 500 \times 0.72}{1{,}000 \times 2.5} = 5.13\,\mathrm{V}$$

Exercise 4

경비실에서 500m 떨어진 공장(지상 6층, 지하 1층)에 각 층별 발신기세트를 2회로씩 사용(총 14회로)하며, 전선을 HFIX 2.5mm^{2}할 때 최말단 경종 동작 시 전압강하를 구하여라(단, 발신기의 경종은 50mA, 표시등은 30mA의 전류가 소모된다).

Solution

표시등의 소비전류 = 표시등 7개 × 2회로 × 30mA = 0.42A

경종의 소비전류는 최말단 경종 1개층 × 2회로 = 경종 2개 × 50mA = 0.1A

따라서, 최말단 경종 동작시 전체 소비전류는 0.52A이다.

단상 2선식의 전압강하 간이식 적용하면,

$$e = \frac{35.6LI}{1{,}000A} = \frac{35.6 \times 500 \times 0.52}{1{,}000 \times 2.5} = 3.70\,\mathrm{V}$$

Caution!

경종의 소비전류 계산 시 최말단 경종이 동작하는 경우는 지상 6층의 발신기세트 2회로만이 동작한 경우이므로 경종 2개가 동작한 것으로 계산하여야 한다. 만약, 최말단 경종 동작이 아니고 Exercise 3과 같이 직상층 우선경보방식을 적용하는 경우는 가장 많은 경종이 동작하는 경우를 가정하여 3개층(지상 1층, 지상 2층, 지하 1층)의 발신기세트 6회로가 동작한 경종 6개가 작동한 것으로 계산하여야 한다.

Exercise 5

분전반에서 100m의 거리에 직류 24V, 전류 1.0A인 준비작동식 스프링클러설비용 솔레노이드밸브를 설치하려고 한다. 전선의 굵기는 몇 mm^2인지 계산상의 최소 굵기를 구하시오. (단, 전압강하는 3% 이내이고, 전선은 동선을 사용한다.)

Solution

전압강하가 3% 이므로 $e = 24 \times 0.03 = 0.72\,\text{V}$

단상 2선식의 전압강하 간이식을 적용해서 전선의 굵기를 구하면,

$$e = \frac{35.6LI}{1{,}000A} \rightarrow A = \frac{35.6LI}{1{,}000e} = \frac{35.6 \times 100 \times 1.0}{1{,}000 \times (24 \times 0.03)} = 4.94\text{mm}^2$$

Caution!

전선의 굵기를 구할 때 전압강하의 단위가 [V]로 주어지는 경우와 [%]로 주어지는 경우의 계산식에 주의해야 한다.

Exercise 6

수신반에서 100m 떨어진 장소의 감지기가 작동할 때 소비된 전류가 500mA라고 한다. 이때의 전압강하를 구하시오(단, 전선의 굵기는 1.6mm이다).

Solution

전선의 굵기 단위가 [mm]로 주어졌으므로 전선의 단면적 단위인 [mm^2]로 변환해야 한다.

$$A = \pi r^2 = \frac{\pi d^2}{4}$$

여기서, A : 전선의 단면적[mm^2], r : 전선의 반지름[mm], d : 전선의 지름[mm]

$A = \pi r^2 = \pi \times (0.8^2) = 2.01\,\text{mm}^2$

단상 2선식의 전압강하 간이식을 적용하면

$$e = \frac{35.6LI}{1{,}000A} = \frac{35.6 \times 100 \times 500 \times 10^{-3}}{1{,}000 \times (\pi \times 0.8^2)} = 0.8853\,\text{V}$$

Caution!

전압강하 구할 때 전선의 굵기 단위가 [mm]로 주어지면 전선의 단면적 단위인 [mm^2]로 변환해야 한다.

4 전선

1. 전선의 종류

약 호	명 칭	최고허용온도
OW	옥외용 비닐절연전선	60℃
DV	인입용 비닐절연전선	
NR	450/750V 일반용 단심 비닐절연전선	70℃
HFIX*	450/750V 저독성 난연 가교폴리올레핀 절연전선	90℃
NRI	300/500V 기기배선용 단심 비닐절연전선	
CV	가교폴리에틸렌 절연비닐 외장케이블	
MI	미네랄 인슐레이션 케이블	
IH	하이파론 절연전선	95℃
FP	내화케이블	–
HP	내열전선	
GV	접지용 비닐전선	
E	접지선	

*. HFIX : 450/750V Halogen Free Flame-Retardant Polyolefin Insulated Wire.

2. 전선의 구비조건 및 전선 굵기 결정요소

전선의 구비조건[기.도.가.비.내]	전선 굵기 결정요소[허.기.진(전).전.경]
• **기**계적 강도가 클 것 • **도**전율이 클 것 • **가**설이 쉽고 가격이 저렴할 것 • **비**중이 작을 것 • **내**구성이 좋을 것	• **허**용전류 : 안전하게 흘릴 수 있는 최대전류 • **기**계적 강도 : 기계적인 힘에 견딜 수 있는 능력 • **전**압강하 : 송전전압과 수전전압의 차 • **전**력손실 : 1초 동안 전기가 일을 할 때 소비되는 손실 • **경**제성 : 최소경비가 되도록 결정

3. 전선 접속시 주의사항

1) 전선이 강도를 20% 이상 감소시키지 아니할 것
2) 접속부분은 절연전선의 절연물과 동등 이상의 절연능력이 있을 것
3) 접속슬리브, 전선 접속기류를 사용하여 접속하거나 또는 납땜을 할 것
4) 전기화학적 성질이 다른 도체를 접속하는 경우 접속부분에 부식이 생기지 않도록 할 것
5) 접속으로 인하여 전기저항이 증가하지 않을 것

4. 공칭단면적(IEC규격에서는 ⓐ, ⓑ, ⓒ 삭제)5)

순서	공칭단면적 (mm^2)	순서	공칭단면적 (mm^2)	순서	공칭단면적 (mm^2)	순서	공칭단면적 (mm^2)
ⓐ	0.5	ⓖ	6	ⓜ	70	ⓢ	300
ⓑ	0.75	ⓗ	10	ⓝ	95	ⓣ	400
ⓒ	1.0	ⓘ	16	ⓞ	120	ⓤ	500
ⓓ	1.5	ⓙ	25	ⓟ	150		
ⓔ	2.5	ⓚ	35	ⓠ	185		
ⓕ	4	ⓛ	50	ⓡ	240		

5. 배선도

1) 배선기입방법

16mm 후강전선관에 $1.5mm^2$ 450/750V 저독성 난연 가교폴리올레핀 절연전선 4가닥을 넣어 천장은폐배선 한다.

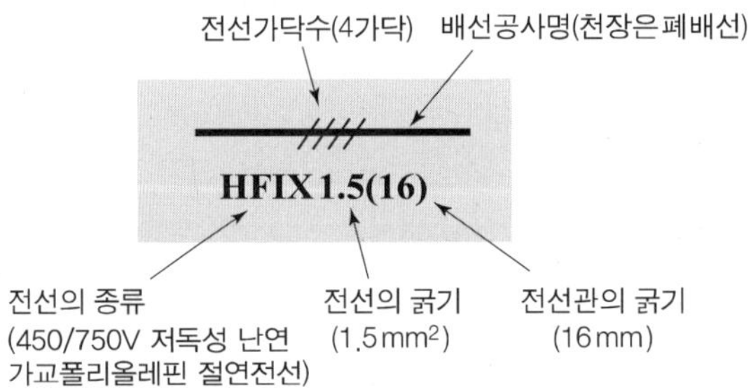

(1) 옥내배선기호

명 칭	그림기호	비 고
정크션박스		
금속덕트	MD	
케이블의 방화구획된 관통부	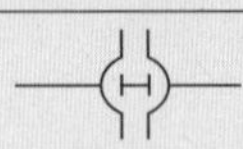	
철거		

---

5) 공칭단면적은 실제 현장에서 생산되는 규정된 전선의 굵기를 말한다. IEC 규격에서는 ⓐ, ⓑ, ⓒ 삭제

(2) 배관의 표시방법

① 강제 전선관[6]의 경우 　 //2.5(19)

② 경질 염화비닐 전선관(VE)인 경우 　 //2.5(VE16)

③ 2종 금속제 가요전선관[7]인 경우 　 //2.5($F_2$17)

④ 합성수지제 가요전선관(PF, CD)[8]인 경우 　 //2.5(PF16)

⑤ 전선이 들어있지 않은 경우 　 —C— (19)

2) 옥내배선용 그림기호

명 칭		그림기호	적 요
천장은폐배선		————	• 천장 속의 배선을 구별하는 경우 : —·—·—·
바닥은폐배선		— — — —	
노출 배선		------------	• 바닥면 노출배선을 구별하는 경우 : —··—··—
상 승			• 케이블의 방화구획 관통부 : 
인 하			• 케이블의 방화구획 관통부 : 
소 통			• 케이블의 방화구획 관통부 : 
정류 장치			
축전지			
비상 조명등	백열등		• 일반용 조명 형광등에 조립하는 경우 : 
	형광등		• 계단에 설치하는 통로유도등과 겸용 : 

6) 강제 전선관의 경우 후강 전선관(규격 짝수–두께가 박강보다 두껍다.), 박강 전선관(규격 홀수–최근에는 사용하지 않음), 나사없는 전선관이 있다.

7) 2종 금속제 가요전선관은 내부에 구부릴 수 있는 가요 금속이 있고 외부에 폴리에틸렌 비닐 피복이 있어 바닥이나 벽속에 매입해도 내부의 전선이 손상될 우려가 없어 내화배선으로 사용 가능하나 1종은 내부에 구부릴 수 있는 가요 금속이 없고 외부에 폴리에틸렌 비닐 피복만 존재하므로 콘크리트 타설이나 매입공사 시 내부전선이 손상될 우려가 있다.

8) 합성수지관 공사에는 경질 염화비닐 전선관(VE)과 합성수지제 가요전선관(PF, CD)이 있다.

명칭		그림기호	적요
유도등	백열등		• 객석유도등 : S
	형광등		• 중형 : 중 • 통로유도등 : • 계단에 설치하는 비상용 조명과 겸용 :
비상 콘센트			
배전반, 분전반 및 제어반			• 배전반 : • 분전반 : • 제어반 :
보안기			
스피커			• 벽붙이용 : • 소방설비용 : F • 아우트렛만인 경우 : • 폰형 스피커 :
증폭기		AMP	• 소방설비용 : AMP F
차동식스포트형 감지기			
보상식스포트형 감지기			
정온식스포트형 감지기			• 방수형 : • 내산형 : • 내알칼리형 : • 방폭형 : EX
연기감지기		S	• 점검 박스 붙이형 : S • 매입형 : S
감지선			• 감지선과 전선의 접속점 : • 가건물 및 천장 안에 시설할 경우 : • 관통 위치 :

공기관	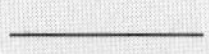	• 가건물 및 천장 안에 시설할 경우 : ------ • 관통위치 : 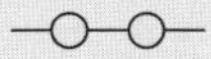
열전대		• 가건물 및 천장 안에 시설할 경우 : 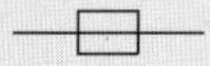
열반도체		
차동식분포형 감지기의 검출부	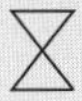	
P형 발신기		• 옥외형 :  • 방폭형 : 
회로 시험기		
경보벨		• 방수용 :  • 방폭형 : 
수신기	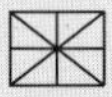	• 가스누설 경보설비와 일체인 것 : 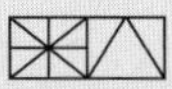 • 가스누설 경보설비와 방배연 연동과 일체인 것 : 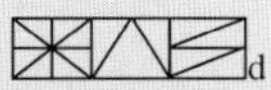
부수신기(표시기)	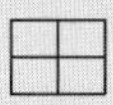	
중계기	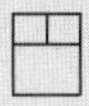	
표시등		
차동스포트시험기		
경계구역 경계선		
경계구역 번호		• 경계구역 번호가 1인 계단 : 
기동장치		• 방수용 :  • 방폭형 : 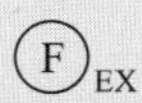
비상 전화기		
기동 버튼		• 가스계 소화설비 :  • 수계 소화설비 : 

제어반	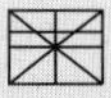	
표시반	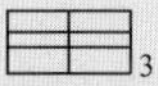	• 창이 3개인 표시반 : 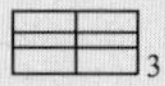
표시등		• 시동표시등과 겸용 : 
자동폐쇄장치		• 방화문용 :  • 방화셔터용 :  • 연기방지 수직벽용 :  • 방화댐퍼용 : 
연동 제어기	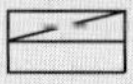	• 소삭부를 가진 연동 제어기 : 
누설동축케이블		• 천장에 은폐하는 경우 : 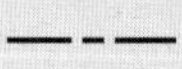
안테나		• 내열형 : 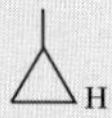
혼합기		
분배기	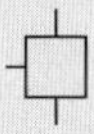	
분파기(필터포함)		
무선기 접속단자		• 소방용 :  • 경찰용 :  • 자위용 : 
개폐기		• 전류계붙이 : 
배선용 차단기		• 모터브레이크를 표시하는 경우 : 
누전차단기		• 과전류 소자붙이 : 
압력스위치		

5 저압옥내배선 공사

1. 금속관 공사

1) 금속관 공사의 기준

(1) 저압옥내배선의 사용전압이 **400V 미만**인 경우에는 **제3종 접지공사**를 할 것
다만, 다음 중 하나에 해당하는 경우에는 그러하지 아니하다.

① 관의 길이가 **4m 이하**인 것을 건조한 장소에 시설하는 경우

② 옥내배선의 사용전압이 **직류 300V** 또는 **교류 대지전압 150V 이하**인 경우에 그 전선을 넣는 관의 길이가 **8m 이하**인 것을 사람이 쉽게 접촉할 우려가 없도록 시설하는 때 또는 **건조**한 장소에 시설하는 경우

(2) 저압옥내배선의 사용전압이 **400V 이상**인 경우에는 **특별 제3종 접지공사**를 할 것(단, 사람이 접촉할 우려가 없도록 시설하는 경우에는 제3종 접지공사에 의할 수 있다)

(3) 금속관 공사에는 조영재 표면에 금속관을 노출하여 부착하는 **노출배관**공사, 콘크리트 속에 부설하는 **매입배관**공사, 이중천장속에 배관하는 **천장은폐**공사 등이 있으며, 금속관의 종류에는 후강전선관과 박강전선관이 있다. **후강**전선관의 크기는 내경에 가까울수록 **짝수**로, **박강**전선관의 크기는 외경에 가까울수록 **홀수**로 나타낸다.

2) 금속관 공사의 배선방법

(1) 금속관을 구부릴 때 금속관의 단면이 심하게 **변형**되지 아니하도록 구부려야 하며, 그 안측의 **반지름**은 관 안지름의 **6배** 이상이 되어야 한다.

(2) 아웃렛박스[9] 사이 또는 전선인입구를 가지는 기구 내의 금속관에는 **3개소**가 초과하는 직각 또는 직각에 가까운 굴곡개소를 만들어서는 안된다.

(3) 금속관은 부식방지를 위하여 직접 땅속에 매입하여 배관하여서는 안된다. 다만, 공사상 부득이한 경우 **후강전선관**을 사용하고 이것에 **방수**, **방부**조치로서 주트(jute ; **황마**)를 감싸거나 **콘크리트**로 감싸는 등의 방호장치를 해야 한다.

(4) 관과 관의 연결은 **커플링**을 사용하고, 관의 끝부분은 **리머**를 사용하여 관 끝부분을 매끄럽게 다듬는다.

3) 금속관 및 부속품의 연결과 지지, 굴곡

(1) 금속관 상호간의 접속은 **커플링**으로 접속할 것. 이 경우 조임 등은 확실하게 할 것

9) 아웃렛박스(outlex box) : 감지기, 유도등 및 전선의 접속 등에 사용되는 박스의 총칭

(2) 금속관과 박스, 기타 이와 유사한 것과를 접속하는 경우로서 틀어 끼우는 방법에 의하지 아니할 때는 **로크너트 2개**를 사용하여 **박스** 또는 **캐비닛** 접속부분의 양측을 조일 것. 다만, **부싱** 등으로 견고하게 부착할 경우에는 로크너트를 생략할 수 있다.

(3) 금속관을 조영재[10]에 따라서 시설하는 경우에는 **새들** 또는 **행거** 등으로 견고하게 지지하고, 그 간격은 **2m 이하**로 하는 것이 바람직하다.

(4) 관의 굴곡개소가 많은 경우 또는 관의 길이가 30m를 초과하는 경우에는 **풀박스**[11]를 설치하는 것이 바람직하다.

(5) **유니버셜엘보, 티, 크로스** 등은 조영재에 은폐시켜서는 안된다. 다만, 그 부분을 점검할 수 있는 경우에는 그러하지 아니하다.

(6) **절연전선**을 사용해야 한다. 관내에서의 전선의 **접속**이 없어야 한다.

4) 금속관공사에 사용되는 부품

명 칭	설 명	형 태
유니언커플링 (union coupling)	**금속전선관 상호간을 접속**하는데 사용되는 부품(관이 **고정**되어 있을 때 사용)	
커플링 (coupling)	**금속전선관 상호간을 접속**하는데 사용되는 부품(관이 **고정되어 있지 않을 때** 사용)	
유니버셜엘보 (universal elbow)	**노출배관공사**할 때 관을 **직각**으로 굽히는 곳에 사용하는 부품	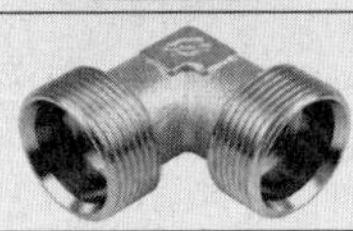
노멀밴드 (normal bend)	**매입배관공사**할 때 관을 **직각**으로 굽히는 곳에 사용하는 부품	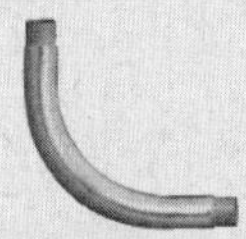
부싱 (bushing)	전선의 절연전선을 보호하기위해 **금속관 끝**에 취부하여 사용되는 부품	
로크너트 (lock nut)	**금속관과 박스를 접속**할 때 사용되는 부품 최소 2개를 사용	
링리듀셔 (ring reducer)	금속관을 아웃렛박스에 로크너트만으로 고정하기 어려울 때 보조적으로 사용되는 부품	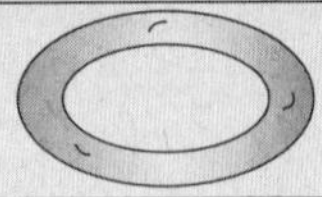

10) 조영재 : 전선을 고정시킬 수 있는 벽 등을 말한다.
11) 풀박스 : 배관이 긴 곳 또는 굴곡 부분이 많은 곳에서 시공이 용이하도록 전선을 끌어들이기 위한 배선 도중에 사용하는 박스

새들 (saddle)	관을 **지지**하는데 사용하는 부품	
리머 (reamer)	**금속관 말단의 모**를 다듬기 위한 기구	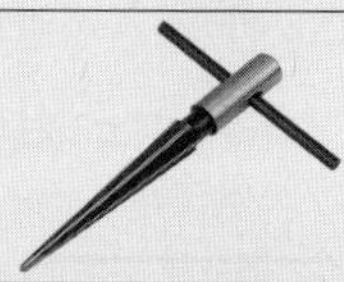
파이프커터 (pipe cutter)	금속관을 **절단**하는 기구	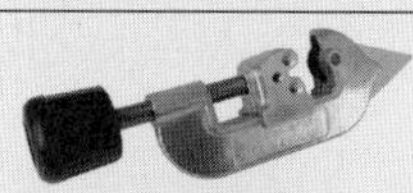
환형 3방출 정션 박스	배관 분기용 박스	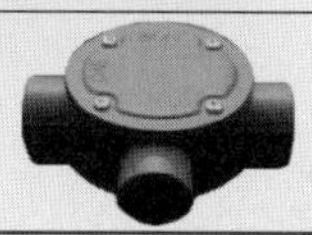

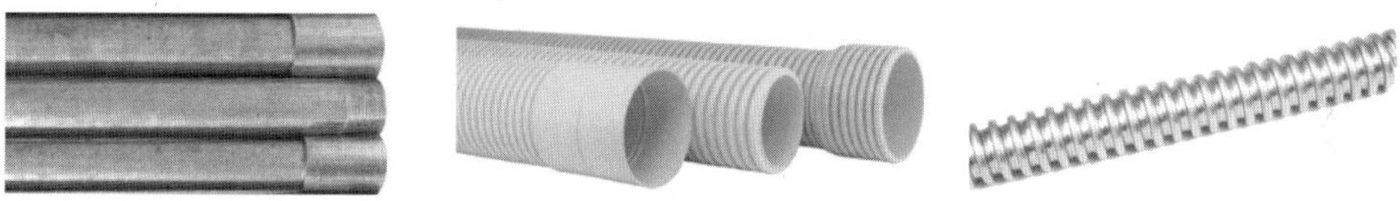

(a) 금속관 공사 (b) 합성수지관 공사 (c) 가요전선관 공사

그림 5.4 ◦ 저압옥내배선 공사의 종류

2. 합성수지관(= 경질비닐전선관) 공사

1) 합성수지관 공사의 기준

(1) 저압옥내배선의 사용전압이 **400V 미만**인 경우에 합성수지관을 금속제 박스에 접속하여 사용하는 때 또는 **분진 방폭형 플레시블피팅**을 사용하는 때는 박스 또는 분진 방폭형 플렉시블피팅에 **제3종 접지공사**를 할 것. 다만, 다음 중 하나에 해당하는 경우에는 그러하지 아니하다.

① 건조한 장소에 시설하는 경우

② 옥내배선의 사용전압이 **직류 300V** 또는 **교류 대지전압 150V 이하**인 경우에 사람이 쉽게 접촉할 우려가 없도록 시설하는 경우

(2) 저압옥내배선의 사용전압이 **400V 이상**인 경우에 합성수지관을 금속제 박스에 접속하여 사용하는 때 또는 분진 방폭형 플레시블피팅을 사용하는 때는 박스 또는 분진 방폭형 플렉시블피팅에 **특별 제3종 접지공사**를 할 것. 다만, 사람이 접촉할 우려가 없도록 시설하는 때에는 **제3종 접지공사**에 의할 수 있다.

(3) 습기가 많은 장소 또는 물기가 있는 장소에 시설하는 경우에는 **방습장치**를 할 것

(4) 관 상호간 및 관과 박스의 삽입 깊이는 관 바깥지름의 **1.2배**(접착제를 사용하는 경우에는 **0.8배**) **이상**으로 하고 또는 **꽂음 접속**에 의하여 견고하게 접속할 것

(5) 관 지지점간의 거리는 **1.5m 이하**로 하고, 또한 그 지지점은 **관의 끝·관과 박스의 접속점** 및 **관 상호간 의 접속점** 등에 가까운 곳에 시설할 것

2) 합성수지관 공사방법

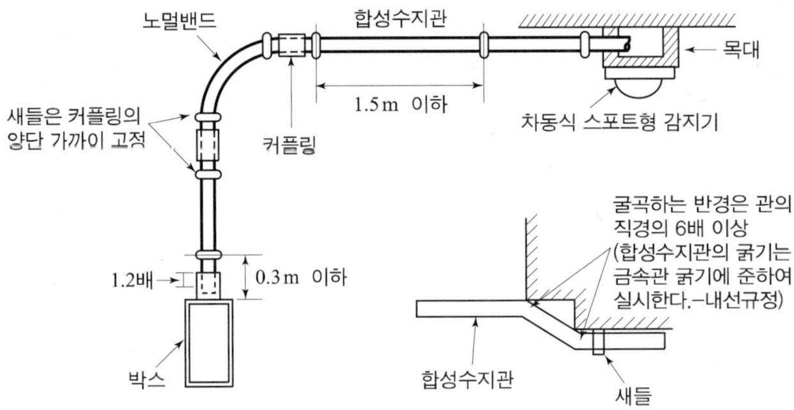

그림 5.5 ◦ 합성수지관 공사방법

3) 합성수지관의 장점[가.내.가.절.집(접)]

(1) **가**볍고 시공이 용이하다.

(2) **내**부식성이다.

(3) **가**격이 저렴하다.

(4) **절**단이 용이하다.

(5) **접**지가 불필요하다.

4) 합성수지관의 단점

(1) 열에 약하다.

(2) 충격에 약하다.

5) 금속관과의 비교

비 교	금속관(전선관)	합성수지관(경질비닐전선관)
관의 길이	3.66m	4.0m
지지점간 거리	2m 이하	1.5m 이하

3. 가요전선관 공사

1) 시공장소

(1) 굴곡장소가 많거나 금속관 공사의 시공이 어려운 경우

(2) 전동기와 옥내배선을 연결할 경우

2) 가요전선관 공사에 사용되는 부품

명 칭	설 명	형 태
스트레이트박스 커넥터 (Straight box connector)	**가요전선관과 박스의 연결**에 사용되는 부품	
콤비네이션 커플링 (Combination coupling)	**가요전선관과 전선관의 연결**에 사용되는 부품	
스플리트 커플링 (Split coupling)	**가요전선관과 가요전선관의 연결**에 사용되는 부품	

4. 전선을 넣을 수 있는 단면적

저압옥내배선 공사		전선을 넣을 수 있는 단면적
금속덕트		20% 이하
전선관 합성수지관	다른 굵기 전선	32% 이하
	동일 굵기 전선	48% 이하

5. MCC와 소화펌프 모터 사이의 저압옥내배선 공사 예

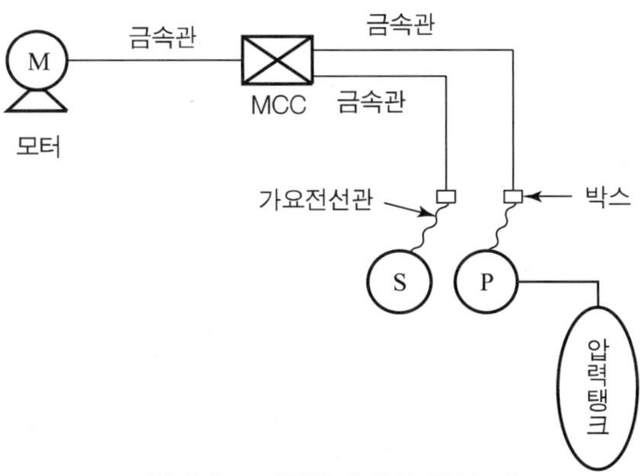

그림 5.6 ◦ 저압옥내배선 공사 예

6 접지공사

1. 개요

1) 접지는 어떤 대상물을 전기적으로 대지와 연결하는 것
2) 접지공사는 전기설비, 통신설비, 소방설비, 피뢰설비 등의 도전부와 땅 속에 묻은 접지극을 전선으로 연결하는 것

2. 종별 접지설계 방식 폐지(KEC 140)

1) 접지대상에 따라 일괄 적용한 종별접지(1종, 2종, 3종, 특3종) 폐지('21 시행)

접지대상	현행 접지방식	KEC 접지방식
(특)고압 설비	1종 : 접지저항 10Ω	• 계통접지 : TN, TT, IT 계통 • 보호접지 : 등전위본딩 등 • 피뢰시스템접지
600V 이하 설비	특3종 : 접지저항 10Ω	
400V 이하 설비	3종 : 접지저항 10Ω	
변압기	2종 : 150/1선지락전류	'변압기 중성점 접지'로 명칭 변경

접지대상	현행 접지도체 최소단면적	KEC 접지/보호도체 최소단면적
(특)고압 설비	1종 : $6.0mm^2$ 이상	상도체 단면적 $S(mm^2)$에 따라 선정 • $S \le 16$: S • $16 < S \le 35$: 16 • $35 < S$: S/2 또는 차단시간 5초 이하의 경우 • $S = \frac{\sqrt{I^2 t}}{k}$
600V 이하 설비	특3종 : $2.5mm^2$ 이상	
400V 이하 설비	3종 : $2.5mm^2$ 이상	
변압기	2종 : $16.0mm^2$ 이상	

구분		나동연선	절연전선	XLPE
상시 허용온도 [℃]			70	90
단시간 허용온도 [℃]		1,083	160	250
K	옥내(30℃)	284	143	176
	옥외(55℃)	276	126	162

2) 국제표준의 접지설계 방식 도입을 통한 현장 특화된 접지시스템 구분 설정
   (1) 계통접지 : 전력계통의 이상현상에 대비하여 대지와 계통을 접속
   (2) 보호접지 : 감전보호를 목적으로 기기의 한 점 이상을 접지
   (3) 피뢰시스템접지 : 뇌격전류를 안전하게 대지로 방류하기 위한 접지

3) 접지설계 방식의 국내 수용성 향상을 위한 접지시스템의 시설 종류 설정

(1) 단독접지 : (특)고압 계통의 접지극과 저압 접지계통의 접지극을 독립적으로 시설하는 접지 방식

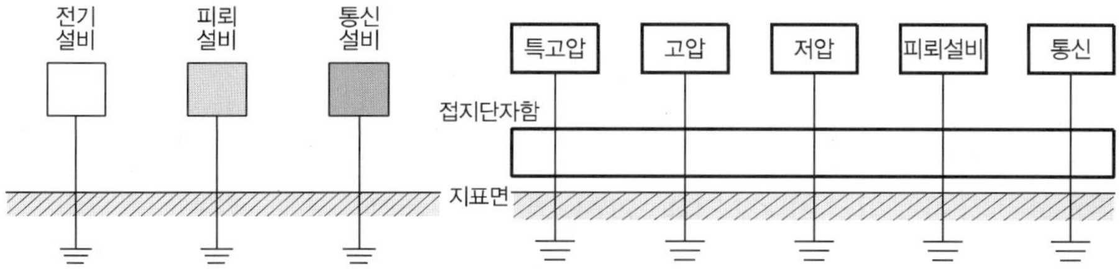

(2) 공통접지 : 공통접지는 (특)고압 접지계통과 저압 접지계통을 등전위 형성을 위해 공통으로 접지하는 방식

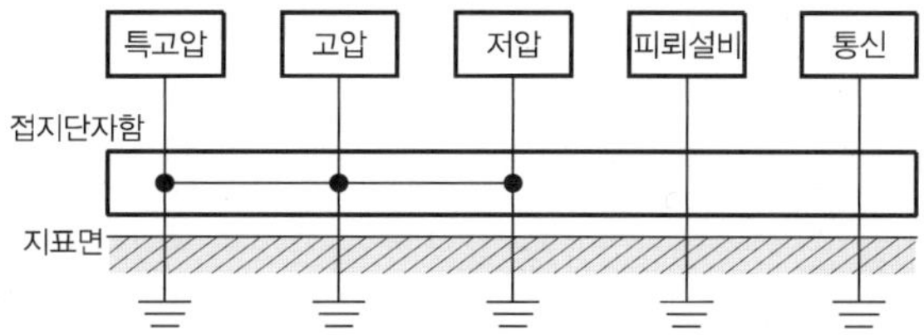

(3) 통합접지 : 계통접지·통신접지·피뢰접지의 접지극을 통합하여 접지하는 방식

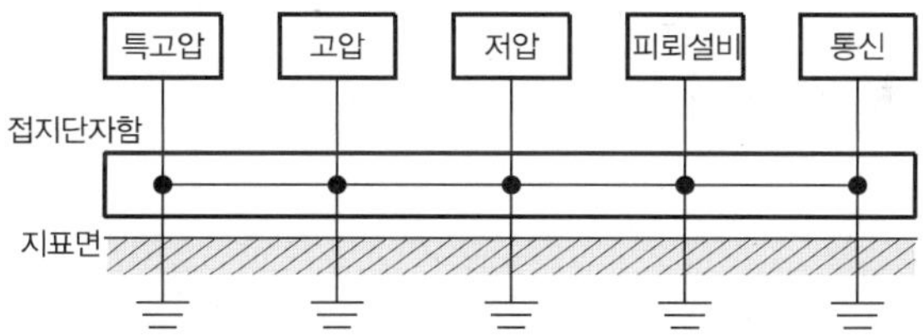

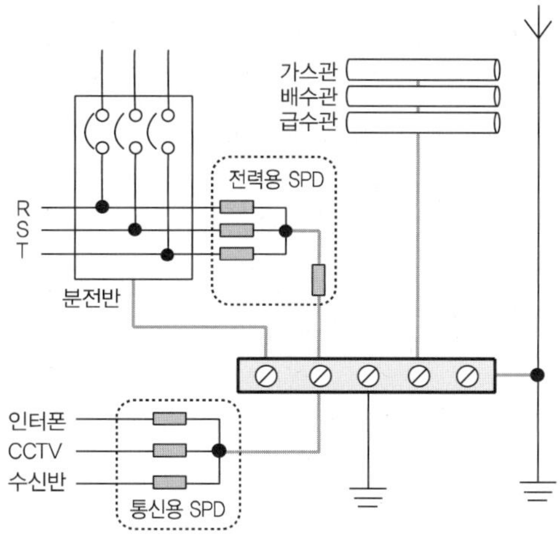

4) 수전전압별 접지설계 시 고려 사항

(1) 저압수전 수용가 접지설계 : 주상변압기를 통해 저압전원을 공급 받는 수용가의 경우 **지락전류 계산과 자동 차단조건 등**을 고려하여 접지설계

(2) (특)고압수전 수용가 접지설계 : (특)고압으로 수전 받는 수용가의 경우 **접촉 · 보폭 전압**과 **대지전위상승(EPR)**, **허용 접촉전압** 등을 고려

3. 한국전기설비규정(KEC)에 의한 계통접지(TN, TT, IT)

1) 계통접지의 구성

저압전로의 보호도체 및 중성선의 접속방식에 따라 접지계통은 TN, TT, IT계통으로 분류한다. 계통접지에서 사용되는 문자를 정의하면 표 5.1과 같다.

표 5.1 • 계통접지에서 사용되는 문자의 정의

제1문자	제2문자	보조문자	설명
전력계통(전원)과 대지 사이의 관계			
T			Terra(대지) : 계통접지를 말하며, 대지의 한점에 직접 접속한다.
I			Isolate(절연) : 대지와 절연 또는 고임피던스를 삽입하여 대지에 직접 접속한다.
	부하설비(전기설비의 노출도전성 부분)와 대지 사이의 관계		
	N		Neutral(중성점) : 노출도전성 부분을 전원부의 접지점에 직접 접속하며, 일반적으로 중성선(중성선이 없을 경우 선도체)을 이용한다.
	T		Terra(대지) : 기기접지를 말하여, 노출도전성 부분을 대지에 직접 접지한다.
		중성선과 보호도체의 배치와의 관계	
		S	Separated(분리) : 중성선과 보호도체를 분리한 상태로 실시한다.
		C	Combined(결합) : 중성선과 보호도체를 한 개의 도체로 겸용한다. 일명 PEN도체라 한다.

(1) TN 계통

전원측의 한 점을 직접 접지하고 설비의 노출도 전부를 보호도체로 접속시키는 방식으로 중성선 및 보호도체(PE 도체)의 배치 및 접속방식에 따라 다음과 같이 분류한다.

① TN-S 계통

계통 전체에 걸쳐 중성선과 보호도체(PE)를 분리한다.

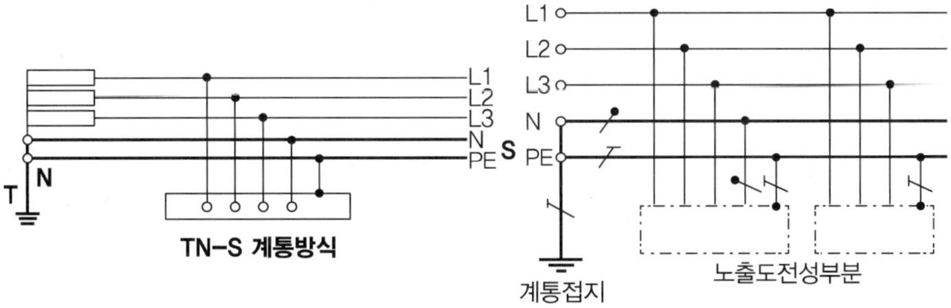

② TN-C 계통

계통을 통해서 중성선과 보호도체의 기능을 동일도체로 겸용한다.

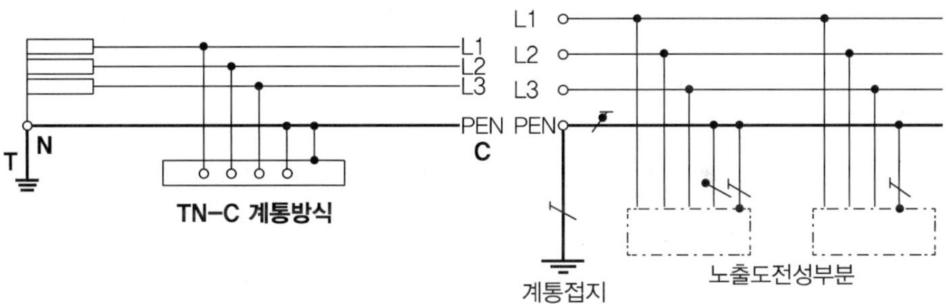

③ TN-C-S 계통

계통의 일부에서 중성선과 보호도체의 기능을 동일도체로 겸용한다.

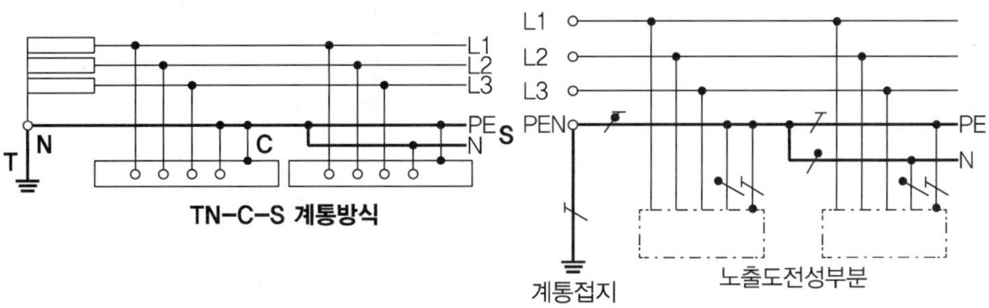

(2) TT 계통

전원의 한 점을 직접 접지하고 설비의 노출 도전성 부분을 전원 계통의 접지극과 전기적으로 독립한 접지극에 접지하는 접지계통 방식을 말한다.

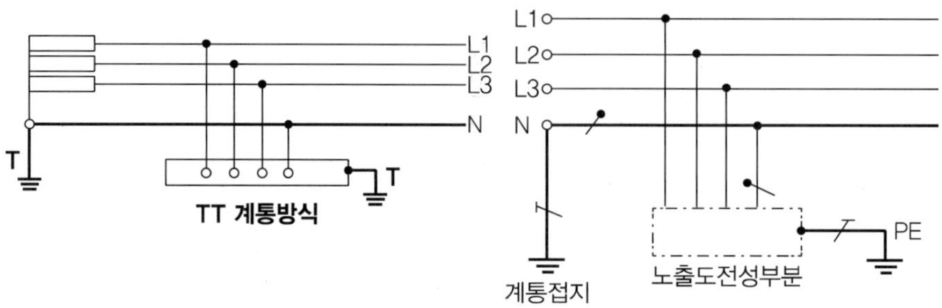

(3) IT 계통

IT 계통이란 충전부 전체를 대지로부터 절연시키거나 한 점에 임피던스를 삽입하여 대지에 접속시키고 전기기기의 노출 도전성 부분을 단독 또는 일괄적으로 접지하는 접지계통 방식을 말한다.

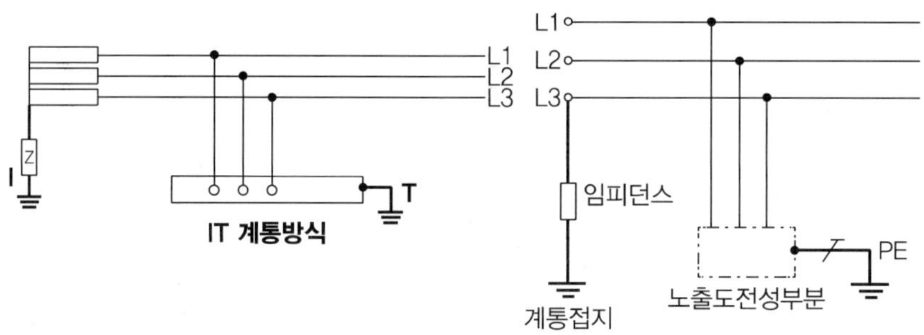

4. 접지공사의 노출 시공

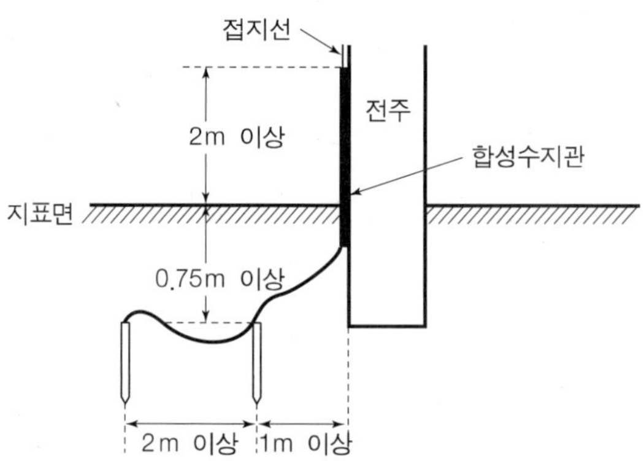

그림 5.7 ◦ 접지공사의 노출시공

5. 접지저항 측정 장치

1) 접지 저항계법(전자식)

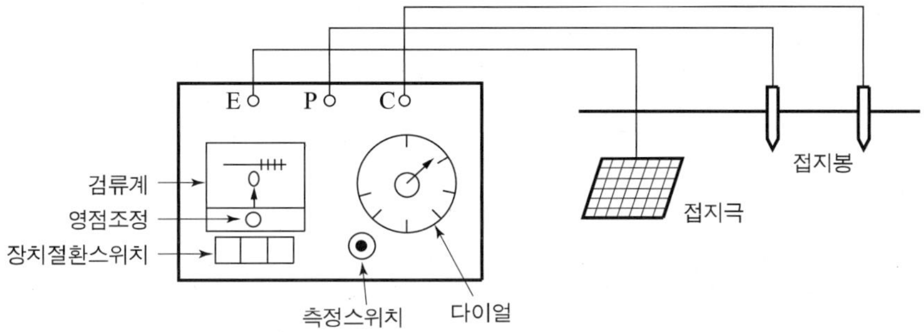

그림 5.8 ◦ 접지 저항계법

2) 코올라우쉬(Kohlrausch) 브리지법

$$R_x = \frac{1}{2}(R_{ab} + R_{ca} - R_{bc})$$

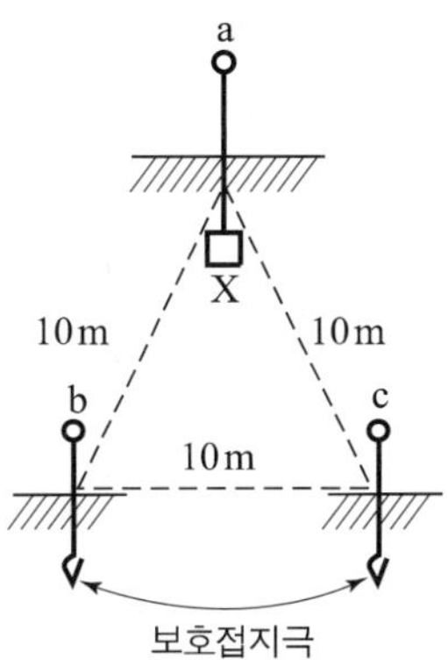

그림 5.9 ◦ 코올라우쉬 브리지법

6. 접지봉과 접지선 연결방법

1) 용융접속 – 내구성이 제일 좋음

2) 납땜접속

3) 슬리브 압착 접속

7. 임피던스 미터(RLC Meter)

1) 용도 – 저항(R), 인덕턴스(L), 커패시터(C) 측정

2) 측정방법

(1) 주파수 범위를 설정한다.

(2) 측정하고자하는 부품의 양단에 탐침을 접촉한다.

(3) 측정버튼을 눌러 임피던스를 측정한다.

3) 외형 및 구성

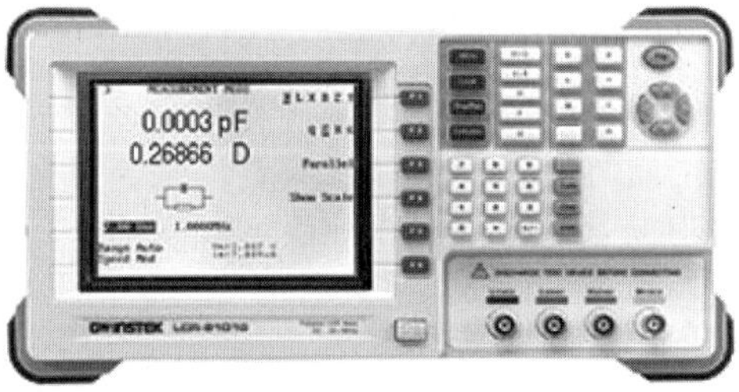

그림 5.10 ◦ 임피던스 미터의 외형 및 구성

7 전동기

1. 개요

1) 전동기는 사용전원에 따라 **직류전동기**와 **교류전동기**로 분류되며, 교류전동기는 다시 **유도전동기**와 **동기전동기**로 분류된다.
2) 직류전동기는 직류전원장치가 필요하며, 정류기 보수가 어렵고 가격이 비싼 단점이 있다. 동기전동기는 역률은 높지만 구조가 복잡하고 보수 점검도 불편하며 가격이 비싸다.
3) 유도전동기는 견고한 구조, 경제성, 운전특성이 우수하여 3상 설비 동력원으로 널리 사용되고 있지만 기동 시 많은 전류가 흐르고 부하에 따라 역률이 낮고 기동토오크가 적은 것이 문제이다.
4) 유도전동기는 상수에 따라 3상과 단상으로 분류되며 3상은 다시 농형과 권선형으로 분류할 수 있다. 소방용으로 많이 사용되고 있는 농형 유도전동기의 기동방식은 **전전압 기동**과 **감압 기동**으로 분류한다.

2. 유도전동기의 분류

1) 단상 – 분상기동형, 콘덴서기동형, 반발기동형, 쉐이딩코일형 전동기
2) 삼상
   (1) 농형 – 보통농형, 특수농형(2중농형, 심구형)
   (2) 권선형

3. 유도전동기의 기동방식

1) 기동전류 발생원리

(1) 발생원리

회전자속이 동기속도로 회전자 권선을 끊음

➡ 전부하전류의 5~6배 기동전류 흐름 ➡ 2차 리액턴스 커짐

➡ 2차 역률이 나빠지고 기동토오크가 적어짐

(2) 속도 - 토오크 특성곡선

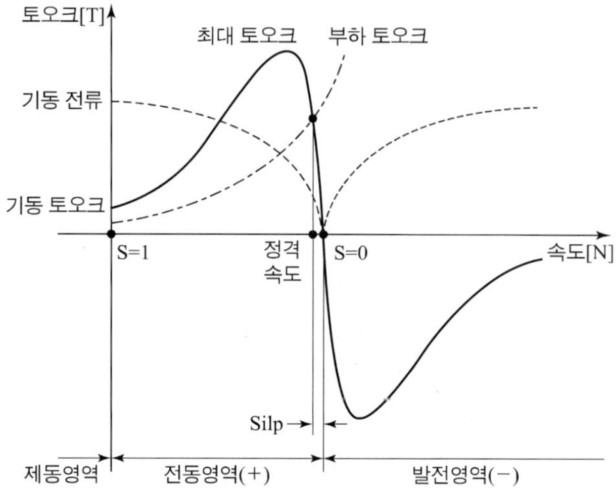

그림 5.11 ◦ 유도전동기 속도-토오크 특성곡선

2) 기동방식 종류 및 특징

구 분	장 점	단 점	적 용
전전압	정격전압 직접 인가 간단하고 경제적	기동전류 큼(5~6배) 전압강하 큼	220V 7.5HP 이하 380V 15HP 이하
Y－Δ	기동전류 1/3 감소 기동장치 간단	돌입전류 발생 별도 기동장치 필요	15~30HP 중규모
Kondorfer	돌입전류 해결 원활한 기동	고가	소용량 발전기 전원 대용량 전동기 기동
단권트랜스	정격전압 50~80% 기동 2~3배 기동전류	효율 낮음 유지보수 곤란	30HP 이상 중·대규모
직렬저항	단권트랜스보다 간단 2~3배 기동전류	효율 낮음 저항소손 잦음	무, 경부하 적합
직렬리액턴스	상동	단권트랜스 보다 기동용량이 크다	저잡음 요구 장소
Kusa	합성벡터를 적게 함 조용한 기동	1차 불평형 기동	조용한 장소
VVVF	고효율 운전 조용한 기동	고가	속도제어가 필요한 장소

(1) 전전압 기동(직입 기동방식)

① 전동기 단자에 정격전압을 직접 인가하는 방식

② 가장 간단하고 경제적

③ 기동전류가 정격전류의 5～6배 흐름

④ 전압강하가 크게 발생

⑤ 큰 토오크가 갑자기 부하에 가하여 충격을 줌

⑥ 5.5kW 이하의 충압펌프에 많이 사용

(2) Y－Δ 기동

① 회로도 및 동작과정

가. MC_1, MC_2를 투입하여 Y결선하여 기동

나. 회전속도가 어느 정도 가속된 후 MC_2 Open, MC_3 투입하여 Δ결선 운전

다. 전전압 인가

구 분	접 속	MC_1	MC_2	MC_3
기 동	Y	ON	ON	OFF
운 전	Δ	ON	OFF	ON

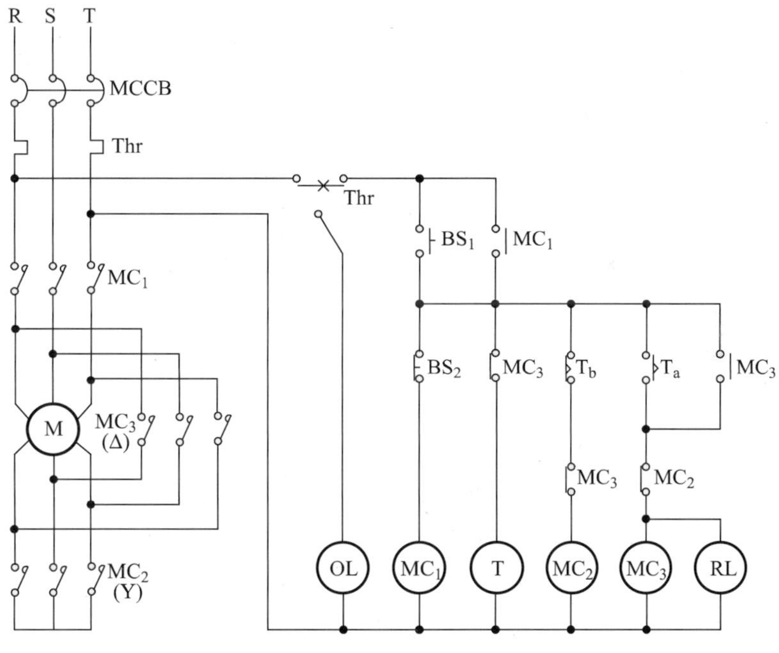

그림 5.12 • Y－Δ 기동 회로도

② 특징

가. Y로 기동하여 충분히 가속된 뒤 Δ로 결선을 바꾸는 방법

나. 각상에 걸리는 전압－Y결선은 Δ결선의 $1/\sqrt{3}$

다. 각상에 걸리는 토오크 - 전압의 2승에 비례(1/3)
라. 각상에 걸리는 전류 - Y결선은 Δ결선의 1/3
마. 기동전류 1/3로 감소
바. 돌입전류 발생 - 별도 기동장치 필요
사. 15～30HP 정도의 주펌프에 많이 사용

3) 기동방식 선정시 고려 사항

(1) 전동기 부하특성 - 부하측의 속도 − 토오크 특성에 맞는 전동기 선정
(2) 허용전압 강하 - 15% 이내면 전전압 기동, 초과시 감압 기동, Tr용량 검토
(3) 기동계급 선정 - 기동계급이 높고, 역률, 효율이 좋은 것 사용
(4) 기타 - 기동시간내량, 제어방식 등

4. 전동기의 용량 산정

1) 펌프(Pump)

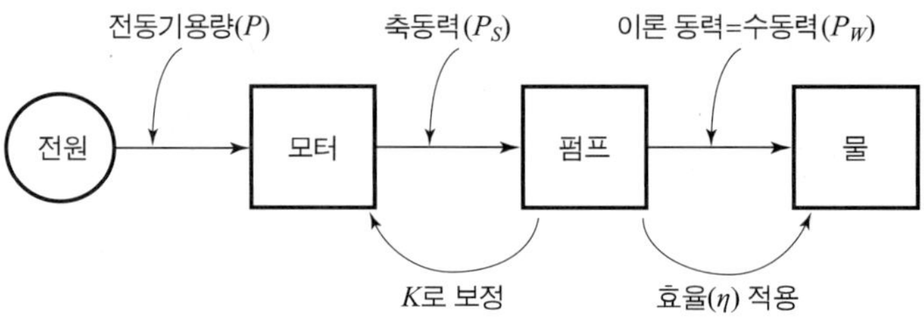

그림 5.13 • 펌프 전동기 용량 산정 개념도

(1) 이론동력 = 수동력 $= \dfrac{\text{힘} \times \text{거리}}{\text{시간}}$

$$P_W = \frac{F \cdot S}{t} = \frac{PA \cdot Vt}{t} = PAV = PQ = rQH\,(\text{kg}_\text{f} \cdot \text{m/sec})$$

$(F = PA,\quad S = Vt,\quad Q = AV,\quad P = rH)$

(2) 축동력 $= \dfrac{\text{이론동력}}{\eta}$

$$P_S = \frac{P_W}{\eta} = \frac{rQH}{\eta}\ (\text{kg}_\text{f} \cdot \text{m/sec})$$

(3) 전동기용량 = 축동력×전달계수(전동기직결 : 1.1, 내연기관 : 1.15～1.2)

$$P = P_S \times K = \frac{rQH}{\eta} \times K \ (\mathrm{kg_f} \cdot \mathrm{m/sec})$$

(4) 단위변환

① P (kg$_f$·m/sec)를 P(kW)로 변환[1(kW) = 102(kg$_f$·m/sec)]

$$P = \frac{rQH}{102\eta}K = \frac{9.8QH}{\eta}K\,(\mathrm{kW})$$

여기서, P : 전동기용량(kW)
r : 비중량(kg$_f$/m^3, 물의 비중량 : 1,000)
Q : 토출량(m^3/sec)
H : 전양정(m)
η : 효율
K : 전달계수

② Q (m^3/sec)를 Q (m^3/min)으로 변환

$\frac{\mathrm{m^3}}{\mathrm{sec}} \rightarrow \frac{\mathrm{m^3}}{\mathrm{min}}$로 변환하면, $\frac{\mathrm{m^3}}{\mathrm{sec}} \times \frac{60\mathrm{sec}}{1\mathrm{min}} = 60\frac{\mathrm{m^3}}{\mathrm{min}}$

$Q(\mathrm{m^3/sec}) : Q(\mathrm{m^3/min}) = 1 : 60$

$Q(\mathrm{m^3/min}) = 60Q(\mathrm{m^3/sec})$

① 식에 대입하면 $P = \frac{9.8/60QH}{\eta}K = \frac{0.163QH}{\eta}K\ (\mathrm{kW})$

③ 주의 사항

가.

$$P = \frac{rQH}{102\eta}K = \frac{9.8QH}{\eta}K(\mathrm{kW})$$

여기서, **Q (m^3/sec)**

나.

$$P = \frac{0.163QH}{\eta}K\ (\mathrm{kW})$$

여기서, **Q (m^3/min)**

2) 송풍기(Fan, Blower)

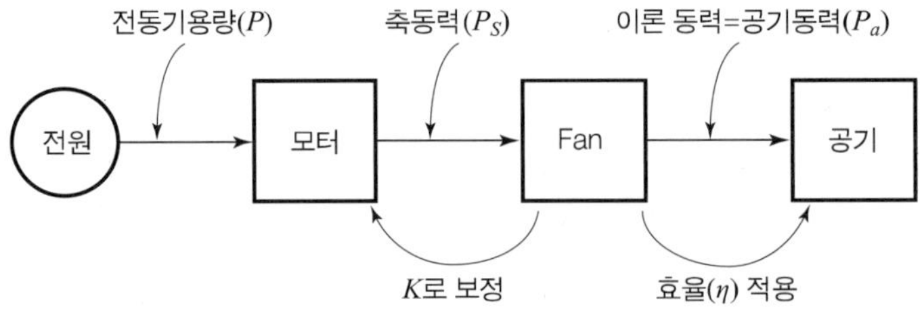

그림 5.14 • 송풍기 전동기 용량 산정 개념도

(1) 송풍기의 전동기 용량 수식은 펌프의 전동기 용량 수식에서 전달매체를 물에서 공기로 변환한 수식이다. 즉, 물의 비중량 1,000 (kg_f/m^3)이 공기 비중량 1 (kg_f/m^3)로 바뀌고, 양정 H(m)가 풍압(kg_f/m^2)으로 변환한 수식이다.

양정과 풍압의 관계는 1(m) = 0.1(kg_f/cm^2) = 1,000(kg_f/m^2) 이므로, 물에서 공기로 변환된 압력인 풍압은 $P_t = \frac{1}{1,000} \times 1,000 = \gamma H$ (kg_f/m^2)가 된다.

이것을 펌프(3) 전동기 용량 수식에 적용하면 송풍기의 전동기 용량 수식은 다음과 같다.

$$P = \frac{\gamma Q H}{\eta} \times K\ (kg_f \cdot m/sec) \ \rightarrow \ P = \frac{P_t Q}{\eta} \times K\ (kg_f \cdot m/sec)$$

(2) 단위변환

① P ($kg_f \cdot$ m/sec)를 P (kW)로 변환 [1kW = 102($kg_f \cdot$ m/sec)]

$$P = \frac{P_t Q}{102\eta} K = \frac{9.8 \times 10^{-3} P_t Q}{\eta} K\ \ (kW)$$

여기서, P : 전동기용량(kW)
P_t : 풍압[(kg_f/m^2)(mmAq)(mmH_2O)]
Q : 풍량(m^3/sec)
η : 효율
K : 전달계수

② Q (m^3/sec)를 Q (m^3/min)으로 변환

$$P = \frac{9.8 \times 10^{-3} P_t \frac{Q}{60}}{\eta} K = \frac{0.163 \times 10^{-3} P_t Q}{\eta} K = \frac{P_t Q}{6,120\eta} K\ (kW)$$

③ 주의사항

가. 거실

$$P = \frac{P_t Q}{102\eta}K = \frac{9.8\times 10^{-3}P_t Q}{\eta}K \text{ (kW)} \quad \text{여기서 } Q\,(\mathrm{m^3/sec})$$

$$P = \frac{0.163\times 10^{-3}P_t Q}{\eta}K = \frac{P_t Q}{6,120\eta}K \text{ (kW) 여기서 } Q\,(\mathrm{m^3/min})$$

나. 부속실에 적용할 경우에는 거실 식에 1.15를 곱해주어야 한다.

$$P = \frac{P_t Q}{102\eta}\times 1.15\times K = \frac{9.8\times 10^{-3}P_t Q}{\eta}\times 1.15\times K \text{ (kW),} \quad \text{여기서 } Q\,(\mathrm{m^3/sec})$$

$$P = \frac{0.163\times 10^{-3}P_t Q}{\eta}\times 1.15\times K = \frac{P_t Q}{6,120\eta}\times 1.15\times K \text{ (kW), 여기서 } Q\,(\mathrm{m^3/min})$$

3) 예제

Exercise 1

유량 10m^3/min, 양정 50m인 스프링클러 가압펌프 전동기의 용량은 몇 kW인가?
(단, 펌프효율은 85%, 전달계수는 1.1이다.)

Solution

① $P = \frac{rQH}{102\eta}K = \frac{9.8QH}{\eta}K$ 수식에서

문제에서 유량 $Q(\mathrm{m^3/min})$이고, 수식은 $Q(\mathrm{m^3/sec})$이므로 단위변환 시행

$\frac{\mathrm{m^3}}{\mathrm{min}} \rightarrow \frac{\mathrm{m^3}}{\mathrm{sec}}$로 변환하면 $\quad \frac{\mathrm{m^3}}{\mathrm{min}}\times\frac{1\mathrm{min}}{60\mathrm{sec}} = \frac{1}{60}\frac{\mathrm{m^3}}{\mathrm{sec}}$

$$P = \frac{9.8QH}{\eta}K = \frac{9.8\times 10\times 50}{0.85\times 60}\times 1.1 = 105.69\mathrm{kW}$$

② $P = \frac{0.163QH}{\eta}K$ (kW) 수식 적용

$$P = \frac{0.163QH}{\eta}K = \frac{0.163\times 10\times 50}{0.85}\times 1.1 = 105.47\mathrm{kW}$$

Exercise 2

토출량 1,200 lpm, 양정 100m인 스프링클러 가압펌프 전동기의 용량은 몇 kW인가?
(단, 펌프효율은 60%, 전달계수는 1.1이다.)

Solution

① $P = \frac{rQH}{102\eta}K = \frac{9.8QH}{\eta}K$ 수식에서

문제에서 토출량 Q(lpm)이고, 수식의 $Q(\text{m}^3/\text{sec})$이므로 단위변환 시행

$\frac{l}{\text{min}} \rightarrow \frac{\text{m}^3}{\text{sec}}$로 변환하면

$$\frac{l}{\text{min}} \times \frac{\frac{1}{1000}\text{m}^3}{1l} \times \frac{1\text{min}}{60\text{sec}} = \frac{1}{1{,}000 \times 60}\frac{\text{m}^3}{\text{sec}} (\because 1\text{m}^3 = 1{,}000l)$$

$$P = \frac{9.8QH}{\eta}K = \frac{9.8 \times 1{,}200 \times 100}{0.6 \times 1{,}000 \times 60} \times 1.1 = 35.93\text{kW}$$

② $P = \frac{0.163QH}{\eta}K\ (\text{kW})$ 수식에서

문제에서 토출량 Q(lpm)이고, 수식의 $Q(\text{m}^3/\text{min})$이므로 단위변환 시행

$$\frac{l}{\text{min}} \times \frac{\frac{1}{1000}\text{m}^3}{1l} = \frac{1}{1{,}000}\frac{\text{m}^3}{\text{min}} (\because 1\text{m}^3 = 1{,}000l)$$

$$P = \frac{0.163QH}{\eta}K = \frac{0.163 \times 1{,}200 \times 100}{0.6 \times 1{,}000} \times 1.1 = 35.86\text{kW}$$

Exercise 3

60m^{3}의 물을 지하 저수조에서 50m 높이의 소방용 고가수조에 물을 퍼 올릴 때 50kW의 전동기를 사용한다면 얼마동안 전동기가 운전되어야 하는가? (단, 펌프의 효율은 80%이며 전달계수는 1.2이다.)

Solution

① $P = \frac{rQH}{102\eta}K = \frac{9.8QH}{\eta}K$ 수식에서 $Q\,(\text{m}^3/\text{sec})$인데 만약 $Q\,(\text{m}^3)$로 표현된다면

$P = \frac{9.8QH}{\eta t}K$로 변형이 가능하다. 이때 t의 단위는 (sec)이다.

위 식을 시간의 수식으로 변형하면 $t = \frac{9.8QH}{\eta P}K$ 이 된다.

$$t = \frac{9.8 \times 60 \times 50}{0.8 \times 50} \times 1.2 = 882\ \text{초}$$

Exercise 4

풍량이 $10m^3/s$이고 풍압이 50mmHg인 전동기의 용량은 몇 kW인가?
(단, 펌프효율은 70%이고 여유계수는 1.1이라고 한다.)

Solution

① 송풍기의 전동기 용량을 구하는 문제 이므로 $P=\dfrac{P_tQ}{102\eta}K=\dfrac{9.8\times10^{-3}P_tQ}{\eta}K$ 수식을 적용한다.

② 수식의 풍압 P_t의 단위가 mmH_2O이고, 문제의 풍압 P_t의 단위가 mmHg이므로 단위변환 시행

$1atm = 760mmHg = 10332mmH_2O$이므로 비례식으로 변환하면

$760[mmHg] : 10332[mmH_2O] = 50[mmHg] : X$

$$X=\frac{10332\times50}{760}=679.7368 ≒ 679.74[mmH_2O]$$

③ 전동기 용량 계산

$$P=\frac{P_tQ}{102\eta}K=\frac{9.8\times10^{-3}P_tQ}{\eta}K$$

$$=\frac{9.8\times10^{-3}\times679.74\times10}{0.7}\times1.1=104.679[kW]$$

$$≒ 104.68\ [kW]$$

Caution!

· 전동기 용량을 구할 때 전달매체가 물인 경우 펌프의 수식을 적용하고, 전달매체가 공기인 경우 송풍기의 수식을 적용한다.

펌프	송풍기
$P=\dfrac{rQH}{102\eta}K=\dfrac{9.8QH}{\eta}$	$P=\dfrac{P_tQ}{102\eta}K=\dfrac{9.8\times10^{-3}P_tQ}{\eta}K$
P : 전동기용량[kW] r : 비중량[kgf/m^3](물의 비중량 : 1,000) Q : 토출량[m^3/sec] H : 전양정[m] η : 효율 K : 전달계수	P : 전동기용량[kW] P_t : 풍압[kgf/m^2, mmAq, mmH_2O] Q : 풍량[m^3/sec] η : 효율 K : 전달계수

· 압력단위 변환 과정

$$
\begin{aligned}
1\,\text{atm} &= 760\,\text{mmHg} = 14.7\,\text{psi}(\text{lbf/in}^2)\\
&= 10332\,\text{kg}_f/\text{m}^2(=\text{mmH}_2\text{O},\ \text{mmAq})\\
&= 1.0332\,\text{kg}_f/\text{cm}^2(1\,\text{m} = 100\,\text{cm})\\
&= 10.1325\,\text{N/cm}^2(1\,\text{kg}_f = 9.8\,\text{N})\\
&= 101.325\,\text{kPa}(1\,\text{N/cm}^2 = 10\,\text{kPa})\\
&= 1013.25\,\text{hPa}(10^2 = \text{h},\ 10^3 = \text{k})\\
&= 1013.25\,\text{mbar}(1\,\text{hPa} = 1\,\text{mbar})
\end{aligned}
$$

Exercise 5

보충량 18,000CMH, 누설량 30m^3/min, 전압 50mmAq인 제연설비용 송풍기의 전동기의 용량[kW]을 구하시오(단, 펌프효율은 60%이고 전달계수는 1.1이다).

Solution

① 송풍기의 전동기 용량을 구하는 문제 이므로 $P=\frac{P_tQ}{102\eta}K=\frac{9.8\times10^{-3}P_tQ}{\eta}K$ 수식을 적용한다.

② 수식의 풍량 Q의 단위가 m^3/sec인데, 문제의 풍량 Q의 단위가 CMH, m^3/min 이므로 단위변환 시행

CMH(=Cubic Meter per Hour) = m^3/h

보충량 18,000 CMH = $18{,}000\frac{\text{m}^3}{\text{h}}\times\frac{1\,\text{h}}{60\,\text{min}} = 300\frac{\text{m}^3}{\text{min}}$

풍량 = 보충량 + 누설량 = $300\frac{\text{m}^3}{\text{min}}+30\frac{\text{m}^3}{\text{min}}=330\frac{\text{m}^3}{\text{min}}$

풍량(Q) = $330\frac{\text{m}^3}{\text{min}}\times\frac{1\,\text{min}}{60\,\text{sec}}=5.5\frac{\text{m}^3}{\text{sec}}$

③ 전동기 용량 계산

$$
\begin{aligned}
P&=\frac{P_tQ}{102\eta}K=\frac{9.8\times10^{-3}P_tQ}{\eta}K\\
&=\frac{9.8\times10^{-3}\times50\times5.5}{0.6}\times1.1\\
&=4.94\,[\text{kW}]
\end{aligned}
$$

5. 전동기 속도와 출력

동기 속도	회전 속도	출 력
$N_s = \frac{120f}{P}$ [rpm] 여기서, N_s: 동기속도 P : 극수 f : 주파수[Hz]	$N = \frac{120f}{P}(1-S)$ [rpm] 여기서, N: 회전속도 P : 극수 f : 주파수[Hz] S : 슬립	$P = 9.8w\tau = 9.8 \times 2\pi\frac{N}{60} \times \tau$ [W] 여기서, P : 출력[W] w : 각속도[rad/s] N : 회전수[rpm] τ : 토크[kg · m]

· **동기속도**와 **극수**는 **반비례** 관계이다. ($N_s \propto \frac{1}{P}$)

· **회전수**와 **출력**은 **비례** 관계이다. ($N \propto P$)

Exercise

3상 380V, 60Hz, 75kW의 스프링클러 펌프와 직결된 전동기가 있다. 이 전동기의 동기속도와 회전속도를 구하시오(단, 슬립은 0.05, 극수는 4극이다).

Solution

① 동기속도

$$N_s = \frac{120f}{P} = \frac{120 \times 60}{4} = 1{,}800 \text{ rpm}$$

② 회전속도

$$N = \frac{120f}{P}(1-S) = \frac{120 \times 60}{4}(1-0.05) = 1{,}710 \text{ rpm}$$

6. 전동기의 절연물 최고허용온도

1) 전기기계의 절연 종별은 내열 특성으로부터 Y, A, E, B, F, H, C종으로 구별할 수 있다.

2) 일반적으로 저압전동기는 E종, 고압전동기는 B종을 적용한다.

절연종류(종)	Y	A	E	B	F	H	C
최고허용온도(℃)	90	105	120	130	155	180	180 초과

8 전력용 콘덴서

1. 개요

1) 부하역률은 변압기 손실경감, 배전선의 손실경감, 설비용량의 여유도 증가, 전압강하율, 전기요금 등에 관계된다.
2) 우리나라는 역률 90%를 기준으로 ±1%마다 할인 또는 할증되는 제도를 채택하고 있어 역률제어는 매우 중요하다.

2. 역률 개선원리 및 개선방법

1) 개선원리

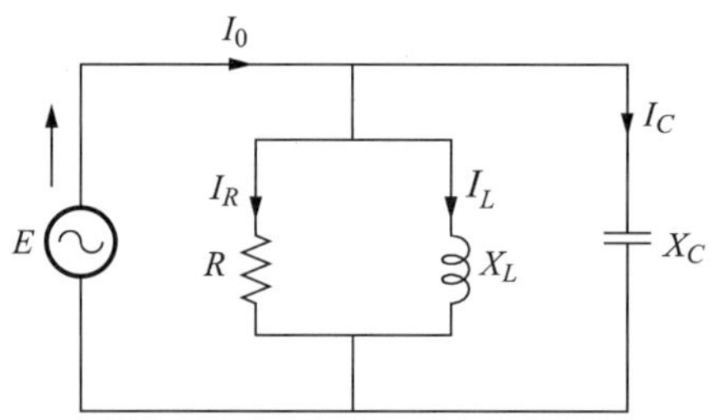

회로도

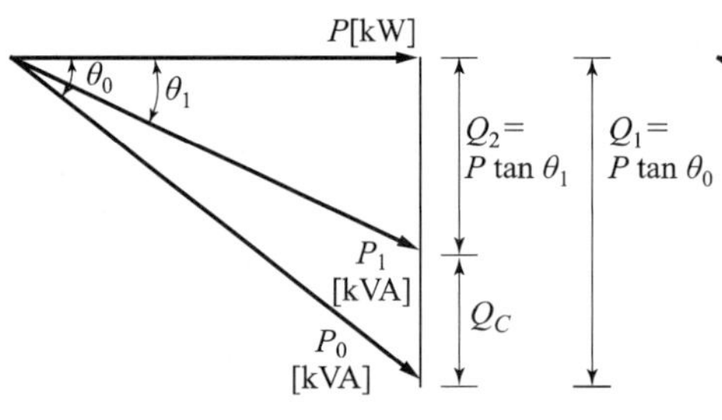

용량벡터도

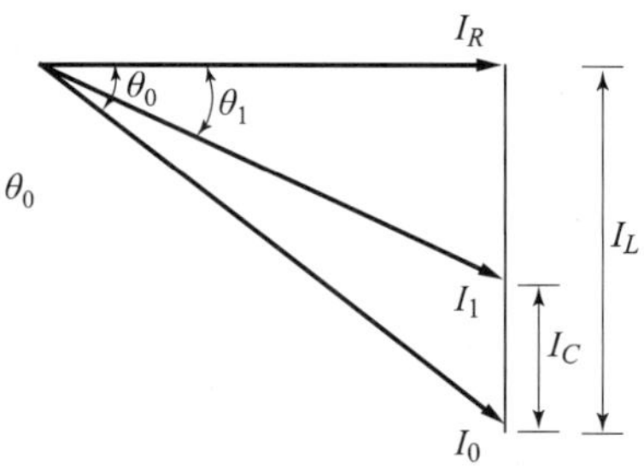

전류벡터도

여기서, P_0 : 역률 개선전의 피상전력
P_1 : 역률 개선후의 피상전력
P : 유효전력
Q : 무효전력
Q_C : 콘덴서 투입량

그림 5.15 • 역률 개선원리 및 개선방법

2) 개선방법

(1) 계산에 의한 방법

$$Q_c = Q_1 - Q_2 = P(\tan\theta_0 - \tan\theta_1)$$
$$= P\left(\sqrt{\frac{1}{\cos^2\theta_0} - 1} - \sqrt{\frac{1}{\cos^2\theta_1} - 1}\right)(\text{kVA})$$
$$= P(\tan\cos^{-1}\cos\theta_0 - \tan\cos^{-1}\cos\theta_1)(\text{kVA})$$

(2) Table에 의한 방법 - (kVA) or (kW) 기준

3. 역률 개선효과 및 역률 제어기기

역률 개선효과	역률 제어기기
변압기, 배전선 손실경감	전력용 콘덴서(SC)
설비용량 여유도 증가	동기 조상기(RC)
전압강하율 개선	정지형 무효전력보상장치(SVC)
전압요금 경감	정지형 동기보상장치(STATCOM)

4. 역률 개선용 콘덴서 용량

1) 수식

$$Q_c = Q_1 - Q_2 = P(\tan\theta_0 - \tan\theta_1)$$
$$= P\left(\frac{\sin\theta_0}{\cos\theta_0} - \frac{\sin\theta_1}{\cos\theta_1}\right)$$
$$= P\left(\frac{\sqrt{1-\cos^2\theta_0}}{\cos\theta_0} - \frac{\sqrt{1-\cos\theta_1^2}}{\cos\theta_1}\right)\left(\begin{array}{l}\because \sin^2\theta + \cos^2\theta = 1, \\ \sin\theta = \sqrt{1-\cos^2\theta}\end{array}\right)$$
$$= P\left(\sqrt{\frac{1}{\cos^2\theta_0} - 1} - \sqrt{\frac{1}{\cos^2\theta_1} - 1}\right)(\text{kVA})$$
$$= P(\tan\cos^{-1}\cos\theta_0 - \tan\cos^{-1}\cos\theta_1)(\text{kVA})$$

2) 용량 환산([kVA] → [μF])

(1) 1상, 3상 Y결선

$$Q_c = 2\pi f C V^2 \times 10^{-9}(\text{kVA}) \rightarrow C = \frac{Q_c}{2\pi f V^2} \times 10^9 (\mu\text{F})$$

(2) 3상 Δ결선

$$Q_c = 6\pi f C V^2 \times 10^{-9}(\text{kVA}) \rightarrow C = \frac{Q_c}{6\pi f V^2} \times 10^9 (\mu\text{F})$$

3) 예제

Exercise 1

역률 0.8, 출력 100kW인 전동기 부하에 병렬로 전력용 콘덴서를 설치하여 역률을 0.9로 개선하려고 한다. 전력용 콘덴서의 용량은 몇 kVA가 필요한가?

Solution

① $Q_c = P\left(\sqrt{\frac{1}{\cos^2\theta_0} - 1} - \sqrt{\frac{1}{\cos^2\theta_1} - 1}\right)$ (kVA) 수식 적용

$$Q_c = P\left(\sqrt{\frac{1}{\cos^2\theta_0} - 1} - \sqrt{\frac{1}{\cos^2\theta_1} - 1}\right)$$

$$= 100\left(\sqrt{\frac{1}{0.8^2} - 1} - \sqrt{\frac{1}{0.9^2} - 1}\right) = 26.57\,\text{kVA}$$

② $Q_c = P(\tan\cos^{-1}\cos\theta_0 - \tan\cos^{-1}\cos\theta_1)$ (kVA) 수식 적용

$$Q_c = P(\tan\cos^{-1}\cos\theta_0 - \tan\cos^{-1}\cos\theta_1)$$

$$= 100(\tan\cos^{-1}0.8 - \tan\cos^{-1}0.9) = 26.57\,\text{kVA}$$

Exercise 2

출력 15kW, 역률 85%인 3상 380V용 유도전동기가 연결된 회로를 역률 95%로 개선시키기 위해 사용되는 콘덴서의 용량(μF)을 구하시오(단, 전원주파수는 60Hz이다).

Solution

① 전력용 콘덴서의 용량(kVA)

$$Q_c(\text{kVA}) = P(\tan\theta_0 - \tan\theta_1) = P\left(\sqrt{\frac{1}{\cos^2\theta_0} - 1} - \sqrt{\frac{1}{\cos^2\theta_1} - 1}\right)$$

$$= 15\left(\sqrt{\frac{1}{0.85^2} - 1} - \sqrt{\frac{1}{0.95^2} - 1}\right) = 15 \times 0.291 \fallingdotseq 4.366\,\text{kVA}$$

② 전력용 콘덴서의 용량(μF)의 변환

가. 1상, 3상 Y결선

$$Q_c = 2\pi f C V^2 \times 10^{-9}(\text{kVA}) \rightarrow C = \frac{Q_c}{2\pi f V^2} \times 10^9(\mu\text{F})$$

$$C = \frac{4.366}{2 \times 3.14 \times 60 \times 380^2} \times 10^9(\mu\text{F}) = 80.2\mu\text{F}$$

나. 3상 Δ결선

$$Q_c = 6\pi f C V^2 \times 10^{-9}(\text{kVA}) \rightarrow C = \frac{Q_c}{6\pi f V^2} \times 10^9(\mu\text{F})$$

$$C = \frac{4.366}{6 \times 3.14 \times 60 \times 380^2} \times 10^9(\mu\text{F}) = 26.75\mu\text{F}$$

5. 콘덴서 회로의 주변기기

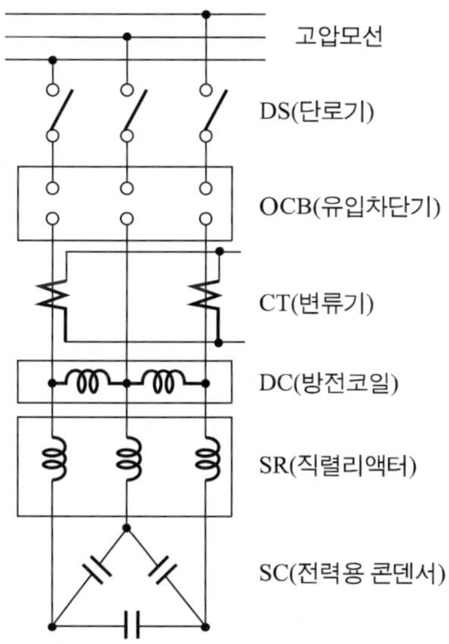

그림 5.16 ● 콘덴서 회로의 주변기기

주변 기기	역 할
전력용 콘덴서(진상용 콘덴서, 스태틱 콘덴서)	부하의 역률 개선
직렬 리액터(series reactor)	제 5고조파 파형 개선
방전코일(discharge coil)	투입시 과전압으로부터 보호, 개방시 잔류전하 방전

9 전파정류회로(브리지 정류회로)

1. 다이오드 2개를 이용한 전파정류회로

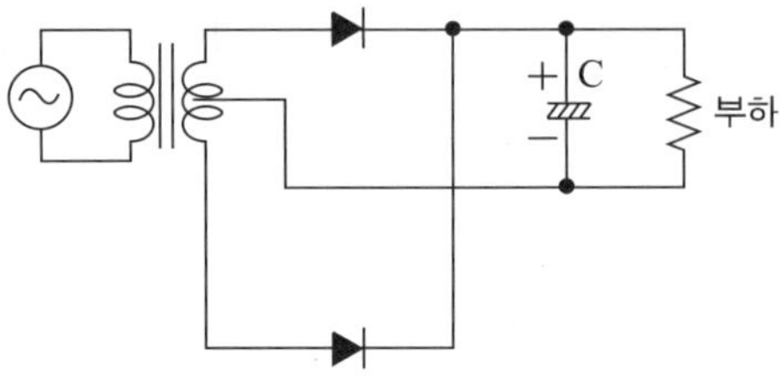

그림 5.17 • 전파정류회로(다이오드 2개 이용)

2. 다이오드 4개를 이용한 전파정류회로

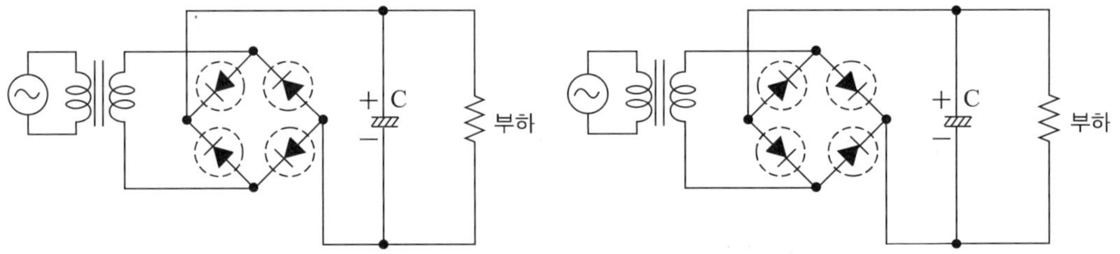

(a) 올바른 회로 (b) 잘못된 회로

그림 5.18 • 전파정류회로(다이오드 4개 이용)

3. 브리지 정류회로의 부하전압 특성

콘덴서 유무	정류회로	부하전압
콘덴서가 있는 경우	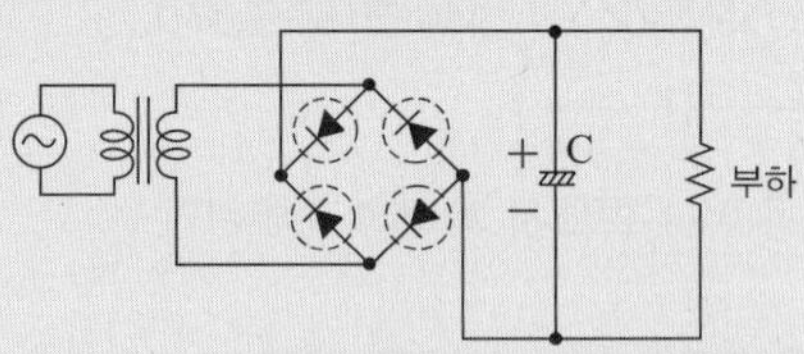	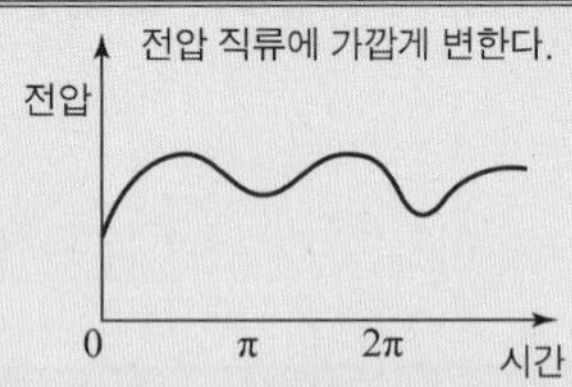
콘덴서가 없는 경우	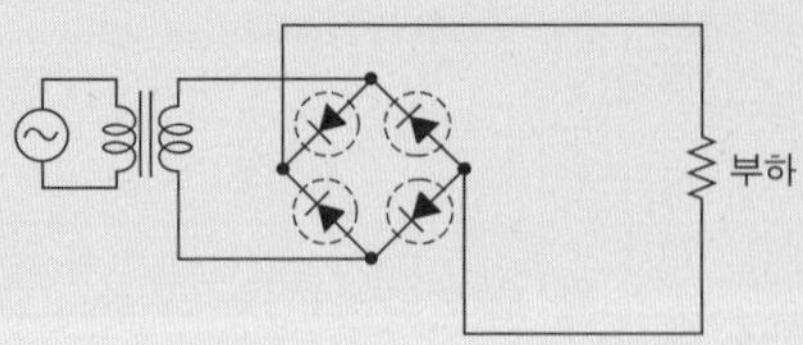	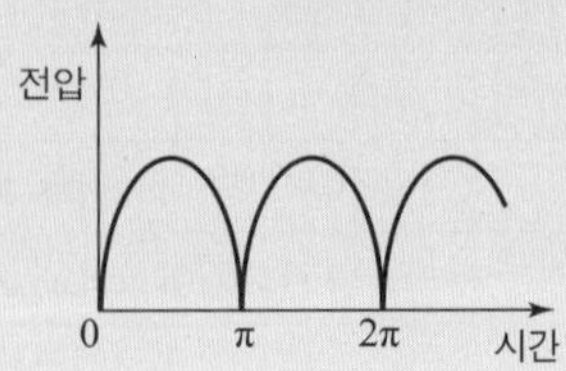

10 조명

1. 실지수(방지수, Room Index)

1) 방의 크기와 모양에 대한 광속의 이용척도를 나타내는 수치

2) 일반적으로 천장이 낮은 경우나 폭, 길이가 넓은 경우에는 실지수가 크다.

3) 수식

$$K = \frac{XY}{H(X+Y)}$$

여기서, X : 가로의 길이(m),

Y : 세로의 길이(m)

H : 작업대에서 광원까지의 높이(m)

4) 실지수와 분류기호 표

실지수	5	4	3	2.5	2	1.5	1.25	1	0.8	0.9
기호	A	B	C	D	E	F	G	H	I	J

Exercise

방바닥에서 작업대까지의 높이가 0.85m, 작업장의 가로가 8m, 세로가 10m, 방바닥에서 천장까지의 높이 3m인 방에서 조명기구를 천장에 설치하고자 한다. 이 방의 실지수는 얼마인가?

Solution

$$K = \frac{XY}{H(X+Y)} = \frac{8 \times 10}{(3-0.85)(8+10)} = 2.067 \fallingdotseq 2.07$$

2. 광원의 등 개수

1) 수식

$$\mathrm{FUN} = \mathrm{DAE}$$

여기서, F : 광속 U : 조명률

D : 감광보상률$\left(\mathrm{D} = \frac{1}{\mathrm{M}}\right)$ M : 유지율

N : 등 개수 A : 면적

E : 조도

Exercise

길이 15m, 폭 10m인 전산실의 조명률은 50%, 40W 형광등 1등당 광속이 2400 lm일 경우 조도를 500 lx로 유지한다면 형광등(40W/2등용)은 몇 개가 필요한가?
(단, 유지율은 80%이다.)

Solution

$$\text{등수 } N = \frac{DAE}{FU} = \frac{AE}{MFU} = \frac{(15 \times 10) \times 500}{0.8 \times 2400 \times 0.5} = 78.125 ≒ 79\text{등}$$

$$\therefore \text{ 2등용 등기구} = \frac{79\text{등}}{2\text{등용}} = 39.5 = 40\text{개}$$

3. 조도

1) 정의

빛이 비춰지는 단위면적의 밝기에 대한 척도로 단위는 룩스[lx]이다.

1룩스[lx]란 $1m^2$의 단위면적에 1루멘[lm]의 광속[12)]이 평균적으로 조사되고 있을 때의 조도이다. 이것을 수식으로 나타내면 다음과 같다.

$$E = \frac{F}{A} \ [lx]$$

여기서, E : 조도[lx]
F : 광속[lm]
A : 단위면적[m^2]

2) 역자승의 법칙

구 표면위의 조도는 광도[13)] I[cd]인 균등 점광원을 반지름 r[m]의 구의 중심에 놓을 경우 구 표면 위 모든 점의 조도는 거리의 제곱에 반비례한다. 이것을 조도의 역자승 법칙(Inverse square law)이라 한다.

$$E = \frac{F}{A} = \frac{4\pi I}{4\pi r^2} = \frac{I}{r^2}$$

$$E = \frac{I}{r^2}$$

12) 광속 : 광원에서 방출되는 빛의 총량, 단위 루멘[lm]
13) 광도 : 광원에서 어느 방향으로 나오는 빛의 세기를 나타내는 양[cd]

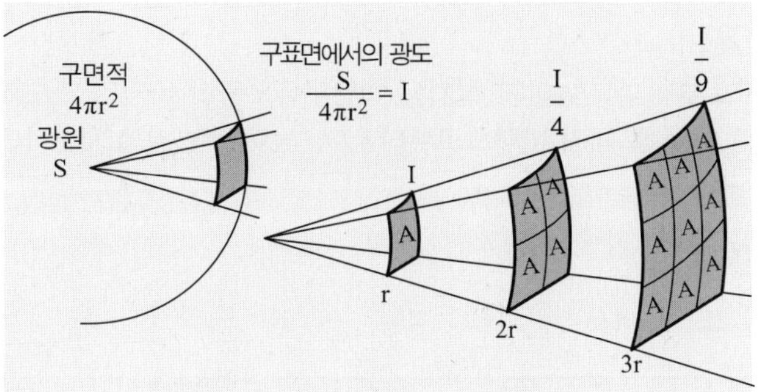

그림 5.19 ◦ 조도의 역자승 법칙

3) 수직 조도와 경사 조도

명 칭	수직 조도	경사 조도
정 의	광원으로부터 **수직인 바닥면의 조도**	광원으로부터 **경사진 바닥면의 조도**
구성도	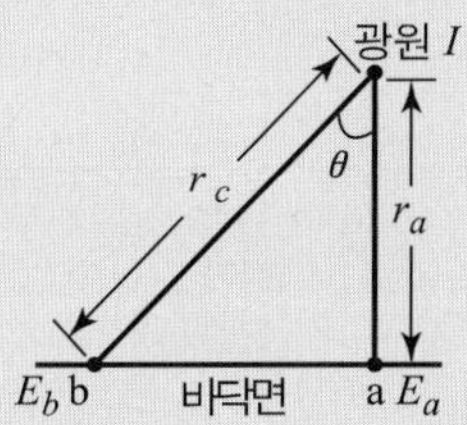	
수 식	$E_a = \dfrac{I}{r_a^2}$ 여기서, E_a : 수직 조도[lx] r_a : 수직 거리[m] I : 광도[cd]	$E_b = \dfrac{I\cos\theta}{r_c^2} = \dfrac{I\left(\dfrac{r_a}{r_c}\right)}{r_c^2}$ 여기서, E_b : 수직 조도[lx] r_a : 수직 거리[m] r_c : 경사 거리[m] I : 광도[cd] θ : 각도

Exercise 1

바닥으로부터 2m 높이에 설치된 피난구유도등의 바닥면 조도가 25[lx]로 측정될 때 밑으로 0.5m를 내려 바닥으로부터 1.5m 높이로 변경 설치한다면 바닥면 조도는 얼마인지 구하시오.

Solution

· 수직 조도는 역자승의 법칙을 적용 → $E=\dfrac{I}{r^2}$

개념도	비례식 적용
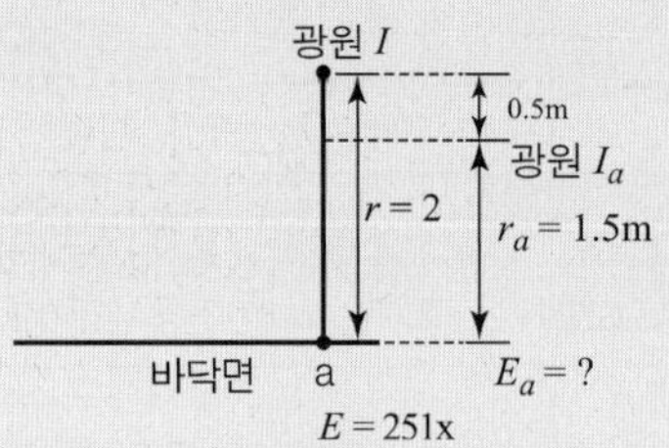	$E : E_a = \dfrac{I}{r^2} : \dfrac{I}{r_a^2}$ → $E : E_a = \dfrac{1}{r^2} : \dfrac{1}{r_a^2}$ $25 : E_a = \dfrac{1}{2^2} : \dfrac{1}{1.5^2}$ $E_a \times \dfrac{1}{2^2} = 25 \times \dfrac{1}{1.5^2}$ $E_a = 2^2 \times 25 \times \dfrac{1}{1.5^2} = 44.4\ [\mathrm{lx}]$

Exercise 2

바닥으로부터 1m 높이에 계단통로유도등을 설치한 경우 a점의 바닥면 조도가 2.5[lx]로 측정될 때 밑의 바닥면으로부터 수평으로 1m 떨어진 b점의 조도를 구하시오.

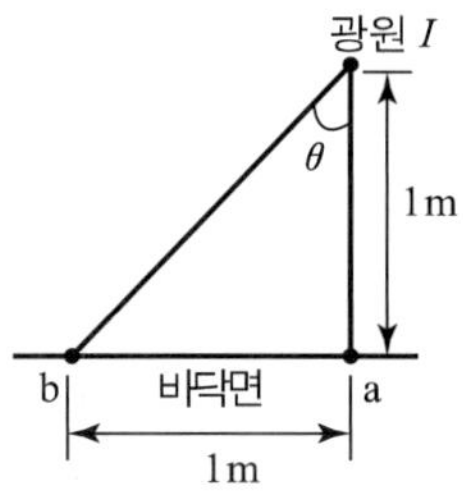

Solution

· 경사 조도 → $E_b = \dfrac{I\cos\theta}{r_c^2} = \dfrac{I\left(\dfrac{r_a}{r_c}\right)}{r_c^2}$

개념도	비례식 적용
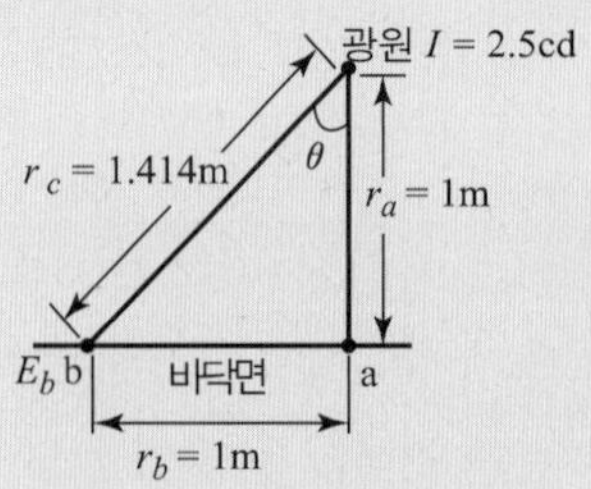	피타고라스의 정리 $r_c = \sqrt{r_a^2 + r_b^2} = \sqrt{1^2+1^2} = 1.414\ [\mathrm{m}]$ b점의 경사 조도 $E_b = \dfrac{I\cos\theta}{r_c^2} = \dfrac{I\left(\dfrac{r_a}{r_c}\right)}{r_c^2} = \dfrac{2.5\times\left(\dfrac{1}{1.414}\right)}{1.414^2} = 0.884\ [\mathrm{lx}]$

과년도 문제 분석

전기설비 분류

1. 상세분류

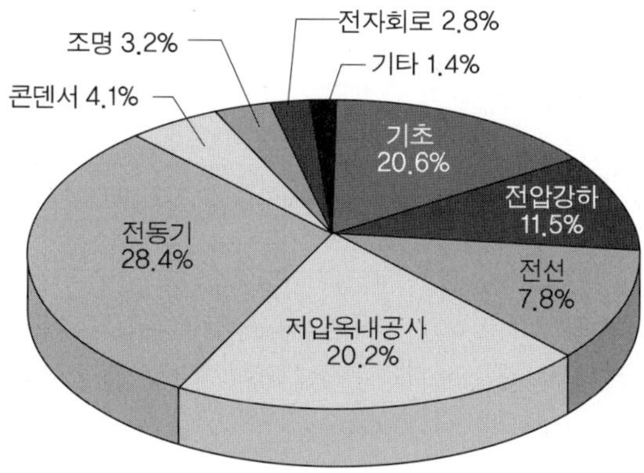

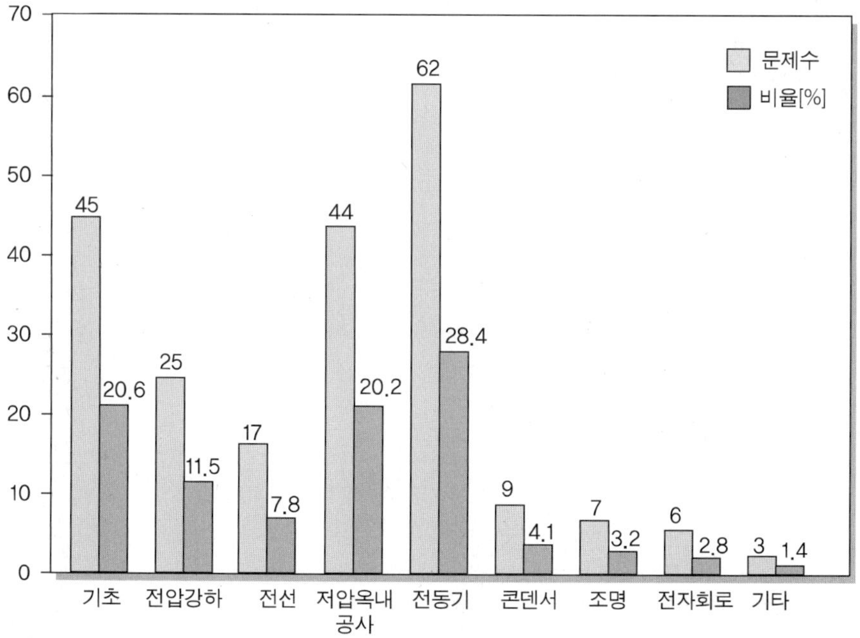

2. 문제유형

전기설비 과년도 문제 분석(1996~2020년)

번호	출제년도	문항	시설분류	상세분류(대)	상세분류(중)	문제유형	회수	출제비율
1	2007.04.22	7	전기설비	기초	기타	영문약자 표기		
2	2006.04.23	2	전기설비	기초	발전기반	영문약자 표기		
3	2002.10.27	9	전기설비	기초	발전기반	영문약자 표기		
4	1998.05.10	6	전기설비	기초	발전기반	영문약자 표기		
5	2013.11.09	6	전기설비	기초	저항	감지기 절연저항시험 사용기기, 판정기준		
6	2020.11.29	15	전기설비	기초	저항	감지기의 절연저항 사용기기, 판정기준		
7	2019.11.09	1	전기설비	기초	저항	감지기의 절연저항 사용기기, 판정기준, 측정위치		
8	2013.07.14	5	전기설비	기초	저항	누설전류, 절연저항		
9	1999.01.31	11	전기설비	기초	저항	누설전류, 절연저항		
10	2020.11.15	13	전기설비	기초	저항	도체의 저항 계산		
11	2013.04.21	13	전기설비	기초	저항	도체의 저항 계산		
12	2010.10.30	14	전기설비	기초	저항	도체의 저항 계산		
13	2009.04.19	7	전기설비	기초	저항	도체의 저항 계산		
14	2000.02.20	2	전기설비	기초	저항	도체의 저항 계산		
15	2014.11.01	5	전기설비	기초	저항	절연저항 사용기기, 판정기준		
16	2010.07.04	16	전기설비	기초	저항	절연저항 사용기기, 판정기준		
17	2000.02.20	10	전기설비	기초	저항	절연저항 사용기기, 판정기준		
18	1996.09.01	10	전기설비	기초	저항	절연저항 사용기기, 판정기준		
19	2007.11.04	3	전기설비	기초	저항	절연저항계산		
20	2004.10.31	4	전기설비	기초	저항	절연저항계산		
21	2001.11.04	8	전기설비	기초	저항	절연저항계산	45	20.6%
22	2013.11.09	4	전기설비	기초	전력	3상전력 측정방법		
23	2014.04.20	16	전기설비	기초	전력	변류기		
24	2002.04.21	8	전기설비	기초	전력	분기회로수 계산		
25	2010.10.30	7	전기설비	기초	전력	전력 계산		
26	2006.07.09	10	전기설비	기초	전력	전력 계산		
27	2004.07.04	12	전기설비	기초	전력	전력 계산, 전류계산		
28	2020.07.25	4	전기설비	기초	전력	전류계산		
29	2019.04.14	10	전기설비	기초	전력	전류계산		
30	2017.11.11	14	전기설비	기초	전력	전류계산		
31	2016.06.26	12	전기설비	기초	전력	전류계산		
32	2013.04.21	8	전기설비	기초	전력	전류계산		
33	2012.04.22	8	전기설비	기초	전력	전류계산		
34	2004.04.25	1	전기설비	기초	전력	전류계산		
35	2004.04.25	5	전기설비	기초	전력	전류계산, 변류기사용 비		
36	2014.11.01	18	전기설비	기초	접지	임피던스 미터 용도, 측정방법		
37	2006.04.23	13	전기설비	기초	접지	전자식 접지저항계 결선, 명칭		
38	2011.07.24	8	전기설비	기초	접지	접지공사, 접지저항값		
39	2012.04.22	13	전기설비	기초	접지	접지공사, 접지저항값, 굵기		
40	2019.04.14	5	전기설비	기초	접지	접지선 연결공사방법		
41	2005.05.01	17	전기설비	기초	접지	접지선 연결공사방법		

번호	출제년도	문항	시설분류	상세분류(대)	상세분류(중)	문제유형	회수	출제비율
42	2012.07.08	12	전기설비	기초	접지	접지저항값	45	20.6%
43	2020.05.24	8	전기설비	기초	접지	접지저항값, 접지선의 굵기		
44	2006.04.23	10	전기설비	기초	접지	접지저항값, 접지선의 굵기		
45	2008.07.06	16	전기설비	기초	정전용량	정전용량 계산		
46	2019.11.09	13	전기설비	기타		영문약자 표기	3	1.4%
47	2008.07.06	1	전기설비	기타		영문약자 표기		
48	2002.04.21	12	전기설비	기타		영문약자 표기		
49	2020.11.15	7	전기설비	저압옥내공사	가요전선관	배선공사방법	44	20.2%
50	2010.07.04	17	전기설비	저압옥내공사	가요전선관	부품		
51	2008.07.06	11	전기설비	저압옥내공사	가요전선관	부품		
52	2002.07.07	2	전기설비	저압옥내공사	가요전선관	부품		
53	1999.05.30	11	전기설비	저압옥내공사	가요전선관	부품		
54	2013.04.21	12	전기설비	저압옥내공사	가요전선관	시공장소		
55	2015.11.07	3	전기설비	저압옥내공사	금속관	공사방법, 금속관공사시 유의사항		
56	2001.11.04	6	전기설비	저압옥내공사	금속관	금속관 길이, 박스접속, 직각 굽은곳 노출배관		
57	1998.02.25	4	전기설비	저압옥내공사	금속관	금속관 길이, 박스접속, 직각 굽은곳 노출배관		
58	1996.11.17	11	전기설비	저압옥내공사	금속관	금속관 길이, 박스접속, 직각 굽은곳 노출배관		
59	2019.11.09	3	전기설비	저압옥내공사	금속관	부품		
60	2016.11.12	10	전기설비	저압옥내공사	금속관	부품		
61	2014.07.06	7	전기설비	저압옥내공사	금속관	부품		
62	2012.07.08	7	전기설비	저압옥내공사	금속관	부품		
63	2012.04.22	5	전기설비	저압옥내공사	금속관	부품		
64	2009.10.18	5	전기설비	저압옥내공사	금속관	부품		
65	2009.07.05	2	전기설비	저압옥내공사	금속관	부품		
66	2007.04.22	1	전기설비	저압옥내공사	금속관	부품		
67	2005.05.01	12	전기설비	저압옥내공사	금속관	부품		
68	2003.10.26	5	전기설비	저압옥내공사	금속관	부품		
69	2003.07.13	14	전기설비	저압옥내공사	금속관	부품		
70	2000.04.23	7	전기설비	저압옥내공사	금속관	부품		
71	1998.08.30	5	전기설비	저압옥내공사	금속관	부품		
72	2019.06.29	14	전기설비	저압옥내공사	금속관	설치기준		
73	2016.06.26	10	전기설비	저압옥내공사	금속관	설치기준		
74	2014.04.20	14	전기설비	저압옥내공사	금속관	설치기준		
75	2013.04.21	15	전기설비	저압옥내공사	금속관	설치기준		
76	2011.11.13	6	전기설비	저압옥내공사	금속관	설치기준		
77	2009.04.19	2	전기설비	저압옥내공사	금속관	설치기준		
78	2008.04.20	3	전기설비	저압옥내공사	금속관	설치기준		
79	2007.07.08	3	전기설비	저압옥내공사	금속관	설치기준		
80	2004.10.31	3	전기설비	저압옥내공사	금속관	설치기준		
81	2004.04.25	2	전기설비	저압옥내공사	금속관	설치기준		
82	2000.08.13	8	전기설비	저압옥내공사	금속관	설치기준		
83	1997.11.16	7	전기설비	저압옥내공사	금속관	설치기준		
84	2002.10.27	11	전기설비	저압옥내공사	금속관	설치기준, 접지공사, 최소굵기		
85	2017.04.16	15	전기설비	저압옥내공사	금속관	접지공사 방법		
86	1998.05.10	8	전기설비	저압옥내공사	금속관	최소굵기		
87	2003.10.26	8	전기설비	저압옥내공사	금속관	최소굵기		
88	2000.08.13	13	전기설비	저압옥내공사	금속관	최소굵기		
89	1999.01.31	3	전기설비	저압옥내공사	금속관	최소굵기, 접지공사		

번호	출제년도	문항	시설분류	상세분류(대)	상세분류(중)	문제유형	회수	출제비율
90	2010.10.30	13	전기설비	저압옥내공사	종합	금속관공사, 가요전선관공사 부품	44	20.2%
91	2009.04.19	9	전기설비	저압옥내공사	후강전선관	1본길이, 호칭표시방법		
92	1997.01.26	12	전기설비	저압옥내공사	후강전선관	최소굵기		
93	2014.07.06	3	전기설비	전동기	계산	극수와 정격출력 계산	62	28.4%
94	2005.10.23	9	전기설비	전동기	계산	동기속도 계산		
95	1996.11.17	3	전기설비	전동기	계산	동기속도 계산		
96	2020.10.17	6	전기설비	전동기	계산	동기속도, 회전속도 계산		
97	2011.11.13	9	전기설비	전동기	계산	동기속도, 회전속도 계산		
98	2009.10.18	7	전기설비	전동기	계산	동기속도, 회전속도 계산		
99	2005.05.01	10	전기설비	전동기	계산	동기속도, 회전속도 계산		
100	2003.04.27	12	전기설비	전동기	계산	동기속도, 회전속도 계산		
101	2015.04.19	15	전기설비	전동기	계산	송풍기 전동용량 계산		
102	2006.07.09	15	전기설비	전동기	계산	전동기, 축전지용량 계산		
103	2010.10.30	8	전기설비	전동기	계산	전동기속도 계산		
104	2020.10.17	13	전기설비	전동기	계산	전동기용량 계산		
105	2020.07.25	14	전기설비	전동기	계산	전동기용량 계산		
106	2020.05.24	2	전기설비	전동기	계산	전동기용량 계산		
107	2019.06.29	7	전기설비	전동기	계산	전동기용량 계산		
108	2018.11.10	1	전기설비	전동기	계산	전동기용량 계산		
109	2015.04.19	7	전기설비	전동기	계산	전동기용량 계산		
110	2013.07.14	8	전기설비	전동기	계산	전동기용량 계산		
111	2012.11.03	15	전기설비	전동기	계산	전동기용량 계산		
112	2012.04.22	3	전기설비	전동기	계산	전동기용량 계산		
113	2011.07.24	4	전기설비	전동기	계산	전동기용량 계산		
114	2010.10.30	9	전기설비	전동기	계산	전동기용량 계산		
115	2010.07.04	2	전기설비	전동기	계산	전동기용량 계산		
116	2010.04.17	6	전기설비	전동기	계산	전동기용량 계산		
117	2009.10.18	14	전기설비	전동기	계산	전동기용량 계산		
118	2009.07.05	5	전기설비	전동기	계산	전동기용량 계산		
119	2009.04.19	11	전기설비	전동기	계산	전동기용량 계산		
120	2008.11.02	6	전기설비	전동기	계산	전동기용량 계산		
121	2008.07.06	3	전기설비	전동기	계산	전동기용량 계산		
122	2007.11.04	7	전기설비	전동기	계산	전동기용량 계산		
123	2007.07.08	12	전기설비	전동기	계산	전동기용량 계산		
124	2006.04.23	4	전기설비	전동기	계산	전동기용량 계산		
125	2004.10.31	8	전기설비	전동기	계산	전동기용량 계산		
126	2004.07.04	11	전기설비	전동기	계산	전동기용량 계산		
127	2003.10.26	7	전기설비	전동기	계산	전동기용량 계산		
128	2001.07.15	6	전기설비	전동기	계산	전동기용량 계산		
129	2001.04.22	2	전기설비	전동기	계산	전동기용량 계산		
130	2000.11.12	7	전기설비	전동기	계산	전동기용량 계산		
131	2000.04.23	3	전기설비	전동기	계산	전동기용량 계산		
132	2000.02.20	9	전기설비	전동기	계산	전동기용량 계산		
133	1999.05.30	10	전기설비	전동기	계산	전동기용량 계산		
134	1998.11.15	6	전기설비	전동기	계산	전동기용량 계산		
135	1998.05.10	3	전기설비	전동기	계산	전동기용량 계산		
136	1996.01.21	2	전기설비	전동기	계산	전동기용량 계산		

번호	출제년도	문항	시설분류	상세분류(대)	상세분류(중)	문제유형	회수	출제비율
137	2020.11.15	3	전기설비	전동기	계산	전동기용량 계산, 변압기 1대 용량 계산	62	28.4%
138	2005.10.23	1	전기설비	전동기	계산	전동기용량 계산, 변압기 1대 용량 계산		
139	2003.07.13	8	전기설비	전동기	계산	전동기용량 계산, 변압기 1대 용량 계산		
140	2002.10.27	10	전기설비	전동기	계산	전동기용량 계산, 변압기 1대 용량 계산		
141	2000.08.13	9	전기설비	전동기	계산	전동기용량 계산, 변압기 1대 용량 계산		
142	1999.09.19	15	전기설비	전동기	계산	전동기용량 계산, 변압기 1대 용량 계산		
143	1998.08.30	14	전기설비	전동기	계산	전동기용량 계산, 변압기 1대 용량 계산		
144	1997.08.24	9	전기설비	전동기	계산	전동기용량 계산, 변압기 1대 용량 계산		
145	2019.11.09	7	전기설비	전동기	계산	전동기용량 계산, 콘덴서용량 계산		
146	2014.11.01	12	전기설비	전동기	계산	전동기용량 계산, 콘덴서용량 계산		
147	2014.07.06	8	전기설비	전동기	계산	전동기용량 계산, 콘덴서용량 계산		
148	2008.04.20	5	전기설비	전동기	계산	전동기용량 계산, 콘덴서용량 계산		
149	2019.06.29	9	전기설비	전동기	계산	전동기용량, 부하용량, 변압기 1대 용량 계산		
150	2020.07.25	18	전기설비	전동기	계산	회전속도 계산		
151	2009.04.19	13	전기설비	전동기	계산	회전속도 계산		
152	2001.11.04	12	전기설비	전동기	계산	회전속도 계산		
153	2019.06.29	11	전기설비	전동기	기타	기동방식		
154	2008.11.02	2	전기설비	전동기	기타	절연물 최고허용온도		
155	2011.07.24	11	전기설비	전선	배선도	배선기입방법	17	7.8%
156	2007.04.22	6	전기설비	전선	배선도	배선기입방법		
157	2004.10.31	12	전기설비	전선	배선도	배선기입방법		
158	1999.05.30	6	전기설비	전선	배선도	배선기입방법		
159	1996.05.19	12	전기설비	전선	배선도	배선기입방법		
160	1998.05.10	1	전기설비	전선	배선도	옥내배선기입방법		
161	2015.11.07	5	전기설비	전선	배선도	옥내배선용 그림기호		
162	2001.07.15	4	전기설비	전선	배선도	옥내배선용 그림기호		
163	2000.08.13	6	전기설비	전선	배선도	옥내배선용 그림기호		
164	2000.02.20	14	전기설비	전선	배선도	옥내배선용 그림기호		
165	1996.09.01	13	전기설비	전선	배선도	옥내배선용 그림기호		
166	2020.07.25	3	전기설비	전선	배선도	옥내배선용 그림기호(차단기심벌)		
167	2010.10.30	18	전기설비	전선	배선도	옥내배선용 그림기호(차단기심벌)		
168	2007.11.04	12	전기설비	전선	접속	접속시 주의사항		
169	2007.07.08	1	전기설비	전선	종류	전선, 기기 명칭, 영문약자 표기		
170	2000.11.12	2	전기설비	전선	종류	전선의 약호		
171	1996.01.21	11	전기설비	전선	종류	전선의 약호		
172	2003.10.26	12	전기설비	전압강하	계산	경동선 전기저항 계산	25	11.5%
173	2005.07.10	7	전기설비	전압강하	계산	공칭단면적		
174	2017.06.25	13	전기설비	전압강하	계산	사이렌 단자전압 계산		
175	2014.11.01	11	전기설비	전압강하	계산	전류계산, 전선굵기 계산		
176	2014.04.20	5	전기설비	전압강하	계산	전선의 굵기 계산		
177	2009.10.18	8	전기설비	전압강하	계산	전선의 굵기 계산		
178	2010.10.30	10	전기설비	전압강하	계산	전압강하 계산		
179	2010.07.04	14	전기설비	전압강하	계산	전압강하 계산		
180	2008.11.02	13	전기설비	전압강하	계산	전압강하 계산		
181	2007.04.22	13	전기설비	전압강하	계산	전압강하 계산		
182	2005.05.01	7	전기설비	전압강하	계산	전압강하 계산		
183	2004.04.25	15	전기설비	전압강하	계산	전압강하 계산		

번호	출제년도	문항	시설분류	상세분류(대)	상세분류(중)	문제유형	회수	출제비율
184	2000.11.12	4	전기설비	전압강하	계산	전압강하 계산	25	11.5%
185	1999.09.19	14	전기설비	전압강하	계산	전압강하 계산		
186	1997.05.11	6	전기설비	전압강하	계산	전압강하 계산		
187	1996.09.01	4	전기설비	전압강하	계산	전압강하 계산		
188	2015.11.07	1	전기설비	전압강하	계산	전압강하 계산, 전선굵기(mm)		
189	2020.11.15	4	전기설비	전압강하	계산	전압강하 계산(전류변동에 의한 전압강하 없음)		
190	2011.07.24	2	전기설비	전압강하	계산	전압강하 계산, 경종작동여부, 우선경보방식대상물		
191	2006.07.09	11	전기설비	전압강하	계산	전압강하 계산, 공칭단면적 선택		
192	2018.04.14	15	전기설비	전압강하	계산	최말단경종동작시 소모전류, 전압강하, 작동유무		
193	2016.06.26	6	전기설비	전압강하	계산	최말단경종동작시 소모전류, 전압강하, 작동유무		
194	2013.11.09	13	전기설비	전압강하	계산	표시등소모전류, 경종소모전류, 전압강하계산		
195	2016.11.12	12	전기설비	전압강하	계산	표시등, 경종소모전류, 전압강하		
196	2014.07.06	2	전기설비	전압강하	계산	표시등, 경종소모전류, 전압강하, 경종작동유뮤		
197	2010.10.30	11	전기설비	전자회로	정류회로	반파정류회로	6	2.8%
198	2020.11.15	16	전기설비	전자회로	정류회로	전파정류회로		
199	2013.11.09	9	전기설비	전자회로	정류회로	전파정류회로		
200	2008.04.20	14	전기설비	전자회로	정류회로	전파정류회로		
201	2007.11.04	14	전기설비	전자회로	정류회로	전파정류회로		
202	2010.07.04	4	전기설비	전자회로	정류회로	트랜지스터 기호		
203	2012.11.03	4	전기설비	조명	계산	FUN=DAE공식	7	3.2%
204	2003.04.27	1	전기설비	조명	계산	FUN=DAE공식		
205	2001.11.04	13	전기설비	조명	계산	FUN=DAE공식		
206	2000.08.13	3	전기설비	조명	계산	FUN=DAE공식		
207	1998.11.15	12	전기설비	조명	계산	FUN=DAE공식		
208	2014.11.01	4	전기설비	조명	계산	바닥면 조도계산		
209	2003.10.26	10	전기설비	조명	계산	실지수		
210	2003.07.13	10	전기설비	콘덴서	계산	콘덴서용량 계산	9	4.1%
211	2003.04.27	2	전기설비	콘덴서	계산	콘덴서용량 계산		
212	2000.04.23	2	전기설비	콘덴서	계산	콘덴서용량 계산		
213	1999.01.31	9	전기설비	콘덴서	계산	콘덴서용량 계산		
214	1996.05.19	3	전기설비	콘덴서	계산	콘덴서용량 계산		
215	2020.11.29	13	전기설비	콘덴서	계산	콘덴서용량 계산, 기동방식		
216	2005.05.01	16	전기설비	콘덴서	주변기기	방전코일		
217	1997.01.26	14	전기설비	콘덴서	주변기기	방전코일		
218	1996.01.21	6	전기설비	콘덴서	주변기기	방전코일		

연습문제

01

단상 110V 20W 복도통로유도등을 50개 설치할 때 최소전류는 몇 A인가?
(단, 역률은 0.9이며 효율은 0.85이다.)

02

3상 380V, 50kW 유도전동기를 기동시킬 때 발생되는 기동전류는 몇 A인가?
(단, 역률은 0.7이다.)

03

전력 측정방법에 대한 다음 물음에 답하시오.

1) 2전력계법을 사용하여 3상 유도전동기의 전력을 측정하기 위한 미완성 도면을 완성하고 유효전력 계산식을 쓰시오.

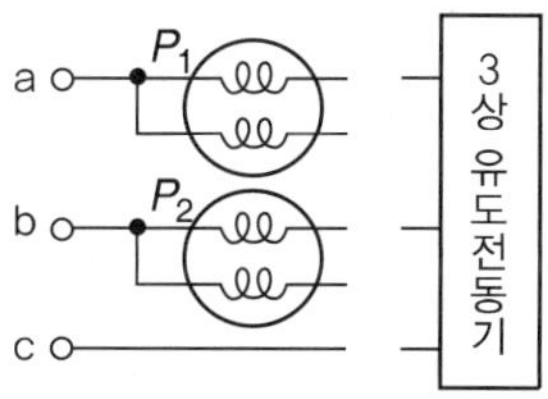

2) 2전력계법을 사용하여 3상전력을 측정하였더니 각 전력계가 지시하는 값은 800[W], 600[W]이다. 이때 부하에 공급되는 유효전력, 무효전력, 역률을 구하시오.

04

경동선은 온도 20℃에서 온도계수(α)가 0.00381이다. 온도 20℃의 경동선 저항값이 50Ω 라고 할 때 온도가 120℃로 상승하게 되면 저항값은 몇 Ω인가?

05

절연저항에 대한 다음 물음에 답하시오.

1) 감지기회로의 배선상호간 절연저항을 1경계구역마다 시험하고자 한다. 사용기기와 판정기준은 무엇인가?
2) 10회로 이상의 수신기에 대한 절연저항을 시험하고자 한다. 사용기기와 판정기준은 무엇인가?
3) 220V전로에 비상경보설비의 절연저항 5MΩ라면 누설전류는 몇 mA인가?
4) 절연저항계(Megger)의 판정기준에 대해서 설명하시오.

06

다음 ( ) 안에 알맞은 내용을 쓰시오.

자동화재속보설비의 절연된 (①)와 외함 간의 절연저항은 직류 500V의 절연저항계로 측정한 값은 (②) 이상이어야 하고 교류입력측과 외함 간에는 (③) 이상이어야 한다. 그리고 절연된 선로 간의 절연저항은 직류 500V의 절연저항계로 측정한 값이 (④) 이상이어야 한다.

07

수신기로부터 0.5km 떨어진 장소에 감지기가 접속되어 있다. 감지기 회로에서 소비되는 전류가 200mA이고 전선이 2.5mm^2일 때 전압강하는 몇 V인가?

08

수신기로부터 배선거리 100m의 위치에 경종이 접속되어 있다. 경종이 명동될 때의 경종의 단자전압을 구하시오(단, 사이렌이 정격전력은 48W이며, 전선은 2.5mm^2 HFIX 전선이고 2.5mm^2 HFIX 전선의 km당 전기저항은 8.75Ω이다. 또한, 전압변동에 의한 부하전류의 변동은 무시한다).

09

3상 3선식 380V로 운전되는 유도전동기의 용량이 100kW이다. 유도전동기까지의 배선길이는 100m이며 전압강하를 3V까지 허용한다고 할 경우 배선의 굵기를 구하고 공칭단면적을 적용하여 답하시오(단, 역률은 90%이다).

10

분전반에서 100m의 거리에 직류 24V, 전류 1.0A인 준비작동식 스프링클러설비용 솔레노이드밸브를 설치하려고 한다. 전선의 굵기는 몇 mm^2인지 계산상의 최소 굵기를 구하시오. (단, 전압강하는 3% 이내이고, 전선은 동선을 사용한다.)

11

수신반에서 100m 떨어진 장소의 감지기가 작동할 때 소비된 전류가 500mA라고 한다. 이때의 전압강하를 구하시오(단, 전선의 굵기는 1.6mm이다).

12

경비실에서 500m 떨어진 공장(지상 6층, 지하 1층)에 각 층별 발신기세트를 2회로씩 사용(총 14회로)하며, 전선을 HFIX 2.5mm^2할 때 직상층 우선경보방식에서의 전압강하를 구하여라(단, 발신기의 경종은 50mA, 표시등은 30mA의 전류가 소모된다).

13

경비실에서 500m 떨어진 공장(지상 6층, 지하 1층)에 각 층별 발신기세트를 2회로씩 사용(총 14회로)하며, 전선을 HFIX 2.5mm^2할 때 최말단 경종 동작 시 전압강하를 구하여라(단, 발신기의 경종은 50mA, 표시등은 30mA의 전류가 소모된다).

14

전선의 약호인 OW, NR, NRI, CV의 명칭 및 최고허용온도를 쓰시오.

15

전선의 굵기 결정요소 및 전선 접속시 주의사항을 쓰시오.

16

16mm 후강전선관에 1.5mm^2, 300/500V 기기배선용 단심비닐절연전선 4가닥을 넣어 천장 은폐배선할 경우 배선도를 나타내시오.

17

다음 옥내배선용 그림기호의 명칭을 쓰시오.

그림기호	명칭	그림기호	명칭
———		Ⓑ	
– – – – –		[B]	
············		[E]	

18

저압옥내배선의 금속관공사에 대한 다음 물음에 답하시오.

1) (   )을 완성하시오.

> ① 금속관 공사에는 조영재 표면에 금속관을 노출하여 부착하는 (㉠) 공사, 콘크리트 속에 부설하는 (㉡) 공사, 이중천장 속에 배관하는 (㉢) 공사 등이 있으며, 금속관의 종류에는 후강전선관과 박강전선관이 있다. (㉣) 전선관의 크기는 내경에 가까울수록 짝수로, (㉤) 전선관의 크기는 외경에 가까울수록 홀수를 나타낸다.
>
> ② 금속관을 구부릴 때 금속관의 단면이 심하게 변형되지 아니하도록 구부려진 굴곡 바깥지름은 안지름의 (㉥) 이상이 되어야 한다.
>
> ③ 아웃렛박스 사이 또는 전선인입구를 가지는 기구 내의 금속관에는 (㉦)가 초과하는 직각 또는 직각에 가까운 굴곡개소를 만들어서는 안된다.
>
> ④ 관의 굴곡개소가 많은 경우 또는 관의 길이가 (㉧)를 초과하는 경우에는 풀박스를 설치하는 것이 바람직하다.
>
> ⑤ 금속관을 조영재에 따라서 시설하는 경우에는 새들 또는 행거 등으로 견고하게 지지하고, 그 간격은 (㉨) 이하로 하는 것이 바람직하다.
>
> ⑥ 금속관은 부식방지를 위하여 직접 땅속에 매입하여 배관하여서는 아니된다. 다만 공사상 부득이한 경우 후강전선관을 사용하고 이것에 방수, (㉩)조치로서 (㉪)를 감싸거나 (㉫)로 감싸는 등의 보호장치를 해야 한다.
>
> ⑦ 금속관과 박스, 그 밖의 이와 유사한 것을 접속하는 경우로서 틀어 끼우는 방법에 의하지 아니할 때에는 (㉬) 2개를 사용하며 박스의 내, 외면을 견고하게 조인다. 단, (㉭) 등으로 견고하게 부착할 경우에는 그러하지 아니한다.
>
> ⑧ (㉮)을 사용해야 한다. 관내에서 전선의 (㉯)이 없어야 한다.
>
> ⑨ 저압옥내배선의 사용전압이 400V 미만인 경우 관에는 (㉰) 접지공사를 할 것. 다만, 다음 중 1에 해당하는 경우에는 그러하지 아니한다.
> - 관의 길이(2개 이상의 관을 접속하여 사용하는 경우에는 그 전체의 길이를 말한다.)가 (㉱) 이하인 것을 건조한 장소에 시설하는 경우
> - 옥내배선의 사용전압이 직류 300V 또는 교류 대지전압 150V 이하인 경우에 그 전선을 넣는 관의 길이가 (㉲) 이하인 것을 사람이 쉽게 접촉할 우려가 없도록 시설하는 때 또는 (㉳)한 장소에 시설하는 때
>
> ⑩ 저압옥내배선의 사용전압이 400V 이상인 경우 관에는 (㉴) 접지공사를 할 것. 다만, 사람이 접촉할 우려가 없도록 시설하는 경우에는 (㉵) 접지공사에 의할 수 있다.

2) 금속관 1본의 길이는 몇 m인가?

3) 금속관공사에 이용되는 부품에 대한 용도를 간단하게 설명하시오.

① 유니언커플링 ② 유니버셜엘보 ③ 노멀밴드 ④ 부싱
⑤ 로크너트

19

저압옥내배선의 합성수지관공사에 대한 다음 물음에 답하시오.

1) (　　)을 완성하시오.

① 관 상호간 및 관과 박스의 삽입 깊이는 관 바깥지름의 (㉠)(접착제를 사용하는 경우에는 0.8배) 이상으로 하고 또는 꽂음 접속에 의하여 견고하게 접속할 것
② 관 지지점간의 거리는 (㉡) 이하로 하고, 또한 그 지지점은 관의 끝·관과 박스의 접속점 및 관 상호간의 접속점 등에 가까운 곳에 시설할 것

2) 합성수지관 1본의 길이는 몇 m인가?

3) 합성수지관의 장점에 대해서 설명하시오.

20

저압옥내배선의 가요전선관 공사에 대한 다음 물음에 답하시오.

1) 저압옥내배선의 가요전선관 공사에 이용되는 부품에 대한 용도를 간단하게 설명하시오.
　① 스트레이트박스 커넥터
　② 콤비네이션 커플링
　③ 스플리트 커플링

2) 가요전선관 공사의 시공장소에 대해서 쓰시오.

21

MCC에서 소화펌프 모터에 전기를 공급하는 전동기설비에 대하여 다음 물음에 답하시오.

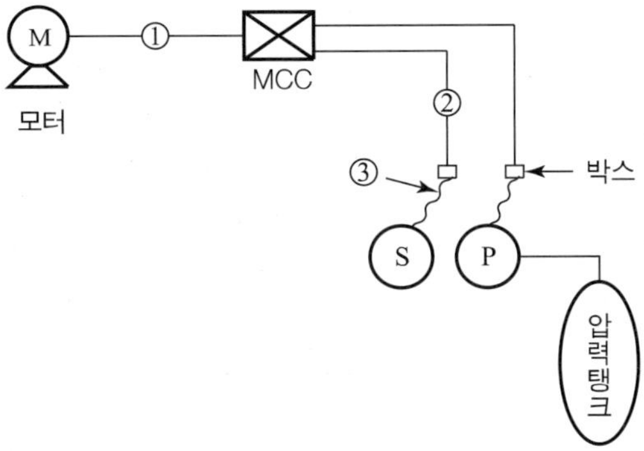

1) ①~③의 케이블을 보호하는 관의 종류를 쓰시오.
2) MCC와 소화펌프 사이의 배선에 사용되는 전선을 쓰시오.

22

접지에 대한 다음 물음에 답하시오.

1) 접지공사 종류에 따른 접지저항과 접지선의 굵기를 설명하시오.
2) 접지저항 측정방법 종류를 2가지 쓰시오.
3) 접지봉과 접지선의 연결방법 3가지를 쓰시오.

23

임피던스 미터(RLC Meter)의 용도 및 측정방법에 대해서 쓰시오.

1) 용도
2) 측정방법

24

유량 $10m^3/min$, 양정 100m인 스프링클러 가압펌프 전동기의 용량은 몇 kW인가?
(단, 펌프효율은 85%, 전달계수는 1.1이다.)

25

토출량 2,400 lpm, 양정 100m인 스프링클러 가압펌프 전동기의 용량은 몇 kW인가?
(단, 펌프효율은 60%, 전달계수는 1.1이다.)

26

문제 25에서 구한 전동기에 단상 변압기 3대로 3상 전력을 공급하고 있다. 만약, 변압기 1대가 고장 나서 2대로 V결선하여 전력을 공급한다면 단상 변압기 1대의 용량은 몇 kVA인가? (단, 전동기의 역률은 90%로 가정한다.)

27

$100m^3$의 물을 지하 저수조에서 50m 높이의 소방용 고가수조에 물을 퍼 올릴 때 50kW의 전동기를 사용한다면 얼마동안 전동기가 운전되어야 하는가?
(단, 펌프의 효율은 80%이며 전달계수는 1.2이다.)

28

풍량이 $10m^3/s$이고 풍압이 50mmHg인 전동기의 용량은 몇 kW인가?
(단, 펌프효율은 70%이고 여유계수는 1.1이라고 한다.)

29

보충량 18,000CMH, 누설량 $30m^3/min$, 전압 50mmAq인 제연설비용 송풍기의 전동기의 용량[kW]을 구하시오(단, 펌프효율은 60%이고 전달계수는 1.1이다).

30

3상 380V, 60Hz, 100kW의 스프링클러 펌프와 직결된 전동기가 있다. 이 전동기의 동기속도와 회전속도를 구하시오(단, 슬립은 0.04, 극수는 4극이다).

31

극수변환식 3상 농형유도전동기가 있다. 고속측은 2극이고 정격출력은 50[kW]이다. 저속측이 1/2 속도라면 저속측의 극수와 정격출력을 구하시오(단, 슬립과 정격토크는 저속측, 고속측 모두 같다.)

32

전동기의 절연물 최고허용온도는 절연종류에 따라 달라지는데 다음 빈 칸을 모두 채우시오.

절연종류[종]	Y	A	②	B	F	④	C
최고허용온도℃	①	105	120	130	③	180	180초과

33

역률 0.85, 출력 100kW인 전동기 부하에 병렬로 전력용 콘덴서를 설치하여 역률을 0.95로 개선하려고 한다. 전력용 콘덴서의 용량은 몇 kVA가 필요한가?

34

출력 20kW, 역률 80%인 3상 380V용 유도전동기가 연결된 회로를 역률 90%로 개선시키기 위해 사용되는 콘덴서의 용량(μF)을 구하시오(단, 전원주파수는 60Hz이며 콘덴서는 3상 Δ결선이다).

35

전력용 콘덴서의 역할은 무엇이며, 주변기기인 직렬리액터와 방전코일의 역할을 설명하시오.

36

다음은 전파정류회로(브릿지 정류회로)의 미완성 도면이다. 다음 각 물음에 답하시오.

1) 정류 다이오드 4개를 사용하여 회로를 완성하시오.
2) 회로상 C의 역할을 쓰시오.

37

길이 15m, 폭 10m인 전산실의 조명률은 50%, 40W 형광등 1등당 광속이 2400 lm 일 경우 조도를 500 lx로 유지한다면 형광등(40W/2등용)은 몇 개가 필요한가?
(단, 유지율은 80%이다.)

38

바닥으로부터 2m 높이에 설치된 피난구유도등의 바닥면 조도가 25 [lx]로 측정될 때 밑으로 0.5m를 내려 바닥으로부터 1.5m 높이로 변경 설치한다면 바닥면 조도는 얼마인지 구하시오.

39

바닥으로부터 1m 높이에 계단통로유도등을 설치한 경우 a점의 바닥면 조도가 2.5 [lx]로 측정될 때 밑의 바닥면으로부터 수평으로 1m 떨어진 b점의 조도를 구하시오.

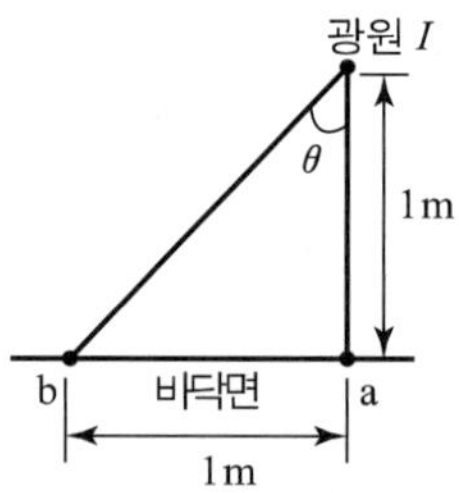

CHAPTER

6 전기설비 도면

1 도면 배선내역

자동화재탐지설비	회로선, 회로공통선, 경종선, 경종표시등공통선, 응답선, 표시등선
옥내소화전설비	기동, 정지, 공통, 기동확인표시등2(자동일땐)
수신반 ↔ MCC	기동, 정지, 공통, 기동확인표등, 전원표시등(추가)
감지기	송배선 : Loop(2가닥), 기타(4가닥) / 교차회로방식 : Loop, 말단(4가닥), 기타(8가닥)

S/P

건식, 습식	
공통선	
유수검지스위치(PS)	Zone수 (V/V수)
사이렌	
밸브모니터링스위치(TS)	

[공/유,사,발]
[(감),원,화/A,B,SV,PS,TS,사,(수)]

일제살수식, 준비작동식	
감지기공통(조건)	
전원(+)	
전원(−)	
전화	
감지기 A	Zone수 (SVP)
감지기 B	
밸브기동(SV)	
밸브개방확인(PS)	
밸브주의(TS)	
사이렌	
수동기동(조건)	

가스계설비

수신반 ↔ RM	
전원(+)	
전원(−)	
방출지연스위치	
감지기공통(조건)	
복구스위치(조건)	
감지기 A	Zone수 (RM수)
감지기 B	
기동스위치	
사이렌	
방출표시등	
Door S/W(조건)	

수신반 ↔ 방제센터	
공통	
전원표시등	
화재표시등	
감지기 A	Zone수 (RM수)
감지기 B	
방출표시등	
수동기동스위치(조건)	

[전,방,(감),(복)/A,B,기,사,방,(Do)]
[공(중),전,화/A,B,방,(수)]
[공,A,B,방,(수)]

Package형	
공통	Zone수 (Package)
감지기 A	
감지기 B	
방출표시등	
수동기동스위치(조건)	

제연설비

전실제연설비(수신반 ↔ Damper)	
전원(+)	
전원(−)	
복구스위치(조건)	
감지기공통(조건)	
감지기(지구선)	Zone수 (Damper수)
기동	
배기기동확인	
급기기동확인	
수동기동확인	

상가제연설비(밀폐형)	
전원(+)	
전원(−)	
복구스위치(조건)	
감지기공통(조건)	
감지기(지구선)	Zone수 (Damper수)
기동	
기동확인	

[전,(복),(감)/지,기,배,급,수]

상가제연설비(개방형)	
전원(+)	
전원(−)	
복구스위치(조건)	
감지기공통(조건)	
감지기(지구선)	Zone수 (Damper수)
배기기동	
급기기동	
배기기동확인	
급기기동확인	

배연창설비

솔레노이드	
공통	Zone수
기동	
확인	

[공/기,확인]
[전,기,복구/확인]

Motor	
전원(+)	
전원(−)	
기동	
복구	
확인	Zone수

Zone수(전동구동장치)

자동방화문	
전원(+)(조건)	
전원(−)(조건)	
공통	
감지기(지구선)(조건)	Zone수 (층)
기동	
확인	

자동방화셔터	
공통	
감지기(지구선)	Zone수 (연동제어기)
기동	
확인	

[(전),공/,(감),기,확인]
[공/(감),기,확인]

소방청 고시 제2022-10호에 따른 자동화재탐지설비 배선 가닥수 산정 방법 [2022.5.9. 개정]

1. 개정사항

1) 4층 이상의 특정소방대상물에는 발신기와 전화통화가 가능한 수신기를 설치할 것(NFSC 제5조 제1항 제2호 삭제)
   ➡ 자동화재탐지설비 배선내역에서 **전화선 삭제**[기본 가닥수 7가닥에서 **6가닥**(회로선, 회로공통선, 경종선, 경종표시등공통선, 응답선, 표시등선)으로 변경]

2) 화재로 인하여 하나의 층의 지구음향장치 또는 배선이 단락되어도 다른 층의 화재통보에 지장이 없도록 각 층 배선 상에 유효한 조치를 할 것(NFSC 제5조 제3항 제9호 신설)
   ➡ 자동화재탐지설비 배선내역에서 조건에 따라 **경종선**과 **경종표시등공통선 가닥수가 상이함**(주의가 필요함!!)

   (1) 유효한 조치(단락보호장치 설치)를 한 경우
      ① **경종표시등공통선을 1회로 사용하고 최소 가닥수 기준인 경우** <기존방식과 동일>
         ㉠ 경종표시등공통선은 1가닥으로 산정
         ㉡ 경종선은 일제경보방식인 경우 1가닥, 우선경보방식인 경우 층수로 산정
            · 주의사항 : 우선경보방식이라도 지하층일 경우 1가닥으로 산정

Point
답안 작성 시 **유효한 조치(단락보호장치 설치)**를 하였음을 **반드시 언급**해야 한다.
예1) 화재로 인하여 하나의 층의 지구음향장치 또는 배선이 단락되어도 다른 층의 화재통보에 지장이 없도록 **각 층 배선 상**에 유효한 조치(단락보호장치 설치)를 하였음.
예2) **각 층** 또는 **경종선의 각 회선마다** 배선용차단기(퓨즈)를 설치하였음.

      ② **경종표시등공통선을 1회로 사용하고 최소 가닥수 기준이 아닌 경우**
         ㉠ 경종표시등공통선은 1가닥으로 산정
         ㉡ 경종선은 층수가 증가함에 따라 1가닥씩 증가
            · 주의사항 : 우선경보방식이라도 지하층일 경우 1가닥으로 산정

Point
답안 작성 시 **유효한 조치(단락보호장치 설치)**를 하였음을 **반드시 언급**해야 한다.
예1) **수신기**에 유효한 조치(단락보호장치 설치)를 하였음.
예2) **수신기**에 배선용차단기(퓨즈)를 설치하였음.

(2) 유효한 조치(단락보호장치 설치)를 하지 않은 경우, 또는 선로를 증설한 경우

① **경종표시등공통선을 1회로 사용하지 않는 경우**

㉠ 경종표시등공통선은 층수가 증가함에 따라 1가닥씩 증가

㉡ 경종선은 층수가 증가함에 따라 1가닥씩 증가

· 주의사항 : 우선경보방식이라도 지하층도 지상층과 동일하게 층수가 증가함에 따라 1가닥씩 증가

② **경종표시등공통선을 경종공통선, 표시등공통선으로 각각 사용하는 경우**

㉠ 경종선과 경종공통선은 층수가 증가함에 따라 각각 1가닥씩 증가

· 주의사항 : 우선경보방식이라도 지하층도 지상층과 동일하게 층수가 증가함에 따라 각각 1가닥씩 증가

㉡ 표시등선과 표시등공통선은 각각 1가닥으로 산정

Point
답안 작성 시 **유효한 조치(단락보호장치 설치)**를 하였음을 **언급하지 않음.**

3) 층수가 11층(공동주택의 경우에는 16층) 이상의 특정소방대상물은 다음 각 목에 따라 경보를 발할 수 있도록 하여야 한다. (NFSC 제8조 제1항 제2호 개정)

➡ 우선경보방식의 설치대상과 경보대상의 변경

구분		개정 전	개정 후
설치대상		지상 5층 이상 & 연면적 3,000m^2 초과 특정소방대상물	11층(공동주택 16층) 이상 특정소방대상물
경보대상	2층 이상	발화층, 직상층	발화층, 직상 4개층
	1층	발화층, 직상층, 지하층	발화층, 직상 4개층, 지하층
	지하층	발화층, 직상층, 기타 지하층	발화층, 직상층, 기타 지하층

2. 배선 계통도 계산 예제

<계통도 삽입>

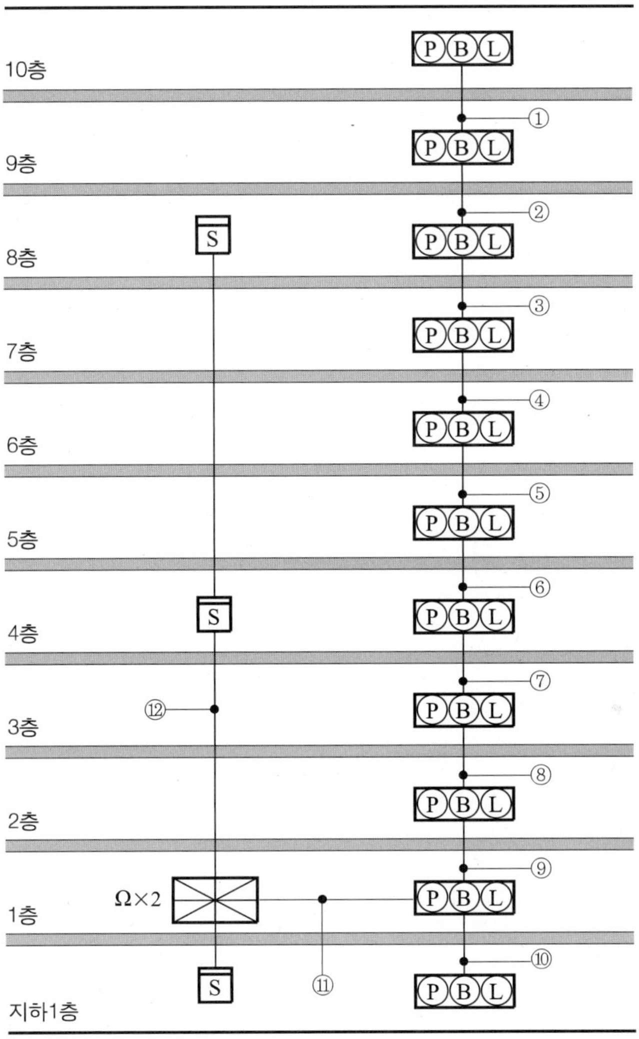

• S 는 계단이 있는 곳임.

2.1_유효한 조치(단락보호장치 설치)를 한 경우

1) 경종표시등공통선을 1회로 사용하고 최소 가닥수 기준인 경우

Exercise 1

다음은 자동화재탐지설비 계통도의 일부분이다. 조건을 참조하여 ①~⑫까지의 최소 가닥수를 산정하고 배선용도를 구하시오.

[조건]

① 각 층 배선 상에 유효한 조치(단락보호장치 설치)를 하였다.
② 경종표시등공통선은 1회로를 사용한다.
③ 최소 가닥수를 기준으로 한다.

Solution

기호	가닥수	배선용도
①	6	**회로선1, 공통선1, 경종선1, 경종표시등공통선1, 응답선1, 표시등선1**
②	7	회로선2, 공통선1, 경종선1, 경종표시등공통선1, 응답선1, 표시등선1
③	8	회로선3, 공통선1, 경종선1, 경종표시등공통선1, 응답선1, 표시등선1
④	9	회로선4, 공통선1, 경종선1, 경종표시등공통선1, 응답선1, 표시등선1
⑤	10	회로선5, 공통선1, 경종선1, 경종표시등공통선1, 응답선1, 표시등선1
⑥	11	회로선6, 공통선1, 경종선1, 경종표시등공통선1, 응답선1, 표시등선1
⑦	12	회로선7, 공통선1, 경종선1, 경종표시등공통선1, 응답선1, 표시등선1
⑧	14	**회로선8**, **공통선2**, 경종선1, **경종표시등공통선1**, 응답선1, 표시등선1
⑨	15	회로선9, 공통선2, 경종선1, 경종표시등공통선1, 응답선1, 표시등선1
⑩	6	회로선1, 공통선1, 경종선1, 경종표시등공통선1, 응답선1, 표시등선1
⑪	17	회로선11, 공통선2, 경종선1, 경종표시등공통선1, 응답선1, 표시등선1
⑫	4	지구선2, 공통선2

Caution !

- 4층 이상의 특정소방대상물에는 발신기와 전화통화가 가능한 수신기를 설치할 것(NFSC 제5조 제1항 제2호 삭제) ➡ 자동화재탐지설비 배선내역에서 **전화선 삭제**[기본 가닥수 7가닥에서 **6가닥**(회로선, 회로공통선, 경종선, 경종표시등공통선, 응답선, 표시등선)으로 변경]
- 화재로 인하여 하나의 층의 지구음향장치 또는 배선이 단락되어도 다른 층의 화재통보에 지장이 없도록 각 층 배선 상에 유효한 조치를 할 것(NFSC 제5조 제3항 제9호 신설)이란 문구가 신설됨에 따라 **각 층 배선 상에 유효한 조치(단락보호장치 설치)를 하고 최소 가닥수 기준인 일제경보방식일 경우 경종표시등공통선**과 **경종선**은 **1가닥으로 산정**한다.
- 만약, 조건 ①이 주어지지 않는다면 상기 Solution과 같이 답변하고 '**조건 ①**'을 **답변에 언급**해주어야 한다.

2) 경종표시등공통선을 1회로 사용하고 최소 가닥수 기준이 아닌 경우

Exercise 2

다음은 자동화재탐지설비 계통도의 일부분이다. 조건을 참조하여 ①~⑫까지의 최소 가닥수를 산정하고 배선용도를 구하시오.

[조건]
① 수신기에 유효한 조치(단락보호장치 설치)를 하였다.
② 경종표시등공통선은 1회로를 사용한다.
③ 최소 가닥수 기준이 아니다. 또는 층수가 증가함에 따라 경종선이 1가닥씩 증가한다.

Solution

기호	가닥수	배선용도
①	6	회로선1, 공통선1, 경종선1, 경종표시등공통선1, 응답선1, 표시등선1
②	8	회로선2, 공통선1, **경종선2**, 경종표시등공통선1, 응답선1, 표시등선1
③	10	회로선3, 공통선1, 경종선3, 경종표시등공통선1, 응답선1, 표시등선1
④	12	회로선4, 공통선1, 경종선4, 경종표시등공통선1, 응답선1, 표시등선1
⑤	14	회로선5, 공통선1, 경종선5, 경종표시등공통선1, 응답선1, 표시등선1
⑥	16	회로선6, 공통선1, 경종선6, 경종표시등공통선1, 응답선1, 표시등선1
⑦	18	회로선7, 공통선1, 경종선7, 경종표시등공통선1, 응답선1, 표시등선1
⑧	21	**회로선8**, **공통선2**, **경종선8**, **경종표시등공통선1**, 응답선1, 표시등선1
⑨	23	회로선9, 공통선2, 경종선9, 경종표시등공통선1, 응답선1, 표시등선1
⑩	6	회로선1, 공통선1, 경종선1, 경종표시등공통선1, 응답선1, 표시등선1
⑪	27	**회로선11, 공통선2, 경종선11, 경종표시등공통선1, 응답선1, 표시등선1**
⑫	4	지구선2, 공통선2

Caution !

- 만약, 조건 ①이 주어지지 않는다면 상기 Solution과 같이 답변하고 '**조건 ①'을 답변에 언급**해주어야 한다.
- <u>화재로 인하여 하나의 층의 지구음향장치 또는 배선이 단락되어도 다른 층의 화재통보에 지장이 없도록 각 층 배선 상에 유효한 조치를 할 것</u>(NFSC 제5조 제3항 제9호 신설)이란 문구가 신설됨에 따라 **수신기에 유효한 조치(단락보호장치 설치)를 하고 최소 가닥수 기준이 아닌 일제경보 방식일 경우 경종표시등공통선은 1가닥으로 산정**하고 **경종선**은 **층수가 증가함에 따라 1가닥씩 증가**해주어야 한다.

2.2_유효한 조치(단락보호장치 설치)를 하지 않은 경우, 또는 선로를 증설한 경우

1) 경종표시등공통선을 1회로로 사용하지 않는 경우

Exercise 2

다음은 자동화재탐지설비 계통도의 일부분이다. 조건을 참조하여 ①~⑫까지의 최소 가닥수를 산정하고 배선용도를 구하시오.

[조건]
① 유효한 조치(단락보호장치 설치)를 하지 않았다. 또는 조건이 주어지지 않음.
② 경종표시등공통선은 1회로를 사용하지 않는다.

Solution

기호	가닥수	배선용도
①	6	회로선1, 공통선1, 경종선1, 경종표시등공통선1, 응답선1, 표시등선1
②	9	**회로선2**, 공통선1, **경종선2**, **경종표시등공통선2**, 응답선1, 표시등선1
③	12	회로선3, 공통선1, 경종선3, 경종표시등공통선3, 응답선1, 표시등선1
④	15	회로선4, 공통선1, 경종선4, 경종표시등공통선4, 응답선1, 표시등선1
⑤	18	회로선5, 공통선1, 경종선5, 경종표시등공통선5, 응답선1, 표시등선1
⑥	21	회로선6, 공통선1, 경종선6, 경종표시등공통선6, 응답선1, 표시등선1
⑦	24	회로선7, 공통선1, 경종선7, 경종표시등공통선7, 응답선1, 표시등선1
⑧	28	**회로선8**, **공통선2**, **경종선8**, **경종표시등공통선8**, 응답선1, 표시등선1
⑨	31	회로선9, 공통선2, 경종선9, 경종표시등공통선9, 응답선1, 표시등선1
⑩	6	회로선1, 공통선1, 경종선1, 경종표시등공통선1, 응답선1, 표시등선1
⑪	37	**회로선11, 공통선2, 경종선11, 경종표시등공통선11, 응답선1, 표시등선1**
⑫	4	지구선2, 공통선2

Caution !

- 화재로 인하여 하나의 층의 지구음향장치 또는 배선이 단락되어도 다른 층의 화재통보에 지장이 없도록 각 층 배선 상에 유효한 조치를 할 것(NFSC 제5조 제3항 제9호 신설)이란 문구가 신설됨에 따라 **유효한 조치(단락보호장치 설치)를 하지 않을 경우 경종선**은 **층수가 증가함에 따라 1가닥씩 증가**해주어야 한다. 이때 주의할 사항은 우선경보방식이라도 **지하층도 지상층과 동일하게 층수가 증가함에 따라 1가닥씩 증가**해주어야 한다.

- 경종표시등공통선은 1회로로 사용하지 않으므로 **경종표시등공통선은 층수가 증가함에 따라 1가닥씩 증가**해주어야 한다.

2) 경종표시등공통선을 경종공통선, 표시등공통선으로 각각 사용하는 경우

Exercise 2

다음은 자동화재탐지설비 계통도의 일부분이다. 조건을 참조하여 ①~⑫까지의 최소 가닥수를 산정하고 배선용도를 구하시오.

[조건]

① 유효한 조치(단락보호장치 설치)를 하지 않았다. 또는 조건이 주어지지 않음.

② 경종표시등공통선은 경종공통선, 표시등공통선으로 각각 사용한다.

Solution

기호	가닥수	배선용도
①	7	회로선1, 공통선1, 경종선1, **경종공통선1**, 응답선1, 표시등선1, **표시등공통선1**
		회로선1, 공통선1, **경종선2**, 응답선1, 표시등선2
②	10	**회로선2**, 공통선1, **경종선2**, **경종공통선2**, 응답선1, **표시등선1**, **표시등공통선1**
③	13	회로선3, 공통선1, 경종선3, 경종공통선3, 응답선1, 표시등선1, 표시등공통선1
④	16	회로선4, 공통선1, 경종선4, 경종공통선4, 응답선1, 표시등선1, 표시등공통선1
⑤	19	회로선5, 공통선1, 경종선5, 경종공통선5, 응답선1, 표시등선1, 표시등공통선1
⑥	22	회로선6, 공통선1, 경종선6, 경종공통선6, 응답선1, 표시등선1, 표시등공통선1
⑦	25	회로선7, 공통선1, 경종선7, 경종공통선7, 응답선1, 표시등선1, 표시등공통선1
⑧	29	**회로선8, 공통선2, 경종선8, 경종공통선8, 응답선1, 표시등선1, 표시등공통선1**
⑨	32	회로선9, 공통선2, 경종선9, 경종공통선9, 응답선1, 표시등선1, 표시등공통선1
⑩	7	회로선1, 공통선1, 경종선1, 경종공통선1, 응답선1, 표시등선1, 표시등공통선1
⑪	38	**회로선11, 공통선2, 경종선11, 경종공통선11**, 응답선1, **표시등선1, 표시등공통선1**
⑫	4	지구선2, 공통선2

Caution !

- 자동화재탐지설비의 배선가닥수를 최소화하기 위해 일반적으로 경종선과 표시등은 경종표시등공통선으로 공통선을 묶어서 관리하는데 조건에서 경종공통선과 표시등공통선을 각각 별도의 공통선으로 사용한다고 하였으므로, 기호 ①번 배선용도에서 경종표시등공통선은 배선용도에서 빠지고 대신 경종공통선 1가닥, 표시등공통선 1가닥이 된다. 만약, 기호 ①번의 2번째 칸에서처럼 경종공통선, 표시등공통선이란 용어를 사용하지 않는다면 경종선과 경종공통선을 묶어서 경종선 2가닥, 표시등선과 표시등공통선을 묶어서 표시등선 2가닥으로 사용할 수 있다.

- 화재로 인하여 하나의 층의 지구음향장치 또는 배선이 단락되어도 다른 층의 화재통보에 지장이 없도록 각 층 배선 상에 유효한 조치를 할 것(NFSC 제5조 제3항 제9호 신설)이란 문구가 신설됨에 따라 **유효한 조치(단락보호장치 설치)를 하지 않을 경우 경종선**과 **경종공통선**은 **층수가 증가함에 따라 각각 1가닥씩 증가**해주어야 한다. 이때 주의할 사항은 우선경보방식이라도 **지하층도 지상층과 동일하게 층수가 증가함에 따라 각각 1가닥씩 증가**해주어야 한다.

- **표시등선**과 **표시등공통선**은 다른 층의 화재통보와는 무관하므로 **각각 1가닥**으로 산정하면 된다.

독자 여러분께 알려드립니다.

▶ 본 서(書)의 제6장 전기설비 도면 부분 중 자동화재탐지설비의 해당 부분에 대해서 풀이 또는 해석을 할 때 조건에서 특별한 언급이 없는 경우 다음과 같은 기준을 적용하여 배선내역이 산정되었음을 알려드립니다.

[기준]

① 개정사항 1)의 내용을 반영하여 자동화재탐지설비의 배선내역에서 **전화선**을 **삭제**하였습니다.

② 개정사항 2)의 내용을 반영하기 위해 2) (1) ①의 내용인 **각 층 배선 상에 유효한 조치(단락보호장치 설치)를 하고 경종표시등공통선을 1회로 사용하며 최소 가닥수 기준**을 적용한 것을 기본으로 하여 산정하였습니다.

1절. 자동화재탐지설비

1. 배선 내역 및 가닥수 산정 방법

1.1_경보방식 결정

소방대상물이 **우선경보방식**인지 **일제경보방식**인지를 **구분**한다.

(1) 우선경보방식 – 지하층을 제외한 **11층(공동주택 16층) 이상** 소방대상물

(2) 일제경보방식 – 우선경보방식을 만족하지 않거나 아무런 조건이 없을 경우 적용

1.2_배선내역 및 배선가닥수

1) 수신기 ↔ 발신기, 발신기 ↔ 발신기(기본 6가닥)

배 선	추가(일제경보방식)	추가(우선경보방식)
• 회로선	▲[14]	▲
• (회로)공통선	▲	▲
• 경종선	▲	▲
• 경종표시등공통선	▲	▲
• 응답선		
• 표시등선		

2) 수신기 ↔ 부수신기

배 선	추가(일제경보방식)	추가(우선경보방식)
• 회로선	▲	▲
• (회로)공통선		
• 주음향장치선		
• 전원(+)		
• 전원(−)		

14) ▲ 표시는 회로수가 증가되거나 조건이 주어지면 배선가닥수가 늘어날 수 있는 경우를 표시한 것이다.

3) 수신기 ↔ 감지기, 발신기 ↔ 감지기(기본 4가닥)

배 선	추가(일제경보방식)	추가(우선경보방식)
• 회로선(2가닥)		
• (회로)공통선(2가닥)		

4) 감지기 ↔ 감지기(평면도)

(1) 송배선 방식인 경우 Loop－2가닥, 기타－4가닥

(2) 교차회로 방식인 경우는 Loop, 말단－4가닥, 기타－8가닥

1.3_배선 가닥수 산정 시 주의사항

1) 회로선은 **종단저항수** or **경계구역번호수** or **발신기세트수**로 산정한다.

• 주의사항 : 만약, 도면에 종단저항, 경계구역번호, 발신기세트가 모두 또는 일부 같이 있는 경우, 종단저항 > 경계구역번호 > 발신기세트 순서로 찾는다.

2) (회로)공통선은 조건이 없으면 **7회로마다 1회로 추가(회로선/7 = 결과치 절상)**한다.

• 주의사항 : 만약, **조건이 주어지면 주어진 대로 계산**한다. 예를 들어, 만약 6회로마다 1회로 추가된다면 회로선/6＝결과치를 절상한다.

3) 경종선은 **유효한 조치(단락보호장치 설치)**여부와 **경종방식**에 따라 각각 다르게 산정한다.

① **각 층 배선 상에 유효한 조치(단락보호장치 설치)**를 하고 **최소가닥수 기준**이면
일제경보방식은 **1가닥**, **우선경보방식**은 **층수**로 산정

• 주의사항 : 우선경보방식이라도 **지하층**일 경우 **1가닥**으로 산정

② **수신기에 유효한 조치(단락보호장치 설치)**를 하고 **최소가닥수 기준이 아니면**
일제경보방식, 우선경보방식 모두 **층수**로 산정

• 주의사항 : 우선경보방식이라도 **지하층**일 경우 **1가닥**으로 산정

③ **유효한 조치(단락보호장치 설치)**를 하지 않는 경우
일제경보방식, 우선경보방식 모두 **층수**로 산정

• 주의사항 : 경보방식과 무관하게 **지하층**도 지상층과 동일하게 **층수**로 산정

4) 경종표시등공통선은 **유효한 조치(단락보호장치 설치)**여부에 따라 각각 다르게 산정한다.

① **유효한 조치(단락보호장치 설치)**를 한 경우 **1가닥**으로 산정

② **유효한 조치(단락보호장치 설치)**를 하지 않은 경우 **층수**로 산정

5) **응답선, 표시등선**은 각 **1가닥**으로 산정한다.

6) 배선 가닥수 산정방법을 요약하면 다음과 같다.

<table>
<tr><th colspan="4">배선 내역</th><th>가닥수</th></tr>
<tr><td colspan="4">• 회로선</td><td>종단저항, 경계구역마다 1선</td></tr>
<tr><td colspan="4">• (회로)공통선</td><td>회로선/7경계구역(회로)마다 1선</td></tr>
<tr><td rowspan="6">• 경종선</td><td rowspan="4">유효한 조치(○)</td><td rowspan="2">최소가닥수(○)</td><td>일제경보</td><td>1선만 필요</td></tr>
<tr><td>우선경보</td><td>지상 : 층마다 1선, 지하 : 1선만 필요</td></tr>
<tr><td rowspan="2">최소가닥수(×)</td><td>일제경보</td><td>층마다 1선</td></tr>
<tr><td>우선경보</td><td>지상 : 층마다 1선, 지하 : 1선만 필요</td></tr>
<tr><td colspan="2" rowspan="2">유효한 조치(×)</td><td>일제경보</td><td>층마다 1선</td></tr>
<tr><td>우선경보</td><td>지상 : 층마다 1선, 지하 : 층마다 1선</td></tr>
<tr><td rowspan="2">• 경종표시등 공통선</td><td colspan="3">유효한 조치(○)</td><td>1선만 필요</td></tr>
<tr><td colspan="3">유효한 조치(×)</td><td>층마다 1선</td></tr>
<tr><td colspan="4">• 응답선</td><td>1선만 필요</td></tr>
<tr><td colspan="4">• 표시등선</td><td>1선만 필요</td></tr>
</table>

1.4_동일 용어

1) 회로선 = 신호선 = 표시선 = 지구선 = 감지선
2) 회로공통선 = 신호공통선 = 지구공통선 = 감지기공통선 = 발신기공통선
3) 응답선 = 발신기응답선 = 확인선 = 발신기선
4) 경종표시등공통선 = 벨표시등공통선

2. 배선 결선도

2.1_발신기 결선도

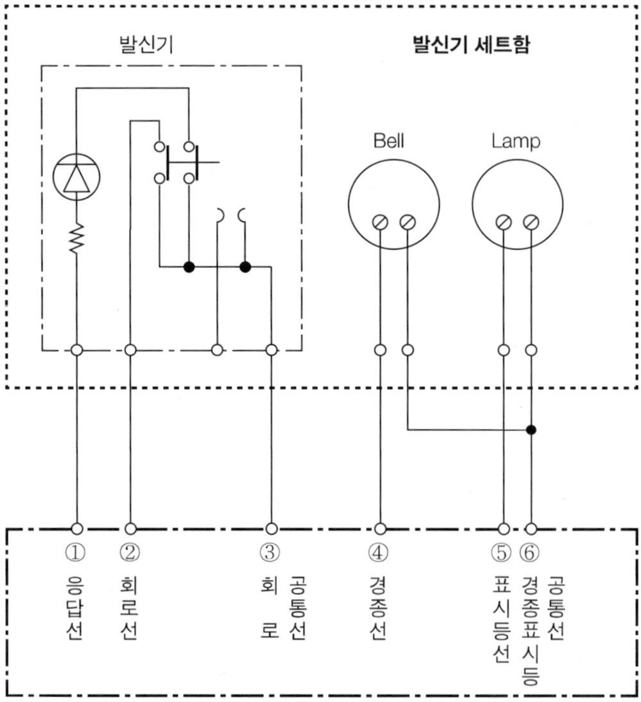

2.2_일제경보방식(=일제명동방식) 결선도

1) 결선도 1

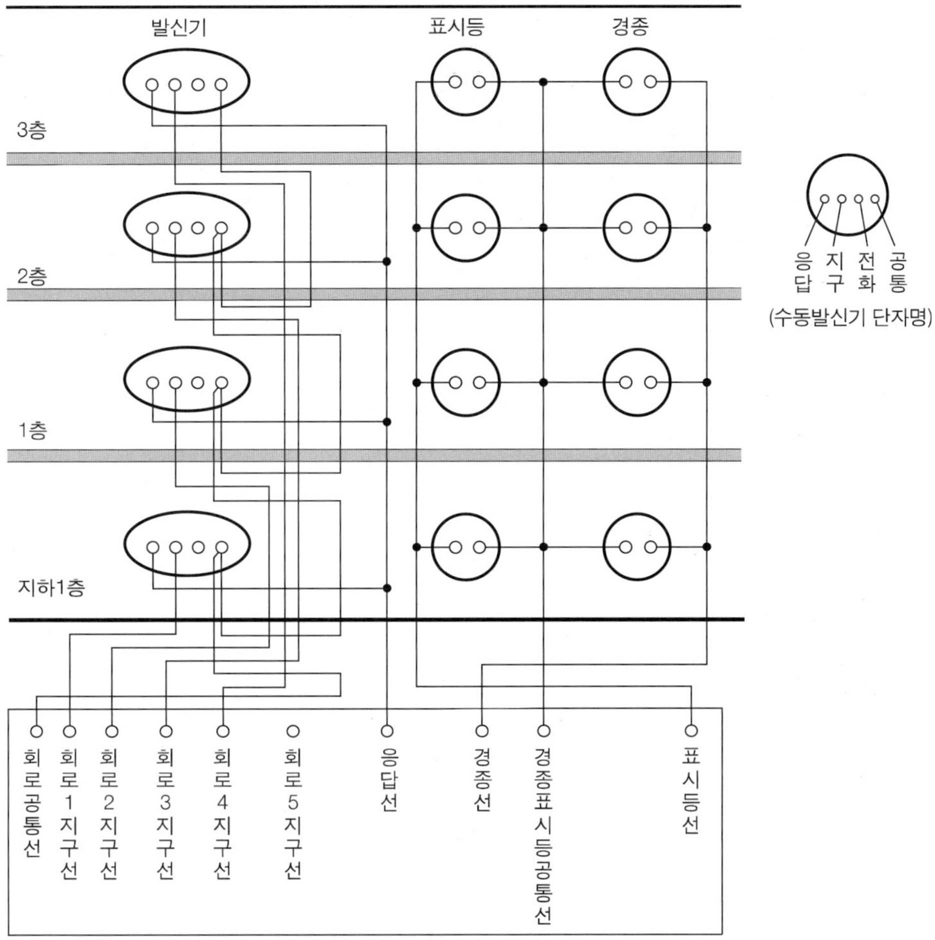

2) 결선도 2

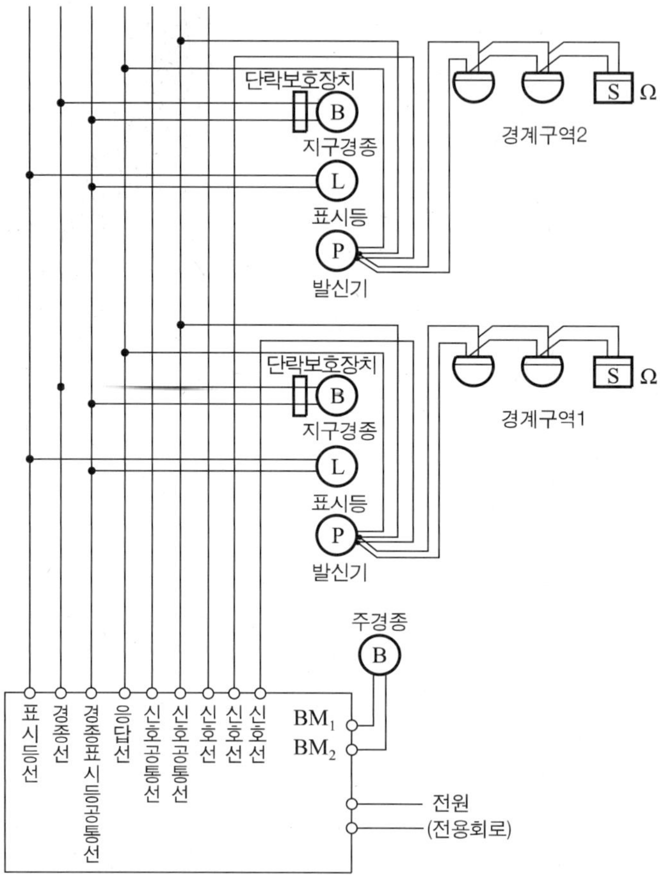
단락보호장치
B
지구경종
L
표시등
P
발신기
S Ω
경계구역2
단락보호장치
B
지구경종
L
표시등
P
발신기
S Ω
경계구역1
주경종
B
표시등선
경종선
경종표시등공통선
응답선
신호공통선
신호공통선
신호선
신호선
신호선
BM1
BM2
전원
(전용회로)

3) 결선도 3

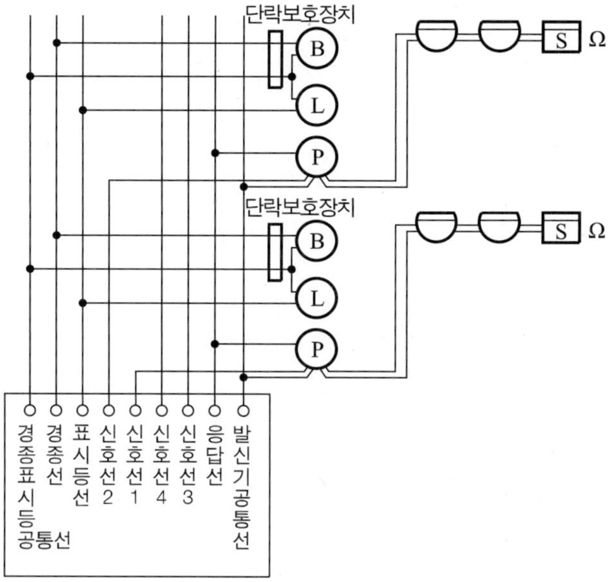
단락보호장치
B
L
P
S
Ω
단락보호장치
B
L
P
S
Ω
경종표시등공통선
경종선
표시등선
신호선2
신호선1
신호선4
신호선3
응답선
발신기공통선

2.3_우선경보방식 결선도

Point

우선경보방식 소방대상물

지하층을 제외한 **5층 이상**으로서 **연면적 3,000m²를 초과**하는 특정소방대상물

→ **11층(공동주택 16층) 이상** 특정소방대상물 <2022.5.9. 개정>

1) 결선도 1

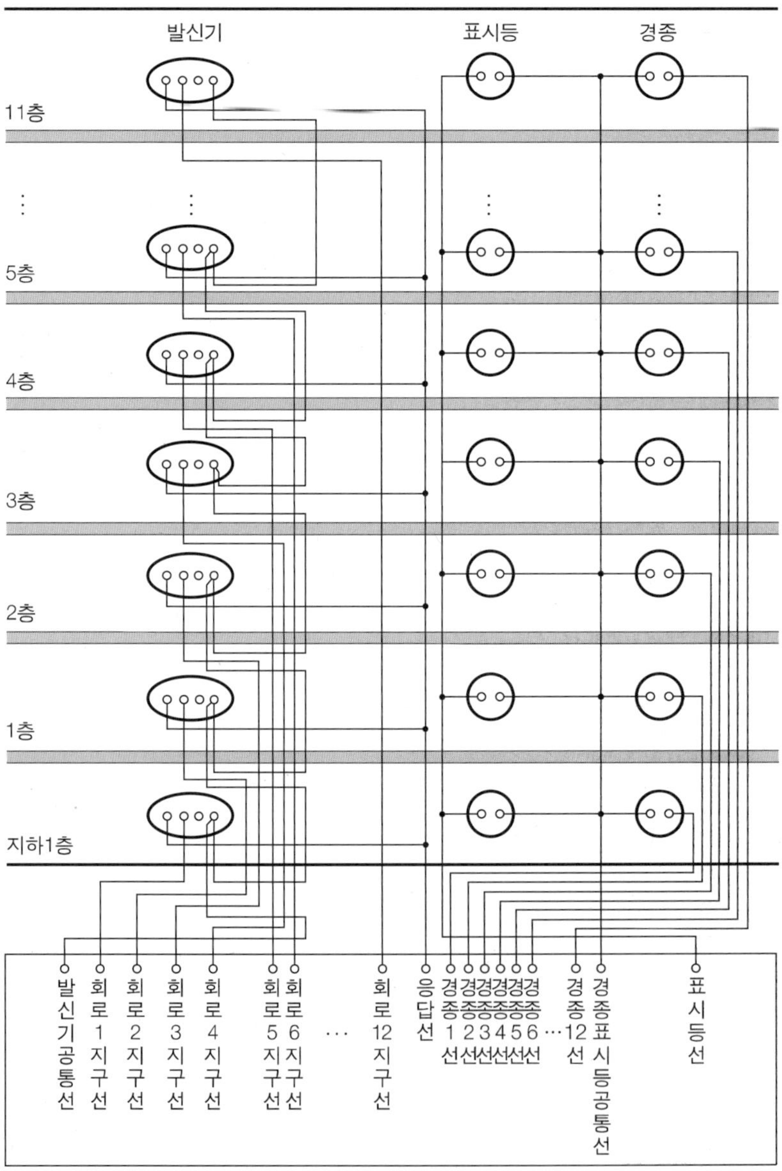

(수동발신기 단자명)

2) 결선도 2

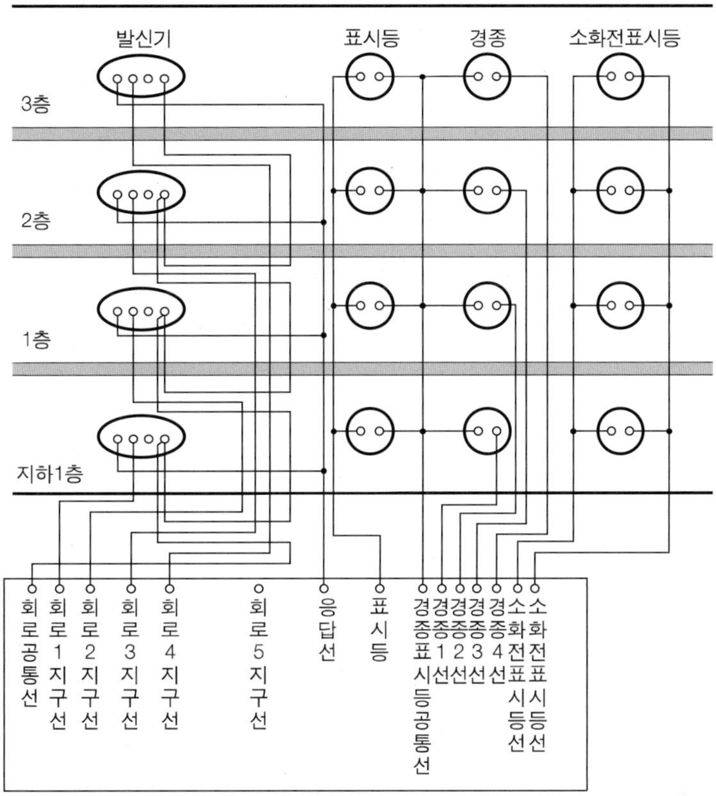
발신기
표시등
경종
소화전표시등
3층
2층
1층
지하1층
회로공통선
회로1지구선
회로2지구선
회로3지구선
회로4지구선
회로5지구선
응답선
표시등
경종표시등공통선
경종1선
경종2선
경종3선
경종4선
소화전표시등선
소화전표시등선

3. 배선 계통도

3.1_일제경보방식 계통도

1) 계통도 1

Exercise

지상 5층의 자동화재탐지설비에서 P형 1급 5회로용 수신기를 1층에 설치한다고 할 때 이 설비의 입상계통도를 그리고 입상전선의 최소 가닥수를 나타내시오(단, 경보방식은 일제경보방식이다).

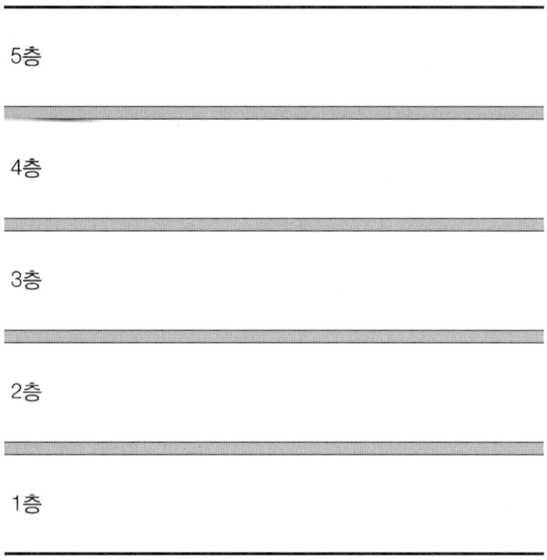

Solution

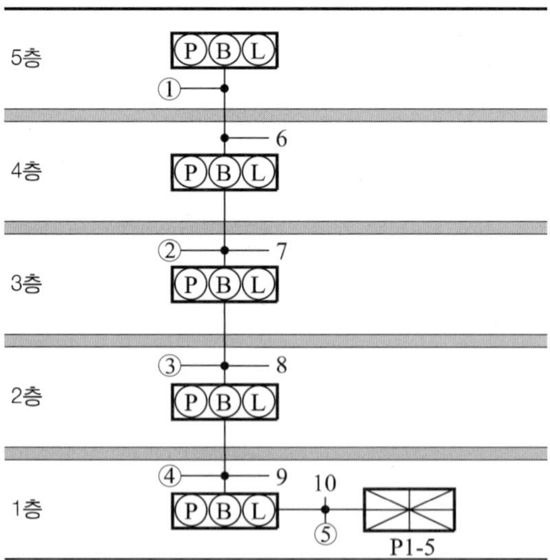

Solution

기호	가닥수	배선용도
①	6	회로선1, 공통선1, 경종선1, 경종표시등공통선1, **~~전화선1~~**, 응답선1, 표시등선1
②	7	회로선2, 공통선1, 경종선1, 경종표시등공통선1, **~~전화선1~~**, 응답선1, 표시등선1
③	8	회로선3, 공통선1, 경종선1, 경종표시등공통선1, **~~전화선1~~**, 응답선1, 표시등선1
④	9	회로선4, 공통선1, 경종선1, 경종표시등공통선1, **~~전화선1~~**, 응답선1, 표시등선1
⑤	10	회로선5, 공통선1, 경종선1, 경종표시등공통선1, **~~전화선1~~**, 응답선1, 표시등선1

※ 각 층 배선 상에 유효한 조치(단락보호장치 설치)를 하였음.

Caution!

- 4층 이상의 특정소방대상물에는 발신기와 전화통화가 가능한 수신기를 설치할 것(NFSC 제5조 제1항 제2호 삭제)이란 문구가 삭제됨에 따라 자동화재탐지설비 배선내역은 **전화선이 삭제되어** 기본 가닥수 7가닥에서 **6가닥**(회로선, 회로공통선, 경종선, 경종표시등공통선, 응답선, 표시등선)으로 변경되었다(2022.5.9. 개정).
- 본 서(書)에서는 독자 여러분께 알림으로 장 서두에 '각 층 배선 상에 유효한 조치(단락보호장치 설치)를 하고 경종표시등공통선을 1회로 사용하며 최소 가닥수 기준을 적용한 것을 기본으로 하여 산정한다'고 언급을 해서 생략해도 되지만 실제 답안 작성 시의 예를 들기 위해 Solution 부분에 **각 층 배선상에 유효한 조치(단락보호장치 설치)를 하였음**을 **언급**해주었다.

2) 계통도 2

Exercise

다음은 자동화재탐지설비 계통도의 일부분이다. ①~④까지의 최소 가닥수를 산정하고 배선용도를 구하시오.

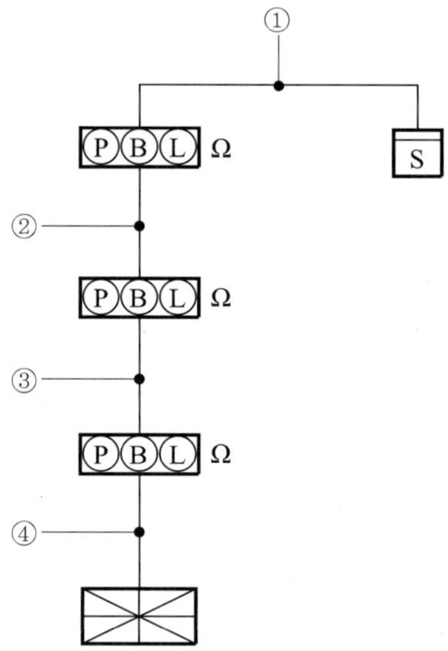

Solution

기호	가닥수	배선용도
①	4	지구선2, 공통선2
②	6	회로선1, 공통선1, 경종선1, 경종표시등공통선1, 응답선1, 표시등선1
③	7	회로선2, 공통선1, 경종선1, 경종표시등공통선1, 응답선1, 표시등선1
④	8	회로선3, 공통선1, 경종선1, 경종표시등공통선1, 응답선1, 표시등선1

※ 각 층 배선 상에 유효한 조치(단락보호장치 설치)를 하였음.

Caution!

종단저항(Ω)이 발신기세트함 옆(PBL Ω)이 아닌 감지기 옆(S Ω)에 있다면, 기호 ①번 가닥수는 Loop형태가 되어 지구선1, 공통선1, 전체 2가닥이 된다.

3) 계통도 3

Exercise

다음은 자동화재탐지설비 계통도의 일부분이다. 조건을 참조하여 ①~③까지의 최소 가닥수를 산정하고 배선용도를 구하시오.

[조건]
① 종단저항은 기기수용상자 내에 설치한다.
② P, B, L은 각각 별도 공통선을 취한다.
③ 유효한 조치(단락보호장치 설치)를 하지 않았다.

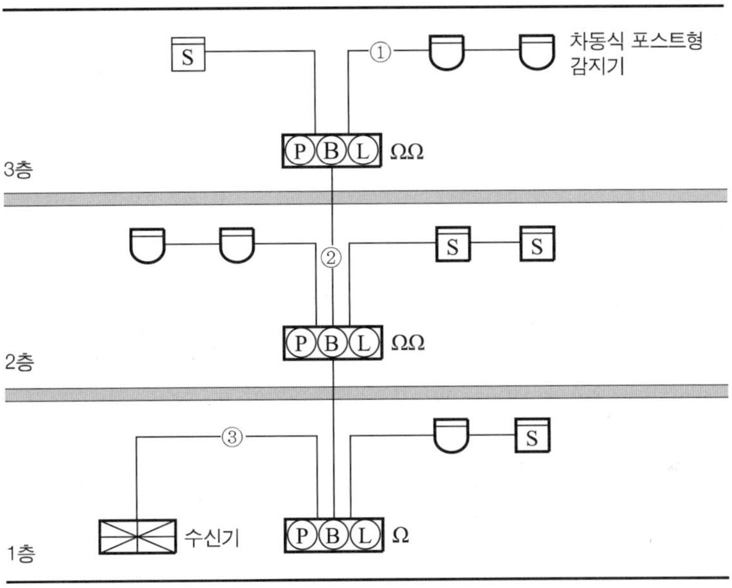

Solution

기호	가닥수	배선용도
①	4	지구선2, 공통선2
②	8	회로선2, 공통선1, 경종선1, 경종공통선1, 응답선1, 표시등선1, 표시등공통선1
		회로선2, 공통선1, 경종선2, 응답선1, 표시등선2
③	15	회로선5, 공통선1, 경종선3, 경종공통선3, 응답선1, 표시등선1, 표시등공통선1
		회로선5, 공통선1, 경종선6, 응답선1, 표시등선2

Caution!

- 자동화재탐지설비의 배선가닥수를 최소화하기 위해 일반적으로 경종선과 표시등은 경종표시등공통선으로 공통선을 묶어서 관리하는데 조건에서 'P, B, L은 각각 별도의 공통선을 취한다.'라고 하였으므로, 기호 ②번 1번째 칸에서처럼 경종표시등공통선은 배선용도에서 빠지고 대신 경종공통선 1가닥, 표시등공통선 1가닥이 된다. 만약, 기호 ②번의 2번째 칸에서처럼 경종공통선, 표시등공통선이란 용어를 사용하지 않는다면 경종선과 경종공통선을 묶어서 경종선 2가닥, 표시등선과 표시등공통선을 묶어서 표시등선 2가닥으로 사용할 수 있다.

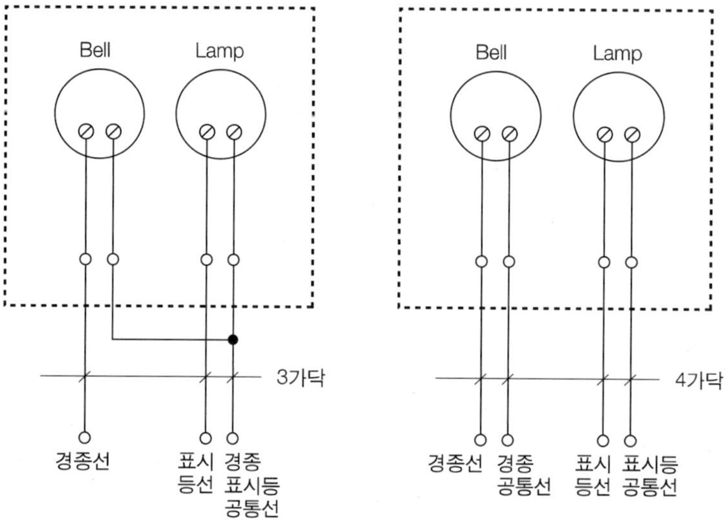

〈일반적인 배선〉 〈조건에 따른 배선〉

- 화재로 인하여 하나의 층의 지구음향장치 또는 배선이 단락되어도 다른 층의 화재통보에 지장이 없도록 각 층 배선 상에 유효한 조치를 할 것(NFSC 제5조 제3항 제9호 신설)이란 문구가 신설됨에 따라 **유효한 조치(단락보호장치 설치)를 하지 않은 경우 경종선과 경종공통선은 층수가 증가함에 따라 1가닥씩 증가**해주어야 한다. **표시등선**과 **표시등공통선**은 다른 층의 화재통보와는 무관하므로 **각각 1가닥**으로 산정하면 된다.

4) 계통도 4

Exercise

다음은 자동화재탐지설비 계통도의 일부분이다. 조건을 참조하여 ①~⑦까지의 최소 가닥수를 산정하고 배선용도를 구하시오.

[조건]

· 7경계구역이 넘을시 발신기공통선 및 경종표시공통선 1선씩 추가한다.

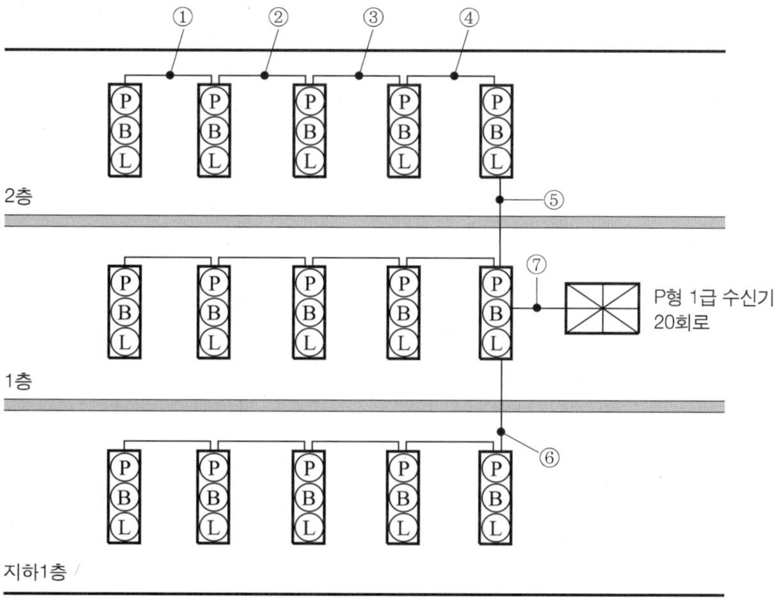

Solution

기호	가닥수	배선용도
①	6	회로선1, 공통선1, 경종선1, 경종표시등공통선1, 응답선1, 표시등선1
②	7	회로선2, 공통선1, 경종선1, 경종표시등공통선1, 응답선1, 표시등선1
③	8	회로선3, 공통선1, 경종선1, 경종표시등공통선1, 응답선1, 표시등선1
④	9	회로선4, 공통선1, 경종선1, 경종표시등공통선1, 응답선1, 표시등선1
⑤	10	회로선5, 공통선1, 경종선1, 경종표시등공통선1, 응답선1, 표시등선1
⑥	10	회로선5, 공통선1, 경종선1, 경종표시등공통선1, 응답선1, 표시등선1
⑦	24	회로선15, **공통선3**, 경종선1, **경종표시등공통선3**, 응답선1, 표시등선1

※ 각 층 배선 상에 유효한 조치(단락보호장치 설치)를 하였음.

Caution!

각 층 배선 상에 유효한 조치(단락보호장치 설치)를 한 일체경보방식에서 경종표시등공통선은 기본 1가닥이나 조건에서 7경계구역이 넘을 시 발신기공통선 및 경종표시등공통선이 1선씩 추가되므로, ⑦번 배선용도에서 경종표시등공통선은 회로선 15/7 = 2.14(절상) → 3가닥이 된다.
경종표시등공통선이라고 해서 경종선 1/7 = 0.14(절상) → 1가닥으로 해서는 안 된다.

5) 계통도 5

Exercise

다음은 자동화재탐지설비 계통도의 일부분이다. 조건을 참조하여 ①~⑥까지의 최소 가닥수를 산정하고 배선용도를 구하시오.

[조건]

· 계단에 설치되는 연기감지기는 별개의 회로로 구성한다.

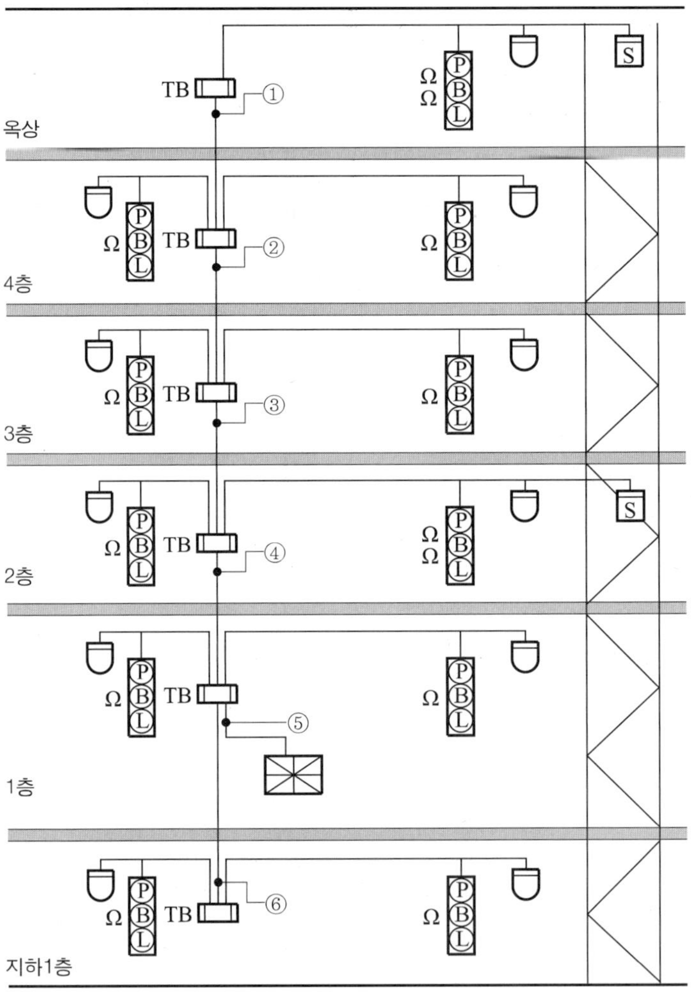

Solution

기호	가닥수	배선용도
①	7	회로선2, 공통선1, 경종선1, 경종표시등공통선1, 응답선1, 표시등선1
②	9	회로선4, 공통선1, 경종선1, 경종표시등공통선1, 응답선1, 표시등선1
③	11	회로선6, 공통선1, 경종선1, 경종표시등공통선1, 응답선1, 표시등선1
④	15	회로선9, **공통선2**, 경종선1, 경종표시등공통선1, 응답선1, 표시등선1
⑤	19	회로선13, 공통선2, 경종선1, 경종표시등공통선1, 응답선1, 표시등선1
⑥	7	회로선2, 공통선1, 경종선1, 경종표시등공통선1, 응답선1, 표시등선1

※ 각 층 배선 상에 유효한 조치(단락보호장치 설치)를 하였음.

Caution!

(회로)공통선은 조건이 없으면 7회로마다 1회선이 추가되므로 ④번 배선용도에서 공통선은 회로선 9/7 = 1.28(절상) → 2가닥이 된다.

6) 계통도 6

Exercise

다음은 자동화재탐지설비 계통도의 일부분이다. 조건을 참조하여 ①~⑥까지의 최소 가닥수를 산정하고 배선용도를 구하시오.

[조건]

① 건물의 연면적은 4,500m^{2}이다.

② 벨과 표시등 공통선은 회로표시선공통선과 별도로 한다.

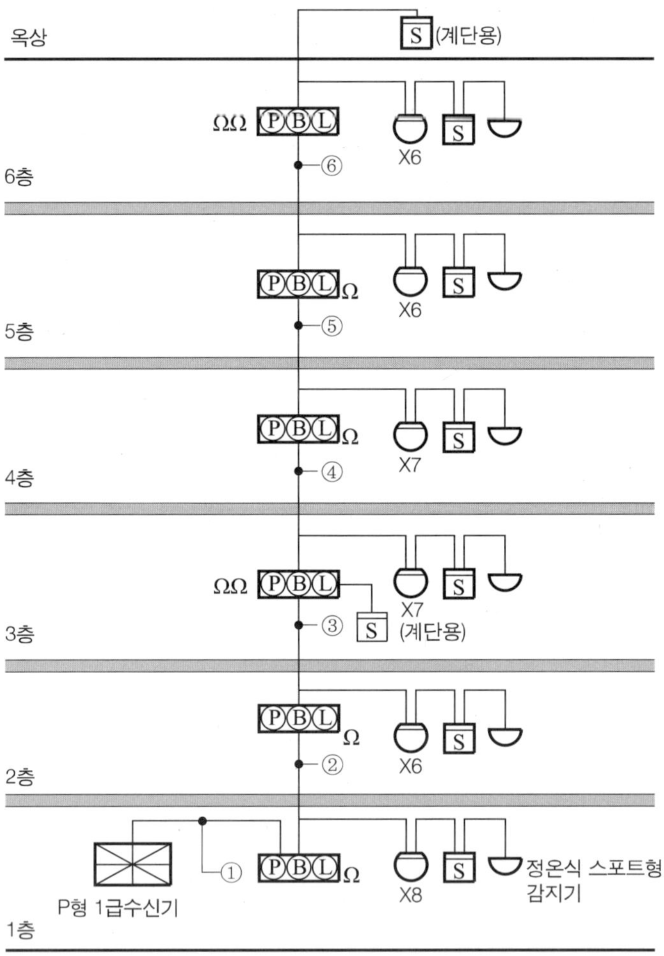

Solution

기호	가닥수	배선용도
⑥	7(7)	회로선2, 공통선1, 경종선1, 경종표시등공통선1, 응답선1, 표시등선1
⑤	8(9)	회로선3, 공통선1, **경종선1(2)**, **경종표시등공통선1**, 응답선1, 표시등선1
④	9(11)	회로선4, 공통선1, 경종선1(3), 경종표시등공통선1, 응답선1, 표시등선1
③	11(14)	회로선6, 공통선1, 경종선1(4), 경종표시등공통선1, 응답선1, 표시등선1
②	12(16)	회로선7, 공통선1, 경종선1(5), 경종표시등공통선1, 응답선1, 표시등선1
①	14(19)	**회로선8**, **공통선2**, **경종선1(6)**, **경종표시등공통선1**, 응답선1, 표시등선1

※ 각 층 배선 상에 유효한 조치(단락보호장치 설치)를 하였음.

※ ( ) 최소 가닥수 기준이 아닌 경우이다(수신기에 유효한 조치를 한 경우이다).

Caution!

- 우선경보방식의 설치대상이 변경(2022.5.9.)되면서 면적 조건이 사라지게 됨에 따라 조건 ①의 '건물의 연면적은 4,500m^2이다.' 조건은 가닥수 산정 시 배제하면 된다. 따라서, 상기 계통도는 일제경보방식을 적용하면 된다.
- 화재로 인하여 하나의 층의 지구음향장치 또는 배선이 단락되어도 다른 층의 화재통보에 지장이 없도록 각 층 배선 상에 유효한 조치를 할 것(NFSC 제5조 제3항 제9호 신설)이란 문구가 신설됨에 따라 **각 층 배선 상에 유효한 조치(단락보호장치 설치)를 하고 최소 가닥수 기준인 일제경보방식일 경우 경종표시등공통선**과 **경종선**은 **1가닥으로 산정**한다.
  만약, **수신기에 유효한 조치(단락보호장치 설치)를 하고 최소 가닥수 기준이 아닌 일제경보방식일 경우 경종표시등공통선**은 1가닥으로 산정하고 **경종선**은 **층수가 증가함에 따라 1가닥씩 증가**해주어야 한다.

7) 계통도 7

Exercise

다음은 자동화재탐지설비 계통도이다. 조건을 보고 ㉠~㉥까지의 최소 가닥수를 산정하시오.

[조건]

① 각 층의 바닥면적은 500m^{2}이다.

② 종단저항은 감지기말단에 설치한 것으로 한다.

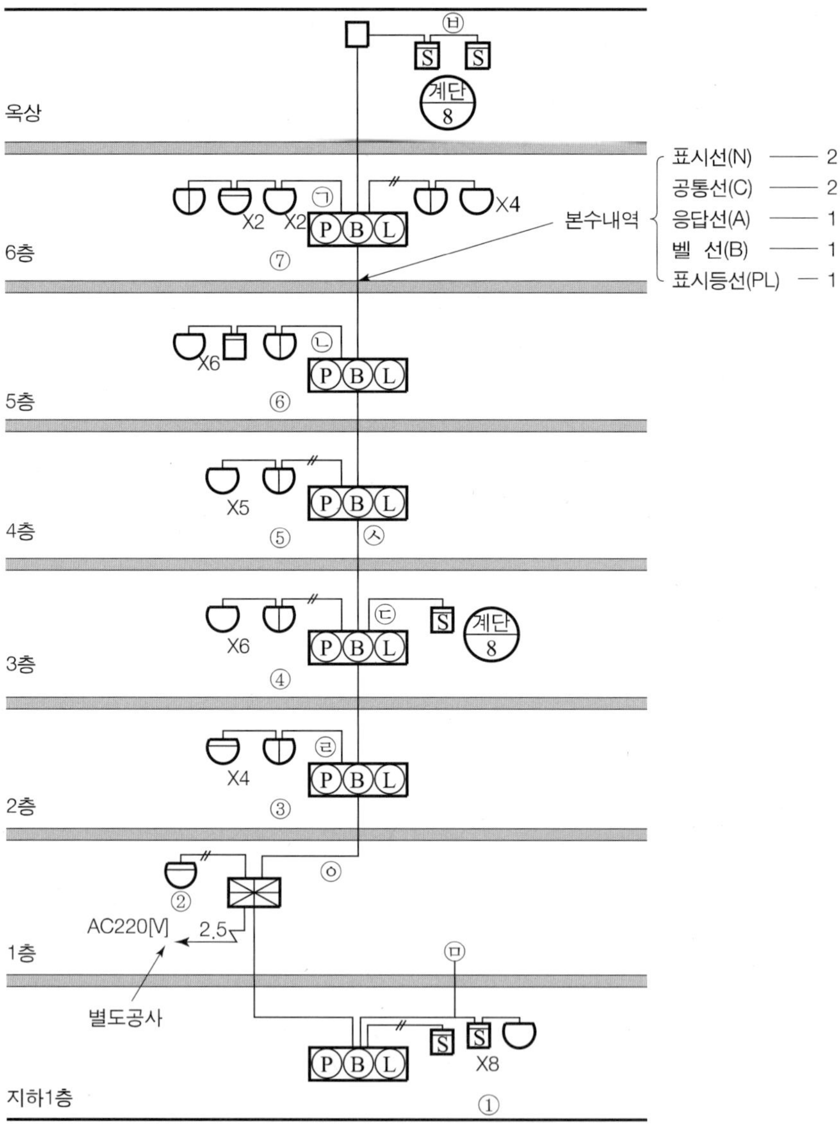

Solution

기호	가닥수	배선용도
㉠	2	표시선1, 공통선1
㉡	2	표시선1, 공통선1
㉢	4	**표시선2, 공통선2**
㉣	2	표시선1, 공통선1
㉤	2	표시선1, 공통선1
㉥	2	표시선1, 공통선1
㉦	9	표시선4, 공통선2, 벨선1, ~~경종표시등공통선1~~, 응답선1, 표시등선1
㉧	11	표시선6, 공통선2, 벨선1, ~~경종표시등공통선1~~, 응답선1, 표시등선1

Caution!

경종표시등공통선을 따로 구분하지 않고 회로공통선과 같이 묶어서 표현한다.

종단저항이 감지기 말단에 설치되어 있고 (계단 8)이 2곳에 있으므로 기호 ㉢은 4가닥이 된다.

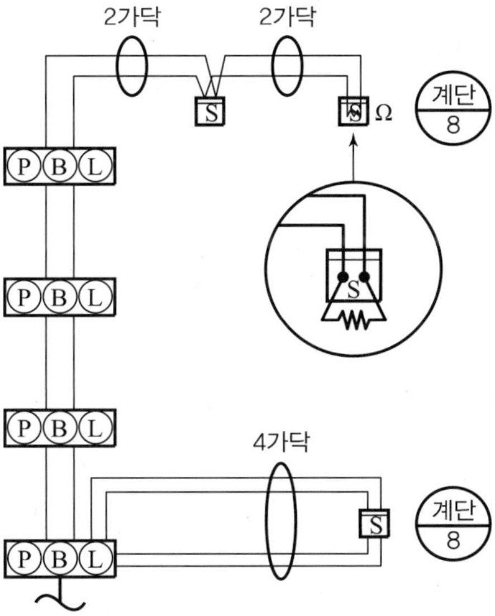

8) 계통도 8

Exercise

다음은 자동화재탐지설비 계통도이다. 조건을 보고 ㉠~㉤까지의 최소 가닥수를 산정하고 배선용도를 구하시오.

[조건]

① 설치대상 건물의 연면적은 5,000m²이다.

② 종단저항은 감지기 말단에 설치한다.

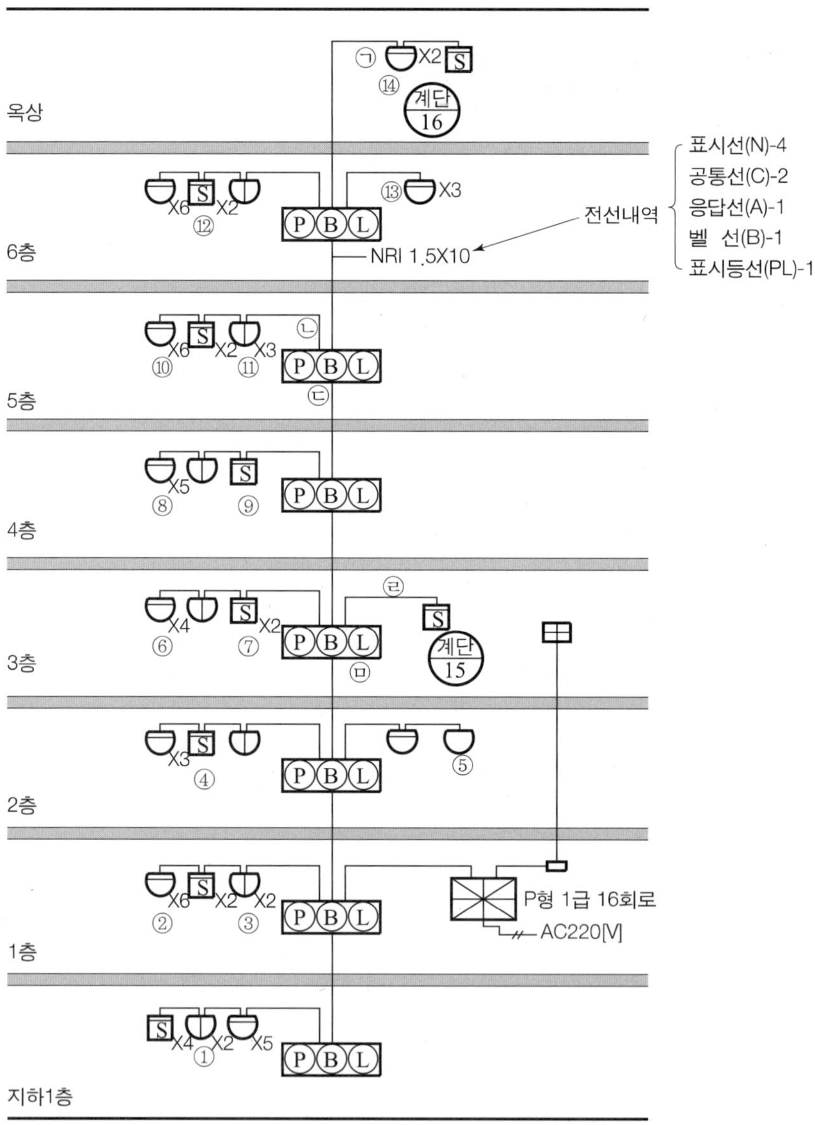

Solution

기호	가닥수	배선용도
㉠	4	표시선2, 공통선2 – **경계구역이 2개이므로**
㉡	4	표시선2, 공통선2
㉢	11	표시선6, 공통선2, 벨선1, 응답선1, 표시등선1
㉣	2	표시선1, 공통선1
㉤	17	표시선11, 공통선3, 벨선1, 응답선1, 표시등선1

Caution!

㉠, ㉡의 가닥수가 3가닥(표시선2, 공통선1)으로 나와 있는 경우가 있는데 경계구역이 2개이므로 반드시 **공통선을 2개**로 해주어야 한다.

9) 계통도 9

Exercise

다음은 철골철근콘크리트 건물의 자동화재탐지설비에 대한 설명이다. 조건을 참조하여 다음 물음에 답하시오.

[조건]

① 이 건물은 지상 1층에서 8층까지의 사무실용 건축물이다.

② 각 층의 높이는 3.7m이며, 각 층의 면적은 580m^{2}이다.

③ 계단은 각 층에 2개가 있고 별도의 감지기회로를 구성하여 4층의 발신기세트와 각각 연결된다.

④ 수신기는 지상 1층에 설치된다.

⑤ 종단저항은 발신기세트에 내장되어있다.

1) 각 층에 설치하는 감지기의 종류와 수량을 산정하시오.

① 감지기의 종류 :

② 감지기의 수량 :

층 수	1층	2층	3층	4층	5층	6층	7층	8층	합계
수 량									

2) 각 층에 설치하는 발신기의 종류와 수량을 산정하시오.

① 발신기의 종류 :

② 발신기의 수량 :

층 수	1층	2층	3층	4층	5층	6층	7층	8층	합계
수 량									

3) 각 층에 설치하는 수신기의 종류와 회로수를 산정하시오.

① 수신기의 종류 :

② 회로수 :

층 수	1층	2층	3층	4층	5층	6층	7층	8층	합계
수 량									

4) 계단에 설치하는 감지기의 종류와 수량을 산정하시오.

① 감지기의 종류 :

② 감지기의 수량 :

5) 계통도를 그리고 간선의 최소 가닥수를 표시하시오.

Solution

1) 각 층에 설치하는 감지기의 종류와 수량을 산정하시오.
① 감지기의 종류 : 차동식 스포트형 감지기(2종)
② 감지기의 수량 :

층 수	1층	2층	3층	4층	5층	6층	7층	8층	합계
수 량	$\frac{580}{70} ≒ 9$	$\frac{580}{70} ≒ 9$	$\frac{580}{70} ≒ 9$	$\frac{580}{70} ≒ 9$	$\frac{580}{70} ≒ 9$	$\frac{580}{70} ≒ 9$	$\frac{580}{70} ≒ 9$	$\frac{580}{70} ≒ 9$	72개

Caution

각 층의 높이가 3.7m이고, 철근철골콘트리트 건물로서 **내화구조**이며 적용대상이 사무실이므로 **차동식 스포트형 감지기**를 선택하고 일반적으로 사용되는 **2종**을 선택하면 감지기 1개의 최대바닥면적은 70m2가 된다.

부착높이 및 소방대상물의 구분		감지기의 종류				
		차동식 · 보상식 스포트형		정온식 스포트형		
		1종	2종	특종	1종	2종
4m 미만	내화	$90m^2$	→ $70m^2$	$70m^2$	$60m^2$	$20m^2$
	기타	$50m^2$	$40m^2$	$40m^2$	$30m^2$	$15m^2$
4m 이상 8m 미만	내화	$45m^2$	$35m^2$	$35m^2$	$30m^2$	-
	기타	$30m^2$	$25m^2$	$25m^2$	$15m^2$	-

Solution

2) 각 층에 설치하는 발신기의 종류와 수량을 산정하시오.
① 발신기의 종류 : P형 1급 발신기
② 발신기의 수량 :

층 수	1층	2층	3층	4층	5층	6층	7층	8층	합계
수 량	$\frac{580}{600} ≒ 1$	$\frac{580}{600} ≒ 1$	$\frac{580}{600} ≒ 1$	$\frac{580}{600} ≒ 1$	$\frac{580}{600} ≒ 1$	$\frac{580}{600} ≒ 1$	$\frac{580}{600} ≒ 1$	$\frac{580}{600} ≒ 1$	8개

Caution

- 사무실의 경계구역 = $\frac{\text{바닥면적}}{600}$ = 결과값(절상)
- **발신기의 설치장소 및 적응 수신기**

P형 1급 발신기		P형 2급 발신기
중계기가 사용되는 대형 건축물 (40회로 초과)	4층 이상이거나 5회선 초과 40회로 이하	4층 미만이거나 5회선 이하
R형 수신기	P형 1급 수신기	P형 2급 수신기

지상 8층으로서 4층 이상이므로 P형 1급 발신기를 설치한다.

Solution

3) 각 층에 설치하는 수신기의 종류와 회로수를 산정하시오.

① 수신기의 종류 : P형 1급 수신기

② 회로수

층 수	1층	2층	3층	4층	5층	6층	7층	8층	합계
수 량	1	1	1	3	1	1	1	1	10개

Caution

- 지상 8층으로서 4층 이상이므로 P형 1급 수신기를 설치한다.
- 회로수 : 각 층(8회로) + 계단(2회로) = 10회로

Solution

4) 계단에 설치하는 감지기의 종류와 수량을 산정하시오.

① 감지기의 종류 : 연기감지기(2종)

② 감지기의 수량 : 4개

Caution

- 계단에 설치하는 **연기감지기 산정방법**

1, 2종	3종
감지기 개수 = $\dfrac{\text{수직거리}}{15\,\text{m}}$	감지기 개수 = $\dfrac{\text{수직거리}}{10\,\text{m}}$

- 계단에 설치하는 연기감지기(2종) 설치 수량

감지기 개수 = $\dfrac{\text{수직 거리}}{15\text{m}} = \dfrac{8\text{층} \times 3.7\text{m}}{15\text{m}} = \dfrac{29.6\text{m}}{15\text{m}} = 1.97 ≒ 2\text{개}$

2개 계단이므로 2개 × 2개 계단 = 총 4개

Solution

5) 계통도를 그리고 간선의 최소 가닥수를 표시하시오.

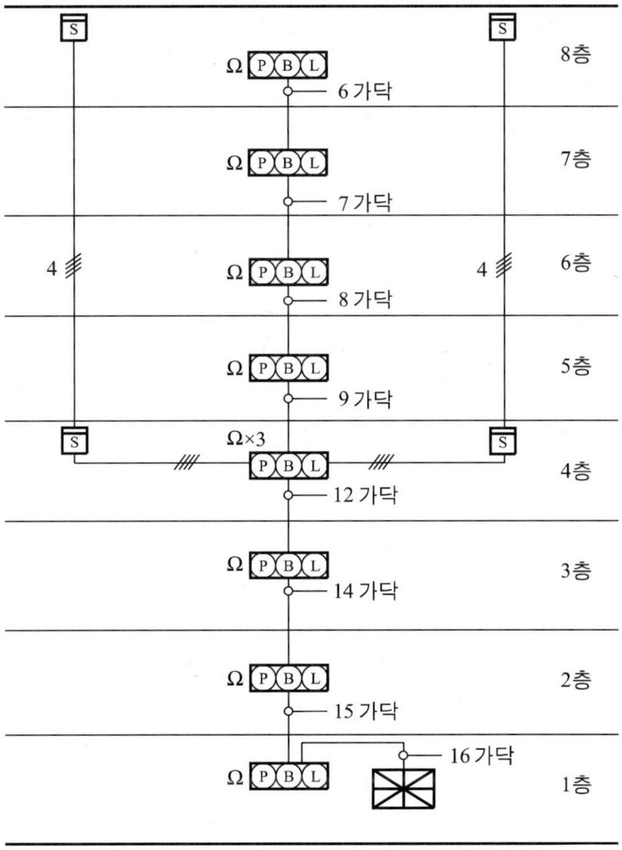

Caution

- 8층이고 연면적이 4,640m^2(8층 × 580m^2)이므로 우선경보방식을 적용하여야 한다(개정 전 방식).
(우선경보방식 : 지상 5층 이상으로서 연면적 3,000m^2를 초과하는 소방대상물 적용)

층	가닥수	배선용도
8층	6	회로선1, 공통선1, 경종선1, 경종표시등공통선1, 응답선1, 표시등선1
7층	7	회로선2, 공통선1, **경종선1**, **경종표시등공통선1**, 응답선1, 표시등선1
6층	8	회로선3, 공통선1, 경종선1, 경종표시등공통선1, 응답선1, 표시등선1
5층	9	회로선4, 공통선1, 경종선1, 경종표시등공통선1, 응답선1, 표시등선1
4층	12	회로선7, 공통선1, 경종선1, 경종표시등공통선1, 응답선1, 표시등선1
3층	14	**회로선8**, **공통선2**, **경종선1**, **경종표시등공통선1**, 응답선1, 표시등선1
2층	15	회로선9, 공통선2, 경종선1, 경종표시등공통선1, 응답선1, 표시등선1
1층	16	**회로선10**, **공통선2**, **경종선1**, **경종표시등공통선1**, **응답선1**, **표시등선1**

※ 각 층 배선 상에 유효한 조치(단락보호장치 설치)를 하였음.

- 우선경보방식의 설치대상이 변경되기 전에는 8층이고 연면적이 4,640m^2(8층×580m^2)이므로 우선경보방식(지상 5층 이상으로서 연면적 3,000m^2를 초과하는 소방대상물)을 적용해야 하나 **우선경보방식의 설치대상이 변경(2022.5.9.)**됨에 따라 건물의 **연면적 개념은 배제**되므로 상기 계통도는 **일제경보방식**을 **적용**하면 된다.
- 화재로 인하여 하나의 층의 지구음향장치 또는 배선이 단락되어도 다른 층의 화재통보에 지장이 없도록 각 층 배선 상에 유효한 조치를 할 것(NFSC 제5조 제3항 제9호 신설)이란 문구가 신설됨에 따라 **각 층 배선 상에 유효한 조치(단락보호장치 설치)를 하고 최소 가닥수 기준인 일제경보방식일 경우 경종표시등공통선**과 **경종선**은 **1가닥으로 산정**한다.
- 1층 배선용도에서 회로선은 종단저항 수를 세면 되므로 10가닥, 공통선은 주어진 조건이 없으므로 [(회로선10)/7 = 1.43(절상) → 2개] 2가닥, 경종선은 각 층 배선 상에 유효한 조치(단락보호장치 설치)를 한 일제경보방식에서는 1가닥, 경종표시등공통선은 유효한 조치(단락보호장치 설치)를 하였으므로 1가닥, 응답선, 표시등선은 각각 1가닥으로 전체 가닥수는 16가닥이 된다.

3.2_우선경보방식 계통도

1) 계통도 1

Exercise

다음은 지하1층, 지상11층, 연면적이 10,000m²인 건물에 설치된 자동화재탐지설비의 계통도이다. ①~⑪까지의 최소 가닥수를 산정하고 배선용도를 구하시오.

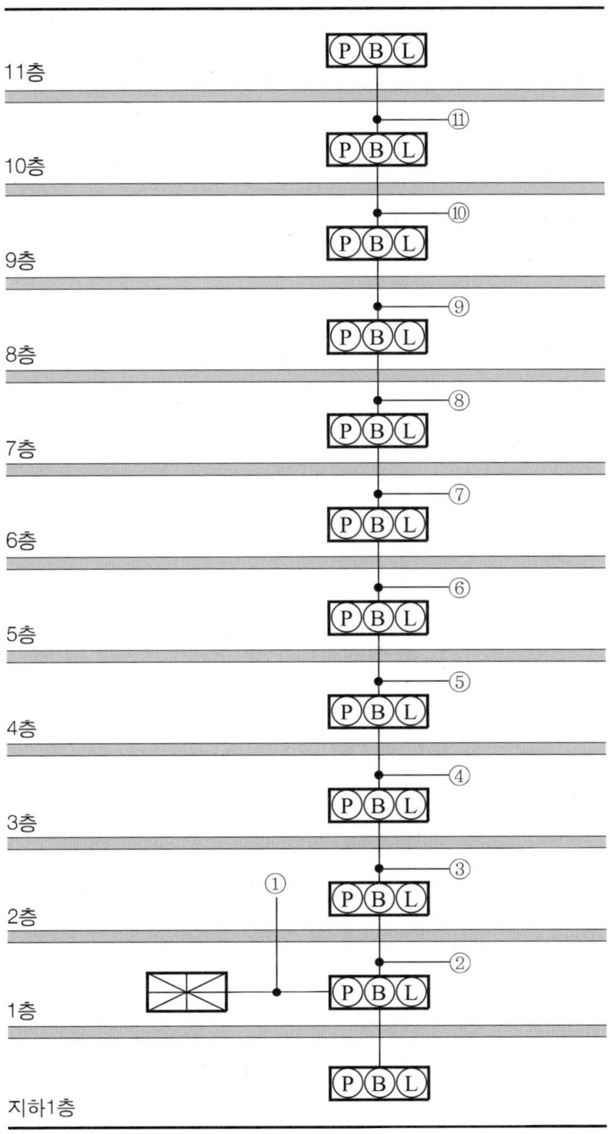

Solution!

기호	가닥수	배선용도
⑪	6	회로선1, 공통선1, 경종선1, 경종표시등공통선1, 응답선1, 표시등선1
⑩	8	회로선2, 공통선1, **경종선2**, **경종표시등공통선1**, 응답선1, 표시등선1
⑨	10	회로선3, 공통선1, 경종선3, 경종표시등공통선1, 응답선1, 표시등선1
⑧	12	회로선4, 공통선1, 경종선4, 경종표시등공통선1, 응답선1, 표시등선1
⑦	14	회로선5, 공통선1, 경종선5, 경종표시등공통선1, 응답선1, 표시등선1
⑥	16	회로선6, 공통선1, 경종선6, 경종표시등공통선1, 응답선1, 표시등선1
⑤	18	회로선7, 공통선1, 경종선7, 경종표시등공통선1, 응답선1, 표시등선1
④	21	**회로선8**, **공통선2**, 경종선8, 경종표시등공통선1, 응답선1, 표시등선1
③	23	회로선9, 공통선2, 경종선9, 경종표시등공통선1, 응답선1, 표시등선1
②	25	회로선10, 공통선2, 경종선10, 경종표시등공통선1, 응답선1, 표시등선1
①	27	**회로선11, 공통선2, 경종선11, 경종표시등공통선1, 응답선1, 표시등선1**

※ 각 층 배선 상에 유효한 조치(단락보호장치 설치)를 하였음.

Caution!

- 자동화재탐지설비의 도면문제에서는 경종선과 경종표시등공통선의 가닥수 때문에 유효한 조치(단락보호장치 설치) 여부와 함께 소방대상물이 우선경보방식인지 일제경보방식인지를 먼저 구분해야 한다. 일반적으로 가닥수 산정 시 최소 가닥수를 기준으로 하고, 지상 11층 이상의 특정소방대상물은 우선경보방식을 따르므로 상기 계통도는 유효한 조치(단락보호장치 설치)를 한 최소가닥수 기준의 우선경보방식으로 적용해야 한다.
- 화재로 인하여 하나의 층의 지구음향장치 또는 배선이 단락되어도 다른 층의 화재통보에 지장이 없도록 각 층 배선 상에 유효한 조치를 할 것(NFSC 제5조 제3항 제9호 신설)이란 문구가 신설됨에 따라 **각 층 배선 상에 유효한 조치(단락보호장치 설치)를 하고 최소 가닥수 기준인 우선경보방식일 경우 경종표시등공통선**은 1가닥으로 산정하고 경종선은 층수가 증가함에 따라 1가닥씩 증가해주어야 한다.
- ①번 배선용도에서 회로선은 발신기세트 수를 세면 되므로 11가닥, 공통선은 주어진 조건이 없으므로[(회로선11)/7 = 1.57(절상) → 2개] 2가닥, 경종선은 각 층 배선 상에 유효한 조치(단락보호장치 설치)를 한 우선경보방식에서는 층수를 세면 되므로 11가닥, 경종표시등공통선은 유효한 조치(단락보호장치 설치)를 하였으므로 1가닥, 응답선, 표시등선은 각각 1가닥으로 전체 가닥수는 27가닥이 된다.

2) 계통도 2

Exercise

다음은 자동화재탐지설비 계통도의 일부분이다. 조건을 참조하여 ①~⑬까지의 최소 가닥수를 산정하고 배선용도를 구하시오.

[조건]

① 건물의 규모는 지하2층, 지상11층이며 연면적은 11,000m^{2}인 사무실이다.

② 7경계구역이 넘을 시 발신기공통선 및 경종표시등공통선 1선씩 추가한다.

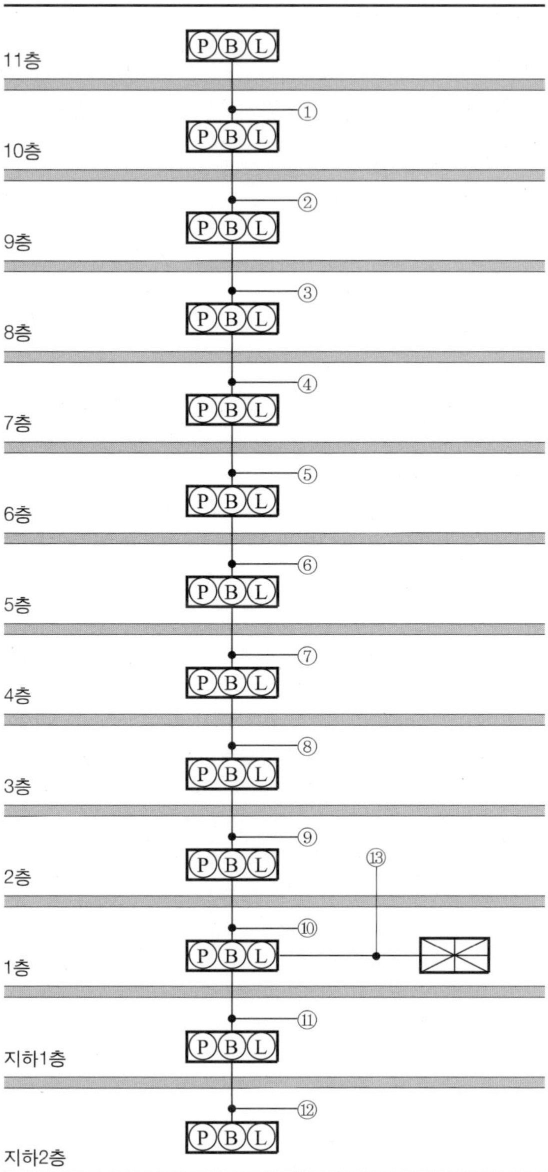

Solution

기호	가닥수	배선용도
①	6	회로선1, 공통선1, 경종선1, 경종표시등공통선1, 응답선1, 표시등선1
②	8	회로선2, 공통선1, **경종선2**, **경종표시등공통선1**, 응답선1, 표시등선1
③	10	회로선3, 공통선1, 경종선3, 경종표시등공통선1, 응답선1, 표시등선1
④	12	회로선4, 공통선1, 경종선4, 경종표시등공통선1, 응답선1, 표시등선1
⑤	14	회로선5, 공통선1, 경종선5, 경종표시등공통선1, 응답선1, 표시등선1
⑥	16	회로선6, 공통선1, 경종선6, 경종표시등공통선1, 응답선1, 표시등선1
⑦	18	회로선7, 공통선1, 경종선7, 경종표시등공통선1, 응답선1, 표시등선1
⑧	22	**회로선8**, **공통선2**, **경종선8**, **경종표시등공통선2**, 응답선1, 표시등선1
⑨	24	회로선9, 공통선2, 경종선9, 경종표시등공통선2, 응답선1, 표시등선1
⑩	26	회로선10, 공통선2, 경종선10, 경종표시등공통선2, 응답선1, 표시등선1
⑪	7	회로선2, 공통선1, 경종선1, 경종표시등공통선1, 응답선1, 표시등선1
⑫	6	회로선1, 공통선1, 경종선1, 경종표시등공통선1, 응답선1, 표시등선1
⑬	31	**회로선13**, **공통선2**, **경종선12**, **경종표시등공통선2**, 응답선1, 표시등선1

※ 각 층 배선 상에 유효한 조치(단락보호장치 설치)를 하였음.

Caution!

- 자동화재탐지설비의 도면문제에서는 경종선과 경종표시등공통선의 가닥수 때문에 유효한 조치(단락보호장치 설치) 여부와 함께 소방대상물의 경보방식을 먼저 구분해야 한다. 일반적으로 가닥수 산정 시 최소 가닥수를 기준으로 하고, 지상 11층 이상의 특정소방대상물은 우선경보방식을 따르므로 상기 계통도는 각 층 배선 상에 유효한 조치(단락보호장치 설치)를 한 최소 가닥수 기준의 우선경보방식으로 적용한다.
- <u>화재로 인하여 하나의 층의 지구음향장치 또는 배선이 단락되어도 다른 층의 화재통보에 지장이 없도록 각 층 배선 상에 유효한 조치를 할 것</u>(NFSC 제5조 제3항 제9호 신설)이란 문구가 신설됨에 따라 **각 층 배선 상에 유효한 조치(단락보호장치 설치)를 하고 최소 가닥수 기준인 우선경보방식일 경우 경종표시등공통선**은 1가닥으로 산정하고 **경종선**은 **층수가 증가함에 따라 1가닥씩 증가**해주어야 한다. 이때 주의할 사항은 우선경보방식이라도 **지하층은 1가닥으로 산정**한다.
- ⑬번 배선용도에서 회로선은 발신기세트 수를 세면 되므로 13가닥, 공통선은 주어진 조건이 없으므로[(회로선13)/7 = 1.86(절상) → 2개] 2가닥, 경종선은 각 층 배선 상에 유효한 조치(단락보호장치 설치)를 한 우선경보방식에서는 층수를 세고 지하층은 1가닥으로 산정하므로(지상 11가닥+ 지하 1가닥) 12가닥, 경종표시등공통선은 유효한 조치(단락보호장치 설치)를 하였으므로 1가닥이어야 하지만 조건 ②에서 7경계구역을 넘을 시 경종표시등공통선도 1가닥 추가되므로[(회로선13)/7 = 1.86(절상) → 2개] 2가닥, 응답선, 표시등선은 각각 1가닥으로 전체 가닥수는 31가닥이 된다.

3) 계통도 3

Exercise

다음은 자동화재탐지설비 계통도의 일부분이다. 조건을 참조하여 ①~⑮까지의 최소 가닥수를 산정하고 배선용도를 구하시오.

[조건]

① 지하3층, 지상11층 각 층의 바닥면적은 500m^{2}인 사무실이다.

② 7경계구역이 넘을 시 발신기공통선 및 경종표시등공통선 1선씩 추가한다.

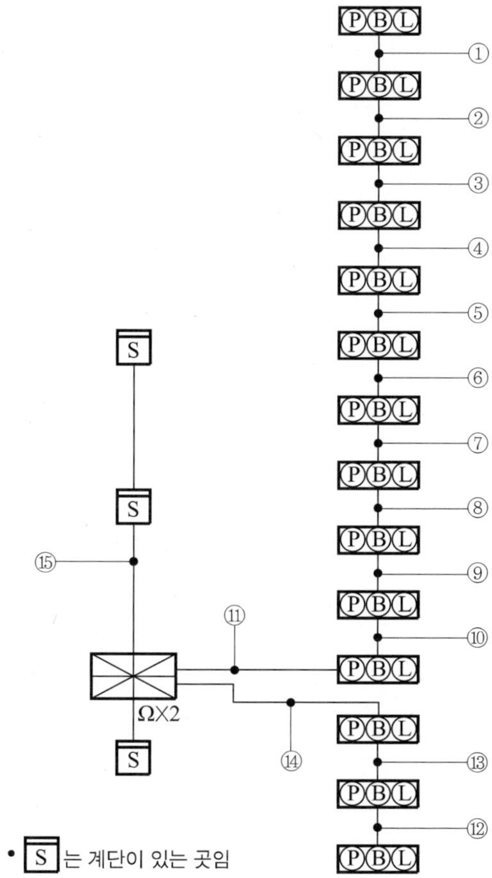

Solution

기호	가닥수	배선용도
①	6	회로선1, 공통선1, 경종선1, 경종표시등공통선1, 응답선1, 표시등선1
②	8	회로선2, 공통선1, **경종선2**, **경종표시등공통선1**, 응답선1, 표시등선1
③	10	회로선3, 공통선1, 경종선3, 경종표시등공통선1, 응답선1, 표시등선1
④	12	회로선4, 공통선1, 경종선4, 경종표시등공통선1, 응답선1, 표시등선1
⑤	14	회로선5, 공통선1, 경종선5, 경종표시등공통선1, 응답선1, 표시등선1
⑥	16	회로선6, 공통선1, 경종선6, 경종표시등공통선1, 응답선1, 표시등선1
⑦	18	회로선7, 공통선1, 경종선7, 경종표시등공통선1, 응답선1, 표시등선1
⑧	22	**회로선8**, **공통선2**, **경종선8**, **경종표시등공통선2**, 응답선1, 표시등선1
⑨	24	회로선9, 공통선2, 경종선9, 경종표시등공통선2, 응답선1, 표시등선1
⑩	26	회로선10, 공통선2, 경종선10, 경종표시등공통선2, 응답선1, 표시등선1
⑪	28	**회로선11**, **공통선2**, **경종선11**, **경종표시등공통선2**, **응답선1**, **표시등선1**
⑫	6	회로선1, 공통선1, **경종선1**, 경종표시등공통선1, 응답선1, 표시등선1
⑬	7	회로선2, 공통선1, 경종선1, 경종표시등공통선1, 응답선1, 표시등선1
⑭	8	회로선3, 공통선1, 경종선1, 경종표시등공통선1, 응답선1, 표시등선1
⑮	4	지구선2, 공통선2

※ 각 층 배선 상에 유효한 조치(단락보호장치 설치)를 하였음.

Caution!

- 일반적으로 가닥수 산정 시 최소 가닥수를 기준으로 하고, 지상 11층 이상의 특정소방대상물은 우선경보방식을 따르므로 상기 계통도는 각 층 배선 상에 유효한 조치(단락보호장치 설치)를 한 최소 가닥수 기준의 우선경보방식으로 적용한다.
- **각 층 배선 상에 유효한 조치(단락보호장치 설치)를 하고 최소 가닥수 기준인 우선경보방식일 경우 경종표시등공통선**은 1가닥으로 산정하고 **경종선**은 **층수가 증가함에 따라 1가닥씩 증가**해주어야 한다. 이때 주의할 사항은 우선경보방식이라도 **지하층은 1가닥으로 산정**한다.
- 우선경보방식의 설치대상이 변경(2022.5.9.)되면서 면적 조건이 사라지게 됨에 따라 조건 ①의 '바닥면적 500 m^2' 조건은 가닥수 산정 시 배제하면 된다.
- ⑪번 배선용도에서 회로선은 발신기세트 수를 세면 되므로 11가닥, 공통선은 주어진 조건이 없으므로[(회로선11)/7 = 1.57(절상) → 2개] 2가닥, 경종선은 각 층 배선 상에 유효한 조치(단락보호장치 설치)를 한 우선경보방식에서는 층수를 세면 되므로 11가닥, 경종표시등공통선은 유효한 조치(단락보호장치 설치)를 하였으므로 1가닥이어야 하지만 조건 ②에서 7경계구역을 넘을 시 경종표시등공통선도 1가닥 추가되므로[(회로선11)/7 = 1.57(절상) → 2개] 2가닥, 응답선, 표시등선은 각각 1가닥으로 전체 가닥수는 28가닥이 된다.

4) 계통도 4

Exercise

다음은 지하1층, 지상11층, 연면적이 11,000m^2인 건물에 설치된 자동화재탐지설비 계통도의 일부분이다. 다음 물음에 답하시오.

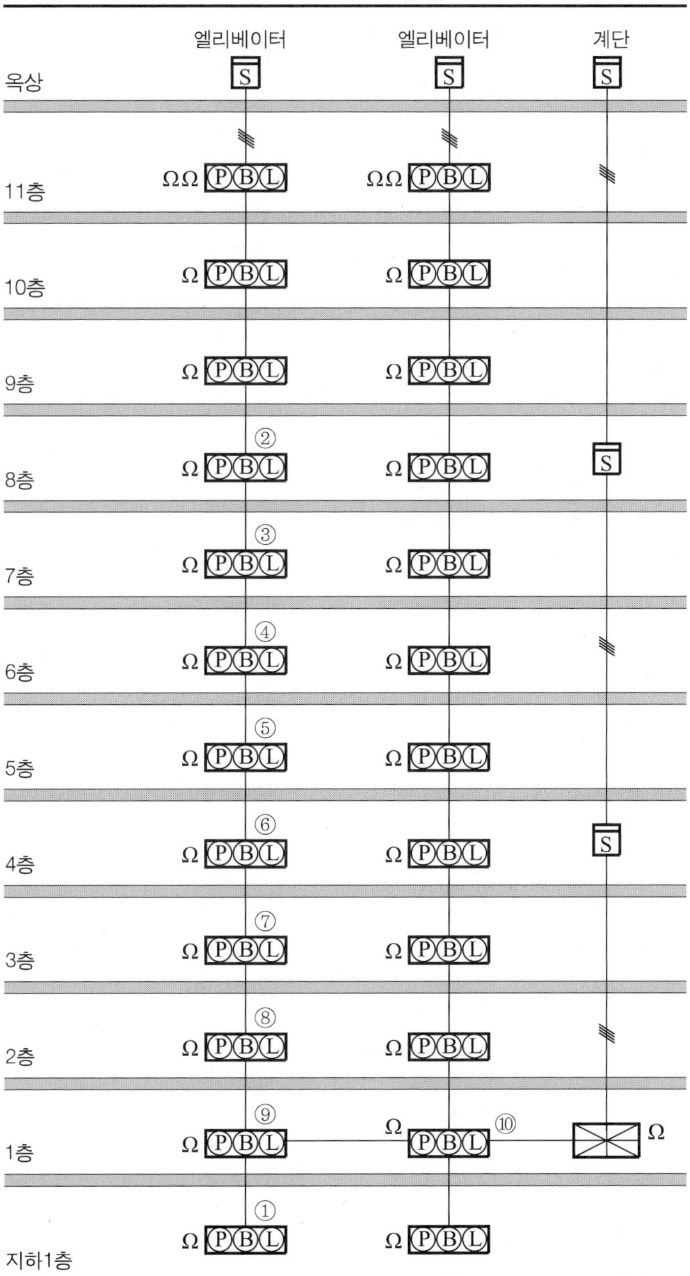

Exercise

1) 기호 ①~⑩의 최소 전선 가닥수는?
2) 2층과 5층 동시화재시 우선적으로 경보를 발하여야 할 층은?
3) 음향장치는 정격전압의 몇 %에서 음향을 발하여야 하는가?
4) 음향장치의 음량은 부착된 음향경보장치로부터 1m 떨어진 위치에서 몇 dB 이상이 되도록 해야 하는가?

Solution

1)

기호	가닥수	배선용도
①	6	회로선1, 공통선1, 경종선1, 경종표시등공통선1, 응답선1, 표시등선1
②	11	회로선4, 공통선1, **경종선3**, **경종표시등공통선1**, 응답선1, 표시등선1
③	13	회로선5, 공통선1, 경종선4, 경종표시등공통선1, 응답선1, 표시등선1
④	15	회로선6, 공통선1, 경종선5, 경종표시등공통선1, 응답선1, 표시등선1
⑤	17	회로선7, 공통선1, 경종선6, 경종표시등공통선1, 응답선1, 표시등선1
⑥	20	**회로선8**, **공통선2**, **경종선7**, **경종표시등공통선1**, 응답선1, 표시등선1
⑦	22	회로선9, 공통선2, 경종선8, 경종표시등공통선1, 응답선1, 표시등선1
⑧	24	회로선10, 공통선2, 경종선9, 경종표시등공통선1, 응답선1, 표시등선1
⑨	26	회로선11, 공통선2, 경종선10, 경종표시등공통선1, 응답선1, 표시등선1
⑩	45	**회로선26, 공통선4, 경종선12, 경종표시등공통선1, 응답선1, 표시등선1**

※ 각 층 배선 상에 유효한 조치(단락보호장치 설치)를 하였음.

2) 2층 이상은 발화층, 직상4개층 발화이므로 2층, 3층, 4층, 5층, 6층, 7층, 8층, 9층
3) 80%
4) 90 dB

Caution!

- 화재로 인하여 하나의 층의 지구음향장치 또는 배선이 단락되어도 다른 층의 화재통보에 지장이 없도록 각 층 배선 상에 유효한 조치를 할 것(NFSC 제5조 제3항 제9호 신설)이란 문구가 신설됨에 따라 **각 층 배선 상에 유효한 조치(단락보호장치 설치)를 하고 최소 가닥수 기준인 우선경보방식일 경우 경종표시등공통선**은 1가닥으로 산정하고 **경종선**은 **층수가 증가함에 따라 1가닥씩 증가**해주어야 한다. 이때 주의할 사항은 우선경보방식이라도 **지하층은 1가닥으로 산정**한다.
- ⑩번 배선용도에서 회로선은 종단저항 수를 세면 되므로 26가닥, 공통선은 주어진 조건이 없으므로[(회로선26)/7 = 3.71(절상) → 4개] 4가닥, 경종선은 각 층 배선 상에 유효한 조치(단락보호장치 설치)를 한 우선경보방식에서는 층수를 세고 지하층은 1가닥으로 산정하므로(지상 12가닥+ 지하 1가닥) 13가닥, 경종표시등공통선은 유효한 조치(단락보호장치 설치)를 하였으므로 1가닥, 응답선, 표시등선은 각각 1가닥으로 전체 가닥수는 45가닥이 된다.

5) 계통도 5

Exercise

다음은 자동화재탐지설비 계통도의 일부분이다. 조건을 참조하여 ①~⑦까지의 최소 가닥수를 산정하고 배선용도를 구하시오.

[조건]

① 건물의 규모는 지하3층 지상11층이며, 연면적은 15,000m^2이다.

② 옥내소화전함은 자동기동방식이다.

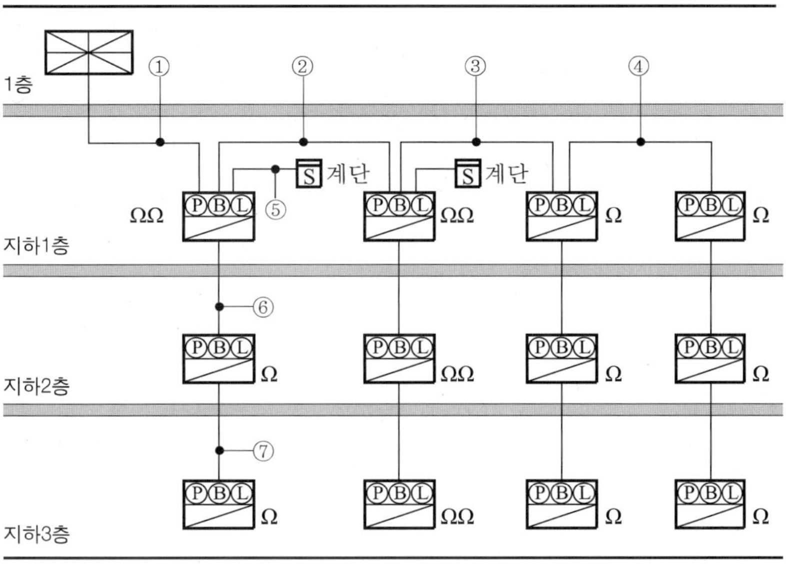

Solution

기호	가닥수	배선용도
①	25(28)	**회로선16, 공통선3, 경종선1, 경종표시등공통선1, 응답선1, 표시등선1, 기동확인표시등2, (기동1, 정지1, 공통1)**
②	20(23)	회로선12, 공통선2, 경종선1, 경종표시등공통선1, 응답선1, 표시등선1, 기동확인표시등2, (기동1, 정지1, 공통1)
③	13(16)	회로선6, 공통선1, 경종선1, 경종표시등공통선1, 응답선1, 표시등선1, 기동확인표시등2, (기동1, 정지1, 공통1)
④	10(13)	회로선3, 공통선1, 경종선1, 경종표시등공통선1, 응답선1, 표시등선1, 기동확인표시등2, (기동1, 정지1, 공통1)
⑤	4	지구선2, 공통선2
⑥	9(12)	회로선2, 공통선1, 경종선1, 경종표시등공통선1, 응답선1, 표시등선1, 기동확인표시등2, (기동1, 정지1, 공통1)
⑦	8(11)	회로선1, 공통선1, 경종선1, 경종표시등공통선1, 응답선1, 표시등선1, 기동확인표시등2, (기동1, 정지1, 공통1)

※ 각 층 배선 상에 유효한 조치(단락보호장치 설치)를 하였음.

※ ( ) 옥내소화전설비의 기동방식이 수동방식일 때의 가닥수이다.

Caution!

- 일반적으로 가닥수 산정 시 최소 가닥수를 기준으로 하고, 지상 11층 이상의 특정소방대상물은 우선경보방식을 따르므로 상기 계통도는 각 층 배선 상에 유효한 조치(단락보호장치 설치)를 한 최소 가닥수 기준의 우선경보방식으로 적용한다.
- 화재로 인하여 하나의 층의 지구음향장치 또는 배선이 단락되어도 다른 층의 화재통보에 지장이 없도록 각 층 배선 상에 유효한 조치를 할 것(NFSC 제5조 제3항 제9호 신설)이란 문구가 신설됨에 따라 **각 층 배선 상에 유효한 조치(단락보호장치 설치)를 하고 최소 가닥수 기준인 우선경보방식일 경우 경종표시등공통선**은 1가닥으로 산정하고 **경종선**은 **층수가 증가함에 따라 1가닥씩 증가**해주어야 한다. 이때 주의할 사항은 우선경보방식이라도 **지하층은 1가닥으로 산정**한다.
- ①번 배선용도에서 회로선은 종단저항 수를 세면 되므로 16가닥, 공통선은 주어진 조건이 없으므로[(회로선16)/7 = 2.285(절상) → 3개] 3가닥, 경종선은 각 층 배선 상에 유효한 조치(단락보호장치 설치)를 한 우선경보방식에서는 층수를 세고 지하층은 1가닥으로 산정하므로(**지하 1가닥**) 1가닥, 경종표시등공통선은 유효한 조치(단락보호장치 설치)를 하였으므로 1가닥, 응답선, 표시등선은 각각 1가닥으로 전체 가닥수는 25가닥이 된다.

6) 계통도 6

(1) 지하3층, 지상5층 (일제경보방식)

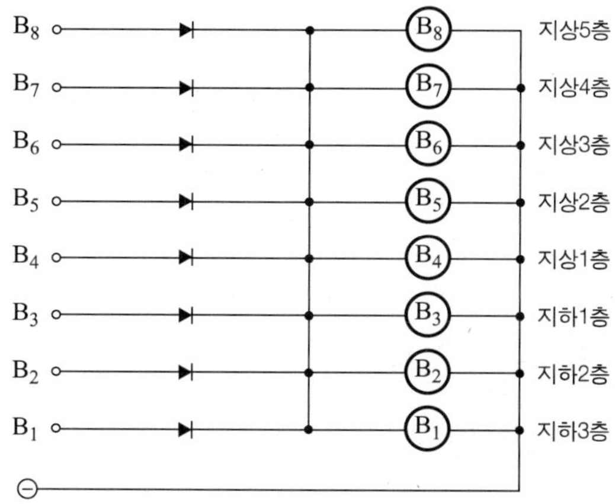

(2) 지하3층, 지상16층(우선경보방식1)

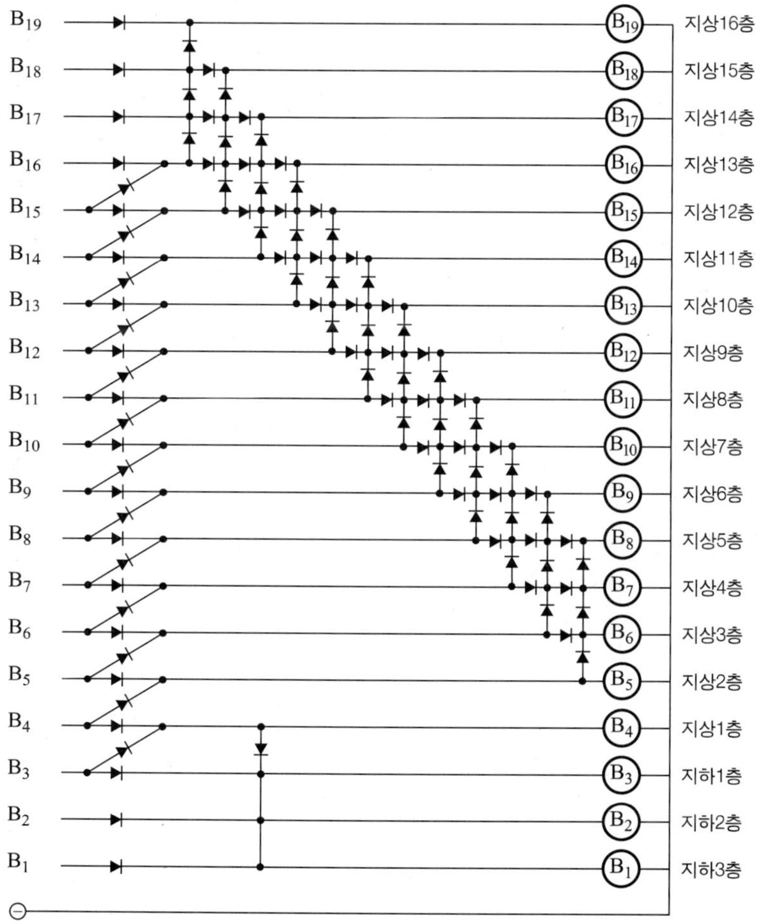

(3) 지하3층, 지상16층(우선경보방식2)

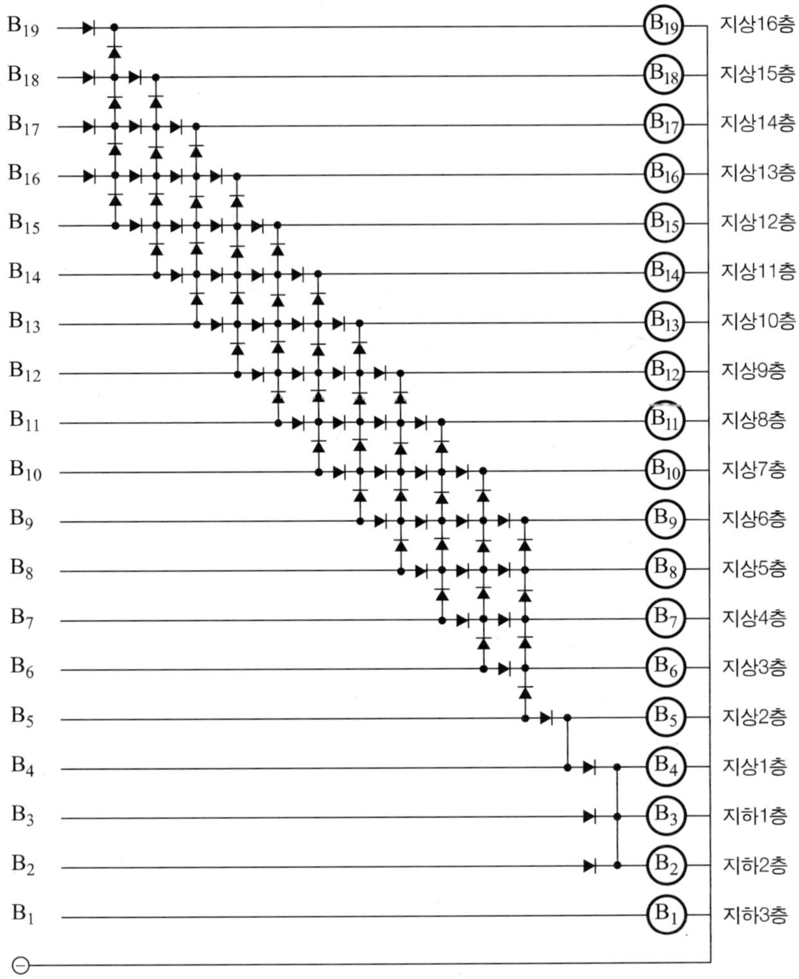

4. 배선 평면도

1) 평면도 1

Exercise

다음은 자동화재탐지설비의 평면을 나타낸 도면이다. 도면의 잘못된 배관 및 배선을 올바르게 고치시오(단, 배관 및 배선가닥수는 최소화하여야 한다).

[범례] : 차동식 스포트형 감지기(2종)   : 수신기 P형 1급(10회로)

(P)(B)(L) : 수동발신기 세트함

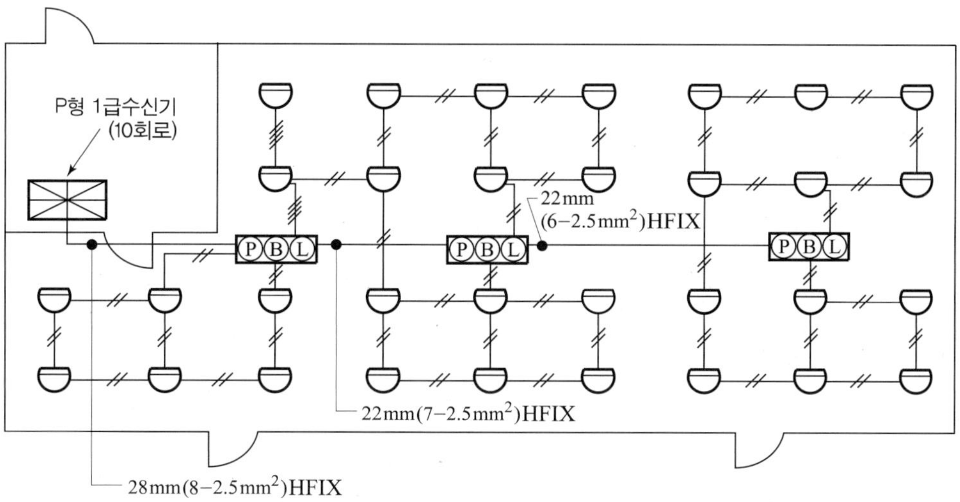

Solution

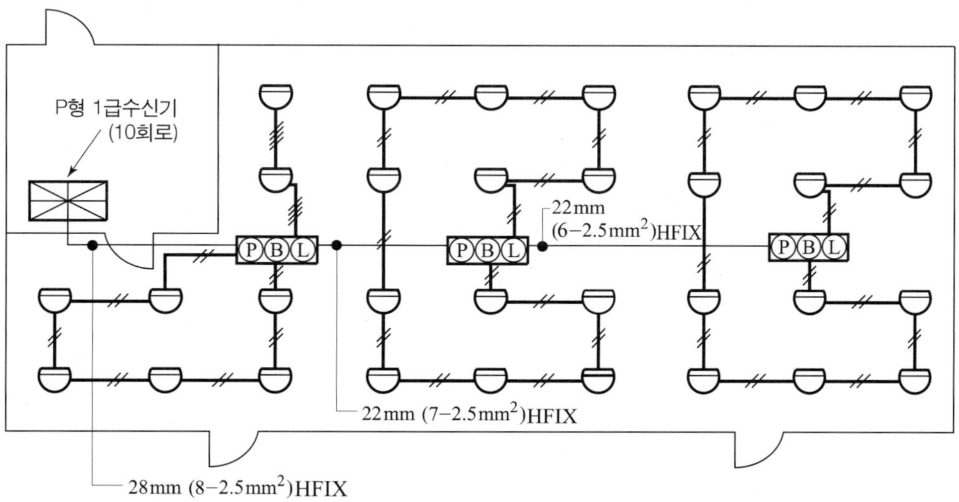

2) 평면도 2

Exercise

다음은 자동화재탐지설비의 평면을 나타낸 도면이다. 평면도 전체에 전선 가닥수를 표기하시오(표기예 : —////—).

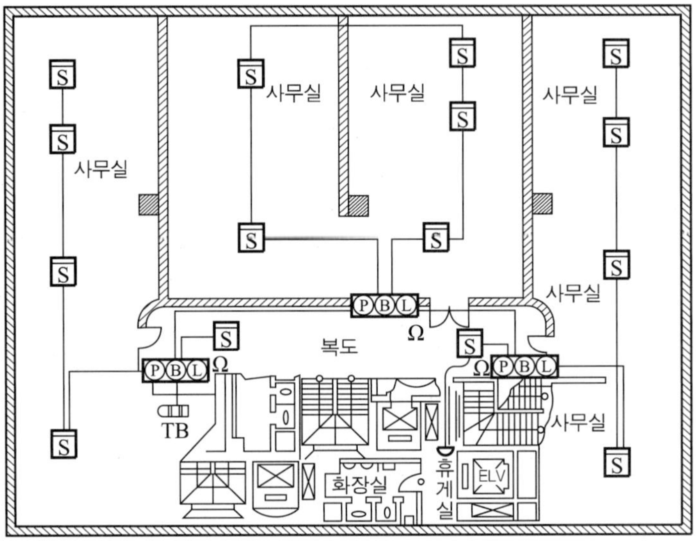

Solution

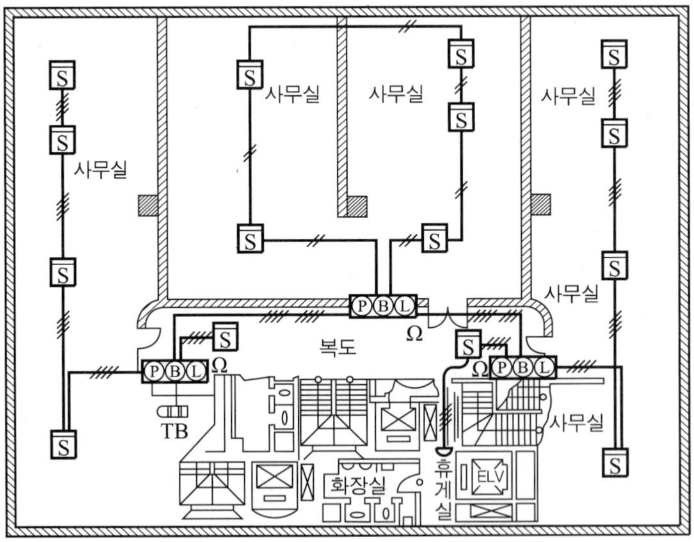

3) 평면도 3

Exercise

다음은 자동화재탐지설비의 평면을 나타낸 도면이다. 평면도 전체에 전선 가닥수를 표기하시오(표기예 : ─////─).

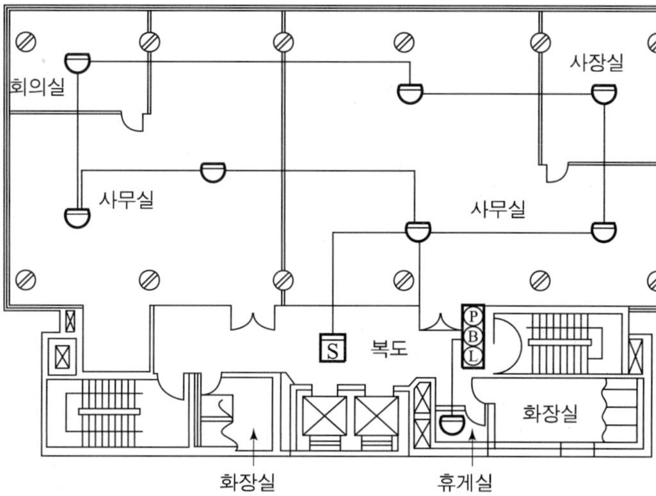

Solution

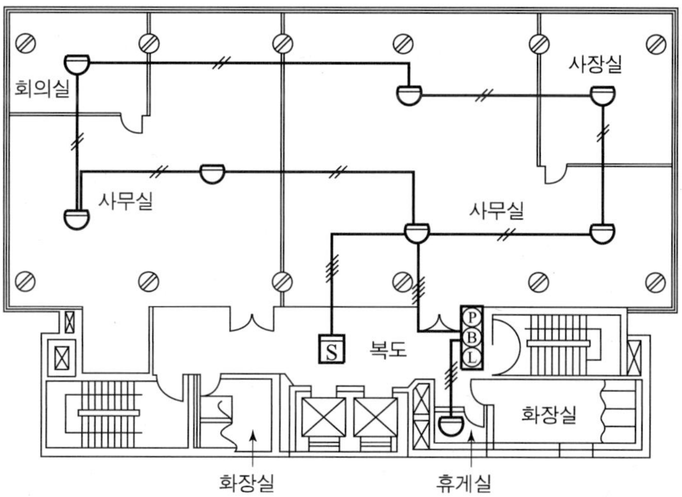

4) 평면도 4

Exercise

다음은 자동화재탐지설비의 평면을 나타낸 도면이다. 평면도 전체에 전선 가닥수를 표기하시오(표기예 : -////-).

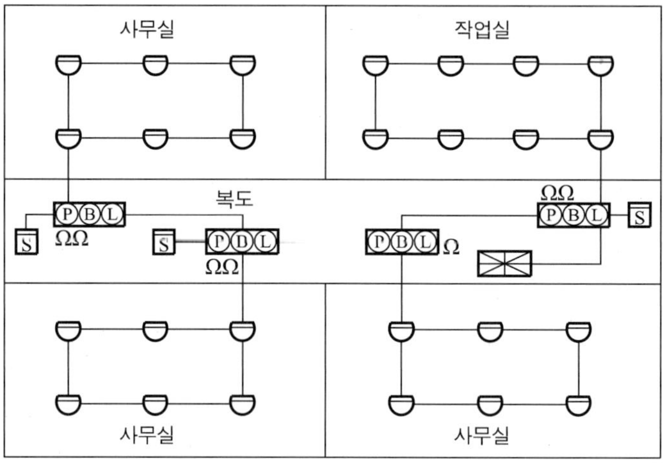

Solution

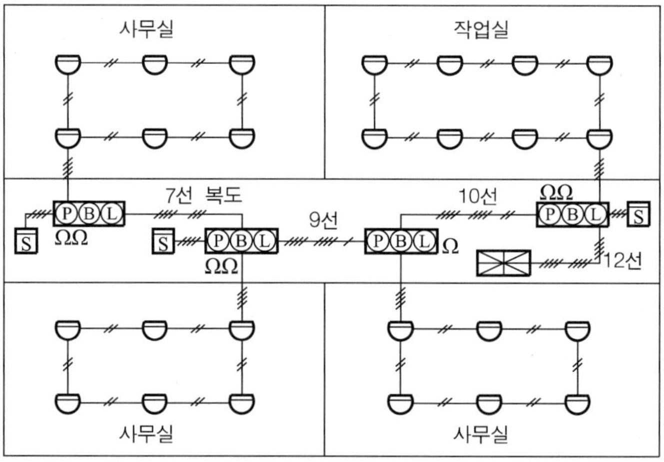

5) 평면도 5

Exercise

다음은 자동화재탐지설비의 평면도이다. 조건을 고려하여 다음 물음에 답하시오.

[조건]

① 배선내역은 공통선 1선, 회로선 n선, 응답선 1선, 경종선 2선, 표시등선 2선으로 한다.

② 경계구역이 추가됨에 따라 가닥수는 7+n으로 늘어난다.

③ 수신기는 1층에 설치하고 종단저항은 감지기 말단에 설치한다.

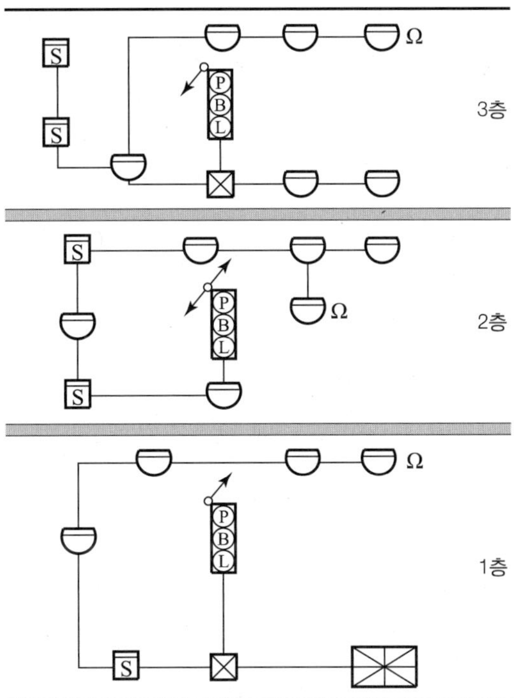

1) 지상 1~3층의 평면도 전체에 전선 가닥수를 표기하시오(표기예 : 4가닥 ////).

2) 계통도를 그리고 간선의 최소 가닥수를 표시하시오.

Solution

① 평면도(가닥수 표기)

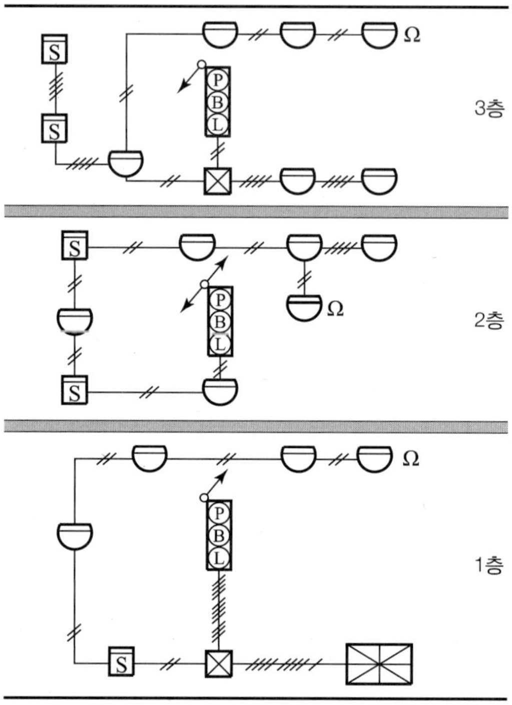

② 계통도

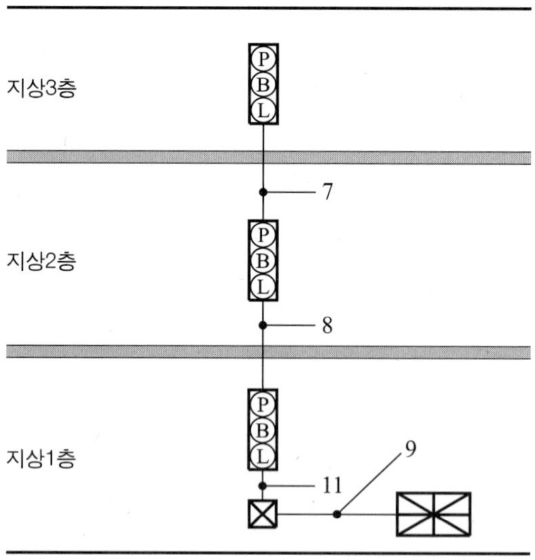

기호	가닥수	배선용도
①	7	회로선1, 공통선1, 경종선2, 응답선1, 표시등선2
②	8	회로선2, 공통선1, 경종선2, 응답선1, 표시등선2
③	9	회로선3, 공통선1, 경종선2, 응답선1, 표시등선2
④	11	**회로선4, 공통선2**, 경종선2, 응답선1, 표시등선2

③ 실제 배선도

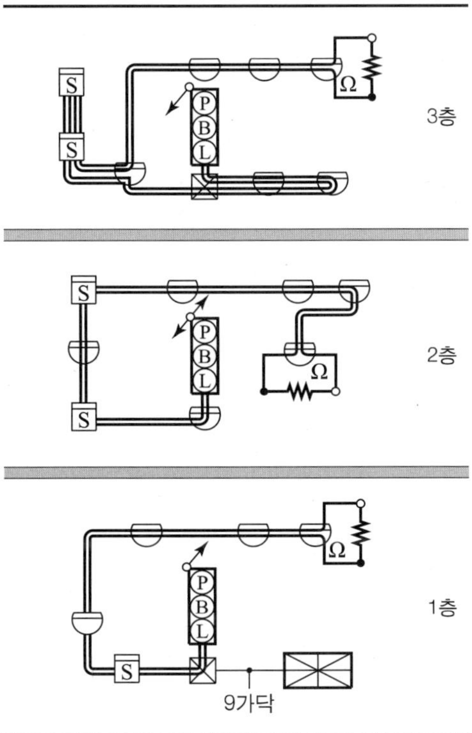

Caution!

④의 배선용도는 일반적으로 회로선3, 공통선1, 경종선2, 응답선1, 표시등선2, 지구선1, 지구공통선1로 표현되나 조건에서 배선내역이 주어졌으므로 주어진 대로 표현한다.
따라서 지구선1, 지구공통선1은 사라지고, 대신 회로선1, 공통선1이 추가되어 회로선4, 공통선2가 된다.

6) 평면도 6

Exercise

어떤 건물에 대한 소방설비의 배선도면을 보고 다음 각 물음에 답하시오(단, 배선공사는 후강 전선관을 사용한다고 한다).

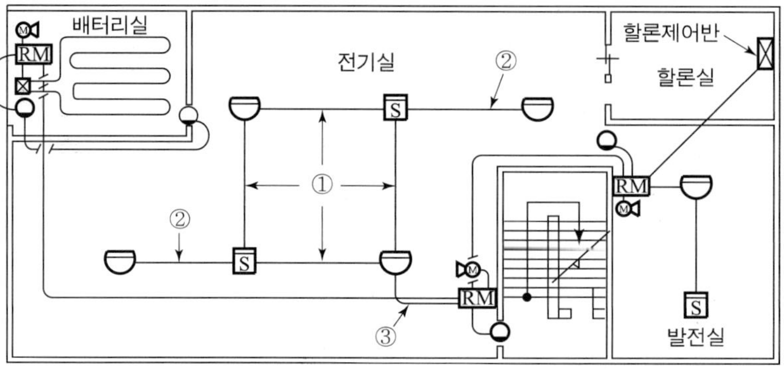

1) 도면에서 ①~③의 배선가닥수는 몇 개인가?

① ② ③

2) 도면에서 물량을 산출할 때 박스는 몇 개가 필요한가?

3) 부싱은 몇 개가 소요되겠는가?

Solution

1) ① 4가닥 ② 4가닥 ③ 8가닥

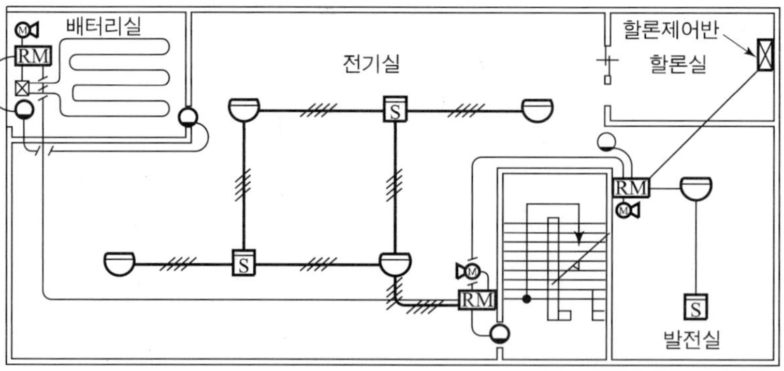

Solution

2) 20개

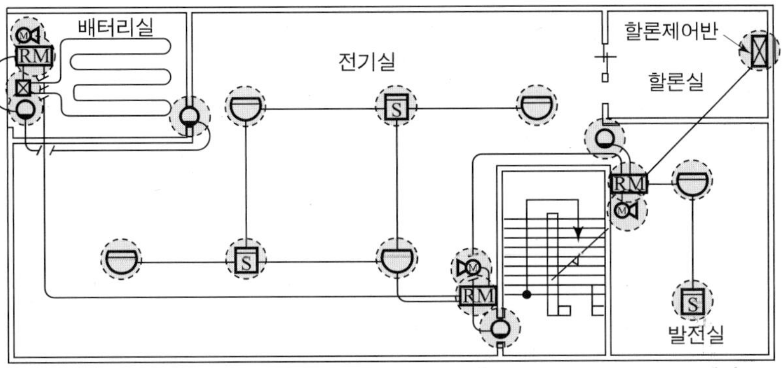

3) 40개

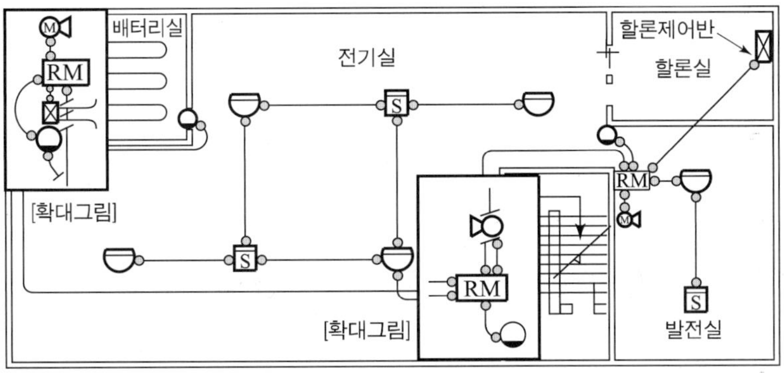

Caution

박스	부싱, 로크너트
1. 4각 박스 1) 4방출 이상 2) 한쪽 면이 2방출 이상 3) 간선 배관 ① 수신기, 부수신기, 제어반 ② 발신기세트 ③ 수동조작함(RM) ④ 슈퍼비조리판넬(SVP) ⑤ 할론컨트롤판넬 2. 8각 박스 – 4각 박스를 제외한 박스	부싱 = 박스×2배 + 상승, 하강, 전원개수 로크너트 = 부싱×2배

7) 평면도 7

Exercise

다음 평면도는 어느 사무실 건물의 1층 자동화재탐지설비 미완성 도면을 나타낸 것이다. 이 건물은 지상 3층으로 각 층의 평면은 1층과 동일하다고 할 경우 평면도 및 주어진 조건을 이용하여 다음 각 물음에 답하시오.

1) 수신기에서 발신기 세트까지의 배선가닥수는 몇 가닥이며, 여기에 사용되는 후강전선관은 몇 mm를 사용하는가?
   - 가닥수 :
   - 후강전선관 :
2) 배관 및 배선을 하여 자동화재탐지설비의 도면을 완성하고 배선가닥수를 표기하도록 하시오.
3) 간선계통도를 그리시오.

[조건]

· 간선의 사용전선은 HFIX 2.5mm^{2}이며, 공통선은 발신기 공통 1선, 경종·표시등 공통 1선을 각각 사용한다.
· 계통도 작성시 선수는 최소로 한다.
· 후강전선관의 굵기표는 다음과 같다.

도체 단면적 (mm^2)	전선본수									
	1	2	3	4	5	6	7	8	9	10
	전선관의 최소굵기(mm)									
2.5	16	16	16	16	22	22	22	28	28	28
4	16	16	16	22	22	22	28	28	28	28
6	16	16	22	22	22	28	28	28	36	36
10	16	22	22	28	28	36	36	36	36	36

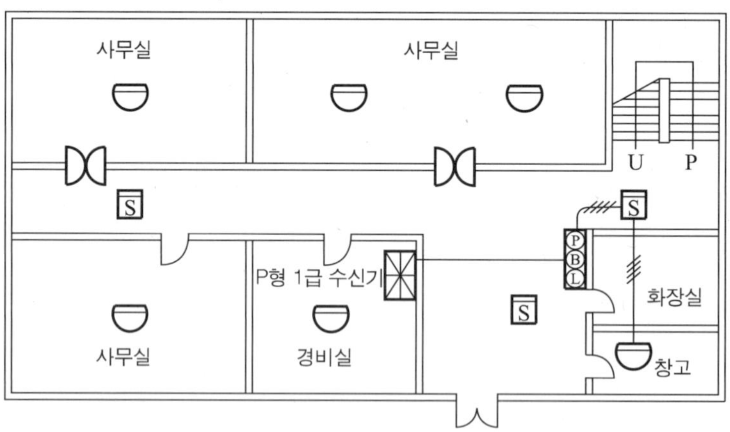

Solution

1) ① 가닥수 : 8가닥(회로선3, 공통선1, 경종선1, 경종표시등공통선1, 응답선1, 표시등선1)

② 후강전선관 : 28mm[내선규정 표 2225-4]

배선종류	전선굵기	후강전선관 전선본수에 따른 굵기					
		1~4	5~7	8~12	13~21	22~28	45
감지기 포함 배선	$1.5mm^2$	16mm	22mm	28mm	36mm	42mm	54mm
감지기 제외 배선	$2.5mm^2$						

2-1)

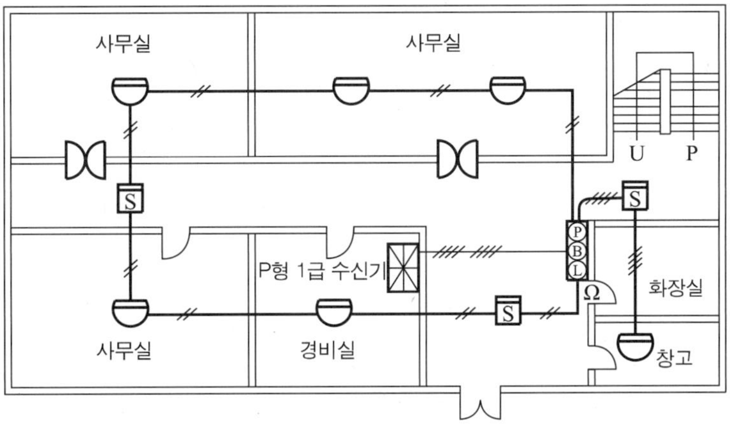

2-2)

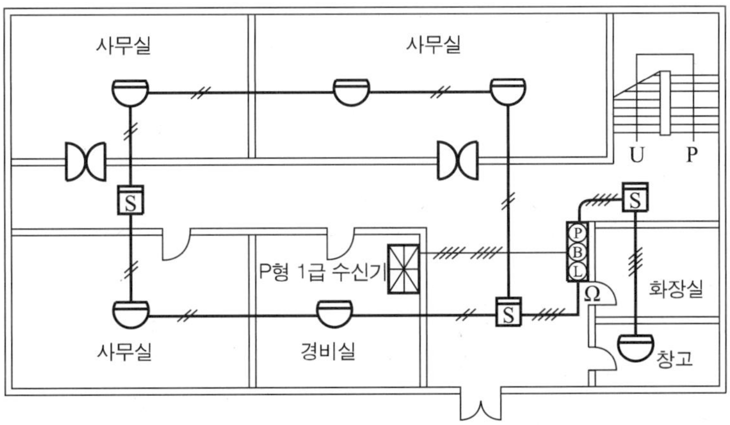

3)

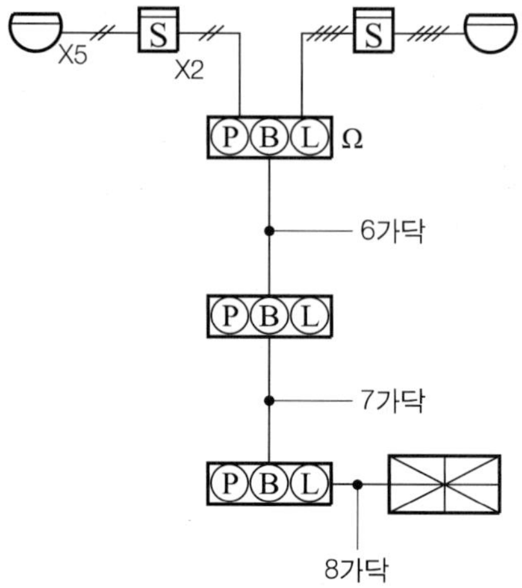

Caution!

· 1층 평면도상에는 회로선이 1선이나 문제에서 지상3층 건물이라고 하였으므로 회로선은 3선이 되어야 한다.

· 만약 문제에서 지상 3층으로 **연면적이 2,000m²**이고 각 층의 평면은 1층과 동일하다. 라고 가정할 경우의 문제풀이는 다음과 같다[(2022.5.9. 개정 전의 방식으로 이때는 우선경보방식 대상에 연면적 개념이 포함되어 있고 전화선도 있다. 개정 후의 방식으로 풀려면 solution 형태로 풀어야 한다(전화선 삭제, 연면적 개념 삭제)].

1) ① 가닥수 : 12가닥(회로선6, 공통선1, 경종선1, 경종표시등공통선1, 전화선1, 응답선1, 표시등선1)

한 층의 바닥면적 = $\frac{\text{연면적}}{\text{층수}} = \frac{2{,}000\,\text{m}^2}{3\text{층}} = 666.67\,\text{m}^2$,

한 층의 경계구역 수 $= \frac{\text{한 층의 바닥면적}}{600\text{m}^2} = \frac{666.67}{600} = 1.1 \fallingdotseq 2\,\text{경계구역}$

회로선 = 2경계구역×3층=6회로

② 가닥수가 12가닥으로 이므로 후강전선관은 28mm을 적용해야 한다.

2)

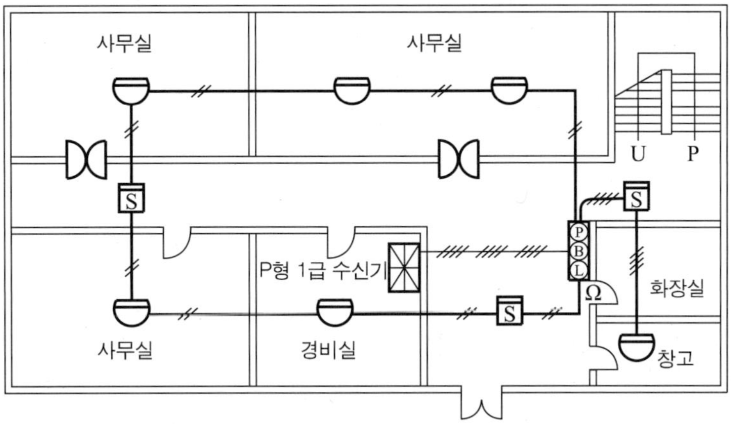
사무실
사무실
U
P
P
B
L
P형 1급 수신기
Ω
화장실
S
S
S
사무실
경비실
창고

3)

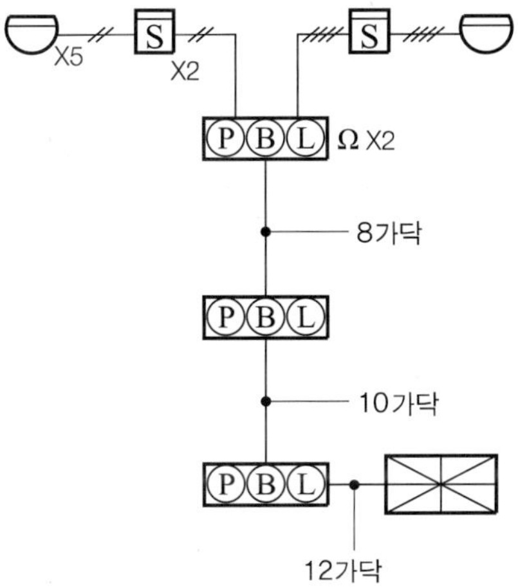
S
S
X5
X2
P B L
Ω X2
8가닥
P B L
10가닥
P B L
12가닥

8) 평면도 8

Exercise

공장의 건축평면도에 자동화재탐지설비를 설계하고자 한다. 주어진 조건을 이용하여 다음 각 물음에 답하시오.

[조건]

① 바닥으로부터 천장의 높이는 10m이다.
② 공장 내와 방재실은 칸막이가 없다.
③ 감지기 설치도면을 작성할 때 축적은 무시하고 작성한다.
④ 하나의 경계구역은 $600m^2$ 이내로 한다.
⑤ 방재실에 사용되는 감지기는 공장 내의 감지기와 연결한다.
⑥ 각 수동발신기세트에 연결되는 공장 내의 감지기는 같은 수로 한다.
⑦ 감지기는 연기감지기를 사용한다.

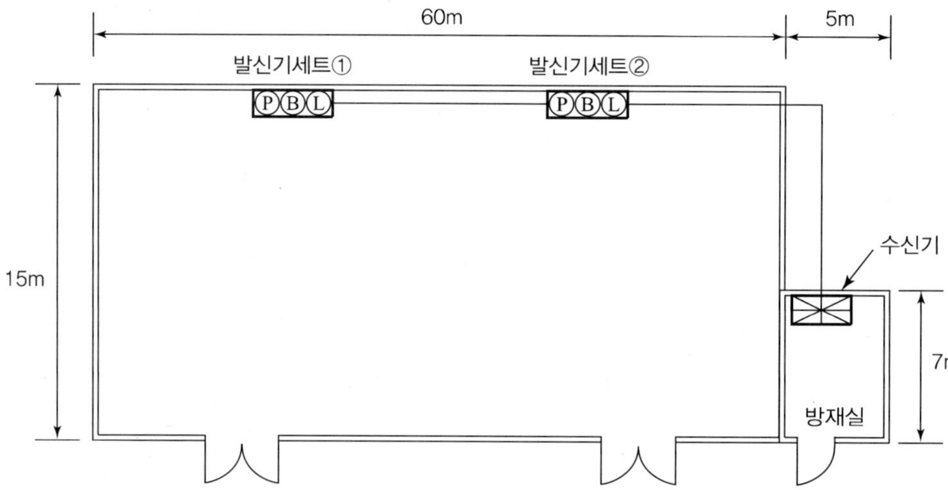

1) 본 소방대상물에는 연기감지기를 제외하고 어떤 감지기들을 사용할 수 있는지 그 사용 가능한 감지기를 쓰시오.
2) 공장과 방재실에 설치하여야 할 연기감지기의 개수를 산정하시오.
3) 주어진 건축평면도에 감지기를 그려 넣고 평면도 전체에 전선 가닥수를 표시하시오 (표기 예 : -////-).

Solution

1) ① 차동식 분포형 감지기　　　　② 불꽃 감지기

2) ① 공장

· 최소 감지기 개수 $= \dfrac{\text{전체 바닥면적}(m^2)}{\text{기준 면적}(m^2)} = \dfrac{(60 \times 15)}{75} = \dfrac{900}{75} = 12$ 개

· 감지기 개수 $= \dfrac{\text{적용 면적}[m^2]}{\text{기준 면적}[m^2]} = \left[\left(\dfrac{450}{75} = 6\text{개}\right) + \left(\dfrac{450}{75} = 6\text{개}\right)\right] = 12\text{개}$

② 방재실

· 최소 감지기 개수 $= \dfrac{\text{전체 바닥면적}(m^2)}{\text{기준 면적}(m^2)} = \dfrac{35}{75} \fallingdotseq 0.467 = 1$ 개

3)

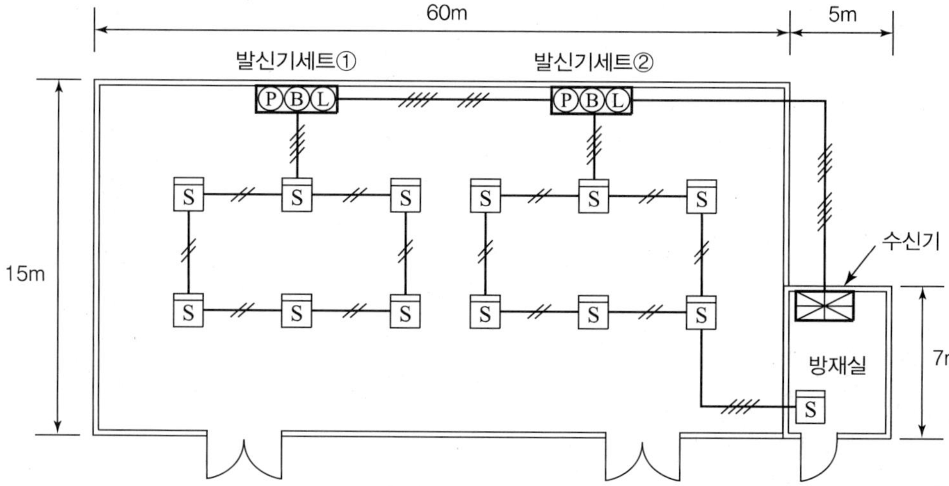

Caution!

· 연기감지기의 종별은 일반적으로 2종을 사용한다.

· 조건 ①에서 높이가 10m이므로 2종 연기감지기 1개가 담당하는 바닥면적은 $75m^2$가 된다.

· 방재실의 경우 실내 면적이 $35m^2$로 $40m^2$ 미만이므로 비화재보 적응성 감지기를 설치하여야 하나 조건 ⑦에서 연기감지기를 사용한다고 했으므로 연기감지기의 설치기준에서 좁은 실내에 있어서는 출입구의 가까운 부분에 설치를 하여야 한다. 중앙에 설치하지 않도록 주의해야 한다.

9) 평면도 9

Exercise

다음은 내화구조인 지하 1층, 지상 5층인 건물의 지상 1층 평면도이다. 각 층의 층고는 4.4m이고 천장과 반자 사이 높이는 0.5m이다. 각 실에는 반자가 설치되어 있으며, 계단 감지기는 3층과 5층에 설치되어 있다. 다음 각 물음에 답하시오.

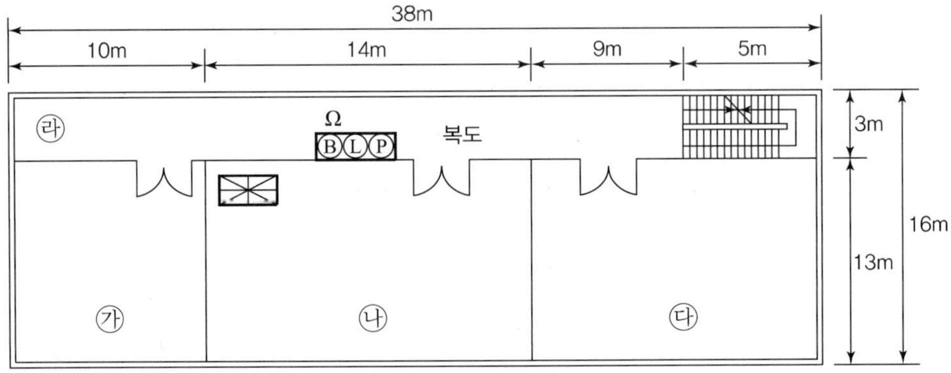

1) 다음의 빈 칸에 해당 개소에 설치하여야 하는 감지기의 수량을 산출식과 함께 쓰시오.

개 소	적응 감지기	산출식	수량(개)
㉮실	차동식 스포트형 2종		
㉯실	연기감지기 2종		
㉰실	정온식 스포트형 1종		
㉱실	연기감지기 2종		

2) 1)에서 구한 감지기수량을 위 평면도상에 각 감지기의 도시기호를 이용하여 그려 넣고 각 기기 간을 배선하되 배선수를 명시하시오(표기 예 : -////-).

Solution

1) 해당 개소의 감지기 수량과 산출식

개 소	적응 감지기	산출식	수량(개)
㉮실	차동식 스포트형 2종	$\frac{10\times13}{70}=1.86≒2$	2개
㉯실	연기감지기 2종	$\frac{14\times13}{150}=1.21≒2$	2개
㉰실	정온식 스포트형 1종	$\frac{14\times13}{60}=3.03≒4$	4개
㉱실	연기감지기 2종	$\frac{(10+14+9)}{30}=1.1≒2$	2개

2)

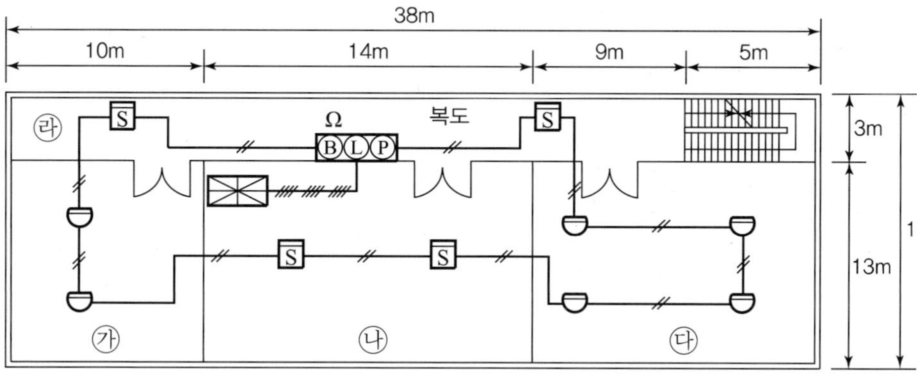

Caption!

· 계단은 복도의 길이에 포함시키지 않는다.

· 지상 5층이고 연면적 3,558m^2[1층의 바닥면적 : $38m \times 16m - 5m \times 3m = 593m^2$, 연면적 : 1층의 바닥면적(593m^2)$\times$6개층$=$3,558m^2)이므로 우선경보방식으로 적용해야 한다(2022.5.9 개정 전의 방식) → 개정 후의 방식은 연면적 개념이 사라져서 일제경보방식을 적용해야 한다].

· 회로선 7가닥[지하 1층에서 지상 5층으로 6회로, 계단의 회로선($\frac{4.4\,\text{m} \times 6\text{개층}}{45} = 0.59 \fallingdotseq 1\text{회로}$)], 공통선 1가닥, 경종선 1가닥, 경종표시등공통선 1가닥, 응답선 1가닥, 표시등선 1가닥으로 총 가닥수는 12가닥이 된다[유효한 조치(단락보호장치 설치)를 하였음].

5. 전선관 및 전선물량 산출

1) 예제 1

Exercise

다음은 철골철근콘크리트 건물의 자동화재탐지설비 평면도이다. 감지기와 감지기 사이 및 감지기와 발신기세트 사이의 거리가 각각 10m라고 할 때 다음 각 물음에 답하시오.

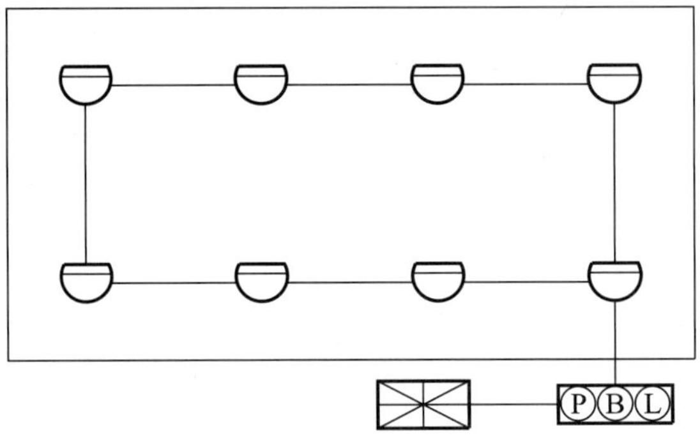

1) 수신기와 발신기세트 사이의 거리가 15m라고 할 때 전선관의 총길이는 얼마인가?
2) 차동식 스포트형 2종을 부착면의 높이가 3.5m인 곳에 설치할 경우 소방대상물의 바닥면적 (m^2)은?
3) 전선관과 전선의 물량을 산출하시오(단, 수신기와 발신기세트 사이의 물량은 제외한다).

Solution

1), 3)

구 분	산출내역	총길이	수신기부분제외
전선관	• 감지기와 감지기 사이 : 10m × 8 = 80m • 감지기와 발신기세트 사이 : 10m × 1 = 10m • 수신기와 발신기세트 사이 : 15m × 1 = 15m	105m	90m
전 선	• 감지기와 감지기 사이 : 10m × 8 × 2가닥 = 160m • 감지기와 발신기세트 사이 : 10m × 1 × 4가닥 = 40m • 수신기와 발신기세트 사이 : 15m × 1 × 7가닥 = 105m	305m	200m

2) 내화구조인 건물에 부착높이가 3.5m인 차동식 스포트형(2종)의 1개의 최대바닥면적은 $70m^2$이므로 $70m^2 \times 8$개 $= 560m^2$

2) 예제 2

Exercise

다음은 자동화재탐지설비의 평면도이다. 다음 조건을 참고하여 각 물음에 답하시오.

[조건]

① 천장의 높이는 4m이고 반자는 없다.

② 발신기세트와 수신기는 바닥으로부터 1.2m의 높이에 설치되어 있다.

③ 배선의 할증은 10%를 적용한다.

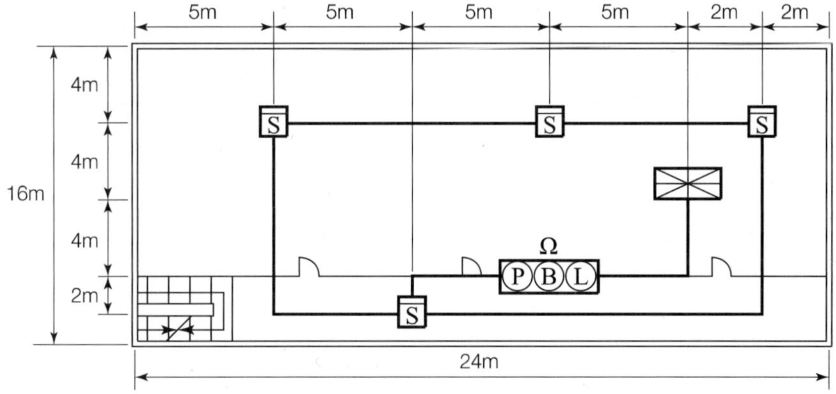

1) 감지기 간의 배관, 배선의 물량을 구하시오.

2) 감지기와 발신기세트 간의 배관, 배선의 물량을 구하시오.

3) 발신기세트와 수신기 간의 배관, 배선의 물량을 구하시오.

Solution

1) 감지기간 물량

① 전선관 = 10 + 7 + 10 + 12 + 5 + 10 = 54m

② 전선 = 54m × 2가닥(Loop 방식) = 108m × 1.1(10% 할증) = 118.8m

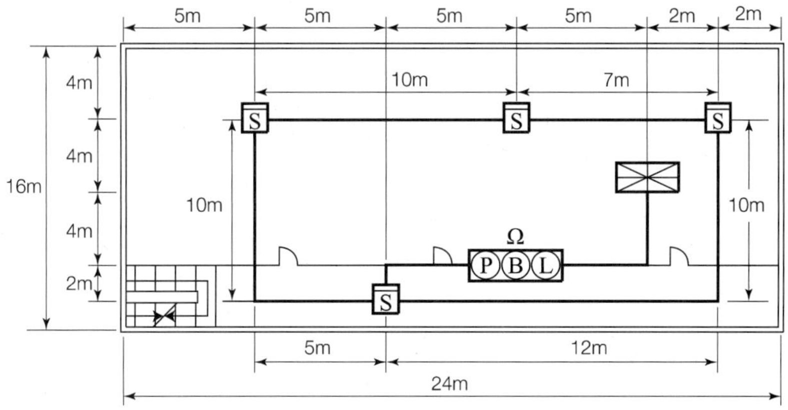

감지기와 감지기 간의 전선관

Solution

2) 감지기 ↔ 발신기세트 간 물량

① 전선관 = 2 + 5 + 2.8 = 9.8m

② 전선 = 9.8m × 4가닥 = 39.2m × 1.1(10% 할증) = 43.12m

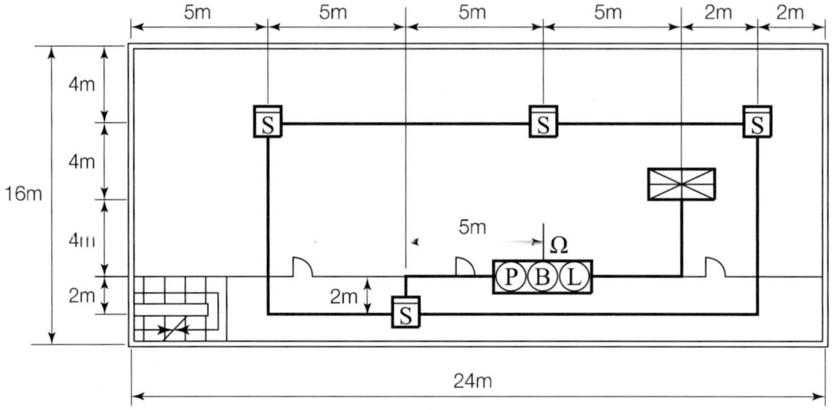

감지기와 발신기세트 간의 전선관(평면도)

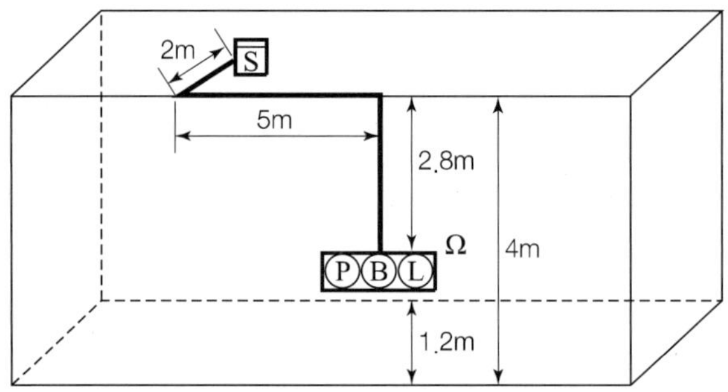

감지기와 발신기세트 간의 전선관(입면도)

Solution

3) 발신기세트 ↔ 수신기 간 물량

① 전선관 = 2.8 + 5 + 4 + 2.8 = 14.6m

② 전선 = 14.6m × 7가닥 = 102.2m × 1.1(10% 할증) = 112.42m

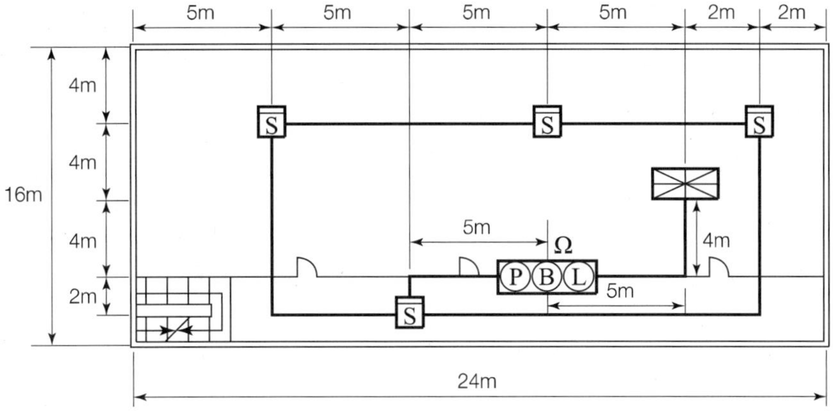

발신기세트와 수신기간의 전선관(평면도)

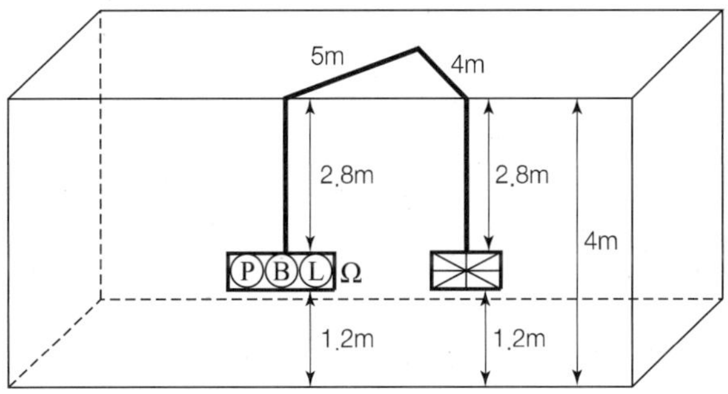

발신기세트와 수신기간의 전선관(입면도)

3) 예제 3

Exercise

다음은 자동화재탐지설비의 평면을 나타낸 도면이다. 조건을 참조하여 ①~④까지의 전선관의 굵기를 구하시오.

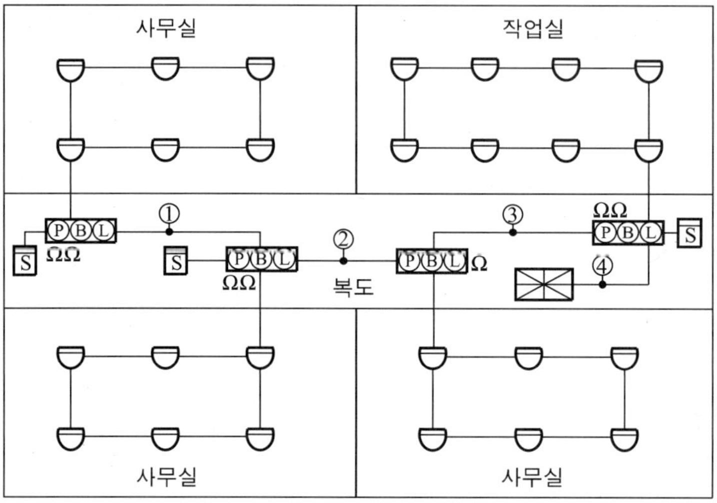

[조건]

표 1. 후강전선관의 굵기 선정표

도체 단면적 (mm^2)	전선 본수									
	1	2	3	4	5	6	7	8	9	10
	전선관의 최소 굵기(mm)									
2.5	16	16	16	16	22	22	22	28	28	28
4	16	16	16	22	22	22	28	28	28	28
6	16	16	22	22	22	28	28	28	36	36
10	16	22	22	28	28	36	36	36	36	36
16	16	22	28	28	36	36	36	42	42	42
25	22	28	28	36	36	42	54	54	54	54
35	22	28	36	42	54	54	54	70	70	70
50	22	36	54	54	70	70	70	82	82	82
70	28	42	54	54	70	70	70	82	82	82
95	28	54	54	70	70	82	82	92	92	104
120	36	54	54	70	70	82	82	92		
150	36	70	70	82	92	92	104	104		
185	36	70	70	82	92	104				
240	42	82	82	92	104					

[비고] 1. 전선 1본에 대한 숫자는 접지선 및 직류회로의 전선에 적용한다.
2. 이 표는 실험결과와 경험을 토대로 하여 결정한 것이다.

표 2. 전선(피복절연물을 포함한)의 단면적

도체 단면적(mm^2)	절연체 두께(mm)	평균 완성 바깥지름(mm)	전선의 단면적(mm^2)
1.5	0.7	3.3	9
2.5	0.8	4.0	13
4	0.8	4.6	17
6	0.8	5.2	21
10	1.0	6.7	35
16	1.0	7.8	48
25	1.2	9.7	74
35	1.2	10.9	93
50	1.4	12.8	128
70	1.4	14.6	167
95	1.6	17.1	230
120	1.6	18.8	277
150	1.8	20.9	343
185	2.0	23.3	426
240	2.2	26.6	555
300	2.4	29.6	688
400	2.6	33.2	865

표 3. 절연전선을 금속관 내에 넣을 경우의 보정계수

도체 단면적(mm^2)	보정계수
2.5, 4	2.0
6, 10	1.2
16 이상	1.0

표 4. 후강전선관의 내단면적 32% 및 48%

전선관의 굵기(mm)	내단면적의 32%(mm^2)	내단면적의 48%(mm^2)	전선관의 굵기(mm)	내단면적의 32%(mm^2)	내단면적의 48%(mm^2)
16	67	101	54	732	1098
22	120	180	70	1216	1825
28	201	301	82	1701	2552
36	342	513	92	2206	3308
42	460	690	104	2843	1964

Solution

전선관의 굵기를 구할 때에는 주어지는 표에 따라 선정해야하는데 어떤 표를 사용할 것인가에 대한 결정은 전선가닥수에 따라 결정되어진다. 즉, **전선가닥수가 10가닥 이하**일 경우에는 **표 1**을 적용하여 도체 단면적과 전선가닥수에 따른 전선관의 굵기를 선정하면 되고, **11가닥 이상**일 경우 **표 2, 3**을 적용하여 도체 단면적에 따른 피복절연물을 포함한 전선의 단면적과 절연전선을 금속관 내에 넣을 경우의 보정계수를 적용하여 전체가닥수의 도체 단면적을 구한다. 그런 다음 **표 4**를 적용하여 동일 굵기 절연전선일 경우 48%이하, 다른 굵기 절연전선일 경우 32%이하의 상위 값을 선택하여 전선관의 굵기를 선정한다.

<table>
<tr><th>기호</th><th>전선 가닥수</th><th>설 명</th><th>전선관 굵기</th></tr>
<tr><td>①</td><td>8</td><td>감지기 포함 배선은 1.5mm^{2}이고 감지기 제외 배선은 2.5mm^2 이므로 표 1에서 2.5mm^{2}의 8가닥을 선택하면 전선관의 굵기는 28mm가 된다.</td><td>28mm</td></tr>
<tr><td>②</td><td>10</td><td>감지기 포함 배선은 1.5mm^{2}이고 감지기 제외 배선은 2.5mm^2 이므로 표 1에서 2.5mm^{2}의 10가닥을 선택하면 전선관의 굵기는 28mm가 된다.</td><td>28mm</td></tr>
<tr><td>③</td><td>11</td><td>감지기 포함 배선은 1.5mm^{2}이고 감지기 제외 배선은 2.5mm^2 이므로 2.5mm^{2}를 적용해야 하나 11가닥은 표 1로 구할 수 없으므로 표 2~4를 적용해서 구해야 한다.
도체단면적이 2.5mm^2 일 때 표 2에서 절연전선의 단면적은 13mm^2 이고, 절연전선을 금속관 내에 넣을 경우의 보정계수는 2.0이다.
따라서 11가닥 전체의 단면적은 11가닥×13mm×2.0=286mm^2 이다.
동일 굵기의 절연전선을 동일관 내에 넣은 경우의 금속관 굵기는 전선의 피복절연물을 포함한 단면적의 총합계가 관 내 단면적의 48% 이하가 되도록 결정(다른 굵기의 전선은 32%이하)해야 하므로 286mm^{2}의 상위 값인 301mm^{2}의 선택하여 전선관의 굵기는 28mm가 된다.</td><td>28mm</td></tr>
<tr><td>④</td><td>13</td><td>감지기 포함 배선은 1.5mm^{2}이고 감지기 제외 배선은 2.5mm^{2}이므로 2.5mm^{2}를 적용해야 하나 13가닥은 표 1로 구할 수 없으므로 표 2~4를 적용해서 구해야 한다.
도체단면적이 2.5mm^2 일 때 표 2에서 절연전선의 단면적은 13mm^{2}이고, 절연전선을 금속관 내에 넣을 경우의 보정계수는 2.0이다.
<table>
<tr><th>도체 단면적(mm^2)</th><th>절연체 두께(mm)</th><th>평균완성 바깥지름(mm)</th><th>전선의 단면적(mm^2)</th></tr>
<tr><td>1.5</td><td>0.7</td><td>3.3</td><td>9</td></tr>
<tr><td>2.5</td><td>0.8</td><td>4.0</td><td>⑬</td></tr>
<tr><td>4</td><td>0.8</td><td>4.6</td><td>17</td></tr>
</table>
<table>
<tr><th>도체 단면적(mm^2)</th><th>보정계수</th></tr>
<tr><td>2.5, 4</td><td>(2.0)</td></tr>
<tr><td>6, 10</td><td>1.2</td></tr>
</table>
따라서 13가닥 전체의 단면적은 13가닥×13mm×2.0=338mm^{2}이다.
동일 굵기의 절연전선을 동일관 내에 넣은 경우의 금속관 굵기는 전선의 피복절연물을 포함한 단면적의 총합계가 관 내 단면적의 48% 이하가 되도록 결정(다른 굵기의 전선은 32% 이하)해야 하므로 338mm^{2}의 상위 값인 513mm^{2}의 선택하여 전선관의 굵기는 36mm가 된다.
<table>
<tr><th>전선관의 굵기(mm)</th><th>내단면적의 32%(mm^2)</th><th>내단면적의 48%(mm^2)</th></tr>
<tr><td>16</td><td>67</td><td>101</td></tr>
<tr><td>22</td><td>120</td><td>180</td></tr>
<tr><td>28</td><td>201</td><td>301</td></tr>
<tr><td>(36)</td><td>342</td><td>513</td></tr>
<tr><td>42</td><td>480</td><td>690</td></tr>
</table></td><td>36mm</td></tr>
</table>

4) 예제 4

Exercise

다음은 자동화재탐지설비의 평면을 나타낸 도면이다. 다음의 조건을 참조하여 ①~⑱까지의 공사에 소요되는 자재물량과 공사비를 구하시오.

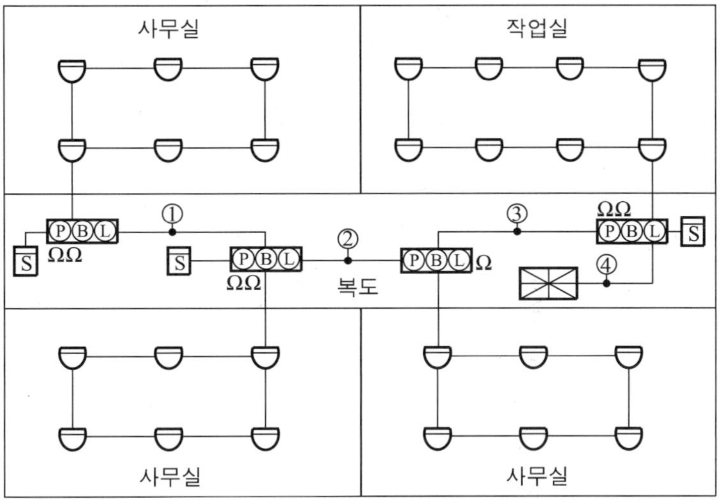

[조건]

① 주어진 도면은 1층의 평면도로 10층 건물 모든 층의 구조는 동일하다.
② 배관공사는 콘크리트 매입으로 전선관은 후강전선관을 사용한다.
③ 내선전공 1인의 1일 최저 노임단가는 100,000원으로 책정한다.
④ 공량산출 시 내선전공의 단위공량은 다음 품셈표를 찾아 적용한다.

품명	단위	내선전공 공량	품명	단위	내선전공 공량
P-1 수신기(기본 공수)	대	6	후강전선관(36mm)	m	0.2
P-1 수신기 회선당 할증	회선	0.3	전선 $1.5mm^2$	m	0.01
부수신기(기본 공수)	대	3.0	전선 $2.5mm^2$	m	0.01
아우트렛 박스	개	0.2	발신기세트	개	0.9
후강전선관(16mm)	m	0.08	연기감지기	개	0.13
후강전선관(22mm)	m	0.11	차동식 감지기	개	0.13
후강전선관(28mm)	m	0.14			

품 명	수 량	단 위	공량계(인)	공량합계(인)
수신기	(①)	대	(②)	(⑮)
발신기세트	(③)	개	(④)	
연기감지기	(⑤)	개	(⑥)	
차동식감지기	(⑦)	개	(⑧)	
후강전선관(16mm)	700	m	(⑨)	
후강전선관(22mm)	320	m	(⑩)	
후강전선관(28mm)	40	m	(⑪)	
후강전선관(36mm)	20	m	(⑫)	
전선(1.5mm^2)	3,500	m	(⑬)	
진선(2.5mm^2)	1,000	m	(⑭)	
직접노무비				(⑯)
공구손료(3%)				(⑰)
공구손료를 고려한 공사비합계				(⑱)

Solution

1) 회선은 종단저항 개수를 세면 쉽게 구할 수 있다. 따라서 한 층당 회선수는 7개이므로 전체 회선수는 7회선×10층 = 70회선이 된다.
2) 공구손료는 공구를 사용하는데 따른 손실비용으로 직접노무비의 3%까지 적용한다.
3) 공구손료를 고려한 공사비합계 = 직접노무비 + 공구손료

품 명	수 량	단위	내선전공 공량	공량계(인)	공량합계(인)
수신기	1	대	6(회선당 0.3할증)	6 + (70×0.3) = 27인	27 + 36 + 3.9 + 33.8 + 56 + 35.2 + 5.6 + 4 + 35 + 10 = 246.5인
발신기세트	4개×10층=40	개	0.9	40×0.9 = 36인	
연기감지기	3개×10층=30	개	0.13	30×0.13 = 3.9인	
차동식감지기	26개×10층=260	개	0.13	260×0.13 = 33.8인	
후강전선관(16mm)	700	m	0.08	700×0.08 = 56인	
후강전선관(22mm)	320	m	0.11	320×0.11 = 35.2인	
후강전선관(28mm)	40	m	0.14	40×0.14 = 5.6인	
후강전선관(36mm)	20	m	0.2	20×0.2 = 4인	
전선(1.5mm^2)	3,500	m	0.01	3,500×0.01 = 35인	
전선(2.5mm^2)	1,000	m	0.01	1,000×0.01 = 10인	
직접노무비					246.5인×100,000원 = 24,650,000원
공구손료(3%)					24,650,000원×0.03 = 739,500원
공구손료를 고려한 공사비합계					24,650,000 + 739,500 = 25,389,500

5) 예제 5

Exercise

다음은 자동화재탐지설비의 평면을 나타낸 도면이다. 다음의 조건을 참조하여 다음 각 물음에 답하시오.

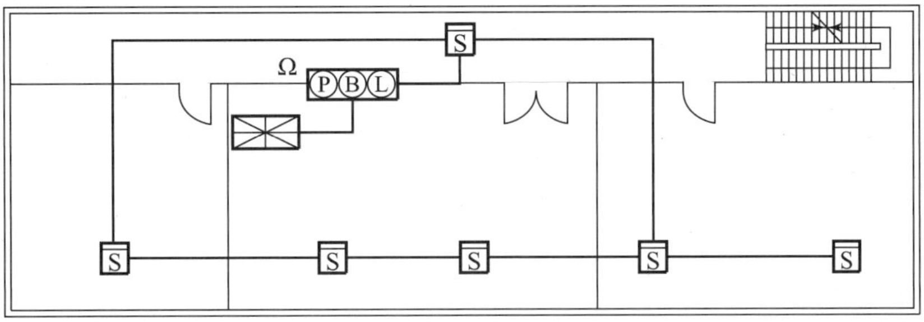

[조건]

① 바닥으로부터 천장의 높이는 3.5m이다.

② 내선전공 1인의 1일 최저 노임단가는 100,000원으로 책정한다.

③ 공량산출 시 내선전공의 단위공량은 다음 품셈 표를 찾아 적용한다.

<table>
<tr><th>공 종</th><th>단 위</th><th>내선전공</th><th>비 고</th></tr>
<tr><td>수신기 P형(기본공수)
(회선수 공수 산출 가산요)</td><td>대</td><td>6.0</td><td rowspan="2">회선수에 대한 산정(매 1회선에 대하여)<table><tr><th>직종＼형식</th><th>P형</th><th>R형</th></tr><tr><td>내선 전공</td><td>0.3</td><td>0.2</td></tr></table></td></tr>
<tr><td>부수신기(기본공수)</td><td>대</td><td>3.0</td></tr>
<tr><td>연기감지기</td><td>개</td><td>0.13</td><td>① 천장높이 4m 기준 1m 증가 시 마다 5% 가산
② 매입형 또는 특수구조인 경우 조건에 따라 선정</td></tr>
<tr><td>시험기(공기관 포함)</td><td>개</td><td>0.15</td><td>①, ② 상동</td></tr>
<tr><td>분포형의 공기관</td><td>m</td><td>0.023</td><td>①, ② 상동</td></tr>
<tr><td>검출기</td><td>개</td><td>0.30</td><td></td></tr>
<tr><td>공기관식의 Booster</td><td>개</td><td>0.10</td><td></td></tr>
<tr><td>발신기 P형</td><td>개</td><td>0.30</td><td>1급(방수형)</td></tr>
<tr><td>회로시험기</td><td>개</td><td>0.10</td><td></td></tr>
<tr><td>소화전 기동 릴레이</td><td>대</td><td>1.5</td><td></td></tr>
<tr><td>경종</td><td>개</td><td>0.15</td><td></td></tr>
<tr><td>표시등</td><td>개</td><td>0.20</td><td></td></tr>
<tr><td>표지판</td><td>개</td><td>0.15</td><td></td></tr>
</table>

1) 평면도 전체에 전선 가닥수를 표기하시오(표기 예 : ////).

2) 상기의 조건을 참조하여 공사에 소요되는 수량, 공량, 노임단가, 노무비를 구하시오.

품 명	규 격	단 위	수 량	공 량	노임단가(원)	노무비원)
감지기	연기감지기	개				
발신기	P형	개				
표시등	DC 24V	개				
경 종	DC 24V	개				
전선관	16C	m	76	0.08		
전선관	28C	m	7	0.14		
전 선	HFIX 1.5mm²	m	208	0.01		
전 선	HFIX 2.5mm²	m	77	0.01		
P형 수신기	5회로	대				
					소계	

Solution

1) 송배전 방식이므로 Loop는 2가닥, 기타 4가닥이어야 한다.

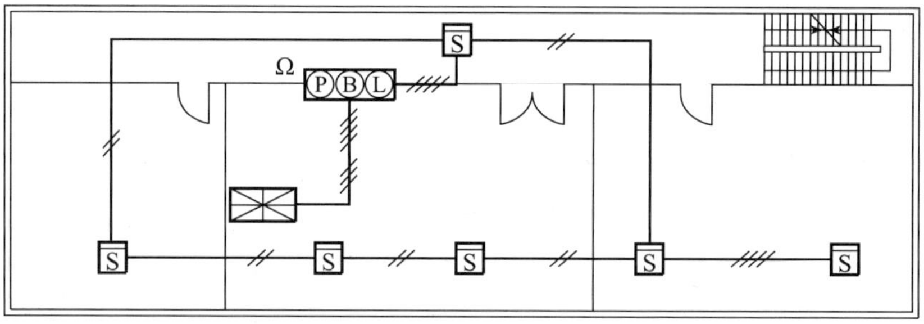

2)

품 명	규 격	단 위	수 량	공 량	노임단가(원)	노무비원)
감지기	연기감지기	개	6	0.13	100,000	78,000
발신기	P형	개	1	0.30	100,000	30,000
표시등	DC 24V	개	1	0.20	100,000	20,000
경 종	DC 24V	개	2	0.15	100,000	30,000
전선관	16C	m	76	0.08	100,000	608,000
전선관	28C	m	7	0.14	100,000	98,000
전 선	HFIX 1.5mm²	m	208	0.01	100,000	208,000
전 선	HFIX 2.5mm²	m	77	0.01	100,000	77,000
P형 수신기	5회로	대	1	(6+1×0.3)=6.3	100,000	630,000
					소계	1,779,000

Caution!

· 경종은 주경종 1개(수신기 내부 또는 직근), 발신기세트의 지구경종 1개 총 2개가 된다.
· P형 수신기는 1대 5회로용이지만 실제 사용되는 회로수는 **종단저항 1개**이므로 1회로에 대해서 수신기 할증 0.3을 적용하면 된다(회로수는 종단저항 개수를 세면 쉽게 구할 수 있다).

6) 예제 6

Exercise

다음은 어느 건물의 자동화재탐지설비 공사에 소요되는 자재물량이다. 주어진 품셈 표를 이용하여 내선전공의 노임요율 및 공량을 채우고 인건비를 산출하시오.

[조건]

① 내선전공 1인의 1일 최저 노임단가는 100,000원으로 책정한다.
② 공구손료는 인건비의 3%를 적용한다.
③ 콘크리트박스는 매입을 원칙으로 하며, 박스커버의 내선전공은 적용하지 않는다.
④ 빈칸에 숫자를 적을 필요가 없는 부분은 공란으로 남겨 둔다.

[표 1] 전선관 배관

(m당)

합성수지 전선관		후강 전선관		금속제 가요전선관	
관의 호칭	내선 전공	관의 호칭	내선 전공	관의 호칭	내선 전공
14	0.04				
16	0.05	16	0.08	16	0.044
22	0.06	22	0.11	22	0.059
28	0.08	28	0.14	28	0.072
36	0.10	36	0.20	36	0.087
42	0.13	42	0.25	42	0.104
54	0.19	54	0.34	54	0.136
70	0.28	70	0.44	70	0.156

[표 2] 옥내배선

(m당, 직종 : 내선전공)

규 격[mm^2]	관내 배선	규 격[mm^2]	관내 배선
6 이하	0.010	120 이하	0.077
16 이하	0.023	150 이하	0.088
38 이하	0.031	200 이하	0.107
50 이하	0.043	250 이하	0.130
60 이하	0.052	300 이하	0.148
70 이하	0.061	325 이하	0.160
100 이하	0.064	400 이하	0.197

[표 3] 박스(box) 신설

(개당)

종 별	내선 전공	종 별	내선 전공
8각 Concrete Box	0.12	1개용 Switch Box	0.20
4각 Concrete Box	0.12	2～3개용 Switch Box	0.20
8각 Outlet Box	0.20	4～5개용 Switch Box	0.25
중형 4각 Outlet Box	0.20	노출형 Box(Concrete)	0.29
대형 4각 Outlet Box	0.20	플로어 Box	0.20

[표 4] 자동화재탐지설비 설치

<table>
<tr><th>공 종</th><th>단 위</th><th>내선전공</th><th>비 고</th></tr>
<tr><td>수신기 P형(기본공수)
(회선수 공수 산출 가산요)</td><td>대</td><td>6.0</td><td rowspan="2">회선수에 대한 산정(매 1회선에 대하여)<table><tr><th>직종 \ 형식</th><th>P형</th><th>R형</th></tr><tr><td>내선 전공</td><td>0.3</td><td>0.2</td></tr></table></td></tr>
<tr><td>부수신기(기본공수)</td><td>대</td><td>3.0</td></tr>
<tr><td>연기감지기</td><td>개</td><td>0.13</td><td>① 천장높이 4m 기준 1m 증가 시 마다 5% 가산
② 매입형 또는 특수구조인 경우 조건에 따라 선정</td></tr>
<tr><td>시험기(공기관 포함)</td><td>개</td><td>0.15</td><td>①, ② 상동</td></tr>
<tr><td>분포형의 공기관</td><td>m</td><td>0.023</td><td>①, ② 상동</td></tr>
<tr><td>검출기</td><td>개</td><td>0.30</td><td></td></tr>
<tr><td>공기관식의 Booster</td><td>개</td><td>0.10</td><td></td></tr>
<tr><td>발신기 P형</td><td>개</td><td>0.30</td><td>1급(방수형)</td></tr>
<tr><td>회로시험기</td><td>개</td><td>0.10</td><td></td></tr>
<tr><td>소화전 기동 릴레이</td><td>대</td><td>1.5</td><td></td></tr>
<tr><td>경종</td><td>개</td><td>0.15</td><td></td></tr>
<tr><td>표시등</td><td>개</td><td>0.20</td><td></td></tr>
<tr><td>표지판</td><td>개</td><td>0.15</td><td></td></tr>
</table>

1) 내선전공의 노임요율 및 공량

품 명	규 격	단 위	수 량	노임 요율(원)	공 량
수신기	P형 5회로	EA	1		
발신기	P형	EA	5		
경 종	DC 24V	EA	5		
표시등	DC 24V	EA	5		
연기 감지기	spot형	EA	60		
후강 전선관	steel 16호	m	70		
후강 전선관	steel 22호	m	100		
후강 전선관	steel 28호	m	400		
전 선	1.5 mm^2	m	10,000		
전 선	2.5 mm^2	m	15,000		
콘크리트 박스	4각	EA	5		
콘크리트 박스	8각	EA	55		
박스 커버	4각	EA	5		
박스 커버	8각	EA	55		
계					

2) 인건비

품 명	단 위	공 량	단가(원)	금액(원)
내선전공	인			
공구손료	식			
계				

Solution

1) 내선전공의 노임요율 및 공량

품 명	규 격	단 위	수 량	노임 요율(원)	공 량
수신기	P형 5회로	EA	1	100,000원	6+(5×0.3)=7.5
발신기	P형	EA	5	100,000원	5×0.3=1.5
경 종	DC 24V	EA	5	100,000원	5×0.15=0.75
표시등	DC 24V	EA	5	100,000원	5×0.2=1.0
연기 감지기	spot형	EA	60	100,000원	60×0.13=7.8
후강 전선관	steel 16호	m	70	100,000원	70×0.08=5.6
후강 전선관	steel 22호	m	100	100,000원	100×0.11=11
후강 전선관	steel 28호	m	400	100,000원	400×0.14=56
전 선	1.5 mm^2	m	10,000	100,000원	10,000×0.01=100
전 선	2.5 mm^2	m	15,000	100,000원	15,000×0.01=150
콘크리트 박스	4각	EA	5	100,000원	5×0.12=0.6
콘크리트 박스	8각	EA	55	100,000원	55×0.12=6.6
박스 커버	4각	EA	5		
박스 커버	8각	EA	55		
계					348.35

2) 인건비

품 명	단 위	공 량	단가(원)	금액(원)
내선전공	인	348.35	100,000	34,835,000
공구손료	식	3%	34,835,000	1,045,050
계				35,880,050

Caution!

- P형 수신기는 1대 5회로용이지만 예제 5와는 다르게 **실제 사용되는 회로수(종단저항)가 없으므로 규격**에서 적용된 **5회로**를 적용한다. 단, **실제 사용되는 회로수(종단저항)가 있다면** 규격을 적용하는 것이 아니고 실제 사용되는 회로수(**종단저항**)를 적용해야 한다.
- 조건 ③, 조건 ④에 의해 박스커버의 내선전공은 적용하지 않고 공란으로 남겨 두어야 하며, 박스커버의 내선전공이 없으므로 공량도 공란으로 남겨 두어야 한다.

2절. 옥내 및 옥외소화전설비

1. 설비 개요

옥내소화전설비는 소방대상물의 내부화재를 수동으로 동작시켜 화재를 초기 진압하기 위해 설치한 수동식 고정소화설비이다. 대부분의 경우 화재진압은 초기화재성장에서는 제일 먼저 사용하는 것이 소화기구이고 그 다음 단계에서 사용하는 소화설비가 옥내소화전설비이다. 즉, **중기화재로의 성장하는 것을 억제**하고 **소방대원이 도착하기까지 소화를 할 수 있는 설비**이다. 옥내소화전설비의 주요 구성요소는 수원, 가압송수장치, 전원장치 및 기동장치, 배관 및 각종 밸브, 호스, 노즐, 소화전함, 제어반, 수신반 등으로 구성된다.

옥내소화전설비의 일반적인 계통도를 나타내면 그림 6.1과 같다.

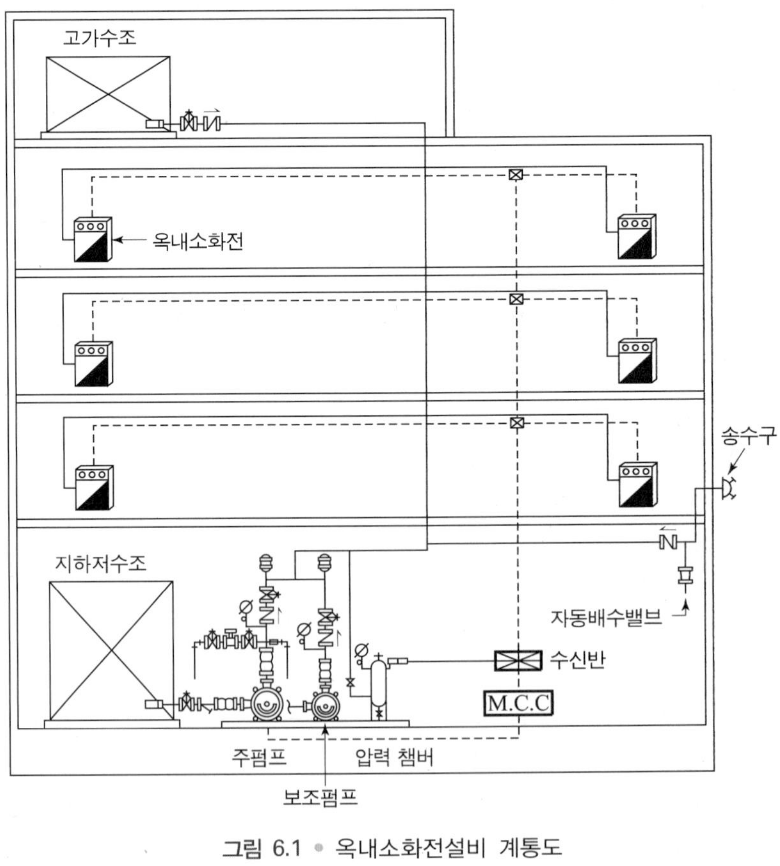

그림 6.1 • 옥내소화전설비 계통도

옥외소화전설비는 **건축물의 1, 2층과 옥외설비, 기타의 소방대상물에서 발생하는 화재진압과 인접 건축물로의 연소 확대를 방지할 목적**으로 옥외에 설치하는 수동식 고정소화설비이다. 즉, 화재의 초기진압 및 연소 확대를 방지하기 위하여 건축물의 외부에 설치된 설비로서 화재 시 소방대상물의 전 층을 유효하게 소화할 수 있는 설비가 아니고 1, 2층의 화재에만 유효한 소화설비이다. 옥외소화전설비의 주요 구성요소는 옥내소화전설비와 거의 동일하며 수원, 가압송수장치, 배관, 호스, 소화전함 등으로 구성된다.

옥외소화전설비의 일반적인 계통도는 그림 6.2와 같다. 그리고 옥내 및 옥외소화전설비의 동작원리는 그림 6.3과 같다.

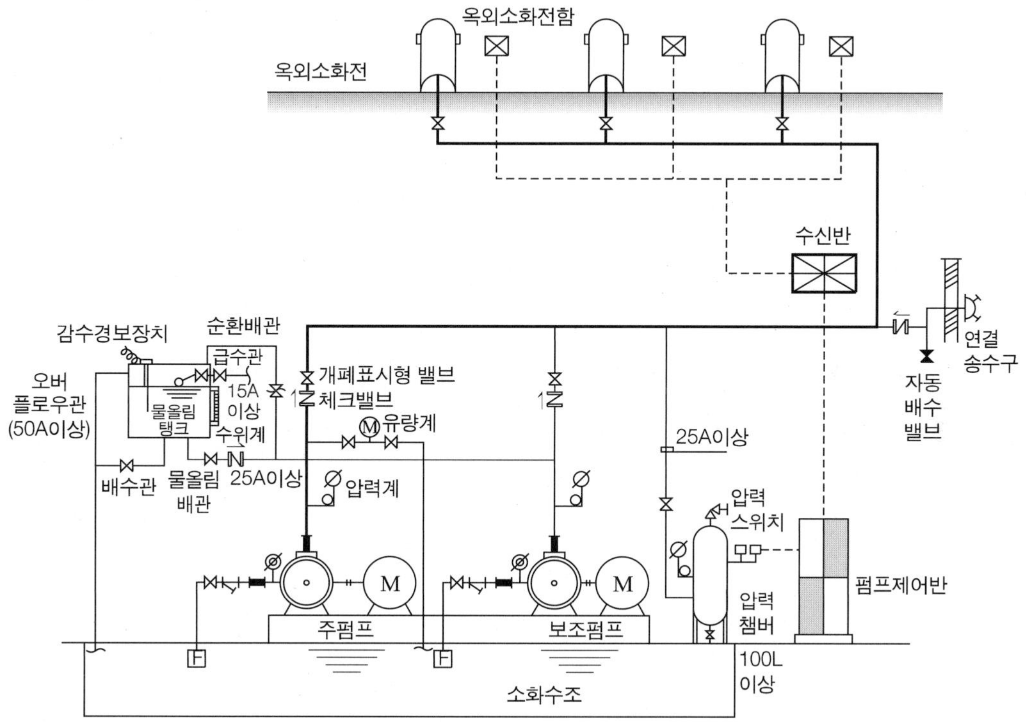

그림 6.2 ◦ 옥외소화전설비 계통도

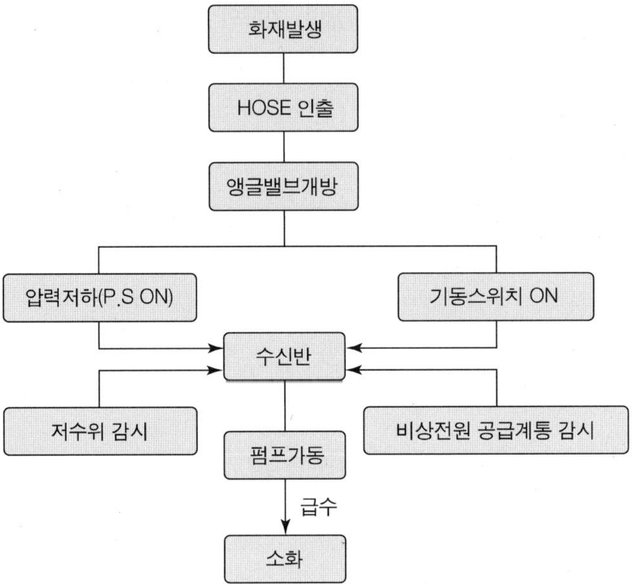

그림 6.3 ◦ 옥내 및 옥외 소화전설비 동작원리

옥내소화전설비 함의 두께 및 재질, 문짝의 면적은 『소화전함 성능인증 및 제품검사의 기술기준』에 적합한 것으로 설치한다.

함의 재질	문짝의 면적
두께 1.5mm 이상의 **강판** 두께 4.0mm 이상의 **합성수지제**	$0.5m^2$ 이상

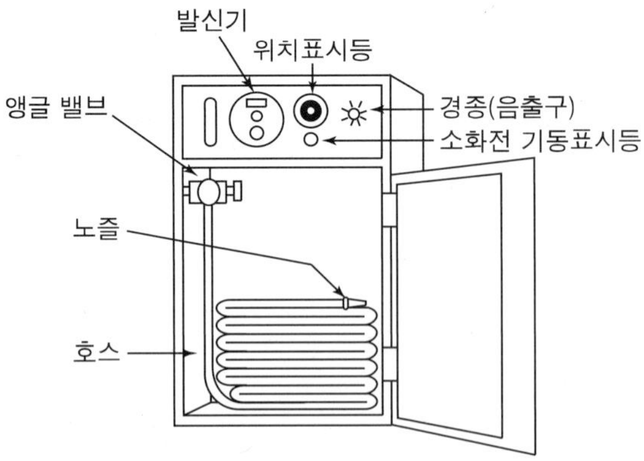

그림 6.4 ◦ 옥내소화전함

또한, 옥내소화전설비 동력제어반[15]의 설치기준(NFPC 102 제9조 제4항)은 다음과 같다.

앞면	외함
적색, "옥내소화전설비용 동력제어반" **표지 부착**[16]	두께 1.5mm 이상의 **강판** 또는 이와 동등이상의 강도 **내열성능**이 있을 것

그림 6.5 ◦ 옥내소화전설비 동력제어반

2. 배선 내역 및 가닥수 산정 방법

2.1_기동방식 결정

수신기(반)과 소화전함 사이의 배선에서 기동방식이 수동(On－off)방식인지 자동(기동용 수압개폐장치)방식인지를 구분한다.

(1) 수동기동방식(On－off)－**기동, 정지, 공통, 기동확인표시등 2가닥** 사용

(2) 자동기동방식(기동용 수압개폐장치)－**기동확인표시등 2가닥**만 사용

2.2_배선내역 및 배선가닥수

1) 소화전함 ↔ 수신반(수동－기본 5가닥, 자동－기본 2가닥)

배 선	수동기동방식	자동기동방식
• 기동	▲	
• 정지	▲	
• 공통	▲	
• 기동확인표시등	▲－2가닥	▲－2가닥

15) 동력제어반 : 펌프에 연결된 모터를 기동·정지시키는 곳으로 "MCC(Motor Control Center)"라고 부른다.

16) 표지 부착
스프링클러설비, 옥외소화전설비, 물분무소화설비, 포소화설비 모두 동력제어반의 설치기준이 옥내소화전설비와 동일하다(**적색**, 1.5mm 이상의 강판 등). 단, 표지만 스프링클러설비는 "스프링클러설비용 동력제어반", 옥외소화전설비는 "옥외소화전설비용 동력제어반" 등으로 다를 뿐이다.

2) 압력탱크 ↔ 수신반(2가닥 – 압력스위치)

3) MCC ↔ 수신반(4가닥 or 5가닥) – 기동, 정지, 공통, 기동확인표시등, (전원표시등)

(1) 조건이 없으면 4가닥 or 5가닥 모두 가능

(2) 만약, 4가닥이라면 **전원표시등(생략)**라고 표시 할 것

(3) 만약, 5가닥이라면 **전원표시등(추가)**라고 표시 할 것

3. 배선 계통도

1) 계통도 1

Exercise

다음은 옥내소화전설비 계통도이다. ①~⑤까지의 최소 가닥수를 산정하고 배선용도를 구하시오.

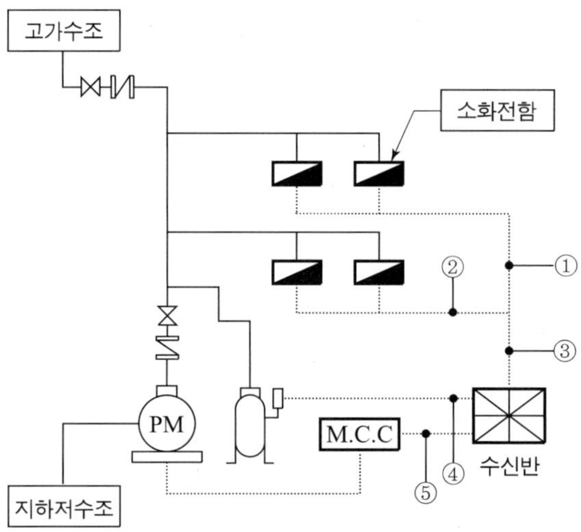

Solution

기호	배선위치		가닥	배선용도(내역)
①, ②,③	소화전함 ↔ 수신반	수동기동	5	기동1, 정지1, 공통1, 기동확인표시등2
		자동기동	2	기동확인표시등2
④	압력탱크 ↔ 수신반		2	압력스위치2
⑤	MCC ↔ 수신반		5(4)	기동1, 정지1, 공통1, 기동확인표시등1, **전원표시등1(조건)**

2) 계통도 2

Exercise

다음은 옥내소화전설비 계통도이다. ①~④까지의 최소 가닥수를 산정하고 배선용도를 구하시오.

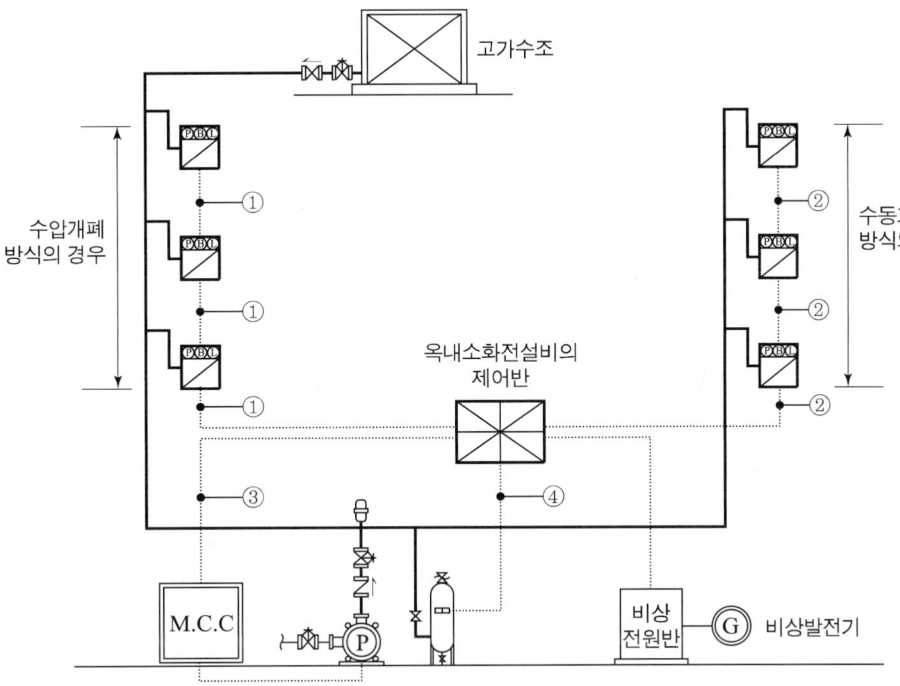

Solution

기호	배선위치	가닥수	배선용도
①	소화전함 ↔ 수신반	2	기동확인표시등2
②	소화전함 ↔ 수신반	5	기동1, 정지1, 공통1, 기동확인표시등2
③	MCC ↔ 수신반	4	기동1, 정지1, 공통1, 기동확인표시등1, 전원표시등1(생략)
④	압력챔버 ↔ 수신반	2	압력스위치2

3) 계통도 3

Exercise

다음은 옥내소화전설비의 감시 및 동력제어반의 연결계통도이다. ①~⑦까지의 최소 가닥수를 산정하고 배선용도를 구하시오.

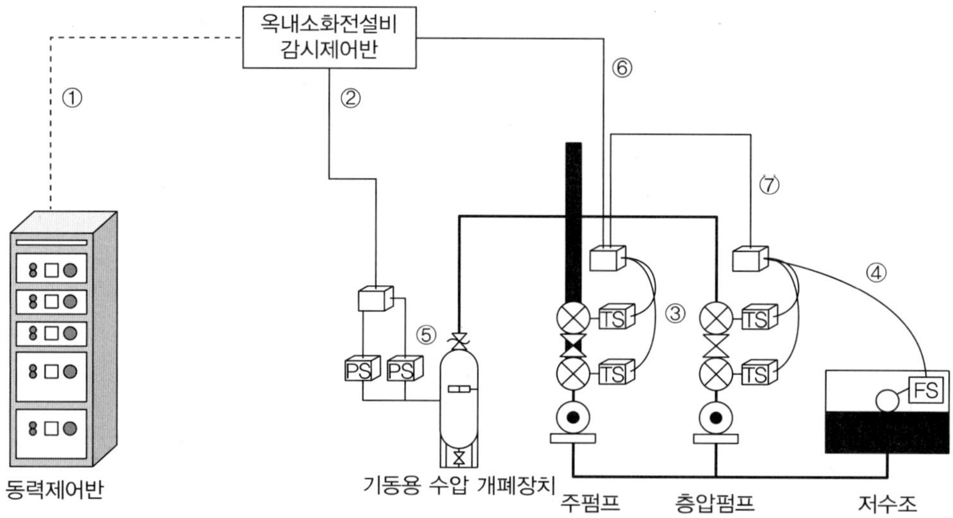

Solution

기호	가닥수	배선용도
①	4	기동1, 정지1, 공통1, 기동확인표시등1, 전원표시등1(생략)
②	3	압력스위치2, 공통1
③	2	탬퍼스위치2
④	2	플로트스위치2
⑤	2	압력스위치2
⑥	6	탬퍼스위치4, 플로트스위치1, 공통1
⑦	4	탬퍼스위치2, 플로트스위치1, 공통1

3절. 스프링클러(S/P)설비

1. 설비 개요

1.1_습식 스프링클러설비(Wet pipe sprinkler system)

가장 일반적인 스프링클러설비로서 유수검지장치로 Alarm valve를 사용하고 Alarm valve의 1차측과 2차측에는 가압수가 충수되어 있으며 폐쇄형 헤드를 사용한다. 화재가 발생하여 헤드가 개방되면 Alarm valve의 2차측 물이 방출되며 이 때 valve가 개방되어 1차측의 가압수가 2차측으로 유입되어 방사되는 방식이다. 습식 스프링클러설비의 계통도와 작동순서를 나타내면 그림 6.6, 그림 6.7과 같다.

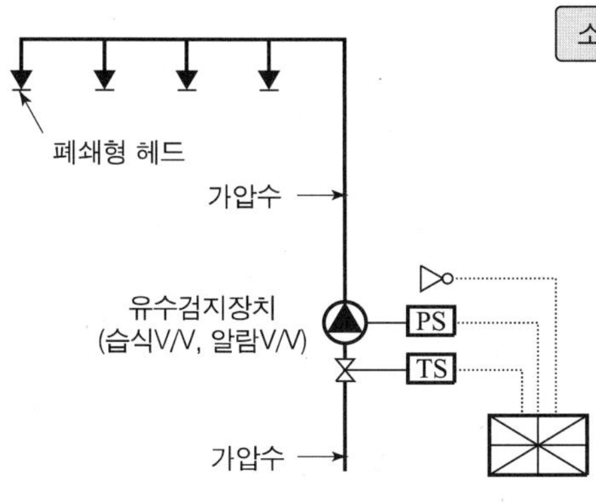

그림 6.6 • 습식 스프링클러설비 계통도

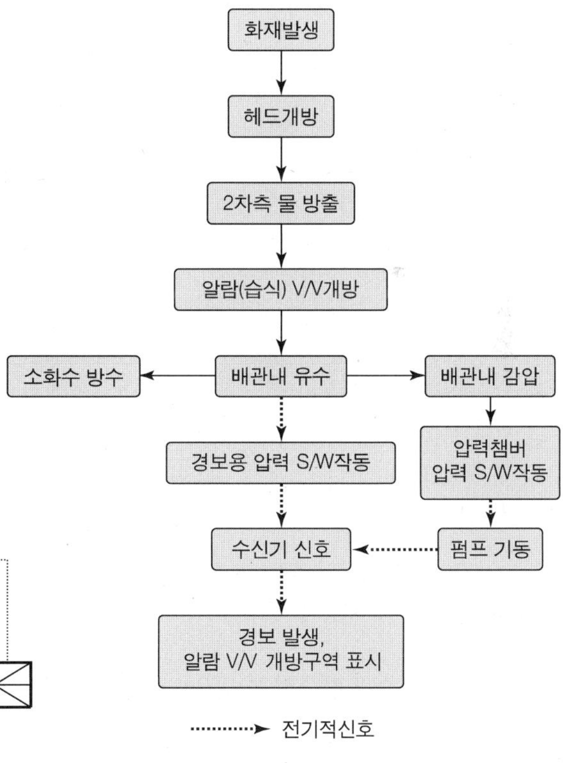

그림 6.7 • 습식 스프링클러설비 작동순서

1.2_건식 스프링클러설비(Dry pipe sprinkler system)

난방이 되지 않는 대(大)공간에 설치하는 스프링클러설비로서 유수검지장치는 건식밸브(Dry valve)를 사용하며 건식밸브의 1차측에는 가압수가 2차측에는 Compressor를 이용한 압축공기가 충전되어 있으며 폐쇄형 헤드를 사용한다. 화재가 발생하여 헤드가 개방되면 건식밸브 2차측 압축공기가 방출되며 이때 건식밸브가 개방되어 1차측의 가압수가 2차측으로 유입되어 방사되는 방식이다. 건식 스프링클러설비의 계통도와 작동순서를 나타내면 그림 6.8, 그림 6.9와 같다.

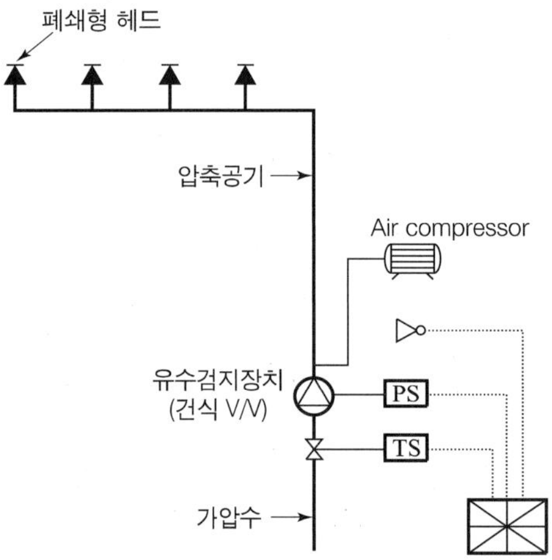

그림 6.8 • 건식 스프링클러설비 계통도

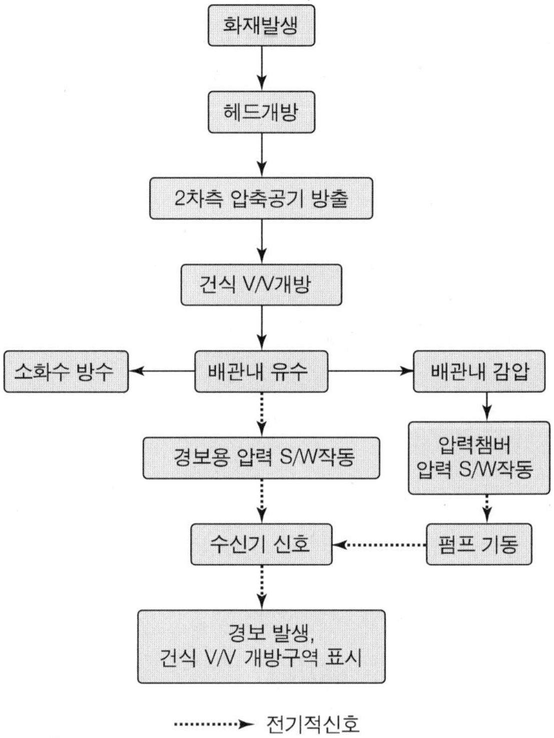

그림 6.9 • 건식 스프링클러설비 작동순서

1.3_준비작동식 스프링클러설비(Preaction sprinkler system)

난방이 되지 않는 옥내의 장소에 설치하는 스프링클러설비로서 유수검지장치는 준비작동식 밸브(preaction valve)를 사용하며 밸브 1차측에는 가압수가 2차측에는 대기압상태로 폐쇄형 헤드가 설치되어 있다. 화재가 발생하면 먼저 감지기 동작에 의해 Solenoid 밸브가 작동되고 이로 인하여 준비작동식 밸브가 개방되면 1차측의 가압수가 2차측으로 유입된다. 이후 헤드가 열에 의해 개방되면 2차측으로 유입된 물이 방사되는 방식이다. 준비작동식밸브를 원격기동으로 수동개방하기 위한 수동기동장치를 설치하여야 한다. 준비작동식 스프링클러설비의 계통도와 작동순서를 나타내면 그림 6.10, 그림 6.11과 같다.

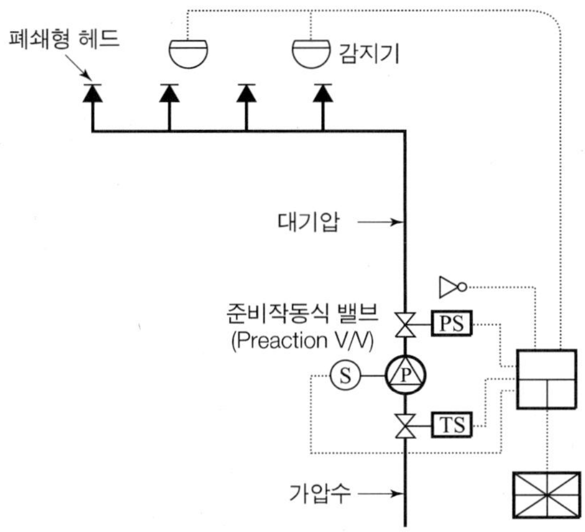

그림 6.10 ◦ 준비작동식 스프링클러설비 계통도

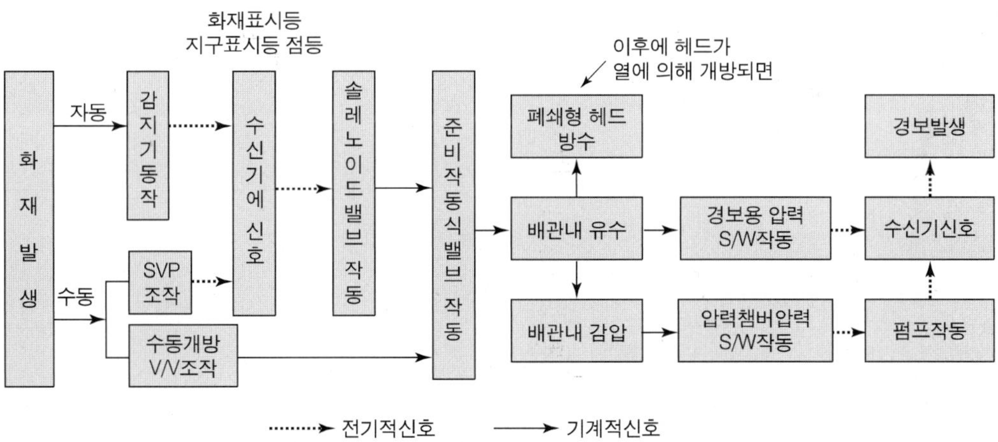

그림 6.11 ◦ 준비작동식 스프링클러설비 작동순서

준비작동식밸브에 설치되는 기기 명칭과 기능을 나타내면 다음과 같다.

기기 명칭	기 능
솔레노이드밸브=밸브기동(SV)	준비작동식밸브 작동용
압력스위치=밸브개방확인(PS)	유수를 검지하여 수신기에 신호전송
탬퍼스위치=밸브주의(TS)	개폐밸브 폐쇄 확인용

1.4_일제살수식 스프링클러설비(Deluge sprinkler system)

화재 초기에 연소 확대가 빠른 장소에 신속하게 대처하여 다량의 물을 주수하는 스프링클러 설비로서 유수검지장치는 일제개방밸브(Deluge valve)를 사용한다. 밸브 1차측에는 가압수가 2차측에는 대기압상태로 개방형 헤드가 설치되어 있으며 화재가 발생하면 먼저 감지기 동작에 의해 Solenoid 밸브가 작동되고 이로 인하여 Deluge valve가 개방되면 1차측의 가압수가 2차 측으로 유입되어 해당 방호구역의 전체 헤드(개방형)에서 물이 방사되는 설비이다. Deluge valve란 일제살수식에서 사용하는 유수검지장치로서 일종의 자동밸브(Auto valve)로 개방형 헤드에 사용되므로 배수관(Drain line) 등의 부속장치가 없는 단순 기능의 개폐밸브이며,

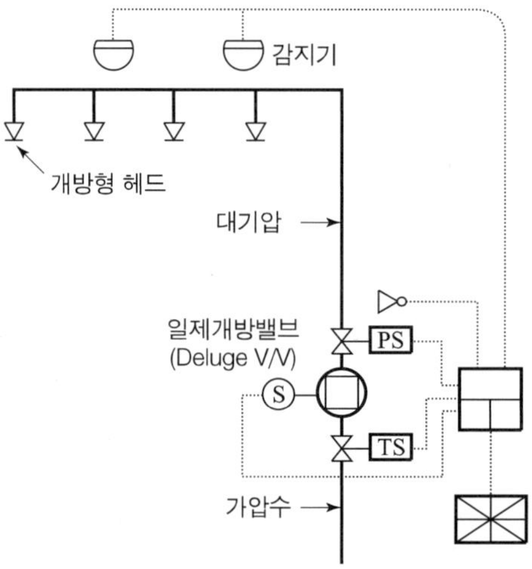

그림 6.12 • 일제살수식 스프링클러설비 계통도

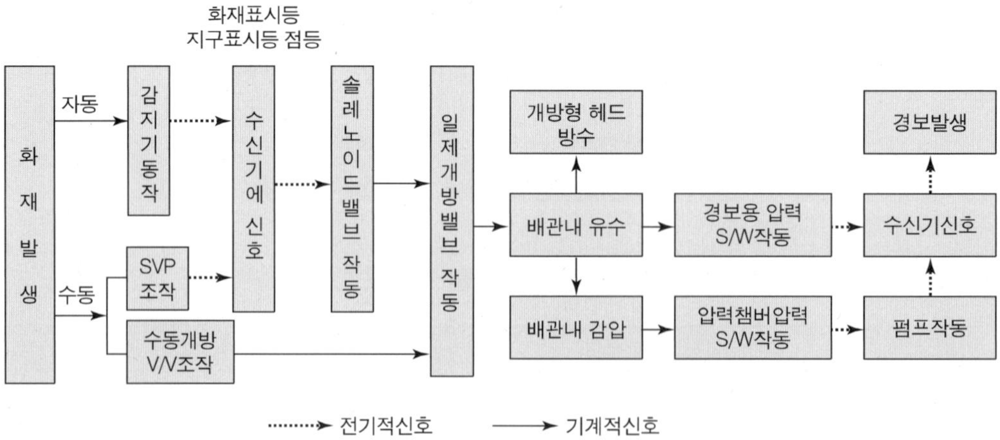

그림 6.13 • 일제살수식 스프링클러설비 작동순서

Deluge valve를 원격기동으로 수동개방하기 위한 수동기동장치를 설치하여야 한다. 일제살수식 스프링클러설비의 계통도와 작동순서를 나타내면 그림 6.12, 그림 6.13과 같다.

2. 배선 내역 및 가닥수 산정 방법

2.1_교차회로 방식 유무 확인

스프링클러설비가 교차회로 방식 인지를 구분한다.

(1) 건식, 습식 스프링클러설비 – 교차회로 방식 아님

(2) 준비작동식, 일제살수식 스프링클러설비 – **교차회로 방식**임

2.2_배선내역 및 배선가닥수

1) 습식, 건식

배 선	설치유무	비고
• 공통선	1선	Zone수와 무관
• 유수검지스위치(PS)	▲	Zone수마다 증가 (습식, 건식 V/V수를 센다)
• 사이렌	▲	
• 밸브모니터링스위치＝템퍼스위치(TS)	▲	

2) 준비작동식, 일제살수식

배 선	설치유무	비고
• 감지기공통	▲(조건)	Zone수와 무관
• 전원 (+)	▲	
• 전원 (−)	▲	
• 전화	▲	
• 감지기 A	▲	Zone수마다 증가 (V/V 또는 SVP수를 센다)
• 감지기 B	▲	
• 밸브기동(SV)	▲	
• 밸브개방확인(PS)	▲	
• 밸브주의(TS)	▲	
• 사이렌	▲	
• 수동기동	▲(조건)	

3. 계통도

3.1_습식 및 건식 계통도

1) 계통도 1

Exercise

다음은 스프링클러설비 계통도의 일부분이다. ①~⑤까지의 최소 가닥수를 산정하고 배선용도를 구하시오.

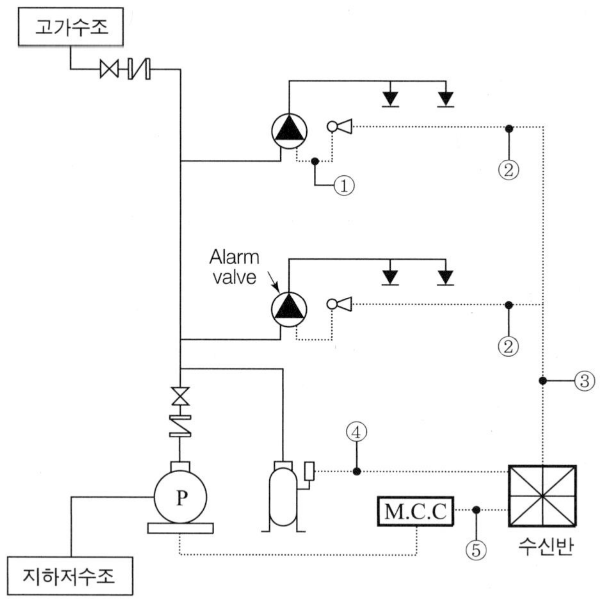

Solution

기호	가닥수	배선용도
①	3	공통선1, 유수검지스위치1, 탬퍼스위치1
②	4	공통선1, 유수검지스위치1, 사이렌1, 탬퍼스위치1
③	7	공통선1, **(유수검지스위치1, 사이렌1, 탬퍼스위치1) × 2**
④	2	압력스위치2
⑤	5	기동1, 정지1, 공통1, 기동확인표시등1, 전원표시등1(추가)

Caution

만약 '각 유수검지장치에 탬퍼스위치는 부착되어 있지 않는 것으로 한다.' 라는 조건이 있으면 ①번은 유수검지스위치 2가닥, ②번은 3가닥, ③번은 5가닥이 된다.

2) 계통도 2

Exercise

다음은 스프링클러설비 계통도의 일부분이다. ①~⑤까지의 최소 가닥수를 산정하고 배선용도를 구하시오.

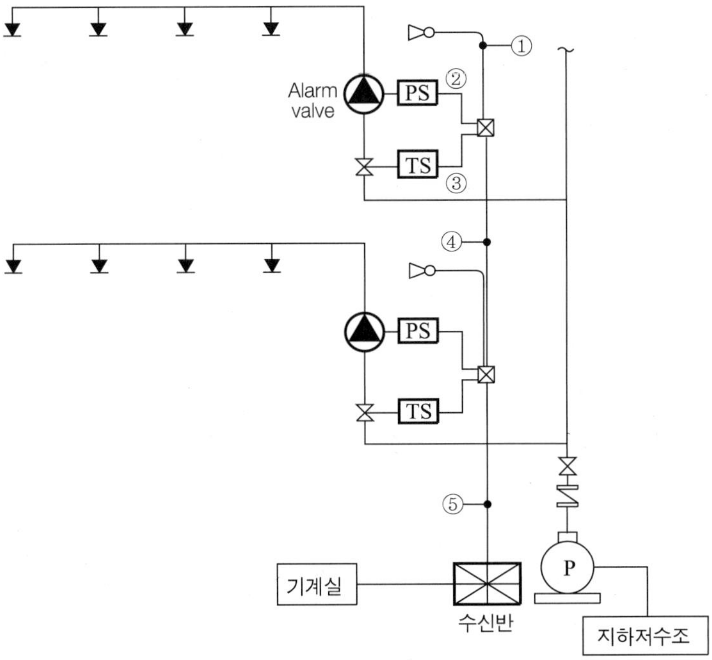

Solution

기호	가닥수	배선용도
①	2	사이렌2
②	2	유수검지스위치2
③	2	밸브모니터링스위치2
④	4	공통선1, 유수검지스위치1, 사이렌1, 밸브모니터링스위치1
⑤	7	공통선1, **(유수검지스위치1, 사이렌1, 밸브모니터링스위치1)×2**

3) 계통도 3

Exercise

다음은 스프링클러설비 계통도의 일부분이다. ①~⑥까지의 최소 가닥수를 산정하고 배선용도를 구하시오.

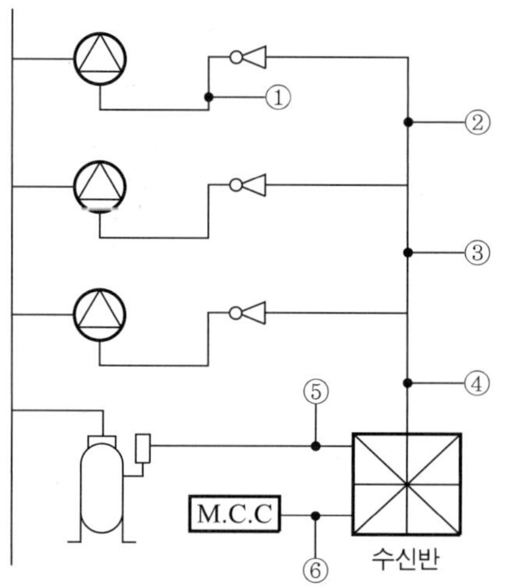

Solution

기호	가닥수	배선용도
①	3	공통선1, 유수검지스위치1, 탬퍼스위치1
②	4	공통선1, 유수검지스위치1, 사이렌1, 탬퍼스위치1
③	7	공통선1, (유수검지스위치1, 사이렌1, 탬퍼스위치1) × 2
④	10	공통선1, (유수검지스위치1, 사이렌1, 탬퍼스위치1) × 3
⑤	2	압력스위치2
⑥	5	기동1, 정지1, 공통1, 기동확인표시등1, 전원표시등1(추가)

Caution

만약 '각 유수검지장치에 탬퍼스위치는 부착되어 있지 않는 것으로 한다.' 라는 조건이 있으면 ①번은 유수검지스위치 2가닥, ②번은 3가닥, ③은 5가닥, ④번은 7가닥이 된다.

3.2_준비작동식 및 일제살수식 계통도

1) 계통도 1

Exercise

다음은 준비작동식 스프링클러설비 계통도의 일부분이다. ①~⑫까지의 최소 가닥수를 산정하고 배선용도를 구하시오.

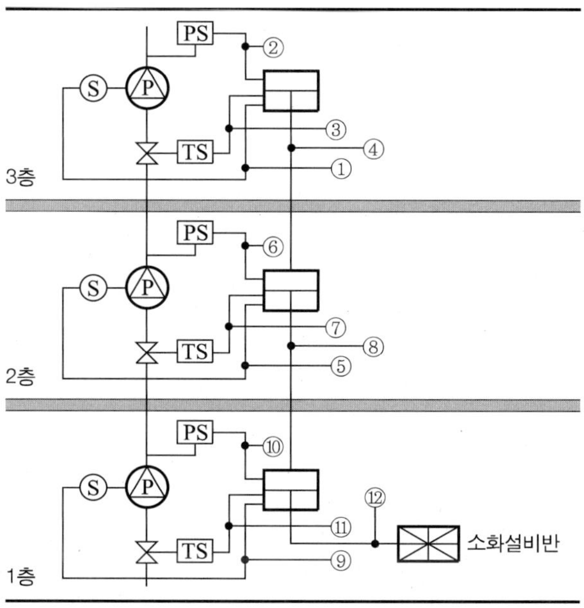

Solution

기호	가닥수	배선용도
①, ⑤, ⑨	2	솔레노이드밸브기동(SV)2
②, ⑥, ⑩	2	압력스위치(PS)2
③, ⑦, ⑪	2	밸브모니터링스위치(TS)2
④	7	전원(+)1, 전원(−)1, 전화1, SV1, PS1, TS1, 사이렌1
⑧	11	**전원(+)1, 전원(−)1, 전화1, (SV1, PS1, TS1, 사이렌1)×2**
⑫	15	전원(+)1, 전원(−)1, 전화1, (SV1, PS1, TS1, 사이렌1)×3

2) 계통도 2

Exercise

다음은 준비작동식 스프링클러설비 계통도의 일부분이다. ①~④까지의 최소 가닥수를 산정하고 배선용도를 구하시오.

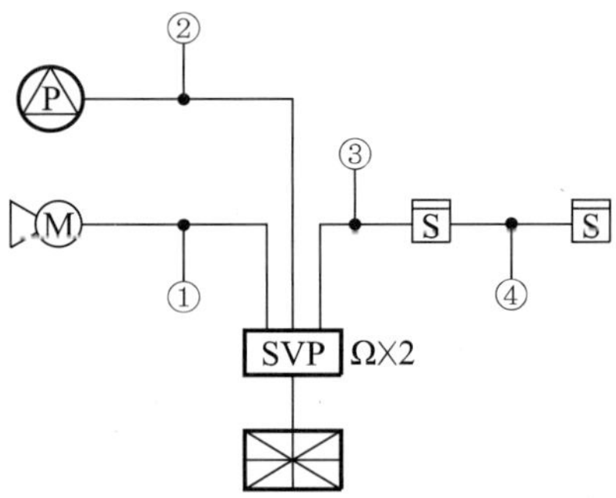

Solution

기호	가닥수	배선용도
①	2	모터사이렌2
②	6(4)	밸브기동(SV)2, 밸브개방확인(PS)2, 밸브주의(TS)2
③	8	지구선4, 공통선4
④	4	지구선2, 공통선2

Caution!

- 준비작동식 밸브의 배선내역은 공통선을 별도로 사용하여 밸브기동(SV)2, 밸브개방확인(PS)2, 밸브주의(TS)2로 사용되었으나, 최근에는 공통선을 공통(1가닥)으로 사용하여 밸브기동(SV)1, 밸브개방확인(PS)1, 밸브주의(TS)1, 공통선 1로 사용하기도 한다. 따라서 ②번 배선내역에서 6가닥을 사용할 경우에는 준비작동식 밸브의 공통선을 별도로 사용한다고 표기하고 4가닥을 사용할 경우 준비작동식 밸브의 공통선을 공통(1가닥)으로 사용한다고 표기한다.
- ①번 배선용도에서 ▷Ⓜ이 표시되어 있으므로 배선용도에서 사이렌이 아닌 모터사이렌으로 표현한다.

3) 계통도 3

Exercise

다음은 준비작동식 스프링클러설비의 계통도이다. ①~⑥까지의 최소 가닥수를 산정하고 배선용도를 구하시오.

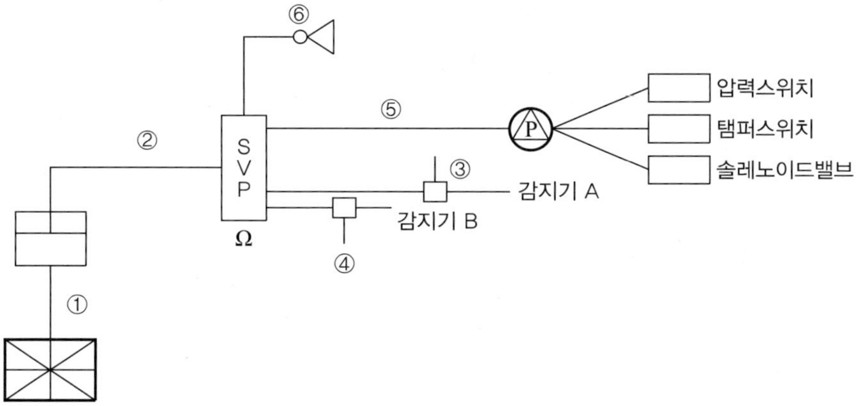

Solution

기호	가닥수	배선용도
①	4	전원(+)1, 전원(-)1, 신호선2
②	9(8)	전원(+)1, 전원(-)1, 전화1, 감지기A1, 감지기B1, 솔레노이드밸브1, 압력스위치1, 탬퍼스위치1, 사이렌1
③	4	지구선2, 공통선2
④	4	지구선2, 공통선2
⑤	4	솔레노이드밸브1, 압력스위치1, 탬퍼스위치1, 공통선1선(공통선1선 공통사용)
⑥	2	사이렌2

Caution!

기호 ②번의 가닥수는 9가닥이 원칙이지만 만약 ( )처럼 8가닥으로 표현된다면 최근에는 전화선을 사용하지 않는 경우가 있으므로 배선용도에서 전화선을 삭제하면 된다.

4) 계통도 4

Exercise

다음은 준비작동식 스프링클러설비 계통도의 일부분이다. ①~⑤까지의 최소 가닥수를 산정하고 배선용도를 구하시오.

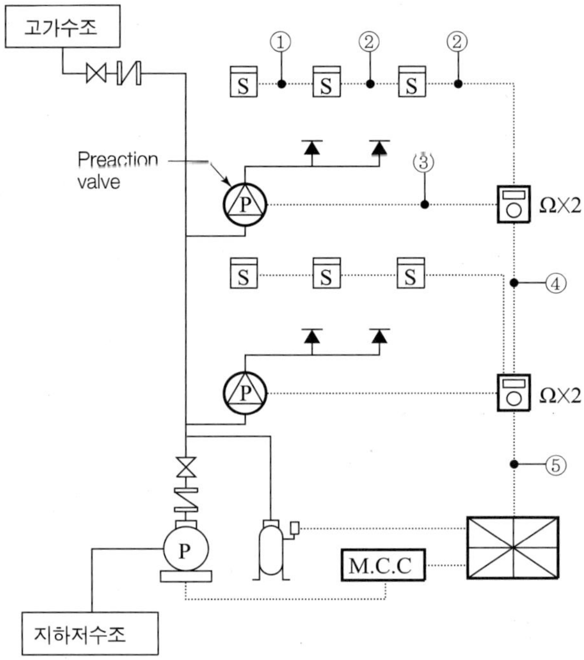

Solution

기호	가닥수	배선용도
①	4	지구선2, 공통선2
②	8	(지구선2, 공통선2)×2
③	6(4)	밸브기동(SV)2, 밸브개방확인(PS)2, 밸브주의(TS)2
④	9	전원(+)1, 전원(−)1, 전화1, 감지기A1, 감지기B1, SV1, PS1, TS1, 사이렌1
⑤	15	전원(+)1, 전원(−)1, 전화1, (감지기A1, 감지기B1, SV1, PS1, TS1, 사이렌1)×2

Caution!

③번 배선용도에서 '(4)'는 준비작동식밸브의 공통선을 공통(1가닥)으로 사용한 경우이다.

5) 계통도 5

Exercise

다음은 준비작동식 스프링클러설비 계통도의 일부분이다. ①~⑥까지의 최소 가닥수를 산정하고 배선용도를 구하시오.

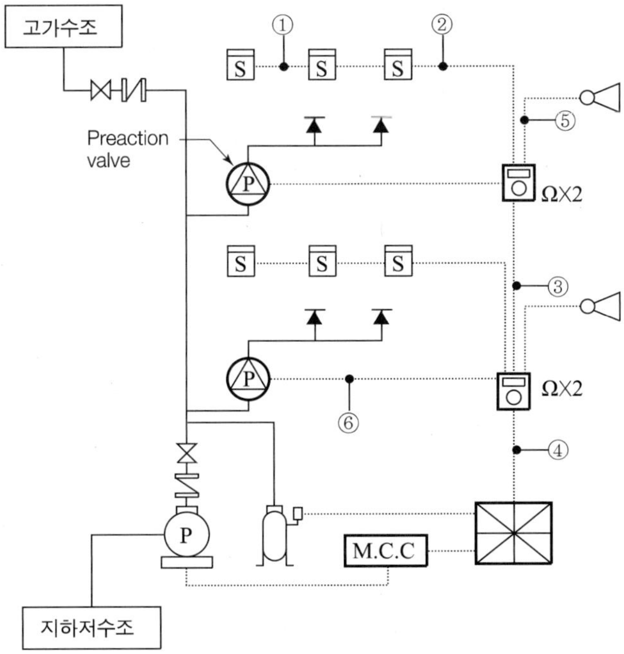

Solution

기호	가닥수	배선용도
①	4	지구선2, 공통선2
②	8	(지구선2, 공통선2)×2
③	9	전원(+)1, 전원(−)1, 전화1, 감지기A1, 감지기B1, SV1, PS1, TS1, 사이렌1
④	15	전원(+)1, 전원(−)1, 전화1, (감지기A1, 감지기B1, SV1, PS1, TS1, 사이렌1)×2
⑤	2	사이렌2
⑥	6(4)	밸브기동(SV)2, 밸브개방확인(PS)2, 밸브주의(TS)2

Caution!

⑥번 배선용도에서 '(4)'는 준비작동식밸브의 공통선을 공통(1가닥)으로 사용한 경우이다.

6) 계통도 6

Exercise

다음은 준비작동식 스프링클러설비 계통도의 일부분이다. 조건을 참조하여 ①~⑦까지의 최소 가닥수를 산정하고 배선용도를 구하시오.

[조건]

· 감지기회로에 공통선은 별도로 취한다.

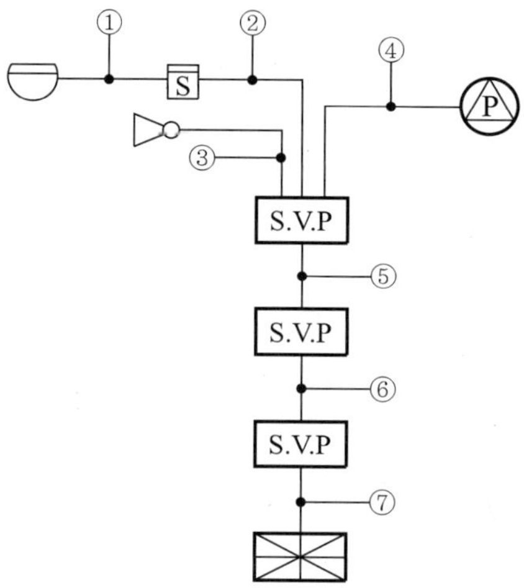

Solution

기호	가닥수	배선용도
①	4	지구선2, 공통선2
②	8	(지구선2, 공통선2) × 2
③	2	사이렌2
④	6(4)	밸브기동(SV)2, 밸브개방확인(PS)2, 밸브주의(TS)2
⑤	10	전원(+)1, 전원(−)1, 전화1, 감지기공통1, 감지기A1, 감지기B1, SV1, PS1, TS1, 사이렌1
⑥	16	전원(+)1, 전원(−)1, 전화1, 감지기공통1, (감지기A1, 감지기B1, SV1, PS1, TS1, 사이렌1) × 2
⑦	22	**전원(+)1, 전원(−)1, 전화1, 감지기공통1, (감지기A1, 감지기B1, SV1, PS1, TS1, 사이렌1)×3**

Caution!

④번 배선용도에서 '(4)'는 준비작동식밸브의 공통선을 공통(1가닥)으로 사용한 경우이다.

7) 계통도 7

Exercise

다음은 준비작동식 스프링클러설비 계통도의 일부분이다. 조건을 참조하여 ①~⑨까지의 최소 가닥수를 산정하고 배선용도를 구하시오.

[조건]

· 감지기공통선은 전원(－)과 분리한다.

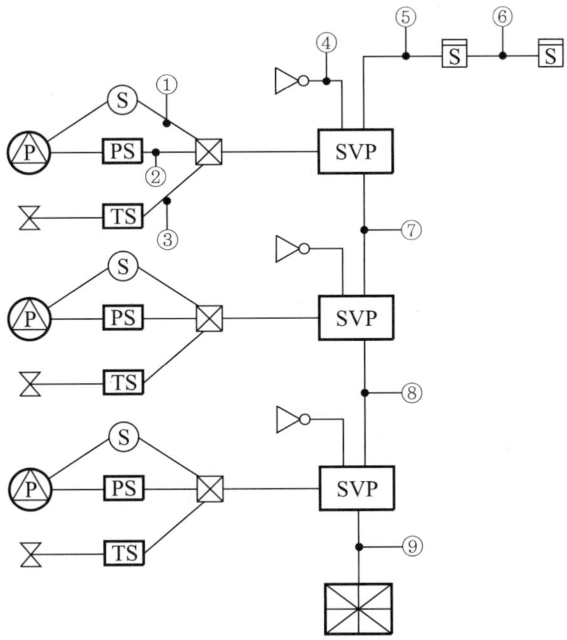

Solution

기호	가닥수	배선용도
①	2	밸브기동(SV)2
②	2	밸브개방확인(PS)2
③	2	밸브주의(TS)2
④	2	사이렌2
⑤	8	(지구선2, 공통선2) x 2
⑥	4	지구선2, 공통선2
⑦	10	감지기공통선1, 전원(＋)1, 전원(－)1, 전화1, 감지기A1, 감지기B1, SV1, PS1, TS1, 사이렌1
⑧	16	감지기공통선1, 전원(＋)1, 전원(－)1, 전화1, (감지기A1, 감지기B1, SV1, PS1, TS1, 사이렌1)×2
⑨	22	**감지기공통선1, 전원(＋)1, 전원(－)1, 전화1, (감지기A1, 감지기B1, SV1, PS1, TS1, 사이렌1)×3**

8) 계통도 8

Exercise

다음은 준비작동식 스프링클러설비의 계통도이다. 다음 물음에 답하시오.

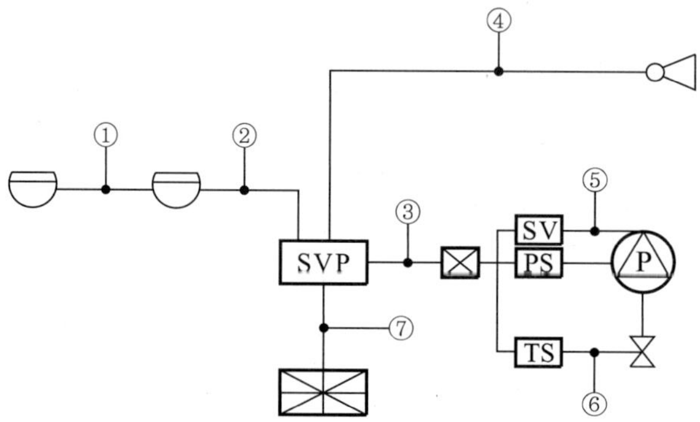

1) ①~⑦까지의 최소 가닥수를 산정하고 배선용도를 구하시오.
2) 음향장치는 어떤 경우에 작동하는지 설명하시오.
3) 준비작동식 밸브의 2차측 주밸브를 잠근 상태에서 유수검지장치의 전기적 작동방법 2가지를 설명하시오.
4) 감지기 A, B회로로 구분하여 결선하는 이유는 무엇이며, 이와 같은 회로방식을 무슨 회로방식이라고 하는가?
5) 4)와 같은 회로방식을 적용하지 않고 하나의 회로로 구성하여도 관계가 없는 감지기의 종류를 쓰시오.

Solution

1) 최소 가닥수 및 배선용도

기호	가닥수	배선용도
①	4	지구선2, 공통선2
②	8	지구선4, 공통선4
③	4	솔레노이드밸브(SV)1, 압력스위치(PS)1, 탬퍼스위치(TS)1, 공통선1
④	2	사이렌2
⑤	2	솔레노이드밸브2
⑥	2	탬퍼스위치2
⑦	9	전원(+)1, 전원(−)1, 전화1, 감지기A1, 감지기B1, 솔레노이드밸브(SV)1, 압력스위치(PS)1, 탬퍼스위치(TS)1, 사이렌1

2) 감지기 A, B회로 중 1개회로 이상이 작동한 경우 음향 경보된다.

3) ① 감지기 A, B회로에서 2개의 감지기가 동시에 작동한다.
   ② 슈퍼비죠리판넬(SVP)의 기동 스위치를 ON한다.

4) ① 교차회로방식의 적용 이유 - 감지기의 오동작 방지
   ② 회로방식 - 교차회로방식

5) 비화재보 적응성 감지기 = 교차회로 방식을 적용하지 않아도 되는 감지기
   ① 축적방식의 감지기
   ② 복합형 감지기
   ③ 아날로그방식의 감지기
   ④ 다신호방식의 감지기
   ⑤ 광전식 분리형 감지기
   ⑥ 분포형 감지기
   ⑦ 정온식 감지선형 감지기
   ⑧ 불꽃 감지기

Point!

슈퍼비조리 판넬 접속도

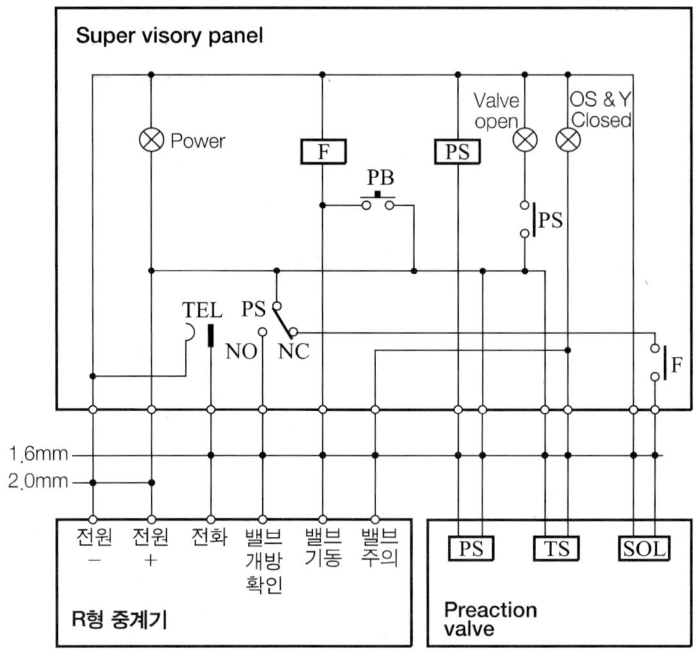

▣ 동작 설명

① 준비작동식 스프링클러설비를 기동시키기 위해 푸시버튼 스위치(PB)를 누르면 릴레이(F)가 여자되고 릴레이(F)의 a접점(F)이 닫히면서 솔레노이드밸브(SOL)가 작동된다.

② 솔레노이드밸브가 작동되어 준비작동식밸브가 개방되면 준비작동식밸브의 1차측 물이 2차측으로 이동한다.

③ 이로 인해 배관내의 압력이 변하게 되면 압력스위치(PS)가 작동되어 릴레이(PS)가 여자되고 릴레이(PS)의 a접점(PS)이 닫히면서 밸브개방표시등(Valve open, ⊗)을 점등시키고 밸브개방확인 신호를 보낸다.

④ 평상시 게이트밸브가 열려있어 개폐표시형밸프 폐쇄 확인등(OS&Y Closed, ⊗) 이 OFF되어 있지만, 어떤 원인에 의해서 게이트 밸브가 닫히면 탬퍼스위치(TS)가 작동(폐로)되어 개폐표시형밸프 폐쇄 확인등(OS&Y Closed, ⊗)이 점등되어 게이트밸브가 닫혀 있다는 것을 수신기에 알려준다.

Exercise

다음은 준비작동식 스프링클러설비에 사용되는 Super Visory Panel에서 수신기까지의 내부 결선도이다. 다음 물음에 답하시오.

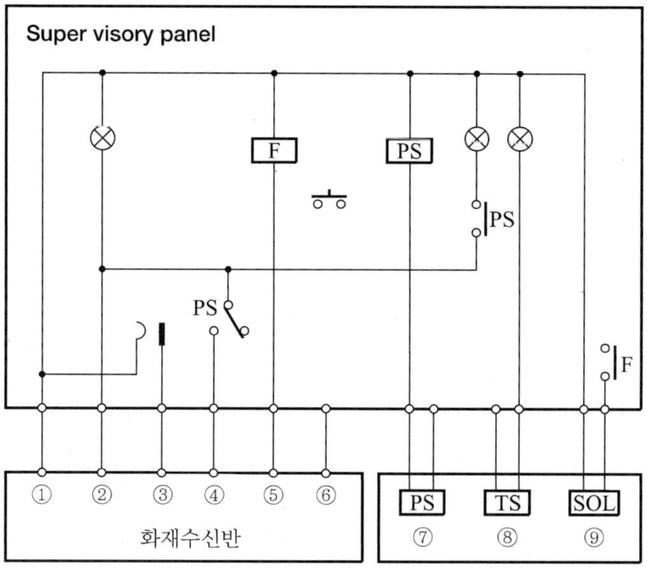

1) ①~⑨ 단자의 명칭을 쓰시오.
2) 미완성 도면을 완성하시오.

Solution

1)

번호	명칭	번호	명칭	번호	명칭
①	전원 −	④	밸브개방확인	⑦	압력스위치
②	전원 +	⑤	밸브기동	⑧	탬퍼스위치
③	전화	⑥	밸브주의	⑨	솔레노이드밸브

2)

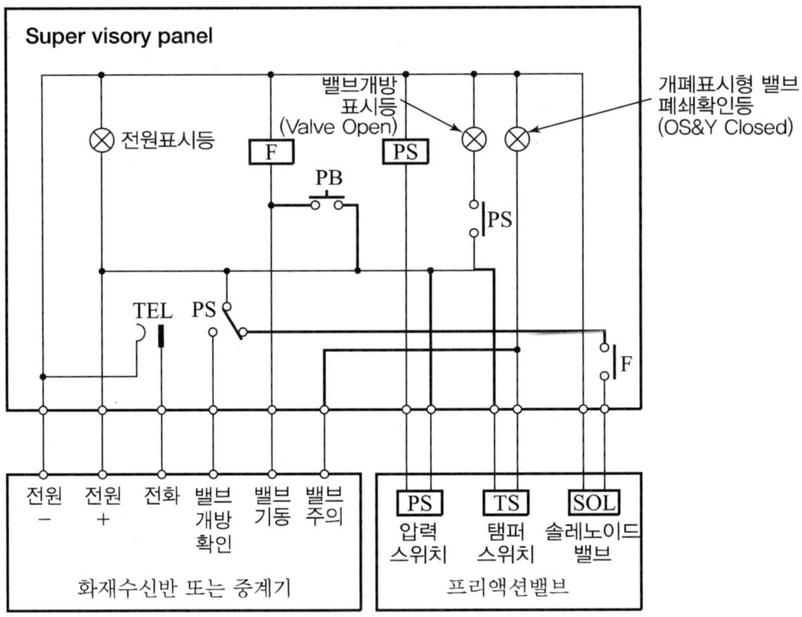
Super visory panel
전원표시등
밸브개방
표시등
(Valve Open)
개폐표시형 밸브
폐쇄확인등
(OS&Y Closed)
F
PS
PB
PS
TEL
PS
F
전원
－
전원
＋
전화
밸브
개방
확인
밸브
기동
밸브
주의
화재수신반 또는 중계기
PS
압력
스위치
TS
탬퍼
스위치
SOL
솔레노이드
밸브
프리액션밸브

4. 배선 평면도

1) 평면도 1

Exercise

다음은 준비작동식 스프링클러설비의 평면도이다. ①~③까지의 최소 가닥수를 도면에 표시하시오.

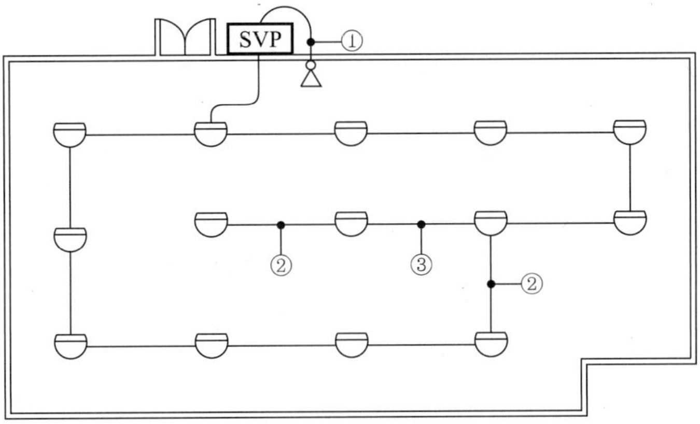

Solution

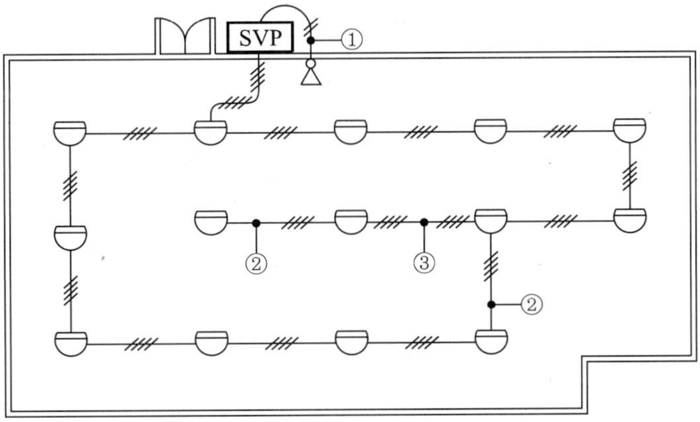

① 사이렌－2가닥　　② Loop, 말단－4가닥　　③ 기타－8가닥

2) 평면도 2

Exercise

다음은 준비작동식 스프링클러설비의 평면도이다. ①~⑱까지의 최소 가닥수를 산정하고 배선용도를 구하시오.

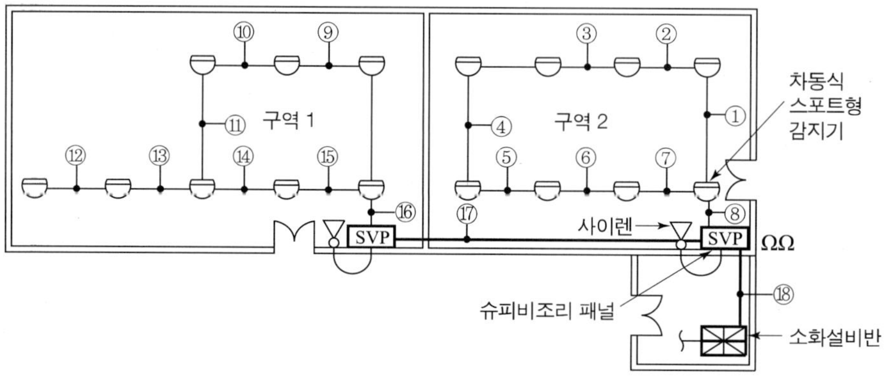

Solution

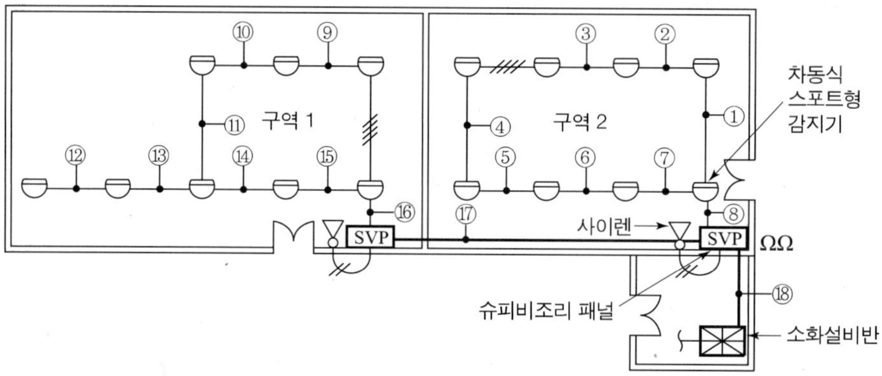

기호	가닥수	배선용도
①~⑦, ⑨~⑫, ⑭, ⑮	4	지구선2, 공통선2
⑧, ⑬, ⑯	8	지구선4, 공통선4
⑰	9	전원(+)1, 전원(−)1, 전화1, 감지기A1, 감지기B1, SV1, PS1, TS1, 사이렌1
⑱	15	전원(+)1, 전원(−)1, 전화1, (감지기A1, 감지기B1, SV1, PS1, TS1, 사이렌1) × 2

3) 평면도 3

Exercise

주어진 도면을 보고 다음 각 물음에 답하시오.

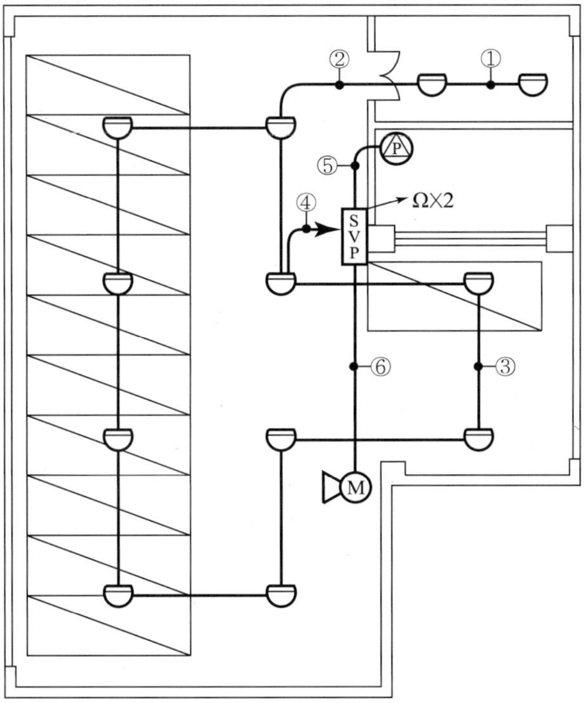

1) 도면의 ①~⑥에 해당하는 전선가닥수는 최소 몇 가닥인가?
2) 4각박스, 8각박스, 로크너트, 부싱의 물량을 구하시오.

Solution

1)

기호	가닥수	배선용도
①, ③	4	지구선 2, 공통선 2
②, ④	8	지구선 4, 공통선 4
⑤	6(4)	SV2, PS2, TS2
⑥	2	모터사이렌 2

Caution!

⑤번 배선용도에서 '(4)'는 준비작동식밸브의 공통선을 공통(1가닥)으로 사용한 경우이다.

Solution

2) 4각박스 물량(2개)

① 4방출 이상 또는 간선배관(1개)

② 한쪽면 2방출 이상인 곳(1개)

(⬚ : 4각박스 표시)

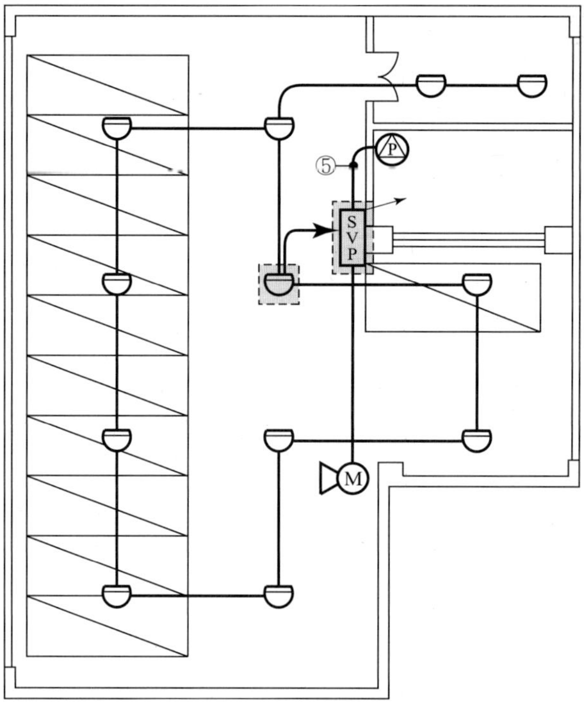

Solution

3) 8각박스 물량(13개)

① 4각박스 제외한 것(13개)

(◌: 8각박스 표시)

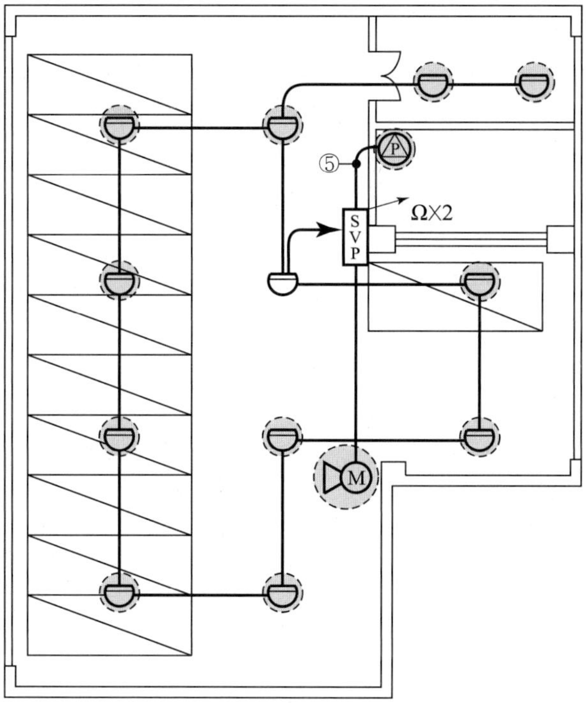

Solution

4) 로크너트, 부싱물량

① 부싱(31개)

② 로크너트=부싱 × 2배=62개

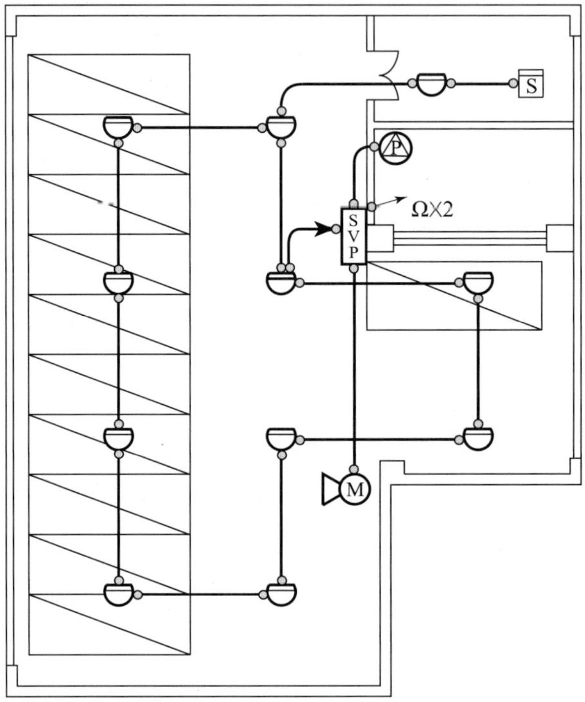

4) 평면도 4

Exercise

도면은 준비작동식 스프링클러설비의 평면도이다. 도면을 보고 다음 각 물음에 답하시오.

1) 기호 ①~④까지 최소 가닥수를 쓰시오.

① ② ③ ④

2) 기호 ⑤~⑦의 명칭을 쓰시오.

⑤ ⑥ ⑦

3) 3층 건물일 경우 간선 계통도를 그리시오.

4) 도면에서 $\frac{\text{////}}{\text{HFIX1.5(16)}}$ 이 의미하는 바를 쓰시오.

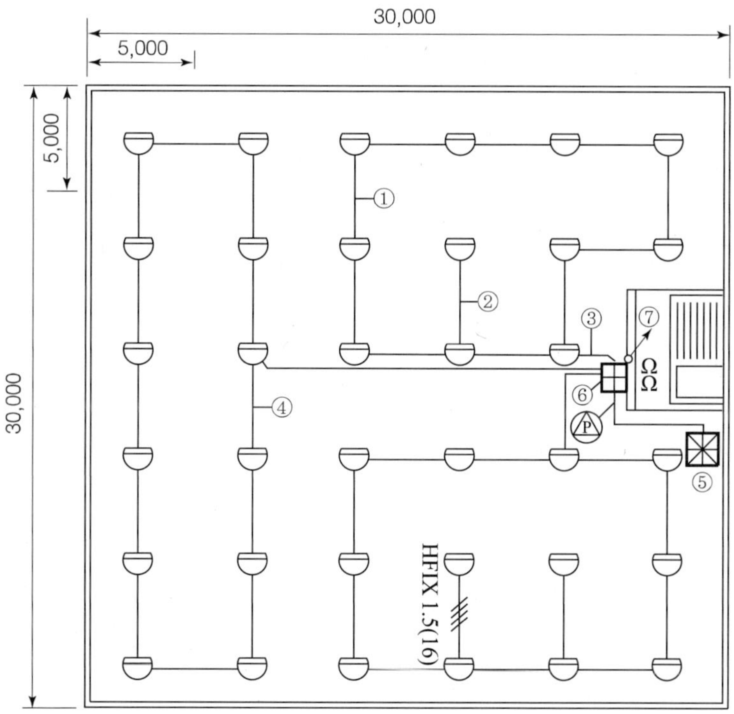

Solution

1) 교차회로방식에서의 감지기 배선은 Loop, 말단－4가닥, 기타－8가닥이다.

기호	가닥수	배선내역
①, ②, ④	4	지구선 2, 공통선 2
③	8	지구선 4, 공통선 4

2) ⑤ 수신반(감시제어반) ⑥ 슈퍼비조리 판넬 ⑦ 상승

Solution

3)

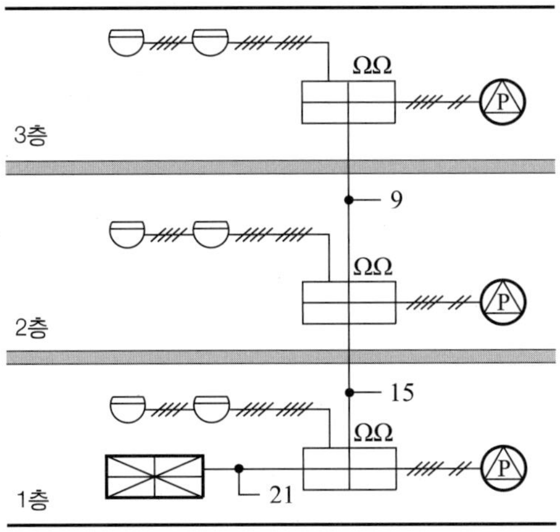

기호	가닥수	배선용도
3층	9	전원(+)1, 전원(−)1, 전화1, 감지기A1, 감지기B1, SV1, PS1, TS1, 사이렌1
2층	15	전원(+)1, 전원(−)1, 전화1, (감지기A1, 감지기B1, SV1, PS1, TS1, 사이렌1) × 2
1층	21	전원(+)1, 전원(−)1, 전화1, (감지기A1, 감지기B1, SV1, PS1, TS1, 사이렌1) × 3

4) 16mm 후강전선관에 1.5mm^2 450/750V 저독성 난연 가교폴리올레핀 절연전선 4가닥을 넣어 천장 은폐 배선한다.

Caution!

「스프링클러설비의 화재안전기준(NFSC 103)」 제9조제4항에서 '음향장치인 경종 또는 사이렌은 자동화재탐지설비·비상벨설비 또는 자동식사이렌설비의 음향장치와 겸용할 수 있다.'라는 조건에 의해서 도면이나 조건에 사이렌이 없으면 삭제하였으나 최근에는 현장에서 음향장치 작동 시 스프링클러설비의 유수검지장치 및 일제개방밸브가 작동한 것인지 자동화재탐지설비·비상벨설비 또는 자동식사이렌설비의 음향장치가 작동한 것인지에 대한 구분이 어려운 점과 「스프링클러설비의 화재안전성능기준(NFPC 103)」 제9조 제1항 2~3호에서 '준비작동식유수검지장치 또는 일제개방밸브를 사용하는 설비에는 화재감지기의 감지에 따라 **음향장치**가 경보되도록 할 것.'이라는 기준과 '음향장치는 **유수검지장치 및 일제개방밸브 등의 담당구역마다 설치**하되 그 구역의 각 부분으로부터 하나의 음향장치까지의 수평거리는 25m 이하가 되도록 할 것'이란 기준에 의해서 **사이렌**을 **배선내역**에 **포함**시키고 있다.
따라서, 준비작동식 스프링클러설비의 문제에서 조건에 '음향장치를 자동화재탐지설비·비상벨설비 또는 자동식사이렌설비의 음향장치와 겸용한다.'라는 조건이 들어갈 경우에만 배선내역에서 사이렌을 삭제하고 아무런 조건이 없을 경우에는 배선내역에서 사이렌을 포함시키는 것이 바람직한 배선내역 산출 방식이라고 사료된다.

5) 평면도 5

Exercise

내화구조인 지하1층, 2층, 3층의 주차장에 프리액션형의 스프링클러 시설을 하고 차동식 스포트형 감지기 2종을 설치하여 소화설비와 연동하는 감지기 배선을 하려고 한다. 주어진 평면도를 이용하여 다음 각 물음에 답하시오(단, 층고는 3.6m이다).

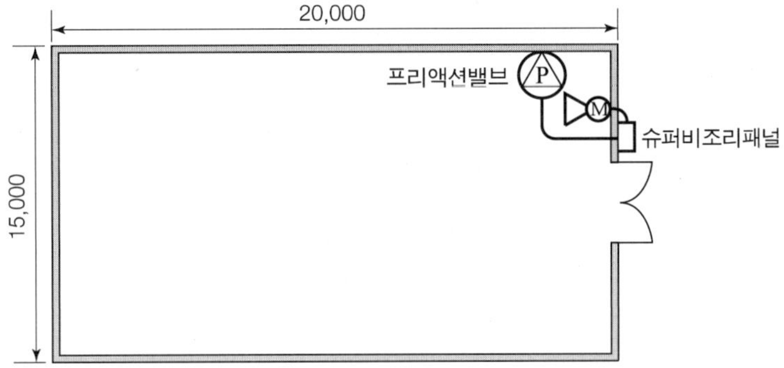

1) 본 설비에서 지하1층에 필요한 감지기 수량을 산정하시오.
2) 본 설비의 계통도를 작성하고 계통도상에 전선수를 쓰도록 하시오.

Solution

1) 내화구조인 건물에 부착높이가 3.6m인 차동식스포트형(2종)의 1개의 최대바닥면적은 $70m^2$이므로

감지기 개수= $\frac{15\times 20}{70}$ = 4.28(절상) → 5개×2배(교차회로방식) = 10개

2)

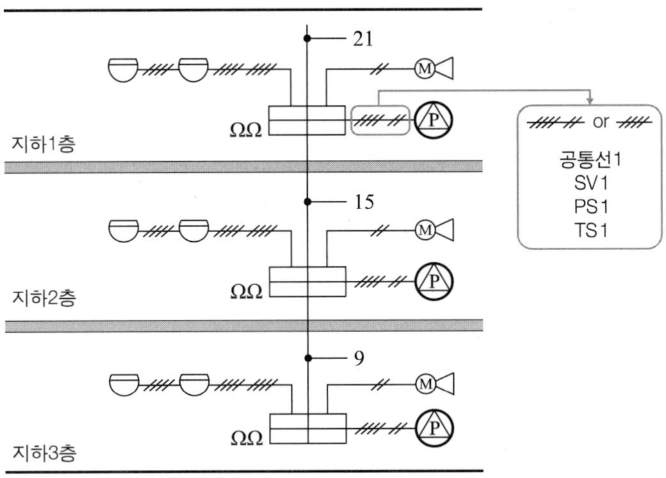

기호	가닥수	배선용도
①	9	전원(+)1, 전원(−)1, 전화1, 감지기A1, 감지기B1, SV1, PS1, TS1, 모터사이렌1
②	15	전원(+)1, 전원(−)1, 전화1, (감지기A1, 감지기B1, SV1, PS1, TS1, 모터사이렌1)×2
③	21	전원(+)1, 전원(−)1, 전화1, (감지기A1, 감지기B1, SV1, PS1, TS1, 모터사이렌1)×3

4절. 가스계설비

가스계설비는 CO_2, 할론, 분말, 할로겐화합물 및 불활성기체 소화설비 등이 있으나 이 절에서는 가스계설비를 대표하는 CO_2와 할론 설비를 중심으로 설명한다.

1. 설비 개요

1.1_계통도

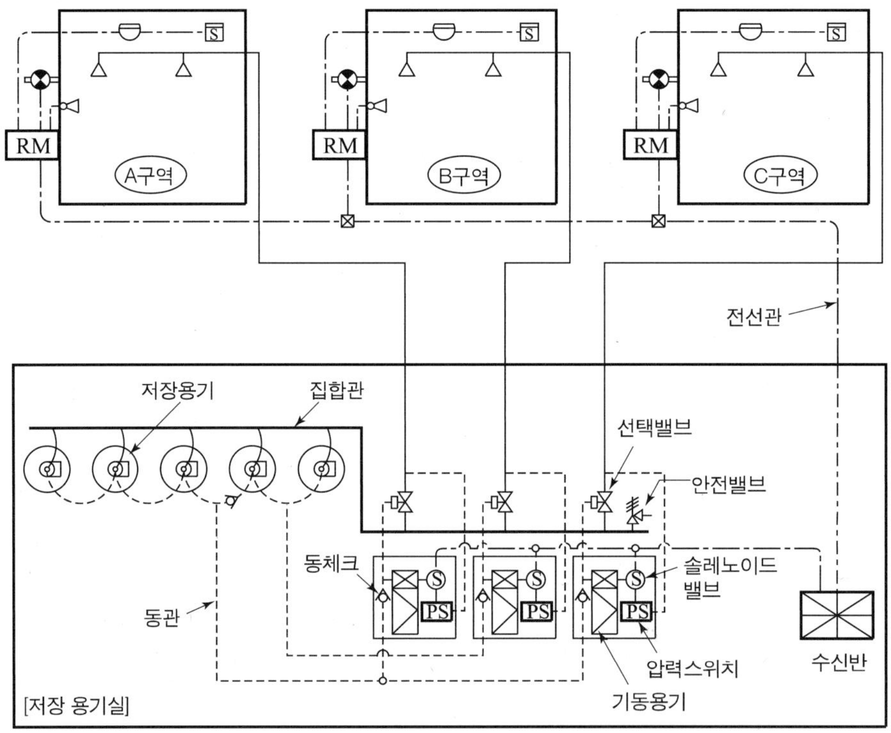

1.2_작동순서

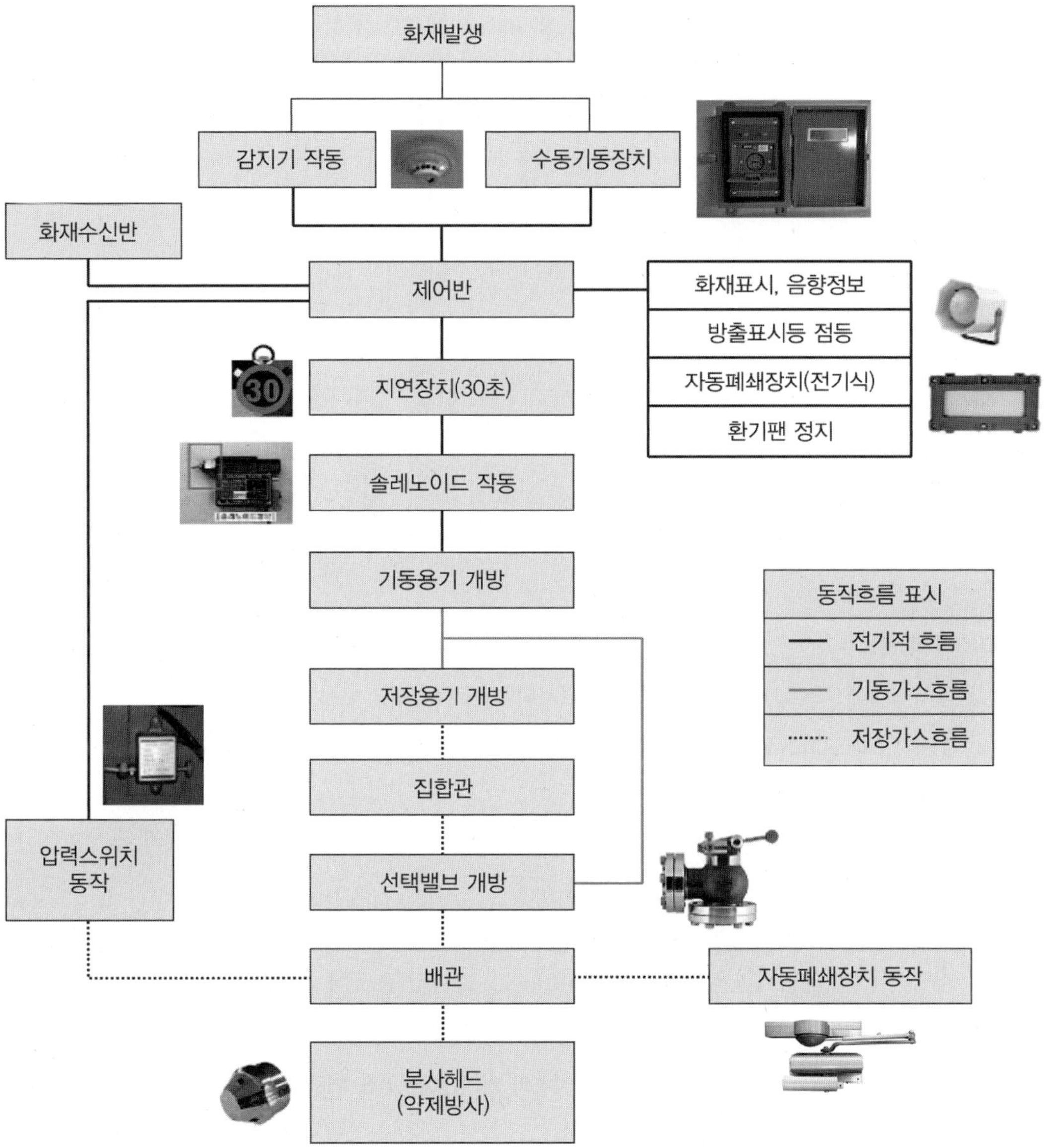
화재발생
감지기 작동
수동기동장치
화재수신반
제어반
화재표시, 음향정보
방출표시등 점등
자동폐쇄장치(전기식)
환기팬 정지
지연장치(30초)
30
솔레노이드 작동
기동용기 개방
동작흐름 표시
전기적 흐름
기동가스흐름
저장가스흐름
저장용기 개방
집합관
압력스위치
동작
선택밸브 개방
배관
자동폐쇄장치 동작
분사헤드
(약제방사)

1.3_작동순서 상세설명

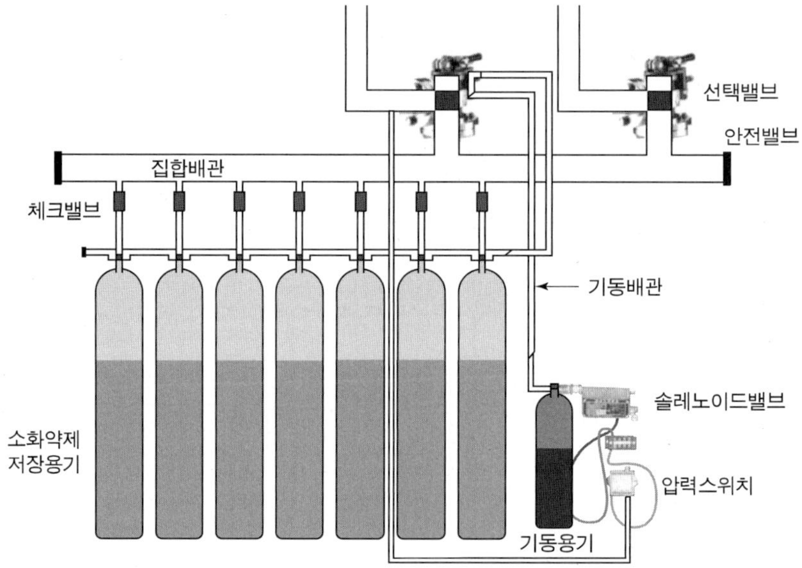

(1) 화재 발생

(2) 감지기 1개(1회로)가 작동하면 화재경보(사이렌)가 울린다.

(3) 감지기 2개(교차회로)가 작동 or 수동조작함의 스위치를 누르거나 수신반에서 솔레노이드밸브 작동스위치를 작동시킨다.

화재경보(사이렌)와 함께 방호구역 밖으로 대피 하라는 안내방송이 나오고, 수신반에서는 화재표시등과 지구표시등이 점등된다.

(4) 수신반에서 지연타이머가 작동된다.

지연타이머 작동시간은 보통 20~30초 정도이며, 장소에 따라 조정한다.

(5) 지연시간이 경과되면 수신반에서 기동용기의 솔레노이드밸브에 전기를 보낸다.

(6) 솔레노이드밸브가 작동하여 솔레노이드밸브의 커터핀(공이)에 의해 기동용기의 봉판이 뚫리며, 기동용기의 가스가 기동배관으로 방출된다.

감지기가 교차회로로 작동하면 솔레노이드밸브가 작동하여 솔레노이드밸브 파괴핀이 기동용기밸브의 봉판을 뚫어 기동용기밸브가 개방되고 기동용기 가스가 방출되어 이 가스의 힘으로 선택밸브가 개방된다.

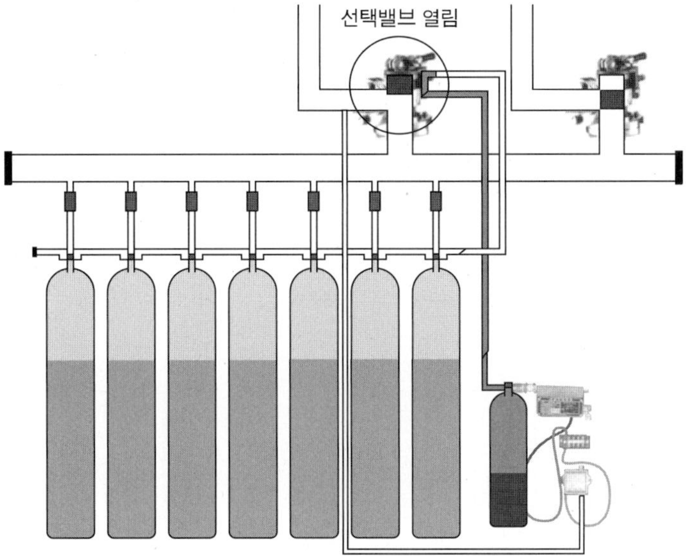

(7) 기동용기의 가스가 이동하여 소화약제 저장용기 밸브를 개방한다.

기동용기의 가스가 배관으로 이동하여 이 가스의 힘에 의하여 소화약제 저장용기밸브가 개방된다.

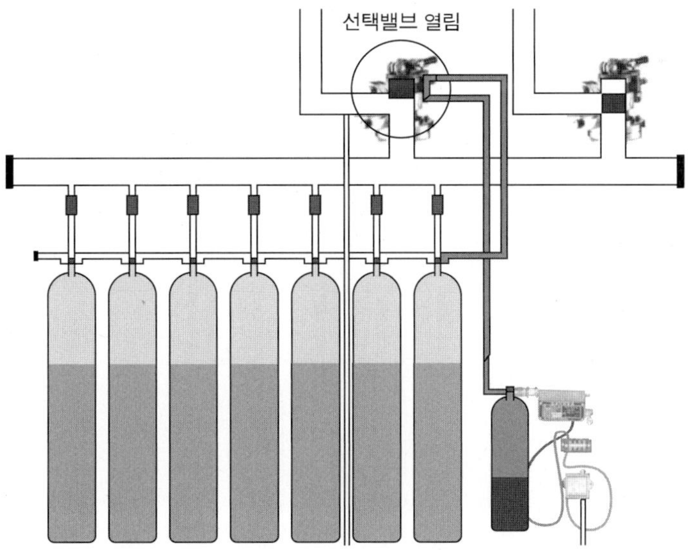

(8) 제일 먼저 개방된 소화약제 저장용기의 소화가스가 방출된다.

소화약제가 집합관으로 이동하여 열려진 선택밸브를 통과하여 방호구역으로 이동한다.

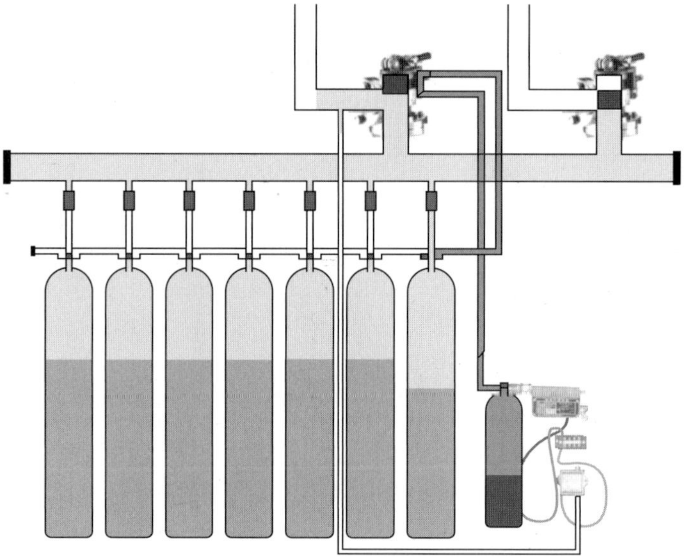

(9) **압력스위치가 작동하여 방출표시등이 점등된다.**

기동용기의 가스는 계속 소화약제용기밸브를 개방한다. 그리고 먼저 방출되는 소화약제 가스는 선택밸브를 지나 방호구역으로 이동하며 이 때 압력스위치가 작동하여 방출표시등이 점등된다. 또한, 이 가스는 기동배관으로 들어와 기동용기의 가스와 합세하여 소화약제저장용기밸브를 개방하게 된다.

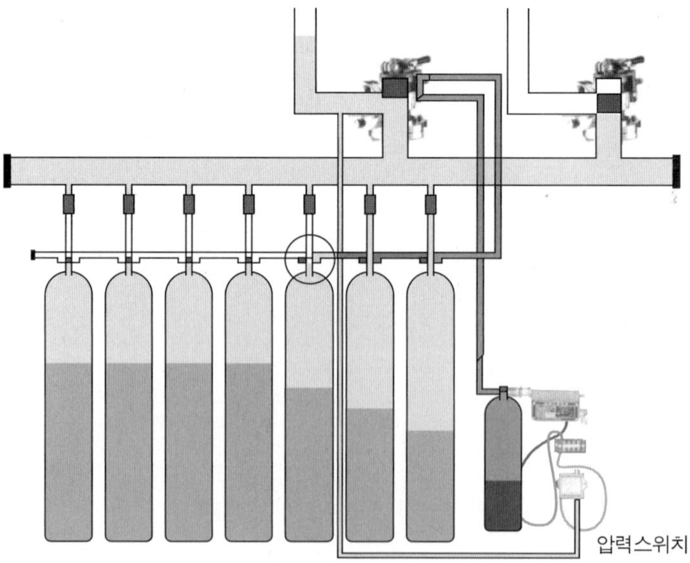

1.4_수동식 기동장치 설치기준(NFPC 106 제6조, NFTC 106 2.3)

이산화탄소소화설비의 수동식 기동장치는 다음 각 호의 기준에 따라 설치하여야 한다. 이 경우 수동식 기동장치의 부근에는 소화약제의 방출을 지연시킬 수 있는 **비상스위치**[17)]를 설치하여야 한다.

(1) **전역방출방식**에 있어서는 **방호구역**마다, **국소방출방식**에 있어서는 **방호대상물**마다 설치할 것
(2) 당해 방호구역의 출입구 부분 등 조작을 하는 자가 쉽게 피난할 수 있는 장소에 설치할 것
(3) 기동장치 조작부는 바닥으로부터 **0.8~1.5m 이하**의 위치에 설치하고, 보호판 등에 따른 보호장치를 설치할 것
(4) 기동장치에는 그 가까운 곳의 보기 쉬운 곳에 "이산화탄소 소화설비 기동장치"라고 표시한 **표지**를 할 것
(5) 전기를 사용하는 기동장치에는 **전원표시등**을 설치할 것
(6) 기동장치의 방출용 스위치는 음향경보장치와 연동하여 조작될 수 있는 것으로 할 것

2. 배선 내역 및 가닥수 산정 방법

2.1_교차회로 방식

가스계 설비가 모두 교차회로 방식인 것을 기억한다.

(1) 감지기간 배선에서 Loop, **말단－4가닥**
(2) 감지기간 배선에서 **기타**(Loop 또는 말단을 제외한 경우)**－8가닥**

17) 비상스위치(방출지연 스위치)

구 분	설 명
정 의	자동복귀형 스위치로서 수동식 기동장치의 타이머를 순간정지 시키는 기능의 스위치
설치장소	**수동식 기동장치의 부근**
설치목적	**소화약제의 방출지연**

2.2_배선내역 및 배선가닥수

1) 수신반(감시제어반) ↔ 수동조작함(RM) – [Package Type]도 동일함

배 선	설치유무	비고
• 전원 (+)	▲	Zone수와 무관
• 전원 (–)	▲	
• 방출지연스위치(About S/W)	▲	
• 감지기공통	▲(조건)	
• 복구스위치	▲(조건)	
• 감지기 A	▲	Zone수마다 증가 (RM수를 센다) Package Type에서는 사이렌에 주의할 것!!
• 감지기 B	▲	
• 기동스위치	▲	
• 사이렌	▲	
• 방출표시등	▲	
• Door S/W	▲(조건)	

2) 수신반(감시제어반) ↔ 방제센터

배 선	설치유무	비고
• 공통	▲	Zone수와 무관
• 전원표시등	▲	
• 화재표시등	▲	
• 감지기 A	▲	Zone수마다 증가 (RM수를 센다)
• 감지기 B	▲	
• 방출표시등	▲	
• 수동기동스위치	▲(조건)	

3) 수신반(감시제어반) ↔ 방제센터 [Package Type], Package ↔ Package

배 선	설치유무	비고
• 공통	▲	Zone수마다 증가 (Package수를 센다)
• 감지기 A	▲	
• 감지기 B	▲	
• 방출표시등	▲	
• 수동기동스위치	▲(조건)	

3. 배선 계통도

1) 계통도 1

Exercise

다음은 CO_2설비 계통도의 일부분이다. ①~⑪까지의 최소 가닥수를 산정하고 배선용도를 구하시오.

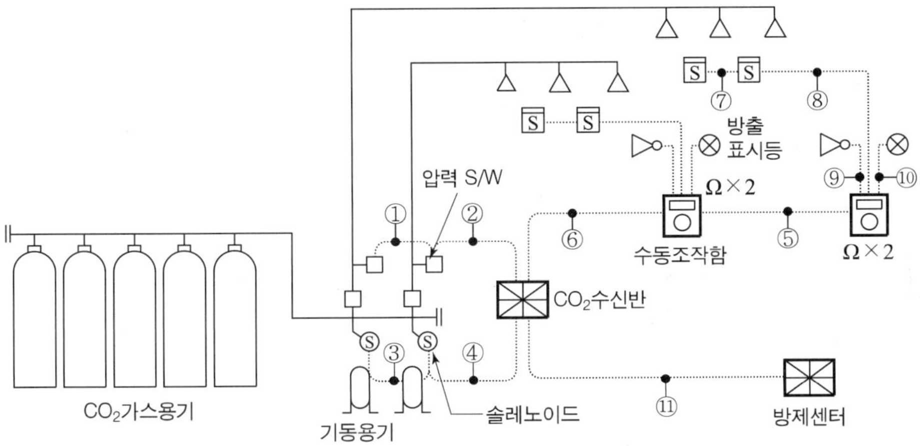

Solution

기호	가닥수	배선용도
①	2	압력스위치2
②	3	압력스위치2, 공통1
③	2	솔레노이드 밸브기동2
④	3	솔레노이드 밸브기동2, 공통1
⑤	8	전원(+)1, 전원(−)1, 방출지연스위치1, 감지기A1, 감지기B1, 기동스위치1, 사이렌1, 방출표시등1
⑥	13	전원(+)1, 전원(−)1, 방출지연스위치1, (감지기A1, 감지기B1, 기동스위치1, 사이렌1, 방출표시등1)×2
⑦	4	지구선2, 공통선2
⑧	8	지구선4, 공통선4
⑨	2	사이렌2
⑩	2	방출표시등2
⑪	9	공통1, 전원표시등1, 화재표시등1, (감지기A1, 감지기B1, 방출표시등1)×2

2) 계통도 2

Exercise

다음은 할론설비 계통도의 일부분이다. 조건을 참조하여 ①~⑧까지의 가닥수를 산정하고 배선용도를 구하시오.

[조건]
① 복구스위치 및 도어스위치는 없다.
② 최소 가닥수로 한다.

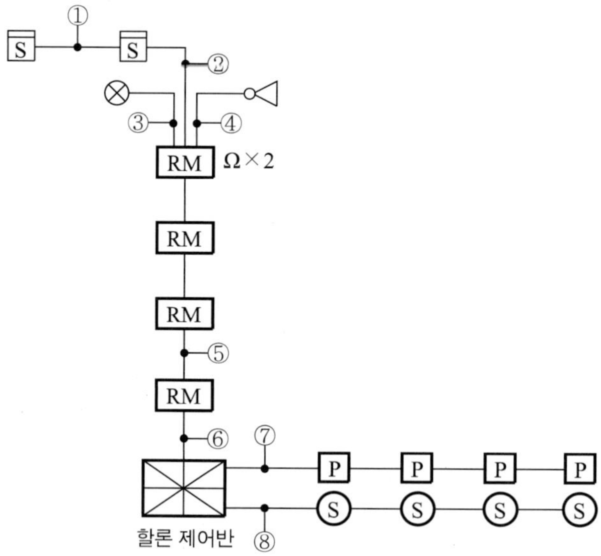

Solution

기호	가닥수	배선용도
①	4	지구선2, 공통선2
②	8	지구선4, 공통선4
③	2	방출표시등2
④	2	사이렌2
⑤	18	전원(+)1, 전원(−)1, 방출지연스위치1, (감지기A1, 감지기B1, 기동스위치1, 사이렌1, 방출표시등1)×3
⑥	23	전원(+)1, 전원(−)1, 방출지연스위치1, (감지기A1, 감지기B1, 기동스위치1, 사이렌1, 방출표시등1)×4
⑦	5	압력스위치4, 공통1
⑧	5	솔레노이드 밸브기동4, 공통1

3) 계통도 3

Exercise

다음은 가스계설비 계통도의 일부분이다. ①~⑥까지의 최소 가닥수를 산정하고 배선용도를 구하시오.

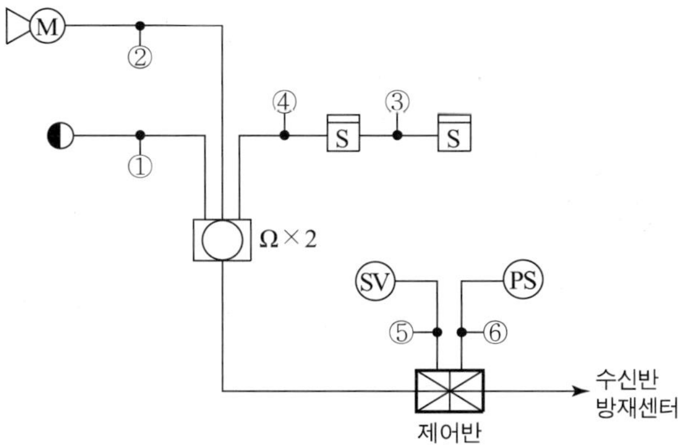

Solution

기호	가닥수	배선용도
①	2	방출표시등2
②	2	모터사이렌2
③	4	지구선2, 공통선2
④	8	지구선4, 공통선4
⑤	2	솔레노이드 밸브기동2
⑥	2	압력스위치2

4) 계통도 4

Exercise

다음은 Package 형태의 가스계설비 계통도이다. ①~④까지의 최소 가닥수를 산정하고 배선용도를 구하시오.

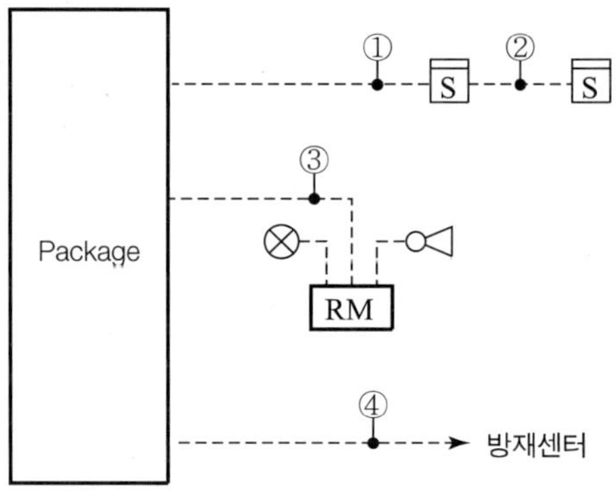

Solution

기호	가닥수	배선용도
①	8	(지구선2, 공통선2)×2
②	4	지구선2, 공통선2
③	6	전원(+)1, 전원(−)1, 방출지연스위치1, 기동스위치1, 사이렌1, 방출표시등1
④	4	공통1, 감지기A1, 감지기B1, 방출표시등1

Caution!

1) 만약, 도면에서 사이렌이 없다면 Package에 들어감 → ③은 5가닥
2) 만약, RM옆에 (Ω×2)이 있다면 → ③은 8가닥

5) 계통도 5

Exercise

다음은 Package 형태의 가스계설비 계통도이다. ①~⑦까지의 최소 가닥수를 산정하고 배선 용도를 구하시오.

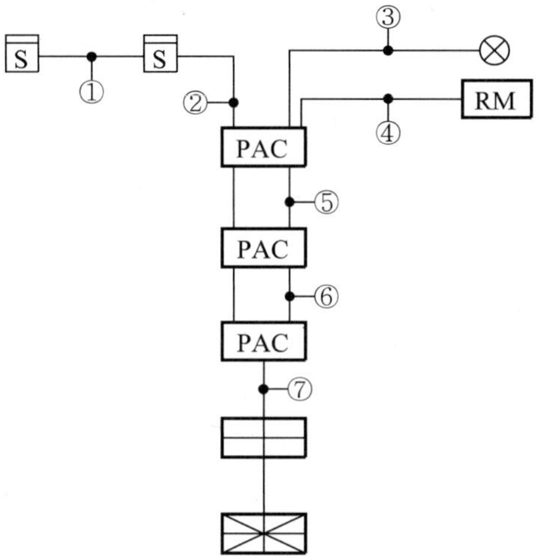

Solution

기호	가닥수	배선용도
①	4	지구선2, 공통선2
②	8	(지구선2, 공통선2)×2
③	2	방출표시등2
④[18]	4	전원(+)1, 전원(−)1, 방출지연스위치1, 기동스위치1, ~~방출표시등(x), 사이렌(x)~~
⑤	4	공통1, 감지기A1, 감지기B1, 방출표시등1
⑥	8	(공통1, 감지기A1, 감지기B1, 방출표시등1)×2
⑦	12	(공통1, 감지기A1, 감지기B1, 방출표시등1)×3

18) 사이렌은 Package 속에 들어가 있으므로 배선내역에서 제외된다.

4. 배선 평면도

1) 평면도 1

Exercise

다음은 CO_2설비 평면도의 일부분이다. ①~⑲까지의 최소 가닥수를 산정하고 배선용도를 구하시오.

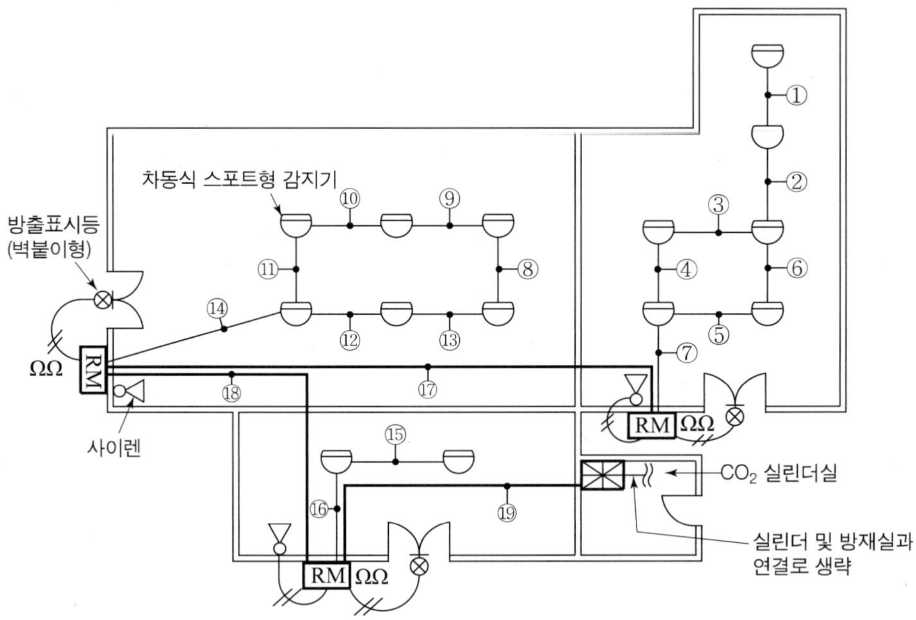

Solution

기호	가닥수	배선용도
①, ③~⑥, ⑧~⑬, ⑮	4	지구선2, 공통선2
②, ⑦, ⑭, ⑯	8	지구선4, 공통선4
⑰	8	전원(+)1, 전원(−)1, 방출지연스위치1, 감지기A1, 감지기B1, 기동스위치1, 사이렌1, 방출표시등1
⑱	13	전원(+)1, 전원(−)1, 방출지연스위치1, (감지기A1, 감지기B1, 기동스위치1, 사이렌1, 방출표시등1)×2
⑲	18	전원(+)1, 전원(−)1, 방출지연스위치1, (감지기A1, 감지기B1, 기동스위치1, 사이렌1, 방출표시등1)×3

2) 평면도 2

Exercise

다음은 CO_2설비 평면도의 일부분이다. ①~③까지의 최소 가닥수를 산정하고 배선용도를 구하시오.

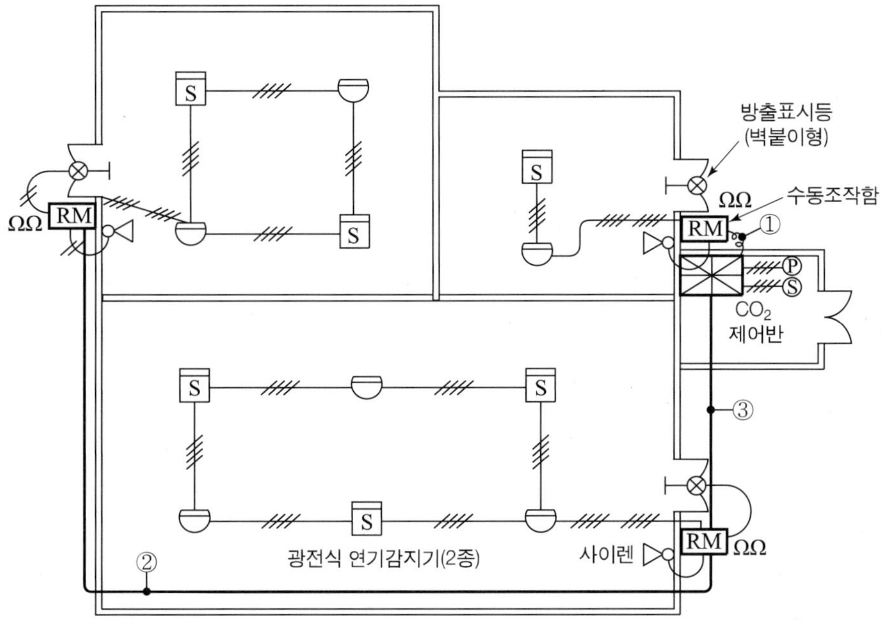

Solution

기호	가닥수	배선용도
①, ②	8	전원(+)1, 전원(−)1, 방출지연스위치1, 감지기A1, 감지기B1, 기동스위치1, 사이렌1, 방출표시등1
③	13	전원(+)1, 전원(−)1, 방출지연스위치1, (감지기A1, 감지기B1, 기동스위치1, 사이렌1, 방출표시등1)×2

3) 평면도 3

Exercise

다음은 CO_2 소화설비의 평면도이다. ①~⑪까지의 최소 가닥수를 산정하고 배선용도를 구하시오.

[조건]

· 감지기 공통선과 전원 공통선은 각각 분리해서 사용된다.

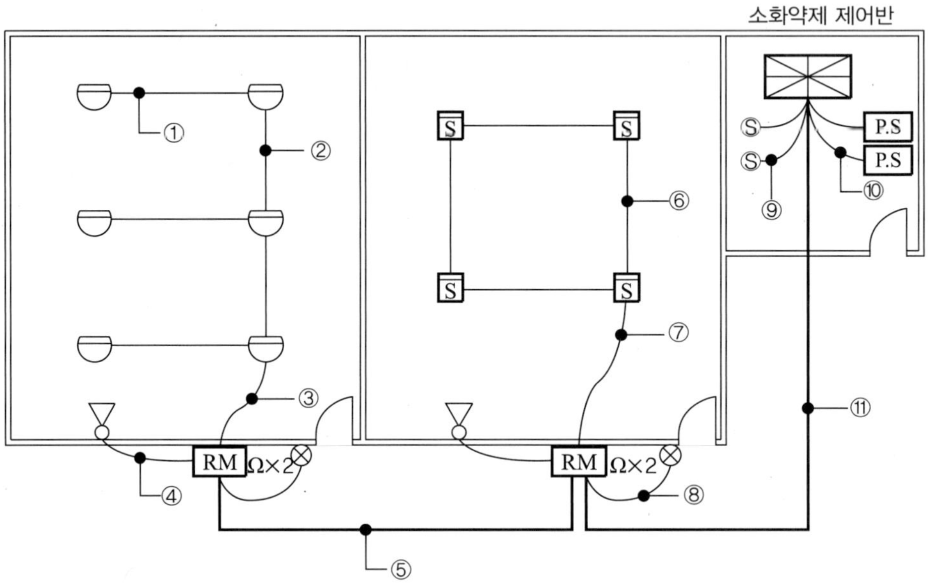

Solution

기호	가닥수	배선용도
①, ⑥	4	지구선2, 공통선2
②, ③, ⑦	8	지구선4, 공통선4
④	2	사이렌2
⑤	9	전원(+)1, 전원(-)1, 방출지연스위치1, 감지기공통1, 감지기A1, 감지기B1, 기동스위치1, 사이렌1, 방출표시등1
⑧	2	방출표시등2
⑨	2	솔레노이브밸브2
⑩	2	압력스위치2
⑪	14	전원(+)1, 전원(-)1, 방출지연스위치1, 감지기공통1, (감지기A1, 감지기B1, 기동스위치1, 사이렌1, 방출표시등1)×2

4) 평면도 4

Exercise

그림은 할론 1301 소화설비를 나타낸 것이다. 다음 각 물음에 답하시오.

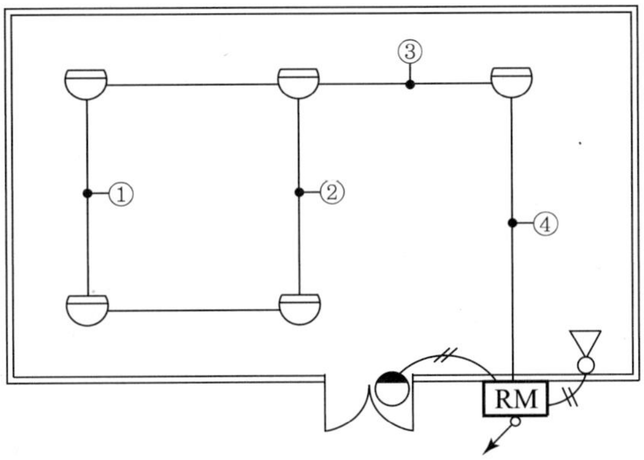

1) ①~④의 전선 가닥수를 쓰시오.

① ② ③ ④

2) 4각박스와 8각박스는 합해서 모두 몇 개가 필요한가?

3) 부싱의 개수를 산출하시오.

Solution

1) ① 4가닥 ② 4가닥 ③ 8가닥 ④ 8가닥

2) 8개

3) 17개

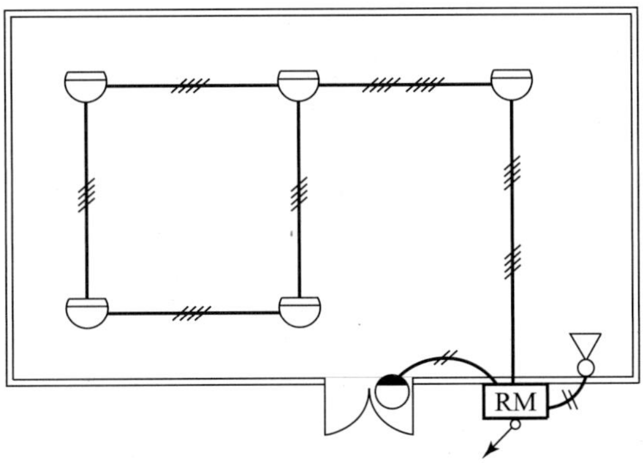

Solution

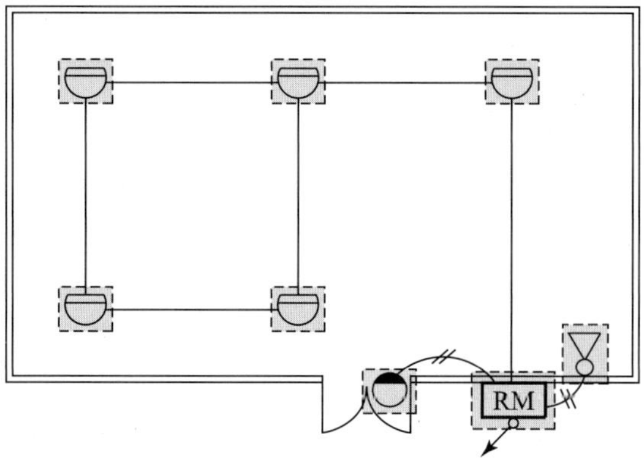

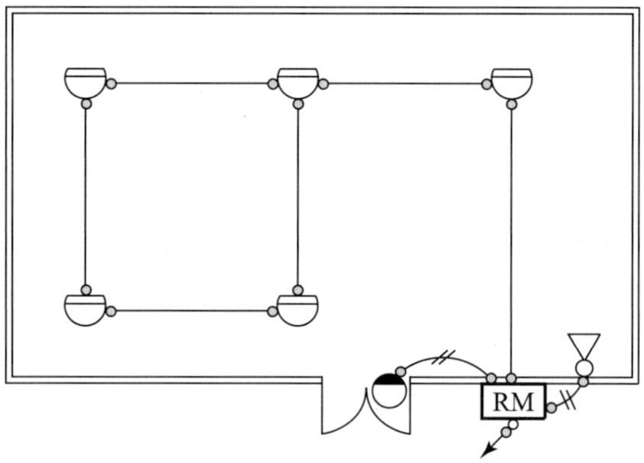

5) 평면도 5

Exercise

도면은 어느 방호대상물의 할론설비 부대전기설비를 설계한 도면이다. 잘못 설계된 점 5가지를 지적하고 계통도를 그리시오.

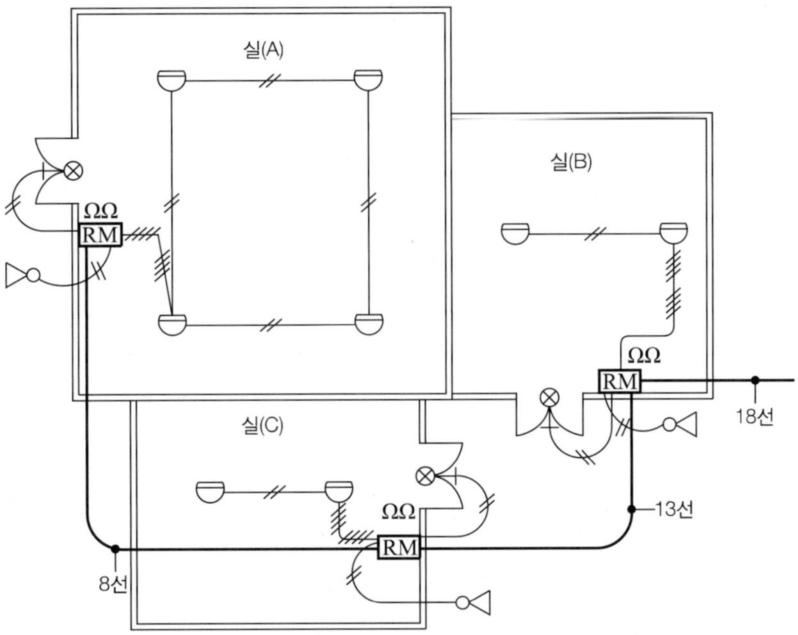

Solution

① 할론수동조작함이 실내에 설치되어 있다(화재시 유효한 조작을 위하여 실외에 설치되어야 한다).

② 사이렌이 실외에 설치되어 있다(실내에 있는 인명을 대피시키기 위하여 실내에 설치되어야 한다).

③ 할론방출표시등이 실내의 출입구 부근에 설치되어 있다(외부인의 출입을 금지시키기 위하여 실외의 출입구 부근에 설치되어야 한다).

④ 실(A)의 감지기 상호간 배선가닥수가 2가닥으로 되어 있다(할론설비의 감지기 배선은 교차회로방식으로 배선가닥수는 4가닥(지구선, 공통선 각 2가닥)으로 되어야 한다).

⑤ 실(B), 실(C)의 감지기 말단 배선가닥수가 2가닥으로 되어 있다(할론설비의 감지기 배선은 교차회로방식으로 말단의 배선가닥수는 4가닥(지구선, 공통선 각 2가닥)으로 되어야 한다.

Solution

(1) 올바른 설계도면

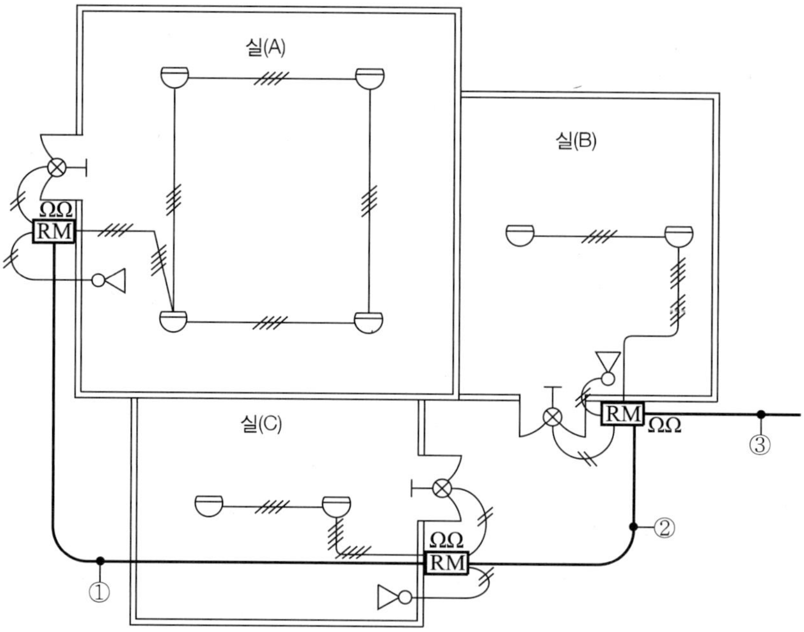

(2) 계통도

기호	가닥수	배선용도
①	8	전원(+)1, 전원(−)1, 방출지연스위치1, 감지기A1, 감지기B1, 기동스위치1, 사이렌1, 방출표시등1
②	13	전원(+)1, 전원(−)1, 방출지연스위치1, (감지기A1, 감지기B1, 기동스위치1, 사이렌1, 방출표시등1)×2
③	18	전원(+)1, 전원(−)1, 방출지연스위치1, 감지기A1, 감지기B1, 기동스위치1, 사이렌1, 방출표시등1)×3

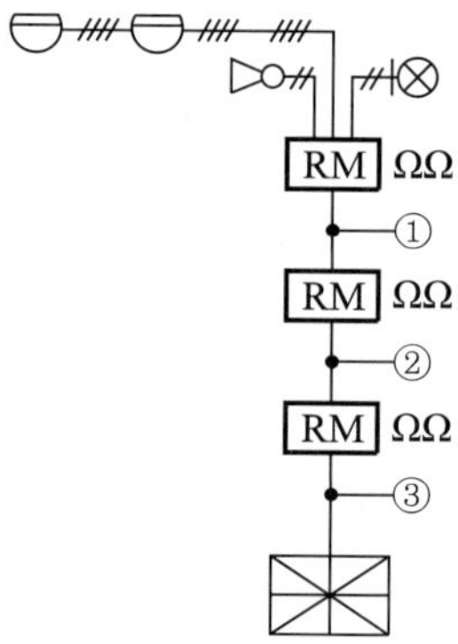

6) 평면도 6

Exercise

그림과 같은 통신실에 할론 1301 가스설비와 연동되는 감지기설비를 하려고 한다. 주어진 조건을 이용하여 다음 각 물음에 답하시오.

[조건]

- 감지기 배선은 교차회로방식으로 한다.
- 전원 및 각종 신호선은 1개의 선으로 표시하며 배선가닥수는 표시된 선 위에 빗금으로 표시하도록 한다.
- 감지기 설치 및 배관배선은 규정된 심벌을 사용한다.
- 수동조작반으로 연결되는 배관배선은 감지기, 사이렌, 방출표시등 등이다.
- 모든 배관배선의 개소에는 가닥수를 표시하도록 한다.
- 통신실의 높이는 4m이며, 주요구조부가 내화구조이다.

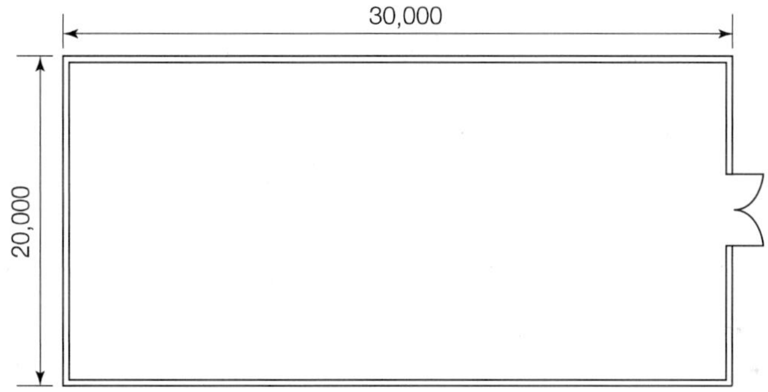

1) 감지기는 차동식 스포트형 감지기 2종을 사용하려고 한다. 필요한 개수를 산정하여 도면에 적당한 간격으로 배치하여 설치하고 배선가닥수를 표시하시오.
2) 모터사이렌, 할론방출표시등, 수동조작함을 도면의 적당한 위치에 설치하고 배선가닥수도 표시하시오.
3) 수동조작반과 주조작반 사이의 배선에 대한 전선의 명칭을 쓰시오(단, 감지기의 공통선은 전원선과 분리하여 사용하는 것으로 한다).

Solution

1) 내화구조인 건물에 부착높이가 4m인 차동식스포트형(2종)의 1개 경계구역 면적은 35m^{2}이므로

감지기 개수$=\dfrac{30\times 20}{35}=17.14$(절상) → 18개×2배(교차회로방식)=36개

Solution

2)

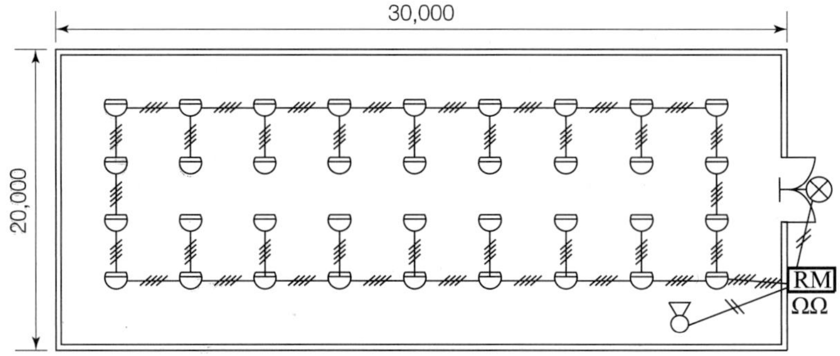

부속장치	사이렌	방출표시등	수동조작함
설치위치	실내	실외의 출입구 위	실외의 출입구 부근
설치목적	음향경보하여 실내인명대피	소화약제방출을 알려 외부인 출입금지	수동으로 자동문 폐쇄 약제방출신호를 보내 화재진화

3) 전원(+)1, 전원(−)1, 방출지연스위치1, 감지기공통1, 감지기A1, 감지기B1, 기동스위치1, 사이렌1, 방출표시등1

7) 평면도 7

Exercise

다음은 가스계설비의 평면도이다. 각 설비간의 배선접속을 완성하고 최소 가닥수를 도면에 표시하시오.

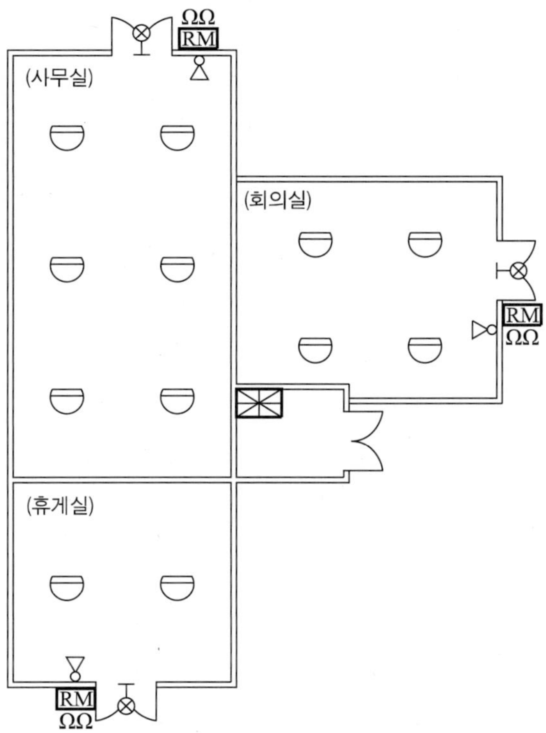

Solution

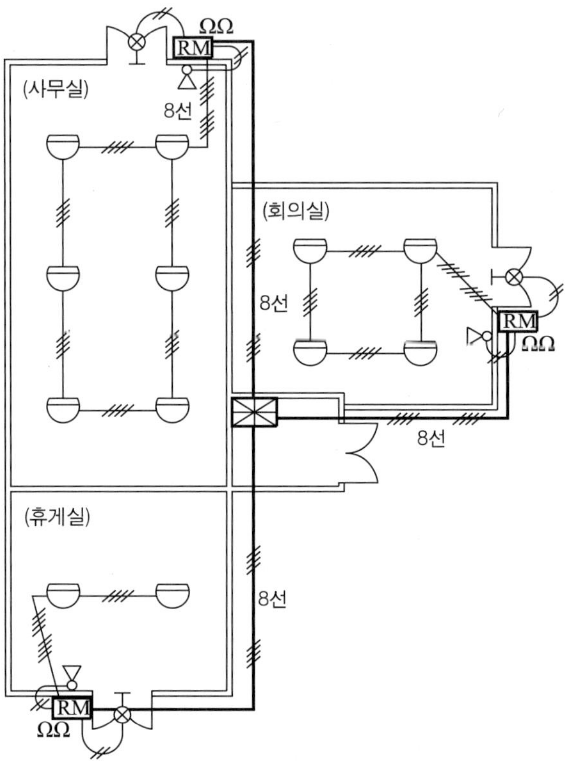

8) 할론 제어반

Exercise 1

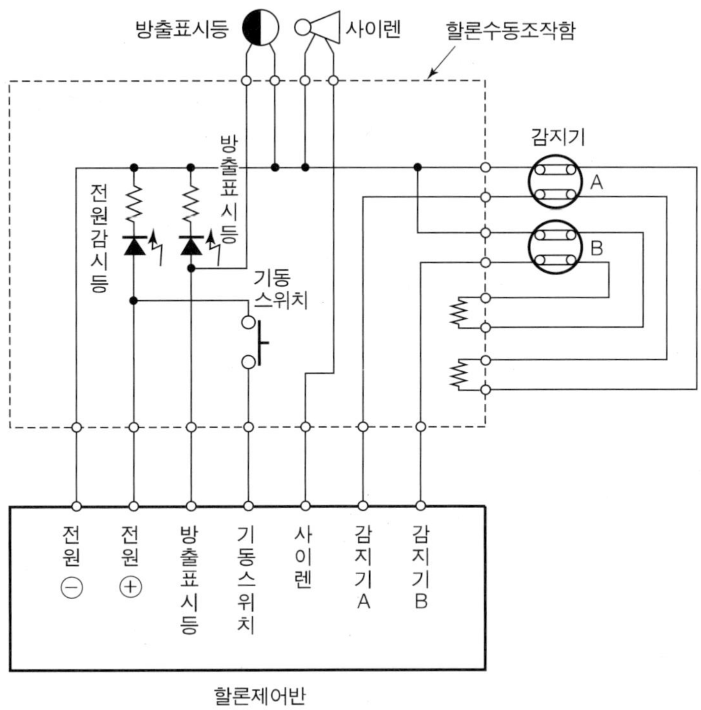

Solution

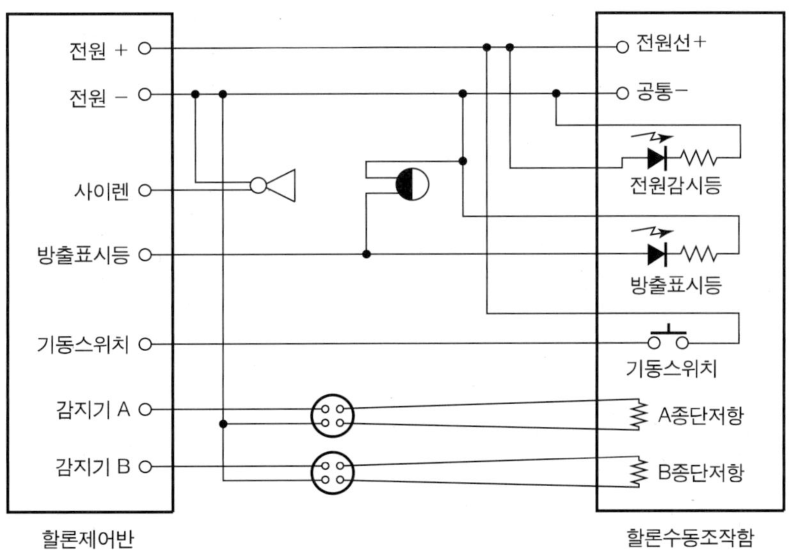

Solution

cf) 방출지연스위치가 있는 경우 할론 제어반과 할론조작함 사이의 회로

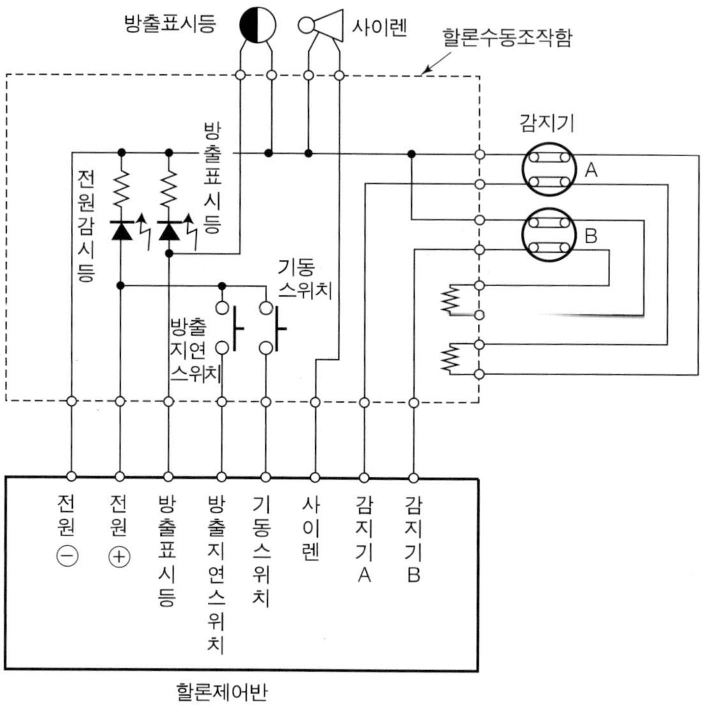

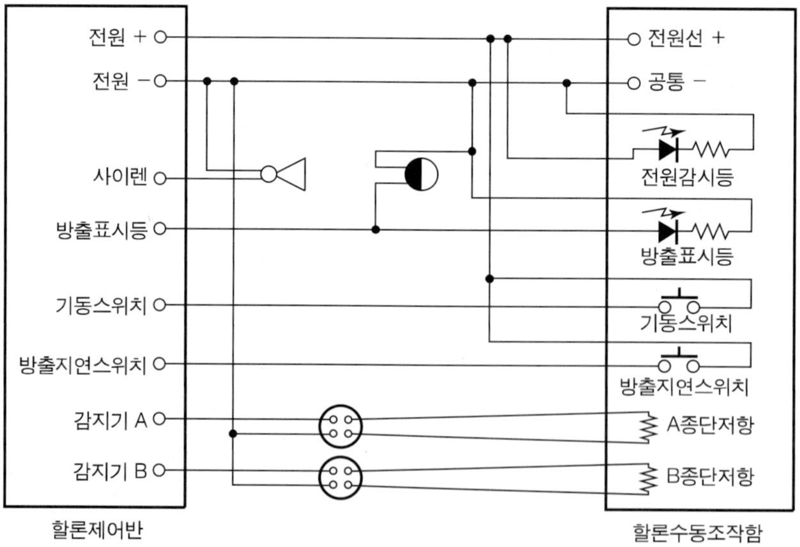

Exercise 2

수동조작함에서 할론 제어반까지의 결선도이다. ①~⑦ 전선 명칭을 쓰시오.

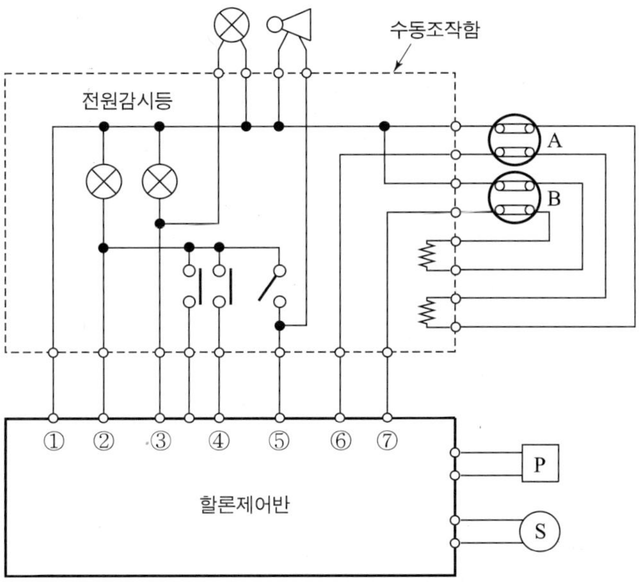

Solution

① 전원 ⊖ ② 전원 ⊕ ③ 방출표시등 ④ 기동스위치
⑤ 사이렌 ⑥ 감지기 A ⑦ 감지기 B

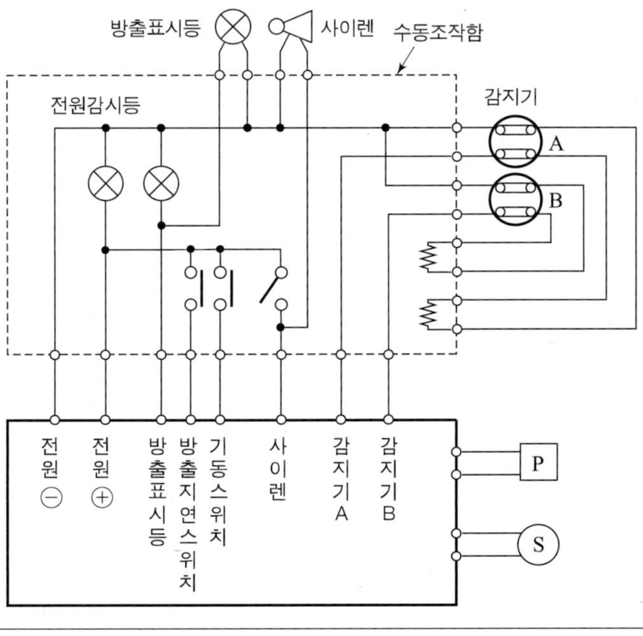

5절. 제연설비

1. 설비 개요

제연설비는 소화활동설비의 일종으로 건축물의 화재 초기단계에서 발생하는 연기 등을 감지하여 **화재실(거실)**의 연기는 **배출**하고 피난경로인 **복도, 계단** 등에는 **연기가 확산되지 않도록 함**으로써 거주자를 연기로부터 보호하고 안전하게 피난할 수 있도록 함과 동시에 소방대가 소화활동을 할 수 있도록 **연기를 제어하는 설비**이다. 제연설비의 주요 구성요소는 송풍기(급·배기용), 풍도(급기·배출), 급기구, 배출구, 댐퍼, 연기감지기, 수동기동장치, 제연경계벽, 수신기 등으로 구성되며, 일반적인 작동원리는 연기감지기 동작에 따라 작동신호가 수신기로 입력되고 해당하는 신호를 수신기에서 받아 설비가 구동하게 된다. 제연설비의 일반적인 계통도와 작동순서를 나타내면 다음과 같다.

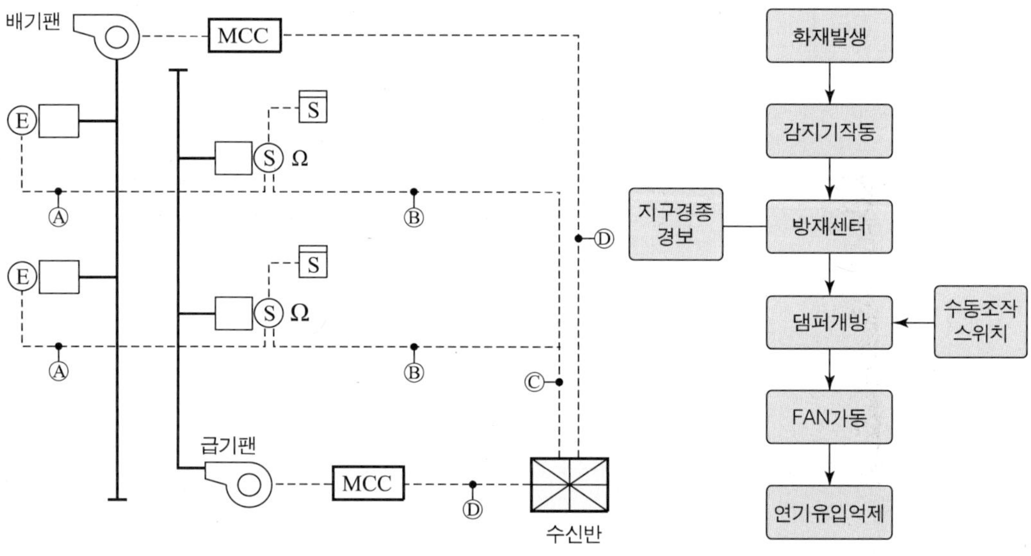

1.1_제연설비 정의

자연 또는 기계적인 방법(송풍기, 배출기)을 이용하여 연기의 이동 및 확산을 제한하기 위해 사용되는 설비로서 단순히 연기만 배출시키는 배연설비와 구분되어 사용되며, 송풍기로 가압시켜 가압공간내로 연기가 들어오지 못하도록 하는 **방연**(Smoke Defense)설비와 배출기로 화재실의 연기를 배출시키는 **배연**(Smoke Ventilation)설비로 구분할 수 있다.

1.2_제연설비 종류

제연설비는 설치된 장소에 따라 **거실**제연설비와 **전실(특별피난계단의 계단실 및 부속실)**제연설비로 구분한다.

1) 거실제연설비

(1) **거실**은 **화재가 발생하는 화재실**이므로, 해당 화재실에서 연기와 열기를 직접 배출시켜야 하므로 **급기와 배기를 동시**에 실시해야 한다. 따라서 급기송풍기와 배기송풍기가 동시에 필요하며 배출시킨 배기량 이상으로 급기를 하여 피난과 소방활동을 할 수 있도록 하여야 한다.

(2) 거실제연설비는 화재로 발생한 연기를 건물 밖으로 배출하는 동시에 신선한 공기를 불어 넣어 피난자가 피난을 쉽게 하고 소방대가 건물 안에서 소방활동을 원활하게 할 수 있도록 하는 설비이다.

(3) 즉, 거실제연설비는 **배연**(Smoke Ventilation) 방식으로 **청결층 유지**가 목적이다.

(4) 거실제연설비의 종류에는 공조설비와의 겸용 유무에 따라 제연전용설비와 공조겸용설비로 크게 분류하며 제연전용설비는 예상제연구역의 수에 따라 하나의 예상제연구역만 단독으로 제연하는 단독제연과 2개 이상의 예상제연구역을 동시에 제연하는 공동제연으로 분류할 수 있다. 단독제연은 다시 연기를 제어하는 제연방식에 따라 동일실 제연방식, 인접구역 상호제연방식(거실 급배기방식, 거실 배기·통로급기방식), 통로배출방식으로 분류할 수 있다.

① 동일실 제연방식 – 작은 소규모 거실에 적용, 화재실에 급기 및 배기를 동시에 실시하는 방식

② 거실 급배기방식 – 백화점, 판매시설 등 복도가 없이 개방된 넓은 공간에 적용, 구역별로 제연경계벽을 설치한 후 화재구역에서 배기하고 인접구역에서 급기하는 방식

③ 거실배기·통로급기방식 – 지하상가, 호텔 등과 같이 각 실이 구획되어 있는 경우, 인접한 거실에서 화재실로 급기가 불가능 하므로 거실에서 배기하고 급기는 통로에서 하는 방식, 구획된 각 실의 복도측 외벽에 급기가 유입되는 하부 그릴을 설치하여 화재실로 급기가 되도록 한다.

④ 통로배출방식 – 거실 바닥면적이 $50m^2$ 미만으로 통로가 인접되어 있는 경우 적용하는 방식, 통로에 연기가 체류되지 않도록 화재 시 통로를 유효한 피난경로로 확보하기 위하여 통로에서 배기를 실시하는 방식.

ex) 지하상가($50m^2$ 미만).

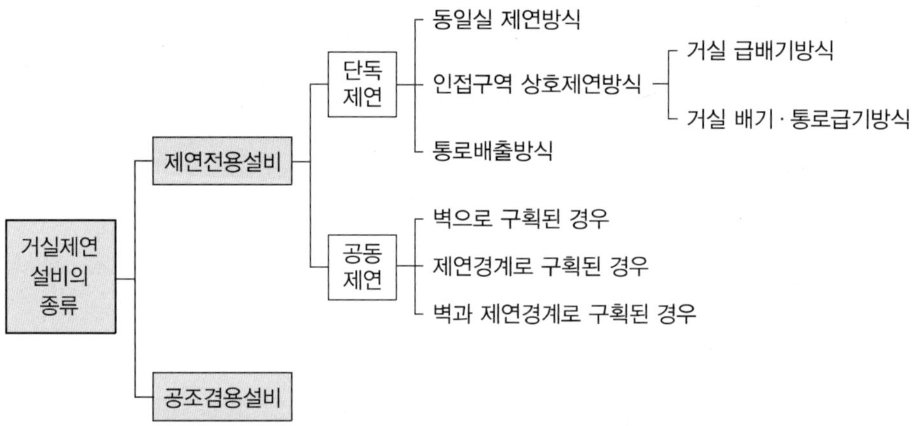

2) 전실(특별피난계단의 계단실 및 부속실)제연설비

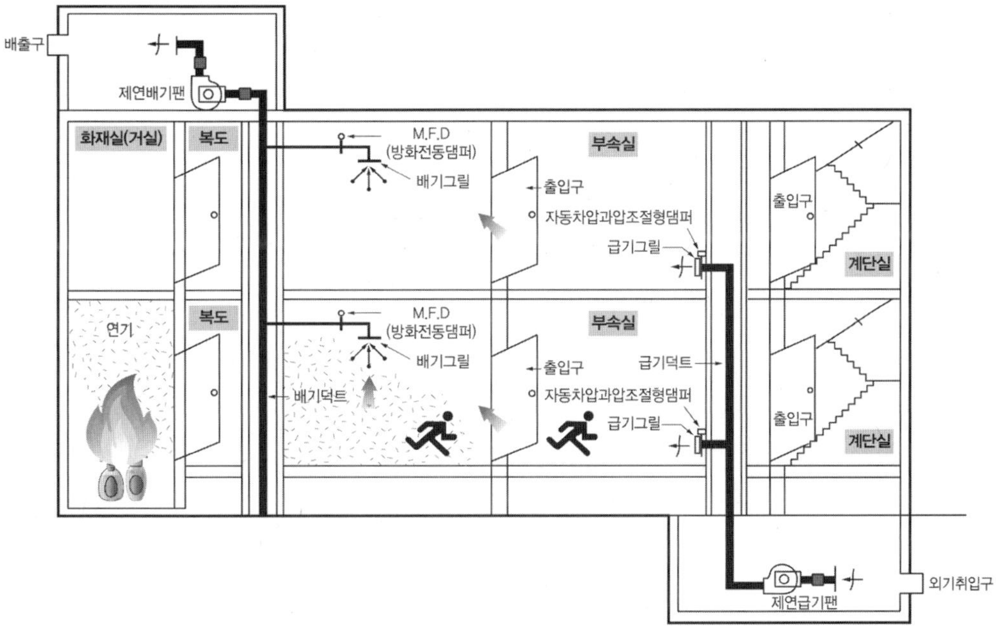

(1) 전실[특별피난계단의 계단실이나 부속실(비상용, 피난용승강기 승강장 포함)]은 화재가 발생하는 화재실이 아니며 거실에서 화재가 발생할 경우 거주자가 일시적인 피난을 하거나 소방대가 대기하는 공간으로 볼 수 있다. 따라서 이 공간에는 **급기만을 실시하여 거실보다 압력을 높게 함**으로써 거실의 연기가 침투하지 않도록 하여야 한다.

(2) 전실제연설비는 피난용·비상용승강기 승강장이나 특별피난계단의 계단실이나 부속실에 공기를 불어 넣고 이곳의 공기압력을 높게 하여 옥내의 연기가 들어오지 못하게 하는 설비이다. 또한, 피난을 위하여 제연구역의 출입문이 일시적으로 개방되는 경우 방연풍속을 유지하도록 옥외의 공기를 제연구역 내로 보충 공급할 수 있는 송풍기의 유입 풍속을 통해서도 전실에 연기가 들어오지 못하게 하는 설비이다.

(3) 즉, 전실제연설비는 **방연**(Smoke Defense) 방식으로 **연기 유입방지**가 목적이다.

(4) 고려 사항

① 거실에서 화재가 발생되면 압력이 상승해서 전실과 특별피난계단을 통해 연기가 상층으로 확대 전파되고 상부의 다른 실로도 연기가 전파된다.

② 이것을 막기 위해서는 전실을 급기가압하여 제연구역과 비제연구역 사이에 일정압력을 유지시켜 주어야 한다.

③ 「특별피난계단의 계단실 및 부속실 제연설비의 화재안전성능,기술기준(NFPC, NFTC 501A)」에서는 '제연구역과 비제연구역(옥내)과의 사이에 유지하여야 하는 최소차압은 40Pa(옥내에 스프링클러설비가 설치된 경우에는 12.5Pa) 이상으로 하여야 한다.'라고 정의하고 있다. 이때 필요한 방연풍속은 0.5~0.7m/s이다.

④ 이 차압을 유지시키기 위해 송풍기를 통한 급기량을 공급하는데 필요한 급기량은 다음과 같다.

급기량 = 누설량(방화문의 누설틈새) + 보충량(피난시 방화문 개방할 때 발생)

⑤ 이 때 전실의 압력을 무조건 높이면 재해약자인 노약자의 경우 방화문을 개방하는데 어려움이 있으므로 최대압력 110N 이하로 하여야 한다. 만약, 과압이 발생한다면 Flap Damper 등으로 실외 또는 화재실로 배출하여야 한다.

⑥ 또한, 배출된 과압공기가 화재실로 유입된다면 화재실에는 화재로 인해 압력이 상승된 상태에서 유입공기(=누설량+보충량+과압공기)까기 더해져 화재실의 압력이 더욱 상승되어 이 문제를 해결하기 위한 유입공기 배출장치가 필요하게 된다.

1.3_제연의 원리

(1) 제연의 원리는 화재실의 개구부로부터 비화재실이나 피난로에 연기가 침입·확산되어 연기로 채워지는 것을 막기 위해 다음 그림의 점선으로 나타낸 것과 같이 **연기의 압력분포**를 **개구부**에 **유지**하도록 하는 것이다.

(2) 이를 위해 화재실에서 배연으로 연기를 배출하거나 또는 피난로에 신선한 공기를

급기가압하면 다음 그림의 점선과 같이 압력분포가 형성되어 화재실에서 비화재실 및 그 밖의 부분으로 연기의 유출을 방지하거나 연기의 침입·확산을 막을 수 있다.

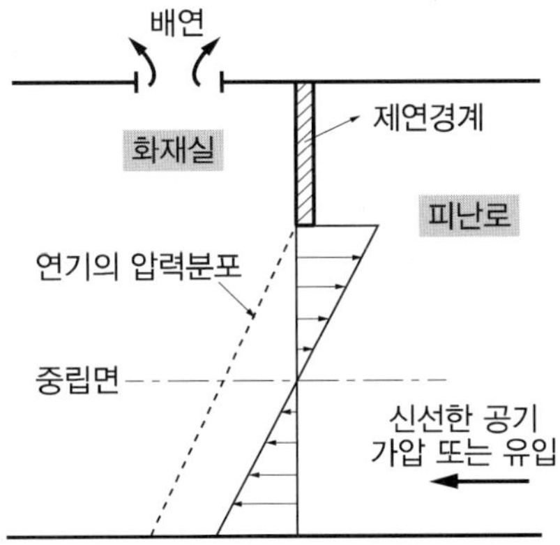

(3) 제연 방법

제연 방법	설명
방연막 설치 (Smoke barrier)	연기를 차단하기 위한 벽, 문의 설치로 연기 이동을 제어하는 방법
급기가압 (Pressurization)	연기 차단벽에 의하여 구획된 보호공간에 대해서 화재실로부터 발생된 연기의 유입을 막는 방법으로 미국 NFPA에서 제시하는 차압은 스프링클러설비가 설치된 거실의 경우 12.5Pa이다.
공기흐름에 의한 제어	화재실로부터 개구부를 통한 연기의 유입을 반대로 흐르게 함으로써 막는 방법
강제배연 (Smoke forced venting)	배출기를 사용하여 강제적으로 연기를 외부로 배출하고 환기하기 위한 방법
자연배연	공간의 상부에 배연구를 만들어 축적된 연기를 배연[스모크타워(smoke tower), 배연창, 무동력 팬 등]하는 방법

(4) 제연구역 구획 기준

① 하나의 제연구역의 면적은 1,000m^2 이내로 할 것

② **거실과 통로**(복도 포함)는 **상호 제연구획** 할 것

③ 통로상의 제연구역은 **보행중심선의 길이**가 60m를 초과하지 아니할 것

④ 하나의 제연구역은 직경 60m 원내에 들어갈 수 있을 것

⑤ 하나의 제연구역은 **2개 이상 층에 미치지 아니하도록 할 것**. 다만, 층의 구분이 불분명한 부분은 그 부분을 다른 부분과 별도로 제연구획 하여야 한다.

2. 배선 내역 및 가닥수 산정 방법

2.1_교차회로 유무 확인

제연설비는 교차회로 방식이 아닌 송배선방식인 것을 기억한다.

(1) 감지기간 배선에서 **Loop** – **2가닥**

(2) 감지기간 배선에서 **기타**(Loop 제외한 경우) – **4가닥**

2.2_배선내역 및 배선가닥수

1) 전실제연설비[수신반(감시제어반) ↔ 댐퍼(damper)]

배 선	설치유무	비 고
• 전원 (+)	▲	Zone수와 무관
• 전원 (−)	▲	
• 복구스위치	▲(수동복구일 때만)	
• 감지기공통	▲(조건)	
• 지구선(감지기)	▲	Zone수마다 증가 (damper수를 센다) **주의 : 급기, 배기 하나만 센다.**
• 기동	▲	
• 배기기동확인	▲	
• 급기기동확인	▲	
• 수동기동확인	▲	

(1) 「특별피난계단의 계단실 및 부속실 제연설비(NFSC 501A)」 제22조, 제23조에 의해서 **수동기동확인**은 **배선내역**에 **포함**시켜야 한다.

> **참고사항**
>
> ▶ 제22조(수동기동장치) ① 배출댐퍼 및 개폐기의 직근과 제연구역에는 다음 각 호의 기준에 따른 장치의 작동을 위하여 **전용**의 **수동기동장치**를 설치하여야 한다. 다만, 계단실 및 그 부속실을 동시에 제연하는 제연구역에는 그 부속실에만 설치할 수 있다.
>
> 1. 전 층의 제연구역에 설치된 급기댐퍼의 개방
> 2. 당해 층의 배출댐퍼 또는 개폐기의 개방
> 3. 급기송풍기 및 유입공기의 배출용 송풍기(설치한 경우에 한한다)의 작동
> 4. 개방·고정된 모든 출입문(제연구역과 옥내사이의 출입문에 한한다)의 개폐장치의 작동
>
> ▶ 제23조(제어반) 제연설비의 제어반은 다음 각 호의 기준에 적합하도록 설치하여야 한다.
>
> 2. 제어반은 다음 각 목의 기능을 보유할 것
>
>   마. **수동기동장치**의 **작동여부**에 대한 **감시기능**

(2) 급기기동, 배기기동, 수동기동을 확인할 수 없을 때는 **기동확인**으로만 표시한다.

2) 상가제연설비(밀폐형)[수신반(감시제어반) ↔ 댐퍼(damper)]

배 선	설치유무	비 고
• 전원 (+)	▲	Zone수와 무관
• 전원 (−)	▲	
• 복구스위치	▲(수동복구일 때만)	
• 감지기공통	▲(조건)	
• 지구선(감지기)	▲	Zone수마다 증가 (damper수를 센다) **주의 : 급기, 배기 하나만 센다.**
• 기동	▲	
• 기동확인	▲	

3) 상가제연설비(개방형)[수신반(감시제어반) ↔ 댐퍼(damper)]

배 선	설치유무	비 고
• 전원 (+)	▲	Zone수와 무관
• 전원 (−)	▲	
• 복구스위치	▲(수동복구일 때만)	
• 감지기공통	▲(조건)	
• 지구선(감지기)	▲	Zone수마다 증가 (damper수를 센다) **주의 : 급기, 배기 하나만 센다.**
• 기동－배기	▲	
• 기동－급기	▲	
• 기동확인－배기	▲	
• 기동확인－급기	▲	

3. 계통도

1) 계통도 1

Exercise

다음은 제연설비 계통도의 일부분이다. 조건을 참조하여 ①~⑤까지의 최소 가닥수를 산정하고 배선용도를 구하시오.

[조건]
① 전실 동시기동방식이다.
② 자동복구방식이다.

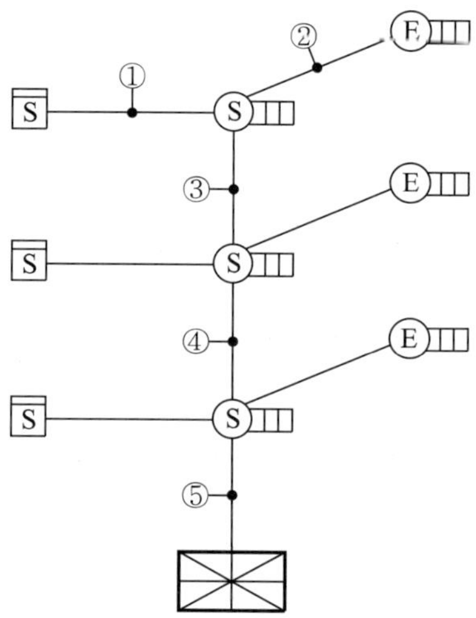

Solution

기호	가닥수	배선용도
①	4	지구선2, 공통선2
②	4	전원(+)1, 전원(−)1, 기동1, 배기기동확인1
③	7(8)	전원(+)1, 전원(−)1, 지구선1, 기동1, 배기기동확인1, 급기기동확인1, 수동기동확인1
④	12(13)	전원(+)1, 전원(−)1, (지구선1, 기동1, 배기기동확인1, 급기기동확인1, 수동기동확인1)×2
⑤	17(18)	전원(+)1, 전원(−)1, (지구선1, 기동1, 배기기동확인1, 급기기동확인1, 수동기동확인1)×3

Caution!

※ ( )는 감지기공통선과 전원(−)를 분리한다고 했을 때 감지기공통선이 추가된 것이다.

2) 계통도 2

Exercise

다음은 제연설비 계통도의 일부분이다. 조건을 참조하여 ①~④까지의 최소 가닥수를 산정하고 배선용도를 구하시오.

[조건]
① 전실 동시기동방식이다.
② 자동복구방식이다.

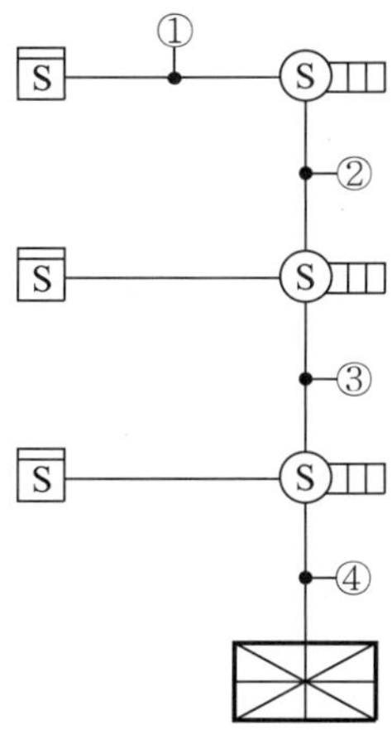

Solution

기호	가닥수	배선용도
①	4	지구선2, 공통선2
②	6	전원(+)1, 전원(−)1, 지구선1, 기동1, 급기기동확인1, 수동기동확인
③	10	전원(+)1, 전원(−)1, (지구선1, 기동1, 급기기동확인1, 수동기동확인)×2
④	14	전원(+)1, 전원(−)1, (지구선1, 기동1, 급기기동확인1, 수동기동확인)×3

Caution!

만약, 감지기공통선과 전원(−)을 분리한다는 조건이 있으면 감지기공통선이 추가된 것으로 ②, ③, ④번의 배선가닥수는 7, 11, 15가닥이 된다.

3) 계통도 3

Exercise

다음은 전실제연설비 계통도의 일부분이다. 조건을 참조하여 ①~④까지의 최소 가닥수를 산정하고 배선용도를 구하시오.

[조건]

- 모든 댐퍼는 모터구동방식이며, 별도의 복구선은 없다.

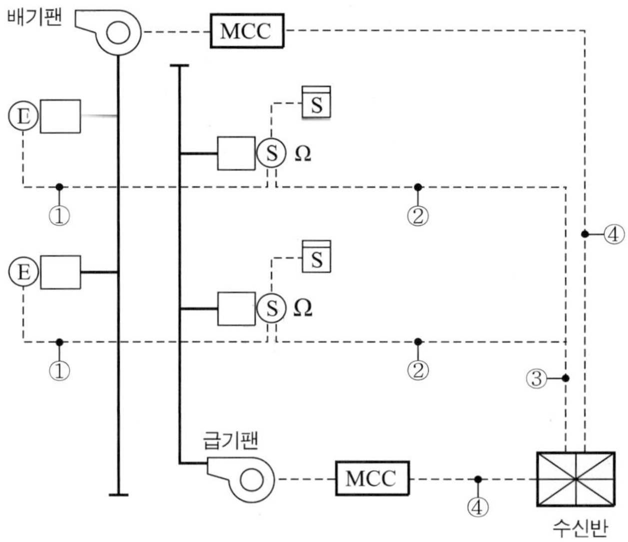

Solution

기호	가닥수	배선용도
①	4	전원(+)1, 전원(−)1, 기동1, 배기기동확인1
②	7	전원(+)1, 전원(−)1, 지구선1, 기동1, 배기기동확인1, 급기기동확인1, 수동기동확인1
③	12	전원(+)1, 전원(−)1, (지구선1, 기동1, 배기기동확인1, 급기기동확인1, 수동기동확인1)×2
④	5	기동1, 정지1, 공통1, 기동확인표시등1, 전원표시등1(추가)

4) 계통도 4

Exercise

다음은 전실제연설비 계통도의 일부분이다. 조건을 참조하여 ①~⑤까지의 최소 가닥수를 산정하고 배선용도를 구하시오.

[조건]

① 각 댐퍼의 기동은 동시기동이다.

② 감지기의 공통선은 별도로 한다.

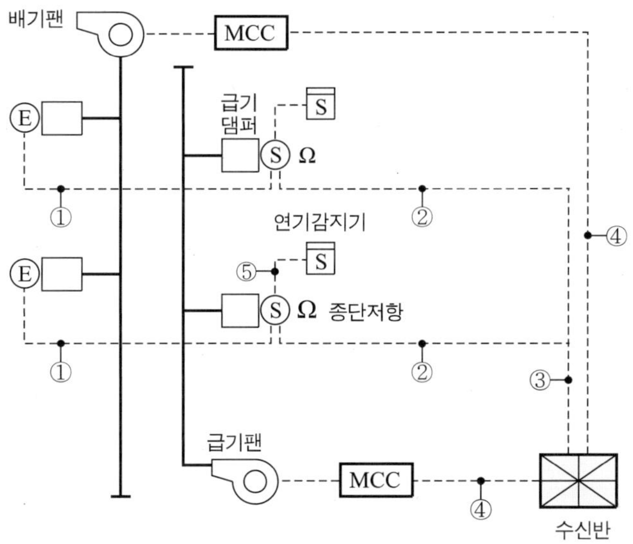

Solution

기호	가닥수	배선용도
①	4	전원(+)1, 전원(−)1 기동1, 배기기동확인1
②	8	전원(+)1, 전원(−)1, 감지기공통선1, 지구선1, 기동1, 배기기동확인1, 급기기동확인1, 수동기동확인1
③	13	전원(+)1, 전원(−)1, 감지기공통선1, (지구선1, 기동1, 배기기동확인1, 급기기동확인1, 수동기동확인1)×2
④	5	기동1, 정지1, 공통1, 기동확인표시등1, 전원표시등1(추가)
⑤	4	지구선2, 공통선2

Caution!

'감지기 공통선은 별도로 한다.' 라는 조건이 있으므로 기호 ①의 배선내역에서도 감지기 공통선이 포함되어야 할 것 같지만 감지기 공통선은 감지기가 있을 때 사용되는 것이므로 감지기가 없는 ①번 배선에서는 감지기 공통선이 포함되면 안 된다.

5) 계통도 5

Exercise

다음은 전실제연설비 계통도의 일부분이다. 조건을 참조하여 ①~④까지의 최소 가닥수를 산정하고 배선용도를 구하시오.

[조건]

- 각 댐퍼의 기동은 동시기동이며 자동복구방식이다.

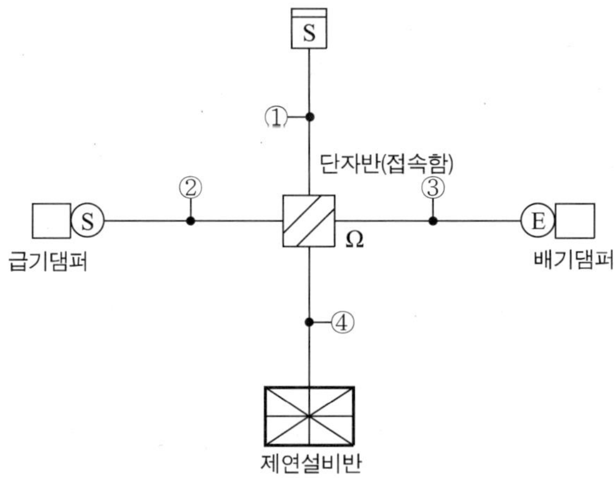

Solution

기호	가닥수	배선용도
①	4	지구선2, 공통선2
②	4	전원(+)1, 전원(−)1, 기동1, 급기기동확인1
③	4	전원(+)1, 전원(−)1, 기동1, 배기기동확인1
④	7	전원(+)1, 전원(−)1, 지구선1, 기동1, 배기기동확인1, 급기기동확인1, 수동기동확인1

6) 계통도 6

Exercise

다음은 전실제연설비 계통도의 일부분이다. 조건을 참조하여 ①~④까지의 최소 가닥수를 산정하고 배선용도를 구하시오.

[조건]

• 솔레노이드 댐퍼기동방식과 모터운전 댐퍼복구방식이다.

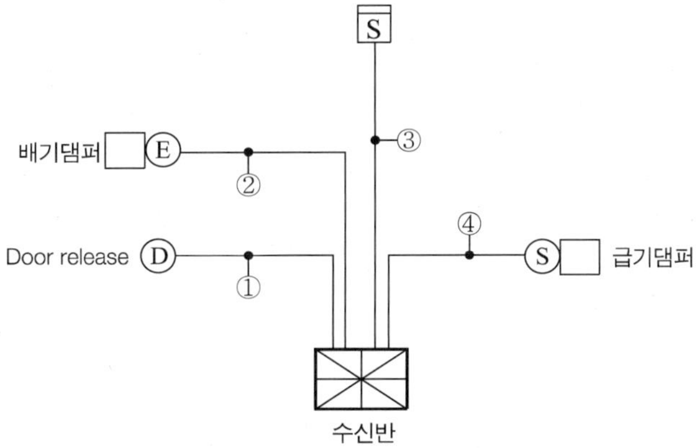

Solution

기호	가닥수	배선용도
①	3	공통1, 기동1, 확인1
②	5	전원(+)1, 전원(−)1, 기동1, 배기기동확인1, 수동기동확인1
③	4	지구선2, 공통선2
④	5	전원(+)1, 전원(−)1, 기동1, 급기기동확인1, 수동기동확인1

7) 계통도 7

Exercise

다음은 개방형 상가제연설비 계통도의 일부분이다. 조건을 참조하여 ①~⑧까지의 최소 가닥수를 산정하고 배선용도를 구하시오.

[조건]

- 자동복구방식이다.

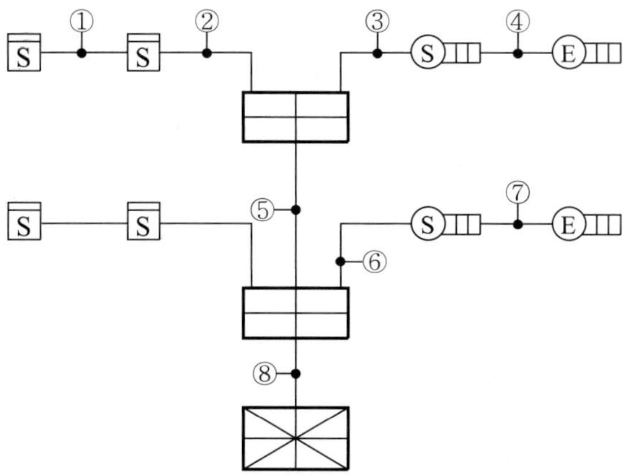

Solution

기호	가닥수	배선용도
①	4	지구선2, 공통선2
②	4	지구선2, 공통선2
③, ⑥	6	전원(+)1, 전원(−)1, 기동2, 기동확인2
④, ⑦	4	전원(+)1, 전원(−)1, 배기기동1, 배기기동확인1
⑤	7	전원(+)1, 전원(−)1, (지구선1, 기동2, 기동확인2) × 1
⑧	12	전원(+)1, 전원(−)1, (지구선1, 기동2, 기동확인2) × 2

8) 계통도 8

Exercise

다음은 밀폐형 상가제연설비 계통도의 일부분이다. 조건을 참조하여 ①~⑥까지의 최소 가닥수를 산정하고 배선용도를 구하시오.

[조건]

- 모든 댐퍼는 모터구동방식이며, 별도의 복구선은 없는 것으로 한다.

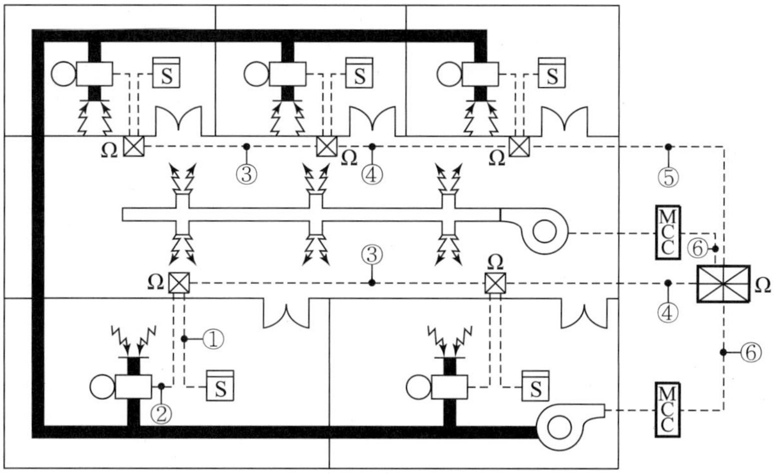

Solution

기호	가닥수	배선용도
①	4	지구선2, 공통선2
②	4	전원(+)1, 전원(−)1, 기동1, 기동확인1
③	5	전원(+)1, 전원(−)1, 지구선1, 기동1, 기동확인1
④	8	전원(+)1, 전원(−)1, (지구선1, 기동1, 기동확인1) × 2
⑤	11	전원(+)1, 전원(−)1, (지구선1, 기동1, 기동확인1) × 3
⑥	5	기동1, 정지1, 공통1, 기동확인표시등1, 전원표시등1(추가)

9) 계통도 9

Exercise

다음은 개방형 상가제연설비 계통도의 일부분이다. 조건을 참조하여 ①~⑥까지의 최소 가닥수를 산정하고 배선용도를 구하시오.

[조건]

• 모든 댐퍼는 모터구동방식이며, 별도의 복구선은 없는 것으로 한다.

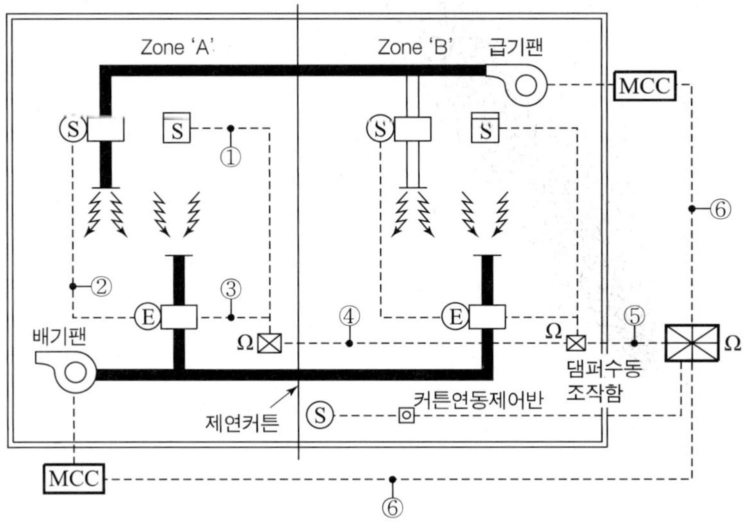

Solution

기호	가닥수	배선용도
①	4	지구선2, 공통선2
②	4	전원(+)1, 전원(−)1, 기동1, 기동확인1
③	6	전원(+)1, 전원(−)1, 배기기동1, 급기기동1, 배기기동확인1, 급기기동확인1
④	7	전원(+)1, 전원(−)1, 지구선1, 배기기동1, 급기기동1, 배기기동확인1, 급기기동확인1
⑤	12	전원(+)1, 전원(−)1, (지구선1, 배기기동1, 급기기동1, 배기기동확인1, 급기기동확인1)×2
⑥	5	기동1, 정지1, 공통1, 기동확인표시등1, 전원표시등1(추가)

10) 계통도 10

Exercise

다음은 개방형 상가제연설비 계통도의 일부분이다. 조건을 참조하여 ①~③까지의 최소 가닥수를 산정하고 배선용도를 구하시오.

[조건]

- 모든 댐퍼는 모터구동방식이며, 복구선은 1선 추가한다.

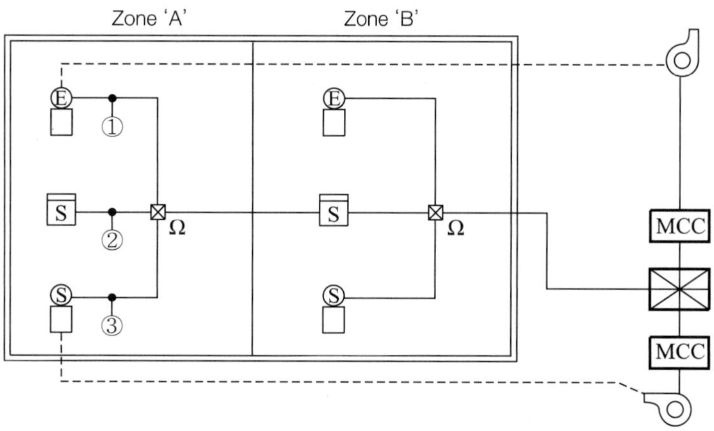

Solution

기호	가닥수	배선용도
①	5	전원(+)1, 전원(−)1, 복구S/W1, 배기기동1, 배기기동확인1
②	4	지구선2, 공통선2
③	5	전원(+)1, 전원(−)1, 복구S/W1, 급기기동1, 급기기동확인1

11) 계통도 11

Exercise

다음은 전실제연설비 계통도의 일부분이다. 조건을 참조하여 ①~⑨까지의 최소 가닥수를 산정하고 배선용도를 구하시오.

[조건]

① 솔레노이드기동, 모터복구방식이다.
② 터미널보드(TB)에 종단저항이 내장되어 있다.
③ 중계기와 중계기사이에는 전원(+),(−), 신호 2선을 사용한다.
④ 전원공통선과 감지기공통선을 별개로 사용한다.

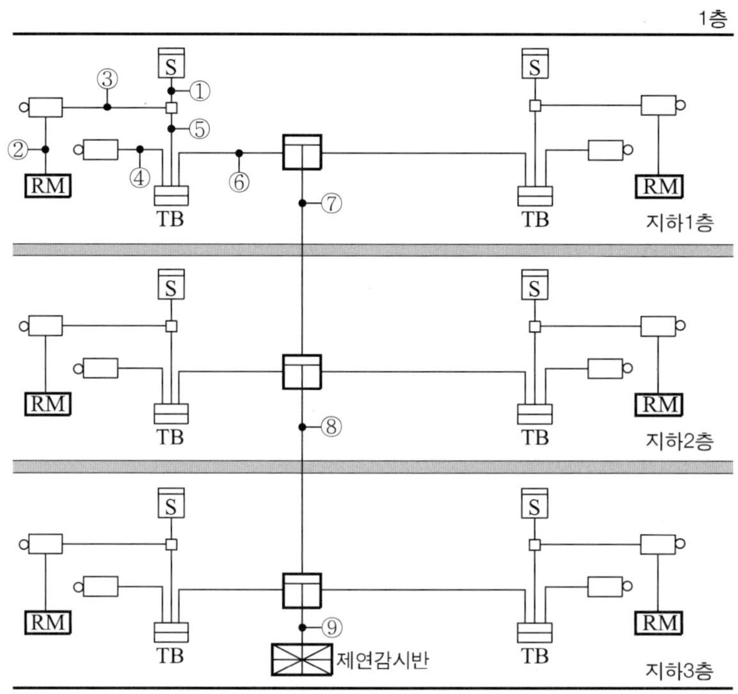

Solution

기호	가닥수	배선용도
①	4	지구선2, (감지기)공통선2
②	6	전원(+)1, 전원(−)1, 기동1, 기동확인3
③	6	전원(+)1, 전원(−)1, 기동1, 기동확인3
④	5	전원(+)1, 전원(−)1, 기동1, 기동확인2
⑤	10	전원(+)1, 전원(−)1, 지구선2, 감지기공통2, 기동1, 기동확인3
⑥	8	전원(+)1, 전원(−)1, 지구선1, 감지기공통1, 기동1, 기동확인3
⑦~⑨	4	전원(+)1, 전원(−)1, 신호선2

실제배선도

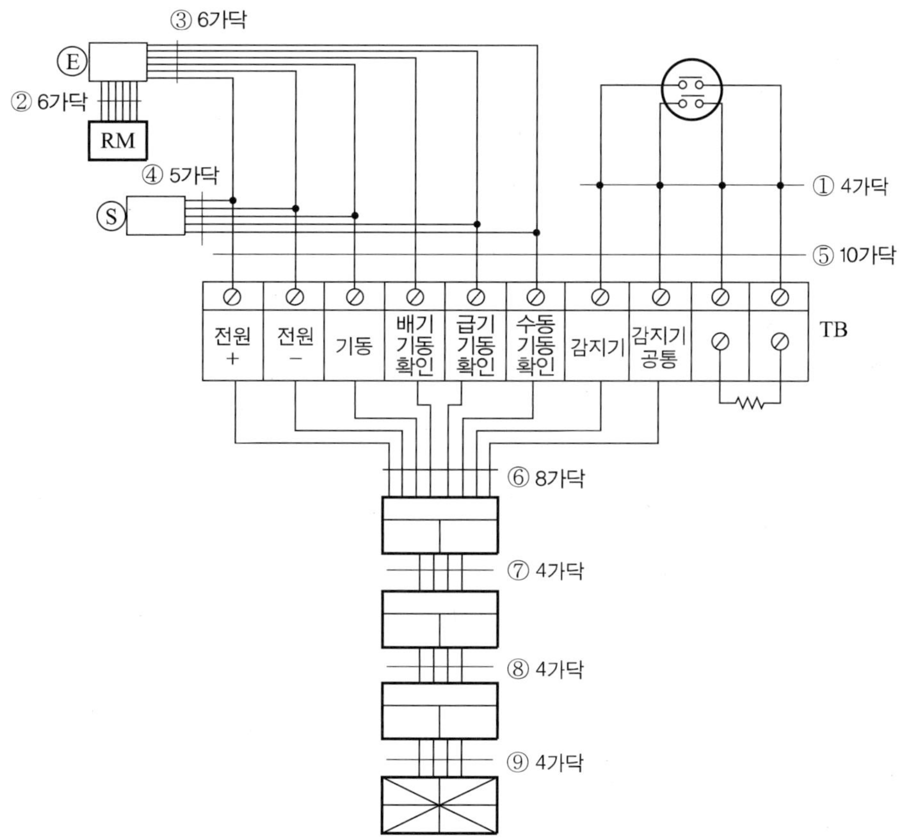

6절. 배연창설비

1. 배선 내역 및 가닥수 산정 방법

1.1_구동방식 결정

배연창의 구동방식을 결정한다.

(1) 솔레노이드방식 - **공통, 기동, 확인 3가닥** 사용

(2) Motor방식 - **전원(+), 전원(-), 기동, 복구, 확인 5가닥** 사용

1.2_배선내역 및 배선가닥수

1) 솔레노이드방식 [수동조작함 ↔ 전동구동장치, 전동구동장치 ↔ 전동구동장치·수신기]

배 선	설치유무	비고
• 공통	▲	Zone수와 무관
• 기동	▲	Zone수마다 증가 (**전동구동장치 수**를 센다)
• 확인	▲	

2) Motor방식 [수동조작함 ↔ 전동구동장치, 전동구동장치 ↔ 전동구동장치·전원장치]

배 선	설치유무	비고
• 전원(+)	▲	Zone수와 무관
• 전원(-)	▲	
• 기동	▲	
• 복구	▲	
• 확인	▲	Zone수마다 증가 (**전동구동장치 수**를 센다)

2. 배선 계통도

1) 계통도 1

Exercise

다음은 솔레노이드방식 배연창설비 계통도이다. ①~⑤까지의 최소 가닥수를 산정하고 배선 용도를 구하시오.

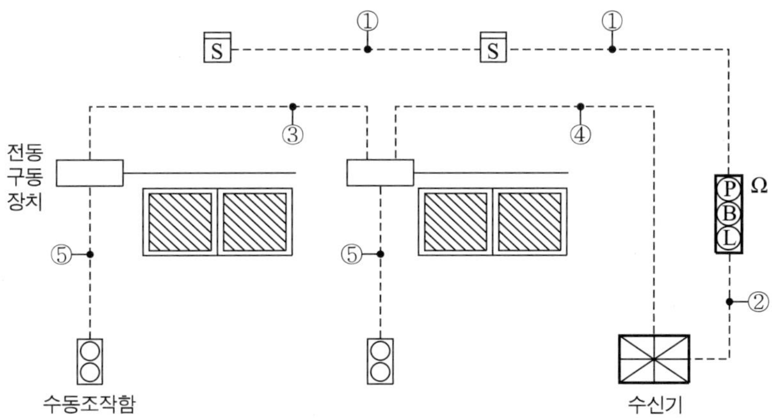

Solution

기호	가닥수	배선용도
①	4	지구선2, 공통선2
②	7	회로선1, 공통선1, 경종선1, 경종표시등공통선1, 전화선1, 응답선1, 표시등선1
③	3	공통1, 기동1, 확인1
④	5	공통1, (기동1, 확인1)×2
⑤	3	공통1, 기동1, 확인1

2) 계통도 2

Exercise

다음은 Motor 방식 배연창설비 계통도이다. ①~⑥까지의 최소 가닥수를 산정하고 배선용도를 구하시오.

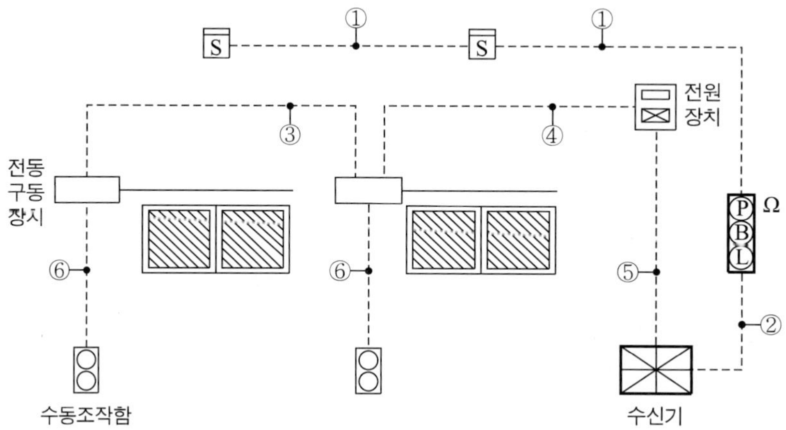

Solution

기호	가닥수	배선용도
①	4	지구선2, 공통선2
②	7	회로선1, 공통선1, 경종선1, 경종표시등공통선1, 전화선1, 응답선1, 표시등선1
③	5	전원(+)1, 전원(−)1, 기동1, 복구1, 확인1
④	6	전원(+)1, 전원(−)1, 기동1, 복구1, 확인2
⑤	8	전원(+)1, 전원(−)1, 기동1, 복구1, 확인2, **교류전원2**
⑥	5	전원(+)1, 전원(−)1, 기동1, 복구1, **정지1**

7절. 자동 방화문(Door Release)설비

1. 배선 내역 및 가닥수 산정 방법

1.1_고려 사항

송배선방식이며 **확인**은 **층당 방화문 개수**를 센다.

1.2_배선내역 및 배선가닥수

배선내역 및 배선가닥수[자동방화문 ↔ 자동방화문, 자동방화문 ↔ 수신기]

배 선	설치유무	비고
• 전원 (+)	▲(AC전원사용시)	Zone수와 무관
• 전원 (−)	▲(AC전원사용시)	
• 공통	▲	
• 지구(감지기)	▲(조건, 도면)	Zone수마다 증가 (**층수**를 센다)
• 기동	▲	
• 확인	▲(층당 방화문 개수)	

2. 계통도

1) 계통도 1

Exercise

다음은 자동방화문설비 계통도의 일부분이다. 조건을 참조하여 ①~④까지의 최소 가닥수를 산정하고 배선용도를 구하시오.

[조건]
- 교류전원을 사용한다.

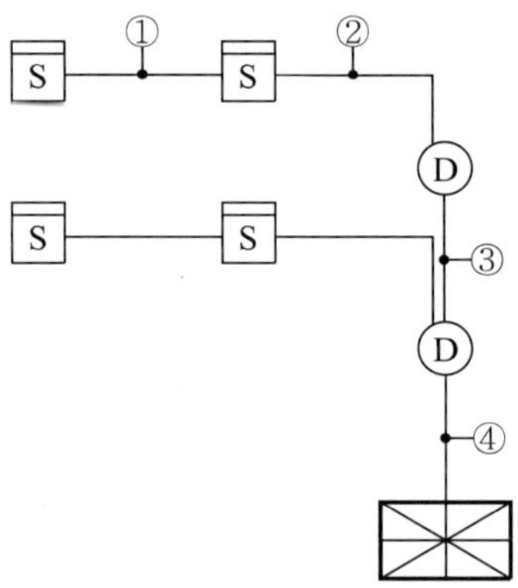

Solution

기호	가닥수	배선용도
①	4	지구선2, 공통선2
②	4	지구선2, 공통선2
③	6	전원(+)1, 전원(−)1, 공통1, (지구1, 기동1, 확인1) × 1
④	9	전원(+)1, 전원(−)1, 공통1, (지구1, 기동1, 확인1) × 2

2) 계통도 2

Exercise

다음은 자동방화문설비 계통도의 일부분이다. ①~④까지의 최소 가닥수를 산정하고 배선용도를 구하시오.

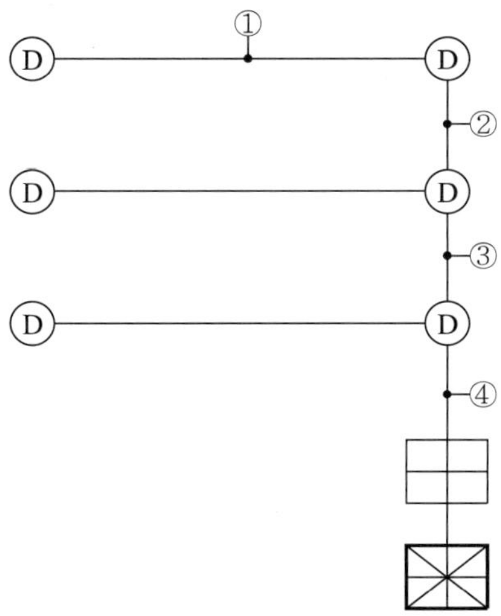

Solution

기호	가닥수	배선용도
①	3	공통1, 기동1, 확인1
②	4	공통1, 기동1, 확인2
③	7	공통1, (기동1, 확인2) × 2
④	10	공통1, (기동1, 확인2) × 3

3. 평면도

1) 평면도 1

Exercise

다음은 1층에서 동시 작동하는 자동방화문설비의 평면도이다. ①~④까지의 최소 가닥수를 산정하고 배선용도를 구하시오.

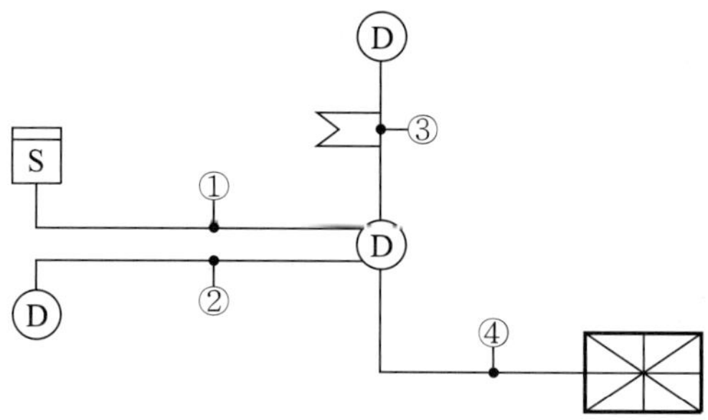

Solution

기호	가닥수	배선용도
①	4	지구선2, 공통선2
②	3	공통1, 기동1, 확인1
③	3	공통1, 기동1, 확인1
④	9	공통1, 기동1, **확인3**, 지구선2, 공통선2

Caution!

④번 배선용도에서 확인은 층당 방화문 개수를 세어야 하므로 확인은 3가닥이 된다.

2) 평면도 2

Exercise

Door Release의 설치 목적 및 미완성 도면을 완성하시오.

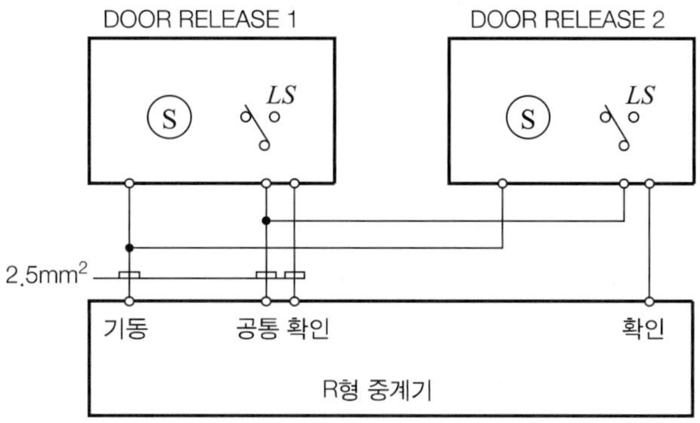

Solution

설치목적 : 화재 발생으로 인한 연기가 계단측으로 유입되는 것을 방지하기 위함

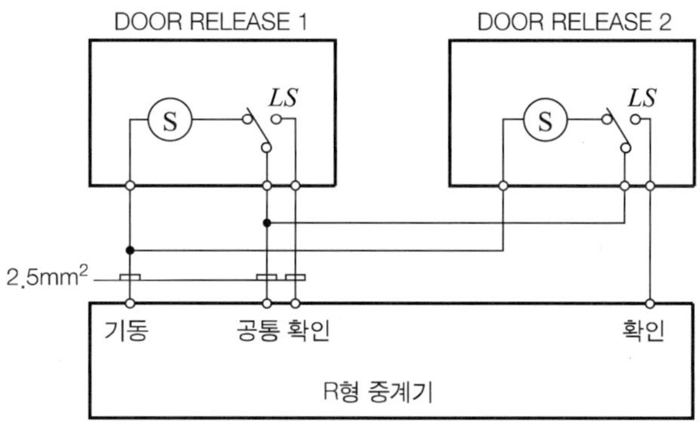

8절. 방화셔터설비

1. 설비 개요

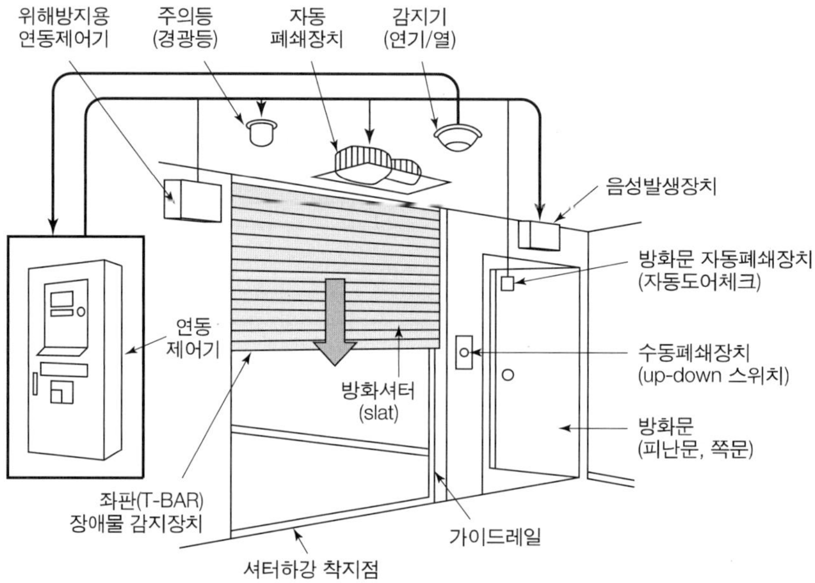

2. 배선 내역 및 가닥수 산정 방법

2.1_배선내역 및 배선가닥수

배선내역 및 배선가닥수[연동제어기 ↔ 연동제어기, 연동제어기 ↔ 수신기]

배 선	설치유무	비고
• 공통	▲	Zone수와 무관
• 지구(감지기)	▲(조건, 도면)	Zone수마다 증가 (**연동제어기**를 센다)
• 기동	▲	
• 확인	▲	

3. 예제

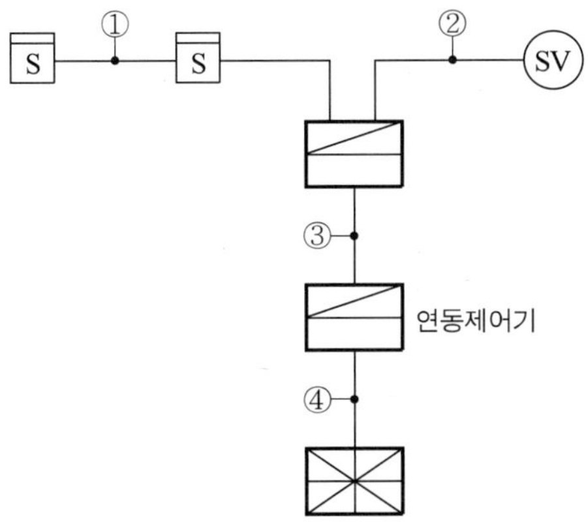

기호	가닥수	배선용도
①	4	지구선2, 공통선2
②	2	밸브기동(SV)2
③	4	공통1, 지구1, 기동1, 확인1
④	7	공통1, (지구1, 기동1, 확인1) × 2

Point

자동방화셔터	일체형 자동방화셔터
방화구획의 용도로 화재시 연기 및 열을 감지하여 자동폐쇄되는 것으로서, 공항·체육관 등 넓은 공간에 부득이하게 내화구조로 된 벽을 설치하지 못하는 경우에 사용하는 방화셔터	방화셔터의 일부에 피난을 위한 출입구가 설치된 셔터

① 감지기의 작동이나 연동제어기의 기동스위치를 동작시켰을 경우 방화셔터가 폐쇄되어 화재의 확산을 방지한다.

② 수동스위치는 평상시 셔터의 운용과 화재로 인한 동작 후 복구 시에 사용하는 스위치로 화재 연동과는 무관한 스위치이다.

③ 연동제어기용 AC전원 공급선은 별도로 배선 배관한다.

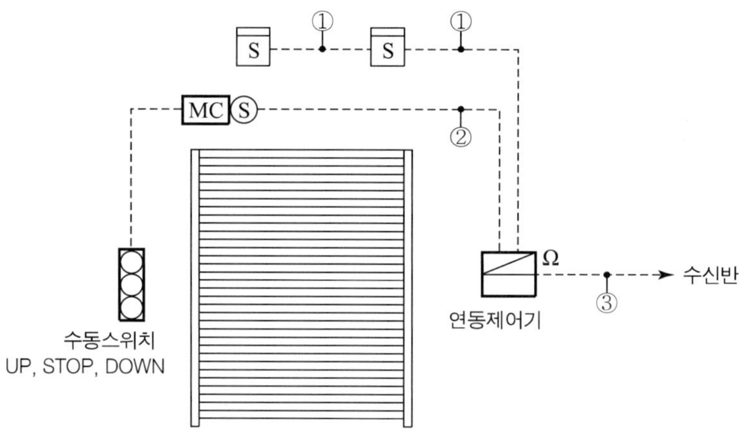

기호	구 분	가닥수	배선용도
①	감지기 ↔ 연동제어기	4	지구선2, 공통선2
②	폐쇄장치 ↔ 연동제어기	3	공통1, 기동1, 확인1
③	연동제어기 ↔ 수신반	6	공통1, 지구1, 기동2, 확인2

9절. 연습문제

1. 옥내소화전설비

Exercise

다음은 옥내소화전설비 계통도의 일부분이다. ①~⑥까지의 최소 가닥수를 산정하고 배선용도를 구하시오.

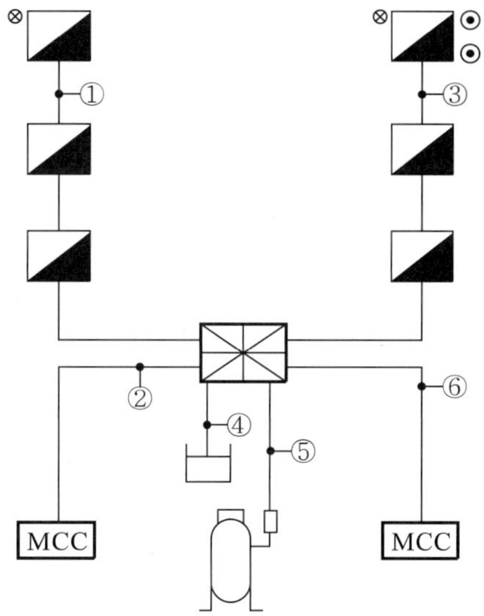

Solution

기호	가닥수	배선용도
①	2	기동확인표시등2
②	5	기동1, 정지1, 공통1, 기동확인표시등1, 전원표시등1(추가)
③	5	기동1, 정지1, 공통1, 기동확인표시등2
④	2	소화수조2
⑤	2	압력스위치2
⑥	5	기동1, 정지1, 공통1, 기동확인표시등1, 전원표시등1(추가)

2. 자동화재탐지설비와 타설비 겸용

1) 옥내와 자탐설비의 겸용

Exercise

다음은 옥내소화전설비와 자동화재탐지설비 겸용 계통도의 일부분이다. 조건을 참조하여 ①~⑥까지의 최소 가닥수를 산정하고 배선용도를 구하시오.

[조건]

- 왼쪽(옥내자동기동방식), 오른쪽(자동화재탐지설비)

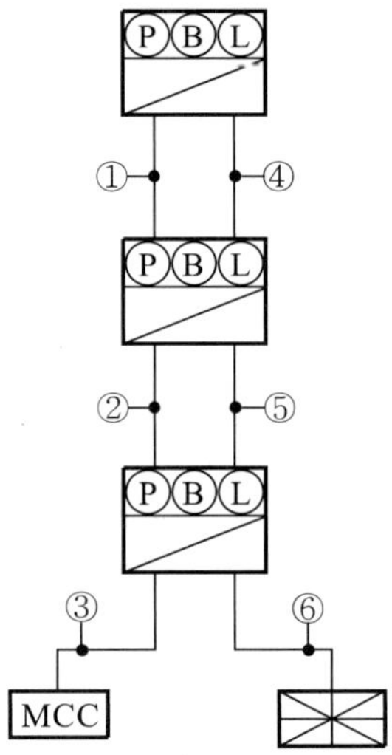

Solution

기호	가닥수	배선용도
①	2	기동확인표시등2
②	2	기동확인표시등2
③	5	기동1, 정지1, 공통1, 기동확인표시등1, 전원표시등1(추가)
④	6	회로선1, 공통선1, 경종선1, 경종표시등공통선1, 응답선1, 표시등선1
⑤	7	회로선2, 공통선1, 경종선1, 경종표시등공통선1, 응답선1, 표시등선1
⑥	8	회로선3, 공통선1, 경종선1, 경종표시등공통선1, 응답선1, 표시등선1

※ 각 층 배선 상에 유효한 조치(단락보호장치 설치)를 하였음.

2) 옥내와 자탐설비의 겸용

Exercise

가압송수장치를 기동용 수압개폐방식으로 사용하는 1, 2, 3동의 공장 내부에 옥내소화전함과 자동화재탐지설비용 발신기를 다음과 같이 설치하였다. 다음 각 물음에 답하시오.

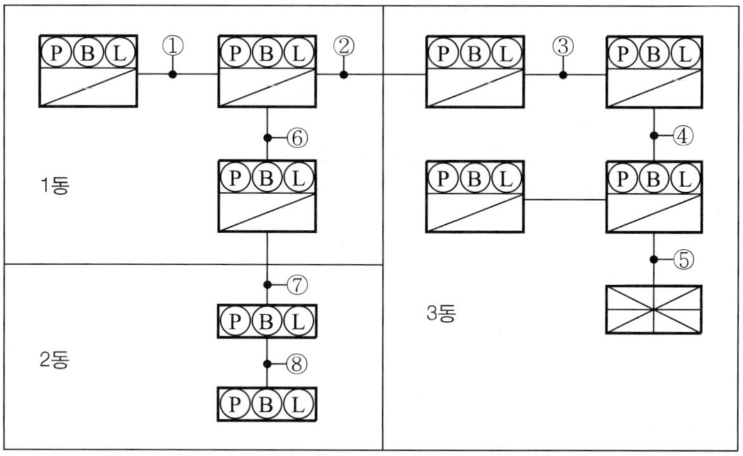

1) 기호 ①~⑧의 전선가닥수를 표시한 도표이다. 전선가닥수를 표 안에 숫자로 쓰시오(단, 가닥수가 필요없는 곳은 공란으로 둘 것).

기호	회로선	회로 공통선	경종선	경종표시등 공통선	전화선	응답선	표시등선	기동확인 표시등	합계
①									
②									
③									
④									
⑤									
⑥									
⑦									
⑧									

2) 도면의 P형 1급 수신기는 최소 몇 회로용을 사용하여야 하는가? (단, 회로수 산정시 10%의 여유를 둔다.)

3) 상시 사람이 근무하는 장소가 없는 경우 수신기는 어디에 설치하여야 하는가?

4) 수신기가 설치된 장소에는 무엇을 비치하여야 하는가?

Solution

1)

기호	회로선	회로 공통선	경종선	경종표시 등공통선	전화선	응답선	표시등선	기동확인 표시등	합계
①	1	1	1	1		1	1	2	8
②	5	1	2	1		1	1	2	13
③	6	1	3	1		1	1	2	15
④	7	1	3	1		1	1	2	16
⑤	9	2	3	1		1	1	2	18
⑥	3	1	2	1		1	1	2	11
⑦	2	1	1	1		1	1		7
⑧	1	1	1	1		1	1		6

※ 각 층 배선 상에 유효한 조치(단락보호장치 설치)를 하였음.

만약, 옥내소화전이 수동기동방식인 경우

기호	가닥수	배선용도
①	11	회로선1, 공통선1, 경종선1, 경종표시등공통선1, 응답선1, 표시등선1 기동1, 정지1, 공통1, 기동확인표시등2
②	16	회로선5, 공통선1, 경종선2, 경종표시등공통선1, 응답선1, 표시등선1 기동1, 정지1, 공통1, 기동확인표시등2
③	18	회로선6, 공통선1, 경종선3, 경종표시등공통선1, 응답선1, 표시등선1 기동1, 정지1, 공통1, 기동확인표시등2
④	19	회로선7, 공통선1, 경종선3, 경종표시등공통선1, 응답선1, 표시등선1 기동1, 정지1, 공통1, 기동확인표시등2
⑤	22	회로선9, 공통선2, 경종선3, 경종표시등공통선1, 응답선1, 표시등선1 기동1, 정지1, 공통1, 기동확인표시등2
⑥	14	회로선3, 공통선1, 경종선2, 경종표시등공통선1, 응답선1, 표시등선1 기동1, 정지1, 공통1, 기동확인표시등2
⑦	7	회로선2, 공통선1, 경종선1, 경종표시등공통선1, 응답선1, 표시등선1
⑧	6	회로선1, 공통선1, 경종선1, 경종표시등공통선1, 응답선1, 표시등선1

※ 각 층 배선 상에 유효한 조치(단락보호장치 설치)를 하였음.

2) 기호 ⑤에서 회로선이 9가닥으로 10% 절상하면 $9 \times 1.1 = 9.9 \fallingdotseq 10$회로

3) 수위실 등 사람이 상주하는 장소(관계인이 쉽게 접근할 수 있고 관리가 용이한 장소)

4) 경계구역 일람도를 비치할 것

3) 옥내와 자탐설비의 겸용

Exercise

그림은 수압개폐장치를 이용한 자동기동방식의 옥내소화전설비와 P형 1급 수동발신기를 사용한 자동화재탐지설비의 계통도이다. 다음 물음에 답하시오.

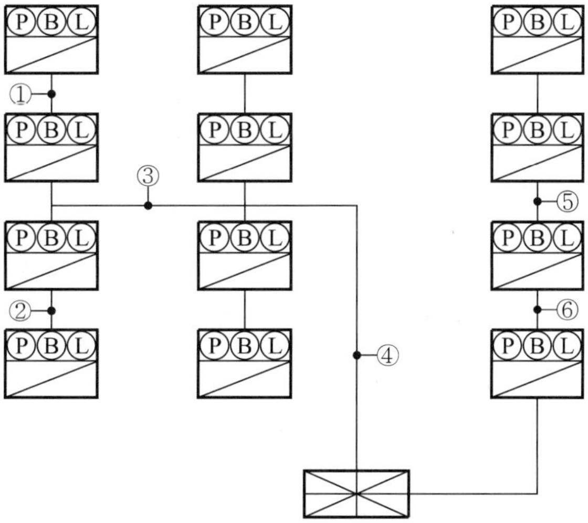

1) 기호 ①~⑥의 전선 가닥수를 표시하시오.

① ② ③ ④ ⑤ ⑥

Solution

기호	가닥수	배선용도
①	8(11)	회로선1, 공통선1, 경종선1, 경종표시등공통선1, 응답선1, 표시등선1 기동확인표시등2, (기동1, 정지1, 공통1)
②	8(11)	회로선1, 공통선1, 경종선1, 경종표시등공통선1, 응답선1, 표시등선1 기동확인표시등2, (기동1, 정지1, 공통1)
③	11(14)	회로선4, 공통선1, 경종선1, 경종표시등공통선1, 응답선1, 표시등선1 기동확인표시등2, (기동1, 정지1, 공통1)
④	16(19)	회로선8, 공통선2, 경종선1, 경종표시등공통선1, 응답선1, 표시등선1 기동확인표시등2, (기동1, 정지1, 공통1)
⑤	9(12)	회로선2, 공통선1, 경종선1, 경종표시등공통선1, 응답선1, 표시등선1 기동확인표시등2, (기동1, 정지1, 공통1)
⑥	10(13)	회로선3, 공통선1, 경종선1, 경종표시등공통선1, 응답선1, 표시등선1 기동확인표시등2, (기동1, 정지1, 공통1)

※ 각 층 배선 상에 유효한 조치(단락보호장치 설치)를 하였음.

※ ( )는 옥내소화전이 수동기동방식인 경우

4) 옥내와 자탐설비의 겸용

Exercise

가압송수장치를 기동용 수압개폐방식으로 사용하는 1층 공장 내부에 옥내소화전함과 자동화재탐지설비용 발신기를 다음과 같이 설치하였다. 다음 각 물음에 답하시오.

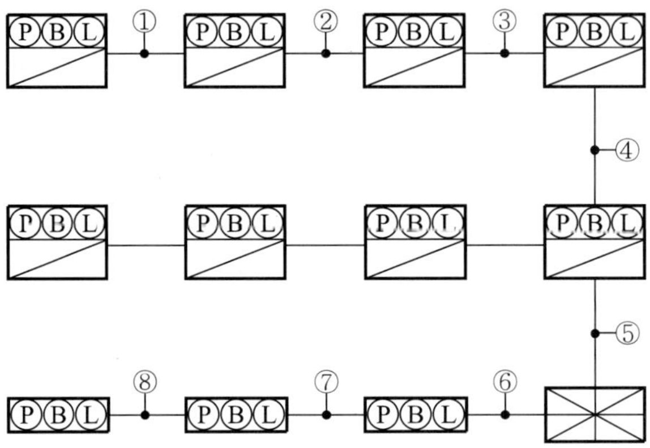

1) 기호 ①~⑧의 전선 가닥수를 표시하시오.

① ② ③ ④ ⑤ ⑥ ⑦ ⑧

2) 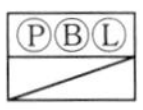 와  의 명칭과 전면부착기기 장치의 명칭을 설명하시오.

Solution

1)

기호	가닥수	배선용도
①	8(11)	회로선1, 공통선1, 경종선1, 경종표시등공통선1, 응답선1, 표시등선1 기동확인표시등2, (기동1, 정지1, 공통1)
②	9(12)	회로선2, 공통선1, 경종선1, 경종표시등공통선1, 응답선1, 표시등선1 기동확인표시등2, (기동1, 정지1, 공통1)
③	10(13)	회로선3, 공통선1, 경종선1, 경종표시등공통선1, 응답선1, 표시등선1 기동확인표시등2, (기동1, 정지1, 공통1)
④	11(14)	회로선4, 공통선1, 경종선1, 경종표시등공통선1, 응답선1, 표시등선1 기동확인표시등2, (기동1, 정지1, 공통1)
⑤	16(19)	회로선8, 공통선2, 경종선1, 경종표시등공통선1, 응답선1, 표시등선1 기동확인표시등2, (기동1, 정지1, 공통1)
⑥	8	회로선3, 공통선1, 경종선1, 경종표시등공통선1, 응답선1, 표시등선1
⑦	7	회로선2, 공통선1, 경종선1, 경종표시등공통선1, 응답선1, 표시등선1
⑧	6	회로선1, 공통선1, 경종선1, 경종표시등공통선1, 응답선1, 표시등선1

※ 각 층 배선 상에 유효한 조치(단락보호장치 설치)를 하였음.

(　　)는 옥내소화전이 수동기동방식인 경우

2) 첫 번째 : 발신기세트 옥내소화전 내장형(발신기, 경종, 표시등, 기동확인표시등)

두 번째 : 발신기세트 단독형(발신기, 경종, 표시등)

5) 옥내와 자탐설비의 겸용

Exercise

다음은 옥내소화전설비를 겸용한 자동화재탐지설비의 계통도이다. 기호 ①~⑤의 최소 전선 가닥수를 쓰시오(단, 옥내소화전은 기동용 수압개폐장치를 이용하는 방식을 채택한다).

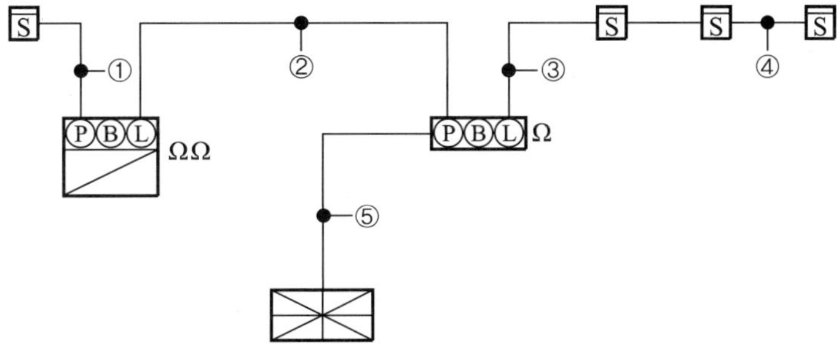

①	②	③	④	⑤

Solution

기호	가닥수	배선용도
①	4	지구선2, 공통선2
②	9	회로선2, 공통선1, 경종선1, 경종표시등공통선1, 응답선1, 표시등선1, 기동확인표시등2
③	4	지구선2, 공통선2
④	4	지구선2, 공통선2
⑤	10	회로선3, 공통선1, 경종선1, 경종표시등공통선1, 응답선1, 표시등선1, 기동확인표시등2

※ 각 층 배선 상에 유효한 조치(단락보호장치 설치)를 하였음.

6) 옥내와 자탐설비의 겸용

Exercise

가압송수장치를 기동용 수압계폐장치로 사용하는 옥내소화전함과 P형 발신기세트를 다음과 같이 설치하였다. 다음 각 물음에 답하시오.

1) 기호 ①~⑥의 전선가닥수를 표시하시오.

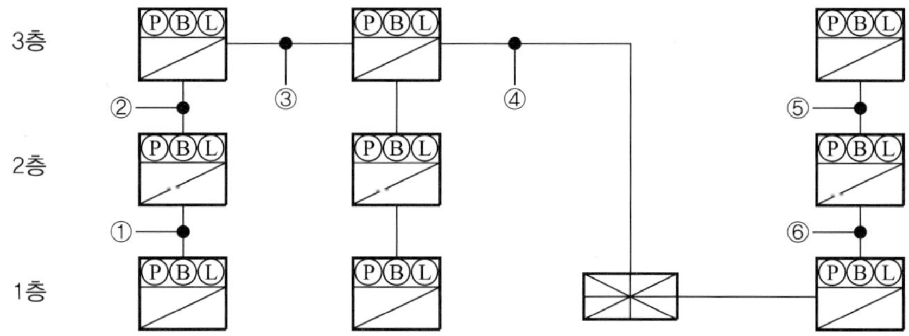

①	②	③	④	⑤	⑥

2) 감지기회로의 종단저항의 설치목적을 쓰시오.

3) 감지기회로의 전로저항은 몇 Ω 이하이어야 하는지 쓰시오.

4) 수신기의 각 회로별 종단에 설치되는 감지기에 접속되는 배선의 전압은 감지기 정격전압의 몇 % 이상이어야 하는지 쓰시오.

Solution

1)

기호	가닥수	배선용도
①	8	회로선1, 공통선1, 경종선1, 경종표시등공통선1, 응답선1, 표시등선1, 기동확인표시등2
②	9	회로선2, 공통선1, 경종선1, 경종표시등공통선1, 응답선1, 표시등선1, 기동확인표시등2
③	10	회로선3, 공통선1, 경종선1, 경종표시등공통선1, 응답선1, 표시등선1, 기동확인표시등2
④	13	회로선6, 공통선1, 경종선1, 경종표시등공통선1, 응답선1, 표시등선1, 기동확인표시등2
⑤	8	회로선1, 공통선1, 경종선1, 경종표시등공통선1, 응답선1, 표시등선1, 기동확인표시등2
⑥	9	회로선2, 공통선1, 경종선1, 경종표시등공통선1, 응답선1, 표시등선1, 기동확인표시등2

※ 각 층 배선 상에 유효한 조치(단락보호장치 설치)를 하였음.

2) 감지기회로의 도통시험 용이

3) 50Ω 이하

4) 80%

7) 자탐설비와 준비작동식 스프링클러설비의 겸용

Exercise

다음은 자동화재탐지설비와 준비작동식 스프링클러설비의 겸용 계통도이다. 조건을 참조하여 ①~⑧까지의 최소 가닥수를 산정하고 배선용도를 구하시오.

[조건]

① 감지기공통선과 전원공통선은 분리하여 사용한다.

② 준비작동식밸브용 압력스위치, 탬퍼스위치, 솔레노이드밸브의 공통선은 1가닥을 사용한다.

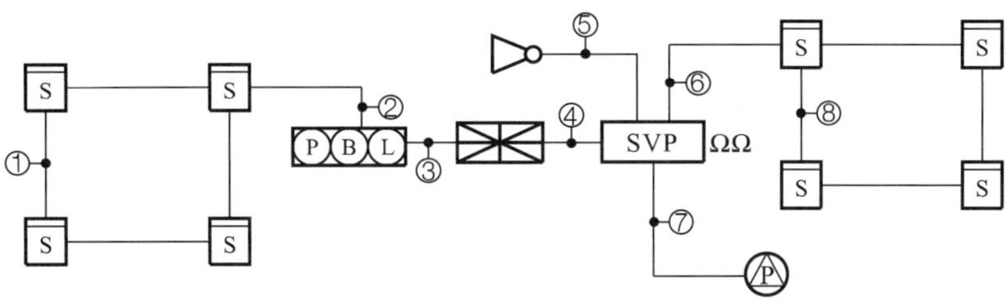

Solution

기호	가닥수	배선용도
①	2	지구선1, 공통선1
②	4	지구선2, 공통선2
③	6	회로선1, 공통선1, 경종선1, 경종표시등공통선1, 응답선1, 표시등선1
④	10	감지기공통선1, 전원(+)1, 전원(−)1, 전화1, 감지기A1, 감지기B1, SV1, PS1, TS1, 사이렌1
⑤	2	사이렌2
⑥	8	지구선4, 공통선4
⑦	4	솔레노이드밸브(SV)1, 압력스위치(PS)1, 탬퍼스위치(TS)1, 공통선1
⑧	4	지구선2, 공통선2

※ 각 층 배선 상에 유효한 조치(단락보호장치 설치)를 하였음.

8) 옥내와 자탐설비, 습식S/P의 겸용 1

Exercise

사무실(1동)과 공장(2동)으로 구분되어 있는 건물에 자동화재탐지설비의 P형 1급 발신기세트와 습식스프링클러설비를 설치하였다. 경보방식은 동별구분 경보방식을 적용하였으며, 옥내소화전의 가압송수장치는 수동기동방식을 사용하는 경우에 최소 가닥수를 구하시오.

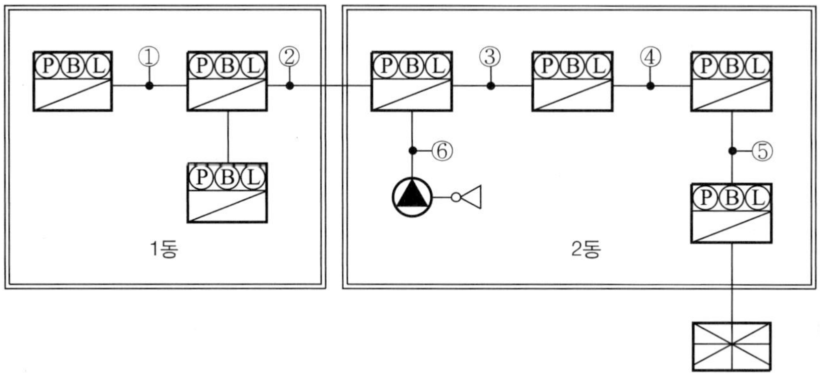

Solution

기호	가닥수	배선용도
①	11	회로선1, 공통선1, 경종선1, 경종표시등공통선1, 응답선1, 표시등선1 기동확인표시등2, 기동1, 정지1, 공통1
②	13	회로선3, 공통선1, 경종선1, 경종표시등공통선1, 응답선1, 표시등선1 기동확인표시등2, 기동1, 정지1, 공통1
③	19	회로선4, 공통선1, 경종선2, 경종표시등공통선1, 응답선1, 표시등선1, 기동1, 정지1, 공통1, 기동확인표시등2, 공통선1, 유수검지스위치1, 사이렌1, 밸브모니터링스위치1
④	20	회로선5, 공통선1, 경종선2, 경종표시등공통선1, 응답선1, 표시등선1, 기동1, 정지1, 공통1, 기동확인표시등2, 공통선1, 유수검지스위치1, 사이렌1, 밸브모니터링스위치1
⑤	21	회로선6, 공통선1, 경종선2, 경종표시등공통선1, 응답선1, 표시등선1, 기동1, 정지1, 공통1, 기동확인표시등2, 공통선1, 유수검지스위치1, 사이렌1, 밸브모니터링스위치1
⑥	4	공통선1, 유수검지스위치1, 사이렌1, 밸브모니터링스위치1

※ 각 층 배선 상에 유효한 조치(단락보호장치 설치)를 하였음.

9) 옥내와 자탐설비, 습식S/P의 겸용 2

Exercise

다음은 기동용 수압 개폐장치를 사용하는 옥내소화전설비와 습식 스프링클러 설비가 설치된 지상 6층 건축물의 계통도이다. ①~⑧까지의 최소 가닥수를 산정하고 배선용도를 구하시오.

[조건]

· 우선경보방식을 적용한다.

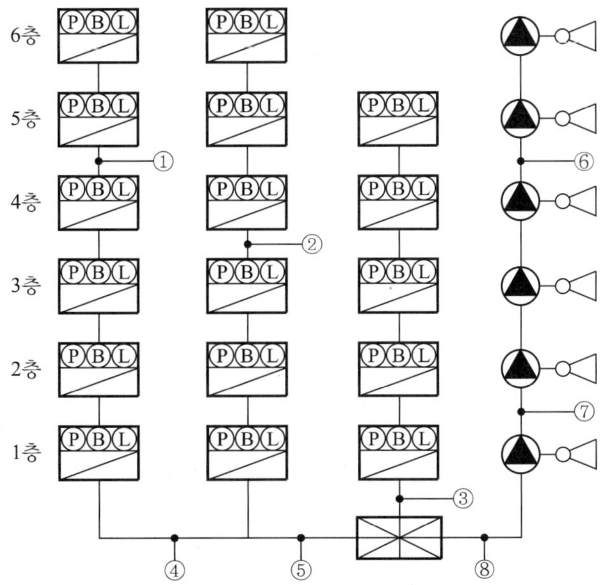

Solution

기호	가닥수	배선용도
①	10	회로선2, 공통선1, 경종선2, 경종표시등공통선1, 응답선1, 표시등선1, 기동확인표시등2
②	12	회로선3, 공통선1, 경종선3, 경종표시등공통선1, 응답선1, 표시등선1, 기동확인표시등2
③	16	회로선5, 공통선1, 경종선2, 경종표시등공통선5, 응답선1, 표시등선1, 기동확인표시등2
④	18	회로선6, 공통선1, 경종선6, 경종표시등공통선1, 응답선1, 표시등선1, 기동확인표시등2
⑤	25	회로선12, 공통선2, 경종선6, 경종표시등공통선1, 응답선1, 표시등선1, 기동확인표시등2
⑥	7	공통선1, (유수검지스위치1, 사이렌1, 탬퍼스위치1) × 2
⑦	16	공통선1, (유수검지스위치1, 사이렌1, 탬퍼스위치1) × 5
⑧	19	공통선1, (유수검지스위치1, 사이렌1, 탬퍼스위치1) × 6

※ 각 층 배선 상에 유효한 조치(단락보호장치 설치)를 하였음.

3. 습식 S/P설비

Exercise

다음은 습식 S/P설비 계통도이다. ①~⑥까지의 최소 가닥수를 산정하고 배선용도를 구하시오.

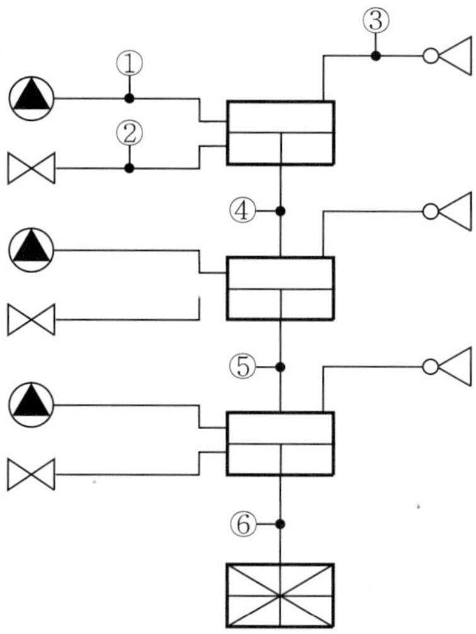

Solution

기호	가닥수	배선용도
①	2	유수검지스위치(PS)2
②	2	개폐표시형밸브(TS)2 or 밸브모니터링 스위치2
③	2	사이렌2
④	4	공통선1, 유수검지스위치1, 사이렌1, 밸브모니터링스위치1
⑤	7	공통선1, (유수검지스위치1, 사이렌1, 밸브모니터링스위치1) × 2
⑥	10	공통선1, (유수검지스위치1, 사이렌1, 밸브모니터링스위치1) × 3

4. 준비작동식 S/P설비

Exercise

다음은 준비작동식 S/P설비 계통도의 일부분이다. ①~⑤까지의 최소 가닥수를 산정하고 배선용도를 구하시오.

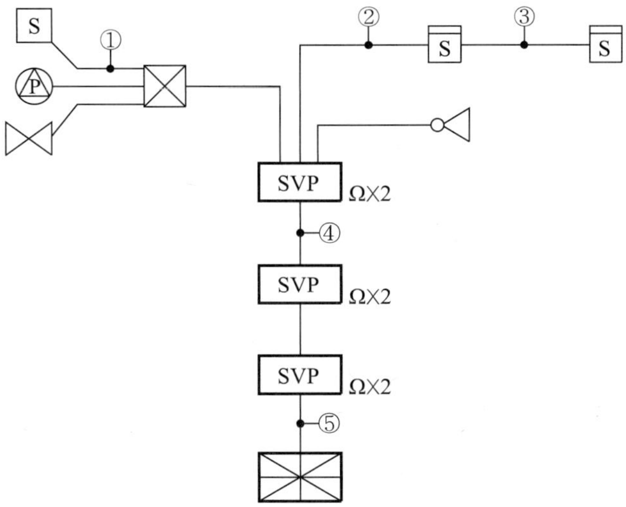

Solution

기호	가닥수	배선용도
①	2	밸브기동(SV)2
②	8	(지구선2, 공통선2) × 2
③	4	지구선2, 공통선2
④	9	전원(+)1, 전원(−)1, 전화1, 감지기A1, 감지기B1, SV1, PS1, TS1, 사이렌1
⑤	21	전원(+)1, 전원(−)1, 전화1, (감지기A1, 감지기B1, SV1, PS1, TS1, 사이렌1) × 3

5. 가스계설비

Exercise

다음은 가스계설비 계통도의 일부분이다. ①~⑥까지의 최소 가닥수를 산정하고 배선용도를 구하시오.

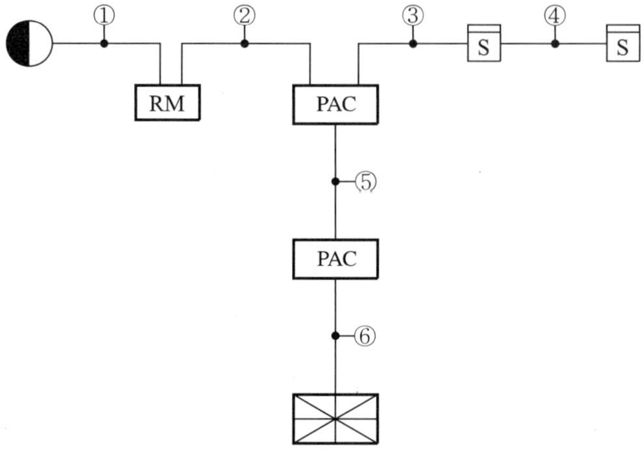

Solution

기호	가닥수	배선용도
①	2	방출표시등2
②	5	전원(+)1, 전원(−)1, 방출지연스위치1, 기동스위치1, 방출표시등1
③	8	(지구선2, 공통선2) × 2
④	4	지구선2, 공통선2
⑤	4	공통1, 감지기A1, 감지기B1, 방출표시등1
⑥	8	(공통1, 감지기A1, 감지기B1, 방출표시등1) × 2

6. 가스계설비

Exercise

다음은 가스계설비 계통도의 일부분이다. 조건을 참조하여 ①~⑧까지의 최소 가닥수를 산정하고 배선용도를 구하시오.

[조건]

① 전원(−)과 감지기공통선은 별도로 한다.

② Door S/W를 추가한다.

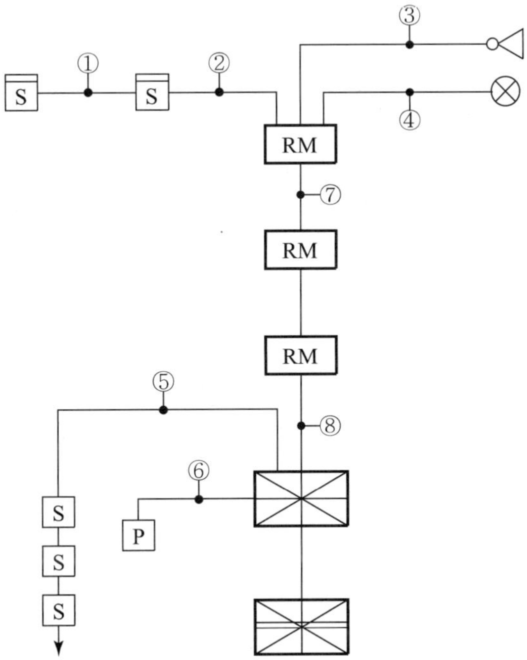

Solution

기호	가닥수	배선용도
①	4	지구선2, 공통선2
②	8	(지구선2, 공통선2) × 2
③	2	사이렌2
④	2	방출표시등2
⑤	4	SV3, 공통1
⑥	4	PS3, 공통1
⑦	10	전원(+)1, 전원(−)1, 방출지연스위치1, 감지기공통1, 감지기A1, 감지기B1, 기동1, 사이렌1, 방출표시등1, Door S/W1
⑧	22	전원(+)1, 전원(−)1, 방출지연스위치1, 감지기공통1, (감지기A1, 감지기B1, 기동1, 사이렌1, 방출표시등1, Door S/W1) × 3

7. 종합

Exercise

각 층에 수동발신기 1회로, 알람밸브 1회로, 제연댐퍼 1회로가 설치되어 있고 층별 R형 중계기가 1대씩 설치되고 있는 지상 5층 지하 1층인 소방대상물이 있다. 이 건물의 소방설비 간선계통도를 그리고 가닥수를 표시하시오(단, R형 수신기는 지상 1층에 설치하고, R형 중계기와 수신기 간의 선로는 신호선 2선, 전원선 2선을 연결하며 이 선들은 층간 중계기의 증가에 따라 회선이 증가하지 않는다).

[범례]

R형 수신기 : 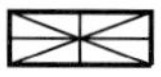 R형 중계기 : 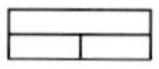 사 이 렌 : 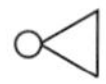

알 람 밸 브 :  세 연 댐 퍼 :  수동발신기 : 

Solution

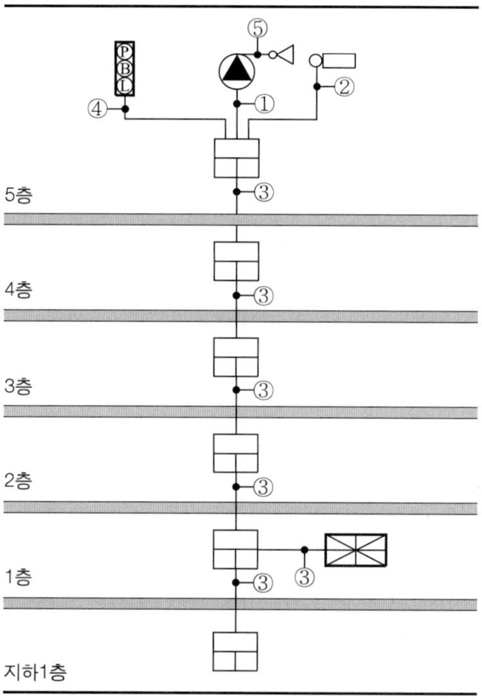

배선의 용도

기호	가닥수	배선용도
①	4	공통선1, 유수검지스위치1, 사이렌1, 탬퍼스위치1
②	4	전원(+)1, 전원(−)1, 기동스위치1, 기동확인표시등1
③	4	신호선2, 전원선2
④	6	회로선1, 공통선1, 경종선1, 경종표시등공통선1, 응답선1, 표시등선1
⑤	2	사이렌2

8. 3로 점멸기

조건－1개의 등을 2개소에서 점멸이 가능하도록 한다.

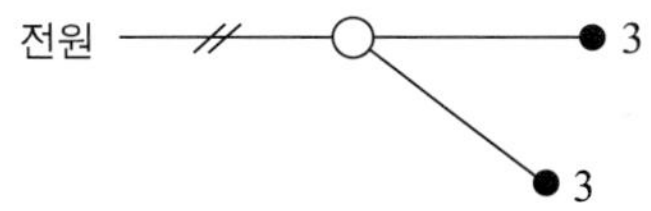

배선가닥수와 실제배선도, 시퀀스를 나타내시오.

(1) 배선가닥수

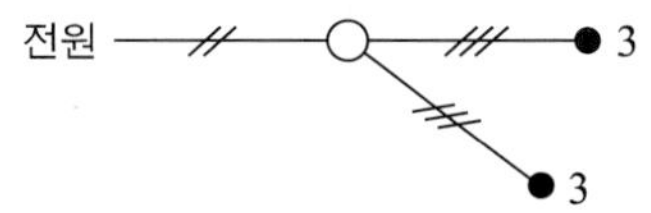

(2) 실제배선도(전선접속도)

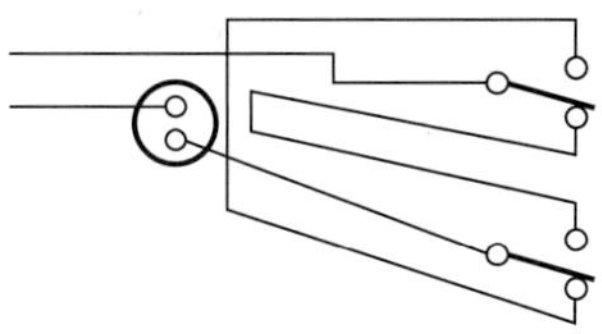

(3) 시퀀스

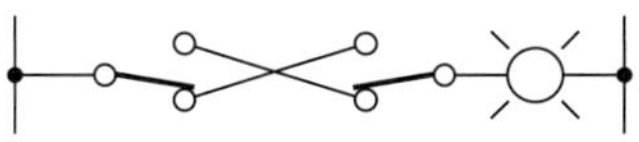

과년도 문제 분석

도면 분류

1. 상세분류

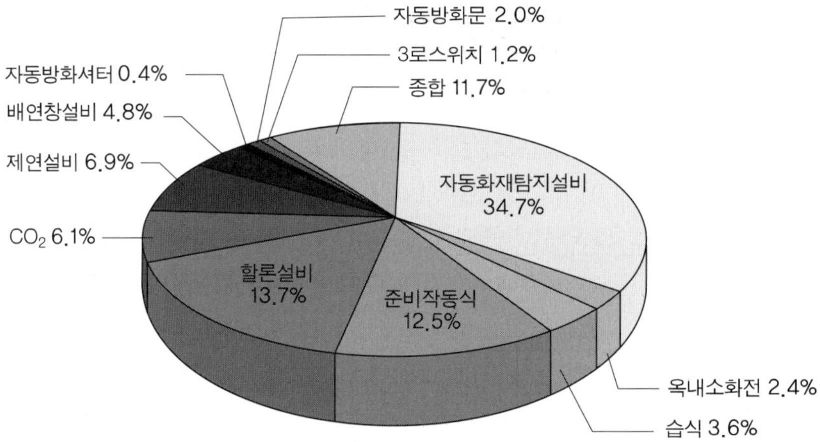

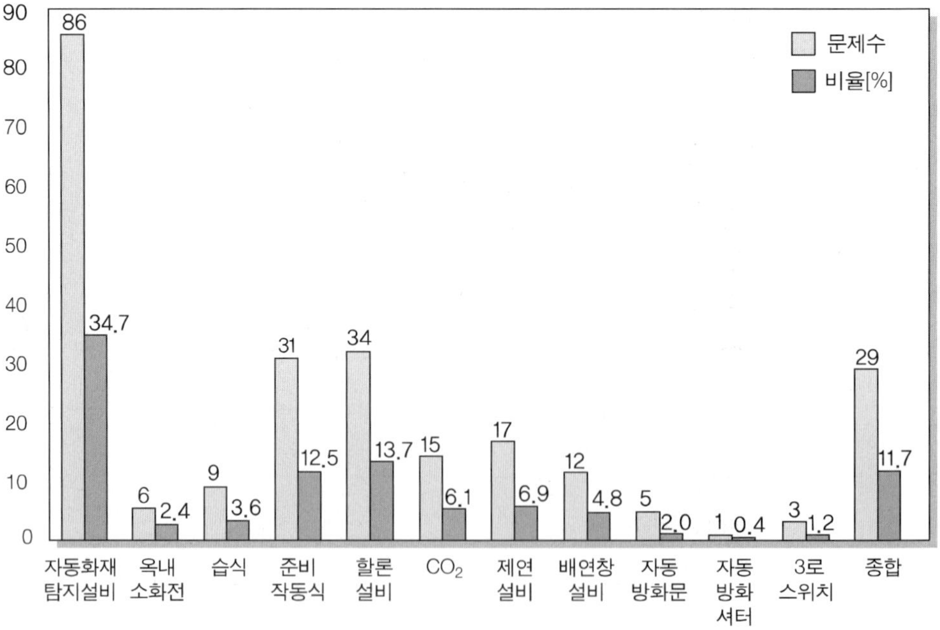

2. 문제유형

도면 과년도 문제 분석(1996~2020년)

번호	출제년도	문항	시설분류	상세분류(대)	상세분류(중)	문제유형	회수	출제비율
1	2020.05.24	15	도면	3로스위치		배선가닥수, 실제배선도		
2	2005.07.10	4	도면	3로스위치		배선가닥수, 실제배선도	3	1.2%
3	1999.01.31	13	도면	3로스위치		배선가닥수, 실제배선도		
4	2019.06.29	18	도면	CO_2	기타	기동용기 미개방 이유		
5	2014.04.20	11	도면	CO_2	기타	기동용기 미개방 이유		
6	2013.11.09	12	도면	CO_2	기타	수동식기동장치 설치기준		
7	2008.11.02	7	도면	CO_2	기타	수동식기동장치 설치기준		
8	2008.04.02	11	도면	CO_2	기타	기동용기 미개방 이유		
9	1999.01.31	8	도면	CO_2	기타	설치기준		
10	2015.11.07	10	도면	CO_2	평면도	배선가닥수, 배선내역		
11	2013.11.09	17	도면	CO_2	평면도	RM명칭, 배선가닥수, 배선내역, 전선관 굵기	15	6.0%
12	2006.04.23	5	도면	CO_2	평면도	배선가닥수, 배선내역, 기기명		
13	2002.10.27	3	도면	CO_2	평면도	잘못 설계된 점, 배선가닥수		
14	2001.11.04	5	도면	CO_2	평면도	배선가닥수, 종단저항개수		
15	2000.08.13	12	도면	CO_2	평면도	배선가닥수, 배선내역, 감지기개수		
16	1999.11.21	6	도면	CO_2	평면도	배선내역, 배선가닥수		
17	1999.09.19	2	도면	CO_2	평면도	감지기 개수, 배선가닥수		
18	1996.11.17	5	도면	CO_2	평면도	배선가닥수, 명칭		
19	2020.10.17	1	도면	습식	계통도	배선가닥수, 배선내역		
20	2019.06.29	13	도면	습식	계통도	배선가닥수, 배선내역		
21	1998.02.28	7	도면	습식	계통도	계통도작성, 배선가닥수표기		
22	2008.11.02	3	도면	습식	계통도	배선가닥수, 배선내역		
23	2005.10.23	8	도면	습식	계통도	배선가닥수, 배선내역	9	3.6%
24	2002.04.21	3	도면	습식	계통도	배선가닥수, 배선내역		
25	1996.11.17	10	도면	습식	계통도	배선가닥수, 배선내역		
26	2008.07.06	9	도면	습식	작동원리	작동순서 표기		
27	2002.04.21	5	도면	습식	작동원리	작동순서 표기		
28	2017.06.25	2	도면	옥내소화전	계통도	배선가닥수, 감시제어반 내용		
29	2012.07.08	18	도면	옥내소화전	계통도	배선가닥수, 명칭, 전선관 종류, 저수위작동신호		
30	2009.10.18	18	도면	옥내소화전	계통도	배선가닥수, 감시제어반 내용	6	2.4%
31	2015.11.07	6	도면	옥내소화전	계통도	배선가닥수, 배선내역		
32	1999.11.21	9	도면	옥내소화전	계통도	배선가닥수, 배선내역		
33	1997.08.24	5	도면	옥내소화전	계통도	배선가닥수, 배선내역		
34	2020.05.24	14	도면	자동방화문	계통도	명칭, 배선가닥수, 배선내역		
35	2018.04.14	11	도면	자동방화문	계통도	설치목적, 실제 배선도		
36	2017.04.16	7	도면	자동방화문	계통도	명칭, 배선가닥수, 배선내역	5	2.0%
37	2012.04.22	16	도면	자동방화문	계통도	실제배선도		
38	2004.07.04	13	도면	자동방화문	계통도	실제배선도		
39	2010.04.17	16	도면	자동방화셔터	구조도	명칭	1	0.4%

번호	출제년도	문항	시설분류	상세분류(대)	상세분류(중)	문제유형	회수	출제비율
40	2005.05.01	3	도면	자탐설비	계통도	간선계통도 작성	86	34.7%
41	2014.11.01	14	도면	자탐설비	계통도	감지기, 발신기, 수신기 종류, 수량		
42	2018.06.30	13	도면	자탐설비	계통도	결선도(일제경보방식), 발신기 설치기준		
43	2015.04.19	8	도면	자탐설비	계통도	계통도작성(5회로, 일제경보방식)		
44	2019.04.14	4	도면	자탐설비	계통도	공사비 산출내역		
45	2020.10.17	16	도면	자탐설비	계통도	배선가닥수		
46	1998.11.15	4	도면	자탐설비	계통도	배선가닥수		
47	1998.05.10	2	도면	자탐설비	계통도	배선가닥수		
48	1997.05.11	5	도면	자탐설비	계통도	배선가닥수		
49	2003.10.26	13	도면	자탐설비	계통도	배선가닥수, 계단설치 감지기		
50	1998.08.30	11	도면	자탐설비	계통도	배선가닥수, 물량산출		
51	2019.11.09	8	도면	자탐설비	계통도	배선가닥수, 배선내역		
52	2015.04.19	10	도면	자탐설비	계통도	배선가닥수, 배선내역		
53	2011.11.13	15	도면	자탐설비	계통도	배선가닥수, 배선내역		
54	2009.04.19	16	도면	자탐설비	계통도	배선가닥수, 배선내역		
55	2005.10.23	7	도면	자탐설비	계통도	배선가닥수, 배선내역		
56	2005.07.10	11	도면	자탐설비	계통도	배선가닥수, 배선내역		
57	2004.07.04	8	도면	자탐설비	계통도	배선가닥수, 배선내역		
58	2004.04.25	8	도면	자탐설비	계통도	배선가닥수, 배선내역		
59	2003.07.13	6	도면	자탐설비	계통도	배선가닥수, 배선내역		
60	2003.04.27	10	도면	자탐설비	계통도	배선내역, 배선가닥수		
61	2000.04.23	10	도면	자탐설비	계통도	배선가닥수, 배선내역		
62	2000.02.20	1	도면	자탐설비	계통도	배선가닥수, 배선내역		
63	1999.01.31	2	도면	자탐설비	계통도	배선가닥수, 배선내역		
64	1997.01.26	5	도면	자탐설비	계통도	배선가닥수, 배선내역		
65	2018.04.14	9	도면	자탐설비	계통도	배선가닥수, 배선내역, 옥내배선용 기호		
66	2015.11.07	4	도면	자탐설비	계통도	배선가닥수, 배선내역, 옥내배선용 기호		
67	2019.04.14	18	도면	자탐설비	계통도	배선가닥수, 종단저항개수, 옥내배선용 기호		
68	1996.05.19	9	도면	자탐설비	계통도	배선가닥수, 수동발신기세트함, 감지기 명칭		
69	2017.04.16	2	도면	자탐설비	계통도, 평면도	배선가닥수, 전선관 굵기, 수동발신기세트함		
70	2005.10.23	6	도면	자탐설비	계통도, 평면도	배선가닥수, 물량산출		
71	2002.07.07	3	도면	자탐설비	계통도, 평면도	배선가닥수, 물량산출		
72	2000.11.12	3	도면	자탐설비	계통도, 평면도	배선가닥수, 물량산출		
73	2001.11.04	4	도면	자탐설비	발신기	결선도(우선경보방식)		
74	2009.04.19	15	도면	자탐설비	발신기	발신기 설치기준		
75	2001.11.04	11	도면	자탐설비	발신기	배선내역		
76	2001.07.15	11	도면	자탐설비	발신기	배선내역		
77	2002.07.07	6	도면	자탐설비	발신기	배선도		
78	2006.11.05	15	도면	자탐설비	발신기	배선도, 설치기준		
79	2007.11.04	11	도면	자탐설비	발신기	우선경보방식		
80	2007.07.08	4	도면	자탐설비	발신기	우선경보방식		
81	2001.04.22	7	도면	자탐설비	발신기	우선경보방식		
82	1999.09.19	6	도면	자탐설비	발신기	우선경보방식		

번호	출제년도	문항	시설분류	상세분류(대)	상세분류(중)	문제유형	회수	출제비율
83	1998.05.10	11	도면	자탐설비	발신기	우선경보방식		
84	1996.01.21	13	도면	자탐설비	발신기	우선경보방식		
85	1996.09.01	1	도면	자탐설비	발신기	일제경보방식		
86	1998.05.10	12	도면	자탐설비	평면도	감지기수량, 그림기호, 도면작성		
87	1997.08.24	10	도면	자탐설비	평면도	감지기수량, 배선가닥수, 계통도		
88	1997.05.11	1	도면	자탐설비	평면도	감지기의 개수, 4각박스, 배선가닥수, 계통도		
89	2020.11.15	14	도면	자탐설비	평면도	내선전공 노임요율, 공량, 인건비 산출		
90	2000.08.13	11	도면	자탐설비	평면도	명칭, 배선가닥수, 물량산출		
91	1999.01.31	1	도면	자탐설비	평면도	명칭, 배선가닥수, 물량산출		
92	1998.02.31	10	도면	자탐설비	평면도	명칭, 배선가닥수, 물량산출		
93	2001.07.15	13	도면	자탐설비	평면도	물량산출, 배전반 그림		
94	2015.07.12	17	도면	자탐설비	평면도	배선, 배관물량 산출		
95	2020.11.29	11	도면	자탐설비	평면도	배선가닥수		
96	2006.04.23	14	도면	자탐설비	평면도	배선가닥수, 계통도		
97	2001.04.22	9	도면	자탐설비	평면도	배선가닥수, 계통도		
98	1999.11.21	10	도면	자탐설비	평면도	배선가닥수, 계통도		
99	1997.11.16	2	도면	자탐설비	평면도	배선가닥수, 계통도		
100	2000.04.23	12	도면	자탐설비	평면도	배선가닥수, 로크너트, 부싱 개수		
101	1997.11.16	1	도면	자탐설비	평면도	배선가닥수, 로크너트, 부싱 개수		
102	2017.06.25	3	도면	자탐설비	평면도	배선가닥수, 명칭과 형별, 물량산출		
103	2011.11.13	17	도면	자탐설비	평면도	배선가닥수, 물량산출		
104	2015.07.12	1	도면	자탐설비	평면도	배선가닥수, 배선내역	86	34.7%
105	2005.05.01	15	도면	자탐설비	평면도	배선가닥수, 배선내역		
106	1999.05.30	2	도면	자탐설비	평면도	배선가닥수, 심벌명칭, 부싱, 로크너트개수		
107	2004.10.31	5	도면	자탐설비	평면도	배선가닥수, 잘못된 점, 부싱개수, 감지기명칭		
108	2014.04.20	17	도면	자탐설비	평면도	배선가닥수, 전선관 굵기, 계통도		
109	2002.10.27	8	도면	자탐설비	평면도	배선가닥수, 전선관 굵기, 계통도		
110	2020.07.25	15	도면	자탐설비	평면도	배선가닥수, 전선관 굵기, 계통도, 연기감지기 매입		
111	2017.11.11	13	도면	자탐설비	평면도	배선가닥수, 전선관 굵기, 계통도, 연기감지기 매입		
112	2016.11.12	2	도면	자탐설비	평면도	배선가닥수, 총노무비계산		
113	2016.04.17	5	도면	자탐설비	평면도	배선가닥수, 총노무비계산		
114	2014.07.06	18	도면	자탐설비	평면도	배선가닥수, 총노무비계산		
115	2010.10.30	1	도면	자탐설비	평면도	배선가닥수, 총노무비계산		
116	2003.04.27	8	도면	자탐설비	평면도	배선내역, 배선가닥수, 물량산출		
117	2010.04.17	17	도면	자탐설비	평면도	배선물량 산출		
118	2016.04.17	6	도면	자탐설비	평면도	연기감지기 개수 산정, 가닥수 표시		
119	1996.09.01	14	도면	자탐설비	평면도	잘못된 점, 배선가닥수, 부싱개수,감지기이름		
120	2013.07.14	7	도면	자탐설비	평면도	잘못된 점, 전선관 굵기, 수동발신기세트함		
121	1999.09.19	7	도면	자탐설비	평면도	잘못된 점, 전선관 굵기, 수동발신기세트함		
122	1996.11.17	1	도면	자탐설비	평면도	잘못된 점, 전선관 굵기, 수동발신기세트함		
123	2008.11.02	17	도면	자탐설비	평면도	전선관, 전선 물량 계산		
124	2016.11.12	3	도면	자탐설비	평면도	전선관, 전선 물량 계산, 감지구역 바닥면적		
125	2009.04.19	17	도면	자탐설비	평면도	최소경계구역수, 도면 완성		

번호	출제년도	문항	시설분류	상세분류(대)	상세분류(중)	문제유형	회수	출제비율
126	2016.06.26	2	도면	제연설비	상가제연설비	밀폐형(배선가닥수, 배선내역)	17	6.9%
127	2008.11.02	4	도면	제연설비	상가제연설비	밀폐형(배선가닥수, 배선내역)		
128	2005.07.10	2	도면	제연설비	상가제연설비	밀폐형(배선가닥수, 배선내역)		
129	1999.05.30	13	도면	제연설비	상가제연설비	밀폐형(배선가닥수, 배선내역)		
130	1997.11.16	3	도면	제연설비	상가제연설비	밀폐형(배선가닥수, 배선내역)		
131	2000.02.20	13	도면	제연설비	설치기준	설치기준		
132	1996.01.21	9	도면	제연설비	설치기준	배출기 설치기준		
133	1996.05.19	4	도면	제연설비	전실제연설비	명칭, 배선가닥수, 단자대 설치높이		
134	2019.04.14	17	도면	제연설비	전실제연설비	명칭, 배선가닥수, 수동조작함 설치높이		
135	2000.11.12	8	도면	제연설비	전실제연설비	배선가닥수, 명칭, 단자대 설치높이		
136	2020.11.29	3	도면	제연설비	전실제연설비	배선가닥수, 배선내역		
137	2016.04.17	8	도면	제연설비	전실제연설비	배선가닥수, 배선내역		
138	2009.07.05	10	도면	제연설비	전실제연설비	배선가닥수, 배선내역		
139	2004.10.31	14	도면	제연설비	전실제연설비	배선가닥수, 배선내역		
140	1998.11.15	13	도면	제연설비	전실제연설비	배선가닥수, 배선내역		
141	2005.07.10	5	도면	제연설비	전실제연설비	배선가닥수, 배선내역, 단자반 높이		
142	2003.07.13	4	도면	제연설비	전실제연설비	배선가닥수, 배선내역, 단자반 높이		
143	2017.04.16	1	도면	배연창설비	Motor방식	배선가닥수, 배선내역, 6층 이상의 건물 시설	12	4.8%
144	2011.07.24	16	도면	배연창설비	Motor방식	배선가닥수, 배선내역, 6층 이상의 건물 시설		
145	2005.05.01	13	도면	배연창설비	Motor방식	배선가닥수, 배선내역, 6층 이상의 건물 시설		
146	2013.04.21	10	도면	배연창설비	구동방식	설치기준, 구동방식 등		
147	2003.10.26	11	도면	배연창설비	설치기준	구동방식, 유효면적		
148	2018.04.14	6	도면	배연창설비	솔레노이드	배선가닥수, 배선내역		
149	2017.11.11	10	도면	배연창설비	솔레노이드	배선가닥수, 배선내역		
150	2015.07.12	5	도면	배연창설비	솔레노이드	배선가닥수, 배선내역		
151	2009.10.18	9	도면	배연창설비	솔레노이드	배선가닥수, 배선내역		
152	2003.04.27	3	도면	배연창설비	솔레노이드	배선가닥수, 배선내역		
153	1999.09.19	9	도면	배연창설비	솔레노이드	배선가닥수, 배선내역		
154	1997.05.11	8	도면	배연창설비	솔레노이드	배선가닥수, 배선내역		
155	2013.04.21	10	도면	준비작동식	계통도	배석가닥수, 배선내역, 설치되는 기기 명칭기능	31	12.5%
156	2015.04.19	5	도면	준비작동식	계통도	배선가닥수, 배선내역		
157	2010.07.04	5	도면	준비작동식	계통도	배선가닥수, 배선내역		
158	2009.10.18	12	도면	준비작동식	계통도	배선가닥수, 배선내역		
159	2006.07.09	6	도면	준비작동식	계통도	배선가닥수, 배선내역		
160	2004.07.04	1	도면	준비작동식	계통도	배선가닥수, 배선내역		
161	2000.02.20	3	도면	준비작동식	계통도	배선가닥수, 배선내역		
162	2001.07.15	12	도면	준비작동식	계통도	배선가닥수, 배선내역, 계통도		
163	2012.07.08	8	도면	준비작동식	계통도	배선가닥수, 배선내역, 기호		
164	2018.06.30	2	도면	준비작동식	계통도	배선가닥수, 배선용도		
165	2012.04.22	15	도면	준비작동식	계통도	배선가닥수, 유수검지장치 작동방법, 교차회로		
166	2017.04.16	3	도면	준비작동식	계통도	배선가닥수, 전기적 작동방법, 교차회로방식		
167	2015.11.07	13	도면	준비작동식	작동원리	설비명칭, 작동원리 설명		
168	2006.11.05	3	도면	준비작동식	작동원리	작동원리 설명		

번호	출제년도	문항	시설분류	상세분류(대)	상세분류(중)	문제유형	회수	출제비율
169	2001.07.15	1	도면	준비작동식	작동원리	작동순서 표기		
170	1998.02.23	2	도면	준비작동식	작동원리	작동순서 표기		
171	1999.11.21	7	도면	준비작동식	평면도	1개의 경계구역, 배선가닥수, 배선내역		
172	2017.04.16	6	도면	준비작동식	평면도	SVP판넬 구성도		
173	2007.04.22	2	도면	준비작동식	평면도	SVP판넬 구성도		
174	1999.05.30	7	도면	준비작동식	평면도	SVP판넬 구성도		
175	2016.11.12	1	도면	준비작동식	평면도	SVP판넬 구성도, 계통도 가닥수		
176	2003.10.26	9	도면	준비작동식	평면도	감지기수량, 계통도, 배선가닥수		
177	2002.04.21	11	도면	준비작동식	평면도	감지기수량, 계통도, 배신가닥수	31	12.5%
178	2018.06.30	6	도면	준비작동식	평면도	감지기수량, 배선가닥수		
179	1996.09.01	8	도면	준비작동식	평면도	감지기수량, 평면도작성, 계통도, 배선가닥수		
180	2001.04.22	8	도면	준비작동식	평면도	명칭, 배선가닥수, 물량산출		
181	1996.01.21	10	도면	준비작동식	평면도	배선가닥수		
182	2015.04.19	3	도면	준비작동식	작동원리	배선가닥수, 명칭, 간선계통도 작성		
183	2006.07.09	2	도면	준비작동식	평면도	배선가닥수, 물량산출		
184	2004.04.25	14	도면	준비작동식	평면도	배선가닥수, 배선기입방법, 명칭, 계통도		
185	2014.07.06	15	도면	준비작동식	평면도	배선가닥수, 평면도작성, 배선가닥수		
186	2003.04.27	14	도면	할론설비	계통도	배선내역, 배선가닥수		
187	2001.07.15	3	도면	할론설비	계통도	배선가닥수, 배선내역		
188	1996.05.19	14	도면	할론설비	계통도	배선가닥수, 배선내역		
189	2003.07.13	3	도면	할론설비	계통도	제어반, 계통도 배선가닥수, 배선내역		
190	2006.04.23	7	도면	할론설비	기타	사이렌, 방출등 설치위치, 설치목적		
191	2005.10.23	11	도면	할론설비	기타	사이렌, 방출등 설치위치, 설치목적		
192	2004.04.25	3	도면	할론설비	기타	사이렌, 방출등 설치위치, 설치목적		
193	2000.08.13	1	도면	할론설비	기타	사이렌, 방출등 설치위치, 설치목적		
194	2001.11.04	1	도면	할론설비	평면도	감지기개수, 배선가닥수		
195	1997.05.11	3	도면	할론설비	평면도	감지기의 개수, 배선가닥수		
196	1999.05.30	1	도면	할론설비	평면도	감지기개수, 배선가닥수, 배선내역, 사용전선		
197	2005.07.10	6	도면	할론설비	평면도	감지기수량, 배치도, 배선가닥수, 전선 종류		
198	2017.11.11	2	도면	할론설비	평면도	배선가닥수, 배선내역	34	13.7%
199	2015.04.19	4	도면	할론설비	평면도	명칭, 배선가닥수, 물량산출		
200	2018.06.30	11	도면	할론설비	평면도	명칭, 배선가닥수, 박스개수, 부싱개수		
201	2002.04.21	6	도면	할론설비	평면도	배선가닥수		
202	2002.04.21	14	도면	할론설비	평면도	배선가닥수, 박스개수, 부싱개수		
203	2011.05.01	15	도면	할론설비	평면도	배선가닥수, 배선용도		
204	2018.06.30	3	도면	할론설비	평면도	배선가닥수, 배선용도, Zone 추가시 늘어난 전선명		
205	2010.04.17	2	도면	할론설비	평면도	배선기입방법, 종단저항 수		
206	2007.07.08	7	도면	할론설비	평면도	잘못 설계된 점		
207	2001.04.22	4	도면	할론설비	평면도	잘못 설계된 점		
208	1996.05.19	6	도면	할론설비	평면도	잘못된 점		
209	1999.11.21	3	도면	할론설비	평면도	잘못 설계된 점		
210	1997.01.26	6	도면	할론설비	평면도	컴퓨터실 설계		
211	1998.11.15	3	도면	할론설비	평면도	평면도 작성		

번호	출제년도	문항	시설분류	상세분류(대)	상세분류(중)	문제유형	회수	출제비율
212	2008.04.20	9	도면	할론설비	평면도	회로도 및 외부결선도 작성	34	13.7%
213	2007.04.22	14	도면	할론설비	종합	전산실 설계		
214	2006.11.05	8	도면	할론설비	종합	컴퓨터실 설계		
215	2004.04.25	7	도면	할론설비	종합	컴퓨터, 전기실 설계		
216	2012.04.22	1	도면	할론설비	평면도,계통도	배선가닥수, 배선내역 명칭		
217	2009.04.19	14	도면	할론설비	평면도,계통도	배선가닥수, 배선내역		
218	2000.04.23	14	도면	할론설비	평면도,계통도	배선가닥수, 배선내역		
219	1998.02.22	1	도면	할론설비	평면도,계통도	배선가닥수, 배선내역		
220	2018.06.30	9	도면	종합	습식+옥내	배선가닥수, 배선내역, 습식S/P 음향장치	29	11.7%
221	2017.11.11	6	도면	종합	습식+옥내	자탐＋옥내＋습식 배선가닥수, 배선내역		
222	2010.04.17	4	도면	종합	습식+옥내	배선가닥수, 배선내역		
223	2013.11.09	2	도면	종합	자탐+습식	배선가닥수, 스프링클러 동력제어반 설치기준		
224	2008.04.20	16	도면	종합	자탐+습식	배선가닥수, 배선내역, 음향장치 설치기준		
225	2020.11.29	5	도면	종합	자탐+옥내	배선가닥수, 감지기회로 종단저항, 전로저항		
226	2018.04.14	7	도면	종합	자탐+옥내	배선가닥수, 명칭, 발신기 표시등		
227	2014.04.20	6	도면	종합	자탐+옥내	배선가닥수, 배선내역설치기준		
228	2017.06.25	10	도면	종합	자탐+옥내	배선가닥수, 배선내역		
229	2014.07.06	17	도면	종합	자탐+옥내	배선가닥수, 배선내역		
230	2013.07.14	17	도면	종합	자탐+옥내	배선가닥수, 배선내역		
231	2010.07.04	10	도면	종합	자탐+옥내	배선가닥수, 배선내역		
232	2006.11.05	14	도면	종합	자탐+옥내	배선가닥수, 배선내역		
233	2007.11.04	16	도면	종합	자탐+옥내	배선가닥수, 배선내역, 명칭		
234	2012.11.03	10	도면	종합	자탐+옥내	배선가닥수, 배선내역, 발신기위치표시 등		
235	2018.11.10	4	도면	종합	자탐+옥내	배선가닥수, 배선내역, 수신기 설치기준		
236	2015.07.12	11	도면	종합	자탐+옥내	배선가닥수, 배선내역, 수신기 설치기준		
237	2013.04.21	1	도면	종합	자탐+옥내	배선가닥수, 배선내역, 수신기설치기준		
238	2013.11.09	1	도면	종합	자탐+옥내	배선가닥수,배선내역,옥내소화전함의두께,재질		
239	2008.07.06	17	도면	종합	자탐+옥내	배선가닥수, 배선내역, 자탐 설치기준		
240	2016.04.17	7	도면	종합	자탐+옥내	배선가닥수, 배선내역, 종합저항 설치목적 등		
241	2008.11.02	14	도면	종합	자탐+옥내	배선가닥수, 종단저항설치기준, 전로저항		
242	2020.05.24	13	도면	종합	자탐+준비	배선가닥수, 배선내역		
243	2019.11.09	12	도면	종합	자탐+준비	배선가닥수, 배선내역		
244	2016.06.26	14	도면	종합	자탐+준비	배선가닥수, 배선내역		
245	2014.04.20	2	도면	종합	자탐+준비	배선가닥수, 배선내역		
246	2011.07.24	18	도면	종합	자탐+준비	배선가닥수, 배선내역		
247	2009.07.05	1	도면	종합	자탐+준비	배선가닥수, 감지기수량, 계통도 작성		
248	2014.11.01	15	도면	종합	자탐옥내습식	배선가닥수, 배선내역 전선길이, 부착기기명		

CHAPTER 7

시퀀스

1 시퀀스 제어와 제어요소

1. 시퀀스 제어의 개요

1.1_제어 및 자동제어

1) 제어의 정의

(1) 발생 배경－힘든 일, 위험한 일, 더러운 일, 반복되는 일, 사람이 하기 싫은 일 등을 사람 대신에 기기가 하였으면 하는 욕구를 충족시키기 위해서 발생되었다.

(2) 즉, 사람의 욕구를 충족시키기 위하여 기기를 조작하는 것으로, 방이 어두우면 전등을 점등하고 더우면 에어컨을 켜는 등 **기기의 현재 상태를 사람이 원하는 상태로 조작하**는 것을 **제어**라고 한다. 기기의 상태는 **정지 상태(복귀 상태)와 운전 상태(기동 동작 상태)**로 분류된다.

(3) 결국 제어는 대상물이 어떤 상태에 부합하도록 필요한 조작을 가하는 것이다.

그림 7.1 • 제어의 개념도

2) 제어의 종류

제어는 **수동제어**와 **자동제어**로 분류된다.

(1) 수동제어(Manual control)

① 사람이 직접 대상 기기를 조작하는 것

② 형광등 점등, TV 모니터 조작, 컴퓨터 부팅 등

③ 제어동작이 인간의 판단과 조작에 의한 제어
④ 일반적으로 제어라고 하지 않음

(2) 자동제어(Automatic control)
① 사람 대신 기기 스스로가 대상 기기를 조작하는 것
② 제어동작이 순수하게 기기에 의한 제어
③ 세탁기 등과 같이 기기 조작의 일부 또는 전부를 기기 스스로 행하는 제어
④ 공장 자동화의 공정제어와 같이 사람 대신에 제어장치에 의해서 대상 기기를 조작하는 제어
⑤ 온도, 습도를 조절하는 냉난방장치, 모터의 속도·위치 제어
⑥ 미사일 유도장치, 선박이나 항공기의 자동조정장치, 인공위성 자세 제어
⑦ 일반적으로 제어라고 하며, 자동제어는 **시퀀스(Sequence) 제어**와 **피드백(Feedback) 제어**[1])로 분류된다.

1.2_시퀀스 제어(Sequence control)

1) 시퀀스 제어의 정의

(1) 시퀀스는 어떤 현상이 일어나는 순서를 말하며, 시퀀스 제어는 **"미리 정해진 순서 또는 일정한 논리에 의하여 정해진 순서에 따라 제어 각 단계를 순차적으로 진행시켜 나가는 제어"**를 의미한다.
(2) 즉, 기기의 동작 순서나 방법 등을 미리 정해놓고 정해진 대로 조작하는 제어
(3) 세탁기, 엘리베이터, 신호등, 자동판매기 등과 같이 동작 순서와 방법을 미리 정해놓고 단계적으로 차례로 조작하는 제어
(4) 로봇 등과 같이 같은 일을 되풀이하여 계속 반복하는 제어
(5) 스위치의 ON, OFF와 같이 불연속(단속)적인 제어

2) 시퀀스 제어의 특징

(1) 접점 기구의 직·병렬로 기기가 조작된다.
(2) '0'과 '1'로 대표되는 디지털 신호로 제어된다(정성적 제어).
(3) 신호의 흐름이 한 방향으로만 행해진다(개루프제어 : Open loop control).

---

1) 목표값을 정하고 출력을 입력으로 되돌려 출력이 목표값과 항상 같도록 연속적으로 조정하는 제어
아날로그 신호에 의한 정량제어, 폐루프제어(Close loop control), 보일러 온도 자동조정 등이 여기에 속한다.

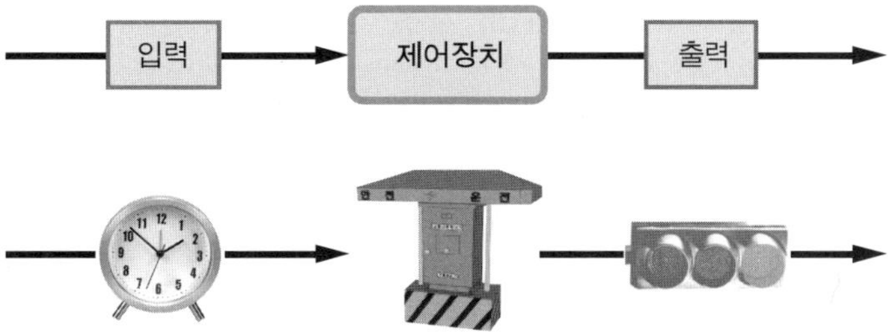

그림 7.2 • 개루프제어(Open loop control)

① 예 1 : 교통신호등 제어시스템

교통량에 관계없이 정해진 시간간격으로 순차적으로 신호가 켜지는 경우

② 예 2 : 가정용 세탁기

빨래감의 세탁상태와는 무관하게 세탁기가 정하여진 순서대로 불림, 세탁, 헹굼, 탈수 등의 과정을 미리 정하여진 시간대로 수행하여 세탁이 완료될 경우

3) 시퀀스 제어의 분류

사용 기구와 발달 과정에 따라 일반적으로 **릴레이 시퀀스**(Relay Sequence), **로직 시퀀스**(Logic Sequence), PLC **시퀀스**(Programmable Logic Controller)로 분류한다.

시퀀스 제어 분류	정의 및 특징	회로도
릴레이 시퀀스 (유접점 시퀀스)	**유접점 릴레이(계전기 ⊗)의 접점으로 구성되는 기계적 제어** • 부하전류용량과 과부하내량이 크고 높은 온도에 견딘다. • 입·출력이 분리되는 절연결합, 접점 수에 따라 회로를 얻음 • 소비전력이 크고 회로와 제어반의 외형이 크다. • 접점의 동작속도(ms)가 느리고 진동 충격 등에 약함 • 수명이 짧고 고장수리 및 보수가 번거로움	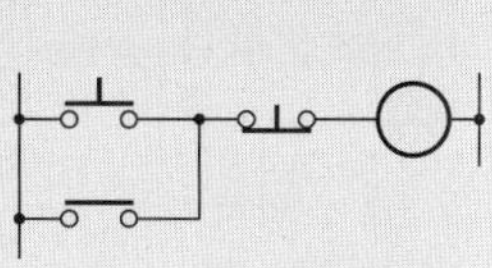
로직 시퀀스 (무접점 시퀀스)	**반도체 IC(집적 회로)의 논리 소자 등을 사용한 회로** • 동작속도(μs)가 빠르고 정밀하여 수명이 길다. • 진동 충격에 강하고 장치가 소형화 • 신뢰도가 떨어지고 온도에 약하며 전류 용량이 작다. • 입·출력 결합회로가 필요	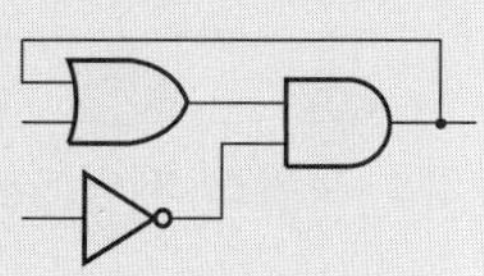
PLC 시퀀스	**컴퓨터 PC의 CPU로 시퀀스를 프로그램화한 회로** • 기기의 소형화·고기능화·고신뢰성·고속화(μs) • 유지보수가 용이하고, 프로그램의 수정이 쉬움 • 공장 자동화(FA) 설비에 널리 사용 • 현재의 PLC 시퀀스는 어떤 자동화도 가능할 수 있는 단계	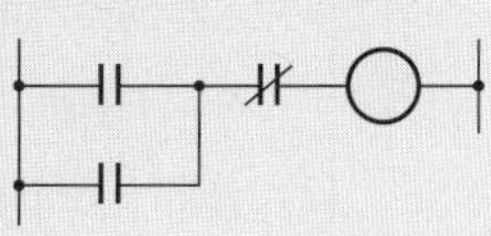

1.3_시퀀스 제어(Sequence control) 구성

1) 시퀀스 제어의 구성

(1) 시퀀스 제어는 입력을 주면-보조기구의 도움을 받아-출력을 얻는다.

(2) 따라서, 시퀀스는 **입력기구-보조기구-출력기구**의 3단계로 구성된다.

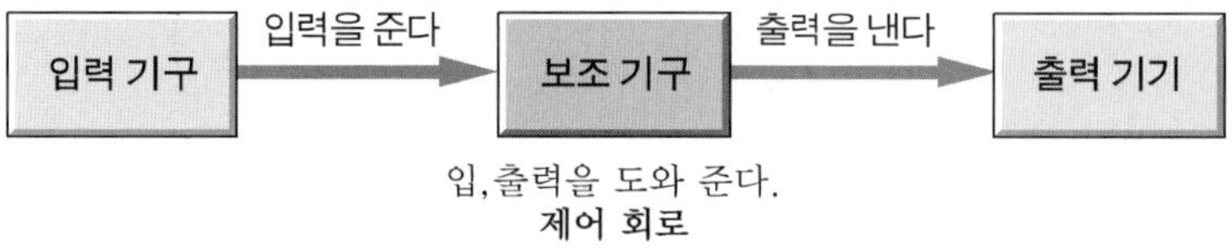

그림 7.3 • 시퀀스 제어 구성 개념도

2) 시퀀스 제어의 사용 기구

입력기구	보조기구	출력기구
• 조작 스위치(BS, PB) • 검출 스위치 ☞ 일반용 ☞ Sensor용	• 제어회로를 구성하는 보조 릴레이 • 타이머 릴레이 • 논리 IC 소자 • 카운터 • 입·출력 회로 • PLC 장치 등	• MC(전자접촉기) • SV(전자밸브) • Sol(솔레노이드) • 표시램프(Lamp) • 경보기구(Bell, Buzzer) • 전동기 등

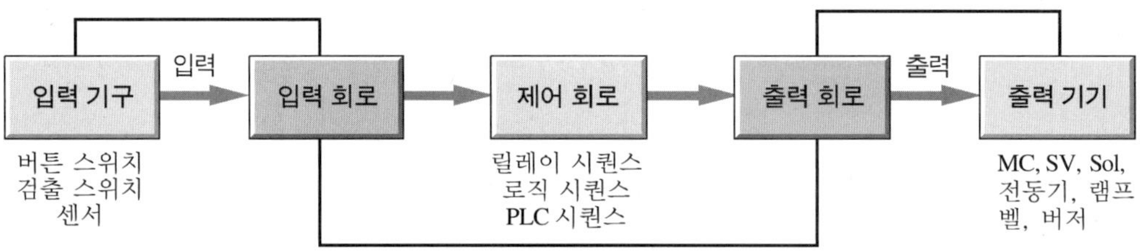

그림 7.4 • 시퀀스 제어 구성 상세도

1.4_시퀀스 제어(Sequence control)의 신호표현

1) 용어정의

(1) 정보(information) : '10시간 동안 전동기를 운전하고 싶다'라고 할 때 이것은 제어하고 싶은 내용이 되며 정보라고 한다.

(2) 신호(signal) : **'정보를 전달하는 것'**을 **신호**라고 하며 전압·전류·온도 등의 물리양의 크기 및 변화 상태만을 고려한다.

(3) 정보, 즉 시퀀스의 내용을 그림으로 나타내는 대표적인 방법이 **타임 차트**(Time chart)로 이것을 나타내면 그림 7.5와 같다. 즉, 전기의 유·무 상태로 나타낸다.

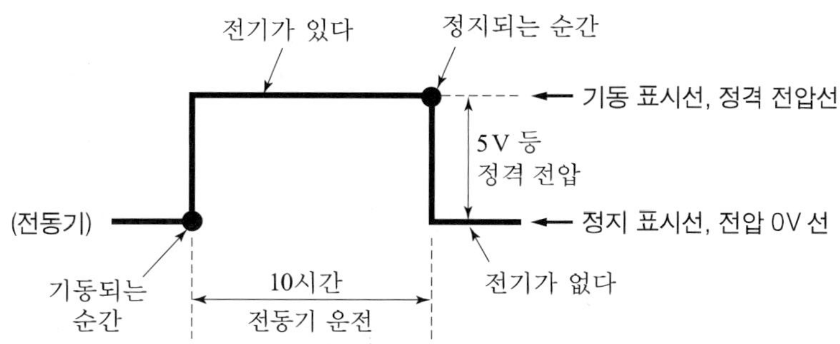

그림 7.5 ◦ 타임 차트 표현 그림(10시간 동안 전동기 운전)

2) 신호종류

(1) 아날로그 신호(Analog signal)

① 전압이나 전류, 온도처럼 제어신호의 크기가 연속적으로 변화하는 신호

② 피드백(Feedback)제어에 사용

(2) 디지털 신호(Digital signal)

① 연속적으로 주어진 아날로그 신호를 전류의 유무나 극성(極性), 접점의 개폐(開閉) 등 물리적 현상을 이용하여 **2개의 상태로만 구별되는(편의상 0과 1로 대응시켜 나타내는) 신호**를 말한다.

② 디지털 신호 표시

신호	논리	스위치	접점	펄스	전압	전원	상태
H신호	1	ON	개(↑)	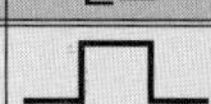	5V	(+)	전압상태
L신호	0	OFF	폐(↓)		0V	(−)	접지상태

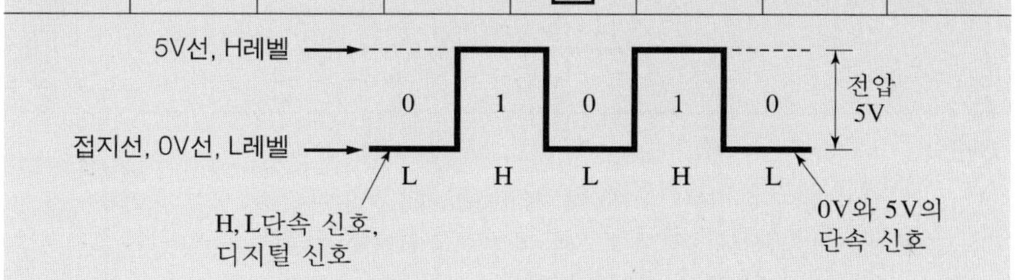

3) 신호표현

전동기의 회전 상태 A와 정지 상태 B에서 '전동기를 10시간 운전하고 싶다.'

신 호	의 미
입력 신호	• 기기의 상태 변화를 주는 신호(스위치 ON, OFF)
출력 신호	• 상태 변화(제어)의 결과(회전 상태, 정지 상태)
변화 신호	• 정보의 변화(회전하고 정지하는)를 나타내는 입력 신호 • 기동 신호, 정지 신호 2개가 항상 쌍으로 사용 ☞ 기동 입력 신호 : 전동기가 회전하는 등의 일을 시작하는 변화를 주는 신호 ☞ 정지 입력 신호 : 전동기가 정지하는 등의 일이 끝나는 변화를 주는 신호
상태 신호	• 정보와 같은 신호이고, 출력 신호의 표시로 사용

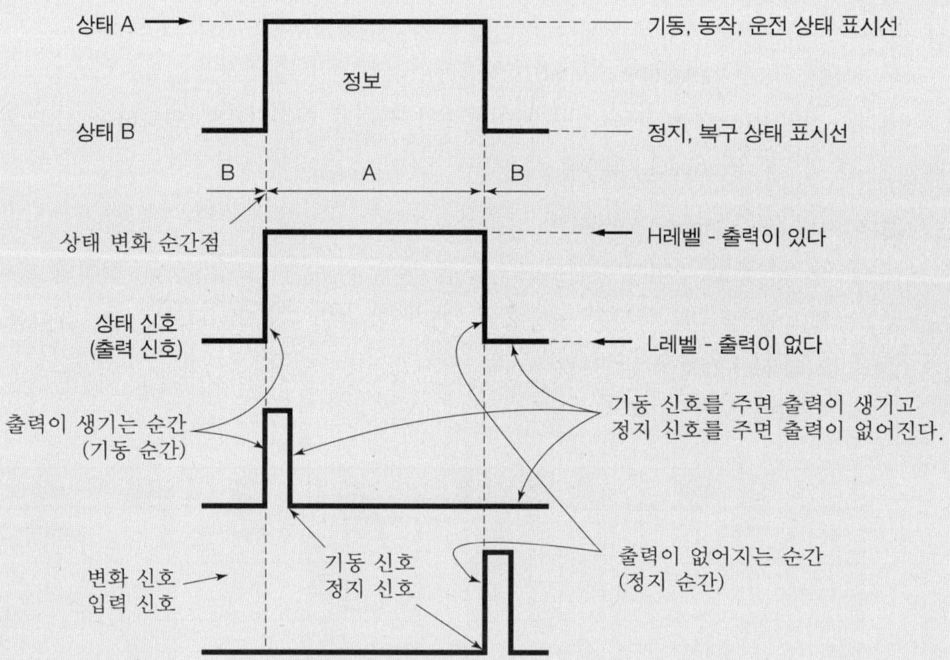

참조

전압, 전류, 온도 등의 제어량에서 제어량, 제어명령, 작업명령

- ▸ 제어량 : 제어계에서의 출력 신호로서, 제어 대상에 속하는 양이다.
- ▸ 제어 명령 : 장치 **내부**에서 제어량을 원하는 상태로 하기 위한 입력 신호 명령
- ▸ 작업 명령 : 기동, 정지 등과 같이 장치 **외부**에서 주어지는 입력 신호 명령

2. 시퀀스 제어 구성기기

시퀀스 회로에 사용되는 구성기기는 용도에 따라 조작용 스위치, 검출용 스위치, 제어용 기기, 표시경보용 및 제어조작용 기기로 분류되며, 조작 및 검출용 스위치, 제어용 기기 등의 접점을 이용해서 시퀀스 회로를 제어한다.

분류	시퀀스 제어 구성기기
입력기구	**조작용 스위치** • 사람이 손으로 조작하여 작업명령을 주거나 명령처리의 방법을 변경 또는 수동·자동으로 변환되는 스위치 • 조작후의 조작단(操作端)복귀, 유지(維持)의 성질에 따라 분류하면 다음과 같다. 수동 조작 스위치 — 자동 복귀형 —— 누름버튼 조작시…자동복귀접점 —— 회전형 조작시 ——— 자동복귀접점 / 잔류접점 — 위치 유지형 —— 2위치 절환 (유지형) ——— 토글 스위치 / 텀블러 스위치 / 양누름버튼 스위치 —— 다위치 절환 ——— 선택형 ———— 다회로 선택 스위치 / 다이얼 스위치 / 드럼 스위치 / 조작스위치 ——— 천이형 — 특수형…전자동작 수동복귀 • 소방전기설비에서는 일반적으로 누름버튼 스위치, 회전스위치 등을 많이 사용한다.
	검출용 스위치 • 제어대상의 상태나 변화를 검출하기 위한 스위치로서 예정된 동작조건에 이르렀을 때 동작하는 제어용 스위치 • 리미트 스위치, 근접 스위치, 광전 스위치, 액면(float, floatless) 스위치, 압력 스위치, 온도 스위치, 레벨 스위치, 속도 스위치 등이 있다. • 소방전기설비에서는 일반적으로 리미트 스위치, 액면(float, floatless) 스위치 등을 많이 사용한다.
보조기구	**제어용 기기** • 전자계전기 : 보조계전기, 전자접촉기, 전자개폐기, 소형 전자계전기, 고감도계전기 등 • 타이머(한시계전기) : 모터식 타이머, 디지털 타이머 등 • 소방전기설비에서는 일반적으로 보조계전기, 전자접촉기, 전자개폐기 등을 많이 사용한다.
출력기구	**표시경보용 및 제어조작용 기기** • 램프, 버저, 벨, 전압계, 전류계, 전자접촉기, 전자개폐기, 전자밸브, 차단기, 전동기 등이 있다.

2.1_접점의 종류

1) a접점(arbeit contact)

(1) 스위치를 조작하기 전에는 열려 있다가 조작하면 「닫히는 접점」

(2) 일하는 접점의 뜻으로 메이크접점(make contact) 또는 상시 개접점(NO접점 : Normally open contact)이라고도 한다.

(3) 일반적으로 영어의 머리글자를 따서 'a'로 표시한다.

(4) 스위치를 배선의 위쪽에 또는 우측에 그린다.

2) b접점(break contact)

(1) 스위치를 조작하기 전에는 닫혀 있다가 조작하면 열리는 「열리는 접점」

(2) 브레이크접점(break contact) 또는 상시 폐접점(NC접점 : Normally closed contact)이라고도 한다.

(3) 일반적으로 영어의 머리글자를 따서 'b'로 표시한다.

(4) 스위치를 배선의 아래쪽에 또는 좌측에 그린다.

3) c접점(change-over contact)

(1) 절환(전환)접점이라는 뜻으로 a접점과 b접점을 공유하고 있다.

(2) 조작 전 b접점에 가동부가 접촉되어 있다가 누르면 a접점으로 이동하는 접점

(3) 일반적으로 교체한다는 의미인 change의 머리글자를 따서 'c'로 표시한다.

(4) 트랜스퍼 접점(transfer contact)이라고도 한다.

4) 비교

접점 종류	기능	그림기호	기호표기예
a접점	**(NO : Normally Open) 접점** • 원래는 열려있고 조작하면 닫히는 접점 • 평상시에는 Open, 전원이 공급되어 계전기가 여자되면 Close	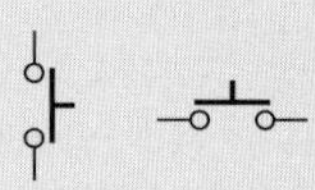	R　R_a
b접점	**(NC : Normally Closed) 접점** • 원래는 닫혀있고 조작하면 열리는 접점 • 평상시에는 Close, 전원이 공급되어 계전기가 여자되면 Open	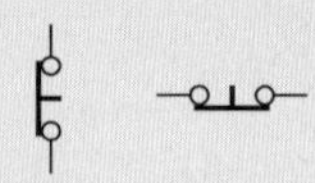	$\overline{R}$　R_b
c접점	• a ↔ b의 변환 접점 • 평상시에는 b접점에 가동부가 있다가 누르면 a접점으로 이동	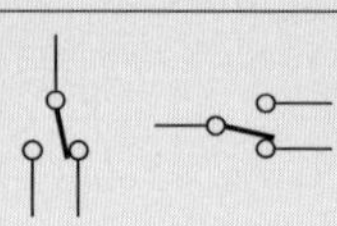	

5) 누름버튼 스위치의 접점 작동 상세도

<table>
<tr><th>접점 종류</th><th>작동 상세도</th></tr>
<tr><td>a접점</td><td>
누르면 회로가 접속되고 놓으면 회로가 끊어진다.

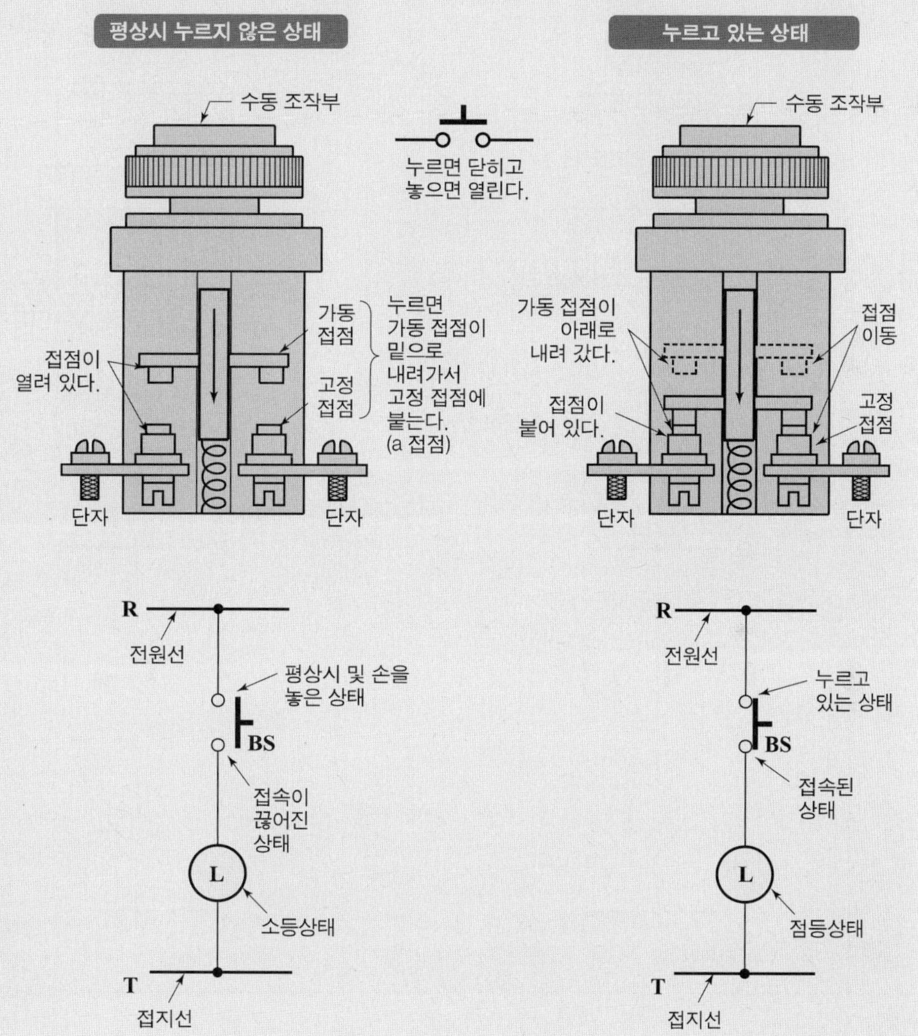

</td></tr>
</table>

접점 종류	작동 상세도
b접점	누르면 회로가 끊어지고 놓으면 회로가 접속된다. 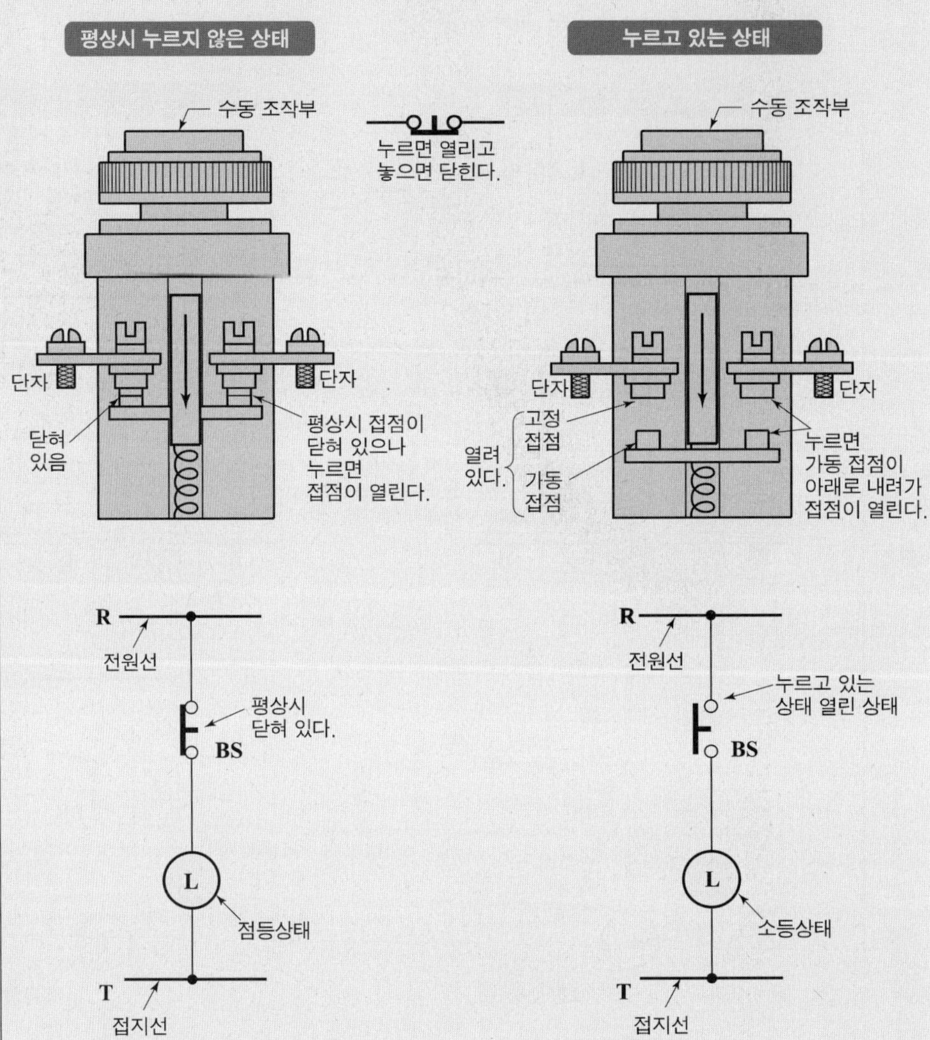

<table>
<tr><th>접점
종류</th><th>작동 상세도</th></tr>
<tr><td>c접점</td><td>연동으로 평소 b접점이고 누르면 a접점으로 전환된다.

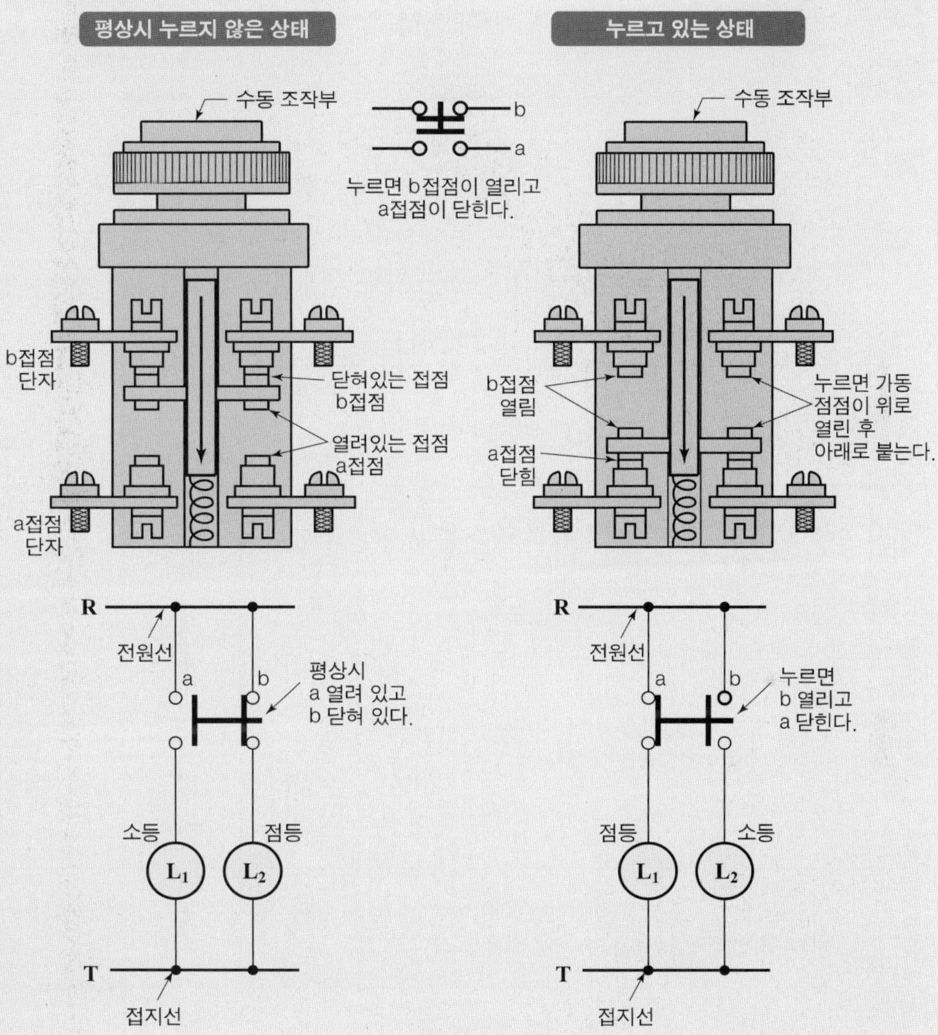
</td></tr>
</table>

6) 시퀀스 제어의 기본 그림기호

번호	접점 명칭	기 능	그림기호		적용
			a 접점	b 접점	
1	전자접촉기 접점	주접점 : 전동기 개폐 보조접점 : 제어회로에 적용	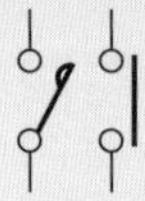		• 전자 접촉기
2	수동조작 자동복귀접점	조작 후에 손을 떼면 복귀하는 접점	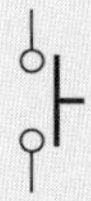	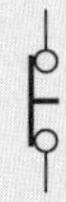	• 누름버튼 스위치 (복귀형)
3	접점 또는 수동접점	조작을 가하면 그 상태를 유지하는 접점			• 토글 스위치 • 텀블러 스위치
4	계전기 또는 보조스위치접점	보조접점 : 제어회로에 적용	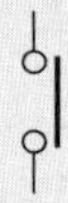		• 계전기 • 전자 접촉기
5	조작스위치 잔류접점	조작 후에 손을 떼면 상태를 유지하는 잔류접점	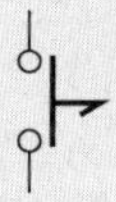		• 캠 스위치 • 누름버튼 스위치 (유지형)
6	기계적 접점	전기적 원인 이외의 원인에 의해 접점이 개폐되는 접점	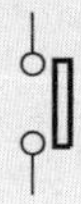	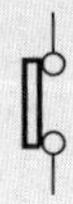	• 리미트 스위치
7			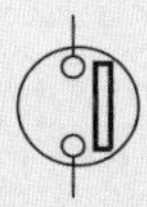	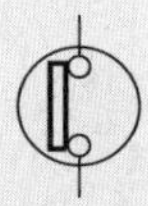	• 플로트 스위치
8	한시동작 (순시복귀)접점	동작시간이 늦은 타이머 접점 (복귀는 순시에 접점 동작)	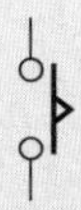	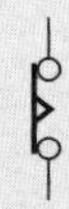	• 타이머
9	(순시동작) 한시복귀접점	복귀시간이 늦은 타이머 접점 (동작은 순시에 접점 동작)	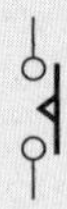	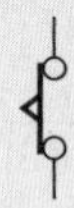	
10	수동복귀접점	수동으로 복귀시키는 것으로 전자석 복귀도 포함되는 접점	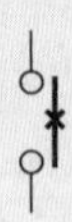		• 열동 계전기

2.2_조작용 스위치

조작용 스위치는 시퀀스 제어의 명령과 순서를 결정하는데 중요한 역할을 하며, 조작하는 사람의 의사에 따라 회로의 개폐 또는 접속 변경 등의 작업명령을 하는 입력기구이다.

1) 누름버튼 스위치(=푸시버튼 스위치)

(1) 누름버튼 스위치(PBS : push button switch, PB, BS)는 수동으로 버튼의 조작에 의해서 개로 또는 폐로 되어 접촉부를 갖는 제어용 스위치이다.

(2) 동작 기능에 따라 **복귀형**(non lock type)과 **유지형**(lock type)으로 분류되며 **복귀형**은 **수동조작 자동복귀접점**으로서 누르고 있는 동안만 회로가 닫히거나 열리고 손을 떼는 순간 복귀하는 스위치다.

(3) 반면 유지형은 한번 누르면 손을 떼어도 On 상태를 유지하다가 또 다시 한번 누르면 Off 상태로 개폐의 판별이 곤란하여 램프를 내장한 조광식(照光式)이 많이 사용된다.

(4) 누름버튼 스위치의 접점 구조를 나타내면 그림 7.6과 같다.

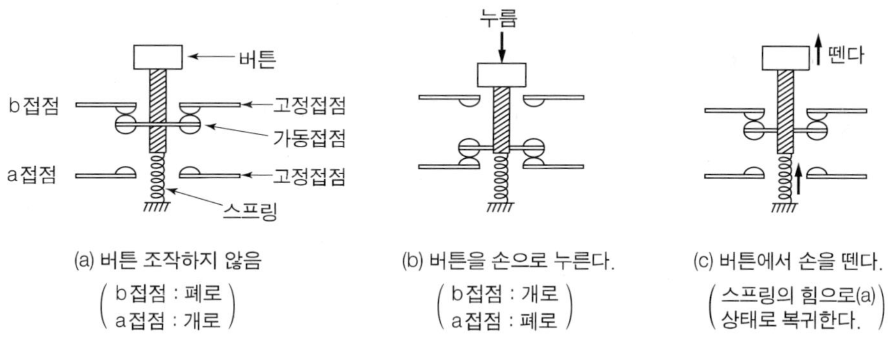

그림 7.6 ◦ 누름버튼 스위치의 접점 구조

(5) 누름버튼 스위치를 비교 설명하면 다음과 같다.

분류	접점명칭	기능	외형	그림기호	
				a접점	b접점
복귀형	수동조작 자동복귀접점	조작 후에 손을 떼면 복귀하는 접점		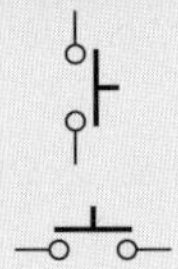	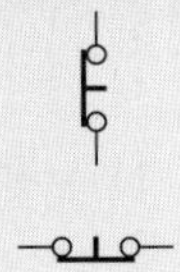
유지형	조작스위치 잔류접점	조작 후에 손을 떼면 상태를 유지하는 잔류접점	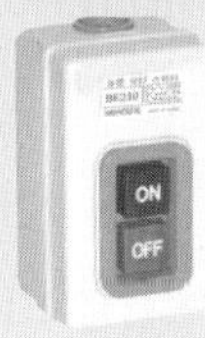	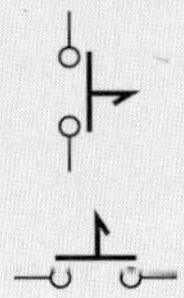	

2) 토글 스위치

(1) 토글 스위치(Toggle switch)는 레버를 왕복운동 시켜 기계적으로 접점부에 전달하여 회로를 개폐 조작하는 스위치이다.

(2) 수동과 자동의 전환(절환)등 전원 스위치 및 전로의 절환조작에 많이 사용된다.

(3) 토글 스위치의 접점명칭 및 기능 등을 요약하면 다음과 같다.

분류	접점명칭	기능	외형	그림기호	
				a접점	b접점
유지형	접점 또는 수동접점	조작을 가하면 그 상태를 그대로 유지하는 접점		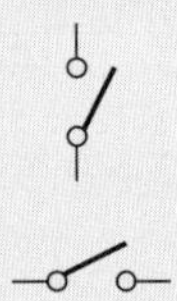	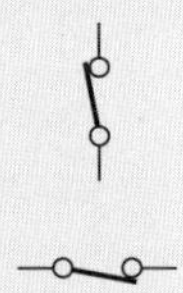

3) 캠 스위치

(1) 캠 스위치(Cam switch)는 회로의 캠과 접점을 가진 플러그로서 여러 단수에 연결해 사용할 수 있어 드럼 스위치보다 많이 이용되며 소형이다.

(2) 밀폐형으로 접점부에 산화 및 먼지 등이 쌓이지 않는다.

(3) 전압계, 전류계 절환용으로 많이 이용되고 있다.

(4) 캠 스위치의 접점명칭 및 기능 등을 요약하면 다음과 같다.

분류	접점명칭	기능	외형	그림기호	
				a접점	b접점
유지형	조작스위치 잔류접점	조작 후에 손을 떼면 상태를 유지하는 잔류접점		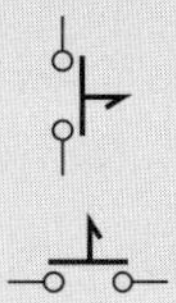	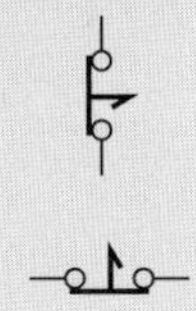

4) 비상 스위치

(1) 비상 스위치(Emergency switch)는 비상시에 사용하는 스위치로서 조작반, 배전반 등에 많이 사용된다.

(2) 비상 스위치의 외형은 그림 7.7과 같다.

그림 7.7 • 비상 스위치 외형

2.3_검출용 스위치

검출용 스위치(Detect switch)는 제어대상의 상태나 변화를 검출하기 위한 것으로, 어떤 물체의 위치나 액체의 높이, 압력, 빛, 온도, 전압, 자계 등을 검출하여 그에 따라 기기를 작동시키는 스위치이다. 따라서 검출용 스위치는 사람의 눈이나 귀 등의 감각에 해당하는 작용을 하며 구조에 따라 리미트 스위치(Limit switch), 근접 스위치, 온도 스위치, 압력 스위치, 레벨 스위치(Level switch), 플로우 스위치(Flow switch), 액면 스위치 등이 있다.

1) 액면 스위치

(1) 액면 스위치는 액체의 액위를 검출하는 스위치로서 플로트(float)가 있는 플로트 스위치(Float switch)와 플로트가 없는 플로트레스 스위치(Floatless switch)로 분류된다.

(2) 플로트 스위치의 구조 예로서, 볼모양의 플로트는 액위가 올라감에 따라 그 부력으로 들어 올려져 마이크로스위치를 동작시키게 된다. 이것을 나타내면 그림 7.8과 같다.

(3) 플로트레스 스위치의 외형은 그림 7.9와 같다.

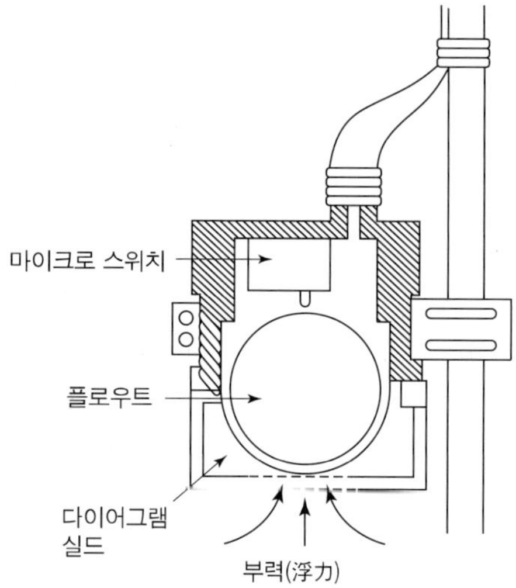

그림 7.8 • 플로트 스위치의 구조 예

그림 7.9 • 플로트레스 스위치 외형

(4) 플로트 스위치의 접점명칭 및 기능 등을 요약하면 다음과 같다.

분류	접점명칭	기능	그림기호	
			a접점	b접점
플로트 스위치	기계적 접점	액면의 위치를 검출하는 접점으로 전기적 원인 이외의 원인에 의해 접점이 개폐된다.	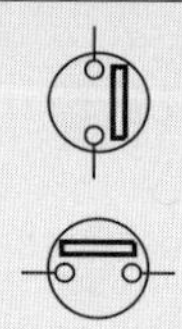	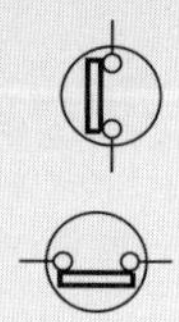

2) 리미트 스위치

(1) 리미트 스위치(Limit switch)는 제어대상의 위치 및 동작의 상태 또는 변화를 검출하는 스위치로서 공작기계 등 모든 산업현장에서 검출용 스위치로 널리 사용되고 있다.

(2) 구조는 공업용으로서 여러 가지 상황에 다양하게 사용할 수 있도록 견고한 상자 모양으로 되어 있고 접촉자(actuator), 접점(contact block), 외상(encloser)으로 구성되어 있다.

(3) 리미트 스위치의 외형을 나타내면 그림 7.10과 같다.

그림 7.10 ◦ 리미트 스위치 외형

(4) 리미트 스위치의 접점명칭 및 기능 등을 요약하면 다음과 같다.

분류	접점명칭	기능	그림기호	
			a접점	b접점
리미트 스위치	기계적 접점	제어대상의 위치 및 동작의 상태를 검출하는 접점으로 전기적 원인 이외의 원인에 의해 접점이 개폐된다.	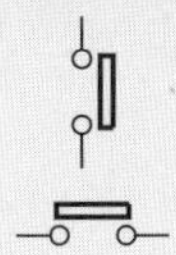	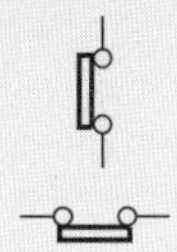

2.4_제어용 기기

전기량 또는 물리량에 응동하여 전기회로를 제어하는 기능을 가진 기기를 계전기(relay)라고 한다. 시퀀스 제어회로에 사용되는 계전기는 전력용 계전기와 통신용 계전기로 크게 구분되며 전력용 계전기에는 보조 계전기, 전자 접촉기, 전자 개폐기, 한시 계전기(타이머), 열동 계전기 등이 있고 통신용 계전기로는 소형 계전기, 고감도 계전기, 와이어 스프링 계전기, 킵 계전기 등이 있다. 일반적으로 소방전기설비에서는 전력용 계전기를 많이 사용한다.

1) 전자 계전기

(1) 전자 계전기(Electromagnet relay)는 전자코일에 전류가 흐르면 전자석이 되어 그 전자력에 의해 접점을 개폐하는 기능을 가진 장치를 말한다.

(2) 전자 계전기에서 코일에 전류가 흘러 가동철편을 끌어당기는 상태를 여자(勵磁)라 하고, 전류가 흐르지 않아 가동철편이 원래의 위치로 되돌아 온 상태를 소자(消磁)라 한다.

(3) 전자 계전기는 구조에 따라 힌지형과 플런저형으로 구분하며 릴레이 핀수는 8핀, 11핀, 14핀 등이 있고 베이스를 사용하여 배선하고 계전기 핀을 베이스에 삽입하여 사용할 때는 가운데 홈 방향이 아래로 오도록 고정시켜야 한다.

(4) 힌지형(hinge type) 전자 계전기를 요약하면 다음과 같다.

<table>
<tr><th>구 분</th><th>내 용</th></tr>
<tr><td>정 의</td><td>• 1점을 지점(支點)으로 하여 코일에 전류를 흘리면 전자석이 되어 직선운동을 하는 가동철편을 끌어당겨 접점을 개폐하는 계전기</td></tr>
<tr><td>외형 및 구조</td><td>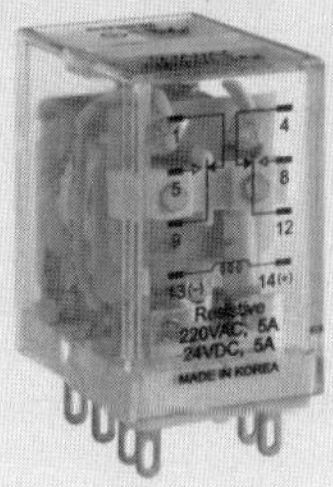 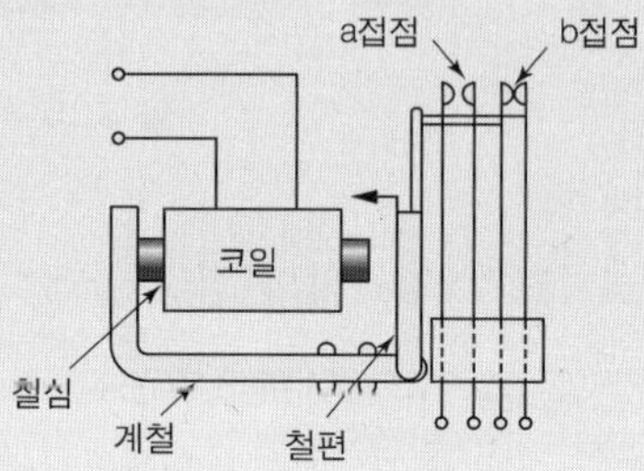
</td></tr>
<tr><td>동작원리</td><td>• 전자코일이 자화(磁化)되면 가동철편을 끌어 당겨 b접점은 떨어지고 a접점으로 붙는다. 전자코일이 소자되면 다시 스프링의 힘에 의해 본래의 상태로 되돌아간다.
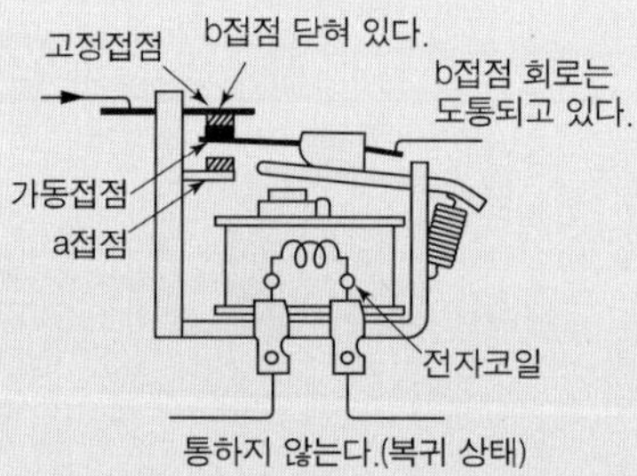

(a) 전자 코일에 전류가 통하지 않는 상태
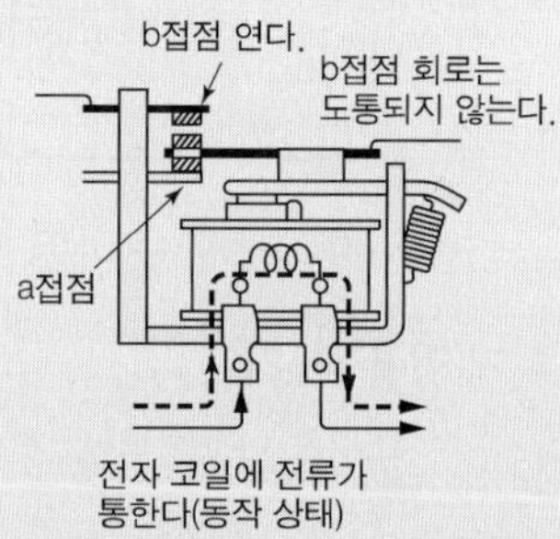

(b) 전자 코일에 전류가 통한 상태</td></tr>
<tr><td>그림기호</td><td>
<table>
<tr><th rowspan="2">명칭</th><th colspan="2">그림기호</th></tr>
<tr><th>a접점</th><th>b접점</th></tr>
<tr><td>계전기 접점 또는 보조스위치 접점</td><td>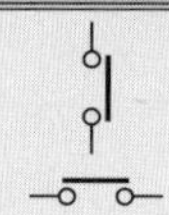</td><td>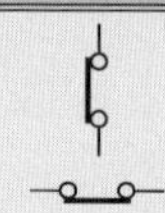</td></tr>
<tr><td>전자코일</td><td colspan="2">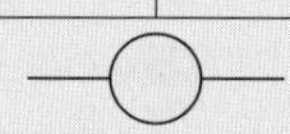</td></tr>
</table>
</td></tr>
<tr><td>접점구조</td><td>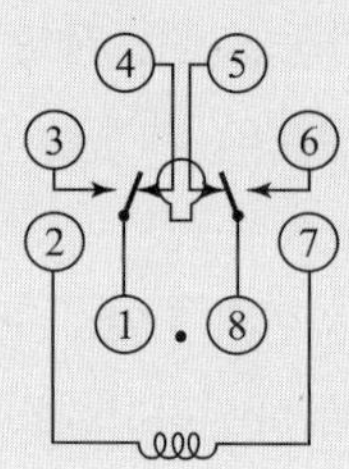

(a) 8핀형의 접점 구조
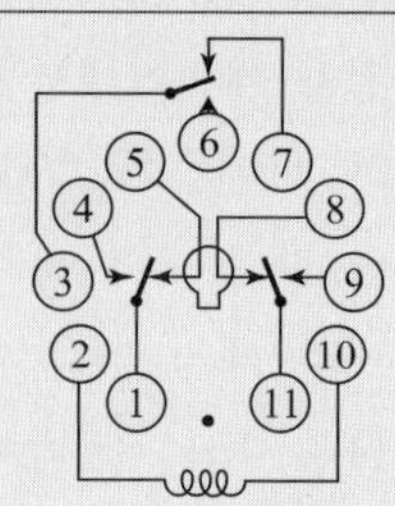

(b) 11핀형의 접점 구조</td></tr>
</table>

<table>
<tr><th>구 분</th><th>내 용</th></tr>
<tr><td>기본회로</td><td>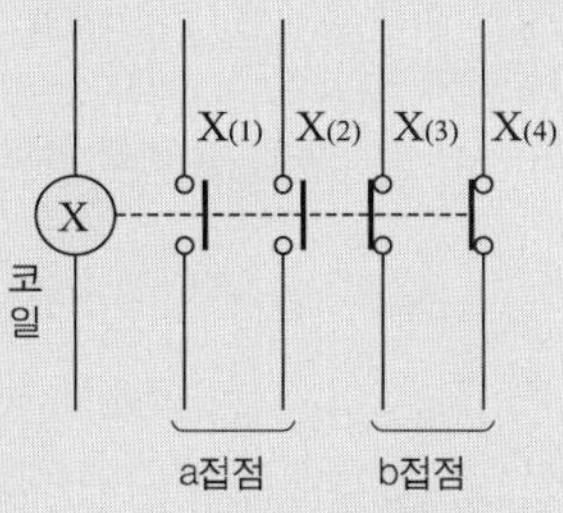

(a) 계전기 기호
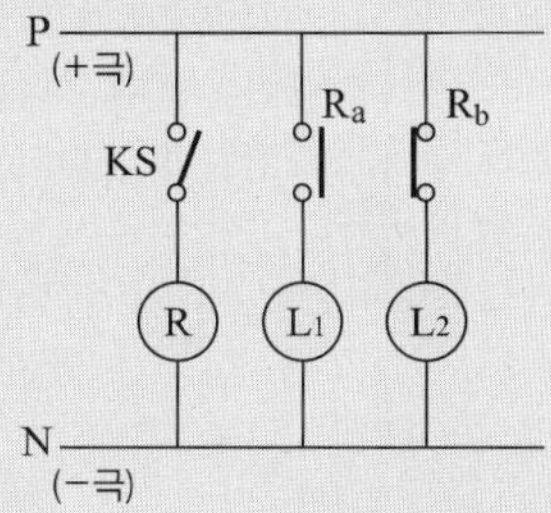

(b) 기본 회로</td></tr>
</table>

2) 전자 접촉기

(1) 전자 접촉기(MC : Magnetic Contactor)란 전자석의 동작에 의하여 부하 회로를 빈번하게 개폐하는 접촉기를 말하며, 일명 플런저형 전자 계전기라 한다.

(2) 전자 접촉기의 특징은 소형 전자계전기와 달리 주접점 이외에 보조접점을 가지고 있으며, 전자코일에 전류가 흐르면 주접점과 보조접점이 동시에 동작하는 구조이다.

(3) 주접점은 전동기를 개폐하는 접점으로 접점의 용량이 크고 a접점만으로 구성되어 있으며 보조접점은 보조계전기와 같이 작은 직류 및 제어 회로에 사용되며 a접점과 b접점으로 구성되어 있다.

(4) 전자 접촉기를 요약하면 다음과 같다.

<table>
<tr><th>구 분</th><th>내 용</th></tr>
<tr><td>정 의</td><td>• 고정철심에 감겨진 코일에 전원이 인가되면 철심이 전자석으로 되어 가동철심을 흡인함으로서 접점을 열거나 닫는 역할을 하며, 코일에 전원이 끊어지면 스프링의 힘으로 접점은 원위치로 복귀하는 플런저형 계전기</td></tr>
<tr><td>외형 및 내부배선도</td><td>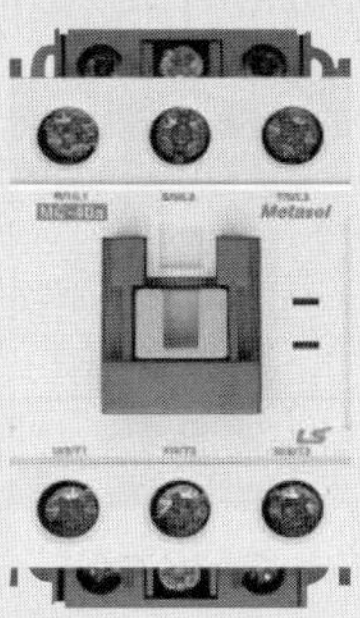
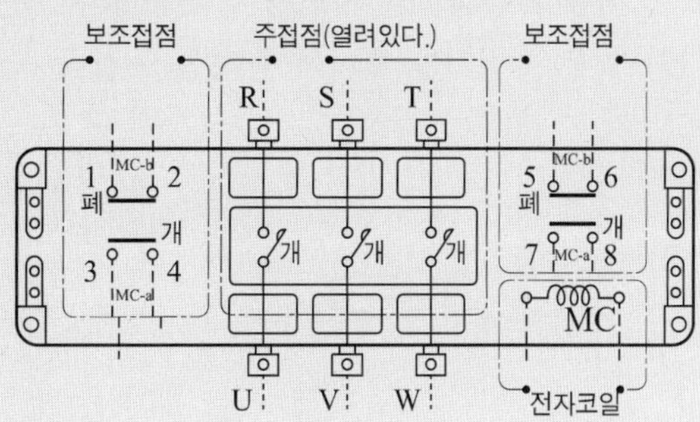
</td></tr>
</table>

<table>
<tr><th>구 분</th><th>내 용</th></tr>
<tr><td>동작원리</td><td>• 전자코일에 전류가 흐르면 고정철심이 전자석이 되어 가동철심을 끌어당긴다. 이 끌어당기는 힘에 의해서 가동철심이 연동하여 주접점 및 보조 접점이 아래쪽으로 힘을 받아 주접점이 닫힘과 동시에 보조접점도 동시에 개폐 동작을 행한다.
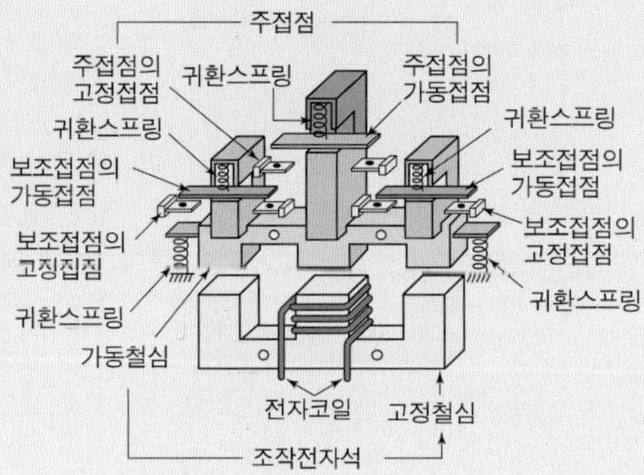

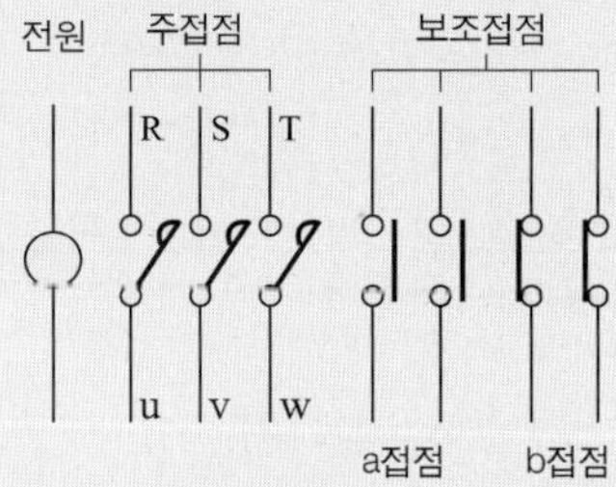
</td></tr>
<tr><td>그림기호</td><td>
<table>
<tr><th rowspan="2">명칭</th><th>주접점</th><th colspan="2">보조접점</th></tr>
<tr><th>a접점</th><th>a접점</th><th>b접점</th></tr>
<tr><td>전자접촉기 접점</td><td>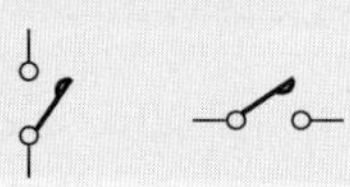</td><td>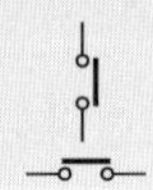</td><td>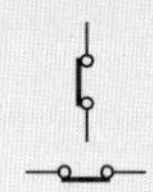</td></tr>
</table>
</td></tr>
</table>

3) 열동 계전기

(1) 열동 계전기(THR : Thermal Relay)는 설정값 이상의 전류가 흐르면 접점을 동작시켜 전원을 차단시키는 계전기로서, 전동기의 과부하 보호에 사용된다.

(2) 주 회로에 삽입된 히터에 과전류가 흐르면, 열에 의해 바이메탈이 휘어지는 원리를 이용하여 회로를 차단시켜 전동기의 소손을 방지하는 계전기이다.

(3) 열동 계전기를 요약하면 다음과 같다.

<table>
<tr><th>구 분</th><th>내 용</th></tr>
<tr><td>외형 및 내부배선도</td><td>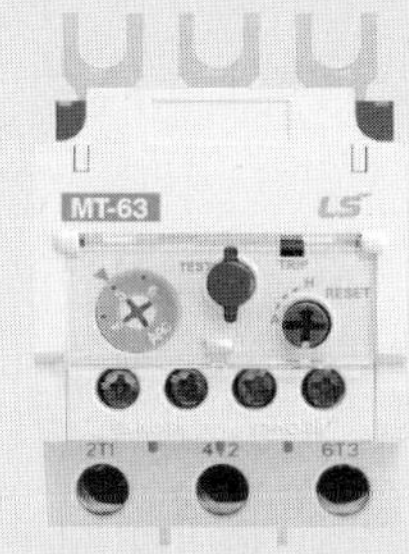 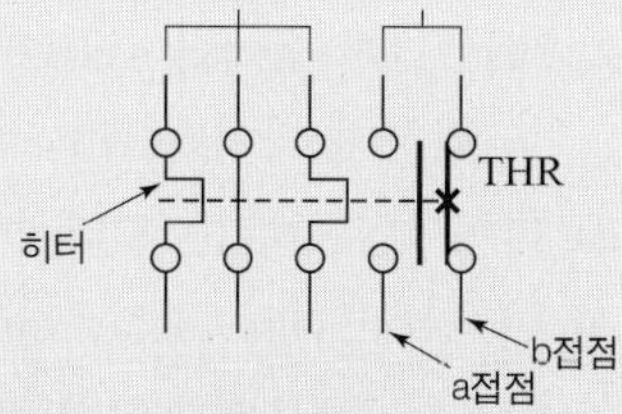
</td></tr>
<tr><td>그림기호</td><td>
<table>
<tr><th rowspan="2">명칭</th><th colspan="2">그림기호</th></tr>
<tr><th>a접점</th><th>b접점</th></tr>
<tr><td>수동복귀 접점</td><td>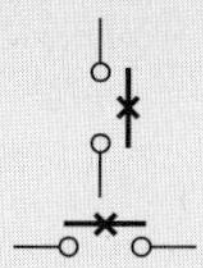</td><td>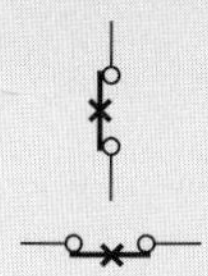</td></tr>
<tr><td>열동 계전기 히터</td><td colspan="2">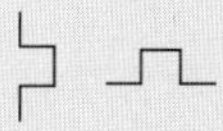</td></tr>
</table>
</td></tr>
</table>

4) 전자 개폐기

(1) 전자 개폐기(MS : Magnetic Switch)는 전자 접촉기에 전동기의 보호장치인 열동 계전기를 조합한 주 회로용 개폐기이다.

(2) 전자 개폐기는 전동기 회로를 개폐하는 것을 목적으로 사용되며, 정격전류 이상의 과전류가 흐르면 자동으로 차단하여 전동기를 보호할 수 있다.

(3) 전자 개폐기의 외형을 나타내면 다음과 같다.

외 형	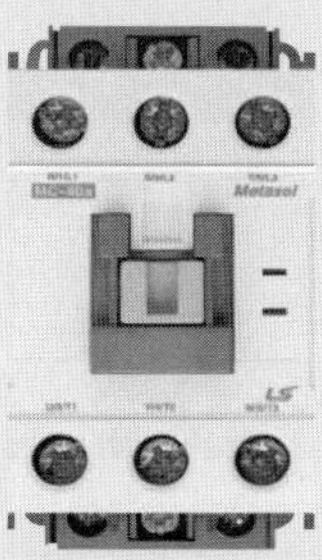	+	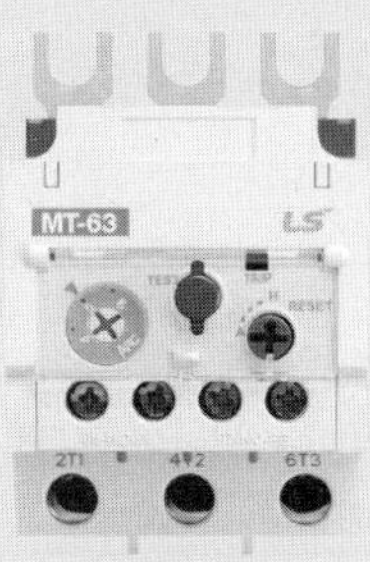	=	
품 명	전자 접촉기	+	열동 계전기	=	전자 개폐기

5) 한시 계전기

(1) 전자 계전기는 일반적으로 입력신호가 들어오면 순간적으로 동작하고 신호가 끊어지면 순간적으로 복귀하는데 반해 한시 계전기는 입력신호가 인가되어도 바로 동작하지 않고 정해진 시간(=설정시간)이 경과한 후에 접점의 개폐를 수행하는 계전기를 말하며 타이머(Timer)라고도 많이 부른다.

(2) 타이머의 종류는 모터식 타이머, 전자식 타이머, 제동식 타이머 등이 있다.

(3) 한시회로(Time delay circuit)에는 동작시간이 늦은 한시동작(접점)회로, 복귀시간이 늦은 한시복귀(접점)회로, 동작과 복귀가 모두 늦은 뒤진(접점)회로가 있으며 이것을 나타내면 다음과 같다.

신호			접점 심벌	논리 심벌	동작
입력신호(코일)			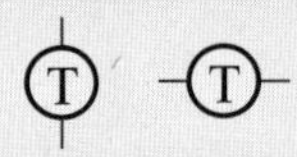		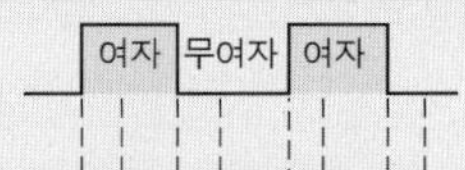
출력신호	순시동작 순시복귀	a 접점	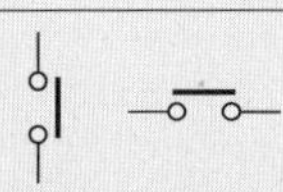		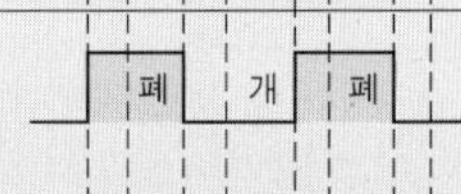
		b 접점	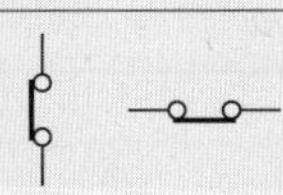		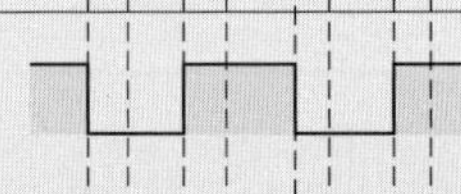
	한시동작회로	a 접점	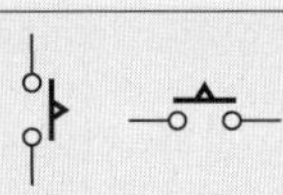	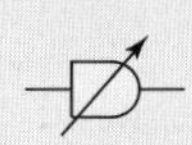	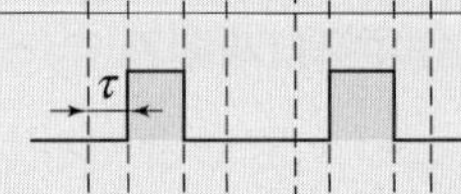
		b 접점	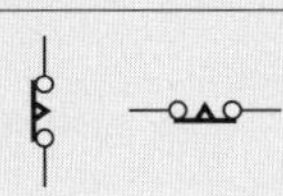	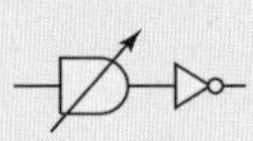	
	한시복귀회로	a 접점	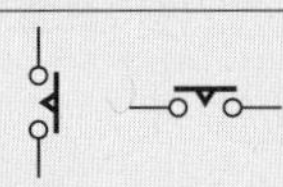	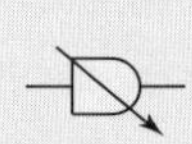	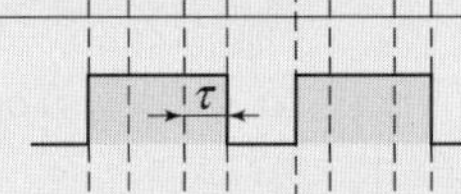
		b 접점	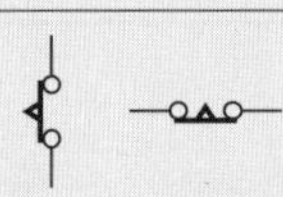	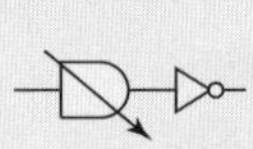	
	뒤진회로	a 접점	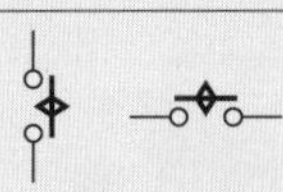	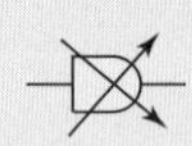	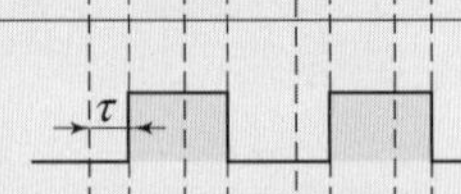
		b 접점	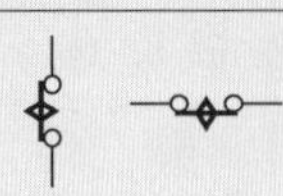	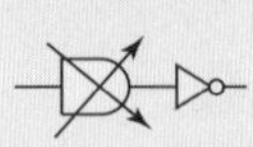	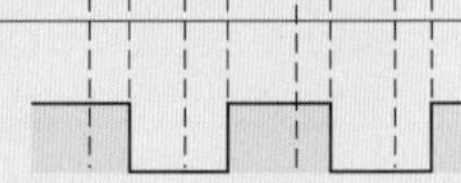

(4) 한시 계전기를 요약하면 다음과 같다.

구 분	내 용
정 의	• 전기적 또는 기계적 입력이 주어지면, 정해진 시한(=설정시간)이 경과된 뒤 그 접점이 폐로 또는 개로하는 계전기
외형 및 접점 구조	 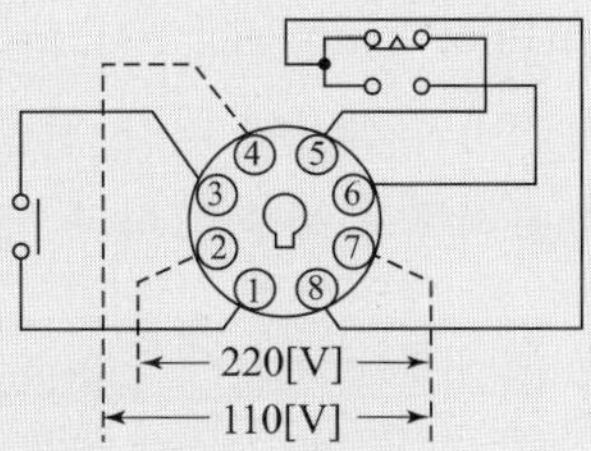
기호	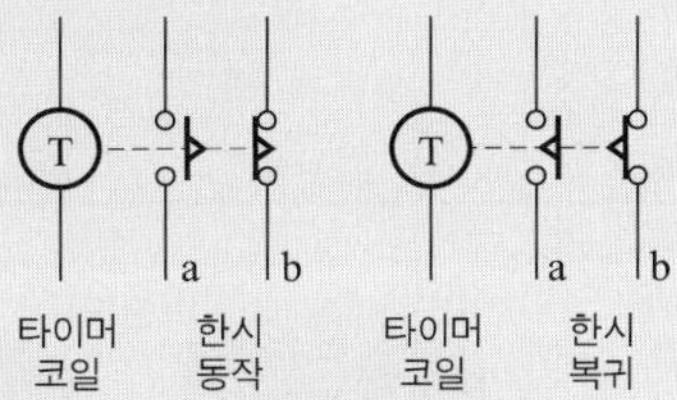
기본회로 및 동작설명	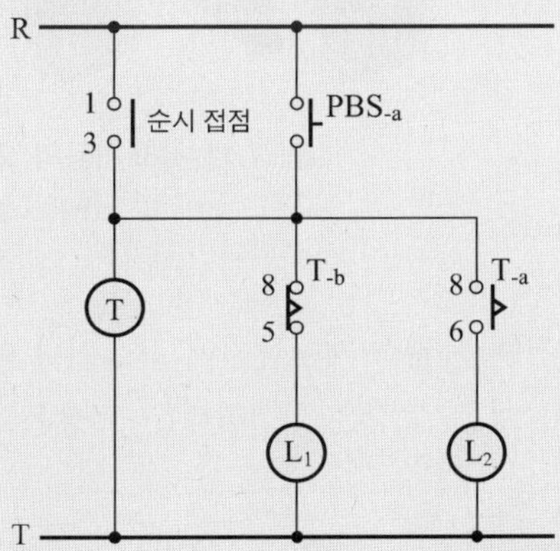 ① 누름버튼 스위치 PBS_{-a}를 누르면 타이머 T가 여자 되고 타이머의 순시접점 1번과 3번이 붙어 PBS_{-a}를 떼어도 계속 자기유지되어 표시등 L_1이 점등된다. ② 설정시간 t초가 지나면 한시 b접점 T_{-b}인 8번과 5번이 T_{-a}인 8번과 6번으로 이동되어 T_{-b}는 개로가 되고 T_{-a}는 폐로가 되어 표시등 L_1은 소등되고 L_2는 점등된다.

2.5_표시 및 경보용 기기

시퀀스 제어회로의 운전 및 정지 상태와 고장 또는 위험한 상태를 알려주는 표시 및 경보용 기기로는 램프, 버저, 벨 등이 있다.

1) 램프(표시등)

(1) 표시등은 기기의 동작 상태를 제어반, 감시반 등에 표시하는 것으로 파일럿 램프(Pilot lamp) 또는 시그널 램프(Signal lamp)라고도 하며, 램프에 커버를 부착하여 커버의 색상에 따라 전원표시등, 고장표시등으로 구분된다.

(2) 표시등의 색상에 따라 동작 상태를 나타내면 다음과 같다(예시).

동작 상태	색 상	기 호	영문 표기
전원 표시	백 색	WL, PL	white lamp, pilot lamp
운전 표시	적 색	RL	red lamp
정지 표시	녹 색	GL	green lamp
경보 표시	오렌지 색	OL	orange lamp
고장 표시	황 색	YL	yellow lamp

그림 7.11 • 표시등의 외형

2) 벨, 버저

(1) 벨이나 버저는 시퀀스 제어장치에 고장이나 이상이 발생할 때 그 발생을 알리는 경보기기이며 보통 고장은 벨, 가벼운 고장은 버저로 경고하고 있다.

그림 7.12 • 버저의 외형

3. 논리회로의 수학적 표현

논리란 인간의 사고(思考)를 사고의 대상으로 삼을 때 제기되는 개념으로 사고(思考)를 사고의 대상으로 삼으려면 사고의 언어적인 표현을 다루어야 한다. 이러한 사고의 언어적인 패턴을 이상화, 형식화하여 얻어진 형식 체계가 기호 논리화, 즉 수학적 논리학이다. 그리스의 아리스토텔레스(Aristoteles, 375～325 BC)에 의해 완성된 전통적인 논리학을 수학적 논리학으로 발전시킨 사람은 영국의 수학자 부울(Boole, G. 1815～1864)이다.

정보의 전달은 문자 이외에도 기호로서 정보의 전달을 할 수 있고, 논리회로라는 연산기호를 사용하여 수식적으로 해석하는 수단이 부울대수(boolean algebra)이며, 논리대수에서 취급하는 변수는 2진법의 '0'과 '1'이다.

3.1_부울대수(Boolean Algebra)

1) 부울대수의 개요

(1) 발생배경－1847년 영국의 George Boole이라는 수학자가 "논리의 수학적 해석"이라는 연구를 발표한 것이 부울대수의 시초이다. 그 후 A.de Morgan, Schrider 등에 의해 연구가 진행되어 "논리대수"로 발전하였으며 1938년 미국의 C.E. Shannon이 스위칭 회로에 도입해서 자동교환기와 계산기의 논리회로의 설계에 응용했다.

(2) 그 이후 회로의 해석과 합성 및 회로소자의 최소화에 이용되어 오늘날의 전자계산기와 자동제어의 발전에 중요한 역할을 해주고 있다.

표 7.1 • 부울대수의 변수와 물리적 상태

물리적 상태 \ 논리변수	"1"	"0"
신호전압	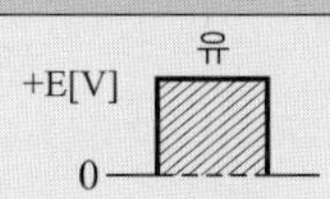	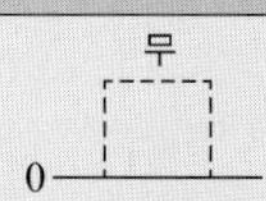
스위치	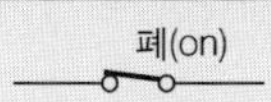	
램프	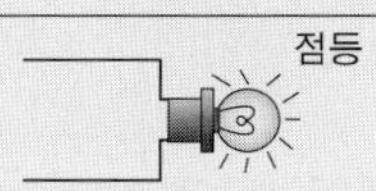	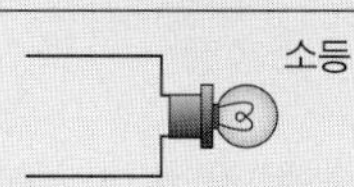
계전기의 접점	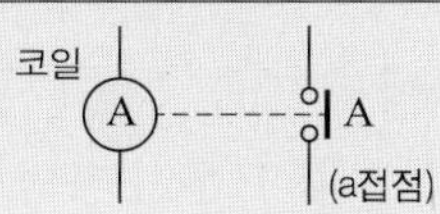	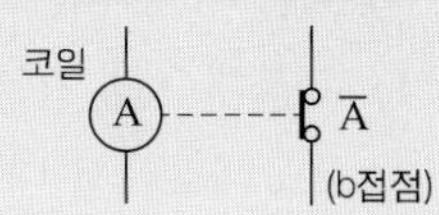

(3) 부울대수의 변수는 보통의 대수와 달리 2개의 상태를 취급하는 2원신호의 '1'과 '0' 만을 사용한다. 즉, 접점의 On, Off와 표시램프의 점멸, 트랜지스터의 도통·차단의 2원적인 상태에 대응시킨 것으로 '1'과 '0'은 수량을 나타내는 것이 아니며 이것을 나타내면 표 7.1과 같다.

2) 부울대수의 장점

(1) 부울대수를 시퀀스회로에 적용하면 회로를 간략화 할 수 있다.

(2) 예를 들어 그림 7.13(a)는 10개의 접점을 가진 유접점 회로인데 부울대수를 사용하면 그림 (b)의 회로로 변경할 수 있다. 즉, 2개의 접점을 사용해서 10개의 접점을 가진 회로와 동일한 기능을 갖는 회로로 표현할 수 있다. 따라서 8개의 접점이 절약되며 이 과정을 나타내면 식 (7.1)과 같다.

$$\begin{aligned}&\{(A+B+C)(\overline{A}+B+C)\}+(A\cdot B)+(B\cdot C)\\&=\{A\overline{A}+AB+AC+\overline{A}B+BB+BC+\overline{A}C+BC+CC\}+AB+BC\\&=B+C+AB+BC\\&=B(1+A+C)+C\\&=B+C \qquad (7.1)\end{aligned}$$

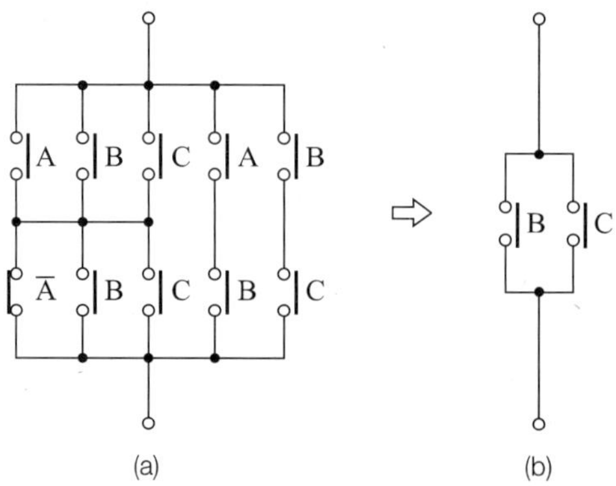

그림 7.13 • 부울대수를 적용하여 간략화한 회로

(3) 위와 같은 방법으로 접점의 수를 줄여 가는 방법을 **문자소거법**이라 한다.

3) 부울대수의 공리(公理)

(1) 부울대수의 기본연산 정의에서 다음 4가지 공리가 만들어진다.

(2) 부울대수에서 다루는 변수 '0'과 '1'은 숫자의 의미가 아니라 상태를 나타내는 논리값이다.

(3) 공리는 참·거짓, 있다·없다 또는 스위치 개·폐 등으로 대응하여 설명할 수 있다.

표 7.2 • 부울대수 공리의 의미

순서	공 리	의 미
1	X=1이 아니면 X=0이다.	회로접점이 폐로 아니면 개로 상태이다.
	X=0이 아니면 X=1이다.	회로접점이 개로 아니면 폐로 상태이다.
2	1+1=1	2개의 입력신호를 동시에 주어도 출력이 나온다.
	0·0=0	2개의 입력신호를 동시에 안 주므로 출력이 안 나온다.
3	0+0=0	입력이 없으므로 출력이 없다.
	1·1=1	2개의 입력신호를 주어야 출력이 나온다.
4	0+1=1	1개의 입력신호를 주어도 출력이 나온다.
	1·0=0	1개의 입력신호를 주면 출력이 안 나온다.
5[2)]	$\overline{1}=0$	입력이 있으면 출력이 나타나지 않는다.
	$\overline{0}=1$	입력이 없으면 출력이 나타난다.

(4) 공리를 사용하여 이에 대응하는 접점회로 및 논리기호를 나타내면 표 7.3과 같다.

표 7.3 • 부울대수의 공리(公理)(가설)

순 서	공 리	대응 접점회로		대응논리기호
1	1+1=1	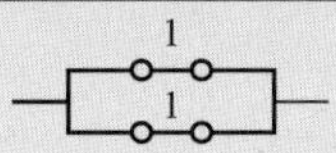	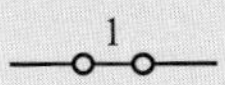	
	0·0=0	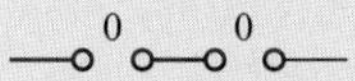	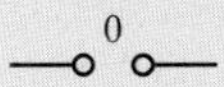	
2	0+0=0	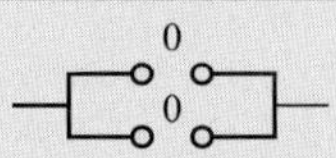	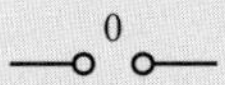	
	1·1=1	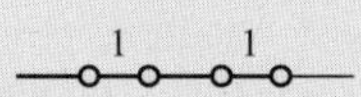	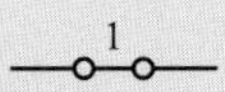	
3	0+1=1	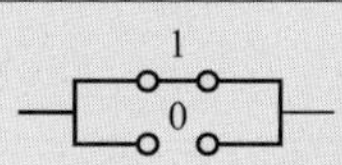	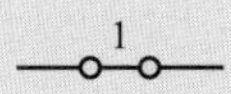	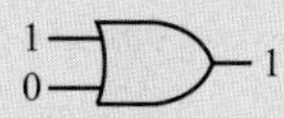
	1·0=0	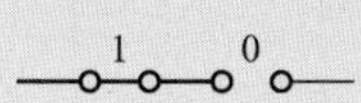	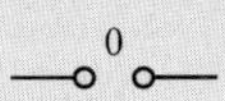	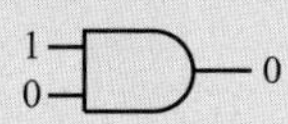
4	$\overline{1}=0$	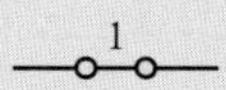 의 부정은 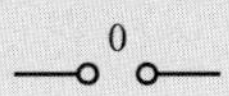		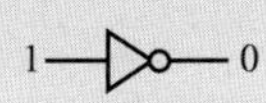
	$\overline{0}=1$	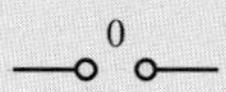 의 부정은 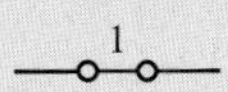		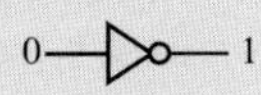

2) NOT은 입력신호가 없으면 출력이 나타나고 입력신호가 있으면 출력이 나타나지 않는다. NOT X = $\overline{X}$ 관계가 성립된다.

4) 부울대수의 정리(定理)

(1) 연산기호와 공리에서 부울대수의 정리가 유도된다.

(2) 부울대수의 정리를 사용하여 실용회로의 논리적 처리가 가능하게 된다.

(3) 부울대수의 정리를 나타내면 표 7.4와 같고 부울대수의 논리연산 공식과 접점의 등가회로를 나타내면 표 7.5와 같다.

표 7.4 • 부울대수의 정리

정리	논리합	논리곱	예
1 (항등원)[3]	$A+0=A$	$A \cdot 1=A$	$A\overline{B}+C+0=A\overline{B}+C$, $AB \cdot 1=AB$
2 (한계)	$A+1=1$	$A \cdot 0=0$	$A\overline{B}+C+1=1$, $AB \cdot 0=0$
3 (동일)	$A+A=A$	$A \cdot A=A$	$(A\overline{B}+C)(A\overline{B}+C)=(A\overline{B}+C)$ $S=A \cdot A=A$ 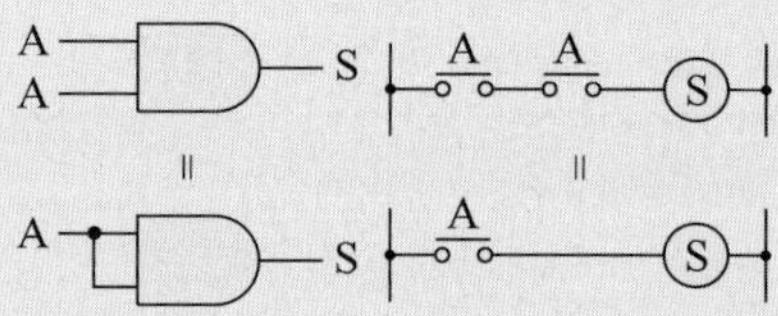
4 (부정)	$A+\overline{A}=1$	$A \cdot \overline{A}=0$	$A+\overline{A}+B=1$, $A\overline{A}+B=B$ $S=A+\overline{A}=1$ 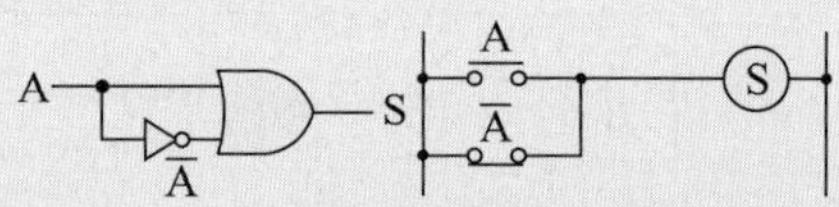 $S=A \cdot \overline{A}=0$ 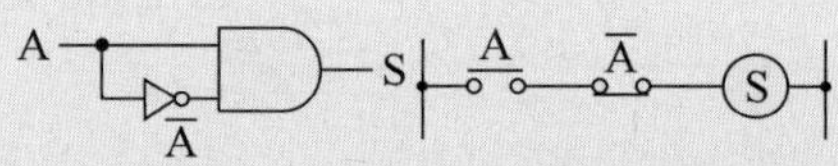
정리	논리식		예
5 (교환)	$A+B=B+A$, $A \cdot B=B \cdot A$		
6 (결합)	$A+(B+C)=(A+B)+C$ $A \cdot (B \cdot C)=(A \cdot B) \cdot C$		

3) 연산기호 결과 자기 자신이 나오게 만드는 수

표 7.4 • 부울대수의 정리(계속)

정리	논리식	예
7 (분배)	$A \cdot (B+C) =$ $(A \cdot B)+(A \cdot C)$ $A+(B \cdot C) =$ $(A+B) \cdot (A+C)$	$S = A+(B \cdot C) = (A+B) \cdot (A+C)$ $= AA+AC+AB+BC$ $= A(1+C+B)+BC$ $= A+(B \cdot C)$ 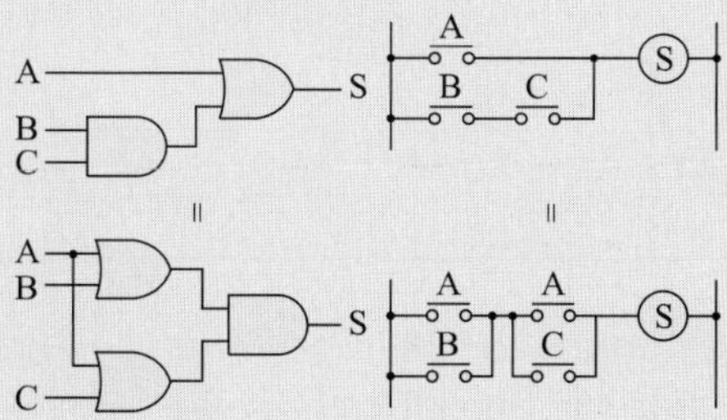
8 (흡수)	$A+A \cdot B = A$ $A \cdot (A+B) = A$ $A \cdot \overline{B}+B = A+B$ $A+\overline{A}B = A+B$ $A+\overline{AB} = A+\overline{B}$ $\overline{A}+AB = \overline{A}+B$	$A+AB = A(1+B) = A$ $A \cdot (A+B) = A+AB = A(1+B) = A$ $= (A+0) \cdot (A+B) = A+AB$ $S = A \cdot \overline{B}+B = A+B$ 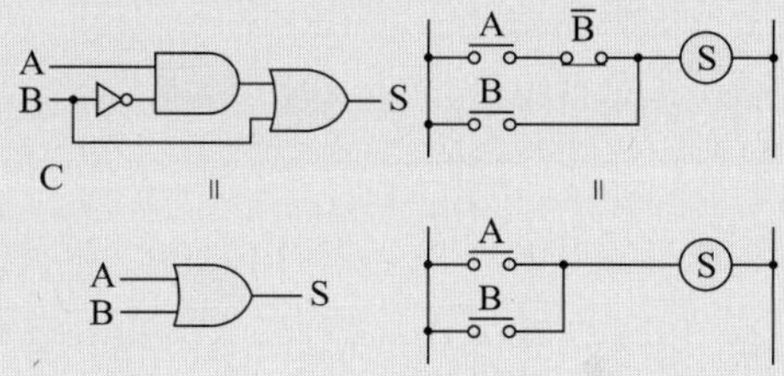
9 (드모르간)	$\overline{A+B} = \overline{A} \cdot \overline{B}$ $\overline{A \cdot B} = \overline{A}+\overline{B}$	$S = \overline{A+B} = \overline{A} \cdot \overline{B}$ 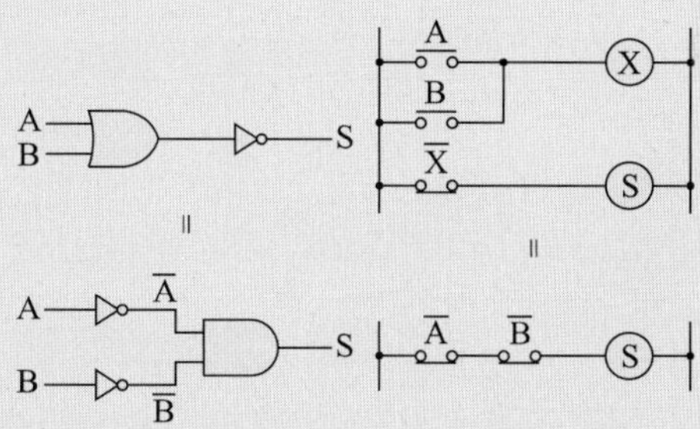 $S = \overline{A \cdot B} = \overline{A}+\overline{B}$ 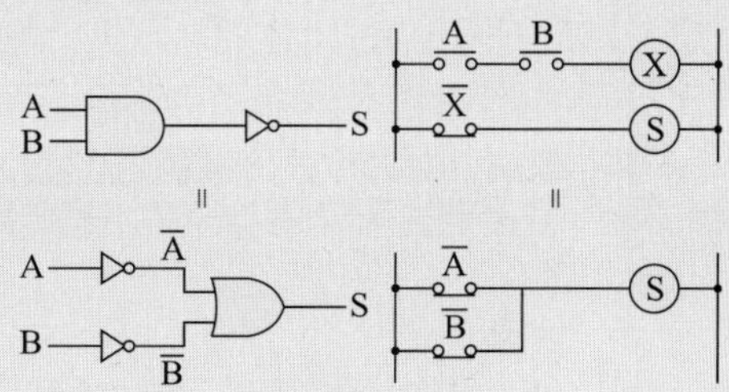

표 7.4 • 부울대수의 정리(계속)

정리	논리식	예
10 (자기쌍대)	쌍대성 : '0'과 '1' 및 '·'와 '+'를 서로 교환한 형식 $(A+B)(B+C)(C+A)=A\cdot B+B\cdot C+C\cdot A$ 증명 $[(A+B)\cdot(B+C)](C+A)$ $=[AB+AC+B+BC](C+A)$ $=[B(1+A+C)+AC](C+A)$ $=BC+AB+AC$	
11 (이중부정)	$\overline{\overline{A}}=A$	

표 7.5 • 부울대수의 논리연산 공식과 접점의 등가회로

정리		논리식	등가접점회로
1 (항등원)	논리합	$X+0=X$	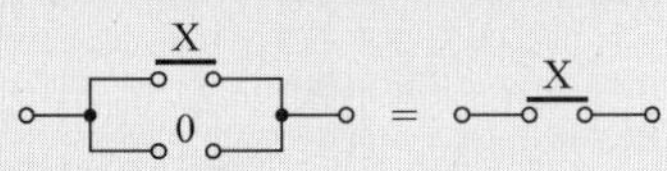
	논리곱	$X\cdot 1=X$	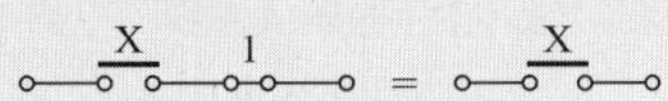
2 (한계)	논리합	$X+1=1$	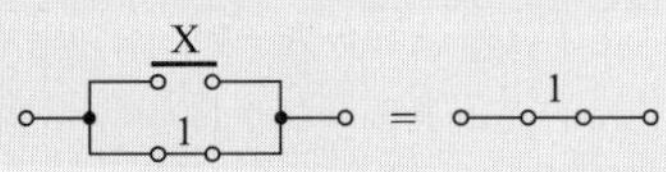
	논리곱	$X\cdot 0=0$	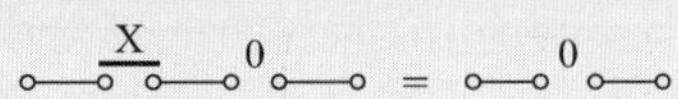
3 (동일)	논리합	$X+X=X$	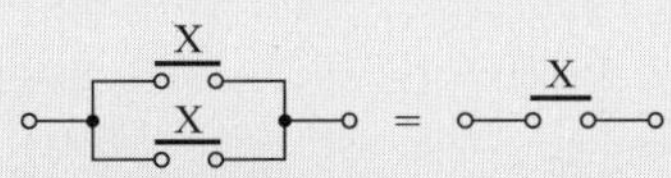
	논리곱	$X\cdot X=X$	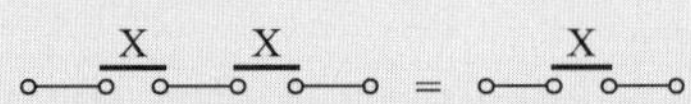
4 (부정)	논리합	$X+\overline{X}=1$	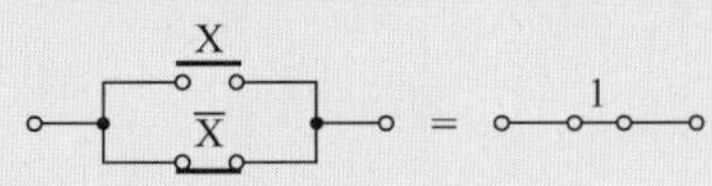
	논리곱	$X\cdot\overline{X}=0$	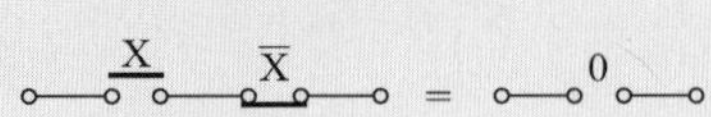
5 (교환)	논리합	$X+Y=Y+X$	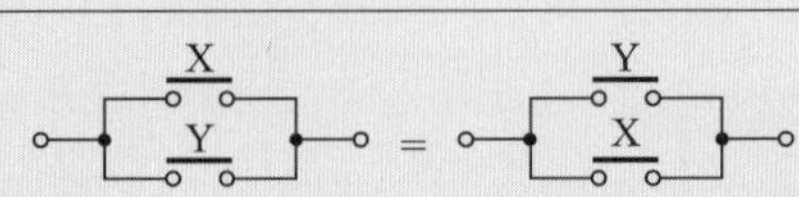
	논리곱	$X\cdot Y=Y\cdot X$	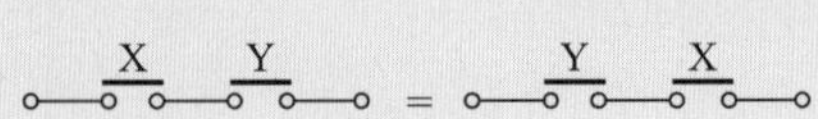

표 7.5 • 부울대수의 논리연산 공식과 접점의 등가회로(계속)

정리		논리식	등가접점회로
6 (결합)	논리합	$(X+Y)+Z=X+(Y+Z)$	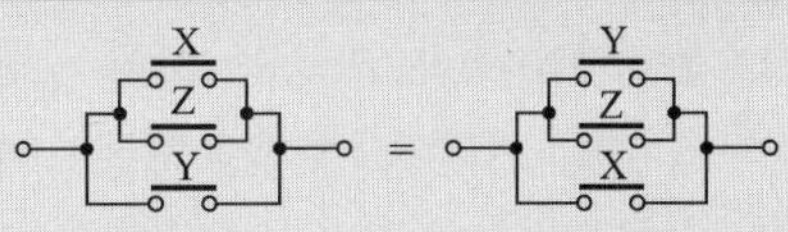
	논리곱	$(X\cdot Y)\cdot Z=X\cdot(Y\cdot Z)$	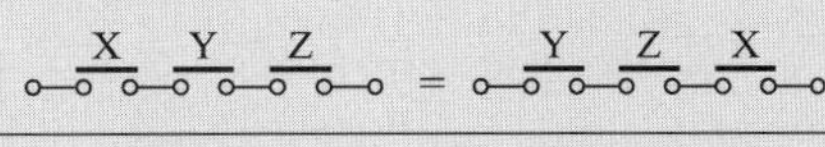
7 (분배)	논리합	$X\cdot(Y+Z)=XY+XZ$	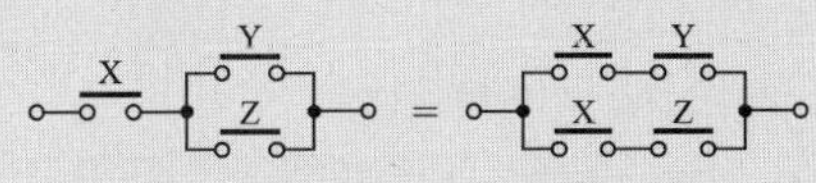
	논리곱	$X+Y\cdot Z=(X+Y)\cdot(X+Z)$	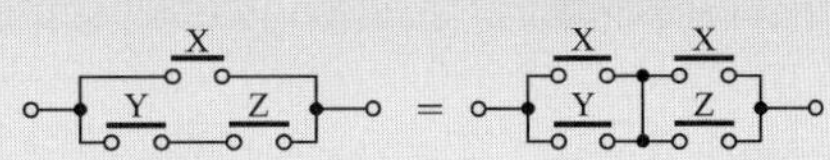
8 (흡수)	논리합	$X\cdot Y+X\cdot\overline{Y}=X$	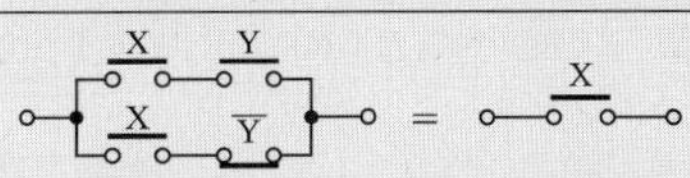
	논리곱	$(X+Y)\cdot(X+\overline{Y})=X$	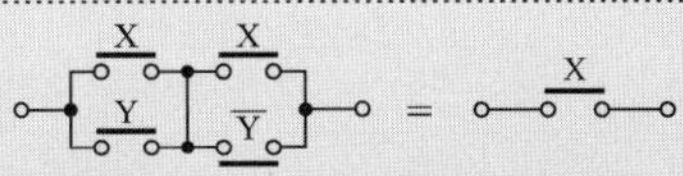
9 (드모르간)	논리합	$\overline{X+Y}=\overline{X}\cdot\overline{Y}$	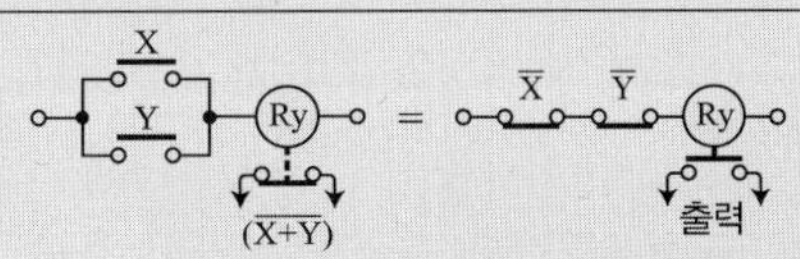
	논리곱	$\overline{X\cdot Y}=\overline{X}+\overline{Y}$	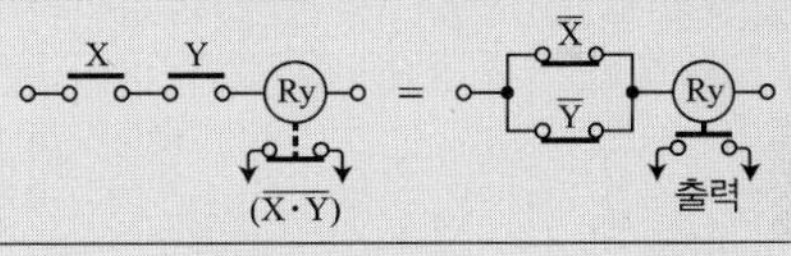
10 (자기쌍대)	논리식	$(X+Y)(Y+Z)(Z+X)=X\cdot Y+Y\cdot Z+Z\cdot X$	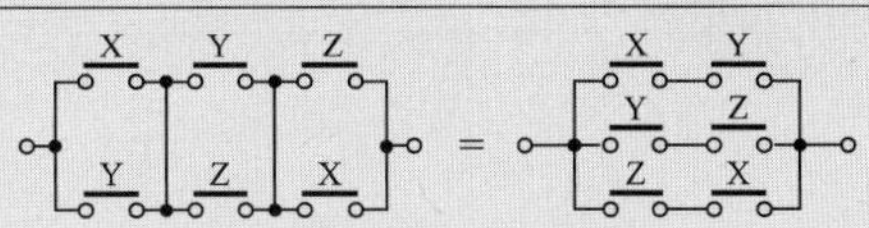
11 (이중부정)	논리식	$\overline{\overline{A}}=A$	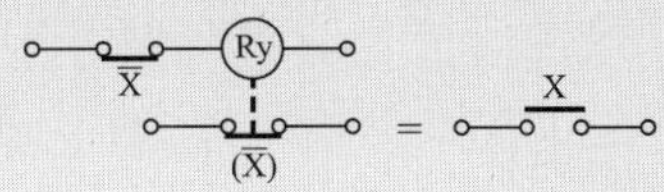

3.2_논리대수 간략화

1) 논리대수 간략화 과정

(1) 논리대수의 변수 또는 항의 수는 논리회로의 구성에서 논리소자 수에 관계되므로 경제성, 신뢰성, 제작성 또는 보수 등의 여러 면에서 가급적이면 적게 하는 것이 요구된다.

(2) 논리대수를 간략화하는 과정을 나타내면 표 7.6과 같다.

표 7.6 • 논리대수 간략화 과정

<table>
<tr><th>단계</th><th>논리식</th><th>논리회로</th><th>유접점회로</th></tr>
<tr><td rowspan="2">1</td><td>$Y = A \cdot \overline{B} + \overline{A} \cdot B + A \cdot B$</td><td>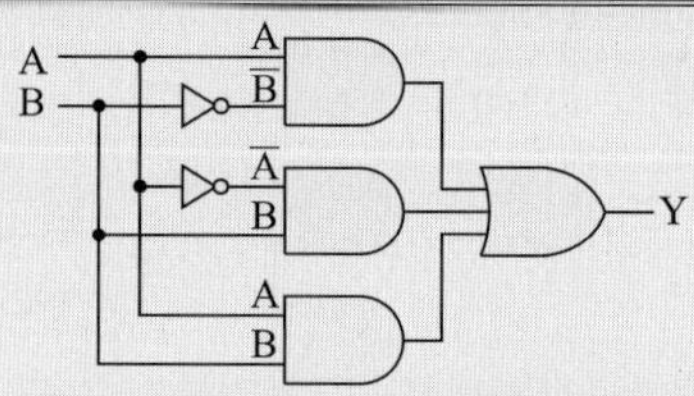</td><td>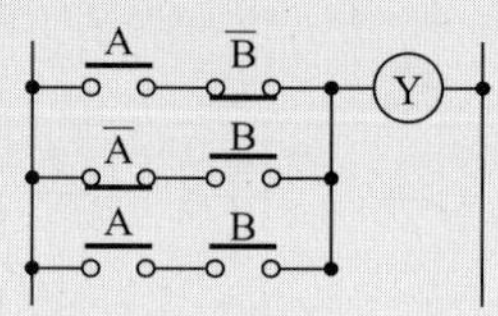</td></tr>
<tr><td colspan="3">논리회로 기능을 수행하기 위해서는 6개의 게이트가 필요</td></tr>
<tr><td rowspan="2">2</td><td colspan="3">$$\begin{aligned} Y &= A \cdot \overline{B} + \overline{A} \cdot B + A \cdot B \\ &= A(\overline{B} + B) + \overline{A} \cdot B \\ &= A + \overline{A} \cdot B = (A + \overline{A}) \cdot (A + B) \\ &= 1 \cdot (A + B) = A + B \end{aligned}$$</td></tr>
<tr><td colspan="3">문자소거법을 적용하여 논리회로를 간략화 한다.</td></tr>
<tr><td rowspan="2">3</td><td>$Y = A + B$</td><td></td><td>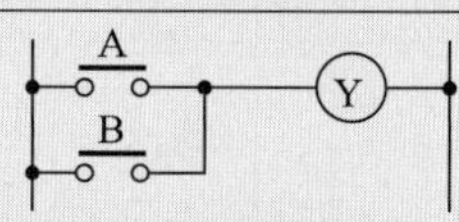</td></tr>
<tr><td colspan="3">1개의 OR회로로 표현한다.<table><tr><th colspan="2">입 력</th><th>출 력</th></tr><tr><th>A</th><th>B</th><th>Y</th></tr><tr><td>0</td><td>0</td><td>0</td></tr><tr><td>0</td><td>1</td><td>1</td></tr><tr><td>1</td><td>0</td><td>1</td></tr><tr><td>1</td><td>1</td><td>1</td></tr></table></td></tr>
</table>

2) 최소항을 갖는 부울대수식

(1) 논리회로 설계를 시작할 때에는 일반적으로 진리표의 작성에서부터 시작된다.

(2) 최소항을 갖는 부울대수식을 **곱항의 합(sum-of-products)형식** 또는 **최소항 형식(min-term form)**[4]이라 부른다.

4) 표준곱(standard product)이라고도 하며, 논리함수를 구성하는 변수들이 논리곱(AND)으로 연결되어 있는 형태

(3) 최소항을 갖는 부울대수식의 표준절차

① 첫 번째로 진리표를 만든다.

② 진리표에서 출력이 '1'이 되는 부분을 최소항 형식의 대수식으로 세운다.

③ 최소항으로 되는 대수식을 AND, OR 또는 NOT게이트를 사용하여 논리회로를 구성한다.

Exercise 1

다음 진리표를 보고 최소항을 갖는 부울대수식과 논리회로를 그리시오.

입 력			출 력
A	B	C	Y
0	0	0	0
0	0	1	0
0	1	0	0
0	1	1	0
1	0	0	1
1	0	1	0
1	1	0	0
1	1	1	1

Solution

출력이 '1'이 되는 조합은 진리표의 제5행과 제8행이고 ▒▒▒ 으로 구별하고 있다.

① 제5행의 대수식은 $A \cdot \overline{B} \cdot \overline{C}$로 표시한다.

② 제8행의 대수식은 $A \cdot B \cdot C$로 표시한다.

③ 위의 2가지 조합의 논리곱을 만들면 진리표와 완전히 일치하는 부울 대수식이 얻어진다.

$$Y = A \cdot B \cdot C + A \cdot \overline{B} \cdot \overline{C}$$

④ 이것을 논리연산이 가능한 논리회로로 표현하면 다음과 같다.

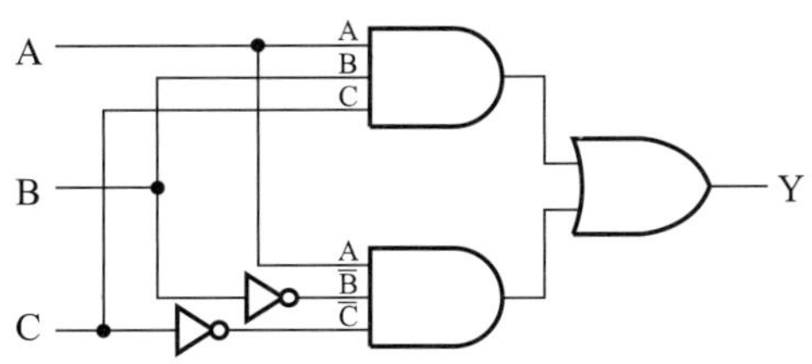

Exercise 2

다음 진리표를 보고 최소항을 갖는 부울대수식과 논리회로를 그리시오.

입 력			출 력
A	B	C	Y
0	0	0	0
0	0	1	0
0	1	0	0
0	1	1	1
1	0	0	0
1	0	1	0
1	1	0	1
1	1	1	0

Solution

출력이 '1'이 되는 조합은 진리표의 제4행과 제7행이고 ▬▬ 으로 구별하고 있다.

① 제4행의 대수식은 $\overline{A} \cdot B \cdot C$로 표시한다.

② 제7행의 대수식은 $A \cdot B \cdot \overline{C}$로 표시한다.

③ 위의 2가지 조합의 논리곱을 만들면 진리표와 완전히 일치하는 부울 대수식이 얻어진다.

$$Y = \overline{A} \cdot B \cdot C + A \cdot B \cdot \overline{C}$$

④ 이것을 논리연산이 가능한 논리회로로 표현하면 다음과 같다.

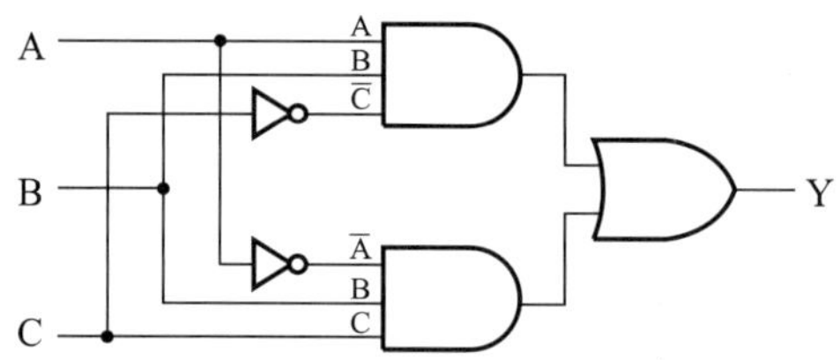

3) 최대항을 갖는 부울대수식

(1) 논리회로 설계를 시작할 때에는 일반적으로 진리표의 작성에서부터 시작된다.

(2) 최대항을 갖는 부울대수식을 **합항의 곱**(product-of-sums)**형식** 또는 **최대항 형식**(max-term form)[5]이라 부른다.

(3) 최대항을 갖는 부울대수식의 표준절차

① 첫 번째로 진리표를 만든다.

② 진리표에서 출력이 '0'이 되는 부분을 최대항 형식의 대수식으로 세운다.

③ 최대항으로 되는 대수식을 AND, OR 또는 NOT게이트를 사용하여 논리회로를 구성한다.

Exercise 1

다음 진리표를 보고 최대항을 갖는 부울대수식과 논리회로를 그리시오.

입 력			출 력
A	B	C	Y
0	0	0	1
0	0	1	0
0	1	0	1
0	1	1	1
1	0	0	1
1	0	1	1
1	1	0	1
1	1	1	0

Solution

출력이 '0'이 되는 조합은 진리표의 제2행과 제8행이고 ▒▒ 으로 구별하고 있다.

① 제2행의 대수식은 $A+B+\overline{C}$로 표시한다.

② 제8행의 대수식은 $\overline{A}+\overline{B}+\overline{C}$로 표시한다.

③ 위의 2가지 조합의 논리곱을 만들면 진리표와 완전히 일치하는 부울 대수식이 얻어진다.

$$Y=(A+B+\overline{C})\cdot(\overline{A}+\overline{B}+\overline{C})$$

④ 이것을 논리연산이 가능한 논리회로로 표현하면 다음과 같다.

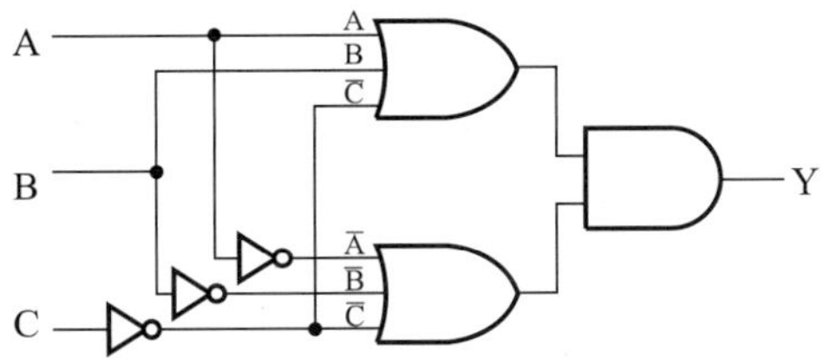

5) 표준합(standard sum)이라고도 하며, 논리함수를 구성하는 변수들이 논리합(OR)으로 연결되어 있는 형태

Exercise 2

다음 진리표를 보고 최대항을 갖는 부울대수식과 논리회로를 그리시오.

입 력			출 력
A	B	C	Y
0	0	0	1
0	0	1	1
0	1	0	1
0	1	1	0
1	0	0	0
1	0	1	1
1	1	0	1
1	1	1	1

Solution

출력이 '0'이 되는 조합은 진리표의 제4행과 제5행이고 ▬ 으로 구별하고 있다.

① 제4행의 대수식은 $A+\overline{B}+\overline{C}$로 표시한다.

② 제5행의 대수식은 $\overline{A}+B+C$로 표시한다.

③ 위의 2가지 조합의 논리곱을 만들면 진리표와 완전히 일치하는 부울 대수식이 얻어진다.

$$Y=(A+\overline{B}+\overline{C})\cdot(\overline{A}+B+C)$$

④ 이것을 논리연산이 가능한 논리회로로 표현하면 다음과 같다.

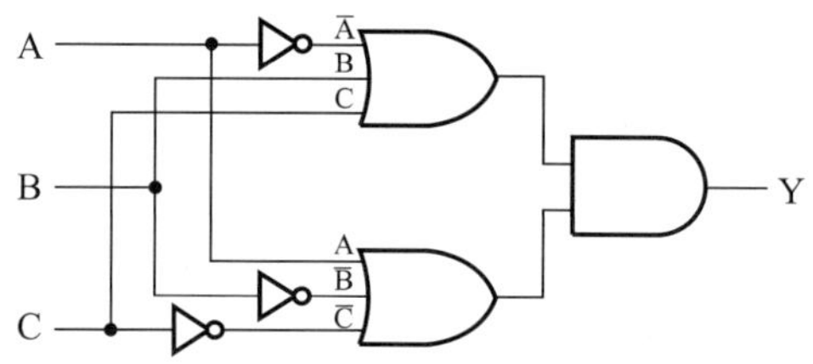

4) 최소항=최대항 부울대수식의 증명

(1) 다음의 OR 진리표에서, 이 진리표에 대응하는 부울대수식은 최소항을 갖는 부울대수식과 최대항을 갖는 부울대수식 2가지로 적을 수 있다.

입 력		출 력
A	B	Y
0	0	0
0	1	1
1	0	1
1	1	1

(2) 최소항 대수식은 진리표에서 출력의 논리값이 '1'이 되는 부분에서 논리곱 형태로 표현하고 이들을 다시 논리합 형태로 만드는 것으로 OR진리표에서 이것을 나타내면 식 (7.2)와 같다.

$$\mathrm{Y} = \overline{\mathrm{A}} \cdot \mathrm{B} + \mathrm{A} \cdot \overline{\mathrm{B}} + \mathrm{A} \cdot \mathrm{B} \tag{7.2}$$

(3) 최대항 대수식은 진리표에서 출력의 논리값이 '0'이 되는 부분에서 논리합 형태로 표현하고 이들을 다시 논리곱 형태로 만드는 것으로 OR진리표에서 이것을 나타내면 식 (7.3)과 같다

$$\mathrm{Y} = \mathrm{A} + \mathrm{B} \tag{7.3}$$

(4) 식 (7.2)를 문자소거법을 적용하여 간단히 정리하면 식 (7.4)와 같다.

$$\begin{aligned} \mathrm{Y} &= \overline{\mathrm{A}} \cdot \mathrm{B} + \mathrm{A} \cdot \overline{\mathrm{B}} + \mathrm{A} \cdot \mathrm{B} \\ &= \mathrm{B}(\overline{\mathrm{A}} + \mathrm{A}) + \mathrm{A} \cdot \overline{\mathrm{B}} = \mathrm{B} + (\mathrm{A} \cdot \overline{\mathrm{B}}) \\ &= (\mathrm{B} + \mathrm{A}) \cdot (\mathrm{B} + \overline{\mathrm{B}}) = \mathrm{A} + \mathrm{B} \end{aligned} \tag{7.4}$$

(5) 따라서 식 (7.2)와 식 (7.3)이 동일하다는 것을 알 수 있다. 이것은 최소항의 형태나 최대항의 형태 어느 것으로 정리하여도 결과가 같다는 것을 의미한다.

(6) 이것을 정리하면, 진리표에서 **출력값이 적은 쪽을 선택해서 부울대수식을 세우는 것**이 편리하다. 즉, 출력값 중 **'1'이 적은 경우에는 최소항을 갖는 부울대수식**을 세우고 **'0'이 적은 경우에는 최대항을 갖는 부울대수식**을 세우는 것이 편리하다.

3.3_드모르간(De Morgan, 1806~1871)의 정리

1) 드모르간의 정리 일반사항

(1) 논리 부정에 관한 정리이다.

(2) 논리식을 간소화하는데 사용한다.

(3) 부울대수식의 최소항 형식과 최대항 형식 사이의 상호변환은 드모르간의 정리로 쉽게 증명될 수 있다.

2) 드모르간의 정리

<table>
<tr><th>정 리</th><th>제1정리</th><th>제2정리</th></tr>
<tr><td>정 의</td><td>논리합의 전체 부정은 각각 변수의 부정을 논리곱 한 것과 같다.</td><td>논리곱의 전체 부정은 각각 변수의 부정을 논리합 한 것과 같다.</td></tr>
<tr><td rowspan="2">논리식</td><td>$\overline{A+B}=\overline{A}\cdot\overline{B}$(논리합 → 논리곱)</td><td>$\overline{A\cdot B}=\overline{A}+\overline{B}$(논리곱 → 논리합)</td></tr>
<tr><td>A+B의 부정은 A의 부정과 B의 부정을 곱한 것과 같다.</td><td>A · B의 부정은 A의 부정과 B의 부정을 합한 것과 같다.</td></tr>
<tr><td>논리기호</td><td>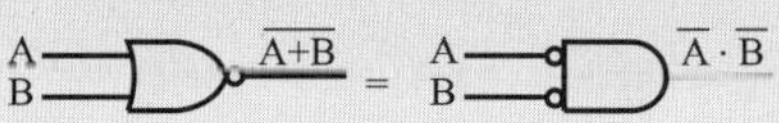</td><td>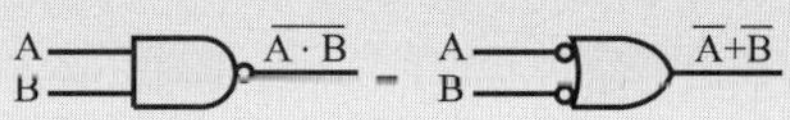</td></tr>
<tr><td>진리표</td><td>
<table>
<tr><th colspan="4">입 력</th><th colspan="3">출 력</th></tr>
<tr><th>A</th><th>B</th><th>$\overline{A}$</th><th>$\overline{B}$</th><th>A+B</th><th>$\overline{A+B}$</th><th>$\overline{A}\cdot\overline{B}$</th></tr>
<tr><td>0</td><td>0</td><td>1</td><td>1</td><td>0</td><td>1</td><td>1</td></tr>
<tr><td>0</td><td>1</td><td>1</td><td>0</td><td>1</td><td>0</td><td>0</td></tr>
<tr><td>1</td><td>0</td><td>0</td><td>1</td><td>1</td><td>0</td><td>0</td></tr>
<tr><td>1</td><td>1</td><td>0</td><td>0</td><td>1</td><td>0</td><td>0</td></tr>
</table>
</td><td>
<table>
<tr><th colspan="4">입 력</th><th colspan="3">출 력</th></tr>
<tr><th>A</th><th>B</th><th>$\overline{A}$</th><th>$\overline{B}$</th><th>A · B</th><th>$\overline{A\cdot B}$</th><th>$\overline{A}+\overline{B}$</th></tr>
<tr><td>0</td><td>0</td><td>1</td><td>1</td><td>0</td><td>1</td><td>1</td></tr>
<tr><td>0</td><td>1</td><td>1</td><td>0</td><td>0</td><td>1</td><td>1</td></tr>
<tr><td>1</td><td>0</td><td>0</td><td>1</td><td>0</td><td>1</td><td>1</td></tr>
<tr><td>1</td><td>1</td><td>0</td><td>0</td><td>1</td><td>0</td><td>0</td></tr>
</table>
</td></tr>
</table>

3) 논리식의 부정(보수)을 구하는 방법

(1) 논리식의 전체 부정을 각 논리 변수의 부정으로 바꾼다.

(2) 논리곱은 논리합으로, 논리합은 논리곱으로 바꾼다(‘ · ’ ↔ ‘+’).

(3) AND와 OR게이트를 서로 바꾸고, 각 변수의 보수(부정)를 취한다(AND ↔ OR).

(4) A접점은 B접점으로, B접점은 A접점으로 바꾼다(**a접점** ↔ **b접점**).

(5) 직렬회로는 병렬회로로, 병렬회로는 직렬회로로 바꾼다(**직렬회로** ↔ **병렬회로**).

(6) 논리 상수가 있으면 ‘1’은 ‘0’으로, ‘0’은 ‘1’로 바꾼다.

4) 예제

(1) $A+\overline{B}\cdot C$의 부정(보수)을 구하시오.

$$\begin{aligned}\overline{A+\overline{B}\cdot C} &= \overline{A}\cdot(\overline{\overline{B}\cdot C})\\ &= \overline{A}\cdot(\overline{\overline{B}}+\overline{C})\\ &= \overline{A}\cdot(B+\overline{C})\end{aligned}$$

(2) 다음 회로를 다르게 구하시오.

$$
\begin{aligned}
\overline{x} &= \overline{\{(B+\overline{C})\cdot A\}+\overline{A}\cdot\overline{B}\cdot C} \\
&= \overline{\{(B+\overline{C})\cdot A\}}\cdot(A+B+\overline{C}) \\
&= \{\overline{A}+(\overline{B}\cdot C)\}\cdot(A+B+\overline{C})
\end{aligned}
$$

3.4_논리회로

1) 논리회로

<table>
<tr><th>명칭</th><th>논리회로</th><th>시퀀스회로</th><th>진리표</th></tr>
<tr><td rowspan="2">AND회로
(직렬회로)
(논리곱회로)</td><td colspan="3">입력신호 A, B가 동시에 1일 때만 출력신호 X가 1이 된다.</td></tr>
<tr><td>$X = A \cdot B$
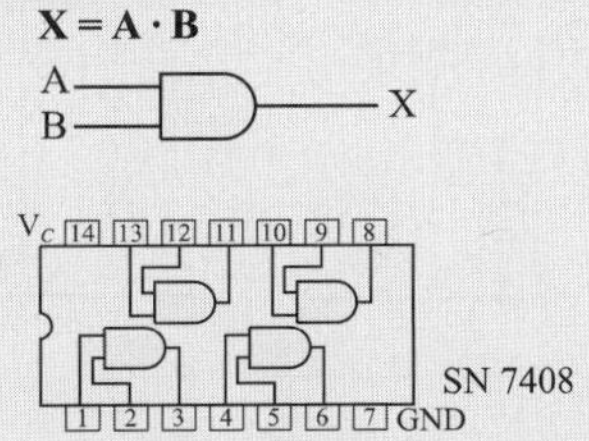</td><td>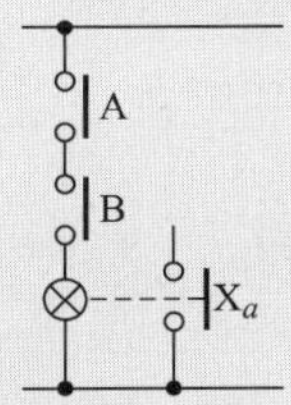</td><td><table><tr><th colspan="2">입력</th><th>출력</th></tr><tr><td>A</td><td>B</td><td>X</td></tr><tr><td>0</td><td>0</td><td>0</td></tr><tr><td>0</td><td>1</td><td>0</td></tr><tr><td>1</td><td>0</td><td>0</td></tr><tr><td>1</td><td>1</td><td>1</td></tr></table></td></tr>
<tr><td rowspan="2">OR회로
(병렬회로)
(논리합회로)</td><td colspan="3">입력신호 A, B 중 어느 하나라도 1이면 출력신호 X가 1이 된다.</td></tr>
<tr><td>$X = A + B$
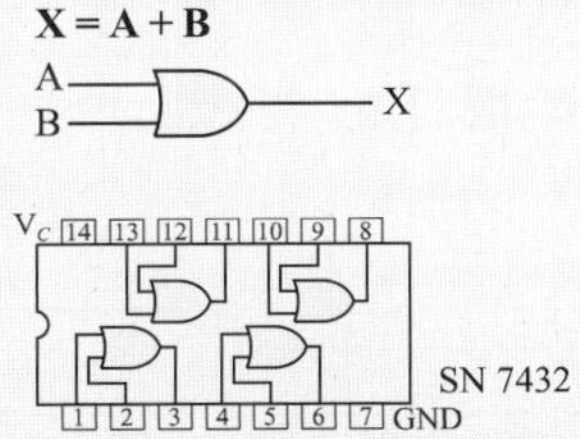</td><td>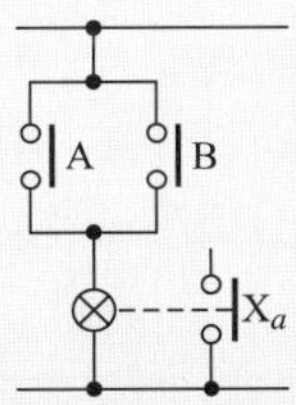</td><td><table><tr><th colspan="2">입력</th><th>출력</th></tr><tr><td>A</td><td>B</td><td>X</td></tr><tr><td>0</td><td>0</td><td>0</td></tr><tr><td>0</td><td>1</td><td>1</td></tr><tr><td>1</td><td>0</td><td>1</td></tr><tr><td>1</td><td>1</td><td>1</td></tr></table></td></tr>
<tr><td rowspan="2">NOT회로
(B접점)
(부정회로)</td><td colspan="3">입력신호 A가 0일 때만 출력신호 X가 1이 된다.</td></tr>
<tr><td>$X = \overline{A}$
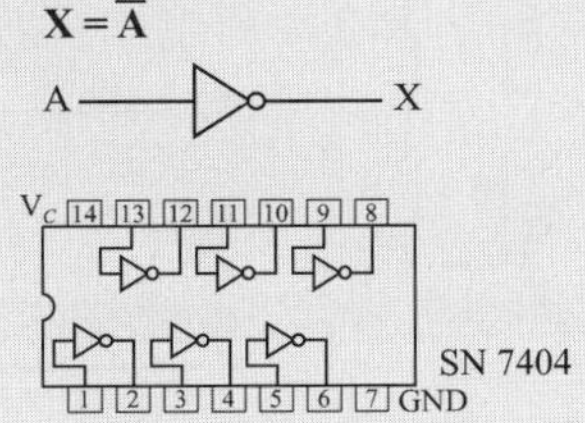</td><td>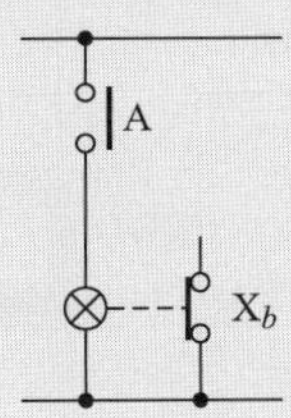</td><td><table><tr><th>입력</th><th>출력</th></tr><tr><td>A</td><td>X</td></tr><tr><td>0</td><td>1</td></tr><tr><td>1</td><td>0</td></tr></table></td></tr>
</table>

<table>
<tr><th>명칭</th><th>논리회로</th><th>시퀀스회로</th><th>진리표</th></tr>
<tr><td rowspan="2">NAND회로</td><td colspan="3">입력신호 A, B가 동시에 1일 때만 출력신호 X가 0이 된다(AND회로의 부정).</td></tr>
<tr><td>$X = \overline{A \cdot B} = \overline{A} + \overline{B}$
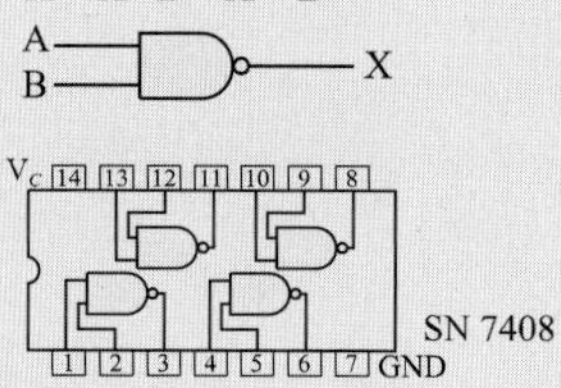</td><td>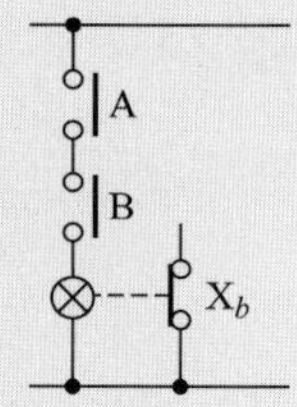</td><td><table><tr><th colspan="2">입력</th><th>출력</th></tr><tr><th>A</th><th>B</th><th>X</th></tr><tr><td>0</td><td>0</td><td>1</td></tr><tr><td>0</td><td>1</td><td>1</td></tr><tr><td>1</td><td>0</td><td>1</td></tr><tr><td>1</td><td>1</td><td>0</td></tr></table></td></tr>
<tr><td rowspan="2">NOR회로</td><td colspan="3">입력신호 A, B가 동시에 0일 때만 출력신호 X가 1이 된다(OR회로의 부정).</td></tr>
<tr><td>$X = \overline{A + B} = \overline{A} \cdot \overline{B}$
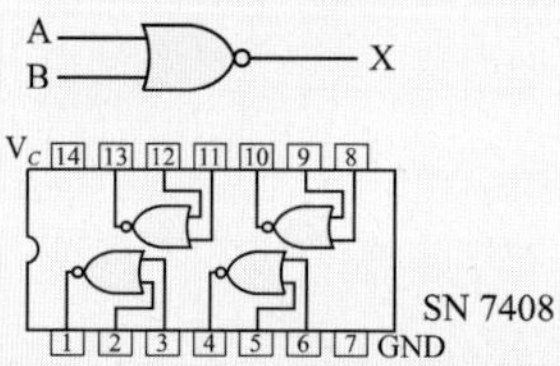</td><td>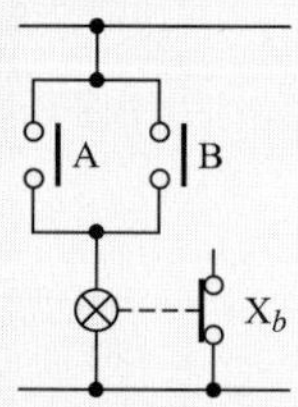</td><td><table><tr><th colspan="2">입력</th><th>출력</th></tr><tr><th>A</th><th>B</th><th>X</th></tr><tr><td>0</td><td>0</td><td>1</td></tr><tr><td>0</td><td>1</td><td>0</td></tr><tr><td>1</td><td>0</td><td>0</td></tr><tr><td>1</td><td>1</td><td>0</td></tr></table></td></tr>
<tr><td rowspan="2">Exclusive ORi회로</td><td colspan="3">입력신호 A, B 중 어느 한쪽만이 1이면 출력신호 X가 1이 된다.</td></tr>
<tr><td>$X = A \oplus B = \overline{A}B + A\overline{B}$
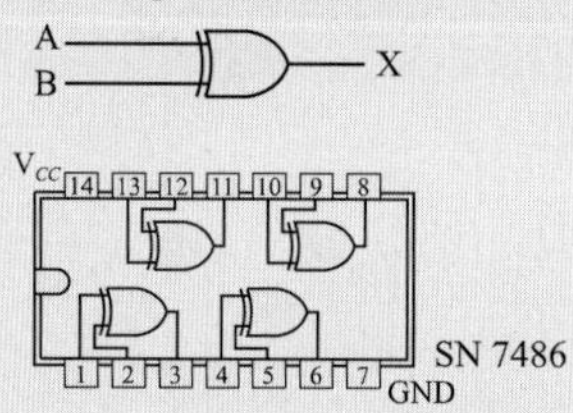</td><td>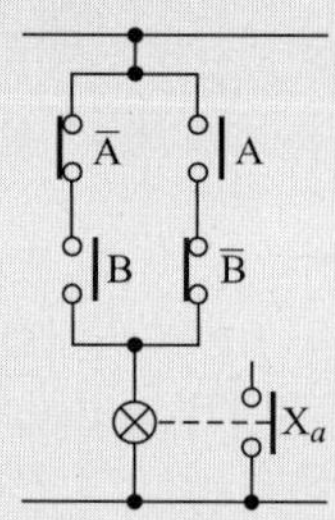</td><td><table><tr><th colspan="2">입력</th><th>출력</th></tr><tr><th>A</th><th>B</th><th>X</th></tr><tr><td>0</td><td>0</td><td>0</td></tr><tr><td>0</td><td>1</td><td>1</td></tr><tr><td>1</td><td>0</td><td>1</td></tr><tr><td>1</td><td>1</td><td>0</td></tr></table></td></tr>
<tr><td rowspan="2">Exclusive NOR회로</td><td colspan="3">입력신호 A, B가 동시에 0이거나 1일 때만 출력신호 X가 1이 된다.</td></tr>
<tr><td>$X = \overline{A \oplus B} = AB + \overline{A}\,\overline{B}$
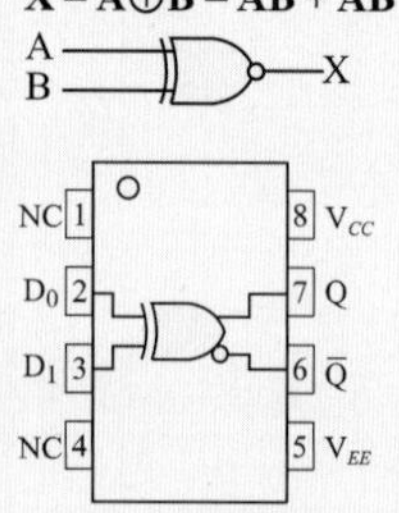</td><td>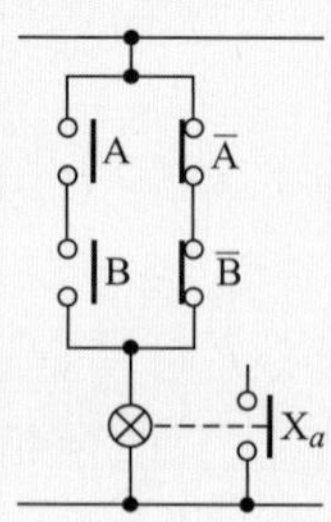</td><td><table><tr><th colspan="2">입력</th><th>출력</th></tr><tr><th>A</th><th>B</th><th>X</th></tr><tr><td>0</td><td>0</td><td>1</td></tr><tr><td>0</td><td>1</td><td>0</td></tr><tr><td>1</td><td>0</td><td>0</td></tr><tr><td>1</td><td>1</td><td>1</td></tr></table></td></tr>
</table>

2) 무접점 논리회로

시퀀스	논리식	논리회로
직렬회로	Z=A · B Z=AB	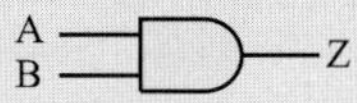
병렬회로	Z=A+B	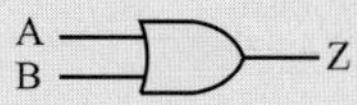
a접점	Z=A	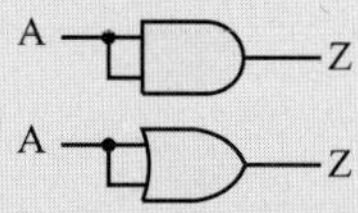
b접점	$Z=\overline{A}$	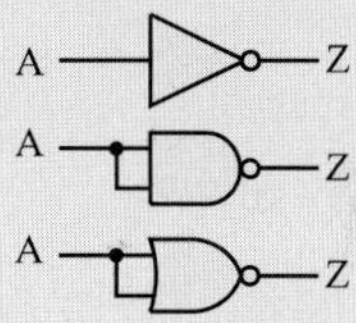

3) 논리회로 변환

AND 회로, OR 회로, NAND 회로, NOR 회로에 NOT 회로를 접속하면 서로 다른 기능의 회로를 만들 수 있고 IC 논리 회로 소자의 변환이 가능하여 회로를 간단히 할 수가 있다.

(1) 회로의 출력단에 NOT 회로를 접속하여 출력 반전 기능의 회로를 만든다.

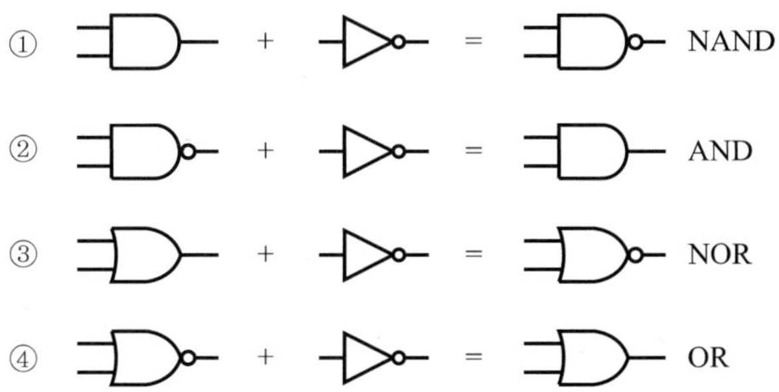

(2) 회로의 입력단에 NOT 회로를 접속하여 입력 반전 기능의 회로를 만든다.

⑤ 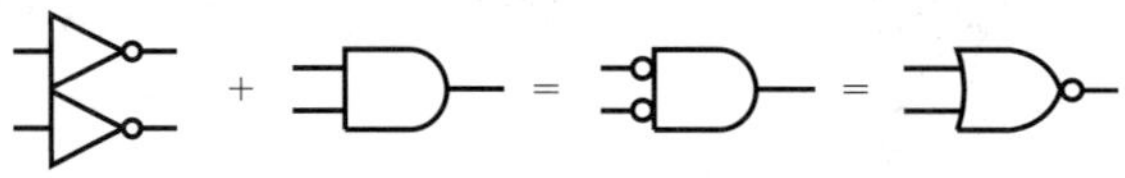 NOR

⑥ 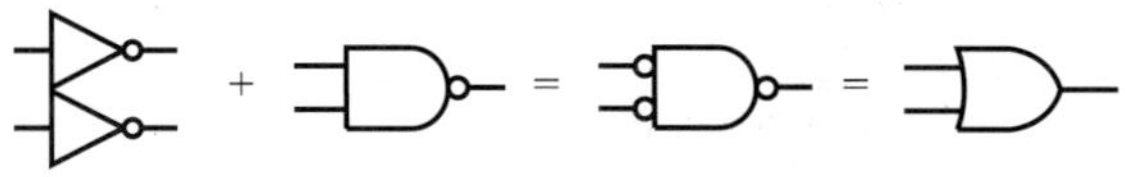 OR

⑦ 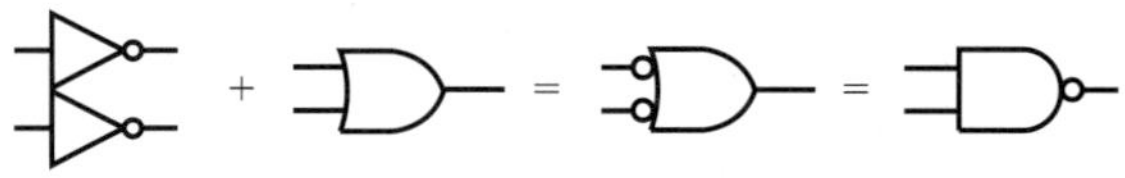 NAND

⑧ 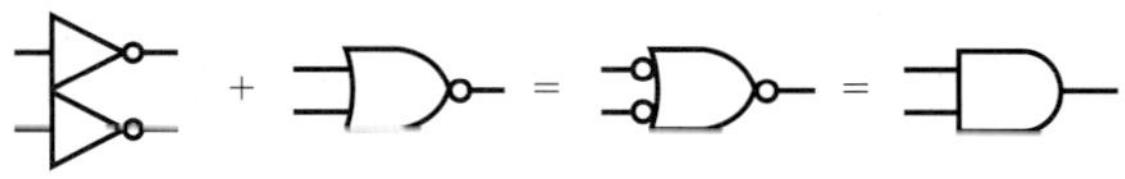 AND

(3) 회로의 입력단과 출력단에 각각 NOT 회로를 접속하여 입·출력 반전 기능의 회로를 만든다.

⑨ 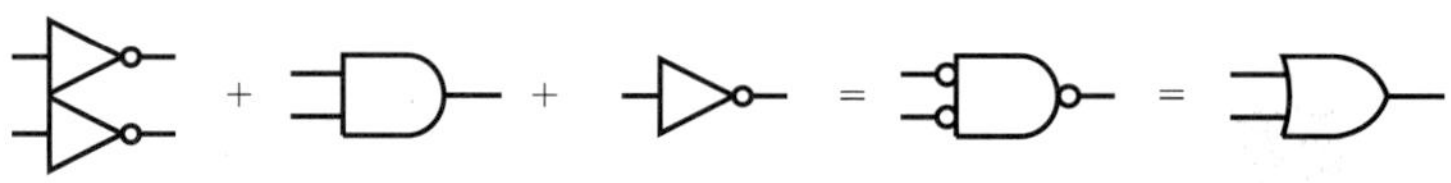 OR

⑩ 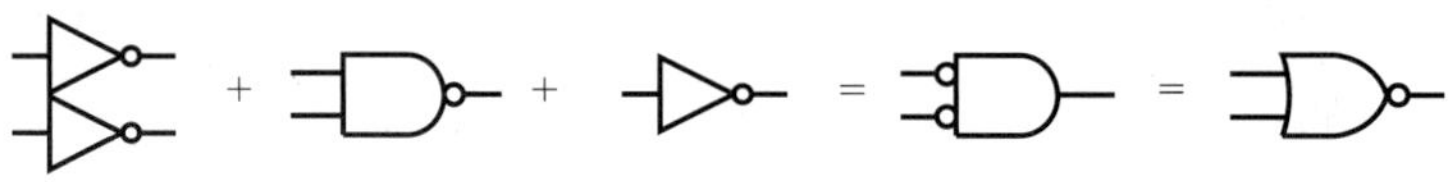 NOR

⑪ 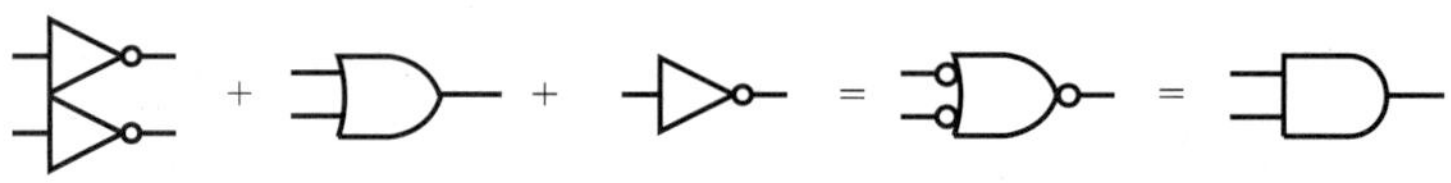 AND

⑫ 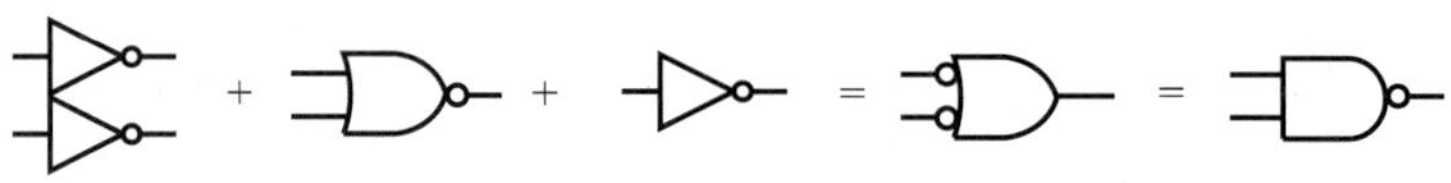 NAND

(4) 2입력 논리 회로의 두 단자를 묶어서 1입력 단자로 하면 각각 선(−) 기능, NOT 회로 기능의 회로를 만든다.

⑬ 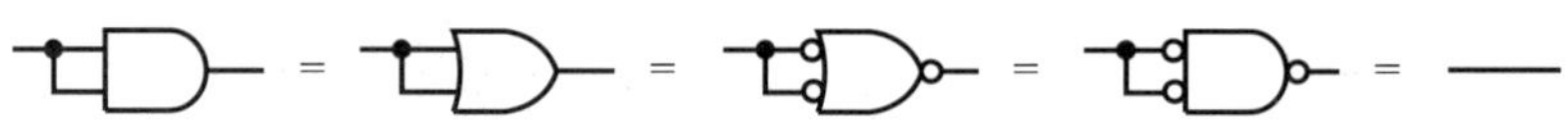 (선)

⑭ 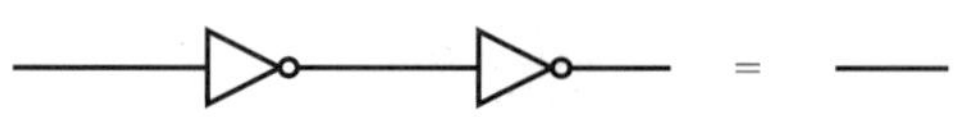 (선)

⑮ 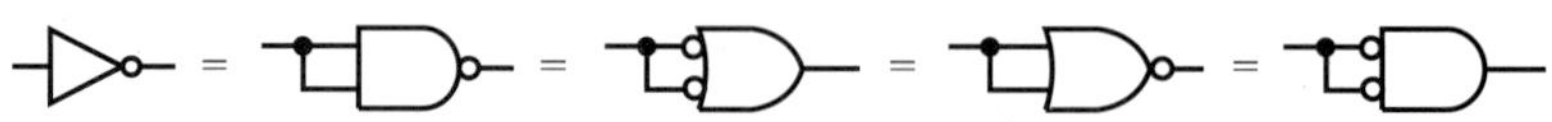 NOT

(5) 복잡한 논리 회로를 NAND(또는 NOR) 회로만으로 바꾸든지 여기에 NOT 회로를 조합하면 사용 IC칩의 수를 줄일 수 있어서 회로를 간단히 할 수 있다.

[⑭, ②, ⑥, ⑧ 증명]

⑭ : NOT회로의 종속 접속인 2중 부정은 긍정이고 선(−)과 같다.

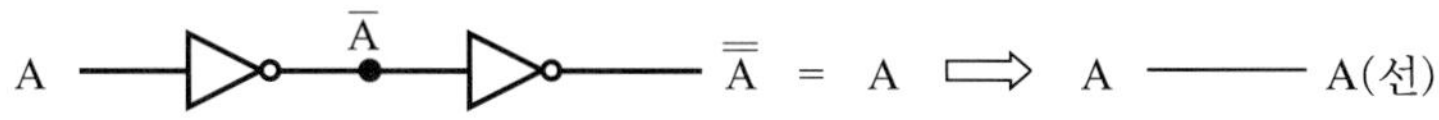

② 

⑥ 

⑧ 

※ ⑤～⑧의 회로 변환은 표와 같이 진리표를 이용하면 이해가 쉽다.

H입력	L입력	⑤	⑥	⑦	⑧
입력	NOT	NOR	OR	NAND	AND
A B	A B		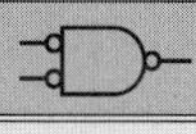	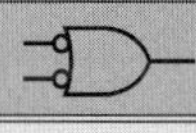	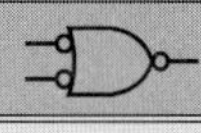
0 0	1 1	1	0	1	0
0 1	1 0	0	0	1	0
1 0	0 1	0	1	1	0
1 1	0 0	0	1	0	1

4) 시퀀스회로와 논리회로의 관계

회로	시퀀스 회로	논리식	논리회로
직렬회로	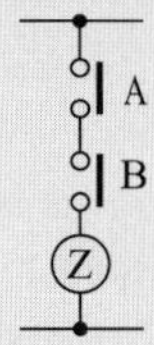	Z=A·B Z=AB	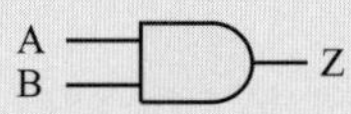
병렬회로	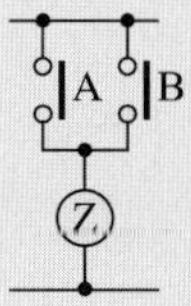	Z=A+B	
a접점		Z=A	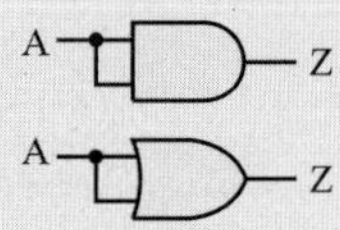
b접점	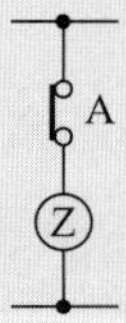	$Z=\overline{A}$	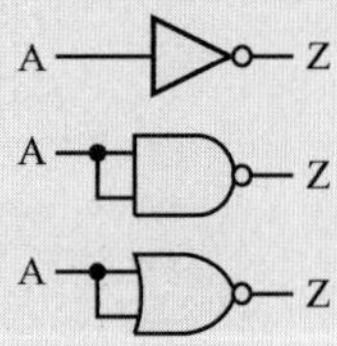

3.5_카르노 맵(Karnaugh map)

1) 개념

(1) 진리표를 그림 모양으로 나타낸 것으로 벤다이어그램(venn diagram)을 확장한 것이다.

(2) 여러 형태의 사각형으로 된 그림으로 진리표의 각 항(최소항 또는 최대항)들은 카르노 맵의 각 한 칸 사각형에 나타낸다.

(3) 카르노 맵의 각 칸에서 수평 또는 수직 방향으로 인접한 칸(adjacent term)은 한 변수의 논리상태만 서로 다르다.

(4) 카르노 맵에서 인접항을 2, 4, 8, 16, …의 단위로 묶음으로써 부울변수를 1, 2, 3, 4, …개씩 감소시켜 간략화 한다.

2) 간소화 과정

(1) 논리회로를 부울대수식(논리식)으로 표시한다.

(2) 진리표를 나타낸다.

(3) 카르노 맵에 진리표의 각 값을 적합한 칸에 표시한다.

(4) SOP로 최소화할 때에는 '1'로 구성되는 최대 인접항으로 묶고 POS로 최소화할 때에는 '0'으로 구성하는 최대 인접항으로 묶는다.

(5) 각 항들은 중복으로 묶일 수 있다.

(6) 모든 최소항은 한 번 이상은 묶여야 한다.

(7) 큰 항의 묶음에서 남아있는 변수들로 간소화된 부울대수식을 구한다.

① 정규(x) 및 부정($\overline{x}$)인 변수가 묶음 내에 존재하면 그 변수는 식으로부터 소거된다.

② 모든 칸에 나타나는 같은 변수는 최종식에 남는다.

③ 보다 큰 1(0)의 묶음은 더 많은 수의 변수를 소거 시킨다.

3) 종류

(1) 2변수 카르노 맵

① 2개의 2진 변수에 대한 4개의 최소항으로 구성

	$\overline{y}$	y
$\overline{x}$	m_0	m_1
x	m_2	m_3

② 각 최소항은 하나씩 4개의 사각형에 배치

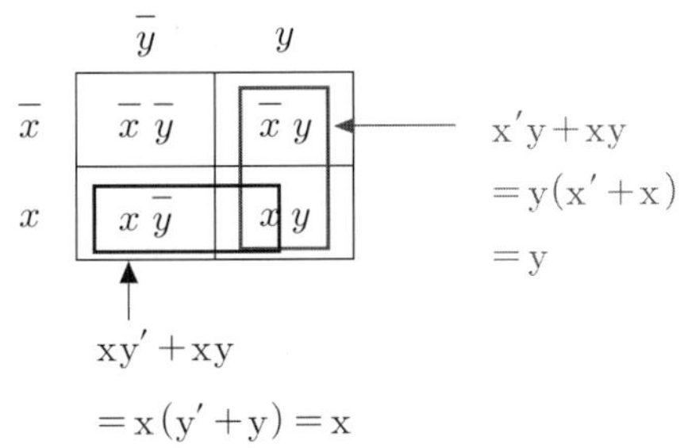

(2) 3변수 카르노 맵

① 3개의 2진 변수에 대한 8개의 최소항으로 구성

	$\bar{y}\,\bar{z}$	$\bar{y}\,z$	$y\,z$	$y\,\bar{z}$
$\bar{x}$	m_0	m_1	m_3	m_2
x	m_4	m_5	m_7	m_6

② 2개항의 묶음 – 인접한 1(0)의 쌍을 묶어 정규입력과 부정입력형태의 1개 변수 소거

	00	01	11	10
0	$\bar{x}\,\bar{y}\,\bar{z}$	$\bar{x}\,\bar{y}\,z$	$\bar{x}\,y\,z$	$\bar{x}\,y\,\bar{z}$
1	$x\,\bar{y}\,\bar{z}$	$x\,\bar{y}\,z$	$x\,y\,z$	$x\,y\,\bar{z}$

$x'y'z' + xy'z' + x'yz' + xyz'$
$= y'z'(x + x') + yz'(x' + x)$
$= z'(y' + y) = z'$

$xy'z + xyz$
$= xz(y' + y)$
$= xz$

(3) 4변수 카르노 맵

① 4개의 2진 변수에 대한 $2^4 = 16$개의 최소항으로 구성

	$\bar{y}\,\bar{z}$	$\bar{y}\,z$	$y\,z$	$y\,\bar{z}$
$\bar{w}\,\bar{x}$	m_0	m_1	m_3	m_2
$\bar{w}\,x$	m_4	m_5	m_7	m_6
$w\,x$	m_{12}	m_{13}	m_{15}	m_{14}
$w\,\bar{x}$	m_8	m_9	m_{11}	m_{10}

	00	01	11	10
00	$\bar{w}\,\bar{x}\,\bar{y}\,\bar{z}$	$\bar{w}\,\bar{x}\,\bar{y}\,z$	$\bar{w}\,\bar{x}\,y\,z$	$\bar{w}\,\bar{x}\,y\,\bar{z}$
01	$\bar{w}\,x\,\bar{y}\,\bar{z}$	$\bar{w}\,x\,\bar{y}\,z$	$\bar{w}\,x\,y\,z$	$\bar{w}\,x\,y\,\bar{z}$
11	$w\,x\,\bar{y}\,\bar{z}$	$w\,x\,\bar{y}\,z$	$w\,x\,y\,z$	$w\,x\,y\,\bar{z}$
10	$w\,\bar{x}\,\bar{y}\,\bar{z}$	$w\,\bar{x}\,\bar{y}\,z$	$w\,\bar{x}\,y\,z$	$w\,\bar{x}\,y\,\bar{z}$

yz'

xz

$wx'y'$

4) 예제

(1) $X = AB\overline{C} + A\overline{B}\overline{C} + ABC + A\overline{B}C$을 카르노 맵을 사용하여 간소화 하시오.

① 카르노 맵 작성

A \ BC	00	01	11	10
0	0	0	0	0
1	1	1	1	1

$X = A$

② 증명

$$\begin{aligned} X &= AB\overline{C} + A\overline{B}\overline{C} + ABC + A\overline{B}C \\ &= AB(\overline{C} + C) + A\overline{B}(\overline{C} + C) \\ &= AB \cdot 1 + A\overline{B} \cdot 1 \\ &= AB + A\overline{B} \\ &= A(B + \overline{B}) \\ &= A \cdot 1 \\ &= A \end{aligned}$$

(2) $X = AB\overline{C} + A\overline{B}\overline{C} + \overline{A}BC + ABC$을 카르노 맵을 사용하여 간소화 하시오.

① 카르노 맵 작성

A \ BC	00	01	11	10
0	0	0	1	0
1	1	0	1	1

$X = A\overline{C} + BC$

② 증명

$$\begin{aligned} X &= AB\overline{C} + A\overline{B}\overline{C} + \overline{A}BC + ABC \\ &= A\overline{C}(B + \overline{B}) + BC(\overline{A} + A) \\ &= A\overline{C} \cdot 1 + BC \cdot 1 \\ &= A\overline{C} + BC \end{aligned}$$

(3) 다음 진리표에 대해 카르노 맵을 이용하여 간략화하고 논리식을 쓰시오.

A	B	C	X
0	0	0	0
0	0	1	0
0	1	0	0
0	1	1	1
1	0	0	0
1	0	1	1
1	1	0	0
1	1	1	1

① 카르노 맵 작성

A \ BC	00	01	11	10
0	0	0	1	0
1	0	1	1	0

$X = AC + BC$

② 증명

$$\begin{aligned} X &= \overline{A}BC + A\overline{B}C + ABC \\ &= \overline{A}BC + AC(B + \overline{B}) \\ &= \overline{A}BC + AC \\ &= C(\overline{A}B + A) \\ &= C(A + B) = AC + BC \end{aligned}$$

2 시퀀스 제어와 기본회로

1. 계전기 동작회로

1.1_ON회로

1) 회로도

(1) 램프 Ⓛ을 점멸시키기 위해 전자계전기를 사용한 회로를 나타내면 다음과 같다.

(2) 계전기가 자화[6]되어 있을 때만 a접점을 통하여 전류가 흐르기 때문에 메이크 회로(make circuit)라고도 부른다.

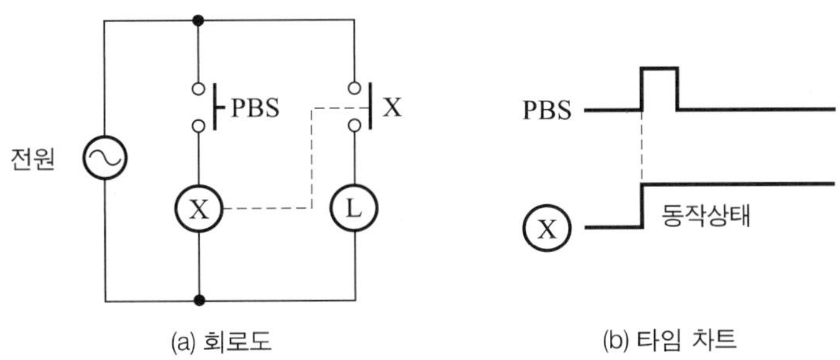

그림 7.14 ∘ ON회로도 및 타임 차트

2) 동작설명

(1) 누름버튼 스위치 PBS를 누르면 릴레이 Ⓧ가 여자[7]되어 a접점 X가 닫히며 램프 Ⓛ이 점등된다.

(2) 누름버튼 스위치 PBS를 놓으면 Ⓧ가 소자[8]되어, 접점 X는 복귀하고 램프 Ⓛ이 소등된다.

1.2_OFF회로

1) 회로도

(1) OFF회로는 ON회로의 접점 X를 b접점으로 변환한 회로이다.

(2) 램프 Ⓛ은 전자계전기의 b접점 $\overline{X}$를 통해서 점등하고 있다.

6) 자화(magnetization, 磁化) : 물체가 자성을 지니는 현상
7) 여자(excitation, 勵磁) : 권선에 전류를 흘려서 기자력을 주는 것, 동의어 : 자기화(磁氣化)
8) 소자(demagnetiaztion, 消磁) : 자화된 물질에 남아 있는 잔류자기를 소정의 한도까지 감소시키는 것

(3) 전자계전기의 b접점을 사용하고, 계전기가 자화되어 있을 때만 그 접점을 열어서 전류가 흐르지 않으므로 OFF회로 또는 브레이크 회로(Break circuit)라고도 한다.

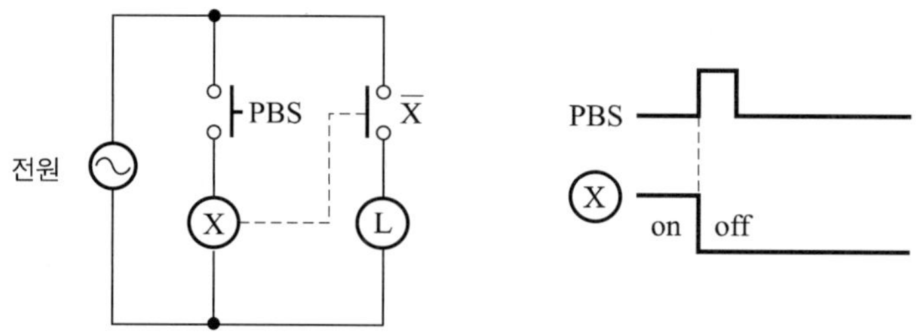

(a) 회로도 (b) 타임 차트

그림 7.15 ● OFF회로도 및 타임 차트

2) 동작설명

(1) PBS를 누르지 않은 상태에서 $\overline{X}$ 접점을 통하여 램프 Ⓛ은 점등한다.

(2) 누름버튼 스위치 PBS를 눌러 전자계산기 Ⓧ가 여자되면 b접점 X는 열리고 램프 Ⓛ이 소등된다.

(3) 누름버튼 스위치를 놓으면 Ⓧ가 소자되어, 접점 X는 복귀하고 램프 Ⓛ은 다시 점등한다.

1.3_절환접점 회로

1) 회로도

(1) 절환접점 회로는 ON회로와 OFF회로를 혼합한 회로이다.

(2) 접점 X와 $\overline{X}$가 전자코일 Ⓧ에 의해 동시에 동작하면 램프 Ⓛ$_1$과 Ⓛ$_2$는 누름버튼 스위치 PBS의 조작에 따라 서로 점멸한다.

(3) 이 회로를 일반적으로 c접점 회로라고도 한다.

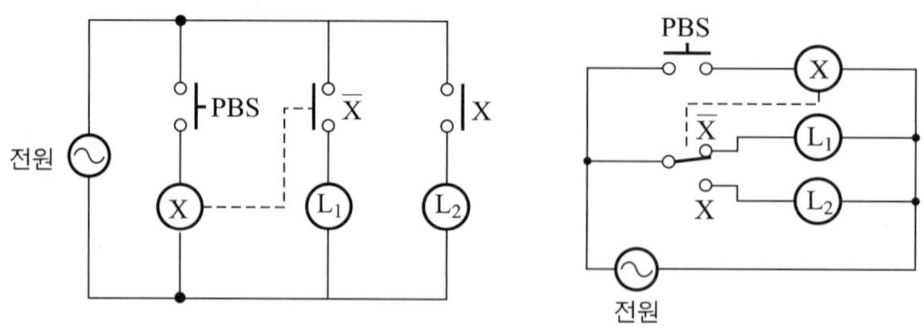

그림 7.16 ● 절환접점 회로도

2) 동작설명

(1) 전원이 인가되면 $\overline{X}$ 접점을 통해 Ⓛ₁이 점등된다.

(2) PBS를 누르면 X접점이 닫혀 Ⓛ₂가 점등하고 $\overline{X}$ 접점이 열리기 때문에 Ⓛ₁은 소등된다.

(3) PBS을 놓으면 X, $\overline{X}$ 접점이 모두 복귀해서 램프 Ⓛ₁만이 점등한다.

1.4_순간동작 회로(인칭회로)

1) 회로도

(1) 누름버튼 스위치를 누르고 있을 때만 전동기가 운전되는 것을 순간동작 회로라고 한다.

(2) 전자접촉기(MC)를 이용하여 부하에 흐르는 전류를 개폐하는 회로를 생각해보면, ON회로를 그대로 적용하면 된다.

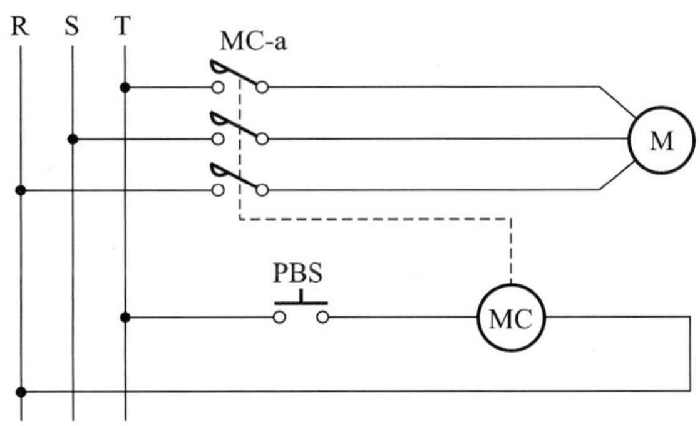

그림 7.17 ● 순간동작 회로도

2) 동작설명

(1) 누름버튼 스위치 PBS를 눌러 전자접촉기 ⓂⒸ가 여자되면 MC의 주접점 MC-a가 닫혀 부하인 전동기가 회전한다.

(2) PBS를 놓으면 ⓂⒸ가 소자되어 주접점 MC-a는 복귀하고 전동기는 정지한다.

2. 자기유지 회로

계전기 **자신의 접점에 의해 동작회로를 구성하고 스스로 동작을 유지하는 회로**로서 복귀신호를 주어야 본래의 상태로 복귀하는 회로를 **자기유지 회로(Self holding circuit)**라고 한다.

즉, 기기를 운전(A 상태의 신호)하고 정지(B 상태의 신호)할 경우 운전 상태가 계속 유지될 수 있도록 하는 시퀀스를 유지회로라고 하며 사용기구와 발달과정에 따라 분류하면 아래와 같이 사용된다.

(1) 릴레이 시퀀스 – 릴레이 자신의 접점으로 회로를 유지한다.
(2) 로직 시퀀스 – 출력신호를 OR회로의 입력신호로 Feedback하여 유지한다.
(3) 플립플롭 – Set(기동입력)하면 출력이 생기고 Reset(정지입력)하면 출력이 없어진다.
(4) 타임 차트 – 변화(입력)신호를 상태(출력)신호로 변환하는 회로이다.
(5) 기억회로 – 어떤 신호를 A상태에서 B상태로 바꿀 때 이를 기억해 둘 필요가 있을 경우의 회로이다.

2.1_회로도

보조 릴레이 Ⓧ를 사용한 자기유지 시퀀스를 나타내면 그림 7.18과 같다.

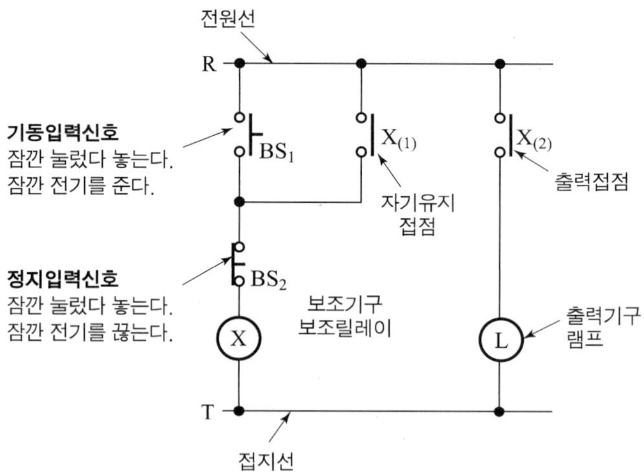

그림 7.18 • 자기유지 시퀀스

2.2_사용기구 동작상태

사용기구		명칭	동작상태
입력 기구	BS_1	기동입력신호	BS_1을 누르는 순간 릴레이 Ⓧ에 전기가 통하여 Ⓧ가 동작(여자)하고 자기유지접점($X_{(1)}$)이 닫혀서 유지(전기를 계속 공급받는다)한다.
	BS_2	정지입력신호	BS_2를 누르는 순간 릴레이 Ⓧ에 전기가 끊어져 Ⓧ가 복귀한다.
보조 기구	Ⓧ	보조릴레이	BS_1을 누르면 전기를 공급받아 순간 동작하고 자기유지접점($X_{(1)}$)으로 유지하며(전기를 계속 받아 동작 중), BS_2를 누르면 전기가 끊겨 순간 복귀한다.
	$X_{(1)}$	자기유지접점	접점($X_{(1)}$)은 닫혀서 BS_1 대신에 릴레이 Ⓧ에 전기를 공급하는 자기 유지 접점이다.
	$X_{(2)}$	출력접점	접점($X_{(2)}$)는 닫혀서 출력 램프 Ⓛ에 전기를 공급하여 램프가 점등된다.

2.3_동작설명

<table>
<tr><th>단계</th><th>회로도</th><th>동작설명</th></tr>
<tr><td>1</td><td>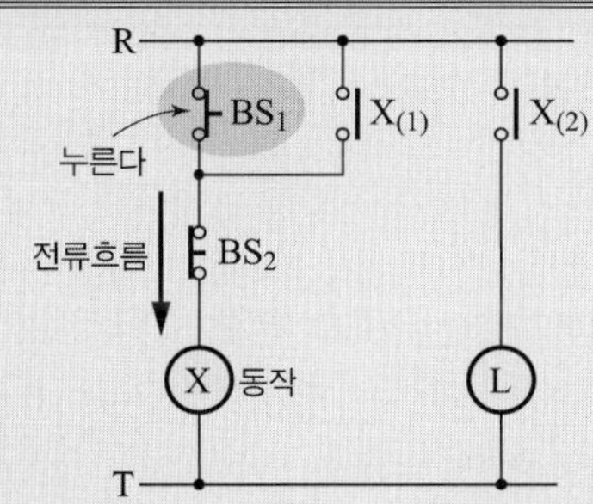
</td><td>기동 : BS_1을 눌렀다 놓는다.
BS_1을 누를 때 BS_1접점이 닫히는 순간 릴레이 Ⓧ에 전기가 공급되어 릴레이 Ⓧ가 동작(여자)된다.
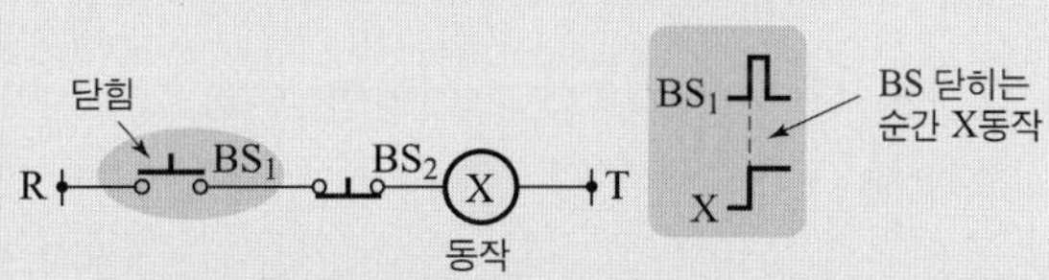
</td></tr>
<tr><td>2</td><td>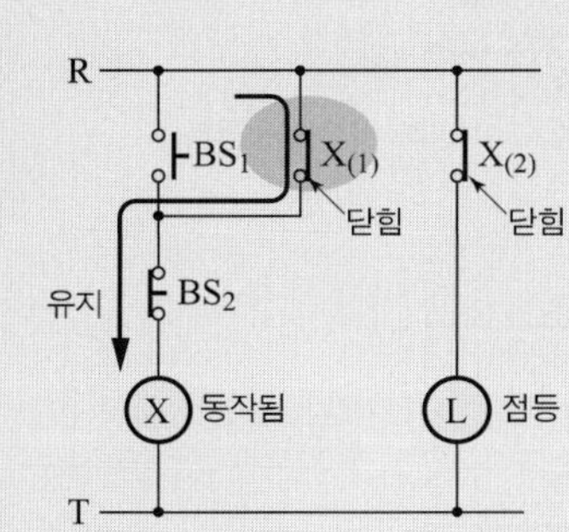
</td><td>유지, 출력 : 접점 $X_{(1)}$, $X_{(2)}$가 닫힌다.
• 유지 : 접점 $X_{(1)}$이 닫혀서 BS_1을 놓아도 BS_1 대신에 릴레이 Ⓧ에 계속 전기를 공급(유지)한다.
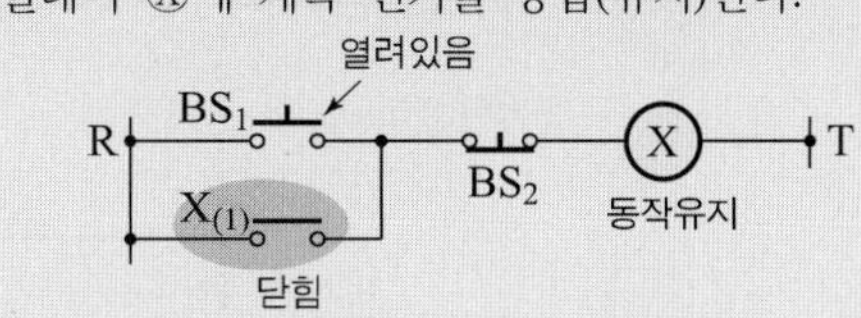

• 출력 : 접점 $X_{(2)}$가 닫혀서 램프 출력 Ⓛ에 전기를 공급한다.
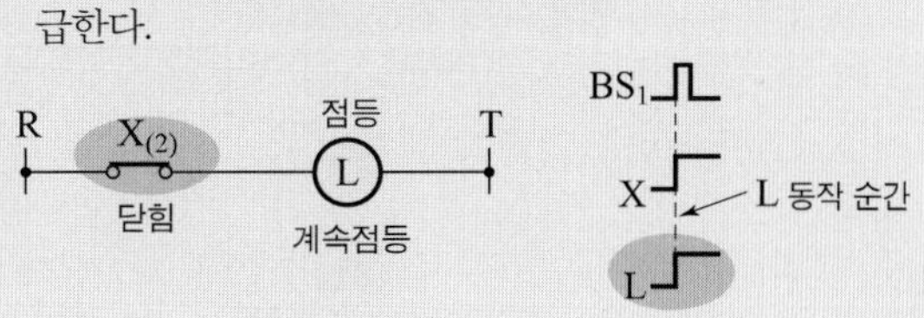
</td></tr>
</table>

<table>
<tr><th>단계</th><th>회로도</th><th>동작설명</th></tr>
<tr><td>3</td><td>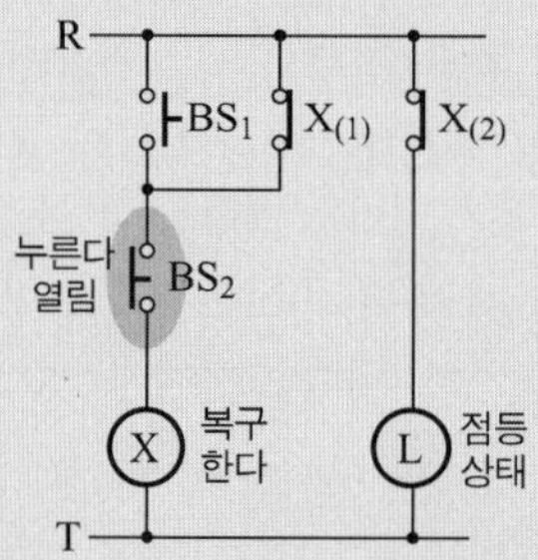
</td><td>정지 : BS₂를 눌렀다 놓는다.

BS₂를 누르면 접점이 열리므로 릴레이 Ⓧ에 전기가 끊어져 릴레이 Ⓧ가 복귀된다.
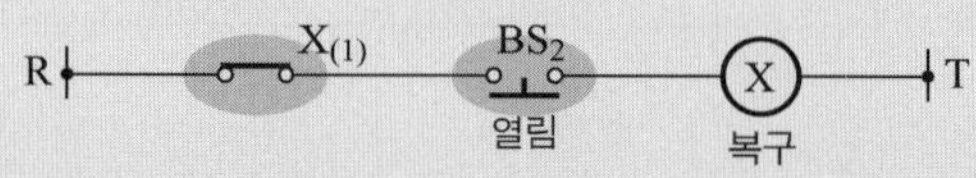
</td></tr>
<tr><td>4</td><td>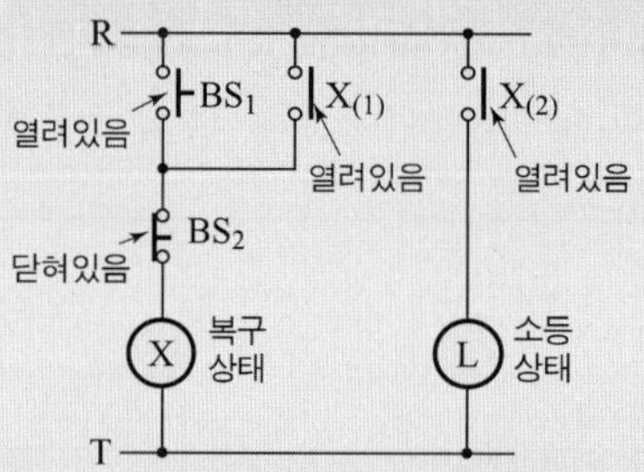
</td><td>접점해제 : 접점 X(1), X(2)가 열린다.

접점 X(1)이 열려 유지가 해제되고, 접점 X(2)가 열려 출력램프 Ⓛ에 전기가 끊어져 램프 Ⓛ이 소등된다.
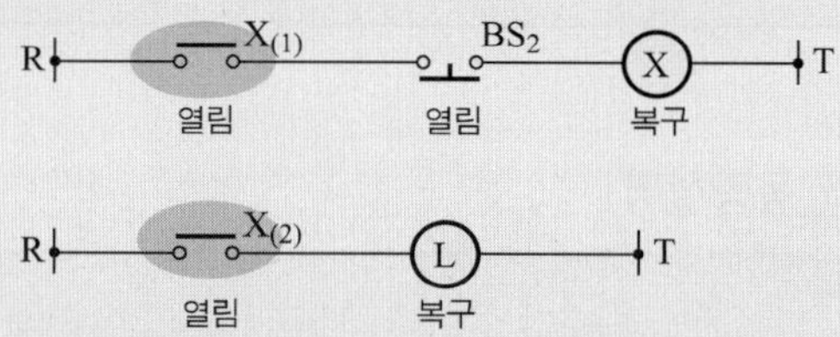
</td></tr>
</table>

2.4_타임 차트(Time chart)

자기유지회로의 동작을 표시하는 타임 차트(time chart)는 그림 7.19와 같다.

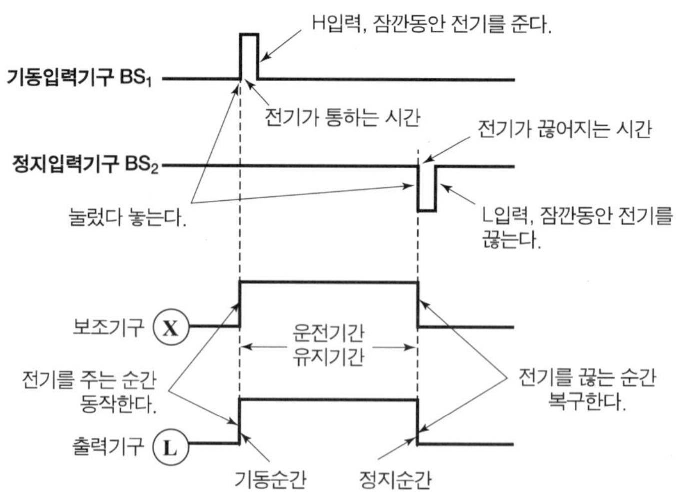

그림 7.19 • 자기유지 회로 타임 차트

1) 기동입력 BS_1을 눌렀다 놓는다.

(1) BS_1을 누르면 릴레이 ⓧ에 전기가 공급되므로 H 입력(⎍)형이 되고 전기가 통하는 시간은 대단히 짧은 순간이다.

(2) BS_1을 누르는 순간 릴레이 ⓧ에 전기가 공급되어 ⓧ가 동작되고 출력램프 ⓛ이 점등된다.

(3) 그 후 BS_1을 놓아도 유지 접점($X_{(1)}$)으로 회로가 유지된다.

2) 정지입력 BS_2를 눌렀다 놓는다.

(1) BS_2를 누르면 릴레이 ⓧ에 전기가 끊어지므로 L 입력(⎺⎽⎺)형이 되고 전기가 끊어지는 시간은 대단히 짧은 순간이다.

(2) BS_2를 누르는 순간 릴레이 ⓧ에 전기가 차단되어 ⓧ가 복귀되고 출력램프 ⓛ이 소등된다. 그 후 BS_2를 놓는다.

3) 유지 회로는 변화 신호 입력(기동·정지 BS)을 주어 상태 신호 출력(ⓛ)을 얻는 것이 된다.

2.5_고려 사항

번호	고려 사항
1	**출력램프 Ⓛ의 접속방법** 출력램프 Ⓛ을 아래와 같이 접속하여도 되며, 회로가 간단하여 많이 사용된다. 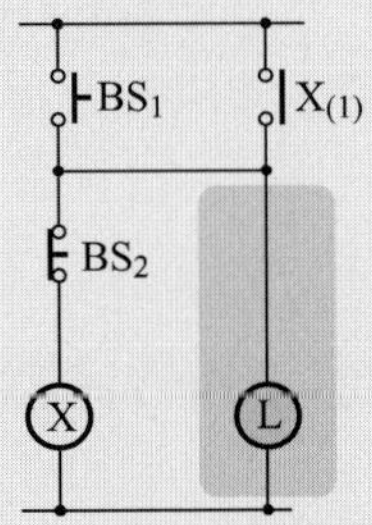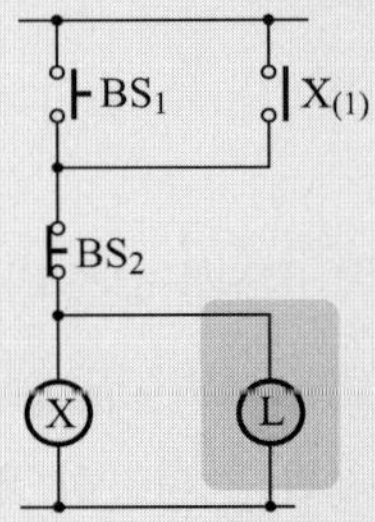
2	**정지신호 주는 방법 : BS_2 삽입위치** Ⓐ에 넣었을 때 : 전원선 R의 전기를 끊어 정지시킴, 비상정지 겸용으로 복잡한 회로에 적용 Ⓑ에 넣었을 때 : 유지회로를 끊어 정지시킴, 기동우선회로가 된다. Ⓒ에 넣었을 때 : 회로유지용 보조기구인 Ⓧ를 복귀시켜 정지시킴, 간단한 회로에 적용 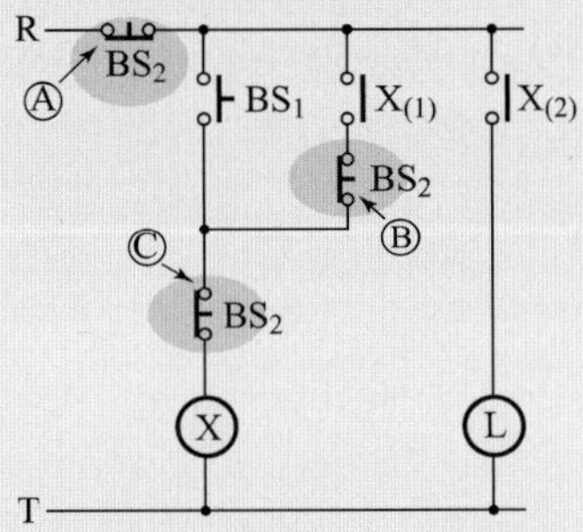
3	**기동우선유지회로** 유지접점회로에 직렬로 정지신호 BS_2를 접속한 것으로 특별한 경우에만 사용한다. 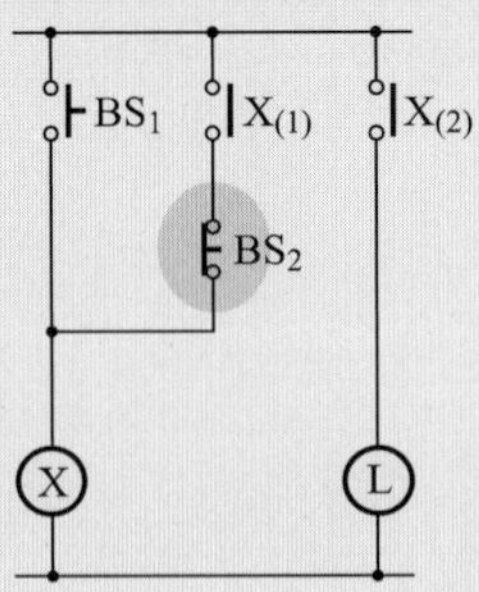

3. 우선회로

여러 입력 신호들 중에 어떤 특정한 신호를 다른 신호들 보다 우선권을 준다든지 어떤 기기가 먼저 동작한 다음에 다른 기기가 동작되도록 기기들의 동작 순서에 우선순위를 정하는 회로를 우선회로라고 한다. 우선회로에는 **인터록 회로, 동작우선 회로, 신입우선 회로** 등이 있다.

3.1_인터록 회로(Interlock circuit)

1) 개요

(1) 두 기기 중 한 기기가 먼저 동작하면 다른 기기는 동작할 수 없다.

(2) 인명이나 기기를 보호하기 위하여 자기 회로(또는 접점)로 상대방의 동작을 금지시킨다.

(3) 상대동작금지 회로, 선행동작우선 회로, 병렬우선 회로라고도 한다.

(4) 전동기의 정·역회전 운전 및 Y－Δ 기동 회로 등에 많이 사용한다.

2) 회로도

자기 접점(b접점)으로 상대방 회로의 운전 회로를 차단하는 인터록 시퀀스를 나타내면 그림 7.20과 같다.

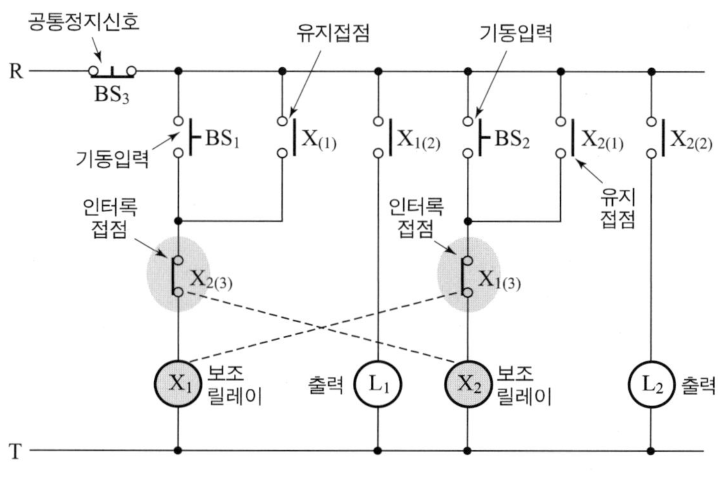

그림 7.20 ◦ 인터록 회로 시퀀스

(1) BS_1을 BS_2보다 먼저 누르면

① 릴레이 X_1이 동작하여 램프 L_1이 켜지고

② 인터록 접점 $X_{1(3)}$이 열려서 릴레이 X_2의 동작선을 끊어 X_2의 동작(L_2의 점등)을 금지시킨다.

③ 정지 신호 BS_3을 주면 릴레이 X_1이 복귀하고 램프 L_1이 소등된다.

(2) BS_2를 BS_1보다 먼저 누르면

① 릴레이 X_2의 동작하여 램프 L_2가 켜지고

② 인터록 접점 $X_{2(3)}$이 열려서 릴레이 X_1의 동작선을 끊어 X_1의 동작(L_1의 점등)을 금시시킨나.

③ b접점 $X_{1(3)}$과 $X_{2(3)}$이 인터록 접점이 되고 회로선을 끊는 역할을 한다.

(3) 기동 입력 BS_1과 BS_2는 H 입력(전기를 준다)이고 정지 입력 BS_3은 L 입력(전기선을 끊는다 – 접지)이다.

3) 타임 차트(Time chart)

인터록회로의 동작을 표시하는 타임 차트(time chart)는 그림 7.21과 같다.

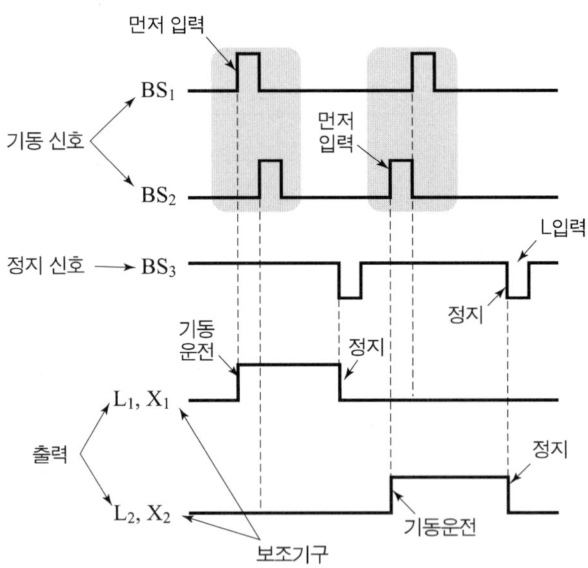

그림 7.21 • 인터록 회로 타임 차트

4) 동작설명(램프 L_1 우선동작)

동작설명

① 기동 : 기동입력 BS_1을 먼저 눌렀다 놓는다.

BS_1을 누를 때 BS_1 접점이 닫히는 순간 릴레이 X_1에 전기가 공급되어 X_1이 동작(여자)되고 접점 $X_{1(1)}$과 $X_{1(2)}$가 닫히며 접점 $X_{1(3)}$이 열린다.

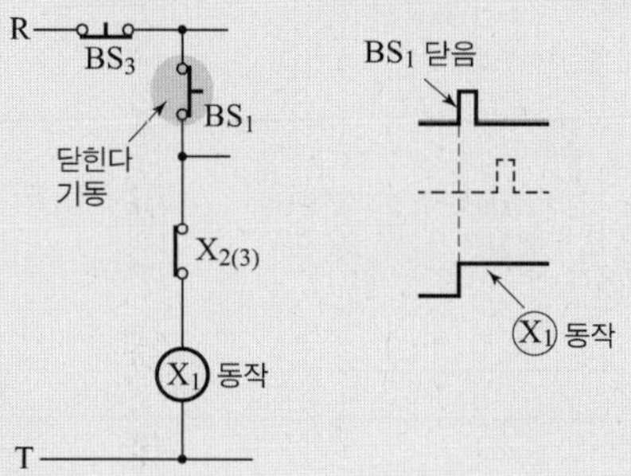

② 자기유지

접점 $X_{1(1)}$이 닫혀서 BS_1을 놓아도 BS_1 대신에 릴레이 X_1에 계속 전기를 공급(유지)한다.

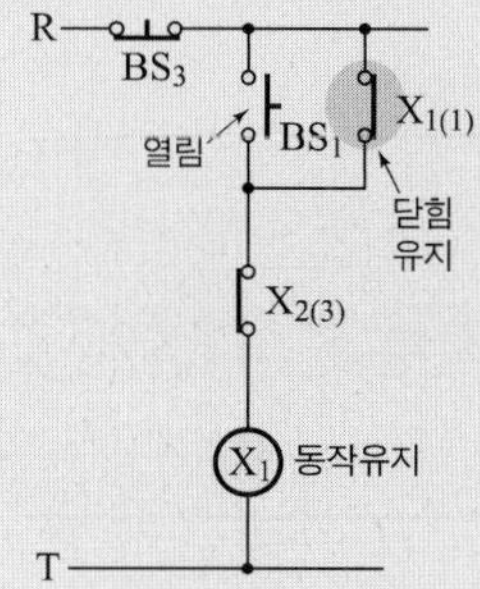

③ 출력

접점 $X_{1(2)}$가 닫혀서 램프 출력 L_1에 전기를 공급한다.

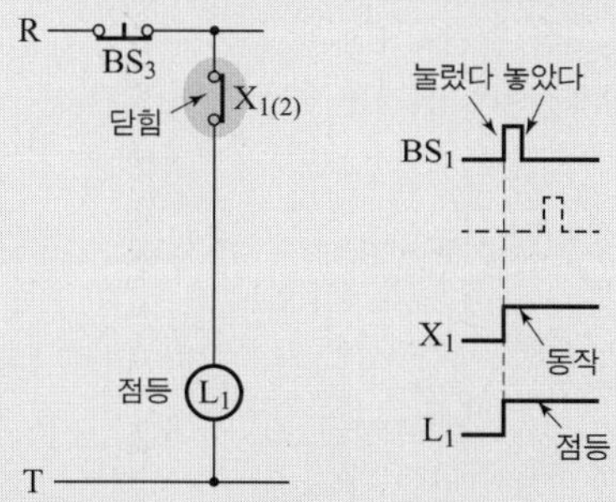

④ 인터록

접점 $X_{1(3)}$이 열려서 릴레이 X_2의 전기 공급(동작선)을 끊어 기동 입력 BS_2를 눌러도 릴레이 X_2가 동작 할 수 없다.

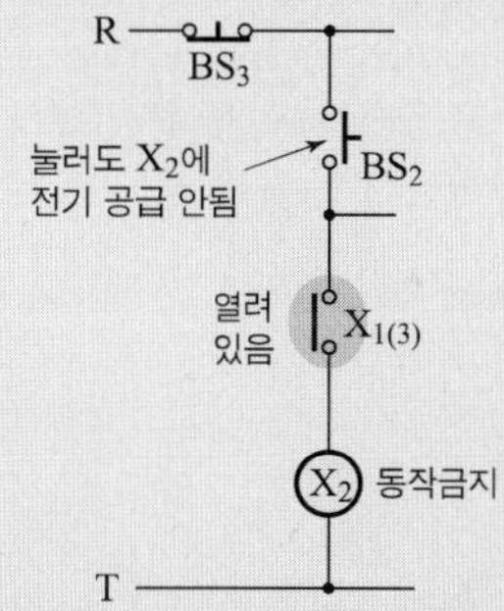

⑤ 정지 : BS_3을 눌렀다 놓는다.

BS_3을 누르면 접점이 열려 X_1이 복귀된다. 접점 $X_{1(1)}$이 열려 유지가 해제되고, 접점 $X_{1(2)}$가 열려 출력 램프 L_1이 소등되며, 인터록 접점 $X_{1(3)}$이 닫혀서 릴레이 X_2의 기동이 준비된다(인터록 해제).

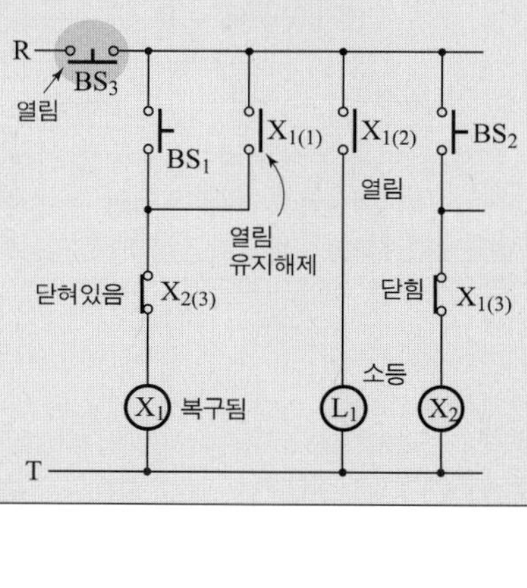

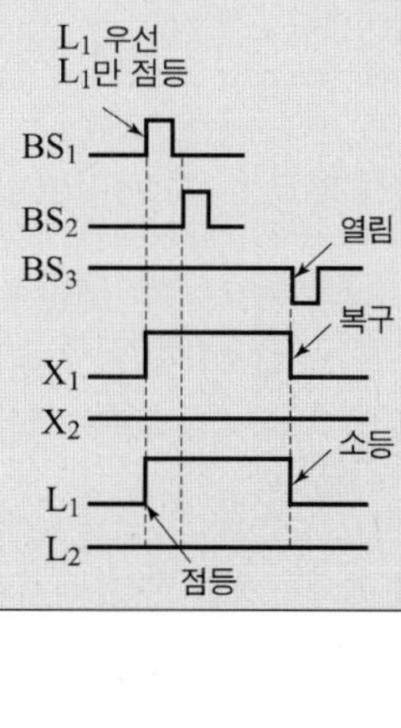

동작설명

⑥ BS_1을 눌러 X_1이 동작된 상태

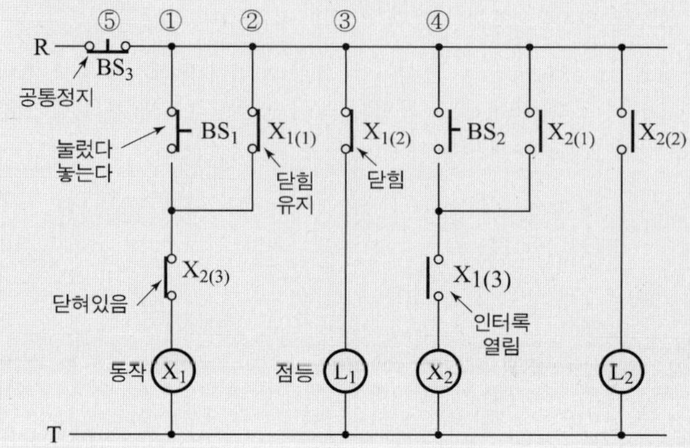

5) 동작설명(램프 L_2 우선동작)

동작설명

① 기동 : 기동입력 BS_2를 먼저 눌렀다 놓는다.

BS_2를 누를 때 BS_2 접점이 닫히는 순간 릴레이 X_2에 전기가 공급되어 X_2가 동작(여자)되고 접점 $X_{2(1)}$과 $X_{2(2)}$가 닫히며 접점 $X_{2(3)}$이 열린다.

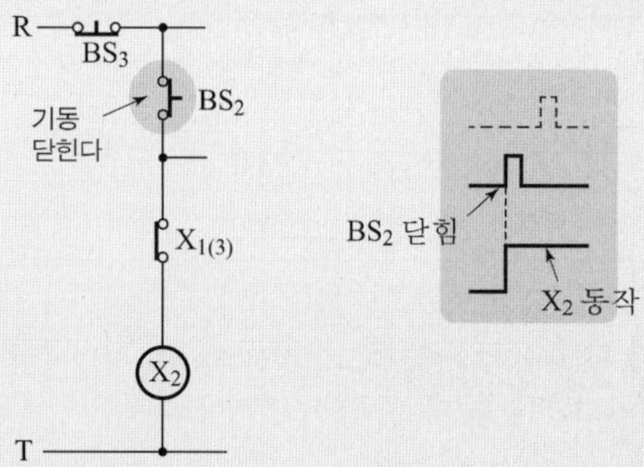

② 자기유지

접점 $X_{2(1)}$이 닫혀서 BS_2를 놓아도 BS_2 대신에 릴레이 X_2에 계속 전기를 공급(유지)한다.

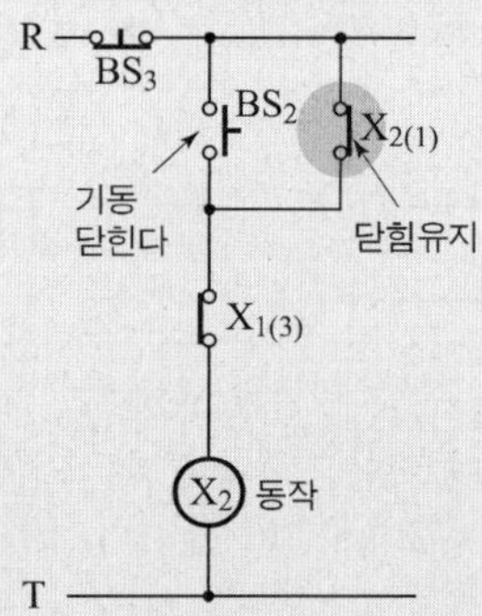

③ 출력

접점 $X_{2(2)}$가 닫혀서 램프 출력 L_2에 전기를 공급한다.

④ 인터록

접점 $X_{2(3)}$이 열려서 릴레이 X_1의 전기 공급(동작선)을 끊어 기동 입력 BS_1를 눌러도 릴레이 X_1이 동작 할 수 없다.

동작설명

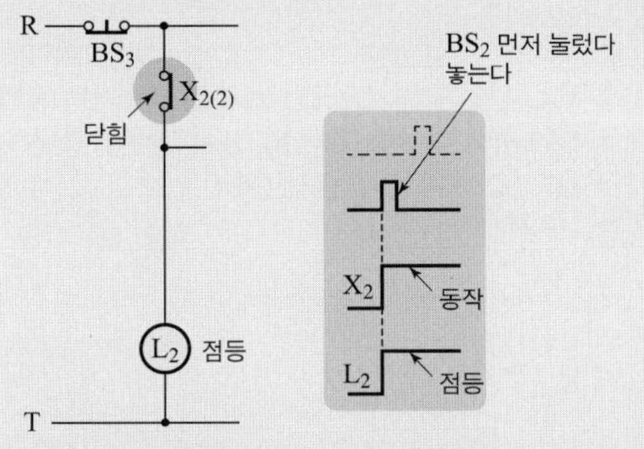

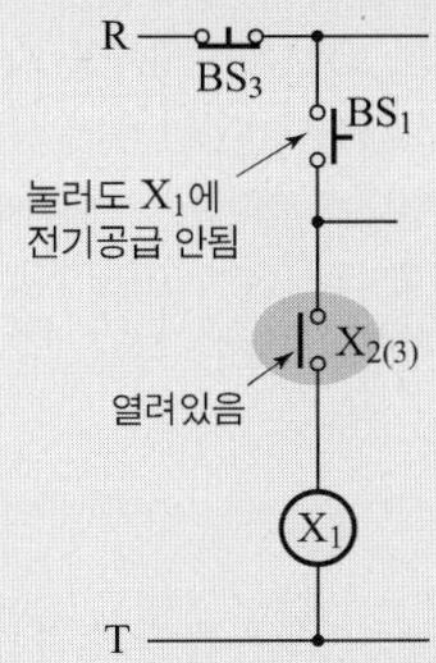

⑤ **정지 : BS_3을 눌렀다 놓는다.**

BS_3을 누르면 접점이 열려 X_2가 복귀된다. 접점 $X_{2(1)}$이 열려 유지가 해제되고, 접점 $X_{2(2)}$가 열려 출력 램프 L_2가 소등되며, 인터록 접점 $X_{2(3)}$이 닫혀서 릴레이 X_1의 기동이 준비된다(인터록 해제).

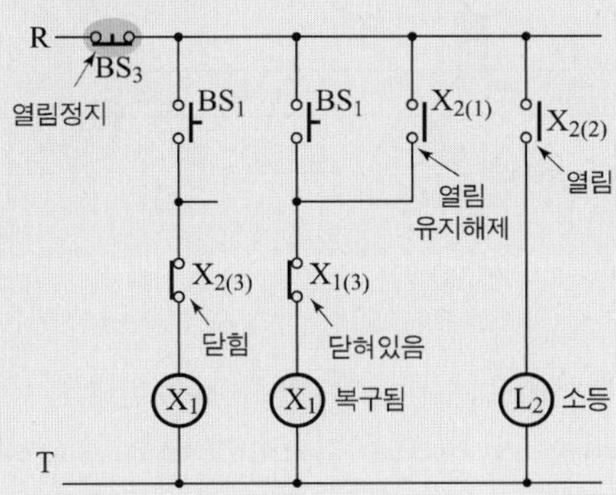

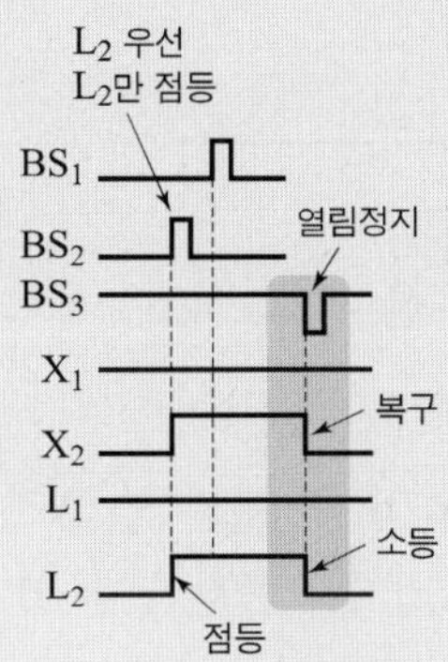

⑥ BS_2를 눌러 X_2가 동작된 상태

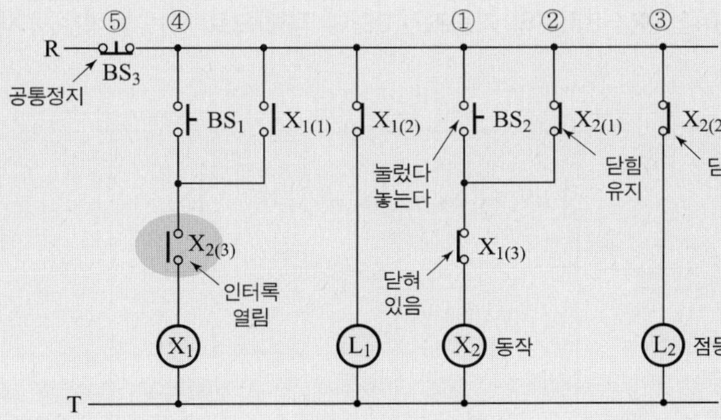

6) 고려 사항

번호	고려 사항
1	**인터록 접점의 위치** 인터록 접점은 일반적으로 보조(유지)기구 Ⓧ의 동작 회로를 끊도록 한다. 그러나 아래의 그림과 같이 기동입력(BS_1, BS_2)회로에 직렬로 넣어 기동회로를 끊어도 된다. 다만, 안전상 그림 7.20의 회로를 더 많이 사용한다. 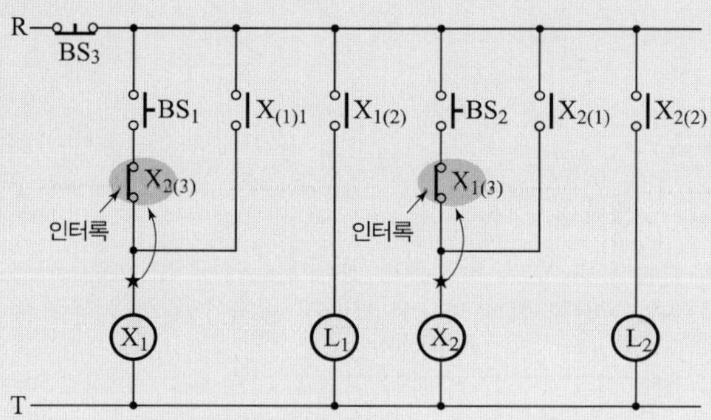

3.2_동작우선 회로

1) 개요

(1) A, B 두 기기 중 A기기 동작 우선회로는 다음을 만족해야 한다.

(2) A기기가 동작한 후 B기기가 동작할 수 있으며, B기기가 먼저 동작할 수 없다.

2) 회로도

A기기의 출력(a접점)을 B기기의 기동조건(BS_2에 직렬)으로 하는 동작우선 시퀀스를 나타내면 그림 7.22와 같다.

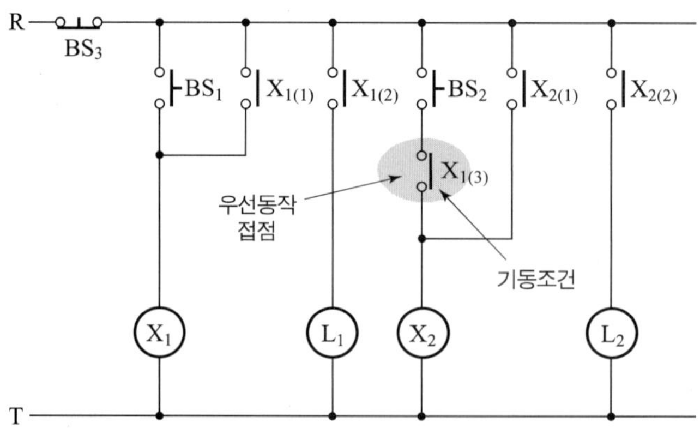

그림 7.22 • 동작우선 회로 시퀀스

(1) 기동 입력 BS_2를 BS_1보다 먼저 누르면 보조 릴레이 X_1의 접점 $X_{1(3)}$이 열려 있으므로 보조 릴레이 X_2는 기동되지 않는다.
(2) 기동 입력 BS_1을 누르면 보조 릴레이 X_1이 동작하여 램프 L_1이 켜지고, 우선 동작 접점 $X_{1(3)}$이 닫혀서 보조 릴레이 X_2의 기동을 준비한다.
(3) 보조 릴레이 X_1이 동작한 후에 기동입력 BS_2를 주면 접점 $X_{1(3)}$이 닫혀 있으므로 보조 릴레이 X_2가 동작하고 램프 L_2가 점등한다.
(4) 공통 정지신호 BS_3을 주면 릴레이와 램프 모두 복귀한다.

3) 타임 차트(Time chart)

동작우선 회로의 동작을 표시하는 타임 차트(time chart)는 그림 7.23과 같다.

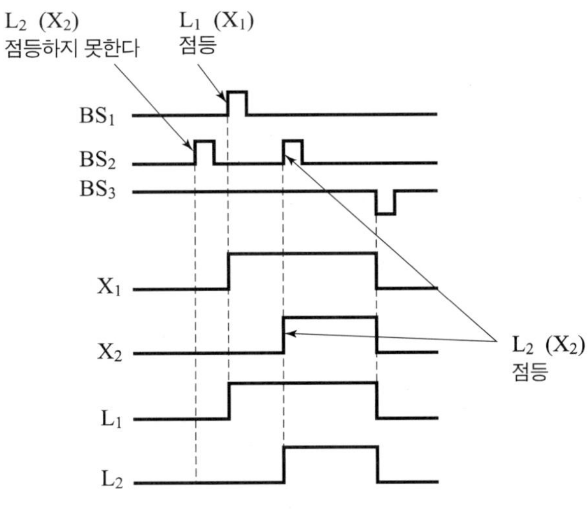

그림 7.23 ◦ 동작우선 회로 타임 차트

4) 동작설명(램프 L_1 우선동작)

동작설명	
① 기동 : 기동입력 BS_1을 먼저 눌렀다 놓는다.	② 자기유지
BS_1을 누를 때 BS_1 접점이 닫히는 순간 릴레이 X_1에 전기가 공급되어 X_1이 동작(여자)되고 접점 $X_{1(1)}$, $X_{1(2)}$, $X_{1(3)}$이 닫힌다. 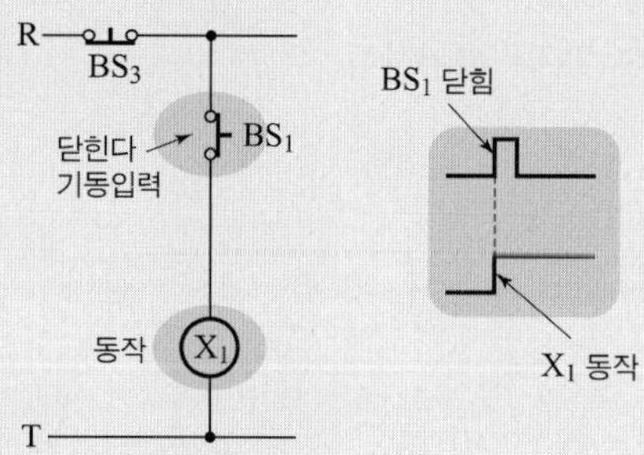 	접점 $X_{1(1)}$이 닫혀서 BS_1을 놓아도 BS_1 대신에 릴레이 X_1에 계속 전기를 공급(유지)한다. 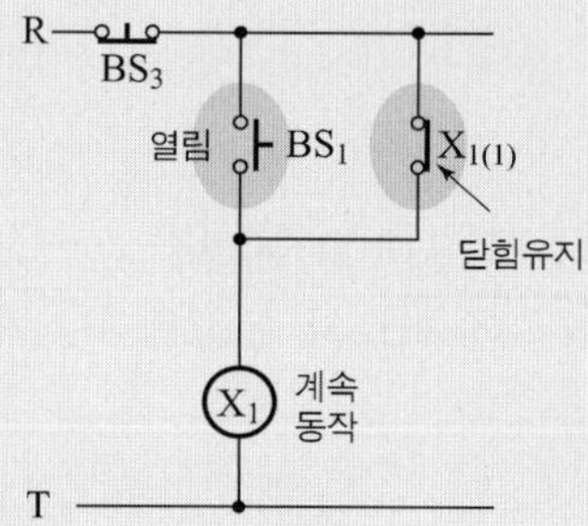
③ 출력	④ 우선동작접점
접점 $X_{1(2)}$가 닫혀서 램프 출력 L_1에 전기를 공급한다. 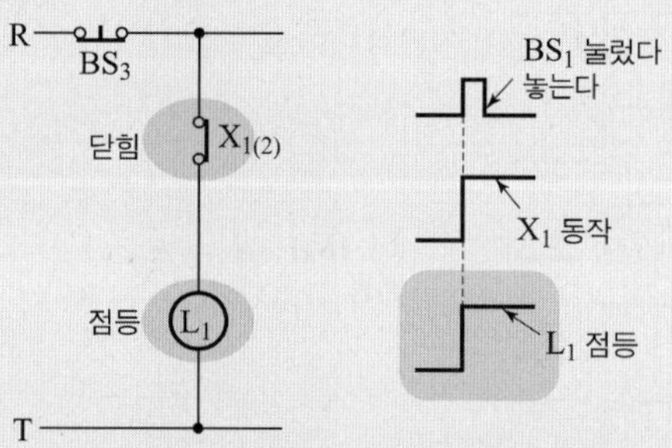 	우선 동작 접점 $X_{1(3)}$이 닫혀서 릴레이 X_2의 기동을 준비한다. 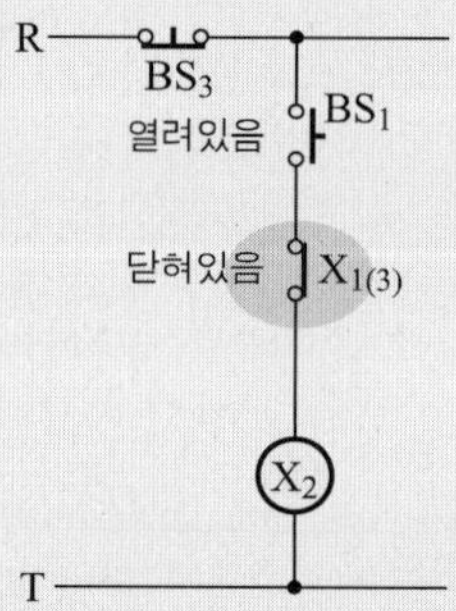
⑤ 기동 : 램프 L_1 점등 후 BS_2를 눌렀다 놓는다.	⑥ 자기유지
BS_2를 누를 때 BS_2 접점이 닫히는 순간 릴레이 X_2에 전기가 공급되어 릴레이 X_2가 동작(여자)되어 접점 $X_{2(1)}$과 $X_{2(2)}$ 및 $X_{2(3)}$이 닫힌다. 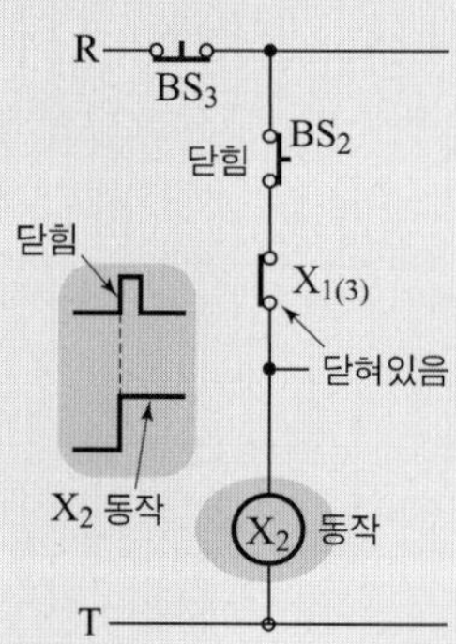 	접점 $X_{2(1)}$이 닫혀서 BS_2를 놓아도 BS_2 대신에 릴레이 X_2에 계속 전기를 공급(유지)한다. 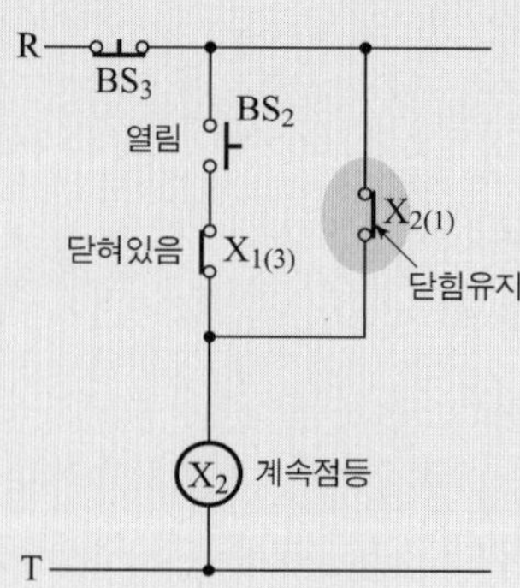

동작설명

⑦ 출력

접점 $X_{2(2)}$가 닫혀서 램프 출력 L_2에 전기를 공급한다.

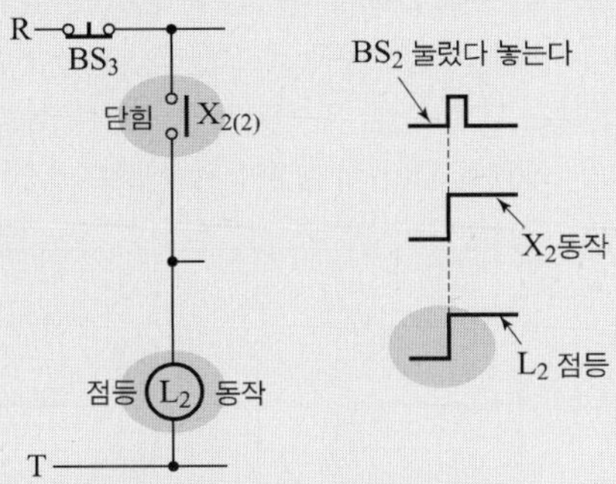

⑧ 정지 : BS_3를 눌렀다 놓는다.

BS_3을 누르면 접점이 열리므로 릴레이 X_1과 X_2에 전기가 끊어져 릴레이 X_1과 X_2가 복귀된다. 접점 $X_{1(1)}$과 $X_{2(1)}$이 열려 유지가 해제되고 접점 $X_{1(2)}$과 $X_{2(2)}$가 열려 램프 L_1과 L_2에 전기가 끊어져 L_1과 L_2가 소등되며, 또 우선 접점 $X_{1(3)}$이 열려서 릴레이 X_2의 기동을 금지한다.

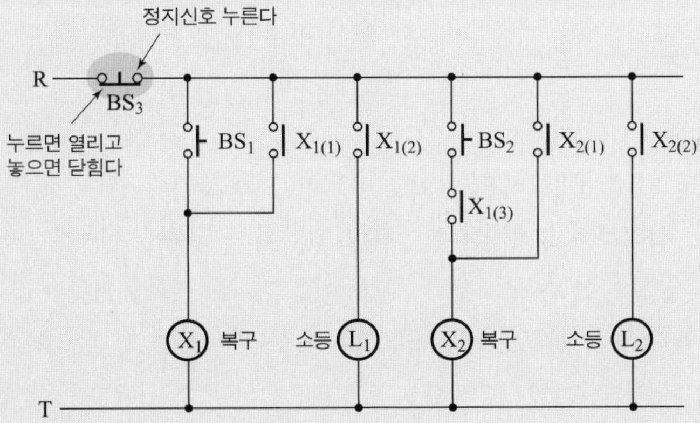

5) 고려 사항

<table>
<tr><th>번호</th><th>고려 사항</th></tr>
<tr><td>1</td><td>우선동작 접점의 위치
우선동작 접점은 일반적으로 보조(유지) 기구 X_2의 기동 입력(BS_2)과 직렬로 접속한다. 그러나 아래 그림과 같이 보조(유지) 기구 X_2의 동작 회로에 직렬로 넣어 운전 회로가 끊겨 있도록 하여도 된다. 그러나 이 회로는 X_2 동작 중에 유지용 보조 릴레이 X_1의 고장 등으로 램프 $L_1(X_1)$이 소등하면 $L_2(X_2)$도 함께 소등(복귀)되는 결점이 있으므로 그림 7.22를 주로 사용한다.
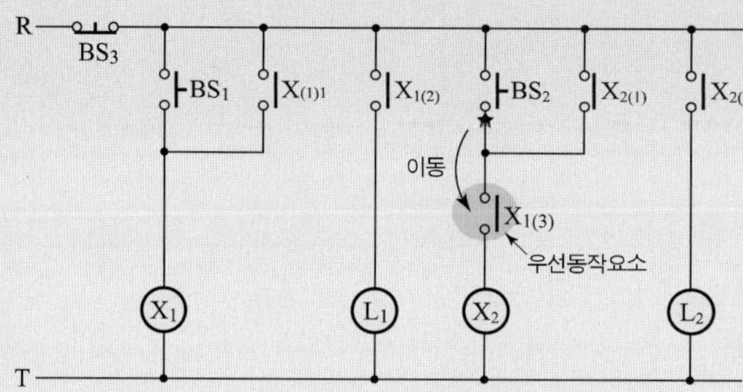
</td></tr>
</table>

3.3_신입우선 회로

1) 개요

(1) A, B 두 기기 중 신입우선 회로는 다음을 만족해야 한다.

(2) A기기가 동작하면 B기기는 복귀하고, B기기가 동작하면 A기기가 복귀하는 회로로 새로운 신호(＝신입우선, 뒤에 주는 신호)가 우선 회로이다.

(3) 자기회로를 동작시키면서 상대쪽 회로를 복귀시키는 방법으로 상대쪽 유지회로에 자기접점(b접점)을 넣는 것이다.

2) 회로도

자기접점(b접점)으로 상대방 회로의 유지회로를 차단시키는 신입우선 시퀀스를 나타내면 그림 7.24와 같다.

(1) 기동 입력 BS_1을 주면 릴레이 X_1이 동작을 유지하고 램프 L_1이 점등한다.

(2) 이후 기동 입력 BS_2를 주면

① 릴레이 X_2가 동작 유지하고 램프 L_2가 점등하며

② 접점 $X_{2(3)}$이 열려서 릴레이 X_1이 복귀되고 램프 L_1이 소등한다.

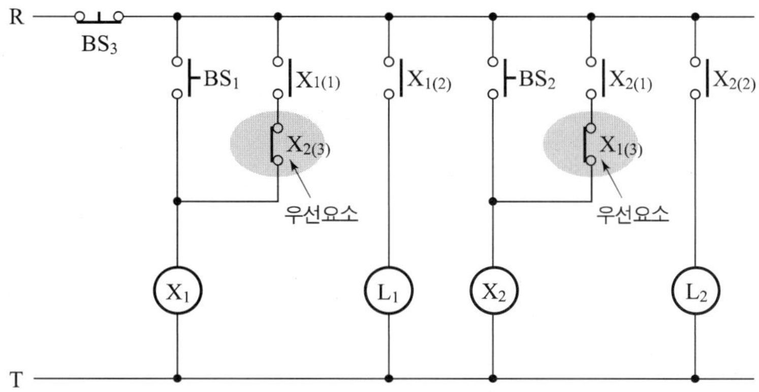

그림 7.24 ◦ 신입우선 회로 시퀀스

(3) 이후 기동 입력 BS_1을 다시 주면

① 릴레이 X_1이 동작 유지하고 램프 L_1이 점등하며,

② 접점 $X_{1(3)}$이 열려서 릴레이 X_2가 복귀하고 램프 L_2가 소등한다. ← 반복동작 된다.

(4) b접점 $X_{1(3)}$과 $X_{2(3)}$이 우선 요소 접점이 되고 유지 회로선을 끊는 역할을 한다.

3) 타임 차트(Time chart)

신입우선 회로의 동작을 표시하는 타임 차트(time chart)는 다음과 같다.

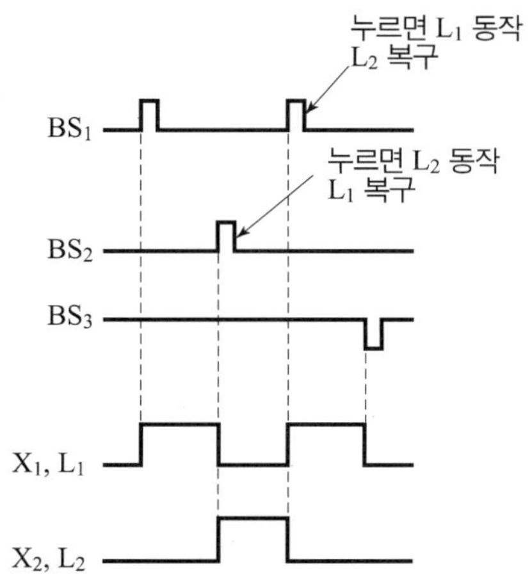

그림 7.25 ◦ 신입우선 회로 타임 차트

4) 동작설명(램프 $L_1-L_2-L_1$ 순서로 동작)

<table>
<tr><th colspan="2">동작설명</th></tr>
<tr><td>① 기동 : 기동입력 BS_1을 먼저 눌렀다 놓는다.</td><td>② 자기유지</td></tr>
<tr><td>BS_1을 누를 때 BS_1 접점이 닫히는 순간 릴레이 X_1에 전기가 공급되어 X_1이 동작(여자)되고 접점 $X_{1(1)}$, $X_{1(2)}$가 닫히며 $X_{1(3)}$이 열린다.
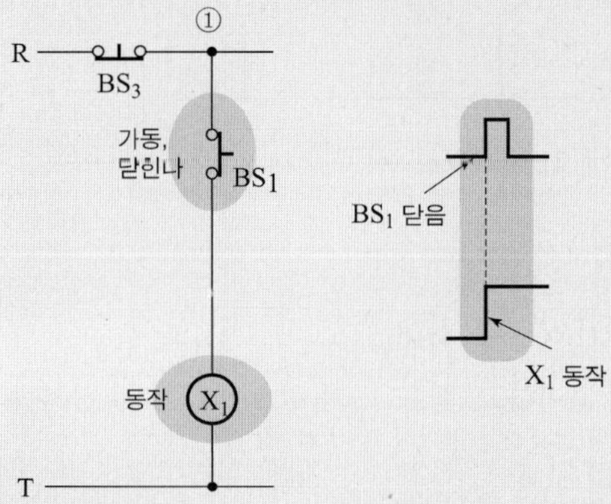
</td><td>접점 $X_{1(1)}$이 닫혀서 BS_1을 놓아도 BS_1 대신에 릴레이 X_1에 계속 전기를 공급(유지)한다.
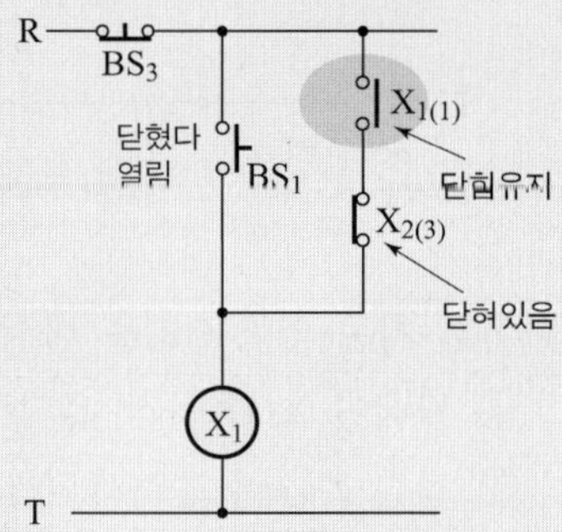
</td></tr>
<tr><td>③ 출력</td><td>④ 우선동작접점</td></tr>
<tr><td>접점 $X_{1(2)}$가 닫혀서 램프 출력 L_1에 전기를 공급하여 L_1이 켜진다.
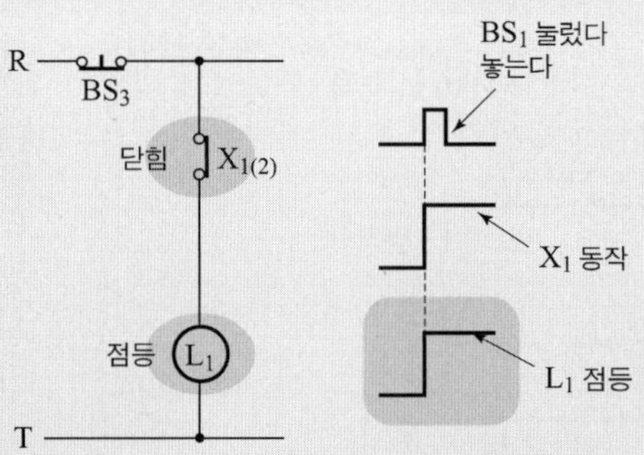
</td><td>우선 동작 접점 $X_{1(3)}$이 열려서 릴레이 X_2의 동작회로를 끊는다.
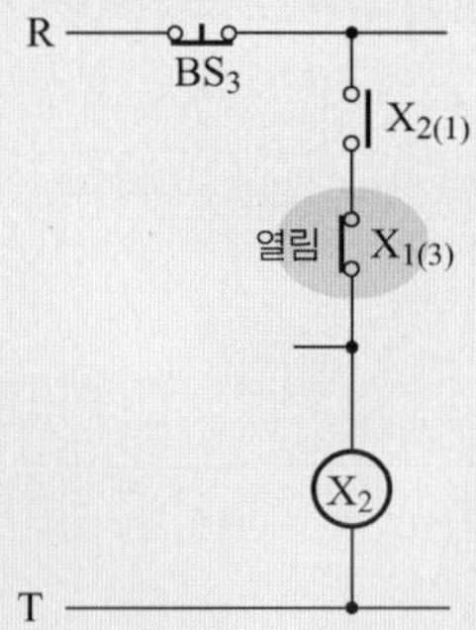
</td></tr>
<tr><td>⑤ L_2 기동 : 램프 L_1 점등 후 BS_2를 눌렀다 놓는다.</td><td>⑥ L_1 복귀</td></tr>
<tr><td>BS_2를 누를 때 BS_2 접점이 닫히는 순간 릴레이 X_2에 전기가 공급되어 릴레이 X_2가 동작(여자)되고 접점 $X_{2(1)}$과 $X_{2(2)}$가 닫히고 $X_{2(3)}$이 열린다.</td><td>우선 요소 접점 $X_{2(3)}$이 열려 릴레이 X_1과 램프 L_1이 복귀한다.</td></tr>
</table>

동작설명

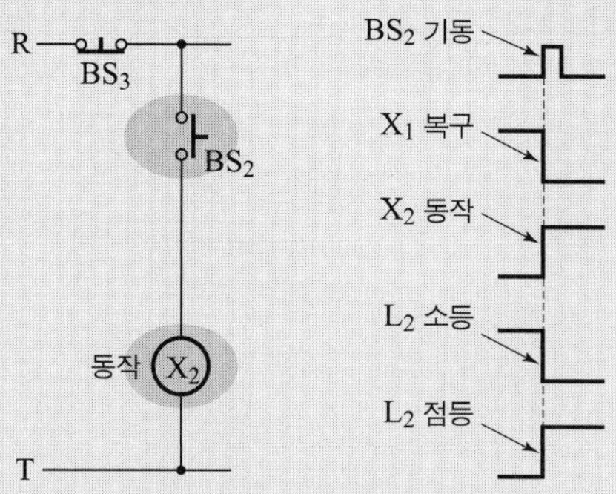

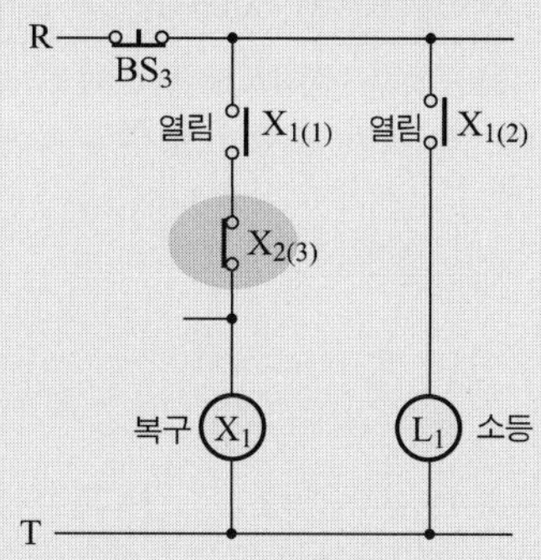

⑦ 자기유지

접점 $X_{2(1)}$과 $X_{1(3)}$이 닫혀서 BS_2를 놓아도 BS_2 대신에 릴레이 X_2에 계속 전기를 공급(유지)한다.

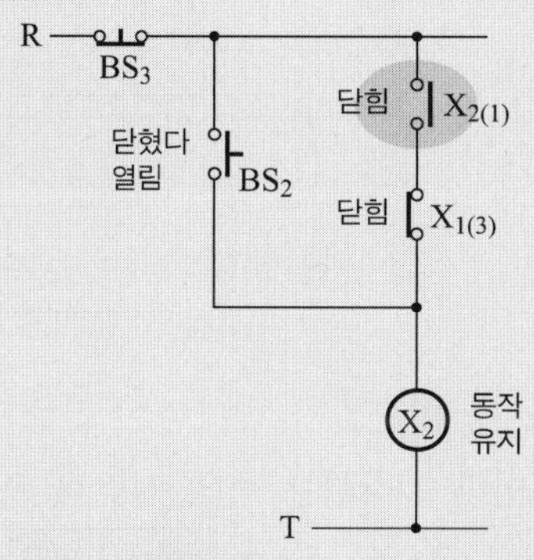

⑧ 출력

접점 $X_{2(2)}$가 닫혀서 램프 출력 L_2에 전기를 공급한다.

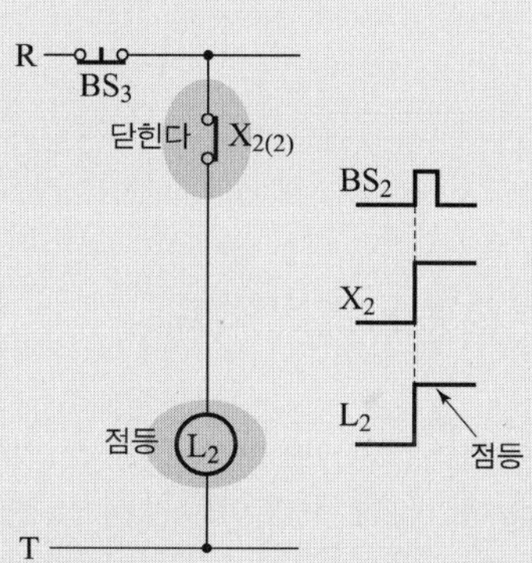

⑨ L_1 재동작 : 기동입력 BS_1을 다시 눌렀다 놓는다.

접점 $X_{1(2)}$가 닫혀서 램프 출력 L_1에 전기를 공급하여 L_1이 켜진다.

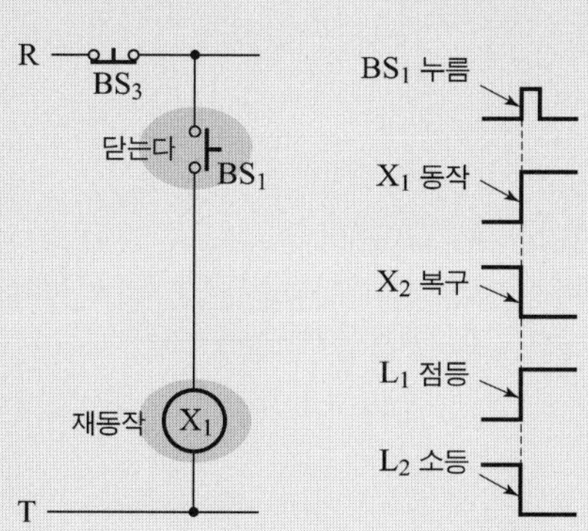

⑩ L_2 복귀

우선 요소 접점 $X_{1(3)}$이 열려 릴레이 X_2와 램프 L_2가 복귀한다.

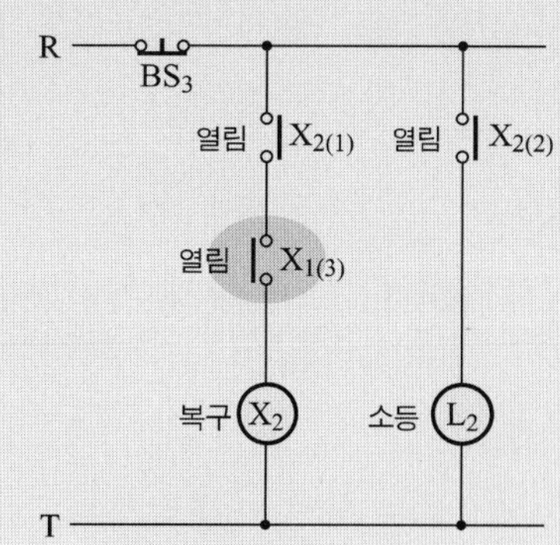

동작설명

⑪ **정지 : BS_3을 눌렀다 놓는다.**

BS_3을 누르면 접점이 열리므로 릴레이 X_1(또는 X_2)에 전기가 끊어져 동작중인 릴레이 X_1(또는 X_2)이 복귀된다. 접점 $X_{1(1)}$ (또는 $X_{2(1)}$)이 열려 유지가 해제되고 접점 $X_{1(2)}$ (또는 $X_{2(2)}$)가 열려 출력 램프 L_1 (또는 L_2))에 전기가 끊어져 램프 L_1 (또는 L_2)이 소등되며, 또 우선 접점 $X_{1(3)}$ (또는 $X_{2(3)}$)이 닫혀서 각 릴레이(X_1, X_2)의 재기동을 준비한다.

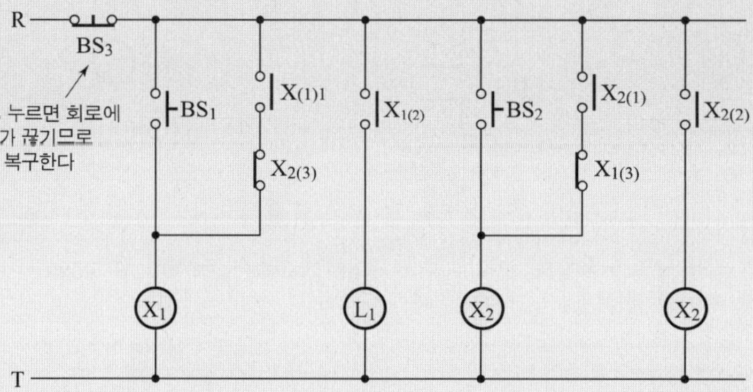

4. 시한(한시) 제어 회로

입력 신호를 주면 정해진 시간(설정 시간 t)만큼 늦게 출력 신호가 변화하는 회로, 즉 늦게 동작한다든지, 늦게 복귀한다든지 또는 일정한 시간 동안만 동작하는 등의 시간적 요소가 있는 회로를 시한(또는 한시) 제어(동작) 회로(Time delay circuit－timer circuit)라고 한다.

RC 회로 충방전과 시상수를 이용하여 접점 또는 회로 출력을 설정 시간(t초)만큼 동작시키든지 또는 설정 시간만큼 늦게 동작(또는 복귀)시킨다. 제어 요소로는 타이머(전자) 릴레이, 반도체 IC 소자인 NE－555, 단안정 소자 SN－74123 등을 사용한다. 시간 제어기구로는 한시동작(순시복귀) 회로, (순시동작)한시복귀 회로, 단안정 회로, 교대동작 회로 등이 있다.

시간 제어기구 분류	설명 및 회로도
한시동작(순시복귀) **회로** (TON:On delay timer) 	동작시간이 늦음(복귀시간은 순간) 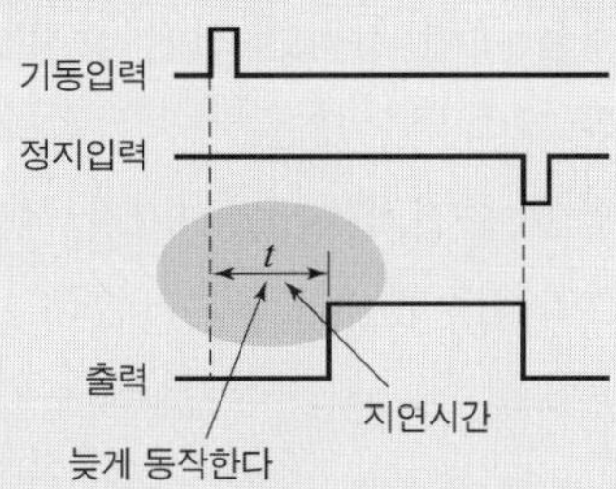
(순시동작)**한시복귀 회로** (TOFF:Off delay timer) 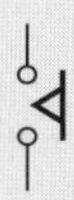	복귀시간이 늦음(동작시간은 순간) 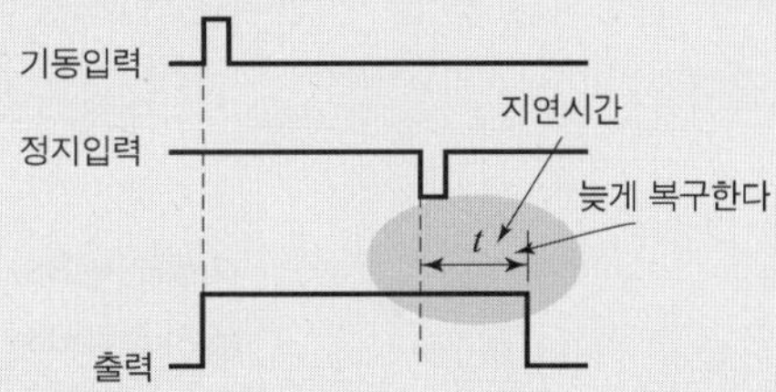
단안정 회로 (single multivibrator)	일정한 시간만 동작 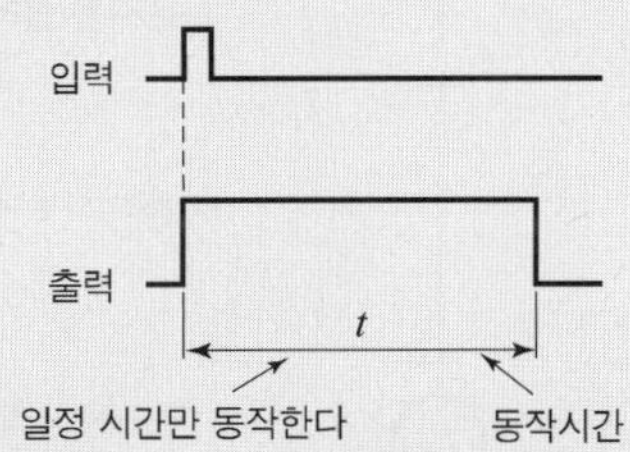
교대동작 회로	일정한 시간동안 동작하고 또 일정한 시간동안 복귀하는 것을 반복 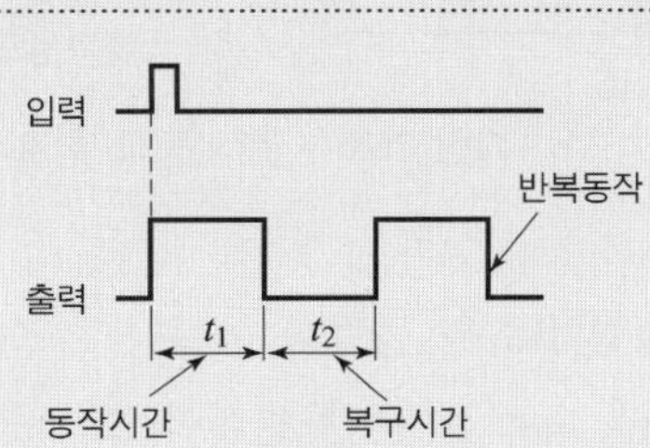

4.1_한시동작 회로

1) 개요

(1) 기동 입력을 주면 일정한 시간이 지난 후에 회로(기기)가 동작한다. 즉, 출력이 늦게 생긴다.

(2) 정지 입력을 주면 곧바로 기기가 복귀(출력이 없어짐)한다.

(3) 동작 시간이 일정한 시간(이하 설정 시간 t라 한다)만큼 늦은 한시동작 순시복귀 회로(TON)이다.

2) 회로도

동작시간이 설정시간 만큼 지연되는 한시동작 시퀀스와 타임 차트를 나타내면 그림 7.26과 같다.

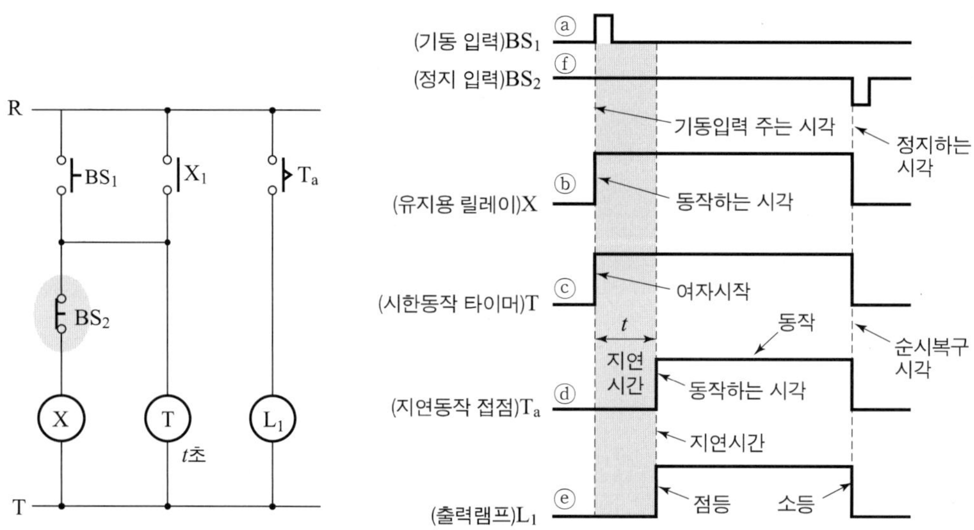

그림 7.26 ◦ 한시동작 회로 시퀀스 및 타임 차트

(1) 기동 입력 BS_1을 눌렀다 놓는다.

① BS_1을 누르는 순간 릴레이 X가 동작 유지하고 동시에 타이머 T가 여자된다.

② 설정 시간 t초 후에 타이머 접점 T_a가 동작(닫힘)하면 출력 램프 L_1이 점등한다.

(2) 정지 입력 BS_2를 눌렀다 놓는다.

① BS_2를 누르는 순간 전부(X, T, T_a, L_1) 복귀한다.

3) 동작설명

동작설명	
① **기동 : 기동입력 BS_1을 먼저 눌렀다 놓는다.**	② **자기유지**
기동 입력 BS_1을 누르는 순간 릴레이 X가 동작한다.	접점 $X_{(1)}$이 닫혀서 BS_1을 놓아도 BS_1 대신에 릴레이 X에 계속 전기를 공급(유지)한다.
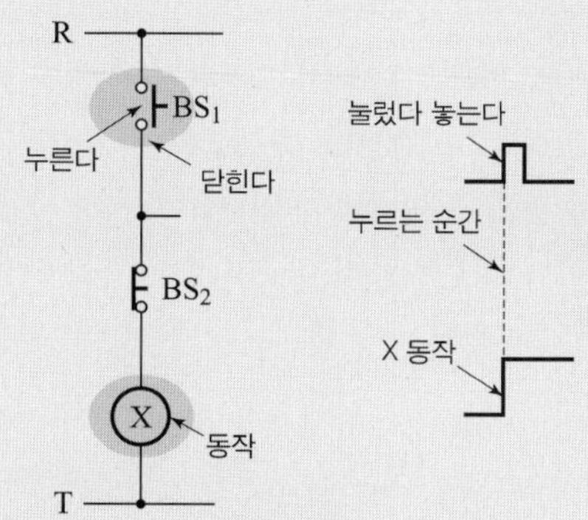	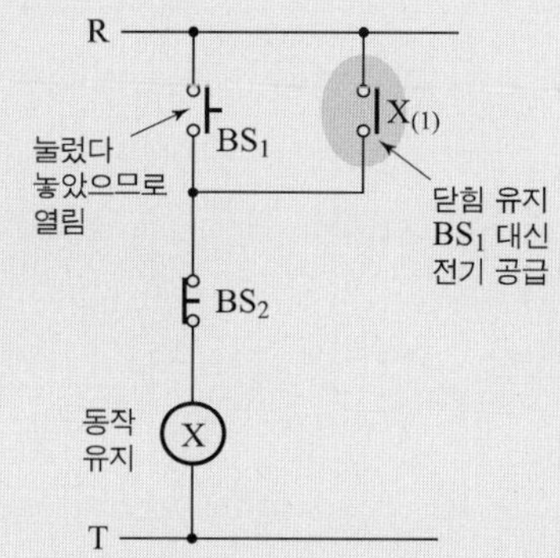
③ **타이머**	④ **타이머 여자 t초 후 닫힘**
릴레이 X의 동작과 동시에 타이머 T가 여자 된다.	설정 시간 t초 후에 타이머 지연 접점 T_a가 닫히면 출력 램프 L_1이 점등한다.
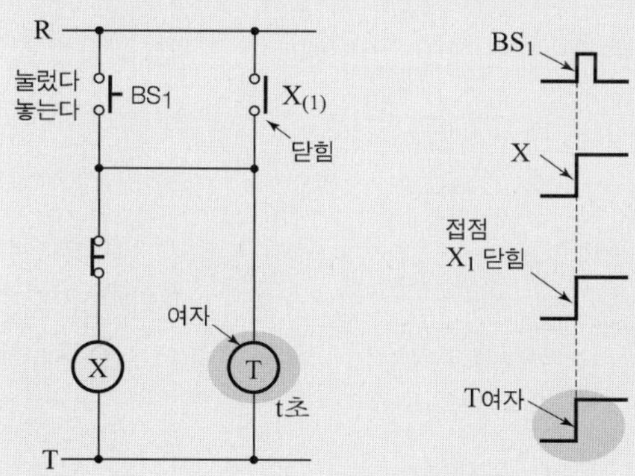	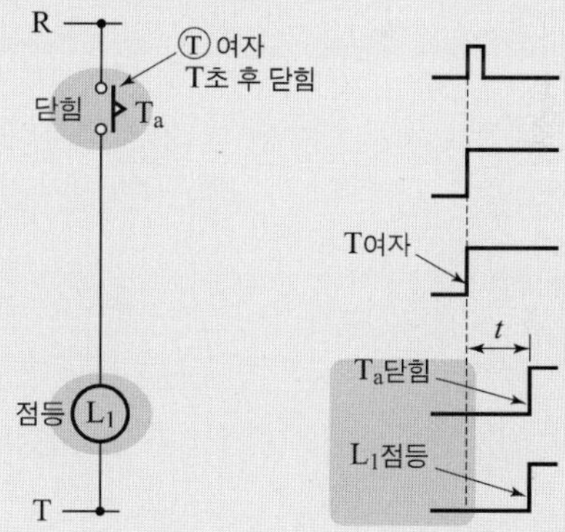

동작설명

⑤ 정지 : 정지입력 BS_2를 누른다.

정지입력 BS_2를 누르는 순간 릴레이 X가 복귀하고 유지접점 $X_{(1)}$이 열려서 유지가 해제된다. 유지 접점 $X_{(1)}$이 열리면 타이머 T가 복귀하고 접점 T_a가 열린다(접점 T_a는 한시 동작 순시 복귀 접점임). 접점 T_a가 열리면 출력 램프 L_1이 소등된다.

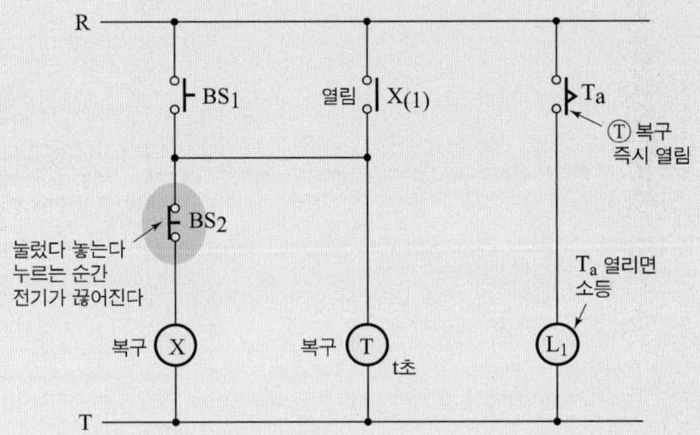

4) 고려 사항(타이머 T의 여자방법)

번호	고려 사항
1	**타이머 T를 릴레이 X에 병렬로 접속** 논리회로에 많이 이용되나 유의할 점이 있다. 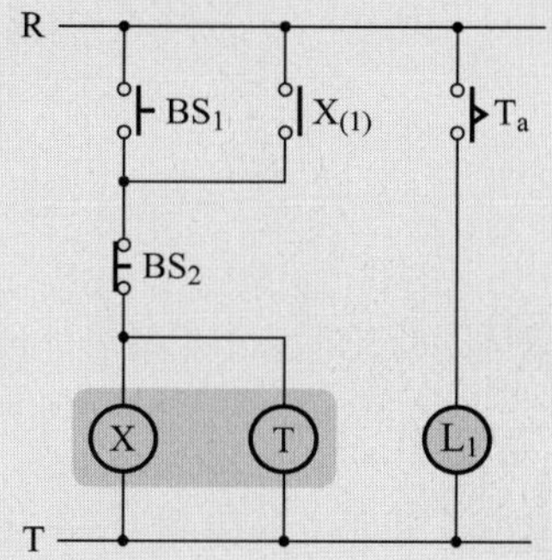
2	**릴레이 접점으로 타이머 T를 여자** 릴레이 접점 $X_{(2)}$로 타이머 T를 여자시킨 것으로 PLC회로에만 사용되고 별로 사용하지 않는다. 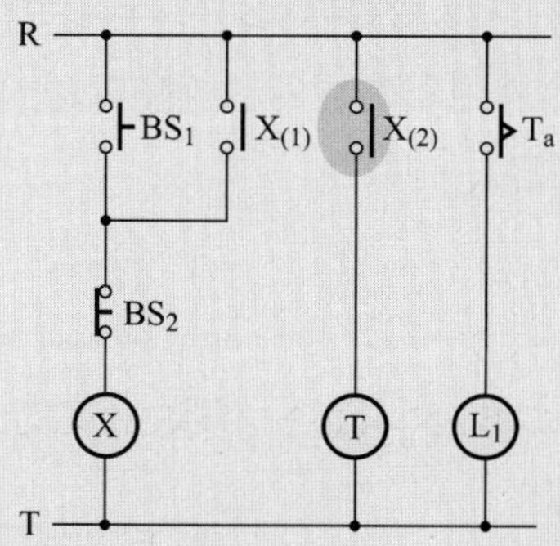
3	**타이머 T의 접점을 자기유지로 사용** 타이머 기구 T에 유지용 순시 동작 a접점($T_{(1)}$)이 있을 때 이것을 유지 접점으로 하고, 유지용 보조 릴레이 X를 생략한 것으로 학교 실습용으로 많이 사용된다. 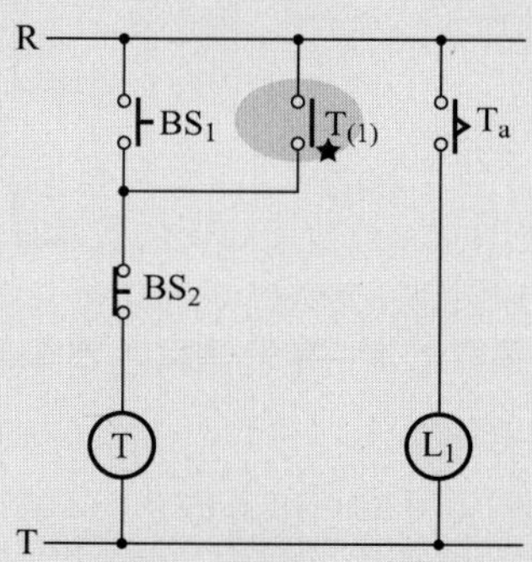

4.2_한시복귀 회로

1) 개요

(1) 기동 입력을 주면 회로(기기)가 곧바로 동작하고 정지 입력을 주면 일정한 시간이 지난 후에 회로(기기)가 복귀한다. 즉, 복귀(정지)하는 데 시간이 걸린다.

(2) 복귀 시간이 일정한 시간(이하 설정 시간 t라 한다)만큼 늦은 순시동작 한시복귀 회로(TOFF)이다.

2) 회로도

복귀시간이 설정시간 만큼 지연되는 한시복귀 시퀀스를 나타내면 그림 7.27과 같다.

(1) 기동 입력 BS_1을 눌렀다 놓는다.

① BS_1을 누르는 순간 릴레이 X가 동작 유지하고 동시에 타이머 T가 여자 된다.

② 타이머의 순시동작 한시복귀 접점 T_a가 동작(닫힘)하면 출력 램프 L_1이 점등한다.

(2) 정지 입력 BS_2를 눌렀다 놓는다.

① BS_2를 누르는 순간 릴레이 X와 타이머 T가 복귀한다.

② 설정 시간 t초 후에 타이머의 순시동작 한시복귀 접점 T_a가 복귀(열림)하면 램프 L_1이 소등한다.

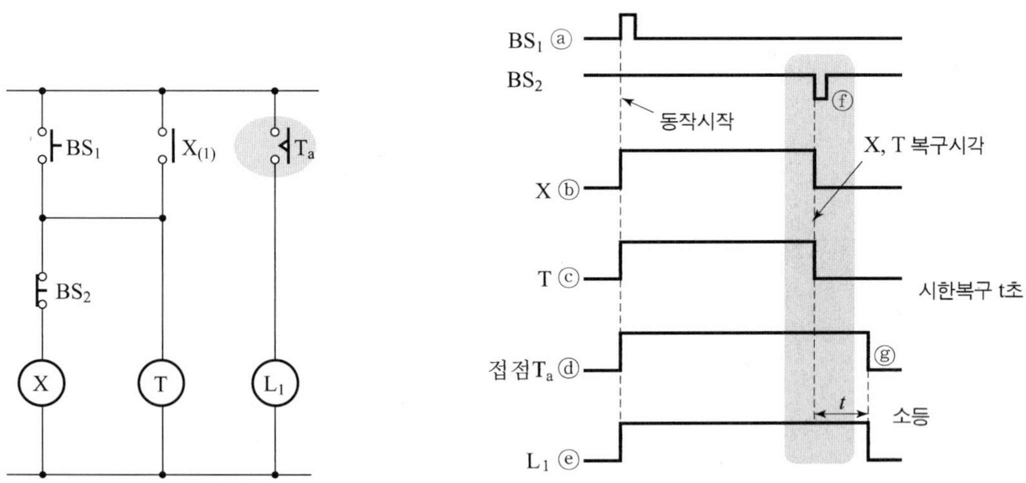

그림 7.27 ◦ 한시복귀 회로 시퀀스 및 타임 차트

3) 동작설명

동작설명

① 기동 : 기동입력 BS_1을 먼저 눌렀다 놓는다.

기동 입력 BS_1을 누르는 순간 릴레이 X가 동작한다.

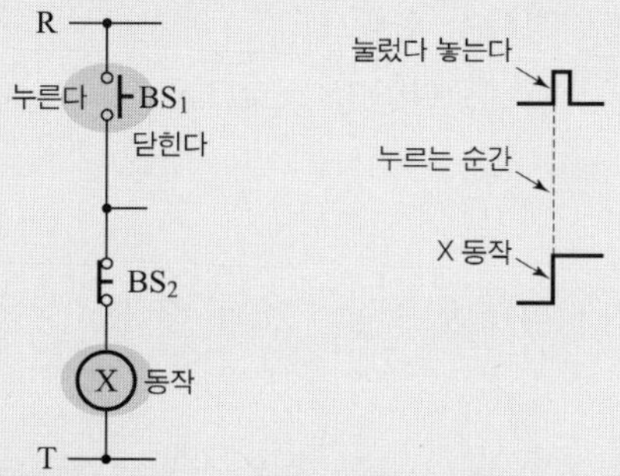

② 자기유지

접점 $X_{(1)}$이 닫혀서 BS_1을 놓아도 BS_1 대신에 릴레이 X에 계속 전기를 공급(유지)한다.

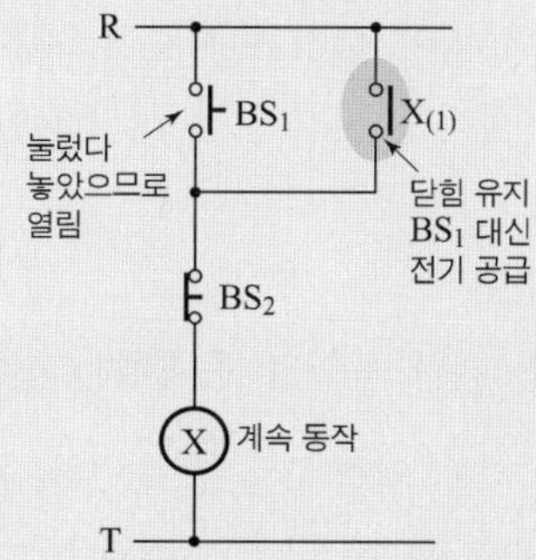

③ 타이머

릴레이 X의 동작과 동시에 타이머 T가 여자 된다.

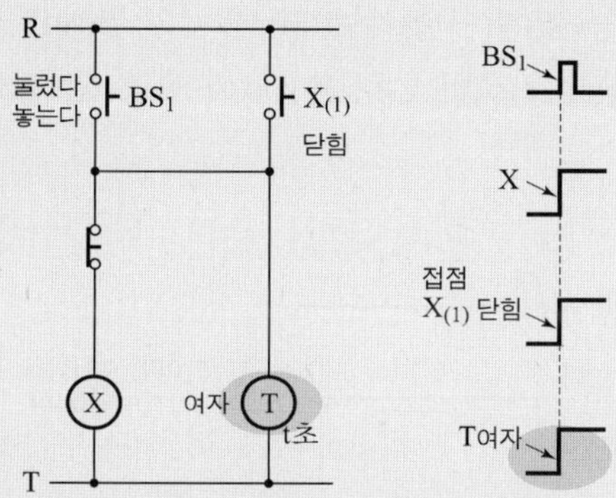

④ 출력

타이머 순시 동작 지연 복귀 접점 T_a가 닫히면 출력 램프 L_1이 점등한다.

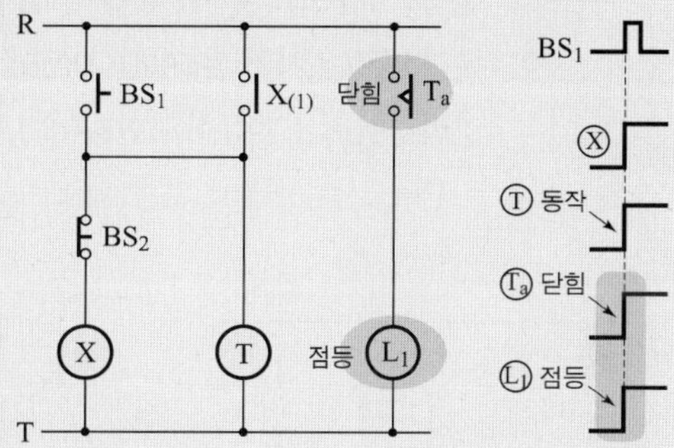

⑤ 정지 : 정지입력 BS_2를 누른다.

정지입력 BS_2를 누르는 순간 릴레이 X가 복귀하고 유지접점 $X_{(1)}$이 열려서 유지가 해제된다. 유지 접점 $X_{(1)}$이 열리면 타이머 T는 복귀하지만 접점 T_a는 복귀하지 않는다(접점 T_a는 순시동작 한시복귀 접점이므로 타이머 T가 복귀한 후 t초 후에 열린다). 설정시간 t초 후에 접점 T_a가 열리면 출력 램프 L_1이 소등된다.

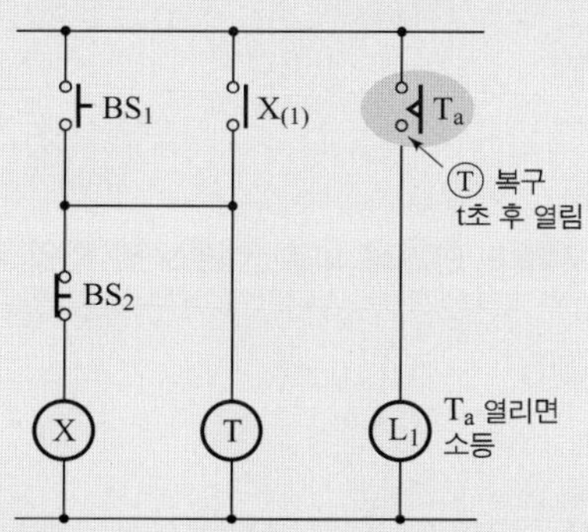

4.3_단안정 회로

1) 개요

(1) 기동 입력을 주면 일정한 시간 동안만 회로(기기)가 동작하고 정지 입력이 없이 자동으로 정지한다.

(2) 출력이 생기는 시간이 30분, 1시간 등으로 정해져 있다.

(3) 정해진 시간(설정 시간 t)동안만 동작하는 회로를 단안정 회로(Tmon)라 한다.

2) 회로도

설정 시간 동안만 동작하는 단안정 시퀀스를 나다내면 그림 7.28과 같다.

(1) 기동 입력 BS_1을 눌렀다 놓는다.

① BS_1을 누르는 순간(①) 릴레이 X가 동작 유지(②)하고 동시에 한시동작 타이머 T가 여자 된다(③).

② $X_{(2)}$의 접점이 동작(닫힘)하면 출력 램프 L_1이 점등한다(④).

③ 설정 시간 t초 후에 타이머 접점 T_b가 동작(열림)하면(⑤) 유지용 릴레이 X가 복귀하고(유지가 해제된다)(⑥), 동시에 타이머 T가 복귀하며(⑦), (X 접점이 열려) 램프 L_1이 복귀한다(⑧).

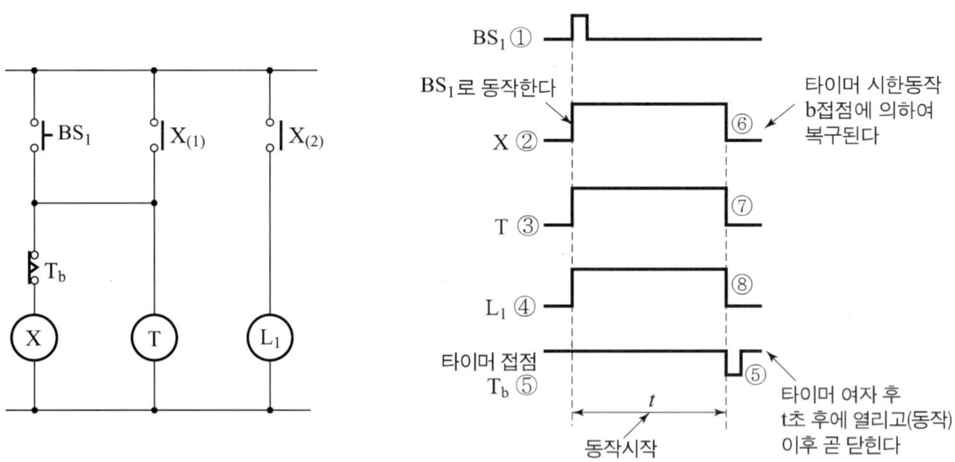

그림 7.28 • 단안정 회로 시퀀스 및 타임 차트

3) 동작설명

동작설명

① 기동 : 기동입력 BS_1을 먼저 눌렀다 놓는다.

기동 입력 BS_1을 누르는 순간 릴레이 X가 동작한다.

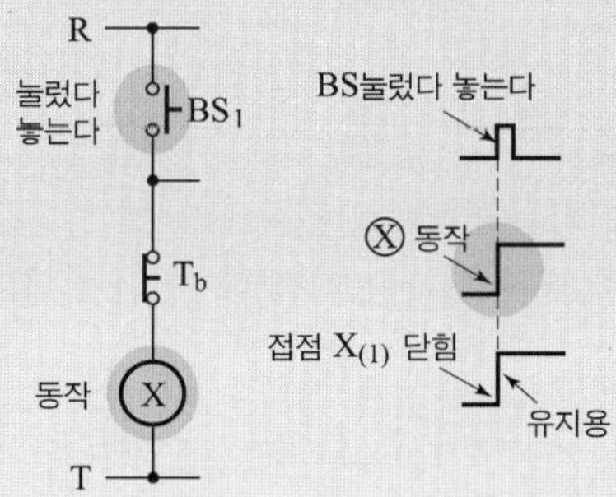

② 자기유지

접점 $X_{(1)}$이 닫혀서 BS_1을 놓아도 BS_1 대신에 릴레이 X에 계속 전기를 공급(유지)한다.

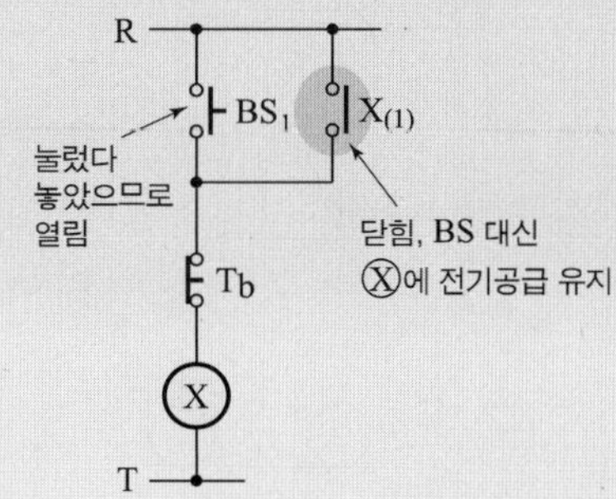

③ 타이머

릴레이 X의 동작과 동시에 타이머 T가 여자 된다.

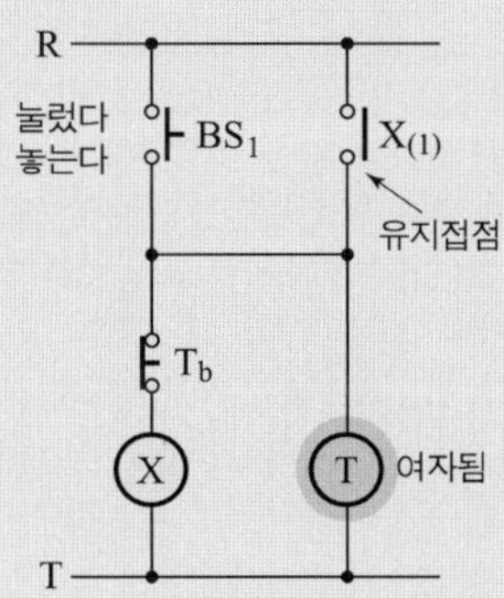

④ 출력

접점 $X_{(2)}$가 닫히면 출력 램프 L_1이 점등한다.

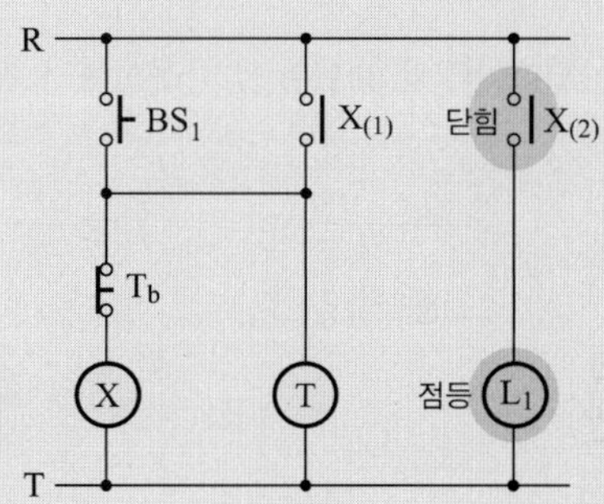

⑤ 정지

설정시간 t초 후에 타이머 지연 접점 T_b가 열리면 릴레이 X가 복귀하고 접점 $X_{(1)}$이 열려 유지가 해제된다. 유지 접점 $X_{(1)}$이 열리면 타이머 T가 복귀하고 접점 T_b가 다시 닫힌다. 접점 $X_{(2)}$가 열리면 출력 램프 L_1이 소등된다.

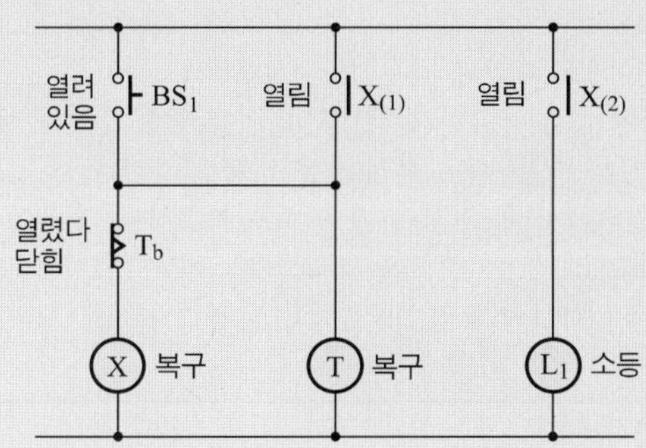

4) 고려 사항(회로정지 시 릴레이 X와 타이머 T의 복귀순서)

<table>
<tr><th>번호</th><th colspan="2">고려 사항</th></tr>
<tr><td>동작 조건</td><td colspan="2">• BS_1을 누르는 순간 릴레이 X가 동작 유지하고 동시에 한시동작 타이머 T가 여자 된다.
• $X_{(2)}$의 접점이 동작(닫힘)하면 출력 램프 L_1이 점등한다.</td></tr>
<tr><td rowspan="2">회로1</td><td colspan="2">릴레이 X가 복귀한 후 타이머 T가 복귀하는 회로</td></tr>
<tr><td>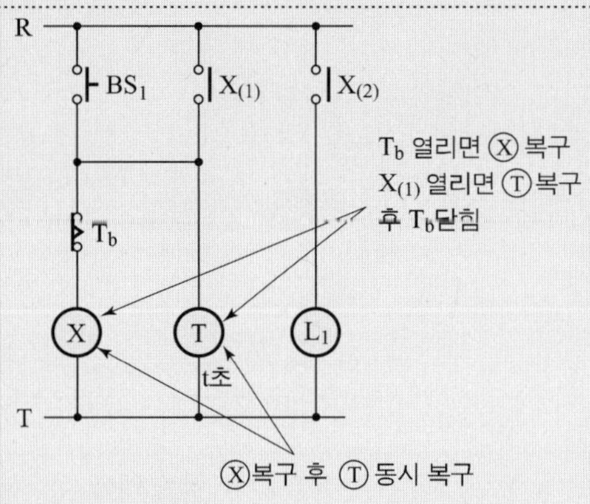

(a)</td><td>① 동작 t초 후 접점 T_b가 동작(열린다)하면 릴레이 X가 복귀한다.
② 접점 $X_{(1)}$과 $X_{(2)}$가 복귀(열림)하고 접점 $X_{(1)}$로 유지가 해제된다.
③ 접점 $X_{(1)}$이 열리면 타이머 T가 복귀한다.
④ 접점 $X_{(2)}$가 열리면 램프 L_1이 소등한다.
(※ T와 L_1은 동시에 복귀한다.)
⑤ 타이머 T가 복귀하면 접점 T_b가 복귀(닫힌다)한다.</td></tr>
<tr><td rowspan="2">회로2</td><td colspan="2">릴레이 X와 타이머 T가 동시에 복귀하는 회로</td></tr>
<tr><td>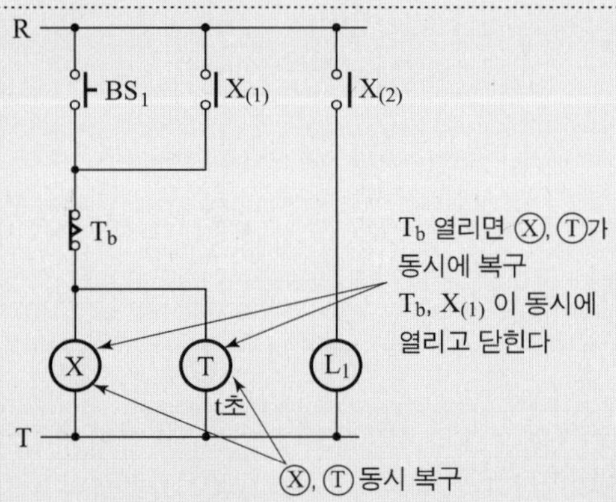

(a)</td><td>① 동작 t초 후 접점 T_b가 동작(열린다)하면 릴레이 X와 타이머 T가 동시에 복귀한다.
(주의: X가 먼저 복구해야 안전함) 이때 접점 $X_{(1)}$, $X_{(2)}$ 복귀(열림)와 접점 T_b의 복귀(닫힘)가 동시에 이루어진다.
② 접점 $X_{(1)}$로 유지가 해제된다.
접점 $X_{(2)}$가 열리면 램프 L_1이 소등한다.
타이머 T가 복귀하면 접점 T_b가 복귀(닫힌다)한다.</td></tr>
<tr><td>고려 사항</td><td colspan="2">• 릴레이 X와 타이머 T가 동시에 복구하는 '회로2'에서
접점 $X_{(1)}$의 복구(열림)가 빠르면 회로1과 같이 문제가 없으나 접점 T_b의 복구(닫힘)가 접점 $X_{(1)}$의 복구(열림)보다 빠를 때는 릴레이 X가 재작동 한다.
즉, 접점 $X_{(1)}$이 열리기 전에 접점 T_b가 닫혀서(복구하여) 릴레이 X에 전기가 공급되어 X가 다시 동작하게 된다.
• 따라서 회로 접속을 회로1과 같이 하여 접점 $X_{(1)}$이 열린 후 타이머 T가 복구하여 접점 T_b가 복구(닫힌다)하도록 하여야 한다.</td></tr>
</table>

Time Chart 1

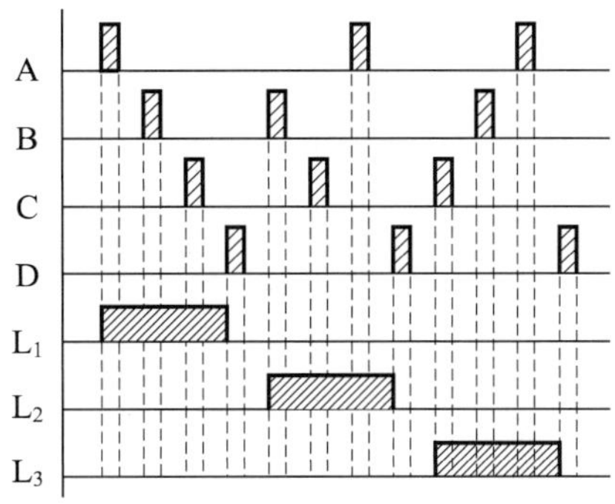

1) 논리식

$$L_1 = X_1 = \overline{D}(A + X_1)\overline{X_2}\,\overline{X_3}$$

$$L_2 = X_2 = \overline{D}(B + X_2)\overline{X_1}\,\overline{X_3}$$

$$L_3 = X_3 = \overline{D}(C + X_3)\overline{X_1}\,\overline{X_2}$$

2) 유접점회로

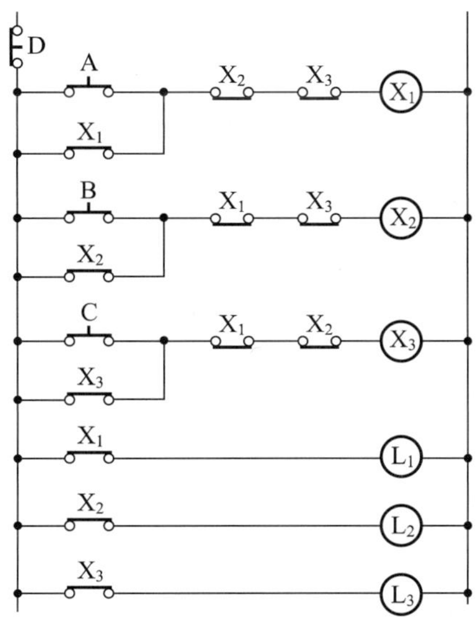

Time Chart 1

3) 무접점회로

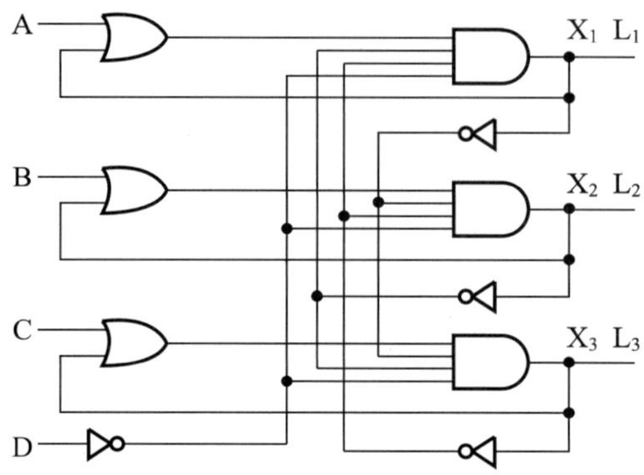

Time Chart 2

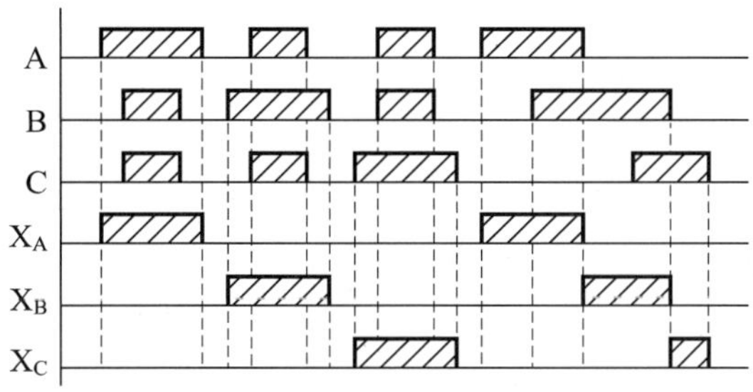

Solution

(1) 논리식

$$X_A = A\,\overline{X_B}\,\overline{X_C}$$

$$X_B = B\,\overline{X_A}\,\overline{X_C}$$

$$X_C = C\,\overline{X_A}\,\overline{X_B}$$

(2) 유접점회로

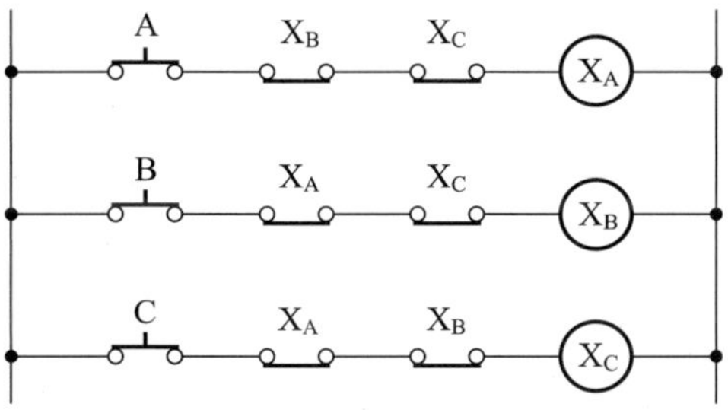

(3) 무접점회로

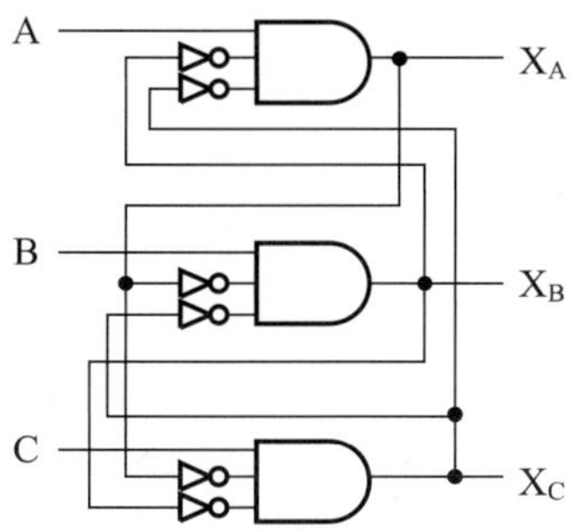

시퀀스에서 반드시 기억해야 할 사항

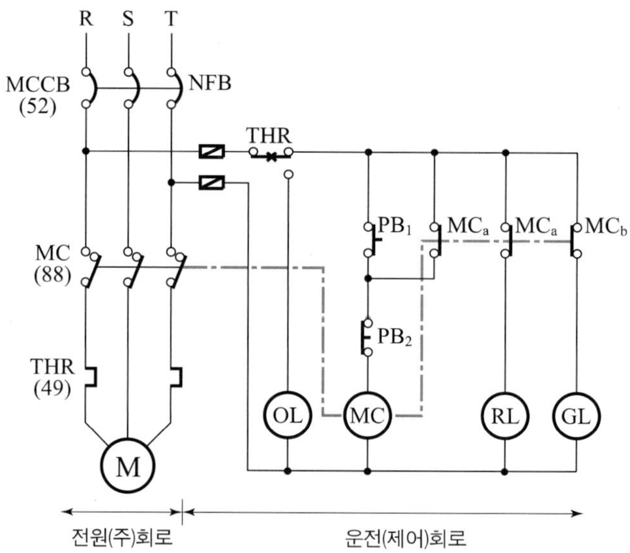

1. 전원회로 부품의 명칭, 기호, 원어, 번호, 역할을 암기할 것

명칭	기호	원어	번호	역할
배선용 차단기	MCCB	Mold Case Circuit Breaker	52	과부하 단락사고시 전원차단 (과부하 및 단락보호용)
	NFB	No Fuse Breaker		
전자 접촉기	MC	Magnetic Contactor	88	주전원 개폐용
열동 계전기	THR	THermal Relay	49	전동기 과부하 보호용 (수동복귀)
전자식 과전류 계전기	EOCR	Electronic Over Current Relay		

2. 전원(주)회로에서 MCCB 대신 NFB를 사용할 경우 분기선로에 Fuse를 삽입할 것
3. 운전(제어)회로 분기 시 서로 다른 상에서 분기할 것(일반적으로 R, T상에서 분기)
4. 전원(주)회로에 THR 표시가 있으면 운전(제어)회로에도 반드시 표시를 해줄 것
5. 도선이 교차할 경우 교차부분에 동그라미 '•'를 그린다(예 : ─┼─).

3 시퀀스 제어와 응용회로

시퀀스 제어회로에서 일반적으로 적용되는 내용은 다음과 같다.

- 시퀀스 제어에서 전동기, 밸브 등을 직접 운전시키는 회로를 주회로, 구동회로 또는 전원회로라고 한다. 주회로를 운전(제어)하는 것으로는 주로 전자 접촉기 MC를 사용한다.
- 시퀀스 제어에서 제어회로의 주된 출력 기구는 MC가 되고 보조 출력 기구는 램프 등이 되며 출력 기구 MC는 주로 자기유지 회로로 동작 복구된다.
- 시퀀스 제어회로의 전원은 3상인 경우 R선을 전압선, T선을 접지선으로 이용한다.

1. 단상 유도전동기 1개소 기동 운전회로(직입기동)

1.1_릴레이 시퀀스

1) 개요

(1) 전동기에 정격 전압을 가하여 기동하는 방법을 전전압기동 또는 직입기동이라고도 한다.

(2) 단상 유도전동기 1개소 기동정지회로는 가장 간단하면서도 기본적인 회로로서 전동기의 운전, 정지를 표시하는 램프와 전자접촉기로 구성된다.

2) 회로도

단상 유도전동기 1개소 운전회로 시퀀스를 나타내면 그림 7.29와 같다. 여기서, R은 운전권선, S는 기동권선, C는 기동용 콘덴서이다.

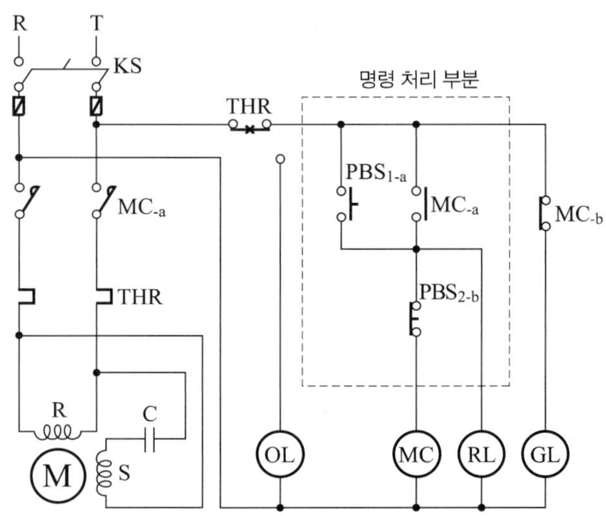

그림 7.29 • 단상 유도전동기 1개소 기동 운전회로 릴레이 시퀀스

3) 동작설명

순서	동작설명
1	**전원 투입** • 커버나이프 스위치 KS를 투입한다. • 이 때 MC_{-b}접점을 통하여 정지 표시등 GL이 점등한다.
2	**기동 : PBS_{1-a}를 누른다.** • PBS_{1-a}를 누르면 MC가 여자되어 MC의 주접점 MC_{-a}가 닫혀 전동기가 운전된다. • 동시에 MC의 보조접점 MC_{-a}가 닫혀(붙어) 자기유지회로가 구성되고 운전 표시등 RL이 점등되며 MC_{-b}가 열려 GL이 소등된다.
3	**정지 : PBS_{2-b}를 누른다.** • PBS_{2-b}를 누르면 MC가 소자되어 주접점 MC_{-a}가 열려 전동기는 정지 • 동시에 보조접점 MC_{-a}접점이 열려 자기유지가 해제되고 RL이 소등되며 MC_{-b}접점이 닫혀 GL이 점등된다(원상태로 모두 복귀).
4	**과부하** • 정상운전 상태에서 과부하가 걸리면 열동계전기(THR)가 동작한다. 즉 THR_{-b} 접점이 열려 전원이 차단되고 MC가 소자되어 전동기는 정지하고 RL소등, 경고등 OL이 점등된다.

1.2_로직 시퀀스

그림 7.30은 그림 7.29의 점선 친 명령 처리 부분을 논리회로로 변환시킨 회로이며 (a)는 자기유지회로가 포함된 논리회로이고 (b)는 $\overline{R}\,\overline{S}$ 플립플롭을 사용한 회로이다.

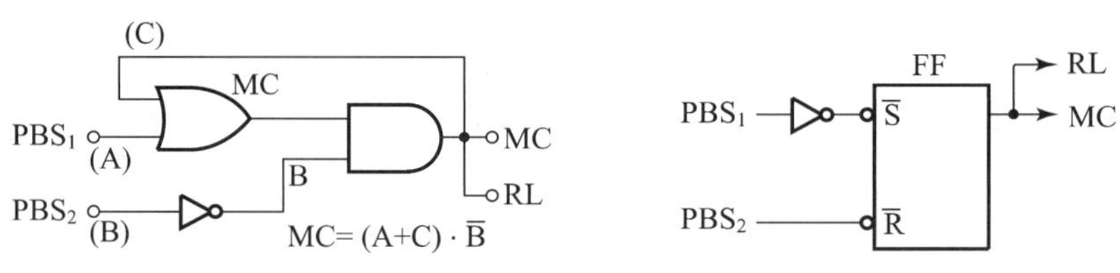

(a) (b)

그림 7.30 ◦ 단상 유도전동기 1개소 기동 운전회로 로직 시퀀스

2. 3상 유도전동기 1개소 기동 운전회로(직입기동)

2.1_릴레이 시퀀스

1) 개요

(1) 전동기에 정격 전압을 가하여 기동하는 방법을 전전압기동 또는 직입기동이라고도 한다.

(2) 직입기동은 전자접촉기 MC에 의해 전동기에 직접 정격전압을 인가하여 기동하는 방식으로 중·소용량의 전동기 제어에 많이 사용된다.

2) 회로도

3상 유도전동기 1개소 기동 운전회로 시퀀스를 나타내면 그림 7.31과 같다.

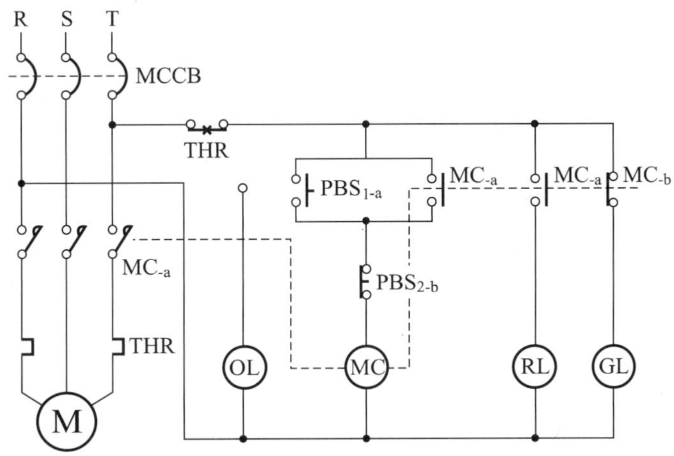

그림 7.31 • 3상 유도전동기 1개소 기동 운전회로 릴레이 시퀀스

3) 동작설명

순서	동작설명
1	**전원 투입** • 배선용 차단기 MCCB를 투입한다. • 이 때 MC_{-b}접점을 통하여 정지 표시등 GL이 점등한다.
2	**기동 : PBS_{1-a}를 누른다.** • PBS_{1-a}를 누르면 MC가 여자되어 MC의 주접점 MC_{-a}가 닫혀 전동기가 운전된다. • 동시에 MC의 보조접점 MC_{-a}가 닫혀 자기유지회로가 구성되고 운전 표시등 RL이 점등되며 MC_{-b}가 열려 GL이 소등된다.
3	**정지 : PBS_{2-b}를 누른다.** • PBS_{2-b}를 누르면 MC가 소자되어 주접점 MC_{-a}가 열려 전동기는 정지 • 동시에 보조접점 MC_{-a}접점이 열려 자기유지가 해제되고 RL이 소등되며 MC_{-b}접점이 닫혀 GL이 점등된다(원상태로 모두 복귀).
4	**과부하** • 정상운전 상태에서 과부하가 걸리면 열동계전기(THR)가 동작한다. 즉 THR_{-b} 접점이 열려 전원이 차단되고 MC가 소자되어 전동기는 정지하고 RL, GL소등, 경고등 OL이 점등된다.

4) 동일한 동작회로

번호	고려 사항
회로1	**자기유지접점의 다른 표현** 자기유지접점의 결선에 주의해야 한다. 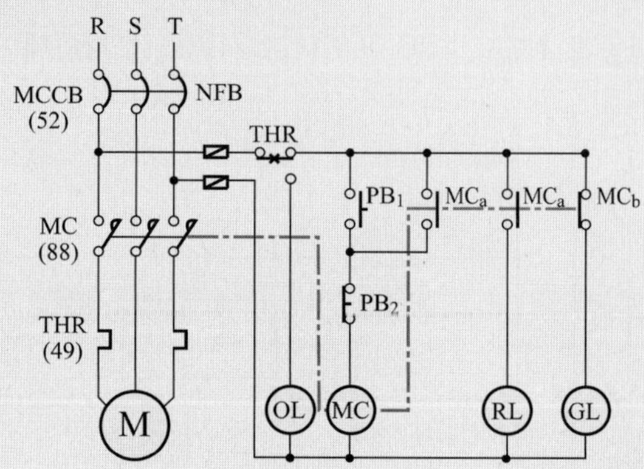
회로2	**가로 표현** 자기유지접점의 결선에 주의해야 한다. 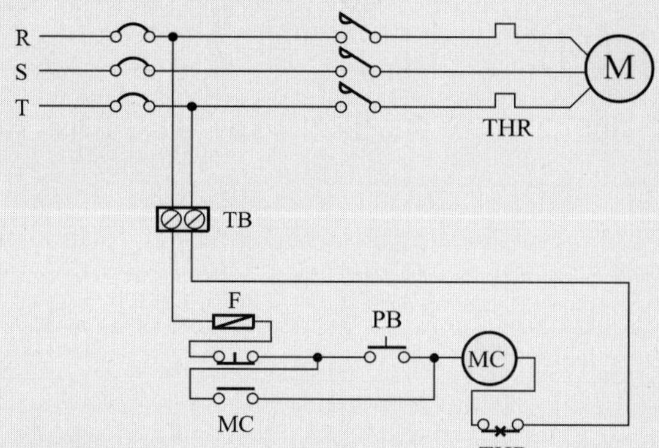
회로3	**보조 릴레이 R를 사용** 보조 릴레이의 a, b접점을 이용한다. 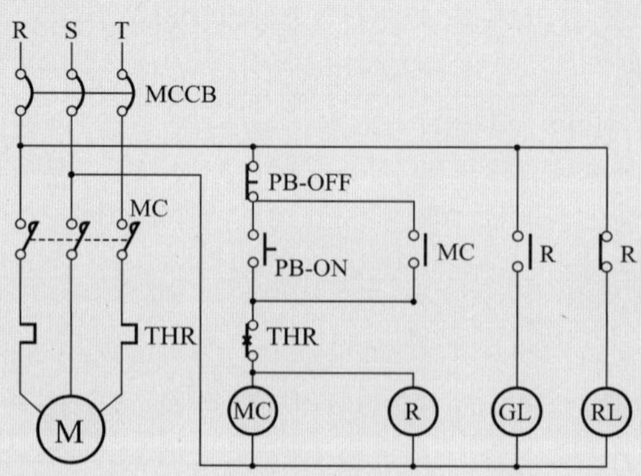

2.2_로직 시퀀스

그림 7.32(a)는 제어회로 부분을 논리회로로 변환시킨 회로로 자기유지회로를 포함한 3입력 AND 게이트로 구성한 논리회로이고 (b)는 플립플롭을 사용한 등가회로이다.

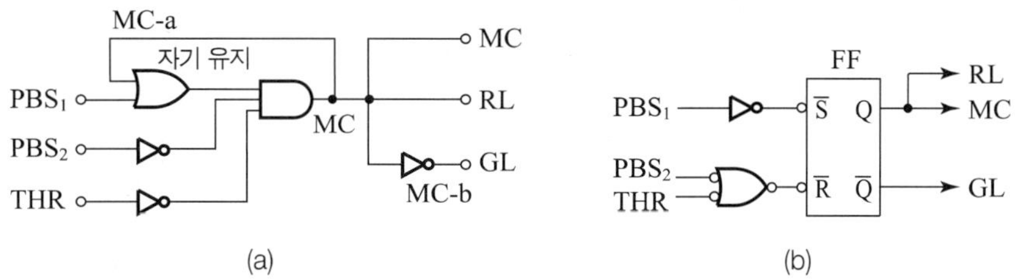

그림 7.32 ◦ 3상 유도전동기 1개소 기동 운전회로 로직 시퀀스

3. 3상 유도전동기 2개소 기동 운전회로(직입기동)

3.1_릴레이 시퀀스

1) 개요

(1) 3상 유도전동기 1대를 2개소에서 제어하고자 할 때는 기동 및 정지 스위치, 표시등 램프를 각각 2개씩 접속하여 어느 곳에서나 운전이 되도록 하여야 한다.

(2) 전자접촉기를 2개소 이상에서 조작하는 경우, 2개소 중 어느 곳에서나 한 번의 누르는 동작으로 기동 정지되어야 하므로 기동 시에는 자기유지회로에 의해 계속 운전되어야 하고 반대로 정지 시에는 바로 끊을 수 있도록 **기동 ON(a접점)은 병렬**로, **정지 OFF(b접점)는 직렬**로 접속한다.

2) 회로도

3상 유도전동기 2개소 기동 운전회로 시퀀스를 나타내면 그림 7.33과 같다.

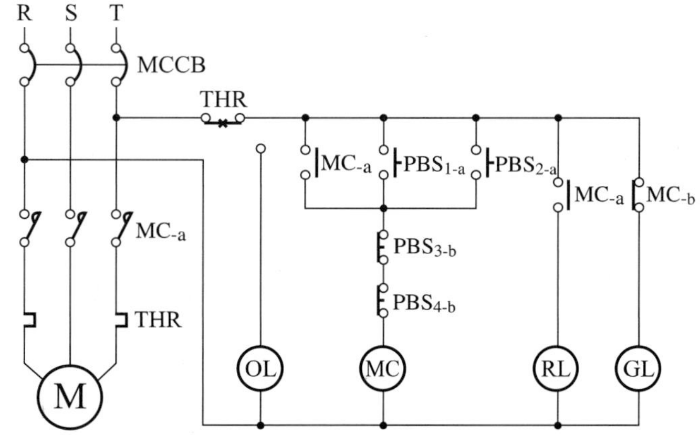

그림 7.33 ◦ 3상 유도전동기 2개소 기동 운전회로 릴레이 시퀀스

3) 동작설명

1개소 기동의 동작설명과 같으나 다만 기동 시에는 PBS_{1-a}와 PBS_{2-a}를 병렬로 사용하여 2개소에서 기동시키고 정지 시에는 PBS_{3-b}와 PBS_{4-b}를 직렬로 접속하여 2개소에서 정지시킬 수 있다.

4) 동일한 동작회로

현장측과 관리실측으로 분리된 3상 유도전동기 2개소 기동 운전회로 시퀀스를 나타내면 그림 7.34와 같다.

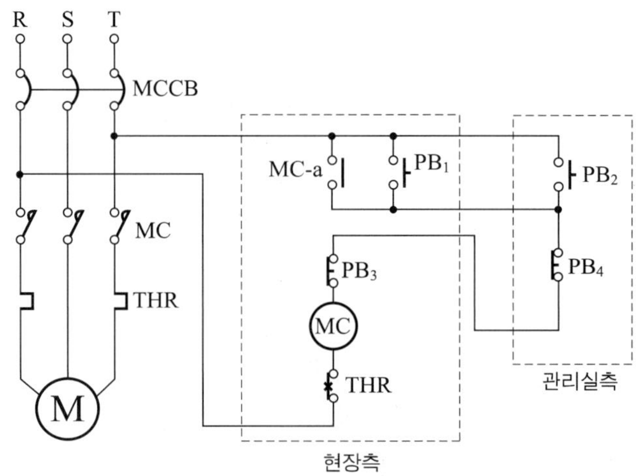

그림 7.34 • 3상 유도전동기 2개소 기동 운전회로 릴레이 시퀀스(2)

3.2_로직 시퀀스

그림 7.35(a)는 제어회로 부분을 논리회로로 변환시킨 회로로 자기유지회로를 포함한 논리회로이고 (b)는 등가회로이다.

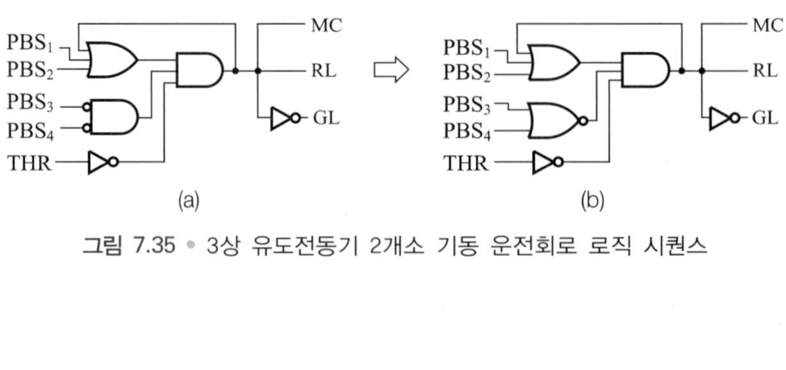

그림 7.35 • 3상 유도전동기 2개소 기동 운전회로 로직 시퀀스

3상 유도전동기 3개소 기동 운전회로

1) 회로도

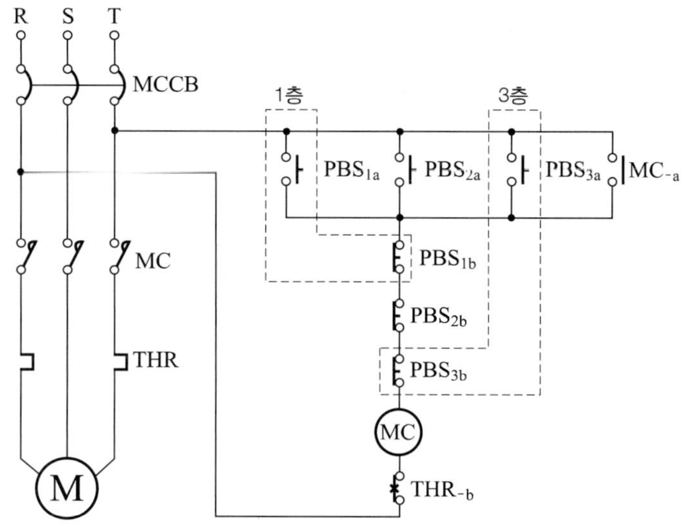

2) 유지보수가 유리한 회로(고장지점을 쉽게 찾음)

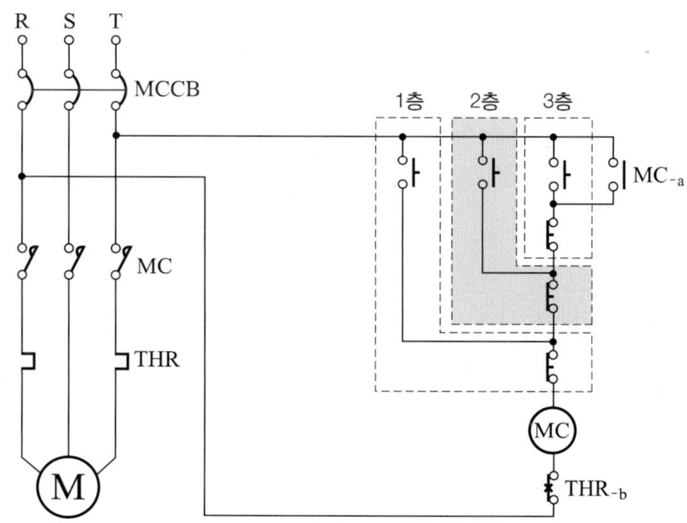

3상 유도전동기 3개소 기동운전회로

3) 다르게 표현한 회로

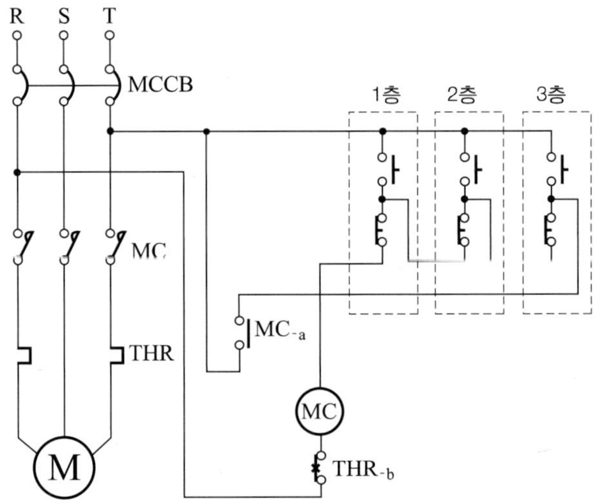

4. 3상 유도전동기 정·역 운전회로

4.1_릴레이 시퀀스

1) 개요

(1) 3상 유도전동기를 역회전시키려면 회전 자장의 방향을 반대로 하면 되므로 전자접촉기 2개를 사용하여 RST 3단자 중 편리한 쪽 임의의 두 상을 서로 바꾸면 된다.

(2) 전자접촉기 2개가 동시에 동작하여 두 회로가 폐로가 되면 전원회로의 단락사고가 발생하므로 MCF와 MCR의 b접점을 상대 MC 코일회로에 직렬로 넣는 인터록(interlock)회로를 사용하여 한쪽이 동작 시 다른 한 쪽은 동작하지 않는다.

(3) 즉, 한쪽 방향으로 돌 때 다른 쪽 누름버튼 스위치를 누르더라도 회로가 열려있어 안정하다.

(4) 운전 중에 회전 방향을 변경할 수는 없으며 일단 정지 스위치를 누른 후 회전방향을 변경해야 한다.

2) 회로도

3상 유도전동기 정·역 운전회로 시퀀스를 나타내면 그림 7.36과 같다.

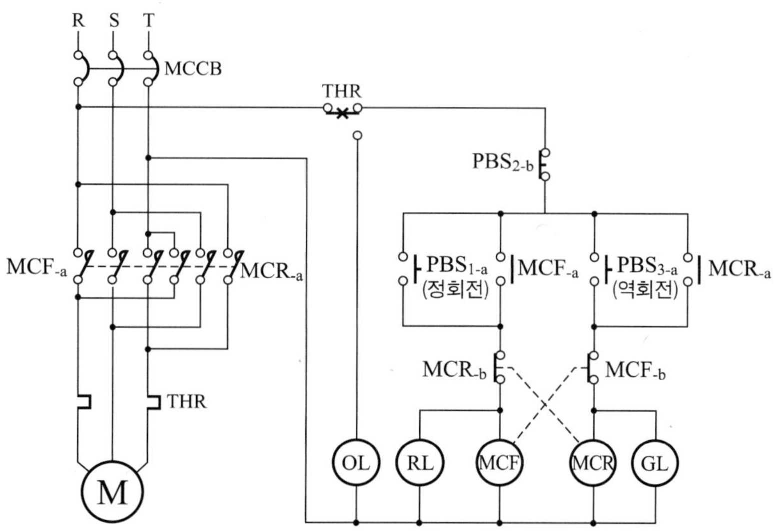

그림 7.36 • 3상 유도전동기 정·역 운전회로 릴레이 시퀀스

3) 동작설명

순서	동작설명
1	**전원 투입** • 배선용 차단기 MCCB를 투입한다.
2	**정회전 : PBS_{1-a}를 누른다.** • PBS_{1-a}를 누르면 MCF가 여자되어 MCF의 주접점 MCF_{-a}가 닫혀 전동기가 정회전 한다. • 동시에 MCF의 보조접점 MCF_{-a}가 닫혀 자기유지회로가 구성되고 정회전 운전 표시등 RL이 점등되며 MCF_{-b}가 열려 인터록이 구성되어 안전운전이 된다.
3	**정지 : PBS_{2-b}를 누른다.** • PBS_{2-b}를 누르면 회로가 차단되어 MCF가 소자되고 MCF의 주접점 MCF_{-a}가 열려 전동기가 정지되고 MCF의 보조접점 MCF_{-a}가 열려 자기유지회로가 해제되고 정회전 운전 표시등 RL이 소등된다.
4	**역회전 : PBS_{3-a}를 누른다.** • PBS_{3-a}를 누르면 MCR가 여자되어 MCR의 주접점 MCR_{-a}가 닫혀 전동기가 역회전 한다. • 동시에 MCR의 보조접점 MCR_{-a}가 닫혀 자기유지회로가 구성되고 역회전 운전 표시등 GL이 점등되며 MCR_{-b}가 열려 인터록이 구성되어 안전운전이 된다.
5	**과부하** • 정상운전 상태에서 과부하가 걸리면 열동계전기(THR)가 동작한다. 즉 THR_{-b} 접점이 열려 전원이 차단되고 MCF or MCR이 소자되어 전동기는 정지하고 RL 또는 GL 소등, 경고등 OL이 점등된다.

4) 동일한 동작회로

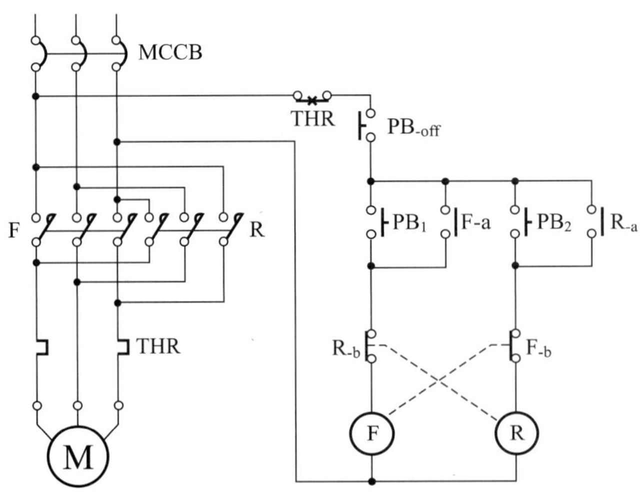

그림 7.37 • 3상 유도전동기 정·역 운전회로 릴레이 시퀀스 (2)

4.2_로직 시퀀스

그림 7.38(a)는 3상 유도전동기의 정·역운전의 논리회로이며 (b)는 $\overline{R}\overline{S}$플립플롭회로를 사용한 것이다.

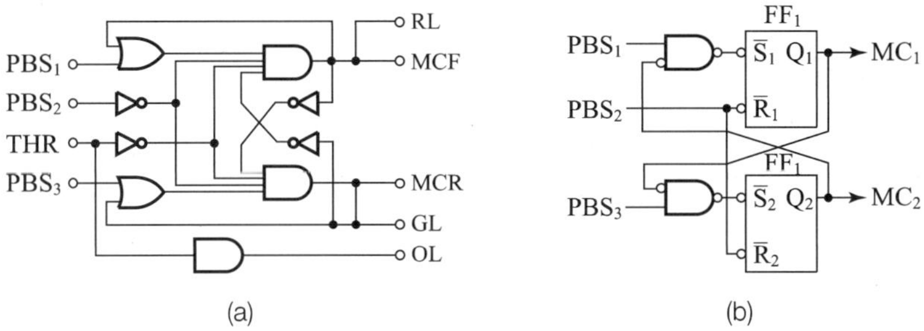

그림 7.38 • 3상 유도전동기 정역 운전회로 로직 시퀀스

5. 3상 유도전동기 Y－Δ 운전회로

5.1_릴레이 시퀀스

1) 개요

(1) 3상 유도전동기의 전전압 기동은 기동전류가 정격전류의 약 5～7배가 되어 계통에 전압강하를 일으켜 다른 기기에도 큰 영향을 주므로 10～15kW 이하의 전동기는 그림 7.39와 같이 Y로 기동하고 몇 초 후 3상 쌍투 스위치를 이용하여 Δ로 전환하면 선간전압이 모두 가해져 정상운전이 된다.

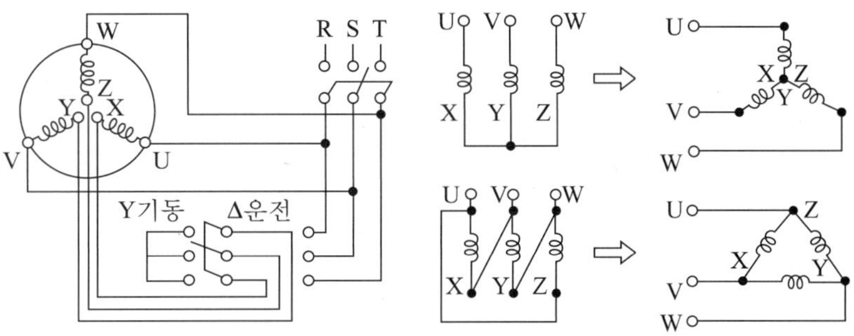

그림 7.39 • Y－Δ 기동원리

(2) 즉, 3상 유도전동기에서 기동전류를 줄이기 위해 전동기의 권선을 Y결선으로 하여 기동하고 기동 후 Δ결선으로 바꾸어 운전을 하는데 이를 Y－Δ 기동이라고 한다.

(3) Y－Δ 기동의 방법의 특징은 Y로 기동시 전전압 기동에 비해 선간전압은 $1/\sqrt{3}$이 가해지고 기동전류는 1/3로 감소되어 정격전압의 약 58%에서 기동하게 되어 안전한 기동이 된다. 이것을 나타내면 그림 7.40과 같다.

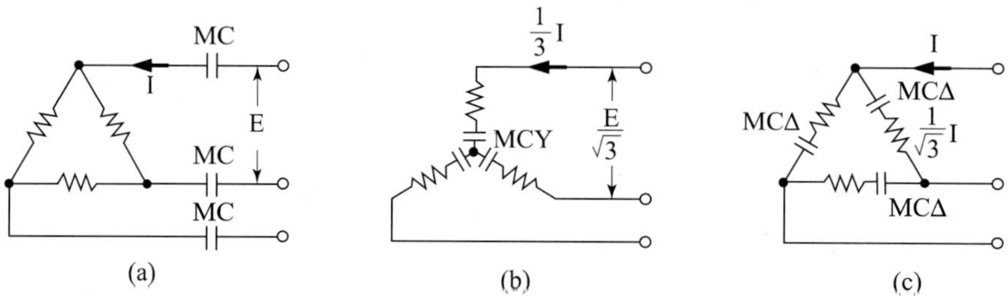

그림 7.40 ● Y－Δ 결선의 전압·전류 관계도

(4) Y－Δ 결선의 전압·전류 관계를 수식으로 표현하면 다음과 같다.

① Y결선

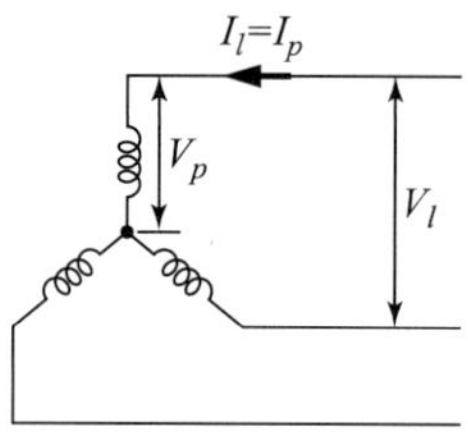

$$I_l = I_p$$

$$V_l = \sqrt{3}\,V_p \rightarrow V_p = \frac{V_l}{\sqrt{3}}$$

$$I_l = I_p = \frac{V_p}{Z} = \frac{V_l}{\sqrt{3}\,Z}$$

② Δ결선

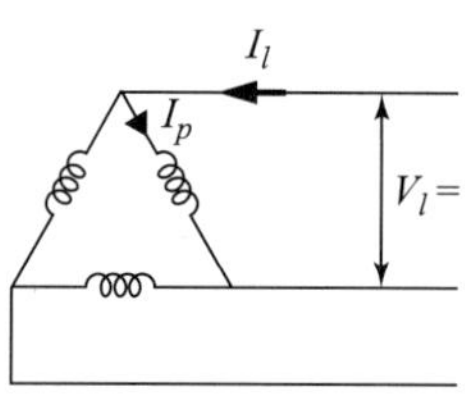

$$V_l = V_p$$

$$I_l = \sqrt{3}\,I_p$$

$$I_l = \sqrt{3}\,I_p = \sqrt{3}\,\frac{V_p}{Z} = \frac{\sqrt{3}\,V_l}{Z}$$

③ Y－Δ 결선의 전압·전류 관계 수식도

$$\frac{I_Y \text{ 선간전류}}{I_\Delta \text{ 선간전류}} = \frac{I_{Yl}}{I_{\Delta l}} = \frac{\dfrac{V_l}{\sqrt{3}\,Z}}{\dfrac{\sqrt{3}\,V_l}{Z}} = \frac{1}{3}$$

2) 회로도

3상 유도전동기 Y－Δ 운전회로 시퀀스를 나타내면 그림 7.41과 같다.

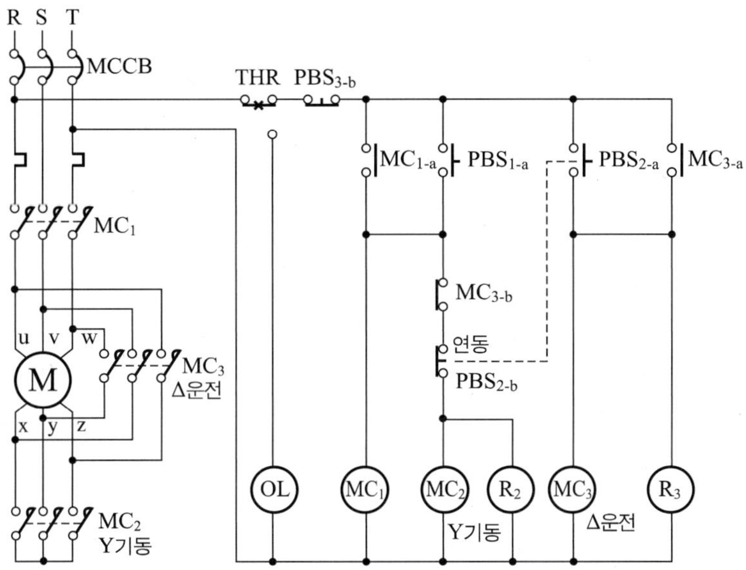

그림 7.41 ◦ 3상 유도전동기 Y－Δ 운전회로 릴레이 시퀀스

3) 동작설명

순서	동작설명
1	**전원 투입** • 배선용 차단기 MCCB를 투입한다.
2	**Y기동 : PBS_{1-a}를 누른다.** • PBS_{1-a}를 누르면 MC_1, MC_2가 여자되어 MC_1, MC_2의 주접점이 닫혀 Y기동 한다. • 동시에 MC_1의 보조접점 MC_{1-a}가 닫혀 자기유지회로가 구성되고 Y기동 표시등 R_2가 점등된다.
3	**Δ운전 : PBS_{2-a}를 누른다.** • PBS_{2-a}를 누르면 MC_2가 소자되고 MC_3이 여자되어 MC_2의 주접점이 열리고 MC_3의 주접점이 닫혀 Δ운전한다. • 동시에 MC_3의 보조접점 MC_{3-a}가 닫혀 자기유지회로가 구성되고 Δ운전 표시등 R_3이 점등되며 MC_{3-b}가 열려 MC_2가 동작하지 못하도록 한다.
4	**정지 : PBS_{3-b}를 누른다.** • PBS_{3-b}를 누르면 전원이 차단되고 MC_1, MC_2, MC_3이 소자되어 전동기는 정지하고 R_2, R_3은 소등된다.
5	**과부하** • 정상운전 상태에서 과부하가 걸리면 열동계전기(THR)가 동작한다. 즉 THR_{-b} 접점이 열려 전원이 차단되고 MC_1, MC_2, MC_3이 소자되어 전동기는 정지하고 R_2, R_3은 소등되며 경고등 OL이 점등된다.

4) 동일한 동작회로

<table>
<tr><th>번호</th><th>고려 사항</th></tr>
<tr><td rowspan="2">회로1</td><td>2개의 전자접촉기 사용
전자접촉기 2개를 사용하는 방법으로 정지 중의 전동기에도 전압이 걸려 절연열화 등의 우려가 있으므로 무부하 또는 경부하 시동이 가능한 공작기계, 펌프, 송풍기 등에 사용된다.</td></tr>
<tr><td>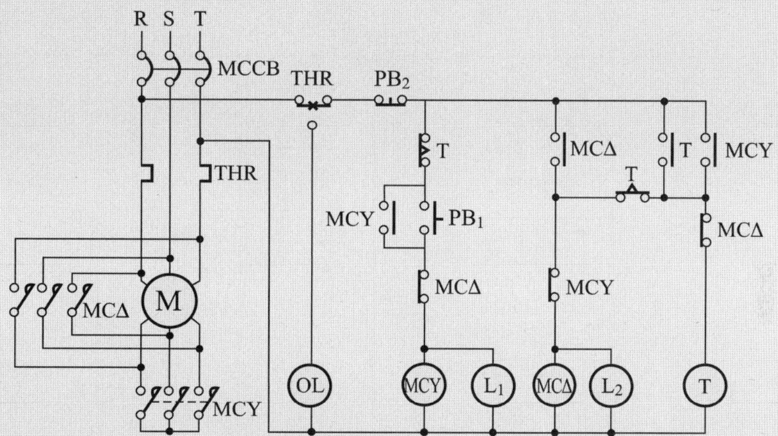
</td></tr>
<tr><td>회로2</td><td>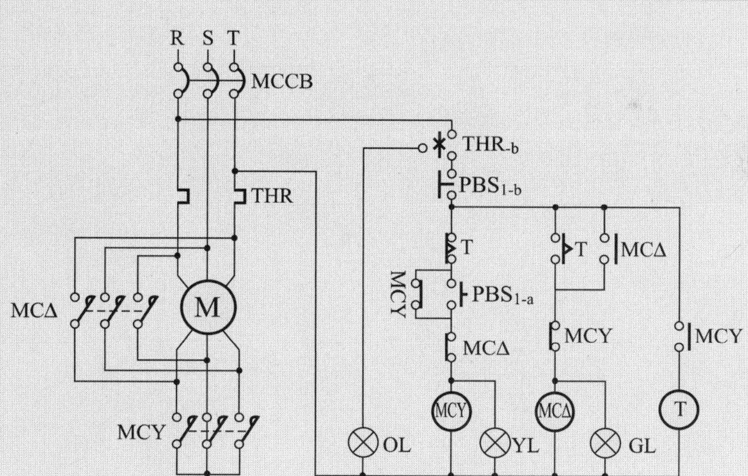
</td></tr>
</table>

번호	고려 사항
회로3	**3개의 전자접촉기 사용** 전자접촉기 3개를 사용하는 가장 일반적인 방법으로 정지 중에는 전동기에 전압이 걸리지 않으므로 비상용 또는 휴지 기간이 매우 긴 부하에 사용된다. 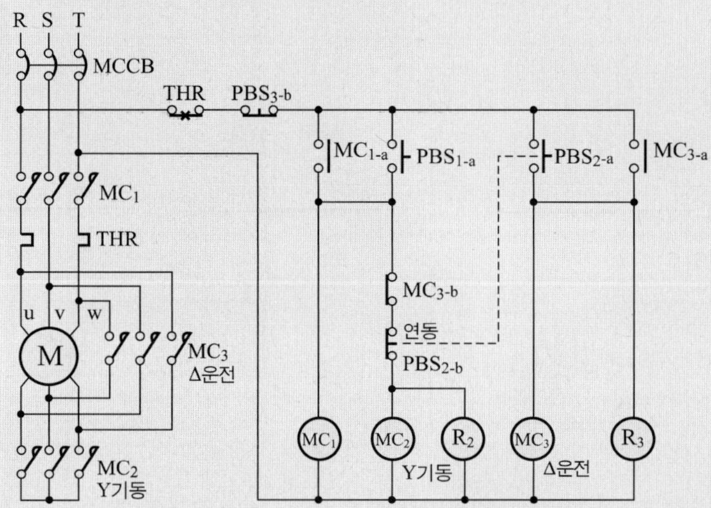
회로4	**푸시버튼 스위치 4개 사용** 푸시버튼 스위치 4개를 사용하여 수동으로 Y－Δ 운전하는 방식이다. 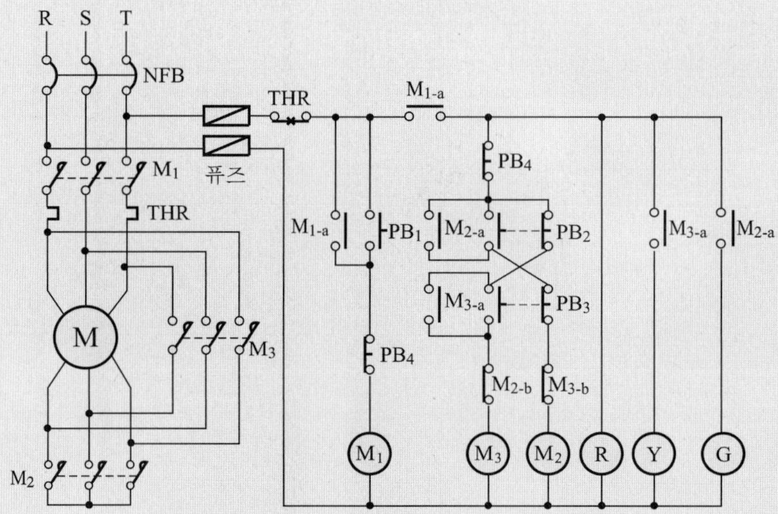

<table>
<tr><th>번호</th><th>고려 사항</th></tr>
<tr><td>회로5</td><td>타이머 사용

타이머를 사용하는 방법으로 Y로 기동한 후 설정시간 t초 후 자동적으로 Δ운전하는 방법으로 가장 많이 사용된다.

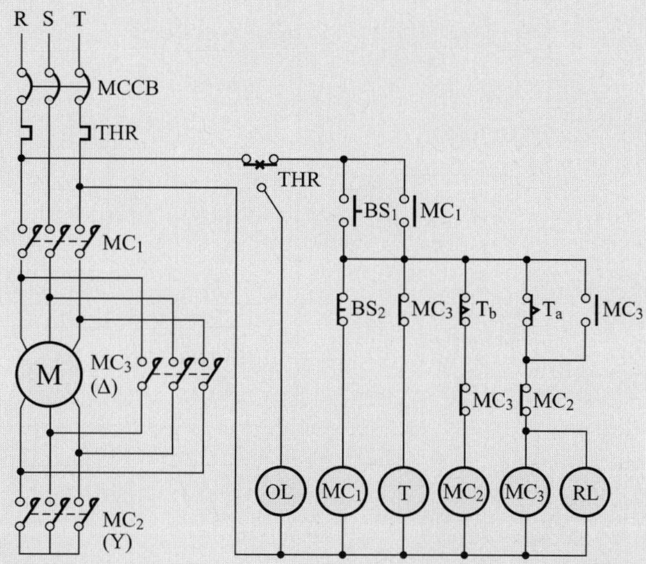</td></tr>
<tr><td>회로6</td><td>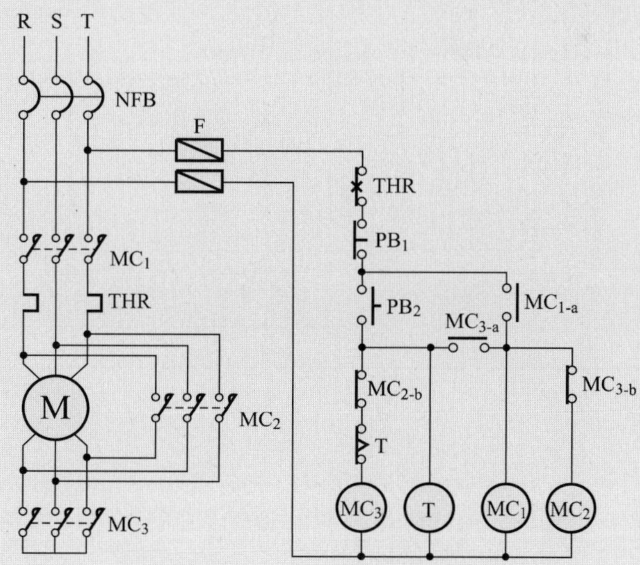</td></tr>
</table>

번호	고려 사항
회로7	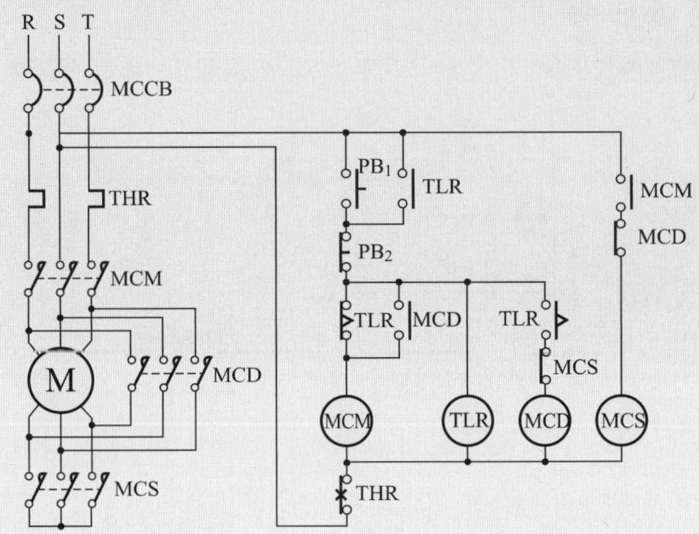
회로8	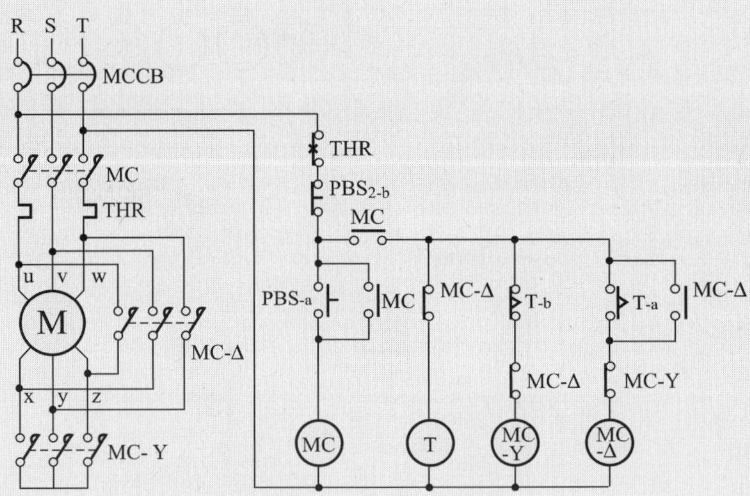

5) 타이머를 사용한 Y－Δ 운전회로 동작설명

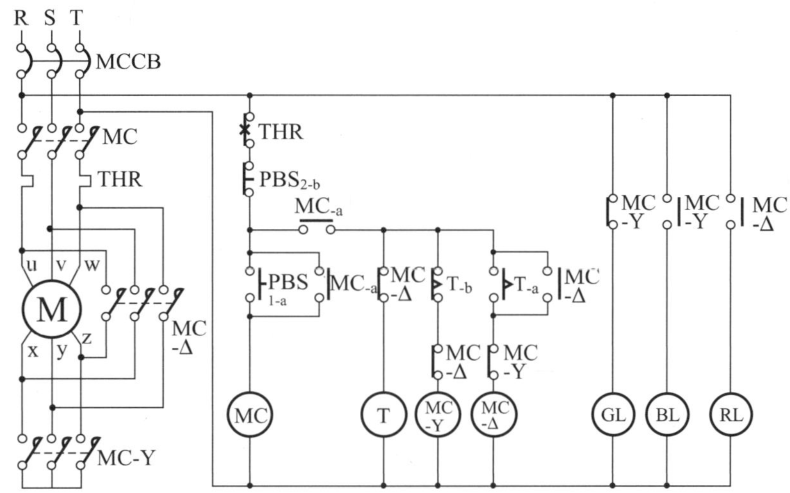

그림 7.42 ● 타이머를 이용한 Y－Δ 운전회로 릴레이 시퀀스

순서	동작설명
1	**전원 투입** • 배선용 차단기 MCCB를 투입한다. • 이 때 MC－Y b접점을 통하여 전원표시등 GL이 점등된다.
2	**Y기동 : PBS_{1-a}를 누른다.** • PBS_{1-a}를 누르면 MC가 여자되어 MC의 주접점이 닫힌다. • 동시에 MC의 보조접점 MC_{-a}가 닫혀 자기유지회로가 구성되고 타이머 T가 여자되며 MC－Y가 여자 된다. • 동시에 MC－Y의 주접점이 닫혀 Y기동하며 MC－Y의 보조접점 a접점이 닫혀 BL이 점등되고 b접점이 열려 GL이 소등된다. 또한, 보조접점 b접점이 열려 MC－Δ와 인터록이 유지되어 안전한 회로가 된다.
3	**타이머 작동** • 타이머의 설정시간 t가 지나면 타이머 T의 보조접점 T_{-b}가 열려 MC－Y는 소자되고 MC－Y의 주접점이 열려 Y기동이 정지되며 BL은 소등되고 GL은 점등된다. • 동시에 타이머 T의 보조접점 T_{-a}가 닫혀 MC－Δ는 여자된다.
4	**Δ운전** • 동시에 MC－Δ의 주접점이 닫혀 Δ운전되고 MC－Δ의 보조접점 a접점이 닫혀 자기유지회로를 구성하며 RL이 점등된다. 또한, 보조접점 b접점이 열려 MC－Y가 소자되어 MC－Y의 접점은 원상태로 복귀된다.
5	**정지 : PBS_{2-b}를 누른다.** • PBS_{2-b}를 누르면 전원이 차단되어 MC, MC－Y, MC－Δ가 소자되고 전동기는 정지하며 RL은 소등되고 GL은 점등된다.

5.2_로직 시퀀스

그림 7.43은 3상 유도전동기의 Y－Δ 운전의 논리회로이다.

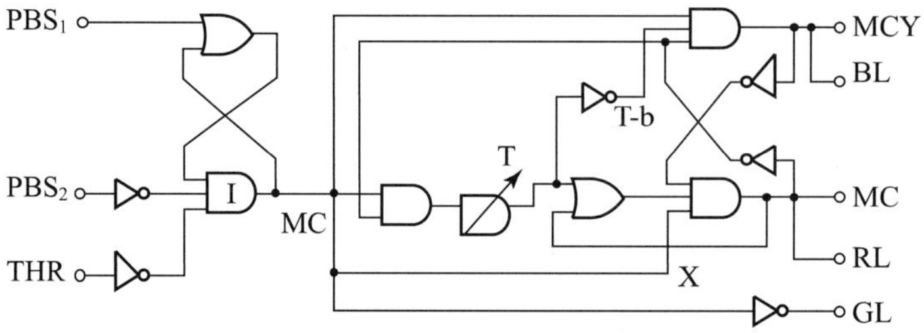

그림 7.43 • 3상 유도전동기 Y－Δ 운전회로 로직 시퀀스

Exercise

다음은 Y－Δ 기동제어회로의 미완성 도면이다. 도면을 보고 다음 물음에 답하시오.

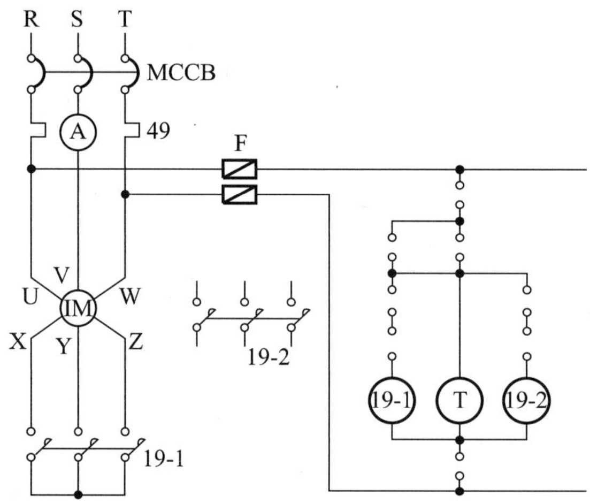

1) Y－Δ 운전이 가능하도록 주회로, 제어회로의 미완성 도면을 완성하시오.
2) Y결선에서 각 상의 권선에 가해지는 전압은 정격전압의 몇 배가 되는가?
3) Y결선에서의 기동전류는 Δ결선에 비하여 얼마정도 감소되는가?

Solution

1)

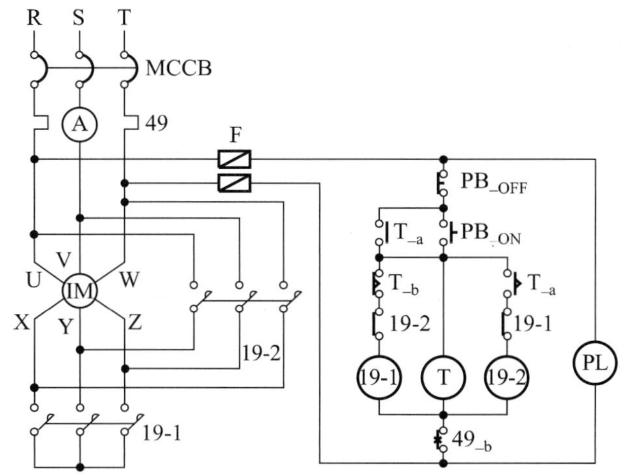

2)

Y결선	Δ결선
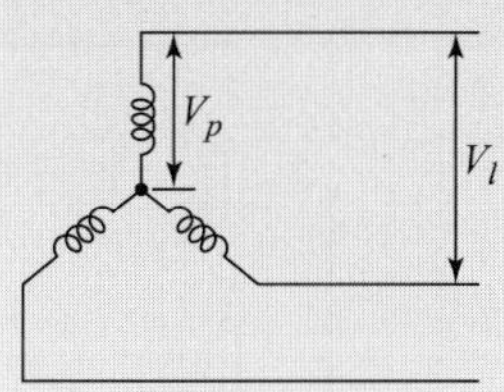 $V_l = \sqrt{3}\, V_p$ 여기서, V_p : 상전압, V_l : 선간전압 상전압 $V_p = \dfrac{V_l}{\sqrt{3}} \rightarrow \left(\because \dfrac{1}{\sqrt{3}} \text{배} \right)$	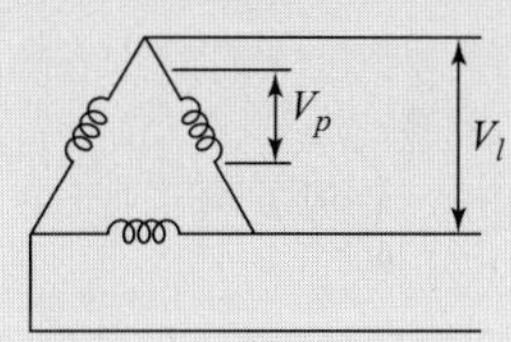 $V_l = V_p$ 여기서, V_p : 상전압, V_l : 선간전압 상전압 $V_p = V_l$

3)

$$\frac{I_Y \text{ 선간전류}}{I_\Delta \text{ 선간전류}} = \frac{I_{Yl}}{I_{\Delta l}} = \frac{\dfrac{V_l}{\sqrt{3}\, Z}}{\dfrac{\sqrt{3}\, V_l}{Z}} = \frac{1}{3}$$

Caution!

T_{-a} 대신 $19\text{-}1_a$의 기호를 쓸 수 없는 이유는 Y기동 시에는 문제가 없으나 누름버튼 스위치 PB_ON의 손을 놓은 상태에서 타이머 (T)의 동작으로 (19-1)이 소자되면 $19\text{-}1_a$이 떨어져 모든 회선이 떨어진 상태가 되므로 (19-2)를 여자 시킬 수 없어 Δ운전을 할 수 없기 때문이다.

Exercise

다음은 Y－Δ 기동제어회로의 미완성 도면이다. 도면을 보고 다음 물음에 답하시오.

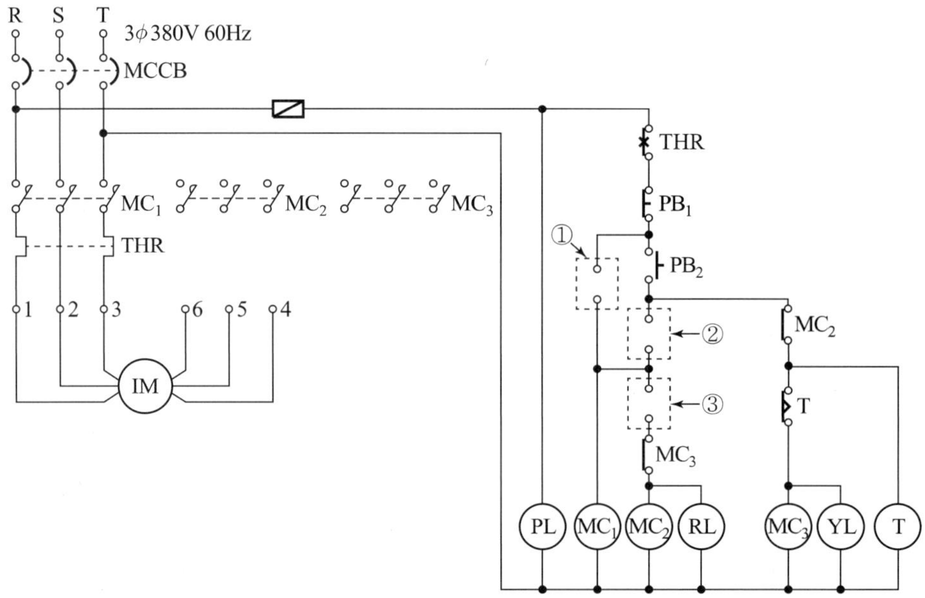

1) 주회로의 미완성 부분을 완성하시오.
2) ①~③의 접점 및 접점기호를 표시하시오.

Solution

1)

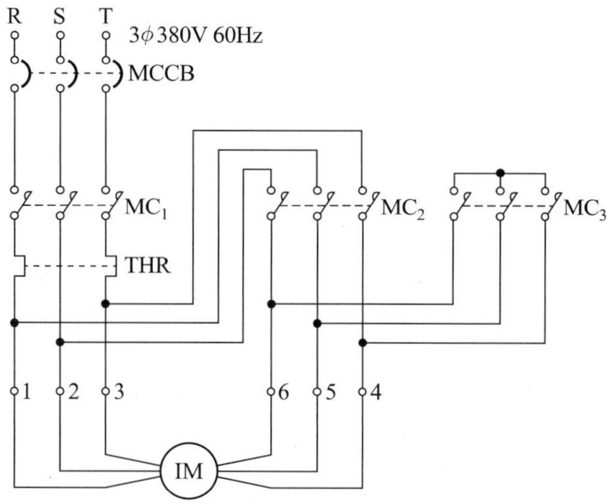

2)

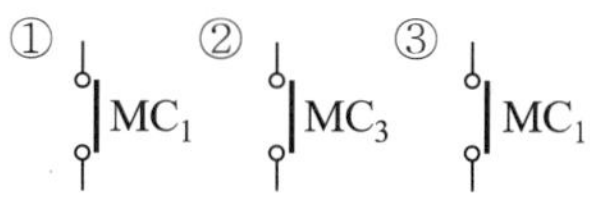

Caution!

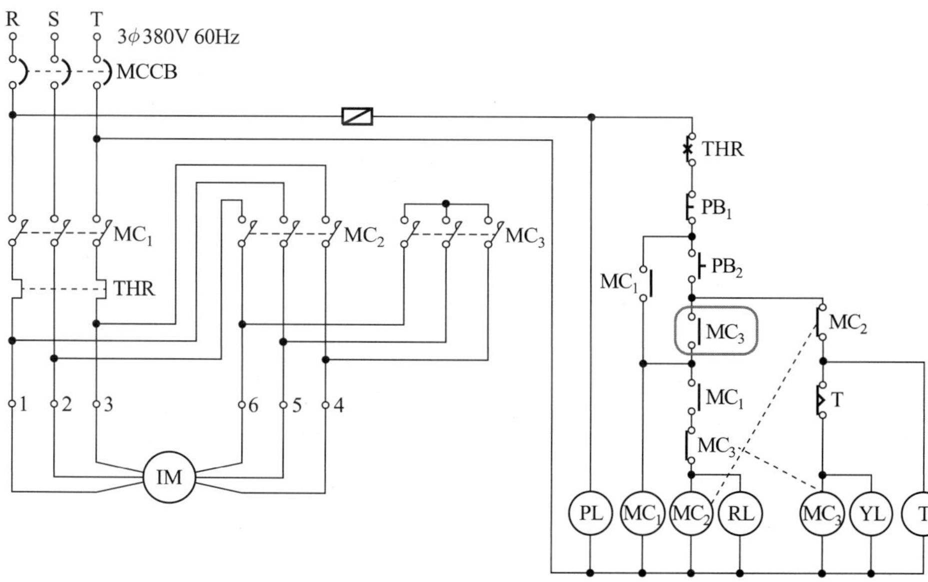

· 기호 ②에  MC_3를 넣은 이유는 MC2의 Relay보다 MC3의 Relay를 먼저 동작시키기 위해 삽입된 것이다.

· 다음과 같은 시퀀스도 동작 가능하다.

Caution!

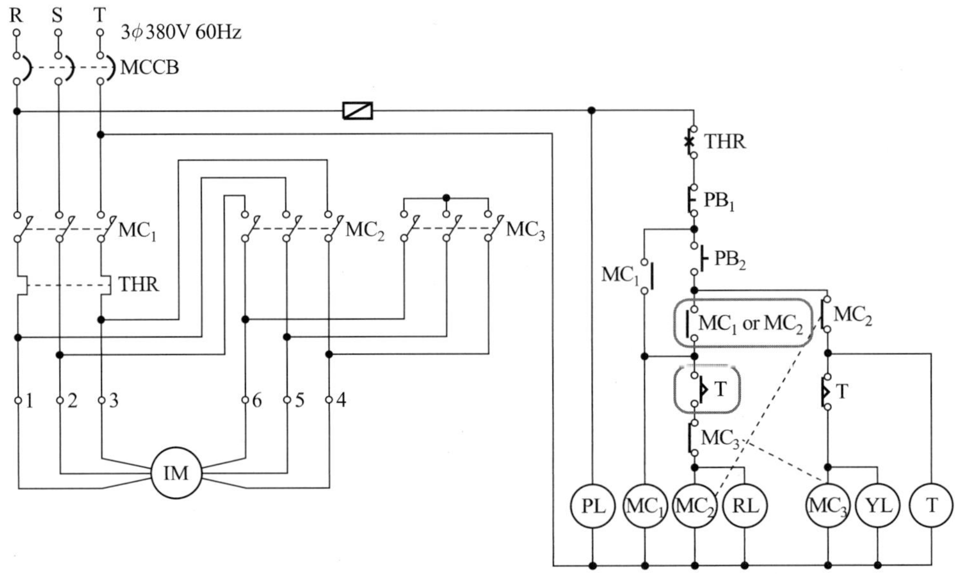
R S T
3φ380V 60Hz
MCCB
MC1
MC2
MC3
THR
1 2 3
6 5 4
IM
THR
PB1
PB2
MC1
MC1 or MC2
MC2
T
T
MC3
PL
MC1
MC2
RL
MC3
YL
T

6. 3상 유도전동기 양수회로

6.1_릴레이 시퀀스

1) 개요

(1) 양수 장치는 물저장 탱크의 수위 상한선과 하한선을 정하고 수위가 하한선까지 내려가면 양수펌프가 자동으로 동작하고, 수위가 상한선에 이르면 펌프를 정지시키며 수위가 다시 하한선에 도달하여 재 동작하기 전까지는 펌프는 정지해 있다.

(2) 급·배수용 펌프 전동기의 제어회로에는 플로트 스위치(Float switch), 리미트 스위치(Limit switch), 전극식 레벨제어 등을 사용한다.

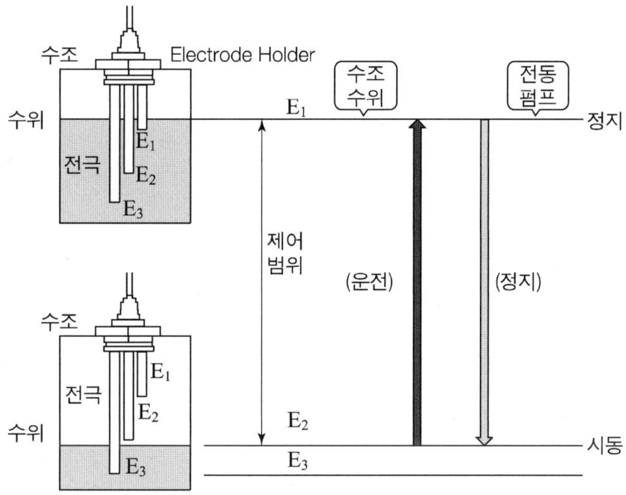

그림 7.44 ◦ 전극식 레벨제어 개념도

2) 회로도

3상 유도전동기 양수회로 시퀀스를 나타내면 그림 7.45와 같다.

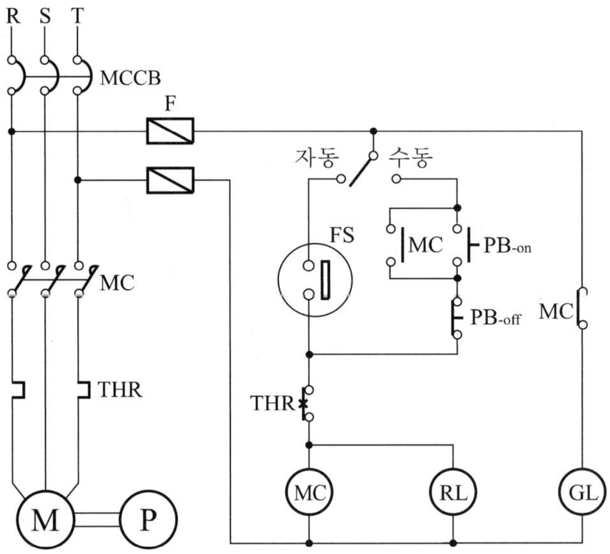

그림 7.45 ◦ 3상 유도전동기 양수회로 릴레이 시퀀스

3) 동작설명

<table>
<tr><th>순서</th><th>동작설명</th></tr>
<tr><td colspan="2">수동 제어</td></tr>
<tr><td>1</td><td>전원 투입
• 배선용 차단기 MCCB를 투입한다.
• 이 때 MC(88)의 보조접점 b접점을 통하여 전원 표시등 GL이 점등된다.</td></tr>
<tr><td>2</td><td>기동 : PB_{-on}을 누른다.
• 선택스위치를 수동위치에 놓고, PB_{-on}를 누르면 MC(88)가 여자되어 MC(88)의 주접점이 닫혀 전동기(M)가 회전한다.
• 동시에 MC(88)의 보조접점 a접점이 닫혀 자기유지회로가 구성되고 운전표시등 RL이 점등되고 b접점이 열려 GL이 소등된다.</td></tr>
<tr><td>3</td><td>정지 : PB_{-off}을 누른다.
• PB_{-off}를 누르면 MC(88)가 소자되어 MC(88)의 주접점이 열려 전동기(M)가 정지한다.
• 동시에 MC(88)의 보조접점 a접점이 열려 자기유지회로가 해지되고 운전표시등 RL이 소등되고 b접점이 닫혀 GL이 점등된다.</td></tr>
<tr><td colspan="2">자동 제어</td></tr>
<tr><td>1</td><td>전원 투입
• 배선용 차단기 MCCB를 투입한다.
• 이 때 MC(88)의 보조접점 b접점을 통하여 전원표시등 GL이 점등된다.</td></tr>
<tr><td>2</td><td>기동 : 저수위
• 선택스위치를 자동위치에 놓으면 저수위일 때 플로트 스위치(FS)가 폐로 되어 MC(88)가 여자되고 MC(88)의 주접점이 닫혀 전동기(M)가 회전한다.
• 동시에 운전표시등 RL이 점등되고 b접점이 열려 GL이 소등된다.</td></tr>
<tr><td>3</td><td>정지 : 고수위
• 고수위가 되면 플로트 스위치(FS)가 개로 되어 MC(88)의 주접점이 열려 전동기(M)가 정지한다.
• 동시에 운전표시등 RL이 소등되고 b접점이 닫혀 GL이 점등된다.</td></tr>
</table>

4) 동일한 동작회로

<table>
<tr><th>번호</th><th>고려 사항</th></tr>
<tr><td rowspan="2">회로1</td><td>플로트 스위치를 사용한 경우</td></tr>
<tr><td>자기유지접점의 결선에 주의해야 한다. 플로트 스위치는 a접점에 위치하는 것에 주의한다.
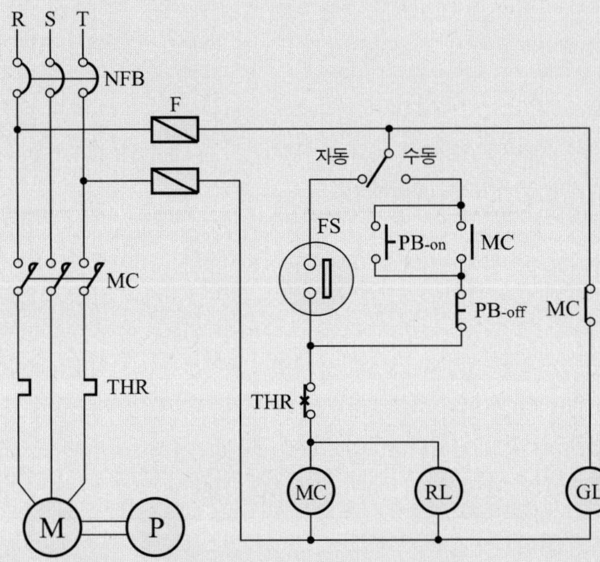</td></tr>
<tr><td>회로2</td><td>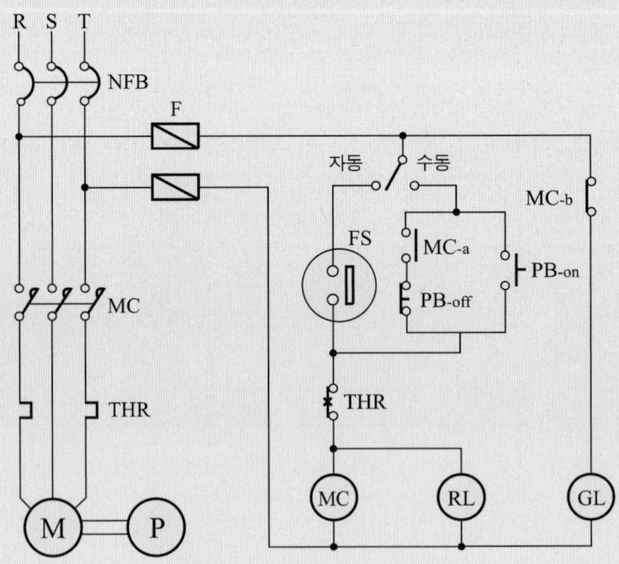</td></tr>
</table>

<table>
<tr><th>번호</th><th>고려 사항</th></tr>
<tr><td>회로3</td><td>

리밋 스위치를 사용한 경우

리밋 스위치는 b접점에 위치하는 것에 주의한다.

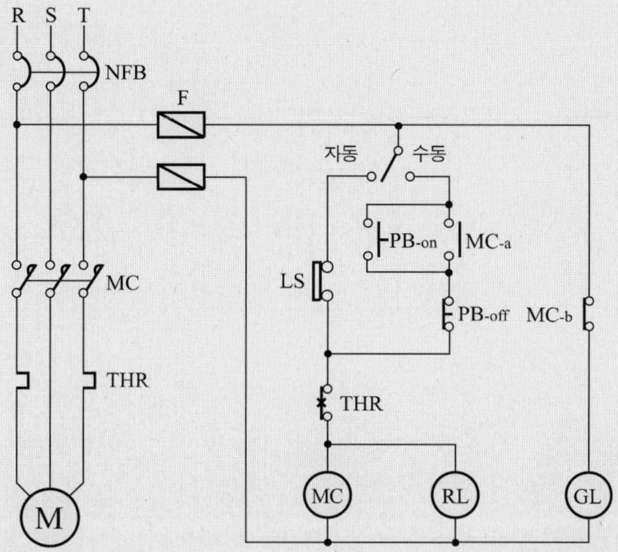

</td></tr>
<tr><td>회로4</td><td>

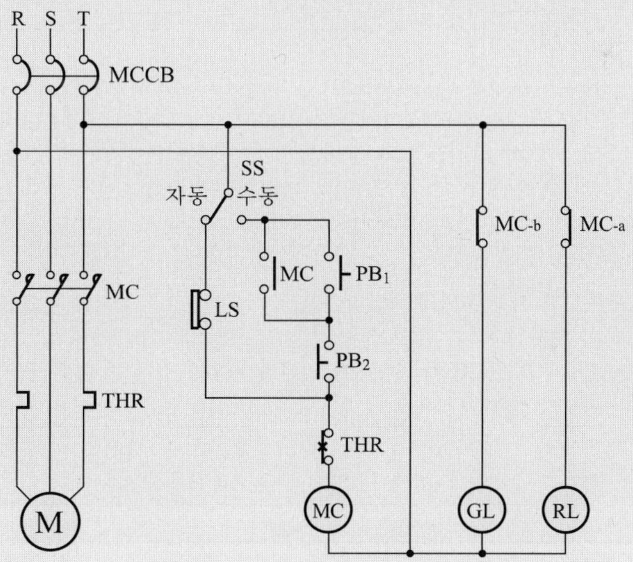

</td></tr>
</table>

<table>
<tr><th>번호</th><th>고려 사항</th></tr>
<tr><td>회로5</td><td>전극식 레벨제어를 사용한 경우
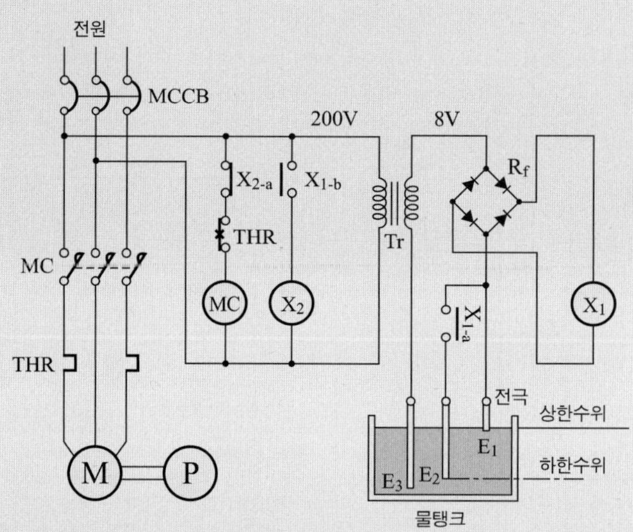
</td></tr>
<tr><td>동작 설명</td><td>

1	**전원 투입** • 배선용 차단기 MCCB를 투입한다.
2	**급수(펌프 기동)** • 급수조 수위가 E_2보다 내려가면 전극 E_2와 E_3사이의 도통이 없어져 정류회로에 전류가 흐르지 않아 정류기 R_f의 2차측 계전기 X_1은 동작하지 않는다. • 이때 X_1의 보조접점 X_{1-b}가 닫혀 있으므로 보조계전기 X_2가 여자된다. • 동시에 X_2의 보조접점 X_{2-a}가 닫혀 전자접촉기 MC가 여자 되고 MC의 주접점이 닫혀 펌프용 전동기가 기동한다.
3	**급수중지** • 수위가 전극 E_1까지 도달하면 전극 E_1과 E_3가 도통하여 정류기가 동작하고 X_1이 여자된다. • 이때 X_1의 보조접점 X_{1-b}가 열리며 X_2와 MC가 소자되어 전동기가 정지하여 급수를 중지한다.
4	**반복** • 급수조 수위가 E_2까지 내려가면 '2~3'과정을 반복한다.

</td></tr>
</table>

5) 고려 사항

번호	고려 사항
1	**운전표시등 RL의 병렬접속 위치** 운전표시등 RL의 병렬접속 위치가 THR(49) b접점 위에 놓인다면, 자동운전 상태에서 과부하가 걸린다면 THR b접점이 열려 전동기가 정지함에도 불구하고 운전표시등은 계속 점등되어 있는 문제가 있다. 그러므로 운전표시등 RL의 병렬접속 위치는 오른쪽 그림과 같이 수정되어야 한다. 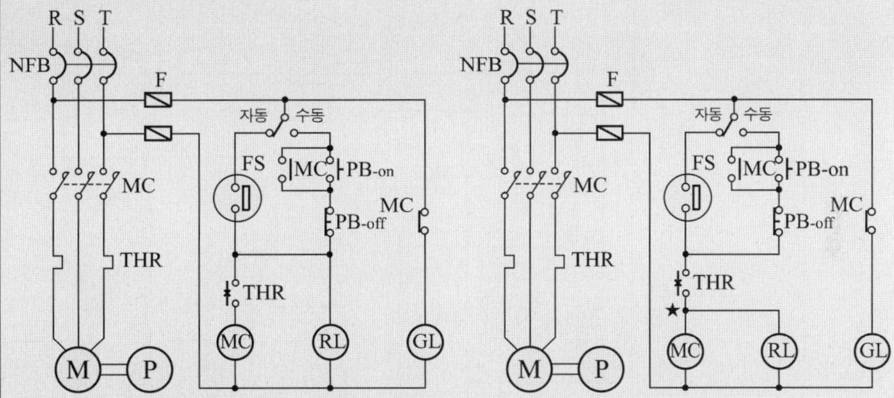 (a) 잘못된 회로 (b) 올바른 회로
2	**정지버튼 스위치 PB$_{-off}$의 위치** 정지버튼 스위치(PB$_{-off}$)의 위치가 MC(88)의 a접점 밑이 아닌 기동버튼 스위치 밑에 놓인다면, 정지버튼 스위치를 눌러도 전동기는 정지하지 않는다. 따라서 정지버튼 스위치는 반드시 자기유지접점을 해지시킬 수 있는 (b) 그림과 같이 수정되어야 한다. 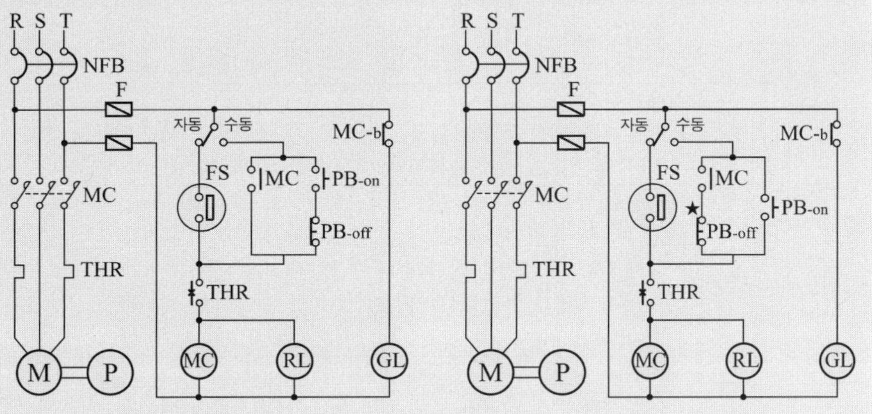 (a) 잘못된 회로 (b) 올바른 회로

7. 3상 유도전동기 비상전원 전환회로

상용전원의 정전 시, 정전으로 인하여 기능이 마비되어서는 안 되는 소방설비에 대해 전기를 공급하기 위하여 비상전원으로 전환되고, 상용전원의 복구 시 자동으로 비상전원에서 상용전원으로 전환되는 시퀀스 회로이다.

<table>
<tr><th>분 류</th><th colspan="2">회로도 및 동작설명</th></tr>
<tr><td>회로도</td><td colspan="2">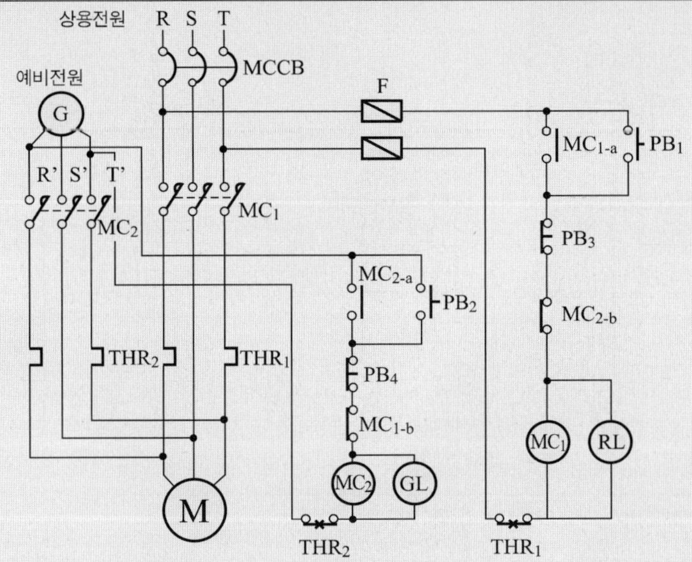
</td></tr>
<tr><td rowspan="5">동작
설명</td><td>1</td><td>상용전원 운전
• 배선용 차단기 MCCB를 투입하고 PB_1을 누르면 MC_1이 여자된다.
• 이때 MC_1의 주접점이 닫혀 상용전원에 의해 전동기 M이 회전하고 동시에 보조접점 MC_{1-a}가 닫혀 자기유지회로가 구성되고 상용전원 운전표시등 RL이 점등되며, MC_{1-b}가 열려 MC_2가 동작되지 않도록 한다.</td></tr>
<tr><td>2</td><td>상용전원 정지
• 상용전원 운전 중 PB_3을 누르면 MC_1이 소자되어 MC_1의 주접점이 열려 전동기는 정지하고, 보조접점들은 원상태로 복귀하며 RL은 소등된다.</td></tr>
<tr><td>3</td><td>예비전원 운전
• 상용전원 정전 시 PB_2을 누르면 MC_2가 여자 된다.
• 이때 MC_2의 주접점이 닫혀 예비전원에 의해 전동기 M이 회전하고 동시에 보조접점 MC_{2-a}가 닫혀 자기유지회로가 구성되고 예비전원 운전표시등 GL이 점등되며, MC_{2-b}가 열려 MC_1이 동작되지 않도록 한다.</td></tr>
<tr><td>4</td><td>예비전원 정지
• 예비전원 운전 중 PB_4를 누르면 MC_2가 소자되어 MC_2의 주접점이 열려 전동기는 정지하고, 보조접점들은 원상태로 복귀하며 GL은 소등된다.</td></tr>
<tr><td>5</td><td>• 상용전원으로 다시 운전을 하려면 '1'의 절차를 따른다.</td></tr>
</table>

8. 3상 유도전동기 교대운전 회로

타이머를 이용하여 2대의 전동기를 연속 교대 운전하는 회로로 t_1초간 M_1이 운전하고 t_2초간 M_2가 연속 교환 운전하는 제어회로 시퀀스이다.

<table>
<tr><th>분 류</th><th colspan="3">회로도 및 동작설명</th></tr>
<tr><td>회로도</td><td colspan="3">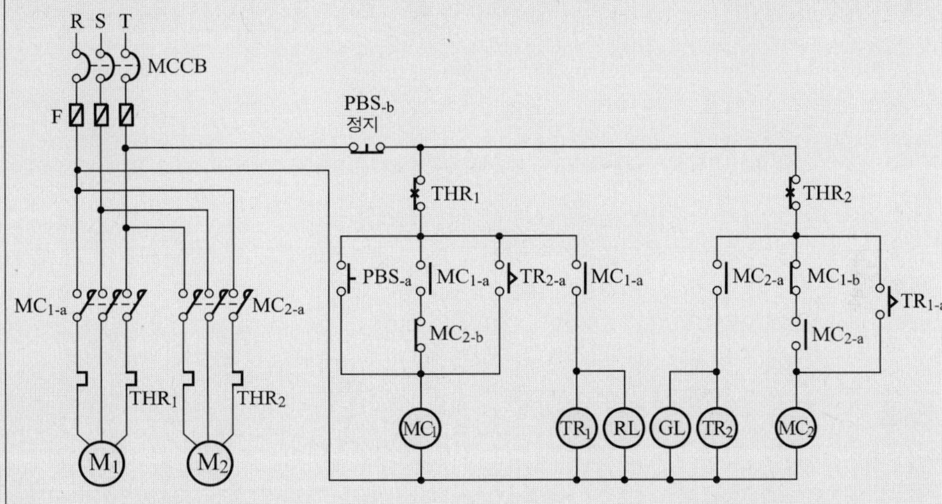
</td></tr>
<tr><td rowspan="4">동작
설명</td><td>1</td><td>전원 투입
• 배선용 차단기 MCCB를 투입한다.</td></tr>
<tr><td>2</td><td>M_1 운전
• 기동 스위치 PBS_{-a}를 누르면 MC_1이 여자된다.
• 이 때 주접점 MC_{1-a}가 닫혀 전동기 M_1이 운전되고 보조접점 MC_{1-a}가 닫혀 자기유지회로를 구성하며 타이머 TR_1이 여자되고 RL이 점등된다.</td></tr>
<tr><td>3</td><td>타이머 T_1 운전
• 일정시간 t_1초 후 타이머 TR_1의 보조접점 TR_{1-a}가 닫혀 MC_2가 여자된다.
• 이때 MC_2의 주접점 MC_{2-a}가 닫혀 전동기 M_2가 운전되고 보조접점 MC_{2-a}가 닫혀 자기유지회로를 구성하며 타이머 TR_2가 여자되고 GL이 점등된다.
• 또한, MC_2의 보조접점 MC_{2-b}가 열려 전동기 M_1이 정지한다.</td></tr>
<tr><td>4</td><td>타이머 T_2 운전
• 일정시간 t_2초 후 타이머 TR_2의 보조접점 TR_{2-a}가 닫혀 MC_1이 여자된다.
• 이때 MC_1의 주접점 MC_{1-a}가 닫혀 전동기 M_1이 운전되고 보조접점 MC_{1-a}가 닫혀 자기유지회로를 구성하며 타이머 TR_1이 여자되고 RL이 점등된다.
• 또한, MC_1의 보조접점 MC_{1-b}가 열려 전동기 M_2가 정지한다.</td></tr>
</table>

9. 자동화재탐지설비 제어회로

자동화재탐지설비는 화재발생시 초기단계에서 발생하는 열, 연기, 불꽃 등을 자동적으로 검출하여 건물내의 관계자에게 발화장소를 표시하는 동시에 경보를 발하는 설비로서 감지기나 발신기, 시험스위치를 작동시켰을 때 경보를 울릴 수 있도록 회로를 구성해야 한다.

<table>
<tr><th>분 류</th><th colspan="2">회로도 및 동작설명</th></tr>
<tr><td>회로도</td><td colspan="2">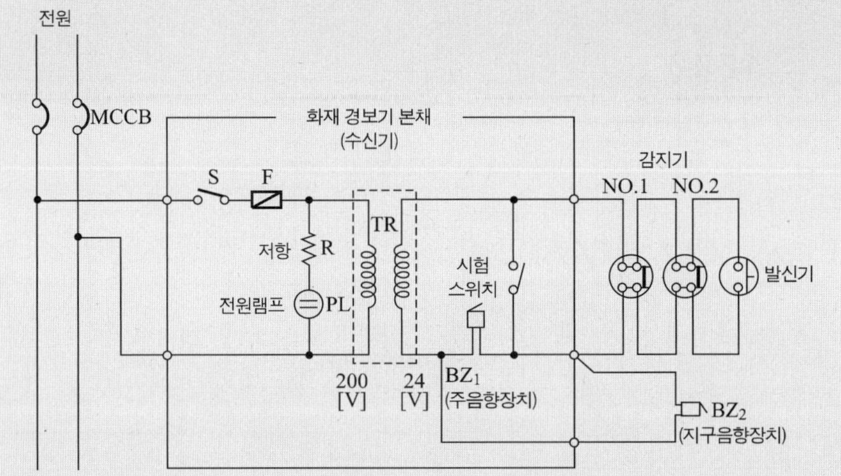
</td></tr>
<tr><td rowspan="4">동작
설명</td><td>1</td><td>전원 투입
• 수신기의 스위치 S를 투입하면 전원표시등 PL이 점등된다.</td></tr>
<tr><td>2</td><td>감지기 작동
• 화재가 발생하여 주위 온도가 상승되거나 연기농도가 짙어지면 감지기(No.1～2)의 접점이 폐로가 되어 수신기의 주음향장치 BZ_1과 화재경계구역의 지구음향장치 BZ_2가 동시에 경보를 발한다.</td></tr>
<tr><td>3</td><td>발신기 작동
• 사람이 화재를 발견했을 경우에는 발신기의 누름버튼 스위치를 눌러 접점이 폐로가 되어 수신기의 주음향장치 BZ_1과 화재 경계구역의 지구음향장치 BZ_2가 동시에 경보를 발한다.</td></tr>
<tr><td>4</td><td>시험스위치 작동
• 자동화재탐지설비의 정상작동 유무를 판단하기위해 시험장치를 작동시키면 접점이 폐로가 되어 수신기의 주음향장치 BZ_1이 경보를 발한다.</td></tr>
</table>

과년도 문제 분석

시퀀스 분류

1. 상세분류

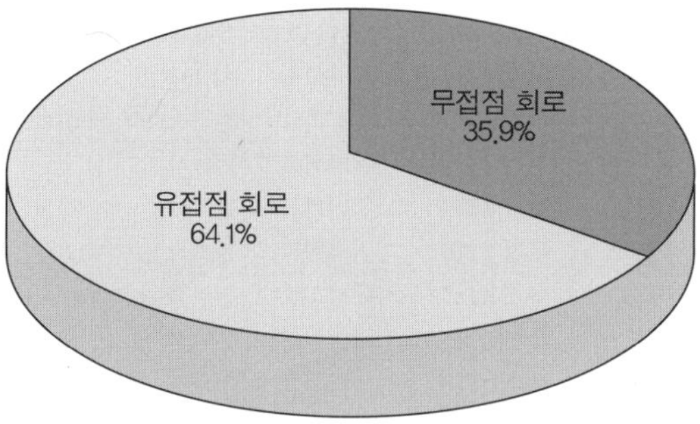

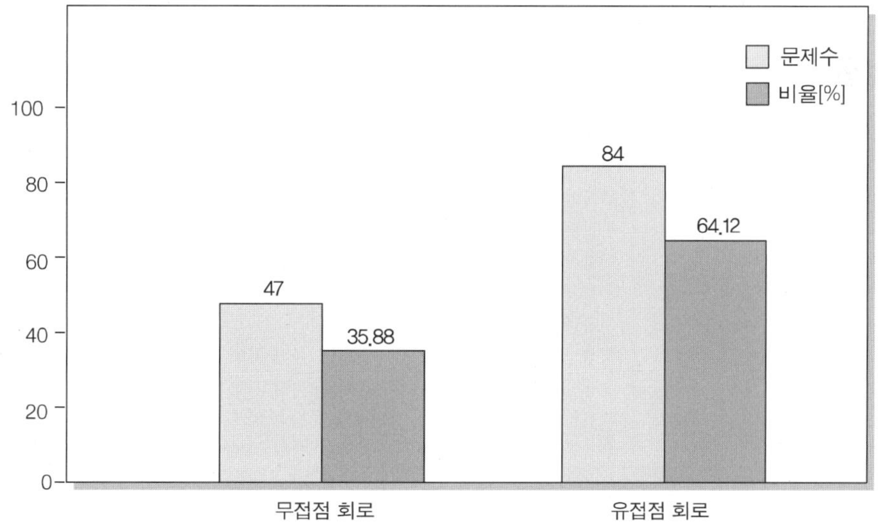

2. 문제유형

시퀀스 과년도 문제 분석(1996~2020년)

번호	출제년도	문항	시설분류	상세분류(대)	상세분류(중)	문제유형	회수	출제비율
1	2000.08.13	5	시퀀스	무접점회로	논리식	논리회로	47	35.9%
2	1998.02.32	11	시퀀스	무접점회로	논리식	논리회로		
3	2017.06.25	14	시퀀스	무접점회로	논리식	논리회로, 릴레이회로		
4	2003.10.26	4	시퀀스	무접점회로	논리식	논리회로, 릴레이회로		
5	2020.07.25	2	시퀀스	무접점회로	논리식	논리회로, 릴레이회로, 진리표		
6	2020.11.29	9	시퀀스	무접점회로	논리식	유접점회로, 무접점회로 변환		
7	2005.05.01	2	시퀀스	무접점회로	논리식	유접점회로, 무접점회로 변환		
8	1999.01.31	6	시퀀스	무접점회로	논리식	유접점회로, 무접점회로 변환		
9	1998.05.10	5	시퀀스	무접점회로	논리식	유접점회로, 무접점회로 변환		
10	2010.04.17	14	시퀀스	무접점회로	논리회로	AND회로		
11	2011.07.24	15	시퀀스	무접점회로	논리회로	논리소자의 명칭과 출력에 대한 진리표		
12	2004.07.04	4	시퀀스	무접점회로	논리회로	논리식		
13	1999.09.19	4	시퀀스	무접점회로	논리회로	논리식		
14	2000.04.23	8	시퀀스	무접점회로	논리회로	논리식, 논리회로		
15	2002.04.21	7	시퀀스	무접점회로	논리회로	논리식, 논리회로, 유접점회로		
16	2020.05.24	1	시퀀스	무접점회로	논리회로	논리식, 등가회로, 유접점회로		
17	1998.08.30	2	시퀀스	무접점회로	논리회로	논리식, 등가회로, 유접점회로		
18	2016.04.17	13	시퀀스	무접점회로	논리회로	논리식, 무접점회로		
19	2012.11.03	8	시퀀스	무접점회로	논리회로	논리식, 무접점회로		
20	2020.11.15	18	시퀀스	무접점회로	논리회로	논리식, 무접점회로, 타임 차트		
21	2016.11.12	5	시퀀스	무접점회로	논리회로	논리식, 스위칭회로		
22	2005.10.23	4	시퀀스	무접점회로	논리회로	논리식, 스위칭회로		
23	2005.07.10	1	시퀀스	무접점회로	논리회로	논리식, 유접점회로		
24	1996.11.17	4	시퀀스	무접점회로	논리회로	논리식, 유접점회로, 논리회로		
25	2012.04.22	10	시퀀스	무접점회로	논리회로	논리식, 유접점회로, 타임 차트, 진리표		
26	2012.07.08	1	시퀀스	무접점회로	논리회로	논리식, 출력값		
27	2006.11.05	9	시퀀스	무접점회로	논리회로	논리회로		
28	2003.07.13	7	시퀀스	무접점회로	논리회로	논리회로		
29	2002.10.27	7	시퀀스	무접점회로	논리회로	논리회로		
30	2000.02.20	4	시퀀스	무접점회로	논리회로	논리회로		
31	1997.08.24	7	시퀀스	무접점회로	논리회로	논리회로		
32	1997.05.11	13	시퀀스	무접점회로	논리회로	논리회로		
33	2020.11.29	6	시퀀스	무접점회로	논리회로	논리회로, 타임 차트		
34	2007.11.04	4	시퀀스	무접점회로	논리회로	논리회로, 타임 차트		
35	2019.06.29	5	시퀀스	무접점회로	논리회로	논리회로, 타임 차트, 인터록회로		
36	2013.11.09	11	시퀀스	무접점회로	논리회로	논리회로, 타임 차트, 인터록회로		
37	2004.10.31	6	시퀀스	무접점회로	논리회로	논리회로, 타임 차트, 인터록회로		
38	2008.07.06	6	시퀀스	무접점회로	논리회로	진리표 작성		
39	2006.07.09	13	시퀀스	무접점회로	논리회로	진리표 작성		
40	2014.04.20	18	시퀀스	무접점회로	논리회로	진리표, 카르노맵, 유접점회로, 무접점회로		
41	2016.11.12	9	시퀀스	무접점회로	논리회로	타임 차트		
42	2003.04.27	5	시퀀스	무접점회로	논리회로	타임 차트		

번호	출제년도	문항	시설분류	상세분류(대)	상세분류(중)	문제유형	회수	출제비율
43	2002.07.07	14	시퀀스	무접점회로	논리회로	타임 차트		
44	1999.09.19	12	시퀀스	무접점회로	논리회로	타임 차트		
45	1997.08.24	12	시퀀스	무접점회로	논리회로	타임 차트	47	35.9%
46	2020.10.17	17	시퀀스	무접점회로	논리회로	타임 차트, 유접점회로, 무접점회로		
47	2006.04.23	8	시퀀스	무접점회로	타임 차트	논리식 유출		
48	2020.07.25	12	시퀀스	유접점회로	Y-Δ 회로	Y-Δ 회로 제어회로		
49	2018.11.10	10	시퀀스	유접점회로	Y-Δ 회로	Y-Δ 회로 제어회로		
50	2017.04.16	12	시퀀스	유접점회로	Y-Δ 회로	Y-Δ 회로 제어회로		
51	2015.11.07	2	시퀀스	유접점회로	Y-Δ 회로	Y-Δ 회로 제어회로		
52	2014.07.06	16	시퀀스	유접점회로	Y-Δ 회로	Y-Δ 회로 제어회로		
53	2014.04.20	1	시퀀스	유접점회로	Y-Δ 회로	Y-Δ 회로 제어회로		
54	2013.04.21	6	시퀀스	유접점회로	Y-Δ 회로	Y-Δ 회로 제어회로		
55	2012.07.08	9	시퀀스	유접점회로	Y-Δ 회로	Y-Δ 회로 제어회로		
56	2008.07.06	14	시퀀스	유접점회로	Y-Δ 회로	Y-Δ 회로 제어회로		
57	2003.04.27	7	시퀀스	유접점회로	Y-Δ 회로	Y-Δ 회로 제어회로		
58	2000.11.12	10	시퀀스	유접점회로	Y-Δ 회로	Y-Δ 회로 제어회로		
59	1999.11.21	5	시퀀스	유접점회로	Y-Δ 회로	Y-Δ 회로 제어회로		
60	1998.02.33	12	시퀀스	유접점회로	Y-Δ 회로	Y-Δ 회로 제어회로		
61	1997.01.26	7	시퀀스	유접점회로	Y-Δ 회로	Y-Δ 회로 제어회로		
62	1996.09.01	7	시퀀스	유접점회로	Y-Δ 회로	Y-Δ 회로 제어회로		
63	1999.01.31	5	시퀀스	유접점회로	급수펌프	급수펌프 제어회로		
64	1998.05.10	13	시퀀스	유접점회로	급수펌프	급수펌프 제어회로		
65	2020.11.15	15	시퀀스	유접점회로	기동정지	1개소 기동정지 제어회로		
66	2020.05.24	9	시퀀스	유접점회로	기동정지	1개소 기동정지 제어회로		
67	2019.04.14	12	시퀀스	유접점회로	기동정지	1개소 기동정지 제어회로		
68	2018.11.10	16	시퀀스	유접점회로	기동정지	1개소 기동정지 제어회로		
69	2013.11.09	5	시퀀스	유접점회로	기동정지	1개소 기동정지 제어회로	84	64.1%
70	2009.10.18	10	시퀀스	유접점회로	기동정지	1개소 기동정지 제어회로		
71	2008.11.02	16	시퀀스	유접점회로	기동정지	1개소 기동정지 제어회로		
72	2008.04.20	15	시퀀스	유접점회로	기동정지	1개소 기동정지 제어회로		
73	2007.11.04	6	시퀀스	유접점회로	기동정지	1개소 기동정지 제어회로		
74	2006.11.05	7	시퀀스	유접점회로	기동정지	1개소 기동정지 제어회로		
75	2005.05.01	4	시퀀스	유접점회로	기동정지	1개소 기동정지 제어회로		
76	2004.10.31	13	시퀀스	유접점회로	기동정지	1개소 기동정지 제어회로		
77	2004.04.25	13	시퀀스	유접점회로	기동정지	1개소 기동정지 제어회로		
78	2003.10.26	6	시퀀스	유접점회로	기동정지	1개소 기동정지 제어회로		
79	2001.04.22	6	시퀀스	유접점회로	기동정지	1개소 기동정지 제어회로		
80	1999.05.30	3	시퀀스	유접점회로	기동정지	1개소 기동정지 제어회로		
81	2012.04.22	4	시퀀스	유접점회로	기동정지	1개소 기동정지 제어회로(타이머 사용)		
82	2007.04.22	4	시퀀스	유접점회로	기동정지	1개소 기동정지 제어회로(타이머 사용)		
83	2002.04.21	13	시퀀스	유접점회로	기동정지	1개소 기동정지 회로		
84	2013.07.14	3	시퀀스	유접점회로	기동정지	2개소 기동정지 제어회로		
85	2006.07.09	8	시퀀스	유접점회로	기동정지	2개소 기동정지 제어회로		
86	2005.10.23	10	시퀀스	유접점회로	기동정지	2개소 기동정지 제어회로		
87	1998.02.26	5	시퀀스	유접점회로	기동정지	2개소 기동정지 제어회로		
88	1997.05.11	14	시퀀스	유접점회로	기동정지	2개소 기동정지 제어회로		
89	2007.07.08	10	시퀀스	유접점회로	기동정지	3개소 기동정지 제어회로		

번호	출제년도	문항	시설분류	상세분류(대)	상세분류(중)	문제유형	회수	출제비율
90	2006.04.23	9	시퀀스	유접점회로	기타	배선용차단기 특징		
91	1996.01.21	3	시퀀스	유접점회로	기타	배선용차단기 특징		
92	2005.07.10	15	시퀀스	유접점회로	기타	전동기 교대운전		
93	2017.04.16	10	시퀀스	유접점회로	릴레이회로	릴레이회로(자탐과 비상방송설비 연동)		
94	2012.11.03	16	시퀀스	유접점회로	릴레이회로	릴레이회로		
95	1997.08.24	13	시퀀스	유접점회로	비상방송설비	비상방송의 제어회로		
96	2019.06.29	16	시퀀스	유접점회로	상용예비전환	상용, 비상용 전환회로		
97	2015.07.12	15	시퀀스	유접점회로	상용예비전환	상용, 비상용 전환회로		
98	2011.11.13	1	시퀀스	유접점회로	상용예비전환	상용, 비상용 전환회로		
99	2010.10.30	3	시퀀스	유접점회로	상용예비전환	상용, 비상용 전환회로		
100	2009.07.05	11	시퀀스	유접점회로	상용예비전환	상용, 비상용 전환회로		
101	2004.07.04	14	시퀀스	유접점회로	상용예비전환	상용, 비상용 전환회로		
102	2020.10.17	4	시퀀스	유접점회로	양수펌프	양수펌프 제어회로		
103	2019.11.09	9	시퀀스	유접점회로	양수펌프	양수펌프 제어회로		
104	2016.06.26	8	시퀀스	유접점회로	양수펌프	양수펌프 제어회로		
105	2012.04.22	17	시퀀스	유접점회로	양수펌프	양수펌프 제어회로		
106	2011.05.01	5	시퀀스	유접점회로	양수펌프	양수펌프 제어회로		
107	2010.07.04	13	시퀀스	유접점회로	양수펌프	양수펌프 제어회로		
108	2009.04.19	12	시퀀스	유접점회로	양수펌프	양수펌프 제어회로		
109	2008.11.02	15	시퀀스	유접점회로	양수펌프	양수펌프 제어회로		
110	2002.10.27	6	시퀀스	유접점회로	양수펌프	양수펌프 제어회로	84	64.1%
111	2002.07.07	1	시퀀스	유접점회로	양수펌프	양수펌프 제어회로		
112	2001.11.04	3	시퀀스	유접점회로	양수펌프	양수펌프 제어회로		
113	2000.04.23	1	시퀀스	유접점회로	양수펌프	양수펌프 제어회로		
114	1999.09.19	11	시퀀스	유접점회로	양수펌프	양수펌프 제어회로		
115	1997.11.16	9	시퀀스	유접점회로	양수펌프	양수펌프 제어회로		
116	1997.08.24	8	시퀀스	유접점회로	양수펌프	양수펌프 제어회로		
117	1996.11.17	14	시퀀스	유접점회로	양수펌프	양수펌프 제어회로		
118	1996.05.19	13	시퀀스	유접점회로	양수펌프	양수펌프 제어회로		
119	1996.01.21	7	시퀀스	유접점회로	양수펌프	양수펌프 제어회로		
120	2006.04.23	3	시퀀스	유접점회로	양수펌프	양수펌프 제어회로, 전동기용량		
121	2020.11.29	2	시퀀스	유접점회로	인터록회로	인터록 제어회로		
122	2017.06.25	15	시퀀스	유접점회로	인터록회로	인터록 제어회로		
123	2010.04.17	1	시퀀스	유접점회로	인터록회로	인터록 제어회로		
124	2000.11.12	11	시퀀스	유접점회로	인터록회로	인터록 제어회로		
125	1998.11.15	7	시퀀스	유접점회로	인터록회로	인터록 제어회로		
126	2003.07.13	5	시퀀스	유접점회로	정역회로	정역회로 제어회로		
127	2000.08.13	7	시퀀스	유접점회로	정역회로	정역회로 제어회로		
128	1998.08.30	10	시퀀스	유접점회로	정역회로	정역회로 제어회로		
129	2009.04.19	5	시퀀스	유접점회로	타임 차트	논리식, 유접점회로, 무접점회로		
130	2010.07.04	3	시퀀스	유접점회로	타임 차트	타임 차트		
131	2008.04.20	1	시퀀스	유접점회로	타임 차트	타임 차트		

연습문제

01

스위치(접점) A, B, C의 3개가 있다. 다음의 경우 출력이 생기는 유접점 회로, 무접점 회로, 논리식을 작성하시오. 단 여닫는 순서가 필요하면 A, B, C 순으로 한다.

1. 스위치 3개를 모두 닫을 때에만 출력 X_1이 생긴다.
2. 스위치 3개중 어느 한 개만을 닫아도 출력 X_2가 생긴다.
3. 스위치 3개중 A와 B를 닫거나, 혹은 C만을 닫을 때 출력 X_3이 생긴다.
4. 스위치 3개중 A를 닫고, B혹은 C를 닫을 때 출력 X_4가 생긴다.

02

다음 논리 회로의 논리식과 진리표, 시퀀스 회로를 작성하시오.

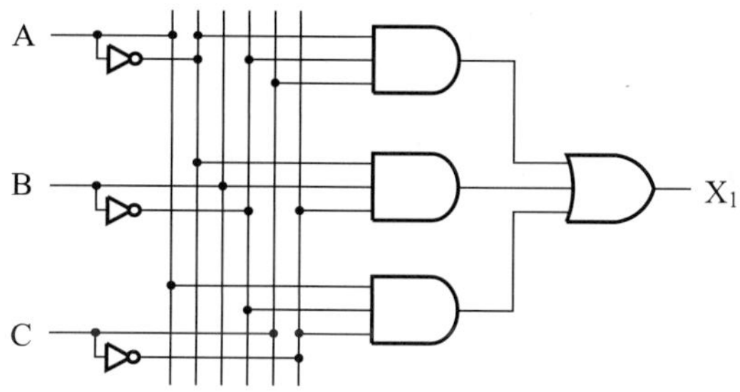

03

그림과 같이 입력 A, B의 파형을 AND회로와 NAND 회로에 줄 때 출력 X의 파형을 각각 그리시오.

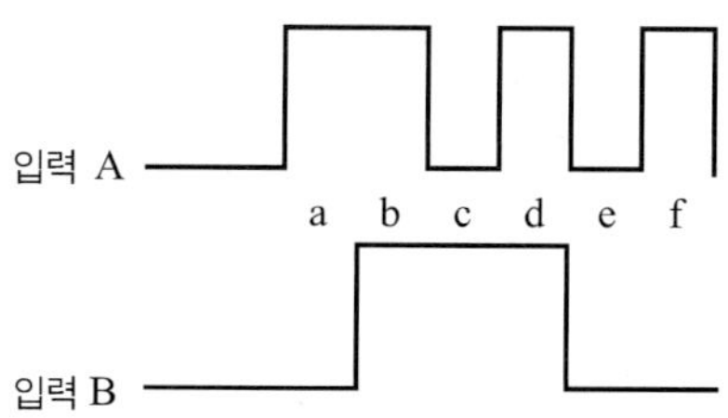

04

그림에서 입력이 A, B 일 때 출력 $L_1 \sim L_4$의 논리식을 쓰고, 같은 기능의 무접점 논리 소자의 이름을 쓰시오.

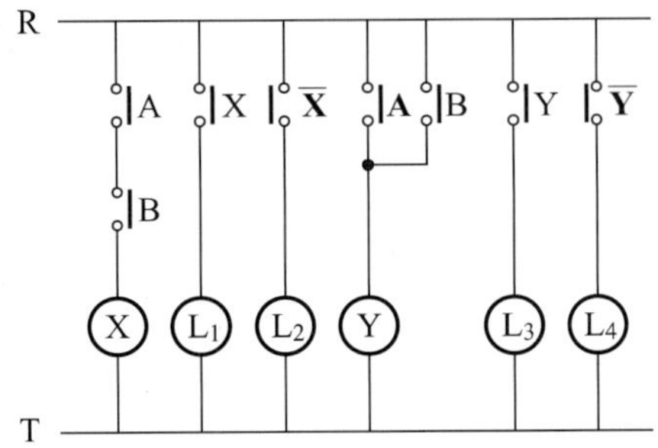

05

다음 논리회로의 출력 X에 대한 진리표와 타임 차트를 완성하시오.

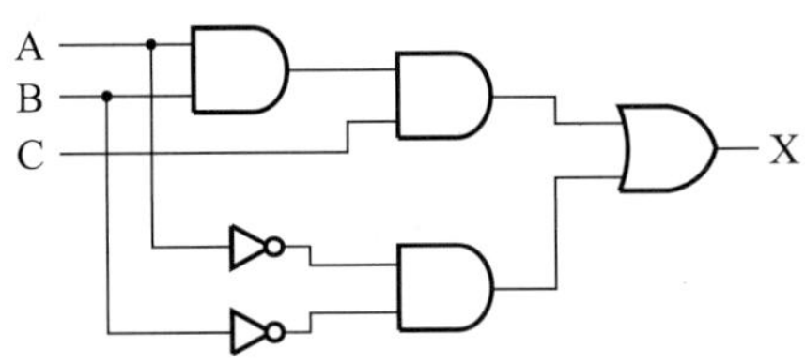

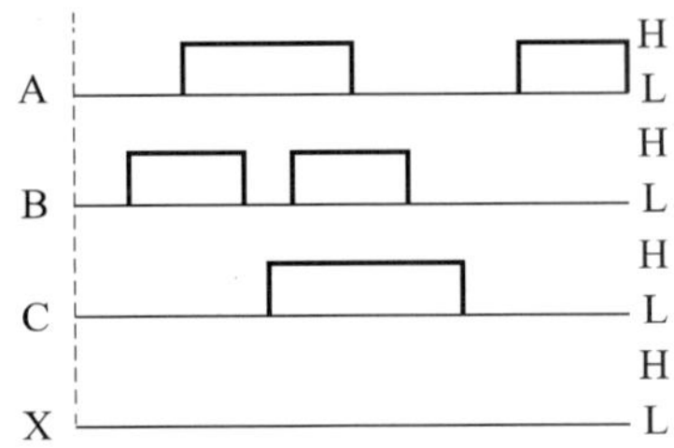

06

다음 논리식을 간단히 하시오

1) $X = A(A+B+C)$

2) $Y = AB + \overline{A}C + BCD$

3) $Z = \overline{A}C + BC + AB + \overline{B}C$

07

다음 논리식을 NAND 회로만을 사용하여 로직 회로를 작성하시오

$X = \overline{A}BC + A\overline{B}C + AB\overline{C}$

08

시퀀스(릴레이 접점)회로가 다음과 같을 때 다음 물음에 답하시오.

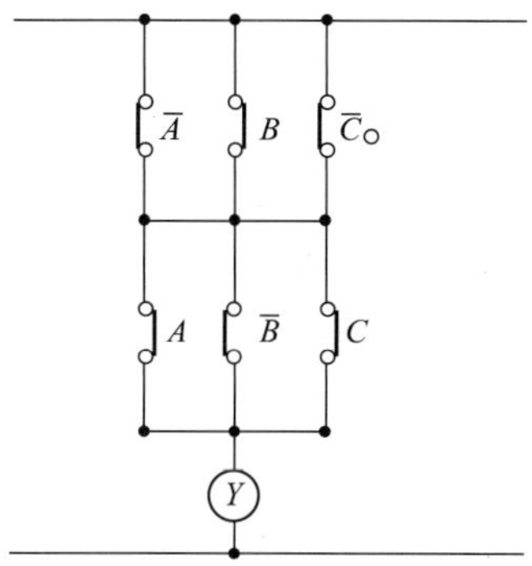

1) 이 회로의 논리식을 쓰시오.
2) 논리식을 NAND회로만을 사용하여
   논리(무접점)회로를 그리시오.

09

그림과 같은 배타적 논리합(Exclusive OR) 회로에서 다음 각 물음에 답하시오.

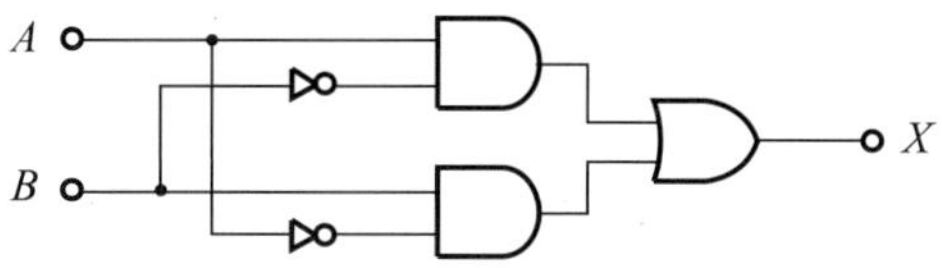

1) 이 회로의 논리식을 쓰시오.
2) 이 회로에 대한 유접점 릴레이(시퀀스)회로를 그리시오.
3) 이 회로의 타임 차트를 완성하시오.

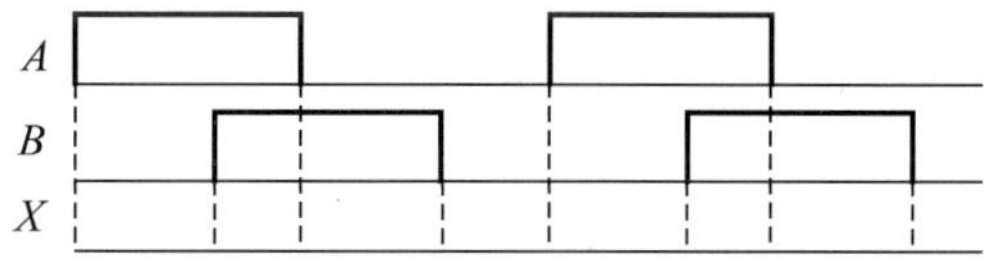

4) 이 회로의 진리표를 완성하시오.

A	B	X

10

다음 논리식을 가장 간단한 식으로 변형하고 간략화된 논리회로와 시퀀스회로로 작성하시오.

$$X = (A + B + \overline{C})(A\overline{B}C + AB\overline{C})$$

11

그림은 6개의 접점을 가진 릴레이회로이다. 다음 물음에 답하시오.

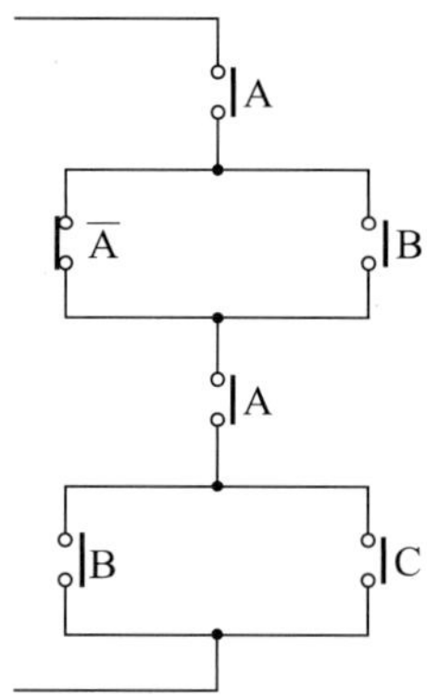

1) 회로도의 접점 6개를 모두 사용한 릴레이회로의 논리식은?
2) 간략화된 논리식은?
3) 간략화된 릴레이 접점회로는?
4) 간략화된 논리회로는?

12

그림과 같은 스위칭 회로에 대해 접점수를 최소화하여 그리시오.

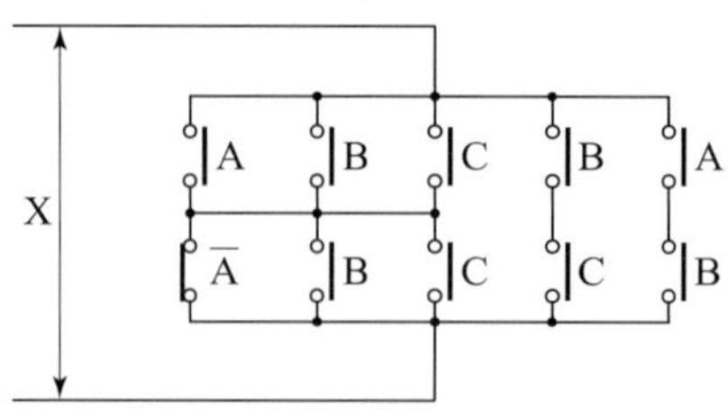

13

릴레이 접점회로가 그림과 같을 때 AND, OR, NOT 등의 논리기호를 사용하여 논리회로를 작성하시오.

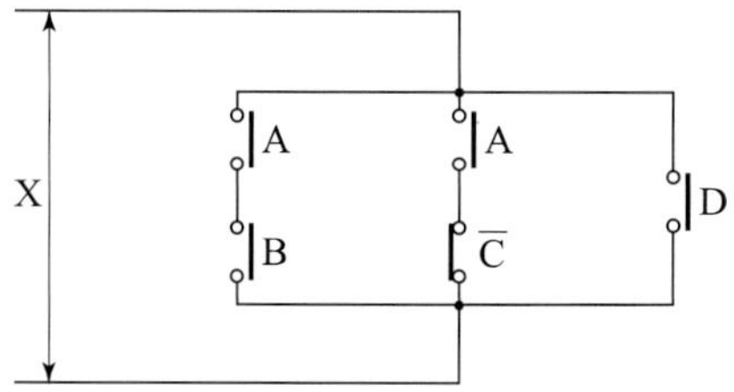

14

그림과 같은 유접점회로의 출력 X의 논리식을 가장 간단하게 표현하고, 이것을 무접점논리회로로 표현하여 그리시오.

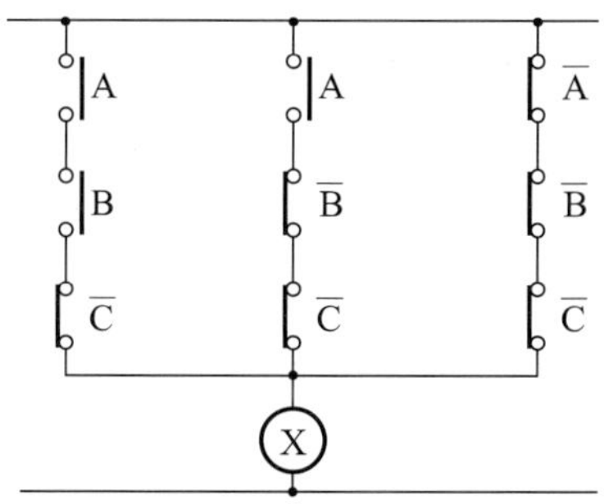

15

주어진 논리식을 릴레이회로(유접점회로) 및 논리회로로 바꾸어 그리시오.

논리식 : $Z = A \cdot \overline{B} + \overline{A} \cdot \overline{B}$

- 릴레이회로(유접점회로) :
- 논리회로 :

16
주어진 논리대수식을 릴레이회로(유접점회로) 및 논리회로(무접점회로)로 바꾸어 그리시오.

1) $Z=A \cdot B+\overline{A} \cdot \overline{B}$
- 릴레이회로 :
- 논리회로 :

2) $Z=(A+B) \cdot (\overline{A}+\overline{B})$
- 릴레이회로 :
- 논리회로 :

17
논리식 $Z=(A+B+C) \cdot (\overline{A} \cdot \overline{B} \cdot \overline{C}+D)$를 릴레이회로(유접점회로)와 논리회로(무접점회로)로 바꾸어 그리시오.

18
그림과 같은 논리회로를 보고 논리식, 릴레이회로를 그리시오.

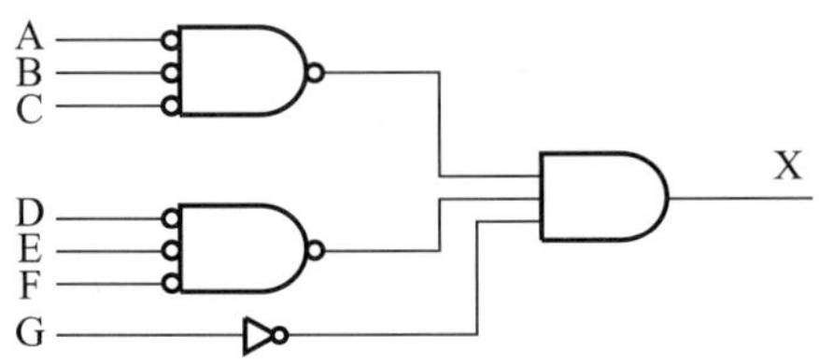

19

그림과 같은 시퀀스(릴레이 접점)회로를 보고 다음 각 물음에 답하시오.

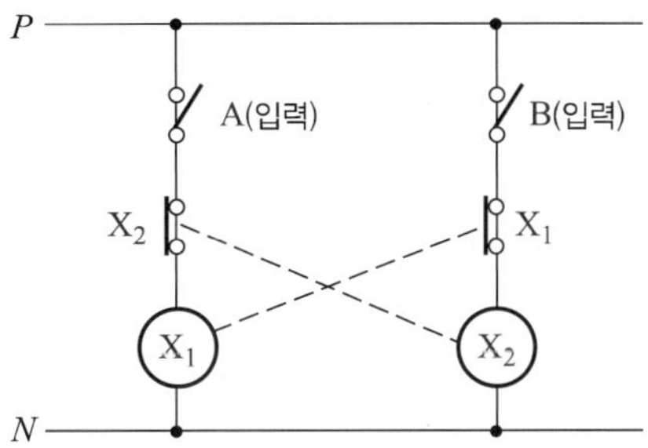

1) 회로에 대한 논리식을 쓰시오.
2) 회로에 대한 논리회로를 그리시오.
3) 회로의 동작상황을 보고 타임 차트를 완성하시오.

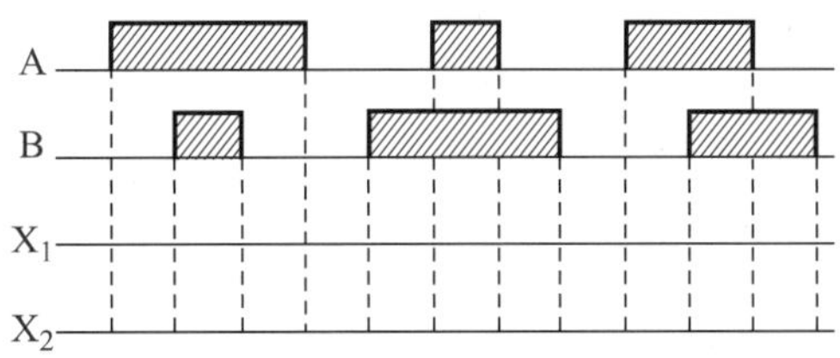

4) 접점 X_1과 X_2의 관계를 무엇이라고 하는가?

20

다음에 주어진 진리표를 보고 다음 각 물음에 답하시오.

A	B	C	X
0	0	0	1
0	0	1	1
0	1	0	0
0	1	1	0
1	0	0	0
1	0	1	0
1	1	0	1
1	1	1	1

1) 카르노 맵을 이용하여 간략화하고 논리식을 쓰시오.
2) 논리식을 부울대수식을 이용하여 증명하시오.
3) 간략화된 논리식을 보고 유접점회로와 무접점회로로 나타내시오.

21

다음 회로를 인터록 회로로 수정하시오. 단, 전자접촉기 MC_1, MC_2의 B접점을 1개씩만 사용할 수 있다.

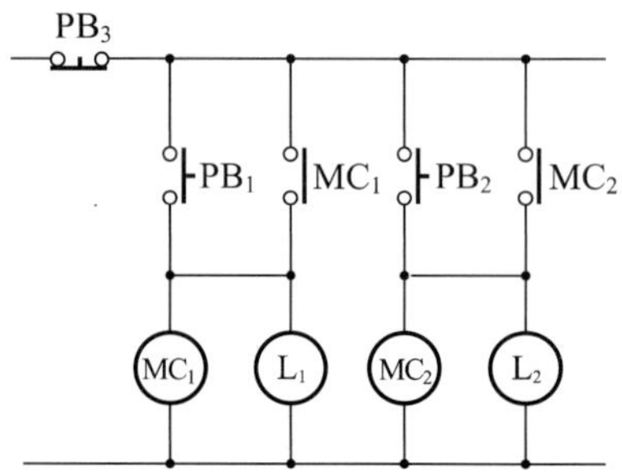

22

그림과 같이 미완성된 3상 유도전동기의 전전압기동 조작회로를 완성하시오.

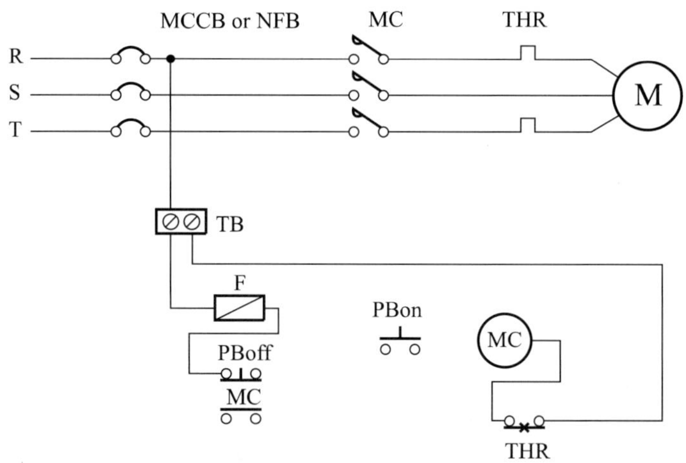

23

3상 유도전동기 1개소 기동 운전회로도의 미완성 도면이다. 다음 각 물음에 답하시오.

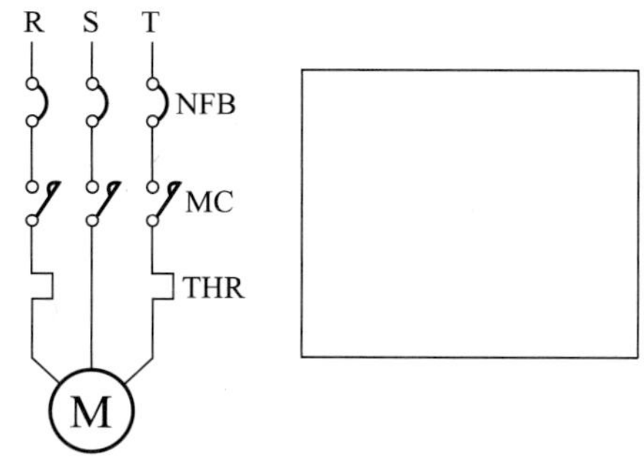

(1) 주어진 기구를 이용하여 미완성 도면을 완성하시오.

- 전자접촉기 : (MC)
- 기동용 표시등 : (GL)
- 정지용 표시등 : (RL)
- 열동계전기 : THR
- 누름버튼 스위치 ON용 PBS-ON : PBS-ON
- 누름버튼 스위치 OFF용 PBS-OFF : PBS-OFF

(2) 주회로의 THR이 동작되는 경우 2가지를 쓰시오.

(3) 열동계전기(THR)가 동작되어 운전이 정지되는 경우 어떻게 하여야 하는가?

24

전동기 (M)을 현장측과 관리실측 어느 쪽에서도 기동 및 정지제어가 가능하도록 배선하시오(단, 푸시버튼스위치 기동용(PB-ON) 2개, 정지용(PB-OFF) 2개, 전자접촉기 a접점 1개(자기유지용)를 사용할 것).

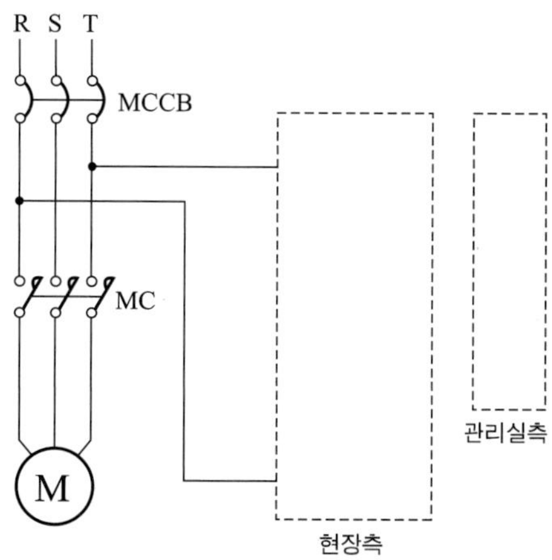

25

도면은 농형 3상 유도전동기의 정·역전 정지제어의 미완성회로이다. 회로를 완성시키시오.

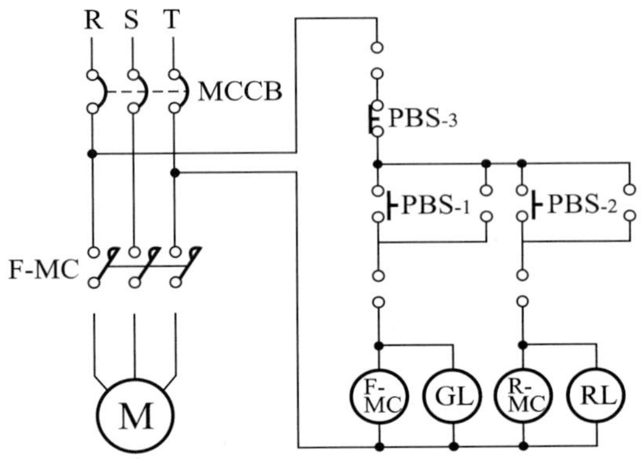

26

그림은 Y－Δ 기동에 대한 시퀀스 다이어그램이다. 그림을 보고 다음 각 물음에 답하시오.

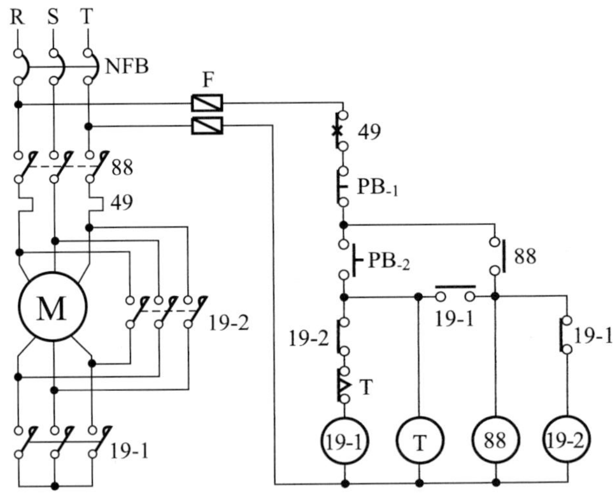

1) 19-1과 19-2의 용도는 무엇인가?

① 19-1 :

② 19-2 :

2) 그림에서 ⑧⑧은 어떤 용도의 전자접촉기인가?

3) 그림에서 49는 어떤 계전기의 제어약호인가?

27

도면은 3상 농형 유도전동기의 Y－Δ 기동방식의 미완성 시퀀스 도면이다. 이 도면을 보고 다음 각 물음에 답하시오.

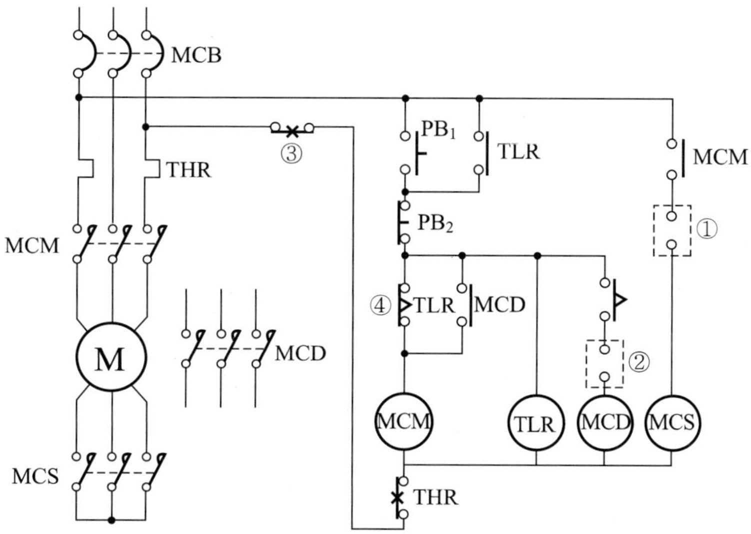

1) 이 기동방식을 채용하는 이유는 무엇 때문인가?

2) 제어회로의 미완성부분 ①과 ②에 Y－Δ 운전이 가능하도록 접점 및 접점 기호를 표시하시오.

3) 주접점 부분의 미완성 부분(MCD 부분)의 회로를 완성하시오.

28

도면은 Y－Δ 기동회로의 미완성회로이다. 이 회로를 보고 다음 각 물음에 답하시오.

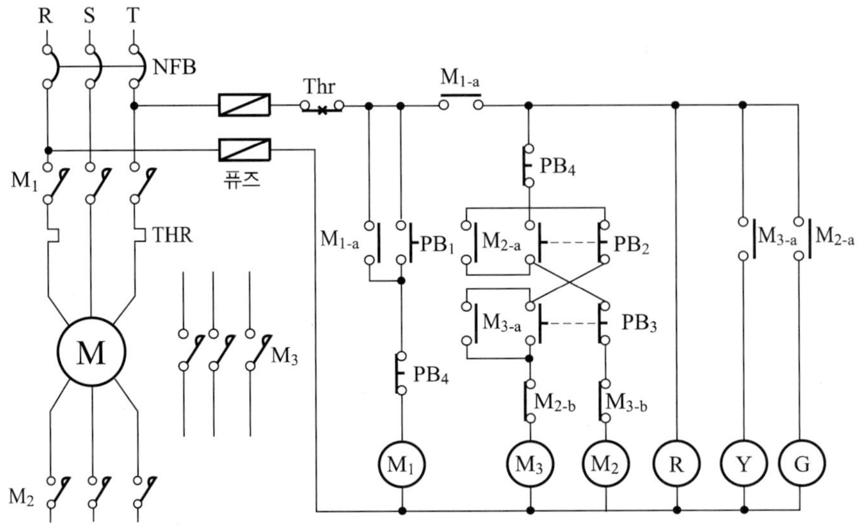

Ⓡ : 적색램프 Ⓨ : 황색램프 Ⓖ : 녹색램프

1) 주회로 부분의 미완성된 Y－Δ 회로를 완성하시오.
2) 누름버튼스위치 PB_1을 누르면 어느 램프가 점등되는가?
3) 전자개폐기 (M_1)이 동작되고 있는 상태에서 PB_2를 눌렀을 때 어느 램프가 점등되는가?
4) 전자개폐기 (M_1)이 동작되고 있는 상태에서 PB_3를 눌렀을 때 어느 램프가 점등되는가?

29

다음은 Y－Δ 기동제어회로의 미완성 도면이다. 도면을 보고 다음 물음에 답하시오.

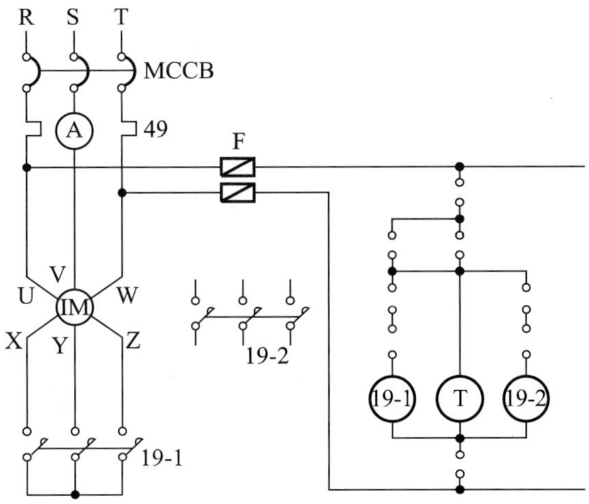

1) Y－Δ 운전이 가능하도록 주회로, 제어회로의 미완성 도면을 완성하시오.
2) Y결선에서 각 상의 권선에 가해지는 전압은 정격전압의 몇 배가 되는가?
3) Y결선에서의 기동전류는 Δ결선에 비하여 얼마정도 감소되는가?

30

다음은 Y－Δ 기동제어회로의 미완성 도면이다. 도면을 보고 다음 물음에 답하시오.

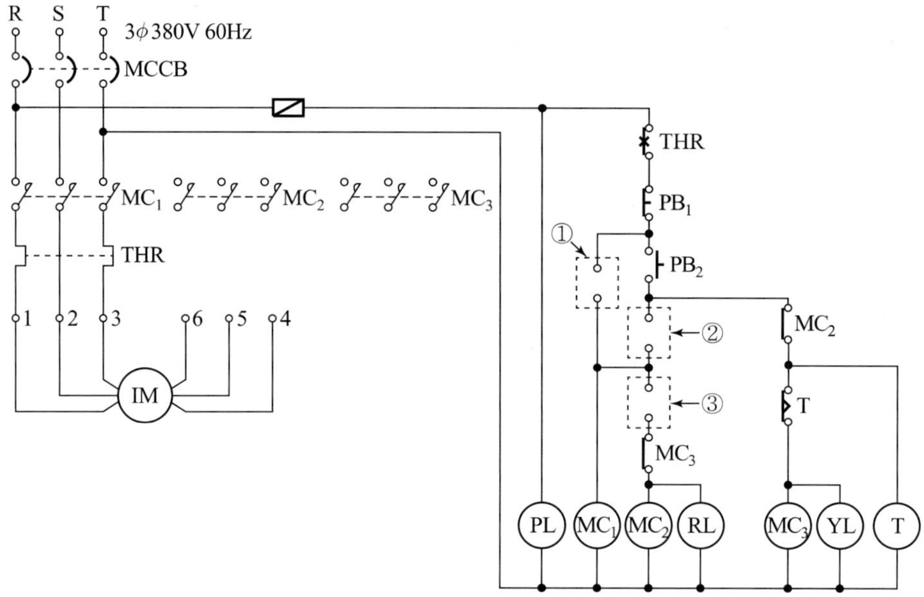

1) 주회로의 미완성 부분을 완성하시오.
2) ①~③의 접점 및 접점기호를 표시하시오.

31

그림은 플롯스위치에 의한 펌프모터의 레벨제어에 관한 미완성 도면이다. 회로를 완성시키시오.

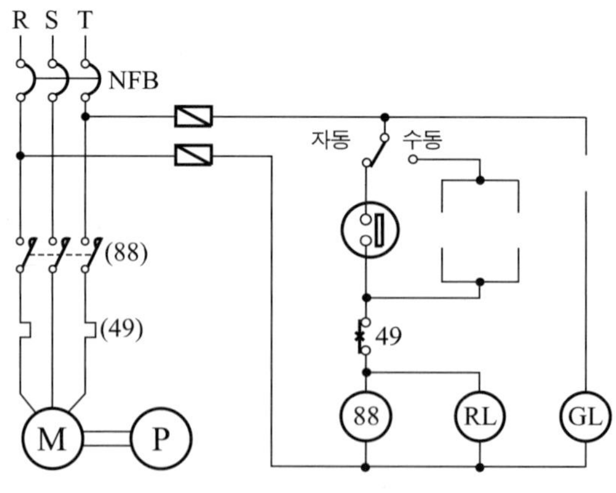

32

그림은 전극식 레벨제어로서 플로트가 없는 스위치에 의한 자동급수제어회로이다. 이 도면을 보고 다음 각 물음에 답하시오.

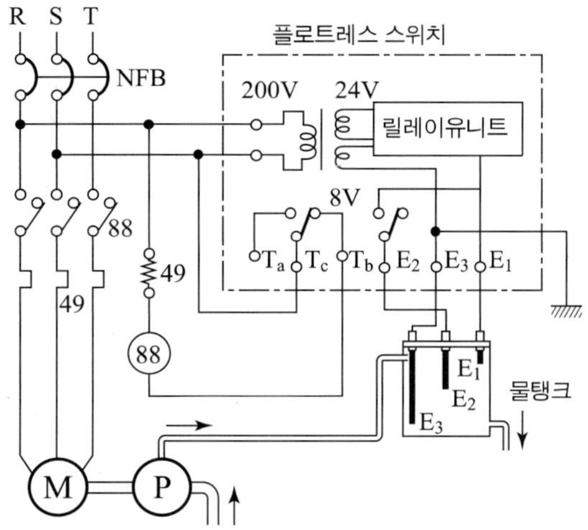

1) 자동급수제어회로의 일부분을 변경하는 것만으로도 자동배수제어회로가 된다. 어떤 접속을 변경하면 되는가?
2) 플로트 스위치에 의한 제어와 비교할 때 장점을 2가지만 설명하시오.
3) 전극 E_1, E_2, E_3를 접속하는 배선에 접지를 하고자 한다. 어느 쪽에 접지를 하면 되는가?
4) 제어기구번호 49와 88의 명칭은 무엇인가?
   - 49 :
   - 88 :

33

도면은 상용전원과 예비전원의 절환회로이다. 미완성된 부분을 완성하시오.

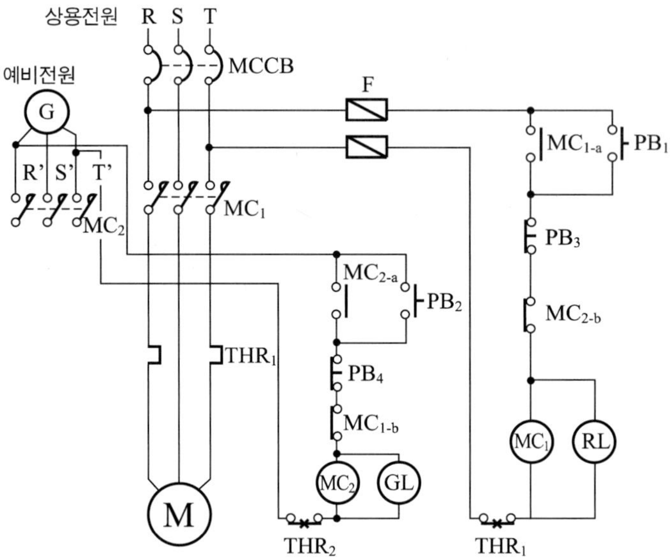

34

그림의 도면은 타이머에 의한 전동기의 교대운전이 가능하도록 설계된 전동기의 시퀀스 회로이다. 이 도면을 이용해 다음 각 물음에 답하시오.

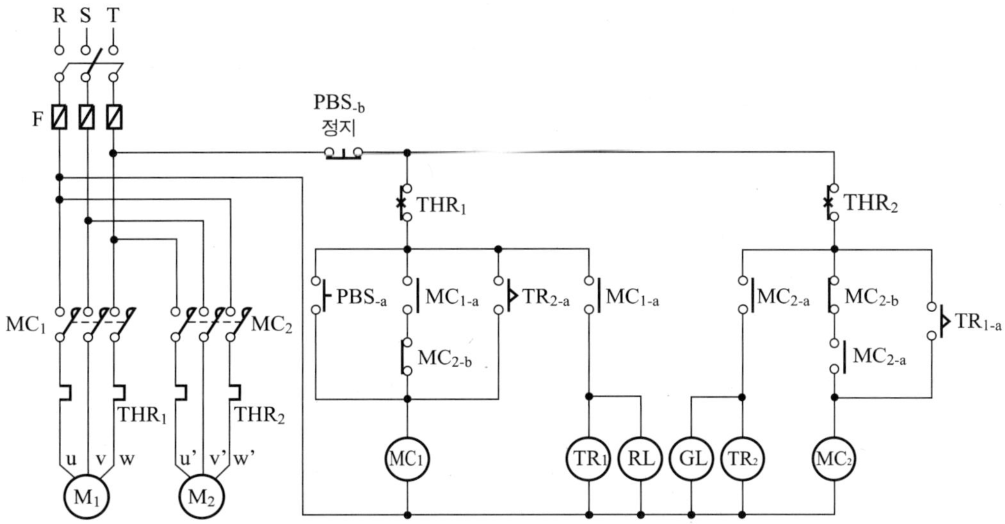

1) 도면에서 제어회로 부분에 잘못된 곳이 있다. 이곳을 지적하고 올바르게 고치는 방법을 설명하시오.
2) 타이머 TR_1이 2시간 타이머 TR_2가 6시간으로 각각 세팅이 되어 있다면 하루에 전동기 M_1과 M_2는 몇 시간씩 운전되는가?
   ① M_1 :
   ② M_2 :

35

그림과 같은 시퀀스회로에서 X접점이 닫혀서 폐회로가 될 때 타이머 T_1(설정시간 : t_1), T_2(설정시간 : t_2), 릴레이 R, 램프 L에 대한 타임 차트를 완성하시오(단, 설정시간 이외의 시간지연은 없다고 본다).

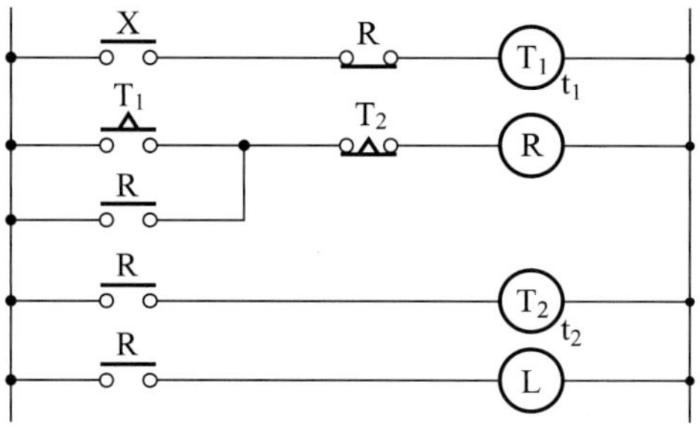

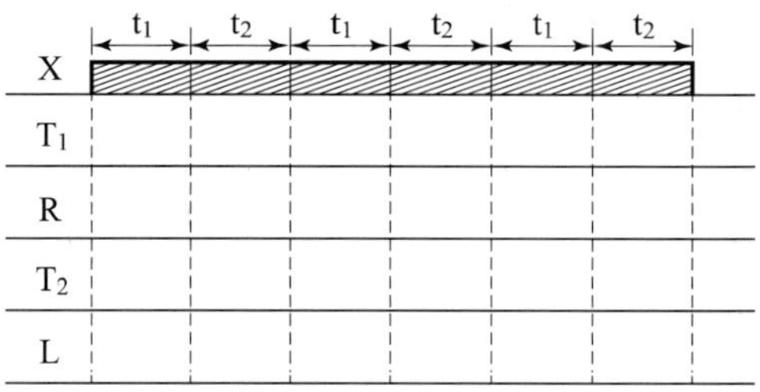

36

자동화재탐지설비의 지구음향장치가 작동중 비상 방송을 하려고 할 때 주어진 기호를 사용하여 시퀀스도를 완성하시오.

[기호]

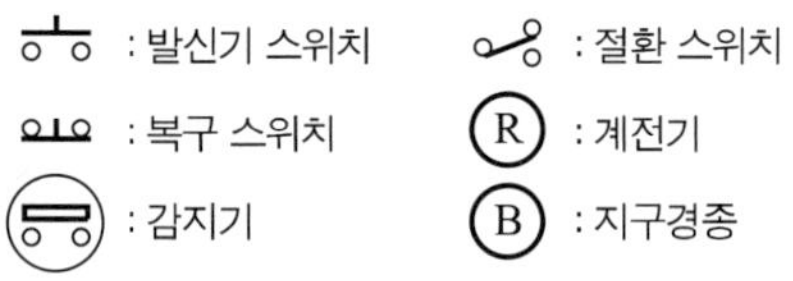

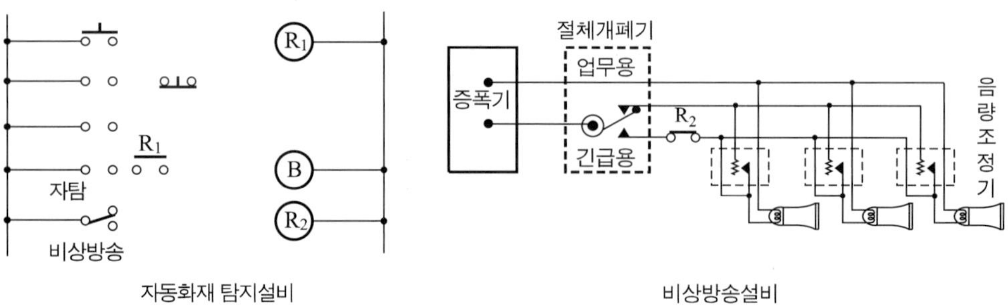

찾아보기

기타

저 자 : **송 영 주**

홍익대학교 전기공학과 졸업
홍익대학교 일반대학원 전기공학과 졸업(공학석사/공학박사)
건축전기설비기술사/소방기술사
현) 동신대학교 소방행정학과 교수
　 소방청 중앙소방기술심의위원회 위원
　 소방청 소방장비기술심의위원회 위원
　 광주광역시 소방기술심의 위원장/성능위주설계확인 평가단 위원
　 광주광역시 소방안전본부 정책자문협의회 위원
　 국토교통과학기술진흥원 R&D/건설/교통/녹색신기술심사위원
　 한국산업기술평가관리원 산업기술혁신평가단위원
　 한국산업안전보건공단 유해, 위험방지계획서심사위원
　 /위험성평가인정심사위원 등
전) 전라남도 성능위주설계확인평가단 위원/소방기술심의 위원
　 한국소방기술사회 전기분과 위원장 등

제5판 쉽게 배우는 **소방전기설비 및 설계** 정가 39,000원

발　행 2025년 3월 10일 5판 2쇄
저　자 송영주
발행인 정우용
발행처 도서출판 **동화기술**
경기도 파주시 광인사길 201(문발동, 파주출판도시)
Tel (031)955-4211~6 donghwapub@nate.com
Fax (031)955-4217 www.donghwapub.co.kr
(등록) 1977년 12월 19일/9-16호

ISBN 978-89-425-9547-1